V&R

Studien zur Geschichte
der Max-Planck-Gesellschaft

Herausgegeben von
Jürgen Kocka, Carsten Reinhardt, Jürgen Renn und Florian Schmaltz

Wissenschaftliche Redaktion: Birgit Kolboske

Band 3

Birgit Kolboske

Hierarchien.
Das Unbehagen der
Geschlechter mit
dem Harnack-Prinzip

Frauen in der Max-Planck-Gesellschaft

Vandenhoeck & Ruprecht

Dieses Buch wurde durch das Forschungsprogramm »Geschichte der Max-Planck-Gesellschaft« (GMPG) gefördert.

Die vorliegende Arbeit wurde in der ursprünglichen Fassung im November 2021 von der Fakultät für Sozialwissenschaften und Philosophie der Universität Leipzig als Dissertation angenommen. Für die Veröffentlichung wurde sie stark gekürzt und überarbeitet.

Bibliografische Information der Deutschen Bibliothek:
Die Deutsche Nationalbibliothek verzeichnet diese Publikation
in der Deutschen Nationalbibliografie; detaillierte bibliografische
Daten sind im Internet über https://dnb.de abrufbar.

Umschlagabbildung: Margot Becke auf der MPG-Hauptversammlung in Bremen 1973.
© Archiv der MPG, Berlin-Dahlem

Lektorat: Stephan Lahrem, Berlin
Satz: textformart, Göttingen | www.text-form-art.de
Umschlaggestaltung: SchwabScantechnik, Göttingen
Druck und Bindung: ⊕ Hubert & Co BuchPartner, Göttingen
Printed in the EU

Vandenhoeck & Ruprecht Verlage | www.vandenhoeck-ruprecht-verlage.com

ISSN: 2752-2490 (print)
ISSN: 2752-2504 (digital)
ISBN: 978-3-525-30205-7 (print)
ISBN: 978-3-666-99370-1 (digital)

Inhalt

1. Einleitung 9

1.1 Leben für die Wissenschaft – Arbeiten für die Wissenschaft? . . 9
   1.1.1 Eine Frauen- und Geschlechtergeschichte
      der Max-Planck-Gesellschaft 10
   1.1.2 Wissenschaft als Lebensform 11

1.2 Gliederung und leitende Fragestellungen 16
   1.2.1 Forschungsstand 19
   1.2.2 Quellen 26
   1.2.3 Sprache 29

2. Im »Vorzimmer«: Mädchen, Maschinen und Methoden 31

2.1 Hierarchie des Vorzimmers 33
   2.1.1 Geschlechterhierarchien 33
   2.1.2 The Typewriter – Annäherung an eine Berufsbezeichnung 36

2.2 Monotonie & Alltag 40
   2.2.1 Vormarsch der Büroarbeit 40
   2.2.2 Feminisierung und Deprofessionalisierung 49

2.3 Als die Rechner noch Frauen waren 57
   2.3.1 Automatisierung und digitale Revolution 57
   2.3.2 »When Computers Were Women« 59
   2.3.3 Gendering the Computer 62

2.4 Doing Office 68
   2.4.1 Materielle Praktiken im Vorzimmer 69
   2.4.2 Von Monotonieresistenz und Fingerfertigkeit 74

2.5 Imaginationen des Vorzimmers 78
   2.5.1 Anforderungen 78
   2.5.2 Im Schatten 87

2.6 Im Vorzimmer der Max-Planck-Gesellschaft 97
   2.6.1 Im Vorzimmer 97
   2.6.2 Im Präsidialbüro 110
   2.6.3 Stellenausschreibungen in der MPG 118
   2.6.4 Die Spur des Gehaltes 135
   2.6.5 Wissenschaftsmanagerin statt Wissenschaftsunterstützerin 144

2.7 Zwischenfazit und Blick in die Gegenwart   146
    2.7.1 Ein Familienbetrieb   146
    2.7.2 »Third Space«   148
    2.7.3 Metamorphose   151

3. Von der »Bruderschaft der Forscher« zur »Sisterhood of Science«.
   Kontinuitäten und Brüche   155

3.1 Einleitung   155
    3.1.1 Leitende Fragestellungen und Aufbau des Kapitels   155
    3.1.2 Intersektionalität – Exklusionskriterien und
          Einflussfaktoren   157

3.2 Kontinuitäten und Brüche   165
    3.2.1 Von Restauration zu Transformation: Kein
          Wissenschaftswunder für Akademikerinnen   165
    3.2.2 Struktur und Hierarchie   174

3.3 Wissenschaftliche Biografik   183
    3.3.1 Im Spannungsfeld von Faktizität und Fiktionalität   183
    3.3.2 Amazonen oder Zierden?   190
    3.3.3 Wissenschaftliche Mitglieder
          der Max-Planck-Gesellschaft   197

3.4 Weibliche Wissenschaftliche Mitglieder der MPG –
   Biografisches Dossier   201
    3.4.1 Isolde Hausser, Physikerin   202
    3.4.2 Lise Meitner, Physikerin   209
    3.4.3 Elisabeth Schiemann, Genetikerin   218
    3.4.4 Anneliese Maier, Wissenschaftshistorikerin   230
    3.4.5 Anne-Marie Staub, Biochemikerin   235
    3.4.6 Else Knake, Medizinerin und Zellforscherin   239
    3.4.7 Birgit Vennesland, Biochemikerin   253
    3.4.8 Margot Becke-Goehring, Chemikerin   261
    3.4.9 Eleonore Trefftz, Mathematikerin und Physikerin   267
    3.4.10 Renate Mayntz, Soziologin   273
    3.4.11 Christiane Nüsslein-Volhard, Biologin & Biochemikerin . .   279
    3.4.12 Anne Cutler, Psycholinguistin   293
    3.4.13 Angela D. Friederici, Neuropsychologin   297
    3.4.14 Lorraine Daston, Wissenschaftshistorikerin   300
    3.4.15 Interview mit Angela Friederici und Lorraine Daston . . .   303

3.5 Von der »Bruderschaft der Forscher«
zur »Sisterhood of Science«? 305
   3.5.1 Verpasste Gelegenheit:
   Die Verleihung des Nobelpreises 1945 305
   3.5.2 Das Unbehagen der Geschlechter
   mit dem Harnack-Prinzip 314

3.6 Götterdämmerung? 336
   3.6.1 Epistemische Hierarchien: Geschlecht, Wissen und Macht 336
   3.6.2 »Sisterhood of Science«? 341
   3.6.3 Ragnarök 349

4. Die Anfänge. Chancengleichheit in der Max-Planck-Gesellschaft.
Ein Aufbruch mit Hindernissen 351

4.1 Einleitung 351

4.2 Sozialgeschichtlicher und wissenschaftspolitischer Kontext . . . 354
   4.2.1 Alle Hoffnung fahren lassen? 354
   4.2.2 Rechtshistorischer Hintergrund 356
   4.2.3 Begrifflich-strategische Kontextualisierung 359
   4.2.4 Sozialgeschichtlicher Wandel 361
   4.2.5 Wissenschaftspolitischer Kontext der bundesdeutschen
   Gleichstellungspolitik 363
   4.2.6 Die Auswirkungen auf die Max-Planck-Gesellschaft . . . 366

4.3 Aufbruch in die Chancengleichheit (1988–1998) 370
   4.3.1 Kontext der Akteursebenen 370
   4.3.2 Facts & Figures: »Zur Lage der Frauen in der MPG« 373
   4.3.3 Bestandsaufnahme: Gesamtbetriebsrat, Frauenausschuss
   und Munz-Studie 380
   4.3.4 Auswertung 387
   4.3.5 Die Empfehlungen des Wissenschaftlichen Rats
   und der Wissenschaftlerinnenausschuss 391
   4.3.6 Forschungsprojekt »Berufliche Werdegänge
   von Wissenschaftlerinnen in der MPG« 397

4.4 Gleichstellungsmaßnahmen der MPG 407
   4.4.1 Die drei »Säulen« der MPG-Gleichstellungspolitik 407
   4.4.2 Der Senatsbeschluss der MPG 408
   4.4.3 MPG-spezifische Anpassungen an das Frauenfördergesetz 414
   4.4.4 Die »Gesamtbetriebsvereinbarung zur Gleichstellung
   von Frauen und Männern« 419
   4.4.5 Der Frauenförder-Rahmenplan 425
   4.4.6 Das C3-Sonderprogramm zur Frauenförderung 429

4.5 Wirkung der Gleichstellungsmaßnahmen 441
    4.5.1 »Forschung rund um die Uhr«:
         Notwendigkeit oder Ideologie? 441
    4.5.2 Gewicht und Wirkung des Frauenförder-Rahmenplans . . 449
    4.5.3 Sonderprogramme – eine sinnvolle Weichenstellung
         für Gleichstellung? 450
    4.5.4 Analyse der Beschäftigungssituation
         und Berufungspraxis 1998 453
    4.5.5 »Wer die Quote nicht will, muß die Frauen wollen« 460

4.6 Fazit 465

5. Schluss 467

5.1 Quintessenz 467

5.2 Ausblick 473

6. Danksagung 479

7. Anhang 483

7.1   Chronik der wichtigsten Etappen zur Gleichstellung 483

7.2   Frauenlob 493

8. Abkürzungsverzeichnis 497

9. Literatur- und Quellenverzeichnis 501

9.1   Quellenverzeichnis 501

9.2   Literaturverzeichnis 503

10. Abbildungs- und Tabellenverzeichnis 557

10.1 Abbildungen 557

10.2 Grafiken 559

10.3 Tabellen 559

11. Personenregister 561

1. Einleitung

1.1 Leben für die Wissenschaft – Arbeiten für die Wissenschaft?

> Die Vorstellung der Welt ist, wie die Welt
> selbst, das Produkt der Männer: Sie beschrei-
> ben sie von ihrem Standpunkt aus, den sie mit
> dem der absoluten Wahrheit gleichsetzen.[1]

Abb. 1: Simone de Beauvoir bei der Arbeit im Café Les Deux Magots, Paris, 1945. © Robert Doisneau/Getty Images.[2]

---

1 Beauvoir: *Das andere Geschlecht*, 2000, 155.
2 Die legendären Pariser Cafés Café de Flore und Les Deux Magots tauchen immer wieder als Schauplätze in Beauvoirs Romanen auf, wie etwa in *L'Invitée* (1943, dt. *Sie kam und blieb*) oder dem mit dem Prix Goncourt ausgezeichneten *Les Mandarins* (1954, dt. *Die Mandarins von Paris*).

1.1.1   Eine Frauen- und Geschlechtergeschichte
             der Max-Planck-Gesellschaft

Exemplarisch für das stark von Hierarchien und Abhängigkeitsverhältnissen geprägte deutsche Wissenschaftssystem steht eine der erfolgreichsten Forschungsorganisationen weltweit: die Max-Planck-Gesellschaft (MPG). Sie bildet das
Zentrum der vorliegenden Studie, in der ihr soziokultureller und struktureller
Wandlungsprozess unter Genderaspekten in den ersten 50 Jahren ihres Bestehens (1948–1998) analysiert wird. Ziel ist es, eine aus feministischer Perspektive erforschte Frauen- und Geschlechtergeschichte der Max-Planck-Gesellschaft zu schreiben. Die vorherrschenden Geschlechterverhältnisse und die
hierauf bezogenen Karriereverläufe werden ebenso untersucht wie die langwierigen Transformationsprozesse weg von in der Regel intransparenten Wirkungs-
zusammenhängen informeller (männlicher) Netzwerke hin zu einer modernen,
im Sinne von zunehmend an Gleichstellungspolitik orientierten Forschungsinstitution. Das Bedingungsgefüge der Max-Planck-Gesellschaft wird in einem
Längsschnitt von über 50 Jahren zeitgeschichtlich kontextualisiert, das *doing
gender* kultur- und wissenschaftshistorisch untersucht.

Am Anfang stand die Frage: Wie lässt sich eine Geschichte von Frauen in
der Max-Planck-Gesellschaft am besten, im Sinne von am repräsentativsten
und inklusivsten erzählen? Die diesbezüglichen Erwägungen resultierten in
der Auswahl von zwei Bereichen: jenem, zu dem lange Zeit nur sehr wenige
Frauen Zugang gehabt haben, der Wissenschaft, sowie dem, in dem die meisten
Frauen die meiste Zeit gearbeitet haben – im Büro bzw. im Vorzimmer. Über
weite Teile des Untersuchungszeitraums hinweg sind die Arbeitswelten in der
Max-Planck-Gesellschaft deutlich gendersegregiert gewesen: Männer forschten
und Frauen unterstützten sie dabei, vor allem als Sekretärinnen. Wenn sich, wie
im Fall der Sekretärin, die Genderstruktur eines Berufsfeldes umkehrt und aus
einem männlichen ein weibliches wird, geht man landläufig davon aus, dass
die Arbeit einfacher geworden ist. So geschehen bei der Büroarbeit, die seit
dem späten 19. Jahrhundert als Frauenarbeit betrachtet wird: Schreibmaschinen hatten ihre Automatisierung, Feminisierung und den damit verbundenen
Prestigeverlust zur Folge. Ein zentrales Anliegen ist es, das klischeehafte Berufsbild der Sekretärin insbesondere im Wissenschaftsbetrieb zu entmystifizieren
und dessen radikale Transformationen von »wissenschaftsunterstützend« zu
»wissenschaftsmanagend« aufzuzeigen.

Im zweiten Bereich, der hier zur Debatte steht, in der Wissenschaft, war
zu klären, wie sich Inklusion oder Exklusion der MPG-Wissenschaftlerinnen
auf den unterschiedlichen Führungspositionen und Besoldungsstufen dargestellt haben. Was hat weibliche Wissenschaftskarrieren in der Max-Planck-
Gesellschaft gefördert, was blockiert? Und welche Rolle spielte dabei das
»Harnack-Prinzip«, das MPG-eigene Strukturprinzip der persönlichkeitszentrierten Forschungsorganisation? Ist Geschlecht in der Max-Planck-Gesellschaft

eine konstitutive Funktion zugekommen? Wissenschaftliche Karrieren werden in der Max-Planck-Gesellschaft bis in die jüngste Vergangenheit hinein durch das noch aus der Kaiser-Wilhelm-Gesellschaft stammende Harnack-Prinzip geregelt, das traditionell die Leitlinie für die Berufung der »besten Köpfe als Wissenschaftliche Mitglieder« darstellt.[3] Wie lässt sich erklären, dass – ohne vergeschlechtlichte Zuschreibungen und daraus resultierende gesellschaftliche Selbstverständlichkeiten zu hinterfragen – dieses dazu instrumentalisiert wurde, um die Spitzenpositionen dieser sich als »ständig erneuernden«[4] Avantgarde verstehenden Forschungsorganisation über Jahrzehnte hinweg nahezu ausnahmslos von Männern zu besetzen? Wieso wurden Hierarchien, die überwiegend auf der geschlechtlich kodierten Natur-Kultur-Dichotomie basierten,[5] nicht infrage gestellt, sondern weiter tradiert?

Um dies zu ergründen, wird einerseits traditionell frauengeschichtlich darauf fokussiert, Frauen als Akteurinnen sichtbar zu machen, ihren Beitrag zur und ihre Bedeutung für die Erfolgsgeschichte der Max-Planck-Gesellschaft herauszuarbeiten und hervorzuheben.[6] Zentral für das Verständnis von Hierarchien und Ordnungsstrukturen sind jedoch auch die gesamtgesellschaftlichen Geschlechterbeziehungen und die spezifischen in der MPG. Deshalb liegt ein weiterer geschlechtergeschichtlicher Fokus der Untersuchung auf den gleichstellungspolitischen Aushandlungsprozessen, die Ende der 1980er-, Anfang der 1990er-Jahre dazu beigetragen haben, die tradierte Geschlechterordnung der Max-Planck-Gesellschaft aufzubrechen und so schlussendlich zu einem Kulturwandel geführt haben: zur Erkenntnis, dass die »besten Köpfe« durchaus auch auf den Schultern von Frauen sitzen können.[7]

1.1.2   Wissenschaft als Lebensform

Eine maßgebliche Rolle für die gendersegregierte Arbeitsteilung in der Max-Planck-Gesellschaft, aber auch im Wissenschaftsbetrieb allgemein, spielt der Topos, oder besser gesagt: Mythos des »Lebens für die Wissenschaft.« Diesem *männlichen* Mythos wohnt das stereotype Leitbild eines Wissenschaftlers inne,

---

3 Vgl. MPG (Hg.): Die Max-Planck-Gesellschaft im Deutschen Wissenschaftssystem, 2016. – Zum Harnack-Prinzip und der Rezeption vgl. Brocke und Laitko (Hg.): *Die Kaiser-Wilhelm-/Max-Planck-Gesellschaft*, 1996.

4 Vgl. dazu das Kurzporträt auf der Website der Max-Planck-Gesellschaft: MPG (Hg.): »Dem Anwenden muss das Erkennen vorausgehen«, 2021.

5 Grundlegend dazu Bock: Challenging Dichotomies, 1991, 1–23, insbesondere »Women as subject, the subjection of women and women's subjectivity« 2–3.

6 Einführend zur Frauengeschichte Bock: Geschichte, Frauengeschichte, Geschlechtergeschichte, 1988, 364–391; Hausen und Wunder: Einleitung, 1992, 1–19.

7 Wegweisend zur Geschlechtergeschichte Bühner und Möhring: Einleitung, 2018, 13–45. – Weiterführend Hausen: *Geschlechtergeschichte als Gesellschaftsgeschichte*, 2012.

der sich bedingungslos seinem Metier hingibt.[8] Ein Beispiel für solch einen hingebungsvollen und folglich erfolgreichen Wissenschaftler ist der Philosoph und Sozialwissenschaftler Theodor W. Adorno gewesen. Wie sieht das aus, wenn so einer alltäglich Wissenschaft treibt, fragte sich die Soziologin Sandra Beaufaÿs[9] und fand die Antwort darauf in einem Gespräch zwischen Ludwig von Friedeburg und Wolfram Schütte:[10]

Wenn Adorno, nachdem er zu Hause eine halbe Stunde Klavier gespielt hatte, morgens so gegen halb zehn ins Institut kam (immer in Begleitung *seiner Frau*, die auch im Institut arbeitete), dann telefonierte er regelmäßig erst einmal eine Stunde mit Horkheimer. [...] Der Vormittag war ganz ihm und seiner Arbeit gewidmet, da wollte er nicht gestört sein – und *seine Sekretärin*, Frau Olbrich, hatte alles von ihm abzuschirmen. Nach dem Gespräch mit Horkheimer fing er an zu diktieren. Vor allem Briefe, denn er hatte eine sehr weit gespannte Korrespondenz. Dann galt die Arbeit seinen Werken. [...] Er diktierte, ungefähr eine Halbe- bis Dreiviertelstunde, so etwa zehn Seiten, nach spärlichen Notizen. Dieses Diktat hat dann Frau Olbrich niedergeschrieben. Dann arbeitete er schreibend an dieser Vorlage und ließ keinen Stein auf dem anderen. [...] Das dauerte bis etwa 13 Uhr. Dann ging er mit seiner Frau [...] nach Hause. Das Mittagessen hatte *eine Haushälterin* vorbereitet. Danach schlief er eine halbe Stunde, kam so gegen halb Drei ins Institut und arbeitete dort bis 18 Uhr.[11]

Demnach war Adornos Alltag in seinen späten Frankfurter Jahren, 1949 bis 1969, von allem befreit, was nicht mit Wissenschaft zusammenhing, und enthielt zugleich alles, »was zu ihrem Betreiben dienlich« war.[12] Arbeit und Leben waren miteinander verschmolzen, nichts störte den wissenschaftlichen Denkprozess – weder Geldsorgen noch Kinder. Diese ungestörte »wissenschaftliche Lebensform« wurde in erster Linie durch Frauen strukturiert, um nicht zu sagen: ermöglicht, die unter anderem für ihn schrieben, kochten, den Haushalt führten und – im Fall seiner Frau – auch als Resonanzboden für seine Gedankengänge wirkten. Margarete »Gretel« Karplus gilt als ihm und seiner Forschung ergebene Ehefrau. Die Tatsache, dass sie bereits vor der Hochzeit eine der ersten Frauen gewesen war, die an der Berliner Universität in Chemie promoviert hatten,[13] und anschließend bis zum erzwungenen Exil 1938 erfolgreich allein eine Fabrik ge-

---

8   Vgl. dazu unter anderem Matthies et al.: *Karrieren und Barrieren im Wissenschaftsbetrieb*, 2001; Metz-Göckel, Möller und Auferkorte-Michaelis: *Wissenschaft als Lebensform*, 2009, 147–148; Haghanipour: *Mentoring als gendergerechte Personalentwicklung*, 2013, 75–79.
9   Beaufaÿs: Wissenschaftler und ihre alltägliche Praxis, 2004, 1–8, 8.
10 Der Soziologe Friedeburg hat sich 1960 bei Adorno habilitiert und wurde später als Direktor an das Frankfurter Institut für Sozialforschung berufen.
11 Schütte: Das Glück in Frankfurt, 2003, 185–191, 188, Hervorhebungen der Autorin.
12 Beaufaÿs: Wissenschaftler und ihre alltägliche Praxis, 2004, 1–8, 3.
13 Karplus: *Ueber die Einwirkung von Calciumhydrid auf Ketone*, 1925. – Interessant im Kontext dieser Arbeit ist, dass Rose Christine »Maidon« Riekher (1887–1969), die Frau von Adornos Freund und Kollegen Max Horkheimer vor ihrer Ehe Sekretärin gewesen ist.

führt hatte, spielt dabei offenbar keine Rolle. Ihr Beitrag zur Arbeit von Adorno und Horkheimer, insbesondere zur *Dialektik der Aufklärung*,[14] wurde in für eine Gelehrtenehe typischer Weise lange nur als peripher-stenotypistisch rezipiert: »Es scheint also fast, als ob die Lebensgefährtinnen berühmter Gelehrter von der Eheschließung an ihre eigene Individualität so gut wie einbüßen, selbst dann, wenn sie als Mitautorin publiziert haben.«[15] Eine Erfahrung, die sie mit Weggefährtinnen wie etwa Dora Sophie Kellner und Ruth Berlau teilte.[16]

Auch die Philosophin und Feministin Simone de Beauvoir folgte einem strikten Tagesablauf: Die Verfasserin des Standardwerks der feministischen Philosophie, *Das andere Geschlecht*,[17] »dieses Leuchtfeuer, das Simone de Beauvoir für die Frauen des Jahrhunderts als Orientierung angezündet hat«,[18] unterwarf ihren Alltag rigoros ihrer Arbeit. Obwohl kein Morgenmensch, stand Beauvoir zwischen acht und neun Uhr auf und begab sich in eins ihrer Stammcafés. Im Deux Magots oder im Café de Flore trank sie Kaffee, las Zeitungen und machte sich gegen zehn Uhr an die Arbeit. Sie las und korrigierte gegebenenfalls, was sie am Vortag geschrieben hatte, und schrieb dann weiter. Der Morgen gehörte ihr ganz allein. Um eins traf sie sich mit ihrem Lebensgefährten Jean-Paul Sartre zum Mittagessen, an dem manchmal noch andere Freundinnen und Freunde teilnahmen. Der Nachmittag war bis in den Abend hinein wieder der Arbeit gewidmet, diesmal Seite an Seite mit Sartre. Beauvoir hat nie Kinder gehabt[19] und weder mit Sartre noch Nelson Algren, ihrer großen »transatlantischen« Liebe,[20] zusammengewohnt.[21] Statt Mann und Kind den Haushalt zu führen, zog sie es überwiegend vor, im Hotel zu leben.[22]

Was heißt das für die wissenschaftliche Lebensform von Frauen? Inwieweit ist Wissenschaft als Lebensform mit dem Alltag von Frauen kompatibel? Eine

---

14 Horkheimer und Adorno: *Dialektik der Aufklärung*, 1988. – Zu Gretel Adornos Beitrag vgl. beispielsweise Boeckmann: *The Life and Work of Gretel Karplus/Adorno*, 2004, insbesondere 3–4.

15 Jahn: Die Ehefrau in der Biographie des Gelehrten, 1996, 110–116, 111.

16 Vgl. dazu Weissweiler: *Das Echo deiner Frage*, 2020; Stegmann: Rezension, 2009, 135–137.

17 Beauvoir: *Le Deuxième Sexe*,1949.

18 Schwarzer: Simone de Beauvoir, 2003, 221–234, 222.

19 Die französische Philosophieprofessorin Sylvie Le Bon de Beauvoir, die Beauvoir 1986 kurz vor ihrem Tod adoptierte, bekräftigte in einem aktuellen Interview, dass ihre Beziehung frei von Mutter-und-Kind-Aspekten war: »Our relationship was not at all mother and daughter«, she says. »She adopted me so I could manage her work after she died but this and the fact she was so much older prompted people to talk of her as my ›mother‹.«. Willsher: »My Intimacy with Simone de Beauvoir«, 2021.

20 Vgl. dazu Beauvoir: *Eine transatlantische Liebe*, 2002.

21 Angaben zu Beauvoirs Tagesablauf basieren auf Beauvoir: *Sie kam und blieb*, 2012; Korbik: Fleiß und Disziplin, 2016.

22 Allein mit dem Regisseur und Journalist Claude Lanzmann hat Beauvoir in den 1950er-Jahren eine Wohnung geteilt, aber auch in dieser Konstellation galt, wie Lanzmann sich erinnerte: »There were no parties, no receptions, no bourgeois values. […] There was the presence only of essentials. It was an uncluttered kind of life, a simplicity deliberately constructed so that she could do her work.« Currey: *Daily Rituals*, 2014, Pos. 282.

Lebensform, die verlangt, sich »ungeteilt und ganzheitlich« der Wissenschaft zu verschreiben, da sonst »die akademische Laufbahn gar nicht erst in Frage« kommt.[23] Ein entscheidendes Hindernis dafür ist die an die männliche Normalbiografie angepasste Arbeitszeitnorm.[24] Deswegen hat Margit Szöllösi-Janze bereits vor über 20 Jahren angeregt, herauszufinden, »ob aktive Wissenschaftlerinnen vielleicht versuchten – beziehungsweise dann daran gehindert wurden –, einen eigenen weiblichen Arbeitsrhythmus zu entwickeln, der von der festgestellten männlichen Arbeits- und Zeiteinteilung abweicht«.[25] Schließlich könne – abgesehen von den gesellschaftlichen Barrieren – der Arbeitsrhythmus (insbesondere natur-)wissenschaftlichen Arbeitens für Frauen kaum realisierbar sein, da dieser bei unverheirateten Wissenschaftlerinnen eine Haushälterin und bei verheirateten einen Ehepartner oder eine Ehepartnerin voraussetze, »die im Haus die Grundlebensfunktionen wie Ernährung und Kleidung sicherte, die die Kinder fernhielt und allein aufzog und die selbständig die repräsentativen Aufgaben einer Professorenehe organisierte und erfüllte«.[26] Anders als bei Adorno und seinesgleichen verlangt die Karriere von Wissenschaftlerinnen einen Spagat zwischen Wissenschaft und Privatleben.

Auch die Max-Planck-Gesellschaft hat 2003 in ihrem »Leitfaden zum konstruktiven Umgang zwischen Wissenschaftlern und Wissenschaftlerinnen« anerkannt, dass sich Wissenschaftlerinnen mit Problemen auseinandersetzen müssen, »die männliche Wissenschaftler nicht haben«.[27] Das gilt nicht nur für den gesamten Untersuchungszeitraum. Bis in die Gegenwart hinein – und durch die Covid-19-Pandemie noch verstärkt – wird Wissenschaftlerinnen und berufstätigen Frauen eine Fähigkeit zur Lebensstilintegration abverlangt, mit der sich Wissenschaftler und berufstätige Männer in dieser Form nicht auseinandersetzen müssen.[28] Zudem mussten (und müssen) Wissenschaftlerinnen ihre Fähigkeiten, Kompetenzen und ihren Willen zum Erfolg stets besonders unter Beweis stellen, um eventuell für Spitzenpositionen in Betracht gezogen zu werden. An Aufstiegswillen und Entschlossenheit hat es den wenigsten Wissenschaft-

---

23 Beaufaÿs: Wissenschaftler und ihre alltägliche Praxis, 2004, 1–8, 3.
24 Vgl. dazu Wimbauer: *Organisation, Geschlecht, Karriere*, 1999, 142; Matthies et al.: *Karrieren und Barrieren im Wissenschaftsbetrieb*, 2001, 107; Metz-Göckel, Möller und Auferkorte-Michaelis: *Wissenschaft als Lebensform*, 2009, 147; Steinhausen und Scharlau: Gegen das weibliche Cooling-out in der Wissenschaft, 2017, 315–330, 319.
25 Szöllösi-Janze: Lebens-Geschichte, 2000, 17–35, 29–30.
26 Ebd., 30.
27 Arbeitsgruppe zur »Förderung von Wissenschaftlerinnen« der Max-Planck-Gesellschaft: *Leitfaden*, 2003.
28 Vgl. dazu etwa Allmendinger: »Das Wohlergehen der Frauen«, 2020; Kohlrausch und Zucco: *Die Corona-Krise trifft Frauen doppelt*, 2020, 14. – Weiterführend bietet die Website der bukof aktuelle Informationen zu Gleichstellung, Wissenschaft und Hochschule während der Corona-Pandemie: Bundeskonferenz der Frauen- und Gleichstellungsbeauftragten an Hochschulen: Corona, 2020. – Die langjährige Vorsitzende von *UN Women Deutschland*, Karin Nordmeyer, sprach in diesem Kontext von einer »Schattenpandemie«, die Frauen weltweit beträfe; Hecht: »Wir müssen an die Bruchstellen ran – jetzt«, 2020.

lerinnen gefehlt, berücksichtigt man allein die Willenskraft, die jahrzehntelang erforderlich war, um sich überhaupt Zugang zum Leben in der Wissenschaft zu verschaffen: »In einer Zeit, in der den Frauen der Zugang zu den Universitäten erst allmählich geöffnet wurde und mit manchen traditionellen Widerständen in der Familie gerechnet werden mußte, gehörte ein klarer innerer Trieb zur Wissenschaft dazu, sich einem Studium zu widmen, das nicht unmittelbar in den Schuldienst ausmündete.«[29]

Um die Hintergründe für anhaltende Missstände in der Gleichstellung von Wissenschaftler:innen zu erforschen, müssen die Bedingungen analysiert werden, die top-down Ungleichheit reproduzieren. Wissenschaft – so die in dieser Arbeit vertretene These – ist kein geschlechtsneutraler Zusammenhang: Das gilt nicht nur für den Auswahlprozess, sondern auch für die Auswahlkriterien. Eigenschaften, die in der Wissenschaft als Erfolgsfaktoren wahrgenommen werden, sind häufig männlich konnotiert, wie beispielsweise Durchsetzungs-vermögen, Konkurrenzfähigkeit oder auch Adversität.[30]

Dies mag auch ein Grund dafür sein, wieso Frauen von ihren Kollegen vorzugsweise als Unterstützerinnen wahrgenommen werden. Bereits 1939 ver-urteilte etwa die erste Generation von Chemikerinnen das Ansinnen, dass Frauen hybride wissenschaftlich-sekretäre Arbeit annehmen sollten: »For a really able woman chemist bent on maintaining her professional dignity, it is definitely de-rogatory to permit herself to have anything to do with a typing job, [there is] an octopus-like tendency of the typewriter to wrap its arms around her and refuse to let her rise above it.«[31] Diese »krakenartige Tendenz der Schreibmaschine«, ihre Benutzerin zu um- und verschlingen, manifestiert sich nicht zuletzt darin, dass das »Leben für die Wissenschaft« überwiegend als männliche Lebensform wahrgenommen worden ist, während sie bei im Wissenschaftsbetrieb tätigen Frauen bevorzugt als »Leben für den Wissenschaftler« interpretiert worden ist, wie im weiteren Verlauf dieser Studie zu sehen sein wird. Den »Mythos von der Unvereinbarkeit der Wissenschaft« mit allen anderen Lebensbereichen hat die Wissenschaftsforscherin Helga Nowotny 1986 für die »Schwierigkeiten des Umgangs von Frauen mit der Institution Wissenschaft« verantwortlich gemacht, da diese qua ihres gesellschaftlich zugeschriebenen lebensweltlichen Kontextes davon ausgeschlossen würden.[32]

29 Schiemann: Emmy Stein, 1955, 65–67, 65.
30 Vgl. dazu Beaufaÿs, Engels und Kahlert (Hg.): *Einfach Spitze?*, 2012, 10.
31 M'Laughlin: Sidelines Stressed for Girl Chemists, 1939, 25.
32 Nowotny: Gemischte Gefühle, 1986, 17–30, 22.

1.2   Gliederung und leitende Fragestellungen

Die vorliegende Untersuchung gliedert sich in die drei großen Bereiche Vorzimmer, Wissenschaft und Gleichstellungspolitik, die aufeinander verweisen, aber nicht zwingend aufeinander aufbauen. Zeitlich stehen dabei die ersten 50 Jahre des Bestehens der Max-Planck-Gesellschaft im Fokus. Ausschlaggebend für die Eingrenzung dieser Periode von 1948 bis 1998 waren zwei Ereignisse in der MPG im Herbst 1996: die Etablierung der ersten Zentralen Gleichstellungsbeauftragten der Forschungsgesellschaft, Marlis Mirbach, im Oktober und Hubert Markls Beschluss, ein Sonderprogramm zur Förderung der Wissenschaftlerinnen aufzulegen, im November, drei Monate nach seiner Wahl zum neuen Präsidenten der MPG. Beide Ereignisse stellten die Weichen für dringend erforderliche Veränderungen im Bereich der Gleichstellung, die sich in den folgenden Jahren manifestierten, wenngleich auch sehr langsam. Denn die nachhaltigen Transformationen, die schließlich den angesprochenen Kulturwandel herbeigeführt haben, fanden erst Ende der 2010er-, Anfang der 2020er-Jahre statt und damit erst deutlich nach dem Ende, des für das Forschungsprogramm zur Geschichte der Max-Planck-Gesellschaft (GMPG) auf 2005 festgelegten Untersuchungszeitraums.[33] Anknüpfend an die Tradition der MPG, ihre runden Jahrestage mit Festakten und -schriften zu begehen, wurde für diese Studie deshalb der Zeitraum von 50 Jahren gewählt.

Das erste Kapitel widmet sich jenem Bereich, in dem die meisten weiblichen Angestellten der Max-Planck-Gesellschaft im Untersuchungszeitraum den Großteil ihrer Zeit verbracht haben: dem Vorzimmer, das in fünf Unterkapiteln kartiert wird. Das Arbeitsverhältnis dort steht exemplarisch für Geschlechterhierarchie und ist der Inbegriff eines traditionalen Herrschaftsverhältnisses. Neben den vielen Sekretärinnen und den wenigen Wissenschaftlerinnen gab es in der MPG noch eine erhebliche Anzahl von Medizinischen bzw. Medizinisch-Technischen Assistentinnen, Laborantinnen und Bibliothekarinnen, die jedoch nicht Gegenstand dieser Untersuchung sind.[34] Zwar bieten die Labore der MPG, traditionell eine Organisation naturwissenschaftlicher Grundlagenforschung, einen guten Einblick in Berufs- und Arbeitskulturen der MPG und vermitteln, wie auch die Bibliotheken, eine Vorstellung der dort geltenden hierarchischen und funktionalen Strukturen, ihrer wissenschaftsspezifischen Partizipationsformen. Den Fokus in diesem Kapitel dennoch allein auf die Sekretärinnen zu richten war aber nicht in erster Linie quantitativen Kriterien geschuldet, sondern qualitativen Erwägungen: Die archaische, genderbasierte Top-down-Struktur existierte

---

33 Siehe Kapitel 5.1 Quintessenz.
34 Vgl. zu diesen Arbeitsbereichen jedoch Kolboske und Scholz: Spannungsfelder kooperativer Wissensarbeit, 2023.

in unterschiedlicher Abstufung zwar ebenso in den Labors und Bibliotheken, doch in keinem anderen Bereich war diese Hierarchie so ausgeprägt vorhanden wie im Vorzimmer. Dort lässt sich das Herrschaftsverhältnis gleichsam ideal-typisch formulieren.

Ziel dieses Kapitels ist es, über Qualifikationsanforderungen hinaus die Arbeitswelt von Sekretärinnen in der Max-Planck-Gesellschaft seit 1948 zu betrachten und zu analysieren: ihre als selbstverständlich wahrgenommenen, wenig angesehenen materiellen Praktiken, die an sie gestellten Erwartungen und damit verbundenen Imaginationen sowie auch die technologisch-ökonomischen Triebkräfte hinter den Veränderungen ihres Berufsfeldes und ihrer konkreten Arbeitsbedingungen. Im Zentrum stehen die Transformationsprozesse des Vorzimmers im Wissenschaftsbetrieb, die ohne eine Berücksichtigung des gesellschaftlichen Kontextes, in der sich die geschlechtsspezifische Segregation des Arbeitsmarktes herausgebildet hat und die Büroberufe ihre feminisierte Identität erlangt haben, nicht zu verstehen ist.

Es geht hierbei um die folgenden Fragestellungen und Untersuchungsgegenstände: Wie stellt sich das Machtgefüge im Vorzimmer dar und welche Faktoren bedingten das Überdauern der Geschlechterhierarchie bis in die Gegenwart? Wurde das Spektrum soziokultureller Realitäten und Veränderungen dabei überhaupt und, wenn ja, ausreichend von den Arbeitgebern berücksichtigt? Inwieweit besteht hier ein Zusammenhang mit Feminisierung und Deprofessionalisierung, wenn, wie im Fall des Sekretärs geschehen, die geschlechtsspezifische Zusammensetzung eines Berufsstands wechselt und das allgemein die Annahme auslöst, die Arbeit sei einfacher geworden?

Die Rolle der Sekretärin als *office wife* prägt bis heute die Wahrnehmung der Büroarbeit von Frauen. Es wird zu untersuchen sein, inwieweit die bereits in der Weimarer Republik etablierten geschlechtsspezifischen Arbeitsstrukturen mit ihren starren Hierarchien bewusst aufrechterhalten wurden, um die Tatsache nicht anerkennen zu müssen, dass viele Sekretärinnen – auch in der MPG – nicht nur als Büro-, sondern auch als Wissensmanagerinnen fungier(t)en, und sie so weiterhin als Unterstützerinnen behandeln und besolden zu können und nicht als die Managerinnen, die sie tatsächlich sind.

Im Zentrum des Kapitels »Von der ›Bruderschaft der Forscher‹ zur ›Sisterhood of Science‹« stehen die Wissenschaftlerinnen, die zwischen 1948 und 1998 zu weiblichen Wissenschaftlichen Mitgliedern der Max-Planck-Gesellschaft berufen worden sind und damit in die höchste Position innerhalb eines Instituts einrückten, vergleichbar mit einem Lehrstuhl an den Universitäten. In den ersten 50 Jahren ihres Bestehens waren es gerade einmal 13 von 691, von denen sieben auch *Direktorinnen* waren. Wovon hing es im Einzelnen ab, ob eine Wissenschaftlerin als Wissenschaftliches Mitglied berufen wurde oder nicht? War dies eine Frage der Fachdisziplin, des Netzwerks oder einfach des Geschlechts? Welche Rolle spielten dabei soziale und akademische Herkunft sowie beruflicher Status? Welchen Einfluss hatten die politischen und wirtschaftlichen Entwick-

lungen in der bundesdeutschen Nachkriegszeit? Hinterließ der gesellschaftliche
Aufbruch 1968 Spuren in der MPG?

Dabei wird zu analysieren sein, ob das Harnack-Prinzip maßgeblich verantwortlich war für die Persistenz einer patriarchalen Wissenschaftsstruktur
in der Max-Planck-Gesellschaft, das heißt ob dieses persönlichkeitszentrierte
Strukturprinzip der MPG, gepaart mit der Verpflichtung zu Exzellenz, als
probates Instrument diente, um Frauen aus der Wisenschaft auszuschließen.
Entsprechend der Überzeugung, dass Wissenschaftlerinnen im Unterschied
zu ihren Kollegen den hohen Standards des Harnack-Prinzips aus unterschiedlichen Gründen in der Regel nicht standhalten konnten. Die ablehnende Haltung
gegenüber einem Umgang mit Wissenschaftlerinnen auf Augenhöhe korrespondierte mit bestimmten gesellschafts- und kulturpolitischen Entwicklungen in
der Bundesrepublik. Erst sehr spät und dann nur zögerlich wurde eine Kultur
des Umdenkens eingeleitet. Dabei hätte es schon in der Zeit, als die MPG zu al-
lererst im Entstehen war, eine historische Chance dafür gegeben: Durch die Verleihung des Nobelpreises 1945 ausschließlich an Otto Hahn, ohne Lise Meitners
wissenschaftliche Leistung daran zu berücksichtigen, wurde sie verpasst.

In der vorliegenden Studie wird erstmals das Spektrum wissenschaftlicher
Arbeit von Spitzenforscherinnen der MPG, die Leistungen des sogenannten
wissenschaftsunterstützenden weiblichen Personals und der Beitrag von Ehefrauen männlicher Spitzenforscher zur Entstehung von Wissenschaft zusam-
mengesehen und gewürdigt.

Das abschließende Kapitel »Chancengleichheit in der Max-Planck-Gesellschaft.
Ein Aufbruch mit Hindernissen« analysiert genderhistorisch den soziokulturellen und strukturellen Wandlungsprozess in der Max-Planck-Gesellschaft
im ausgehenden 20. Jahrhundert. Im Zentrum stehen dabei die Interaktionsbeziehungen der gleichstellungspolitischen Aushandlungsprozesse, die Ende
der 1980er-, Anfang der 1990er-Jahre dazu beigetragen haben, die tradierte
Geschlechterordnung der MPG aufzubrechen.

Strukturiert werden die fünf Unterkapitel durch die leitenden Fragestellungen:
Wie stand die MPG im Vergleich mit anderen wissenschaftlichen Forschungseinrichtungen da? Ab wann beschäftigte sich die Max-Planck-Gesellschaft mit
Maßnahmen zur Frauenförderung? Wer war an den Aushandlungsprozessen
zur Gleichstellung in der Max-Planck-Gesellschaft beteiligt? Extern verordnete
Gleichstellungsmaßnahmen standen nicht im Einklang mit dem Selbstverständnis der Max-Planck-Gesellschaft – was bedeutete unter diesem Aspekt das Inkrafttreten des Frauenfördergesetzes 1994 für die Max-Planck-Gesellschaft als
maßgeblich vom Bund geförderte Einrichtung? Wie wirkte sich das Festhalten
am meritokratischen Wissenschaftssystem – der Überzeugung, Qualifikation
und nicht Geschlecht sei das allein entscheidende Auswahlkriterium der MPG –
auf die Umsetzung von frauenfördernden Maßnahmen aus?

Abschließend wird in einer Gesamtanalyse der Frage nachgegangen, wie
erfolgreich die Gleichstellungspolitik in dieser Phase der MPG gewesen ist, ob

dort ein Paradigmenwechsel, ein Prozess des Umdenkens stattgefunden hat. Geprüft werden sollen dabei die Thesen, ob es vor allem exogene Faktoren waren, die innerhalb der Max-Planck-Gesellschaft zu einer wissenschaftlich fundierten Bestandsaufnahme der beruflichen Situation von Frauen in der MPG geführt haben, und ob dies intern maßgeblich auf die Initiative des Gesamtbetriebsrats bzw. dessen Frauenausschuss zurückzuführen gewesen ist.

1.2.1 Forschungsstand

Sekretärinnen

Es ist bemerkenswert, dass sich Medien- und Technikgeschichte schon lange mit der Schreibmaschine beschäftigten, bevor sich Sozial- und Frauengeschichte der »Maschinistin« zuwandten. Bereits seit den 1930er-Jahren liegt eine beeindruckende Anzahl von Schriften über die Schreibmaschine als historiografisches Artefakt der Kultur, Technik und Wissenschaft vor: von Hermann Popps *Kinematische und dynamische Untersuchung der Schreibmaschine* (1930) und Hermann Reineckes Studie *Über die handangetriebenen Anschlaggetriebe der Schreibmaschine* (1953) über Karlheinz Vielhauers *Die deutsche Schreibmaschinen-Industrie* (1954) oder auch Shuying Zhangs *Neues Konzept einer Schreibmaschine für chinesische Schrift* (1981) bis hin zu Jan Henschens *RAF-Erzählung* (2013), die sich der Schreibmaschine von Andreas Baader widmet.[35]

Erst deutlich später begann sich die Wissenschaft mit dem dazugehörigen Berufsbild der Büroangestellten auseinanderzusetzen. Zu den ersten, die zwischen Angestellten und Sekretärinnen unterschieden, gehörten Jürgen Kocka (1977), Gisela Brinkler-Gabler (1979) und Ursula Nienhaus (1982); Gabriele Rösler verfasste 1981 die erste deutsche Qualifikationsarbeit über die Arbeitsbedingungen von Sekretärinnen.[36] Wegweisend zur Entstehung des weiblichen Angestelltenberufs in der Weimarer Republik sind die Aufsätze von Ute Frevert »Vom Klavier zur Schreibmaschine« (1979) und »Traditionale Weiblichkeit und moderne Interessenorganisation: Frauen im Angestelltenberuf 1918–1933« (1980).[37]

Arbeitssoziologisch beschäftigten sich beispielsweise Friedrich Weltz, Ursula Jacobi, Veronika Lullies und Wolfgang Becker 1979 in ihrem dreibändigen Werk mit dem Thema *Menschengerechte Arbeitsgestaltung in der Textverarbeitung*,

---

35 Popp: *Kinematische und dynamische Untersuchung der Schreibmaschine*, 1930; Reinecke: *Über die handangetriebenen Anschlaggetriebe der Schreibmaschine*, 1953; Vielhauer: *Die deutsche Schreibmaschinen-Industrie*, 1954; Zhang: *Neues Konzept einer Schreibmaschine für chinesische Schrift*, 1981; Henschen: *Die RAF-Erzählung*, 2013.

36 Kocka: *Angestellte zwischen Faschismus und Demokratie*, 1977; Brinker-Gabler (Hg.): *Frauenarbeit und Beruf*, 1979; Rösler: *Entwicklung der Arbeitsbedingungen von Sekretärinnen*, 1981; Nienhaus: *Berufsstand weiblich*, 1982. Inzwischen ist der literarische Korpus zum Thema recht umfangreich geworden.

37 Frevert: *Vom Klavier zur Schreibmaschine*, 1979, 82–112; Frevert: *Traditionale Weiblichkeit*, 1981, 507–533.

das 2011 mit *Alternative Arbeitsgestaltung im Büro* seine Fortsetzung fand[38]
Friedrich Kittler widmete sich im Anschluss an seine Habilitationsschrift *Auf-
schreibesysteme 1800–1900* (1985) in seiner fulminanten »Archäologie« von
Grammophon, Film, Typewriter (1986) zwar nur peripher, doch mit seinen Allu-
sionen und Assoziationen umso nachdrücklicher den weiblichen »typewriters«.[39]

Seit Ende der 1980er-, Anfang der 1990er-Jahre griff auch die feministische
Forschung die Thematik auf. Wegweisend war dabei Ursula Holtgrewe, die 1989
in *Schreib-Dienst* Frauenarbeit im Büro untersuchte,[40] bemerkenswert auch
Rosemary Pringles Studie *Secretaries Talk*, die im selben Jahr erschien und Interviews Hunderter australischer Sekretärinnen auswertete.[41] Pringle bezog in ihre
Analyse insbesondere die Themen Sexualität, Technologie, Arbeitsbeziehungen
und feministische Politik mit ein und konnte veranschaulichen, dass die Beziehung zwischen Chef und Sekretärin »nicht als ein anomales Stück Traditionalis-
mus oder ein Eindringen in die private Sphäre betrachtet werden muss, sondern
vielmehr als Ort von Machtstrategien, bei denen die Sexualität eine wichtige,
wenn auch keineswegs die einzige Dimension darstellt«.[42] Gabriele Winkers
Studie *Büro. Computer. Geschlechterhierarchie* von 1995 setzte sich explizit mit
den Folgen neuer technikgestützter Arbeitssysteme auf weibliche Arbeits- und
Lebensbedingungen auseinander, indem sie die Probleme und Widersprüche der
Arbeitsrealität von Frauen im Zusammenhang mit der Einführung und Anwendung von Informationstechnologien am konkreten Beispiel der Schreibkräfte
in der Verwaltung analysierte.[43] In *Vom Sekretariat zum Office-Management*
beschrieb Barbara Klein 1996 die geschichtliche Entwicklung des Sekretariates,
wobei sie explizit die sich wandelnden Gestaltungsfelder des »diffusen Berufsbilds« beleuchtete und die Wechselwirkung zwischen Managementkonzepten
und dem Einsatz moderner Technologien auf die Organisationsgestaltung sichtbar machte.[44]

In dem 1993 von Anette Koch und Helmut Gold herausgegebenen Sammelband *Fräulein vom Amt* wird nicht nur der titelgebende Beruf der Telefonistin,
sondern werden auch andere Frauenberufe der 1920er- und 1930er-Jahre analysiert und zeithistorisch kontextualisiert, nicht zuletzt mit Blick auf die Faszination moderner technischer Kommunikation und auf das Bild der »Neuen Frau«.[45]

---

38 Weltz et al.: *Menschengerechte Arbeitsgestaltung in der Textverarbeitung*, 1979; Jacobi,
    Lullies und Weltz: *Alternative Arbeitsgestaltung im Büro*, 2011, 195–216.
39 Kittler: *Grammophon, Film, Typewriter*, 1986.
40 Holtgrewe: *Schreib-Dienst*, 1989.
41 Pringle: *Secretaries Talk*, 1989. – Einführend: Pringle: Bureaucracy, Rationality and
    Sexuality, 1989, 158–177.
42 Pringle: *Secretaries Talk*, 1989, 162.
43 Winker: *Büro. Computer. Geschlechterhierarchie*, 1995.
44 Klein: *Vom Sekretariat zum Office-Management*, 1996, Zitat: IX.
45 Gold und Koch (Hg.): *Fräulein vom Amt*, 1993. Darin insbesondere Grossmann: Eine
    »neue Frau«?, 1993, 135–161; Koch: Die weiblichen Angestellten in der Weimarer Repu-
    blik, 1993, 163–175; Holtgrewe: »Frauen sind keine Männer«, 1993, 176–186.

In einem weiteren, von Sabine Biebl, Verena Mund und Heide Volkenig herausgegebenen Sammelband wird unter dem Titel *Working Girls* die Ökonomie von Liebe und Arbeit untersucht.[46] Auch die dort versammelten Beiträge von unter anderem Stefan Hirschauer, Ilke Vehling und Maren Möhring gehen dem Frauenbild und den Frauenfantasien nach, die durch erwerbstätige, junge Frauen (nicht nur) im Büro evoziert werden.[47] Die Studie *Schreiben, Rechnen, Ablegen*[48] der französischen Wissenschaftshistorikerin Delphine Gardey aus dem Jahr 2019 bietet mit Blick auf die im Titel angedeutete »Kunst des Machens« einen tiefen Einblick in die kognitiven und materiellen Veränderungen des Bürolebens vom 19. Jahrhundert bis in die 1940er-Jahre hinein.[49]

Die Arbeitssituation des nichtwissenschaftlichen Personals in der deutschen Forschungslandschaft ist bislang weitgehend eine Terra incognita. Für die Max-Planck-Gesellschaft setzte sich als Erste Sonja Munz 1993 in ihrer empirischen Untersuchung zur beruflichen Situation von Männern und Frauen in der Max-Planck-Gesellschaft mit den Belangen der überwiegend weiblichen nichtwissenschaftlichen Beschäftigten auseinander.[50] Für den Hochschulbereich machte Ulf Banscherus 2009 den Anfang mit seiner Studie zum »Arbeitsplatz Hochschule« im Wandel von Arbeit und Beschäftigung in der »unternehmerischen Universität«.[51] Daran anknüpfend wurde von Oktober 2013 bis Dezember 2016 das von der Hans-Böckler-Stiftung geförderte Forschungsprojekt »Wandel der Arbeit in wissenschaftsunterstützenden Bereichen an Hochschulen« von einem Team der Berliner Humboldt-Universität unter Leitung von Ulf Banscherus und Andrä Wolter durchgeführt.[52] Bei diesem Projekt handelte es sich nach eigenen Angaben »um die erste über einzelne Hochschulen hinausgehende empirische Untersuchung zum Wandel der Arbeits- und Beschäftigungsbedingungen des wissenschaftsunterstützenden Personals«.[53]

Wissenschaftlerinnen

Der Weg von Frauen zur Wissenschaft allgemein ist gut dokumentiert ebenso wie ihre dortigen Berufswege, die sich von denen der Männer deutlich unterschieden. Als eine der Ersten setzte sich Margherita von Brentano bereits 1963

---

46 Biebl, Mund und Volkening (Hg.): *Working Girls*, 2007.

47 Hirschauer: Arbeit, Liebe und Geschlechterdifferenz, 2007, 23–41; Vehling: »Schreibe, wie Du hörst«, 2007, 77–100; Möhring: Working Girl Not Working, 2007, 249–274.

48 Gardey: *Schreiben, Rechnen, Ablegen*, 2019.

49 Vgl. dazu auch Winter: Rezension, 2019.

50 Munz: *Zur Beschäftigungssituation von Männern und Frauen*, 1993, 227.

51 Banscherus und Friedrich-Ebert-Stiftung (Hg.): *Arbeitsplatz Hochschule*, 2009.

52 Uta Böhm, Romy Hilbrich (10/2013–09/2015), Fanny Isensee (10/2015–02/2016) und Susanne Schmitt (10/2015–12/2016) als wissenschaftliche Mitarbeiterinnen sowie Olga Golubchykova (10/2013–08/2016), Maren Richter (11/2014–09/2015), Jenny Högl (10/2015–03/2016) und Alena Baumgärtner (05–12/2016) als studentische Mitarbeiterinnen beteiligt.

53 Banscherus et al.: *Wandel der Arbeit*, 2017, 15.

mit der Unterrepräsentanz von Frauen an der Universität und den Ursachen dafür auseinander.[54] Dieser Studie folgte in den 1980er-Jahren ein Aufschwung der
Frauen- und Geschlechterforschung, die Wege von Frauen in die Wissenschaften
dokumentierte und die mit steigender Qualifikations- und Hierarchiestufe zunehmende eine Unterrepräsentanz von Frauen nachwies. Pionierarbeit leistete
Margaret Rossiter mit ihren jahrzehntelangen Untersuchungen (1972–2012), die
schließlich in einem dreibändigen Standardwerk der Wissenschaftsgeschichte
über das Leben und Arbeiten von Wissenschaftlerinnen in Nordamerika im
20. Jahrhundert mündeten. Insbesondere der erste, 1982 erschienene Band
machte erstmals die Wissenschaftlerinnen in ihrer Gesamtheit und Bedeutung
sichtbar.[55] In ihrer bahnbrechenden Untersuchung über die Verdrängung des
Beitrags von Wissenschaftlerinnen in der Forschung zugunsten ihrer männlichen Kollegen im Sinne der »selbstverstärkten Akkumulation von Ansehen«
bezeichnete Rossiter unter anderem das Beispiel von Lise Meitner und Otto
Hahn als den vermutlich »most notorious theft of Nobel credit«.[56]

Der von Karin Hausen und Helga Nowotny 1986 veröffentlichte Sammelband
Wie männlich ist die Wissenschaft?[57] problematisierte in wissenschaftshistori-
scher Perspektive die vermeintliche Geschlechtsneutralität der Wissenschaften.
Gemeinsam mit anderen Wissenschaftlerinnen erforschten die Autorinnen für
verschiedene wissenschaftliche Disziplinen – Kultur- und Sozialwissenschaften,
Rechtswissenschaft und Medizin, Naturwissenschaften, Ingenieurwissenschaften und Architektur – spezifische Merkmale einer »Männer-Wissenschaft«
entlang der drei Achsen zeitlich, kognitiv hinsichtlich disziplinärer Methoden
und Praktiken sowie räumlich im internationalen Vergleich. Londa Schiebingers
Studie *The Mind Has No Sex?* rückte 1989 insbesondere die Problematik von
Frauen in den Naturwissenschaften bzw. deren Unterrepräsentation in den Mittelpunkt ihres interkulturellen Vergleichs. Ausgehend von der Prämisse, dass in
den USA ein »Kampf der Kulturen« zwischen einer Kultur der Weiblichkeit und
einer frauenlosen Wissenschaftskultur stattfinde, untersuchte sie Institutionen,
Wissenschaftlerinnenbiografien, wissenschaftliche Definitionen der weiblichen
Natur sowie die kulturelle Bedeutung von Geschlechteridentität über einen Zeitraum von drei Jahrhunderten hinweg.[58]

Berufswege und Arbeitswelten von Akademikerinnen an deutschsprachigen
Hochschulen und Universitäten haben unter anderem Gunilla Budde für die
Akademikerinnen in der DDR bis 1975,[59] Sylvia Paletschek für die Universität

---

54 Brentano: Die Situation der Frauen, 1963, 73–90. Insbesondere zu Berufungsverfahren,
    vgl. Brentano: Bei gleicher Qualifikation, 2010, 358–363, 360–361.
55 Die drei Bände von Margaret Rossiter: *Women Scientists in America*, 1982, 1995, 2012.
56 Rossiter: The Matthew Matilda Effect in Science, 1993, 325–341, 329.
57 Hausen und Nowotny (Hg.): *Wie männlich ist die Wissenschaft?*, 1986.
58 Schiebinger, *The Mind Has No Sex?*, 1989.
59 Budde (Hg.): *Frauen der Intelligenz*, 2003.

Tübingen im Deutschen Kaiserreich und der Weimarer Republik[60] sowie Christine von Oertzen hinsichtlich der internationalen Vernetzung von Wissenschaftlerinnen (1917–1955)[61] erforscht. Während sich Forschungen über Frauen in der Wissenschaft lange auf Hochschulen und Universitäten konzentriert haben, gibt es in jüngerer Zeit zunehmend historische Untersuchungen, die sich mit außeruniversitären Forschungseinrichtungen beschäftigen: Petra Hoffmanns Studie analysiert am Beispiel der Preußischen Akademie der Wissenschaften die geschlechterpolitischen Strukturen und die Inklusion von Frauen in der preußischen Wissenschaft.[62] Mit ihrer explorativen Studie über die erste Professorinnengeneration in der Frauen- und Geschlechterforschung hat Ulla Bock die Disziplin selbst zum Untersuchungsgegenstand gemacht. Ihre Interviews mit Pionierinnen dieser ersten »sichtbaren« Generation von Professorinnen für Frauen- und Geschlechterforschung leisten mit diesem systematischen Rückblick einen Beitrag zum institutionellen Erfahrungswissen.[63]

Geschlechtersoziologische Gegenwartsstudien wie die von Beate Krais,[64] Steffani Engler[65] und Sandra Beaufaÿs[66] beschäftigen sich mit dem beruflichen Verbleib von Wissenschaftlerinnen unter Bezugnahme auf die soziologische Analyse des wissenschaftlichen Feldes von Pierre Bourdieu.[67] Ausgehend von der These, dass »Leistung nicht unabhängig von der Anerkennung der im Feld etablierten Akteure als funktionales, ›objektives‹ Prinzip« existiert, sondern individuell innerhalb sozialer Prozesse zugeschrieben wird, ging Beaufaÿs der Frage nach, wie Wissenschaftlerinnen und Wissenschaftler in der Praxis des wissenschaftlichen Alltags erzeugt werden bzw. sich selbst erzeugen.[68]

Die Forschung speziell zu Wissenschaftlerinnen in der Max-Planck-Gesellschaft ist überschaubar. Während das Leben und Wirken berühmter Wissenschaftler der Kaiser-Wilhelm- und Max-Planck-Gesellschaft in einer Vielzahl an Hagiografien und Biografien gewürdigt worden ist,[69] wurden ihre Kolleginnen bis Mitte der 1990er-Jahre weitgehend ignoriert. 1996 erschien schließlich die maßgebliche Biografie zu Lise Meitner der Wissenschaftshistorikerin Ruth

---

60 Paletschek: *Die permanente Erfindung einer Tradition*, 2001 sowie Paletschek: *Frauen und Dissens*, 1990.
61 Oertzen: *Strategie Verständigung*, 2012.
62 Hoffmann: *Weibliche Arbeitswelten in der Wissenschaft*, 2011.
63 Bock: *Pionierarbeit*, 2015.
64 Krais: Das soziale Feld Wissenschaft und die Geschlechterverhältnisse, 2000, 31–54.
65 Engler: Zum Selbstverständnis von Professoren, 2000, 121–152.
66 Beaufaÿs: *Wie werden Wissenschaftler gemacht?*, 2003.
67 Bourdieu: Die männliche Herrschaft, 1997, 153–218.
68 Beaufaÿs: *Wie werden Wissenschaftler gemacht?*, 2003, 239.
69 Die erste Biografie über Max Planck von Hans Hartmann, *Max Planck als Mensch und Denker*, erschien bereits 1938. Eine kursorische Durchsicht der Literatur erbringt bereits 25 Biografien seit 1962 für Otto Hahn und 14 seit 1976 für Werner Heisenberg, zudem mehrere über die beiden und ihr gemeinsames Wirken.

Lewin Sime, der 1999 eine weitere Meitner-Biografie von Patricia Rife folgte.[70]
In ihrem Aufsatz »Science, Politics, and Morality« setzte sich Elvira Scheich 1997
mit der Freundschaft von Lise Meitner und Elisabeth Schiemann auseinander.[71]
Der von Reiner Nürnberg, Ekkehard Höxtermann und Martina Voigt herausgegebene Sammelband *Elisabeth Schiemann 1881–1972: Vom AufBruch der Genetik und der Frauen in den UmBrüchen des 20. Jahrhunderts* (2014) beleuchtet
Leben, Forschung und politisches Engagement von Schiemann.[72]

2007 schloss Annette Vogt mit ihrer Studie *Vom Hintereingang zum Hauptportal? Lise Meitner und ihre Kolleginnen an der Berliner Universität und in der
Kaiser-Wilhelm-Gesellschaft* eine große Lücke.[73] In einer Langzeitstudie untersuchte sie die Karrieren von Wissenschaftlerinnen in der Berliner Universität
und der Kaiser-Wilhelm-Gesellschaft in der ersten Hälfte des 20. Jahrhunderts.
Geleitet von der Fragestellung, ob es insbesondere Naturwissenschaftlerinnen
in der damaligen Zeit gelungen sei, aus Außenseiterpositionen in etablierte
Positionen zu gelangen, ordnete Vogt die Rahmenbedingungen ihrer Arbeitswelt
historisch ein.[74] Dies war umso wichtiger, da bis dahin in Untersuchungen zur
Geschichte und Struktur der Kaiser-Wilhelm-Gesellschaft die Nichtwürdigung
des Beitrags der Wissenschaftlerinnen weiter tradiert worden war, wie beispielsweise auch im von Rudolf Vierhaus und Bernhard vom Brocke herausgegebenen
Standardwerk *Forschung im Spannungsfeld von Politik und Gesellschaft*,[75] oder
in der von Bernhard vom Brocke und Hubert Laitko herausgegebenen Studie
Die Kaiser-Wilhelm-/Max-Planck-Gesellschaft und ihre Institute.[76] Darüber hinaus verfasste Vogt eine Reihe biografischer Aufsätze zu Wissenschaftlerinnen
nicht nur der Kaiser-Wilhelm- bzw. Max-Planck-Gesellschaft.[77] Helga Satzinger
untersuchte 2007 die »Geschlechterordnungen in der Genetik und Hormonforschung 1890–1950«,[78] wobei sie ihr Hauptaugenmerk auf die Herstellungsbedingungen von Forschungsergebnissen bzw. den Anteil von Frauen an diesen
richtete. Im Kontext der Hormonforschung beschäftigte sich Satzinger mit
den Arbeits- und Liebesbeziehungen unter anderem von Theodor Boveri und

---

70   Sime: *Lise Meitner. A Life in Physics*, 1996; Rife: *Lise Meitner and the Dawn of the Nuclear
     Age*, 1999. – Bereits 1995 war eine deutschsprachige Lise-Meitner-Biografie für Jugendliche erschienen: Kerner: *Lise, Atomphysikerin*, 1995. Dieser folgte zwei Jahre später noch
     Kerner: (Hg.): *Madame Curie und ihre Schwestern*, 1997.
71   Scheich: Science, Politics, and Morality, 1997, 143–168.
72   Nürnberg, Höxtermann und Voigt (Hg.): *Elisabeth Schiemann*, 2014.
73   Vogt: *Vom Hintereingang zum Hauptportal?*, 2007.
74   Ebd.
75   Vierhaus und vom Brocke (Hg.): *Forschung im Spannungsfeld von Politik und Gesellschaft*,
     1990.
76   Brocke und Laitko (Hg.): *Die Kaiser-Wilhelm-/Max-Planck-Gesellschaft*, 1996.
77   Vogt: »Besondere Begabung der Habilitandin«, 2000, 80–86; Vogt: Marguerite Wolff,
     2009; Vogt: Anneliese Maier und die Bibliotheca Hertziana, 2013, 116–121; Vogt: Rhoda
     Erdmann, 2018, 561–562.
78   Satzinger: *Differenz und Vererbung*, 2009.

Marcella O'Grady sowie Adolf Butenandt und Erika von Ziegner. Außerdem verfasste sie einen Aufsatz über die Hirnforscherin Cécile Vogt.[79]

Insbesondere außeruniversitäre Forschungsinstitute, zu denen die Max-Planck-Gesellschaft gehört, sind seit Ende der 1990er-Jahre mit organisationssoziologischen Ansätzen unter zwei zentralen Fragestellungen untersucht worden: Was sind die Agenzien und Barrieren für die Integration von Frauen in Führungspositionen und wie sehen die Wechselbeziehungen zwischen Ursachen, Ausgestaltung und Folgen organisationaler Strukturveränderungen aus? Christine Wimbauer untersuchte 1999 die organisationale Prägung individueller Karrierewege von Wissenschaftlerinnen und Wissenschaftlern am Beispiel der Fraunhofer-Gesellschaft.[80] Ihre empirische Untersuchung basierte auf aggregierten Strukturdaten der Fraunhofer-Gesellschaft von 1984 bis 1997 sowie einer schriftlichen Befragung von Wissenschaftlern und Wissenschaftlerinnen an elf ausgewählten Instituten. Auch Hildegard Matthies, Ellen Kuhlmann, Maria Oppen und Dagmar Simon gingen 2001 in ihrer Studie *Karrieren und Barrieren im Wissenschaftsbetrieb. Geschlechterdifferente Teilhabechancen in außeruniversitären Forschungseinrichtungen* dem Phänomen der Asymmetrie zwischen den Karriereverläufen von Frauen und Männern nach und richteten ihren Fokus dabei auf die Forschungseinrichtungen der Wissenschaftsgemeinschaft Gottfried Wilhelm Leibniz (WGL). Das Untersuchungsfeld bildeten drei ausgewählte Institute der WGL, die die Bereiche Naturwissenschaften, Sozialwissenschaften und Wirtschaftswissenschaften abdeckten.[81] Für beide Forschungseinrichtungen ergaben die Untersuchungen den Befund, dass Frauen aufgrund informeller Strukturen und männlicher Arbeitskultur weiterhin von Spitzenpositionen ausgeschlossen waren.

Von besonderem Interesse für die vorliegende Untersuchung sind auch die empirischen organisationssoziologischen Untersuchungen der Max-Planck-Gesellschaft von Sonja Munz, Jutta Allmendinger, Beate Krais und Nina von Stebut. Sonja Munz hatte bereits 1993 im Auftrag der Generalverwaltung und des Gesamtbetriebsrats der MPG eine empirische Studie zur Beschäftigungssituation von Frauen und Männern in der MPG durchgeführt.[82] Ziel war es, auf Grundlage einer ersten Bestandsaufnahme Informationen über die Beschäftigungssituation, die gesellschaftlichen, ökonomischen und politischen Rahmenbedingungen sowie die Benachteiligung von Frauen in der MPG zu erlangen. Methodisch fußte sie auf sekundärstatistischen Analysen und einer schriftlichen Befragung, die an allen Instituten der MPG durchgeführt worden war. Die Studie von Jutta Allmendinger, Nina von Stebut, Stefan Fuchs und Marion Hornung ist 1998 im Rahmen des von der MPG veranlassten Forschungsprojekts »Berufliche Werdegänge von Wissenschaftlerinnen in der MPG« zwischen 1995 und 2001

---

79 Satzinger: Cécile Vogt, 2014, a0025071.
80 Wimbauer: *Organisation, Geschlecht, Karriere*, 1999
81 Matthies et al.: *Karrieren und Barrieren im Wissenschaftsbetrieb*, 2001; vgl. auch Matthies et al.: *Gleichstellung in der Forschung*, 2003.
82 Munz: *Zur Beschäftigungssituation von Männern und Frauen*, 1993.

entstanden, um frauenförderliche bzw. -hinderliche Strukturen innerhalb von Organisationen in ihrer Verflechtung mit individuellen Verläufen sichtbar und gestaltbar zu machen.[83] Beabsichtigt wurde damit, die »Motoren und Blocka-den« bei der Integration von Frauen zu identifizieren, um so die Integration von Wissenschaftlerinnen auf allen Hierarchieebenen der MPG zu erleichtern. Auch die Untersuchung von Beate Krais und Tanja Krumpeter entstand im Kontext desselben Forschungsprojekts.[84] Krais und Krumpeter unterschieden zwischen der *epistemologischen* Dimension der Wissenschaftskultur und der sich auf die Strukturen der *scientific community* beziehenden *sozialen* Dimension und stellten für Letztere stagnierte weibliche Karrieren an den Rändern des Wissenschaftsbetriebs fest. Auch für Nina von Stebuts Studie »Eine Frage der Zeit? Zur Integration von Frauen in die Wissenschaft« bildete das Material aus dem MPG-Forschungsprojekt die empirische Grundlage. Obwohl Stebut feststellen konnte, dass es Frauen in vielerlei Hinsicht durch eine gute Ausbildung gelungen sei, ihre Lebenschancen und Optionen auszubauen, existierten, so die Autorin, weiterhin erhebliche Unterschiede in den Lebensverläufen von Frauen und Männern, einschließlich einer Segregation des Arbeitsmarktes, deren Ursachen Stebut in ihrer Studie untersuchte.[85] Die Erkenntnisse aus den soziologischen Studien von Munz und den Forschungsteams von Allmendinger und Krais hatten einen neuen Wissensstand geschaffen, der in den Verhandlungsprozessen um Gleichstellung in der Max-Planck-Gesellschaft auf allen Akteursebenen nicht mehr zu ignorieren war und das Problembewusstsein schärfte. Mit der vorliegenden Studie wird erstmals historisch die Wechselwirkung zwischen diesen soziologischen Studien, ihrer epistemologischen Wirkung und den geschlechterpolitischen Aushandlungsprozessen analysiert.

1.2.2   Quellen

Neben der im Anhang verzeichneten Literatur basiert diese Untersuchung auf einer Reihe von sowohl publizierten als auch zum Teil unveröffentlichten Archivquellen sowie auf Interviews mit Zeitzeug:innen. Die Archivquellen wurden überwiegend im Archiv der Max-Planck-Gesellschaft in Berlin und in der Registratur der MPG-Generalverwaltung in München konsultiert. Der Zu-

---

83   Allmendinger et al.: Berufliche Werdegänge von Frauen in der Max-Planck-Gesellschaft: Ausgangslage und Veränderungspotential. Ein zusammenfassender Projektbericht, 1996, 2, GVMPG, BC 207183. Dieser Projektbericht befindet sich in den Archivquellen.
84   Beate Krais und Tanja Krumpeter: Wissenschaftskultur und weibliche Karrieren. Zur Unterrepräsentanz von Wissenschaftlerinnen in der Max-Planck-Gesellschaft. Projektbericht für den Arbeitsausschuß »Förderung der Wissenschaftlerinnen« des Wissenschaftlichen Rates, 1997, 8–9, GVMPG, BC 207183. Wie bei dem Projektbericht von Allmendinger et al. handelt es sich auch bei diesem um »graue« Literatur, deren Ergebnisse nur durch das Studium der Archivunterlagen zugänglich geworden sind.
85   Stebut: *Eine Frage der Zeit?*, 2003, 15–16.

gang zu vielen für das Forschungsprogramm zur Geschichte der Max-Planck-Gesellschaft digitalisierten Akten ermöglichte die Durchsicht einer Vielzahl an Beständen, die auf dem papiernen Weg in derselben Zeit nicht zu leisten gewesen wäre.

Der Zugang zu den Nach- bzw. Vorlässen der Protagonistinnen dieser Studie – Erika Bollmann (III. Abt., Rep. 43), Isolde Hausser (II. Abt., Rep. 67, Nr. 672; III. Abt., Rep. 3), Else Knake (II. Abt., Rep. 62; III. Abt., Rep. 84-2, Nr. 3114), Anneliese Maier (III. Abt., Rep. 67, Nr. 977), Renate Mayntz (III. Abt., Rep. 178), Marie-Luise Rehder (III. Abt., ZA 70), Elisabeth Schiemann (II. Abt., Rep. 66, Nr. 2118 & Nr. 4885; III. Abt., Rep. 2), Anne-Marie Staub (II. Abt., Rep. 62, Nr. 958), Eleonore Trefftz (III. Abt., ZA 132) und Birgit Vennesland (III. Abt., Rep. 15) – erlaubte tiefe Einblicke in die Arbeitswelten und -beziehungen sowie nicht zuletzt auch in Berufungspraktiken von Wissenschaftlerinnen. Unterstützt wurde dieser Erkenntnisprozess durch die relevanten Personal- und Institutsbetreuungsakten (II. Abt., Rep. 66 & 67), die eine weitergehende historische Analyse des Arbeitsumfelds sowie dessen Wandel gestatten bzw. auch das Fehlen desselben. Ergänzend hierzu wurden auch die Nachlässe ihrer Kollegen, wie etwa Adolf Butenandt (III. Abt., Rep. 84-1 & 84–2), Otto Hahn (III. Abt., Rep. 1 & 14) und Otto Warburg (III. Abt., Rep. 1) herangezogen sowie mit den einschlägigen Gremienunterlagen der MPG korreliert, zu denen die Akten des Senats der MPG (II. Abt., Rep. 60), des Verwaltungsrats (II. Abt., Rep. 61) und des Wissenschaftlichen Rats (II. Abt., Rep. 62) gehören. Die Untersuchungen zu den wissenschaftlichen Karrieren von Knake und Margot Becke-Goehring wurden durch Akten in den Archiven der Humboldt-Universität zu Berlin (Bestand UK, Personalia K 277) bzw. des Universitätsarchivs Heidelberg (Rep. 14, Nachlass Freudenberg) ergänzt; der gesamte Nachlass von Lise Meitner befindet sich in Cambridge (Meitner Papers, Cambridge).

Im Unterschied zu der sehr reichhaltigen Überlieferung der in dieser Studie verhandelten Wissenschaftlerinnen ist die Quellenlage zum Bereich Vorzimmer, das heißt in Person der Sekretärinnen, äußerst bescheiden. Es gab in den mehr als 70 Jahren ihres Bestehens keine einzige Erhebung der Max-Planck-Gesellschaft zu Sekretärinnen; bis heute sehen sich die Mitarbeiter:innen der Generalverwaltung aufgrund der mehr als zwei Dutzend unterschiedlichen Berufsbezeichnungen außerstande anzugeben, wie viele Sekretärinnen in der Forschungsgesellschaft beschäftigt sind. Hinzu kommt, dass durch eine 1997 erfolgte Zusammenlegung verschiedener Registraturen unzählige Aktenbestände unwiderruflich verloren gegangen sind. Zu den wenigen Überlieferungen aus diesem Bereich gehören die Stellenausschreibungen aus den Jahren 1979 bis 2005 in den Akten der Registratur der MPG-Generalverwaltung in München, deren Auswertung eine wichtige Quelle zur Illustration der Transformationsprozesse im Vorzimmer darstellen, die unter anderem anhand des Wandels der Stellenprofile untersucht werden konnten (GVMPG, BC 207182 und GVMPG, BC 232874).

Ein für die Fragestellung des Gleichstellungsprozesses besonders hervorzuhebender Aktenbestand, der in der Registratur der Generalverwaltung der MPG

identifiziert wurde, sind die Handakten der ersten Zentralen Gleichstellungsbeauftragten der MPG Marlis Mirbach. Der Zugang zu diesen für das GMPG-
Forschungsprogramm digitalisierten Akten ermöglichte es, aus der Perspektive
einer zentralen Akteurin die vielschichtigen Aushandlungsprozesse detailliert
historisch zu rekonstruieren. Die Unterlagen enthalten neben umfangreichen
Korrespondenzen und Aktenvermerken der Gleichstellungsbeauftragten Dokumente der Bund-Länder-Kommission, der Hochschulrektorenkonferenz bzw.
der Westdeutschen Rektorenkonferenz und der Deutschen Forschungsgemeinschaft zum Thema Frauenförderung, mit entsprechenden Personalstatistiken.
Diese werden ergänzt durch Statistiken und Analysen zur Beschäftigungssituation von Frauen und Männern in der Max-Planck-Gesellschaft sowie durch
Dokumente und Empfehlungen des Wissenschaftlichen Rats zur Förderung von
Wissenschaftlerinnen.

Darüber hinaus dokumentiert dieses Aktenkonvolut die Ergebnisse der
Forschungsprojekte und empirischen Untersuchungen von Jutta Allmendinger, Beate Krais und Sonja Munz und enthält diverse Umfelddokumente, aus
denen sich Rückschlüsse über die Rezeption der betreffenden Studien innerhalb
der MPG ziehen lassen. Die soziologischen Studien werden einerseits epistemologisch als Primärquelle unter dem Gesichtspunkt analysiert, wie sie den
historisch zu untersuchenden Aushandlungsprozess der Gleichstellungspolitik performativ beeinflussten, und andererseits als soziologisches Wissen, das
auch für die historischen Forschungsfragen Probleme der Gleichstellungspolitik
identifiziert. Auch hierzu wurden die bereits erwähnten Gremienunterlagen
der MPG ausgewertet, zu denen neben den Akten von Senat, Verwaltungsrat und Wissenschaftlichem Rat auch die des Intersektionellen Ausschusses
(II. Abt., Rep. 62) gehören.

Anhand dieser Gremienprotokolle und Sitzungsunterlagen lassen sich die
Diskussionsprozesse der Gleichstellungspolitik in den internen Gremiensitzun-
gen der MPG in ihrem historischen Verlauf detailliert analysieren. Dies gilt auch
für die Dokumente zur Umsetzung des Frauenförder-Rahmenplans und des
C3-Sonderprogramms zur Förderung von Wissenschaftlerinnen sowie für die
Beiträge der Frauenbeauftragten der einzelnen Institute zur Frauenförderung.
Durch die Genehmigung des Gesamtbetriebsrats der MPG, die Unterlagen des
Bestands Gesamtbetriebsrat (II. Abt., Rep. 81) im Archiv der MPG auszuwerten,
wurde es möglich, die konfliktreichen Auseinandersetzungen um die Gleich-
stellungspolitik aus Sicht der Interessenvertretung der Arbeitnehmerinnen und
Arbeitnehmer zu analysieren. Dieser Bestand wurde noch ergänzt durch einzelne Unterlagen aus der Registratur des Betriebsrats des MPI für Wissenschaftsgeschichte. Diese Unterlagen öffneten den Blick auf Basisinitiativen, kritische
Diskussionen innerhalb der Belegschaften auf Institutsebene und organisierte
Proteste von Mitarbeiter:innen gegen eine als zu zögerlich empfundene Gleichstellungspolitik in Form von offenen Briefen und Unterschriftensammlungen,
wie etwa im Fall des von Präsident Zacher im Januar 1994 abgelehnten Entwurfs
einer Gesamtbetriebsvereinbarung zur Gleichstellungspolitik.

Neben den genannten unveröffentlichten Archivquellen wurden auch publizierte Quellen in die Untersuchung einbezogen. Dazu zählen ausgewählte Personalstatistiken aus dem seit 1974 von der Generalverwaltung der MPG veröffentlichten *Zahlenspiegel.* Letzterer und das Problem der fehlenden Datenerfassung zu Frauen wurden in der vorliegenden Studie unter dem Gesichtspunkt der geschlechtsspezifischen Statistik quellenkritisch analysiert. Relevant waren weiterhin einschlägige Artikel in MPG-eigenen Publikationen, wie dem *MPG-Spiegel* und dem *Jahrbuch* der MPG. Punktuell wurden komparative Zahlen und Fallbeispiele zu den nationalen und internationalen Vergleichsstudien der Europäischen Kommission als Indikatoren herangezogen.[86] Ferner wurden in die Quellenauswertung parlamentarische Unterlagen einbezogen, darunter Antworten der Bundesregierung auf Anfragen von Bundestagsabgeordneten zur Gleichstellungspolitik in den großen öffentlich finanzierten Forschungs- und Forschungsförderungsorganisationen (darunter MPG, Fraunhofer-Gesellschaft und DFG).

Entscheidend für das Verständnis von relationalen Zusammenhängen auf allen Ebenen dieser Studie waren die Interviews mit den ehemaligen Präsidialsekretärinnen Herta Fricke und Martina Walcher, der ersten Sektionssekretärin Brigitte Weber-Bosse, den Wissenschaftlichen Mitgliedern Lorraine Daston, Angela D. Friederici und Eleonore Trefftz sowie mit Martha Roßmayer, die im Forschungszeitraum Vorsitzende des Fachausschusses »Frauen in der MPG« des Gesamtbetriebsrats der MPG war, und Dirk Hartung, dem damals (stellvertretenden) Vorsitzenden des Gesamtbetriebsrats. Ihnen allen möchte ich dafür danken, dass sie mir Einblicke gewährt haben in die Hintergründe historischer Prozesse, die nicht oder nur rudimentär ihren Niederschlag in der schriftlichen Aktenüberlieferung gefunden haben.

1.2.3 Sprache

In dieser Arbeit wird selbstverständlich ausschließlich geschlechtergerechte Sprache verwendet. Um diese typografisch sichtbar zu machen wird der Gender-Doppelpunkt angewendet. Morphologisch steckt in jeder »Wissenschaftlerin« ein »Wissenschaftler« – eine Gleichung, die keinen Umkehrwert besitzt. Folglich kommt in diesem Text kein generisches Maskulinum vor. Es gibt jedoch viele genderspezifische Pluralformen, insbesondere »Sekretärinnen« und »Direktoren«, die den gendersegregierten Arbeitswelten geschuldet sind, die im Zentrum dieser Studie stehen. Im Untersuchungszeitraum arbeiteten ausschließlich Sekretär*innen* in den Vorzimmern der Max-Planck-Gesellschaft, die einzigen Sekretäre waren MPG-Generalsekretäre, die wiederum über eigene Vorzimmer verfügten. Zugleich gab es über viele Jahre, ja, Jahrzehnte hinweg keine einzige

86 BLK: *Frauen in der Wissenschaft*, 2000.

Direktorin. Aus feministischen Gründen wird eine beschönigende Aufwertung dieses Umstands durch eine gegenderte Schreibweise abgelehnt. Im Hinblick auf Forschungsgegenstand und Untersuchungszeitraum liegt dieser Studie das binäre Geschlechtermodell zugrunde, mitnichten jedoch in der Absicht, dessen überholte Heteronormativität zu bestätigen. Wo es sinnvoll erschien, ist von Frauen und Männern die Rede.

2. Im »Vorzimmer«: Mädchen, Maschinen und Methoden

> Was ist der Unterschied zwischen einer Chefsekretärin und einem Chefdirigenten? – Der Chefdirigent *ist* der Chef und die Chefsekretärin *hat* einen Chef.[1]

Abb. 2: Frauen der Schweizer Frauenbefreiungsbewegung (FBB) blockierten im Mai 1969 in der Stadt Zürich den Verkehr. © Keystone.

1 Pusch: Chefsekretärin gesucht, 2003, 190–191, 190.

Im Vorzimmer, diesem paradigmatischen Ort eines überkommenen Herrschaftsverhältnisses zwischen den Geschlechtern, haben die meisten weiblichen
Angestellten der Max-Planck-Gesellschaft in der zweiten Hälfte des 20. Jahrhunderts gearbeitet. Um das Vorzimmer zu kartieren, wird es auf unterschiedliche Weise durchmessen. Zunächst gilt es, die allgemeinen Strukturen dieses
Arbeitsplatzes zu analysieren und zuallererst die dort herrschende Hierarchie.
Wie stellt sich das Machtgefüge dort dar und was bedingt das Fortbestehen
seiner Geschlechterhierarchie bis in die Gegenwart, deren Beharrlichkeit mit
Diskursen und Wissensbeständen einhergeht, die Differenzen benennen und
auch generieren?[2] Wird das Spektrum soziokultureller Realitäten und Veränderungen dabei ausreichend berücksichtigt? Gerade das historische Verständnis
darüber, wie sich die geschlechtsspezifische Segregation des Arbeitsmarktes
herausgebildet hat, wie die Büroberufe ihre feminisierte Identität erlangt haben,
ist von entscheidender Bedeutung für die Analyse.[3] Die Angestelltenproblematik
der Weimarer Republik ist nicht nur »ein Paradigma der westlichen Kultur des
zwanzigsten Jahrhunderts«,[4] die dort etablierten, diskriminierenden Strukturen (Prestige, Gehalt, Aufstiegsmöglichkeiten etc.) scheinen bis heute fort-
zuwirken. Inwieweit besteht hier ein Zusammenhang mit *Feminisierung* und
Deprofessionalisierung?

Dann geht es um die Praxis im Vorzimmer, um das *doing office*. Das umfasst
sowohl das komplexe Geflecht materieller Praktiken und kognitiver Tätigkeiten –
vom Diktat über das Maschineschreiben und die Stenografie bis zur Ablage – als
auch die »Imaginationen des Vorzimmers«, das heißt die perzeptiven, interaktiven und mikropolitischen Aktivitäten der Sekretärinnen sowie die Erwartungen, die ihnen entgegengebracht werden. Das gesamte *doing office* wird analysiert,
um die vermeintlich schlichten, untergeordneten, intellektuell anspruchslosen
Tätigkeiten in ihrer ganzen Vielfalt und Tragweite zu erfassen und neu bewerten zu können, wo tatsächlich im Vorzimmer die Demarkationslinie zwischen
deontischer und epistemischer Autorität verläuft. Die Analyse der allgemeinen
Strukturen des Vorzimmers, wie sie sich im Laufe des 20. Jahrhunderts herausgebildet haben, werden schließlich unter anderem anhand der Erinnerungen
ehemaliger Chefsekretärinnen sowie von Stellenausschreibungen mit der Realität in der Max-Planck-Gesellschaft konfrontiert, das heißt, es wird untersucht,
wie sich diese Phänomene dort konkret dargestellt und verändert haben.

Vorweg noch eine Erklärung zu zwei Begriffen: Stringent wird im Text der
Begriff »Sekretärin« verwendet, dies im Rückgriff auf die ursprüngliche, mitnichten negativ konnotierte Bedeutung dieser Berufsbezeichnung, die auf die

---

2 Vgl. dazu Bereswill und Liebsch: Persistenz von Geschlechterdifferenz und Geschlechterhierarchie, 2019, 11–25, 16.
3 Grundlegend zur historischen Perspektive Nienhaus: *Berufsstand weiblich*, 1982; Frevert:
Traditionale Weiblichkeit, 1981, 507–533.
4 Rommel: *Die Angestellten*, 2012, 7.

damit verbundene Vertrauensposition verweist, die bis heute substanziell dafür
ist. Außerdem wird der inzwischen antiquierte Begriff »Vorzimmer« verwendet,
um dergestalt sowohl auf den metaphorischen wie auch den konkreten Raum zu
verweisen. Architektonisch im digitalen Zeitalter überholt, da die Erreichbarkeit
der Sekretärin inzwischen keine Frage räumlicher Nähe mehr ist,[5] evoziert er
jedoch zugleich das konkrete Sekretariat, das hier untersucht und analysiert
wird: das Vorzimmer des Chefs.

2.1 Hierarchie des Vorzimmers

2.1.1 Geschlechterhierarchien

Bis heute verbringen erwerbstätige Frauen ihren Arbeitsalltag überwiegend in
Einrichtungen, die traditionell von Männern dominiert bzw. deren Leitungs-
und Entscheidungsfunktionen überwiegend von diesen besetzt sind[6] (oder von
Frauen, die sich wie *social man*[7] benehmen).[8] Theoretisch werden Arbeitsplätze
und Hierarchien zwar als genderneutrale Organisationskonzepte imaginiert,
orientieren sich jedoch de facto am männlichen Standard – ob im Supermarkt
oder im Krankenhaus, in börsennotierten Unternehmen oder im Wissenschaftsbetrieb. Das kann so weit gehen, dass in diesen Kontexten Verhaltensdevianzen
wie die Diskriminierung und sexuelle Belästigung von Frauen »nur« als individuelle Abweichungen betrachtet und nicht als Bestandteil der Organisationsstruktur wahrgenommen werden.[9]

Abstract jobs and hierarchies, common concepts in organizational thinking, assume
a disembodied and universal worker. This worker is actually a man; men's bodies,
sexuality, and relationships to procreation and paid work are subsumed in the image of
the worker. Images of men's bodies and masculinity pervade organizational processes,
marginalizing women and contributing to the maintenance of gender segregation in
organizations.[10]

---

5 Ich danke Dieter Grömling, Leiter der MPG-Bauabteilung (Forschungsbau/Technik/Im-
   mobilien), für ein Gespräch über den konkreten Wandel der Vorzimmerarchitektur in
   der MPG im Kontext moderner Bürokommunikation. Telefonat Grömling und Kolboske,
   8. April 2019.
6 Nach Angaben des Statistischen Bundesamtes war 2019 nur knapp jede dritte Führungskraft (29,4 Prozent) weiblich, https://www.destatis.de/DE/Themen/Arbeit/Arbeitsmarkt/
   Qualitaet-Arbeit/Dimension-1/frauen-fuehrungspositionen.html%20Zuletzt%20
   aufgerufen%20am%2027. Zuletzt aufgerufen am 21. Juli 2021.
7 Sørenson: The Organizational Woman and the Trojan Horse Effect, 1984, 1007–1017.
8 Ausnahmen davon bilden beispielsweise Fürsorgeberufe wie Kindergärten/-tagesstätten,
   klinische Pflegedienste, Altenpflege und Grundschulen. Wobei Letztere auch einen
   Direktor an der Spitze eines sonst durchweg weiblichen Lehrkörpers haben können.
9 Vgl. dazu MacKinnon: Feminism, Marxism, Method, and the State, 1982, 515–544, 517.
10 Acker: Hierarchies, Jobs, Bodies, 1990, 139–158, 139.

Historisch fand die geschlechtsspezifische Arbeitsteilung in der Erwerbsarbeit allgemein auf zwei Ebenen statt: *horizontal,* wo Frauen und Männer unterschiedliche Arten von Tätigkeiten verrichten, und *vertikal,* bei der sie verschiedene Stufen in einem Berufszweig erreichten.[11] Das Problem der Segregation hat die Feministin und Publizistin Hedwig Dohm bereits 1874 benannt:

Ich hoffe beweisen zu können, daß zwei Grundprincipien bei der Arbeitstheilung zwischen Mann und Frau klar und scharf hervortreten: die geistige Arbeit und die einträgliche für die Männer, die mechanische und die schlecht bezahlte Arbeit für die Frauen; ich glaube beweisen zu können, daß der maßgebende Gesichtspunkt für die Theilung der Arbeit nicht das Recht der Frau, sondern der Vortheil der Männer ist.[12]

Noch deutlichere Worte fand sie für »geringgeschätzte und halbbezahlte Arbeit«, die sie als »Sclaverei in milderer Form« bezeichnete und konstatierte, dies sei die »allgemeine Lage der Frauen auf all' den Gebieten, die wir freie Arbeit nennen«.[13] Die Problematik des Gender-Pay-Gap besteht fort bis in die Gegenwart.

Das Arbeitsverhältnis zwischen Chef und Sekretärin steht exemplarisch für Geschlechterhierarchie. Es ist Inbegriff eines überkommenen, auf Über- und Unterordnung beruhenden Herrschaftsverhältnisses: »Das inhärente Machtgefälle der Beziehung zwischen Chef (dominant) und Sekretärin (unterwürfig) prädestinierte diese für alle möglichen sadomasochistischen Szenarien.«[14] Wie persistent dieses Machtgefälle ist, illustrieren die dort über ein Jahrhundert hinweg vorherrschenden Dichotomien, die auf dem Verständnis einer den männlichen Geist komplementierenden weiblichen Naturwesenhaftigkeit – auf Büroarbeit übertragen: geistige versus mechanische Arbeit – basieren.[15] Darüber hinaus halten sich hartnäckig horizontale und vertikale Segregationen entlang der Geschlechterdifferenz, die dem erfolgten Wandel von Geschlechterverhältnissen und den daraus resultierenden Dynamiken der letzten Jahrzehnte selten Rechnung getragen haben.[16] Im Büro ist der intellektuelle Akt des Schreibens im Sinne des *Verfassens* von Texten (insbesondere wissenschaftlicher) den Vorgesetzten vorbehalten. Für die Sekretärin geht es um das *Verarbeiten* von Texten, mit anderen Worten: um das Auf- oder Mitschreiben. Diese Geschlechterhierarchie im Vorzimmer wird bis heute oft als Selbstverständlichkeit, angestammtes Recht oder tradierte Gegebenheit wahrgenommen.[17] In der Max-Planck-Gesellschaft kommt als besonderes Merkmal hinzu, dass die dort tätigen Sekretä-

---

11 Winker: *Büro. Computer. Geschlechterhierarchie,* 1995, 32.
12 Dohm: *Die wissenschaftliche Emancipation der Frau,* 1874, 11.
13 Ebd, 24.
14 Peril: *Swimming in the Steno Pool,* 2011, 8.
15 Zur vermeintlichen Dichotomie von Kompetenz und Bildung vgl. etwa Lederer: *Kompetenz oder Bildung,* 2014.
16 Vgl. dazu Bereswill und Liebsch: Persistenz von Geschlechterdifferenz und Geschlechterhierarchie, 2019, 11–25.
17 Vgl. dazu Winker: *Büro. Computer. Geschlechterhierarchie,* 1995, 9.

rinnen inzwischen oft selbst Akademikerinnen sind. In einem, wie dort weit-
verbreiteten, hybriden Wissenschaftsumfeld[18] wirken sich starre und (immer
noch) überwiegend patriarchale Hierarchien belastend auf das soziokulturelle
Gefüge aus, insbesondere wenn das Milieu- bzw. konkrete Führungswissen fehlt.

Wie lässt sich in solch einer hierarchischen und – zumindest im Untersuchungszeitraum dieser Studie – überwiegend patriarchalen Arbeitsbeziehung,
das Vertrauensverhältnis zwischen Vorgesetzten und Sekretärinnen intakt halten? Entweder, und aus heutiger Sicht naheliegend, durch einen Umgang auf
Augenhöhe, getragen von gegenseitigem Respekt, oder – und in der Vergangenheit oft Realität – indem das Arbeitsverhältnis nicht als Herrschaftsbeziehung
erscheint oder wahrgenommen wird. Möglich wurde Letzteres, wie die Historikerin Ute Frevert beschreibt, etwa durch Personalisierung:

Der (immer) männliche Vorgesetzte repräsentierte für die Stenotypistinnen, Sekretärinnen und Telephonistinnen die gleichsam »natürliche« Autorität; er war Vaterfigur
und potentieller Liebhaber in einem. Die familiale Rollenverteilung, in der die Frau
den gehorchenden und der Mann den befehlenden Part zugewiesen bekamen, verdoppelte sich in der rational-bürokratischen Unternehmensstruktur; die traditionelle
Herrschaftspyramide, deren Trittbrett quasi »naturhaft« die Frau einnimmt, bewies
ihre Vorzüge auch im Betrieb. Die Reaktion der Frauen auf dieses wohlbekannte Au-
toritätsmuster war ebenso »natürlich«: sie paßten sich an, nicht ohne sich allerdings
einer wirkungsvollen Ausbruchsmöglichkeit zu versichern.[19]

Solche »Ausbruchsmöglichkeit« sieht Frevert eng im Zusammenhang mit der
»Erotisierung« dieser Herrschaftsbeziehung, die, begünstigt durch die »weibliche Tendenz zur freiwilligen Unterordnung«, die wahre Natur des Arbeitsverhältnisses in einem anderen Licht erscheinen ließ und »die reizvolle Illusion
eines gleichwertigen Tausches schuf«.[20] Verfügte die Sekretärin also über Macht?
Und wenn ja, war diese fiktiv oder real? Solche Fragen sowie die besagte weibliche Bereitwilligkeit zur Unterordnung bis hin zur Selbstausbeutung gilt es im
weiteren Verlauf genauer zu betrachten ebenso wie die möglicherweise damit
einhergehende Sexualisierung, wie ich es eher nennen würde, des Büros im
Kontext der »Imaginationen des Vorzimmers«.

---

18 Auf die hybride Wissenschaftslandschaft der MPG und dem von Celia Whitchurch
    eingeführten Konzept eines *Third Space* wird im weiteren Verlauf noch eingegangen;
    Whitchurch: *Reconstructing Identities in Higher Education*, 2013.
19 Frevert: *Vom Klavier zur Schreibmaschine*, 1979, 82–112, 101–102.
20 Ebd., 102.

2.1.2 The Typewriter – Annäherung an eine Berufsbezeichnung

> I think the word »secretary« means a girl
> or a woman that works for another man in
> the company, no matter what she does.[21]

Abb. 3: Die Schreibmaschine – Relikt vergangener Zeiten und historiografisches Artefakt. Hier die Tastatur einer alten Remington in Nahaufnahme. Foto: Marco Verch, CC BY-SA 2.0 de.

Abgesehen von Amme, Bardame und Putzfrau sind nur wenige Berufsbilder eindeutiger weiblich konnotiert als »Sekretärin«. Das Substantiv Sekretär leitet sich vom mittelalterlichen lateinischen Wort *secretarius* ab und bezeichnet einen verschwiegenen Mitarbeiter, das heißt eine Vertrauensperson und damit eine angesehene Tätigkeit. Obgleich Verschwiegenheit nach wie vor zu den grundlegenden Anforderungen an eine Sekretärin gehört, ging mit der Feminisierung des Berufsstandes viel von seinem Prestige verloren. Der Duden liefert die Definition: »Sekretärin, die: weibliche Form zu Sekretär«. Dieser wiederum ist »jemand, der für jemanden, besonders für eine Führungskraft oder eine [leitende] Persönlichkeit des öffentlichen Lebens, die Korrespondenz abwickelt

21 Pringle: *Secretaries Talk*, 1989, 1.

und technisch-organisatorische Aufgaben erledigt«.[22] Der Begriff hat natürlich auch noch andere Bedeutungen. Neben dem Möbelstück wird auch ein Regierungsbeamter so bezeichnet: »leitender Funktionär einer Organisation (z. B. einer Partei, einer Gewerkschaft)«.[23] Also jemand, der selbst wiederum auf die Dienste einer Sekretärin zurückgreift. Was könnte die Geschlechterordnung besser beschreiben? »Sekretärin« steht für den explizit weiblich konnotierten Beruf; »Sekretär« dagegen beschreibt einen, der jahrzehntelang fast ausschließlich männlich besetzt gewesen ist.

Die Tatsache, dass Büroarbeit in erster Linie als Frauenarbeit angesehen wurde und immer noch wird, macht es offenkundig schwierig, das Tätigkeitsfeld prägnant zu beschreiben und präzise einzugrenzen: »We have a problem as secretaries that nobody knows what to call us. A secretary could be a typist or it could be a full-blown personal assistant or administrative officer.«[24] Im Laufe der Zeit kamen immer mehr und immer vielfältigere Funktionsbereiche hinzu, doch die Berufsbezeichnung blieb dieselbe, ungeachtet, ob es um einfache Schreibtätigkeiten ging oder um komplexe Aufgaben des Büromanagements. Im englischen Sprachgebrauch wurde bisweilen ganz darauf verzichtet, zwischen Mensch und Maschine zu unterscheiden: Das Substantiv *typewriter* wurde sowohl für die Schreibmaschine selbst als auch für die (überwiegend weibliche) Person verwendet, die diese Maschine bediente[25] – ein sinnfälliger Ausdruck dafür, dass die Geschichte der Sekretärin untrennbar mit der Geschichte der Schreibmaschine verbunden ist.[26] Im Deutschen leitet sich die abwertende Bezeichnung »Tippse« von »tippen« ab.

Das Problem der adäquaten Berufsbezeichnung für »Sekretärinnen« ist nicht neu und dessen mangelnde Trennschärfe ist, so meine These, gewollt. Während es seit den 1930er-Jahren eine beeindruckende Anzahl von Dissertationen über die Schreibmaschine als historiografisches Artefakt der Kultur, Technik und Wissenschaft gibt, spiegelt sich das diffuse Berufsbild bzw. die undifferenzierte und gleichsam indifferente Verwendung der Bezeichnung Sekretärin – egal, ob hiermit eine persönliche Assistentin oder Abteilungsassistentin, eine Sachbearbeiterin oder eine Stenotypistin gemeint ist – über viele Jahre in einem Mangel an Historisierung der Person wider, die diese Maschine bediente (oder das Büro leitete), und damit ein strukturelles Desinteresse an einer solchen in der Hierarchie untergeordneten Position.

---

22 Vgl. dazu https://www.duden.de/node/164045/revision/164081. Zuletzt aufgerufen am 31. Juli 2020.
23 Vgl. ebd.
24 Pringle: *Secretaries Talk*, 1989, 1.
25 Vgl. Saval: *Cubed*, 2014, 75. Umfassend: Kittler: *Grammophon, Film, Typewriter*, 1986, 273, 400. Kittler wurde als der »profilierteste intellektuelle Feind des Apple-Universums« bezeichnet. Hans Gumbrecht, NZZ, 18. Juni 2019.
26 Zu der umwälzenden Bedeutung der Schreibmaschine für das Büro siehe unten das Kapitel 2.4 »Doing Office«.

In der Bundesrepublik wurden Berufe erstmals 1961 systematisch klassifiziert und mit Kennnummern verzeichnet. Als Abgrenzungsmerkmal für die einzelnen Berufe wurden die ausgeübten Tätigkeiten, *nicht* jedoch die Qualifikationen herangezogen.[27] Im systematischen Verzeichnis der Berufsbenennungen von 1970 klassifizierte das Statistische Bundesamt Wiesbaden »Sekretärinnen« im Bereich der Dienstleistungsberufe (»Vd Organisations-, Verwaltungs-, Büroberufe«) unter der Berufsordnung 782 »Stenographinnen, Stenotypistinnen, Maschinenschreiberinnen«, welche die Klassen Stenographen (7821), Sekretärinnen (7822), Fremdsprachenstenotypisten (7823), Stenotypisten (7824), Phonotypisten, Maschinenschreiber (7825) und Fernschreiber (7826) umfasste.[28] Diese wiederum untergliederten sich in die Berufsfelder Abschreiber, Ateliersekretärin, Bildschirmtypistin, Büroassistentin (Stenosekretärin), Chefsekretärin, Codetypistin, Debattenschreiber, Diktatschreiber, Direktionssekretärin (Stenotypistin), Fernschreiber, Fernsprechstenograf, Filmsekretärin, Fremdsprachenassistentin, Fremdsprachensekretärin, Fremdsprachenstenotypist, Hotelstenograf, Kammerstenograf, Kurzschreiber, Maschinenschreiber, Nachrichtenaufnehmer, Parlamentsstenograf, Phonotypist, Pressestenograf, Privatsekretärin (Stenotypistin), Redaktionssekretärin, Redaktionsstenograf, Regierungsstenograf, Schreibautomatenbediener, Schreibhilfe, Schreibkraft, Scriptgirl, Sekretärin (Stenotypistin), Stenograf, Stenokontoristin, Stenokorrespondent, Stenosekretärin, Stenotypist, Telephonstenograf, Verhandlungsstenograf und Zugsekretärin.[29] Die grundlegenden gemeinsamen Tätigkeitsfaktoren der Berufsgruppe 782 bildeten die Aufnahme von Diktaten und Textverarbeitung.

In der seit 2014 aktualisierten »Klassifikation der Berufe« der Bundesagentur für Arbeit findet sich in der Berufsgruppe 782 keine Sekretärin mehr, und der Bundesverband Sekretariat und Büromanagement (bSb) – der Zusammenschluss des 1956 in Mannheim gegründeten Deutsche Sekretärinnen-Verbandes (DSV) und des 1966 in München etablierten Bundes Deutscher Sekretärinnen (BDS) – spricht von »Office Professionals«. Die Frauen, die im Untersuchungszeitraum in der Max-Planck-Gesellschaft im Vorzimmer gearbeitet haben, wurden überwiegend als Sekretärinnen oder Chefsekretärinnen bezeichnet. Auf Grundlage der Stellenausschreibungen zwischen 1979 und 2005 ergeben sich die folgenden Berufsbezeichnungen für das Vorzimmer in chronologischer Reihenfolge: Sekretärin, Telefonistin & Schreibkraft, Schreibdienst, Leitung des Sekretariats des Präsidenten, Empfangssekretärin, Vorzimmer, Sekretariatskraft, Schreib- und Sekretariatskraft, Anfangssekretärin, Abteilungssekretärin, Chefsekretärin/Chefassistentin, Fremdsprachensekretärin, Mitarbeiterin,

---

27	Ich werde darauf zurückkommen, wenn es später um das Anforderungsprofil einer Sekretärin geht.
28	Statistisches Bundesamt Wiesbaden (Hg.): *Klassifizierung der Berufe*, 1975, 18, 34. In Klammern die Berufskennziffern, Genusangaben des Originals wurden übernommen.
29	Ebd., 190.

Projektassistentin, Sekretärin mit Assistenzaufgaben, Sekretärin und Projekt-assistentin.[30] Danach wurde das Feld weiter diversifiziert, wie eine Umfrage im Frühjahr 2020 ergeben hat. Demzufolge waren zu dem damaligen Zeitpunkt in den Instituten der Max-Planck-Gesellschaft 27 Berufsbezeichnungen für die Sekretariatstätigkeit üblich.[31] Die bereits angesprochene fehlende präzise Definition des Berufsprofils »Sekretärin« führt dazu, dass sich quantitative Aussagen über Sekretärinnen kaum machen lassen,[32] da diese meist in Berufsgruppen oder auf Mischarbeitsplätzen zusammengefasst wurden.[33] Das trifft auch auf die Max-Planck-Gesellschaft zu, deren Personalabteilung auch heute noch keine statistischen Angaben zur Anzahl der dort tätigen Sekretärinnen machen kann, weil das verwendete Personalverwaltungssystem (PVS) über kein Merkmal verfügt, um diese Berufsgruppe ermitteln zu können.[34]

30 Das ist das Ergebnis der Durchsicht Hunderter von Stellenausschreibungen in der Registratur der MPG-Generalvertretung in München, Stellenanzeigen 1979–2007, GVMPG, BC 226592, BC 226593, BC 226594, BC 214993, BC 214994.

31 Abteilungssekretärin, Assistentin, Assistentin des Bevollmächtigten des Kollegiums, Assistentin des Technischen Leiters, Assistentin des Verwaltungsleiters, Assistentin Forschungsgruppe, Assistentin Verwaltungsleitung, Assistenz der Geschäftsführung, Assistenz der Geschäftsleitung, Chefsekretärin, Department-Sekretärin, Departmental Assistant, Direktionsassistentin, Direktionsassistenz, Direktionssekretärin, Emeritae-Sekretärin, Executive Assistant, Fremdsprachenassistentin, Fremdsprachensekretärin, IMPRS-Koordinatorin, International Office, Management Assistant, Mischarbeitsplatz: Sekretärin/Sachbearbeiterin, Persönliche Assistentin, Projektassistentin, Scientific Assistant, Teamassistentin.

32 Die Autorin hat im Februar und Juni 2020 Umfragen unter den Sekretärinnen der Max-Planck-Gesellschaft durchgeführt. An den Umfragen – anonym, online, auf Deutsch und Englisch – haben sich insgesamt 292 Personen beteiligt. Bei zu diesem Zeitpunkt 88 Max-Planck-Instituten erlaubt das die Vermutung, dass sich durchschnittlich 3,5 Beschäftigte pro Institut beteiligt haben – eine durchaus repräsentative Stichprobe der Grundgesamtheit. Da dies nicht mehr in den GMPG-Untersuchungszeitraum gehört, ist eine detaillierte Auswertung mit Visualisierungen der Umfrage, ihrer Ergebnisse und Kommentare zeitnah für eine separate Publikation vorgesehen.

33 Rösler: *Entwicklung der Arbeitsbedingungen von Sekretärinnen*, 1981, 30. – Jenseits des Untersuchungszeitraums bietet das Institut für Arbeitsmarkt- und Berufsforschung (IAB) seit 1999 die Übersicht »Berufe im Spiegel der Statistik« mit Angaben zu Geschlecht, Ausbildung, Herkunft und Bruttoarbeitsgehalt. http://bisds.infosys.iab.de/bisds/result?region=19&beruf=BO782&qualifikation=2. Zuletzt aufgerufen 14. Juli 2021.

34 E-Mail von Dieter Weichmann, Referat II d, PVS, Personalstatistik, IT-Mitbestimmung, Sozial- und Personenversicherungen, an Kolboske vom 27. Januar 2020.

2.2   Monotonie & Alltag

2.2.1   Vormarsch der Büroarbeit

> In der Zulassung der Frauen zu allen möglichen
> überwachten Tätigkeiten verbirgt sich die Fortdauer
> ihrer Entmenschlichung. Sie bleiben im Groß-
> betrieb, was sie in der Familie waren, Objekte.[35]

Im Folgenden geht es um die Entstehung des Vorzimmers und die historische Kontextualisierung seiner mikrostrukturellen Ebenen, das heißt: Geschlecht, Herkunft und Klasse. Bis ins 19. Jahrhundert hinein war die Welt der Kontore und Kanzleien – und damit die Schreibtätigkeiten – allein Männern vorbehalten. Die Beschäftigung von Frauen im Büro war zunächst eine Folge demografischer Verschiebungen aus mehreren Kriegen in den USA und Westeuropa, die in staatlichen und militärischen Dienststellen wachsenden Bedarf an weiblichen Schreibkräften auslösten und schließlich zum Massenphänomen weiblicher Büroangestellter führte. Seit dem späten 19. Jahrhundert wird die Arbeit im Sekretariat als Frauenarbeit betrachtet: Mechanisierung, Rationalisierung und Automatisierung führten zu ihrer Feminisierung.

Ihren Vormarsch trat die weibliche Büroarbeit von den USA aus an. Der Wendepunkt für die Beschäftigung von Frauen kam während des Sezessionskriegs 1861 bis 1865 in den USA. Da männliche Arbeitskräfte knapp waren, begann die US-Regierung, Frauen für Bürodienste einzustellen. Aufgrund ihrer guten Arbeit blieben bzw. wurden sie, nicht zuletzt aufgrund ihrer schlechteren Bezahlung, auch nach dem Krieg weiterhin erwerbstätig – zumindest bis sie heirateten. »Under federal law in 1866, the maximum salary for women was $ 900 a year, compared with a ceiling between $ 1,200 and $ 1,800 for men.«[36] 1870 gab es in den USA 80.000 Büroangestellte; nur drei Prozent darunter waren Frauen. Fünfzig Jahre später hatte sich die geschlechtsspezifische Arbeitskonstellation drastisch verändert: Von den inzwischen drei Millionen Büroangestellten waren die Hälfte Frauen.[37] Aufgrund ihres Geschicks, Fleißes und ihrer Geduld schienen sich Frauen perfekt für die Arbeit als Sekretärinnen zu eignen.

Diese Entwicklung ist ohne die zeitgleiche Entwicklung der Schreibmaschine nicht zu verstehen. Im Jahr 1873 stellte das US-Familienunternehmen E. Remington & Sons kommerziell die erste Schreibmaschine in Serie her, die dann sukzessive in vielen Büros weltweit eingesetzt wurde. Bereits die ersten Schreibmaschinen, die in den 1870er-Jahren in den Handel kamen, wurden überwiegend mit Anzeigen vermarktet, die weibliche Maschinenschreibkräfte zeigten. John

---

35 Adorno: *Minima Moralia*, 2001, 115.
36 Saval: *Cubed*, 2014, 74.
37 Ebd.

Harrison, Experte für Schreibmaschinen, meinte 1888, die Maschine sei »speziell
an weibliche Finger angepasst. Sie scheinen für das Maschinenschreiben wie
gemacht zu sein. Maschinenschreiben ist keine schwere Arbeit und erfordert
nicht mehr Geschick als Klavierspielen«.[38] Die Werbung für Schreibmaschinen
war voll engelsgleicher Damen, deren langgliedrige, grazilen Pianistinnenfinger
»erwartungsvoll über den Tasten schwebten«.[39] Das stand in keinem Verhältnis zu dem Kraftaufwand, den Maschineschreiben faktisch darstellte. Diesen
beschrieb Ursula Nienhaus: »[Die Frauen] wußten, was es bedeutete, daß eine
Maschinenschreiberin bei ca. 37.500 Zeichen täglich ungefähr 15 Tonnen mit
ihren Fingerspitzen stemmte.«[40]

Neben solchen völlig realitätsfernen, aber wirkmächtigen Klischees und ihrer
niedrigen Einkommensgruppe waren Frauen auch noch aus anderen Gründen
als Angestellte attraktiv. Ausgehend von der Mutmaßung, dass Frauen eher
bereit seien, undankbare Aufgaben zu erledigen, kamen sie für Arbeiten infrage, die wenig Fantasie und Initiative erforderten, wie etwa handschriftliches
Diktat oder Maschinenschreiben.[41] Auch die berufliche Sackgasse, in der das
Sekretariat mündete, prädestinierte Frauen angeblich dafür, da von Frauen ge-
meinhin keinerlei Karrierestreben erwartet wurde.[42] So behauptete 1925 der
US-Organisationstheoretiker William Henry Leffingwell, berühmt für sein
tayloristisches Büromanagement:[43]

A woman is to be preferred to the secretarial position for she is not averse to doing
minor tasks, work involving the handling of petty details, which would irk and
irritate ambitious young men, who usually feel that the work they are doing is of no
importance if it can be performed by some person with a lower salary.[44]

Auch in Europa drängten Ende des 19. Jahrhunderts immer mehr Frauen in
die Erwerbstätigkeit und schufen damit eine neue soziale Ökonomie in der
kapitalistischen Lohnarbeit, die schließlich einen Umbruch der Gesellschaft
auslöste.[45] Die erste Umbruchphase fand zwischen 1870 und 1880 statt und
entsprach auf makrostruktureller Ebene in etwa der »Zweiten Industriellen
Revolution«. Die französische Wissenschaftshistorikerin Delphine Gardey sieht
darin das Entstehen einer neuen materiellen Ökonomie, »einer neuen Ökonomie des Geschriebenen und der Datenverarbeitung«, in der die Explosion an
Bürokräften belege, dass »auch die Verwaltung zur Wirtschaftstätigkeit wird«.[46]

---

38 Harrison: *A Manual of the Type-Writer*, 1888, 9. – Siehe dazu ausführlich Kapitel 2.6.3.
39 Saval: *Cubed*, 2014, 75.
40 Nienhaus: *Berufsstand weiblich*, 1982, 25.
41 Vgl. dazu Saval: *Cubed*, 2014, 74–75.
42 Ebd., 76.
43 Weitere Informationen über industrielle Effizienz und insbesondere F. W. Taylor finden
    sich bei Kanigel: *The One Best Way*, 2005.
44 Leffingwell: *Office Management*, 1925, 621.
45 Vgl. dazu Gardey: *Un monde en mutation*, 1995.
46 Gardey: *Schreiben, Rechnen, Ablegen*, 2019, 25–26.

Neue (Büro-)Maschinen[47] wurden unter Einsatz neuer körperlicher, materieller und kognitiver Ressourcen bedient, in Deutschland begann sich das Paradigma der männlich dominierten Bürokratie in der Gründerzeit nach dem Deutsch-Französischen Krieg 1870/71 zu verändern.[48] Die radikale Veränderung der Lebenssituation von Frauen in den Großstädten stellte die bürgerliche Geschlechterordnung infrage:

In der werdenden Industriestadt des 19. Jahrhunderts erkämpften und behaupteten Frauen aller Klassen und Schichten neue städtische Lebensweisen jenseits der etablierten Geschlechterarrangements. Sie drängten auf die städtischen Arbeitsmärkte, eroberten sich Zugang zu höherer Bildung und in bislang verschlossene Berufsfelder. Auf der Basis der dadurch gewonnenen relativen Unabhängigkeit entwickelten sie neues Selbstbewußtsein ebenso wie neue weibliche Lebensstile.[49]

Der nächste historische Umbruch – ein weiterer Krieg, der als der Erste Weltkrieg in die Geschichte eingehen sollte, der Zusammenbruch des Kaiserreichs und eine neue Republik – brachte in Deutschland den Prototyp der modernen berufstätigen Frau hervor. Die boomende Angestelltenschaft bedeutete vor allem auch das Massenphänomen erwerbstätiger Frauen: »Die Zahl der weiblichen kaufmännischen Angestellten in Handel und Industrie verdreifachte sich zwischen 1907 und 1925. Da die männliche Gruppe nicht im gleichen Verhältnis expandierte, erhöhte sich der Anteil der Frauen in dieser Zeit von 28 auf 40 %.«[50]

Mit dieser »Neuen Frau« ging ein verändertes Rollenverständnis junger Frauen in der Weimarer Republik einher, das sich auf die alte Sozialstruktur auswirkte: Das Emanzipationsstreben dieses »neuen« Frauentyps symbolisierte gewissermaßen den Aufbruch nach dem Untergang der alten Ordnung im Ersten Weltkrieg. Die Vorstellung, eine Dame, die ins Geschäft gehe, sei keine mehr, war überholt.[51] Ilke Vehling kolportiert das Phänomen der »Neuen Frau«, dass diese »im Beruf diszipliniert« und im »Tanzpalast ausgelassen« sei.[52]

Mit Aufkommen des Sekretärinnenberufs wurde in Kunst, Kultur und Literatur ein glamourös-modernes Bild ihrer Arbeit und ihres Lebens beworben. Ein

---

47 In Deutschland ging die Verbreitung der Schreibmaschine vergleichsweise langsam vor sich: Remington eröffnete 1883 eine Vertretung bei der Firma Glogowski in Berlin; Holtgrewe: *Schreib-Dienst*, 1989, 17.

48 Zur Situation in der Schweiz vgl. König, Siegrist und Vetterli: *Warten und Aufrücken*, 1985.

49 Frank: *Stadtplanung im Geschlechterkampf*, 2003, 89. Zum »Problemkonstrukt Frauen und Stadt« in der stadt- und geschlechterbezogenen Sozialgeschichte unter der Hypothese, dass Städte in der Imagination weiblich, in der Realität hingegen unweiblich seien, vgl. hier insbesondere Frank: »Neue Frauen« im »Abenteuer Stadt«, 2003, 89–116.

50 Frevert: Traditionale Weiblichkeit, 1981, 507–533, 511.

51 Herrmann, 25 Jahre Berufsorganisation 1914, 2, zitiert nach Frevert: Vom Klavier zur Schreibmaschine, 1979, 82–112.

52 Damit korrespondierten die Bezeichnungen Girl und Flapper, bei denen es sich aber nur um zwei ihrer vielen Images handelt. Vehling greift mit diesen Begriffen auf eine Reportage von Barbara la May (selbst ein *Ziegfield Girl*) zurück, die unter dem Titel »Girl und Flapper« 1929 in *Das Magazin* erschien; Vehling: »Schreibe, wie Du hörst«, 2007, 77–100, 77.

Abb. 4: Christian Schad, Sonja, 1928 (Öl auf Leinwand, 90 × 60 cm), Staatliche Museen zu Berlin, Nationalgalerie. © Christian-Schad-Stiftung Aschaffenburg / VG Bild-Kunst, Bonn 2022; die Creative-Commons-Lizenzbedingungen für die Weiterverwendung gelten nicht für dieses Bild, für das eine zusätzliche Genehmigung des Rechteinhabers erforderlich ist. Foto: Privataufnahme des Ausstellungsplakats von 1980 aus der Staatlichen Kunsthalle Berlin.

Glamour, der sich beispielsweise in einem der berühmtesten Bilder von Christian Schad manifestiert: dem Porträt von »Sonja«, die tagsüber als Sekretärin arbeitete und nachts mondän durch die Berliner Bars streifte (siehe Abbildung 4).[53] Neben Malerei und Literatur fungierte vor allem der Film als Vehikel für den mutmaßlichen Glamour des Sekretärinnenlebens. Im Film bedient die Sekre-

---

53 So lautet auch der Bildindex: »Berliner Sekretärin im Romanischen Café«. https://www. bildindex.de/document/obj02533290. Zuletzt aufgerufen am 22. Juli 2019.

tärin, und dies durchaus bis in die Gegenwart, überwiegend das Klischee der
jungen Frau, die Arbeit sucht und Liebe findet, dass »die Privatsekretärin ein
sorgenloses, schönes Leben ohne viel Arbeit führt, sich überaus elegant kleidet
und nach kurzer Tätigkeit die Gattin ihres Chefs wird«.[54] Barbara Schaffellner
betrachtet dies als Gegeninszenierung zu Monotonie und Alltag, »die exotisch-
bunte Welt der Mokkabuchten kontrastiert perfekt mit der grauen Monotonie
des Büroalltags. Die Unterhaltungsfabriken gewähren nur kurze Verschnauf-
pausen, Gesellschaftsreisen für Angestellte ins Paradies.«[55] Ute Frevert meint,
dass Film und Roman »entscheidend daran beteiligt« gewesen seien, »das instru-
mentelle Verhältnis der weiblichen Angestellten zu ihrem Beruf zu stabilisieren
und neu zu erzeugen«. Die strukturellen Interessengegensätze hätten sich in
diesen »individualistischen Handlungsorientierungen« nicht mehr verifizieren
lassen, sondern seien in der weiblichen Rolle veräußerlicht worden.[56]

Die Verklärung struktureller Abhängigkeit und Unterordnung durch erotische Hand-
lungskomponenten, das Vorgaukeln gesellschaftlichen Aufstiegs durch äußerste Anpassung und das Versprechen einer vorteilhaften Heirat bei entsprechendem Wohl-
verhalten lenkte die Aufmerksamkeit der Frauen, welche ohnehin nicht auf ein solides
Selbstbewußtsein hin erzogen worden waren, von den Konflikten des Arbeitslebens
auf die regelhafte Ebene personenbezogenen Rollenverhaltens.[57]

Jenseits von Hollywood und der Ufa waren weder »Tippse« noch »Klingelfee«
Traumjobs, sondern bedeuteten harte Knochenarbeit. Dem Boom des Sekretärinnenberufs tat dies jedoch keinen Abbruch: Möglicherweise erschien es immer
noch attraktiver »Monotonie und Alltag« im Büro hinter der Schreib- als in der
Fabrik an der Stanzmaschine zu erleben.
    Hatten Frauen zuvor als Mägde bzw. später als Dienstbotinnen[58] und in Fa-
briken (vor allem in der Textil- und Bekleidungsindustrie[59]) gearbeitet, fanden

---

54 Frevert: Vom Klavier zur Schreibmaschine, 1979, 82–112, 104.
55 Schaffellner: »Die Angestellten« als Konter-Revolutionäre in der Kritischen Theorie,
    2009, 64.
56 Frevert: Vom Klavier zur Schreibmaschine, 1979, 82–112, 106.
57 Ebd.
58 Zur traditionellen Erwerbstätigkeit von Frauen als Dienstbotinnen, vgl. etwa Walser:
    Dienstmädchen, 1986; Eßlinger: Das Dienstmädchen, die Familie und der Sex, 2013.
    Waren 1875 in Berlin noch etwa 39 Prozent aller weiblichen Erwerbstätigen im häus-
    lichen Dienst beschäftigt, so belief sich ihre Anzahl 1925 nur noch auf 13 Prozent. Bis
    1957 war die Anzahl – zumindest offiziell beschäftigter – Hausangestellter in der BRD so
    gering, dass sie statistisch nicht mehr ausgewiesen wurde. Vgl. dazu Eßlinger: Das Dienst-
    mädchen, die Familie und der Sex, 2013, 353. Im 21. Jahrhundert sind in mehr als vier
    Millionen bundesdeutschen Privathaushalten regelmäßig oder gelegentlich Putz- oder
    Haushaltshilfen beschäftigt, von denen nur etwa 40.000 sozialversichert sind. Es wird
    angenommen, dass es sich bei den Übrigen, das heißt, der unsichtbaren großen Mehrheit
    häuslich Beschäftigter, überwiegend um Transmigrantinnen und illegale Migrantinnen
    handelt. Dazu Rerrich: Die ganze Welt zu Hause, 2006.
59 Beide Branchen brachen während des Ersten Weltkriegs ein und sorgten so für hohe
    Arbeitslosigkeit unter den Frauen: Hausangestellte wurde aufgrund eingeschränkter

sie nun zunehmend Arbeit als Angestellte, sodass sich die erwerbstätigen Frauen
sowohl aus Industrie als auch Bürokratie bzw. Industriebürokratie rekrutierten[60]
und zu einem unentbehrlichen Wirtschaftsfaktor wurden.[61] Vor allem in den
Großstädten, wo der dort angesiedelte Handels- und Verwaltungsapparat
Arbeitsplätze bot, bildete sich in der Weimarer Republik eine neue »Angestell-
tenkultur« (Siegfried Kracauer) heraus.

Die »neue Frau« existierte vor dem Ersten Weltkrieg in der Bohème, als berufliche
Rarität oder als literarische Konvention. In den zwanziger Jahren wurde sie zum Massenphänomen. Die jungen Frauen, die nach dem Krieg zu Tausenden in das Erwerbsleben eintraten, stellten für die Zeitgenossen eine beunruhigende, unbekannte Größe
dar. Nach den Ergebnissen der Volkszählung von 1925 arbeiteten fast 11,5 Millionen
Frauen für ihren Lebensunterhalt, das waren 35,8 % der berufstätigen Bevölkerung.[62]

Die »Unruhe« der männlichen Kollegen erwies sich generell als unbegründet:
Die Rationalisierung führte zu keiner »Invasion von Frauen in männliche
Arbeitsdomänen«,[63] sondern institutionalisierte in der »Hausfrauenehe« die
geschlechtsspezifische Arbeitsteilung, die sich bereits Ende des 19. Jahrhunderts
herausgebildet hatte und auf der Dichotomie männlicher Erwerbsarbeit und
weiblicher Fürsorgearbeit beruhte.[64] Diese systemstabilisierende Übertragung
tradierter Rollenzuweisungen beschreibt Frevert als Beispiel dafür, wie das
»wechselseitige Ineinandergreifen sozialisationsbedingten Rollenverhaltens und
arbeitsmarktpolitisch-ökonomischer Imperative in Kürze ein klar umrissenes
geschlechtsspezifisches Berufsfeld der weiblichen Angestellten entstehen ließ,
welches wiederum stabilisierend auf die Rollenorientierungen der arbeitenden
Frauen zurückwirkte«.[65] Unerfahrene Arbeiterinnen nahmen qualifizierten
Arbeitern keine Arbeitsplätze weg, doch die Präsenz von Frauen wurde stärker
wahrgenommen, »zunächst einmal, weil sie nie wirklich akzeptiert worden war,
und dann, weil Inflation und Depression die Arbeitsplätze knapp und hart um-
kämpft machten«.[66]
Man führte dieses Phänomen zurück auf das kriegsbedingte Ungleichgewicht
der Geschlechter – eine Bevölkerungsanzahl von 32,2 Millionen Frauen gegen-

finanzieller Umstände ihrer Dienstherren entlassen, Textilfabriken aufgrund des Roh-
stoffmangels geschlossen. Zur Frauenarbeit in Kriegszeiten vgl. Suhr: *Die weiblichen
Angestellten*, 1993, 176–186.

60 Zum Begriff der »Industriebürokratie« Kocka: Vorindustrielle Faktoren, 1970, 265–286.
61 Vgl. dazu auch Grossmann: Eine »neue Frau«?, 1993, 135–161, 136–137; Koch: Die weib-
    lichen Angestellten in der Weimarer Republik, 1993, 163–175, 163.
62 Grossmann: Eine »neue Frau«?, 1993, 135–161, 136.
63 Ebd., 139.
64 Vgl. dazu unter anderem Hausen: Die Polarisierung der »Geschlechtscharaktere«, 1976,
    363–393.
65 Frevert: Vom Klavier zur Schreibmaschine, 1979, 82–112, 84.
66 Bridenthal: Beyond *Kinder, Küche, Kirche*, 1973, 148–166, 150.

über 30,2 Millionen Männern – und erwartete, das es sich dabei um ein Proviso-
rium, eine vorübergehende Erscheinung handle, die bis zur nächsten Volkszählung (1933) korrigiert sein würde, nachdem die Frauen zwischenzeitlich dafür
Sorge getragen hätten, die »lost population« zu reproduzieren.[67] Angesichts des
kriegsbedingten Frauenüberschusses war dies ein wenig durchdachtes Kalkül,
denn keineswegs alle erwerbstätigen Frauen gingen ihrer Arbeit aus emanzipa-
torischen Gründen nach – viele ledige Frauen sahen sich schlichtweg gezwungen, ihren Lebensunterhalt selbst zu verdienen und nicht auf einen männlichen
Versorger zu warten. Dementsprechend absurd waren auch die nicht erst zum
Ende der Weimarer Republik zunehmend lancierten Kampagnen gegen »Doppelverdienertum«, die sich de facto gegen berufstätige Frauen an sich richteten.[68]

In den Büros führte der Sekretärinnenboom zwar zu einer quantitativen
Zunahme weiblicher Arbeitskräfte, doch zugleich auch zur »Feminisierung des
Bureaus« (Kracauer) und damit zur Abwertung des Berufsbilds. Das drückte
sich sowohl im signifikanten Gehaltsunterschied zwischen Frauen und Männern[69] – mit einer nach unten offenen Gehaltsskala für Frauen – als auch mangelnder Anerkennung und kaum existenten Aufstiegschancen für Frauen aus:
Die qualifizierteren Stellen der Abteilungsleiter und Sachbearbeiter blieben weitgehend den Männern vorbehalten. Unterm Strich kam Anette Koch hinsichtlich
der »Modernität« der Weimarer Republik für Frauen zu dem Schluss, dass die
»quantitative Ausweitung der Frauenarbeit noch lange keine umfassende weibliche Emanzipation [bedeutete], eine grundsätzliche Infragestellung tradierter
Geschlechterrollen blieb aus«.[70]

Die Ära der »Neuen Frau« endete in Deutschland 1933 und wurde mit dem
nationalsozialistischen Frauenbild in ihr Gegenteil umgekehrt, Frausein wieder mit Mutterschaft gleichgesetzt. Im Nationalsozialismus gab es, laut Magda
Goebbels,[71] drei Kategorien für die Erwerbstätigkeit von Frauen:

---

67 Ebd., 150. Bridenthals demografische Angaben stammen aus Statistisches Amt 1925,
    Wirtschaft und Statistik, Band 5, 12. 1933 belief sich im Übrigen die Differenz auf 1.059
    Frauen gegenüber 1.000 Männern – Deutschland also langsam wieder bereit für einen
    neuen Krieg! Statistisches Amt 1933, *Wirtschaft und Statistik*, Band 14, 159.

68 Bereits 1919 war mit einer Demobilmachungsverordnung bestimmt worden, dass weib-
    liche Arbeitskräfte zugunsten von männlichen Kriegsheimkehrern entlassen werden
    sollten, zehn Jahre später wurde infolge der Weltwirtschaftskrise erneut gegen »weibliche
    Doppelverdienerinnen« agitiert, eine Kampagne, die im Mai 1932 im »Gesetz über die
    Rechtsstellung der weiblichen Beamten« gipfelte. Vgl. dazu instruktiv Mattfeldt: Doppel-
    verdienertum und Ehestandsdarlehen, 1984, 42–57, 47.

69 Zur Auswirkung der Weltwirtschaftskrisen von 1926 und 1929 bis 1932 auf die weiblichen
    Angestellten vgl. Koch: Die weiblichen Angestellten in der Weimarer Republik, 1993,
    163–175, 165, 169.

70 Ebd., 175.

71 Goebbels war zuerst mit dem Industriellen Günther Quandt und von 1931 bis zu ihrem
    Selbstmord in zweiter Ehe mit dem Hitler-Vertrauten und Reichspropagandaleiter Joseph
    Goebbels verheiratet. Ausführlich: Ziervogel: *Magda*, 2013.

Abb. 5: Flapper oder Nazisse? Erika Bollmann Anfang der 1930er-
Jahre. Foto: AMPG, II. Abt., 1A, Nr. 373.

1. Arbeitsgebiete, die die Frau einnehmen *muß*, wie pflegerische und erzieherische
   Dienste;
2. Arbeitsgebiete, die sie einnehmen *kann*, wie die kaufmännischen Berufe in der
   Position einer »Gehilfin des Mannes«;
3. Arbeitsgebiete, die sie *dem Mann zu überlassen hat*. Zu dieser Gruppe zählten die
   technischen Berufe oder akademische Führungspositionen.[72]

1936 wurde ein Vierjahresplan von Maßnahmen eingeführt, der Frauen zunehmend veranlasste, sich aus dem Erwerbsleben zurückzuziehen, wie etwa
der bereits in der Weimarer Republik aufgenommene »Kampf gegen das Dop-

---

72 Lorentz: *Aufbruch oder Rückschritt?*, 1988, 295, zitiert nach Klein: *Vom Sekretariat zum
    Office-Management*, 1996, Hervorhebungen im Original.

pelverdienertum« oder das »Ehestandsdarlehen« und Unterhaltszahlungen an Soldatenfrauen.[73] Diese Haltung wurde jedoch durch die wirtschaftliche Lage konterkariert, denn mit der Mobilisierung für den Krieg wurden zunehmend Arbeitskräfte benötigt. Aufgrund der katastrophalen Situation auf dem Arbeitskräftemarkt setzen sich spätestens ab 1939 die Strukturverschiebungen entgegen der offiziellen Ideologie in der Frauenerwerbstätigkeit fort. Wie schon zuvor drängten Frauen vermehrt in die Angestelltenberufe. So verzeichnete die kriegswirtschaftliche Kräftebilanz im Zeitraum von Mai 1939 bis September 1944 eine Zunahme der Frauen im Bereich Verwaltung und Dienstleistungen von über 83 Prozent.[74] Im Bürobereich wuchs der Bedarf an Schreibkräften und Stenotypistinnen stetig, die Wehrmachtsstellen beriefen oft Stenotypistinnen, »die allgemein knapp waren, aus kriegswichtigen Betrieben ab, ohne die Arbeitsämter vorschriftsmäßig einzuschalten.«[75] Da »jede Kraft einen Soldaten ersetzte, der damit für die Front frei wurde, wurde die Forderung nach weiblichen Angestellten Anfang 1943 von [dem Generalbevollmächtigter für den Arbeitseinsatz] Fritz Sauckel ausdrücklich unterstützt«.[76] Und auch deren Rekrutierung wurde zunehmend disparater:

Der Mangel an Büroangestellten, vor allem Stenotypistinnen, vergrößerte sich ständig. Praktiken wie in der Berliner Stadtverwaltung, die Anfängerinnen, zum Teil Putzfrauen, als Stenotypistinnen anlernen mußten, damit die Dienststellen nicht funktionsunfähig wurden, waren kein Ausnahmefall. Um die Abwerbung durch »Locklöhne« zu unterbinden, wurde in Brandenburg und anderen Gebieten von den Reichstreuhändern im April 1939 die Anordnung erlassen, daß Stenotypistinnen erst nach einem halben Jahr ein höheres Gehalt fordern dürften.[77]

Nach dem Krieg und in den darauffolgenden Jahrzehnten veränderte sich die Situation im Büro erneut, ebenso wie das Anforderungsprofil für Sekretärinnen, auf das im weiteren Verlauf der Arbeit im Kontext des technischen und digitalen Wandels eingegangen wird. Die etablierte Hierarchie blieb jedoch unverändert bestehen.

---

73 Winkler: *Frauenarbeit im »Dritten Reich«*, 1977, 42–44; Klein: *Vom Sekretariat zum Office-Management*, 1996, 61–62.

74 Zahlenangaben nach Winkler: *Frauenarbeit im »Dritten Reich«*, 1977, 201; Klein: *Vom Sekretariat zum Office-Management*, 1996, 60.

75 Winkler: *Frauenarbeit im »Dritten Reich«*, 1977, 122.

76 Klein: *Vom Sekretariat zum Office-Management*, 1996, 63; vgl. auch Winkler: *Frauenarbeit im »Dritten Reich«*, 1977, 122–123.

77 Ebd., 61.

2.2.2 Feminisierung und Deprofessionalisierung

> Wir hämmern auf die Schreibmaschinen.
> Das ist als spielten wir Klavier.
> Wer Geld besitzt, braucht keines zu verdienen.
> Wir haben keins, drum hämmern wir.[78]

2.2.2.1 Working Girls[79] – soziale Herkunft und Milieu

Nur wenige Sekretärinnen kamen aus der Arbeiterklasse.[80] Umgekehrt war der Weg in die Fabrik für das Bürgertum – Klein- und Großbürgertum – gleichermaßen undenkbar, galt diese doch als »Brutstätte des Lasters und Sittenverfalls«.[81] Industriearbeit war als unweiblich verpönt. Das für viele Angestellte damals charakteristische bürgerliche Standesbewusstsein war Ausdruck eines elitären Selbstverständnisses.[82] Das Bürgertum inszenierte seine Distinktion als Klasse über seine geschlechtliche Arbeitsteilung in Erwerbs- und Fürsorgetätigkeit bzw. den »Luxus der scheinbar untätigen Hausfrau«.[83] Bürgerliche Verhältnisse erlaubten es, die Töchter länger im Haus zu behalten und ihnen eine bessere Schul- und Ausbildung zu ermöglichen – während Arbeitermädchen in die Fabrik mussten, um zum Familieneinkommen beizutragen.

---

78 Erich Kästners »Chor der Fräuleins« erschien 1927 in seinem ersten Gedichtband *Herz auf Taille* mit Illustrationen von e. o. plauen. – Kästner: *Herz auf Taille*, 1956, 19.

79 Der englische Begriff *working girl* ist progressiver bzw. demokratischer als »Arbeiterin« oder »Arbeitermädchen«: Bezeichnete dieser zunächst, also in der zweiten Hälfte des 19. Jahrhunderts, auch »a girl who works; a working-class girl«, so beschreibt er seit etwa 1909 »a woman who is in paid employment«, wenngleich in einer weiteren Bedeutung: »colloquial (originally U. S.). euphemistic. A prostitute«. Was ohne die pejorative Konnotation kein Widerspruch wäre: Eine Prostituierte ist natürlich ein – extrem hart – *working girl* und stammt im Übrigen keineswegs zwingend aus dem Proletariat. https://www. oed.com/view/Entry/404263?redirectedFrom=working+girl#eid. Zuletzt aufgerufen am 12. August 2020. Sabine Biebl, Verena Mund und Heide Volkening haben 2007 den Band »Working Girls« herausgegeben, der den titelgebenden Begriff als einen Suchbegriff einsetzt, »um den durch die Berufstätigkeit von Frauen mobilisierten Geschlechter-, Arbeits-, Liebes- und Konsumordnungen nachzugehen. [...] Das Dispositiv, das sich um das Working Girl gebildet hat, hat keine einheitliche Strategie entwickelt: Am Working Girl setzen ganz unterschiedliche Kräfteverhältnisse und Ordnungssysteme an«. Volkening, Heide: Working Girl, 2007, 7–22, 8.

80 Der Zusammenhang von Klasse und Bildungschancen wird im weiteren Verlauf nachdrücklich thematisiert, so unter dem Aspekt der *literacy* im Kontext materieller Praktiken sowie auch im Zusammenhang mit den Topoi Begabung und Geniekult im Kapitel 3.2.2.2.

81 Frevert: Vom Klavier zur Schreibmaschine, 1979, 82–112, 85.

82 Rommel: *Die Angestellten*, 2012, 8.

83 Hirschauer: Arbeit, Liebe und Geschlechterdifferenz, 2007, 23–41, 24.

Der Weg der Bürgertöchter ins Büro sollte eine standesgemäße Lösung für das »Arbeitsmarktproblem« darstellen, das infolge von Inflation, verringertem Familieneinkommen, einen durch die Schützengräben bei Verdun dezimierten Heiratsmarkt sowie die »durch Wissenschaft und Technik verlängerte und verteuerte Ausbildung von Söhnen« entstanden war.[84] »Für die meisten von ihnen war das Gehalt nur ein Zuverdienst zum bürgerlichen Familieneinkommen; existenzsichernde Funktion besaß es lediglich für jene unverheiratet gebliebenen Frauen, die im finanzschwachen elterlichen Haushalt nicht mehr ›mitgefüttert‹ werden konnten und sich auf eigene Füße stellen mußten.«[85] Letzteren, insbesondere wenn sie – etwa kriegsbedingt – auf dem Heiratsmarkt leer ausgegangen waren, bot diese partielle Aufhebung der starren »Polarisierung Haus–Frau und Welt–Mann« eine Öffnung des außerhäuslichen Arbeitsmarkts.[86] Zugleich wuchs der Pool an gebildeten, alleinstehenden jungen Frauen auch aus dem unteren und mittleren Bürgertum auf der Suche nach bezahlter Arbeit. Unter den weiblichen Angestellten rangierten die Büroangestellten aufgrund ihrer höheren sozialen Herkunft eindeutig ganz oben: Selbst in großen Warenhäusern, die neben Verkäuferinnen auch Stenotypistinnen beschäftigten, blieben die Büroangestellten eine Gruppe für sich, »fast immer bürgerlicher Herkunft und ohne Verbindung zum Proletariat der Mädchen, die im eigentlichen Verkaufsbetrieb tätig sind«.[87]

Die Rationalisierung der Verwaltungs- und Industriebürokratie nach dem Ersten Weltkrieg eröffnete schließlich auch klassenübergreifend neue Horizonte und Handlungsalternativen im kollektiven Rahmen des Büromilieus.[88] Das soziale Rekrutierungsfeld weiblicher Angestellter – mit dem weitaus höheren gesellschaftlichen Ansehen – verschob sich auch in die Arbeiterschaft hinein.[89] Bis Ende der 1920er-Jahre hatte sich die Sozialstruktur der Büroangestellten so weit verändert, dass durch »Feminisierung und Proletarisierung« aus den einst autonomen männlichen Büroangestellten, erwerbstätige Frauen aller sozialen Klassen geworden waren – ein »Sekretariatsproletariat«.[90] »Accompanying the proletarianization of clerical work was its feminization.«[91] Damit war der Niedergang der einst angesehen Profession endgültig besiegelt. Das Massenphänomen weiblicher Büroarbeit führte keineswegs zu einer Gleichberechtigung im Geschlechterverhältnis. Denn das Ende ihres Arbeitstags im Büro bedeutete

---

84 Twellmann: *Die deutsche Frauenbewegung*, 1972, 26, zitiert nach Holtgrewe: *Schreib-Dienst*, 1989, 19–20.

85 Frevert: Vom Klavier zur Schreibmaschine, 1979, 82–112, 86.

86 Ebd., 85. – Anschaulich schildert eine solche Biografie in ihrem Roman Brück: *Schicksale hinter Schreibmaschinen*, 2012.

87 Gablentz und Mennicke (Hg.): *Deutsche Berufskunde*, 1930, 240, zitiert nach Frevert: Vom Klavier zur Schreibmaschine, 1979, 82–112, 95.

88 Weiterführend und umfassend dazu: Dilcher: *Das Büro als Milieu*, 1995.

89 Frevert: Vom Klavier zur Schreibmaschine, 1979, 82–112, 94.

90 Davies: *Woman's Place Is at the Typewriter*, 1982.

91 Berkeley: Woman's Place Is at the Typewriter, 1986, 161–162, 161.

auch für die alleinstehenden Frauen noch längst keinen Feierabend. Zu Hause wartete noch die Hausarbeit auf sie, die traditionell von arbeitenden weiblichen Familienmitgliedern selbstverständlich sowie frei von jeglicher Wertschätzung oder Unterstützung erwartet wurde:

> Immer wieder erhoben weibliche Angestellte bittere Klage über die starre Autoritätsstruktur in den Familien; so war es weithin und unwidersprochen Sitte, die Frauen nach Arbeitsschluß durchschnittlich zwei Stunden mit Hausarbeit zu beschäftigen – viele von ihnen brachten den einzigen freien Tag damit zu, der Mutter beim Wäschewaschen und -ausbessern zu helfen.[92]

Das galt auch für Frauen, die in der Max-Planck-Gesellschaft beschäftigt waren. So berichtete beispielsweise Lisa Neumann, die Anfang der 1950er-Jahre als Sekretärin in der Generalverwaltung in Göttingen angestellt war, dass ihr erster Ehemann Otto Freiherr von Fircks[93] nicht bereit war, Pflichten im Haushalt zu übernehmen, obwohl er arbeitslos und sie vollbeschäftigt war.[94]

Siebzig Jahre später hat das Thema nichts von seiner Aktualität verloren. Auch heute ist das Problem der Anerkennung von Hausarbeit, der *paid work-house work-balance*, noch nicht gelöst.[95] Stefan Hirschauer hat im Rekurs auf eine Studie von Cornelia Koppetsch und Günter Burkart dargelegt,[96] wie unterschiedliche Geschlechternormen in unterschiedlichen Milieus wirken. Während das traditionale Milieu mutmaßlich bildungsfernerer Schichten weiterhin die klare Hierarchie von Geschlechterdomänen anerkenne und das familialistische Milieu Haus- und Erwerbsarbeit zur Familienarbeit mache, fördere das »individualistische Milieu der Hochgebildeten« – also das am stärksten egalitäre Positionen vertretende Milieu – die »radikale Entwertung der Hausarbeit« und bringe »Frauen daher paradoxerweise oft in besonders schlechte Positionen«.[97] Dazu mehr an anderer Stelle im Kontext von »Wissenschaft als Lebenswelt«.[98]

---

92   Frevert: Vom Klavier zur Schreibmaschine, 1979, 82–112, 95.

93   Zu Fircks vgl. u. a. Aly: »*Endlösung*«, 2017.

94   »Meine Freude über meine berufliche Anerkennung wurde von meinem Mann leider kaum geteilt. Wahrscheinlich empfand er es nun doppelt belastend, daß er [...] sich immer wieder vergeblich um eine Stellung bemüht hatte und auf unzählige Bewerbungsschreiben, die ich auf der Maschine getippt hatte, nur Absagen oder gar keine Antworten kamen. Das wirkte sich negativ auf die häusliche Atmosphäre aus.« Neumann: Stellenwechsel, 2007, 237–254, 250.

95   Vgl. wegweisend dazu etwa Sachse: *Der Hausarbeitstag*, 2002.

96   Koppetsch und Burkart: *Die Illusion der Emanzipation*, 1999.

97   Hirschauer: Arbeit, Liebe und Geschlechterdifferenz, 2007, 23–41, 28.

98   Siehe dazu Kapitel 4.5.1.

2.2.2.2 Ausbildung

Die Büroausbildung in Deutschland war ursprünglich sehr rudimentär und bestand bestenfalls im einjährigen Besuch einer Handelsschule, meistens jedoch nur in dreimonatigen Intensivkursen Maschineschreiben und Stenografie in den sogenannten Pressen:[99] »Die Tätigkeit einer Stenotypistin erforderte keine aufwendige Qualifikation: der dreimonatige Besuch einer ›Presse‹, wie die privaten Handelsschulen, die um die Jahrhundertwende wie Pilze aus dem Boden schossen, treffsicher bezeichnet wurden, reichte vollkommen aus.«[100]

Während in den USA ab den 1880er-Jahren die ersten reinen Sekretariatsschulen eröffneten, existierten vergleichbare Einrichtungen auch ein halbes Jahrhundert später in Deutschland noch nicht. Ab 1941 gab es dann eine zweijährige Ausbildung zur »Bürogehilfin«, in der vor allem Kenntnisse in Maschinenschnellschreiben und Stenografie vermittelt wurden.[101] In der frühen Bundesrepublik besuchten junge Frauen nach der Real- oder ergänzend zur Handelsschule häufig eine der Berlitz-Sprachschulen, wo spezielle Kurse für Fremdsprachensekretärinnen oder -korrespondentinnen angeboten wurden. Der Zugang zum Sekretariat blieb noch viele Jahre auch ohne Ausbildung offen.

Ab 1975 existierte die berufliche Weiterbildung zur »Geprüften Sekretärin«, die – abhängig davon, ob die Maßnahme in Voll- oder Teilzeit bzw. als Fernunterricht wahrgenommen wurde – zwischen vier und 15 Monaten dauerte.[102] Diese bundeseinheitlich geregelte Fortbildung diente vielen Sekretärinnen als erster Ausbildungsnachweis, wobei es sich um keine Aufstiegsfortbildung handelte.[103] Mit der Neuordnung der Büroberufe im Ausbildungsbereich 1991 wurde die »Bürogehilfin« durch den dualen Ausbildungsberuf »Kauffrau für Bürokommunikation« abgelöst, der zur computerunterstützten Sachbearbeitung und dem Sekretariatswesen befähigte und nach dem Berufsbildungsgesetz (BBiG) anerkannt und sowohl in Industrie und Handel als auch an den inzwischen weit verbreiteten Berufsfachschulen angeboten wurde[104] Zu den dort vermittelten

---

99 Zur Ausbildung vgl. beispielsweise Holtgrewe: *Schreib-Dienst*, 1989; Suhr: *Die weiblichen Angestellten*, 1993, 176–186; Vehling: »Schreibe, wie Du hörst«, 2007, 77–100, 88–90.

100 Frevert: Vom Klavier zur Schreibmaschine, 1979, 82–112, 88.

101 Vgl. dazu Stiller: *Evaluation der Büroberufe*, 2004, 7, Fußnote 1.

102 Vgl. dazu auch die Website der Bundesagentur für Arbeit: https://berufenet. arbeitsagentur.de/berufenet/faces/index;BERUFENETJSESSIONID=zjW1u75oI_ OxQPWngOo5B69w3as6iSo69Ix21_YuG4A9geuTKhNj!1617133754?path=null/ kurzbeschreibung&dkz=15009. Zuletzt aufgerufen am 17. Juli 2021.

103 Vgl. dazu ausführlich Klein: *Vom Sekretariat zum Office-Management*, 1996, 3.

104 Diese wurde am 1. August 2014 ersetzt durch den Ausbildungsberuf zur »Kauffrau für Büromanagement«, vgl. dazu https://berufenet.arbeitsagentur.de/berufenet/archiv/7881. pdf. Zuletzt aufgerufen am 27. September 2021. – An solchen Berufsfachschulen, wie etwa der Berliner Akademie für Sekretariat und Büromanagement oder an regionalen Industrie- und Handelskammern finden die zweijährigen Ausbildungen, genaugenom-

Ausbildungsinhalten gehörten Bürowirtschaft und Statistik, Informationsver-
arbeitung, bereichsbezogenes Rechnungswesen und Personalverwaltung sowie
»Assistenz- und Sekretariatsaufgaben«. Darüber hinaus wurden Kenntnisse in
Datenverarbeitung (Anwendungsprogramme, Tabellen und Textverarbeitungs-
software) und Buchführung erwartet.

Die Fortbildungsmöglichkeit zur »Geprüften Sekretärin« entsprach nun nicht
mehr den durch moderne Bürokommunikationstechnologien induzierten veränderten Anforderungen im Beruf, obwohl der neue Ausbildungsberuf, abgesehen von der Schreibtechnik, dieselben Inhalte vermittelte.[105] Laut Gabriele
Pelzer, damals Vorstandsmitglied des 1966 gegründeten Bundes Deutscher Sekretärinnen (BDS), verbrachte Anfang der 1990er-Jahre eine Sekretärin »nicht
mehr als 20 Prozent ihrer Arbeitszeit mit Schreibaufgaben. Der Rest des Tages
wird für Organisations- und Managementaufgaben benötigt.«[106] Auch in der
Max-Planck-Gesellschaft, in der jedes ihrer Institute über eine eigene Verwaltung verfügt, die organisatorische, kaufmännische und Personalangelegenheiten
regelt, werden seit 1982 Büroangestellte ausgebildet.[107] Die Max-Planck-Gesellschaft bietet heute Ausbildungsplätze für Kauffrau/-mann für Büromanagement, Fachangestellte/-r für Medien- und Informationsdienste, Verwaltungs-
fachangestellte/-r und Personaldienstleistungskauffrau/-mann.[108]

2.2.2.3 Höhere Anforderungen, weniger Prestige

Die historische Entwicklung der Arbeit im Vorzimmer steht exemplarisch für
die Feminisierung und den anschließenden Prestigeverlust eines Berufs[109] – beides Phänomene, die sich nicht zuletzt noch heute in den Gehaltsstufen von Sekretärinnen und Assistentinnen insbesondere im Wissenschaftsbereich zeigen.
Die Mechanisierung des Büros sollte die berufliche Marginalisierung der Frauen
im, wie Kittler es genannt hat, »Machtsystem Schrift« beenden:

Ironisch genug, hatten die grundsätzlich männlichen Kontoristen, Bürodiener und
Dichtergehilfen des 19. Jahrhunderts viel zu viel Stolz in ihre mühsam geschulte

---

men: Schulungen, zur Europasekretärin oder Welthandelskorrespondentin statt, die sich
    in erster Linie auf die sprachliche Ausbildung konzentrieren.
105 Vgl. dazu Klein: *Vom Sekretariat zum Office-Management*, 1996, 1–2.
106 Biallo: *Von der Sekretärin zur Führungskraft*, 1992, 13.
107 Aus den Unterlagen der Registratur der Generalverwaltung geht hervor, dass zum
    1. September 1982 die drei ersten Auszubildenden der Max-Planck-Gesellschaft ihre
    Ausbildung aufgenommen haben; GVMPG, BC 251403, fot. 26. – Ich danke dem Re-
    ferenten für Academy Management und Berufsausbildung der MPG, Jan Weichelt, für
    diese Auskunft, E-Mail Weichelt an Kolboske, 2. August 2021.
108 Vgl. aktuell https://www.mpg.de/213720/bueroberufe. Zuletzt aufgerufen am 21. Juli
    2021.
109 Vgl. dazu exemplarisch Hicks: *Programmed Inequality*, 2017, Pos.190.

Handschrift gesetzt, um nicht Remingtons Innovation sieben Jahre lang zu übersehen. Der kontinuierlich-kohärente Tintenfluß, dieses materielle Substrat aller bürgerlichen Individuen oder Unteilbarkeiten, machte sie blind vor einer historischen Chance.[110]

Auch Ute Frevert konstatiert, dass die männlichen Kontoristen, den Stenotypistinnen die Büros »kampflos« überließen, da sie es überwiegend als unter ihrer Würde betrachteten, sich zu »»Maschineschreibern‹ degradieren zu lassen«.[111] Feminisierung erscheint hier als entscheidender Aspekt bei der Etablierung von Angestelltenhierarchien: Männliche Angestellte nahmen »Feminisierung der als mechanisch betrachtete[n] Arbeiten als (prekäre) Rettung ihrer geistigen Arbeit« wahr, die noch durch die Zuweisung männlicher Privilegien im Büro verstärkt wurde: Sie konnten die »niederen Arbeiten« an weibliche Angestellte delegieren und sich ungestört dem Dünkel ihren anspruchsvolleren Tätigkeiten hingeben.[112] Diese Geschlechtersegregation im Büro sah die untersten Positionen für Frauen vor, während die höheren Positionen Männern vorbehalten waren, die ihren Kolleginnen gegenüber weisungsbefugt waren.

Die Hierarchie der weiblichen Büroangestellten reichte von der *Schreibkraft*, die Dokumente anhand von Stenonotizen oder Aufzeichnungen tippte bzw. handschriftliche Kommentare entzifferte, über die *Stenotypistin*, die Diktate aufnahm und ihre Notizen anschließend abtippte oder einer Schreibkraft übergab, bis zur *Sekretärin*, die Führungskräfte unterstützte und das allgemeine Management des Büros übernahm. Eine weitere Hierarchie gab es auf der Stufe der Sekretärinnen, je nachdem, ob sie als Persönliche Assistentin, Geheimnisträgerin, Chef-, Abteilungssekretärin oder als Zweitkraft fungierten. Damit waren die Aufstiegsmöglichkeiten einer Sekretärin sehr begrenzt. Woran lag das: an mangelnder Qualifikation? An schlechter Ausbildung? Oder handelte es sich schlichtweg um einen Ausdruck der herrschenden Geschlechterordnung?

Ute Frevert betrachtet die oft schlechtere Qualifikation und Ausbildung von Frauen nicht als Angelpunkt ihrer beruflichen Diskriminierung. Abgesehen vom »prinzipielle[n] Desinteresse der Unternehmer an einer Höherqualifizierung (und Höherbezahlung) der von ihnen eingestellten Frauen« ermögliche die »strukturelle Abgeschlossenheit des weiblichen Teilarbeitsmarkts, die auch eine individuelle Leistungssteigerung nicht durchbrechen konnte«, dass Frauen schlichtweg an der Abneigung männlicher Kollegen gegen weibliche Vorgesetzte scheitern würden.[113] Ähnliches hatte Susanne Suhr schon 1930 festgestellt: »Die Aufstiegsmöglichkeiten der weiblichen Angestellten sind erschwert, weil sie eine Frau ist.«[114]

---

110 Kittler: *Grammophon, Film, Typewriter*, 1986, 287. 45
111 Frevert: Vom Klavier zur Schreibmaschine, 1979, 82–112, 88.
112 Holtgrewe: *Schreib-Dienst*, 1989, 19.
113 Frevert: Vom Klavier zur Schreibmaschine, 1979, 82–112, 91.
114 Suhr: *Die weiblichen Angestellten*, 1930, 20.

Diese Deprofessionalisierung rechtfertigte nicht zuletzt auch den schon angesprochenen und seit dato unverändert etablierten Gender-Pay-Gap.[115] Gehaltsabzüge von mindestens zehn bis 20 Prozent für weibliche Angestellte waren selbstverständlich und wurden dadurch begünstigt, dass ihnen die Vergleichsmöglichkeiten und die daraus resultierende »Schätzkraft für ihre Leistung« fehlte.[116] Die Statistik des Gewerkschaftsbundes der Angestellten (GdA) von 1931 wies aus, »daß drei Viertel der weiblichen Mitglieder in den beiden untersten Tarifgruppen eingeordnet waren (zum Vergleich: 33,6 % der Männer). Für die Masse der Frauen war damit die zweite Gehaltsgruppe die Endstufe ihrer beruflichen ›Karriere‹«.[117]

Innerhalb der Angestelltenhierarchie konstituierte sich gleichwohl die geschlechtsspezifische Arbeitsteilung darüber, dass Männer überwiegend eine kaufmännische Ausbildung absolviert und sich damit für höhere Aufgaben (wie etwa Sachbearbeiter oder Abteilungsleiter) qualifiziert hatten.[118] Frauen dagegen wurden für standardisierte Arbeiten »angelernt«. Rationalisierungsexperten hatten seit Mitte der 1920er-Jahre Methoden zur Maximierung effizienter Arbeitsabläufe entwickelt, mit denen einst komplexe Arbeitsvorgänge in Teilbereiche zerlegt und schematisiert wurden. Arbeitssparende Maschinen, die das Büro so maßgeblich prägten bzw. veränderten – Schreibmaschine, Diktafon, Rechen-, Buchungs- und Adressiermaschine – ermöglichten die gewünschte Mechanisierung und Standardisierung. Diese neuen technischen Geräte wurden in erster Linie von Frauen bedient.

Sie waren es, die jetzt die einfachsten schematischen Repetierarbeiten wie Kopieren, Registrieren und Ablegen der Briefe, Adressenschreiben, Bedienung des Telefons, Sortieren der Post etc. übernahmen, die sich allmählich zu rein weiblichen Tätigkeitsgebieten ausdifferenzierten. Diejenigen Arbeiten, die fabrikmäßigen, »proletarischen« Verrichtungen am nächsten kamen, wurden »feminisiert«, womit den in »höheren« Positionen beschäftigten standesbewußten Männern das Schicksal der Proletarisierung (vorerst) erspart blieb.[119]

---

115 Vgl. Koch: Die weiblichen Angestellten in der Weimarer Republik, 1993, 163–175, 169–175.
116 Vgl. dazu Schmitz: *Ueber die Lage der weiblichen Handlungsgehilfen*, 1915, 7.
117 Frevert: Traditionale Weiblichkeit, 1981, 507–533, 513.
118 »Nach der GdA-Statistik von 1931 konnten 94 % der männlichen Verbandsmitglieder eine Lehre vorweisen, jedoch nur die Hälfte der weiblichen (wobei die durchschnittliche Lehrzeit der Frauen weit unter der für Männer lag). Jedes achte weibliche Mitglied konnte weder auf eine praktische noch auf eine theoretische Ausbildung zurückgreifen, und von den 37 %, die eine Handelsschule besucht hatten, betrug die Schulzeit für drei Viertel der Frauen weniger als 1 Jahr.« Ebd., 513. Frevert weist darauf hin, dass sich die Angaben des GdA immer auf organisierte Frauen bezogen, es sei insofern davon auszugehen, dass »die soziale Situation der unorganisierten Frauen noch erheblich schlechter« gewesen ist.
119 Frevert: Vom Klavier zur Schreibmaschine, 1979, 82–112, 87.

Die Hierarchie entstand daraufhin geradezu zwangsläufig: »Im Rückgriff auf hergebrachte Rollenzuschreibungen bildeten sich die geschlechtsspezifischen Differenzen aus, die den Arbeitsmarkt nach Geschlecht segregierten: die unteren Positionen waren für Frauen reserviert, die höheren, komplexere Qualifikationen erfordernde Positionen bekamen Männer zugewiesen.«[120]

Hier zeichnen sich erstmals die mit Technisierung einhergehenden, ständig wandelnden Praktiken ab, die schlussendlich dazu führen sollten, dass im virtuellen Büro von heute eine Sekretärin allein *alles* macht – oder dies zumindest von ihr erwartet wird: Korrespondenz, Kommunikation und Terminplanung. Diese Polarisierung, das heißt, die Zunahme sowohl qualitativer als auch quantitativer Anforderungen, bei gleichzeitig qualitativer Abwertung der Arbeitsleistung ist symptomatisch für die Evolution des Sekretärinnenberufs. Je nach Perspektive kam erschwerend bzw. begünstigend hinzu, dass das Selbstverständnis weiblicher Büroangestellter prägte, dass sie als Lückenbüßerinnen betrachtet und behandelt wurden: Entweder fehlten die Männer, die eigentlich diese Arbeit hätten machen sollen; oder es gab zwar Männer, die jedoch gar keine Lust hatten, solch eine Art von Arbeit zu verrichten. Diese gleich zu Beginn etablierte Verkettung aus geringem beruflichem Prestige, gekoppelt an das daraus resultierende mangelnde Selbstbewusstsein der Sekretärinnen, das zugleich die von ihnen erwartete Unterordnung und Gefügigkeit förderte, war und bleibt essenziell für die Perpetuierung des bis heute bestehenden Machtgefälles im Büro.

Die monotone, entfremdete Tätigkeit auf der untersten Sprosse der Angestelltenhierarchie, die Abhängigkeit von männlichen Vorgesetzten, der geringe Verdienst mit dem obligaten Weiblichkeitsmalus, der Mangel an beruflichen Aufstiegschancen stabilisierten das Bewußtsein der eigenen Minderwertigkeit. Es ist folglich kein Wunder, wenn sie sich auch im Beruf zuerst als Frau und nur in zweiter Linie als Angestellte begriffen und ihre Dienstbotenrolle am Arbeitsplatz durch die Betonung ihrer Weiblichkeit zu kompensieren suchten.«[121]

Die Zementierung dieser strukturellen Unterschiede durch die Festschreibung des rein weiblichen Berufsfeldes der unteren Angestellten bediente sich der »traditionellen Rollenbilder, die den Handlungsspielraum der Frauen auch im Beruf entscheidend zu prägen verstanden«[122] und sich in Pervertierung der »mutually beneficial ressources«[123] aufgrund dieser beruflichen Sozialisation affirmativ auf das tradierte weibliche Selbstbild auswirkte.

Im Wissenschaftsbetrieb schienen sich diese Pole lange Zeit »komplementär« zusammenzufügen im Sinne der bereits angesprochenen tradierten Ge-

---

120　Ebd., 91.
121　Frevert: Traditionale Weiblichkeit, 1981, 507–533, 517. Vgl. auch Eßlinger: *Das Dienstmädchen, die Familie und der Sex*, 2013.
122　Frevert: Vom Klavier zur Schreibmaschine, 1979, 82–112, 91.
123　Ash: Wissenschaft und Politik, 2002, 32–51.

schlechterdichotomie aus geistiger und mechanischer Arbeit: die »männliche Forscherpersönlichkeit«, der Wissenschaftler, und die »weibliche Natur«, die Sekretärin.[124] Dieses Ungleichgewicht verschärfte sich in der Max-Planck-Gesellschaft zunehmend in dem Maße, in dem nicht nur sowohl die qualitativen als auch quantitativen Anforderungen an die Sekretärinnen stiegen, sondern diese sich auch zunehmend aus Frauen rekrutierten, die selbst Akademikerinnen waren. Kurzum, in einer Situation in der die Kluft zwischen Männern und Frauen bezüglich Prestige und Einkommen unverändert blieb, während sich jedoch die Diskrepanz des wissenschaftlichen und kulturellen Hintergrunds zunehmend verringerte.

2.3   Als die Rechner noch Frauen waren

> I was hired as a programmer. […].
> It was something that women were
> believed to be good at.[125]

2.3.1   Automatisierung und digitale Revolution

Im August 1989 revolutionierte Microsoft das Vorzimmer (und alle anderen Büros), als es sein Softwarepaket Office auf den Markt brachte. Dieses enthielt die Komponenten Word, Excel, PowerPoint sowie Microsoft Mail und verband somit auf einfache Weise Textverarbeitung, Tabellenkalkulation, Präsentation und E-Mail-Verwaltung. Zunächst nur nutzbar für Apple Macintosh-Anwender:innen, war es ab 1990 dann auch für die Windows-Plattform verfügbar. Inzwischen gibt es global kaum einen Bürorechner, auf dem es nicht installiert ist (nunmehr kompatibel für die Betriebssysteme Windows, Mac, iOS und Android).

Diese umwälzenden Entwicklungen, die zusammen mit dem Personal Computer (PC) in vergleichsweise kurzer Zeit Einzug in das Sekretariat hielten, blieben jedoch folgenlos für die dort etablierte Geschlechterhierarchie. Das ist nicht zuletzt deswegen bemerkenswert, da historisch betrachtet die Computerberufe weiblich waren, ja, einst sogar als feminisiert galten. Der englische Begriff *computer* der so viel bedeutet wie »jemand, der rechnet«, bezog sich ursprünglich auf die Person, die händisch mit unterschiedlichen mathematischen Berech-

---

124 Zu »Wissen und Geschlecht: Die weibliche Natur und die männliche Forscherpersönlichkeit« vgl. Baer, Grenz und Lücke: Editorial, 2007, 8–15, 13.
125 Fran Allen, 1972 von IBM angestellt, zitiert nach Abbate: *Recoding Gender*, 2017, 1.

nungen beauftragt war.[126] Auch hier sind im Englischen Beruf und technisches Objekt synonym, wie auch schon beim *typewriter*. Rechner:innen, also *human computers*, gab es bereits im 17. und 18. Jahrhundert, der Computer (das technische Objekt) ist hingegen eine Erfindung des 20. Jahrhunderts.

In den 1940er- und 1950er-Jahren arbeiteten hoch qualifizierte Wissenschaftlerinnen wie die Mathematikerinnen und Physikerinnen Grace Hopper, Katherine Johnson, Eleonore Trefftz[127] und Margaret Hamilton tonangebend im Bereich der Informatik. Frauen wie sie und ihre Kolleginnen, die von den 1940er- bis in die 1970er-Jahre als Programmiererinnen gearbeitet haben, hätten sicherlich die Vorstellung absurd gefunden, dass Programmieren jemals als Männerberuf wahrgenommen werden könnte:

It never occurred to any of us that computer programming would eventually become something that was thought of as a men's field. At the time – just as now, actually – in the intro, beginning, lower levels of employment, it was at least half women. There were a lot of women who made straight As in math![128]

Wieso finden sich dann heute nicht mehr Frauen in den Computerberufen? Offenbar hat eine diametral entgegengesetzte Entwicklung zwischen den Berufen »Sekretärin« und »Rechnerin« stattgefunden. Während Ersterer durch Feminisierung und (vermeintliche) Deprofessionalisierung schnell sein Prestige verlor, passierte bei den *computers* genau das Gegenteil. Desto anspruchsvoller die Computer wurden, umso mehr verlor die Arbeit ihr geringes Ansehen und wurde in der Folge zunehmend als Männerdomäne betrachtet. Es kam zu einer geschlechtsspezifischen Machtverschiebung, bis sich schließlich »Computerprogrammierung drastisch von einer weiblichen Tätigkeit in eine ausgesprochen männliche Beschäftigung gewandelt hatte«.[129] Wie kam es dazu, dass Sekretärinnen sich Ende der 1980er-, Anfang der 1990er-Jahre mühsam von Programmierern oder IT-Mitarbeitern den Umgang mit ihren neuen Personal Computer erklären lassen mussten? Was hat dazu geführt, dass Frauen ihren historischen Vorsprung auf dem Gebiet der Computer verloren?

---

126 Margaret Rossiter über die Astronominnen, die in den Observatorien des späten 19. Jahrhunderts als »human computers« arbeiteten, wie etwa die berühmte Astronomin Maria Mitchell, die 1848 als erste Frau erst in die American Academy of Arts and Sciences und 1850 in die American Association for the Advancement of Science aufgenommen wurde. 1865 Jahre später wurde Mitchell als erste Frau zur Professorin für Astronomie an das renommierte Vassar College berufen. Rossiter: *Women Scientists in America*. Bd. 1, 1982, 55.
127 Zu Trefftz siehe das biografische Dossier in Kapitel 3.4.9.
128 Paula Hawthorn, 1963 bei Texaco angestellt, zitiert nach Abbate: *Recoding Gender*, 2017, 1.
129 Hicks: *Programmed Inequality*, 2017, Pos. 1699.

2.3.2 »When Computers Were Women«[130]

In den Observatorien des späten 19. Jahrhunderts errechneten *female computers* den Lauf von Planetenbahnen, entdeckten zahllose Sterne, Novae, Asteroiden und Gasnebel. Die Ausgangssituation der Rechnerinnen war durchaus vergleichbar mit der von Sekretärinnen: Da ihre männlichen Kollegen viel besser bezahlt wurden, konnten mit demselben Budget weitaus mehr Mitarbeiterinnen beschäftigt werden, was sie als Angestellte attraktiv machte. Außerdem betrachteten männliche Astronomen, Mathematiker und Physiker – wie auch ihre schreibenden Kollegen – es als unter ihrer akademischen Würde, solch untergeordnete Aufgaben zu verrichten, zumal diese auch keinerlei Vorteile für ihre weitere Karriere versprachen. Deswegen gaben sie sich auch gar keine Mühe bei dieser von ihnen nur als Durchgangsstation wahrgenommenen Arbeit:

Men in general were lousy – the brighter the man, the less likely he was to be a good programmer. [...] The men we employed were almost all men who wanted Ph.D.'s in math or physics. This [hands-on work] was a bit distasteful. I think they viewed what they were doing as something they were not going to be doing for a career.[131]

Insofern überrascht es wenig, dass *computing* zunächst als feminisierte Tätigkeit galt. Zwar verfügten auch viele der Rechnerinnen über eine Hochschulbildung, dennoch arbeiteten sie für etwa 25 bis 50 Cent pro Stunde an sechs Tagen in der Woche, was ungefähr der Hälfte des damaligen Männerlohns für ähnliche Büroarbeiten entsprach.[132] Legendär sind die »Harvard Computers«, die ab den 1870er-Jahren Pionierarbeit auf dem Gebiet der damals noch neuen Astrophysik leisteten und damit den Weg für Frauen in die Computer-, Ingenieur- und Raumfahrtindustrie ebneten.[133] Dazu gehörten unter anderem auch (später so) namhafte Astronominnen wie Annie Jump Cannon, Florence Cushman, Henrietta Swan Leavitt, Antonia Maury, Williamina Paton Stevens Fleming und Anna Winlock.

Sie katalogisierten Zehntausende von Sternen, um so alle fotografischen Daten des Observatoriums auszuwerten. Mit ihrer Arbeit trugen die »Harvard Computers« zur modernen Vorstellung von Galaxien bei und revolutionierten damit Astronomie als Wissenschaft, denn ihre Daten lieferten die empirischen Grundlagen für neue astronomische Theorien. Die Astronominnen selbst bildeten sich kontinuierlich fort und einige von ihnen erhielten bemerkenswerterweise zu ihren Lebzeiten eine Vielzahl an Auszeichnungen und Anerkennungen für ihre Leistungen: Jump Cannon etwa bekam die Ehrendoktorwürden

---

130 Dieser Titel zitiert den grundlegenden Artikel von Jennifer Light (1999) zur Rolle von Frauen in der Computergeschichte.
131 Light: When Computers Were Women, 1999, 455–483, 459.
132 Woodman: The Women »Computers«, 2016.
133 Hoffleit: Pioneering Women in the Spectral Classification of Stars, 2002, 370–398.

der Universitäten Groningen und Oxford und Williamina Fleming wurde zur Kuratorin der astronomischen Fotos des Harvard College Observatory ernannt. Nach ihrem Tod gerieten sie und ihre Leistungen jedoch lange Zeit wieder in Vergessenheit.[134]

Das Schicksal, trotz herausragender wissenschaftlicher Leistungen jahrzehntelang in Vergessenheit zu geraten, teilten sie mit vielen Kolleginnen, die ihnen in den nächsten Jahrzehnten nachfolgen sollten. Das gilt für die sechs brillanten jungen Wissenschaftlerinnen, die 1946 autodidaktisch den ersten vollelektronischen, programmierbaren Computer, den ENIAC, programmierten« und als »ENIAC-Girls« bekannt wurden: Kathleen McNulty, Frances Bilas, Betty Jean Jennings, Betty Holberton, Ruth Lichtermann und Marlyn Wescoff.[135] Es trifft im gleichen Maße auf die *human computers* der NASA zu, die herausragenden Mathematikerinnen und Raumfahrttechnikerinnen Katherine Johnson, Dorothy Vaughan und Mary Jackson, die in jüngster Vergangenheit einem breiteren Publikum als »Hidden Figures« bekannt wurden – einer Verfilmung der gleichnamigen Biografie von Margot Lee Shetterly[136] –, das so über ihre maßgebliche Beteiligung an den Mercury- und Apollo-Raumfahrprojekten der USA erfuhr. Und es gilt beispielsweise auch für die Mathematikerin und Softwareentwicklerin Margaret Hamilton, ohne deren Softwareprogramme für das »SAGE System«[137] und das »Command Module« die bemannte Mondlandung nicht möglich gewesen wäre.[138] Diese Liste ließe sich noch lange weiter fortsetzen.[139] Noch im April 1967 bewarb die Frauenzeitschrift *Cosmopolitan* mit einem langen Artikel die spektakulären Karrieremöglichkeiten und Gehaltsaussichten für Frauen in der Computerbranche.[140] Doch zu diesem Zeitpunkt kippte bereits die *gender balance* in der Informatik.

Auch in der Max-Planck-Gesellschaft waren Rechnerinnen beschäftigt. Der Großteil ihrer Arbeit bestand im Ausführen von Berechnungen und Aufzeichnen von Daten. All diese Arbeiten wurden von Hand ausgeführt, mit Rechen-

---

134 Vgl. ausführlich dazu ebd.; Grier: *When Computers Were Human*, 2005; Abbate: Pleasure Paradox, 2010, 213–227; Woodman: The Women »Computers«, 2016; Sobel: *The Glass Universe*, 2017.

135 »[P]rogrammed the first all-electronic, programmable computer, the ENIAC«. Auf seiner Website bietet das »ENIAC Programmers Project« einen kurzen Dokumentarfilm über die sechs Programmiererinnen sowie weitere Beiträge, die unter dem Motto »70 Years Ago The ENIAC Programmers Became Invisible. Please join us in 2020 to make the ENIAC Programmers and their Innovations Visible« darauf abzielen, sie dem Vergessen zu entreißen. http://eniacprogrammers.org. Zuletzt aufgerufen am 30. Juli 2021.

136 Shetterly: *Hidden Figures*, 2016.

137 Das Projekt »Semi-Automatic Ground Environment« (SAGE) im Lincoln Lab des MIT.

138 Creighton: Margaret Hamilton, 2016.

139 Beispielsweise mit den »Rocket Girls« Barbara Canright, Melba Nea, Virginia Prettyman, Helen Ling, Macie Roberts und Barbara Paulson, die in Kalifornien für das Jet Propulsion Laboratory (Strahlantriebslabor) der NASA arbeiteten, vgl. dazu Holt: *Rise of the Rocket Girls*, 2016.

140 Mandel: The Computer Girls, 1967, 52–54.

Abb. 6: Am 1. Januar präsentierten vier Mathematikerinnen bzw. Programmiererinnen die Platinen der ersten vier Computer der U.S. Army (von links nach rechts): Patsy Simmers hält die ENIAC-Platine, neben ihr steht Gail Taylor, mit der des EDVAC, daneben Milly Beck mit der des ORDVAC und ganz rechts steht Norma Stec mit der des BRLESC-I. Ein gemeinfreies Foto der U.S. Army, Nr. 163–12–62.

schiebern, Kurven, Lupen und einfachen Rechenmaschinen.[141] Die Mathematikerin und Physikerin Eleonore Trefftz beispielsweise beschäftigte in ihrer Arbeitsgruppe am MPI für Physik, später MPI für Astrophysik, von 1948 bis 1958 sukzessive die Rechnerinnen Else Hieser, Hanna Schelper, Lieselotte Kreutziger, Renate Gurtmann, Ursula Siller, Gertrud Hain, Helga Kühnel, Gisela Lassoff und Christina Raschewa, von denen einige bereits während des Zweiten Weltkriegs am KWI/MPI für Strömungsforschung gearbeitet hatten.[142] Ab 1959

141 Anfangs, also Ende der 1940er-Jahre, benutzten sie dafür sogar noch die Rückseiten alter Lochkarten aus der Aerodynamischen Versuchsanstalt (AVA); Ausführungen von Eleonore Trefftz im Gespräch mit Birgit Kolboske und Luisa Bonolis: Im Gespräch mit Eleonore Trefftz. Unveröffentlicht. 5.12.2016.

142 Siehe dazu Sondergruppe »Astrophysik«: Personalbestand per 31. März 1951, AMPG, II. Abt., Rep. 66, Nr. 3214, fol. 247; AMPG, I. Abt., Rep. 44, Nr. 153, Personalangelegenheiten AVA AMPG, II. Abt., Rep. 2; Küssner an Prandtl, 29. November 1946, AMPG, I. Abt., Rep. 44, Nr. 942, fol. 3. Vgl. auch Pauly und Breuer: *Max-Planck-Institut für Strömungsforschung*, 1976, 130. – Trefftz berichtete davon auch im Interview mit Kolboske und Bonolis, Trefftz-Gespräch I, 2016, DA GMPG, ID 601034.

lautete die Berufsbezeichnung dann »Technische Rechnerinnen« bzw. Gertrud Hain wurde ab 1960 in der Personalliste als »Mathematikerin« und die neu eingestellte Annegret Göbel als »Programmiererin« geführt.[143]

Es gibt noch weitere Beispiele im Untersuchungszeitraum für die Tätigkeit von Informatikerinnen bzw. Programmiererinnen in der Max-Planck-Gesellschaft: So arbeitete beispielsweise am Hamburger MPI für Meteorologie (MPIM) ab Mitte der 1970er-Jahre die Mathematikerin Susanne Hasselmann als Programmiererin für das Wave Prediction Model (WAM) ihres ebenfalls am Institut beschäftigten Mannes Klaus.[144] Das WAM kann das zweidimensionale Wellenspektrum des Seegangs an jedem Punkt des Ozeans weltweit gleichzeitig berechnen und damit die Entstehung von Seegang erklären.[145] Und die Aufbauphase des 1984 gegründeten Kölner MPI für Gesellschaftsforschung (MPIfG) ging einher mit der Installierung einer an der Aufgabenstellung des Instituts ausgerichteten EDV-Infrastruktur. Das Grundkonzept wurde vom Beratenden Ausschuss für Rechenanlagen (BAR) der Max-Planck-Gesellschaft in mehreren Sitzungen abgestimmt und sollte eine autonome Bewältigung der verschiedenen Forschungs-, Dokumentations- und Textverarbeitungsaufgaben ermöglichen. Für die mehrjährige EDV-Aufbauphase wurde neben einem Programmierer auch die Programmiererin Susanne Schwarz-Esser eingestellt.[146]

2.3.3 Gendering the Computer

Der große Transformationsprozess, die Büroarbeit durch den Einsatz von Informations- und Kommunikationstechnologie zu automatisieren, begann sowohl in der Bundesrepublik als auch in der Max-Planck-Gesellschaft in den 1960er- und 1970er-Jahren. Es steht außer Frage, dass der Einsatz elektronischer Datenverarbeitungssysteme die Arbeitsabläufe und Tätigkeitsprofile im Büro-

---

143 Die technischen Rechnerinnen waren in die Besoldungsgruppen TO.A VII bzw. TO.A VIII eingruppiert (DM 4.282,20 bzw. DM 3.020,50 Gesamtvergütung), die Programmierer:innen hingegen in TO.A. IVb (DM 7.717 Gesamtvergütung). Rechnungsjahr 1960, Namentliche Nachweisung der Personalkosten zu Titel B 104 a, 31. Dezember 1960, AMPG, II. Abt., Rep. 66. Nr. 3214, fol. 25, Namentliche Nachweisung der Personalkosten zu Titel B 104 a 1, 31. Dezember 1960, AMPG, II. Abt., Rep. 66. Nr. 3214, fol. 26.

144 Hasselmann et al.: The WAM Model, 1988, 1775–1810. – Zur Balance zwischen Wissenschaft und Familie vgl. auch Hasselmann: »Ich hoffe«, 2021.

145 Ich danke Gregor Lax herzlich für diesen Hinweis. Ausführlich zu Klaus Hasselmann, der von 1975 bis 1999 Direktor am MPIM war, und dem WAM, vgl. Lax: *Wissenschaft zwischen Planung, Aufgabenteilung und Kooperation*, 2020. – Am 5. Oktober 2021 wurde Hasselmann der Nobelpreis in Physik für seine Arbeiten zur Klimaforschung verliehen, die maßgeblich zum Verständnis der globalen Erwärmung und zum Beitrag des Menschen aufgrund von Kohlendioxidemissionen an dieser Entwicklung beigetragen haben.

146 MPIfG Jahresbericht 1987, AMPG, IX. Abt., Rep. 5, Nr. 330.

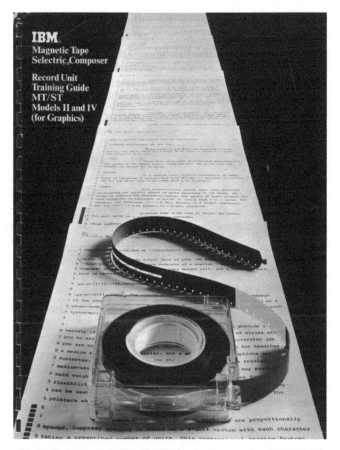

Abb. 7: Titelseite eines Handbuchs zur Bedienung der IBM MT/SC, die ab Mitte der 1960er-Jahre auch am MPI für Bildungsforschung in Berlin eingesetzt wurde. Public Domain (https://archive.org/details/ IBM-MTSC-TrainingGuide/mode/2up).[147]

und Verwaltungsbereich unwiderruflich verändert hat. Hatte die »technische Revolution« vor allem die mechanische Leistungsfähigkeit der Sekretärinnen erweitert, »bewirkte die Informationstechnologie grundlegende Veränderungen der geistigen Arbeit durch neue Möglichkeiten der Informationsspeicherung, -verarbeitung und -übertragung«.[148] Oder wie es Andreas Barthelmess nennt: Die Entwicklungen, die der technische Fortschritt mit sich brachte, waren noch

147 In der MPG waren Sekretärinnenpools eigentlich nicht üblich. Eine Ausnahme davon bildete das 1968 etablierte Zentralsekretariat, die »Kanzlei« am Berliner MPI für Bildungsforschung. AMPG, II. Abt., Rep. 43, Nr. 374.
148 Winker: *Büro. Computer. Geschlechterhierarchie*, 1995, 46.

inkrementeller Natur, die Digitalisierung stellte eine Disruption dar, und zwar in allen Lebensbereichen.[149] Im Folgenden geht es konkret um die disruptiven Auswirkungen der Digitalisierung auf das Vorzimmer.

Zunächst betraf die zentralisierte Datenverarbeitung auf Großrechnern in erster Linie die Verwaltung und nicht die Sekretariate. Anschaffungen wie zwei IBM-Magnetband-Maschinen am MPI für Bildungsforschung Anfang 1965, um die »ständig wachsende Zahl von wissenschaftlichen Manuskripten und Vorträgen« zu schreiben und zu korrigieren, waren die Ausnahme.[150] Diese Art von Automatisierung in der Verwaltung konzentrierte sich beispielsweise auf die Personalsachbearbeitung und damit auf Aufgabenfelder, in denen immer wieder die gleichen Massendaten zu verarbeiten und zu verwalten waren. Diese Art von zentralisierter Datenverarbeitung kann nur Verwaltungsaufgaben automatisieren, »die auf der Grundlage strikter Verfahrensregelung und exakt definierter Daten standardisiert abgewickelt werden [...]. Die Sachverhalte müssen durch bekannte und festgelegte Datenstrukturen beschreibbar und dann nach eindeutigen Rechtsnormen zu behandeln und nach algorithmischen Verfahren zu bearbeiten sein.«[151]

Seit den 1970er-Jahren entwickelte sich hier in der MPG eine neue Schnittstelle zwischen Büroarbeit und Sachbearbeitung (auch personell in Form von Mischarbeitsplätzen),[152] die zu einer qualitativen Aufwertung der Büroarbeit führte, zum einen durch eine erhoffte Vermeidung von Doppelarbeit zwischen etwa Personalsachbearbeitung und Sekretariat oder anderen Abteilungen, die sich aus deutlich transparenteren Arbeitsprozessen ergeben sollte. Zum anderen eine bessere Erreichbarkeit vor allem auch durch die Möglichkeit ganzheitlicher Vorgangsbearbeitungen, etwa durch geteilte Kalender zur Terminkoordination.[153]

In einer viel zitierten Titelgeschichte der *Business Week* aus dem Jahr 1975 sagte George E. Pake, einer der Gründer des Xerox Parc, treffsicher für die darauffolgenden 20 Jahre eine Revolution des Büroalltags voraus, die das Aufkommen des Desktop-Computers auslösen würde. Er beschrieb im Grunde genommen die eingangs geschilderten Errungenschaften des Microsoft-Office-Pakets, das 15 Jahre später auf den Markt kommen sollte: »Ich werde in der Lage sein, Dokumente aus meinen Akten auf dem Bildschirm abzurufen, oder auf Tastendruck, [...] ich kann meine Post oder irgendwelche Nachrichten empfangen. [...] Das wird unser tägliches Leben verändern, und es könnte ein bisschen

---

149 Barthelmess: *Die große Zerstörung*, 2020, 10, 22–46.
150 Die IBM-Maschinen waren angemietet worden. Horstmar Hale, Rationalisierung von Schreibarbeiten, AMPG, II. Abt., Rep. 43, Nr. 374.
151 Winker: *Büro. Computer. Geschlechterhierarchie*, 1995, 13–14.
152 Siehe dazu Kapitel 2.6.4.
153 Vgl. dazu auch das Konzept der »systemischen Rationalisierung« von Baethge und Oberbeck: *Zukunft der Angestellten*, 1986. – Desgleichen »Das Rationalisierungsdilemma beim EDV-Einsatz« bei Holtgrewe: *Schreib-Dienst*, 1989, 53–61.

beängstigend sein.«[154] Die Geschichte hat ihm recht gegeben, wobei sich Vorstellungen von Textverarbeitung in den 1970er-Jahren deutlich von der Version
unterschieden, die wir heute kennen:

At the I. B.M. exhibition a girl typed on an electronic typewriter. The copy was received
on a magnetic tape cassette which accepted corrections, deletions and additions and
then produced a perfect letter for the boss's signature. The perfect letter could then be
sent over telephone lines to other offices around the country, or the typewriter could
also be used as an input device for computers.[155]

Zugleich wurde versucht, Textverarbeitung als »feministische Innovation« zu
verkaufen:»According to some manufacturers, the concept of ›word processing‹
could be the answer to Women's Lib advocates' prayers. Word processing will
replace the ›traditional secretary‹ and give women new administrative roles in
business and industry.«[156] Dies hat sich jedoch nicht bewahrheitet. Was auch
damit zu tun hatte, dass die Textverarbeitung in sogenannten Schreibpools stattfinden sollte, in denen spezialisierte Schreibkräfte Textbearbeitungsmaschinen
bedienten.[157] Wie es die britische Autorin Lucy Kellaway lakonisch ausdrückte,
entpuppte sich der Einsatz im neuen »word processing pool« jedoch als ähnlich
abwechslungsreich wie das Stanzen von Lochkarten.[158] Oder, in den Worten
Kittlers:»Maschinenschrift besagt Desexualisierung des Schreibens, das seine
Metaphysik einbüßt und Word Processing wird.«[159]

Für die Mehrheit der Sekretärinnen in der Max-Planck-Gesellschaft begann
die Textverarbeitung erst mit der Einführung des Personal Computers in den
späten 1980er- und frühen 1990er-Jahren.[160] Unter Präsident Hans F. Zacher
hielt auf Wunsch der damaligen Chefsekretärin Martina Walcher der erste Desk-
top-Computer 1991 Einzug in das Präsidialbüro der Max-Planck-Gesellschaft.
Ein Mechaniker stellte ihr den PC auf den Schreibtisch und wünschte ihr »viel
Freude« damit. Alles Weitere brachte sie, die sich als technik- und computeraffin
bezeichnet, sich dann selbst bei.[161]

Als die »digitale Revolution« Ende der 1980er-Jahre an Fahrt aufnahm,[162]
erlebte auch das Vorzimmer mit dem Einzug des Personal Computers in ver-

154 Pake: »The Office of the Future«, 1975, 48–70, 48.
155 Smith: Lag Persists for Business Equipment, 1971, 59.
156 Ebd.
157 Vgl. auch IV. IBM-Magnetband-Maschinen, AMPG, II. Abt., Rep. 43, Nr. 374.
158 Kellaway: How the Computer Changed the Office Forever, 2013.
159 Kittler: *Grammophon, Film, Typewriter*, 1986, 278.
160 Am 5. Juni 1977 brachten Steve Jobs und Steve Wozniak auf der West Coast Computer
     Faire den Apple II auf den Markt, den ersten 8-Bit-Heimcomputer und einen der ersten
     sehr erfolgreich massenhaft produzierten Mikrocomputer; vier Jahre später, am 12. Au-
     gust 1981, kam der PC von IBM auf den Markt.
161 Persönliche Kommunikation Martina Walcher und Kolboske am 16. Juni 2021.
162 Zum Begriff und zur Periodisierung der »Digitalen Revolution« vgl. etwa Breljak, Mühl-
     hoff und Slaby (Hg.): *Affekt Macht Netz*, 2019; Stengel, von Looy und Wallaschkowski
     (Hg.): *Digitalzeitalter – Digitalgesellschaft*, 2017.

gleichsweise kurzer Zeit umwälzende Entwicklungen. Sie blieben für die dort
lange schon etablierte Geschlechterhierarchie jedoch folgenlos, weil fataler-
weise zu diesem Zeitpunkt die Einbindung von Frauen in die Informatik bereits
rückläufig und die Konnotation von moderner Computerarbeit schon als männlich etabliert war. Nathan Ensmenger verortet diesen Prozess der Maskulini-
sierung im Zusammenhang mit der Entwicklung professioneller disziplinärer
Strukturen in Form von formalen Informatikprogrammen, Fachgesellschaften –
die wiederum Fachzeitschriften herausgaben –, Zertifizierungsprogrammen
und standardisierten Entwicklungsmethoden.[163] Eine Entwicklung, die auch
Marie Hicks bestätigt: »In the late 1960s and 1970s you do start to see a shift
in how the computers are being marketed. [...] They started showing computer man, they started saying ›do you have good men to run your computer
installation?‹«[164]

Sekretärinnen neigen – wie viele andere Frauen – dazu, ihre Kompetenzen zu
unterschätzen. Im Sekretariat ist das nicht zuletzt ein Ergebnis der dort etablierten Hierarchie und Tätigkeitsstruktur, die Sekretärinnen jahrzehntelang darauf
konditioniert haben, Entscheidungen ebenso widerspruchslos hinzunehmen wie
die Unterstellung, Frauen seien von Natur aus nicht so technik- bzw. computeraffin.[165] Und so löste die Einführung der Computertechnologie im Vorzimmer
einen kolossalen Rollback aus: Sekretärinnen mussten sich von überwiegend
männlichen Programmierern die Handhabung ihrer neuen Computer erklären
lassen, es gab Frauen-Computerkurse (oft annonciert als »Computerkurse *nur*
für Frauen«), um diese niedrigschwellig an die neue Technologie heranzuführen,
und noch Ende der 1980er-Jahre erschien es vielen Eltern, Brüdern und Mitschü-
lern absurd, dass auch Mädchen in der Schule Unterricht am Computer erhalten
sollten.[166] Die Chance, die im Sekretariat andauernde Geschlechterhierarchie
und die daraus resultierende tradierte Arbeitsteilung durch die Einführung
der Computertechnologie aufzubrechen, und zwar mit einer Neuverteilung
von »Wissen, Können und Macht der Beteiligten«,[167] wurde nicht genutzt. In
ihrer Studie *Schreib-Dienst. Frauenarbeit im Büro* hat Ursula Holtgrewe 1989
dafür plädiert, die »Chancen und Risiken« der Technik, ihre Auswirkungen
»auf die von Frauen verrichtete Arbeit nicht an der binären Logik, der män-

---

163 Ensmenger: Making Programming Masculine, 2010, 115–141, 121.
164 Kellaway: How the Computer Changed the Office Forever, 2013. – Vgl. umfassend dazu
     Hicks: *Programmed Inequality*, 2017.
165 Vgl. dazu sehr instruktiv Schöll: Frauen lernen am Computer, 1988, 19–23. – Die so-
     zialgeschichtliche Perspektive, die das Rechnen als Tätigkeit und die sich historisch
     wandelnden Formen seiner arbeitsteiligen und technischen Organisation betrachtet,
     wirft auch ein Schlaglicht auf die ihm innewohnende weibliche Tradition, die von Fe-
     ministinnen auch als die Geschichte eines »Fußvolks« bezeichnet worden ist; Hoffmann:
     Opfer und Täterinnen, 1988, 75–79, 76.
166 Faulstich-Wieland: Computer und Mädchenbildung, 1988, 19–23, 20.
167 Holtgrewe: *Schreib-Dienst*, 1989, 8.

nerbeherrschten Technikentwicklung oder dem weiblichen Programmierstil«, festzumachen.[168] Auch die Diskussion um geschlechtsspezifische Zugänge zur Computertechnologie betrachtete sie als »politisch fatalen Irrweg«.[169] Dazu hatten Uta Brandes und Christiane Schiersmann 1986 in Zusammenarbeit mit der Zeitschrift *Brigitte* und dem Institut »Frau und Gesellschaft« die Untersuchung »Frauen, Männer und Computer« durchgeführt, die sich gezielt geschlechtsspezifischen Unterschieden in der Beurteilung von Informationstechnik widmete.[170] Ihr zentraler Befund ergab, dass

Frauen dem Computer insgesamt ambivalenter, kritischer und zugleich pragmatischer gegenüberstehen als Männer. Die höhere weibliche Ambivalenz dokumentiert sich darin, daß Frauen vom Computer als Maschine oder Spielzeug weit weniger fasziniert sind als Männer, ihm aber in der Arbeitswelt einen Gebrauchswert zugestehen und deshalb auch dafür sind, sich mit Computern zu beschäftigen und den Umgang mit ihnen zu erlernen. Bei den Frauen wird in der Tendenz eine Spaltung deutlich: Sie wollen den Computer aus dem Privatleben, aus der Familie, möglichst heraushalten, sie akzeptieren ihn aber als Gebrauchsgegenstand, als Werkzeug im Arbeitsleben.[171]

De facto wurde die Computertechnologie zum Machtverstärker,[172] da sie erhebliche Auswirkungen auf institutionelle Machtstrukturen hatte. Das viel beschworene Dezentralisierungspotenzial neuer Technologien verpuffte – zumindest für die Sekretärinnen – folgenlos, denn nicht die IT führte per se zu Zentralisierung oder Dezentralisierung, über ihre konkrete technische Umsetzung wurde top-down entschieden. Wie bei den meisten Entscheidungs- und Implementierungsprozessen galt es auch hier, alte Machtstrukturen zu bewahren.[173] Dennoch hat die Sekretärin ihre Position behauptet und ist, anders als von der britischen Autorin Emma Jacobs prognostiziert, weder tot noch verschwunden.[174] Der Grund dafür ist nicht nur, dass inzwischen Sekretärinnen Computer und ihre Betriebssysteme, mögen sie auch noch so *sophisticated* sein, beherrschen, sondern dass ihre Kompetenzen weit über die Beherrschung elektronischer Geräte hinausgehen.

---

168 Ebd.
169 Ebd., 131. Vgl. dazu auch Winker: *Büro. Computer. Geschlechterhierarchie*, 1995, 150–151.
170 Brandes und Schiersmann: Frauen, Männer und Computer, 1987.
171 Ebd., 8–9, zitiert nach Winker: *Büro. Computer. Geschlechterhierarchie*, 1995, 52.
172 Ebd., 22. – Ortmann et al.: *Computer und Macht in Organisationen*, 1990, 532–540.
173 Ortmann et al.: *Computer und Macht in Organisationen*, 1990.
174 Jacobs: The Case of the Vanishing Secretary, 2015.

2.4   Doing Office

> Der Wortsinn von Text ist Gewebe. Folglich
> hatten die zwei Geschlechter vor ihrer Industrialisie-
> rung streng symmetrische Rollen: Frauen, das Sym-
> bol weiblichen Fleißes in Händen, schufen Gewebe,
> Männer, das Symbol männlichen geistigen Schaffens
> in Händen, andere Gewebe namens Text.[175]

Im Wissenschaftsbetrieb ist wohl kein Berufsbild ist mit so vielen genderstereo-
typen Klischees belastet wie das der Sekretärin. Was steckt dahinter? Welche
Aufgaben verbergen sich hinter der Berufsbezeichnung »Sekretärin« – formell
und realiter? Wie hat sich das *doing office* im Laufe der Jahrzehnte gewandelt,
wenn man unter *doing office* – in Anlehnung an die Bezeichnungen *doing gender*
bzw. *doing culture* – die Summe performativer Zuschreibungen sowie sozialer
und materieller Praktiken im Rahmen der tradierten, binären Geschlechterordnung des Vorzimmers versteht?[176]

Das Instrumentarium des Sekretariats, und dies nicht nur in einer Wissenschaftsorganisation wie der Max-Planck-Gesellschaft, geht weit über die technischen Objekte hinaus, die es jahrzehntelang bis zur Ankunft des Personal
Computers geprägt haben, also: Schreibmaschinen, Diktiergeräte, Akten-
schränke und Telefone. Das *doing office* ist ein komplexes Geflecht aus materiellen Praktiken, kognitiven Tätigkeiten sowie perzeptiven, interaktiven und
mikropolitischen Aktivitäten der Sekretärinnen, die eine Erkundung der Wissenschaftsgesellschaft von unten erlauben. Für diese kultur- bzw. sozial- und
technikgeschichtlichen Betrachtungen möchte ich mit Hans-Jörg Rheinberger
auf Gaston Bachelards Begriff »Mikro-Epistemologie« zurückgreifen:

Seit langem verfolge ich eine Perspektive auf die Wissenschaften, die geprägt ist von
dem Bemühen, den wissenschaftlichen Forschungsprozess in seinen vielfältigen Facetten aus den materiellen Bedingungen seiner Mikrodynamik heraus zu verstehen.
[...] Worum es mir zu tun ist, könnte man sagen, ist eine Epistemologie von unten,
eine »Mikro-Epistemologie«, um einen treffenden Ausdruck des Wissenschaftsphi-
losophen Gaston Bachelard für diesen Zugriff zu gebrauchen, den dieser vor einem
guten halben Jahrhundert geprägt hat.[177]

---

175 Kittler: *Grammophon, Film, Typewriter*, 1986, 277.
176 Zum *doing gender*: West und Zimmerman: Doing Gender, 1987, 125–151; West und Fens-
     termaker: Doing Difference, 1995, 8–37.– Zur Kultur sozialer Praxis und dem Verhältnis
     von Kultur und Praxis: Hörning und Reuter: Doing Culture, 2015, 9–16; Hörning und
     Reuter: *Doing Culture*, 2015. Darin zur Heuristik des Tuns: Hirschauer: Praktiken und
     ihre Körper, 2015, 73–91. Vgl. auch Potthast: Sozio-materielle Praktiken in irritierenden
     Situationen, 2019, 387–412.
177 Rheinberger: Episteme zwischen Wissenschaft und Kunst, 2016, 17–28. Rheinberger
     bezieht sich dabei auf Bachelard: *Le rationalisme appliqué*, 2004, 56.

In diesem Sinne werden, gewissermaßen von unten, in einem ersten Schritt die materiellen Praktiken und damit verbundenen kognitiven Tätigkeiten des *doing office* aus mikroepistemologischer Perspektive betrachtet. Dazu gehören auch die mutmaßlich »natürlichen« weiblichen Voraussetzungen, die Frauen angeblich für den Sekretärinnenberuf prädestiniert haben. Allgemein als Praktiken[178] der »klassischen Sekretariatsaufgaben« bezeichnet, werden diese mit dem Erkenntnisinteresse beleuchtet, die vermeintlich schlichten, untergeordneten, intellektuell anspruchslosen Tätigkeiten in ihrer ganzen Vielfalt und Tragweite zu erfassen, um so neu bewerten zu können, wo tatsächlich im Vorzimmer die Demarkationslinie zwischen epistemischer und deontischer Autorität verläuft. Denn, so meine These, viele Sekretärinnen der MPG fungier(t)en nicht nur als Büro-, sondern auch als Wissensmanagerinnen,[179] deren Milieuwissen dazu beigetragen hat, die Forschungsarbeit überhaupt erst zu ermöglichen – und sind somit Teil des multidisziplinären »Experimentalsystems« eines Instituts.[180]

2.4.1 Materielle Praktiken im Vorzimmer

> »Perhaps a whole generation of us
> should fail to learn how to type.«[181]

Im klassischen Verständnis der Büroarbeit bestanden die damit verbundenen materiellen Praktiken im Wesentlichen in eher untergeordneten »mechanischen Verrichtungen« des Schreibens und Ablegens: »Arbeiten, die Denken, Planen, Entscheiden und Überlegen, also höhere geistige Qualitäten erfordern, sollen weitgehend von laufend wiederkehrenden, einfachen, mehr mechanischen Verrichtungen des Ordnens, Schreibens, Rechnens, Sammelns getrennt werden.«[182]
   Sie entwickelten sich von der Abschrift per Hand über Maschineschreiben, Diktat aufnehmen, Kurzschriftsysteme, Vervielfältigen, Katalogisieren per Karteikarten, Ablagesysteme, Lochkartensystemen bis hin zur Textverarbeitung im heutigen virtuellen Büro.[183]
   All diesen Praktiken wohnte das Element der Beschleunigung inne, die zum neuen, eigenen Wert einer »Rund-um-die-Uhr-Gesellschaft« wurde.[184] Oder in den Worten Aldous Huxleys: »Speed, it seems to me, provides the one genuinely

---

178 Hirschauer: Praktiken und ihre Körper, 2004, 73–91.
179 North: *Wissensorientierte Unternehmensführung*, 2005.
180 Um den Kreis wieder bei Rheinberger zu schließen: Rheinberger: *Experimentalsysteme und epistemische Dinge*, 2006.
181 Steinem: The Politics of Women, 1971.
182 Zitiert nach Holtgrewe: *Schreib-Dienst*, 1989, 33.
183 Einen umfassenden Einblick in diese Kulturtechniken des Schreibens, Kopierens, Ablegens, Rechnens und Buchführens sowie den damit korrespondierenden Materialien des Bürolebens bietet Gardey: *Schreiben, Rechnen, Ablegen*, 2019.
184 ver.di: *Die Rund-um-die-Uhr-Gesellschaft*, 2016, 16, 16, 2.

Abb. 8: Das berühmte Szenenbild »Die lebende Schreibmaschine« aus der Revue »Das lachende Berlin«, 1925. © Dr. Wolfgang Jansen, Berlin.[185]

modern pleasure.«[186] Die Rationalisierung der Arbeitsprozesse setzte neue Standards für Effizienz und Geschwindigkeit, indem sich das in Menschen gesetzte Vertrauen zunehmend auf »Artefakte und ›mechanisierte‹ Dispositive« verlagerte.[187] Diese »Modernität« bezeichnet Delphine Gardey als neue »moralische Ökonomie«, die zugleich auch eine Ökonomie der Artefakte und des Raums sei, den ich in dieser Studie umfassend Vorzimmer nenne.[188] Den Balanceakt zwischen Vertrautem und Neuem hat Bettina Dilcher als notwendige Voraussetzung dafür betrachtet, dass »sich individuelles Handeln im Alltag nicht nur als Beharrungsmoment, gestützt auf vertraute Routinen, sondern auch als Handlungspotential zur Bewältigung neuer Anforderungen entwickeln kann«.[189]

Heutzutage ist Rationalisierung im Rahmen der »digitalen Revolution« durch Automatisierung ersetzt worden und zwei der traditionellen Schlüsselpraktiken des Sekretariats, Diktat und Stenografie, sind im modernen, sprich: digitalisierten Büro in den Hintergrund getreten, gehörten aber für den Untersuchungszeitraum in der Max-Planck-Gesellschaft zum Standardrepertoire und sind daher hier zu erinnern.

185 Vgl. ausführlich dazu Jansen: *Glanzrevuen der zwanziger Jahre*, 1987.
186 Huxley: *Music at Night and Other Essays*, 1943, 155.
187 Gardey: *Schreiben, Rechnen, Ablegen*, 2019, 26.
188 Ebd., 26–27.
189 Dilcher: Theoretische Überlegungen zum Begriff des Milieus, 1995, 54–75.

Beim Zusammenspiel aus Textgenese und dem Handwerk des Schreibens herrschte – zumindest im Vorzimmer der MPG[190] – eine klare, geschlechtsspezifische Arbeitsteilung, die auf dem tayloristischen Rationalisierungsansatz basiert: Einer denkt und diktiert, die andere stenografiert und tippt. Wie bereits schon erwähnt, ist im Büro das Textverfassen den Vorgesetzten vorbehalten, für die Sekretärinnen geht es um das Mitschreiben. Inhaltlich drückt sich diese Dichotomie darin aus, dass die Arbeit des einen epistemologischer Natur ist, die der anderen sich auf das Erfassen von Episteln beschränkt. Eine scheinbar dichotome Konstellation, die jedoch auch Fragen nach Autorität und Autorschaft aufwirft. Die Voraussetzung, die von der Sekretärin für diese Basisaufgabe erwartet wird, ist *literacy*, und zwar im Sinne einer weit über die Schlüsselqualifikationen Lese- und Schreibkompetenz hinausgehenden Schriftkultur. Diese umfasst Kernkompetenzen wie Textverständnis, Sinnverstehen, sprachliche Abstraktionsfähigkeit, Vertrautheit mit Büchern (im Kontext der MPG: dem Œuvre der Vorgesetzten), Schriftsprache und Grammatik und gegebenenfalls auch Medienkompetenz, Grundzüge des Patentrechts sowie Fremdsprachen.[191] Dieses vorausgesetzte selbstständige Mitarbeiten und Mitdenken findet aber keine Anerkennung, die inhärente qualifizierte Arbeit wird somit unsichtbar gemacht.[192]

In der Sekretariatsarbeit heute in der MPG, und auch sonst im akademischen Umfeld, spielen das traditionelle Diktat und das Phonodiktat kaum noch eine Rolle. Stattdessen werden Stichpunkte aufgenommen, aus denen die Sekretärin selbstständig ein Textdokument oder Protokoll erstellt. Im Zeitalter des *word processing* ist der Textbaustein das neue Medium des Wissenstransfers. In der Max-Planck-Gesellschaft werden inzwischen auch Mitschnitte von Sitzungen, Interviews oder Veranstaltungen überwiegend outgesourct und zur Transkription an Schreibbüros übergeben, die sich auf diese Arbeit spezialisiert haben.

Maschineschreiben wurde als rein mechanische Tätigkeit wahrgenommen, die sich allein durch ihre Geschwindigkeit auszeichnete. Sekretärinnen bzw. Schreibkräfte mussten das Zehnfingersystem beherrschen und damit 300 bis 400 Anschläge pro Minute fehlerfrei tippen.[193] Da diese Qualifikation jedoch mutmaßlich ausschloss, dass die Schreibende zugleich dabei nachdenken könne, wurde Schreiben in körperliche und geistige Arbeit getrennt, mit analog dazu angelegten weiblichen und männlichen Bürolaufbahnen.[194] Maschineschrei-

---

190 Da fast im gesamten Untersuchungszeitraum der Anteil weiblicher Führungskräfte in der MPG unter einem Prozent lag (<1 %), ist das zutreffend. Diesem Phänomen widmen sich Kapitel 2 und 3.

191 Gardey: *Schreiben, Rechnen, Ablegen*, 2019, 35.

192 Vgl. dazu auch Holtgrewe: *Schreib-Dienst*, 1989, 57.

193 Ab Mitte der 1950er-Jahre wurden Weltmeisterschaften im Maschinenschreiben ausgerichtet; vgl. auch Hoffmeyer: Der mit zehn Fingern tippt, 2018.

194 Vgl. Holtgrewe: *Schreib-Dienst*, 1989, 22.

ben habe sich keineswegs, so Ursula Holtgrewe, als neues Tätigkeitsfeld »geschlechtsneutralen Charakters« für Frauen angeboten, vielmehr tradiere die Schreibmaschine »Dispositive männlicher Geistesarbeit«, indem sie den »Anteil mechanischer Arbeiten an der geistigen Büroarbeit« deutlich mache.[195] Mit der Rationalisierung des Maschineschreibens und seiner Zuweisung an die Frauen sei diese Trennung festgeschrieben worden.[196]

Dem Befund, Maschineschreiben sei geistlose Arbeit, widersprachen Ursula Jacobi, Veronika Lullies und Friedrich Weltz in ihrer Analyse der Arbeitssituation von Sekretärinnen und Schreibkräften, vielmehr sei »Maschineschreiben [...] eine sehr komplexe Tätigkeit, die hohe Ansprüche an die Konzentrationsfähigkeit der Schreiberin« stelle. Ermüdeten die Schreibkräfte oder seien durch Störfaktoren wie Unterbrechungen, Lärm, Hitze, Hektik und Nervosität zusätzlich belastet, zeige sich, wie sehr Mitdenken beim Verrichten ihrer Arbeit gefordert sei.[197]

Angesichts des geringen Prestiges dieser Tätigkeit konstatiert Holtgrewe: »Das ist übrigens auch der Grund, weshalb selbst schreibende GeistesarbeiterInnen, etwa JournalistInnen, so bereitwillig bekennen, ›eigentlich nicht‹ tippen zu können«.[198] Seit der Neuordnung der Büroberufe 2014 steht das Zehnfingersystem für Tastatur- oder Tastschreiben, wie Maschinenschreiben inzwischen heißt, gar nicht mehr auf dem Lehrplan der Auszubildenden.

Doch nicht allein, dass Maschineschreiben nur geringes Ansehen genoss, es brachte bzw. bringt (bei der Computerarbeit) massive physische und psychische Beanspruchungen mit sich, die infolgedessen zu erheblichen gesundheitlichen Beschwerden bei Sekretärinnen führ(t)en.[199]

Stenografie, so wie sie heute noch, wenn auch nicht mehr im Sekretariat und den Vorzimmern der MPG praktiziert wird, hat ihre Wurzeln im 19. Jahrhundert. Die Attraktion der Kurz- bzw. Schnellschrift liegt darin, dass sie gleichzeitig die Schreibgeschwindigkeit wie auch den Umfang des transkribierten Textes steigert, was programmatisch im Begriff der Tachygraphie (einem alten Synonym der Stenografie) angelegt ist.[200]

195 Ebd., 18–19.
196 Ebd., 18.
197 Jacobi, Lullies und Weltz: Alternative Arbeitsgestaltung im Büro, 2011, 195–216, 205.
198 Holtgrewe: *Schreib-Dienst*, 1989, 98. Ein Rat, den auch Gloria Steinem den Absolventinnen des Smith College im Mai 1971 gegeben hatte; siehe oben.
199 Vgl. dazu ›Entkörperlichte‹ Arbeit im ›postindustriellen‹ Zeitalter in Löhrer: Arbeiten, 2012, 16–29, 24–27.
200 Das erste deutschsprachige Stenografielehrbuch wurde 1678 von Charles Aloysius Ramsay unter dem Titel *Tacheographia* veröffentlicht. »Stenografie« hingegen bedeutet eigentlich nur »eng« schreiben (griechisch: *stenós*) und analog »Brachygraphie« = Kurzschrift.

Anfangs war Stenografie eng mit einem verstärkt aufkommenden Demokra-
tiebewusstsein verbunden, da das Kurzschriftsystem ermöglichte, Reden und
Aussagen im Parlament und vor Gericht zeitnah und vollständig zu protokollieren. Doch während die Parlaments- und Verhandlungsstenografie bis heute eine
hoch angesehene Profession ist, rangierte die (inzwischen ausgediente) Stenotypistin trotz der anspruchsvollen Tätigkeit ganz unten in der Hierarchie des
Sekretariats und ist inzwischen ganz aus dem Vorzimmer verschwunden, in dem
sie noch während des Untersuchungszeitraums eine zentrale Rolle gespielt hat.

Können in normaler Schreibschrift 30 bis 40 Silben pro Minute festgehalten
werden, so wird von einer durchschnittlichen Stenotypistin[201] erwartet, dass
sie ungefähr 150 Silben pro Minute und 210 Anschläge pro Minute erreicht.
Das bedeutet, dass die Aufnahme nach Diktat dreimal so schnell geht, wie die
spätere Texterfassung über die Tastatur.[202] Dafür reicht nicht allein aus, Stenografie mit ihren Zeichen, Kürzungen, Kürzeln und Regeln zu beherrschen – In-
formationsverarbeitungsgeschwindigkeit (also die Schnelligkeit, mit der neue
Zeichen erkannt werden), Gegenwartsdauer, Vorstellungskraft und Assozia-
tionsvermögen sowie Mnemotechniken sind unter anderem erforderlich, um
das Arbeitsgedächtnis einer Stenografin aufzubauen. Stenografie ist mentaler
Hochleistungssport.[203] Vor diesem Hintergrund ist umso bemerkenswerter, dass
die Stenografin auf der untersten Stufe der Sekretärinnenhierarchie rangierte:
»A stenographer [...] is paid to do; a secretary is paid to think.«[204]

Das Ordnen und Klassifizieren von Gegenständen zählt in der Wissenschaft
zu den grundlegenden Erkenntnistechniken.[205] Anfang des 20. Jahrhunderts
hielt »Ordnung« auch Einzug ins Büro als, wie Gardey schreibt, »Inbegriff der
Modernität von einer neuen Sorge«, der Überproduktion von Schriftstücken.
Mit diesem »Zeitalter der Ordnung« habe ein neues Regime von Praktiken
Kontur angenommen.[206] Ordnen und Ablegen von Dokumenten und Schriftstücken spielten denn auch in den dazugehörigen Bibliotheken und Archiven
sowie Büros und Verwaltungseinrichtungen eine zentrale Rolle. Auch auf der
Mikroebene des Sekretariats erfordert Ablage eine kognitive Tätigkeit. Foucault

---

201 Zur Unterscheidung: Stenografin ist laut Duden »jemand, die [beruflich] Stenografie
    schreibt«. (https://www.duden.de/rechtschreibung/Stenograf. Zuletzt aufgerufen am
    6. August 2020). Stenotypistin ist jemand, die »Stenografie und Maschinenschreiben
    beherrscht«. (https://www.duden.de/rechtschreibung/Stenotypist. Zuletzt aufgerufen
    am 6. August 2020).
202 Otto: Schnelle Schreiber gesucht, 1999.
203 Liebler: Stenografie als mentaler Hochleistungssport, 2007, 97–115.
204 »Secretaries Quash Idea They Like to Romance with Their Bosses,« Los Angeles Times,
    October 2, 1949, 21.
205 Weiterführend zum Universum von Klassifikation und Ablage: Bowker und Leigh Star:
    Sorting Things Out, 1999.
206 Gardey: *Schreiben, Rechnen, Ablegen*, 2019, 163.

folgend, bedeutet Ablegen, eine Struktur zu entwickeln in der die Schriftstücke geordnet, klassifiziert, systematisiert, indexiert und schließlich so archiviert werden, dass sie auffindbar sind und bleiben. Für das Vorzimmer heißt das: Die Ablage ist einer der wichtigsten Organisationsbereiche im Sekretariat und braucht eine Logik um effizient zu sein. Die materiellen Dispositive dieser Ordnungsstrukturen sind variabel, doch Ablage und Zugriff müssen funktionieren. Nach Auffassung von Latour erklärt das, »why some power is given to an average mind just by looking at files«.[207]

2.4.2 Von Monotonieresistenz und Fingerfertigkeit

> Was macht die automatisierte Arbeit mit
> den Köpfen der Menschen, und wohin wird
> die Rationalisierung einmal führen?[208]

Das Bild der Sekretärin vereint eine beachtliche Anzahl weiblicher Rollenstereotype auf sich. Diese überwiegend patriarchalen und oftmals auch verachtenden Stereotypen weiblicher Berufstätigkeit haben auf unterschiedliche Weise dazu beigetragen, organisationale Interessenkonstellationen, Machtstrukturen und Statusdifferenzen zu stabilisieren und so den Erhalt der Geschlechterhierarchie sicherzustellen. Im Rekurs auf Maren Möhring und Stefan Hirschauer kann man sagen: *doing gender while doing the job.*[209]

Zwei besonders hartnäckige biologisierende Zuschreibungen werden im Folgenden exemplarisch in Augenschein genommen: die sagenhafte »Fingerfertigkeit« und die »Monotonieresistenz« von Frauen. Solche performativen Konstrukte spielen eine entscheidende Rolle bei der Legitimierung von Ungleichbehandlungen. Gezwungenermaßen erworbene »Destruktiv-Qualifikationen«[210] werden in mutmaßlich naturgegebene »weibliche Qualitäten« umgedeutet.[211] Diese hat schon Simone de Beauvoir als Resultat der Unterdrückung von Frauen identifiziert, bei denen es sich nachweislich keineswegs um »unsere Natur, sondern das Resultat unserer Lebensbedingungen« handele.[212]

---

207 Latour: Visualisation and Cognition, 1986, 1–40, 26.
208 Hörner: *1929: Frauen im Jahr Babylon,* 2020, 96.
209 Möhring: Working Girl Not Working, 2007, 249–274, 257.
210 Vgl. dazu Bammé, Feuerstein und Holling: *Destruktiv-Qualifikationen,* 1982.
211 Holtgrewe: *Schreib-Dienst,* 1989, 53.
212 Schwarzer und Beauvoir: »Das ewig Weibliche ist eine Lüge«, 2019, 10–16, 16.

2.4.2.1 Tagträume

Das Klischee der mutmaßlichen Unempfindlichkeit von Frauen gegenüber monotoner Arbeit, sprich: ihre »Monotonieresistenz«, ist etwa genauso alt wie ihre Erwerbstätigkeit und eine der perfidesten Konstruktionen angeblicher weiblicher Natur. Der US-Managementtheoretiker und ausgebildete Stenotypist William Henry Leffingwell empfahl 1925, Sekretariatsstellen bevorzugt mit Frauen zu besetzen, da diese nicht abgeneigt seien, untergeordnete Aufgaben zu übernehmen, die ehrgeizige junge Männer nur als Zumutung empfinden würden.[213] Auch Kracauer machte sich diese Stereotype zu eigen. Seine Schilderung einer das »Glück der Monotonie« postulierenden Beschäftigungspsychologie beruhte auf den Ergebnissen der Monotonieforschung des Sozialwissenschaftlers und Nationalökonomen Ludwig Heyde, denen zufolge zwar manche Menschen »unter der monotonen Arbeit sehr leiden, andere dagegen sich ganz wohl dabei fühlen«.[214] So vertrat Heyde die Auffassung, man dürfe nicht »verkennen, daß durch die Monotonie einer immer gleichen Tätigkeit die Gedanken für andere Gegenstände frei« würden:

Der Arbeiter denkt dann an seine Klassenideale, rechnet vielleicht im Stillen mit allen seinen Gegnern ab oder sorgt sich um Frau und Kinder. Die Arbeit aber geht ihm inzwischen weiter von der Hand. Die Arbeiterin, besonders soweit sie noch als junges Mädchen glaubt, die Berufstätigkeit sei für sie nur eine vorübergehende Erscheinung, träumt während der monotonen Arbeit von Backfischromanen, Kinodramen oder vom Brautstand; sie ist fast noch weniger monotonieempfindlich als der Mann.[215]

Der 1929 geborene Rechtswissenschaftler, Soziologe und Betriebswirtschaftler Kurt Haberkorn, der seit den 1960er-Jahren eine Vielzahl an Büchern zu Arbeits- und Betriebsverfassungsrecht, Management und Personalwesen veröffentlicht hat, griff 1981 diese Stereotype unbeirrt wieder auf: In seinen *Grundlagen der Betriebssoziologie* heißt es:

Frauen bevorzugen monotone Arbeiten im wesentlichen aus zwei Gründen, und zwar einmal deshalb, weil sie psychologisch gesehen die Fähigkeiten zum Tagträumen haben, wodurch sie sich eine Ersatzwelt schaffen können und darüber hinaus bei monotonen Arbeiten die Möglichkeiten haben, über Haus und Familie und ihre sich daraus ergebenden Probleme nachzudenken.[216]

Um zu wissen, wie realitätsfern eine solche Mutmaßung ist, muss man nicht selbst, beispielsweise, in einer Fabrik an der Stanze gestanden haben. Wer dort einmal nicht aufgepasst, weil er seinen Träumen nachhängt, läuft Gefahr, schon

---

213 Leffingwell: *Office Management*, 1925, 621.
214 Kracauer: *Die Angestellten*, 2017, 33. Kracauer bezieht sich hier auf Heydes *Lehre vom Glück der Monotonie*.
215 Ebd.
216 Haberkorn: *Grundlagen der Betriebssoziologie*, 1981, 177.

im nächsten Moment Finger oder andere Gliedmaßen zu verlieren. Gefahren für physische Integrität lauern zwar nicht im Büro, doch die Darstellung der materiellen Praktiken im Sekretariat hat verdeutlicht, dass auch dort kein Raum für Tagträumereien ist und mithin auch kein Bedarf an Monotonieresistenz besteht. Auch die Untersuchungen von Jacobi, Lullies und Weltz widerlegen das Vorhandensein einer geschlechtsspezifischen Monotonieresistenz: 78 Prozent der von ihnen befragten weiblichen Schreibkräfte, die nahezu ausschließlich Standardbriefe und Formschreiben tippten, beklagten die Eintönigkeit ihrer Arbeit, 73 Prozent die damit verbundene Langeweile. »Gerade die Unmöglichkeit, einen inhaltlichen Bezug zur Schreibvorlage herzustellen, und die extreme Gleichförmigkeit erschweren die notwendige Konzentrationsleistung und bedeuten nicht etwa geringere, sondern zusätzliche Beanspruchung.« Diese Gruppe von Schreibkräften klagte über Beschwerden, die auf eine starke psychische Beanspruchung hinweisen, wie etwa Kreislaufstörungen, Schwindel und Kopfschmerzen.[217]

Unterm Strich bedeutet das im Hinblick auf das Phänomen »weiblicher Monotonieresistenz«: Die Arbeit von Schreibkräften im Büro ist gekennzeichnet von hohen Konzentrationsanforderungen, die sich bei hoher Arbeitsgeschwindigkeit über lange Zeiträume erstrecken. Bei der Ausübung ihrer Arbeit verfügen sie nur über geringe Entscheidungsspielräume und keine Weisungsbefugnisse.[218] Das heißt, ihre Arbeit ist monoton, ohne dass sie jedoch resistent dagegen wären. Monotonieresistenz ist ein klischeeträchtiger Mythos, hervorgebracht von einem geschlechtssegregierten Arbeitsmarkt, der über die Macht verfügt »zu definieren, was denn nun als Qualifikation zu vermarkten ist«.[219] Diesem ökonomischen Kalkül folgend, erhöht die Frauen angeblich eigene Monotonieresistenz »die Attraktivität weiblicher Arbeitskräfte für die auf Kosten- und Konfliktminimierung bedachten Unternehmer«.[220] De facto diente dieses Konstrukt einzig und allein dazu, Frauen die monotonsten und am schlechtesten bezahlten Arbeiten zumuten zu können.

2.4.2.2 Tippen statt klimpern

Seit Beginn des Klavierbooms gegen Ende des 18. Jahrhunderts bedienten vor allem Frauen dieses Instrument. Die musikalische Erziehung »höherer« Töchter am Klavier gehörte buchstäblich zum Vorspiel der Ehe.[221] Mit dem Aufkommen

217 Vgl. dazu Jacobi, Lullies und Weltz: Alternative Arbeitsgestaltung im Büro, 2011, 195–216, 203–204.
218 Dies betrifft nicht die Arbeit der Sekretärinnen im Vorzimmer.
219 Holtgrewe: *Schreib-Dienst*, 1989, 50.
220 Frevert: Vom Klavier zur Schreibmaschine, 1979, 82–112, 90.
221 Charles Bovary hätte aufhorchen sollen, als seine Gemahlin Emma plötzlich wieder von musikalischem Eifer gepackt, »ah! mon pauvre piano!!« schmetterte, wann immer

der Schreibmaschine sollte es nicht lange dauern, bis auch dieses Instrument exklusiv Frauen vorbehalten war.[222] Den weitreichenden technisch-ökonomischen
Nutzen der durchs Klavierspiel eingeübten und viel beschworenen Fingerfertigkeit sprachen Julius Meyer und Josef Silbermann 1895 in ihrem Beitrag »Die Frau
in Handel und Gewerbe« an:

Eine Art Typus ist heute auch bereits die Maschinenschreiberin geworden: sie ist im
allgemeinen sehr gesucht und auf diesem Gebiet nicht nur in Amerika, sondern auch
in Deutschland nahezu Alleinherrscherin. Es wird überraschen, hier einen praktischen Nutzen der zur wahren Landplage gewordenen Ausbildung junger Mädchen im
Klavierspielen zu finden: die hierbei gewonnene Fingerfertigkeit ist für die Handhabung der Schreibmaschine sehr wertvoll. Schnelles Schreiben kann auf ihr nur durch
geschickten Gebrauch sämtlicher Finger erzielt werden.[223]

Auch Siegfried Kracauer führte das Massenphänomen von Maschinenschreiberinnen auf das Naturtalent von Frauen an der Tastatur zurück, deren Fingerfertigkeit »freilich eine zu weit verbreitete Naturgabe [sei], um ein hohes Tarifgehalt
zu rechtfertigen« – also offenkundig keine Begabung, sondern eine angeborene
weibliche Fähigkeit.[224]
     Letztlich diente das Klischee von der weiblichen Geschicklichkeit und Fin-
gerfertigkeit – ebenso wie die mutmaßliche Monotonieresistenz – allein dazu,
Frauen die kniffligsten, monotonsten und zugleich schlechtbezahltesten Arbeiten zu überlassen.[225] Ansonsten hätte in logischer Konsequenz doch beispielsweise die Gehirnchirurgie von Anfang an eine weibliche Domäne sein müssen –
ein hochdotierter und prestigeträchtiger Beruf, der ein extrem hohes Maß an
Kunst- bzw. Fingerfertigkeit erfordert.[226]

---

   sie an ihrem nach den Flitterwochen längst verstummten Klavier vorbeiging; Flaubert:
   Madame Bovary, 2009, Zitat: 360.
222 Vgl. dazu die Statistik des Early Office Museum: https://www.officemuseum.com/
   office_gender.htm. Zuletzt aufgerufen am 12. August 2021.
223 Meyer und Silbermann: Die Frau im Handel und Gewerbe, 1895, 247–283, 264, Hervorhebung im Original, zitiert nach Corinna Cardruff, 2002. Ein Topos, der auch immer
   Gegenstand der zeitgenössischen Werbung gewesen ist, vgl. Saval: *Cubed*, 2014, 75.
224 Kracauer: *Die Angestellten*, 2017, 29. – Zu den weitreichenden Folgen des Vorhanden-
   seins (oder eben nicht) von Begabung im Sinne der charismatischen Ideologie für den
   Geschlechterkampf, siehe Kapitel 3.2.2.
225 Frevert: Vom Klavier zur Schreibmaschine, 1979, 82–112, 88.
226 Bemerkenswert ist, dass seit Anfang der 2010er-Jahre der Frauenanteil in diesem Berufsfeld deutlich zunimmt: 2017 waren 41 von 138 Neurochirurgen weiblich, bei den Neuro-
   loginnen überwog der Frauenanteil mit 336 von insgesamt 541 deutlich. https://www.
   bundesaerztekammer.de/fileadmin/user_upload/downloads/pdf-Ordner/Statistik2017/
   Stat17AbbTab.pdf. Zuletzt aufgerufen am 19. März 2019.

2.5   Imaginationen des Vorzimmers

> Eine Sekretärin soll aussehen wie eine
> Dame, denken wie ein Mann, treu sein wie
> ein Hund und arbeiten wie ein Pferd.[227]

In den vorausgegangenen Kapiteln wurde bereits die hierarchische Einbindung, das komplexe Geflecht materieller Praktiken und kognitiver Tätigkeiten der Sekretärin ebenso wie die Auswirkungen moderner Technologien auf ihren Arbeitsalltag untersucht. Essenziell für das *doing office* sind zudem ihre perzeptiven und antizipatorischen, ihre interaktiven und mikropolitischen[228] Befähigungen und Strategien, also Aktivitäten, bei denen in erster Linie neben kognitiven die sozialen Kompetenzen von Sekretärinnen gefordert sind. Eine entscheidende Rolle spielen darüber hinaus Erwartungshaltungen an die Sekretärinnen, die sich nicht zwangsläufig an existierenden Gegebenheiten orientieren, sondern ebenso an kulturellen und Wunschbildern.[229] Divergierende, der Macht medialer Bilder (aber nicht nur ihnen) geschuldete Vorstellungen, wie etwa das der »kaffeekochenden Tippse«, schaffen ein Spannungsfeld aus der Erwartung einer servilen Untergebenen doch zugleich hoch qualifizierten Assistentin, die autonom und souverän ihre Aufgaben- und Tätigkeitsbereiche managt sowie darüber hinaus noch alle Eventualitäten antizipiert. Hier lagert Potenzial für mikropolitischen Sprengstoff. Landläufige Vorstellungen darüber, womit eine Sekretärin sich im Laufe ihres Arbeitstages beschäftigt, fallen sehr redundant aus:

Wer spontan Leute auf der Straße nach den Arbeitsinhalten einer Sekretärin fragt, egal ob Mann oder Frau [...], wird folgendes zu hören bekommen: »Sie tippt Briefe. – Stellt Telefongespräche durch. – Wimmelt Besucher ab. – Und kocht dem Chef Kaffee.«[230]

2.5.1   Anforderungen

2.5.1.1   Qualifikationen

Bei einem Berufsbild, das man nicht ohne Grund näher zu bestimmen versäumt hat, ist es nicht verwunderlich, wenn auch das Anforderungsprofil nicht sonderlich scharf ausfällt. Eindeutige Anforderungen an Sekretärinnen im Sinne von Qualifikationen, die »eine systematische Verbindung von erlernten Befähigun-

---

227 Weighardt: Der Sekretärinnenberuf, 1983.
228 Einführend zur Mikropolitik in Institutionen vgl. etwa Küpper und Ortmann (Hg.): *Mikropolitik*, 1992; Venus: Mikro/Makro, 2009, 47–62.
229 Vgl. dazu Smith und Zeltner: *Femmes totales*, 1998.
230 Biallo: Von der Sekretärin zur Führungskraft, 1992, 12.

gen und beruflichen Aufgaben herstellen« (Ulrich Teichler), gibt es nur wenige allgemeine – und das, obwohl Qualifikation in der Max-Planck-Gesellschaft ein Schlüsselbegriff ist, dem herausragende Bedeutung zugemessen wird.[231]

In formaler Hinsicht, das heißt auf Grundlage der Mitgliedsvoraussetzungen für die Berufsverbände – dem Deutschen Sekretärinnen-Verband (DSV) und Bund Deutscher Sekretärinnen (BDS),[232] die seit Januar 1997 (also kurz vor Ende des Untersuchungszeitraums) im Bundesverband Sekretariat und Büromanagement (bSb) verschmolzen sind – bestehen die entscheidenden Kriterien für eine Sekretärin in ihrer Aus- und Fortbildung und/oder ausreichenden Praxiserfahrungen. In der Satzung des BDS hieß es:

Ordentliches Mitglied kann auf schriftliche Anfrage werden, wer den Nachweis der Befähigung als Sekretärin/Sekretär erbringt. d.h. nach der Verordnung über die Prüfung zum anerkannten Abschluß ›Geprüfte Sekretärin‹ vom 17.1.1975 mit Erfolg geprüft worden ist oder wer vor Inkrafttreten der Verordnung eine vom BDS anerkannte Sekretärinnen-Prüfung mit Erfolg bestanden hat oder mindestens 7 Jahre Sekretariatspraxis nachweisen kann.[233]

Ähnliche Bestimmungen gab es auch beim DSV:

Ordentliche Mitglieder des DSV können werden: Sekretärinnen oder Assistentinnen mit Prüfungen des DSV oder vergleichbaren Prüfungen anderer anerkannter Institutionen. Sekretärinnen und Assistentinnen, die noch keine Prüfung abgelegt haben. aber mindestens 30 Jahre alt und nachweisbar seit 6 Jahren in diesem Beruf tätig sind.[234]

Heute sind die Voraussetzungen zur Mitgliedschaft im bSb entweder das Zeugnis einer Fachprüfung aus Sekretariat bzw. Büromanagement *oder* die Bestätigung der Arbeitgeber über mindestens ein Jahr Berufspraxis, was eine deutliche Verkürzung der früheren Mindestberufserfahrung darstellt.[235] In der MPG erwies sich im Untersuchungszeitraum eine kaufmännische Ausbildung – gern in Verbindung mit Abitur – als Minimalvoraussetzung,[236] zudem eine spezifische Sekretärinnenfortbildung, früher etwa »Geprüfte Sekretärin«, später dann »Europasekretärin«, da hervorragende Fremdsprachenkenntnisse zu den unabdingbaren Voraussetzungen gehören.

---

231 Zum Begriff Qualifikation ausführlich in Kapitel 3 und 4.
232 Mehr dazu auf der Website des bSb: https://bsboffice.de. Zuletzt aufgerufen am 29. September 2021.
233 In: Satzung des BDS.
234 In: Karriere nach Maß. Faltblatt des DSV. Zitiert nach Klein: *Vom Sekretariat zum Office-Management*, 1996, 5.
235 Vgl. dazu den bSb-Mitgliedsantrag: https://bsboffice.de/wp-content/uploads/Aufnahmeantrag-bsb.pdf. Zuletzt aufgerufen am 17. Juli 2021.
236 Historisch wird das exemplarisch belegt durch die Biografien und Auskünfte von Chefsekretärinnen wie Erika Bollmann, Marie-Luise Rehder, Herta Fricke, Brigitte Weber-Bosse und Martina Walcher. Dazu mehr in Kapitel 2.6.2. Vgl. auch dazu Holtgrewe: *Schreib-Dienst*, 1989, 9.

In fachlicher Hinsicht wurden die erforderlichen Qualifikationen für eine Sekretärin bereits im Zusammenhang mit den materiellen Praktiken identifiziert: ausgezeichnete Deutsch- und Fremdsprachkenntnisse mit großer Stilsicherheit in Grammatik, Interpunktion und Syntax; hervorragende Schreibmaschinen- und Stenografiekenntnisse, die im Laufe der Zeit zunehmend durch einen versierten Umgang mit den gängigen Office-Anwendungen (Textverarbeitung etc.) auf dem PC ersetzt worden sind. Eine weitere Fähigkeit, die in den Stellenanzeigen im Wandel der Zeit unverändert angefordert wurde und wird, ist das »Organisationstalent« der Sekretärinnen, das in den Bereich der sozialen Kompetenzen fällt, die formal nicht ohne Weiteres zu überprüfen sind.

2.5.1.2 Aufgaben- und Tätigkeitsfelder

Unter Bezugnahme auf Barbara Kleins diachrone Studie zu Frauenarbeit im Büro, *Vom Sekretariat zum Office-Management*,[237] werden im Folgenden die in den Kernbereichen der »klassischen« Sekretariatsarbeit – über die angeblich »sowieso gar nicht gesprochen werden muss«[238] – anfallenden Aufgaben und Tätigkeiten aufgeführt, und zwar in den von ihr erstellten Kategorien »Basisaufgaben«, »moderne Aufgaben«, »Office Managerin« und »Qualifizierte Assistenz«. Anschließend wurden diese auf Kompatibilität mit den Aufgaben- und Tätigkeitsfeldern von MPG-Sekretärinnen überprüft und entsprechend erweitert.

»Basisaufgaben«: Die Basisaufgaben einer Sekretärin setzen sich aus sechs Tätigkeitsfeldern zusammen: (1) Dokumentenerstellung, wie etwa Stenogrammaufnahme oder Phonodiktat bzw. heutzutage selbstständig auf Grundlage von Stichworten und/oder Textbausteinen Korrespondenz, Schreibarbeiten und Korrekturen erledigen sowie Grafiken und Tabellen erstellen. (2) Dokumentenbearbeitung, wie etwa Formulare ausfüllen, Daten abgleichen, Korrekturlesen. (3) Dokumentenverwaltung, also Ablage und Archiv, Vervielfältigung, Versand, Ein- und Ausgang der Post kontrollieren. (4) Kommunikation in Form von Telefonaten, Besprechungen und dabei Sicherstellung des Informationstransfers. (5) Die Organisation und Koordination von Terminen und Dienstreisen. Und schließlich (6) die Organisation von Konferenzen und Tagungen, einschließlich ihrer Vor- und Nachbereitung, Bewirtung und Betreuung der Gäste und Referent:innen.[239]

»Moderne Aufgaben«: Neben den »klassischen« Sekretariatsaufgaben gehört insbesondere bei Mischarbeitsplätzen auch Sachbearbeitung zum Aufgaben-

---

237 Klein: *Vom Sekretariat zum Office-Management*, 1996, 1996.

238 Das zeichnet die Stellenausschreibungen für Sekretärinnen aus, dass dort recht einheitlich immer von den »klassischen Sekretariatsaufgaben« die Rede ist, ohne dass diese weiter spezifiziert würden, siehe dazu die MPG-Stellenanzeigen im Kapitel 2.6.3. Vgl. auch dazu Holtgrewe: *Schreib-Dienst*, 1989, 9.

239 Vgl. Klein: *Vom Sekretariat zum Office-Management*, 1996, 38.

gebiet. Dabei handelt es sich um regelmäßig anfallende, sachbezogene Aufgaben, die nicht jeweils erneut angewiesen werden und eigenständig bearbeitet werden können, beispielsweise Antragsbearbeitung, Personalbetreuung und -beschaffung (also in Form von Stellenausschreibungen in Absprache mit der Verwaltung), Personalentwicklung und -verwaltung, Presse- und Öffentlichkeitsarbeit, das Erstellen von Statistiken und Auswertungen sowie Übersetzungen.

»Office Management«: Klein verortet die Arbeitsschwerpunkte der Office Managerin in der Bürokommunikation sowie dem Planen und Organisieren. Dazu gehören unter anderem die Planung und Koordination von Terminen, Reiseorganisation sowie die Organisation von Tagungen, Konferenzen und Seminaren. Diese organisatorischen Aufgaben werden ganz bzw. größtenteils selbstständig erledigt. Bei der »Kommunikation übernimmt die Office Managerin einen eher aktiven Part, indem sie in Eigeninitiative Informationen einholt und eigenverantwortliche Bearbeitungen vornimmt.«[240]

»Qualifizierte Assistenz«: Die qualifizierte Assistentin erledigt gemäß Klein »personenbezogene inhaltliche Zuarbeit, also Sachbearbeitungs-, Planungs- und Assistenzaufgaben in enger Kooperation mit der Führungskraft«.[241] Hier kommt ein hoher Anteil an Eigenverantwortung und Selbstständigkeit, also Assistenz, bei der Bearbeitung der Aufgaben zum Tragen. Assistenzaufgaben beinhalten zum Beispiel die Entlastung des Chefs oder der Chefin durch die selbstständige Übernahme erkennbarer Arbeitsmodule, das Erarbeiten von Problemlösungsvorschlägen oder die Vorbereitung von Reden. Die qualifizierte Assistentin übernimmt eine eher aktive Rolle bei der Inangriffnahme von Aufgaben.

2.5.1.3   Persönlichkeitsbild und Fähigkeitsprofil

Beim Erstellen eines Anforderungsprofils für Sekretärinnen rangieren bei Berufsverbänden und Vermittlungsagenturen für Büropersonal das Persönlichkeitsbild und Fähigkeitsprofil an erster Stelle, und zwar sogar noch vor dem Tätigkeitsprofil.[242] Nach Ansicht der Berufsverbände gehören zu den wichtigsten Erwartungen an die *Persönlichkeit* folgende Eigenschaften:[243]

angenehme Umgangsformen | Aufgeschlossenheit | Aufrichtigkeit | Ausgeglichenheit | Autorität | Charme | Eleganz | Fleiß | Humor | Loyalität | Menschenkenntnis | Mut | persönliche Ausstrahlung | Pflichtgefühl | Pünktlichkeit | Selbstbewusstsein | Takt | umfassende Allgemeinbildung | Verantwortungsbewusstsein | Zuverlässigkeit |

240 Ebd., 39.
241 Ebd.
242 Zitiert nach ebd., 32–33.
243 Vgl. dazu ebd., 33. – Außerdem exemplarisch die Websites https://de.indeed.com/ recruiting/stellenbeschreibung/sekretär-in?gclid=EAIaIQobChMI75bBmde18gIVFka RBR3IyA-iEAAYASAAEgIrzfD_BwE&aceid= sowie https://www.benefit-bueroservice. at/a/sekretaerin-stellenbeschreibung/. Bei Letzterer vgl. »Vorlage für eine Stellenbeschreibung SekretärIn 2021«. Beide zuletzt aufgerufen am 16. August 2021.

Als unabdingbare *Fähigkeiten* wurden von den Berufsverbänden auf Grundlage der Befragung von Führungskräften sowie der Analyse von Fachzeitschriften folgende soziale Kompetenzen identifiziert:[244]

analytisches Denkvermögen | Anpassungsfähigkeit | Belastbarkeit | diplomatisches Geschick | Diskretion | Dispositionsgeschick | Durchsetzungsvermögen | Eigeninitiative | Einsatzbereitschaft | Flexibilität | gute Auffassungsgabe | Kommunikationstalent | Konfliktfähigkeit | Kontaktfähigkeit | Kreativität | Kritikfähigkeit | Lernfähigkeit | Nervenstärke | Organisationstalent | rationelles Arbeiten | Repräsentationsfähigkeit | rhetorische Begabung | Sorgfalt und Genauigkeit | Teamfähigkeit |

Manche der gewünschten Eigenschaften, wie etwa Pünktlichkeit und Loyalität, leuchten ebenso wie die Fähigkeiten Einsatzbereitschaft oder Flexibilität unmittelbar ein als erforderliche Kriterien für das Sekretariat. Andere hingegen, wie Charme und Eleganz oder auch Repräsentationsfähigkeit, gehören offenkundig in den imaginierten Bereich des Vorzimmers. Für die Max-Planck-Gesellschaft sind diese Kriterien nicht in jeder Hinsicht zutreffend bzw. werden anders gewichtet.[245] Vollkommene Einmütigkeit besteht jedoch im Hinblick auf die Unentbehrlichkeit von Diskretion, Vertraulichkeit und Loyalität. Diskretion ist die Grundlage des Vertrauensverhältnisses zwischen Vorgesetzten und Sekretärinnen. Ihre ganze Arbeitsbeziehung basiert darauf, dass er sich auf ihre Diskretion (bzw. die vorgesetzte auf die Diskretion der untergebenen Person) verlassen kann. Wird dieses Vertrauen erschüttert oder gar zerstört, kann das Machtverhältnis in dieser hierarchischen Beziehung kippen, und zwar auf dramatische Art und Weise, wenn infolge mikropolitischer Strategien der Sekretärin ein Machtvakuum entsteht.

»Vertraulichkeit« wird [...] auch noch erwartet, ganz wie von der klugen Ehefrau. Die soll die unappetitlichen Geheimnisse des Chefs, pardon: Gatten, auch nicht ausplaudern – denken Sie nur an Hillary [Clinton]. Hätte die nicht »Vertraulichkeit« zu ihren Stärken gezählt [...], wäre Bill erst gar nicht Chef bzw. Chief geworden und sie nicht First Lady geworden.[246]

Eine weitere Eigenschaft, die unverändert im Lauf der Jahre in Stellenanzeigen eingefordert wird, ist »Verantwortungsbewusstsein«. Das klingt eindeutig, aber was soll es konkret heißen? Laut Duden bedeutet Verantwortungsbewusstsein

---

244 Vgl. dazu Klein: *Vom Sekretariat zum Office-Management*, 1996, 50. – Zu den Fachzeitschriften gehören beispielsweise *Sekretariat: Fachzeitschrift für Sekretärin und Chefassistentin*, die 1979 aus der Zeitschrift *Gabriele* hervorgegangen ist, deren erste Ausgabe in den 1950er-Jahren erschienen war. Weitere Exemplare sind *working@office*, *sekretaria magazin* sowie *tempra 365*, die vom bSb herausgegeben wird.

245 Empirisch wird das zum einen durch die Stellenanzeigen der MPG seit 1979 belegt wie auch Stellungnahmen dazu aus der Verwaltung des MPI für Wissenschaftsgeschichte im April 2019. – Mehr dazu im Kapitel 2.6.3.

246 Pusch: Chefsekretärin gesucht, 2003, 190–191, 190–191.

die »Fähigkeit, Verantwortung zu übernehmen und zu tragen«.[247] Geht es im Vorzimmer um »weibliches« Verantwortungsbewusstsein, das traditionell geprägt ist von Fürsorge, im Sinne der sozialen und Pflegeberufe – wie etwa Erzieherin, Kinderkrankenschwester, Altenpflegerin –, in denen die überwiegend weiblichen Berufstätigen eine große Verantwortung für das körperliche und seelische Wohl der ihnen Schutzbefohlenen tragen? Das würde dann auf ein Verständnis rekurrieren, dass Frauen sich schnell moralisch verantwortlich *fühlen*, ohne dies jedoch notwendigerweise zu sein.[248] Sollte es also tatsächlich darum gehen, dass sich die Sekretärin verantwortlich für die Belange des Vorgesetzten und des Vorzimmers fühlt, dann wäre ihre affektiv-normative Bindung an die Arbeit, die Institution angesprochen. Aber das scheint nicht wirklich gemeint, denn es geht eigentlich um »Gewissenhaftigkeit« oder »Pflichtbewusstsein«, mit der die vereinbarten Aufgaben und Tätigkeiten übernommen und ausgeführt werden. Der Unterschied lässt sich am Besipiel der Betreuung des Finanzbudgets einer Abteilung oder Forschungsgruppe eines Max-Planck-Instituts einfach demonstrieren: Es fällt in die Verantwortung, im Sinne von »Zuständigkeit«, der Sekretärin, die dort anfallenden Ausgaben zu sammeln und auf Korrektheit zu überprüfen, um diese dann bei Bedarf der Abteilungs- oder Projektleitung vorlegen zu können. Verantwortlich für das Budget im Sinne einer Rechenschaftspflicht und Entscheidungsbefugnis ist jedoch allein besagte Leitung.

2.5.1.4 Emotionsarbeit

Das vorstehende Anforderungsprofil hat bereits Einblicke vermittelt, welche Bedeutung für das *doing office* vorausschauende, mitdenkende und einfühlende Befähigungen sowie mikropolitische Strategien der Sekretärinnen haben. Diese erweisen sich beispielsweise als unentbehrlich, um den Chef sicher durch alle Interessenkonstellationen und Machtstrukturen der Organisation sowie die daraus resultierenden Konflikte und Widerstände zu manövrieren. Qualifikatorisch lassen sie sich kaum abrufen, da solche sozialen Kompetenzen im zwischenmenschlichen und organisatorischen Bereich tatsächlich erst in der Zusammenarbeit erkennbar werden; Arbeitszeugnisse sind in dieser Hinsicht nur subjektive Indikatoren.

Unterschiedliche Rollen und Funktionen zu übernehmen, sei es aus eigenem Interesse oder um bestimmte Erwartungen zu bedienen, ist eine mikropolitische Strategie im Berufsalltag.[249] Von Sekretärinnen wird erwartet, dass sie zentrale Funktionen für ihre Vorgesetzten (oder auch das Projekt, die Abteilung) über-

---

247 Vgl. dazu https://www.duden.de/node/193477/revision/193513. Zuletzt aufgerufen am 16. August 2021.
248 Einführend und illustrativ dazu: Bolz und Singer: *Mitgefühl*, 2013.
249 Vgl. zu diesem Ansatz Rastetter und Jüngling: *Frauen, Männer, Mikropolitik*, 2018, 43.

nehmen, und dies möglichst intrinsisch motiviert. Dazu gehören ihre »Ent-
lastungsfunktion« bei Arbeits- und Entscheidungsprozessen; ihre Funktion als
»Gedächtnis«, das jederzeit mit Terminen, Kontakten, vorherigen Beschlüssen
sowie dem Verbleib von Unterlagen aufwarten kann; ähnlich verhält es sich mit
der »Informationsfunktion« für das Beschaffen und die Wiedergabe derselben.
Bekannt als »Bollwerk«[250] oder *gatekeeper* erfüllt die Sekretärin eine »Abschirm-
funktion«, um Störungen jeglicher Art von den Vorgesetzten fernzuhalten.
Desgleichen fungiert sie als »Anlauf- und Auskunftsstelle« bei Abwesenheit
der Vorgesetzten bzw. in der – von Tucholsky als »Amme« titulierten – »Klage-
mauerfunktion«, was bedeutet, dass die Sekretärin ein offenes Ohr für Probleme
sowohl ihrer Vorgesetzten als auch der Mitarbeiter:innen hat und versucht, bei
Konflikten vermittelnd einzugreifen.[251] Dies erfordert je nachdem antizipa-
torische, perzeptive und interaktive Kompetenzen oder ein Zusammenspiel
all dieser. Zugleich stehen diese Erwartungshaltungen in Verbindung mit Geschlechterstereotypen, wie etwa, dass Sekretärinnen durch »weibliche« Sensibi-
lität und Sensitivität im Vorzimmer mehr Lebensqualität schaffen. Hierbei gilt
es sich noch einmal zu vergegenwärtigen, dass sich die Arbeitsumgebung von
Sekretärinnen zumindest im Untersuchungszeitraum überwiegend asymmetrisch zusammengesetzt hat, das heißt sie oft die einzige Frau in einem ansonsten
homogen männlichen Umfeld gewesen ist.

Diese Funktionen sind gekoppelt an Rollen, die oft an tradierte familiale
Bilder anknüpfen. Besonders undankbar gestaltet sich dabei die »Hausfrauen-
rolle«, in der von der Sekretärin (wie von einer Hausfrau) erwartet wird, dass
sie die Alltagsorganisation und damit verbundenen mutmaßlichen »Selbstverständlichkeiten« erledigt. Aufgaben, die unentbehrlich für einen reibungs-
losen Arbeitsablauf sind, für die es aber in der Regel (wie auch im Haushalt)
keine Anerkennung gibt. Die Erwartung, dass sie nach einer Teamsitzung das
Geschirr abräumt, das die anderen selbstverständlich stehenlassen, ist dabei
nur eine von vielen ähnlich »häuslichen« Vorstellungen. Außerdem sollte sie
einen Geheimvorrat an Kaffee, Kopfschmerztabletten, Klopapier und Keksen
etc. für Notfälle bereithalten, wobei dies möglicherweise schon in die »Mutterrolle« übergeht. Diese ist sehr wichtig in emotionaler Hinsicht, die stereotyp
mit »weiblichen« fürsorglichen Eigenschaften wie Einfühlungsvermögen, Verständnis oder Geduld konnotiert ist. Die Hierarchie und die Machtverhältnisse
im Büro spiegeln dabei die traditionelle Familienstruktur, wie Daniela Rastetter
und Christiane Jüngling beschreiben:

---

250 Tucholsky: Die Dame im Vorzimmer, 1993, 321–323; vgl. auch Tucholsky: Die Schreibmaschinendame, 1993, 492–493; Tucholsky: Sekretärin, 1993, 493–494.
251 Vgl. ausführlich zu diesen und weiteren Funktionen Bruhn-Jade: Kein Job für nebenher,
1985; Bruhn-Jade: *Handbuch der Sekretärin*, 1991; Bruhn-Jade: *Sekretärinnen-Lexikon*,
1992.

Nur ist die Mutter traditionellerweise die Nr. 2 in der Familie, sie hat die Binnenmacht, während der Vater die erste Autorität darstellt. Auch am Arbeitsplatz gerät eine Frau in der Mutterrolle leicht in eine Position mit informeller Macht, in der sie sich nur schwer verbünden kann, da sie keine Außenmacht hat.[252]

Auch in Verbindung mit Emotionsnormen wird dieselbe geschlechtsspezifische, also auf männlichen Geist und weibliche Natur rekurrierende Dichotomie produziert, die bereits in den vorherigen Abschnitten thematisiert worden ist: Frauen sind emotional und verhalten sich nur ausnahmsweise rational; Männer sind rational und reagieren nur in Ausnahmefällen emotional. Rastetter und Jüngling zufolge hat diese genderstereotype Grundannahme erhebliche Auswirkungen: »Frauen dürfen in ihrem Berufsumfeld weder zu emotional noch zu rational erscheinen, sonst wird ihnen entweder berufliche Kompetenz oder ihre Weiblichkeit abgesprochen.«[253] Als besonders negativ wird Weinen bewertet, da Frauen häufig unterstellt wird, dass sie ihre Tränen gezielt zu »weiblichen« Manipulationszwecken einsetzen würden.[254]

Professionalisierte Emotionsregulierung, also das Anpassen des Gefühlsausdrucks an vorgegebene Normen am Arbeitsplatz, wurde Anfang der 1980er-Jahre von der US-Arbeitssoziologin Arlie Russell Hochschild erstmals unter dem Begriff »Emotionsarbeit« eingeführt. Emotionsarbeit sei Erwerbsarbeit, die erfordere, »Gefühle auszulösen oder zu unterdrücken, um so nach außen hin die Contenance auszustrahlen, die bei anderen die gewünschte Stimmungslage hervorruft«.[255] In ihrer bahnbrechenden Studie *The Managed Heart* erklärte Hochschild 1983 ihr Konzept der *emotional labour* unter anderem am Beispiel junger Flugbegleiterinnen von Delta Airlines, die mit einem Dauerlächeln gezwungen waren, alle machbaren Wünsche selbst noch der unverschämtesten Fluggäste zu erfüllen. Oder darauf trainiert wurden, die Gefühle der Passagiere während Turbulenzen und anderer gefährlicher Situationen an Bord unter Kontrolle zu halten, wobei sie gleichzeitig ihre eigene (Todes-)Angst unterdrücken mussten.[256] Emotionsarbeit ist, wie Hochschild festgestellt hat, eine typische Frauenarbeit, da Frauen (vor allem aus der Mittelschicht) gemäß Geschlechterstereotypen zugeschrieben wird, »von Natur aus« fürsorglich, freundlich, zugewandt und einfühlsam zu sein und diese Fähigkeiten leicht am Arbeitsplatz einsetzen zu können, weshalb sie dafür auch nicht gesondert bezahlt werden müssen.[257] In Bereichen, in denen Frauen und Männer zusammenarbeiten,

---

252 Rastetter und Jüngling: *Frauen, Männer, Mikropolitik*, 2018, 37.
253 Ebd., 79.
254 Ebd., 79–80.
255 »[T]o induce or suppress feeling in order to sustain the outward countenance that produces the proper state of mind in others.« Hochschild: *The Managed Heart*, 2012, 7.
256 Ebd., 109–113.
257 Das resümiert die historische Wahrnehmung im Hinblick auf die »Harvard Computers« und Kracauers Büroangestellte; Kracauer: *Die Angestellten*, 2017, 29.

werden die emotionalen Aufgaben der Arbeit bevorzugt Frauen übertragen, während Männer dann eher die organisatorischen Aufgaben erledigen.[258] Emotionsarbeit beschreibt vor allem die Charakteristika personenbezogener Dienstleistungstätigkeit und so wird die Sekretärin ja auch überwiegend im Vorzimmer wahrgenommen: als Dienstleisterin, die jedoch zugleich stoisch wie ein Fels in der Brandung alle Arbeitsstürme bestehen soll.[259]

Räumlich mögen die Tage des Vorzimmers überwiegend passé sein,[260] in denen jeder Direktor über eine offizielle Türhüterin, ein »Bollwerk« verfügte, »eine Sekretärin, deren Position als Vermittlerin architektonisch strukturiert ist, indem man ihr Vorzimmer durchqueren muss, um in das Büro des Direktors zu gelangen«.[261] Dennoch hat das unausgesprochene oberste Gebot weiterhin Bestand, dass Sekretärinnen die Hüterinnen ihrer Vorgesetzten sind, eine Erwartung, die ich als »Sekretärinnengelübde« bezeichne.

Insgesamt bietet das Konzept der Emotionsarbeit wichtige Aspekte und Perspektiven hinsichtlich der Belastungen im Dienstleistungssektor.[262] Im September 2020 wandte Hochschild ihr Konzept an auf die Verhaltensansprüche gegenüber den »systemrelevanten« Berufen sowie die daraus resultierende Emotionsarbeit im Alltag der Covid-19-Pandemie und konstatierte, die Herausforderung, während einer Pandemie jeden Tag zur Arbeit gehen zu *müssen*, manifestiere sich schon in der Begegnung von Ladenangestellten mit Maskenverweiger:innen: »Emotional labor is a store clerk confronting a maskless customer.«[263]

---

258 Vgl. dazu etwa die Untersuchungen von Koch: *Interaktionsarbeit bei produktbegleitenden Dienstleistungen*, 2010; Fritzer: *Persönliche Assistenz und Selbstbestimmung*, 2011; Rastetter und Jüngling: *Frauen, Männer, Mikropolitik*, 2018.

259 Emotionsarbeit lässt sich auch auf andere Interaktionen am Arbeitsplatz übertragen, wie etwa auf die Kommunikation zwischen Vorgesetzten und Mitarbeitenden, zwischen Kolleginnen und Kollegen, vgl. dazu Rastetter und Jüngling: *Frauen, Männer, Mikropolitik*, 2018, 85.

260 Bezugnehmend auf die von Vita Peacock beschriebene übliche architektonische Struktur: »The directors, meanwhile will often be situated on the top floors of the building, with large comfortable offices accessible through the ante-chambers of their secretaries.« Peacock: *We, the Max Planck Society*, 2014, 59.

261 Zudem gab es noch einen Hinterausgang: »However, director B has another door which leads directly onto the corridor.« Ebd., 140.

262 Rastetter und Jüngling: *Frauen, Männer, Mikropolitik*, 2018, 84.

263 Stix: Emotional Labor, 2020.

2.5.2 Im Schatten

> Denn die einen sind im Dunkeln
> Und die andern sind im Licht.
> Und man sieht nur die im Lichte
> Die im Dunkeln sieht man nicht.[264]

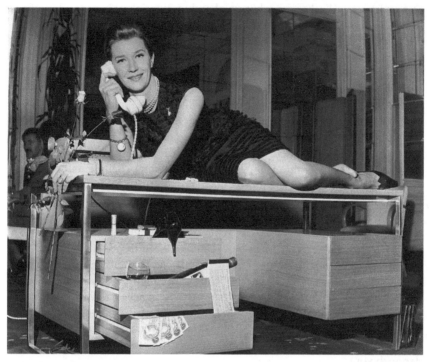

Abb. 9: Die Schauspielerin Lois Maxwell posiert im Februar 1966 in ihrer Rolle als Miss Moneypenny auf dem Schreibtisch, möglicherweise im Gespräch mit James Bond. Ihre laszive Körperhaltung – einer ihrer Pumps steckt in der obersten Schublade des chaotisch wirkenden Schreibtischs, aus der Schublade darunter lugen neben dem unachtsam hineingestopften Stenoblock ein benutztes Glas und eine Flasche (Martini?) hervor – inszeniert die Sekretärin stereotypisch perfekt als männermordende Schlampe. © Kent Gavin/Getty Images.

---

264 Brecht: *Die Dreigroschenoper*, 2017, 167.

2.5.2.1 Office Wife

> A girl in love with her boss will knock herself
> out seven days a week, and wish there were more
> days. Tough on her, but fabulous for business.[265]

Das sexistische Klischee der schönen, aber dummen Sekretärin, nur darauf aus,
sich den Chef zu angeln, ist bekannt aus Werbung, Romanen, Filmen, Fern-
sehsendungen, Comics und so ziemlich jeder anderen Form der Popkultur.[266]
Inszeniert wird sie gern als im Schneckentempo, bestenfalls mit zwei Fingern
tippende, dabei vor allem um ihre Maniküre besorgte, widerwillig Kaffee ko-
chende, sexbombige Sekretärin.[267]

Tatsächlich gibt es Sekretärinnen, die sich sehr erfolgreich einen »Millionär
geangelt« haben, um im Marilyn-Monroe-Jargon zu bleiben.[268] Eine der erfolgreichsten darunter war Johanna Quandt, zu Lebzeiten die zweitreichste Frau
Deutschlands,[269] eine andere Lydia Deininger, die im Jahr 2000 den damaligen
Vorstandschef von DaimlerChrysler, Jürgen Schrempp, heiratete und als best-
bezahlte Sekretärin Deutschlands auf der Gehaltsstufe E2 mit einem mutmaßlichen Jahreseinkommen von 200.000 Euro für Schlagzeilen sorgte.[270] Einkommen und Karrieren dieser Größenordnung sind allerdings die Ausnahme.

In der Max-Planck-Gesellschaft gelten romantische Beziehungen zwischen
Vorgesetzten und Sekretärinnen bzw. Untergebenen insgesamt als tabu. Ausschlaggebend sind dafür in erster Linie moralische Erwägungen angesichts der
Gefahren, die eine private Liebesbeziehung in einem beruflichen Abhängig-
keitsverhältnis zu Untergebenen immer birgt. Rein arbeitsrechtlich ist dies in
Deutschland allerdings nicht verboten. Wichtiger ist der Standesdünkel: Hier
wirkt nachhaltig die unsichtbare Trennwand zwischen den Bereichen Wissenschaft und Verwaltung. Solche Liaisons sind also nicht die Regel – aber kommen
dennoch vor.

Auch wenn Sex im Büro (eigentlich) tabu ist, führt dieser Aspekt doch noch
einmal zurück zu der bereits angesprochenen weiblichen Bereitwilligkeit zur
Unterordnung bis hin zur Selbstausbeutung im Büro und der Frage, wodurch

---

265 Brown: *Sex and the Single Girl*, 2003.
266 Vgl. dazu ausführlich »The Secretarial Mystique« in Peril: *Swimming in the Steno Pool*,
     2011, 6–9.
267 Wie etwa das blonde Dummchen Lois Laurel in dem Film *Monkey Business* (1952),
     stereotyp dargestellt von Marilyn Monroe.
268 *How to Marry a Millionaire* von 1953 mit Marilyn Monroe, Betty Grable und Lauren
     Bacall in den Hauptrollen, die allerdings keine Sekretärinnen, sondern Mannequins
     spielen.
269 Nach ihrer Tochter Susanne Klatten; Muller: Johanna Quandt, 2015.
270 Denkler: Familienförderung bei Daimler-Chrysler, 2010.

diese motiviert wird. Ute Frevert hat dafür unter anderem die »Erotisierung der Herrschaftsbeziehungen« angeführt.[271] Auch Rosemary Pringle hat in ihrer Untersuchung der Wechselbeziehungen zwischen Sexualität und Macht im Vorzimmer festgestellt, dass es ungeachtet der Ideologie, das Öffentliche und das Private seien getrennt,[272] nicht wirklich gelinge, »Persönliches oder Sexualität vom Arbeitsplatz auszuschließen, vielmehr sind Sexualität und Familiensymbolik ein wichtiger Teil moderner Autoritätsstrukturen«.[273] Und sie verweist darauf, dass die Beziehung zwischen Chef und Sekretärin »nicht als kleine traditionalistische Anomalie oder Eindringen in die Privatsphäre betrachtet werden sollte, sondern eher als Schauplatz von Machtstrategien, in denen Sexualität eine wichtige, wenn auch keineswegs die einzige Dimension ist«.[274] Mit anderen Worten, im Arbeitsalltag von Organisationen und Institutionen ist Sexualität allgegenwärtig.

Figürlich ist die zuvor angesprochene Aufopferungsbereitschaft angelegt in der Rolle der viel zitierten *office wife*, der Büroehefrau. Grundlage für diese sehr enge, affektiv-normative Bindung an den Chef ist eine ausgesprochen hohe Identifikation mit ihm und seinen Bedürfnissen. Die Verhaltensansprüche und -anforderungen werden dabei mit denen einer Hausfrau und Ehefrau verglichen. »Die Situation von Hausfrauen ist in vielen Punkten vergleichbar mit der Situation der Sekretärin. Sie wird nicht nach Leistung bezahlt. sondern ihr Lebensstatus richtet sich nach dem gesellschaftlichen Status ihres Ehemannes respektive ihres Vorgesetzten.«[275] Eine klar hierarchische Beziehung, aufgebaut nach traditioneller Rollenverteilung, in der jedoch von ihr, anders als von ihm, immer Perfektion erwartet wird. »Dabei muß sie letztlich aber immer bereit sein, ihm gegenüber zurückzutreten: sie ist Zuarbeiterin, nie Kollegin.«[276]

Hier liegt ein entscheidender Aspekt dieser affektiven, de facto ungleich gewichteten Bindung, die auf der intrinsischen Motivation der Sekretärin basiert, sich unterzuordnen und aufzureiben, getarnt durch ein scheinbar gegenseitiges Geben und Nehmen.[277] Das Gefühl, unentbehrlich zu sein, kann diese Illusion eines gleichwertigen Tauschs besonders fördern. Im Gegenzug erwartet die Büropartnerin Respekt und die Anerkennung ihrer Leistung, aus der sich wiederum ihr eigenes Prestige speist, als rechte Hand und Vertraute des Chefs.

271 Frevert: Vom Klavier zur Schreibmaschine, 1979, 82–112, 102.
272 Zur Trennung des Privaten und Öffentlichen vgl. beispielsweise Habermas: *Strukturwandel der Öffentlichkeit*, 1990; Hausen: Die Polarisierung der »Geschlechtscharaktere«, 1976, 363–393; Wischermann: Feministische Theorien, 2003, 23–34; Fraser: Was ist kritisch an der Kritischen Theorie?, 2015, 173–221.
273 Pringle: *Secretaries Talk*, 1989, 158–177, 161.
274 Ebd., 162.
275 Klein: *Vom Sekretariat zum Office-Management*, 1996, 34.
276 Jacobi, Lullies und Weltz: Alternative Arbeitsgestaltung im Büro, 2011, 195–216, 214–215.
277 Vgl. Frevert: Vom Klavier zur Schreibmaschine, 1979, 82–112, 102.

Auch Jacobi, Lullies und Weltz führen Rollenbild und Chefbezug als die sich gegenseitig konstituierenden Aspekte an, aus denen Sekretärinnen ihr berufliches Selbstverständnis beziehen.[278] Ihrer Berufsauffassung folgend, besteht die Hauptaufgabe der Sekretärinnen darin, Schwierigkeiten und Probleme reibungs- und lautlos zu bewältigen. Aus diesem Vermögen bezögen sie Stolz und Selbstwertgefühl, oft motiviert durch »ideologische Beigaben wie Vertrauensstellung, beste Stütze«,[279] die an den Chef gekoppelt sind. Zu diesem und seiner Position besteht eine besondere persönliche Abhängigkeit, die bedeutsam wird »durch die ideellen Gratifikationen (Prestige, Status, Identifikation), die ihr dadurch erwachsen: Sie hat sozusagen stellvertretend teil an seinen Erfolgen, seinem Ansehen, seiner Karriere.«[280] Diese persönliche Beziehung kann auch der Hauptfaktor für das besondere berufliche Identifikationsprofil trotz der damit einhergehenden extremen Arbeitsbelastungen sein, wobei, so Jacobi, Lullies und Weltz, besonders die klassische Geschlechterordnung und weibliche Rollenstereotypen wirkten. Der Sekretärin würde die Identifikation mit ihrem Beruf suggeriert durch das weibliche Rollenbild »der verständnisvollen und einfühlsamen Partnerin des Mannes, die ihm stets hilft, ohne selbst je in den Vordergrund zu treten«.[281]

Dass das Verhältnis zum Vorgesetzten maßgeblich für die Identifikation mit der beruflichen Aufgabe ist, bedeutet zugleich, dass sein Verhalten von zentraler Bedeutung für die Arbeitssituation ist. Ist das Verhältnis gut und die Identifikation hoch, dann resultiert dies in einem Dream-Team, wie etwa dem legendären Duo Ernst Telschow und Erika Bollmann, dem ersten MPG-Generalsekretär und seiner umtriebigen Sekretärin. Erfährt dieses Verhältnis jedoch eine nachhaltige, vielleicht sogar irreparable Störung, verändert sich die Beziehung radikal. Die Sekretärin wird nicht mehr bereit sein, stillschweigend belastende und schwierige Aufgaben zu bewältigen, da diese dann in keinerlei Weise mehr zur »Steigerung ihres Selbstwertgefühls« beitragen.[282] Dann kippt das Arbeitsverhältnis und wird toxisch.

---

278 Vgl. dazu Jacobi, Lullies und Weltz: Alternative Arbeitsgestaltung im Büro, 2011, 195–216, 214.

279 Klein: *Vom Sekretariat zum Office-Management*, 1996, 34.

280 Weltz et al.: *Menschengerechte Arbeitsgestaltung in der Textverarbeitung*, 1979, 146; vgl. dazu auch Klein: *Vom Sekretariat zum Office-Management*, 1996, 34.

281 Jacobi, Lullies und Weltz: Alternative Arbeitsgestaltung im Büro, 2011, 195–216, 214.

282 Weltz et al.: *Menschengerechte Arbeitsgestaltung in der Textverarbeitung*, 1979, 55–57.

2.5.2.2 Wenn das Vorzimmer zur Vorhölle wird

> Heaven has no rage like love to hatred turned,
> Nor hell a fury like a woman scorned.[283]

Das Spektrum an Faktoren, die sich belastend auf das Verhältnis zwischen Sekretärin und Vorgesetzten auswirken können, reicht von Störungen des Arbeitsalltags über Gedankenlosigkeiten und Ineffizienz des Vorgesetzten bis hin zu mangelndem Respekt gegenüber der Leistung der Sekretärin. Inwieweit diese Wahrnehmungen objektiv oder subjektiv sind, spielt für die Auswirkung auf das Arbeitsverhältnis dabei eine eher untergeordnete Rolle.

Zu der Gruppe praktischer Faktoren gehören regelmäßige Störungen des Arbeitsalltags im Vorzimmer, dessen Tür praktisch nie verschlossen sein darf, ungeachtet dessen, ob die Sekretärin gerade damit beschäftigt ist, unter hohem Zeitdruck Arbeiten fertigzustellen oder nicht. Dies folgt dem Grundverständnis, dass solche Unterbrechungen durch Ad-hoc-Aufträge oder An- und Nachfragen, insbesondere der Vorgesetzten, aber durchaus auch seitens anderer Mitarbeiter:innen, nicht als unwillkommene Störung, sondern als berechtigte Arbeitsanforderung an sie wahrgenommen werden – schließlich ist die Hauptaufgabe einer Sekretärin, ihren Chef zu entlasten. Dabei empfinden es Sekretärinnen, so Jacobi, Lullies und Weltz in ihrer Arbeitsplatzanalyse, als besonders belastend, dass sie »Ablauf und Rhythmus der eigenen Arbeit nicht selbst bestimm[en] können. [...] Leicht entsteht der Eindruck, daß niemand – und der Chef zuallerletzt – sich damit auseinandersetzt, ob die Aufgaben, die ihnen zur Erledigung aufgetragen sind, auch in dem geforderten Zeitraum machbar seien.«[284]

Die Machbarkeit von Aufgaben in einem bestimmten Zeitraum führt zum großen Thema des Arbeitens-rund-um-die-Uhr und im Kontext des Wissenschaftsbetriebs zum damit verbundenen Topos des »Lebens für die Wissenschaft«. Praktisch geht es um die Einhaltung der Arbeitszeit, und zwar um die der Sekretärinnen. In einem Artikel hat eine Hochschulsekretärin das Dilemma der dabei aufeinandertreffenden Welten wie folgt beschrieben:

Die Doktorand*innen und Wissenschaftler*innen im Team sind so sozialisiert, dass sie keine Work-Live-Balance kennen, sondern nur eine Work-Balance. Ich aber habe vertraglich festgelegte Arbeitszeiten – auch wenn die Kolleg*innen das nicht zu wissen scheinen. So sah ich mich mit der Frage konfrontiert, warum ich denn immer den Stift fallen lasse, sobald meine Arbeitszeit um sei – das täten sie doch auch nicht. Wer etwas erreichen wolle in der Forschung, dürfe nicht auf die Uhr schauen, erklärten sie mir – und der Aufbau eines neuen Bereiches sei ja auch nicht in vier Stunden täglich zu schaffen. »Ja bist du denn gar nicht intrinsisch motiviert?«, fragte mal einer ungläubig.

---

283 Congreve: *Love for Love*, 2016.
284 Jacobi, Lullies und Weltz: Alternative Arbeitsgestaltung im Büro, 2011, 195–216, 212.

Nachdem ich die Bedeutung des Wortes »intrinsisch« nachgeschlagen hatte, versuchte ich ihm zu vermitteln, dass sich der Kindergarten herzlich wenig interessiert für meine intrinsische Motivation.[285]

Eine *office wife* wie Erika Bollmann hatte kein Problem mit Überstunden, die verlangen, dass sie allzeit bereit ist – die Arbeit war ihr Leben. Doch selbst wenn es diese Bereitschaft grundsätzlich gibt, und dies nicht erst heutzutage, gestaltet sich ihre Umsetzung schwierig, insbesondere wenn die Arbeit von der Kooperation mit anderen Dienstleister:innen abhängt, wie etwa der angesprochenen Kinderbetreuung. Als besonders problematisch erweisen sich dabei nicht die Überstunden per se, auf die sich ja gegebenenfalls eingestellt werden könnte, sondern vielmehr deren Unberechenbarkeit. Die Sekretärinnen können »nie fest damit rechnen, zu einem bestimmten Zeitpunkt das Büro verlassen zu können. Deshalb könnten sie sich für den Abend kaum etwas vornehmen. Die Beeinträchtigung des Privatlebens liegt auf der Hand.«[286] Wird dies zum Dauerzustand, erscheint das Verhalten der Vorgesetzten als symptomatischer Ausdruck von Gedanken- oder Rücksichtslosigkeit, in jedem Fall als Gleichgültigkeit gegenüber der Sekretärin. Diese Gedankenlosigkeit des Chefs geht zudem oft einher mit einem mangelnden Bewusstsein dafür, wie sehr er durch sein eigenes Verhalten die Arbeit der Sekretärin zusätzlich belastet.

Als weitere wesentliche Kritikpunkte von Sekretärinnen an ihren Vorgesetzten haben Jacobi, Lullies und Weltz ermittelt: »Ungezogenheit und Unhöflichkeit der Chefs, ihre Allüren und ihre männliche Überheblichkeit; Undiszipliniertheit der Chefs in ihrem Arbeitsstil und ihre Launenhaftigkeit.«[287] Belastend auf die Beziehung im Vorzimmer wirkt es sich auch aus, wenn die Leistung des Vorgesetzten als ineffizient erscheint, sei es durch seinen Mangel an Organisation oder seine Unfähigkeit, Konflikte im Forschungsteam zu regeln, da damit seine Autorität infrage gestellt wird. Dies erschwert die berufliche Identifikation, macht diese bei fortgesetztem Auftreten sogar unmöglich und löst so einen Loyalitätskonflikt mit dem Sekretärinnengelübde aus.

Am stärksten wird das Verhältnis zwischen Sekretärin und Vorgesetzten durch mangelnde Anerkennung ihrer Leistung, fehlenden Respekt und Desinteresse belastet. Endgültig zerstört werden kann die Arbeitsbeziehung durch öffentliche Demütigungen, wenn Beschämung und Demütigung als soziale und mikropolitische Strategie eingesetzt werden, insbesondere vor dem Hintergrund der für das Vorzimmer bereits wiederholt genannten asymmetrischen Machtverhältnisse.

Macht spielt zwar in fast allen sozialen Beziehungen eine Rolle, aber sie übersetzt sich nur unter bestimmten Bedingungen in eine offensive Politik der Demütigung. Dafür bedarf es stark ausgeprägter Machtdifferenzen sowie der Absicht, diese vor Dritten

---

285 Schulte: Aus dem Leben einer Hochschulsekretärin, 2016, 7.
286 Jacobi, Lullies und Weltz: Alternative Arbeitsgestaltung im Büro, 2011, 195–216, 212.
287 Ebd., 215.

zu behaupten und sinnfällig zur Schau zu stellen. Außerdem muss sich die Demütigungspolitik in einem öffentlichen Resonanzraum abspielen, der ihr Akklamation und Zustimmung verschafft.[288]

Diese Zurschaustellung von Macht kann dazu führen, dass aus dem einstigen Dream-Team ein *toxic team* wird und die Sekretärin mikropolitisch ihre eigene Machtstruktur ausbaut. Wichtige Termine für den Chef werden nicht gemacht; Dokumente werden nicht oder fehlerhaft erstellt etc. Katastrophal ist schließlich das Ausnutzen der Vertrauensposition, was in massiven Indiskretionen gegenüber den Vorgesetzten zum Ausdruck kommen und dadurch zu einem Machtvakuum führen kann. Oder, wie Adolf Butenandt es gegenüber seiner Sekretärin Barbara Bötticher einmal formuliert hat: »Wenn ich zu meiner Sekretärin kein Vertrauen hätte, könnte ich mir gleich einen Strick nehmen!«[289]

2.5.2.3 Die Macht der Sekretärinnen

Sekretärinnen verfügen über keine offiziellen Machtmittel. Sie sind selbst fast immer in der Rolle von Befehlsempfängerinnen, die mit Anweisungen und konjunkturell oder auch plötzlich besonders hohem Arbeitsaufkommen konfrontiert werden. In solchen Situationen, beispielsweise vor Konferenzen oder angesichts bevorstehender Deadlines, müssen sie einen kühlen Kopf behalten, um die Erledigung der vielen anstehenden Aufgaben im Sinne der Forschungsziele zu priorisieren bzw. möglicherweise auch zu delegieren. Wenn unter diesen Umständen neben den Vorgesetzten auch Kolleg:innen aus der Abteilung das Sekretariat mit dringenden Anliegen bestürmen, kann die Sekretärin strategisch entscheiden, in welcher Reihenfolge und in welchem Zeitraum die Vorgänge bearbeitet werden: »Durch Erfahrungswissen und geprägt von Sympathie entwickelt die Sekretärin eine Taktik der Bearbeitung der Vorgänge, so daß über kurz oder lang, der ›good will‹ der Sekretärin entscheidet, welche Arbeiten in welcher Form und auch in welcher Zeitspanne erledigt werden.«[290] Dies kann dann durchaus der Moment sein, in dem Mitarbeiter:innen, die sich zuvor gegenüber der Sekretärin arrogant, unfreundlich oder undankbar verhalten haben, feststellen müssen, dass ihre Anliegen, Aufträge, Dokumente etc. sich ganz unten auf der sekretarialen To-do-Liste befinden, sofern sie dort überhaupt auftauchen.

Diese Abhängigkeit vom Entgegenkommen der Sekretärin ist ein Beispiel für gewisse Machtressourcen, die ihr zur Verfügung stehen. Der Wirtschaftsjournalist Horst Biallo beschrieb 1992 in seinem Buch über den beruflichen

---

288 Frevert: *Die Politik der Demütigung*, 2017, 288.
289 Barbara Bötticher: Persönliche Erinnerungen, Bl. 26, AMPG, Va. Abt., Rep. 165, Nr. 1.
290 Vgl. dazu etwa auch Klein: *Vom Sekretariat zum Office-Management*, 1996, 28–29.

Wandel *Von der Sekretärin zur Führungskraft*, wie ihm erstmals klar geworden sei, dass »Sekretärinnen über Autorität, Macht und Möglichkeiten verfügen, obwohl sie außerhalb der normalen Hierarchie stehen und rein formal keinerlei Herrschaftsinstrumente besitzen«.[291] Die Bedeutung dieser Macht gilt es aus mikropolitischer Perspektive stets bei divergierenden Interessen und individuellen Zielen miteinzubeziehen.[292]

Macht wird konkret im Handeln und mittels verschiedener Strategien aufgebaut und genutzt. Dabei müssen jederzeit »Machtspiele um Chancengleichheit bei ungleichen Bedingungen und männlichen Spielregeln« berücksichtigt werden.[293] Nach Michael Crozier und Erhard Friedberg konstituieren sich Machtressourcen aus Expertenwissen (und im Fall der Sekretärinnen auch Milieuwissen), Beziehungen zur Umwelt als Sonderfall der Expert*innen*macht, Kontrolle von Informations- und Kommunikationskanälen und Nutzung organisatorischer Regeln. Macht ist davon abhängig, welche Relevanz die jeweils kontrollierte Unsicherheitszone für die Handlungsfähigkeit anderer Akteur:innen hat. Große Macht besitzen danach Menschen, die eine Monopolstellung für die Lösung eines für die anderen wichtigen Problems haben, oder Expert:innen, die über spezielle Kenntnisse verfügen.[294] Beides träfe in besagtem Fall auf die Sekretärin zu, auch wenn immer berücksichtigt werden muss, dass diese Ressourcen auch aufgrund der geschlechtshierarchischen Arbeitsteilung ungleich verteilt sind.

In Organisationen und Institutionen gehören unterschiedliche Interessen und Ziele, die individuelle oder kollektive Interaktionen beeinflussen und gegebenenfalls zu Machtspielen führen, zum Alltag. Inwieweit diese Interessen durchsetzbar sind, hängt von den jeweiligen Machtpotenzialen ab. Dabei muss zwischen strukturellen und personalen Machtquellen unterschieden werden. Erstere wirken deontisch, also durch formale Autorität, die sich aus der Position im Stellengefüge der Institution oder Organisation ergibt. Führungspositionen sind hierarchisch mit formalen Machtbefugnissen verknüpft, die ihren Inhaber:innen gestatten, Aufgaben zu delegieren, Entscheidungen zu treffen oder auch Arbeitsteams zusammenzustellen. Letztere hingegen beruhen auf beruflichen Kompetenzen, strategischem Handeln oder auf Persönlichkeitseigenschaften.[295] Fehlt in einem Arbeitskontext – im Vorzimmer, in der Abteilung oder Forschungsgruppe – eine zentral kontrollierende Instanz oder sind die Zielsetzungen nicht klar genug definiert, dann begünstigt dies mikropolitische Prozesse besonders.

291 Biallo: Von der Sekretärin zur Führungskraft, 1992, 9.
292 Rastetter und Jüngling: *Frauen, Männer, Mikropolitik*, 2018, 11.
293 Jüngling: Geschlechterpolitik in Organisationen, 1992, 173–205; Rastetter und Jüngling: *Frauen, Männer, Mikropolitik*, 2018, 45.
294 Vgl. dazu Crozier und Friedberg: *Macht und Organisation*, 1979.
295 Vgl. dazu Rastetter und Jüngling: *Frauen, Männer, Mikropolitik*, 2018, 44.

Sekretärinnen verfügen konkret über unterschiedliche mikropolitische Handlungsmöglichkeiten. Eine Option ist das bereits geschilderte »Blockieren«. Aus einem Gefühl mangelnder Wertschätzung oder Beteiligung heraus können wichtige Vorgänge durch vielfältige Widerstände blockiert werden, indem sie nicht bearbeitet, verzögert oder gar boykottiert werden.[296] Um auf ihre Bedeutung für den geregelten Arbeitsablauf im Vorzimmer hinzuweisen, ist eine häufig von der Sekretärin wahrgenommene Option, nach einem Konflikt den Vorgesetzten durch eine Krankschreibung spüren zu lassen, wie sehr man auf sie angewiesen ist. Dies kann zu einer Art von Konditionierung führen, bei der Vorgesetzte sich bemühen werden, im Vorzimmer Kritik und Konflikte zu vermeiden, um den zu erwartenden Arbeitsausfall bereits im Vorfeld zu verhindern.

Besonders folgenreich für möglicherweise alle Beteiligten ist die strategisch genutzte »Indiskretion«, wenn also das »Sekretärinnengelübde« innerlich aufgehoben wird und geheime Informationen, seien diese arbeitsbezogen oder privater Natur, ausgeplaudert werden. Das ist dann eine Form von Macht, die »Chance [...], innerhalb einer sozialen Beziehung den eigenen Willen auch gegen Widerstreben durchzusetzen, gleichviel, worauf diese Chance beruht«, wie es Max Weber ausgedrückt hat.[297] Am geläufigsten ist jedoch eine passiv-aggressive Reaktion, eine innerliche, nicht offene Dienstverweigerung, die sich in Äußerungen wie »dafür werde ich ja nicht bezahlt« manifestieren.

2.5.2.4 Schattenmanagerinnen: Schein und Sein

Die institutionell erlebte Realität weicht oft von der offiziellen Realität ab, es existieren »doppelte Wirklichkeiten«, wie Friedrich Weltz die Diskrepanz zwischen offizieller Darstellung und praktischer Arbeitswirklichkeit genannt hat und die ich als Paralleluniversien von Schein und Sein bezeichnen möchte.[298] Eine schiefe Selbstwahrnehmung der Akteur:innen (Vorgesetzte und Untergebene), was ihre Effizienz bzw. Effektivität ihres Arbeitens betrifft, die stark vom tatsächlichem Output abweicht, trägt dazu in besonderer Weise bei. Solche Parallelwelten hängen mit den bestehenden Hierarchien zusammen, die durch Top-down-Regelsysteme (wie etwa vorgeschriebene Dienstwege, Festlegung von Verfahrens- und Verhaltensweisen, Vorschriften zu Arbeitsteilung) perpetuiert werden und umso eklatanter in Erscheinung treten, desto zentralistischer ein Institut oder die Organisation strukturiert sind. Mögliche Folgeerscheinungen sind unnötige Bürokratisierung und Doppelarbeit, Nichtnutzung von Qualifikation und Technologien. Besonders belastend für den Betriebsfrieden sind dabei Frustration und Demotivation, die dadurch hervorgerufen werden, dass

---

296 Ebd., 46–47.
297 Weber: *Wirtschaft und Gesellschaft*, 2009, 28.
298 Weltz: Die doppelte Wirklichkeit, 1988, 97–104, 97.

manche Kolleg:innen stets die Arbeit anderer mitmachen müssen – ohne dass dies entsprechend gewürdigt wird.

In diesem Kontext hat Barbara Klein 1996 den Begriff »Schattensekretariat« zur Beschreibung eines Ersatzsekretariats eingeführt.[299] Solche Schattensekretariate werden erforderlich durch den Ausfall einer Sekretärin, und zwar weniger durch Krankheit als vielmehr infolge von Inkompetenz bzw. langfristiger Verweigerung, wie etwa im zuvor beschriebenen Blockademodus. Infol-*gedessen entstehen beispielsweise langwierige Bearbeitungsprozesse, weil diese wiederholt inadäquat oder gar nicht ausgeführt werden, die für die anderen am Vorgang Beteiligten – Führungs- oder Verwaltungskräfte, Kolleg:innen oder Wissenschaftler:innen – zu Verzögerungen führen, die das gesamte Verfahren gefährden können. Zur Kompensation dieser Problematik erledigt ein anderes (in der Regel weibliches) Team- oder Abteilungsmitglied diverse Sekretariatsfunktionen, ohne dass sich dies in der Eingruppierung oder Stellenbeschreibung niederschlagen würde. Das heißt, in »Schattensekretariaten« übernehmen Personen – das können andere Sekretärinnen, Sachbearbeiter:innen, studentische Mitarbeiter:innen oder auch Wissenschaftler:innen sein – meist unentgeltlich Sekretariatsaufgaben zu ihrem eigentlichen Aufgabengebiet dazu.

Analog dazu möchte ich den Begriff »Schattenmanagerinnen« einführen. Damit soll das Phänomen benannt werden, dass das Portfolio der Aufgaben von sowie Anforderungen und Erwartungen an Sekretärinnen im Vorzimmer weit über die Arbeitsplatzbeschreibung einer Assistenz hinausgeht und den Tatbestand des Managements erfüllt. Das entscheidende Manko ist, dass von den Sekretärinnen zwar selbstverständlich Management im Sinne von »Verwaltung, Betreuung, Organisation« erwartet wird,[300] diese jedoch keine »Leitung [...], die Planung, Grundsatzentscheidungen und Erteilung von Anweisungen umfasst«, vorsieht.[301] Unterm Strich läuft es immer wieder darauf hinaus, dass eine höchst anspruchsvolle Tätigkeit, die höchste intrinsische Motivation und tiefstempfundene Loyalität fordert, um zu all den Belastungen, Anforderungen und Herausforderungen bereit zu sein, unzureichend und undankbar honoriert wird – in Bezug auf Anerkennung, Ansehen und Einkommen.

---

299 Klein: *Vom Sekretariat zum Office-Management*, 1996, 46.
300 Vgl. dazu Duden: »Management«, Bedeutung 3, https://www.duden.de/rechtschreibung/
      Management#close-. Zuletzt aufgerufen am 18. August 2021.
301 Vgl. dazu Duden: »Management«, Bedeutung 1, https://www.duden.de/rechtschreibung/
      Management#close-. Zuletzt aufgerufen am 18. August 2021.

2.6   Im Vorzimmer der Max-Planck-Gesellschaft

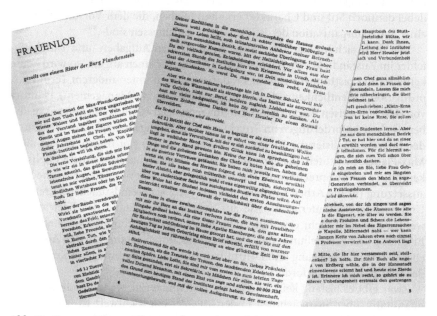

Abb. 10: Das von Werner Köster verfasste »Frauenlob« kam im Jahr seiner Emeritierung im Rahmen des letzten von ihm organisierten Tanzfestes des MPI für Metallforschung in Stuttgart am 2. April 1965 zum Vortrag.[302]

2.6.1   Im Vorzimmer

Bevor Martina Walcher 2001 nach 34 Jahren und neun Monaten, die sie im Präsidialbüro der MPG gearbeitet hatte,[303] in den Ruhestand ging, wurde sie für ihre Dienste mit dem Bundesverdienstkreuz ausgezeichnet. In ihrer Laudatio anlässlich dieser Ehrung wies die damalige Generalsekretärin Barbara Bludau darauf hin, dass mit der Entwicklung der Max-Planck-Gesellschaft von einer Einrichtung mit 48 Instituten 1966 zu einer Wissenschaftsorganisation mit 80 Instituten und Arbeitsgruppen 1999 auch die Arbeitsbelastung und Verant-

---

302 Tanzfest des MPI für Metallforschung im Beethovensaal der Liederhalle Stuttgart, 2. April 1965, AMPG, III. Abt., ZA35, Kasten 7 Mappe 12. Kopien des Textes in Originalgröße befinden sich im Anhang. Ich bin Thomas Steinhauser sehr dankbar für diese tolle Trouvaille.

303 Vom 1. Januar 1966 bis zum 1. Oktober 2000, Telefonat von Walcher mit Kolboske am 16. Juni 2021.

wortung für das Präsidialbüro enorm gewachsen sei. Dabei würdigte sie es als wesentliches Verdienst von Walcher, dafür gesorgt zu haben, dass »Effizienz und Leistungsfähigkeit Ihres Zuständigkeitsbereiches mitgewachsen sind und daß dabei dennoch Stil und Charakter erhalten blieben, die dem Vorstandsbereich einer Spitzenorganisation der Wissenschaft angemessen sind«.[304]

Was diese sich im Laufe der Jahre verändernden Aufgaben- und Tätigkeitsfelder im Zuständigkeitsbereich von MPG-Sekretärinnen angeht, so wird heute keine Stenotypistin mehr gebraucht, dafür gehören unter anderem Terminkoordination, Öffentlichkeitsarbeit (Medien- und Website-Management), Planung von Geschäftsreisen, Veranstaltungsmanagement (etwa für Konferenzen) zu den beruflichen Anforderungen im Projekt- und Abteilungsmanagement. Aufgrund der Internationalisierung ist Englisch inzwischen *lingua franca* an fast allen Max-Planck-Instituten, insofern sind neben Deutsch ausgezeichnete Englischkenntnisse sowie Sprachkenntnisse in mindestens einer weiteren Sprache Voraussetzung für die Arbeit sowie Eingruppierung als Fremdsprachensekretärin. Umfassende Computerkenntnisse auf dem neuesten Stand der Entwicklung werden gar nicht mehr erwähnt, sondern als selbstverständlich vorausgesetzt. Erfüllung und Feststellung von Leistungsindikatoren gehören zu den Aufgaben ebenso wie Budgetierung und Drittmittelprojekte, die rudimentäre Kenntnisse des Haushaltsrechts erfordern.[305]

Zwar gibt es bislang kein belastbares Datenmaterial, weder qualitativ noch quantitativ, über Sekretärinnen in der MPG,[306] ein Richtwert ist jedoch, dass sich die Anzahl der in einem Institut beschäftigten Sekretärinnen an dessen Größe orientiert, der Anzahl seiner Abteilungen, Nachwuchs- und Forschungsgruppen. Allein jeder Direktorin und jedem Direktor stehen heute durchschnittlich zwei Sekretärinnen zur Verfügung, was jedoch abhängig von Größe des Forschungsteams und anderer direktoraler Verpflichtungen (wie etwa Geschäftsführung, Ämter im Wissenschaftlichen Rat) variieren kann. Das heißt, im Gegensatz zur Situation an den Hochschulen, wo eine Sekretärin oft mehreren Professor:innen zuarbeiten muss, sind die Einheiten an den Max-Planck-Instituten viel überschaubarer, was zu einer deutlich höheren Identifikation mit den Vorgesetzten führt.

Die spezifischen Anforderungen variierten von Institut zu Institut und unterscheiden sich bis heute zudem in den drei traditionellen Sektionen der Max-Planck-Gesellschaft: So gehören beispielsweise in den Instituten der Geisteswissenschaftlichen Sektion mit ihrem umfangreichen Publikationsaufkommen und Output neben Sekretärinnen auch Editionsassistent:innen weitgehend zum

---

304 Bludau: *Laudatio Martina Walcher*, 2000, 1.

305 Für die Finanzbuchhaltung und das Rechnungswesen der Institute ist eine entsprechende Verwaltungsabteilung zuständig, dies fällt nicht in den Zuständigkeitsbereich der Sekretariate.

306 Zur desolaten Quellenlage siehe Kapitel 2.6.4.

Standardpersonal der Institute.[307] In der Chemisch-Physikalisch-Technischen Sektion (CPTS) und der Biologisch-Medizinischen Sektion (BMS) hingegen, wo zur Patentierung und Vermarktung verwertbare Forschungsergebnisse generiert werden, die die Kommunikation mit weltweiten Industriepartnern erfordern, werden Sekretärinnen mit Kenntnissen und Verständnis im Patent- und/oder Vertragsrecht gebraucht.[308] Im Umgang mit den dort behandelten sensiblen Daten, ist die Geheimhaltungsklausel von allergrößter Bedeutung.[309] Dass in den letzten 30 Jahren die Sekretärinnen der Max-Planck-Gesellschaft zunehmend akademisch gebildet sind (viele haben einen Universitätsabschluss, manche sind promoviert), erweist sich bei Aufgaben, die wissenschaftliches Verständnis erfordern, wie etwa beim Entwerfen von Gutachten oder Forschungsberichten, als sehr hilfreich, auch wenn diese Aufgaben nicht Teil der offiziellen Stellenbeschreibung sind.

Das berührt den strukturellen Dauerkonflikt zwischen realen Arbeitsanforderungen und einer Eingruppierungspolitik, an der zentral festgehalten wird und auf den im weiteren Verlauf der Darstellung noch eingegangen wird. Zudem erfährt Freverts These, dass nicht die Ausbildung, sondern der Weiblichkeitsmalus ausschlaggebend für die untergeordnete Position weiblicher Angestellten gewesen ist,[310] traurige Bestätigung, wenn bis heute selbst ein akademischer Hintergrund keinen (oder kaum einen) Unterschied für den Status einer Sekretärin ausmacht. In der hybriden Wissenschaftslandschaft der MPG wirkt sich das Festhalten an solch starren und immer noch patriarchalen Hierarchien belastend auf das soziokulturelle Gefüge aus, insbesondere in Konstellationen, in denen das Milieu- bzw. konkrete Führungswissen fehlt. Um Einblicke in den Arbeitsalltag von Sekretärinnen in der MPG und dessen Wandel im Laufe der zweiten Hälfte des 20. Jahrhunderts zu gewähren, wird im Folgenden das Präsidialbüro auf Grundlage von Erinnerungen einiger dort beschäftigter Protagonistinnen rekonstruiert. Den Auftakt bildet jedoch ein bemerkenswertes Dokument von 1965, das Einblick in die Sicht eines Vorgesetzten auf sein Vorzimmer und die Frauenwelt an einem Institut gewährt.

---

307 Zweifelsohne stellen auch Patent- und Gebrauchsmusterschriften eine wichtige Form der wissenschaftlichen Publikation dar, die jedoch nicht die Art von Lektorat wie geisteswissenschaftliche Texte verlangen.
308 Ich danke Dorothea Damm vom Fritz-Haber-Institut der Max-Planck-Gesellschaft für die Einblicke, die sie mir bei meinem Besuch im April 2019 in die sektionsspezifischen Unterschiede der Vorzimmer gewährt hat.
309 Vgl. dazu auch die Website »Schutzrechte als Basis für technologischen Fortschritt« der Max-Planck-Innovation: https://www.max-planck-innovation.de/erfindung/ patentierung-und-vermarktung.html. Zuletzt aufgerufen am 21. August 2021.
310 Frevert: Vom Klavier zur Schreibmaschine, 1979, 82–112, 91.

2.6.1.1 Frauenlob, Erinnerungen und Deutungshoheit

Werner Kösters[311] »Frauenlob« von 1965 ist ein fantastisches Fundstück, das einen unverstellten Blick in die direktorale, männliche Selbstwahrnehmung gewährt und den vermutlich nicht nur in der Max-Planck-Gesellschaft in dieser Zeit, Mitte der 1960er-Jahre, daraus resultierenden Habitus gegenüber Frauen im Allgemeinen und Sekretärinnen im Besonderen illustriert. Anlass für das von ihm verfasste Lob war das letzte Tanzfest, das Köster 1965, dem Jahr seiner Emeritierung, für das MPI für Metallforschung in der Stuttgarter Liederhalle organisiert hatte. Huldigen wolle er, so hieß es in dem Text, ein »Ritter von der Burg Planckenstein«, den Frauen, die drei Jahrzehnte lang seinen »Lebensweg [...] als Chef, als Kapitän eines MPI/KWI begleitet haben«. Sinnierend über die Frage, ob die Frau »in die Wirklichkeit des Geschehens an einem Institut« hineinwirke, das eigentlich vom Mann, »seinem Scharfsinn, seinem Spürwillen, seinem Trieb zum Forschen, Erkennen und Erfinden« beherrscht werde, kam er zu der Erkenntnis, dass in der Tat »hinter allem, in allem [...] die Frau« walte.[312] Diese generische »Frau« kategorisierte er in vier »Sphären«: 1) die Ehefrau,[313] in dessen Schuld er wie so viele Männer stehe, weil ihm »das Werk, die Wissenschaft als strenge Herrin, das Institut als anspruchsvolle Geliebte, nicht nur Beruf, sondern zugleich Liebhaberei war«;[314] 2) die Sekretärin, die im Folgenden genauer betrachtet wird; 3) die »Bräute der Studenten, die sich dann in Frauen der Assistenten, Mitarbeiter und später Kollegen umwandelten und 4) seine Studentinnen und technischen Assistentinnen, die »Ätzmäuse«,[315] wie sie am Institut genannt wurden, die alle »ob des fließenden Wechsels die Eigenart [haben], nie älter zu werden. Sie verkörpern die ewige Jugend, die durch Frohsinn und Scherz die Lebenslust erhält.«[316] Krönender Abschluss jeder Darbietung von Kösters vier »Formen der Weiblichkeit« war das Überreichen eines Blumenstraußes, der bewusst auf die Empfängerinnen abgestimmt war: Während die Ehefrau einen Strauß exotischer Orchideen erhielt, die für Seelenverwandtschaft und Bewunderung mit der Beschenkten stehen, bekamen die Sekretärinnen und Verwaltungsangestellte Gerbera überreicht, Blumen mit einer eher unverfänglichen Bedeutung, die Freundschaft und Aufrichtigkeit repräsentieren.[317] Sei morgens während der Arbeitstagung, zu der man zusam-

---

311 Werner Köster war von 1935 bis zum 12. November 1965 Direktor des KWI bzw. MPI für Metallforschung in Stuttgart.
312 »Frauenlob«, in: Tanzfest des MPI für Metallforschung im Beethovensaal der Liederhalle Stuttgart, 2. April 1965, AMPG, III. Abt., ZA 35, Kasten 7, Mappe 12, S. 3.
313 Ilse Kerschbaum hatte Köster 1923 geheiratet.
314 Köster: »Frauenlob«, S. 4.
315 Ebd. S. 5.
316 Ebd.
317 Zur »Sprache der Blumen« vgl. beispielsweise Zemanek: Durch die Blume, 2018, 290–309.

mengekommen sei, um zu zeigen, »was das Denken vermag«, so Köster zum Abschluss seines Vortrags, das Motto noch »cogito ergo sum« gewesen, so laute dieses nun auf dem Fest, das »vor allem […] von der Aura der Frau« erfüllt sei: »amo ergo sum«.[318]

Natürlich muss diese fraglos von Herzen kommende Rede im Kontext ihrer Zeit gelesen werden. Doch wurde dieser Vortrag immerhin schon Mitte der 1960er-Jahre und nicht in den frühen 1950er-Jahre zum Besten gegeben, die hier eher anzuklingen scheinen mit ihrer unbeirrten und konstanten Zuschreibung der Frau – egal in welcher »Sphäre« – als hingebungsvolle »Frau Kapitän«, Gefährtin, »Mädchen für alles«, künftige Ehefrau, Jungbrunnen und Tanzpartnerin des Mannes. Insofern bestätigt der Duktus dieser Trouvaille die These, dass die studentische Protestbewegung jener Zeit, wenn überhaupt, dann nur höchst peripher Einzug in die MPG gehalten haben.[319] Zudem erscheint das »Frauenlob« als geradezu paradigmatischer Text für die Imaginationen des Vorzimmers, der alle oben bereits analysierten Funktionen und Rollenerwartungen an Sekretärinnen bestätigt.[320]

Betrachten wir also etwas genauer den Abschnitt zur »zweiten Sphäre«. Der Reihenfolge von Kösters Lobgesang folgend, begegnet uns als Erstes der Topos der *weiblichen Note*: »Betritt der Chef sein Haus, so begrüßt er als erste eine Frau, seine Sekretärin. Aber darüber hinaus ist er sofort von einer fraulichen Wolke umgeben, denn die Verwaltung, mit der er sich zunächst zu beschäftigen hat, liegt in weiblicher Hand.«[321] Als nächstes finden sich die Topoi *Geheimhaltung* und *Hüterin* in Kösters Ausführungen, wenn er seiner Dankbarkeit darüber Ausdruck verleiht, dass ihm gegenüber das »Sekretärinnengelübde« nie gebrochen wurde: »Von großem Glück kann ich sprechen, daß ich immer in guter Hand gewesen bin. Keine der Frauen, die die geheimen Dinge und die geheimen Gedanken des Chefs zu hüten hatten, haben das in sie gesetzte Vertrauen getäuscht.« Verlassen hätten sie ihn jeweils nur, um der »Stimme des Herzens folgend« zu heiraten.[322] Es folgen die Topoi *Mutterrolle* und *Bollwerk*, die Köster mit einem bemerkenswerten Desiderat für seine Studentenschaft versieht: »Sie alle haben mich mütterlich umsorgt und mich, sicherlich in bester Absicht, aber gelegentlich wohl etwas eigenwillig abgeschirmt, worüber von studentischer Seite eine soziologische Studie am Platze wäre.« Jene könnten im Gegenzug dabei eine erste Lektion von der »Gewalt der Weiblichkeit über das männliche Dasein« lernen.[323] Für die Topoi *Treue* und *Loyalität* richtete sich Köster dann

---

318 Köster: »Frauenlob«, S. 6.
319 Vgl. zu dem Kapitel auch das Vademekum zum gleichnamigen Symposium im Oktober 2019 Weber und Kolboske (Hg.): *50 Jahre später – 50 Jahre weiter?*, 2019.
320 Siehe dazu insbesondere die Kapitel 2.5.1 sowie 2.5.2.
321 Köster: »Frauenlob«, S. 5.
322 Ebd.
323 Ebd.

an seine langjährige Weggefährtin Lotte Brodmann,[324] die ihm vom »ersten bis zum letzten Tage zur Seite gestanden [habe], erst als Sekretärin, als Mädchen für alles«, und inzwischen zur Verwaltungsleiterin des MPI acanciert war: »Stellvertretend für alle wende ich mich jetzt aber an Sie, liebes Fräulein Dr. Brodmann als die Treueste der Treuen, den leuchtenden Edelstein der zweiten Sphäre.« Dieser, in diesem Kontext besonders relevante Abschnitt des »Frauenlobs« endet mit den Topoi *Verantwortungsbewusstsein, weibliche Aufopferungsbereitschaft* und noch einmal *Vertrauen*: »Gewissenhaft, verantwortungsbewußt und mit der vollen Aufopferung, zu der nur eine Frau fähig ist, haben Sie drei Jahrzehnte lang das Hauptbuch des Stuttgarter Institutes geführt. Sie waren mir eine unersetzliche Stütze, wir haben einander vertraut, wie es schöner nicht sein kann.«[325]

Der Überlieferung zufolge waren die im Saal anwesenden Damen und Herren »begeistert«, insbesondere Präsident Butenandt, wie die Direktionssekretärin des MPI für Materialforschung, Käthe Foerster, dem in Urlaub befindlichen Köster hocherfreut mitteilte.[326] Erika Bollmann habe ihr geschrieben, der Tanzabend sei »ein Musterbeispiel gewesen, wie man solche Feste gestalten könne [...]. Das Fest wäre wie eine große Familienfeier gewesen, auf der sich alle wohlgefühlt hätten.«[327]

Nicht nur Butenandts, sondern auch Erika Bollmanns Anerkennung und Lob wird Köster besonders gefreut haben. Einmal, weil Bollmann selbst für ihre Prosa in der MPG bekannt war.[328] Zum anderen, weil er knapp zehn Jahre zuvor mit seiner Kritik an ihren »Erinnerungen« mit ihr ein wenig aneinandergeraten war. In der Festschrift »Erinnerungen und Tatsachen«[329] hatte Bollmann das Ende der Kaiser-Wilhelm-Gesellschaft und den Neubeginn danach in der Zeit

---

324 »Fräulein« Dr. Lotte Brodmann war die Verwaltungsleiterin am Stuttgarter MPI für Materialforschung, wo sie seit 1934 arbeitete. Vgl. auch das Gratulationsschreiben Brief von Otto Hahn an Brodmann zum 25-jährigen Dienstjubiläum, 1. Oktober 1959, AMPG, II. Abt., Rep. 66, Nr. 2735, fol. 22.

325 Köster: »Frauenlob«, S. 5–6.

326 Stellenplanliste 1965, AMPG, III. Abt., ZA 35 Kasten 8 Heft 19. – Kösters eigene Sekretärin war Gertrude Aufrecht.

327 Schreiben Foerster an Köster, 8. April 1965, AMPG, III. Abt., ZA 35, Ordner 63.

328 Eine kleine Auswahl aus Bollmanns dichterischem Oeuvre, das sich in ihrem Nachlass befindet: Gedichte; Nr. 2, 1936–1974; *Telschow: Tagebuchblätter eines immer noch und nichtsdestoweniger reisenden Generaldirektors*, Nr. 6, 1945; *Mitteilungen der Max-Planck-Gesellschaft (Humoristische Werkszeitschrift)*. Weihnachtsnummern, hektografisch, Nr. 7–9, 1950–1952; Morgenpost. Sonderausgabe; Nr. 10–11, 1953–1954; *Anekdoten und Gereimtes*, Nr. 253, 1946–1958 – alle Akten im Nachlass Erika Bollmann, AMPG, III. Abt., Rep. 43.

329 Erika Bollmann, Erinnerungen und Tatsachen, »Für Dr. Ernst Telschow [...] zu seinem 65. Geburtstag am 31. Oktober 1954 in dankbarer Erinnerung an 18 Jahre gemeinsamer Arbeit.«, AMPG, III. Abt., Rep. 43, Nr. 12, fol. 2. – Angesichts von Bollmanns ausgeprägtem Selbstbewusstsein ist zu vermuten, dass sie sich beim Titel von Bismarcks Autobiografie inspirieren ließ: Bismarck: *Gedanken und Erinnerungen*, 2004.

von 1944 bis 1946 beschrieben. Der kleine Band war 1954 in einer Auflage von etwa 260 Stück erschienen, die vor allem Direktoren, Senatoren und Freund:innen der MPG übergeben worden waren.[330] Im Februar 1956 schrieb Köster an Bollmann, er habe dies »Bändchen« mit großem Vergnügen gelesen, das ihn »in die bedeutungsvolle und erinnerungsreiche Zeit nach dem Ende des Krieges« zurücktransportiert habe, in die »Wirren«, die »heute schon mit der Aureole verklärender Erinnerung umgeben« seien. Dann folgt jedoch auch Kritik an der Darstellung:

Und dann lese ich wieder zu meinem grossen Staunen, dass die Kaiser Wilhelm-Gesellschaft den Instituten zeitig die Mittel für die Gehaltszahlung für ein halbes Jahr zur Verfügung gestellt hatte. [...] Ich war schon, ich glaube seit November 1944, immer wieder bei der Wirtschaftsgruppe Nichteisenmetalle-Industrie, von der wir damals das Geld bezogen, vorstellig geworden. Ich glaube, die Herren wollten dort bekunden, dass der »Endsieg« unser sei und dass Massnahmen, wie ich sie erbat, defaitistisch seien. Im März 1945 erhielt ich als letzte Nachricht: die Mittel für das kommende Quartal würden im April 1945 überwiesen werden. Selbstverständlich haben wir keinen roten Heller mehr davon gesehen.[331]

Bollmann antwortete ihm zwei Wochen später:

Der sogenannte Eiserne Fonds[332] für Gehaltszahlungen bis etwa sechs Monate nach Kriegsende war tatsächlich allen von der Kaiser-Wilhelm-Gesellschaft finanzierten Instituten zur Verfügung gestellt worden. In die Verteilung dieser von der »Förderergemeinschaft der Deutschen Industrie« gegebenen Mittel wurden allerdings die von der Industrie oder Speer oder dem Luftfahrtministerium finanzierten Kaiser-Wilhelm-Institute aus naheliegenden Gründen nicht mit einbezogen. Diese besondere Lage traf also für Ihr Institut ebenso wie für Kohlenforschung und Eisenforschung zu und erwies sich in diesem Falle als ein Nachteil, während sonst im allgemeinen die industriell finanzierten Institute wegen ihrer reichlicheren Dotierung von den anderen Kaiser-Wilhelm-Instituten damals beneidet wurden.[333]

Sie schloss mit den besten Grüßen und dem Hinweis, dass sich Telschow ihren Ausführungen inhaltlich uneingeschränkt anschließe (siehe Abb. 11). Mit anderen Worten (und versehen mit Telschows Treuesiegel): Bollmanns Erinnerungen *waren* Tatsachen, das konnte auch kein Direktor Köster in Zweifel ziehen. Diese

---

330 Vgl. dazu den Verteiler der Festschrift, AMPG, III. Abt., Rep. 43, Nr. 14, fol. 1. Zur Auf-
     lage die Aktennotiz Lüdecke, vom 15. April 1958, fol. 1.
331 Köster an Bollmann, 13. Februar 1956, AMPG, III. Abt., Rep. 43, Nr. 116, fol. 3. – Aus-
     führlich zu Werner Köster und seinem Institut für Metallforschung vor, während und
     nach dem Zweiten Weltkrieg vgl. insbesondere Maier (Hg.): *Rüstungsforschung im
     Nationalsozialismus*, 2002; Maier: *Forschung als Waffe*, 2007.
332 Beim »Eisernen Fonds« handelte es sich um eine Spende der Industrie, eine eiserne fi-
     nanzielle Reserve der KWG, die deren Handlungsfähigkeit während der Übergangszeit
     garantieren sollte.
333 Bollmann an Köster, 29. Februar 1956, AMPG, III. Abt., Rep. 43, Nr. 116, fol. 4.

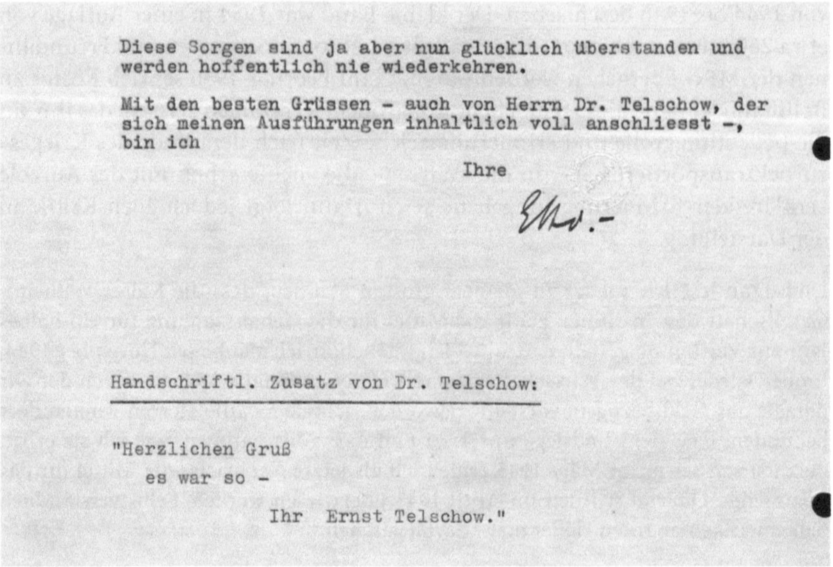

Diese Sorgen sind ja aber nun glücklich überstanden und
werden hoffentlich nie wiederkehren.

Mit den besten Grüssen - auch von Herrn Dr. Telschow, der
sich meinen Ausführungen inhaltlich voll anschliesst -,
bin ich

                              Ihre

                              Ehv.-

Handschriftl. Zusatz von Dr. Telschow:

"Herzlichen Gruß
    es war so -

        Ihr Ernst Telschow."

Abb. 11: Telschows Bestätigung von Bollmanns Deutungshoheit. AMPG, III. Abt., Rep. 43, Nr. 116, fol. 4.

Replik hat das Verhältnis der beiden nicht nachhaltig belastet, wie ihre Korrespondenz in den folgenden Jahren belegt und wie auch aus dem einfühlsamen Schreiben hervorgeht, dass Köster ihr im Dezember 1972 anlässlich ihres Ausscheidens schickte:

Nun wird es also ernst, jetzt wenden Sie der Max-Planck-Gesellschaft den Rücken, verlassen Sie ein Zimmer oder besser gesagt einen Platz, den Sie durch Jahrzehnte ausgefüllt haben. Das ist ja nun nicht so ganz einfach, wenn man wie Sie mit Leib und Seele Ihrem Beruf verhaftet war und der die Gesellschaft eine wahrhaft geistige Heimat gewesen ist. […] Wir haben am Auf und Ab in den so wechselvollen Jahrzehnten gemeinsam teilgenommen, aus einer gleichen Grundauffassung heraus. Ich entsinne mich gern Ihres lebensvollen Berichtes »Erinnerungen und Tatsachen«, in dem unsere Erlebnisse und Bemühungen festgehalten sind. Ich habe Ihnen für das freundliche Wohlwollen, dessen ich mich erfreuen durfte, zu danken, aber ebenso als wissenschaftliches Mitglied der Gesellschaft für Ihre aufopfernde Tätigkeit, die dem Ruf der Gesellschaft so nützlich gewesen ist.[334]

---

334 Köster an Bollmann, 18. Dezember 1972, AMPG, III. Abt., Rep. 43, Nr. 116, fol. 11.

2.6.1.2 Die graue Eminenz: Erika Bollmann

Elisabeth Lina Lilli Erika Bollmann steht repräsentativ für die Kontinuität von
der KWG zur MPG, sie verkörpert diese geradezu: Von 1936 bis 1972 hat sie als
Sekretärin für die Kaiser-Wilhelm- bzw. die Max-Planck-Gesellschaft gearbeitet
und war nach ihrem Ausscheiden aus dem aktiven Dienst noch 25 Jahre lang
»Persönlich Förderndes Mitglied« der MPG.[335] Nach heutigem Maßstab war sie
die ultimative Netzwerkerin, was nicht zuletzt die umfangreiche Korrespondenz
in ihrem Nachlass belegt, die sich wie ein *Who's who* der KWG/MPG liest und
für die die 1985 von ihr selbst noch angelegte »Korrespondentenliste mit Erläuterungen« einen praktischen Wegweiser bietet.[336] Neben Einblicken in Beziehungen
zu Kolleg:innen, Höhergestellten und Politiker:innen verrät der Duktus ihrer
Schreiben, vor allem aber die Antworten, die sie darauf erhielt, viel über ihr
Selbstverständnis im Zentrum der Macht. Sie ist die einzige Frau in der MPG,
und damit eine absolute Ausnahmeerscheinung in ihrer Zeit, die während ihrer
aktiven Dienstzeit als graue Eminenz galt, und hat damit die neuen Perspektiven
vorweggenommen bzw. belegt, die Sandra Beaufaÿs und andere Wissenschaft-
ler:innen viele Jahre später hinsichtlich der Karrieremöglichkeiten von Frauen
im administrativen Bereich des Wissenschaftsbetriebs aufgezeigt haben.[337]

Bollmann stammte aus gutbürgerlichen Verhältnissen in Hannover, wo ihr
1928 verstorbener Vater Staatsanwaltschaftsrat gewesen war und ihr Stiefvater in
der Nähe ein Rittergut besaß. In ihrem »Lebenslauf« von 1936 für die Bewerbung
bei der Kaiser-Wilhelm-Gesellschaft gab sie an, »arisch, lutherisch, Mitglied
der NSDAP« zu sein.[338] Ihre Schul- und Ausbildung setzte sich zusammen aus
»3 Jahre[n] Privatschule, 7 Jahre[n] Lyzeum bis zum Abschluß, 1 Jahr Städtische
Frauenschule in Hannover. […] 1927/1928 (7 Monate) Aufenthalt […] in Minneapolis und St. Paul, Minnesota, U. S.A. Dort Hospitantin für Englisch an der Universität von Minneapolis. Zweimonatige Rückreise durch Spanien und Frankreich.« Danach besuchte sie sechs Monate eine kaufmännische Privatschule mit

---

335 Zu Bollmanns Wirken in der KWG vgl. auch Hachtmann: *Wissenschaftsmanagement
im »Dritten Reich«*, 2007, 639–644.
336 *Korrespondentenliste mit Erläuterungen*, AMPG, III. Abt., Rep. 43, Nr. 243. – Zudem ein
praktisches Brevier zum Dechiffrieren von Familienbanden in der KWG/MPG.
337 Krücken, Kloke und Blümel: Alternative Wege an die Spitze?, 2012, 118–141.
338 *Lebenslauf, Personalakte Bollmann*, AMPG, II. Abt., Rep 67, Nr. 373. – Bollmann war bereits im Mai 1933 in die NSDAP eingetreten, ihre Mitgliedsnummer (2.958.834) bewegte
sich unter den ersten drei Millionen, siehe dazu auch ihre NSDAP-Mitgliederkarte in
der NSDAP-Zentralkartei, BArch, R 9361-VIII Kartei/3370173. Angaben nach dem von
Bollmann selbst am 23. April 1947 ausgefülltem Fragebogen der *Military Government of
Germany, Research Branch Z. E.C. O.*, AMPG, II. Abt., Rep 67, Nr. 373. – Bemerkenswert
ist, dass sie als Frau schon so früh in die NSDAP eingetreten ist, denn im Frühjahr 1933
lag der Frauenanteil bei den Neueintritten in der NSDAP bei etwa 5 bis 8 Prozent, vgl.
dazu Falter: Die »Märzgefallenen« von 1933, 2013, 280–302, 292–293. Dank an Florian
Schmaltz für diesen Literaturhinweis.

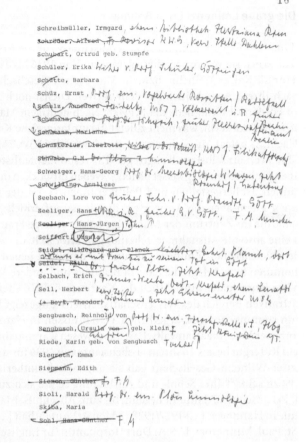

Abb. 12: Seite aus Bollmanns Korrespondenzliste mit Erläuterungen, die sie 1985 dem Archiv der MPG übergab. AMPG, III. Abt., Rep. 43, Nr. 243.

Schwerpunkt auf Fremdsprachen. Nach »angenehmsten« Berufserfahrungen als Sekretärin und Dolmetscherin in der Zeit von 1929 bis 1936 (darunter auch auf Empfängen in England bei der Princess Royal[339]) zog sie 1936 um nach Berlin, wo sie von April bis Oktober 1936 als »Fremdsprachliche Hilfsarbeiterin in Vertrauensstellung« beim Polizeibefehlsstab für die XI. Olympiade Berlin arbeitete. Am 1. November 1936 trat sie in die Generalverwaltung der KWG ein, wo sie bis 1950 erst als Direktionssekretärin und danach bis zum 15. Mai 1960 als Persön-

339 Mary, Princess Royal und Countess of Harewood (1897–1965). Angabe aus Bollmanns »Arbeitsbuch«, AMPG, II. Abt., Rep 67, Nr. 373.

liche Referentin für Ernst Telschow arbeitete.[340] Anschließend war sie bis zu ihrer Pensionierung für Adolf Butenandt »im Präsidialbüro für die Protokollangelegenheiten des Präsidenten zuständig«.[341]

Trotz ihrer frühen NSDAP-Mitgliedschaft wurde sie am 24. Januar 1949 als »Entlastete in die Kategorie V (fünf)« eingestuft.[342] Mit Wirkung vom 1. April 1950 erhielt sie einen Anstellungsvertrag als »Referentin und persönliche Mitarbeiterin des Geschäftsführenden Vorstandes«, womit sie zunächst in die Besoldungsgruppe »Inspektor« (A4b 1) eingruppiert war. In den Folgejahren wurde sie sukzessive 1951 in die Besoldungsgruppe »Amtmann« (A 3b), 1956 in die Besoldungsgruppe »Regierungsrat« (A 2c 2) und 1969 schließlich als A 14 eingestuft. Im September 1971 »freute« sich Präsident Butenandt, ihr, die inzwischen als seine persönliche Referentin arbeitete, mitteilen zu können, dass ihre Bezüge rückwirkend zum 1. Januar 1971 nach Besoldungsgruppe A 15 gewährt würden. Die »ruhegehaltsfähige« Differenz wurde aus privaten Mitteln gezahlt und sollte als »verdiente Anerkennung für ihre langjährige, vertrauensvolle und wertvolle Mitarbeit« verstanden werden.[343] Das macht, ebenso wie ihre Stellenbezeichnung als »Referentin« deutlich, welche Sonderstellung sie schon sehr früh einnahm.[344]

Diesen besonderen Status hatte sie sich als engste Mitarbeiterin und »gestrenge Vorzimmerdame« von Generaldirektor Telschow erarbeitet, in dessen Auftrag sie beispielsweise während des Kriegs nach Bulgarien und in andere »Balkanstaaten« reiste, um die Lage in den dortigen Forschungseinrichtungen

---

340 Einverständniserklärung von Erika Bollmann vom 5. November 1936, zu den »vom 1. ds.Mts. angeführten Einstellungsbedingungen« des Herrn Generaldirektors, AMPG, II. Abt., Rep 67, Nr. 373. – »Zeugnis« von Ernst Telschow für Erika Bollmann, 1. November 1961, AMPG, II. Abt., Rep 67, Nr. 373.

341 Schreiben Ursula Ringmann vom 10. März 1966, AMPG, II. Abt., Rep 67, Nr. 373.

342 Entnazifizierungs-Hauptausschuß der Stadt Göttingen, 24. Januar 1949, AMPG, II. Abt., Rep 67, Nr. 373. – In der Kontrollratsdirektive Nr. 24 vom 12. Januar 1946 waren die Personengruppen definiert, die als Nationalsozialisten und Personen, die den Bestrebungen der Alliierten feindlich gegenüberstanden, aus Ämtern und verantwortlichen Stellungen entfernt werden sollten. Dabei gab es fünf Kategorien: 1. Hauptschuldige (Kriegsverbrecher), 2. Belastete/Schuldige (Aktivisten, Militaristen und Nutznießer), 3. Minderbelastete (Bewährungsgruppe), 4. Mitläufer und 5. Entlastete, die vom Gesetz nicht betroffen waren. In diese letzte Kategorie fiel Bollmann, die mit dem ihr eigenen politischen Kalkül die Weitsicht bewies, sich – im Gegensatz zu ihrer Parteimitgliedschaft – Zeit mit ihrer Entnazifizierung zu lassen. Eine Taktik, die aufging: Verfolgten die Spruchkammern anfangs noch NS-Belastungen sehr viel intensiver und verurteilten diese wesentlich strenger, ließ dieses Engagement ab Sommer 1948 nach. Vgl. zur Entnazifizierung allgemein Niethammer: *Die Mitläuferfabrik*, 1982. – Im Kontext der KWG/MPG: Beyler: »Reine« *Wissenschaft und personelle »Säuberung«*, 2004.

343 Butenandt an Bollmann, 10. September 1971, AMPG, II. Abt., Rep 67, Nr. 373.

344 Schreiben Ringmann vom 10. März 1966, AMPG, II. Abt., Rep 67, Nr. 373. – Illustrativ in finanzieller Hinsicht ist die Tatsache, dass Bollmann in der Anfangszeit nach dem Zweiten Weltkrieg 600 Mark verdiente, die Wissenschaftler:innen Eleonore Trefftz und Reimar Lüst beide hingegen 250 Mark; siehe auch Kapitel 3.4.9.

Abb. 13: Das Dream-Team Erika Bollmann und Ernst Telschow in seinem Büro in der Generalverwaltung in Göttingen, ohne Datum. Archiv der MPG, Berlin-Dahlem.

zu sondieren, wie etwa im 1941 gegründeten Deutsch-Bulgarischen Institut
für landwirtschaftliche Forschungen oder im Deutsch-Griechischen Institut
für Biologie, das im Jahr danach die Arbeit aufgenommen hatte. Auch diese
Reisen lieferten Bollmann Stoff für ihr schriftstellerisches Wirken: »Achtung,
Achtung – hier ist der Sender SOFIA! Es spricht die Abgeordnete des Großdeut-
schen Reiches, Fräulein Erika Bollmann, einige Worte zu Ihnen über die ersten
Eindrücke ihrer derzeitigen Balkanreise.«[345]

Doch Bollmanns Sonderstellung in der Max-Planck-Gesellschaft basierte
nicht auf ihrem Ruf als gestrenge Vorzimmerdame, die bis heute allen, die sie
noch kannten, ein Begriff ist, sondern vielmehr auf zwei in der MPG legendären
Ereignissen, die ihren Mythos als Retterin der Gesellschaft begründeten. Im

---

345 Erika Bollmann, *Humoristische Bulgarien-Reportagen*, AMPG, III. Abt., Rep. 43, Nr. 4.

ersten Fall ging es um die Bergung und den Transfer wichtiger Unterlagen der Generalverwaltung von Berlin nach Göttingen:

[Frau Bollmann] hatte zusammen mit Dr. Telschow und Frau Ringmann bei Kriegsende die wichtigsten Akten aus dem brennenden Berliner Schloß [...] gerettet und im klapprigen alten DKW nach Göttingen gebracht. Dazu gab es die Anekdote, daß Dr. T. auf gut berlinerisch gesagt hatte: »Laßt det Papier brennen, wat wir brauchen, sind Köppe.« So waren in erster Linie die Personalakten mit nach Göttingen gekommen.[346]

Die zweite Begebenheit ist von noch größerer Tragweite, da Bollmann bei dieser Gelegenheit nicht nur die Personalakten der KWG für die noch zu gründende MPG rettete, sondern es offenbar auch ihr zu verdanken war, dass die Gesellschaft überhaupt zahlungsfähig blieb, indem sie den Kontakt zum Bankier Otto Hallbaum[347] in Hannover herstellte, der mit ihrer Jugendfreundin Inge verheiratet war. Dadurch gelang es dann, die bereits erwähnte »Eiserne Reserve« einzulösen:

Als das Kriegsende 1944 bevorstand, hatte die Förderergemeinschaft der Deutschen Industrie über den Vizepräsidenten der Gesellschaft, Dr. Carl Friedrich von Siemens, dem Geschäftsführenden Vorstand Dr. Ernst Telschow einen Scheck über eine Million RM gegeben, dessen Wert zur Überbrückung der ungewissen Notzeiten an die Institute verteilt worden war – als »Eiserne Reserve«. Kurz vor seinem Weggang aus Berlin hatte Dr. Telschow noch einen zweiten Scheck über eine Million RM von der Industrie in Berlin erhalten – nur, den wollte zunächst keine Bank mehr einlösen. Der persönliche Kontakt über Frau Bollmann und das Vertrauen in Dr. Telschow und in die KWG und ihre weitere Entwicklung veranlaßten den Bankier Hallbaum, den Scheck einzulösen.[348]

Für Bollmann war ihre Arbeit ihr Lebensinhalt. Wie auch Telschow und andere Führungskräfte verstand sie erst die KWG und später die MPG als Großfamilie, in deren Zentrum sie sich vermutlich als Mutter sah. Der Übergang in den Ruhestand fiel ihr sichtlich schwer – weiterhin meldete sie sich bei Butenandts Nachfolger Reimar Lüst mit Vorschlägen und Hinweisen, doch dessen Vorzimmer wurde inzwischen von Martina Walcher geleitet, die ihr mit der ihr eigenen freundlichen Bestimmtheit signalisierte, dass nun über eine andere im Vorzimmer »der Weg zum Herrn«[349] führte – die Zeiten hatten sich geändert. Auf

346 Neumann: Stellenwechsel, 2007, 237–254, 240.
347 Zur Geschichte des Bankhauses Hallbaum vgl. die Website der M. M. Warburg & Co. Bank, https://www.mmwarburg.de/de/bankhaus/historie/ehemalige-tochterbanken/. Zuletzt aufgerufen am 27. September 2021; sowie Köhler: Die »Arisierung« der Privatbanken im Dritten Reich, 2005.
348 Neumann: Stellenwechsel, 2007, 237–254, 241. – Das geht auch aus dem Brief von Otto Hallbaum vom 3. Dezember 1945 an »Eri« hervor, AMPG, II. Abt., Rep 67, Nr. 373. – Weitere Korrespondenz mit Hallbaum findet sich in Nachlass Erika Bollmann, AMPG, III. Abt., Rep. 43, Nr. 87.
349 Zitat von »Erika« im Puppenspiel von Eva Baier, AMPG, III. Abt., Rep. 43, Nr. 26, fol. 3.

einen ausführlichen Brief von Bollmann an Lüst vom 31. Januar 1977 antwortete ihr Walcher:

Liebe Frau Bollmann, der Präsident hat sich gerade auf die Reise begeben und ist leider nicht mehr selbst dazu gekommen, Ihnen zu danken und Grüße zu senden, was ich hiermit in seinem Namen tue. […] Ihre Karte füge ich wieder bei. Wir hoffen, daß es Ihnen unverändert gut geht, und ich wünsche Ihnen alles Gute.[350]

Bis zu ihrem Tod 1997, vier Tage nach ihrem 91. Geburtstag, nahm Erika Bollmann an allen Ordentlichen Hauptversammlungen der Max-Planck-Gesellschaft teil, von denen sie nur eine einzige verpasste, weil sie sich 1958 auf einem sechsmonatigen Studienaufenthalt im Ausland befand.[351] Auf der 48. Hauptversammlung in Bremen im Juni 1997 überreichte ihr der damalige Präsident Hubert Markl noch die Ehrennadel in Anerkennung eines Vierteljahrhunderts als »Persönlich Förderndes Mitglied« der MPG.[352] Nach ihrem Tod ein halbes Jahr später erschien ein von langer Hand geplanter, mehrseitiger Artikel über sie als Nachruf im *MPG-Spiegel*.[353]

2.6.2   Im Präsidialbüro

Das Präsidialbüro der Kaiser-Wilhelm- bzw. der Max-Planck-Gesellschaft verlagerte im Laufe seiner bisherigen Geschichte viermal den Standort. Als die Generalverwaltung der KWG 1922 ihren Verwaltungssitz im Berliner Stadtschloss einnahm, verfügte sie über einen Stab aus sieben Mitarbeitern, vor allem Generalsekretäre und -direktoren, sowie eine Stenotypistin. Ab 1923 kümmerte sich Marianne Reinold um Etatfragen und Mitte der 1930er-Jahre kamen schließlich die Chefsekretärinnen Eva Baier (1935) und Erika Bollmann (1936) dazu. Nach dem Bombenangriff auf die Berliner Innenstadt am 3. Februar 1945, bei dem das Stadtschloss schwer beschädigt wurde und größtenteils ausbrannte, wurde die Generalverwaltung nach Göttingen verlagert. Dort blieben die damals in fünf Referate gegliederte Generalverwaltung (1. Personal: Hans Seeliger, 2. Recht: Hans Ballreich, 3. Finanzen: Kurt Pfuhl, 4. Spezialaufgaben: Erika Bollmann, 5. Mitglieder/Geschäftsstelle Düsseldorf: Heinz Pollay[354]) unter Präsident Otto Hahn bis zur Amtsübergabe 1960 an Adolf Butenandt.[355] Die Präsidentschaft Butenandt leitete den Ortswechsel der Generalverwaltung von Göttingen nach München ein, der sich letztlich über acht Jahre hinzog. Die Generalverwaltung

---

350 Walcher an Bollmann, 3. Februar 1977, Korrespondenz Lüst, Reimar, AMPG, III. Abt., Rep. 43, Nr. 138, fol. 8.

351 AMPG, II. Abt., Rep. 67, Nr. 373.

352 Kondolenzschreiben Markl an Bollmanns Schwester Ruth Habel, 10. Dezember 1997, AMPG, II. Abt., Rep. 67, Nr. 373.

353 Globig: Sechs Jahrzehnte der Wissenschaft verbunden, 1997, 47–53.

354 Schwager von Erika Bollmann.

355 Vgl. dazu auch ausführlich Henning und Kazemi: *Chronik*, 2011, 933–935.

sollte zunächst in Göttingen verbleiben, die MPG in München ein kleines und personell dünn besetztes »Präsidialbüro« errichten.[356] Bis zum Umzug in die repräsentative Münchner Residenz war das Präsidialbüro provisorisch im Gästetrakt von Butenandts MPI für Biochemie untergebracht,[357] danach in den königlichen Privatgemächern der Residenz eingerichtet.[358] Bei der feierlichen Schlüsselübergabe für die Räume in der Residenz am 18. Oktober 1968 sprach Butenandt von der »heimlichen Liebe zwischen Bayern und Preußen«.[359] 1999 zog das Präsidialbüro, das inzwischen zu einer Präsidialsuite angewachsen war, mit der Generalverwaltung, deren Abteilungen und Referate ebenfalls exponentiell zugenommen hatten, an den aktuellen Standort im Hofgarten um. Die Besetzung im Präsidialbüro stellte sich im Untersuchungszeitraum in der Regel so dar, dass der Präsident über eine Chefsekretärin und eine zweite Sekretärin verfügte sowie eine Büroleitung bzw. seit der Präsidentschaft Lüst 1972 über »Persönliche Referenten«.

Drei Sekretärinnen des Präsidialbüros genießen bis heute besonders hohes Ansehen in der Max-Planck-Gesellschaft: Erika Bollmann (»Ebo«), Marie-Luise Rehder (die »Rehderin«), Sekretärin und Nachlassverwalterin von Otto Hahn, und Martina Walcher (die »Walcherin«). Während Walchers Dienstjahren hatten sich die Präsidenten Butenandt, Lüst, Staab, Zacher und Markl abgewechselt, denen sie »in dieser langen Zeit zu einem unentbehrlichen Ratgeber und einer großen Stütze« wurde.[360] Weder Rehder noch Walcher haben persönliche Erinnerungen an ihre Arbeit herausgegeben.

Die folgenden drei Erinnerungen von ihren Kolleginnen im Präsidialbüro sind so divers, was Duktus und Selbstverständnis angeht, wie ihre Verfasserinnen. Während die Rückblicke von Lisa Neumann und Barbara Bötticher eher im Stil persönlicher Memoiren verfasst worden sind, ist dem »Bericht« von Herta Fricke die Professionalität der Präsidial- bzw. Emeritussekretärin anzumerken, die ihrem Stillschweigen verpflichtet geblieben ist.[361] Dennoch gibt es große

---

356 Büroleiter wurde Hans Ballreich (bis 1962, dann übernahm er das Amt des General-sekretärs, Edmund Marsch trat seine Nachfolge an), Protokollchefin wurde Erika Bollmann und das Sekretariat übernahmen Hannelore Freiberg und Herta Fischer. Nach dem Ausscheiden von Fischer kam 1966 Martina Walcher ins Präsidialbüro. Vgl. dazu auch: Vertrauliches und persönliches Rundschreiben Hahns an die Senatoren der MPG vom 9. November 1959, Protokoll der 34. Sitzung des Senates vom 27. November 1959 in Frankfurt-Höchst, AMPG, II. Abt., Rep. 60, 34.SP, fol. 338–352.

357 Henning und Kazemi: *Chronik*, 2011, 398, 407. – Vgl. zum sukzessiven Umzug von Präsidialbüro und schließlich auch der GV von Göttingen nach München auch Balcar: *Wandel durch Wachstum in »dynamischen Zeiten«*, 2020, 48–49.

358 Das Büro des Präsidenten im ehemaligen Schlafzimmer und die Sekretärinnen im früheren Arbeitszimmer. Das teilte Herta Fricke im Gespräch am 7. Februar 2019 mit.

359 Vgl. dazu Butenandt: Ansprache, 1969, 29–40.

360 Bludau: *Laudatio Martina Walcher*, 2000, 1.

361 Mit Vollendung ihres 75. Lebensjahres beendete Fricke ihre Arbeit in der MPG: Bereits 2005 war sie verrentet worden und arbeitete danach noch bis zu dessen Tod Ende Januar 2016 in Teilzeit weiter für Zacher.

Gemeinsamkeiten zwischen diesen Erinnerungsstücken, die den Zeitraum von 1951 bis 2015 umfassen: Neben Einblicken in den beruflichen Alltag im Vorzimmer und in die Tagesabläufe der Präsidenten Hahn, Butenandt und Zacher, sind sie alle drei getragen von einem Gefühl tiefer Loyalität, nicht zuletzt aufgrund der persönlichen Anerkennung, die sie beruflich durch ihre Chefs erfahren haben. Und auch der Topos der »MPG als Familie« scheint in allen Zeugnissen auf.

2.6.2.1 Lisa Neumann im Vorzimmer von Otto Hahn, 1951–1952

Lisa Neumann[362] nahm am 1. Oktober 1951 ihre Arbeit als Sekretärin mit Buchhaltungskenntnissen in der Generalverwaltung in Göttingen auf.[363] Als Voraussetzungen brachte die damals schon dreifache Mutter ihr Zeugnis des Charlotten-Lyzeums in Berlin-Tempelhof und die Reformationsmedaille als beste Schülerin der Oberschulen des Bezirks Tempelhof von 1935 sowie eine Auszeichnung als beste Schülerin der zweijährigen Höheren Handelsschule Berlin-Weinmeisterstraße im Frühjahr 1939 mit.[364] Ihre Arbeitszeit betrug 46 Stunden die Woche, von montags bis samstags, mit einer halben Stunde Mittagspause bei einem monatlichen Gehalt von DM 350.[365]

1951 mussten alle Max-Planck-Institute früher als geplant ihre Abschlüsse für das laufende Jahr bzw. ihre Anforderungen für das nächste Jahr einreichen, da Bund und Länder ihre Haushaltsitzungen vorverlegt hatten. Als »Etat-Sachbearbeiterin« war es Neumanns Aufgabe, »diese dann rechnerisch und teilweise auch sachlich zu überprüfen«.[366] An ihrem ersten Arbeitstag musste Neumann die Namen aller 42 Institute in einen Stapel Formulare für die Haushaltspläne und die Haushaltsvoranschläge eintragen und deren Versand vorbereiten. Dazu gehörte die Beschriftung der Umschläge in einer bestimmten Reihenfolge, deren jeweilige Adressen aus dem Institutsverzeichnis herausgesucht werden mussten. Nach dem ersten Rücklauf aus den Instituten waren die Kalkulationen auf Korrektheit zu überprüfen:

[Ich] hatte eine große Addiermaschine auf dem Schreibtisch zu stehen, in die ich die Zahlen eintippte, die auf eine Papierrolle gedruckt wurden, wenn ich den Hebel zog – und dann addierte sie auch die Zahlen. Ein etwas umständliches und zeitraubendes Verfahren, das auch einer nochmaligen Kontrolle bedurfte. Der Hebel ging schwer und abends hatte ich einen Muskelkater im rechten Arm. Die Papierrollen riss ich

---

362 Neumann war damals noch unter ihrem Namen als Freifrau von Fircks beschäftigt.
363 Neumann: Stellenwechsel, 2007, 237–254, 237.
364 »Gausiegerin im Reichsberufswettkampf von Berlin«; ebd., 238.
365 »Das gute Mittagessen bekamen wir preisgünstig in der Kantine der MPG«; ebd., 239. Zum Vergleich: Inflationsbereinigt wären das heute etwa 1.285 DM bzw. 657 €, was deutlich weniger ist als das, was eine Sekretärin bzw. Sachbearbeiterin heute in dieser Position verdienen würde.
366 Ebd., 249.

nicht ab, meine Kollegin, Frau von Reuß, und ich dekorierten die durchs Büro und maßen ab, wieviele Meter ich an jedem Tag so gerechnet hatte.[367]

Die Angaben zu den Personalkosten der Institute überprüfte sie in der Registratur zusammen mit Ursula Ringmann, die seit 1941 die Personalakten der Gesellschaft verwaltete, wobei immer wieder Rückfragen bei den Instituten erforderlich waren, um Unklarheiten zu beseitigen. Neumann protokollierte auch die Sitzung des Haushaltsausschusses der MPG am 8. Dezember 1951, an der neben den ausschließlich männlichen Ausschussmitgliedern, bei denen es sich um hochrangige Vertreter aus Wirtschaft, Politik und Gesellschaft handelte, als einzige weibliche Person Erika Bollmann teilnahm.[368]

In ihrer Zusammenarbeit mit Otto Hahn überraschte sie vor allem dessen Schlichtheit und dünkelfreies Auftreten. Bei ihrem ersten stenografischen Einsatz für ihn diktierte Hahn ihr einen langen Brief an Max von Laue. Nachdem Neumann den Brief in ihrer »schönsten Schreibmaschinenschrift, mit breitem Rand und zweizeilig« abgetippt hatte, legte sie diesen in Hahns Abwesenheit auf dessen Schreibtisch. Bei seiner Rückkehr bestellte Hahn sie telefonisch zu sich, um ihr zu erklären, dass im Präsidialbüro für das wirklich Wichtige gespart würde:

Was ist das für eine Papierverschwendung – solch breiter Rand und breiter Zeilenabstand – den ganzen Brief hätten Sie anstatt auf vier Seiten auch auf zwei Seiten bekommen. Ich wette mit Ihnen, den schickt mir der Laue mit seiner Antwort zurück – die kritzelt er auf den Rand und die Rückseiten. Wenn ich gewinne, spendieren Sie mir eine Flasche Bier, und wenn er es nicht tut und Sie gewinnen, bekommen Sie eine Tafel Schokolade von mir. Reagenzgläser für die Forschung sind nämlich wichtiger als solche Angeberbriefe.[369]

Neumann verlor erwartungsgemäß die Wette. In ihren Erinnerungen dominiert das Bild der MPG als einer großen Familie, der es mit Zusammenhalt und Humor gelingt, jede Herausforderung des Lebens zu meistern, selbst solche dramatischen wie das Attentat auf Otto Hahn im Herbst 1951.[370] Explizit kommt

367 Ebd., 242.
368 Ebd., 250.
369 Hahn zu Neumann 1951; ebd., 243–244.
370 Zur Arbeitsatmosphäre: ebd., 247. – Am 24. Oktober 1951 wurde Otto Hahn schwer verletzt, als der Erfinder Josef Kastner aus Groll über Hahns mutmaßlich mangelnde Anerkennung seiner Erfindung einer »neuen Antriebsmaschine« diesen vor seiner Wohnungstür mit einem Viehtötungsapparat hinterrücks niederschoss. Hahn kommentierte den Anschlag später in einem Brief an seinen Freund, den Physiker Walther Gerlach: »Wenn der mich doch mit einem Revolver oder Degen ermordet hätte – aber so mit einer Schweinepistole mich abzuschießen!« Zitiert nach Stolz: *Otto Hahn/Lise Meitner*, 1989, 71. Zum Attentat: Nachlass Otto Hahn. *Biographisches Persönliches/Privates 1949–1953*, AMPG, III. Abt., Rep. 14, Nr. 6743, hier insbesondere fol. 17: »Warum ich Prof. Otto Hahn schlug / und warum dieses mein Handeln nötig wurde und als recht anzusprechen ist.« Zur Rezeption: *Genesungswünsche nach dem Attentat*, ebd., Nr. 6744.

das auch in ihrer Erinnerung an Telschows Geburtstag 1951 zum Ausdruck: »Er bezeichnete die MPG immer als seine Großfamilie – und dieses Gefühl von Zusammengehörigkeit bestimmte auch das Betriebsklima. So wollte er auch seinen Geburtstag mit der Großfamilie feiern und lud alle Mitarbeiter der Generalverwaltung ein.«[371]

Im April 1952 bekam Neumann ihr viertes Kind und erkrankte danach an Lungen-TBC. Deswegen musste sie ihre Tätigkeit bei der MPG bereits nach einem guten halben Jahr wieder aufgeben und kehrte erst 24 Jahre später wieder zurück, dann als Mitarbeiterin des ehemaligen Generalsekretärs und Ehrensenators Telschow.[372]

2.6.2.2 Barbara Bötticher im Vorzimmer von Adolf Butenandt, 1974–1995

Im Herbst 1969 nahm Bötticher ihre Arbeit in München bei der MPG auf, die sie »schicksalhaft und zielsicher in das Vorzimmer von Adolf Butenandt führen sollte«, für den sie dann 21 Jahre lang gearbeitet hat.[373] Entschieden hatte sie sich für die MPG, weil sie »neugierig auf die Welt der Forschung und die als elitär apostrophierte Max-Planck-Gesellschaft« war.[374]

Aus finanziellen Gründen kamen Höhere Schule und Studium für Bötticher nicht infrage, das blieb ihrem Bruder vorbehalten: »Mädchen heiraten ja eine Tages«, wurde sie von ihrer Mutter vertröstet.[375] Nach einer zweijährigen Ausbildung als »Bürogehilfin« in einer Münchner Rechtsanwaltskanzlei und Handelskammerprüfung »mit gutem Zeugnis« arbeitete sie von 1959 bis 1963 beim Deutschen Patentamt in München.[376] 1963 ließ sie sich von dort an das Bundesministerium der Justiz in Bonn abordnen, wo sie in den nächsten Jahren nach eigenen Angaben eine schillernde Karriere in der Bonner Republik machte, unter anderem in der Arbeitsgruppe der »Ghostwriter« des damaligen Bundespräsidenten Heinrich Lübke,[377] die zu dessen Persönlichem Büro gehörte.[378]

1969 kehrte sie nach München zurück, wo sie 1972 als Sachbearbeiterin des Verwaltungsleiters an Butenandts MPI für Biochemie nach Martinsried kam. Dort arbeitete sie sich zwei Jahre lang in die Strukturen des Instituts ein, wobei

371 Neumann: Stellenwechsel, 2007, 237–254, 245.
372 1987 ging Neumann in den Ruhestand und pflegte später noch aufopferungsvoll den kranken Telschow zu Hause; ebd., 253–254.
373 Barbara Bötticher, *Persönliche Erinnerungen*, Bl. 17, AMPG, Va. Abt., Rep. 165, Nr. 1.
374 Ebd.
375 Ebd., Bl. 6.
376 Ebd., Bl. 7.
377 Der CDU-Politiker Karl Heinrich war von 1959 bis 1969 der zweite Bundespräsident der Bundesrepublik Deutschland.
378 Ebd., Bl. 9–10.

sie ganze neue Inhalte kennenlernte, wie etwa die »Berechnung von Reisekosten auch ins Ausland, die Verwaltung des Fuhrparks, die Bearbeitung der Patent- und Lizenzanmeldungen, die Wohnungsfürsorge sowie Vertretung der Kasse und des Sekretariats des Verwaltungsleiters«.[379]

Im Juli 1974 trat sie ihre neue Aufgabe im Vorzimmer von Butenandt an, der inzwischen Ehrenpräsident der MPG geworden war. Bötticher Arbeitstag begann um halb neun, was bereits aus Sicht von Butenandt ein Zugeständnis war, der seinerseits immer pünktlich um 9 Uhr im Institut erschien. Zuvor ging er jeden Morgen zu Hause in seiner Nymphenburger Villa im Privatpool schwimmen, bevor er sich von seinem Chauffeur nach Martinsried fahren ließ, wo er direkt vor seinem an einem Hintereingang »ebenerdig gelegenen Chefzimmer mit Blick auf das Gewächshaus und den Waldrand« aussteigen konnte. Sobald Bötticher seinen Wagen vorfahren hörte, erwartete sie ihn – einem eingespielten »Ritual« folgend – am Hintereingang, von wo aus sie ihn in sein Büro eskortierte. Der Chauffeur kam hinterher und trug »jeden Tag große Mengen an Zeitschriften, Büchern sowie zwei Aktentaschen mit Bergen von Post vom Vortag herein«, die Butenandt bereits zu Hause durchgesehen und mit konkreten Anweisungen versehen hatte.[380] Danach kam, wie Bötticher es nannte, »eine Geste der Höflichkeit«, bei der sie ihm aus seinem Herren-Jackett – nachdem [sie] es kurz vorher mit einer bereitliegenden Kleiderbürste an der Kragenpartie gesäubert hatte – in seinen weißen Labormantel half, den er täglich anzog, ungeachtet der Tatsache, dass er gar nicht mehr im Labor arbeitete.[381] Dieser wurde jedoch umgehend wieder mit der Anzugjacke vertauscht, wenn Besuch kam. War Butenandt verreist, so brachte der Chauffeur Bötticher weiterhin die Post ins Büro, es gab diesbezüglich keine Geheimhaltung im Sekretariat, da Butenandt »absolutes Vertrauen« zu seiner Sekretärin als unabdingbar betrachtete. Sein diesbezügliches Urteil ist oben schon zitiert worden: »Wenn ich zu meiner Sekretärin kein Vertrauen hätte, könnte ich mir gleich einen Strick nehmen!«[382]

Danach begann das Diktat mit Stenoblock. Butenandt, der Bötticher zufolge über ein ausgezeichnetes Gedächtnis verfügte, das durch akribische Tagebuchaufzeichnungen gestützt wurde, hatte kein Verständnis für Vergesslichkeit und kommentierte Nachfragen mit der Bemerkung, ob man denn nicht richtig zugehört habe.[383] Laut Bötticher war er »ein Meister in Wort und Schrift«, in der Regel wurden weder seine Briefe noch Redemanuskripte oder »wissenschaftshistorischen Abhandlungen« ein weiteres Mal überarbeitet, sondern waren druckreif.[384] Sein Diktierstil sei so »eindrucksvoll« und »akzentuiert« gewesen, dass es für seine Sekretärin »eine große Freude« war, »für ihn etwas zu Papier zu

---

379 Ebd., Bl. 20–21.
380 Ebd., Bl. 26.
381 Ebd.
382 Ebd.
383 Ebd., Bl. 27.
384 Ebd.

bringen«, auch wenn die Diktate meistens »stundenlang« dauerten.[385] Butenandt erwartete, dass die Stenogrammdiktate noch am selben Tag bzw. Abend abgetippt wurden, der Feierabend sei schließlich dazu da, »um eine aufgetragene Aufgabe zu [be]enden«. Bötticher zeigte Verständnis für diese Erwartungshaltung, nicht zuletzt auch aus der Erkenntnis heraus, dass sie am folgenden wie auch an jedem weiteren Arbeitstag ein ebenso großes neues Pensum an Diktaten und Aufgabenstellungen erwartete: »Ich richtete mein Privatleben dahingehend ein und leistete in den ersten 15 Jahren meiner Tätigkeit außerordentlich viele freiwillige Überstunden.« Dies illustriert exemplarisch die bereits thematisierte Erwartungshaltung gegenüber Sekretärinnen (aber auch anderen Mitarbeiter:innen), »rund um die Uhr« bereit zur Arbeit zu sein, ohne die Machbarkeit der Aufgaben in Übereinstimmung mit der tatsächlich vereinbarten Arbeitszeit zu bringen. Nur wenn Butenandt auf Reisen war, konnte Bötticher ihren Feierabend planmäßig oder sogar etwas früher beginnen. Unterbrochen wurde das Diktat um 10.30 Uhr mit einer Kaffeepause, die Butenandt offenbar gern mit den, laut Bötticher, scherzhaften Worten einleitete: »Barbara, wären Sie so freundlich, uns einen Kaffee zu kochen, obwohl es doch nicht die Aufgabe einer Sekretärin ist?«[386] Um 12.30 Uhr erschien erneut Butenandts Chauffeur, um diesen zurück nach Hause zum Mittagessen mit seiner Familie bzw. Frau zu bringen. War diese unterwegs, ging Butenandt in Begleitung von Bötticher und dem einen oder anderen Assistenten ins Casino des Instituts und nahm dort das Mittagessen ein.[387] Nachmittags arbeitete Butenandt daheim, wo er sich seiner umfänglichen Korrespondenz widmete und von wo aus er dienstliche Angelegenheiten mit Bötticher telefonisch klärte.

2.6.2.3 Herta Fricke im Vorzimmer von Hans F. Zacher, 1990–2015

Herta Fricke hat insgesamt 44 Jahre in der Max-Planck-Gesellschaft gearbeitet – davon 25 Jahre zusammen mit Hans F. Zacher – und betrachtet diese Zeit als »einzigartig« und »zutiefst bereichernd« für ihr Leben.[388] Nachdem sie zuvor drei Jahre in der Personalabteilung der Generalverwaltung tätig gewesen war, begann Fricke im Januar 1975 als »Zweitkraft« neben Martina Walcher im Präsidialbüro zu arbeiten, zunächst für Reimar Lüst und anschließend für Heinz A. Staab.[389]

Im Juli 1990 nahm sie ihre Zusammenarbeit mit Zacher auf, der im November 1989 als erster Vertreter der Geisteswissenschaftlichen Sektion zum neuen

---

385 Ebd., Bl. 28.
386 Ebd.
387 Ebd., Bl. 29.
388 Herta Fricke, *25 Jahre Zusammenarbeit mit Hans F. Zacher*, AMPG, III. Abt., Rep. 134, Nr. 119, fol. 247.
389 Ebd., fol. 238.

Präsidenten der MPG gewählt worden war und dieses Amt im Juni 1990 von Staab übernommen hatte. An den Räumlichkeiten in der Münchner Residenz hatte sich in 15 Jahren wenig verändert und besonders skeptisch betrachtete Zacher den Umstand, dass die Sekretärinnen im Präsidialbüro immer noch nicht mit Computern arbeiteten: »Etwas beunruhigt schien er darüber zu sein, dass wir zu der Zeit noch mit ganz normalen Schreibmaschinen – mit sogenannten Speicher-Schreibmaschinen – arbeiteten.«[390] In Frickes Erinnerungen taucht immer wieder die beherzte und lösungsorientierte Herangehensweise des neuen Präsidenten auf, wie etwa 1991 beim Neujahrsempfang im Schloss Bellevue bei Bundespräsident Richard von Weizsäcker:

Für ihn [Zacher] war in einem Gästehaus eines unserer Max-Planck-Institute ein Zimmer reserviert. Bei seiner Ankunft dort war die Pforte nicht besetzt und er fand keinen Einlass. So fuhr er zum Schloss Bellevue. Die Ordnungshüter wiesen ihm ein Zimmer zum Umziehen zu. Und der Bundespräsident gewährte ihm Nachtasyl im Schloss.[391]

Ihre letzten Aufgaben als Sekretärin des Präsidialbüros bestanden im Juli 1996 darin, eine Fülle von Abschiedsbriefen und Geburtstagsglückwünschen zu Zachers 68. Geburtstag mit persönlichen Antwortschreiben zu beantworten.[392] Danach begleitete sie Zacher als Emeritussekretärin an das MPI für Sozialrecht, dessen Gründungsdirektor er 1980 gewesen war,[393] wo sie ein ganz neues Aufgabenfeld erwartete.[394] Neben der Betreuung zahlreicher ausländischer Gäste, die zu Forschungsaufenthalten »aus den europäischen Ländern, aus Nord- und Südafrika, Südamerika, der Türkei und vor allem aus den fernöstlichen Ländern« an das Institut kamen,[395] war es insbesondere die Editionsassistenz, die Frickes neues Arbeitsfeld kennzeichnete. Fricke beschrieb das tägliche Ritual des neuen Büroalltags so:

Nach dem Eintreffen von *Hans Zacher* zwischen 9 und 10 Uhr besprachen wir die anstehenden Arbeiten für den Tag, die anstehenden Termine, die anstehenden Telefongespräche. Der Tag wurde von ihm um 13.30 Uhr unterbrochen durch eine eineinhalbstündige Mittagspause, die mit einem kleinen Imbiss und der Lektüre von »The Guardian« oder »Le Monde« (beide Zeitschriften besorgte ich ihm aus unserer Bibliothek) begann und mit einem kurzen Mittagsschlaf endete. Danach erfrischte er sich mit einem starken Kaffee und arbeitete bis ca. 19 Uhr an seinen wissenschaftlichen Werken. Oft erschien *Hans Zacher* schon am Morgen elegant gekleidet im Büro, um am Abend in die Oper oder ins Theater zu gehen.[396]

---

390 Ebd., fol. 237.
391 Ebd., fol. 238.
392 Ebd., fol. 239.
393 Zacher hatte von 1975 bis 1980 die Max-Planck-Projektgruppe für internationales und vergleichendes Sozialrecht geleitet aus der dann das MPI für ausländisches und internationales Sozialrecht hervorging, dessen Direktor er von von 1980 bis 1992 war.
394 Ebd.
395 Ebd., fol. 241.
396 Ebd., fol. 239, Hervorhebungen im Original.

Nach Zachers Tod im Februar 2018 übernahm sie, wie zuvor auch beispielsweise schon Marie-Luise Rehder für Otto Hahn,[397] die Aufgabe als seine Nachlassverwalterin. Fricke erinnerte sich, dass sie in den Wochen zwischen dem 29. Januar und seinem Todestag am 18. Februar immer wieder mit ihm telefoniert habe, »um laufende Dinge zu besprechen, und ich gab ihm die Zusage, seinen Nachlass nach seinem Tod zu sichten, zu ordnen und dem Archiv der MPG in Berlin zu überführen«.[398]

2.6.3   Stellenausschreibungen in der MPG

Eine weitere Quelle im zur Illustration der Transformationsprozesse im Vorzimmer, die insbsondere seit Ende der 1980er-Jahre an Fahrt aufnahmen, sind Stellenausschreibungen. Die archivierten Stellenausschreibungen in der Registratur der MPG-Generalverwaltung in München reichen zurück bis in das Jahr 1979. Beim Umzug der Generalverwaltung in den Hofgarten 1999 sind insgesamt fünf Registraturen zu einer einzigen zusammengeführt und die Gelegenheit genutzt worden, sich von altem Ballast zu trennen. Im prädigitalen Zeitalter hatte dies zur Folge, dass es keinen Zugriff mehr auf die Stellenausschreibungen aus der Zeit davor gab.[399] Doch auch die Anzeigen aus den Jahrzehnten nach 1979 bieten ausreichend Anhaltspunkte, um den Wandel zu veranschaulichen, zumal die digitale Revolution das Vorzimmer auch erst Anfang der 1990er-Jahre erreichte. Im Rahmen der Recherche in der Münchner Registratur wurden Hunderte von Stellenausschreibungen für »einen/eine« Büroboten – später auch Büroboten(in) –, Programmier(in), Sachbearbeiter(in), Sachgebietsleiter (in), Referenten(in), Telefonistinnen und natürlich Sekretärinnen/Sekretären, sprich: Schreibkräften, Empfangssekretärinnen, Sekretariatskräften, Anfangssekretärinnen, Abteilungs-Sekretär(in), Chefsekretär/innen, Chefassistent(in), Fremdsprachensekretärinnen, Projektassistentinnen sowie Sekretärinnen mit Assistenzaufgaben[400] eingescannt. Sie bilden – wie bereits erwähnt – eine wichtige Quellengrundlage für die in den vorausgegangenen Kapiteln erläuterten Arbeitsveränderungen im Vorzimmer. Zugunsten der Übersichtlichkeit wurden aus diesem Konvolut exemplarisch die Ausschreibungen für Stellen im Vorzimmer des Generalsekretariats sowie des Präsidenten der MPG ausgewählt, zumal für die Ausschreibungen anderer Stellen keine Abweichungen gefunden wurden.

397 Standortverzeichnis des Nachlasses vor Abgabe an das Archiv, erstellt von Marie-Luise Rehder, 29.7.1975, AMPG, III. Abt., Rep. 14, Nachlass Otto Hahn.

398 Herta Fricke, *25 Jahre Zusammenarbeit mit Hans F. Zacher*, AMPG, III. Abt., Rep. 134, Nr. 119, fol. 246.

399 Ich danke dem langjährigen Leiter der Zentralen Dienste, Martin Pollmann, für seine Zeit, Unterstützung und die Einblicke, die er mir während meines Besuchs in München im Februar 2019 in die Registratur gewährt hat.

400 Es wird die Originalschreibweise der Stellenanzeigen wiedergegeben.

Bezüglich der Stellenausschreibungen für das Büro des Generalsekretärs (Abbildungen 14–21) und ab 1995 für die erste Generalsekretärin ist folgende Entwicklung festzustellen:[401] Von 1980 bis 1985 wurden von der gesuchten Sekretärin bzw. Sekretariatskraft neben umfassender Berufserfahrung »einwandfreie
Schreibleistungen und Grundkenntnisse der englischen Sprache« erwartet. 1996
wurden von der gesuchten »Chefsekretär/in« neben guten Schreibleistungen,
Erfahrungen im Phonodiktat und Kenntnisse moderner Textverarbeitungssysteme ebenso erwartet wie »gute« Englischkenntnisse in Schrift und Wort
sowie eine weitere Fremdsprache. Erstmals erscheint hier auch ein Anfor-
derungsprofil: Organisationstalent, Einsatzbereitschaft, Flexibilität, Sorgfalt,
Einfühlungsvermögen und sicheres Auftreten für die vielfältigen Aufgaben wie
Terminorganisation, Sitzungsvorbereitung und Bearbeitung externer Anfragen.
Dies bleibt bis 2001 in etwa Standard in den Ausschreibungen für das Büro der
Generalsekretärin.

Die Stellenausschreibungen für das Präsidialbüro im selben Zeitraum (Abbildungen 22–27) sind erwartungsgemäß ähnlich: 1984 wurde von der zukünftigen
Leitung des Präsidialbüro erwartet, dass sie sich bereits in einer »Wissenschaftsorganisation« oder der Industrie für die vielseitigen und verantwortungsvollen
Aufgaben fachlich »qualifiziert« hatte. Zudem war »Beherrschung« des Englischen fremdsprachliche Minimalvoraussetzung. Weitaus spezifischer und anspruchsvoller fiel die Anzeige 1985 für den/die »persönlichen Referenten(in)«
des Präsidenten aus, von dem (von 1972 bis 2001, als der damalige Präsident
Hubert Markl erstmals eine Frau, Sabine Zimmermann, auf dieser Position
einstellte, gab es ausschließlich Referenten) Kenntnisse »der Arbeit und Organisation der MPG und ihrer Stellung in der […] Forschungsförderung und
Wissenschaftspolitik« in Westdeutschland erwartet wurde, um den Präsidenten
bei der Wahrnehmung seiner Aufgaben zu unterstützen, zudem die Fähigkeit zu
»selbständiger, kritischer« Arbeit. Fachliche Voraussetzung waren Hochschulabschluss (»jüngerer Volljurist«), »Beherrschung« des Englischen sowie Sprach-
gewandtheit zur Darstellung komplexer Sachverhalte.

Das Anforderungsprofil der »Mitarbeiterin«, die 1995 für das Präsidialbüro
gesucht wurde, gleicht im Großen und Ganzen der Stellenausschreibung des
Büros der Generalsekretärin von 1996, was möglicherweise damit zu tun hat,
dass die neue Kollegin dort auch »aushilfsweise« mitarbeiten sollte.

Auch die »Chefsekretärin«, die 1996 für das Präsidialbüro gesucht wurde,
sollte den Präsidenten bei der Wahrnehmung seiner »vielfältigen satzungsgemäßen Aufgaben« und unter anderem bei der Terminorganisation unterstützen.
Dafür wurden von ihr »neben einer breiten Allgemeinbildung und langjährigen
Berufserfahrung«, den inzwischen selbstverständlichen Kenntnissen in Fremd-

---

401 Auf die Eingruppierung im Sekretariat wird im folgenden Kapitel 2.6.4 konkret eingegangen. Barbara Bludau war von 1995 bis 2011 Generalsekretärin; zum 1. Februar 2022
wurde Simone Schwanitz zur Generalsekretärin der MPG bestellt.

```
Referat III c
```

```
                    STELLENAUSSCHREIBUNG
                    ====================
```

```
Für das Sekretariat des Herrn Generalsekretärs suchen wir
eine zweite
```

```
                    SEKRETÄRIN.
```

```
Die Position erfordert umfassende Kenntnisse und Erfahrungen
im Sekretariatsdienst, einwandfreie Schreibleistungen und Grund-
kenntnisse der englischen Sprache.
```

```
Die Vergütung richtet sich nach Vergütungsgruppe VIb/Vc des
Bundesangestelltentarifes je nach den persönlichen Voraus-
setzungen.
```

```
Schwerbehinderte werden bei gleicher Eignung bevorzugt.
```

```
Bewerbungen erbitten wir umgehend an Referat III c.
```

```
München, den 22.9.1980
Aushang bis 29.9.1980
```

```
Ø Herrn Amlung, Betriebsrat, Garching, Göttingen
```

Abb. 14: Stellenausschreibung »Sekretärin« 1980. – Alle Stellenausschreibungen: Generalverwaltung der Max-Planck-Gesellschaft: BC 207182-BC 2017186.

Stellenausschreibung

Für das Vorzimmer des Herrn Generalsekretärs suchen wir für die Stelle der Zweitsekretärin ab 01.07.1985 eine

Sekretariatskraft.

Wir erwarten vielseitige und umfassende Kenntnisse und Erfahrungen im Sekretariatsdienst, sehr gute Schreibleistungen und Grundkenntnisse der englischen Sprache.

Die Stelle ist mit Vergütungsgruppe VI b/V c BAT bewertet.

Die Vergütung richtet sich im Einzelfall nach den persönlichen Voraussetzungen.

Schwerbehinderte erhalten bei gleicher Eignung den Vorzug.

Bewerbungen bitten wir bis zum 29. März 1985 an das Referat III c zu richten.

Aushang: 20.03.1985
Abnahme: 27.03.1985

Abb. 15: Stellenausschreibung »Sekretariatskraft« 1985.

Referat III c

Stellenausschreibung

Für das Vorzimmer des Herrn Generalsekretärs suchen wir

voraussichtlich ab Februar/März 1986 eine

                    Sekretariatskraft.

Wir erwarten gründliche und vielseitige Kenntnisse und
Erfahrungen im Sekretariatsdienst, sehr gute Schreibleistungen und Grundkenntnisse der englischen Sprache.

Die Stelle ist mit Vergütungsgruppe V c BAT bewertet.

Schwerbehinderte erhalten bei gleicher Eignung den Vorzug.

Bewerbungen bitten wir an das Referat III c zu richten.

Aushang : 01.07.1985

Abnahme : 08.07.1985

Abb. 16: Stellenausschreibung »Sekretariatskraft« 1985/1986.

Innere Verwaltung

S T E L L E N A U S S C H R E I B U N G

Zum nächstmöglichen Zeitpunkt suchen wir eine

**Zweitkraft für das Sekretariat des
Generalsekretärs**

Die Wahrnehmung der vielseitigen Tätigkeit erfordert ein hohes
Maß an Organisationstalent und Einfühlungsvermögen. Bewerber/
innen sollten mit Sekretariatsarbeiten vertraut sein und gute
Schreibleistungen aufweisen. Kenntnisse der englischen Sprache
sind Voraussetzung.

Die Vergütung richtet sich nach dem Bundesangestelltentarifvertrag bis Vergütungsgruppe Vc BAT.

Schwerbehinderte werden bei gleicher Eignung bevorzugt.

Bewerbeungen mit den üblichen Unterlagen richten Sie bitte an
die Innere Verwaltung.

Aushang: 30.10.1991
Abnahme: 06.11.1991

Abb. 17: Stellenausschreibung »Zweitkraft für das Sekretariat« 1991.

STELLENAUSSCHREIBUNG

Die Generalverwaltung der Max-Planck-Gesellschaft zur Förderung der Wissenschaften e. V. sucht für das Büro der Generalsekretärin zum nächstmöglichen Zeitpunkt eine/n

Chefsekretär/in.

Zu den Aufgaben gehören neben der selbständigen Erledigung aller gängigen Sekretariatsaufgaben die Unterstützung der Generalsekretärin bei der Wahrnehmung ihrer vielfältigen satzungsgemäßen Aufgaben, Terminorganisation, sachliche und organisatorische Vorbereitung von Sitzungen und Besprechungen sowie Bearbeitung interner und externer Anfragen.

Vorausgesetzt werden neben einer breiten Allgemeinbildung und langjährigen Berufserfahrung im Sekretariatsbereich, Organisationstalent, ein hohes Maß an Einsatzbereitschaft und Flexibilität, Sorgfalt und Zuverlässigkeit, gute Schreibleistungen, Erfahrung im Phonodiktat und Kenntnisse moderner Textverarbeitungssysteme. Gute Englischkenntnisse in Wort und Schrift werden vorausgesetzt. Die Beherrschung einer weiteren Fremdsprache ist erwünscht.
Die Wahrnehmung der vielseitigen Tätigkeit erfordert Einfühlungsvermögen, sicheres Auftreten nach innen und außen sowie die Fähigkeit zur Zusammenarbeit in einem Team.

Wir bieten einen modern ausgestatteten, zentral und verkehrsgünstig gelegenen Arbeitsplatz (U-Bahn Haltestelle Odeonsplatz).

Die Vergütung richtet sich nach dem Bundesangestelltentarifvertrag je nach Ausbildung und Berufserfahrung bis Vergütungsgruppe V b mit der Möglichkeit des Bewährungsaufstiegs. Sozialleistungen werden wie im öffentlichen Dienst gewährt.

Schwerbehinderte werden bei gleicher Eignung bevorzugt.

Bewerbungen bitten wir an die Generalverwaltung der Max-Planck-Gesellschaft zur Förderung der Wissenschaften e. V., Innere Verwaltung, Postfach 10 10 62, 80084 München, zu richten.

Aushang: 20.11.1996
Abnahme: 28.11.1996

Abb. 18: Stellenausschreibung »Chefsekretärin« 1996.

STEA-14-00.doc

STELLENAUSSCHREIBUNG

Die Generalverwaltung der Max-Planck-Gesellschaft zur Förderung der Wissenschaften e. V. sucht für das Büro der Generalsekretärin zum nächstmöglichen Zeitpunkt

eine Sekretärin / einen Sekretär.

Zu den Aufgaben gehören neben der Erledigung aller gängigen Sekretariatsaufgaben Terminorganisation, die sachliche und organisatorische Vorbereitung von Sitzungen und Besprechungen sowie Bearbeitung interner und externer Anfragen.

Neben Berufserfahrung im Sekretariatsbereich und Organisationstalent wird ein hohes Maß an Einsatzbereitschaft, Sorgfalt und Zuverlässigkeit, gute Schreibleistungen und Englischkenntnisse in Wort und Schrift vorausgesetzt.
Die Wahrnehmung der vielseitigen Tätigkeit erfordert Einfühlungsvermögen, sicheres Auftreten nach innen und außen sowie die Fähigkeit zur Zusammenarbeit in einem Team

Wir bieten einen modern ausgestatteten, zentral und verkehrsgünstig gelegenen Arbeitsplatz.

Die Vergütung richtet sich nach dem Bundesangestelltentarifvertrag bis Vergütungsgruppe V c. Sozialleistungen werden wie im öffentlichen Dienst gewährt.

Schwerbehinderte werden bei gleicher Eignung bevorzugt.

Bewerbungen bitten wir an die Generalverwaltung der Max-Planck-Gesellschaft zur Förderung der Wissenschaften e. V., Zentrale Dienste, Postfach 10 10 62, 80084 München, unter Angabe der Kennziffer (14/00) zu richten.

Aushang: 02.08.2000
Abnahme: 09.08.2000

Abb. 19: Stellenausschreibung » Sekretärin/Sekretär« 2000.

STELLENAUSSCHREIBUNG

Die Generalverwaltung der Max-Planck-Gesellschaft zur Förderung der Wissenschaften e. V. sucht für das Büro der Generalsekretärin zum nächstmöglichen Zeitpunkt

eine Sekretärin/einen Sekretär

als Erstkraft.

Zu den Aufgaben gehören neben der Erledigung aller gängigen Sekretariatsaufgaben Terminorganisation, die sachliche und organisatorische Vorbereitung von Sitzungen und Besprechungen sowie Bearbeitung interner und externer Anfragen.

Neben Berufserfahrung im Sekretariatsbereich und Organisationstalent wird ein hohes Maß an Einsatzbereitschaft, Sorgfalt und Zuverlässigkeit, gute Schreibleistungen und Englischkenntnisse in Wort und Schrift vorausgesetzt.
Die Wahrnehmung der vielseitigen Tätigkeit erfordert Einfühlungsvermögen, sicheres Auftreten nach innen und außen sowie die Fähigkeit zur Zusammenarbeit in einem Team.

Wir bieten einen modern ausgestatteten, zentral und verkehrsgünstig gelegenen Arbeitsplatz.

Die Vergütung richtet sich nach dem Bundesangestelltentarifvertrag bis Vergütungsgruppe V b. Sozialleistungen werden wie im öffentlichen Dienst gewährt.

Schwerbehinderte werden bei gleicher Eignung bevorzugt.

Bewerbungen bitten wir an die Generalverwaltung der Max-Planck-Gesellschaft zur Förderung der Wissenschaften e. V., Zentrale Dienste, Postfach 10 10 62, 80084 München, unter Angabe der Kennziffer 04/01 zu richten.

Aushang: **09.01.2001**
Abnahme: **16.01.2001**

Abb. 20: Stellenausschreibung »Sekretärin/Sekretär als Erstkraft« 2001.

STELLENAUSSCHREIBUNG

Die Generalverwaltung der Max-Planck-Gesellschaft zur Förderung der Wissenschaften e. V. sucht zum nächstmöglichen Zeitpunkt eine/einen

Sekretärin/Sekretär.

Sie unterstützen das Team im Büro der Generalsekretärin. Die Generalsekretärin leitet die Generalverwaltung der Max-Planck-Gesellschaft und ist Mitglied des Vorstandes der Gesellschaft.

Ihre Aufgaben
Zu den Aufgaben gehören neben der Erledigung aller gängigen Sekretariatsaufgaben in einem Vorstandsbüro, die Terminorganisation, die sachliche und organisatorische Vorbereitung von Sitzungen und Besprechungen sowie die Bearbeitung interner und externer Anfragen.

Ihr Profil
Neben Berufserfahrung im Sekretariatsbereich und Organisationstalent werden ein hohes Maß an Einsatzbereitschaft, Zuverlässigkeit und Sorgfalt auch in Zeiten hoher Arbeitsbelastung, ein professioneller Umgang mit MS-Standard-Software sowie Englischkenntnisse in Wort und Schrift vorausgesetzt.

Die Wahrnehmung der vielseitigen Tätigkeit erfordert Einfühlungsvermögen, ein sicheres Auftreten sowie die Fähigkeit zur Zusammenarbeit in einem Team.

Unser Angebot
Wir bieten Ihnen eine Bezahlung bis Entgeltgruppe 8 TVöD (Bund) sowie verschiedene Sozialleistungen. Ihr Arbeitsplatz liegt in der Stadtmitte Münchens und ist gut mit öffentlichen Verkehrsmitteln zu erreichen.

Die Max-Planck-Gesellschaft ist bemüht, mehr schwerbehinderte Menschen zu beschäftigen. Bewerbungen Schwerbehinderter sind ausdrücklich erwünscht.

Wenn Sie sich angesprochen fühlen, senden Sie bitte Ihre vollständigen Bewerbungsunterlagen an unsere Zentralen Dienste. Wir freuen uns darauf, Sie kennen zu lernen.

MAX-PLANCK-GESELLSCHAFT
zur Förderung der Wissenschaften e. V.
Zentrale Dienste, Kennziffer 33/07
Postfach 10 10 62, 80084 München
E-Mail: HR@gv.mpg.de
www.mpg.de

Aushang: 17.07.2007
Abnahme: 24.07.2007

Abb. 21: Stellenausschreibung »Sekretärin/Sekretär« 2007.

Referat III c

München, den 21.02.1984
Wit/El

Stellenausschreibung

Für die Erledigung der vielseitigen und verantwortungsvollen Aufgaben
der

LEITUNG DES SEKRETARIATS DES PRÄSIDENTEN

DER MAX-PLANCK-GESELLSCHAFT IN MÜNCHEN

suchen wir zum nächstmöglichen Zeitpunkt eine Mitarbeiterin, die sich
bereits in ähnlichen Positionen, vorzugsweise in einer Wissenschaftsorganisation oder in einem größeren Industrieunternehmen qualifiziert
hat. Neben der fachlichen Qualifikation für diese Tätigkeit erwarten wir
die Beherrschung zumindest der englischen Sprache in Wort und Schrift.

Entsprechend den Anforderungen ist das Aufgabengebiet bis Vergütungsgruppe IV a des Bundesangestelltentarifes bewertet.

Bei gleicher Eignung erhalten schwerbehinderte Bewerberinnen den Vorzug.

Bewerbungen erbitten wir bis spätestens 31.03.1984 an den Referatsleiter,
Herrn Grünecker, zu richten.

Aushang: 22.02.1984
Abnahme: 02.03.1984

Abb. 22: Stellenausschreibung »Leitung des Sekretariats des Präsidenten« 1984.

Referat III c

STELLENAUSSCHREIBUNG

Beim Präsidenten der Max-Planck-Gesellschaft ist zum 1.4.1985
die Stelle des (der)

persönlichen Referenten(in)

neu zu besetzen.

Der Stelleninhaber soll den Präsidenten bei der Wahrnehmung
seiner satzungsgemäßen Aufgaben unterstützen. Er muß sich dazu mit der Arbeit und der Organisation der MPG und ihrer
Stellung in der überregionalen Forschungsförderung und der
Wissenschaftspolitik in der Bundesrepublik Deutschland intensiv vertraut machen.

Es wird eine interessante und vielseitige Tätigkeit geboten,
die ein hohes Maß an Beweglichkeit und Einsatzbereitschaft verlangt. Vom Bewerber wird insbesondere erwartet, daß er die
Fähigkeit zu selbständiger, kritischer Arbeit besitzt und in
der Lage ist, schwierige Sachverhalte gewandt in Wort und Schrift
darzustellen. Die Beherrschung der englischen Sprache wird
vorausgesetzt.

In Betracht kommt ein jüngerer Volljurist oder andere Bewerber
mit Hochschulabschluß. Berufserfahrung im Bereich der Wissen-
schaftsverwaltung soll nach Möglichkeit vorhanden sein.

Vergütung nach Qualifikatiion und persönlichen Voraussetzungen
bis Vergütungsgruppe I b BAT. Sozialleistungen wie im offent-
lichen Dienst.

Schwerbehinderte werden bei gleicher Eignung bevorzugt.

Bewerbungen bitten wir bis spätestens 15.2.1985 an Referat III c,
z.Hd. Herrn Grünecker, zu richten.

Aushang: 1o.1.1985
Abnahme: 24.1.1985

Abb. 23: Stellenausschreibung »Persönliche:r Referent:in des Präsidenten« 1985.

STELLENAUSSCHREIBUNG

Die Generalverwaltung der Max-Planck-Gesellschaft zur Förderung der Wissenschaften e.V. sucht für das Präsidialbüro zum nächstmöglichen Zeitpunkt eine(n)

Mitarbeiter/in.

Zu den Aufgaben gehören insbesondere die selbständige Erledigung aller gängigen Sekretariatsaufgaben, Terminorganisation, Vorbereitung von Besprechungen sowie Bearbeitung interner und externer Anfragen. Darüber hinaus ist die aushilfsweise Mitarbeit im und für das Sekretariat der Generalsekretärin erforderlich.

Vorausgesetzt werden neben Organisationstalent ein hohes Maß an Flexibilität, Sorgfalt und Zuverlässigkeit, sehr gute Schreibleistungen, Erfahrung im Phonodiktat, Englischkenntnisse und Kenntnisse moderner Textverarbeitungssysteme.
Die Wahrnehmung der vielseitigen Tätigkeit erfordert Einfühlungsvermögen, sicheres Auftreten nach innen und außen sowie die Fähigkeit zur vertrauensvollen Zusammenarbeit mit den Mitarbeiterinnen und Mitarbeitern beider Büros.

Wir bieten einen modern ausgestatteten, zentral und verkehrsgünstig gelegenen Arbeitsplatz (U-Bahn Haltestelle Odeonsplatz).

Die Vergütung richtet sich nach dem Bundesangestelltentarifvertrag je nach Ausbildung und Berufserfahrung bis Vergütungsgruppe V c.
Sozialleistungen werden wie im öffentlichen Dienst gewährt.

Schwerbehinderte werden bei gleicher Eignung bevorzugt.

Bewerbungen bitten wir an die Innere Verwaltung der Generalverwaltung der Max-Planck-Gesellschaft zur Förderung der Wissenschaften e. V., Postfach 10 10 62, 80084 München, zu richten.

Aushang: 27.11.95
Abnahme: 05.12.95

Abb. 24: Stellenausschreibung »Mitarbeiterin im Präsidialbüro« 1995.

S T E L L E N A U S S C H R E I B U N G

Die Generalverwaltung der Max-Planck-Gesellschaft zur Förderung der Wissenschaften e.V. sucht für das Präsidialbüro zum nächstmöglichen Zeitpunkt eine(n)

Chefsekretär(in)/Chefassistent(in).

Zu den Aufgaben gehören neben der selbständigen Erledigung aller gängigen Sekretariatsaufgaben die Unterstützung des Präsidenten bei der Wahrnehmung seiner vielfältigen satzungsgemäßen Aufgaben, Terminorganisation, sachliche und organisatorische Vorbereitung von Sitzungen und Besprechungen sowie Bearbeitung interner und externer Anfragen.

Vorausgesetzt werden neben einer breiten Allgemeinbildung und langjährigen Berufserfahrung im Sekretariatsbereich, Organisationstalent, ein hohes Maß an Einsatzbereitschaft und Flexibilität, Sorgfalt und Zuverlässigkeit, gute Schreibleistungen, Erfahrung im Phonodiktat und Kenntnisse moderner Textverarbeitungssysteme. Gute Englischkenntnisse in Wort und Schrift werden vorausgesetzt. Die Beherrschung einer weiteren modernen Fremdsprache ist erwünscht.
Die Wahrnehmung der vielseitigen Tätigkeit erfordert Einfühlungsvermögen, sicheres Auftreten nach innen und außen sowie die Fähigkeit zur Zusammenarbeit in einem Team.

Wir bieten einen modern ausgestatteten, zentral und verkehrsgünstig gelegenen Arbeitsplatz (U-Bahn Haltestelle Odeonsplatz).

Die Vergütung richtet sich nach dem Bundesangestelltentarifvertrag je nach Ausbildung und Berufserfahrung bis Vergütungsgruppe V b mit der Möglichkeit des Bewährungsaufstiegs. Sozialleistungen werden wie im öffentlichen Dienst gewährt.

Schwerbehinderte werden bei gleicher Eignung bevorzugt.

Bewerbungen bitten wir an die Generalverwaltung der Max-Planck-Gesellschaft zur Förderung der Wissenschaften e.V., Innere Verwaltung, Postfach 10 10 62, 80084 München, zu richten.

Aushang: 26.08.96
Abnahme: 09.09.96

Abb. 25: Stellenausschreibung »Chefsekretär(in)/Chefassistent(in)« für das Präsidialbüro 1996.

STELLENAUSSCHREIBUNG

Die Generalverwaltung der Max-Planck-Gesellschaft zur Förderung der Wissenschaften e. V. sucht für das Präsidialbüro zum nächstmöglichen Zeitpunkt eine/n

Sekretärin/Sekretär.

Zu den Aufgaben gehören neben der selbständigen Erledigung aller gängigen Sekretariatsaufgaben die Unterstützung des Präsidenten bei der Wahrnehmung seiner vielfältigen satzungsgemäßen Aufgaben, Terminorganisation, sachliche und organisatorische Vorbereitung von Sitzungen und Besprechungen sowie Bearbeitung interner und externer Anfragen.

Bewerberinnen/Bewerber sollen neben einer breiten Allgemeinbildung und langjährigen Berufserfahrung im Sekretariatsbereich über Organisationstalent, ein hohes Maß an Einsatzbereitschaft und Flexibilität, Sorgfalt und Zuverlässigkeit, gute Schreibleistungen, Erfahrung im Phonodiktat und Kenntnisse moderner Textverarbeitungssysteme verfügen.
Gute Englischkenntnisse in Wort und Schrift werden vorausgesetzt. Die Beherrschung einer weiteren modernen Fremdsprache ist erwünscht.
Die Wahrnehmung der vielseitigen Tätigkeit erfordert Einfühlungsvermögen, sicheres Auftreten nach innen und außen sowie die Fähigkeit zur Zusammenarbeit in einem Team.

Die Vergütung richtet sich nach dem Bundesangestelltentarifvertrag bis Vergütungsgruppe V b mit der Möglichkeit des Bewährungsaufstiegs. Sozialleistungen werden wie im öffentlichen Dienst gewährt.

Schwerbehinderte werden bei gleicher Eignung bevorzugt.

Bewerbungen bitten wir an die Generalverwaltung der Max-Planck-Gesellschaft zur Förderung der Wissenschaften e. V., Zentrale Dienste, Postfach 10 10 62, 80084 München, unter Angabe der Kennziffer 40/00 zu richten.

Aushang: 21.11.00
Abnahme: 28.11.00

Abb. 26: Stellenausschreibung »Sekretärin/Sekretär« im Präsidialbüro 2000.

STELLENAUSSCHREIBUNG

Die Generalverwaltung der Max-Planck-Gesellschaft zur Förderung der Wissenschaften e. V. sucht für das Präsidialbüro zum nächstmöglichen Zeitpunkt eine/n

Mitarbeiterin/Mitarbeiter.

Zu den Aufgaben gehören insbesondere die selbständige Erledigung aller gängigen Sekretariatsaufgaben, Terminorganisation, Vorbereitung von Besprechungen sowie Bearbeitung interner und externer Anfragen.

Vorausgesetzt werden neben Organisationstalent ein hohes Maß an Flexibilität, Sorgfalt und Zuverlässigkeit, sehr gute Schreibleistungen, Erfahrung im Phonodiktat, Englischkenntnisse und Kenntnisse moderner Textverarbeitungssysteme. Die Wahrnehmung der vielseitigen Tätigkeit erfordert Einfühlungsvermögen, sicheres Auftreten nach innen und außen sowie die Fähigkeit zur vertrauensvollen Zusammenarbeit mit den Mitarbeiterinnen und Mitarbeitern des Büros.

Wir bieten einen modern ausgestatteten, zentral und verkehrsgünstig gelegenen Arbeitsplatz (U-Bahn Haltestelle Odeonsplatz).

Die Vergütung richtet sich nach dem Bundesangestelltentarifvertrag je nach Ausbildung und Berufserfahrung bis Vergütungsgruppe V c. Sozialleistungen werden wie im öffentlichen Dienst gewährt.

Schwerbehinderte werden bei gleicher Eignung bevorzugt.

Bewerbungen bitten wir an die Generalverwaltung der Max-Planck-Gesellschaft zur Förderung der Wissenschaften e. V., Zentrale Dienste, Postfach 10 10 62, 80084 München, unter Angabe der Kennziffer 45/00 zu richten.

Aushang: 11.12.2000
Abnahme: 18.12.2000

Abb. 27: Stellenausschreibung »Mitarbeiterin/Mitarbeiter« für das Präsidialbüro 2000.

sprachen und »modernen Textverarbeitungssystemen« auch wieder Organisationstalent, Einsatzbereitschaft, Flexibilität, Sorgfalt, Zuverlässigkeit sowie Einfühlungsvermögen, sicheres Auftreten und Teamfähigkeit erwartet. Dies wurde Standard für die Stellenausschreibungen des Präsidialbüros, da die Anzeigen im Jahr 2000 offenkundig auf dieses Template zurückgriffen haben.

Bemerkenswert erscheint, dass der Passus »sicheres Auftreten nach innen und außen« wie selbstverständlich in den Stellenausschreibungen sowohl des Präsidialbüros als auch des Generalsekretariats für jene Positionen angeführt wird, die sich eindeutig eher an Frauen richten; dieser Passus fehlt jedoch in der des persönlichen Referenten, die sich traditionell an männliche Bewerber richtete. Das gilt im Übrigen auch für alle anderen Stellenausschreibungen für »Referenten/innen« im gleichen Untersuchungszeitraum, ungeachtet dessen, ob es sich beispielsweise um die Stelle für »Betriebsverfassungsrecht, Mobilität, Zeitvertragsfragen, Nachwuchsgruppen« (1984), »für die wissenschaftliche Zusammenarbeit mit der Volksrepublik China« (1986), »Institutsbetreuung« (1988) oder der »beiden Vizepräsidenten« (1996) handelte.[402] Positionen, die qua Stellenbeschreibung Repräsentationspflichten und Außenkontakte voraussetzen, bei denen es dennoch nicht erforderlich zu sein schien, das souveräne Auftreten, das explizit in den Ausschreibungen für Sekretärinnen aufgeführt wurde, dort als Anforderung zu spezifizieren.

In ihrer Studie *Zur Beschäftigungssituation von Männern und Frauen in der Max-Planck-Gesellschaft*[403] kam die Sozialwissenschaftlerin Sonja Munz 1993 zu dem Ergebnis, dass sich die Max-Planck-Gesellschaft trotz des gesetzlich in § 61Ia BGB festgelegten Gebots der geschlechtsneutralen Arbeitsplatzausschreibung,[404] insbesondere bei der Suche nach Reinigungskräften und im Sekretariatsbereich, ausschließlich an Frauen wende. Zwei Fünftel der Institute und Einrichtungen der MPG, die sich an ihrer Erhebung beteiligt hatten, würden nicht alle Stellen geschlechtsneutral ausschreiben, lediglich drei Institute hätten angegeben, bei Stellenausschreibungen teilweise Formulierungen wie »Bewerbungen von Frauen sind besonders erwünscht« zu verwenden. Zusammenfassend stellte Munz fest, dass »die MPG mittels Stellenanzeigen keine Signale setzt, eine frauenfördernde Personalpolitik zu praktizieren, und in einzelnen Bereichen darüber hinaus geschlechtsspezifisches Arbeitsvermögen einfordert (z. B. Sekretariatsbereich, Reinigungskräfte, etc.)«.[405]

402　Generalverwaltung der Max-Planck-Gesellschaft: BC 207182–BC 207186.
403　Munz: *Zur Beschäftigungssituation von Männern und Frauen*, 1993. Vgl. ausführlich zur Studie von Munz und ihrer Entstehung Kapitel 4 »Die Anfänge«.
404　Heute »Grundsatz der merkmalsneutralen Ausschreibung (Neutralitätsgebot)«, eine Stellenausschreibung darf nicht gegen das Benachteiligungsverbot des § 7 Abs. 1 AGG verstoßen.
405　Munz: *Zur Beschäftigungssituation von Männern und Frauen*, 1993, 110.

2.6.4   Die Spur des Gehaltes

Als unerwartet problematisch erwies es sich, belastbare quantitative Angaben zu den in der Max-Planck-Gesellschaft beschäftigten Sekretärinnen zu erhalten. Die erste statistische Erhebung zu den Mitarbeiter:innen der Max-Planck-Gesellschaft, der *Zahlenspiegel* von 1974, wies insgesamt 6.594 Beschäftigte aus, von denen 2.837 (= 43 Prozent) weiblich und 3.757 (= 57 Prozent) männlich waren.[406] Diese Statistik veranschaulichte bemerkenswerterweise auch die *geschlechtsspezifische* Verteilung der Beschäftigten auf Wissenschaftliche Mitglieder (Frauenanteil 0,1 %), wissenschaftliches Personal (6,1 %), technisches Personal (40,3 %), Verwaltungspersonal (15,3 %), sonstige Dienste (16 %), Facharbeiterinnen (0,2 %), Arbeiterinnen (5,6 %) und Reinigungspersonal (16,4 %).[407] Knapp 20 Jahre später wies Sonja Munz in ihrer empirischen Untersuchung zur beruflichen Situation von Männern und Frauen in der Max-Planck-Gesellschaft nach, dass sich in dieser Hinsicht noch immer nicht viel geändert hatte. 1991 wurden deutlich mehr Frauen als Direktions- und Abteilungssekretärinnen, Sekretärinnen und Schreibkräfte neu eingestellt, während Männer deutlich häufiger als Projektmitarbeiter sowohl für die IT als auch im allgemeinen und technischen Dienst eingestellt wurden.[408]

   Zum Ende des Untersuchungszeitraums, 1998, hatte die MPG ihre Anzahl an Instituten und Forschungseinrichtungen gegenüber 1948 nahezu verdoppelt (von 42 auf 80), die Anzahl ihrer Mitarbeiter:innen war mit 11.036 Beschäftigten in jenem Jahr exponentiell noch höher gestiegen. Dabei betrug der Frauenanteil unter den Beschäftigen 42,2 Prozent, wovon Wissenschaftliche Mitglieder/Direktorinnen 1,8 Prozent ausmachten,[409] Wissenschaftlerinnen auf C3-Stellen 7 Prozent und wissenschaftliche Mitarbeiterinnen 15,4 Prozent; der Anteil von Frauen unter den nichtwissenschaftlichen Angestellten und Lohnempfängerinnen betrug 42,5 Prozent.[410] Granulare Angaben zu den nichtwissenschaftlichen Angestellten, die konkrete Anhaltspunkte zur Anzahl der in der MPG beschäftigten Sekretärinnen hätten geben können, gab es jedoch nicht, was

---

406 MPG (Hg.): *Zahlenspiegel der Max-Planck-Gesellschaft 1974*, 1974, 2. Eine Verteilung, die in etwa auch der aktuellen entspricht: Der Frauenanteil insgesamt lag zum 31. Dezember 2020 bei 44,5 Prozent, in den nichtwissenschaftlichen Bereichen bei 55,1 Prozent. Max-Planck-Gesellschaft: Zahlen & Fakten. https://www.mpg.de/zahlen_fakten. Zuletzt aufgerufen am 23. August 2021.

407 Siehe zu dieser bemerkenswerten Statistik die Abbildungen 54 und 55 in Kapitel 4.3.2.

408 Vgl. dazu die Rekrutierungsmodalitäten und Stellenneubesetzungen in der MPG nach Art der Stelle und Geschlecht, insbesondere die Tabellen 4.28–4.30, die Munz auf Grundlage ihrer eigenen Erhebung erstellte; Munz: *Zur Beschäftigungssituation von Männern und Frauen*, 1993, 116–118.

409 Zum Anteil der Wissenschaftlerinnen in der MPG siehe ausführlich die Kapitel 3 und 4.

410 MPG (Hg.): *Max-Planck-Gesellschaft in Zahlen und Daten 1998*, 1998, 12–13. Die prozentualen Zahlenangaben entsprechen dem Original.

Abb. 28: Finanzbesprechung mit Gebäck im Mitarbeiterbüro der KWG-Generalverwaltung 1944 im Berliner Stadtschloss. Zu erkennen sind beginnend mit der 2.v.r. rechts nach links: Die 1. Buchhalterin Gertraut Kramm, die Buchhalterin Ursula Ringmann, der Geschäftsführende Vorstand Ernst Telschow und der ehemalige Steuerbeamte, Bürodirektor Franz Arndt. Archiv der MPG, Berlin-Dahlem

möglicherweise auch damit zusammenhängt, dass (mit Ausnahme des ersten *Zahlenspiegels*) bis 1987 die Personalauswertungen der MPG ohne geschlechtsspezifische Angaben erhoben wurden.[411]

Damit blieb nur die Möglichkeit, alle Einzelstellenpläne in den Institutsakten im Archiv der MPG nach Sekretärinnen durchzuarbeiten. Eine Herkulesaufgabe, die dann solche Aussagen wie die folgende ermöglichte: Am Starnberger MPI zur Erforschung der Lebensbedingungen der wissenschaftlich-technischen Welt waren in der Zeit von 1971 bis 1983 als nichtwissenschaftliche Mitarbeiterinnen beschäftigt: eine ledige persönliche Referentin und wissenschaftliche Direktionsassistentin (BAT IIa), eine verheiratete technische Literaturassistentin (BAT IVb), eine ledige Forschungssachbearbeiterin in Teilzeit (BAT Vb), eine ledige Abteilungssekretärin (BAT Vb), eine geschiedene Fremdsprachensekretärin (BAT Vb), eine ledige Fremdsprachen- und Projektsekretärin (BAT Vb), eine ledige Sekretärin (BAT VIb), eine ledige Fremdsprachensekretärin, die zugleich als Gruppensekretärin der Bibliothek fungierte (BAT VIb), eine verwitwete Sekretärin mit drei Kindern in Teilzeit (BAT VIb), eine verheiratete Sekretärin

---

411 Vgl. dazu ausführlich Kapitel 4.3.2.

und Stenotypistin in Teilzeit (BAT VIb), eine Telefonistin (BAT VIII) sowie eine Telefonistin in Teilzeit (Fixum).[412] Dieses Ergebnis erwies sich als höchst unbefriedigend, da enormer Aufwand betrieben werden musste, ohne dadurch mehr über das Tätigkeitsfeld und die damit verbundenen Arbeitswelten und Hierarchien zu erfahren, die im Zentrum dieser Untersuchung stehen.

Eine Anfrage im Sommer 2019 an das Referat II d der Generalverwaltung zur Anzahl der insgesamt in der MPG beschäftigten Sekretärinnen ergab dann Folgendes: Das Tätigkeitsfeld der Sekretärinnen sei so umfassend und vielfältig, dass es der Personalabteilung der Generalverwaltung nicht möglich sei, die Zahl der aktuell an den 88 Max-Planck-Instituten und ihrer Verwaltungszentrale in diesem Bereich tätigen Personen statistisch zu erfassen. Dies ist vor allem darauf zurückzuführen, dass in dieser Gruppe von Mitarbeiter:innen die Gehaltsstufen außerordentlich variieren.[413] Das war ein Indikator dafür, dass Besoldungsgruppen ein vielversprechender Anhaltspunkt sein könnten, um die dürftige Quellenlage zu verstehen, wobei sich die Akten des MPI für Bildungsforschung als sehr hilfreich erwiesen.

2.6.4.1 Die »Rationalisierung der Schreibarbeiten« am MPI für Bildungsforschung

Die Komplexität und Vielfalt der Sekretariatsarbeit ist kein neuartiges Phänomen, dies belegt nicht zuletzt die langjährige Auseinandersetzung des Max-Planck-Instituts für Bildungsforschung (MPIB) mit dieser Thematik. Wie Juliane Scholz in ihrer Studie zu »Partizipation und Mitbestimmung in der Forschung« in den Jahren 1945 bis 1980 darlegt, spielte das MPI für Bildungsforschung eine besondere Rolle in der Mitbestimmungsdebatte, die ab Anfang der 1970er-Jahre die MPG beschäftigte.[414] Die Fortbildung der wissenschaftlichen, aber auch nichtwissenschaftlichen Mitarbeiter:innen wurde am Institut gefördert und »Partizipation als alltägliche Praxis in die Forschungsarbeit integriert«.[415] Ein

---

412 Im Bürodienst des Starnberger MPI zur Erforschung der Lebensbedingungen gab es vier Kategorien von nichtwissenschaftlichen Mitarbeiter:innen: Forschungssachbearbeiterin, Fremdsprachendienst, Schreibdienst und Fernsprechdienst. GV Einzelpläne, (Personalbestand des Max-Planck-Instituts zur Erforschung der Lebensbedingungen der wissenschaftlich-technischen Welt 1971–1983), AMPG, II. Abt., Rep. 67, Nr. 1882, 1960, 2031, 2101, 2102, 2207.

413 E-Mail von Dieter Weichmann, Referat II d, PVS, Personalstatistik, IT-Mitbestimmung, Sozial- und Personenversicherungen, an Kolboske vom 27. Januar 2020.

414 Scholz: *Partizipation und Mitbestimmung in der Forschung*, 2018. – Eine weitere aktuelle Studie zum MPI für Bildungsforschung wird 2022 im Rahmen des GMPG-Forschungsprogramms erscheinen: Behm, *Das MPI für Bildungsforschung in der Ära Becker*. – »Aufstand der Forscher« lautete die Überschrift eines Artikels 1971 in der *Zeit*, in dem der Frage nachgegangen wurde, ob die linke Studentenrevolte auch die MPG erreicht habe; Grossner: Aufstand der Forscher, 1971.

415 Scholz: *Partizipation und Mitbestimmung in der Forschung*, 2018, 139.

entscheidendes Gremium war dabei der unmittelbar mit der Leitungskonferenz (LK)[416] kommunizierende Mitarbeiterausschuss des Instituts,[417] der 1970 weitgehend in die Grundsatzkonferenz überging.[418] Schon früh hatte sich das MPIB zudem mit den Herausforderungen und der Integration des Sekretariats in der Forschung auseinandergesetzt. Nicht nur das ist bemerkenswert, sondern auch, dass dieser progressive Ansatz über die Grenzen des Instituts hinaus keine Schule gemacht hat.

Mitte der 1960er-Jahre hatte eine aus mehreren Parteien zusammengesetzte Institutskommission mit der Arbeit an einer Reform begonnen, die die Schaffung eines »Zentralsekretariats« ins Auge fasste. Dahinter stand die Einsicht, dass ein solch spezifischer Arbeitsbereich die verantwortliche Einbeziehung nichtakademischer Kolleg:innen in Forschungsprojekte im Sinne einer besseren Beteiligung erforderte. So wollte man im Rahmen der »Rationalisierung von Papierarbeit« spezifische Bürokarrieremöglichkeiten für die Mitarbeiterinnen« schaffen. Es war geplant, ihnen sowohl Einkommens- als auch Prestigeanreize für den Aufstieg von der Schreibkraft zur Sachbearbeiterin zu geben.[419] Der damalige Verwaltungsleiter Horstmar Hale[420] entwarf dazu das programmatische Papier »Rationalisierung der Schreibarbeiten« zur Einrichtung eines zentralen Sekretariats, um die Schreibkapazitäten am Institut zu verbessern, eine Optimierung, die seines Erachtens über die Abteilungssekretariate selbst mit den 1965 hochmodernen, extra angemieteten »IBM-Magnetband-Maschinen« nicht zu erzielen sei.[421] Auf dieser Grundlage wurde im Januar 1968 das »Zentralsekretariat« (elegant »Kanzlei« genannt) eingerichtet, dessen Organisation minutiös durchgeplant war und dabei auf Anregung des Betriebsrats auch Aspekte wie eine angenehme Arbeitsatmosphäre und einen persönlichen Arbeitsrhythmus berücksichtigte.[422] Das Programm sah fünf Tarifgruppen mit vier Beförderungsstufen und entsprechenden Gehaltsstufen vor:[423]

416 »Mitglieder der Leitungskonferenz sind die Direktoren und zwei bis drei erfahrene wissenschaftliche Mitarbeiter. An den Beratungen nehmen der Leiter der Dokumentation und der Leiter der Verwaltung teil«. Die wichtigsten Aufgaben betrafen Richtlinienkompetenz und Entscheidungen über die wissenschaftliche Arbeit des Institutes. Vgl. Wissenswertes für die Mitarbeiter des Max-Planck-Instituts für Bildungsforschung von Horstmar Hale, Berlin, April 1972, DA GMPG, Vorlass Röbbecke, Teil 1, BC 600013. – Scholz: *Partizipation und Mitbestimmung in der Forschung*, 2018, 141.

417 Der Mitarbeiterausschuss existierte seit 1967 zunächst als informeller Kreis, der Wolfgang Edelsteins »Überlegungen zur Forschungsstrategie und Organisation des Instituts für Bildungsforschung« diskutierte. Gewählte Mitglieder waren 1970 Klaus Hüfner, Hela Pauck, Martin Quilisch, Jürgen Raschert, Enno Schmitz, Werner Stegelmann, Helga Thomas und Hartmut Zeiher, AMPG, II. Abt., Rep. 43, Nr. 275.

418 Vgl. dazu Scholz: *Partizipation und Mitbestimmung in der Forschung*, 2018, 141.

419 Betriebsrat Bildungsforschung 1967–1968, AMPG, II. Abt., Rep. 43, Nr. 374.

420 Der SPD-Politiker Horstmar Hale wurde 1963 Verwaltungsleiter des MPI für Bildungsforschung.

421 »Rationalisierung der Schreibarbeiten«, AMPG, II. Abt., Rep. 43, Nr. 374.

422 Organisation der Schreibarbeiten, AMPG, II. Abt., Rep. 43, Nr. 374.

423 Tätigkeitsmerkmale im Zentralen Sekretariat, AMPG, II. Abt., Rep. 43, Nr. 374.

- *Sekretärin – VGr. VIII BAT (Eingangsgruppe)* Angestellte für schwierigere Arbeiten, unter anderem: Sie müssen in der der Lage sein, einen Teil ihrer Arbeiten selbstständig zu erledigen, z. B. kurze Schriftstücke nach Ansage selbstständig abzufassen, 150 Silben Stenogramm in der Minute mindestens fünf Minuten lang aufzunehmen und schnell in fehlerfreier deutscher Sprache in Maschinenschrift zu übertragen.
- *Sekretärin – VGr. VII BAT (erste Beförderungsstufe)* Angestellte, die in einer fremden Sprache geläufig nach Diktat schreiben oder einfache Übersetzungen aus dieser oder in diese Sprache anfertigen.
- *Sachbearbeiterin/Fremdsprachliche Sekretärin – VGr. VIb BAT (zweite Beförderungsstufe)* Angestellte, die in zwei fremden Sprachen geläufig nach Diktat schreiben oder einfache Übersetzungen aus diesen oder in diese Sprachen anfertigen. Angestellte, die Gespräche zwischen zwei Personen satzweise inhaltlich und sprachlich richtig aus dem Deutschen in eine fremde Sprache und umgekehrt mündlich übertragen.
- *Sachbearbeiterin/Fremdsprachliche Sekretärin – VGr. Vb BAT (dritte Beförderungsstufe)* Angestellte, die in zwei fremden Sprachen geläufig nach Diktat schreiben oder einfache Übersetzungen aus diesen oder in diese Sprachen anfertigen und sich durch besondere Leistungen aus der Vergütungsgruppe VIb Fallgruppe 1 herausheben (z. B. noch mehr Sprachen). Angestellte, in Tätigkeiten, die gründliche, umfassende Fachkenntnisse und überwiegend selbstständige Leistungen erfordern.
- *Technische Assistentin – VGr. IVb BAT (vierte Beförderungsstufe)* Angestellte, die sich aus der Vergütungsgruppe V B BAT dadurch herausheben, dass sie eine besonders wertvolle Tätigkeit ausüben. Wissenschaftliche Assistenten ohne abgeschlossene Hochschulbildung an Hochschulinstituten.

Daraus resultierten Stellenpläne, die nicht nur das Zentralsekretariat mit seiner Leiterin und den acht dort auf Planstellen beschäftigten »Angestellten im Schreibdienst PC, Composer- und Fotosatz« berücksichtigten,[424] sondern auch die den Forschungsbereichen und Funktionen zugeordneten Sekretariate, aus denen klar ersichtlich wurde, für wen wie viele Sekretärinnen dort in welcher Funktion arbeiteten und ob dies mit ihrer Eingruppierung korrelierte.[425]

Das Thema »Sekretärinnen« beschäftigte die Bildungsforschung weiterhin, sodass 1975 wieder unter Hales Leitung eine »Sekretärinnen-Kommission« eingerichtet wurde,[426] die sich auf eine »optimale Organisationsform der Sekretariatsarbeiten« konzentrierte. In dem Bericht der Kommission vom Januar 1976 wurden beispielsweise Vor- und Nachteile erwogen und verglichen, ob

---

424 Davon vier Teilzeitstellen, 2.2 Zentrales Sekretariat Stellenplan 12, 1998, AMPG, II. Abt., Rep. 43, Nr. 277.
425 4.1 Forschungsprojekte und Sekretariate, AMPG, II. Abt., Rep. 43, Nr. 277.
426 *Sekretärinnenkommission Bildungsforschung* 1975–1976, AMPG, II. Abt., Rep. 43, Nr. 275.

eine Sekretärin (a) je einem Wissenschaftler, (b) Arbeitsgruppen oder (c) einem
Sekretärinnen-Pool zugeteilt werden sollte, der für den gesamten Schriftverkehr
zuständig war und nicht von den Direktoren, sondern von der Verwaltung geleitet wurde. Das Zentralsekretariat am MPI für Bildungsforschung ist einzig in
seiner Art, da sonst Schreibpools oder Großraumbüros in der MPG nicht üblich
waren bzw. sind.[427] Dieses Konzept hat sich dort so bewährt, dass es theoretisch
bis in die Gegenwart am MPI für Bildungsforschung fortbesteht.[428]

2.6.4.2 Money Matters

Einem kursorischen Blick in die Personalunterlagen im Archiv ist zu entnehmen,
dass Anfang der 1950er-Jahre eine verheiratete »Verwaltungssekretärin« mit
Kind auf einer halben Stelle, eingruppiert in die TO.A-Gruppe[429] VIII, ein Mo-
natsbruttogehalt von 132,75 DM bekam; vier Jahre später (inzwischen TO.A VII)
waren es 365,30 DM. In den 1970er- und 1980er-Jahren verdiente eine ledige,
kinderlose Fremdsprachensekretärin mit Abitur auf einer vollen BAT Vb-Stelle
ein monatliches Gesamtbrutto von 2295,63 DM, eine gleichaltrige, verheiratete
Stenotypistin ohne Abitur auf einer halben BAT VIb-Stelle 1519,98 DM.

Heute bekommt an manchen Max-Planck-Instituten ein Pförtner genauso
viel wie eine »Sekretärin« – ohne einen Bruchteil ihrer Verantwortung zu tragen. Die 1967 am MPI für Bildungsforschung bei der Etablierung des Zentralsekretariats festgelegte Eingruppierungsstruktur wurde auf allen Ebenen der
MPG umgesetzt, und zwar bis in die Gegenwart, wie 2019 eine Anfrage bei der
Personalabteilung der Generalverwaltung in München ergab. Die ursprünglichen Eingruppierungen wurden 2007 gemäß Bundes-Angestelltentarifvertrags (BAT) an den aktuellen Tarifvertrag über die Entgeltordnung des Bundes
(TV EntgeltO) angepasst, wodurch sich für die Sekretärinnen Verbesserungen
ergaben (siehe Tabelle 1).

Ein wichtiger Aspekt ist dabei, dass mit der zuvor geschilderten Digitalisierung von Verwaltung und Vorzimmer der Bedarf an Schreibkräften zunehmend
geringer geworden ist. Die Tätigkeitsmerkmale für Angestellte im Schreibdienst
hatten schon zu Zeiten des BAT zunehmend an Bedeutung verloren und wurden
im TV EntgeltO nicht mehr vereinbart, weil sich die Tätigkeit in den Vorzimmern »immer mehr zu einer Assistenztätigkeit bzw. zu einer (hilfs-)sachbearbei-
tenden Tätigkeit gewandelt [hat], die i. d. R. eine abgeschlossene kaufmännische

427 Horstmar Hale, Barbara Schinn, Helga Zeiher, *Bericht der »Sekretärinnen-Kommission«
     an die LK*, 17. Januar 1976, AMPG, II. Abt., Rep. 43, Nr. 275.
428 Eine Auskunft, für die ich Jennifer Apel, der aktuellen Verwaltungsleiterin des MPIB,
     danke. E-Mail Apel an Kolboske, 30. August 2021.
429 Die »Allgemeine Tarifordnung für Gefolgschaftsmitglieder im öffentlichen Dienst« galt
     bis zum 31. März 1961.

Tabelle 1: Vergleich Vergütungsgruppen 1967 und 2007

Vergütungsgruppen 1967*	Eingruppierung 2007**
Sekretärin – VIII BAT *(Eingangsgruppe)*	E 4

Tätigkeitsmerkmale für *Angestellte im Schreibdienst* (z. B. 150 Silben Stenogramm/Minute aufnehmen) → besteht heute nicht mehr, da sich die Tätigkeit in den Vorzimmern immer mehr zu einer Assistenztätigkeit entwickelt hat.***

Sekretärin – VII BAT *(erste Beförderungsstufe)*	E 8 (Fremdsprachensekretär:innen)

Übt in *einer* fremden Sprache geläufig Sekretariats- und Bürotätigkeiten aus

Sachbearbeiterin/Fremdsprachliche Sekretärin – VIb BAT *(zweite Beförderungsstufe)*	E 9a (Fremdsprachensekretär:innen)

Übt in *zwei* fremden Sprache geläufig Sekretariats- und Bürotätigkeiten aus

Sachbearbeiterin/Fremdsprachliche Sekretärin – Vb BAT *(dritte Beförderungsstufe)*	E 9b (Fremdsprachensekretär:innen)

Übt in *mehr als zwei* fremden Sprachen geläufig Sekretariats- und Bürotätigkeiten sowie Tätigkeiten aus, die gründliche, umfassende Fachkenntnisse und überwiegend selbständige Leistungen erfordern. → heute: Bachelorniveau

Technische Assistentin – IVb BAT *(vierte Beförderungsstufe)*	E 10

Übt »eine besonders wertvolle Tätigkeit aus«;**** wissenschaftliche Assistentin ohne abgeschlossene Hochschulbildung an Hochschulinstituten → dieser Karriereschritt besteht im Sekretariats- bzw. Verwaltungsbereich heute nicht mehr.*****

* Diese Besoldung basierte auf dem Bundes-Angestelltentarifvertrags (BAT), die Arbeitsstruktur findet sich unter Tätigkeitsmerkmale im Zentralen Sekretariat, AMPG, II. Abt., Rep. 43, Nr. 374. – ** In Anpassung an den Tarifvertrag über die Entgeltordnung des Bundes (TV EntgeltO) von 2007. – *** Auskunft von Andrea Stein. E-Mail von Stein und Weichmann, Referat II d, PVS, Personalstatistik, IT-Mitbestimmung, Sozial- und Personenversicherungen, an Kolboske vom 18. September 2019. – **** Tätigkeitsmerkmale im Zentralen Sekretariat, AMPG, II. Abt., Rep. 43, Nr. 374. – ***** Auskunft von Stein, E-Mail an Kolboske vom 18. September 2019.

Berufsausbildung erfordert«.[430] Nach Auskunft der GV-Personalabteilung dürfte die unter Ziffer 1 (»*Eingangsstufe*«) der Reorganisation des Zentralsekretariats genannte »Eingangsgruppe für Sekretärinnen mit schwierigen Arbeiten in Vergütungsgruppe VIII BAT«, die heute der EG 4 entspräche, in der MPG nicht mehr zu finden sein.[431]

Eine prominente Anforderung für das Vorzimmer sind seit jeher Fremdsprachenkenntnisse gewesen, wodurch die einschlägigen Tätigkeitsmerkmale für Fremdsprachensekretärinnen Anwendung finden. Laut Aussage der GV-Personalabteilung wurden die in der Vergütungsordnung zum BAT geregelten Tätigkeitsmerkmale bei der Verhandlung des TV EntgeltO angepasst und mit höheren Entgeltgruppen belegt.[432] So würde die unter Ziffer 2 aufgeführte Sekretärin (»*erste Beförderungsstufe*«) – vor Inkrafttreten des TVöD in Vergütungsgruppe VII BAT angesiedelt –, die in einer fremden Sprache geläufig nach Diktat schreibt und einfachere Übersetzungen anfertigt, sich heute in der EG 8 des Teils III Abschnitt 16.1 der EntgeltO wiederfinden. Analog dazu wäre eine Sekretärin (»*Sachbearbeiterin/Fremdsprachliche Sekretärin – VGr. VIb BAT – zweite Beförderungsstufe*«) in EG 9a einzugruppieren, sofern sie in zwei Fremdsprachen Sekretariats- und Büroarbeiten geläufig ausübt, und in die EG 9b, falls mehr als zwei fremde Sprachen vorausgesetzt werden.[433]

Unter Ziffer 4 (»*Sachbearbeiterin/Fremdsprachliche Sekretärin – VGr. Vb BAT – dritte Beförderungsstufe*«) sind neben der Fremdsprachensekretärin auch die Sachbearbeiterin (Angestellte mit Tätigkeiten, die gründliche, umfassende Fachkenntnisse und selbstständige Leistungen erfordern) in Vergütungsgruppe Vb (übergeleitet nach EG 9) aufgeführt. Bei Erfüllung dieser Tätigkeitsmerkmale ist nun eine Eingruppierung in EG 9b Fallgruppe 2 des Teils I der EngeltO tarifgerecht. Eine Eingruppierung, die sich laut GV-Personalabteilung bereits auf Bachelorniveau bewegt.[434] Nur die Option der letzten und vierten Beförderungsstufe (»*Technische Assistentin – VGr. IVb BAT*«) besteht nach Auskunft der GV-Personalabteilung im Sekretariats- bzw. Verwaltungsbereich nicht mehr als Karriereschritt.[435]

Verglichen mit Hochschulsekretärinnen, die in der Regel zwischen in EG5 und EG7 TV-L (Tarifvertrag der Länder) eingruppiert sind, ist die Eingruppierung für die MPG-Sekretärinnen zunächst einmal positiv, zumal auch mehr als ein Drittel der Hochschulsekretärinnen beispielsweise an der Freien Universität einen akademischen Abschluss sowie ein breites Spektrum an Fertigkeiten und

---

430 Auskunft von Andrea Stein. E-Mail von Stein und Weichmann, Referat II d, PVS, Personalstatistik, IT-Mitbestimmung, Sozial- und Personenversicherungen, an Kolboske vom 18. September 2019.
431 Ebd.
432 Ebd.
433 Ebd.
434 Ebd.
435 Ebd.

Kenntnissen vorweisen können.[436] Tariflich werden sie jedoch oft noch wie ihre Vorgängerinnen vor mehreren Jahrzehnten als »Schreibkräfte« eingestuft, die es, wie erwähnt, in der MPG inzwischen nicht mehr gibt. Deswegen haben sich vor einigen Jahren Berliner Hochschulsekretärinnen in einem Arbeitskreis zusammengeschlossen und sind zudem, anders als ihre MPG-Kolleginnen, gewerkschaftlich organisiert – in der Gewerkschaft Erziehung und Wisenschaft (GEW) oder in der Vereinten Dienstleistungsgewerkschaft (ver.di).

Dessen ungeachtet ist und bleibt es ein großes Manko in der MPG, dass die Sekretärinnen ausschließlich nach den Tätigkeitsmerkmalen von Fremdsprachensekretärinnen eingruppiert und eingestellt werden. Hier geht es um den bereits eingangs angesprochenen strukturellen Dauerkonflikt, der nicht auf lokaler, das heißt Institutsebene, sondern zentral entschieden wird: Sekretärinnen bekommen bestimmte Tätigkeiten von ihren Vorgesetzten übertragen, die jenseits des Stellenprofils von Fremdsprachensekretärinnen liegen. Diese Tatsache formal anzuerkennen in Form einer übereinstimmenden Stellenbeschreibung für die Vorzimmer wird jedoch von der Generalverwaltung der MPG nicht geleistet bzw. abgelehnt. Wie in anderen systemrelevanten, überwiegend von Frauen ausgeübten Berufen lässt sich hier Geld sparen, indem wissentlich die Augen vor den realen Anforderungen und Leistungen der Sekretärinnen verschlossen werden. Wissentlich, da ohnehin mit größter Wahrscheinlichkeit davon auszugehen ist, dass die Sekretärin machen wird, was von ihr erwartet wird – es sei denn, sie will sich auf einen Dauerkonflikt mit ihren Vorgesetzten einlassen, wenn nicht gar den Job verlieren. Das heißt, die Sprachkenntnisse und deren Anwendung werden honoriert, die vielfältigen anspruchsvollen anderen Tätigkeiten der Sekretärinnen jedoch nicht. Dies erscheint umso weniger zeitgemäß, als die fest implementierte und auch von der Max-Planck-Gesellschaft für ihre eigenen Auszubildenden übernommene Berufsbezeichnung »Kauffrau für Büromanagement« lautet.

Deutschsprachige organisatorische Tätigkeiten – und diese stellen den überwiegenden Teil der Tätigkeiten einer Sekretärin dar – finden innerhalb der allgemeinen Tätigkeitsmerkmale der TV EntgeltO keine Anerkennung und folglich auch keine Höhergruppierungsmöglichkeiten, außer über die spezifizierten »Tätigkeitsmerkmale für besondere Beschäftigungsgruppen«, wie etwa die Spezialmerkmale von Übersetzer:innen bzw. Überprüfer:innen.[437] Nur dann

---

436 Vgl. dazu beispielsweise die Wanderausstellung »Mit Schirm, Charme und Methode – Arbeitsplatz Hochschulbüro« von 2013, mit der Hochschulsekretärinnen ihre vielfältige Arbeit dokumentiert haben: https://www.fu-berlin.de/campusleben/campus/2013/130616_sekretaerinnen_ausstellung/index.html. Ausstellungskonzept: https://www.fischhase.de/referenzen/ausstellungen/mit-schirm-charme-und-methode/. Zuletzt aufgerufen am 8. März 2019.

437 Vgl. dazu den Tarifvertrag über die Entgeltordnung des Bundes (TV EntgO Bund) vom 5. September 2013; die für die meisten im Vorzimmer der MPG Beschäftigten relevante Entgeltordnung findet sich unter III.16: Beschäftigte im Fremdsprachendienst:

ist eine Eingruppierung oberhalb der Höchsteingruppierungsstufe für Fremdsprachensekretärinnen (EG 9b) möglich. Gegen die Höhergruppierung im Sinne
einer Sachbearbeiterin spricht hingegen oft der Allroundeinsatz von Sekretärinnen sowie das Fehlen einer beispielsweise kaufmännischen Ausbildung.[438] Hier
ist eine strukturelle Überarbeitung der Bewertung und der darauf basierenden
Eingruppierungen für Sekretärinnen erforderlich.

Eine solche Initiative hat es in der MPG mit großem Erfolg für die Bibliothe-
kar:innen gegeben – auch eine traditionell weibliche Domäne, nicht nur in der
Max-Planck-Gesellschaft. Diese Revision der Eingruppierung sollte aber von
einer grundsätzlich anderen Prämisse ausgehen, und zwar der, dass der überwiegende Teil der Sekretärinnen im Vorzimmer der Max-Planck-Gesellschaft
keine wissenschaftsunterstützenden, sondern spätestens seit den 1980er-Jahren
zunehmend wissenschaftsmanagende Tätigkeiten ausübt.[439]

2.6.5 Wissenschaftsmanagerin statt Wissenschaftsunterstützerin

Wie auch in den Hochschulen haben seit den 1990er-Jahren in den Max-
Planck-Instituten tiefgreifende Veränderungen stattgefunden, die zu den zuvor
beschriebenen übergreifenden Transformationsprozessen in den Vorzimmern
geführt haben. Hinzu kommt die außerordentliche Expansion der Max-Planck-
Gesellschaft, die starke horizontale wie vertikale Differenzierung des Hochschulsystems, die sich unter anderem aufgrund der Exzellenzinitiative auch auf
die MPG ausgewirkt hat.[440] All dies hat sich unmittelbar auf die Sekretariatsarbeit ausgewirkt, die Etablierung neuer Steuerungs- und Managementmodelle
erforderlich gemacht sowie neue Aufgabenfelder und Anforderungen generiert.

In aktuellen Studien wird zunehmend anerkannt, dass die heutige Büroarbeit
auf den Führungsebenen der Hochschulen nicht mehr nur als »unterstützend«
betrachtet werden kann – aus den Unterstützerinnen der Wissenschaft sind
eigenständige Wissenschaftsmanagerinnen geworden.[441] An der Berliner Hum-

---

https://www.bmi.bund.de/SharedDocs/downloads/DE/veroeffentlichungen/themen/
oeffentlicher-dienst/tarifvertraege/entgo.pdf;jsessionid=A5494F50C6721347FE6AF0E
DAC9572A3.1_cid373?__blob=publicationFile&v=3. Zuletzt aufgerufen am 31. August
2021.

438 In diesem Zusammenhang darf nicht unerwähnt bleiben, dass Sachbearbeiter:innen in
der Verwaltung in der Regel ebenfalls EG 9 erhalten, sofern sie nicht, was selten vorkommt, über eine Sachgebietsleitung höher eingruppiert worden sind.

439 Ich danke Andrea Stein und insbesondere Birgitta von Mallinckrodt für ihre Auskünfte,
Erklärungen und Hinweise zu den tarifrechtlichen und Besoldungsfragen sowie deren
Implementierung in der Max-Planck-Gesellschaft.

440 Banscherus und Friedrich-Ebert-Stiftung (Hg.): *Arbeitsplatz Hochschule*, 2009, 13.

441 Ebd.; Banscherus et al.: *Wandel der Arbeit*, 2017; Whitchurch: The Rise of Third Space
Professionals, 2015, 79–99; Frei und Mangold (Hg.): *Das Personal der Postmoderne*, 2015.

boldt-Universität wurde in einem dreijährigen Forschungsprojekt von 2013 bis 2016 der »Wandel der Arbeit in wissenschaftsunterstützenden Bereichen an Hochschulen« untersucht und eine empirische Studie erstellt, in der die sich wandelnden Arbeitsanforderungen und Berufsbedingungen für wissenschafts-unterstützende Beschäftigte in Büros, Bibliotheken, Labors, Rechenzentren und Verwaltungen an Hochschulen ebenso analysiert wurden wie die Triebfedern dieses Wandels.[442]

Neuen Tätigkeitszuschnitten Rechnung tragen, neue Berufsbilder und Karrierepfade schaffen. Durch die Reformen beeinflusst, vor allem aber wegen neuer gesellschaftli-cher Anforderungen haben sich die Aufgaben und Tätigkeitszuschnitte aller Beschäf-tigtengruppen deutlich verändert. Dies gilt insbesondere für die Institutssekretariate. Somit ist an den Universitäten und Fachhochschulen dringend und in größerem Maßstab die Schaffung von Stellen für Wissenschaftskoordinatorinnen und -koor-dinatoren nötig.[443]

In Übereinstimmung mit Banscherus ließe sich, vielleicht noch etwas pointierter ausgedrückt, für die Sekretariate im Wissenschaftsbetrieb sagen, dass es in-akzeptabel ist, wenn Sekretärinnen die Aufgaben und Tätigkeitszuschnitte von Wissenschaftskoordinatorinnen bzw. -managerinnen erfüllen, aber unter dem »Markenzeichen« Sekretärin, das schon lange keins mehr ist, weiterhin unter Leistung, unter Preis und unter Niveau beschäftigt werden. In dem von ihm mitherausgegebenen Band zum Personal der Postmoderne porträtierte Alban Frei die »Wissenschaftsmanagerin«, deren Charakteristika identisch sind mit den zuvor beschriebenen Stellen- und Persönlichkeitsprofilen von Sekretärin-nen in der Max-Planck-Gesellschaft:[444] Diese ist an der Schnittstelle zwischen Wissenschaft und Wirtschaft angesiedelt; Frei bezeichnet sie als »Grenzgängerin zwischen akademischer Wissenschafts- und betriebswirtschaftlicher Unterneh-menskultur«.[445] In einer Stellenanzeige wäre ihr Aufgabengebiet damit beschrie-ben, dass sie die Chefetage in allen Aspekten des Wissenschaftsmanagements mit Schwerpunkt in der kaufmännischen und personalrechtlichen Verwaltung von Bundes- und Drittmitteln unterstützt. Weitere Aufgaben können Öffent-lichkeitsarbeit, Förderung von Nachwuchsgruppen, Qualitätsmanagement und gegebenenfalls die Übernahme der Funktion der Gleichstellungsbeauftrag-ten des Instituts umfassen. In ihrem Lebenslauf müsste sie einen Doktortitel, einschlägige Managementerfahrungen, Fachkenntnisse im Personalmanage-ment, Kommunikationsfähigkeit und Teamgeist nachweisen können.[446] 2018

---

442 »Wandel der Arbeit in wissenschaftsunterstützenden Bereichen an Hochschulen«. https://www.zewk.tu-berlin.de/fileadmin/f12/Downloads/koop/publikationen/BiwuB-Doku.pdf. Zuletzt aufgerufen am 27. September 2021.

443 Banscherus und Friedrich-Ebert-Stiftung (Hg.): *Arbeitsplatz Hochschule*, 2009, 7.

444 Frei: Die Wissenschaftsmanagerin, 2015, 243–256.

445 Ebd., 244.

446 Ebd.

suchte die Max-Planck-Gesellschaft per Stellenausschreibung eine »Projekt- und Arbeitsgruppenmanager/-in«[447] für eine Forschungsgruppe. Erwartet wurde das

Management der Arbeitsgruppe, der Forschungsprojekte und des Labors sowie die persönliche Unterstützung [der Leitung im] Alltagsgeschäft. Zusammen mit [der Leitung] stellen Sie sicher, dass die Forschungsgruppe erfolgreich arbeitet und sich entwickeln kann. Zu einem wichtigen Teil umfasst das Aufgabengebiet das Erstellen und Redigieren von englisch- und deutschsprachigen wissenschaftlichen Texten sowie Ethik- und Forschungsberichten. Weiterhin sind Sie für die Organisation von Reisen, Konferenzen, Workshops und Arbeitsgruppenmeetings zuständig (inklusive der Erstellung von Reisekostenabrechnungen). Sie führen außerdem den Laborbereich und beaufsichtigen die Testung und psychologische Betreuung der Probanden mit dem Ziel, eine möglichst kooperative und warme Atmosphäre zu erzielen. Sie sind Bindeglied zwischen Forschern, Probanden, Infrastruktur und [der Leitung.] – Sie verfügen über sehr gute schriftliche und mündliche Kenntnisse in Deutsch und Englisch sowie über ein Organisationstalent und haben Interesse an der Forschung und an Menschen. Sie verfügen über mehrjährige Berufserfahrung in Wissenschaftsorganisationen und fundierte Kenntnisse in moderner EDV-gestützter Bürokommunikation (MS Office, Reference Manager, Power Point). Sie haben herausragende soziale Kompetenz, arbeiten teamorientiert, sind flexibel und schätzen einen hohen Grad an Verlässlichkeit, Präzision und Selbstständigkeit. Eine einschlägige Hochschulausbildung mit Promotion ist von Vorteil.

Grundsätzlich wäre gegen den Begriff der »Sekretärin«, der Vertrauten, nichts einzuwenden gewesen – wäre dieser nicht unwiderruflich als der servile weibliche Part in der Hierarchie des Vorzimmers etabliert. Da dies jedoch unzeitgemäß und in keinerlei Hinsicht angemessen ist und Titeln (nicht nur) im Wissenschaftsbetrieb so große Bedeutung beigemessen wird, kann es fortan nur noch heißen: Wissenschaftsmanagerin oder Wissenschaftskoordinatorin.

2.7   Zwischenfazit und Blick in die Gegenwart

2.7.1   Ein Familienbetrieb

Tiefgreifende Veränderungen der Arbeit haben das Vorzimmer seit 1948 in weiten Teilen vollständig transformiert. In den Bereichen »Bürokommunikation« und »Terminmanagement« waren beispielsweise seit den 1980er- und 1990er-Jahren die Erwartungen angesichts moderner Bürokommunikationstechnik extrem hoch, was sich entsprechend auf Aufgabenstrukturen und Tätigkeitsfelder ausgewirkt hat. Insbesondere dieser digitale Wandel hat den Sekretärinnen viel

447 https://jobs.zeit.de/jobs/projekt-und-arbeitsgruppenmanager-m-w-max-planck-gesellschaft-zur-foerderung-der-wissenschaften-e-v-berlin-1001818. Zuletzt aufgerufen am 29. September 2021.

abverlangt. Genau genommen hat die Digitalisierung die mit der Mechanisierung eingeführte Zergliederung der Arbeitsbereiche wieder rückgängig gemacht und zu der Erwartungshaltung geführt, dass eine Sekretärin und ihr Computer alle Aufgaben allein beherrschen. Vorzimmer fungieren als Zentralen, in denen Informationen koordiniert, kontrolliert, verhandelt und falls dabei Konflikte oder Probleme entstehen, diese routiniert gelöst werden müssen. Das heißt, von der Sekretärin wird erwartet, diese selbstständig zu priorisieren, um die definierten Ziele zu erreichen. Das erfordert zugleich ein optimales Zeitmanagement und führt dazu, dass in Vollzeit beschäftigte Sekretärinnen mit keinem Achtstundentag, keiner Vierzigstundenwoche rechnen dürfen. Der Beruf der Sekretärin ist einem stetigen Wandel unterworfen, die Erwartungshorizonte an sie wachsen weiter, ihre Aufgabenbereiche werden kontinuierlich ergänzt, es scheint keine Grenze nach oben zu geben – außer in der Bezahlung. Daran hat sich, wie auch in Bezug auf die Geschlechterhierrachie im Untersuchungszeitraum, wenig verändert, die alten, auch von der gesellschaftlichen Entwicklung eigentlich überholten Strukturen sind lange, zum Teil bis heute erhalten geblieben.

Dieses Missverhältnis wird begünstigt durch einen Umstand, der zwar kein Alleinstellungsmerkmal, aber eine Besonderheit der MPG gewesen ist: das Gefühl, Teil einer großen, erfolgreichen und berühmten Familie zu sein. In allen hier berücksichtigten Zeugnissen von Sekretärinnen ist es zu finden, ein Gefühl, das nicht nur im Vorzimmer, sondern auf allen Hierarchieebenen der MPG vorherrschte.[448] Die Arbeit der Sekretärinnen in diesem – gewissermaßen – Familienbetrieb war gezeichnet von tiefer Loyalität, nicht zuletzt aufgrund der persönlichen Anerkennung, die sie beruflich durch ihre jeweiligen Vorgesetzten erfahren haben. Die daraus resultiernde Aufopferungsbereitschaft führte bisweilen bis an die Grenzen der Selbstausbeutung, wenn eine Sekretärin etwa stolz resümierte, dass sie ihr Privatleben auf die Bedürfnisse ihres Chefs eingestellt und jahrelang freiwillig außerordentlich viele Überstunden geleistet habe. Wird die wissenschaftliche Einrichtung als Großfamilie empfunden, dann kommt die *familiale* Rollenverteilung zum Tragen.[449] Die damit verbundenen tradierten familialen Bilder und Erwartungshaltungen verschaffen der Sekretärin in ihrer Rolle als Hausfrau oder Mutter eine gewisse Binnenmacht, während der Vorgesetzte (Vater) Autorität repräsentiert, die sie akzeptiert und zu akzetieren hat.[450]

Diese Diskrepanz verschärfte sich in dem Maße, in dem nicht nur sowohl die qualitativen als auch quantitativen Anforderungen an die Sekretärinnen stiegen, sondern diese Berufsgruppe sich auch zunehmend aus Frauen rekrutierte, die selbst Akademikerinnen waren oder sind. Man könnte es als eine Besonderheit der MPG bezeichnen, dass das, was sich seit den 1990er-Jahren allgemein als

---

448 Vgl. dazu auch die Wahrnehmung der Arbeitssituation in Labor und Bibliotheken der MPG in Kolboske und Scholz: Spannungsfelder kooperativer Wissensarbeit, 2023.

449 Vgl. dazu auch Frevert: Vom Klavier zur Schreibmaschine, 1979, 82–112, 101–102.

450 Rastetter und Jüngling: *Frauen, Männer, Mikropolitik*, 2018, 37.

Standard etabliert, dort schon Jahrzehnte zuvor zu finden war. So etwa Erika Bollmann, die mit ihrem Abitur zwar nicht studiert, aber als Gasthörerin in den 1920er-Jahren an einer US-Universität gewesen ist oder die promovierte Lotte Brodmann, Kösters »Treueste der Treuen«, die etwa zeitgleich mit Bollmann in die KWG eingetreten ist. Marie-Luise Rehder und Herta Fricke verfügten über die Autorität, die Nachlässe von Otto Hahn bzw. Hans F. Zacher herauszugeben.

Angesichts dieser Expertise ist und bleibt es ein großes Manko in der MPG, dass die Sekretärinnen ausschließlich nach den Tätigkeitsmerkmalen von Fremdsprachensekretärinnen eingruppiert und eingestellt werden. Von Bedeutung für das soziokulturelle Gefüge ist auch, dass besagte Expertise gerne, geradezu selbstverständlich in Anspruch genommen wird. Gleichzeitig verursacht jedoch just dieser akademischer Status ein Unbehagen sowohl *mit* als auch *bei* der Sekretärin aufgrund der untergebenen Position, die sie einerseits zur Ratgeberin, andrerseits zur Befehlsempfängerin macht.[451]

Bemerkenswert und außergewöhnlich ist auch die Tatsache, dass man sich am MPI für Bildungsforschung bereits lange vor Universitäten oder Gewerkschaften intensiv mit der Situation von und der Organisationsformen für Sekretärinnen auseinandergesetzt hat – und diese progressiven Ansätze und Erkenntnisse mit Ausnahme der Besoldungsstufen leider nicht weiter zur Kenntnis genommen und weiterentwickelt wurden.

Eine Option, die teilweise weiterhin starren und steilen Hierarchien in der zunehmend hybriden Wissenschaftslandschaft der MPG zu überwinden, bildet der *third space*.

2.7.2   »Third Space«

> »Some of us get the privilege of cabin fever.
> Others bring room service.«[452]

Wenn die Universität zum Unternehmen gemacht wird – Stichwort »akademischer Kapitalismus«[453] –, verändert dies nicht nur grundlegend die Verantwortung und Trägerschaft von Forschung und Lehre, sondern hat zudem auch Auswirkungen auf das nichtwissenschaftliche Personal. Die Transformation der deutschen Wissenschaftslandschaft, insbesondere der Hochschulen und Universitäten, durch neue Organisationseinheiten und Funktionen, wie Forschungs- und Qualitätsmanagement, Forschungsförderung, Technologietransfer, Marketing und Fakultätsmanagement, ist mit umfangreichen Reorganisa-

---

451   Dies ist das Resümee vieler Gespräche und entsprechender Bemerkungen gegenüber der
       Autorin seit 2002.
452   Grabar: We're All on the Cruise Ship Now, 2020.
453   Vgl. dazu etwa Münch: *Akademischer Kapitalismus*, 2011.

tionsprozessen verbunden, die das forschungsadministrative Berufsfeld massiv verändert haben.[454] Auch wenn das in erster Linie Hochschulen und Universitäten betrifft, gilt dies ebenso für die nichtwissenschaftlichen Mitarbeiter:innen der Max-Planck-Gesellschaft, die beispielsweise über Exzellenzinitiativen und die International Max Planck Research Schools (IMPRS) eng mit den Universitäten kooperieren, zumal deren Tätigkeitsfelder seit Langem komplexer waren als das Stellenprofil ihrer Kolleginnen im Hochschulbereich. Darüber hinaus wurde dargelegt, dass das Portfolio der Anforderungen und Erwartungen an die MPG-Sekretärinnen deutlich über die Arbeitsplatzbeschreibung von unterstützend hinausgeht und stattdessen den Tatbestand von managen erfüllt. Diese »Schattenmanagerinnen« verwalten, betreuen und organisieren ihre Abteilungen, Projekte und Vorgesetzten, ohne angemessen honoriert zu werden, was Anerkennung, Ansehen und Einkommen betrifft. Zwar ist die MPG mit dieser Praxis keine Ausnahme und die Arbeitsbedingungen dort sogar besser und die Bezahlung höher. Allerdings kann nicht Maßstab sein, dass andere Forschungseinrichtungen noch weniger bezahlen und schlechtere Arbeitsbedingungen haben. Wird ein Berufsfeld einem so deutlichen Transformationsprozess unterzogen wie im Fall der Sekretärinnen, dann muss diesem Umstand mit Neubewertung, adäquater neuer Berufsbezeichnung und Höhergruppierung Rechnung getragen werden – so wie ganz selbstverständlich unter Präsident Lüst geschehen, als aus den Leitern des Präsidialbüros persönliche Referenten des Präsidenten wurden.

Angesichts dieses so herausfordernden und in vieler Hinsicht undankbar erscheinenden Sekretärinnenberufs stellt sich die Frage, warum trotzdem so viele Frauen, so viele Akademikerinnen, selbst Promovierte in diesem Beruf arbeiten. Die Soziologin Jutta Allmendiger, seit 2007 Präsidentin des Wissenschaftszentrums Berlin (WZB), hat vor 20 Jahren Untersuchungen in der Max-Planck-Gesellschaft zu dem Phänomen angestellt, dass viele Wissenschaftlerinnen statt in der Forschung zu »persistieren« in die Wissenschaftskoordination »switchen« würden.[455] Hinzu kam damals und kommt auch noch heute der Aspekt, dass viele Frauen diese Stellen lediglich aufgrund fehlender Alternativen und wirtschaftlicher Zwänge annehmen:

But for every woman who climbed out of the steno pool and into an executive position were many others who were stymied by what came to be known in the mid-1980s as the glass ceiling: an unacknowledged but unsurpassable barrier based solely on gender. Still more were shunted into a secretarial career because there were few other choices.[456]

---

454 Krücken, Kloke und Blümel: Alternative Wege an die Spitze?, 2012, 118–141, 118.
455 Allmendiger et al.: Berufliche Werdegänge von Wissenschaftlerinnen, 1998, 143–152; Allmendiger, von Stebut und Fuchs: Should I stay or should I go?, 2000, 33–48. – Vgl. zu dem Phänomen der weiblichen »switcher« bzw. »persister« ausführlich Kapitel 4.3.6.
456 Peril: *Swimming in the Steno Pool*, 2011, 3.

Es ist anzunehmen, dass sich kaum eine von ihnen Illusionen über die untergeordnete Natur des Jobs macht, aber es dennoch angenehmer findet, in einem Wissenschaftsbetrieb als Sekretärin zu arbeiten statt beispielsweise in einer Spedition oder bei einer Versicherung. Und vielleicht schwingt hier auch die leise Hoffnung mit, über den administrativen Bereich einen Weg in die Wissenschaft zurückzufinden. Ist dies also ein Berufsfeld, das für Frauen besonders attraktiv ist? Und in dem der sonst aus der Wissenschaft bekannte Genderbias nicht anzutreffen ist? Ein Berufsfeld, das Frauen ermöglicht, im Wissenschaftsbereich bis an die Spitze zu gelangen? Befindet sich hier die Alternative im System?[457] Nein, gewiss nicht, wie gezeigt werden konnte. Dennoch gibt es vereinzelte Nischen, wie beispielsweise die Positionen als Verwaltungsleiterin oder Forschungskoordinatorin, die beide in der MPG häufig mit Frauen besetzt sind. Um jedoch den Genderbias im Vorzimmer aufzulösen, müssen strukturelle Lösungen gefunden werden. Dabei hilft die Einrichtung des *third space*, dem von der britischen Bildungsforscherin Celia Whitchurch etablierten Tätigkeitsbereich zwischen den wissenschaftlichen und nichtwissenschaftlichen Mitarbeiter:innen.[458] Das Konzept des *third space* wurde in der Sozialtheorie verwendet, um räumliche Beziehungen zu erforschen, insbesondere die Auswirkungen von Vielfalt und Differenz, und findet zunehmend auch Anwendung im Wissenschaftsbereich.

Immer mehr Beschäftigte in Forschungseinrichtungen mit sowohl akademischen als auch berufsfachlichen Qualifikationen arbeiten in einem multidisziplinären Umfeld, das eine Mischung aus akademischen und berufsfachlichen Beiträgen erfordert. Mit dem *third space* lieferte Whitchurch ein Konzept für den Umgang mit Konflikten, die sich an der institutionellen Schnittstelle zwischen akademischen und nichtakademischen Fachleuten ergeben.[459] »The concept is used as a way of exploring groups of staff in higher education who do not fit conventional binary descriptors such as those enshrined in ›academic‹ or ›non-academic‹ employment categories.«[460] Solche hybriden Arbeitsumgebungen sind in der heutigen multiplexen Forschungskultur der Max-Planck-Gesellschaft gang und gäbe. Frühere binäre Ansätze für wissenschaftliche Gemeinschaften scheinen überholt und in der Betrachtung von Funktionen, Identitäten und Arbeitspraktiken der Mitarbeiter:innen problematisch. In einem hierarchischen Arbeitsumfeld, in dem viele Frauen, die in untergeordneten Positionen arbeiten, selbst Akademikerinnen sind, scheint ein hybrider Ansatz viel angemessener zu sein. Hybrid in dem Sinne, wie etwa die Institute für Kognitions- und Neurowissenschaften oder evolutionäre Anthropologie die Grenzen der drei traditionellen wissenschaftlichen Sektionen der Max-Planck-Gesellschaft, CPTS,

457 Dazu ausführlich Beaufaÿs, Engels und Kahlert (Hg.): *Einfach Spitze?*, 2012.
458 Whitchurch: The Rise of Third Space Professionals, 2015, 79–99.
459 Whitchurch: *Reconstructing Identities in Higher Education*, 2013.
460 Whitchurch: The Rise of Third Space Professionals, 2015, 79–99, 80.

BMS und GSHS, überschreiten und als »hybride« Max-Planck-Institute sowohl in den Rubriken »Biologie und Medizin« als auch »Kultur und Gesellschaft« figurieren. Die lange Zeit gepflegte strenge Hierarchie und Segregation zwischen wissenschaftlichem und nichtwissenschaftlichem bzw. wissenschaftsunterstützendem Personal ist kontraproduktiv und bildet auch nicht mehr die Wissensstruktur an Max-Planck-Instituten ab. Längst ist die typische Vorzimmer-Konstellation *entre deux* überholt (siehe unten, Abbildungen 29 und 30): An den regelmäßig stattfindenden Sitzungen der Institute, bei denen Projekte, Publikationen, Konferenzen und anstehende Tagesgeschäfte diskutiert und geplant werden, setzen sich Direktor:innen, wissenschaftliche Mitarbeiter:innen, Editionsassistent:innen und Sekretär:innen gemeinsam an den Tisch. Zunehmend etabliert sich die Erkenntnis, dass die Aufgabe von Assistent:innen keineswegs vornehmlich darin besteht zu protokollieren, sondern dass ihre Expertise unentbehrlich für eine erfolgreiche Planung ist. Das erfordert allerdings das Verständnis, dass Wissensproduktion mit einem kollektiven Arbeitsprozess zu tun hat, der auch »teilzeitbeschäftigte Sekretariatskräfte und scheinselbstständige wissenschaftliche Mitarbeiterinnen oder Mitarbeiter im Werkvertragsverhältnis umfasst«.[461]

2.7.3 Metamorphose

Der Wandel, der in den Vorzimmern der Max-Planck-Gesellschaft inzwischen stattgefunden hat, ist wohl kaum illustrativer vor Augen zu führen als durch einen Vergleich der Bilder ihrer Präsidenten Otto Hahn (1948–1960) und Martin Stratmann (2014–2023) in ihren jeweiligen Büros (Abb. 29 und 30). Auf den ersten Blick scheinen die beiden Fotos, zwischen denen fast sieben Jahrzehnte liegen, nur plakativ ihre jeweilige Zeit zu dokumentieren: Die Schwarz-Weiß-Aufnahme aus den frühen 1950er-Jahren zeigt ein Doppelporträt im Büro mit den typisch zeitgenössischen wuchtigen Möbeln. Demgegenüber wirken die zehn Personen im modernen Büro auf dem Farbfoto von 2017 wie in Technicolor aufgenommen.

Betrachten wir zunächst die Einrichtung: Auf dem oberen Bild (Abb. 29) steht im Zentrum der massive Schreibtisch, darauf links ein museumsreifes Telefon aus Bakelit, Arbeitsutensilien, wie etwa eine Tintenwippe, ansonsten Akten und vorn rechts eine kleine Vase mit einigen filigranen Blumen. Den Bildhintergrund beherrscht ein Ölporträt,[462] das Autorität ausstrahlt, als wache

---

461 Banscherus und Friedrich-Ebert-Stiftung (Hg.): *Arbeitsplatz Hochschule*, 2009, 9.
462 Es handelt sich um ein Porträt Max von Laues, dem langjährigen Freund und Kollegen von Otto Hahn; »Max von Laue«, Öl auf Leinwand, ca. 1950, Künstler: Rudolf Gerhard Zill, Archiv der Max-Planck-Gesellschaft, VI. Abt., Rep. 2, Nr. 5. – Das Gemälde kam Anfang der 1980er-Jahre aus der Generalverwaltung in München in das Archiv der MPG nach Berlin, wo es auch heute noch hängt. Herzlichen Dank an Susanne Uebele für die Klärung des Bildverbleibs.

Abb. 29: Otto Hahn und seine Sekretärin Marie-Luise Rehder in ihrem Büro in den 1950er Jahren. Archiv der Max-Planck-Gesellschaft, Berlin-Dahlem.

Abb. 30: Teamfoto im Präsidialbüro der Max-Planck-Gesellschaft, Oktober 2017. Foto: Axel Griesch.

der Chef im Nacken über die Arbeit, darunter auf der Ablage die elektrische Schreibmaschine. Das Licht dringt nur diffus durch die Stoffgardinen und suggeriert die geballte Konzentration der anwesenden beiden Personen. Auf dem unteren Bild (Abb. 30) hingegen ist der Schreibtisch ein transparentes, leichtes Gebilde, ebenso wie die übrigen hellen Büromöbel, die erst auf den zweiten Blick wahrgenommen werden. Den Hintergrund dominiert hier ein sehr großes, abstraktes Gemälde in Rottönen, das vor allem »Kultur« impliziert. Dies steht etwas im Gegensatz zu dem Schwert, das leicht verdeckt links daneben hervorlugt. Rechts unten auf dem Boden sieht man eine Grünpflanze. Auf dem Schreibtisch ist links ein großer moderner Monitor platziert und auch die übrige Bürotechnologie ist State-of-the-Art, wie etwa das iPad statt Stenoblock und eine Telefonanlage, die, wie es scheint, demokratisch von allen bedient werden darf. Dieses Motiv der Transparenz und Durchlässigkeit wird auch durch das Tageslicht verstärkt, das von dem hier sichtbaren Draußen durch die Jalousetten hereinfließt.

Der Vollständigkeit halber muss spätestens jetzt erklärt werden, dass es sich nur bei dem oberen Bild tatsächlich um ein Vorzimmer handelt, bei dem unteren jedoch um das Büro des Präsidenten: Auf dem oberen Bild kommt der Präsident zu seiner Sekretärin, auf dem unteren hat der Präsident seinen Stab in sein Zimmer bestellt. Das tut der Vergleichbarkeit aber keinen Abbruch, dokumentieren die beiden Bilder doch umso mehr die veränderten Arbeitsbedingungen im Sekretariat. Abbildung 29 illustriert die tatsächliche Hierarchie zwischen Sekretärin und Chef, er ist eindeutig das Kraftzentrum, Abbildung 30 hingegen demonstriert Demokratie: Die Sekretariatsaufgaben haben sich offenbar – und auch unabhängig vom Chef – dezentralisiert, der zwar in der Bildmitte sitzt, aber vom Geschehen eigentlich abgekoppelt ist.

Richtet man nun den Fokus auf Körpersprache, Blickachsen und Anordnung der Körper im Raum – wer steht wo, wer guckt wen an, wer hört wem zu –, wirkt das ältere Bild wie eine authentische Momentaufnahme (auch wenn es ja offensichtlich von einer unsichtbaren dritten Person aufgenommen wurde), wohingegen die aktuelle Aufnahme eindeutig inszeniert zu sein scheint. Dort zeigt das Büro voller Menschen eine fast komische, surreale Theatralik, alle scheinen durcheinander zu reden. Immer noch deutlich ist der Frauenüberhang (7 : 3), die Arbeitsteilung mit den Männern ist nicht erkennbar. Flache Hierarchien werden suggeriert: Zwei stehende Dreiergruppen, die mit zwei weiteren stehenden Mitarbeiter:innen kommunizieren – außer dem Chef nur noch eine sitzende Person. Dieser verströmt in dieser Inszenierung keine Autorität, sondern könnte auch jemand sein, der sich gerade neue Tools am Computer erklären lässt.

Ganz anders hingegen das obere Bild: Zwischen dem hier stehenden Chef und seiner sitzenden Mitarbeiterin scheint eine intensive, geradezu intellektuelle Kommunikation zu herrschen, ein konzentriertes Sprechen und Zuhören. Wüsste man es nicht anders, könnten sie auch Kolleg:innen oder Ko-Autor:innen sein. Zwei kleine Details setzen markante Akzente in dieser Aufnahme: die Zigarre in seinen Händen, die ihm zugleich ein lässiges wie auch eindeutig autoritäres Flair verleiht. Das Bestechende, das *punctum*[463] des Bildes, wie Roland Barthes es nennen würde, ist jedoch der kleine Blumenstrauß links vor ihr. Hat sie sich diese selbst hingestellt? Oder ist eine Aufmerksamkeit von jemand anders? (Nur wenn man, anders als die uneingeweihten Betrachter:innen weiß, was für eine besondere Beziehung Marie-Luise Rehder und Otto Hahn über viele Jahre verbunden hat, ist auch denkbar, dass er ihr die Blumen mitgebracht hat.)

---

463 Das »*punctum* einer Photographie, das ist jenes Zufällige an ihr, das mich besticht (mich aber auch verwundet, trifft).« Barthes: *Die helle Kammer*, 1989, 36.

3. Von der »Bruderschaft der Forscher« zur »Sisterhood of Science«. Kontinuitäten und Brüche

> Wir wollten einen neuen Frauentyp schaffen. Wissen Sie noch, wie wir gebrannt haben vor Glück, dass wir an alles heran konnten, diese ganze große Männerwelt voll Mathematik und Chemie.[1]

3.1 Einleitung

3.1.1 Leitende Fragestellungen und Aufbau des Kapitels

Deutschland hat eine reiche, wenngleich autoritäre Wissenschaftstradition. Das deutsche Wissenschaftssystem ist stark geprägt von Hierarchien und Abhängigkeitsverhältnissen, dafür ist die Max-Planck-Gesellschaft Maßstab und Beleg zugleich.[2] Als 1998 die Max-Planck-Gesellschaft ihr 50-jähriges Bestehen feierte, waren im gesamten Zeitraum 13 weibliche Wissenschaftliche Mitglieder berufen worden – gegenüber 678 Männern. Wovon hing im Einzelnen ab, ob eine Wissenschaftlerin in den Olymp der Wissenschaftlichen Mitglieder berufen wurde, andere hingegen nicht? War dies jeweils eine Frage der Fachdisziplin oder eher des Netzwerks? Waren soziale und akademische Herkunft sowie beruflicher Status ausschlaggebende Faktoren? Welche Rolle spielte dabei das politische und wirtschaftliche Klima in der bundesdeutschen Nachkriegszeit?

Das sind leitende Fragestellungen, um die es in diesem Kapitel gehen wird, in dessen Zentrum die Wissenschaftlerinnen stehen, die zwischen 1948 und 1998 zu Wissenschaftlichen Mitgliedern der MPG berufen worden sind, sowie die eine, die nur Mitglied ex officio wurde.

Zunächst werden in methodischer Absicht die Kategorien Antisemitismus, Klasse und Geschlecht als Exklusionskriterien herangezogen (*Intersektionalität*). Zur Analyse von stereotypen Frauenbildern und Konzepten von Geschlechterrollen wird der Begriff Zuschreibungen für kognitive Strukturen verwendet, die biologisches Geschlecht und soziokulturelle Wahrnehmungsmuster als natürliche Merkmale postulieren. Zuschreibungen werden in diesem Kontext

---

1 Tergit: *Käsebier erobert den Kurfürstendamm*, 2017, 77.
2 Vgl. dazu beispielsweise Friederici: Institutioneller Wandel allein reicht nicht, 2019, 124, 124.

dreifach differenziert: erstens als naturalisierende bzw. essenzialisierende Zuschreibungen, die sich auf traditionelle Annahmen über das Wesen von Frauen und Männern beziehen bzw. darauf, wie diese sich demzufolge verhalten sollten, und dabei oft auf die Natur-Kultur-Dichotomie rekurrieren. Zweitens als attribuierende Zuschreibungen, bei denen Leistungen von Wissenschaftlerinnen als Ergebnis kollektiver wissenschaftliche Prozesse und Erfolge dargestellt und wahrgenommen bzw. ganz dem Konto ihrer männlichen Kollegen zugeschrieben werden.[3] Drittens als biografische oder genealogische Zuschreibungen, wenn Wissenschaftlerinnen über ihre berühmten Väter, Doktorväter oder Ehemänner definiert werden. Im Verlauf der Untersuchung wird sich zeigen, dass es sich dabei überwiegend um alte Muster sozial geteilter Verhaltenserwartungen handelt, die sich auf Wissenschaftlerinnen und Wissenschaftler aufgrund ihres sozial zugeschriebenen Geschlechts richten, die jedoch im gesamten Untersuchungszeitraum nichts von ihrer Virulenz verlieren.[4]

Das vorliegende Kapitel ist in drei Teile gegliedert. Im ersten, sozial- und kulturgeschichtlich ausgerichteten Teil werden zunächst die Arbeitsbedingungen von erwerbstätigen Frauen im Allgemeinen und Wissenschaftlerinnen im Besonderen bis in die 1970er-Jahre zeitgeschichtlich kontextualisiert. Auf der nächsten Untersuchungsebene steht die Max-Planck-Gesellschaft als Repräsentantin des deutschen Wissenschaftssystems im Mittelpunkt, deren Wissenschaftskultur und Selbstverständnis hinsichtlich ihrer Bedeutung für die Exklusion von Wissenschaftlerinnen auf der Leitungsebene analysiert werden.

Demgegenüber ist der zweite Teil stärker wissenschaftshistorisch und gendergeschichtlich orientiert. Einleitend wird in die Wissenschaftsbiografik eingeführt. Dem schließen sich dichte Kurzbiografien der weiblichen Wissenschaftlichen Mitglieder der MPG an. Erkenntnisinteresse dieses wissenschaftsbiografischen Dossiers ist es, die einzelnen Wissenschaftlerinnen, ihr Werk, ihre Leistungen und ihre Erfolge sichtbar zu machen. Manche von ihnen sind Superstars, Ikonen der Wissenschaft, andere sind in Vergessenheit geraten. Zugleich werden dadurch Arbeitsbeziehungen und Freundschaften mit anderen Wissenschaftler:innen im Kontext der MPG-Wissenschaftskultur erhellt.

Im dritten Teil geht es zunächst um die Frage, welche Folgen für die Wissenschaftsgeschichte der Nachkriegszeit der »nobel theft«[5] hatte, der 1945 ausschließlich an Otto Hahn verliehene Nobelpreis, ohne Lise Meitners wissenschaftliche Leistung daran zu berücksichtigen Daran anschließend wird exemplarisch dokumentiert, wie das Fernhalten von Wissenschaftlerinnen aus Leitungsfunktionen nach 1948 in der Max-Planck-Planck-Gesellschaft funktionierte.

---

3 Zur Problematik von Zuschreibungsprozessen bzw. Autorschaft für Wissenschaftlerinnen vgl. Rossiter: The Matthew Matilda Effect in Science, 1993, 325–341.
4 Vgl. dazu auch Eckes: Geschlechterstereotype, 2008, 178–179, 178.
5 Rossiter: The Matthew Matilda Effect in Science, 1993, 325–341, 329.

Abschließend (*Götterdämmerung?*) wird analysiert, ob und wie sich diese Geschlechterordnung und die damit verbundene Deutungshoheit epistemisch auf die Forschung ausgewirkt hat (*Epistemische Hierarchien*), sowie resümierend die Belastbarkeit der Thesen überprüft (*Sisterhood of Science*).

3.1.2 Intersektionalität – Exklusionskriterien und Einflussfaktoren

Die Intersektionalitätsforschung beschäftigt sich umfassend mit der Überschneidung mehrerer Formen von Diskriminierung gegenüber einer Person. Historisch geht Intersektionalität auf das Konzept der *triple oppression* zurück, der dreifachen Unterdrückung schwarzer Frauen aufgrund ihrer »Rasse«, ihrer Klasse und ihres Geschlechts, das Anfang der 1950er-Jahre aus der US-Bürgerrechtsbewegung heraus entstand.[6] In diesen Anfangsjahren des Kalten Krieges warnte Claudia Jones auch vor dem »fascist triple-K« – Kinder, Küche, Kirche –, das sich auf die Rolle der Frauen als Mütter, Hausfrauen und frommer Christinnen bezog.[7] War und ist die Kategorie »Rasse«, insbesondere in ihrer Schwarz-Weiß-Opposition, für den ganzen amerikanischen Kontinent von höchster Relevanz, so lässt sich diese Analysekategorie nicht analog auf den europäischen bzw. deutschen Kontext und damit den dieser Arbeit übertragen. Denn, wie Gabriele Griffin und Rosi Braidotti dargelegt haben, im Nationalsozialismus etwa reichte »weiß sein« nicht aus, um den Gaskammern der Nazis zu entkommen.[8] Da in der Kaiser-Wilhelm-Gesellschaft die Wissenschaftlerinnen der ersten und zweiten Generation der ab September 1935 institutionalisierten nationalsozialistischen Rassengesetzgebung unterworfen waren, bietet sich hier ein intersektionaler Ansatz an, um festzustellen, ob die Analysekategorien Antisemitismus, Klasse und Geschlecht als Exklusionskriterien oder zumindest Einflussfaktoren für die Karrieren von Wissenschaftlerinnen fungiert haben. Dazu gehört auch die Frage, ob Antisemitismus nach 1945 als Exklusionskategorie weiterhin von Bedeutung gewesen ist. Hat generell nach 1945 »Rasse«, Hautfarbe, eine Rolle für die berufliche Laufbahn in der MPG gespielt?

---

6 Der Text der aus Trinidad und Tobago stammenden Publizistin, Feministin und Menschenrechtsaktivistin Jones: We Seek Full Equality for Women, 1949, 11. Zu Jones vgl. Boyce Davies: *Left of Karl Marx*, 2007. – Zur *triple oppression* vgl. auch Meulenbelt: *Scheidelinien*, 1988; Strobl et al.: *Drei zu Eins*, 1993; Kolboske: *Guerillaliteratur*, 2015, 72.

7 Jones: International Woman's Day, 1950, 11, 35, zitiert nach Lynn: Socialist Feminism and Triple Oppression, 2014, 1–20, 17.

8 Griffin und Braidotti: Whiteness and European Situatedness, 2002, 221–236, 226. – Vgl. dazu auch instruktiv Bühner und Möhring: Einleitung, 2018, 13–45, hier insbesondere 36–37.

Abb. 31: Gruppenbild, aufgenommen 1921. Auf dieser Aufnahme sind die jüdischen und nichtjüdischen Physiker:innen noch Seite an Seite zu sehen. Aufgrund von NS-Gesetzgebung und Gleichschaltung waren bald darauf acht von ihnen aus Deutschland vertrieben. Von links nach rechts: Hertha Sponer, Albert Einstein, Walter Grotrian, Ingrid Franck, Wilhelm Westphal, James Franck, Otto von Baeyer, Lise Meitner, Peter Pringsheim, Fritz Haber, Gustav Hertz, Otto Hahn. Archiv der Max-Planck-Gesellschaft, Berlin-Dahlem.

3.1.2.1 Antisemitismus

Das schärfste Konzept der Ausgrenzung ist das der »Rasse«. Aufgrund des »Rassenwahns« der antisemitischen NS-Ideologie spielten »Rasse« und Eugenik ab Anfang der 1930er-Jahre eine entscheidende Rolle im Netzwerk aus Wissenschaft, Politik und (mangelnder) Moral.[9] Jüdische und politisch unliebsame Wissenschaftler:innen und Student:innen wurden 1933 aus den Universitäten und auch aus der Kaiser-Wilhelm-Gesellschaft ausgeschlossen.[10] Die Vertreibung jüdischer Wissenschaftlerinnen und Wissenschaftler führte zum Braindrain in der wissenschaftlichen Landschaft Deutschlands. Prominentestes weibliches Beispiel dafür ist Lise Meitner, die jedoch nicht die einzige Ver-

---

9 Vgl. dazu grundlegend für die KWG Schmuhl (Hg.): *Rassenforschung an Kaiser-Wilhelm-Instituten*, 2003; Schmuhl: *Grenzüberschreitungen*, 2005. – Außerdem: Scheich: Science, Politics, and Morality, 1997, 143–168, 145.
10 Letzteren wurde häufig, wie etwa Rhoda Erdmann, eine jüdische Herkunft unterstellt.

triebene war. Außer ihr wurden aus den Reihen der KWG beispielsweise auch die am Kaiser-Wilhelm-Institut (KWI) für Biologie beschäftigte Genetikerin Charlotte Auerbach[11] sowie die Mitbegründerin und spätere Abteilungsleiterin des KWI für ausländisches öffentliches Recht und Völkerrecht Marguerite Wolff vertrieben.[12] Betroffen waren ebenfalls die Biochemikerin Irene Stephanie Neuberg und die Physikerin Ida Margarete Willstätter, deren Väter KWI-Direktoren waren.

Carl Neuberg, der das KWI für Biochemie leitete, hatte stets Wissenschaftlerinnen gefördert,[13] auch seine Tochter arbeitete von 1930 bis 1933 als Doktorandin an seinem Institut.[14] Zugleich führte die Vertreibung der jüdischen Institutsleiter oft auch zur Entlassung nichtjüdischer Wissenschaftlerinnen, da deren Nachfolger sich die frauenfeindliche NS-Politik zu eigen machten. So beispielsweise im Fall der Chemikerin Maria Kobel, die ab 1928 die Abteilung für Tabakforschung im KWI für Biochemie geleitet hatte. Mit Neubergs Vertreibung, offiziell »Zwangsbeurlaubung«, aufgrund seiner jüdischen Herkunft zum 1. Oktober 1934 wurde auch Kobels Abteilung aufgelöst.

Ähnliches geschah an Fritz Habers Institut: Ida Margarete Willstätter, deren Vater, der Chemiker und Nobelpreisträger Richard Willstätter, ab 1912 die Organische Abteilung des KWI für Chemie leitete, arbeitete nach ihrer Promotion 1931 bei Arnold Sommerfeld im KWI für physikalische Chemie und Elektrochemie. 1933 verlor sie aufgrund der rassistischen Bestimmungen des »Berufsbeamtengesetzes« ihre Arbeit. Nach ihrer Emigration in die USA 1936 war sie vorübergehend bei Hertha Sponer an der Duke University tätig.[15] Sponer, die 1925 als zweite Frau in Deutschland nach Lise Meitner in Physik habilitiert hatte, war aufgrund der frauenfeindlichen NS-Politik ausgewandert.[16] Sie hatte bis 1932 viele Jahre lang als Assistentin von James Franck gearbeitet, zunächst am Berliner KWI für physikalische Chemie und Elektrochemie und dann in Göttingen an Francks Universitätsinstitut. Danach wurde sie Privatdozentin und stand auf der Warteliste für eine ordentliche Universitätsprofessur. Als Franck jedoch im April 1933 aufgrund des NS-Beamtengesetzes seine Göttinger Professur aufgeben musste und in die USA emigrierte, wurde Robert Wichard Pohl sein Nachfolger. Dieser duldete keine Frauen in akademischer Stellung und sorgte dafür, dass die Universität auch Sponer zum 1. Oktober 1934 kündigte.[17]

---

11 Rürup: *Schicksale und Karrieren*, 2008, 147–149.
12 Ebd., 369–375; Vogt: *Vom Hintereingang zum Hauptportal?*, 2007, 234–239.
13 Zu Carl Neuberg vgl. insbesondere Rürup: *Schicksale und Karrieren*, 2008, 275–280; Schüring: *Minervas verstoßene Kinder*, 2006.
14 Irene S. Neuberg, verheiratete Rabinowitsch, anglisierte 1936 im US-Exil ihren Namen in Roberts, unter dem sie während ihrer langen und erfolgreichen Karriere als Biochemikerin publizierte; vgl. dazu Rürup: *Schicksale und Karrieren*, 2008, 280–282.
15 Ebd., 365–367.
16 Ebd., 366–367.
17 Tobies: *Einführung*, 2008, 21–80, 50.

Über Oslo emigrierte sie in die USA, wo Wissenschaftlerinnen jedoch ebenfalls enorme Hindernisse überwinden mussten, um sich als Mitglieder der *scientific community* etablieren und durchsetzen zu können, wie Margaret Rossiter im ersten Band ihrer Trilogie über US-Wissenschaftlerinnen minutiös geschildert hat.[18] Schließlich erhielt Sponer 1936 eine Professur an der Duke University, wo sie eine glänzende Karriere machte und 1946 James Franck heiratete.[19]

Weitere prominente Töchter, die zwar nicht aus rassischen, doch aus politischen Gründen vertrieben wurden, waren die Neuropharmakologin Marthe Louise Vogt[20] sowie ihre jüngere Schwester, die Krebsforscherin und Virologin Marguerite Vogt.[21] Ihren Eltern, der Neurologin und Hirnforscherin Cécile Vogt[22] und ihrem Mann Oscar, wurde unter anderem aufgrund ihrer Kooperation mit russischen Kolleg:innen wie Elena und Nicolai Timoféeff-Ressowski unterstellt, sie seien Kommunisten.[23]

3.1.2.2 Klasse

Die Bedeutung von Klasse im Sinne von Herkunftsmilieus selbst in einem mutmaßlich egalitären Bildungssystem wiesen Pierre Bourdieu und Jean-Claude Passeron 1964 in ihrer grundlegenden Studie zum französischen Bildungswesen nach: *Die Illusion der Chancengleichheit*.[24] Die 1960er-Jahre waren geprägt vom Glauben an die emanzipatorische Kraft eines Bildungswesens, das allen Ler-

---

18 Rossiter: *Women Scientists in America*. Bd. 1, 1982.

19 Zu Hertha Sponer vgl. Maushart: *»Um mich nicht zu vergessen«*, 1997; Tobies: Einführung, 2008, 21–80; Sime: *From Exceptional Prominence to Prominent Exception*, 2005, 17. – Herthas jüngere Schwester war die Widerstandskämpferin und Romanistin Margot Sponer, die noch im April 1945 von den Nazis hingerichtet wurde. Nach Aussage von Bernard Morey, einem französischen Kriegsgefangenen im KZ Neuengamme, durch das Fallbeil, »qui fut decapitée à la hache [...] par les S. S.« Morey: *Le voyager egaré*, 1981, 194, zitiert nach Vogt: *Vom Hintereingang zum Hauptportal?*, 2007, 409.

20 Marthe Vogt leitete von 1931 bis 1935 die Abteilung Neurochemie im KWI für Hirnforschung ihrer Eltern. Rürup: *Schicksale und Karrieren*, 2008, 348–351.

21 Ebd., 345–348.

22 Cécile Vogt leitete die Abteilung Hirnanatomie am KWI für Hirnforschung, das sie gemeinsam mit ihrem Mann Oskar führte, seit 1919 waren sie und ihr Mann Wissenschaftliche Mitglieder der KWG. Ausführlich biografisch: Satzinger, Cécile Vogt, 2014, a0025071. – Zur Hirnforschung: Klatzo: *Cécile and Oskar Vogt*, 2002.

23 Zur wissenschaftlichen Kooperation der Ehepaare vgl. Satzinger: Die blauäugige Drosophila, 2000, 161–195. – Zum Ehepaar Timoféeff-Ressowski vgl. Vogt: Ein russisches Forscher-Ehepaar in Berlin-Buch, 1998.

24 Bourdieu und Passeron: *Die Illusion der Chancengleichheit*, 1971. Im Original erschien das Buch 1964 unter dem vielsagenden Titel: *Les Héritiers. Les étudiants et la culture*. Ins Deutsche übersetzt wurde es im Auftrag des MPI für Bildungsforschung, und zwar von Barbara und Robert Picht, dessen (Schwieger-)Vater Georg den Begriff der deutschen »Bildungskatastrophe« geprägt hatte; Picht: *Die deutsche Bildungskatastrophe*, 1964.

nenden gleiche Chancen einräumen und nur nach Begabung auswählen würde. Doch was heißt schon »Begabung«?[25] Nach Ansicht von Bourdieu und Passeron baute das französische (bzw. allgemeiner: das westliche) Bildungssystem weder soziale Ungleichheiten noch Klassenprivilegien ab, sondern trug sogar noch dazu bei, die Chancenungleichheit zu perpetuieren, da der schulische Erfolg maßgeblich von der Herkunft, sprich: dem aus dem Elternhaus mitgebrachten Kapital, abhänge. Bei diesem Kapital handelt es sich um drei der vier von Bourdieu identifizierten Sorten, also um ökonomisches (Geld und Eigentum), kulturelles (Bildung und Wissen) und soziales (Netzwerke) Kapital.[26] Statt Chancen zu eröffnen, erhalte und legitimiere das Bildungssystem kulturelle Privilegien. Diese »feinen Unterschiede«[27] der Sozialordnung tradierend, bringe Schule »den Kindern der beherrschten Klassen den Respekt vor der herrschenden Kultur bei, ohne ihnen den Zugang dazu zu ermöglichen«.[28]

So beinhaltet das Privileg eines bildungsbürgerlichen Herkunftsmilieus neben dem osmotischen Aneignen[29] kultureller Kenntnisse (wie etwa Theater, Malerei, Musik oder Architektur) und dem daraus resultierenden Herausbilden eigener kultureller Interessen (etwa Free Jazz oder Tanztheater) vor allem die kulturvermittelte Selbstsicherheit und Kompetenz im Umgang mit Bildungssprache (in Opposition zur Vulgärsprache).[30] »Muß daraus nicht eine fundamentale Chancenungleichheit entstehen, da alle ein Spiel mitspielen müssen, das unter dem Vorwand der Allgemeinbildung eigentlich nur für Privilegierte bestimmt ist?«[31] Diese klassenspezifischen Unterschiede sind Beleg dafür, dass die Studierenden aus den oberen Klassen über ein familiäres, nicht allein ökonomisches Erbe verfügen, das sie im Studium privilegiert. »So entdeckt die Analyse stillschweigende kulturelle Voraussetzungen des Bildungssystems, die von den Studierenden aus den unteren Klassen immer eine Akkulturationsleistung fordern, und weist somit Chancengleichheit als nur formal gegeben auf.«[32] Eine weitere schwerwiegende Barriere ist die – bereits zuvor schon im Kontext der »Imaginationen des Vorzimmers« angesprochene – »charismatische Ideologie«,

---

25 Grundlegend dazu Böker und Horvath (Hg.): *Begabung und Gesellschaft*, 2018. Hier insbesondere die beiden Beiträge von Heßdörfer: Begabung als Gabe, 2018, 53–70; Margolin: Gifted Education and the Matthew Effect, 2018, 165–182. – Auch interessant dazu der Klassiker Zilsel: *Die Entstehung des Geniebegriffs*, 1972, 48–51. – Zur charismatischen Ideologie siehe auch Kapitel 3.2.2.2.
26 Bourdieu: *Die verborgenen Mechanismen der Macht*, 2015, 49–80.
27 Bourdieu: *Die feinen Unterschiede*, 2018.
28 Fuchs-Heinritz und König: *Pierre Bourdieu*, 2014, 25.
29 Zur Komplexität und Problematik von Annäherungsprozessen über Grenzen, Privilegien, Milieus oder auch Disziplinen hinweg vgl. auch Mayer: Eher osmotisch als systematisch, 2000, 30–33.
30 Bourdieu und Passeron: *Die Illusion der Chancengleichheit*, 1971, 111.
31 Ebd., 38–40.
32 Fuchs-Heinritz und König: *Pierre Bourdieu*, 2014, 24.

die persönliche, aus »Leichtigkeit und Grazie bestehende« Begabung, die statt vulgärem Fleiß und Streben zum akademischen Erfolge führt.[33]

Die charismatische Ideologie [...] und die Annahme von der Gleichheit der Studierenden in einem vom Klassensystem unabhängigen Bildungssystem verdecken die ungleichen Bildungschancen und legen die Verantwortung in jeden Einzelnen bzw. in die Natur der Menschen, in ihre Begabung. So wird deutlich, dass die Auslesemechanismen die privilegierten Studenten gewissermaßen ein zweites Mal bevorteilen, indem ihre sozialen Privilegien, die das Bildungssystem ignoriert, in einen Bildungsvorteil, indem soziale Zugangschancen in Bildungsqualifikationen umgewandelt werden.[34]

Die zudem inhärente – im Sinne von vererbter[35] – Bildungsbenachteiligung aufgrund des Geschlechts verdeutlichten die Autoren an der divergierenden Sozialisierung normannischer Bauerntöchter gegenüber Pariser Anwaltssöhnen. Diese Intersektionalität brachte für die westdeutschen Verhältnisse erstmals Ralf Dahrendorf zwei Jahre später auf die Formel von der »katholischen Arbeitertochter vom Land«.[36] Auch Renate Tobies hat die Bedeutung des Elternhauses als »Einflussfaktor« für die Karriere von Wissenschaftlerinnen nachgewiesen: »Ein liberales Elternhaus, in dem der Vater einen akademischen Beruf ausübt, ist in der Regel Voraussetzung dafür, dass sich ein Mädchen einem mathematischen oder naturwissenschaftlich-technischen Studium zuwendet.«[37]

3.1.2.3 Geschlecht

Zur Inklusion bzw. Exklusion der Kategorie Geschlecht tragen viele Mechanismen und Faktoren bei. Ein Diskriminierungsfaktor sind geschlechterspezifische Zuschreibungen, die stereotype Rollenbilder perpetuieren. Ein anderer sind restriktive Bildungs- und Berufungssysteme, die Frauen aufgrund ihres Geschlechts ausschließen. Ein interessantes und wenig bekanntes Detail ist in diesem Kontext, dass sich der erste Präsident der Kaiser-Wilhelm-Gesellschaft,

---

33 »Für die Angehörigen der unterprivilegierten Klassen bleibt schulmäßiges Lernen auf allen Stufen des Bildungsganges der einzig mögliche Zugang zur Kultur; das Erziehungswesen könnte infolgedessen der Königsweg zur Demokratisierung der Bildung sein, wenn es die ursprünglichen Unterschiede im Bildungsniveau nicht dadurch, daß es sie ignoriert, perpetuieren würde; indem es Schularbeiten als zu ›schulmäßig‹ verwirft, wertet es die von ihm vermittelte Bildung zugunsten der ererbten Kultur ab, welche ohne die Spuren vulgärer Anstrengung durch die Attribute der Leichtigkeit und Grazie besticht.« Bourdieu und Passeron: *Die Illusion der Chancengleichheit*, 1971, 39 (Zitat), 85–91.
34 Fuchs-Heinritz und König: *Pierre Bourdieu*, 2014, 25.
35 Darauf verweisen das französische Original, *Les Héritiers*, und auch die englische Übersetzung, *The Inheritors*, im Titel.
36 Dahrendorf: *Bildung ist Bürgerrecht*, 1966. Vgl. zu dieser Thematik auch insbesondere die ersten beiden Bände von Ulla Hahns autobiografisch geprägter Tetralogie: Hahn: *Das verborgene Wort*, 2003; Hahn: *Aufbruch*, 2009.
37 Tobies: Einführung, 2008, 21–80, 32–39, Zitat 32.

Adolf von Harnack, massiv für die Gleichstellung von Frauen im Oberschulwesen, also bei der Gestaltung von Bildungsgängen, die Frauen zum Studium führen sollten, eingesetzt und heftig gegen die damals grassierenden Vorstellungen votiert hat, dass Frauen von ihrer Eigenart her nur für bestimmte Ausbildungen und Berufe infrage kämen. »Bis auf den letzten Rest muß das alte, mächtige Vorurteil ausgetilgt werden, daß die weiblichen Lehrkräfte an sich den männlichen gegenüber minderwertig seien.«[38] Und an anderer Stelle kam Harnack bereits im Jahre 1906 zu Einsichten, die in aktuellen Diskussionen durchaus bestehen könnten: »Ich glaube nicht, daß unsere jungen Mädchen und Frauen daran schuld sind, daß unsere Zustände so sind, wie sie sind. Ich sehe die Schuld mehr bei den Männern.« Das 1907 noch befürchtete Scheitern der Oberschulreform und der Öffnung der Hochschulen für Frauen führte er auch auf den Umstand zurück, »daß keine einzige parlamentarische Partei hinter der Sache steht, der Minister also nichts zu fürchten hat, wenn er nichts oder so gut wie nichts tut«.[39]

Im internationalen Vergleich war das Frauenstudium in Deutschland von Anfang an rückständig.[40] Die offizielle Zulassung erfolgte in den einzelnen Bundesstaaten erst zwischen 1900 und 1909: wobei die ersten Studentinnen in Baden im Jahre 1900 zugelassen wurden, die letzten dann acht bzw. neun Jahre später in Preußen und Mecklenburg.[41] In Frankreich hingegen erhielt Marie Curie 1903 ihren ersten und 1911 ihren zweiten Nobelpreis; an den französischen Universitäten waren bereits seit 1863 Frauen zum Studium zugelassen.[42] In der Schweiz war seit 1864 die Immatrikulation und seit 1874 die Promotion von Frauen möglich,[43] und in Großbritannien und den USA an den Women Colleges seit 1870.[44]

---

38 Zahn-Harnack: *Adolf von Harnack*, 1951, 319.
39 Zitiert nach ebd., 318–322. Grundlegend zu Harnack vgl. Nottmeier: *Adolf von Harnack und die deutsche Politik*, 2017.
40 Vgl. dazu etwa Hausen und Nowotny (Hg.): *Wie männlich ist die Wissenschaft?*, 1986; Frevert: *Frauen-Geschichte*, 1986.
41 Vgl. dazu Paletschek: Berufung und Geschlecht, 2012, 295–337; Paletschek: *Die permanente Erfindung einer Tradition*, 2001.
42 In Frankreich konnten seit 1863 an den Hochschulen in Paris, Bordeaux, Toulouse, Lyon und Marseille Frauen an allen Fakultäten außer den Theologischen studieren; Schneider: Die Anfänge des Frauenstudiums in Europa, 2004, 17–23, 19.
43 Wie Frankreich gehörte auch die Schweiz zu den Vorreiterinnen im Hinblick auf das Frauenstudium. Die Universität Zürich war die erste Hochschule im deutschsprachigen Raum, die Frauen offiziell zum Studium zuließ: Ab 1864 konnten Frauen an der Medizinischen Fakultät studieren, zunächst als Hörerinnen, ab 1867 als ordentliche Studentinnen. Auch die anderen Universitäten der Schweiz ließen noch vor 1900 Frauen zum ordentlichen Studium zu. Vgl. ebd., 18. Ein bemerkenswerter Befund vor dem Hintergrund, dass das Frauenstimm- und -wahlrecht in der Schweiz erst am 16. März 1971 in Kraft trat.
44 Auch England war vergleichsweise fortschrittlich: Das erste Ladies College wurde bereits 1849 in London eröffnet und ab 1878 wurden Frauen an der London University zu allen Universitätsabschlüssen zugelassen, die ordentliche Immatrikulation war ab 1882 möglich. Doch im Gegensatz dazu öffneten sich die Pforten von Oxbridge erst Jahrzehnte

Da im biografischen Dossier wiederholt sowohl auf das frauendiskriminie-rende Preußische als auch auf das NS-Bildungssystem rekurriert wird, eine kurze Zusammenfassung dazu an dieser Stelle.[45] Bereits ab Mitte des 19. Jahrhunderts verlangten immer mehr Frauen eine gleichberechtigte Teilhabe am geistig-kul-turellen Leben, Forderungen die 1906 schließlich in der Preußischen Mädchen-schulkonferenz mündeten.[46] Nach heftigen Debatten im Preußischen Landtag wurden 1908 die »Allgemeine Bestimmungen über die Höheren Mädchen-schulen und die weiterführenden Bildungsanstalten für die weibliche Jugend« verabschiedet und das Schlusslicht Preußen gewährte als letzter deutscher Staat Frauen den Zugang zu den Hochschulen. Doch obwohl 1908 auch die Hörsäle in Preußen für Frauen geöffnet wurden, verbot der preußische Kultusminister im selben Jahr Frauen die Habilitation, da die Tätigkeit von Frauen in der aka-demischen Lehre »weder mit der gegenwärtigen Verfassung noch mit den Inte-ressen der Universitäten vereinbar« sei.[47] Das Habilitationsverbot erwies sich als probates Mittel, um den Ausschluss von Frauen aus der Lehre und aus bezahlten Anstellungsverhältnissen an der Universität sicherzustellen, denn nur wer ha-bilitiert war, konnte auf eine Professur berufen werden bzw. als Privatdozentin oder außerplanmäßige Professorin an Universitäten unterrichten. Das erklärt auch die Attraktion der Kaiser-Wilhelm-Gesellschaft für Wissenschaftlerinnen, die hier eine außergewöhnliche Nische für ihre Forschungen fanden. Erst in der Weimarer Republik wurde es ab 1919 Frauen möglich, zu habilitieren. Von 1919 bis 1932 habilitierten an der Berliner Universität 14 Frauen: zwei an der Medizi-nischen und zwölf an der Philosophischen Fakultät.[48] Im Nationalsozialismus wurden jüdische und politisch unliebsame Studentinnen und Wissenschaftle-rinnen ab April 1933 aus den Universitäten ausgeschlossen. Insgesamt wurde der Anteil von Studentinnen gesetzlich auf maximal zehn Prozent beschränkt, in der Wissenschaft tätige Frauen wurden geächtet, Ärztinnen und Juristinnen mit Berufsverbot belegt.[49] Zu Beginn des Zweiten Weltkrieges wurde die 10-Pro-zent-Klausel aufgrund des wegen der Wehrpflicht entstandenen Männermangels wieder aufgehoben.[50] In der Nachkriegszeit wurde erneut ein Numerus clausus für Frauen an den Universitäten eingeführt.[51]

später für Frauen: In Oxford wurden die dortigen Frauencolleges 1920 an die Universität angegliedert und ermöglichten damit den Studentinnen einen Universitätsabschluss, in Cambridge sogar erst 1948. Vgl. dazu Schneider: Die Anfänge des Frauenstudiums in Europa, 2004, 17–23, 19. Im Vergleich dazu: Hatten zuvor noch vereinzelt Frauen mit Sondergenehmigungen an Vorlesungen teilnehmen dürfen, blieben im deutschen Kaiser-reich ab 1871 die deutschen Universitäten Frauen strikt verschlossen.

45 Siehe dazu auch das Kapitel 4.2.2.
46 Vgl. etwa Lange: *Entwicklung und Stand des höheren Mädchenschulwesens in Deutsch-land*, 1893. – Vertiefend dazu: Beuys: *Die neuen Frauen*, 2014.
47 Vogt: Wissenschaftlerinnen an deutschen Universitäten, 2007, 707–729, 714.
48 Vogt: Elisabeth Schiemann, 2014, 151–183, 157.
49 Siehe dazu exemplarisch den Exkurs über Rhoda Erdmann im Kapitel zu Else Knake.
50 Notz: Mit scharrenden Füßen und Pfiffen begrüßt, 2011, 8–11, 10.
51 Ausführlich dazu: Kleinen: »Frauenstudium« in der Nachkriegszeit, 1995, 281–300.

Übergreifend ist bei den Kriterien »Klasse« und »Geschlecht« die Frage nach Habitus und Herrschaftskompetenzen, nach Entscheidungs- und Definitionsmacht über Berufungsentscheidungen, Arbeitsbedingungen und Gehältern wichtig. Klassenverhältnisse reproduzieren sich in Handlungsfeldern und Produktionsbeziehungen. Auch die MPG generiert institutionell ein solches Handlungsfeld als Betrieb, in dem sich Produktionsverhältnisse in der Wissenschaft als Arbeit herausbilden.[52] Im Folgenden wird analysiert, ob und wie Klasse und Antisemitismus im Zusammenspiel mit Geschlecht Hierarchien und Machtverhältnisse in der Kaiser-Wilhelm- bzw. Max-Planck-Gesellschaft konstituiert haben. Dabei wird insbesondere untersucht, ob solche Verschränkungen und Wechselwirkungen womöglich als Exklusionsmechanismus bei Berufungen zusammen- oder sich auch verschränkend auf das geschlechtsspezifische Lohngefälle ausgewirkt haben.

3.2   Kontinuitäten und Brüche

> They have made the mink coat, not the lab
> coat, our symbol of success. They've praised
> beauty, not brains. […] As a result, today's
> schoolgirls think it's far more exciting to serve
> tea on an airplane than to foam a new light-
> weight plastic in the laboratory.[53]

3.2.1   Von Restauration zu Transformation:
Kein Wissenschaftswunder für Akademikerinnen

»Wir haben ein Männerregime hinter uns und eines vor uns«, schrieb 1947 Gertrud Bosse, Herausgeberin der Frauenzeitschrift *Silberstreifen*.[54] Nach Kriegsende hatten deutsche Frauen den Neuanfang und das Überleben im zerstörten Land organisiert, und zwar nicht nur als »Trümmerfrauen«, sondern als Maurerinnen auf dem Bau, als Schweißerinnen auf den Werften in Hamburg und Bremerhaven, in der Stahlindustrie bei Krupp und Hösch, und sie übernahmen 1946 – zumindest kurzfristig – Dekanate und Professuren an den Universitäten. Wie konnte es dazu kommen, dass diese Phase des Umbruchs zu keiner sozialen Revolution, zu keinem Paradigmenwechsel, sondern mehr oder weniger direkt in die Restauration geführt hat?

---

52 Vgl. dazu Welskopp: Der Wandel der Arbeitsgesellschaft, 2004, 225–246; Welskopp: Kein Dienst nach Vorschrift, 2020, 87–102.
53 Raskin: *American Women*, 1958.
54 In: *Der Silberstreifen*, Heft X/1947, zitiert nach Emma 3/2009 – Frauenzeit.

Die postfaschistische Gesellschaft der kirchlich-konservativ geprägten Bundesrepublik bemühte sich um eine Wiederherstellung der Vorkriegsgeschlechterordnung, indem sie mit ihrer Arbeitsmarkt-, Sozial- und Familienpolitik der Dichotomie von männlicher Erwerbsbiografie und weiblicher Fürsorgebiografie Vorschub leistete.[55] Die im Westen vorherrschende Überzeugung, dass sich ein Studium für Frauen nicht lohne, da diese ja ohnehin heiraten würden, war zunächst auch in der DDR noch präsent. 1945 lebten laut Statistik in Deutschland sieben Millionen mehr Frauen als Männer und fünf Jahre später überstieg der weibliche Bevölkerungsanteil den männlichen immer noch um vier Millionen.[56] Weitgehend auf sich allein gestellt, bauten die Frauen für sich und ihre Familien unter schwierigsten Bedingungen eine neue Existenz auf, wobei der eklatante Wohnraummangel nur eines unter vielen Problemen war. Der Einsatz der Frauen beschränkte sich jedoch nicht auf das Private – sie waren de facto an allen Aspekten des Wiederaufbaus von Land und Wirtschaft beteiligt.[57]

Der rasche Wiederaufbau der deutschen Wirtschaft nach dem Kriege und die hohen Wachstumsraten des Bruttosozialprodukts wären ohne die absolut und relativ steigende Beschäftigung von Frauen in diesem Umfang nicht möglich gewesen. Dabei ging es nicht nur um die große Zahl der weiblichen Erwerbskräfte, sondern auch um die Leistung, die die Frau infolge ihrer spezifischen Eigenschaften und Fähigkeiten geben kann.[58]

Bei Kriegsende lebten noch drei der einst 13 KWG-Abteilungsleiterinnen[59] in Berlin und ermöglichten so den Transfer ihrer dort verbliebenen Restabteilungen der während des Kriegs ausgelagerten Institute in die Max-Planck-Gesellschaft: Elisabeth Schiemann, Else Knake und Luise Holzapfel. Bei der Wiedereröffnung der Berliner Universität 1946 wurden Knake und Schiemann als Professorinnen berufen. Hintergrund für diesen rasant anmutenden Karrieresprung direkt nach dem Krieg war jedoch keine veränderte Frauenpolitik in der Wissenschaft, sondern die Entnazifizierungspolitik der Alliierten – anders als viele ihrer Kollegen (und auch Kolleginnen) waren beide Wissenschaftlerinnen politisch unbelastet.

---

55   Vgl. dazu beispielsweise Frevert: *Frauen-Geschichte*, 1986, 244–287.
56   Wie sich diese – gern als »Frauenüberschuss« bezeichnete – demografische Verschiebung in den Folgejahren auswirkte, lässt sich ablesen an den Daten wie etwa zu »Heiratsaussichten und Heiratsalter der Frauen« in: Deutscher Bundestag: (Hg.): *Bericht der Bundesregierung*, 1966: 1–7.
57   Vgl. z. B. Meyer und Schulze: *Wie wir das alles geschafft haben*, 1986. – Ausnahmen waren in der Justiz Richter und Staatsanwälte sowie der Bereich Diplomatie und nach ihrer Gründung 1955 die Bundeswehr.
58   Drucksache V/909, 1964: 92. Auf den zweiten Teil – die spezifisch weiblichen Eigenschaften und Fähigkeiten – komme ich an anderer Stelle noch einmal zurück.
59   Siehe zu diesen 13 Abteilungsleiterinnen (AL) detailliert Tabelle 2: Abteilungsleiterinnen der KWG in Kapitel 3.6.2.

Als die deutschen Universitäten wieder öffneten, kam es zu einer dramatischen Überfüllung der Hörsäle, die Studienbeschränkungen zur Folge hatte: Vorrang hatten immer Kriegsteilnehmer, Kriegsversehrte, Familienväter, kurzum: Männer. Erneut – wie schon 1934 – wurde eine Einführung eines Numerus clausus für Frauen verlangt, den die britische und die US-amerikanische Militärregierung zunächst jedoch ablehnten: Die Abiturnote und nicht das Geschlecht sollte über den Studienzugang entscheiden.[60] 1948 etablierte der OMGUS-Leiter Lucius D. Clay die Women's Affairs Section, der Vorstellung folgend, dass – nachdem die deutschen Männer das Land zweimal im 20. Jahrhundert in die Katastrophe geführt hätten – nun die Frauen die Verantwortung übernehmen sollten.[61] Doch die Bemühungen, in Deutschland eine weibliche Elite in Bildung und Politik gesellschaftlich zu etablieren, scheiterten zumindest auf akademischer Ebene: Die Bevorzugung der Kriegsteilnehmer an den Universitäten war gesellschaftlicher Konsens. Studentenschaften in der britischen Besatzungszone plädierten – mit Ausnahme von Köln und Hamburg – für die Beschränkung des Frauenstudiums. Zeitgleich wurde in Göttingen die Max-Planck-Gesellschaft gegründet.

Auch in anderen Ländern sahen sich Wissenschaftlerinnen mit ähnlichen Problemen konfrontiert wie ihre Kolleginnen in der jungen Bundesrepublik. Dies haben Historikerinnen wie Margaret Rossiter und Gunilla Budde mit ihren Studien über die Situation in den USA[62] bzw. in der DDR[63] dargelegt. Die Chance, die tradierte Geschlechterordnung zu überwinden, wurde auch dort nicht wahrgenommen, was angesichts der tragenden Rolle von US-Wissenschaftlerinnen wie etwa den Physikerinnen und Mathematikerinnen Grace Hopper und Katherine Johnson in der Informatik umso bemerkenswerter ist.[64] Gleichzeitig sind einige interessante Abweichungen in Europa zu konstatieren. Beispielsweise gab es in

---

60 Kleinen: »Frauenstudium« in der Nachkriegszeit, 1995, 281–300; Tscharntke: *Re-Educating German Women*, 2003.

61 Brit:innen und US-Amerikaner:innen betrachteten das aktive bürgerschaftliche Engagement der deutschen Frauen, welche die Mehrheit der deutschen Arbeitskräfte und der Wählerschaft darstellten, als unentbehrlich für die Einführung der Demokratie und den Wiederaufbau der deutschen Wirtschaft. Daher wurde die Sonderabteilung für Frauenfragen (Special Women's Affairs Section) eingerichtet, deren Aufgabe in der entsprechenden Bildung deutscher Frauen bestand. Zur Women's Affairs Section vgl. Kolinsky: *Women in West Germany*, 1989, 7–8.

62 Rossiter: *Women Scientists in America*. Bd. 2, 1995; Rossiter: *Women Scientists in America*. Bd. 3, 2012. – Bemerkenswert im Kontext des Kalten Krieges ist auch, dass es Aktivistinnen etwa der American Association of University Women oder der Society for Women Engineers gelang, die Ängste hinsichtlich der Wettbewerbsfähigkeit der USA als Hebel zu nutzen, um dem widerstrebenden Establishment Mittel und Möglichkeiten für Wissenschaftlerinnen und Ingenieurinnen zu entlocken; Puaca: *Searching for Scientific Womanpower*, 2014.

63 Budde (Hg.): *Frauen arbeiten*, 1997; Budde (Hg.): *Frauen der Intelligenz*, 2003.

64 Vgl. zum Thema Computerisierung und Professionalisierung auch das Kapitel 2.3.

Frankreich und Italien traditionell deutlich mehr Naturwissenschaftlerinnen und Ingenieurinnen sowie in Italien insbesondere mehr Physikerinnen.[65]

Die Ära Adenauer (1949–1963) war geprägt vom Leitbild der Frau als »segenspendendem Herz der Familie«, mit dem ihre katholisch-traditionalistischen Akteure – Kirche, Familienverbände und das bundesdeutsche Familienministerium unter Franz Josef Wuermeling – die untergeordnete Position der Frau wiederherzustellen und zu zementieren trachteten. Die Währungsreform 1948 schien dieses Anliegen zunächst zu befördern, da sie aufgrund der infolgedessen veränderten Einkommens- und Vermögensverhältnisse die Erwerbstätigkeit der Frauen beschnitt und diese wieder aus den gerade eroberten Bereichen der Arbeitswelt zurückdrängte. Den weiblichen Lebensradius wie in der Kaiser- und der NS-Zeit auf »Kinder, Küche und Kirche« einzugrenzen fand weiterhin gesellschaftspolitischen Beifall, ebenso wie das Lehrerinnen- bzw. Beamtinnenzölibat.[66] Weitere Relikte aus der NS-Zeit, die in der westdeutschen Nachkriegsgesellschaft zunächst ebenfalls Anwendung fanden, waren die Kündigung von erwerbstätigen Frauen als »Doppelverdienerinnen« und das Beamtinnenbesoldungsgesetz.[67] Dies beklagte auch die ausgesprochen konservative Politikerin Margot Kalinte Weihnachten 1951 unter Verweis auf den »berüchtigte[n] § 63« des Beamtengesetzes von 1937, der das Beamtinnenzölibat postuliere:

Diese Auffassungen haben heute ausgerechnet Vertreter der christlichen Parteien wieder aufgegriffen, obwohl doch ihnen vor allem bewußt sein müßte, daß gerade die weiblichen Angestellten und die Arbeiterinnen, die in einer guten christlichen Ehe leben, eine ethische Verantwortung zur öffentlichen Wirksamkeit tragen, auch dann, wenn ihr »Familieneinkommen dauernd gesichert erscheint«.[68]

Dennoch stieg konjunkturbedingt zwischen 1950 und 1964 der Anteil erwerbstätiger Frauen von 4,1 Millionen auf 7,2 Millionen Arbeitnehmerinnen an.[69]

---

65 Selbst die weltberühmte italienische Journalistin und Schriftstellerin Oriana Fallaci hatte Chemie studiert und über Astronautik geschrieben: Fallaci: *Wenn die Sonne stirbt*, 1966. Das Vorwort dazu verfasste übrigens Robert Jungk. In jüngster Vergangenheit leitete Catherine Bréchignac von 2006 bis 2010 das Centre national de la recherche scientifique (CNRS); 2014 wurde Fabiola Gianotti neue Generaldirektorin der Europäischen Organisation für Kernforschung (CERN). Vgl. dazu auch Krais und Krumpeter: *Wissenschaftskultur und weibliche Karrieren*, 1997, 61.

66 Das 1880 per Ministerialerlass eingeführte Zölibat, das eine Unvereinbarkeit von Ehe und Beruf für Lehrerinnen festschrieb, wurde erst 1951 bzw. 1957 abgeschafft.

67 Das Beamtinnenbesoldungsgesetz von 1933 erlaubte auch in der BRD noch lange, die Bezüge von Beamtinnen um zehn Prozent zu kürzen. »Doppeldienst« als Kündigungsgrund für Beamtinnen wurde in der BRD erst 1951 gestrichen. Vgl. dazu Maul: *Akademikerinnen in der Nachkriegszeit*, 2002, 34–35.

68 Kalinte: Die Frau als Doppelverdienerin, 1950.

69 Ohne Berlin und das Saarland. Für genaue demografische und statistische Angaben sowie die Aufschlüsselung in die einzelnen Bereiche und die Verteilung auf die Bundesländer vgl. den Abschnitt »Frauenerwerbsarbeit« in Drucksache V/909 1964: 58–80.

Besonders hoch war der Frauenanteil im Dienstleistungssektor, im Handel, im Bank- und Versicherungswesen sowie in den »traditionell weiblichen« Industrien, etwa der Textilverarbeitung und Nahrungsmittelherstellung. Insbesondere in der Industrie wurden Frauen in nahezu allen Bereichen eingesetzt, und das in einem Umfang, der sogar noch die während des Zweiten Weltkriegs herrschenden Verhältnisse übertraf.[70] Diese Zunahme ging vor allem auf zwei Faktoren zurück: zum einen auf den großen Bedarf an weiblichen Arbeitskräften, bedingt durch den wirtschaftlichen Aufschwung, der sich in der Produktionssteigerung und dem Ausbau des Verteilungsapparats niederschlug, durch die Ausweitung der Verwaltung sowie die fortschreitende Technisierung und Differenzierung des Wirtschaftslebens, in deren Folge sich neue Arbeitsmöglichkeiten für Frauen eröffneten.[71] Und zum anderen auf das insgesamt gestiegene Interesse von Frauen an Erwerbstätigkeit allgemein. Hierfür war die Frage der Existenzsicherung entscheidend, mit der sich nach dem Krieg die überwiegende Mehrheit lediger, verwitweter, geschiedener und geflüchteter Frauen konfrontiert sah.[72]

Der massive Anstieg der Frauenerwerbstätigkeit ging jedoch keineswegs mit einer qualitativen Ausweitung einher, zumal der Anteil von Akademikerinnen und berufstätigen Frauen in gehobenen Positionen deutlich geringer war: Das Gros – zwei Drittel – der erwerbstätigen Frauen waren Industriearbeiterinnen. Die Wirtschaftswissenschaftlerin Charlotte Lorenz veröffentlichte 1953 im Auftrag des Deutschen Akademikerinnenbundes (DAB) eine Studie, die Aufschluss über die »Entwicklung und Lage der weiblichen Lehrkräfte an wissenschaftlichen Hochschulen Deutschlands« für das Jahr 1952 gab:[73] Frauen stellten

---

70 Für weitergehende Informationen zu erwerbstätigen Frauen in der Industrie vgl. z. B. Läge: *Die Industriefähigkeit der Frau*, 1962.

71 Der Bericht von 1964 führt als Beispiele der »neu erschlossenen Berufsmöglichkeiten für Frauen« an: Bau-, Teilzeichnerin, Baustoffprüferin (Chemie), Beschäftigungstherapeutin, Biologielaborantin, Chemielaborantin, Chemotechnikerin, Eheberaterin, Elektroassistentin, Elektroprüferin, Erziehungsberaterin, Gehilfin in Wirtschafts- und steuerberatenden Berufen, Landwirtschaftlich-technische Assistentin, Luftstewardess, Metallographin, Photolaborantin, Physik-Laborantin, Psychagogin, Reisebürogehilfin, Reiseleiterin, Rundfunksprecherin, Schaufenstergestalterin, Tankwartin, Technische Zeichnerin, Textillaborantin, Tontechnikerin, Werkstoffprüferin (Chemie) und Werkstoffprüferin (Physik). Drucksache V/909 1960: 77.

72 Vgl. dazu Ruhl: *Verordnete Unterordnung*, 1994, 12.

73 Lorenz: Frauen im Hochschullehramt, 1953, 8–10, 10. – Unter Bezugnahme auf diese Untersuchung spricht Christine von Oertzen für das Jahr 1953 von 83 weiblichen Dozentinnen in Westdeutschland, von denen nur drei Professorinnen waren; Oertzen: »Was ist Diskriminierung?«, 2012, 103–118, 105. Vgl. dazu auch Lorenz: *Entwicklung und Lage der weiblichen Lehrkräfte*, 1953; Hampe: Die habilitierten weiblichen Lehrkräfte, 1961, 21–31. – Die erste amtliche und nach Geschlechtern differenzierte Statistik über das Lehr- und wissenschaftliche Hilfspersonal an den Wissenschaftlichen Hochschulen in der BRD wurde vom Statistischen Bundesamt in Zusammenarbeit mit den Ländern der Bundesrepublik durch eine bundeseinheitliche Erhebung vom 28. Februar 1953 aufgebaut: Statistik der Bundesrepublik Deutschland, Band 196: Hochschulen und lehrerbildende Anstalten, Heft 1. Vgl. dazu und zu den Folgejahren Drucksache V/909 1964: 165–169.

gerade einmal 3,6 Prozent aller Lehrenden an westdeutschen und 9,7 Prozent an ostdeutschen Universitäten.[74] Damit bildete Deutschland im internationalen Vergleich das Schlusslicht, »unterboten nur noch von Guatemala, Ecuador und Österreich«.[75]

Der Wirtschaftsaufschwung nach 1951 mit seinem Bedarf an billiger Arbeitskraft begünstigte vor allem die unqualifizierte Frauenarbeit, da Frauen zunächst die einzige Arbeitskraftreserve bildeten.[76] 1961 war fast die Hälfte aller Arbeitnehmer:innen Frauen. Da beabsichtigt war, Frauen immer nur bei Bedarf in die Produktion einzubeziehen, blieben die Struktur der Frauenerwerbsarbeit und die Arbeitsschutzbestimmungen unverändert, was bedeutete: niedrigere Qualifikationen, geringere Löhne, keine Aufstiegschancen, fehlende sanitäre Einrichtungen, zu kurze Ruhepausen und gesundheitsgefährdende Tätigkeiten. In den Tarifverhandlungen mit den Arbeitgebern setzten sich die Gewerkschaften in erster Linie für Männerlöhne ein, die Arbeiterinnen profitierten nur unerheblich. Als im Februar 1950 die »Hauptabteilung Frauen« im DGB ihre Arbeit aufnahm,[77] befand sich die Frauenarbeitslosigkeit auf dem Höchststand in der Nachkriegszeit: Offiziell waren 455.910 Frauen auf Arbeitssuche.[78] Aus Angst vor Entlassung nahmen weibliche Erwerbstätige ein Lohngefälle von bis zu 31 Prozent gegenüber ihren männlichen Kollegen in Kauf. In der zweiten Hälfte der 1960er-Jahre machten Frauen mehr als ein Drittel aller Erwerbstätigen in der Bundesrepublik aus, über 70 Prozent waren auf schlecht bezahlten Stellen beschäftigt, 50 Prozent übten ihre Tätigkeit als angelernte Beschäftigte aus. Durch die Eingruppierung in sogenannte Leichtlohngruppen wurden sie zusätzlich diskriminiert.[79]

---

74 Zum DAB und den dort vernetzten Akademikerinnen vgl. die maßgebliche Studie von Oertzen: *Strategie Verständigung*, 2012.

75 Brentano: Die Situation der Frauen, 1963, 73–90, 74. Brentano bezog sich hierzu auf eine Studie der UNESCO. – Aufschluss darüber, wie lange die BRD auf dieser Position verharrte und an welcher Stelle die MPG dabei im nationalen Vergleich rangierte, gibt das Kapitel 4.2.6.

76 Dieses Kontingent der Billigarbeitskräfte wurde ab 1954 durch Gastarbeiter:innen ergänzt, deren Zahl sich binnen sieben Jahren von 71.000 auf 507.000 erhöhte; vgl. dazu Ruhl: *Verordnete Unterordnung*, 1994, 291–292.

77 Der Deutsche Gewerkschaftsbund (DGB) wurde am 12. Oktober 1949 in München gegründet und vereinte unter seinem Dach die Interessen von 16 Einzelgewerkschaften. Vorsitzender wurde Hans Böckler, die einzige Frau im Geschäftsführenden Bundesvorstand war Thea Harmuth, die ab Februar 1950 die neu gegründete »Hauptabteilung Frauen« leitete.

78 Das betraf vor allem die Bundesländer mit einem besonders hohen Anteil an geflüchteten Menschen; ebd., 298–299.

79 Vgl. dazu Menne: Die wichtigsten Stationen der Gleichberechtigung, 2011, 20–22. – Die Abschaffung dieses *downgrading* der Frauenarbeit, das gegen das Gleichbehandlungsgebot in Art. 3 Abs. 2 des Grundgesetzes verstieß, war seit Ende der 1960er-Jahre eine Forderung der Linken, wurde jedoch erst Ende der 1980er-Jahre vom Bundesarbeitsgericht als mittelbare Diskriminierung verboten.

Gesellschaftlich führte die stetige Zunahme der Frauenerwerbstätigkeit zu keiner tiefgreifenden Neubewertung der Frauenarbeit. Obwohl Kirche und Wirtschaft verschiedene Standpunkte hinsichtlich der Erwerbstätigkeit von Frauen vertraten, einte sie ihr dezidiertes, wenngleich unterschiedlich gelagertes Interesse, die Gleichberechtigung der Frau zu verhindern; die einen, um die untergeordnete Rolle der Frau und Mutter in der patriarchalen Familienhierarchie zu behaupten, die anderen, um sich die – im Verhältnis zu den Männern – billigere weibliche Arbeitskraft zu sichern. Familienpolitisch trugen sowohl die Verschärfung des Scheidungsrechts (1961) als auch die Einführung des Kindergeldes dazu bei, das konservative Ehe- und Familienmodell der »Hausfrauenehe« aufrechtzuerhalten, das Frauen Berufstätigkeit nur erlaubte, wenn dies ihre Fürsorgepflichten für Ehe und Familie nicht beeinträchtigte.[80] Hauptgründe für die Beargwöhnung der Erwerbstätigkeit von Frauen waren die Sorge um die weibliche Reproduktionsfähigkeit sowie der Vorwurf, sie würden den Männern ihre Arbeitsplätze wegnehmen. Den berufstätigen Frauen wurde vorgeworfen, maßgeblich verantwortlich für die Krise der Nachkriegsfamilie zu sein.[81]

Im September 1966 erschien der Enquete-Bericht zur Situation der westdeutschen Frau in Beruf, Familie und Gesellschaft.[82] Bereits 1962 hatte die SPD im Deutschen Bundestag beantragt, eine entsprechende Erhebung vorzunehmen. Die SPD-Abgeordnete Käte Strobel[83] begründete dies 1963 mit der sprunghaft gestiegenen Berufstätigkeit von Frauen und den sich daraus ergebenden Folgen, auf die Politik und Gesellschaft sinnvoll reagieren müssten. Die Ergebnisse der Volks- und Berufszählung von 1961 habe ergeben, dass über ein Drittel der weiblichen Bevölkerung der Bundesrepublik berufstätig sei,[84] aber in das öffentliche Bewusstsein hätte der Tatbestand so vieler berufstätiger Frauen nur Einzug als »berufliche Notwendigkeit« oder als »Krise der Familie« gefunden. »Ich möchte sagen, kein Thema ist mit derart massiven Vorurteilen, Tabus und vermeintlichem Wissen von der Mission der Frau belastet wie jene Fragen, die die Stellung der Frau in unserer Gesellschaft betreffen.«[85]

Bis 1952 war der Anteil von Frauen unter den Studierenden in Westdeutschland auf 16 Prozent gefallen. Frauen wurden zum Studium zunächst nur zu-

---

80 Siehe dazu Kapitel 4.2.2.
81 Zur Nachkriegssituation von Frauen vgl. etwa Frevert: Frauen auf dem Weg zur Gleichberechtigung, 1990, 113–130.
82 Deutscher Bundestag: (Hg.): *Bericht der Bundesregierung*, 1966. – Vgl. dazu auch das Kapitel 4.2.
83 Die Sozialdemokratin Strobel war seit ihrer frühen Jugend politisch aktiv, später wurde sie Bundesministerin, zunächst für Gesundheit (1966–1969), dann für Gesundheit, Jugend und Familie (1969–1972). Legendär ihr Zitat von 1959: »Politik ist eine viel zu ernste Sache, als dass man sie allein den Männern überlassen könnte.« Hier zitiert nach der Dokumentation des Journalisten und Filmemachers Körner: Die Unbeugsamen, 2021.
84 Statistisches Bundesamt Wiesbaden (Hg.): *Bevölkerung und Kultur*, 1967, 29–37.
85 Strobel im April 1963 im Bundestag, zitiert nach Kipphoff: Die restlos ausgewertete Frau, 1966.

gelassen, wenn sie während der NS-Zeit bereits unmittelbar vor dem Abschluss des Studiums gestanden hatten oder aber als »Kriegerwitwen« ihren Lebensunterhalt selbst verdienen mussten. Auch in der DDR lag der Frauenanteil 1953 mit 22 Prozent nur wenig höher. Die beliebtesten Studienfächer westdeutscher Studentinnen, die sich wie auch ihre Kommilitonen weiterhin überwiegend aus dem Besitz- und Bildungsbürgertum rekrutierten, waren Pharmazie, Medizin sowie Geistes- und Kulturwissenschaften, Letztere oft mit dem Berufsziel Höheres Lehramt.[86] Anders in der DDR, wo vermehrt Kinder aus Arbeiter- und Angestelltenfamilien an die Universitäten gingen und Frauen verstärkt MINT-Fächer studierten, also in den Disziplinen Mathematik, Informatik, Naturwissenschaft und Technik.[87]

Die Wissenschaftshistorikerin Christine von Oertzen hat die bundesdeutsche Universitätsgeschichte aus dem Blickwinkel der westdeutschen Frauenbewegungs- und Geschlechtergeschichte betrachtet. Kritisch reflektierte sie die westdeutsche Bildungsexpansion in Verbindung mit dem massiven Ausbau der Universitäten unter dem Gesichtspunkt des beruflichen Fortkommens bzw. der »Dauerzurücksetzung« von Wissenschaftlerinnen an den Hochschulen. Die Dynamik bildungssozialer und -politischer Prozesse erlaube, »geschlechtsspezifische Differenzen zu sozialer Mobilität wie auch Grenzen und Kosten gesellschaftlicher Liberalisierungsprozesse besonders plastisch herauszuarbeiten«.[88]

Die Reformphase der Hochschulen begann 1952, ohne die weiblichen Hochschulangehörigen zu berücksichtigen;[89] von den insgesamt 83 Dozentinnen waren nur drei Professorinnen. Die DAB-Vorsitzende Luise Berthold bezeichnete dies konsequent als »allgemeine Diskriminierung« der gesamten weiblichen Dozentenschaft. Auf der Honnefer Hochschulreformkonferenz (HHRK) 1955 gelang es ihr, die HHRK zu der Empfehlung zu bewegen, im Fall »geeigneter weiblicher Hochschullehrer« deren Berufung »in Erwägung« zu ziehen.[90] Eine kaum weiter zu erwähnende Selbstverständlichkeit sollte man meinen, doch vor dem Hintergrund jener Zeit und in Anbetracht des Umstands, dass die Empfehlung anschließend von der westdeutschen Rektorenkonferenz gebilligt wurde, wertet Oertzen dies als deutlichen Erfolg.[91] Dennoch waren bis Ende der 1950er-Jahre keine greifbaren Fortschritte zu verzeichnen: Zwar verdoppelte sich die Anzahl habilitierter Wissenschaftlerinnen nahezu, doch die Anzahl von Professorinnen blieb weiterhin verschwindend gering.[92] 1960 kritisierte der DAB

86 Vgl. dazu Maul: *Akademikerinnen in der Nachkriegszeit*, 2002, 82–84; Hagemann: Gleichberechtigt?, 2016, 108–135.
87 Zur Situation von Akademikerinnen in der DDR vgl. Maul: *Akademikerinnen in der Nachkriegszeit*, 2002, insbesondere 218–236; Budde (Hg.): *Frauen der Intelligenz*, 2003.
88 Oertzen: »Was ist Diskriminierung?«, 2012, 103–118, 103.
89 Ebd., 104.
90 Berthold zitiert nach ebd., 105.
91 Ebd.
92 160 habilitierte Frauen gegenüber 13 Berufungen auf Lehrstühle; ebd., 106. – Oertzens Zahlen beruhen auf Hampe: Die habilitierten weiblichen Lehrkräfte, 1961, 21–31.

die Weisung des Wissenschaftsrats, Hausberufungen zu vermeiden, da damit die Chancen von Wissenschaftlerinnen auf Berufungen noch weiter gemindert würden, weil diese – wenn überhaupt – eigentlich nur an ihrer eigenen Uni Chancen hätten, die Karriereleiter zu erklimmen. Für das Wintersemester 1965/66 wies die DAB-Statistik schließlich 210 weibliche Lehrkräfte an Hochschulen aus, von denen 23 Ordinaria, 17 außerordentliche Professorinnen, 64 außerplanmäßige Professorinnen, 10 Honorarprofessorinnen, 86 Privatdozentinnen sowie 10 Lektorinnen oder Hilfskräfte waren.[93] In ihrem berühmten Vortrag im Rahmen der Universitätstage 1963 an der Freien Universität (FU) Berlin konstatierte die Philosophin Margherita von Brentano,[94] dass das Problem der Frauen in der Universität nicht universitätsspezifisch sei:

Das Vorurteil gegen die Frauen als die anderen und darum minderwertigen, das hier herrscht, der Antagonismus, den es artikuliert, ist nichts anderes als Vorurteil und Antagonismus gegen sie in der Gesamtgesellschaft. Daß es in der Universität in besonderer Schärfe herrscht, was Angers Untersuchung zeigt,[95] liegt nicht daran, *daß* die Universität *Stätte der Wissenschaft* ist, sondern daran, daß der Beruf des Universitätslehrers zu den höchstqualifizierten und am meisten mit Prestige dotierten Berufen gehört. Relevant im Hinblick auf die Universität ist an dem Komplex, daß, *obwohl sie Stätte der Wissenschaft ist*, auf dem Boden der Universität die Vorurteile ungehindert und fast stärker gedeihen als anderswo. Erschreckend und desillusionierend für den, der das Problem untersucht, ist, daß Wissenschaft als Beruf die Menschen, die sie betreiben, um nichts widerstandsfähiger, um nichts kritischer und gefeiter macht gegen Vorurteile, gegen blinden Gruppen- und Geschlechtsantagonismus.[96]

Brentanos Ernüchterung darüber, dass selbst die *scientific community* der Universität nicht nur keine Bastion gegen »blinden Geschlechtsantagonismus«, sondern vielmehr ein Hort der Geschlechterstereotypen und jeglicher Art von Zuschreibungen gewesen ist, hätte sie im selben Maße – und über einen noch längeren Zeitraum hinweg – auch bei einer Betrachtung der Max-Planck-Gesellschaft ergriffen. Trotz höchster Ansprüche an wissenschaftliche Exzellenz, insbesondere im Bereich der Naturwissenschaften, nahm die MPG keine gesamtgesellschaftliche Vorreiterrolle ein, um Vorurteile und Antagonismen gegen Frauen zu bekämpfen.[97]

---

93 Oertzen: »Was ist Diskriminierung?«, 2012, 103–118, 107, Fußnote 16. Vgl. dazu sowie zur Verteilung der Hochschullehrerinnen auf die einzelnen Fachrichtungen auch Lehmann: Frauen an den Hochschulen in der Bundesrepublik Deutschland, 2016, 31–37, 32–34.
94 Brentano habilitierte 1971 und wurde 1972 zur Professorin berufen. Zuvor war sie 1970 zur ersten Vizepräsidentin der FU gewählt worden. Zwei Jahre später legte sie das Amt nieder aus Protest gegen die politisch motivierte Weigerung des Berliner Senats, den trotzkistischen Ökonomen Ernest Mandel an die FU zu berufen.
95 Brentano bezieht sich hier auf Anger: *Probleme der deutschen Universität*, 1960.
96 Brentano: Die Situation der Frauen, 1963, 73–90, 93, Hervorhebungen im Original.
97 Vgl. dazu insbesondere Kapitel 5.2.

3.2.2   Struktur und Hierarchie

> The problem of hierarchy (who is the boss?)
> remains, and is solved in the Max-Planck-Society
> by providing real tenure only for the top posi-
> tions. Isn't there room here for an adjustment?[98]

3.2.2.1   Selbstverständnis der MPG: Harnack-Prinzip und Habitus

Thomas Kuhns Feststellung, der Prozess zur Gewinnung wissenschaftlicher Erkenntnisse sei vor allem ein sozialer und untrennbar mit seinem zeitgeschichtli-
chen Kontext verwoben,[99] wurde auch in dem Gedanken reflektiert, den der inzwischen verstorbene MPG-Präsident Hans Zacher dem Programm »Geschichte
der Max-Planck-Gesellschaft« mit auf den Weg gab: »Forschung ist ein soziales
Geschehen, eine soziale Wirklichkeit. Das bedeutet zentral: Wissenschaft ist
einerseits ein in sich autonomes und geschlossenes Geschehen; und doch ist sie
andererseits so, wie Gesellschaft und Staat sie ermöglichen, in Dienst nehmen
und eingrenzen.«[100] Karin Knorr-Cetina hat – und dies keineswegs nur für die
feministische Sozialforschung – empirisch nachgewiesen, dass die epistemische
Dimension der Wissenschaft innerhalb der sozialen Konstruktionsprozesse
liegt.[101] Es ist also davon auszugehen, dass es im wissenschaftlichen Alltag keine
analytische Trennung des Sozialen vom Epistemischen gibt, sondern diese erst
durch die soziale Praxis erzeugt wird, indem beispielsweise kollektive Prozesse
durch Hierarchien unsichtbar gemacht werden. Wie sich das in der Wissenschaftskultur der Max-Planck-Gesellschaft habituell ausgeprägt hat, soll im
Folgenden insbesondere im Hinblick auf mögliche habituelle und epistemische
Exklusions- und Inklusionsmechanismen analysiert werden.

Kultursoziologisch betrachtet, ist die Max-Planck-Gesellschaft ein soziales
Feld mit eigenen Strukturen, Funktionsmechanismen und einer eigenen Kultur.
Dieser Ansatz ist in den vergangenen Jahrzehnten von Wissenschaftshistori-
ker:innen und -soziolog:innen häufig verwendet worden, um das Phänomen
der »gläsernen Decke« für Wissenschaftlerinnen im Hochschulbereich zu erforschen. Insbesondere Beate Krais hat darauf hingewiesen, »dass Wissenschaft
nicht nur als eine spezifische (geistige) Tätigkeit der Erkenntnis beschrieben
werden kann, sondern auch als ›Kultur‹ in der man lebt, als ein Komplex von
Sitten und Gebräuchen, Traditionen, Denkweisen, Gewohnheiten, sozialen Beziehungen«.[102] Dabei sei entscheidend, dass die »Wissenschaftskultur« nicht auf

---

98 Vennesland: Recollections and Small Confessions, 1981, 1–21, 16.
99 Kuhn: *Die Struktur wissenschaftlicher Revolutionen*, 2003.
100 Schreiben von Hans F. Zacher an Jürgen Renn, 24. März 2010, unveröffentlicht.
101 Knorr-Cetina: *Die Fabrikation von Erkenntnis*, 1984.
102 Krais (Hg.): *Wissenschaftskultur und Geschlechterordnung*, 2000.

die im engeren Sinne wissenschaftliche, sprich: berufliche Tätigkeit beschränkt
bleibe. In diesem Zusammenhang haben Beate Krais und Tanja Krumpeter
geltend gemacht, das männliche Wesen der Wissenschaftswelt könne nicht mit
»epistemologischen Merkmalen wie spezifischen wissenschaftlichen Denkweisen, den methodischen Standards der Fächer« erklärt werden, genauso wenig
wie diese den höheren Anteil von Frauen in der Psychologie als in der Physik
plausibel machen könnten.[103]

Wenn man sich eine Vorstellung der hier im Zentrum stehenden Wissenschaftskultur des MPG und der dort tradierten »Sitten und Gebräuche, Traditionen, Denkweisen, Gewohnheiten und sozialen Beziehungen« machen
will, ist es sinnvoll, sich zunächst das Selbstverständnis dieser Institution zu
vergegenwärtigen:

Die Max-Planck-Gesellschaft ist Deutschlands erfolgreichste Forschungsorganisation – seit ihrer Gründung 1948 finden sich alleine 20 Nobelpreisträgerinnen und
Nobelpreisträger in ihren Reihen. Damit ist sie auf Augenhöhe mit den weltweit besten
und angesehensten Forschungsinstitutionen. Die mehr als 15.000 Publikationen jedes
Jahr in international renommierten Fachzeitschriften sind Beleg für die hervorragende Forschungsarbeit an Max-Planck-Instituten – viele Artikel davon dürfen sich
zu den meistzitierten Publikationen in ihrem jeweiligen Fachgebiet zählen.[104]

Mit diesen Worten leitete die Max-Planck-Gesellschaft im Jahr 2021 ihre Selbst-
darstellung ein. Und in diesen drei Sätzen sind bereits alle entscheidenden
Kriterien wissenschaftlichen Erfolgs versammelt: Ansehen, Nobelpreis, Impact-
Faktor. Doch welche sozialen, historischen oder politischen Faktoren entscheiden über den Erfolg einer Wissenschaftler*in*? Welche Prozesse müssen noch in
Gang gesetzt werden, wenn trotz eines im Laufe der Jahrzehnte gewandelten
Frauenbildes und veränderter Regularien Frauen bis in die Gegenwart offenbar
die weniger erfolgreichen Wissenschaftler:innen bleiben? Der Lohn wissen-
schaftlicher Arbeit ist weniger pekuniärer Natur als vielmehr Anerkennung und
Erfolg. Herausragende – exzellente! – Leistungen werden womöglich sogar mit
dem Nobelpreis belohnt, das ist das Kapital der *scientific persona*.[105]

Wissenschaftlerinnen verdienen nicht nur nachweislich weniger Geld als
ihre Kollegen, sondern machen zudem einen deutlich geringeren Anteil der
Nobelpreisträger:innen aus. Das könnte im Umkehrschluss nahelegen, dass
weibliche Wissenschaftlerinnen einfach nicht so gute Forschung betreiben und
deswegen – verdientermaßen – auch nicht so erfolgreich sind wie ihre männlichen Kollegen, eben keine *scientific personae*. Denn wie schon in der KWG
fungiert auch in der MPG Meritokratie als strukturierendes Prinzip, das heißt,

---

103 Krais und Krumpeter: *Wissenschaftskultur und weibliche Karrieren*, 1997, 8.
104 Ein Porträt der MPG, http://www.mpg.de/kurzportrait. Zuletzt aufgerufen am 30. April
       2021.
105 Ausführlich dazu Daston: Die wissenschaftliche Persona, 2006, 109–136.

wissenschaftliches Prestige wird durch Leistung und Verdienst erworben.[106] Ein anderer Grund könnte jedoch sein, dass sie durch das Wissenschaftssystem strukturell diskriminiert worden sind, wobei dann die Unterrepräsentation von Wissenschaftlerinnen ihre Chancenteilhabe an Auszeichnungen verhinderte. Dies gilt es im weiteren Verlauf zu untersuchen.

Leistung ist vordergründig das Kriterium, das über Teilhabe an oder Ausschluss aus der *scientific community* entscheidet.[107] All diejenigen können *scientific personae* werden, die hervorragende Leistungen erbringen.[108] Doch wie und von wem werden wissenschaftliche Leistung und Erfolg gemessen? Das geschieht anhand von Verfahren durch und Zuschreibungsprozessen innerhalb der *scientific community*, die für sich selbst Objektivität im Sinne von Mertons Prinzip des Universalismus beansprucht. Aufgrund des Universalismusprinzips ist das Wissenschaftssystem dem Glauben verpflichtet, dass »Wahrheitsansprüche« der Wissenschaft nur dann legitim sind, wenn sie »vorab aufgestellten, unpersönlichen Kriterien« unterworfen werden, das heißt der Gleichheit in der Bewertung von Forschungsleistungen unabhängig von Herkunft, Geschlecht oder Status entsprechen.[109] Durch diese »Verpflichtung der Wissenschaft auf universalistische Kriterien«, so Nina Stebut 2003 in ihrer Studie zur Integration von Wissenschaftlerinnen in die MPG, soll »Willkür in der Bewertung wissenschaftlicher Leistungen« weitgehend ausgeschaltet werden.[110]

Das Forschungsverständnis der Max-Planck-Gesellschaft basiert zudem auf einem persönlichkeitszentrierten Strukturprinzip, das sie von anderen Forschungseinrichtungen unterscheidet und das sie als Gradmesser für ihren Erfolg betrachtet: dem Harnack-Prinzip.[111] Allein die Tatsache, dass es die MPG selbst bis zum heutigen Tag zu ihrem Leitprinzip macht, begründet dessen Bedeutung für die vorliegende Untersuchung.

Das Harnack-Prinzip stellt in der MPG traditionell die Leitlinie für die Berufung der »besten Köpfe als Wissenschaftliche Mitglieder« dar und bietet diesen »herausragend kreativen, interdisziplinär denkenden Wissenschaftlerinnen und Wissenschaftlern Raum für ihre unabhängige Entfaltung:[112]

---

106 Hachtmann: *Wissenschaftsmanagement im »Dritten Reich«*, 2007, 39–41.
107 Vgl. dazu Beaufaÿs: Aus Leistung folgt Elite?, 2005, 54–57, 55.
108 Vgl. dazu ausführlich Beaufaÿs: *Wie werden Wissenschaftler gemacht?*, 2003, 13.
109 Merton: Die normative Struktur der Wissenschaft, 1985, 86–89, 86. – Umfassend zur Kartierung der Objektivität in den Wissenschaften und der Verschmelzung hochgesteckter epistemischer Ideale mit alltäglichen Praktiken: Daston und Galison: *Objectivity*, 2010.
110 Stebut: Ausgangslage, 2003, 21–28.
111 Der Begriff Harnack-Prinzip und sein teilweise inflationärer Gebrauch stehen schon seit Längerem in der Kritik. Vgl. etwa Brocke und Laitko (Hg.): *Die Kaiser-Wilhelm-/Max-Planck-Gesellschaft*, 1996; Laitko: Persönlichkeitszentrierte Forschungsorganisation, 1996, 583–632.
112 Aus: Perspektiven 2010: Der Ansatz Planck. Website der MPG, Februar 2016.

Worauf gründen sich diese Erfolge? Die wissenschaftliche Attraktivität der Max-Planck-Gesellschaft basiert auf ihrem Forschungsverständnis: Max-Planck-Institute entstehen nur um weltweit führende Spitzenforscherinnen und -forscher herum. Diese bestimmen ihre Themen selbst, sie erhalten beste Arbeitsbedingungen und haben freie Hand bei der Auswahl ihrer Mitarbeiterinnen und Mitarbeiter. Dies ist der Kern des seit rund 100 Jahren erfolgreichen Harnack-Prinzips, das auf den ersten Präsidenten der 1911 gegründeten Kaiser-Wilhelm-Gesellschaft, Adolf von Harnack, zurückgeht. Mit diesem Strukturprinzip der persönlichkeitszentrierten Forschungsorganisation setzt die Max-Planck-Gesellschaft bis heute die Tradition ihrer Vorgängerinstitution fort.[113]

Doch wie werden – im Rekurs auf Sandra Beaufaÿs – weltweit führende Spitzenforscherinnen gemacht?[114] Denn, wie Steffani Engler resümiert, die *scientific personae* haben eine Geschichte, »die keinen Zweifel daran läßt, daß Wissenschaft und Männlichkeit eine Allianz eingegangen sind«.[115] Was müssen also Wissenschaftlerinnen leisten, um auch als solche anerkannt zu werden? Worin unterscheiden sich weibliche und männliche Akteur:innen in ihrer Beteiligung an dem, was Pierre Bourdieu soziales »Spiel« nennt?[116] Schematisch ließe sich das womöglich mit dem Begriffspaar »Genie«[117] versus »Ausnahmewissenschaftlerin«[118] beantworten. Dafür erweist sich ein Blick zurück in die Vorgeschichte der MPG als hilfreich.

3.2.2.2 Zur wechselseitigen Konstitution von Genie und Geschlecht

Im 19. und beginnenden 20. Jahrhundert galt wissenschaftliche Leistung als Resultat nicht erlernbarer Inspiration. Diese konnte nicht *erlangt* werden, sondern war dem Wissenschaftler »von göttlicher Gnade als Charisma in die Wiege gelegt worden«[119] und *entfaltete* sich. Oder in den Worten Emil Kraeplins: »Ein tüchtiger Beamter kann man bei einiger Begabung durch Fleiß und Ausdauer werden; Forscher ist man von Gottes Gnaden.«[120] Bei der charismatischen Ideo-

---

113 Ein Porträt der Max-Planck-Gesellschaft. Website der MPG, https://www.mpg.de/kurz portrait. Zuletzt aufgerufen am 30. April 2021.

114 Beaufaÿs: *Wie werden Wissenschaftler gemacht?*, 2003.

115 Engler: Zum Selbstverständnis von Professoren, 2000, 121–152, 140.

116 Bourdieu und Wacquant: Die Ziele der reflexiven Soziologie, 1996, 95–249.

117 Ein »Mensch mit überragender schöpferischer Begabung, Geisteskraft«. https://www. duden.de/rechtschreibung/Genie_Koryphaee_Genius. Zuletzt aufgerufen am 27. März 2021.

118 Eine »Erscheinung [Wissenschaftlerin], die in ihrer Besonderheit unter vielen eine Ausnahme bildet«. https://www.duden.de/rechtschreibung/Ausnahmeerscheinung. Zuletzt aufgerufen am 27. März 2021.

119 Engler: »*In Einsamkeit und Freiheit?*«, 2001, 121; Ben-David: *The Scientist's Role in Society*, 1984.

120 Vortrag von Kraeplin am 29. September 1908 »Die Auslese für den akademischen Beruf«, zitiert nach Schmeiser: *Akademischer Hasard*, 1994, 35.

logie geht es um »genuin selbständige und neuartige Leistungen«, die strikt an eine Person gebunden sind und von dieser mit graziöser Leichtigkeit erbracht werden.[121] Edgar Zilsel führte diese Genievorstellungen auf das menschliche Bedürfnis zurück, »körperlich und geistig überragende Menschen zu bewundern und zu verehren«, ein Bedürfnis, das nicht zuletzt mit der großen Seltenheit überragender Menschen zusammenhänge. Nach Zilsels Auffassung achtet der Geniebegriff »weniger auf die sachliche Leistung« und die äußeren Einflüsse als auf die »persönliche Leistungsfähigkeit« und die »innere, angeborene Begabung«.[122]

Die Kaiser-Wilhelm-Gesellschaft bot diesem Geniekult den »Götterhimmel der Wissenschaft« auf Erden – »in Dahlem«.[123] Zu den »mythisch verklärten Genies wie Goethe und Schiller, Friedrich II. und Bismarck, Krupp und Siemens« gesellten sich nun geniale Wissenschaftler wie Max Planck und Fritz Haber.[124] Es überrascht nicht, dass die Wahrnehmung des Wissenschaftlers »als göttlich inspiriertes, ins Übermenschliche entrücktes Genie«[125] den Elitegedanken in der KWG förderte, ihr Bedürfnis, sich von »der Masse« abzusetzen: »Die genuin bürgerliche Aversion gegen die ›Masse‹ war in der elitären Wissenschaftsgesellschaft vielleicht noch schärfer ausgeprägt als im […] Bürgertum und geradezu konstitutiv für die KWG.«[126] Ikonografisch wurde Marie Curie in diesem »Götterhimmel« zur Referenz, wenn Albert Einstein seine Kollegin Lise Meitner als »unsere Marie Curie« bezeichnete.[127] Aber sie blieb immer eines: die große *Ausnahme*. Bereits acht Jahre nach der Gründung der KWG hatte Max Weber 1919 in seinem Vortrag »Wissenschaft als Beruf« die Wissenschaftler von Gottes Gnaden vom Himmel zurückgeholt auf die Erde mit seinem Befund, dass Wissenschaft das Resultat harter Arbeit sei.[128] Damit waren *scientific personae* zwar nicht mehr göttlich, blieben aber offenbar weiterhin männlich.[129] Ein

---

121　Schmeiser: *Akademischer Hasard*, 1994, 36–37.

122　Zilsel: *Die Entstehung des Geniebegriffs*, 1972, 4.

123　Interview Kristie Macrakis mit Butenandt und Telschow, AMPG, III. Abt., Rep. 83, Nr. 10 (1. Abschrift, S. 34).

124　Hachtmann: *Wissenschaftsmanagement im »Dritten Reich«*, 2007, 39.

125　Szöllösi-Janze: *Lebens-Geschichte*, 2000, 17–35, 22.

126　Hachtmann: *Wissenschaftsmanagement im »Dritten Reich«*, 2007, 38. – Zum Harnack-Zitat vgl. auch: Generalverwaltung der MPG (Hg.): *50 Jahre Kaiser-Wilhelm-Gesellschaft und Max-Planck-Gesellschaft*, 1961, 95. – Zum Elitedenken im universitären Bereich vgl. beispielsweise Klein: *Elite und Krise*, 2020.

127　Frank: *Einstein*, 2002, 139.

128　Weber: *Wissenschaft als Beruf*, 2006. – Dazu auch interessant Zilsels Anregung, den Geniebegriff religionspsychologisch zu betrachten; Zilsel: *Die Entstehung des Geniebegriffs*, 1972, 5.

129　»Doch scheint die Entzauberung, die Max Weber leistete, indem er den wissenschaftlichen Erfolg von göttlicher Gnade befreite und auf den ›Boden von harter Arbeit‹ stellte nach wie vor ein primär Männer betreffender Sachverhalt zu sein.« Engler: *Zum Selbstverständnis*, 2000, 121–152, 123.

Sachverhalt, der in dem von Fritz Haber geprägten Begriff »Bruderschaft der Forscher«[130] reflektiert wird. Er verdeutliche, so Alexandra Przyrembel, dass der Zusammenhalt der Wissenschaftler in der Kaiser-Wilhelm-Gesellschaft auf den Mechanismen von nicht nur, aber insbesondere geschlechtsspezifischer Inklusion und Exklusion basierte.[131] Der fortgesetzte, wenngleich säkularisierte Glaube an das wissenschaftliche Charisma manifestierte sich dann 1932 in Max Plancks Formulierung des Harnack-Prinzips:

Die Leistungen eines jeden Kaiser-Wilhelm-Instituts beruhen im Grunde auf der Persönlichkeit seines Direktors. Der Direktor ist die Seele des Instituts, er schaltet im Rahmen der allgemeinen satzungsmäßigen Bestimmungen und des ihm zur Verfügung stehenden Etats als Herr im Hause, er bestimmt die Aufgaben, die in Angriff zu nehmen sind, er trägt die Verantwortung für das in dem Institut Geleistete.[132]

Was die »Bruderschaft der Forscher« angeht, so entzauberte Theresa Wobbe nicht nur den Glauben daran, dass »man durch Gottes Gnaden zum Forscher wird«,[133] sondern auch den, dass es sich beim Ausschluss der Frauen aus der Wissenschaft um eine naturgegebene Sache handelt. Sie zeigte, dass das Konzept der Privatdozentur aus dem frühen 19. Jahrhundert Ausdruck eines kulturellen Selbstverständnisses war, das den »wissenschaftlichen Beruf in spezifischer Weise für Frauen« genauso unzugänglich machte wie die »enge Koppelung von wissenschaftlichem Charisma und Männlichkeit«.[134]

Die charismatische Ideologie ist selbstverständlich kein MPG-spezifisches Phänomen. Das belegt auch exemplarisch ein von Margherita von Brentano in ihren autobiografischen Skizzen von 1994 geschildertes Beispiel männlichen Anspruchs, der die Existenz einer *prima inter pares* in der Berufungspraxis der Berliner FU vollkommen negierte:

Daß bei gleicher Qualifikation unweigerlich nur eine(r) den Zuschlag erhalten kann – eine *pari passu*-Platzierung verlegt die Entscheidung nur in die nächste Instanz –, eine(r) also unweigerlich benachteiligt wird, ist ein Argument, das in Kommissionen (die ja fast durchweg männlich besetzt sind) nur dann angeführt wird, wenn die Frau vorgezogen wird, dann aber vehement. Es sei eine unerträgliche Benachteiligung der Männer, wenn sie bei gleicher Qualifikation nach einer Frau platziert würden. Daß dieses Argument für beide Geschlechter gilt, also die gleichqualifizierte Frau auf dem zweiten Platz ebenfalls benachteiligt sei, will in männliche Köpfe nicht hinein, diese Erfahrung habe ich mit sonst hochintelligenten Kollegen gemacht. Sie bestehen darauf, daß bei gleicher Qualifikation der Mann auf keinen Fall den zweiten Platz er-

130 Butenandt: Ernst Telschow, 1988, 104–110, 106.
131 Vgl. dazu Przyrembel: *Friedrich Glum und Ernst Telschow*, 2004, 8.
132 Zitiert nach Hachtmann: *Wissenschaftsmanagement im »Dritten Reich«*, 2007, 45. Vgl. dazu auch Haevecker: 40 Jahre Kaiser-Wilhelm-Gesellschaft, 1951, 7–59, 44. Planck war da bereits Adolf Harnack im Amt des Präsidenten gefolgt.
133 Wobbe: *Wahlverwandtschaften*, 1997, 11.
134 Ebd., 131–132.

halten dürfe, da »er ja dann benachteiligt« sei, die Gleichberechtigung der Frauen also zum Schaden der Männer gereiche. Daß dies allerdings der Fall und unvermeidbar ist, wenn man den Fortfall eines Privilegs als Schaden ansehen will, wollen Männer nicht begreifen.«[135]

Wissenschaftlerinnen wie Beaufaÿs, Irene Dölling, Engler und Krais verwenden Bourdieus soziologisches Konzept der »männlichen Herrschaft« als innovativ-analytisches Instrumentarium für die Frauen- und Geschlechterforschung, um damit soziale und symbolische Kräfteverhältnisse zwischen den Geschlechtern zu untersuchen.[136] Für Bourdieu stellte die männliche Herrschaft die »paradigmatische Form der symbolischen Herrschaft« dar.[137] Zu den von Bourdieu genannten Erkenntniswerkzeugen, die sich dabei besonders bewährt haben, gehören die bereits eingeführten Konzepte »Spiel« bzw. »illusio«.[138] In ihrem theoretischen »Exkurs über das wissenschaftliche Feld und die illusio«[139] fasst Engler den zentralen Gedanken von Bourdieus Soziologie so zusammen: Bourdieu lehne die Vorstellung ab, dass der »Antrieb für gesellschaftliche Entwicklung im Innern der Subjekte zu sehen ist«. Das bedeutet einen Bruch mit dem Substanzgedanken, der postuliert, dass es »Subjekte gibt, die als singuläre Einzelwesen existieren und ausgestattet sind mit einem inneren Ich, das sich in der Auseinandersetzung mit der Welt entfaltet oder mit göttlicher Gnade ausgestattet ist, die ihnen in die Wiege gelegt wurde.«[140] Laut Engler handelt es sich bei diesem sozialen Spiel um agonal strukturierte Wettbewerbe, bei denen es auch um die Produktion wissenschaftlicher Persönlichkeiten und das Aushandeln ihrer Größen geht. In der MPG handelt es sich im Untersuchungszeitraum um einen Wettbewerb, der fast ausschließlich unter Männern ausgefochten wird. Diese Konstruktion »formidabler« männlicher wissenschaftlicher Persönlichkeiten setzt »eine Glorifizierung des eigenen Ich« voraus, die laut Bourdieu Frauen fremd sei.[141] Im Zentrum steht dabei erstmal die Frage, was im akademischen Feld geschieht, wenn Frauen ins Spiel kommen, gefolgt von Englers Überlegung, ob der Sinn dieser sozialen Spiele möglicherweise darin liege, Frauen auszuschließen: »Um hier einen Schritt weiterzukommen, müssen wir danach fragen, welche stillschweigenden Voraussetzungen erfüllt werden müssen, um an diesen Spielen teilzunehmen«.[142]

---

135 Brentano: Bei gleicher Qualifikation, 2010, 358–363, 360.
136 Dölling und Krais: Pierre Bourdieus Soziologie der Praxis, 1977, 12–37.
137 Bourdieu und Wacquant: Die Ziele der reflexiven Soziologie, 1996, 95–249, 204. – Vgl. dazu Dölling: Männliche Herrschaft, 2004, 74–90.
138 Bourdieu und Wacquant: Die Ziele der reflexiven Soziologie, 1996, 95–249, 148.
139 Engler: Zum Selbstverständnis von Professoren, 2000, 121–152; Engler: »In Einsamkeit und Freiheit?«, 2001, 131.
140 Engler: Zum Selbstverständnis von Professoren, 2000, 121–152, 131.
141 Bourdieu: Die männliche Herrschaft, 1997, 153–218, 199.
142 Engler: Zum Selbstverständnis von Professoren, 2000, 121–152, 140.

Bourdieu formuliert als Voraussetzungen zur Teilnahme am sozialen Spiel den Glauben an die Rechtmäßigkeit dieser feldspezifischen Wirklichkeit sowie grundsätzlich ein bestehendes Interesse an diesem, in dem Sinne, dass einem bestimmten sozialen Spiel zugestanden wird, »daß das, was in ihm geschieht, einen Sinn hat und daß das, was bei ihm auf dem Spiel steht, wichtig und erstrebenswert ist«.[143] Wenn das Engagement der Akteur:innen auf der Gewissheit beruht, dass sich ihr Einsatz lohnen wird, ist davon auszugehen, dass dieses geschlechtsspezifisch variieren wird. Denn Frauen werden möglicherweise die Rechtmäßigkeit oder Sinnhaftigkeit der Ausrichtung an den impliziten und expliziten Regeln des sozialen Feldes Wissenschaft anders bewerten als Männer. Zudem »spielen« sie anders: Wettbewerb und Konkurrenz unterscheidet sich laut Krais und Krumpeter bei Frauen und Männern, da bei ihnen »der Sinn für die agonale Dimension wissenschaftlicher Arbeit« unterschiedlich ausgeprägt zu sein scheint. Adversität wird demnach von Frauen viel seltener als Element empfunden, das zu überragenden Leistungen herausfordert. Während sich »durchzukämpfen und anderen zu beweisen, wie gut man ist«, vor dem Hintergrund einer »agonalen Motivierung« von insbesondere (jungen) Männern als Herausforderung wahrgenommen wird, die »ins Heroische übersteigert werden« kann, stehen der »Kausalität des Wahrscheinlichen« folgend die Chancen für (junge) Frauen ungleich schlechter als für ihre Kollegen angesichts der Tatsache, dass es im Untersuchungszeitraum kaum Frauen an der Spitze der Max-Planck-Gesellschaft gab, ebenso wenig wie in anderen Wissenschaftsinstitutionen.[144] Doch dort in den Führungsetagen wurden und werden die Spielregeln festgelegt.[145] Insofern scheinen die besten Voraussetzungen zur Teilnahme an diesen Spielen gewesen zu sein, entweder ein Mann zu sein oder wie einer zu kämpfen – zumindest im Untersuchungszeitraum.

In a nutshell: Wissenschaft wird, wie bereits etabliert, von wissenschaftlichen Persönlichkeiten, *scientific personae*, gemacht. Die entscheidende Veränderung besteht darin, dass die wissenschaftliche *persona* nicht mehr durch Begnadung, sondern durch die Selbstinszenierung ihrer Begabungen konstruiert wird. Das heißt, Genialität und Einmaligkeit gelten auch in der modernen, säkularisierten Wissenschaftsgesellschaft weiterhin als Konstituenten des wissenschaftlichen Charismas von Professor:innen bzw. hier Wissenschaftlichen Mitgliedern und Direktor:innen. Das gilt umso mehr für eine – im oben angesprochenen Sinne – so elitäre Forschungsorganisation wie die MPG, deren wissenschaftliche »Götter«/Gründungsväter bis heute Teil ihres Selbstverständnisses sind.[146]

---

143 Bourdieu und Wacquant: Die Ziele der reflexiven Soziologie, 1996, 95–249, 148.
144 Krais und Krumpeter: Wissenschaftskultur und weibliche Karrieren, 1997, 31–35, 35.
145 Auf die agonalen Wettbewerbe in der MPG wird an anderer Stelle eingegangen. Siehe dazu in Kapitel 4.3.6 das Forschungsprojekt und die daraus hervorgegangene Studie Krais und Krumpeter: *Wissenschaftskultur und weibliche Karrieren*, 1997.
146 Vgl. dazu Engler: Zum Selbstverständnis von Professoren, 2000, 121–152, 139.

Es wird zu untersuchen sein, welche betrieblichen Organisationsformen und hierarchischen Konstellationen Spielräume für alltägliche Interaktionsprozesse in den Max-Planck-Instituten eröffnet haben, deren Ausgestaltung qua Harnack-Prinzip noch bis Mitte der 1990er-Jahre allein der Definitionsmacht des jeweiligen Direktors unterlag. Mit der Strukturreform und den damit eingeführten kollegialen Leitungsformen hatte zwar seit den 1960er- und 1970er-Jahren eine diesbezügliche Veränderung eingesetzt, doch auch diese Kollegien waren fast ausnahmslos männlich besetzt.[147] Infolgedessen blieben Auswahlgremien und Bewertungssysteme in der MPG männerdominiert und vermochten so die tradierten informellen Netzwerke weiterhin zu stärken, die Frauen in Führungspositionen von Anfang tendenziell ausgeschlossen haben.[148] Dies legt die Vermutung nahe, dass das »Unbehagen der Geschlechter«, genau genommen: der Wissenschaftlerinnen mit dem Harnack-Prinzip, daraus resultierte, dass damit wesentliche Voraussetzungen für die der MPG immanenten sozialen Praxis geschaffen wurden, welche wiederum die Bedingungen für ihre Karrierechancen weitgehend entformalisierten.

Meine These lautet: Die charismatische Ideologie manifestierte sich exemplarisch im Harnack-Prinzip, das bis heute maßgeblich das Selbstverständnis der MPG prägt. Dieses bildet die habituelle Verankerung der etablierten Akteure – also den im gesamten Untersuchungszeitraum fast ausnahmslos männlichen Wissenschaftlichen Mitgliedern und Direktoren – für ihr Verständnis guter wissenschaftlicher Arbeit sowie die Frage, wer über deren Qualität zu befinden hat, und *last, but by no means least*: wer als zugehörig anerkannt wird – und wer eben nicht. Damit strukturierte das Harnack-Prinzip in der MPG ebenso wie zuvor in der KWG die klar patriarchale Hierarchie – und hat entscheidend zum »akademischen Frauensterben«[149] in der MPG beigetragen: Wissenschaftlerinnen durften bestenfalls als Ausnahmeerscheinungen mitmachen.

---

147 Von 1948 bis 1993 gab es insgesamt vier Direktorinnen in der Max-Planck-Gesellschaft. – Zur Strukturreform und kollegialen Leitung vgl. ausführlich Scholz: *Partizipation und Mitbestimmung in der Forschung*, 2018; Balcar: *Wandel durch Wachstum in »dynamischen Zeiten«*, 2020.

148 Diese informellen Netzwerke, die sehr stark mit den Old Boy Networks koinzidieren, jenem System, in dem sich überwiegend (ältere) weiße Männer mit gleichem sozialen und Bildungshintergrund gegenseitig unterstützen und helfen, existierten von Anfang an in der KWG/MPG. Sie treten deutlich diskreter als ein Stammtisch in Erscheinung, sind aber ebenso männerbündisch. Ihre Aufnahmekriterien und diesbezügliche Verschwiegenheit erinnern an Freimaurerlogen und sind nicht minder exklusiv. Dieses System ist durch den familialen Charakter der MPG begünstigt worden. Aus diesen Bereichen sind Frauen und Minderheiten traditionell ausgeschlossen gewesen. Vgl. zur Freimaurerei beispielsweise Minder und Kernstock: *Freimaurer Politiker Lexikon*, 2004; Brown: *The Lost Symbol*, 2009. Zu den Old Boys Networks: Lalanne und Seabright: *The Old Boy Network*, 2011; Wiener: *Das unsichtbare Dritte*, 2019, 91–93.

149 Hassauer: *Homo Academica*, 1994, 11.

3.3 Wissenschaftliche Biografik

> I have been involved in a small way with big
> events, and know how quickly accounts of
> them become like a cracked mirror. […] People
> who have been real movers and exciters get left
> out of histories, and it is because memory itself
> decides to reject them. […] Women often get
> dropped from memory, and then history.[150]

3.3.1 Im Spannungsfeld von Faktizität und Fiktionalität

Seit Ende der 1960er-Jahre wurde die Wissenschaft so nachdrücklich von der
These Roland Barthes' vom »Tod des Autors« dominiert, dass eine ernst zu nehmende Betrachtung des Werks die lebensweltliche Betrachtung ihrer Autor:innen
bewusst ausschloss, da, wie Peter-André Alt es ausdrückte, »seine wissenschaftliche Reputation aufs Spiel setzt, wer eine Biographie schreibt«. In der
akademischen Welt regiere »die Tendenz zur programmatischen Ablehnung
einer Gattung, die als methodisch restaurativ oder (schlimmer noch) theoretisch naiv eingestuft« würde.[151] Barthes' poststrukturalistisches Gegenkonzept
zur konventionellen Biografik wandte sich gegen die vorrangige Suche nach der
Intention des Autors beim Lesen, die immer nur eine von vielen gleichermaßen
legitimen Lesarten sei.[152] Sein mehrdimensionales Verständnis von Biografie
und Mnemotechnik legte er im methodischen Konzept der Biographeme dar,
wobei sich »zwei Weisen der Erinnerung gegenüberstehen: dort die Einheit des
Autors, eingeschlossen in den Schicksalsbehälter der Urne, hier die Spuren des
vergangenen Lebens, die sich dem Blick aufs Detail, auf die zerstreuten Splitter
der Erinnerung darbieten«.[153] Nun mag sich Leserschaft und Wissenschaft
für jeden von Barthes' Erinnerungssplittern interessieren, sei es seine Liebe zu
»Pfingstrosen, Lavendel, Champagner, leichten Stellungnahmen in der Politik,
Glenn Gould« oder seine Abneigung gegen »Abende mit Leuten, die ich nicht
kenne«.[154] Doch diese Aufmerksamkeit wird nicht jedem und schon gar nicht
jeder zuteil. Darauf wird noch zurückzukommen sein.

---

150 Lessing: *Under My Skin*, 2014, 15–16.
151 Alt: Mode ohne Methode?, 2002, 23–39, 23. – Seine Kollegin Deidre Bair ging noch einen
   Schritt weiter mit ihrem Postulat: Die Biographie ist akademischer Selbstmord, 2001,
   38–39.
152 Dies wiederum führe dazu, dass »la naissance du lecteur doit se payer de la mort de
   l'auteur«. Barthes: Der Tod des Autors, 2015, 57–63.
153 Weigel: Korrespondenzen und Konstellationen, 2002, 41–54, 42.
154 Barthes: *Roland Barthes*, 2010.

Besonders verworfen wurde die Biografie als historiografische Gattung der Geschichtswissenschaft, in der sie als »konservativ, resistent gegenüber theoretischen Ansätzen und feindlich gegenüber methodischen Neuerungen« wahrgenommen wurde. Die kritische Geschichtswissenschaft der 1970er-Jahre betrachtete das Genre gar als »letztes Bollwerk des Historismus«.[155] Infolgedessen verkam, so Margit Szöllösi-Janze, die Biografie »in Geschichtswissenschaft wie Wissenschaftsgeschichte von einer ehemals dominanten zu einer relativ marginalisierten Form historischer Darstellung mit beträchtlichen Legitimationsproblemen«.[156] Dass sich die Biografik inzwischen wieder als wissenschaftliches Verfahren rehabilitiert hat, hängt nach Auffassung von Anita Runge »mit der methodischen Öffnung in der Geschichtswissenschaft« zusammen, die jedoch nicht denkbar gewesen wäre »ohne die seit einigen Jahren stetig wachsenden Bemühungen um eine Theoretisierung des Genres«.[157] Gemeint sind methodische Öffnungen und Erneuerungen, die eine innovative und qualitativ überzeugende Wissenschaftsbiografik in Aussicht stellen, welche Fach- und Disziplingrenzen sprengt, indem sie »den kruden Wissenschaftsobjektivismus« überwindet.[158] Doch auch bzw. gerade angesichts dieser Renaissance verweist Szöllosi-Janze darauf, dass hinsichtlich der viel beschworenen Theoretisierung »Definitionen wissenschaftlich-biographischer Verfahren bzw. Kriterien für deren Abgrenzung von nicht-wissenschaftlicher Biographik« fehlten. Eine »bemerkenswerte Unschärfe im Umgang mit Subgenres und in den Unterscheidungen z. B. zwischen wissenschaftlicher und populärer, wissenschaftlicher und literarischer Biographik« stehe »der Rehabilitierung und Neubestimmung des biographischen Genres« entgegen, entsprechende Debatten fokussierten auf wissenschafts- und erkenntnistheoretische Funktionen.[159] Letzteres, das Erkenntnisinteresse, macht den maßgeblichen Unterschied im historiografischen und literarischen Umgang mit Geschichte aus, dem Historiker:innen und Schriftsteller:innen weitgehend unterschiedlich große Bedeutung beimessen.[160] Oder, wie Jürgen Kocka es ausdrückte, im Unterschied zum Romancier inszeniere der Historiker die Geschichte nicht, *res factae* stünden *res fictae* gegenüber:[161]

---

155 Szöllösi-Janze: Lebens-Geschichte, 2000, 17–35, 17.
156 Ebd., 19.
157 Runge: Geschlechterdifferenz 2002, 113–128; Runge: Gender Studies, 2009, 402–407.
158 Runge: Wissenschaftliche Biographik, 2009, 113–121.
159 Runge: Geschlechterdifferenz, 2002, 113–128, 115.
160 *Weitgehend*, da es dazu natürlich auch wieder Gegenpositionen gibt, wie etwa jene, die Bourdieus »biographische Illusion« bietet. Vgl. dazu in diesem Kontext Szöllösi-Janzes Ausführung zum »archimedischen Punkt von Bourdieus Kritik«: Szöllösi-Janze: Lebens-Geschichte, 2000, 17–35, 30. – In Gänze: Bourdieu: Die biographische Illusion, 1990, 75–81. – Ergänzend: Niefanger: Biographeme im deutschsprachigen Gegenwartsroman, 2012, 289–306.
161 Kocka: Bemerkungen, 1990, 24–28, 24.

Anders als die Verfasser von Romanen haben sich Historiker um die empirische Überprüfbarkeit und um die nach bestimmten Regeln vor sich gehende empirische Überprüfung ihrer Aussagen Sorgen zu machen. Sicherlich, nicht jedes Argument, nicht jeder Argumentationsschritt kann belegt werden. Im Einzelfall mag man auch unsicher sein, was als hinreichender Beleg oder als hinreichende Widerlegung gelten soll. Konventionen spielen dabei eine Rolle. Aber das Ziel ist doch, den Anteil der empirisch prüfbaren Aussagen im Insgesamt der eigenen Aussagen möglichst groß zu machen und die Verfahren auf dem Prüfstand ernst zu nehmen.[162]

Immerhin beharrten Historiker aus gutem Grund darauf, »theoretische Fragestellungen mit der narrativen Vermittlung von Bedingungs- und Wirkungskontexten [zu] verbinden«.[163] Kocka betonte dabei, »aus der Perspektive des praktizierenden Historikers«,[164] nicht als Wissenschaftshistoriker oder -theoretiker zu argumentieren. Jenen, so Szöllösi-Janze, sei es – nicht zuletzt auch legitimiert durch ihr naturwissenschaftliches Studium – lange vorbehalten gewesen, sich mit Naturforscher:innen zu beschäftigen.[165] Folgt man dem britischen Publizisten Walter Bagehot könnte der Unterschied zwischen Naturwissenschaftler:innen und Historiker:innen »nach Erkenntnisinteresse, Ansatz und Ziel ihrer Forschungen nicht größer sein«.[166] Für orthodoxe Wissenschaftstheoretiker sei jede narrative Form »notwendig ideologiehaltig, [...] transportiert implizite Werthaltungen und Entwürfe« der Biograf:innen.[167] Womit sich der Kreis schließt: Barthes' poststrukturalistische Gegenposition zur »Autor-Intention« gerät zum historiografischen Standpunkt, der sich gegen die Interpretation von Biograf:innen wendet.

Doch in der vorliegenden Studie geht es nicht um die von Helmuth Trischler programmatisch beschworene Konvergenz – in Opposition zu »friedlich ignoranter Koexistenz« – von Geschichtswissenschaft und Wissenschaftsgeschichte:[168] Im Zentrum dieses Kapitels steht die Geschlechtergeschichte bzw. wissenschaftliche Frauenbiografik. Die Abwesenheit von Frauen in der Geschichtsschreibung, ihre Marginalisierung und Stereotypisierung ist einer der traditionellen Gründe für die *kollektive* Frauenbiografik:

Die Geschichte der Frauen ist markiert von einer mehrfachen Abwesenheit. Sie sind abwesend von der Geschichtserzählung selbst, dem »grand recit«, der offiziellen

---

162 Ebd., 25.
163 Haupt und Kocka (Hg.): *Geschichte und Vergleich*, 1996, 22. Zitiert nach Szöllösi-Janze: Lebens-Geschichte, 2000, 17–35, 32.
164 Kocka: Bemerkungen, 1990, 24–28, 24.
165 Vgl. dazu Szöllösi-Janze: Lebens-Geschichte, 2000, 17–35, 18.
166 Seine waghalsige, wenngleich amüsante These, ihre einzige Gemeinsamkeit bestünde allein darin, »unermeßlich langweilig zu sein«, steht hier nicht zur Disposition. Bagehot: Mr. Macaulay, 1965, 397–399. Zitiert nach ebd., 17–18.
167 Ebd., 31.
168 Trischler: Geschichtswissenschaft – Wissenschaftsgeschichte, 1999, 239–256.

Historiographie, oder erscheinen nur da – und dann in der Regel individualisiert –, wo sie »männliche« Positionen einnehmen (Königinnen, Priesterinnen, Mörderinnen etc.). Dies hat mit der zweiten Abwesenheit zu tun, der Abwesenheit im öffentlichen Raum.[169]

Zudem war bis weit in das 20. Jahrhundert hinein Frauenbiografik überwiegend Männersache, wie Mona Ozouf konstatierte: »Le portrait de femme est un genre masculin.«[170] Das stärkere Interesse des landläufigen Frauenbiografen an Exemplarität im Sinne der »conformite au modele«[171] auf Kosten ihrer Individualität verstärkte die Normativität und Fortschreibung von Stereotypen in der Kollektivbiografie. »Die Kollektivität der Biographik stützt dabei die Normativität der Frauenbilder und schreibt so [...] die Stereotypisierung und Entindividualisierung der Frauenleben fort.«[172] Während die Kollektivbiografik bei der Darstellung von Berufsbildern funktioniert und durchaus sinnvoll sein kann, wie etwa bei den »Sekretärinnen« in der Max-Planck-Gesellschaft,[173] gilt dies jedoch nicht für eine biografische Annäherung an deren weibliche Wissenschaftliche Mitglieder. Denn, wie Gisela Febel postuliert, Biografie impliziert Individualität:

Kollektivität und Biographik bilden scheinbar einen Widerspruch. In der Frauenbiographik ist aber die Biographik von Gruppen oder Kollektiven von Frauen ein Ausdruck der »schwachen« Individualisierung von Frauen (und zugleich ein Gegenmittel gegen sie). Die ungeheure Anzahl von kollektiven Biographien über Frauen, die in den letzten Jahrzehnten erschienen sind und hier nicht aufgezählt werden können, belegen dieses Phänomen eindeutig. – Wenn die Darstellung von Frauenleben auf dem Hintergrund oder im Kontext von Kollektiven geschieht, so gewinnen diese Biographien (im Umkehrschluß) wiederum einen höheren Gesellschaftsbezug. Es ist jedoch ein anderer als der einer individuellen Biographie, in der ein einzelnes Leben als Vorbild einer mehr oder weniger geglückten Individualisierung in einem gegebenen Handlungskontext erscheint. In der kollektiven Biographik werden eher gesellschaftliche Werte in verschiedenen Exempla durchdekliniert und die Wirkungsmacht von Moral und Stereotyp – oder die Nischen und Freiräume einer anderen Wahl – sichtbar gemacht.[174]

Febels Feststellung, dass sich gesellschaftliche Gedächtnisarbeit im Wesentlichen an Texten und Bildern vollzieht, die den Bezugsrahmen für »Tradierung

---

169 Febel: Frauenbiographik als kollektive Biographik, 2005, 127–144, 130.
170 Ozouf: *Les Mots des femmes*, 1999.
171 Febel: Frauenbiographik als kollektive Biographik, 2005, 127–144, 130.
172 Ebd., 133.
173 Siehe dazu ausführlich Kapitel 2. – Die kritische Geschichtswissenschaft der 1970er-Jahre ließ im Übrigen allenfalls die Kollektivbiografie als historiografische Gattung gelten; vgl. Szöllösi-Janze: Lebens-Geschichte, 2000, 17–35, 19.
174 Febel: Frauenbiographik als kollektive Biographik, 2005, 127–144, 129.

und Erneuerung« darstellen, lässt sich auf den vorliegenden Kontext anwenden als Bezugsrahmen für »Kontinuitäten und Brüche wissenschaftlicher Arbeitswelten in der MPG«.[175] Febel bezieht sich damit auf den Klassiker des französischen Soziologen Maurice Halbwachs, *Les cadres sociaux de la mémoire*, der 1925 erstmals erschien. Er ging davon aus, dass neben Einzelpersonen auch Gesellschaften und soziale Organisationen ein kollektives Gedächtnis zur Stabilisierung und Sicherung der eigenen Identität ausbilden. Im Hinblick auf kollektive Erinnerungen präzisierte Halbwachs diese These, »daß aber nur diejenigen von ihnen und nur das an ihnen bleibt, was die Gesellschaft in jeder Epoche mit ihrem gegenwärtigen Bezugsrahmen rekonstruieren kann« – und *will*, sollte hinzugefügt werden.[176] Solche Erinnerungsframeworks sind ein wichtiger Aspekt bei der Darstellung und Analyse der Max-Planck-Gesellschaft (bzw. ihrer Vorgängerin, der Kaiser-Wilhelm-Gesellschaft) und ihrer Forschungserfolge sowie der daran beteiligten Forscher:innen. Deutlich zutage tritt das etwa im unterschiedlichen Umgang von Lise Meitner und ihren Kollegen mit der damals gerade unmittelbar zurückliegenden NS-Vergangenheit: »Das ist ja das Unglück von Deutschland, daß Ihr alle den Maßstab für Recht und Fairness verloren hattet«, schrieb sie am 27. Juni 1945 an Otto Hahn.[177]

Während das Leben und Wirken berühmter Wissenschaftler der KWG und MPG in einer Vielzahl an Hagiografien und Biografien gewürdigt worden ist,[178] wurden ihre Kolleginnen bis Mitte der 1990er-Jahre weitgehend ignoriert.[179] 2007 schloss Annette Vogt mit ihrer Studie *Vom Hintereingang zum Hauptportal? Lise Meitner und ihre Kolleginnen an der Berliner Universität und in der Kaiser-Wilhelm-Gesellschaft*[180] eine große Lücke. Dies war umso wichtiger, da bis dahin in Untersuchungen zur Geschichte und Struktur der Kaiser-Wilhelm-Gesellschaft die Nicht-Würdigung des Beitrags der Wissenschaftlerinnen weiter tradiert worden war, wie beispielsweise auch im von Rudolf Vierhaus und Bernhard vom Brocke herausgegebenen Standardwerk *Forschung im Spannungsfeld*

---

175 Ebd., 127.
176 Halbwachs: *Das Gedächtnis und seine sozialen Bedingungen*, 1985, 390.
177 In ihrer maßgeblichen Meitner-Biografie widmet Ruth Lewin Sime den divergierenden Blickrichtungen – Meitners Blick zurück, um sich mit dem Geschehenen auseinanderzusetzen und Verantwortung dafür einzufordern; Hahns Blick nach vorn auf einen Neuanfang für das geschundene deutsche Volk gerichtet – zwei Kapitel, »Krieg gegen das Vergessen« und »Verdrängen der Vergangenheit«; Sime: *Lise Meitner. Ein Leben für die Physik*, 2001, 396–447, Zitat aus Meitners Brief, 397.
178 Die erste Biografie über Max Planck von Hans Hartmann, *Max Planck als Mensch und Denker*, erschien bereits 1938. Eine kursorische Durchsicht der Literatur erbringt bereits 25 Biografien seit 1962 für Otto Hahn und 14 seit 1976 für Werner Heisenberg, zudem mehrere über die beiden und ihr gemeinsames Wirken.
179 Kerner: *Lise, Atomphysikerin*, 1995; Sime: *Lise Meitner. A Life in Physics*, 1996; Rife: *Lise Meitner and the Dawn of the Nuclear Age*, 1999.
180 Vogt: *Vom Hintereingang zum Hauptportal?*, 2007.

von Politik und Gesellschaft[181] oder in der von Bernhard vom Brocke und Hubert Laitko herausgegebenen Studie *Die Kaiser-Wilhelm-/Max-Planck-Gesellschaft und ihre Institute.*[182] Die Leistungen der Wissenschaftlerinnen werden dort kaum, wenn überhaupt berücksichtigt. Zweifellos handelt es sich dabei jedoch um kein MPG-spezifisches, sondern ein allgemeines Phänomen:

So hatte beispielsweise das Genre der Biographie in beiden Disziplinen [Geschichtswissenschaft und Wissenschaftsgeschichte] seinen festen und akademisch anerkannten Platz. Beide Disziplinen trafen sich in der Annahme, daß Geschichte oder Wissenschaft von herausragenden Männern gemacht würden, das heißt, sie kreisten um das autonom handelnde, denkende oder eben forschende Individuum von manchmal geradezu monumentaler Größe, und beide Disziplinen neigten allzusehr dazu, aus diesen Ausnahmemenschen Ahnengalerien genialer Geister aufzustellen. [...] Beiden Disziplinen [lag] ein ganz ähnlicher, einseitiger Wissenschaftsbegriff zugrunde, wonach Wissenschaft im Kopf jener genialen Geister stattfindet und als eine fortschreitende Ansammlung von Entdeckungen und Erkenntnissen auf dem Weg zur Wahrheit zu verstehen ist. Die Inhalte von Wissenschaft ergeben sich in dieser Sicht immanent, während Richtung und Tempo dieses linear verlaufenden Gesamtprozesses von der Größe der jeweiligen Forscherpersönlichkeit geprägt werden.[183]

Daher habe ich mich für die vorliegende Studie bewusst gegen eine Kollektivbiografik von MPG-Wissenschaftlerinnen entschieden, die beispielsweise Doktorandinnen oder wissenschaftliche Mitarbeiterinnen zum Untersuchungsgegenstand hätte haben können.[184] Zu Letzteren gehörten so herausragende Wissenschaftlerinnen wie etwa die Hydrobotanikerin Käthe Seidel (die von 1955 bis 1978 die Limnologische Station der MPG in Krefeld führte),[185] die Chemikerin Brigitte Wittmann-Liebold (die zusammen mit ihrem Mann Heinz-Günter am Berliner MPI für molekulare Genetik zu Ribosomen forschte, 1964–1990),[186]

---

181 Vierhaus und vom Brocke (Hg.): *Forschung im Spannungsfeld von Politik und Gesellschaft*, 1990.

182 Brocke und Laitko (Hg.): *Die Kaiser-Wilhelm-/Max-Planck-Gesellschaft*, 1996.

183 Szöllösi-Janze: Lebens-Geschichte, 2000, 17–35, 18.

184 Dem widmet sich jedoch – für alle Geschlechter – die Studie von Juliane Scholz: Transformationen wissenschaftlicher Arbeit und Bedingungen der Wissensproduktion in der Grundlagenforschung, 2023.

185 Nach ihrer Pensionierung 1978 kaufte übrigens Seidel der Max-Planck-Gesellschaft das Inventar kurzerhand ab und führte fortan die Station als »Stiftung Limnologische Arbeitsgruppe Dr. Seidel« weiter; vgl. dazu auch Globig: Katzenpaul und Binsenkäthe, 2004, 58–59.

186 Brigitte Wittmann-Liebold und Heinz-Günter Wittmann waren das erste Ehepaar in der Max-Planck-Gesellschaft, die zusammen am selben Institut, in derselben Abteilung arbeiten konnten und beide bezahlt wurden. Allerdings war ausdrückliche Voraussetzung dafür, dass *sie* keine Ambitionen hegte, selbstständig zu werden. Denn damals kannte man noch keine *dual career couples* in der MPG. Brigitte Wittmann-Liebold im Interview mit Alexander von Schwerin, 1. Juli 2015. Letzterem danke ich dafür, dass er mir diesen Einblick gewährt hat.

die Soziologinnen Jutta Allmendinger und Beate Krais (wissenschaftliche Mitarbeiterinnen am MPI für Bildungsforschung),[187] die Virologin Karin Mölling (Forschungsgruppenleiterin am MPI für molekulare Genetik in Berlin,
1976–1993) sowie Ada Yonath (in Heinz-Günter Wittmanns Abteilung für Ribo-
somenforschung am MPI für molekulare Genetik 1979–1983 sowie als Leiterin
der Max-Planck-Arbeitsgruppe Ribosomenstruktur am DESY in Hamburg,
1986–2004, die 2009 den Nobelpreis für Chemie erhielt).

Mein Erkenntnisinteresse hier ist es, Wissenschaftlerinnen, ihr Werk und
ihre Leistungen gerade durch *Individualisierung* sichtbar zu machen. Das geschieht ganz im Sinne einer wissenschafts- und technikhistorisch orientierten
Genderforschung, die sich seit geraumer Zeit bemüht, die verborgenen, verges-
senen, scheinbar verloren gegangenen Leistungen von Wissenschaftlerinnen
aufzuspüren und »damit die weibliche Perspektive in eine von männlichen Erfahrungen geprägte Wissenschafts- und Techniktradierung einzubringen«.[188]
Zudem soll dem Mythos der Ausnahmeerscheinung, der Ausnahmebegabung
entgegengewirkt werden. Es steht außer Frage, dass es zu allen Zeiten auch
weibliche Genies und hoch qualifizierte Forscherinnen gegeben hat und geben
wird. Dieser Mythos dient(e) aber vor allem dazu, die Vorstellung eines Pools
zu speisen, in dem es nur ganz wenige ausreichend qualifizierte »Schwimmerin-
nen« gibt.[189] Doch abgesehen von den ohnehin bekannten Wissenschaftlerinnen drohen bzw. sind bereits einige der frühen weiblichen Wissenschaftlichen
Mitglieder in Vergessenheit geraten. Nicht korrekt, aber folgerichtig oblag den
vielfach porträtierten und laudierten männlichen Genies und Universalgelehr-
ten auch die Deutungshoheit über die wissenschaftlichen Leistungen und Errungenschaften der KWG/MPG. Dem soll eine ernst zu nehmende Betrachtung
der Forschung ihrer Kolleginnen im Kontext ihrer Arbeitswelten entgegen- bzw.
an die Seite gestellt werden, um diese wieder aus der »Verlorengegangenheit«[190]
hervorzuholen. Es gilt hier, auf die »widersprüchliche Beziehung zwischen Individualität und intellektuellem Kontext, zwischen Privatheit und Wissenschaftsbetrieb, der Wechselwirkung zwischen Persönlichkeit, Forschungsinteressen
und methodischen Präferenzen« zu fokussieren, um so die Forscherinnenbio-
grafien »im männlich dominierten Umfeld der Naturwissenschaften« und – in
der MPG im Untersuchungszeitraum weniger stark repräsentierten – Geisteswissenschaften besser einordnen zu können.[191]

187 Zu den Forschungsprojekten und Studien von Allmendinger und vgl. Kapitel 4.3.6.
188 Fuchs: Isolde Hausser, 1994, 201–215, 202.
189 In Anlehnung an das legendäre Romanische Café am Breitscheidtplatz, das seine Kund-
     schaft je nach Standing in das »Schwimmerbecken« oder »Nichtschwimmerbecken«
     schickte.
190 Freyermuth: *Reise in die Verlorengegangenheit*, 1990.
191 Orland und Scheich (Hg.): *Das Geschlecht der Natur*, 1995, 20.

3.3.2   Amazonen oder Zierden?

In der Frauenbiografik wurden Stereotypen und Ordnungsmuster identifiziert, die gerade in der Kollektivbiografie dazu dienten, Frauen als idealisierte oder abschreckende Vorbilder zu kategorisieren, oft präfiguriert durch geltende Sittenbilder (wie Hure und Heilige).[192] Dazu gehören Amazonen (zugleich göttliche und bedrohliche Identifikationsfiguren),[193] Ikonen (oft einsame weibliche Genies)[194] und natürlich Mütterlichkeitsbilder,[195] die an die Institution Familie gebunden sind. Um zu sehen, ob und welche Frauenbilder in der MPG vorherrschten und wie sie sich gegebenenfalls aufgrund des Zeitgeists verändert haben, folgt ein kursorischer Blick auf einige der Ehefrauen ihrer Präsidenten. Waren diese in erster Linie Zierden ihrer Männer oder gab es darunter auch Amazonen? Und wirkten sich diese »Männerphantasien«[196] auf die Karrieren von Wissenschaftlerinnen, also Kolleginnen, aus? Das Verständnis des ersten Präsidenten und Namensgebers der Max-Planck-Gesellschaft von der begabten Wissenschaftlerin als Ausnahmeerscheinung ist überliefert:

Wenn eine Frau, was nicht häufig, aber doch bisweilen vorkommt, für die Aufgaben der theoretischen Physik besondere Begabung besitzt und außerdem den Trieb in sich fühlt, ihr Talent zur Entfaltung zu bringen, so halte ich es, in persönlicher wie auch in sachlicher Hinsicht, für unrecht, ihr aus prinzipiellen Rücksichten die Mittel zum Studium von vornherein zu versagen [...]. Andererseits muss ich aber daran festhalten, dass ein solcher Fall immer nur als Ausnahme betrachtet werden kann. Amazonen sind auch auf geistigem Gebiet naturwidrig.[197]

Planck befand sich damit in erlauchter Gesellschaft, auch Immanuel Kant war überzeugt davon gewesen, dass »Weiblichkeit und intellektueller Rang unvereinbar« seien.[198] Zugleich ist jedoch bekannt, dass Planck Lise Meitner als solch eine »Amazone« betrachtete, deren wissenschaftliche Fähigkeiten und außergewöhnliche Zielstrebigkeit ihn derart beeindruckten, dass er ihre Karriere trotz seiner Vorbehalte gegenüber Frauen in der Wissenschaft unterstützte.[199]

192 Ausführlich dazu und zu den korrespondierenden Wertesystemen: Febel: Frauenbiographik als kollektive Biographik, 2005, 127–144, 136–137.
193 Kätzel: *Die 68erinnen*, 2002.
194 Smith und Zeltner: *Femmes totales*, 1998.
195 Vgl. dazu auch Kapitel 2.5.
196 Theweleit: *Männerphantasien*. Bd. 1, 1995.
197 Planck: Physik, 1897, 256–257.
198 Daston: Die Quantifizierung der weiblichen Intelligenz, 2008, 81–96, 81.
199 Vgl. dazu etwa Scheich: Science, Politics, and Morality, 1997, 143–168, 143.

Marga Planck (kommissarische Präsidentschaft 1945–1946):[200] Der bereits 1858 geborene Planck heiratete 1887 die aus großbürgerlichem Milieu stammende Maria Eugenia »Marie« Merck.[201] Mit ihr führte er 23 Jahre lang eine offenbar glückliche und, im Einklang mit seiner dem Zeitgeist entsprechenden konservativen Einstellung, traditionelle Ehe: Marie kümmerte sich um Kinder und führte repräsentativ den Haushalt in der Villa im Berliner Grunewald, wo oft Hausmusik gespielt und freundschaftlicher Verkehr mit den Nachbarn, den Bonhoeffers, Delbrücks und Harnacks gepflegt wurde.[202] Tragisch ist, dass keins der gemeinsamen Kinder Planck überlebte: Der erste Sohn Karl fiel im Ersten Weltkrieg, die Zwillingstöchter Grete und Emma starben beide im Kindsbett und hinterließen Töchter, die Halbschwestern waren,[203] und der jüngste Sohn Erwin wurde von den Nationalsozialisten als »Attentäter« des 20. Juli 1944 ermordet.[204] Zwei Jahre nach Maries frühem Tod heiratete Planck 1911 ihre gut 20 Jahre jüngere Nichte Margarete »Marga« von Hoeßlin, mit der er im selben Jahr noch den Sohn Hermann bekam. Auch seine zweite Gemahlin entsprach dem Bild der treusorgenden Gefährtin und repräsentativen Akademikergattin,[205] die das Haus so führte, wie man das von Damen ihrer Position erwartete. Dazu gehörte die Wiederaufnahme der legendären Musikabende, bei denen sich die wissenschaftliche Elite traf, ebenso wie repräsentative Veranstaltungen im Harnack-Haus.[206] Regelmäßige Gäste waren unter anderem Elisabeth Schiemann und Lise Meitner, Letztere verband eine enge Freundschaft mit Plancks Zwillingstöchtern. Erst gegen Ende von Plancks Leben, als der fast 90-Jährige zunehmend gebrechlich geworden war, übernahm Marga Planck eine aktivere Rolle als Sprachrohr ihres Mannes, korrespondierte etwa mit dessen Kollegen wie Max von Laue und Arnold Sommerfeld.[207]

Edith Hahn (Präsidentschaft 1946–1960): Wie sein gleichaltriger Kollege Albert Einstein, der sich 1897 während des Mathematik- und Physikstudiums am Eidgenössischen Polytechnikum in Zürich in seine Kommilitonin Mileva Marić verliebt hatte,[208] wählte Otto Hahn eine selbstbewusste und unabhängige Per-

---

200 Max Planck war zuvor bereits von 1930 bis 1937 Präsident der Kaiser-Wilhelm-Gesellschaft gewesen.

201 Marie Merck stammte nicht aus dem Darmstädter Chemie- und Pharmaunternehmen Merck KGaA (z. B. Veronal), sondern ihr Vater war der Münchner Bankier Heinrich Merck vom Bankhaus Merck Finck & Co.

202 Vgl. dazu Hermann: *Max Planck in Selbstzeugnissen und Bilddokumenten*, 1973, 24–26.

203 Ebd., 55–56, 59–60.

204 Boberach: Planck, Erwin, 2001, 500–501.

205 Vergnüglich zur Akademikergattin als lebensgeschichtlichem Auslaufmodell: Wolitzer: *The Wife*, 2003.

206 Hermann: *Max Planck in Selbstzeugnissen und Bilddokumenten*, 1973, 45–47, 100.

207 Ebd., 127.

208 Einstein und Marić: *Am Sonntag küss ich Dich mündlich*, 1994. – Zu Marić: Esterson, Cassidy und Sime: *Einstein's Wife*, 2019; Finkbeiner: The Debated Legacy of Einstein's First Wife, 2019, 28–29. – Es soll nicht unerwähnt bleiben, dass diese Ehe scheiterte

sönlichkeit und Akademikerin zur Frau, als er 1913 die Künstlerin Edith Jung-hans heiratete. Wie Plancks Ehefrauen stammte auch sie aus großbürgerlichem Milieu, ihr Vater Paul Carl Ferdinand Junghans war Justizrat und Präsident des Stettiner Stadtparlamentes. Edith studierte von 1907 bis 1912 Kunst an der Königlichen Kunstschule in Berlin, wo sie 1912 ihr Examen als Kunsterzieherin machte.[209] Zugleich war die Malerin und Zeichnerin auch eine leidenschaftliche Sportlerin: »Meine Frau, die eine große Schwimmerin war, bemühte sich, mich auch für das Wasser zu begeistern.«[210] Als moderne Frau ihrer Zeit zog sie ein eigens für sie konzipiertes Architektenhaus dem Wohnen in der pompösen Di-rektorenvilla vor – auch um ihre Privatsphäre zu schützen. An ihrer Stelle bezog Lise Meitner, mit der sie eine enge Freundschaft verband, den ersten Stock der Direktorenvilla. Meitner wurde auch Patin ihres Sohnes Hanno.[211] Offenbar war Edith die treibende Kraft, wenn sich das Ehepaar in der NS-Zeit um jüdische Bekannte und Verfolgte kümmerte, wie etwa im Fall von Marie Rausch von Traubenberg.[212] Simon Wiesenthal bezeichnete sie im Gespräch mit ihrem Enkel anlässlich der Verleihung der Otto-Hahn-Friedensmedaille als »ungewöhnlich mutige Frau« und ihr couragiertes Handeln als beispielhaft, denn in diesen Jahren »sei sie praktisch täglich in Lebensgefahr gewesen«.[213] Als die Nationalso-zialisten Meitner 1938 ins Stockholmer Exil vertrieben, erlitt Edith Hahn einen Nervenzusammenbruch, von dem sie sich nur langsam wieder erholte. 1948 zog sie sich ganz ins Privatleben zurück; das Attentat auf ihren Mann 1951 löste eine erneute psychische Erkrankung aus.[214] Vom Unfalltod ihres Sohnes und seiner Frau 1960 erholte sie sich nie wieder und verbrachte ihre letzten Lebensjahre in einem Sanatorium, wo sie 17 Tage nach dem Mann starb, dessen Leben sie 55 Jahre geteilt hatte.

Erika Butenandt (Präsidentschaft 1960–1972): Adolf Butenandts Ehe mit Erika von Ziegner bedeutete für ihn einen sozialen Aufstieg in die gesellschaftliche Elite. Erikas Eltern, Marie Luise Eschenburg und Oberst Siegfried von Ziegner,

und der unverbesserliche *womanizer* Einstein bereits ab 1912 ein Verhältnis mit seiner Cousine und späteren zweiten Ehefrau Elsa unterhielt; Jha: Letters Reveal Relative Truth of Einstein's Family Life, 2006.

209   Hahn (Hg.): *Otto Hahn*, 1988, 91–101.
210   Hahn: *Mein Leben*, 1968, 109.
211   Der 1922 geborene Kunsthistoriker und Architekturforscher (an der *Bibliotheca Hert-ziana*) Hanno Hahn ist das einzige Kind von Edith und Otto. 1960 verunglückte er tödlich zusammen mit seiner Frau und Assistentin Ilse Hahn auf einer Studienreise in Frankreich. Sie hinterließen einen 14-jährigen Sohn, Dietrich Hahn, der sich später einen Namen als Biograf seines Großvaters machte.
212   Edith Hahn an Ingrid und James Franck, 22. April 1933. (The Joseph Regenstein Library, University of Chicago). Außerdem: Edith Hahn an Heiner Hahn, 14. Juni 1940. Beide abgedruckt in: Hahn (Hg.): *Otto Hahn*, 1988, 144 bzw. 189.
213   Simon Wiesenthal anlässlich der Verleihung der Otto-Hahn-Friedensmedaille am 17. Dezember 1991 in Berlin, im Gespräch mit Dietrich Hahn.
214   Hahn: *Mein Leben*, 1968, 225–226.

gehörten zur preußischen Militäraristokratie. Erika öffnete Butenandt den Zugang zu dieser Welt und war fraglos seine Enablerin – was sich keineswegs nur auf das Gesellschaftliche beschränkte, sondern auch wissenschaftliche Aspekte mit einschloss, wie Helga Satzinger in ihrer eindrucksvollen Studie auf Basis der ausgezeichneten Quellenlage dargelegt hat.[215] Ausgebildet als Medizinisch-Technische-Assistentin, arbeitete Erika von Ziegner bereits ab 1927 mit ihrem künftigen Ehemann in Göttingen zusammen, vor allem an der erfolgreichen Hormonkristallisation, die unter dem Namen »Progynon« von Schering vermarktet wurde.[216] Mit physiologischen Tests an Mäusen hatte sie den experimentellen Nachweis geführt, welches Isolierungsverfahren den wirksamsten Stoff erbrachte. Zugleich arbeitete sie auch chemisch an der Isolierung der gesuchten Substanz. Und so war sie es auch, »die als erste den kristallinen Niederschlag nach entsprechendem Reinigungsschritt sah«.[217] Butenandt selbst berücksichtigte 1929 ihre Leistung – sie habe »in selbständigen Untersuchungsreihen weit über 1.000 Substanzen quantitativ auf ihre physiologische Wirksamkeit geprüft«.[218] Doch teilen wollte er den öffentlichen Erfolg und die Anerkennung dann lieber doch nicht. Seinen Eltern, die er im Gegensatz zu Erika zur Präsentation der Hormonuntersuchungen in Kiel eingeladen hatte, schrieb er: »Erika möchte ich lieber doch nicht mitnehmen, trotzdem ich es so sehr, sehr gern täte für alle ihre Liebe und getreue Hilfe. Es würde doch zu sehr auffallen, glaube ich. – Es ist schade, aber wir müssen schon noch etwas stark sein.«[219] Mit seinem Lobgesang auf »soviel arbeitsamen Fleiß und mühevolles Wollen […] hat wohl der Himmel selten gesehen; wie meine liebe kleine Frau mir zur Seite steht, ist so rührend lieb, daß ich keinen Dank genug dafür finden kann«,[220] würdigte er ihre berufliche Leistung zu einem treu ergebenen Liebesdienst herab und erkannte der »lieben kleinen Frau« ihre Fachkompetenz ab. Butenandt vertuschte

---

215 Vgl. dazu das Kapitel »Geschlechtshormone, Gene und die Hierarchie binärer Ordnungen, 1927–1955« in Satzinger: *Differenz und Vererbung*, 2009, 293–396.

216 Zu *Progynon* und Butenandts Kooperation mit Schering vgl. ebd., 293, 315, 324; Gaudillière: Biochemie und Industrie, 2004, 198–246. – In seinem Beileidstelegramm an Erika Butenandt zum Tod ihres Mannes würdigte der damalige Bundespräsident Roman Herzog explizit dessen »einsatz fuer die zusammenarbeit von wissenschaft und industrie« mit der er »sich um die deutsche grundlagenforschung […] verdient gemacht« habe. *beileid zum tode von adolf butenandt*, Der Bundespräsident an Erika Butenandt, 24. Januar 1995, https://www.bundesregierung.de/breg-de/service/bulletin/beileid-zum-tode-von-adolf-butenandt-801982. Zuletzt aufgerufen am 28. April 2021.

217 Satzinger: *Differenz und Vererbung*, 2009, 323.

218 Adolf Butenandt, Typoskript »Untersuchungen über das weibliche Sexualhormon«. Vortrag auf der Tagung der nordwestdeutschen Chemiedozenten in Kiel am 22. Oktober 1929, Bl. 8, AMPG, III. Abt., Rep. 84-1, Nr. 1564.

219 Butenandt an die Eltern, 27. September 1929, Korrespondenz Adolf Butenandt mit seinen Eltern (1921–1959), AMPG, III. Abt., Rep. 84-2, Nr. 7803, fol. 83 verso.

220 Butenandt an die Eltern, 4. Oktober 1929, AMPG, III. Abt., Rep. 84-2, Nr. 7803, fol. 85.

so – vordergründig liebevoll-besorgt – das eigentliche Anliegen: allein Aufmerksamkeit und Anerkennung zu genießen.[221]

Als er hingegen im November 1930 seine Habilitationsschrift einreichte, betonte Butenandt seinen Eltern gegenüber den maßgeblichen Anteil, den seine inzwischen Verlobte daran hatte: »112 Schreibmaschinenseiten, sauber von Erikas Hand geschrieben, von mir in 4 Monaten zusammengestellt und in genau 3 Jahren erarbeitet von uns beiden zusammen. Es ist schon ein Werk, auf das wir stolz sein dürfen!«[222] Doch nicht nur seinen Eltern gegenüber gab er solche Eingeständnisse. Als die *Untersuchungen über das weibliche Sexualhormon (Follikel- oder Brunsthormon)* 1931 veröffentlicht wurden,[223] war dort bereits eingangs zu lesen, dass die »Ergebnisse eigener Arbeiten [...] von Januar 1928 bis Dezember 1930 gemeinsam von Fräulein E. von Ziegner im Allgemeinen Chemischen Universitätslaboratorium zu Göttingen durchgeführt wurden«.[224] Satzinger erklärt dieses offene Bekenntnis einer gemeinsam mit einer weiteren, zudem weiblichen Person erarbeiteten Habilitationsschrift damit, »dass im wissenschaftlichen Kollegenkreis die Mitarbeit einer Frau an den physiologischen Tests eindeutig als untergeordnete Zuarbeit für den männlichen Chemiker verstanden wurde«.[225] Am 28. Februar 1931 heirateten die beiden in Göttingen. In den folgenden Jahren bekam Erika sieben Kinder und das Mutterverdienstkreuz. Dennoch wirkte sie während des Zweiten Weltkriegs als »Mithelferin« am KWI für Biochemie ihres Mannes maßgeblich bei der Etablierung eines »Testverfahrens für die Wirksamkeit des neu isolierten Insektensexuallockstoffes« mit.[226]

Charakteristisch ist das Verhältnis des Ehepaares Butenandt als *working couple* im Kontext dieser Arbeit für die patriarchale Hierarchie, die in Butenandts Arbeitsumfeld vorherrschte. Diese Sozialstruktur wird später noch insbesondere in der *Zusammen*arbeit – Butenandts Verständnis nach eher *Zu*arbeit – mit Else Knake genauer analysiert:

> In der Arbeitsgruppe gab es unter den Männern eine strenge Rangordnung, mit dem Chef Butenandt an der Spitze, der den Zugang zu allen wissenschaftlichen und wirtschaftlichen Ressourcen kontrollierte und die Forschungsthemen und Arbeitsaufgaben verteilte. Zusätzlich gab es die Hierarchie zwischen den Männern und den ihnen auf verschiedenen Ebenen zuarbeitenden Frauen. Diese Hierarchie entsprach einer Trennung zwischen den wissenschaftlichen Disziplinen der organischen Chemie, die neue Substanzen lieferte, und einer auf standardisierte Testverfahren reduzierten Physiologie.[227]

---

221 Vgl. dazu Satzinger, *Differenz und Vererbung*, 2009, 324.

222 Butenandt an die Eltern, 21. November 1930, AMPG, III. Abt., Rep. 84-2, Nr. 7804, fol. 89.

223 Butenandt: *Untersuchungen über das weibliche Sexualhormon*, 1931.

224 Ebd., S. 336, zitiert nach Satzinger: *Differenz und Vererbung*, 2009, 329.

225 Satzinger: *Differenz und Vererbung*, 2009.

226 Vgl. dazu Satzinger: *Adolf Butenandt*, 2004, 78–133, 112–115.

227 Satzinger: *Differenz und Vererbung*, 2009, 299–300.

Rhea Lüst (Präsidentschaft 1972–1984): Mit der Astronomin Rhea Lüst endete das lebensgeschichtliche Modell der in erster Linie repräsentativen Präsidentengattin in der Max-Planck-Gesellschaft. Rhea Kulka, die, wie ihre Kollegin Eleonore Trefftz es ausdrückte, »in ihrer Kenntnis des Sternenhimmels, wie er sich unseren Augen darbietet, [...] allen überlegen«[228] war, hatte sich bereits als Kind für Astronomie interessiert. Die Faszination wurde gefördert durch die kleine private Sternenwarte, die ihr Vater, der Bauingenieur und Professor für Eisenwasserbau und Eisenbrückenbau Hugo Kulka, am Tegernsee errichtet hatte. Sie studierte Mathematik, Physik und Astronomie in Göttingen, wo sie 1953 bei Paul ten Bruggencate promovierte.[229] Im selben Jahr heiratete sie ihren Kollegen, den Astrophysiker Reimar Lüst, und begleitete ihn in die USA, als er am Enrico Fermi Institute ein Forschungsstipendium erhielt. Dort in Chicago wurde auch der ältere ihrer beiden Söhne geboren.[230] Von 1958 bis zu ihrer Pensionierung 1986 arbeitete sie als wissenschaftliche Mitarbeiterin am MPI für Astrophysik in München.

1961 erschien von ihr und ihrem Mann die gemeinsame Veröffentlichung mit Ludwig Biermann und Hermann Ulrich Schmidt »Zur Untersuchung des interplanetaren Mediums mit Hilfe künstlich eingebrachter Ionenwolken«,[231] die »zur Grundlage der Forschungsrichtung des späteren Instituts für extraterrestrische Physik am Max-Planck-Institut für Physik und Astrophysik wurde«.[232] Ab Ende der 1950er-Jahre hatte sie an der Vorbereitung künstlicher Plasma-»Kometen« mitgewirkt, die darauf abzielten, die Effekte von dadurch erzeugten solaren Teilchen zu visualisieren:[233] »[Bariumwolken] ionisieren innerhalb weniger Minuten und geben wegen ihrer gut sichtbaren, kräftigen Resonanzlinie Kenntnis von Magnetfeldern und Teilchenströmen im erdnahen Weltraum.«[234] Von 1980 bis 1986 fungierte Rhea Lüst zudem als Vorstand der Astronomischen Gesellschaft und kam so zusätzlich zu ihrer wissenschaftlichen Arbeit dem Anliegen nach, das öffentliche Interesse an Astronomie zu wecken bzw. wachzuhalten. Dem breiteren Publikum brachte sie die »Wunderwelt der Sterne« mit ihren monatlichen Artikeln in der *Süddeutschen Zeitung* näher.[235]

228 Trefftz: Rhea Lüst, 1995, 5–6, 5.
229 Lüst: *Temperatur und Elektronendruck*, 1954.
230 Ich danke Dieter Lüst herzlich für seine freundliche Auskunft zum Familienstand seiner Eltern. – Dieter Lüst ist Wissenschaftliches Mitglied und Direktor des MPI für Physik in München.
231 Biermann et al.: Untersuchung des interplanetarischen Mediums, 1961, 226–236.
232 Hintsches: Er brachte Farbe in den Weltraum, 1984, 31–43, 36. – Im Mai 1963 wurde die »Arbeitsgruppe Lüst« am MPI für Physik und Astrophysik in ein eigenständiges Teilinstitut umgewandelt und Reimar Lüst zum Direktor des Instituts berufen, das er bis zur Berufung als Präsident der MPG leitete.
233 Vgl. dazu ausführlich Biermann und Lüst: The Tails of Comets, 1958, 44–51. Einmal mehr danke ich Luisa Bonolis für diesen Hinweis.
234 Trefftz: Rhea Lüst, 1995, 5–66, 5.
235 Eine Sammlung dieser Artikel erschien 1990 in Lüst: *Die Wunderwelt der Sterne*, 1990.

Rhea Lüst war eine berufstätige Mutter, die den Spagat zwischen Mutter-
sowie Wissen- und Leidenschaft für die Astronomie meistern musste. Eine
Herausforderung, die ihre alleinerziehende Kollegin Trefftz (aner)kannte, denn
»wenn man zwei kleine Kinder zu Hause hat, dann ist es schon allerhand, wenn
man überhaupt weitermachen kann«.[236]

Auch die beiden noch lebenden Ehefrauen der nachfolgenden Präsidenten,
Ruth Staab (Präsidentschaft 1984–1990) und *Annemarie Zacher (Präsidentschaft
1990–1996)*, gingen mit der Zeit und verbanden Familie und Beruf, wenn dies
auch im Falle der Zachers, die sieben Kinder hatten, eher in dem Sinne geschah,
wie es Ilse Biermann einst auf den Punkt gebracht hat:[237] »Als ich bemerkte,
daß man meinen Mann und seine Wissenschaft nicht trennen kann, habe ich
beschlossen, die Astrophysik in die Familie zu integrieren«.[238] Insgesamt ist zu
konstatieren, dass das Verhalten der Präsidentengattinnen überwiegend ihre
jeweilige Zeit und das dort vorherrschende Geschlechterverhältnis widerspie-
gelten. Von ihnen gingen nicht so starke sozial- oder wissenschaftspolitische
Impulse aus wie etwa von Mildred Scheel, die als Frau des damaligen Bundespräsidenten 1974 die Deutsche Krebshilfe gründete. Die ersten drei Präsidenten – Planck, Hahn und Butenandt – hatten bereits Karriere in der KWG gemacht
und auch während dieser Zeit geheiratet. Erstmals wurde 1972 mit Reimar Lüst
ein Präsident berufen, dessen wissenschaftliche Laufbahn und Ehe erst nach
dem Krieg in der MPG begonnen hatten. Seine erste Ehefrau Rhea kam dem Bild
einer Amazone noch am nächsten.[239] Doch noch weit bis über Lüsts Amtszeit
hinaus blieb der Mythos der Ausnahmewissenschaftlerin bestehen. Interessant
für den Kontext dieser Untersuchung ist vor allem das Arbeitsverhältnis von
Erika und Adolf Butenandt, da es auch Rückschlüsse auf die Arbeitswelt der hier
porträtierten weiblichen Wissenschaftlichen Mitglieder zulässt.

---

236 Luisa Bonolis und Birgit Kolboske: *Im Gespräch mit Eleonore Trefftz.* Unveröffentlicht.
     6.12.2016.
237 Ich danke herzlich Peter L. Biermann für die freundlichen Auskünfte zu seiner Mutter.
     Zu Hause bei Tisch sei die Unterhaltung lange Zeit von der Physik dominiert worden,
     erinnerte er sich. E-Mail Biermann an Kolboske, 28. April 2021. – Peter L. Biermann
     arbeitet als Wissenschaftler am MPI für Radioastronomie und ist Professor für Astro-
     physik und Astronomie an der Universität Bonn.
238 Trefftz: In memoriam, 1986, 204–206, 206.
239 In zweiter Ehe heiratete Reimar Lüst 1986 die Journalistin und ehemalige stellvertretende
     Chefredakteurin der *Zeit* Nina Grunenberg.

3.3.3 Wissenschaftliche Mitglieder der Max-Planck-Gesellschaft

Wissenschaftliche Mitglieder (WM) der MPG – in der Regel Direktor:innen – werden aufgrund besonderer wissenschaftlicher Leistungen berufen und müssen ständige Mitarbeiter:innen sein. Mit Erreichen der Altersgrenze werden sie *Emeritierte Wissenschaftliche Mitglieder* (EWM). Als *Auswärtiges Wissenschaftliches Mitglied* (AWM) kann ein früheres Wissenschaftliches Mitglied des Instituts oder eine Persönlichkeit berufen werden, die mit dem Institut eng zusammenarbeitet oder zusammengearbeitet hat.

Berufung und Ernennung erfolgen immer durch den Senat der Max-Planck-Gesellschaft.[240] In der Zeit von 1948 bis 1998 wurden insgesamt 691 Wissenschaftliche Mitglieder berufen, von denen 74 bereits zuvor schon Wissenschaftliche Mitglieder der KWG gewesen waren. Von den Berufenen waren 13 Frauen.[241] Analog zur Periodisierung des GMPG-Forschungsprogramms in vier Phasen lassen sich vier Generationen weiblicher Wissenschaftlicher Mitglieder identifizieren:

1. Phase, 1948–1955: Isolde Hausser, Lise Meitner, Elisabeth Schiemann, Anneliese Maier
2. Phase, 1956–1972: Anne-Marie Staub, Birgit Vennesland, Margot Becke, Eleonore Trefftz sowie *ex officio* Else Knake
3. Phase, 1973–1989: Renate Mayntz, Christiane Nüsslein-Volhard
4. Phase, 1990–1998:[242] Lorraine Daston, Anne Cutler, Angela Friederici

Die folgenden biografischen Skizzen unterscheiden sich hinsichtlich ihres Umfangs und ihrer Quellengrundlage ebenso wie die Vitae der Wissenschaftlerinnen, von denen die älteste bereits 1878 und damit fast 75 Jahre vor der jüngsten der hier Porträtierten geboren wurde. Bieten die erste und zweite Generation der weiblichen Wissenschaftlichen Mitglieder genug zeitlichen Abstand, um sich mit ihren Personalakten und Korrespondenzen zu beschäftigen, sind die

---

240 Vgl. MPG (Hg.): *Satzung der Max-Planck-Gesellschaft*, 2020, § 5. – Auf Funktion und Bedeutung von Senat und Wissenschaftlichem Rat der MPG wird in Kapitel 4.3.1 eingegangen.
241 Zahlen ermittelt auf Grundlage von Henning und Kazemi: *Handbuch zur Institutsgeschichte*, Bd. 2, 2016, 1763–1808.
242 Der Forschungszeitraum dieser Studie umfasst die ersten 50 Jahre der MPG, im GMPG-Kontext wurde für die 4. Phase der Zeitraum 1990 bis 2006 etabliert. In diesen weiteren acht Jahren wurden ebenfalls acht weibliche Wissenschaftliche Mitglieder berufen, das heißt fast dreimal so viel wie in den acht Jahren zuvor: Elisabeth Kieven (1999), Regine Kahmann (2000), Sybille Ebert-Schifferer (2001), Gisela Schütz (2001), Marie Theres Fögen † (2001), Ilme Schlichting (2002), Lotte Søgaard-Andersen (2004), Elisa Izaurralde † (2005). Zu den Hintergründen für diesen eklatanten Berufungsaufschwung siehe Kapitel 5.2.

Abb. 32: »Today's broken glass ceilings are tomorrow's stepping stones«. Installation zum Internationalen Frauentag am 8. März 2021 mit dem Fearless Girl vor der New Yorker Börse. Foto: Privatbesitz.[243]

jüngeren und noch lebenden dieser Untersuchung überwiegend noch in ihrer Forschung und in der MPG aktiv, weswegen eine biografische Annäherung weniger über Archivquellen, denn in ihren eigenen Worten, das heißt auf Grundlage von Fachartikeln, autobiografischem Material und Interviews, erfolgt ist. Als Regulativ wirkt dabei immer Doris Lessings Erklärung, dass das Verfassen einer Autobiografie einem Akt der Selbstverteidigung gleichkäme.[244]

Beträchtliche Abschnitte der wissenschaftlichen Arbeiten und Karrieren der ersten, quasi »Gründerinnengeneration« weiblicher Wissenschaftlicher Mitglieder spielten sich noch in der Kaiser-Wilhelm-Gesellschaft ab. Diese Wissenschaftlerinnen wurden in der Kaiserzeit geboren; sie waren geprägt und sozialisiert durch die großen theoretischen Durchbrüche um 1900. Für sie insbesondere gilt, was Jaromír Balcar für die Entwicklung der ersten Dekade nach dem Zweiten Weltkrieg bilanziert hat, nämlich »dass der Übergang von der Kaiser-Wilhelm-Gesellschaft zur Max-Planck-Gesellschaft zunächst wenig mehr bedeutete als die Änderung des Firmenschildes«, da bei »der KWG/MPG ein bemerkenswertes Maß an Kontinuität« geherrscht habe, und zwar sowohl »mit Blick auf das Personal wie auch auf die Leitungsstrukturen und die Forschungsinhalte«.[245] Diese erste Generation ist essenziell für das Verständnis

---

243 Ich danke tiina Dohrmann herzlich für das Überlassen der Fotos. – Zum *Fearless Girl* vgl. etwa Bruckner: Ein furchtloses Mädchen, 2017.
244 »Why an autobiography at all? Self-defence: biographies are being written. It is a jumpy business, as if you were walking along a flat and often tedious road in an agreeable half-dark but you know a searchlight may be switched on at any minute.« Lessing: *Under My Skin*, 2014, 19.
245 Balcar: *Wandel durch Wachstum in »dynamischen Zeiten«*, 2020, 3.

der Kontinuitäten und insbesondere der Brüche in den Laufbahnen von Wissenschaftlerinnen, denn um solche handelt es sich und nicht allein um das Erreichen der sprichwörtlichen »Glasdecke«, wie insbesondere die Betrachtung der Karrieren von Meitner, Schiemann und Maier zeigen wird. Keine von ihnen wurde durch ihre Berufung zum WM auch Direktorin. Ein Muster, das sich erst langsam – und dann auch nicht konsequent – Ende der 1960er-Jahre mit der zweiten, gewissermaßen »Vorkriegsgeneration« änderte, die in der Weimarer Republik und im Nationalsozialismus aufwuchs. In dieser Generation erfolgten bereits erste Schritte in Richtung Internationalisierung: Sie forschten selbst im Ausland, zugleich kamen ausländische Wissenschaftlerinnen in die MPG und markierten so den Beginn internationaler Forschungspolitik.

Die biografischen Skizzen geben Auskunft über die wichtigsten Lebensstationen der weiblichen Wissenschaftlichen Mitglieder, über ihre berufliche Laufbahn insbesondere in der KWG/MPG sowie über ihre wissenschaftlichen Leistungen. Auch in Übereinstimmung mit der sozialwissenschaftlichen Biografik werden die Skizzen mit gesellschaftlichen Faktoren, wie etwa sozialer Herkunft und Lebenswelten, kontextualisiert. Sofern die Quellenlage dies erlaubt, werden Biographeme – Lebens- bzw. Forschungsschnipsel – mit feministischem Bezug eingefügt. Die minimale Berücksichtigung des Familienstands geht auf zwei Topoi zurück, die im Dispositiv des »Lebens für die Wissenschaft« miteinander verflochten sind:[246] »Blaustrumpf« und »Rabenmutter«. Die zunächst dominierende Figur des »Blaustrumpfs«, der unverheirateten Wissenschaftlerin, trat im Laufe der Zeit hinter dem Topos »Rabenmutter« zurück – eine Catch-22-Situation, die lange Zeit ein unentrinnbares Dilemma für Berufstätige darstellte, insbesondere im Wissenschaftssystem der BRD: »In Deutschland wird eine Frau als Rabenmutter abgestempelt, die ohne Not ihr Kind nicht selbst betreut, in anderen Ländern sind Kinderkrippen oder Hausangestellte üblich.«[247] Die Erwartung, dass eine erfolgreiche Karriere als Wissenschaftlerin den Verzicht auf Familie voraussetzt, ist falsch und nicht zu belegen: Der Inbegriff der erfolgreichen Wissenschaftlerin, die zweifache Nobelpreisträgerin Marie Curie, hatte zwei Kinder und war aufgrund des Unfalltods ihres Mannes Pierre nicht nur eine berufstätige, sondern zudem auch alleinerziehende Mutter, als sie 1911 auch den Nobelpreis in Chemie erhielt. Ihre ältere Tochter, die Physikerin und Chemikerin Irène Joliot-Curie, hatte nicht nur auch zwei Kinder, sondern erhielt 1935 ebenfalls den Nobelpreis in Chemie. Auch die nächsten Trägerinnen des Nobelpreises in Physik bzw. Chemie, Maria Goeppert-Mayer (1963) und Dorothy Crowfoot Hodgkin (1964) waren Mütter. Von den Nobelpreisträgerinnen in Physiologie oder Medizin hat sich Christiane Nüsslein-Volhard (1995) bewusst gegen Kinder entschieden, ihre Kollegin May-Britt Moser (2014) dagegen hat zwei. Dennoch zwangen die politischen Verhältnisse in Deutschland

---

246 Siehe dazu Kapitel 4.5.1.
247 Nüsslein-Volhard: Mut zur Macht, 2002, 5.

Wissenschaftlerinnen genau dazu: sich zwischen Beruf oder Familie entscheiden zu müssen. Wollte eine Frau Karriere machen, musste sie lange Zeit auf Familie und selbst auch den Ehemann verzichten, um so ihr Leben ganz in den Dienst der Wissenschaft zu stellen.[248] Dieses Dispositiv machte sie zur »Nonne der Wissenschaft«: »Die eigene Person und oft auch die eigene Familie den Anforderungen und Unwägbarkeiten der Wissenschaft zu weihen setzte voraus, daß ein solches Leben in gewissem Sinne am Sakralen partizipierte, um die finanziellen und persönlichen Opfer rechtfertigen zu können.«[249] Lorraine Daston hat betont, es sei genau dieser sakrale Wissenschaftscharakter, den schon Honoré de Balzac und Mary Wollstonecraft Shelley infrage gestellt hätten: »Darf man die Wissenschaft mehr lieben als ›sein eigen Fleisch und Blut‹, und mit welcher Berechtigung?«[250]

Die Entscheidung, jede biografische Skizze mit einer Auswahl an Auszeichnungen und Würdigungen der Wissenschaftlerinnen zu schließen, soll den Leser:innen eine zusätzliche Möglichkeit geben, sich eine eigene Vorstellung ihrer Leistungen zu machen. Die Chronologie der Skizzen folgt dem Zeitpunkt der Ernennung zum Wissenschaftlichen Mitglied der Max-Planck-Gesellschaft. Der Untersuchungszeitraum orientiert sich am 50-jährigen Bestehen der MPG, das 1998 mit einem wissenschaftlichen Kolloquium feierlich begangen wurde: Ob »Vorstoß in den Kosmos«, die Frage danach, »Was die Welt im Innersten zusammenhält«,[251] ob »Brücke zwischen Biologie und Chemie«[252] oder »Weg nach Innen«[253] – der MPG als Organisation ist es immer wieder erfolgreich gelungen, Grenzen in alle Richtungen zu überschreiten. Allein nach oben blieb fast 50 Jahre lang eine gläserne Decke bestehen – für ihre Wissenschaftlerinnen.

---

248 Vgl. dazu auch Tobies: Einführung, 2008, 21–80, insbesondere 42–49.
249 Daston: Die wissenschaftliche Persona, 2006, 109–136, 112.
250 Ebd.
251 Ertl: Was die Welt im Innersten zusammenhält, 1998, 93–111.
252 Oesterhelt: Die Brücke zwischen Chemie und Biologie, 1998, 111–135.
253 Singer: Der Weg nach Innen, 1998, 45–75.

3.4 Weibliche Wissenschaftliche Mitglieder der MPG – Biografisches Dossier

> Dass diese Frauen heute nicht mehr bekannt
> sind beziehungsweise als vereinzelte Ausnahmen
> dargestellt werden, kommt nicht daher, dass sie
> einfach »vergessen« wurden, sondern ist einer
> mehrfachen Verdrängung zuzuschreiben.[254]

Abb. 33: Ausnahmeerscheinungen? Wissenschaftlerinnen in der MPG.
Foto: NASA Public Domain.

254 Bischof: Naturwissenschaftlerinnen an der Universität Wien, 2008, 5–12, 11.

3.4.1 Isolde Hausser, Physikerin

7. Dezember 1889 in Berlin – 5. Oktober 1951 in Heidelberg
verwitwet,[255] ein Kind

AL für biologische Physik 1929–1933 | Abteilung Isolde Hausser 1935–1945

WM des KWI für medizinische Forschung 1938–1948 | Abteilung für
physikalische Therapie 1946–1951

WM des MPI für medizinische Forschung 1948–1951

Abb. 34: Isolde Hausser in ihrem Heidelberger Büro, ohne
Datum. Archiv der Max-Planck-Gesellschaft, Berlin-Dahlem.

---

255 Sie war von 1918 bis zu seinem frühen Tod mit Karl Wilhelm Hausser verheiratet.

> Von einer Frau wird immer viel mehr verlangt,
> sie wird in dieser von den Männern beherrschten
> Welt immer viel schärfer kritisiert.[256]

Die Hochfrequenzphysikerin Isolde Hausser hat entscheidend dazu beigetragen, mittels physikalischer Methoden Konstitution und chemisches Verhalten organischer Verbindungen zu klären. Ihre Untersuchungen hatten unter anderem Permittivität, photochemische Reaktionen und Strahlenforschung in der Medizin zum Gegenstand.[257]

Hausser wurde 1889 in Berlin in ein ungewöhnliches Elternhaus geboren, was nicht nur daran lag, dass sie 22 Geschwister hatte: Ihr Vater Hermann Ganswindt, ehemaliger Jurastudent, Fabrikant, Raumfahrtpionier und »ein vielseitiger, mitunter genialer, aber im Endeffekt tragischer«[258] Erfinder, und seine erste Frau Anna Mina Fritzsche betrieben ab 1892 in Berlin-Schöneberg einen »technischen Lunapark«. Auf diesem Gelände mit Ausstellungshallen für die Modelle, einem Versuchskanal für die Flugapparate und einer Radbahn, auf der Besucher:innen »für eine Mark Eintritt auf Hightech-Fahrrädern« aus der väterlichen Produktion fahren konnten,[259] wuchs Isolde mit ihren Geschwistern auf. Ganswindt war seiner Zeit voraus,[260] doch die ausbleibende gesellschaftliche und weitgehend auch fachliche Anerkennung führten dazu, dass die Familie ständig in finanziellen Schwierigkeiten lebte. Dessen ungeachtet vertraten die Eltern eine fortschrittliche Auffassung in Bezug auf Schulbildung aller ihrer Kinder. Isolde besuchte bis zum Abitur 1909 die Chamisso-Schule am Barbarossaplatz, die 1902 nach den Ideen von Helene Lange zum Realgymnasium reformiert worden war.[261]

---

256 Isolde Hausser an ihre Freundin Erna Pauls am 30. August 1949, zitiert nach Fuchs: Isolde Hausser, 1994, 201–215.

257 Vgl. dazu Vogt: *Vom Hintereingang zum Hauptportal?*, 2007, insbesondere 227–228, 276; Kuhn: Hausser, Isolde, 1969, 127–128; Fuchs: Isolde Hausser, 1994, 201–215.

258 Kuhn: Hausser, 1969, 127–128, 127. – Zu Ganswindts Konstruktionen gehörte ein Feuerwehrwagen, den die Berliner Feuerwehr 1894 übernahm, Flugapparate, ein Weltraumfahrzeug sowie ein lenkbares Luftschiff aus Aluminium, für das er ein Patent erhielt; vgl. dazu Patent-Nr. 29014 im Archiv des Otto-Lilienthal-Museums: https://lilienthal-museum.museumnet.eu/archiv/objekt/3248. Zuletzt aufgerufen am 14. Februar 2021.

259 Majica: Der Mann, der flog und dafür ins Gefängnis kam, 2004.

260 1970 benannte die Internationale Astronomische Union ihm und Roald Amundsen zu Ehren die lunare Vertiefung in der Südpolregion Amundsen-Ganswindt-Becken. Dieses hat einen Durchmesser von 335 Kilometern und erstreckt sich zwischen den Mondkratern »Amundsen« (Mondvorderseite) und »Ganswindt« (Mondrückseite). Letzterer liegt am südwestlichen Rand des Mondkraters »Schrödinger«. Vgl. zur Nomenklatur die Website der Internationalen Astronomischen Union https://planetarynames.wr.usgs.gov/Feature/2101?__fsk=774571666. Zuletzt aufgerufen am 14. Februar 2021.

261 Die Reform sah unter anderem auch Unterricht in Latein und den Naturwissenschaften vor; vgl. Lange: *Entwicklung und Stand des höheren Mädchenschulwesens in Deutschland*, 1893.

Möglicherweise hat das Aufwachsen auf diesem technisch-naturwissenschaftlichen Abenteuerspielplatz dazu beigetragen, dass Isolde Hausser sich den Naturwissenschaften zuwandte, jedenfalls begann sie 1909 Physik, Mathematik und Philosophie an der Berliner Universität zu studieren, das heißt ein Jahr nachdem auch Preußen als letzter deutscher Staat Frauen den Zugang zu den Hochschulen gewährt hatte. 1914 promovierte sie bei Friedrich Franz Martens[262] mit einer Dissertation über »Erzeugung und Empfang kurzer elektrischer Wellen«, die sie ihrem Vater widmete.[263] Dieser stand inzwischen vor dem finanziellen Ruin,[264] was möglicherweise ausschlaggebend dafür war, dass Hausser als technische Physikerin nicht in die Wissenschaft, sondern in die lukrativere Industrie ging, da sie als Zweitälteste fortwährend den kinderreichen Haushalt unterstützen musste.

Die nächsten 15 Jahre, von 1914 bis 1929, arbeitete sie als wissenschaftliche Mitarbeiterin im Entwicklungslabor bei Telefunken in Berlin. Unmittelbar vor Beginn des Ersten Weltkriegs hatte sie im August 1914 ihre Tätigkeit im Röhrenlaboratorium aufgenommen, das Hans Rukop leitete. »Telefunken – Gesellschaft für drahtlose Telegraphie«, der Name war Programm und die drahtlose und kabelgebundene Übertragungstechnik hatte Hochkonjunktur im Krieg. Bereits ab 1912 arbeitete man bei Telefunken auch verstärkt an der technischen Weiterentwicklung der liebenschen Elektronenröhre,[265] um die elektrische Übertragung von Klang zu ermöglichen. Fertigte man anfangs die Röhren bei Telefunken noch in Handarbeit, ging die Fabrikation schon bald nach Kriegsausbruch in eine Serienproduktion über. Wie die Technikhistorikerin Margot Fuchs beschrieben hat, musste während des Kriegs »die erforderliche Produktionsleistung gesteigert werden, als 1917 die ersten Röhrensender bei den kriegführenden Marinen eingeführt und die ersten Geräte für militärische Zwecke an der Westfront eingesetzt wurden«.[266] Ihre Arbeit führte Hausser direkt an die Front: So wurde sie 1917 zu Funkversuchen auf U-Booten nach Kiel geschickt und später auch herangezogen, um nachrichtentechnische Versuche vom Flugzeug aus zu betreuen.[267] Für die ursprünglich kleine fünfköpfige Arbeitsgruppe bedeutete die Kriegskonjunktur eine massive Erweiterung des Röhrenlaboratoriums in drei Abteilungen, wobei Isolde Hausser dem Laboratorium für die Entwicklung von Verstärkerröhren vorstand. Leiter des Laboratoriums zur Entwicklung von

---

262 Und nicht bei Heinrich Rubens, wie Richard Kuhn angibt; vgl. Kuhn: Hausser, Isolde, 1969, 127–128, 127. Dem widerspricht die Auskunft von Haussers Sohn Karl Hermann, dass seine Mutter zwar gern bei Rubens promoviert hätte, dies jedoch an dessen Vorurteilen gegenüber Frauen gescheitert sei. Rubens gehörte jedoch zur mündlichen Prüfungskommission, deren Vorsitz Max Planck führte. Vgl. dazu Fuchs: Isolde Hausser, 1994, 201–215, 204.

263 Ganswindt: *Erzeugung und Empfang kurzer elektrischer Wellen*, 1914.

264 Essers: *Hermann Ganswindt*, 1977.

265 Robert von Lieben hatte 1903 den Prototyp einer Triode konstruiert.

266 Fuchs: Isolde Hausser, 1994, 201–215, 205.

267 Vgl. dazu detailliert: ebd.

Verstärker- und Senderöhren war der Physiker Karl Wilhelm Hausser. Die beiden lernten sich 1916 kennen und heirateten zwei Jahre danach, 1919 wurde ihr Sohn Karl Hermann geboren.[268]

Zehn Jahre später, 1929, als ihr Mann als Direktor an das Kaiser-Wilhelm-Institut für medizinische Forschung in Heidelberg berufen wurde, erhielt Isolde Hausser das Angebot, eine Stelle als wissenschaftliche Assistentin am selben Institut anzutreten. Dass sie ihm dorthin folgte, war nicht allein der damalig geltenden Geschlechterordnung geschuldet, sondern vielmehr ihrem Wunsch, wieder Zeit und Raum für wissenschaftliches Arbeiten zu finden, was ihr die anstrengende und fordernde Industrietätigkeit nicht ermöglichte. Dafür nahm sie auch in Kauf, dass sich ihre persönliche finanzielle Situation massiv verschlechterte: Als wissenschaftliche Assistentin verdiente sie nur noch etwa ein Drittel ihres vorherigen Gehalts. Am Institut leitete sie eine eigene kleine Gruppe, die sich mit ihrer Forschung an Ultrakurzwellen und Elektronenröhren beschäftigte. Ihre interdisziplinäre Arbeit war nicht nur auf eine mögliche Kooperation mit ihrem Mann ausgelegt, sondern auch mit den Teilinstituten von Richard Kuhn und Otto Fritz Meyerhof[269] für Chemie bzw. Physiologie.

Doch nach dem plötzlichen Krebstod ihres Mannes 1933 standen sowohl ihre Position am Institut als auch die Möglichkeit zu selbstständiger Forschung infrage. Trotz ihrer Qualifikationen und bereichsübergreifenden Arbeit wurde sie als Nachfolgerin ihres Mannes gar nicht in Betracht gezogen. Stattdessen wurde die Direktorenstelle mit ihrem ehemaligen Kommilitonen und späteren Nobelpreisträger in Physik, Walther Bothe, neu besetzt, der im selben Jahr wie sie, allerdings bei Max Planck, promoviert hatte. Dadurch verschob sich der Forschungsschwerpunkt im Heidelberger Teilinstitut für Physik: Hatte sich Karl Wilhelm Hausser als Direktor in erster Linie dem Licherythem gewidmet, so beschäftigte sich Bothe – zusammen mit seinem Assistenten Wolfgang Gentner – mit dem Bau des ersten deutschen Zyklotrons, wobei die darin erzeugten Isotope in Zusammenarbeit mit Meyerhof bei der ersten Anwendung von Radioaktivität in der Biochemie benutzt wurden. Bothe selbst hoffte, dass Hausser an eins der anderen Institute wechseln würde.[270] Nach anhaltenden Auseinander-

---

268 Karl Hermann Hausser sollte später in die Fußstapfen seiner Eltern treten: Er wurde Physiker, arbeitete ebenfalls am MPI für medizinische Forschung., wo er vorrangig die Physik von Molekülen untersuchte. Dafür wandte er unter anderem Untersuchungen mit kernmagnetischer Resonanz (NMR) und Elektronenspinresonanz (EPR) an. Er führte diese Techniken in die deutsche Wissenschaftslandschaft ein. 1966 wurde er zum Wissenschaftlichen Mitglied berufen und leitete bis zu seiner Emeritierung 1987 die Abteilung Molekulare Physik.

269 Wie seine Kollegin Lise Meitner konnte Meyerhof, der Direktor des Instituts für Physiologie, trotz seiner jüdischen Herkunft die Forschung am KWI nach 1933 zunächst noch fortsetzen, bis auch er im August 1938 zusammen mit seiner Frau, der Mathematikerin und Malerin Hedwig Schallenberg, aus Deutschland flüchten musste; vgl. dazu Rürup: *Schicksale und Karrieren*, 2008, 268–271.

270 Fuchs: Isolde Hausser, 1994, 201–215, 209. – Schmidt-Rohr: *Erinnerungen an die Vorgeschichte*, 1996, 29–31.

setzungen zwischen ihr und Bothe wurde Hausser 1935 schließlich Leiterin einer selbstständigen Abteilung am Institut[271] und im Mai 1938 auf Wunsch von Richard Kuhn und – des zu diesem Zeitpunkt bereits verstorbenen – Ludolf von Krehl zum Wissenschaftlichen Mitglied der KWG berufen.[272]

Nach dem Tod ihres Mannes führte sie seine Forschung zu den Einflüssen von UV-Strahlung auf Hautpigmente fort und beschäftigte sich mit der spektralen Analyse von Biomolekülen. Dabei entdeckte sie die spezifische Wirkung des langwelligen Ultravioletts, indem es ihr gelang darzulegen, dass die menschliche Haut außer dem »nachgewiesenen, überwiegend erythembildenden Wirkungsspektrum im kurzwelligen Ultraviolett (um 298 mμ) noch ein überwiegend pigmentbildendes Wirkungsspektrum im langwelligen Ultraviolett (um 385 mμ) besitzt, und ferner, daß sich beide Spektralbereiche durch den verschiedenen zeitlichen Ablauf ihrer Wirkungen charakteristisch unterscheiden«.[273]

Mit Beginn des Zweiten Weltkriegs wurden große Teile der Forschung am Institut in den Dienst nationalsozialistischer Kriegsinteressen gestellt: Bothe war am »Uranprojekt« beteiligt, Kuhn widmete sich der Forschung chemischer Kampfstoffe.[274] Zum zweiten Mal in ihrer beruflichen Laufbahn war Hausser, die im Juli 1934 dem Nationalsozialistischen Lehrerbund beigetreten war,[275] damit in kriegswichtige Rüstungsforschung involviert. Aufgrund der deutlichen Überlegenheit der Alliierten in der Radarforschung[276] konzentrierte sich

---

271 Dass sich diese »kleine selbständige Abteilung« in seinem Flügel befand, führte bei Bothe »zu einer bleibenden Verärgerung«; ebd., 31.

272 Personalakte Hausser, AMPG, II. Abt., Rep. 67, Nr. 672 (30. Mai 1938), S. 11. – Kurz vor ihrer Berufung 1938 meldeten Max von Laue, Karl Bonhoeffer und Walther Bothe Bedenken gegen ihre Ernennung an mit der Begründung, man habe die bisherige wissenschaftliche Leistung nicht erkennen können, auch seien bislang höhere Maßstäbe angelegt worden. Während Laue und Bonhoeffer sich schließlich dem allgemeinen Votum anschlossen, enthielt Bothe sich der Stimme. Vgl. dazu Protokolle des Wissenschaftlichen Rats der KWG, 1938, AMPG, I. Abt. Rep. 1A, Nr. 183, Wissenschaftlicher Rat, S. 1–11.

273 Hausser: Über Einzel- u. Kombinationswirkungen, 1938, 563–566, 563.

274 Für eine Rekonstruktion aus institutionsgeschichtlicher Perspektive, welche personellen und organisatorischen Kooperationsbeziehungen zwischen Wissenschaft, Militär und der Industrie existierten und wie diese als Ressourcen füreinander funktionierten, sowie insbesondere auch zur Entwicklung der Nervenkampfstoffe Soman, Sarin und Tabun am KWI für medizinische Forschung vgl. Schmaltz: *Kampfstoff-Forschung im Nationalsozialismus*, 2005, 357–520; Ebbinghaus und Roth: Vernichtungsforschung, 2002, 15–50. – Zu Bothe und dem »Uran-Verein« vgl. etwa die »*Übersichten zum deutschen Uranprojekt Kernenergieforschung in Deutschland von 1939 bis 1945*« des Archivs der MPG: https://www.archiv-berlin.mpg.de/83592/uranprojekt_uebersichten.pdf. Zuletzt aufgerufen am 8. März 2021.

275 In der Mitgliederkartei des Nationalsozialistischen Lehrerbunds (NSLB) ab dem 25. Juli 1934 geführt, BArch, VBS 3, Hausser, Isolde, 7.12.1889.

276 Zum deutschen Bemühen um die Führung bzw. den Anschluss in der Hochfrequenztechnik vgl. Reuter: *Funkmeß*, 1971, insbesondere 113–133.

die Arbeit der Physiker:innen, darunter auch Bothe und Haussers Sohn Karl Hermann,[277] auf die Funkmesstechnik (RADAR). Letzterer war an der Abwehr der Radarortung deutscher U-Boote und Flugzeuge beteiligt, ein Gebiet, auf dem Isolde Hausser »am sachkundigsten« und »über ihren Sohn als inoffizielle Beraterin tätig« war.[278] Sie leitete das »Funkmessprogramm«, das unter anderem die Umstellung der Radargeräte von Luftwaffe und Marine auf Zentimeterwellen vorsah.[279] Im November 1943 bat Hausser KWG-Präsident Albert Vögler, ihren Mitarbeiterstab und ihr Budget zu erhöhen, »um Arbeiten zum Funkmeßprogramm entsprechend ihrer Dringlichkeit beschleunigen zu können«.[280] Daraufhin wies Vögler, Telschow an, Hausser »reichlich auszustatten«. Sie habe »wirklich jetzt eine wichtige Aufgabe mitzuerfüllen«.[281] Im März 1944 hielt sie auf der geheimen Arbeitskreistagung »Röhren« in Breslau einen Vortrag über ihre Arbeit.[282]

Im April 1945 besetzten amerikanische Truppen das KWI für medizinische Forschung wie auch dessen »Zweigstellen«, wobei ihr Hauptinteresse zunächst Bothes Zyklotron galt. Auch Hausser musste sich aufgrund ihrer Beteiligung am RADAR-Projekt gegenüber den der »Alsos«- Mitarbeitern[283] verantworten und wurde kurzfristig unter Hausarrest gestellt, da sie ihre herausragende Expertise in den Dienst der militärischen Forschung des NS-Regimes gestellt hatte. Es gibt jedoch keinen Beleg dafür, dass sie Mitglied der NSDAP gewesen ist. Genauso wenig gibt es Hinweise darauf, wie sie sich am Institut gegenüber ihren jüdischen Kollegen, wie beispielsweise dem vertriebenen Meyerhof, verhalten hat, die Rückschlüsse auf ihre politische Gesinnung erlauben, die darüber hinausgehen, dass sie in führender Position an der Kriegsforschung beteiligt gewesen ist. Ende Juni 1945 erhielt das Teilinstitut für Chemie die Genehmigung, seine Arbeit wieder aufzunehmen, und zum 1. Januar 1946 auch die »Abteilung Hausser«,

277 Schmidt-Rohr: *Erinnerungen an die Vorgeschichte*, 1996, 53–54, 58.
278 Ebd., 54.
279 Dessen ungeachtet findet sie keine Erwähnung in Weiher (Hg.): *Männer der Funktechnik*, 1983.
280 Bei einer Unterredung im Harnack-Haus am 9. November 1943, Schreiben von Hausser an Vögler, 17. November 1943, Bl. 1, AMPG, I. Abt., Rep. 1A, Nr. 2577.
281 Aktennotiz des Präsidenten an Telschow, 18.1.1944, Bl. 2, AMPG, I. Abt., Rep. 1A, Nr. 2577 – Für weiterführende Informationen zur Brisanz der deutschen Radarforschung in der Endphase des Zweiten Weltkriegs vgl. auch Flachowsky: Der Bevollmächtigte für Hochfrequenzforschung, 2005, 203–226.
282 Zugleich veröffentlichte sie einen Artikel darüber; Hausser: Prinzipielle Untersuchungen, 1944, 281–292. Für diese Bremsfeldröhre und den Prozess zur Erzeugung von Kurzwellen hatte sie bereits Ende der 1930er-Jahre Patente angemeldet.
283 »Alsos« war der Codename der US-Geheimdienst-Mission, die sich von 1943 bis 1945 mit dem deutschen »Uran-Projekt« beschäftigte und den daran beteiligten Wissenschaftlern wie etwa Heisenberg, Hahn und Weizsäcker. Unter Leitung des Physikers Samuel Goudsmit wurden diese 1945 gefangen genommen und nach Farm Hall, einem Landsitz in der Nähe von Cambridge, gebracht. Vgl. dazu Goudsmit: *Alsos*, 1996; Walker und Rechenberg: Farm-Hall-Tonbänder, 1992, 994–1001.

die nun »Abteilung für physikalische Therapie« hieß.[284] Mit Gründung der MPG am 26. Februar 1948 in Göttingen wurde Hausser zum Wissenschaftlichen Mitglied der Nachfolgegesellschaft.[285] Nach dem Krieg lag der Schwerpunkt ihrer Forschung auf den physikalischen Grundlagen der Strahlentherapie bzw. der Strahlenforschung in der Medizin. So untersuchte sie beispielsweise die Wirkung von Ultraschall auf bösartige Tumore.[286] Sie selbst hatte sich 1948 erstmals einer Brustkrebsoperation unterziehen müssen. Weitergehende Untersuchungen auf diesem Gebiet konnte sie aber nicht mehr abschließen, da sie im Oktober 1951 ihrem Krebsleiden erlag.

Patente
- Isolde Hausser, Kaiser-Wilhelm-Institut für medizinische Forschung, Patent-Nr. 655923 vom 26. Januar 1938: »Einrichtung zur Schwingungserzeugung mittels Hochvakuumröhren in Bremsfeldschaltung«. 18.7.33.-A430 (1938).
- Isolde Hausser, Kaiser-Wilhelm-Institut für medizinische Forschung, Patent-Nr. 682239 vom 11. Oktober 1939: »Einrichtung zur Erregung kurzer elektrischer Wellen mittels einer Hochvakuumröhre in Rückkopplungsschaltung«. 18.7.33.-A2267 (1939).[287]

284 Vgl. auch Henning und Kazemi: *Handbuch*, 2016, Bd. 2, 983–984.
285 Mitgliederlisten, Protokoll der Sitzung des Wissenschaftlichen Rates vom 21. Juli 1949 in Göttingen, AMPG, II. Abt., Rep. 62, Nr. 1926, fol. 24, vgl. auch Henning und Kazemi: *Handbuch*, 2016, Bd. 2, 973, 1077.
286 Hausser et al.: Experimentelle Untersuchungen, 1949, 449–481.
287 Beide Patentschriften zitiert nach Fuchs: Isolde Hausser, 1994, 201–215, 214; Vogt: *Wissenschaftlerinnen in Kaiser-Wilhelm-Instituten*, 2008, 71.

3.4.2 Lise Meitner, Physikerin

7. November 1878 in Wien – 27. Oktober 1968 in Cambridge

ledig

WM des KWI für Chemie, Berlin 1913–1938

Leiterin der physikalisch-radioaktiven Abteilung am KWI für Chemie 1918–1938

AWM der MPG 1948–1968

Abb. 35: Lise Meitner beim Tee im Haus von Charles Ellis 1928 in Cambridge. © Churchill Archives Centre, Cambridge – Meitner Collection 8/4/6.

Ich glaube, ich würde in dieser
Atmosphäre nicht atmen können.[288]

Elise »Lise« Meitner wurde am 17. November 1878 geboren. Nachdem jedoch
versehentlich auf ihrem letzten Schulzeugnis stattdessen der 7. November angegeben worden war, behielt Meitner dieses Datum bei. Aufgewachsen ist Meitner
in Wien, wo sie als drittes von acht Kindern geboren wurde.[289] Sie stammte aus
einer jüdischen Familie, in der die jüdische Religion jedoch keine Rolle spielte.[290]
Ihre Mutter Hedwig Skovran führte an der Seite ihres Mannes Philip Meitner,
eines promovierten Juristen mit eigener Anwaltskanzlei, ein fortschrittliches
und aufgeklärtes Haus, in dem politisch Liberale und Intellektuelle, »Freiden-
ker«, verkehrten. So selbstverständlich, wie alle Meitner-Kinder dazu aufgerufen
waren, den Diskussionen der Erwachsenen beizuwohnen und selbstständiges
Denken zu entwickeln, war auch die gute Schuldbildung aller Kinder, selbst
wenn Meitner aufgrund der damaligen österreichischen Schulgesetze als Frau
erst 1901 extern Abitur machen konnte.[291] Sie erinnerte sich ihr Leben lang voll
tiefer Dankbarkeit an »die geistig so außerordentlich anregende Atmosphäre, in
der meine Geschwister und ich aufgewachsen sind«.[292]
    Von 1901 bis 1905 studierte sie Physik, Mathematik und Philosophie an der
Universität Wien. Akademisch wurde sie insbesondere von Ludwig Boltzmann
geprägt. Bereits in dieser Zeit beschäftigte sie sich mit Fragestellungen der Radioaktivität. Als zweite Frau überhaupt promovierte sie im November 1905 an
der Wiener Universität im Hauptfach Physik mit einer Arbeit über die »Prüfung
einer Formel Maxwells« bei Franz Exner und Boltzmann, die am 23. Februar
1906 unter dem Titel »Wärmeleitung in inhomogenen Körpern« veröffentlicht
wurde.[293] Nach einer erfolglosen Bewerbung bei Marie Curie in Paris ging

---

288 Lise Meitner an Eva Bahr-Bergius, 1948, zitiert nach Sime: *Lise Meitner. Ein Leben für
     die Physik*, 2001, 457.
289 Tatsächlich wurde Elise »Lise« Meitner am 17. November 1878 geboren. Nachdem jedoch
     versehentlich auf ihrem letzten Schulzeugnis stattdessen der 7. November angegeben
     wurde, behielt Meitner dieses Datum bei, da es der Geburtstag ihres wissenschaftlichen
     Vorbilds Marie Curie war. Vgl. dazu etwa Sime: *Lise Meitner. Ein Leben für die Physik*,
     2001, 17. Max Planck äußerte einmal scherzhaft, »daß der Jahrgang 1879 für die Physik
     besonders prädestiniert sei: 1879 seien Einstein, Laue und Hahn geboren – und auch Lise
     Meitner müsse man dazu rechnen, nur sei sie als vorwitziges Mädchen schon im No-
     vember 1878 zur Welt gekommen; sie habe die Zeit nicht abwarten können«. Hermann:
     Max Planck in Selbstzeugnissen und Bilddokumenten, 1973, 91.
290 Frisch: Lise Meitner, 1970, 405–420, 405. Die Meitner-Kinder wurden zwar nach ihrer
     Geburt als Mitglieder der jüdischen Gemeinde eingetragen, ließen sich aber als Er-
     wachsene taufen. So die Schwestern Gisela und Lola katholisch, Lise, Frida und Gusti
     (die Mutter von Otto Robert Frisch) protestantisch.
291 Sime: *Lise Meitner. Ein Leben für die Physik*, 2001, 20–25.
292 Lise Meitner an Ilse Weitsch (1904–1958), 9. November 1955, Meitner Collection, Chur-
     chill Archives Centre, Cambridge (fortab: Meitner Collection), zitiert nach ebd., 21.
293 Ebd., 501, Fußnote 57.

Meitner im Herbst 1907 stattdessen nach Berlin, wo sie als Gasthörerin die Vorlesungen von Max Planck besuchte und dort Otto Hahn kennenlernte. Auch der Beginn ihrer inzwischen gut dokumentierten Freundschaft mit Elisabeth Schiemann fällt in diese Zeit.[294] Berlin wurde für die nächsten 30 Jahre ihr Lebens- und Schaffensmittelpunkt.

Mit Otto Hahn setzte sie ihre experimentelle Arbeit am Chemischen Institut von Emil Fischer fort und gemeinsam entdeckten sie 1909 den radioaktiven Rückstoß bei der Aussendung von Alpha-Strahlen sowie in den Folgejahren diverse radioaktive Nuklide. Diese Erfolge machten Lise Meitner innerhalb der Physikergemeinschaft bekannt. In Anerkennung ihrer Bedeutung auf dem Gebiet der Radioaktivität nannte Albert Einstein sie »unsere Marie Curie«.[295] 1912 konnten Hahn und Meitner ihren Arbeitsplatz von der »Holzwerkstatt« in das im Vorjahr neu gegründete Kaiser-Wilhelm-Institut für Chemie in Dahlem verlegen[296] und im November bekam Meitner als erste Frau eine Assistentenstelle an der Berliner Friedrich-Wilhelms-Universität (FWU) bei Max Planck. Im folgenden Jahr wurde sie Wissenschaftliches Mitglied am KWI für Chemie. Während des Ersten Weltkriegs arbeitete sie als Röntgenschwester in einem Frontlazarett der österreichischen Armee.

Ab 1917 nahm Meitner ihre Zusammenarbeit mit Hahn in Berlin wieder auf und gemeinsam entdeckten sie 1918 das Element Nr. 91 (Protactinium).[297] Im selben Jahr übernahm sie die Leitung ihrer eigenen radiophysikalischen Abteilung am KWI, wo sie sich insbesondere der Untersuchung von Alpha-, Beta- und Gamma-Strahlung und den damit verbundenen Kernprozessen widmete. Als in der Weimarer Republik endlich auch Frauen ihre Habilitation einreichen konnten,[298] habilitierte sich Meitner 1922 in Physik – wieder als erste Frau – und wurde 1925 außerordentliche Professorin in Berlin. In diesen frühen Berliner Jahren reihte sich ein beruflicher Erfolg Meitners an den anderen, überall war sie die Pionierin:

---

294 Vgl. dazu etwa Sime: *Lise Meitner. Ein Leben für die Physik*, 2001; Scheich: Elisabeth Schiemann, 2002, 250–273; Vogt: Elisabeth Schiemann, 2014, 151–183; Lemmerich: Der Briefwechsel mit Lise Meitner, 2014, 370–389.

295 Frank: *Einstein*, 2002, 139.

296 Hahn war 1912 zum WM des Instituts ernannt worden und ihm war die Leitung der radiochemischen Abteilung übertragen worden. Zur Geschichte des KWI/MPI für Chemie vgl. beispielsweise Reinhardt und Kant: *100 Jahre Kaiser-Wilhelm-/Max-Planck-Institut für Chemie*, 2012.

297 Hahn und Meitner: Über das Protactinium 1919, 611–612.

298 Zwar wurden 1908 auch in Preußen die Hörsäle für Frauen geöffnet, doch dessen ungeachtet verbot der preußische Kultusminister im selben Jahr Frauen die Habilitation, da die Tätigkeit von Frauen in der akademischen Lehre »weder mit der gegenwärtigen Verfassung noch mit den Interessen der Universitäten vereinbar« sei; Vogt: Wissenschaftlerinnen an deutschen Universitäten, 2007, 707–729, 714. – Erst in der Weimarer Republik wurde es Frauen ab 1919 möglich zu habilitieren.

An der FWU Berlin wurde 1913 [sic] die erste wissenschaftliche Assistentin eingestellt: Lise Meitner. Sie blieb sechs Semester – bis zum Wintersemester 1915/16 [...] –
Assistentin bei Max Planck [...] und war von allen Assistentinnen an der Berliner
Universität die bedeutendste und berühmteste. Immer war sie die erste: 1913 als erste
Assistentin, 1914 als erstes weibliches Wissenschaftliches Mitglied der KWG am KWI
für Chemie, 1922 als erste Privatdozentin für Physik an einer deutschen Universität.
[...] 1924 als erste Preisträgerin der Silbernen Leibniz-Medaille der Preußischen AdW
zu Berlin und 1925 als erste – nichtbeamtete – außerordentliche Professorin an der
Philosophischen Fakultät der Berliner Universität.[299]

Nach der Machtübernahme der Nationalsozialisten wurde Meitner 1933 auf
Grundlage des am 7. April 1933 erlassenen »Gesetzes zur Wiederherstellung
des Berufsbeamtentums«, das die Entfernung jüdischer und politisch missslie-
biger Beamter zum Ziel hatte, die Lehrbefugnis entzogen.[300] Als Österreicherin
konnte sie jedoch zunächst noch ihre Arbeit am KWI in Dahlem fortsetzen.
Zusammen mit Otto Hahn und Fritz Straßmann experimentierte sie weiter an
der Neutronenbestrahlung und 1934 begannen die drei mit ihren Forschungen
zu Transuraniumelementen. Doch mit dem »Anschluss« Österreichs im März
1938 fiel auch Meitner unter die »Nürnberger Rassengesetze« und war im Juli,
buchstäblich im letztem Moment, zur Flucht gezwungen. Eigentlich wollte
sie nach Kopenhagen an das Institut von Niels Bohr, wo auch ihr Neffe Otto
Robert Frisch arbeitete.[301] Das scheiterte jedoch daran, dass sie kein Visum
für Dänemark erhielt. Stattdessen fand sie in Stockholm bei Manne Siegbahn
eine Anstellung am Nobel-Institut für Physik, die aber in keinerlei Hinsicht
ihrem wissenschaftlichen Standing und ihrer akademischen Position entsprach.
Weiterhin tauschte sich Hahn regelmäßig mit Meitner über den Fortgang der
jahrelangen gemeinsamen Forschungen aus und meldete ihr Ende des Jahres
den lang ersehnten Erfolg in Form eines Vorgangs am 17. Dezember 1938, den
er »Zerplatzen« nannte. Im Februar 1939 lieferte Meitner zusammen mit Frisch
die erste physikalisch-theoretische Erklärung der Kernspaltung, die Hahn und
Straßmann ausgelöst und mit radiochemischen Methoden nachgewiesen hatten. Kurz nach Kriegsende erhielt Otto Hahn den Nobelpreis für Chemie:
Er wurde ihm rückwirkend für das Jahr 1944 verliehen. Lise Meitners entscheidende Beteiligung an der Entdeckung der Kernspaltung wurde dabei nicht
berücksichtigt.[302]

299 Vogt: Elisabeth Schiemann, 2014, 151–183, 156.
300 Vgl. zur Umsetzung des sogenannten Berufsbeamtengesetzes (BBG) in der KWG bei-
     spielsweise Renn, Kant und Kolboske: Stationen der Kaiser-Wilhelm-/Max-Planck-
     Gesellschaft, 2015, 5–120, 35–37.
301 1943 musste auch Bohr mit seiner Familie aufgrund seiner jüdischen Herkunft ins Exil
     gehen.
302 Zu den damit verbundenen Kontroversen siehe Kapitel 3.4.1.

Nach seiner Rückkehr aus »Farm Hall«[303] übernahm Otto Hahn Anfang 1946 sofort die Präsidentschaft der zukünftigen MPG und kehrte nicht mehr ins schwäbische Tailfingen zurück, wohin das nominell noch immer von ihm geführte Institut 1944 kriegsbedingt verlagert worden war. Eigentlich sollte Josef Mattauch, der österreichische Physiker, der nach Meitners Vertreibung 1938 auf Wunsch von Hahn ihr Nachfolger am Institut geworden war,[304] kommissarisch die Geschäfte führen. Gesundheitsbedingt fiel dieser jedoch langfristig aus,[305] sodass Fritz Straßmann, der zweite Direktor und Leiter der Radiochemischen Abteilung in den Jahren 1946 bis 1949, allein das Institut an den neuen, von Frédéric Joliot-Curie vorgeschlagenen Standort in Mainz überführen musste, wo er außer mit dem Aufbau des neuen MPI für Chemie auch mit dem der Universität beschäftigt war.

Der stets von Meitner sehr geschätzte Straßmann, der nie der NSDAP oder einer anderen nationalsozialistischen Vereinigung beigetreten war,[306] schrieb ihr im September 1947 und bat sie, als Direktorin und Leiterin der Physikabteilung ans Institut zurückzukehren.[307] Auch Otto Hahn sei gleich ihm »überzeugt, daß das die beste Lösung für das Institut wäre, glaubte aber nicht, daß Sie einen solchen Vorschlag auch nur erwägen würden«, und habe als Präsident der KWG seine Zustimmung gegeben, schrieb Straßmann ihr.[308] Meitner zog zwar seine

303 Zur Internierung von Hahn, Heisenberg und anderen deutschen Kernphysikern vgl. z. B. Oexle: *Hahn, Heisenberg und die anderen*, 2003; Cassidy: *Farm Hall*, 2017.

304 Am 17. Oktober 1948 schrieb Meitner über Mattauch an Hahn »Er schien komischerweise einen großen Wert darauf zu legen, mir (und auch anderen) auseinanderzusetzen, daß er nicht etwa mein Nachfolger war, sondern auch zur Zeit Deiner Direktorschaft eine viel unabhängigere Stellung gehabt hatte als ich und daß er jetzt über Straßmann steht.« Zitiert nach Krafft: *Im Schatten der Sensation*, 1981, 186.

305 Mattauch war 1946 bis 1951 schwer an Tuberkulose erkrankt, lebte deswegen vorwiegend in der Schweiz.

306 1985 wurde Straßmann posthum für sein Engagement für die jüdischen Schwestern Wolffenstein in Yad Vashem in die Liste der »Gerechten unter den Völkern« aufgenommen: Er und seine Frau Maria Heckter hatten die beiden, die auch eng mit den Schwestern Schiemann befreundet waren und diese bei der Verschickung der zurückgebliebenen Sachen Meitners unterstützt hatten, von März bis Mai 1943 bei sich zu Hause versteckt. Zu den Wolffensteins und Straßmann vgl. etwa Vogt: *Wissenschaftlerinnen*, 2008, 257.

307 Rürup: *Schicksale und Karrieren*, 2008, 266–267.

308 »Ich habe Herrn Hahn vorgeschlagen, Ihnen zu schreiben u[nd] Sie zu fragen, ob Sie die Leitung des Institutes u[nd] der Physik übernehmen wollten.« Fritz Straßmann an Lise Meitner, 11. September 1947, zitiert nach Krafft: *Im Schatten der Sensation*, 1981, 184. Interessant, was für eine Gemengelage sich mit Mattauch ergeben hätte, wenn Meitner zugesagt hätte, zumal sie diesen in einem Brief an Hahn vom 17. Oktober 1948 als »kleinlich empfindlich« beschrieb. Ein persönliches Gespräch mit ihm über die Stelle in Mainz sei »teilweise unangenehm, teilweise komisch« gewesen. Insgesamt hätte Mattauch es offenbar jedoch vorgezogen, wenn Meitner statt Gentner nach Mainz gekommen wäre, wie Meitner Hahn im September 1948 schrieb, denn dessen Berufung

Anfrage in Erwägung, wie sie Straßmann zurückschrieb, wäre diese jedoch nicht von ihm gekommen, »hätte ich sie wirklich nur mit einem ›Nein‹ [...] beantworten können, obwohl mich die Sehnsucht nach meinem alten Wirkungskreis niemals verlassen hat. Aber was ist von diesem Kreis noch übrig, und wie sieht es in den Köpfen der jüngeren Generation aus?«[309] Deutlich direkter schrieb sie ihrer Freundin und Vertrauten, der schwedischen Physikerin Eva von Bahr-Bergius:[310]

[I]ch glaube persönlich, daß ich nicht in Deutschland leben könnte. Nach allem, was ich aus den Briefen meiner deutschen Freunde sehe und von anderer Seite über Deutschland höre, haben die Deutschen noch immer nicht begriffen, was geschehen ist, und alle Greuel, die nicht ihnen persönlich widerfahren sind, völlig vergessen. Ich glaube, ich würde in dieser Atmosphäre nicht atmen können.«[311]

Das Verdrängen ihrer Mitschuld, das Ablehnen jeder Mitverantwortung dafür,[312] dass durch ihr Schweigen »Millionen unschuldiger Menschen« hingemordet werden konnten und dass sie »alle den Maßstab für Recht und Fairness verloren« hatten, belastete das Verhältnis von Meitner zu ihren alten Freunden und Kollegen – auch wenn sie, insbesondere Hahn und Max von Laue, »unerschütterlich« die Freundschaft hielt.[313] Doch die Rückkehr ans Institut lehnte

---

würde seine »Rückkehr [...] ausschließen, während mein Kommen nach Mainz doch nur ein paar Jahre Verzögerung für seine Rückkehr in diese Stellung bedeuten würde. Ich mußte wirklich aufpassen, um nicht zu lachen ...«. Ebd., 186–187.

309 Lise Meitner an Fritz Straßmann, 21. Dezember 1947, Meitner Collection, zitiert nach Sime: *Lise Meitner. Ein Leben für die Physik*, 2001, 456–457.

310 Eva von Bahr-Bergius war 1909 die erste Dozentin für Physik in Schweden. 1913 kam sie nach Berlin, um an der Berliner Universität bei Heinrich Rubens zu arbeiten und lernte in dieser Zeit auch Meitner kennen. Ihre Experimente bestätigten die Quantentheorie von Max Planck, was von Niels Bohr 1922 in seinem Nobelpreis-Vortrag gewürdigt wurde. Bohr: The Structure of the Atom, 1922.

311 Lise Meitner an Eva Bahr-Bergius, 10. Januar 1948, Meitner Collection, zitiert nach Sime: *Lise Meitner. Ein Leben für die Physik*, 2001, 457.

312 Hahn vertrat die Auffassung, Hitler treffe die Schuld, nicht jedoch die Deutschen als Volk: »Du kannst gegen ein Terrorregime doch nichts ausrichten [...]. Wie kann man einem ganzen Volk sein Verhalten während solcher Zeiten dauernd vorwerfen? [...] Wir alle wissen, daß Hitler für den Krieg verantwortlich ist und für das unsägliche Unglück der ganzen Welt, aber es muß ja mal wieder auch eine Art Verständnis auch für das deutsche Volk [...] eintreten.« Hahn an Meitner, 16. Juni 1948, Meitner Collection, zitiert nach ebd., 461.

313 Lise Meitner an Otto Hahn, 21. Juni 1945, AMPG, III. Abt., Rep. 14, Nr. 4898, fol. 5–7. Offenbar hat Hahn diesen Brief jedoch nie erhalten: Der Bote, der ihn Hahn übergeben sollte, der US-Geheimdienstmitarbeiter Morris Berg, übermittelte ihn nicht an Hahn, sondern dem Office Strategic Services. Vgl. dazu Sime: *Lise Meitner. Ein Leben für die Physik*, 2001, 399–400; Walker: *Otto Hahn*, 2003, 7. Ausführlich zu Meitners »Krieg gegen das Vergessen« und die »Verdrängung der Vergangenheit« bei ihren Kollegen, die ein wesentlicher Grund dafür waren, dass sie nicht nach Deutschland zurückkehren wollte und konnte; Sime: *Lise Meitner. Ein Leben für die Physik*, 2001, 396–467.

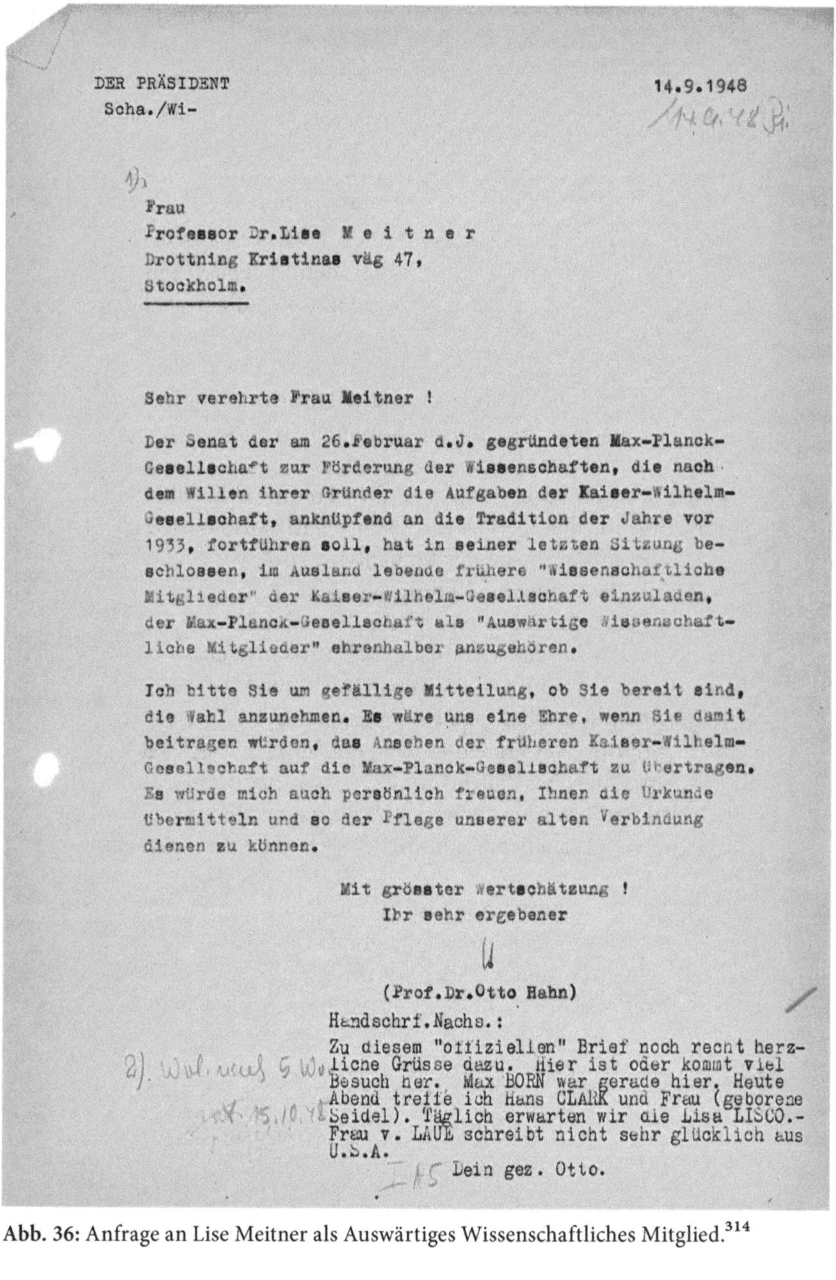

DER PRÄSIDENT   14.9.1948
Scha./Wi-

Frau
Professor Dr.Lise M e i t n e r
Drottning Kristinas väg 47,
Stockholm.

Sehr verehrte Frau Meitner !

Der Senat der am 26.Februar d.J. gegründeten Max-Planck-
Gesellschaft zur Förderung der Wissenschaften, die nach
dem Willen ihrer Gründer die Aufgaben der Kaiser-Wilhelm-
Gesellschaft, anknüpfend an die Tradition der Jahre vor
1933, fortführen soll, hat in seiner letzten Sitzung beschlossen, im Ausland lebende frühere "Wissenschaftliche
Mitglieder" der Kaiser-Wilhelm-Gesellschaft einzuladen,
der Max-Planck-Gesellschaft als "Auswärtige Wissenschaftliche Mitglieder" ehrenhalber anzugehören.

Ich bitte Sie um gefällige Mitteilung, ob Sie bereit sind,
die Wahl anzunehmen. Es wäre uns eine Ehre, wenn Sie damit
beitragen würden, das Ansehen der früheren Kaiser-Wilhelm-
Gesellschaft auf die Max-Planck-Gesellschaft zu übertragen.
Es würde mich auch persönlich freuen, Ihnen die Urkunde
übermitteln und so der Pflege unserer alten Verbindung
dienen zu können.

                         Mit grösster Wertschätzung !
                         Ihr sehr ergebener

                         (Prof.Dr.Otto Hahn)
                         Handschrf.Nachs.:
                         Zu diesem "offiziellen" Brief noch recht herz-
                         liche Grüsse dazu. Hier ist oder kommt viel
                         Besuch her. Max BORN war gerade hier. Heute
                         Abend treffe ich Hans CLARK und Frau (geborene
                         Seidel). Täglich erwarten wir die Lisa LISCO.-
                         Frau v. LAUE schreibt nicht sehr glücklich aus
                         U.S.A.
                               Dein gez. Otto.

Abb. 36: Anfrage an Lise Meitner als Auswärtiges Wissenschaftliches Mitglied.[314]

314 AMPG, II. Abt., Rep. 62, Nr. 1926, fol. 151.

sie ab, und zwar, wie sie Hahn im Juni 1948 mitteilte, weil sie befürchtete, dass dies zu einem »ähnlichen Kampf« führen werde, wie sie »ihn in den Jahren 33–38 mit sehr wenig Erfolg geführt habe«.[315] Dennoch war das Angebot, nach Mainz an »ihr« Institut zurückzukehren, eine wichtige Geste ihr gegenüber im Bemühen um Wiedergutmachung seitens der KWG/MPG. So akzeptierte sie auch ihre Ernennung zum Auswärtigen Wissenschaftlichen Mitglied der Max-Planck-Gesellschaft im Herbst 1948.[316] Bereits im April 1948 war sie anlässlich der Gedenkfeier in Göttingen für den im Oktober 1947 verstorbenen Max Planck erstmals wieder nach Deutschland gereist. In den folgenden Jahren schlossen sich viele Vortragsreisen an, neben Deutschland vor allem auch in die USA, wo zwei ihrer Schwestern wohnten und Meitner diverse Gastprofessuren und Ehrendoktorwürden an dortigen Elite-Universitäten erhielt. In Schweden hatte sie ab 1947 eine Forschungsprofessur und leitete die kernphysikalische Abteilung des Physikalischen Instituts der Königlich Technischen Hochschule in Stockholm.[317]

Lise Meitner war genauso wenig wie ihre Freundin Elisabeth Schiemann eine Frauenrechtlerin, doch, wie die Wissenschaftssoziologin Elvira Scheich dargelegt hat, fühlten sich beide der Frauenbewegung verpflichtet und teilten die Überzeugung, dass sowohl Bildung als auch Netzwerke unter Wissenschaftlerinnen essenzielle Faktoren für die Emanzipation von Frauen seien. Dabei gaben sie sich angesichts des misogynen Wissenschaftsbetriebs keinerlei Illusionen hinsichtlich ihrer fragilen eigenen Karrieren hin.[318] 1953 äußerte sich Lise Meitner in einem Radiobeitrag über »Frauen in der Wissenschaft« erstmals zur Gleichberechtigung von Frauen in der Forschung. Lange Zeit habe sie sich nicht mit Frauenrechten beschäftigt und erst spät begriffen, »wie irrtümlich diese meine Auffassung war und wie viel Dank speziell jede in einem geistigen Beruf tätige Frau den Frauen schuldig ist, die um die Gleichberechtigung gekämpft haben«.[319]

1960, im Alter von 82 Jahren, zog Lise Meitner noch einmal um – nach Cambridge, um in der Nähe ihres ältesten Neffen und langjährigen Mitarbeiters Otto Frisch zu sein. Dort starb sie 1968 kurz vor ihrem 90. Geburtstag.

315 Lise Meitner an Hahn, 16. Juni 1948, Meitner Collection, zitiert nach Krafft: *Im Schatten der Sensation*, 1981, 185–186.
316 Otto Hahn an Lise Meitner, Protokoll der Sitzung des Wissenschaftlichen Rates vom 21. Juli 1949 in Göttingen, AMPG, II. Abt., Rep. 62, Nr. 1926, fol. 151.
317 1949 nahm Meitner die schwedische Staatsbürgerschaft an, behielt aber auch noch die österreichische; Rürup: *Schicksale und Karrieren*, 2008, 267.
318 Scheich: Science, Politics, and Morality, 1997, 143–168, 144.
319 Meier: Auch leise Worte sprengen Grenzen, 2020, 26.

Auszeichnungen & Würdigungen
In ihrem langen Leben hat Lise Meitner bekanntlich zwar nicht den Nobelpreis, aber für ihr Werk und ihr Leben eine Vielzahl höchster internationaler wissenschaftlicher und öffentlicher Auszeichnungen erhalten, auch Ehrendoktorwürden[320] und Mitgliedschaften in Akademien – es folgt eine Auswahl:

1926 wurde Meitner sowohl zum Mitglied der Leopoldina[321] als auch der Göttinger Akademie der Wissenschaften[322] gewählt. Sie war das erste weibliche Mitglied der naturwissenschaftlichen Klasse der österreichischen Akademie der Wissenschaften und wurde 1955 Auswärtiges Mitglied der Royal Society in London und berechtigt, die Abkürzung FMRS (Foreign Member of the Royal Society) ihrem Namen hinzufügen.

1947 erhielt sie den Ehrenpreis der Stadt Wien für Wissenschaft. Die Deutsche Physikalische Gesellschaft verlieh ihr 1949 gemeinsam mit Otto Hahn die Max-Planck-Medaille. 1955 war sie die erste Empfängerin des Otto-Hahn-Preises für Chemie und Physik. 1957 wurde sie in den Orden Pour le Mérite aufgenommen, 1959 mit dem Bundesverdienstkreuz ausgezeichnet und 1960 in die American Academy of Arts and Sciences gewählt. Im selben Jahr erhielt sie in Wien die Wilhelm-Exner-Medaille, 1962 in Göttingen die Dorothea-Schlözer-Medaille und 1966 zusammen mit Otto Hahn und Fritz Straßmann den Enrico-Fermi-Preis der amerikanischen Atomenergie-Kommission. 1967 wurde sie mit dem Österreichischen Ehrenzeichen für Wissenschaft und Kunst ausgezeichnet.

Die Internationale Astronomische Union benannte am 16. Oktober 1977 den Asteroiden (6999) »Meitner«.[323] Zwanzig Jahre später wurde dem künstlichen chemischen Element Nr. 109 endgültig der Name »Meitnerium« verliehen. 2010 benannte die Freie Universität Berlin das rekonstruierte und 1956 als »Otto-Hahn-Bau« wiedereröffnete Institutsgebäude in »Hahn-Meitner-Bau« um.[324]

Im Jahr 2018 richtete die Max-Planck-Gesellschaft das Lise-Meitner-Exzellenzprogramm zur Förderung von Wissenschaftlerinnen ein.[325]

---

320 Unter anderem der Brown University, der Freien Universität Berlin und der Stockholms Universitet.
321 Vgl. Eintrag ins Mitgliederverzeichnis der Leopoldina: https://www.leopoldina.org/ mitgliederverzeichnis/mitglieder/member/Member/show/lise-meitner/. Zuletzt aufgerufen am 29. September 2021.
322 Krahnke: *Die Mitglieder der Akademie der Wissenschaften zu Göttingen*, 2001, 165.
323 Der Asteroid (7000) heißt übrigens »Curie«.
324 Mit diesem längst überfälligen Schritt erfuhr Lise Meitner »nun auch an historischer Stelle verdiente Ehrung: Der über dem Eingang gut sichtbare Namenszug stellt sie endlich ebenbürtig an die Seite ihres Wissenschaftlerkollegen«. Scheich: Ehrung an historischem Ort, 2010.
325 MPG (Hg.): Mehr Frauen an die Spitze, 2017. – Vgl. auch die MPG-Website zu den Lise-Meitner-Gruppen: https://www.mpg.de/190940/lise-meitner-gruppen. Zuletzt aufgerufen am 27. September 2021.

3.4.3   Elisabeth Schiemann, Genetikerin

15. August 1881 in Fellin/Estland – 3. Januar 1972 in Berlin

ledig

AL des KWI für Kulturpflanzenforschung, Berlin 1943–1948

WM der Forschungsstelle für Geschichte der Kulturpflanzen in der MPG
1953–1956

EWM 1956–1972

Abb. 37: Elisabeth (rechts) und Gertrud Schiemann (Mitte) im Gespräch mit Lise Meitner in Berlin 1957. Foto: Heinrich von der Becke,
Archiv der Max-Planck-Gesellschaft, Berlin-Dahlem.

> In einer Zeit, in der den Frauen der Zugang zu
> den Universitäten erst allmählich geöffnet wurde
> und mit manchen traditionellen Widerständen
> in der Familie gerechnet werden mußte, gehörte
> ein klarer innerer Trieb zur Wissenschaft dazu,
> sich einem Studium zu widmen, das nicht un-
> mittelbar in den Schuldienst ausmündete.[326]

Elisabeth Schiemann war eine der bedeutendsten Wissenschaftlerinnen ihrer Zeit: In ihrer Forschung arbeitete sie bereits an den Schnittstellen von Natur- und Geisteswissenschaften, bevor die Beziehungen zwischen den beiden Wissenschaftskulturen viel beschworenes Desiderat der globalisierten Wissensgesellschaft wurden.[327] Als eine der ersten Genetiker:innen gilt sie als Wegbereiterin der Archäobotanik.[328] Zudem trug sie mit ihrer wissenschaftlichen Kompetenz und moralischen Integrität nach 1945 maßgeblich zur Erneuerung der deutschen Wissenschaftslandschaft bei.[329]

Elisabeth Schiemann wuchs im Milieu der deutschbaltischen »Literaten« auf, wie sich die Akademikerfamilien mit ihren weitverzweigten Netzwerken in den Ostseeprovinzen selbst nannten, die von konservativ-nationalem Denken und christlich-protestantischem Glauben geprägt waren. Ihre Mutter Caroline von Mulert heiratete 1875 den Historiker und späteren Begründer der wissenschaftlichen Osteuropaforschung Theodor Schiemann.[330] Wie viele Deutschbalt:innen siedelte die Familie 1887 aufgrund der durch den russischen Transkulturationsprozess ausgelösten Umbruchsituation nach Berlin um. Theodor Schiemann erhielt einen Ruf an die Berliner Universität, wo ihn der antisemitische Historiker und Publizist Heinrich von Treitschke förderte. Obwohl auch Elisabeth sich selbst zeitlebens als politisch konservativ und kaisertreu verstand,[331] wurden in ihrem Elternhaus judenfeindliche Stereotype nicht tradiert.[332]

Elisabeth Schiemanns Ausbildung war begleitet von all den Schwierigkeiten, denen sich Akademikerinnen zur Jahrhundertwende ausgesetzt sahen. Nach dem Besuch einer Töchterschule und dreijähriger Ausbildung am Lehrerinnen-

---

326 Schiemann: Emmy Stein, 1955, 65–67, 65.
327 Vgl. dazu ihr international anerkanntes Standardwerk: Schiemann: *Entstehung der Kulturpflanzen*, 1932. – Zum Wechselspiel bzw. Zusammenstoß der beiden Kulturen generell vgl. Snow: *The Two Cultures*, 1993, 603.
328 Schiemann: Emmer in Troja, 1951, 155–170; Willerding: Die kulturpflanzenhistorischen Arbeiten Elisabeth Schiemanns, 2014, 280–293.
329 Vgl. Nürnberg, Höxtermann und Voigt (Hg.): *Elisabeth Schiemann*, 2014. Der Sammelband erschließt und würdigt das Werk und Wirken Schiemanns aus den fünf Perspektiven Disziplingeschichte, Lebensgeschichte, Biologiegeschichte, Zeitgeschichte und Gender.
330 Wilhelmi: Elisabeth Schiemann, 2014, 280–293, 291.
331 Ihr Vater gehörte zu den Beratern von Wilhelm II.
332 Vgl. dazu Voigt: Elisabeth Schiemanns Bekenntnis, 2014, 314–341, 336.

seminar in Berlin arbeitete Schiemann von 1899 bis 1902 als Lehrerin in Berlin. Während ihres anschließenden Sprachstudiums in Paris fasste sie den Entschluss, sich den Naturwissenschaften zuzuwenden. Wieder in Berlin, schrieb sie sich 1906 als Gasthörerin für Naturwissenschaften an der Berliner Universität ein und bereitete sich gleichzeitig auf das Abitur vor.[333]

Aufgrund der frauenfeindlichen preußischen Studiengesetze konnte Elisabeth Schiemann erst im Wintersemester 1908 ihr reguläres naturwissenschaftliches Studium an der Berliner Universität aufnehmen und 1912 im Alter von 31 Jahren mit einer pflanzengenetischen Arbeit über Mutationen bei Schimmelpilzen[334] bei Erwin Baur promovieren. Schiemann gehörte von Anfang an zum 1914 von Baur gegründeten Institut für Vererbungsforschung an der Landwirtschaftlichen Hochschule Berlin, wo sie zunächst als Assistentin und ab 1928 als Oberassistentin arbeitete und Baurs Vertrauen genoss.[335] Zu ihren Aufgaben gehörte der Aufbau eines Getreidesortiments, einer »Gendatenbank« sozusagen. Außerdem untersuchte sie die verwandtschaftlichen Beziehungen bei Erdbeeren und war an der Erstellung der ersten Chromosomenkarte des Gartenlöwenmauls beteiligt: Mithilfe von Kreuzungsexperimenten und Stammbaumanalysen erklärte sie den Erbgang einer nadelblättrigen Mutante des Löwenmauls.[336] Die Differenzierung der Arten prägte Schiemanns Forschung und bildete die Grundlage ihrer späteren Arbeit zur Geschichte der Kulturpflanzen.[337] Baurs Lehrstuhl war der erste für Genetik in Deutschland und damit ein Meilenstein auf dem Weg zur Etablierung des neuen wissenschaftlichen Gebiets mit seinen verschiedenen Richtungen, die vom umfassenden grundlagenorientierten Forschungsstil bis zur stark auf die praktische Anwendung ausgerichteten experimentellen Genetik reichten.[338] Das Institut für Vererbungsforschung war das erste, in dem genetische Erkenntnisse systematisch für landwirtschaftliche Zwecke genutzt wurden.

Doch bemerkenswert an diesem Institut war nicht nur der Aufbruch in die neue Disziplin der experimentellen Genetik, sondern auch die Präsenz von außergewöhnlich vielen dort forschenden Wissenschaftlerinnen, was dem Institut den Ruf als »Kristallisationspunkt weiblicher Intelligenz und Forschungsaktivitäten« einbrachte.[339] Dazu gehörten Gerta von Ubisch, die als erste Stipendiatin ans Institut kam, sowie Luise von Graevenitz, Emmy Stein und Paula Hertwig

333 Wilhelmi: Elisabeth Schiemann, 2014, 280–293.
334 Elisabeth Schiemann: Mutationen bei *Aspergillus niger van Tiegh*, Berlin 1912.
335 Zur wissenschaftlichen Tätigkeit und Stellung Schiemanns am Baur-Institut vgl. Nürnberg, Maurer und Höxtermann: Mit Frauenkultur zur Anerkennung, 2014, 410–453, 413; Vogt: Elisabeth Schiemann, 2014, 151–183, 154–156.
336 Kilian, Knüpffer und Hammer: Elisabeth Schiemann, 2014, 89–106.
337 Deichmann: Frauen in der Genetik, 2008, 245–282, insbesondere 261–263.
338 Zu den unterschiedlichen Ansätzen – »Denkstilen« – in der Genetik, vgl. Harwood: *Styles of Scientific Thought*, 1993. – Vgl. dazu auch die kritische Rezension von Hopwood: Genetics in the Mandarin Style, 1994, 237–250.
339 Schmitt: Aufbrüche und Umbrüche in der experimentellen Genetik, 2014, 391–409, 393.

als Volontär- bzw. Fondsassistentinnen. Erst 1921 kam mit Hans Nachtsheim ein männlicher Kollege dazu.[340] Alle Wissenschaftlerinnen des Instituts hatten zwischen 1911 und 1916 promoviert, Paula Hertwig war 1919 die erste Frau, die sich an der Berliner Universität in Zoologie habilitierte. Acht Jahre später erhielt sie eine nichtbeamtete außerordentliche Professur.[341] Schiemann habilitierte sich 1924 an der Landwirtschaftlichen Hochschule. 1927 organisierte sie zusammen mit Kolleg:innen den 5. Internationalen Genetiker-Kongress in Berlin.[342]

Dennoch nahm Baur keine seiner Forscherinnen mit an das 1927 von ihm gegründete KWI für Züchtungsforschung in Müncheberg, sondern zog es vor, alle wissenschaftlichen Positionen mit jüngeren männlichen Wissenschaftlern zu besetzen. Das war besonders für Elisabeth Schiemann eine schwere Enttäuschung, die nicht nur an Planung und Umzug des neuen Instituts beteiligt gewesen war, sondern der Baur auch eine eigene Abteilung für Kulturpflanzen am KWI in Aussicht gestellt hatte. Dass diese Berufung ohne Erklärung immer wieder hinausgeschoben wurde, führte schließlich zum Bruch mit ihm.[343] Die Wissenschaftssoziologin Elvira Scheich hat darauf hingewiesen, dass es dabei nicht allein um Geschlechterdiskriminierung, sondern auch um konträre wissenschaftliche Paradigmen ging. Während Baur die »reductionist method of radiation genetics« bevorzugte, die sich ausschließlich auf das Decodieren der molekulargenetischen Struktur konzentrierte,[344] wollte Schiemann wissenschaftlich neue Wege beschreiten: Sie betrachtete die Kombination neuer genetischer Forschungsmethoden – Faktorenanalyse, Kreuzungsexperimente, Hybridisierung und zytologische Selektion – als Möglichkeit, die biologische Vielfalt als Grundlage sowohl evolutionärer Entwicklung als auch landwirtschaftlicher Praxis zu untersuchen.[345] Das Studium von Alter, Ursprung und anschließender Migration der Pflanzen veranlassten Schiemann zu prähistorischen, anthropologischen und archäobotanischen Untersuchungen in einem faszinierenden interdisziplinären Forschungsfeld, das ihre Freundin Lise Meitner einst als »reading human cultural history in the diversity of existing cultivated plants« beschrieb.[346] Diese epistemische Hierarchisierung unterschiedlicher Wissen-

---

340 Ebd.
341 Hertwig promovierte 1916 nach ihrem Studium der Zoologie, Botanik, Chemie und Philosophie an der Berliner Universität. Von 1915 bis 1918 arbeitete sie als Volontärassistentin am Anatomisch-Biologischen Institut ihres Vaters Oskar Hertwig und führte Untersuchungen zur Strahlengenetik durch. Nach ihrer Habilitation 1919 wurde sie Privatdozentin für Allgemeine Biologie und Vererbungslehre an der Philosophischen Fakultät.
342 Schlude: *Tagungsbericht*, 2007.
343 Zur Kontextualisierung des Bruchs mit Baur, vgl. Scheich, Elisabeth Schiemann, 2002, 250–279, 254; Nürnberg, Maurer und Höxtermann: Mit Frauenkultur zur Anerkennung, 2014, 410–453. – Vgl. dazu auch Stubbe: Schiemann, 1972, 3–8, 5.
344 Scheich: Science, Politics, and Morality, 1997, 143–168, 155.
345 Zu Forschungsmethoden und Evolution vgl. ausführlich Schiemann: Biologie, Archäologie und Kulturpflanzen, 1955, 177–198.
346 Zitiert nach Scheich: Science, Politics, and Morality, 1997, 143–168, 156.

schaftsstandpunkte ist auch in anderen Arbeitsbeziehungen zwischen Wissen-schaftlerinnen und ihren männlichen Vorgesetzten festzustellen, wie etwa bei Else Knake und Adolf Butenandt oder Birgit Vennesland und Otto Warburg.[347]

Obwohl das Institut für Vererbungsforschung nach Baurs Weggang zunächst ohne Leitung blieb, stand offenkundig überhaupt nicht zur Diskussion, dass diese einer der dort verbliebenen Wissenschaftlerinnen – Schiemann, Hertwig oder Stein – übernehmen könnte,[348] wenngleich diese für die reibungslose Fortsetzung des Wissenschaftsbetriebs sorgten, bis 1931 der – auch deutlich jüngere – Correns-Schüler Hans Kappert als neuer Leiter berufen wurde.[349] In der biografischen Literatur zu Schiemann wird ihre Subordination unter einen unbekannten und jüngeren Kollegen als Grund für ihre darauf folgende Kündi-gung gewertet.[350] Es gelang diesen Pionierinnen der Genetik nicht, ihren Vor-sprung auszubauen und die Vererbungsforschung zu einer weiblichen Domäne zu machen. Trotz ihrer herausragenden Qualifikationen und einschlägigen Berufserfahrung wurden ihnen bei der Vergabe interessanter, gut bezahlter Leitungspositionen immer männliche, zum Teil wesentlich jüngere und ent-sprechend unerfahrenere Kollegen vorgezogen und vor die Nase gesetzt. Die Wissenschaftler schätzten und respektierten zwar die Forschungsarbeit ihrer Kolleginnen, »aber sie hielten es in den meisten Fällen für selbstverständlich, dass nur untergeordnete Positionen für Frauen in Frage kämen«.[351]

So hielt beispielsweise 1939 Baurs Mitarbeiter Hans Stubbe den von Fritz von Wettstein unternommenen Vorstoß, Elisabeth Schiemann die Leitung für ein neu zu gründendes KWI zur Erforschung der Abstammung von Kulturpflan-zen zu übertragen, für unangebracht – ein Institut, dessen Hauptaufgabe die Durchführung botanischer Expeditionen sei, brauche dafür einen »jüngeren, tatkräftigen und energischen« Mann (mit anderen Worten: ihn), zudem stand für ihn außer Frage, dass sich kein Mann einer weiblichen Institutsdirektorin fügen würde.[352] Mit ähnlichen Widerständen waren Wissenschaftlerinnen in den traditionell konservativen Netzwerken konfrontiert, mit denen sie durch ihre Arbeit in Berührung kamen, etwa landwirtschaftliche Vereinigungen oder Saatzuchtbetriebe.

347 Siehe dazu das Kapitel 3.5.2.
348 Allerdings wurde auch Nachtsheim nicht berufen.
349 Wie bei Neuberufungen üblich war Paula Hertwig und Emmy Stein gar vorsorglich zum 31. März 1931 gekündigt worden, um dem neuen Direktor eigene Personalent-scheidungen zu ermöglichen; Nürnberg, Maurer und Höxtermann: Mit Frauenkultur zur Anerkennung, 2014, 410–453, 420.
350 Ebd., 419.
351 Deichmann: Frauen in der Genetik, 2008, 245–282, 248.
352 Stubbe an [Schiemanns ehemaligen Doktoranden] Hans Kuckuck, 8. Juli 1939, Archiv der BBAW, Nachlass Stubbe, Nr. 116, zitiert nach Vogt: *Vom Hintereingang zum Haupt-portal?*, 2007, 419. – Vgl. auch Heim: *»Die reine Luft der wissenschaftlichen Forschung«*, 2002, 19.

Abb. 38: Elisabeth Schiemann im Sommer 1913 auf einer Wanderung mit Lise Meitner von München nach Wien. Foto: Meitner, Archiv der Max-Planck-Gesellschaft, Berlin-Dahlem.

Auch die Universität bot keine berufliche Alternative: Ab 1931 war Schiemann außerordentliche Professorin an der Landwirtschaftlichen Hochschule und forschte am Botanischen Museum in Dahlem. Nach dem Bruch mit Baur habilitierte sie sich, um an die Philosophische Fakultät der Friedrich-Wilhelms-Universität zu gelangen, wo sie im Fach Botanik als Privatdozentin arbeitete – und damit unter prekären Bedingungen, da sie kein festes Gehalt erhielt, sondern sich mit Lehraufträgen und Anträgen insbesondere an die DFG ihre Forschungen finanzieren musste.[353] Im NS-Regime erhielten Frauen keine Lehrstühle, keine ordentlichen Professuren, sondern konnten bestenfalls beantragen, ihre außerordentliche in eine außerplanmäßige Professur unzuwandeln. Dies »wurde an der Berliner Universität genutzt, um erneut eine Gesinnungsschnüffelei zu betreiben und die Wissenschaftler weiter zu disziplinieren«.[354] Als Schiemann im September 1939 ihren Antrag auf Umwandlung stellte, wurde ihr sowohl an der Mathematisch-Naturwissenschaftlichen als auch an der Landwirtschaftli-

---

353 Vgl. dazu die 19 Anträge auf Sachbeihilfe und Geräte, die sie zwischen 1937 und 1942 bei der DFG stellte: https://gepris-historisch.dfg.de/person/5110544. Zuletzt aufgerufen am 29. September 2021.
354 Vogt: Elisabeth Schiemann, 2014, 151–183, 161.

chen Fakultät die Lehrbefugnis entzogen.[355] Im Wintersemester 1939/40 waren Denunziationen und negative Stellungnahmen hinsichtlich ihrer »staatsfeindlichen Gesinnung« beim Reichserziehungsministerium eingegangen, das im April 1940 verfügte, ihren Lehrauftrag zu beenden.[356]

1943 bot sich der inzwischen 62-jährigen Schiemann nach 31 Arbeitsjahren als Assistentin bzw. Stipendiatin und jahrzehntelangem Streben nach einer eigenen Arbeitsstelle zur freien Entfaltung und Umsetzung ihrer Forschungspläne endlich die Gelegenheit, in eine gesicherte wissenschaftliche Position einzurücken, mit der sie ihren Lebensunterhalt dauerhaft finanzieren konnte. Damals nahm unter Leitung des 20 Jahre jüngeren Stubbe (dessen Strategie offenkundig aufgegangen war) im österreichischen Tuttenhof das KWI für Kulturpflanzenforschung seine Arbeit auf,[357] und dieser trug ihr die Leitung der Abteilung für Geschichte der Kulturpflanzen an. Nach ihrer Zwangsrelegierung bot ihr die KWG damit Anerkennung und eine wissenschaftliche Nische. Stubbe erinnerte sich später, dass Schiemann auf seine Anfrage 1943 geantwortet habe: »Ich komme sofort, wenn ich nicht ›Heil Hitler‹ zu sagen brauche.«[358] De facto verbrachte Schiemann jedoch wenig Zeit in Österreich: Im Herbst 1943 säte sie Wintergetreide auf dem Tuttenhof aus, im April 1944 brachte sie das Erdbeersortiment aus, um dann im Juli 1944 festzustellen, dass das, »was hier im letzten Jahr experimentell ausgearbeitet und ausgesät war, […] zum großen Teil durch Sprengbomben zerstört«[359] worden war. Ihre Hauptwirkungsstätte blieb Berlin, wo ihre Abteilung zeitweilig in den aufgrund der kriegsbedingten Verlagerung weitgehend leer stehenden Räumen des KWI für Biologie untergebracht wurde.

Ende Januar 1946 öffnete die Berliner Universität wieder ihre Pforten. Am 21. März erhielt Schiemann zunächst eine Professur mit Lehrauftrag; am 3. August 1946 wurde sie zur Professorin mit vollem Lehrdeputat für Genetik und Geschichte der Kulturpflanzen an die Berliner Universität berufen, was sie als Rehabilitierung nach dem Entzug ihrer Lehrbefugnis sechs Jahre zuvor

355 Verantwortlich zeichneten dafür der Dekan der Fakultät, Ludwig Bieberbach, und NS-Dozentenführer Friedrich Holtz. »Ihren wissenschaftlichen Leistungen nach ist Frau Schiemann einwandfrei. Die Mathematisch-Naturwissenschaftliche Fakultät hat aber keine Veranlassung, sich für ihren Verbleib im Lehrkörper einzusetzen, da Sie ihrer Persönlichkeit nach nicht den Anforderungen entspricht, die man an einen Dozenten zu stellen berechtigt ist.« Bieberbach an den Rektor Willy Hoppe, 9. September 1939, Bl. 51, HU UA, PA nach 1945: Schiemann, Elisabeth, Bd. 1, zitiert nach Vogt: Elisabeth Schiemann, 2014, 151–183, 162.

356 Vgl. zu den negativen Stellungnahmen und Denunziationen auf hoher NS-Funktionärsebene im Einzelnen ebd., 159–164; Kinas: Elisabeth Schiemann und die »Säuberung« der Berliner Universität, 2014, 342–370, 343.

357 Wie bereits erwähnt hatte Fritz von Wettstein ursprünglich Schiemann als Direktorin ins Spiel gebracht; vgl. dazu Heim: *Die reine Luft der wissenschaftlichen Forschung«*, 2002, 19; Scheich: Elisabeth Schiemann, 2002, 250–279, 269.

358 Stubbe: Schiemann, 1972, 3–8, 8.

359 Lemmerich: Der Briefwechsel mit Lise Meitner, 2014, 370–389, 373.

durch die Nationalsozialisten erachtete.[360] Gleichzeitig wurden jedoch ihre jüngeren Kollegen Hans Stubbe[361] und Hermann Kuckuck[362] an die Universität Halle-Wittenberg sowie Hans Nachtsheim in Berlin als *ordentliche* Professoren berufen.[363] In einem Brief an ihre Freundin Lise Meitner kommentierte sie dies mit den Worten: »Es wird genau wie früher, dass keiner daran *denkt*, Frauen ein Ordinariat zu geben!«[364] Da ihre Abteilung in Dahlem ab Mai 1948 als selbstständiges Institut für Geschichte der Kulturpflanzen zum Verband der Deutschen Forschungshochschule gehörte, schied Schiemann aufgrund der politischen Entwicklungen – Währungsreform und Teilung der Universitäten – bereits 1949 wieder aus der Universität aus. Ein entscheidender Faktor waren dabei finanzielle Erwägungen und die Sorge vor einer nicht ausreichenden Altersversorgung über die Universität: »Die Deutsche Forschungshochschule hat die Bestimmung getroffen, dass sie das Gehalt ihrer Institutsleiter nicht übernimmt, sofern sie an der Humboldt-Universität tätig sind.«[365]

Schiemanns besonderes Interesse galt der Geschichte von Getreide, der Erforschung seiner frühesten Formen und auch der biologischen Beziehung zwischen Wild- und Kulturpflanzen. 1948 konnte sie schließlich *Weizen, Roggen, Gerste. Systematik, Geschichte und Verwendung*[366] veröffentlichen – das Originalmanuskript war im März 1943 mit sämtlichen Vorlagen der Abbildungen an ihrem Arbeitsplatz im Botanischen Museum verbrannt.[367] In Dahlem hatte ihre Abteilung – wie auch die von Else Knake – nach Kriegsende zunächst Unterschlupf im Gartenhaus des KWI für Silikatforschung gefunden. »Da ist Frl. Dr. Holzapfel, unsere ›Wirtin‹ im Silikatforsch.institut, die dieses vortrefflich durch all die böse

360 Bl. 68, HU UA, PA nach 1945: Schiemann, Elisabeth, Bd. 1, zitiert nach Vogt: Elisabeth Schiemann, 2014, 151–183, 169.

361 Hans Stubbe war von 1945 bis 1969 Gründungsdirektor des Instituts für Kulturpflanzenforschung in Gatersleben, das als Akademieinstitut zur Forschungsgemeinschaft der Akademie der Wissenschaften der DDR gehörte. Darüber hinaus war er von 1946 bis 1967 Professor und Direktor des Instituts für Genetik an der Universität Halle-Wittenberg sowie von 1951 bis 1967 erster Präsident der Deutschen Akademie der Landwirtschaftswissenschaften in Berlin. Aufgrund seines Wirkens galt er als einer der renommiertesten Genetiker in der DDR.

362 Kuckuck wurde als Professor und Direktor des Instituts für Pflanzenzüchtung der neu gegründeten Landwirtschaftlichen Fakultät der Martin-Luther-Universität Halle-Wittenberg berufen. 1948 erfolgte seine Ernennung zum Direktor der Zentralforschungsanstalt für Pflanzenzucht (Erwin-Baur-Institut) in Müncheberg, verbunden mit einer persönlichen Professur für Pflanzenzüchtung an der Humboldt-Universität Berlin.

363 Zu Nachtsheim siehe Kapitel 3.5.2.

364 Schiemann an Meitner. 5. August 1946, Hervorhebung im Original; Lemmerich: Der Briefwechsel mit Lise Meitner, 2014, 370–389, 384.

365 Schiemann an den Rektor der Berliner Universität [Johannes Stroux], 3. Juni 1949, Bl. 8, HU UA, PA nach 1945: Schiemann, Elisabeth, Bd. 3, zitiert nach Vogt: Elisabeth Schiemann, 2014, 151–183, 170.

366 Schiemann: *Weizen, Roggen, Gerste*, 1948.

367 Wo Schiemann nicht angestellt gewesen war, aber ihre Forschungen mithilfe eines Stipendiums der DFG hatte fortsetzen können.

Zeit gesteuert hat und eins der 4 bestätigten Inst. ist.«[368] Die Chemikerin Luise Holzapfel arbeitete seit 1939 am KWI für Silikatforschung, wo sie das »Projekt Kieselsäure« mit dem KWI für physikalische Chemie und Elektrochemie koordiniert hatte.[369] Von Juni 1945 bis April 1952 leitete sie kommissarisch – und ohne Vertrag – das Dahlemer Restinstitut.[370]

Die Deutsche Forschungshochschule (DFH) existierte zwischen 1947 und 1953 in Dahlem und ging auf Pläne von Robert Havemann bzw. Fritz Karsen zurück, um die Weiterarbeit der nach dem Ende des Zweiten Weltkriegs in Berlin verbliebenen Institute der KWG zu sichern.[371] Die Institute für physikalische Chemie und Elektrochemie, Zellphysiologie, ausländisches öffentliches Recht und Völkerrecht, Erbbiologie und Erbpathologie, Geschichte der Kulturpflanzen, Mikromorphologie und Gewebezüchtung gehörten von 1948 bis 1953 zur Deutschen Forschungshochschule und wurden ab 1951 unter dem Namen »Max-Planck-Institut für … im Verband der Deutschen Forschungshochschule, Berlin-Dahlem« geführt.[372]

Ab 1951 bemühte sich Schiemann zusammen mit ihrem ehemaligen Schüler Kuckuck, ein eigenes Institut in der MPG auf dem Gelände des ehemaligen KWI für Biologie in Dahlem zu gründen.[373] Noch im Oktober 1952 gab es Planungen, das Institut unter Kuckucks Leitung zu gründen, im Gespräch waren dafür Namen wie »Genetische Biologie« oder »Mikromorphologie«. Interessanterweise wurde dabei erwogen, neben Schiemann auch »Frau Professor KNAKE, [...] Herrn Professor NACHTSHEIM und Herrn Professor RUSKA« in dieses Institut einzubeziehen.[374] Dieses Vorhaben scheiterte jedoch unter anderem an internen Widerständen.[375] Stattdessen entstand nach Auflösung der Deutschen Forschungshochschule die Forschungsstelle für Geschichte der Kulturpflanzen in der MPG, die Schiemann von 1952 bis zu ihrer Pensionierung 1956 leitete.[376]

---

368 Schiemann an Hahn, 15. März 1946, AMPG, III. Abt., Rep. 14, Nr. 3911, fot. 12.

369 Vogt: *Luise Holzapfel*, 2000, 80–86.

370 Auch das KWI für Silikatforschung war Ende September 1943 kriegsbedingt nach Südwesten verlagert worden; dazu und zu Luise Holzapfel vgl. Stoff: *Eine zentrale Arbeitsstätte mit nationalen Zielen*, 2006, 43–46. – Zur Nachkriegskarriere von Holzapfel vgl. auch Vogt: *Vom Hintereingang zum Hauptportal?*, 2007, 416–417.

371 Ausführlich zur Geschichte der DFH und den einzelnen ihr zugehörigen bzw. zugedachten Instituten vgl. Meiser: *Die Deutsche Forschungshochschule*, 2013. – Zu den Kontroversen zwischen der Berliner und der Göttinger KWG, insbesondere zwischen Havemann, Telschow und den Tübinger Herren, vgl. Sachse: »Persilscheinkultur«, 2002, 217–246.

372 Meiser: *Die Deutsche Forschungshochschule*, 2013, 91–104.

373 Vgl. dazu Schiemanns Memorandum, 26. Mai 1953, AMPG, II. Abt., Rep. 66, Nr. 4885, fol. 451.

374 Aktenvermerk von Pfuhl für Telschow, Betr. Finanzierung Professor Kuckuck, 17. Oktober 1952, AMPG, II. Abt., Rep. 66, Nr. 4885, fol. 589.

375 Siehe dazu das Kapitel 3.5.2.

376 Bericht der Berliner Kommission, Auszug aus der Niederschrift über die Sitzung des Wissenschaftlichen Rats am 29. März 1952, AMPG, II. Abt., Rep. 66, Nr. 4885, fol. 621.

In einem Memorandum vom 9. Dezember 1952 versuchte Schiemann vergeblich, gegen die Abgabe und Neubebauung des Geländes des früheren KWI für Biologie durch die FU Berlin vorzugehen. Sie wollte damit den jahrzehntelang angereicherten Kulturboden des Gartenlandes für die Forschung retten. Zugleich verwies sie auf die erheblichen Verluste, die die mehrjährigen Versuchsreihen ihres Instituts erleiden würden. Dadurch werde die für die genetisch-experimentelle Forschung benötigte Infrastruktur, die sie und ihre Mitarbeiter:innen in mühevoller Arbeit aufgebaut hätten, zunichtegemacht.[377] Doch ihr Vorstoß erwies sich als aussichtsloses Unterfangen, da der Berliner Magistrat nun die einst von der KWG genutzten Dahlemer Immobilien beanspruchte, um dort die Freie Universität zu errichten. Dank einer Spende der Ford Foundation über 5,5 Millionen DM entstanden kurz nacheinander der Henry-Ford-Bau und die Universitätsbibliothek (1954/55) sowie die Gebäude der wirtschaftswissenschaftlichen (1958) und juristischen Fakultäten (1959) – allesamt Eigentum der FU. Das Gebäude des ehemaligen KWI für Biologie und die Direktorenvilla gingen im Juli 1957 an das Land Berlin über und werden bis heute von der Freien Universität genutzt.[378]

Am 1. Juli 1953 wurde Elisabeth Schiemann als Leiterin der Forschungsstelle für Geschichte der Kulturpflanzen in der MPG zum Wissenschaftlichen Mitglied berufen.[379] Im Jahr darauf hielt sie auf dem VIII. Internationalen Botaniker-Kongress in Paris den Vortrag »Biologie, Archäologie und Kulturpflanzen«, der danach in erweiterter Form im Jahrbuch der MPG erschien und dessen Schlussworte wie eine Synthese ihres Lebenswerks anmuten:

Wie Meilensteine stehen neue Entdeckungen am Wege der Kulturpflanzenforschung – jeweils eine neue Methodik zu ihren alten fügend. Immer neue Disziplinen tragen Mosaiksteine herbei, die sich nach und nach zu einem Bilde zusammenfügen. Bei der Schwierigkeit der Deutung phylogenetischer Fragen, die in längst vergangene Zeiten zurückführen, ist die Möglichkeit, ein Problem von verschiedenen Seiten anzugreifen, von unschätzbarem Wert. Darum drängt die Erforschung einer »Geschichte der Kulturpflanzen«, die biologisch und historisch verstanden sein will, zur Zusammenarbeit so weit auseinanderliegender Gebiete wie Archäologie und Biologie in allen ihren Zweigen und im Kontakt mit den Nachbargebieten in international unbeschränkt frei tauschender Gemeinschaft.«[380]

Auf der Senatssitzung im Oktober 1955 beantragte Otto Hahn »im Einvernehmen mit dem Vorsitzenden der BMS«, der Biologisch-Medizinischen Sek-

---

377 Memorandum über die Verwendung des Geländes des früheren KWI für Biologie, AMPG, II. Abt., Rep. 66, Nr. 4885, fol. 557.
378 Vgl. dazu Henning und Kazemi: *Dahlem – Domäne der Wissenschaft*, 2009, 19, 47; Balcar: *Die Ursprünge der Max-Planck-Gesellschaft*, 2019, 81.
379 Auszug aus der Niederschrift über die Sitzung der Berliner Kommission am 8. Januar 1953, AMPG, II. Abt., Rep. 66, Nr. 4885, fol. 546.
380 Schiemann: Biologie, Archäologie und Kulturpflanzen, 1955, 177–198, 198.

tion, Schiemann zum Emeritierten Wissenschaftlichen Mitglied der MPG zu ernennen, sobald ihr Status als Wissenschaftliches Mitglied der Forschungsstelle mit ihrer Emeritierung erlösche. Dem Antrag wurde einhellig stattgegeben.[381] Mit Schiemanns Emeritierung am 31. März 1956 wurde ihre Forschungsstelle geschlossen.[382]

Schiemann war eine Gegnerin des Nationalsozialismus, dessen Rassenpolitik sie kritisierte. In ihrer Arbeit betonte sie Mischung und Vielfalt als Voraussetzung für Entwicklung und widersprach damit der angeblich wissenschaftlich begründeten rassistischen Staatsideologie.[383] Als Mitglied der Bekennenden Kirche unterstützte sie Verfolgte des Regimes. 1938 hatte ihre Freundin Lise Meitner ins Exil nach Schweden fliehen müssen. Bei der Verschickung von Meitners zwangsläufig zurückgelassenen Sachen unterstützten sie die jüdischen Schwestern Valerie und Andrea Wolffenstein,[384] gute Freundinnen ihrer Schwester Gertrud und Töchter des bekannten Berliner Architekten Richard Wolffenstein. Nach Beginn der Deportationen entwarfen die Schiemann- mit den Wolffenstein-Schwestern gemeinsam Fluchtpläne[385] und boten ihnen ihre Wohnung als Versteck an.[386] Ab Januar 1943 tauchte Andrea für zwei Monate bei den Schiemanns unter. Als die Gefahr einer Denunziation zu groß wurde, zog sie für zwei weitere Monate zum Ehepaar Straßmann. Für ihr Engagement und ihre Courage wurde Elisabeth Schiemann 2014 posthum von der Jerusalemer Holocaust-Gedenkstätte Yad Vashem als »Gerechte unter den Völkern« geehrt.[387]

---

381 Auszug aus der Niederschrift über die Sitzung des Senats am 11. Oktober 1955 in Berlin-Grunewald, AMPG, II. Abt., Rep. 66, Nr. 4885, fol. 309.

382 Henning und Kazemi: *Dahlem – Domäne der Wissenschaft*, 2009, 81–82.

383 Vgl. dazu etwa Scheich: Science, Politics, and Morality, 1997, 143–168; Scheich, Elisabeth Schiemann, 2002, 250–279; Vogt: *Vom Hintereingang zum Hauptportal?*, 2007, 404–407; Vogt, *Wissenschaftlerinnen*, 2008; Vogt: Anneliese Maier und die Bibliotheca Hertziana, 2013, 116–121. Sowie insbesondere: Voigt: Elisabeth Schiemanns Bekenntnis, 2014, 314–341.

384 Lemmerich (Hg.): *Bande der Freundschaft*, 2010, 152–172.

385 Elisabeth, eine passionierte Alpinistin, soll einen Fluchtweg von Tirol aus über die Schweizer Grenze ausgekundschaftet haben, wobei die Polizei sie vorübergehend festgehalten habe. Damit war der Plan zum Scheitern verurteilt. Vgl. dazu Martina Voigt, die dies auf Grundlage der Erinnerungen von Valerie Wolffenstein rekonstruiert hat; Voigt: Elisabeth Schiemanns Bekenntnis, 2014, 314–341, 333–334.

386 Nach dem Tod der Mutter 1937 wohnten die beiden Schwestern zusammen.

387 Link zu Schiemanns Eintrag auf Seite 10 der Ehrenliste der »Righteous Among the Nations«: https://www.yadvashem.org/yv/pdf-drupal/germany.pdf. Zuletzt aufgerufen am 27. Januar 2021. – Warum diese Ehrung fast 30 Jahre später als die von Straßmann erfolgte, ist nicht nachvollziehbar.

Auszeichnungen & Würdigungen

1954 erhielt sie das Bundesverdienstkreuz.

1954 wurde sie Ehrenmitglied der Botanischen Gesellschaft Frankreichs und 1960 der Zoologischen Botanischen Gesellschaft Wiens.

1956 wurde sie Mitglied der Leopoldina.

1959 erhielt sie, als einzige Frau unter 18 Wissenschaftlern, die Darwin-Plakette.

1962 verlieh ihr die Landwirtschaftliche Fakultät der Technischen Universität Berlin die Ehrendoktorwürde, womit die Hochschule erstmals eine Frau ehrte.[388]

2013 etablierte die MPG das Elisabeth-Schiemann-Kolleg, ein Mentoring-Netzwerk, das besonders die Karrieren begabter junger Naturwissenschaftlerinnen unterstützen will.[389]

Im Dezember 2014 ehrte die Jerusalemer Holocaust-Gedenkstätte Yad Vashem Schiemann mit dem Titel »Gerechte unter den Völkern«.

388 Schmitt und Inhetveen: Schiemann, Elisabeth, 2005, 744–745.
389 Weitere Informationen bietet die MPG-Website dazu: https://www.mpg.de/elisabeth-schiemann-kolleg. Zuletzt aufgerufen am 31. Januar 2021.

3.4.4   Anneliese Maier, Wissenschaftshistorikerin

17. November 1905 in Tübingen – 2. Dezember 1971 in Rom

ledig

WM der MPG 1954–1971

Abb. 39: Anneliese Maier 1953 mit Otto Hahn beim Empfang in der Bibliotheca Hertziana. Archiv der Max-Planck-Gesellschaft, Berlin-Dahlem

> Die »indirekte« Erschliessung geistiger Zu-
> sammenhänge [...] hat natürlich immer ihre
> Schwierigkeiten, insbesondere wenn es sich
> um bisher unerforschte Gebiete handelt.[390]

Die Wissenschaftshistorikerin Anneliese Maier erforschte die Entstehung neu-
zeitlichen wissenschaftlichen Denkens vom 14. bis zum 18. Jahrhundert, und
dies insbesondere in den Naturwissenschaften. Ihr Werk umfasst zahlreiche
Studien vor allem zur Wissenschaft, Philosophie und Theologie des Spätmittelalters, die sich vorwiegend auf handschriftliches Quellenmaterial stützen, das
oft erst sie zugänglich gemacht hat.[391] Sie selbst kommentierte das 1954 in einer
Denkschrift: »Bei mediävistischen Untersuchungen kommt immer etwas heraus, und fast immer etwas Interessantes und Überraschendes, wenn auch nicht
immer gerade das, was man gesucht und erhofft hat. Man muss mitnehmen, was
sich bietet und was das handschriftliche Material an Entdeckungen schenken
will.«[392] Ihr Hauptwerk ist eine fünfbändige Studie zur Naturphilosophie der
Spätscholastik.[393]

Anneliese Maier wurde im November 1905 in Tübingen in eine Akademikerfamilie hineingeboren. Ihre Mutter Anna Sigwart hatte 1902 einen Doktoranden
ihres Vaters Christoph Sigwart geheiratet,[394] den Philosophen und Kant-Spezia-
listen Heinrich Maier.[395] Nach dem Abitur in Heidelberg studierte Anneliese
Maier ab 1923 in Zürich und Berlin Physik, Mathematik und ab 1926 in erster
Linie Philosophie. 1930 promovierte sie an der Berliner Universität bei Eduard
Spranger und Wolfgang Köhler mit einer Arbeit über »Kants Qualitätskatego-
rien«, in der sie einer These ihres Vaters nachging.[396] Dieser hatte im Frühjahr

---

390 Anneliese Maier, Denkschrift, 12. März 1954, Personalakte Maier, AMPG, II. Abt.,
Rep. 67, Nr. 977.

391 Dazu gehörte etwa die erste vollständige Beschreibung der Borghese-Handschriften
(Katalog der Codices Borghesiani Bibliothecae Vaticanae), Abschrift Gutachten August
Pelzer, 15. Dezember 1953, AMPG, II. Abt., Rep. 62, Nr. 1407, fol. 26.

392 Anneliese Maier, Denkschrift, 12. März 1954, Personalakte Maier, AMPG, II. Abt.,
Rep. 67, Nr. 977. – Ich bin Annette Vogt dankbar, dass sie diese achtseitige Denkschrift
2004 in ihrem Aufsatz »Von Berlin nach Rom – Anneliese Maier (1905–1971)« abgedruckt hat und ich so darauf aufmerksam wurde.

393 Maiers Studien zur Naturphilosophie der Spätscholastik: Maier: *Die Vorläufer Galileis im
14. Jahrhundert*, 1949; Maier: *Zwei Grundprobleme der scholastischen Naturphilosophie*,
1951; Maier: *An der Grenze von Scholastik und Naturwissenschaft*, 1952; Maier: *Metaphysische Hintergründe der spätscholastischen Naturphilosophie*, 1955; Maier: *Zwischen
Philosophie und Mechanik*, 1958.

394 Eisler: Sigwart, Christoph von, 1912, 677–679.

395 Segreff: Maier, Heinrich, 1987, 694–696.

396 Renneberg: Maier, Anneliese, 1987, 696–697, 696. – In Theoretischer Physik wurde Maier
im Übrigen von Max Planck geprüft und erhielt die Bestnote, vgl. dazu Vogt: Von Berlin
nach Rom, 2004, 391–414, 392.

1922 einen Ruf an die Berliner Universität angenommen,[397] wo Maier bis zu dessen Tod im November 1933 als seine Privatassistentin arbeitete und ihn bei der Fertigstellung seiner *Philosophie der Wirklichkeit* unterstützte, deren letzten beiden Bände sie herausgab.[398]

Ihr Habilitationsvorhaben scheiterte an der bereits erwähnten frauenfeindlichen NS-Politik. Stattdessen begann sie 1935 für die Leibniz-Kommission der Preußischen Akademie der Wissenschaften zu arbeiten, die Briefe und Werk von Gottfried W. Leibniz unter Anleitung ihres Doktorvaters Spranger editierte, der diese Aufgabe nach dem Tod ihres Vaters übernommen hatte. In den folgenden Monaten und Jahren reiste Maier in dieser Mission mehrfach nach Italien und recherchierte in Bibliotheken und Archiven in Bologna, Modena, Florenz, Padua, Pisa und Rom, ab 1936 auch ganz offiziell im Auftrag der Akademie.[399] In Rom arbeitete sie ab 1938 an der Bibliotheca Hertziana (KWI für Kunst- und Kulturwissenschaft)[400] zunächst als DFG-Stipendiatin und ab 1943 als Leiterin der Bibliothek und Assistentin bei Werner Hoppenstedt, der 1933 aus »politischen Gründen« zum stellvertretenden Direktor des Instituts berufen worden war.[401] Unter Hoppenstedts Leitung, der sich bereits 1923 am »Hitlerputsch« beteiligt und dafür den »Blutorden« erhalten hatte, entwickelte sich das Institut zu einem Forum für deutsche Kulturpropaganda im faschistischen Italien, in dem er unter anderem eine Vortragsreihe zu »Rassen- und Bevölkerungspolitik« veranstaltete.[402] Als Assistentin Hoppenstedts wurde Maier 1943 und 1944 vom KWI bezahlt.[403] Von 1945 bis 1955 finanzierte sie sich über die Erstellung eines Handschriftenkatalogs als Mitarbeiterin der Biblioteca Apostolica Vaticana.[404]

---

397 Heinrich Maier leitete in Berlin über mehrere Jahre hinweg die Redaktion der Kant- und der Leibniz-Akademie-Ausgabe und stand dem Fachausschuss für Philosophie der Notgemeinschaft der Deutschen Wissenschaft vor.

398 Maier: *Philosophie der Wirklichkeit. Teil II,* 1934; Maier: *Philosophie der Wirklichkeit. Teil III,* 1935, http://d-nb.info/560703090. Zuletzt aufgerufen am 29. September 2021.

399 Vgl. zu den einzelnen Absprachen, unter anderem mit dem Reichserziehungsministerium, und Stationen Vogt: Von Berlin nach Rom, 2004, 391–414, 392–395.

400 Zur Geschichte dieses einzigartigen Zentrums zur Erforschung italienischer Kunstgeschichte, das aus einer Stiftung von Henriette Hertz hervorgegangen ist; vgl. Ebert-Schifferer (Hg.): *100 Jahre Bibliotheca Hertziana,* Bd. 1, 2013; Kieven (Hg.): *100 Jahre Bibliotheca Hertziana,* 2013.; Henning und Kazemi: *Handbuch zur Institutsgeschichte,* Bd. 1, 2016, 142–162.

401 Otto Hahn an Anneliese Maier, 20. Januar 1950, AMPG, II. Abt., Rep. 67, Nr. 977.

402 Vgl. dazu auch Hachtmann: *Eine Erfolgsgeschichte?,* 2004, 36–37; Hachtmann: *Wissenschaftsmanagement im »Dritten Reich«,* 2007.

403 Vgl. zu ihrer Beschäftigung und Finanzierung am KWI für Kunst- und Kulturwissenschaft auch die 14 – ausnahmslos bewilligten – Anträge Maiers an die DFG zwischen 1937 und 1944: https://gepris-historisch.dfg.de/person/5107686#faelle. Zuletzt aufgerufen am 29. September 2021.

404 Maier: *Der letzte Katalog der päpstlichen Bibliothek von Avignon,* 1952. Vgl. dazu auch Schmaus: Anneliese Maier, 1972, 9.

Nach einer Gastprofessur in Köln verlieh ihr das Land Nordrhein-Westfalen 1951 den Professorinnentitel. Doch nach der Wiedereröffnung der Bibliotheca Hertziana 1953 wurde Maier nicht erneut als Mitarbeiterin eingestellt, womit ihr Vorhaben scheiterte, dort eine Abteilung für Philosophie- und Wissenschaftsgeschichte des Spätmittelalters und der frühen Neuzeit einzurichten und zu leiten. Grund dafür war das Veto des neuen Direktors, des Kunsthistorikers Franz Graf Wolff-Metternich, der – ohne Angabe von Beweggründen[405] – Maiers Einstellung so strikt ablehnte, dass weder die Fürsprache von Ernst Telschow noch ihres Förderers Georg Schreiber daran etwas zu ändern vermochte: In Übereinstimmung mit dem Harnack-Prinzip entschied allein der Direktor über Personalangelegenheiten.[406] Das heißt, ungeachtet der wissenschaftlichen Qualifikation und Bedeutung Anneliese Maiers sowie ihrer vorzüglichen Beziehungen zum Vatikan – von denen das Institut in der Nachkriegszeit fraglos hätte profitieren können – scheiterte ihre Anstellung an Metternichs Widerstand.[407] Dennoch wurde sie 1954 zum Wissenschaftlichen Mitglied der Max-Planck-Gesellschaft berufen[408] – ein Trostpflaster? Oder das implizite Eingeständnis, dass hier einer hervorragenden Wissenschaftlerin, die über alle erforderlichen fachlichen Voraussetzungen verfügte, die Möglichkeit genommen worden war, ihr innovatives Forschungsprogramm[409] für eine Abteilung »Geschichte der Kunst- und Geistesgeschichte im Mittelalter« umzusetzen? Maier erhielt weder eine Abteilung noch eine feste Anstellung. Ihre Finanzierung erfolgte durch jährlich zu beantragende und zu genehmigende »Forschungsbeihilfen« aus einem Sonderfonds.[410]

---

405 Ob er seine Ablehnung von Hoppenstedt auf sie übertrug oder es in erster Linie misogyne Gründe waren, lässt sich den Quellen nicht entnehmen.

406 Vogt: Anneliese Maier und die Bibliotheca Hertziana, 2013, 116–121, 119.

407 Wie Annette Vogt schreibt, begnügte sich Metternich nicht damit, Maiers Anstellung am Institut zu verhindern, sondern tilgte auch sämtliche Spuren der Abteilung Hoppenstedt, sodass auch ihr Name in der Institutschronik fehlt. Politische Beweggründe, im Sinne eines Antifaschismus, können ihn wohl kaum dazu bewegt haben, denn Metternich selbst hat während der NS-Zeit unter anderem von 1940 bis 1942 den »Kulturgutschutz« des Oberkommandos der Wehrmacht in Frankreich geleitet. Vogt: Von Berlin nach Rom, 2004, 391–414, 402. 1950 wurde Metternich Leiter des Wissenschaftsreferates der Kulturabteilung im Auswärtigen Amt und dann als Kulturattaché nach Rom entsandt; vgl. dazu Archiv des Landschaftsverbandes Rheinland: Graf Wolff Metternich, 2014.

408 Der Antrag von Georg Schreiber, Maier zum Wissenschaftlichen Mitglied der Kommission zu ernennen, wurde einstimmig von der geisteswissenschaftlichen Sektion angenommen und am folgenden Tag durch den Senat stattgegeben. Protokoll der Sitzung der Geiseswissenschaftlichen Sektion des Wissenschaftlichen Rates vom 13. Dezember 1954 in Frankfurt am Main, AMPG, II. Abt., Rep. 62, Nr. 1407, fol. 3.

409 Dies hatte sie in ihrer Denkschrift über eine »moderne Wissenschaftsgeschichte« und deren Kontextualisierung 1954 formuliert; Anneliese Maier, Denkschrift, 12. März 1954, Personalakte Maier, AMPG, II. Abt., Rep. 67, Nr. 977.

410 Ebd.

Auszeichnungen & Würdigungen

Maier war ab 1949 Korrespondierendes Mitglied der Akademie der Wissenschaften in Mainz, ab 1962 der Akademie der Wissenschaften in Göttingen, ab 1966 der Bayerischen Akademie der Wissenschaften und ab 1970 zudem Mitglied der Medieval Academy of America. Außerdem war sie Mitglied des wissenschaftlichen Beirats der Görres-Gesellschaft zur Pflege der Wissenschaft.

1966 wurde ihr als erster Wissenschaftlerin[411] und Deutscher die George-Sarton-Medaille der History of Science Society für ihre Leistungen in der Wissenschaftsgeschichte verliehen, die angesehenste Auszeichnung auf diesem Gebiet.

Die Humboldt-Stiftung verleiht seit 2011 den Anneliese-Maier-Forschungspreis an international anerkannte Spitzenkräfte aus den Geistes- und Sozialwissenschaften.[412]

---

411 Bereits zehn Jahre zuvor war der Preis an das Ehepaar Charles Singer und Dorothea Waley Singer verliehen worden; Vgl. die Liste der Preisträger:innen auf der Website der History of Science Society: https://hssonline.org/about/honors/sarton-medal/. Zuletzt aufgerufen am 2. Februar 2021.

412 Weitere Informationen zum Preis bietet die offizielle Website: https://www.humboldt-foundation.de/entdecken/newsroom/dossier-anneliese-maier-forschungspreis#h6731. Zuletzt aufgerufen am 2. Februar 2021.

3.4.5 Anne-Marie Staub, Biochemikerin

13. November 1914 in Pont-Audemer – 30. Dezember 2012
in Saint-Germain-en-Laye

ledig

AWM des MPI für Immunbiologie, Freiburg 1967–1977

EWM 1977–2012

Abb. 40: Anne-Marie Staub in ihrem Pariser Labor, April 1969.
© IMAGO/ZUMA/Keystone.

Les drapeaux nazis flottaient partout [...].
Et nous avons repris le travail. Dans les caves
de l'Institut Pasteur, on a appris ensuite qu'il
y avait tous les médicaments de la Résistance.[413]

Die französische Biochemikerin Anne-Marie Staub ist vor allem bekannt für ihre Arbeiten auf dem Gebiet der Antihistaminika, der Serologie und der Immunologie, zu denen auch ihre Forschungen über Salmonellen und Anthrax gehören. Staub stammte aus einer Akademikerfamilie, die über drei Generationen mit Louis Pasteur und dessen Institut verbunden war. Pasteur fungierte als Trauzeuge auf der Hochzeit ihrer Großeltern[414] und ihr Vater André arbeitete von 1906 bis 1951 als Wissenschaftler am Institut Pasteur.[415] Sie war das älteste von drei Kindern und die einzige Tochter. Ihr jüngerer Bruder Roger schloss sich der Résistance an und wurde 1944 bei der Befreiung von den Besatzern getötet.[416]

Nach dem Abitur studierte Staub ab 1932 an der Sorbonne Mathematik, Chemie, Physik, Physiologie und Biochemie. 1935/36 besuchte sie den berühmten *cours de microbiologie* am Institut Pasteur und trat damit in die Wirkungsstätte ein, an der sie den überwiegenden Teil ihres beruflichen Lebens verbringen sollte und dabei unterschiedliche Laboratorien bzw. Abteilungen durchlief. 1936 begann Staub in Ernest Fourneaus Labor für medizinische Chemie[417] zu arbeiten, wo sie zusammen mit ihm und Daniel Bovet die ersten Antihistaminika synthetisierte. Schon 1937 wies Staub erstmals im Tierversuch die Histamin hemmende Wirkung der Substanz F 929 (Thymolethyldiethylamin) zweifelsfrei nach. Diese war zwar noch zu toxisch, um erfolgreich beim Menschen eingesetzt werden zu können, bildete jedoch die Grundlage für die nachfolgenden Forschungen. 1939 promovierte sie darüber bei Bovet mit »Recherches sur quelques bases synthétiques antagonistes de l'histamine«.[418] Staub prägte damit den Ausdruck »Antihistamine« für die Antagonisten der anaphylaktischen bzw. allergischen Reaktionen.

Nach Bovets Rückkehr bei Kriegsausbruch 1939 in die Schweiz und Fourneaus Entscheidung, weitere Forschungen zu Antihistaminika dem französi-

---

413 Longour: J'avais 20 ans en 1940, 2010.
414 Legout: La famille pasteurienne en observation, 2001, 339–354, 347. – Interessant ist, dass sowohl Pasteurs Vater als auch der ihrer Mutter Marthe Bidault beide Gerber waren.
415 Vgl. dazu auch die Website von André Staub auf der Archivseite des Instituts Pasteur: https://webext.pasteur.fr/archives/stb0.html. Zuletzt aufgerufen am 29. September 2021.
416 Zeitzeugengespräch: Longour: J'avais 20 ans en 1940, 2010.
417 Frz.: Chimie thérapeutique.
418 Staub: Recherches sur quelques bases synthétiques antagonistes de l'histamine, 1939, 400–436. – Als Quelle für die Jahreszahlen in diesem Text dient, soweit nicht anders ausgewiesen, die Kurzbiografie Staubs auf der Archivseite des Instituts Pasteur, die sich wiederum auf Staubs Autobiografie stützt: Archives de l'Institut Pasteur: Repères chronologiques, 2012; Staub: *A la recherche du temps retrouvé pendant 90 années d'une longue vie*, 2012.

schen Pharma- und Chemiekonzern Rhône-Poulenc zu überlassen,[419] verließ
Staub sein Labor, blieb aber im Institut Pasteur. Nach einem Intermezzo als
Bakteriologin in der Abteilung für Veterinärimpfstoffe ihres Vaters[420] begann sie
1941 als Assistentin in der Abteilung für mikrobielle Chemie mit Pierre Grabar
immunchemische Arbeiten. Sie lieferte in dieser Zeit wesentliche Beiträge sowohl auf dem Gebiet der Bakterien- und Immunchemie als auch der Bakterien-
genetik.[421] Ihre Arbeit konzentrierte sich insbesondere auf die Reindarstellung
von Antigenen aus *Bacillus anthracis* und Untersuchungen zum Impfschutz
gegen Milzbrand beim Menschen.[422] Es gelang ihr, ein Glykoprotein im Ödem
eines gegen Anthrax geimpften Schafes zu identifizieren. Um ihr Fachwissen
über Kohlenhydratbiochemie zu verbessern, ging Staub 1946 für sechs Monate
an die University College Hospital Medical School in London.[423] Aufgrund ihrer
Milzbrand-Expertise erhielt sie für zwei weitere Jahre ein Stipendium des Medical Research Council, um am Londoner Lister Institute ihre Anthrax-Studien
fortzusetzen.[424]

Zurück am Institut Pasteur in Paris wurde ihr 1949 die Leitung der Gruppe
für Immunchemie in der Impfstoffabteilung angeboten und sie begann mit ihrer
Arbeit zur biochemischen Charakterisierung von O-Antigenen in Salmonellen.
Mit Léon Le Minor untersuchte sie die lysogene Umwandlung von Salmonellen
durch den Einsatz von Prophagen und trug so zur serologischen Klassifizierung
von Salmonellen bei. Durch diese herausragenden Arbeiten über die Wirkung
lysogener Phagen erreichte sie die »erstmalige Aufklärung der durch lysogene
Phagen erzeugten strukturellen Veränderungen an spezifischen Salmonella-
Polysacchariden«.[425] 1953 gelang ihr die Reinisolierung des Pankreashormons
Glucagon, das den Blutzuckerspiegel erhöht. Im selben Jahr machte sie auf dem
Kongress für Mikrobiologie in Rom die Bekanntschaft von Otto Lüderitz, was
den Beginn einer über zwei Jahrzehnte dauernden, fruchtbaren Zusammenarbeit mit Lüderitz und dessen Chef Otto Westphal markierte, die sich in
einer Vielzahl gemeinsamer Publikationen manifestierte.[426] Von 1955 bis 1975
forschte sie zusammen mit Lüderitz und Westphal über antigene Determinan-
ten von Salmonellen und über die Charakterisierung von Epitopen, die von

419 Fourneaus Zusammenarbeit mit den Brüdern Poulenc reichte zurück bis ins Jahr 1903.
     Bernard Halpern entwickelte ab 1942 dort die ersten therapeutisch einsetzbaren Anti-
     histaminika.
420 Vgl. zu André Staub: https://webext.pasteur.fr/archives/stb0.html. Zuletzt aufgerufen
     am 27. September 2021.
421 Berufungskommission Staub, BMS, AMPG, II. Abt., Rep. 62, Nr. 958, fol. 97.
422 AMPG, II. Abt., Rep. 62, Nr. 958, fol. 98.
423 Staub und Rimington: Preliminary Studies, 1948, 5–13.
424 Vgl. dazu auch Cavaillon: Remembering Anne-Marie Staub 2013, 5, 9, 5.
425 Berufungskommission Staub, BMS, AMPG, II. Abt., Rep. 62, Nr. 958, fol. 97. – Staub et
     al.: Über die Natur der glykosidischen Bindung, 1966, 401–412.
426 Wie beispielsweise Staub et al.: Essai de Production d' Anticorps, 1966, 47–48; Bagdian,
     Lüderitz und Staub: Immunochemical Studies on Salmonella, 1966; Lüderitz, Staub und
     Westphal: Immunochemistry, 1966, 192–255.

den Antikörpern erkannt wurden.[427] Diese enge Zusammenarbeit kulminierte 1966 in Westphals Antrag, Staub zum Auswärtigen Wissenschaftlichen Mitglied des Freiburger MPI für Immunbiologie zu berufen,[428] deren Ernennung dann zum 10. März 1967 erfolgte.[429] In den 1960er-Jahren forschte Staub über Endo-toxin-Antigene, die zu den Lipopolysacchariden zählen. Sie charakterisierte verschiedene dieser Antigene immunchemisch, unter anderem Tyvelose zur Unterscheidung bei *Salomonella typhi*.[430]

1977 beendete Staub ihr Leben als Wissenschaftlerin und stellte sich ganz in den Dienst der Religion. Bereits 1932 hatte sie als sehr junge Frau kurz erwogen, Nonne zu werden, um Leprakranke zu heilen; ab 1960 zog sie sich regelmäßig zu Exerzitien zurück. Von 1990 bis zu ihrem Tod im Jahr 2012 verbrachte Staub ihren Lebensabend in der Gemeinschaft der Augustinerinnen in Saint-Ger-main-en-Laye, wo sie sich aktiv an den geistlichen und kulturellen Aktivitäten des Altenheims beteiligte.[431]

Ihr ehemaliger Freiburger Kollege, der spätere Präsident der Leibniz-Ge-meinschaft Ernst Theodor Rietschel, sagte über sie: »Sie war ein wissenschaft-licher Riese, ohne uns ihre überlegenen intellektuellen und experimentellen Fähigkeiten spüren zu lassen. Anne-Marie wird für uns ein stiller Superstar der Immunchemie bleiben und ein Mensch, der als Prototyp wissenschaftlicher Originalität, menschlichen Verhaltens und kollegialer Beziehung diente.«[432]

Auszeichnungen & Würdigungen

1965 erhielt Staub den Preis der Pariser Academie des Sciences[433] und 1969 den renommiertesten internationalen Preis in Medizin und Biologie, der in Deutsch-land vergeben wird, den Paul-Ehrlich-und-Ludwig-Darmstaedter-Preis.

1973 wurde ihr der Titel Chevalier der Légion d'Honeur verliehen.

1993 wurde sie zum Ehrenmitglied auf Lebenszeit der International Endo-toxin and Innate Immunity Society gewählt.

---

427 Diese erwiesen sich als kurze Oligoside, die sich auf Polysaccharidketten befanden und von den Bakteriologen den Serumfaktoren 4, 5, 9, 12 und anderen zugeordnet wurden; Staub et al.: Über die Natur, 1966, 401–412.

428 Auf der Sitzung der Biologisch-Medizinischen Sektion am 21. Juni 1966 in Frankfurt am Main. Der Antrag wurde auf der folgenden Sitzung am 20. Oktober 1966 in Heidelberg beschlossen. Kommissionssitzungen der BMS, AMPG, II. Abt., Rep. 62, Nr. 958, fol. 75 und fol. 112.

429 Schreiben von Butenandt an Staub, 13. März 1967, AMPG, II. Abt., Rep. 62, Nr. 958, fol. 35. Staub wurde zum Mitglied auf Lebenszeit ernannt.

430 Westphal, Lüderitz und Staub: V. Bacterial Endotoxins, 1961, 497–504.

431 Archives de l'Institut Pasteur, *Kurzbiographie Staub*, 2012.

432 Zitiert nach Cavaillon: Remembering Staub, 2013, 5, 9.

433 Berufungskommission Staub, Protokoll der Sitzung der Biologisch-Medizinischen Sek-tion des Wissenschaftlichen Rates vom 21. Juni 1966 in Frankfurt am Main, AMPG, II. Abt., Rep. 62, Nr. 958, fol. 97.

3.4.6   Else Knake, Medizinerin und Zellforscherin

7. Juni 1901 in Berlin – 8. Mai 1973 in Mainz
ledig
AL im KWI für Biochemie 1943–1945
AL im KWI für physikalische Chemie und Elektrochemie 1945–1947
AL im MPI für Zellphysiologie im Verband der Deutschen Forschungs-
hochschule 1948–1950
Leiterin des Instituts für Gewebeforschung der Deutschen Forschungs-
hochschule 1950–1953
AL des Instituts für Gewebeforschung im MPI für vergleichende Erbbio-
logie und Erbpathologie 1953–1962
Leiterin und MvA[434] der Forschungsstelle für Gewebezüchtung in der
MPG 1962–1963

Abb. 41: Else Knake, Oktober 1954. © Archiv der Humboldt-
Universität zu Berlin.[435]

---

434 »Mitglieder der Gesellschaft von Amts wegen [MvA] sind die Mitglieder des Senats sowie
diejenigen Institutsleiter, die nicht Wissenschaftliche Mitglieder eines Instituts sind.«
Max-Planck-Gesellschaft: MPG-Satzung § 6, 2020, 9.
435 Ich danke der Familie Peters für ihre großzügige und vertrauensvolle Unterstützung.

Ich muss zugeben, daß Ihr Pudel
mehr common sense hat als ich.
Aber dafür ist er auch ein Mann.[436]

Die Medizinerin und Zellforscherin Else Knake war zusammen mit Rhoda
Erdmann und Wilhelm Roux eine Pionierin der experimentellen Gewebe-
züchtung[437] und steuerte wegweisende Arbeiten zur Tumor- und Transplan-
tationsforschung bei, die international Anerkennung fanden: »Wir sind in
Deutschland abgesehen z. B. von Frau KNAKES Erfolgen [...] einigermaßen in
Rückstand geraten; es gilt energisch aufzuholen.«[438] Sie beteiligte sich nach dem
Zweiten Weltkrieg auch politisch an der Neukartierung der Berliner Wissen-
schaftslandschaft.

Else Knake wurde 1901 als mittleres von drei Kindern in Berlin geboren. Ihre
Mutter, Marie Gruson, stammte aus einer Magdeburger Hugenottenfamilie;[439]
ihr Vater, Louis Knake, war Kaufmann, Fabrikant und »Erfinder«.[440] Nach dem
Bankrott der väterlichen Fabrik in Kreuzberg siedelte die Familie nach Magdeburg um, wo Else Knake das Lyzeum und die Studienanstalt besuchte. Sie war
offenbar eine glänzende und sehr populäre Schülerin.[441] Bereits vor dem Abitur
1920 stand ihre Berufswahl fest: Sie wollte Medizin studieren. Obwohl die finanzielle Situation der Familie durch den Tod des Vaters an der Spanischen Grippe
kurz vor Elses Abitur äußerst angespannt war, blieb sie bei ihrem Entschluss. Sie
wie auch ihre ältere Schwester Charlotte finanzierten sich das Studium selbst[442]
und studierten beide Medizin, der jüngere Bruder Arnold am Bauhaus.

Von 1921 bis 1927 studierte Knake in München, Kiel und Leipzig, wo sie 1927
das medizinische Staatsexamen bestand. Ihre medizinalpraktische Ausbildung
absolvierte sie in der Chirurgischen Klinik am Städtischen Krankenhaus im
Berliner Friedrichshain bei Moritz Katzenstein.[443] Seit ihrer Studienzeit stark
politisch engagiert, trat Knake 1927 dem Verein sozialistischer Ärzte (VsÄ) bei,

---

436 Else Knake an Otto Warburg, 19. Juli 1948, AMPG, III. Abt., Rep. 1, Nr. 262.
437 Vgl. den Nachruf ihres Kollegen: Ruhenstroth-Bauer: Else Knake, 1973, 309–310, 309. –
     Zu Ruhenstroth-Bauer vgl. auch Klee: *Das Personenlexikon zum Dritten Reich*, 2005,
     514; Trunk: Rassenforschung und Biochemie, 2004, 247–285.
438 Schöne: Das Problem der homoioplatischen Transplantation, 1956, 726–732, 732.
439 Peters: *Prof. Dr. med. Else Knake*, 1981, 12.
440 Eine interessante Parallele zu Isolde Haussers Vater; ebd., 15.
441 Ebd., 1.
442 Ebd., 2–3.
443 Katzenstein war Professor an der Berliner Universität und seit 1920 Direktor der II. Chi-
     rurgischen Klinik am Städtischen Krankenhaus im Friedrichshain. Er war mit Albert
     Einstein befreundet, der in seinem Nachruf schrieb: »In den 18 Jahren, die ich in Berlin
     verlebte, standen mir wenige Männer freundschaftlich nahe, am nächsten Professor
     Katzenstein.« Nachruf von Einstein auf Katzenstein, 1930, Albert Einstein Archives, The
     Hebrew University of Jerusalem, AEA 5–134, 1. – Ich danke Lindy Divarci und Hanoch
     Gutfreund für die Bereitstellung des Faksimiles.

was sie sechs Jahre später ihre Kassenzulassung kosten sollte.[444] 1928 erhielt Knake die Approbation und promovierte 1929 bei Katzenstein mit einer klinischen Dissertation über »Die Behandlung der Lebererkrankungen mit Insulin und Traubenzucker unter Berücksichtigung des Kindesalters«.[445] Zugleich war Knake eine Schülerin von Rhoda Erdmann, bei der sie 1928/29 als Volontärassistentin arbeitete.[446]

*

Exkurs: Die Biologin und Zellforscherin Rhoda Erdmann hatte nach ihrer Promotion 1908 fünf Jahre am Berliner Institut für Infektionskrankheiten von Robert Koch gearbeitet. 1913 ging sie als Research Fellow an die Yale University, wo sie anschließend 1915/16 Biologie lehrte. Erdmann hatte die Bedeutung der experimentellen Zellforschung erkannt, für die in Deutschland Studienmöglichkeiten fehlten. Bei ihrer Rückkehr nach Berlin 1919 versuchte die ehemalige Doktorandin von Richard Goldschmidt,[447] eine selbstständige Forschungsstelle am KWI für Biologie zu etablieren, jedoch ohne Erfolg.[448] Stattdessen baute sie am Institut für Krebsforschung der Charité eine Abteilung für experimentelle Zellforschung auf und erlangte damit Berühmtheit. 1920 wurde sie im Fach Protozoologie habilitiert, 1922 publizierte sie das erste deutschsprachige Lehrbuch zur Gewebezüchtung für die Krebsforschung.[449] 1924 wurde Erdmann auch in Medizin habilitiert und erhielt erst eine Stelle als nichtbeamtete, 1929 dann auch als beamtete außerordentliche Professorin. Zum 1. April 1930 wurde ihre Abteilung am Institut für Krebsforschung in ein selbstständiges Universitätsinstitut für experimentelle Zellforschung umgewandelt. Ab 1925 gab die prominente Frauenrechtlerin[450] zudem die Zeitschrift *Archiv für experimentelle*

---

444 Der VsÄ war von 1918 bis 1933 ein Zusammenschluss linker, sozialistischer Ärzt:innen und gab die Zeitschrift *Der sozialistische Arzt* heraus. Bereits im März 1933 wurde der VsÄ verboten und die Mitglieder mit Approbationsentzug, Berufsverbot und Vertreibung verfolgt, viele der Mitglieder nicht nur politisch, sondern auch aufgrund ihrer jüdischen Herkunft. Auch Knakes Entzug der Zulassung wurde damit begründet, sie sei Jüdin. Vgl. Meyer: Für das Ideal sozialer Gerechtigkeit, 1996, 22–29. – Nach Erinnerung ihres Schwagers Heinrich Peters waren Else und ihr Bruder Arnold beide Kommunist:innen. Letzterer ging 1933 ins sowjetische Exil, wo er wahrscheinlich 1942 in einem Arbeitslager in Kasachstan verstarb; Peters: *Prof. Dr. med. Else Knake*, 1981, 3, 10.
445 Knake: Die Behandlung der Lebererkrankungen, 1929, 503–516.
446 Lebenslauf Else Knake, Kommission Elke Knake, AMPG, II. Abt., Rep. 62, Wissenschaftlicher Rat, Nr. 1287, fol. 209. – Brief von Erdmann an Richard Goldschmidt vom 25. Juli 1935, einen Monat vor ihrem Tod, zitiert nach Niedobitek, Niedobitek und Sauerteig: *Rhoda Erdmann – Else Knake*, 2017, 208. – Vgl. auch: Vogt: *Vom Hintereingang zum Hauptportal?*, 2007, 193.
447 Stern: Richard Goldschmidt, 1958, 1069–1070, 1070. doi:10.1126/science.128.3331.1069.
448 Kuratoriumssitzung des KWI für Biologie, 10. April 1919, AMPG, I. Abt., Rep. 1A, Nr. 1553, fol. 93–94. Vgl. auch Vogt: *Vom Hintereingang zum Hauptportal?*, 2007, 169.
449 Erdmann: *Praktikum der Gewebepflege*, 1930.
450 Erdmann: Typ eines Ausbildungsganges weiblicher Forscher, 1999, 93–107.

Zellforschung heraus.[451] 1933 wurde Erdmann denunziert und 16 Tage lang von der Gestapo inhaftiert.[452] 1934 erfolgte ihre Zwangsemeritierung.

*

Knake hatte zwischen 1928 und 1932 sowohl in den gewebezüchterischen Forschungslaboratorien von Erdmann und Albert Fischer als auch bei Katzenstein die hochempfindliche Arbeitsmethode der noch ganz neuen, aus Amerika importierten Wissenschaft der Gewebezüchtung bzw. Zellforschung studiert. Katzensteins Wertschätzung für Knake, mit der er bis zuletzt an Gewebekulturen forschte,[453] war so groß, dass Einstein dies im Nachruf auf seinen Freund zur Sprache brachte: »Diesem allgemeinen Gedanken vom Antagonismus der Gewebe, speziell von Ephitel und Bindegewebe, galt in erster Linie die wissenschaftliche Arbeit des letzten Jahrzehnts seines Lebens. [...] Wie dankbar war er dem Schicksal [...], in Fräulein Knake einen hervorragenden und der Sache ergebenen Mitarbeiter zu finden.«[454]

Nach Katzensteins Tod 1932 kam Knake als Assistentin an Ferdinand Sauerbruchs Chirurgische Universitätsklinik der Charité, wo sie bis September 1935 »teils gewebezüchterisch, teils tierexperimentell« im Labor arbeitete.[455] Dies bildete den Beginn einer jahrelangen, fruchtbaren Zusammenarbeit mit Sauerbruch.[456] Im September 1935 übernahm Knake die *Abteilung* für experimentelle Zellforschung, die aus dem geschlossenen *Institut* ihrer im Monat zuvor verstorbenen Mentorin Erdmann hervorgegangen war.[457] Die Abteilung wurde dem Pathologischen Institut der Charité neu zugeordnet, das von 1929 bis 1948 unter der Leitung von Robert Rössle stand. Als Abteilungsleiterin für experimentelle Zellforschung führte Knake ab Mitte der 1930er-Jahre gewebezüchterische

---

451 Für weitergehende biografische Informationen zu Erdmann, vgl. etwa Niedobitek, Niedobitek und Sauerteig: *Rhoda Erdmann – Else Knake*, 2017; Vogt: Rhoda Erdmann, 2018, 561–562; Egner: Erdmann, 1959, 573.

452 Zu den Denunziationen vgl. beispielsweise Humboldt-Universität zu Berlin: Rhoda-Erdmann-Haus. Philippstraße 13, Haus 22. *Standorte*, 12.10.2016. https://www.hu-berlin.de/de/ueberblick/campus/nord/standorte/philippstrasse-13-haus-22. Zuletzt aufgerufen am 17. März 2021; Niedobitek, Niedobitek und Sauerteig: *Rhoda Erdmann – Else Knake*, 2017, 196–198.

453 Knake: Über das Verhältnis von Epithel und Bindegewebe, 1933, 382–383.

454 Nachruf von Einstein auf Katzenstein, 1930, AEA 5–134, 2–3.

455 Lebenslauf Else Knake, Bl. 19, HU UA, UK Personalia K 277.

456 Sauerbruch und Knake: Über die Bedeutung der Milz bei Parabiosetieren, 1936, 884; Sauerbruch und Knake: Die Bedeutung von Sexualstörungen, 1936, 223–239; Sauerbruch und Knake: Bericht über weitere Ergebnisse experimenteller Tumorforschung, 1937, 185–190; Sauerbruch und Knake: Über Beziehungen zwischen Milz und Hypophysenvorderlappen, 1937, 1268–1270. – In ihrem Nachruf auf ihn schrieb Knake später: »Sauerbruch bezwang jeden, an dessen Mitarbeit ihm gelegen war, durch seine kraftvolle Persönlichkeit und entwaffnete alle durch Überlegenheit und Charme.« Knake: Erinnerungen an Sauerbruch, 1961, 1235–1238.

457 Professor Rhoda Erdmann, 1935, 605.

Studien und Untersuchungen auf dem Gebiet der Krebsforschung durch und bildete »deutsche und ausländische Kollegen in der Methode der Gewebezüchtung« aus.[458]

Im Februar 1940 habilitierte sie sich mit einem »Beitrag zur Frage der Gewebekorrelation« an der Berliner Universität. Gutachter waren Rössle und Sauerbruch, die beide ihre Habilitation rückhaltlos befürworteten.[459] Drei Monate später, am 22. Mai, hielt sie ihre Antrittsvorlesung »Über die Beziehungen der Gewebezüchtung zur allgemeinen Pathologie« im Hörsaal der Pathologie.[460] Zwar hatte NS-Dozentenführer Friedrich Holtz nichts gegen Knakes Habilitation einzuwenden – obwohl sie »keinerlei politischen Einsatz« zeige[461] –, doch ging damit nicht ohne Weiteres die Dozentur einher, die eine höhere Besoldung bedeutet hätte. Die NS-Dozentenschaft machte Probleme, da die von Knake verfochtene experimentelle Zellforschung keinem der Hauptfächer der Medizin zuzuordnen sei – ungeachtet der Tatsache, dass Knake Humanmedizin studiert, eine klinische Dissertation geschrieben und zudem seit Jahren bei Rössle als Pathologin gearbeitet hatte. In diesem Zusammenhang wurde sie erstmals mit der Problematik konfrontiert, ob es sich bei der Gewebezüchtung »nur« um eine Methode oder um eine Wissenschaft handele, mit der auch später in der MPG ihr legitimer Anspruch auf eigenständige Forschung, ein eigenes Institut infrage gestellt werden sollte. Es folgten Monate, in denen die von Knake und Rössle beim Dekanat gemachten Eingaben und Anträge unbeantwortet blieben, so wie auch Rössles Antrag auf »eine Oberarztstelle mit entsprechender Bezahlung« für Knake, die nicht gewährt wurde.[462] Zwar erfolgte schließlich am 20. August 1941 die Ernennung zur Dozentin »unter Berufung in das Beamtenverhältnis«,[463] doch Knake sah keinerlei Chance mehr, an der Charité noch eine ihrer Qualifikation und ihrem Alter angemessene Position und Gehaltseinstufung zu erhalten. Im Oktober 1942 kündigte sie ihre Stelle bei Rössle als Abteilungsleiterin der experimentellen Gewebezüchtung und bat sich nur aus, den studentischen Lehrbetrieb weiter fortsetzen zu dürfen, was die Fakultät auch befürwortete.[464]

---

458 Vgl. dazu neben den bereits genannten einschlägigen Publikationen beispielsweise auch Knakes Anträge bei der DFG zwischen 1935 und 1944, die alle bewilligt wurden: https://gepris-historisch.dfg.de/person/5106249#faelle. Zuletzt aufgerufen am 29. September 2021. – Zitat, *Lebenslauf Else Knake*, Bl. 19, HU UA, UK Personalia K 277.

459 Habilitationsakte Else Knake, HU UA, UK Personalia K 277, Bd. 3, Gutachten von Rössle und Sauerbruch, Dezember 1939, Bl. 4, 8, 1–15, 16–17, 25–26.

460 Niedobitek, Niedobitek und Sauerteig: *Rhoda Erdmann – Else Knake*, 2017, 356.

461 Stellungnahme des Dozentenführers zur Habilitation von Frl. Dr. Knake, Habilitationsakte, Bl. 8, HU UA, UK Personalia K277, Bd. 3, zitiert nach ebd., 346, Abb. 3.

462 Schreiben von Rössle an den Dekan, 28. Juni 1941, Bl. 46/47, HU UA, UK Personalia K 277, Bd. 3. – Zu einer detaillierten Darstellung der Anträge und Eingaben in dieser Periode, vgl. Niedobitek, Niedobitek und Sauerteig: *Rhoda Erdmann – Else Knake*, 2017, 350–360.

463 Urkunde über die Ernennung zur Dozentin unter Berufung in das Beamtenverhältnis, Bl. 48, HU UA, UK Personalia K 277, Bd. 3, zitiert nach ebd., 358, Abb. 8.

464 Ebd., 360.

Knake hatte bereits nach ihrer Promotion von 1929 bis 1932 als Gastwissenschaftlerin am KWI für Biochemie gearbeitet, wo sie, wie erwähnt, in der Abteilung von Albert Fischer[465] die Methodik des Gewebeschnitts erlernt hatte.[466] 1943 kehrte sie auf Einladung von Butenandt zurück an das inzwischen unter seiner Leitung stehende Institut, um dort eine neue Abteilung für Zellforschung aufzubauen. In Anbetracht der später auftretenden Spannungen und Komplikationen in der Zusammenarbeit mit Butenandt lohnt ein Blick auf den Brief, mit dem dieser im Herbst 1942 bei KWG-Präsident Albert Vögler, für Knake und eine Abteilung für Gewebezüchtung warb, mit der man »in vielem an alte Traditionen anknüpfen« könne:[467]

Es besteht gerade im Augenblick die Möglichkeit, eine der besten Gewebezüchterinnen Deutschlands, die Dozentin an der Berliner Universität Dr. med. Else Knake, Schülerin von Albert Fischer und derzeit Leiterin der Abteilung für experimentelle Zellforschung am Pathologischen Institut der Charité, zur Mitarbeit und zur Übernahme einer Abteilung für Gewebezüchtung im Kaiser-Wilhelm-Institut für Biochemie in Dahlem zu gewinnen. Fräulein Dr. Knake hat von sich aus den Wunsch, sich ganz der wissenschaftlichen Forschung zu widmen [...]; sie will daher ihre derzeitige Stellung aufgeben. Ihr Chef, Professor Dr. Rössle, unterstützt ihre Bestrebungen und würde in einer Übersiedlung von Fräulein Dr. Knake an ein [KWI] die erstrebenswerte Förderung dieser begabten Zellforscherin und des von ihr vertretenen Wissenschaftszweigs sehen. Abgesehen von der Bedeutung einer Abteilung für Zellforschung für unsere Arbeiten würde ich einen großen Gewinn für die Kaiser-Wilhelm-Gesellschaft darin sehen, gerade Fräulein Dr. Knake als wissenschaftliche Mitarbeiterin zu gewinnen.[468]

Nicht minder bemerkenswert ist in diesem Kontext die Antwort von Telschow an Butenandt, in der dieser explizit hervorhebt, »[m]aßgebend für die Entscheidung des Herrn Präsidenten«, die gewünschte Abteilung zu bewilligen, sei gewesen, dass »in der Dozentin Dr. med. Else Knake bereits eine Leiterin für die Abteilung vorhanden« sei.[469]

In Dahlem führte Knake dann Tierexperimente zur Krebsentstehung durch und entwickelte In-vitro-Systeme für den Wirksamkeitsnachweis von Geschlechtshormonen – soweit dies unter den Kriegsbedingungen möglich war.[470]

465 KWI für Biologie, Gastabteilung Dr. Albert Fischer aus Kopenhagen, 1926–1932. Vgl. dazu auch Vogt: *Vom Hintereingang zum Hauptportal?*, 2007, 191–192.

466 Das geht aus dem Lebenslauf ihrer Personalakte der Berliner Universität hervor, Bl. 35, HU UA, UK Personalia K 277, Bd. 3. Ihre Mitarbeit in diesen Jahren ist jedoch nicht, wie Annette Vogt anmerkt, in den Akten der »Gastabteilung Fischer« vermerkt, vgl. Vogt: *Vom Hintereingang zum Hauptportal?*, 2007, 193.

467 Butenandt an Vögler, 2. September 1942, Bl. 2, AMPG, I. Abt., Rep. 1A, Nr. 2058.

468 Ebd., Bl. 1–2, AMPG, I. Abt., Rep. 1A, Nr. 2058.

469 Telschow an Butenandt, 19. Oktober 1942, Bl. 1, AMPG, I. Abt., Rep. 1A, Nr. 2058.

470 Knake: Über Spontantumoren bei Ratten und Mäusen, 1944, 237–253. – Dies ist auch Gegenstand der Korrespondenz von Knake und Butenandt in dieser Zeit, so etwa Knake an Butenandt, 22. Juni 1944, fol. 5–7, in dem es um Fragen des Tierversuchs bei Anwen-

Doch die euphorisch begonnene Zusammenarbeit und der wissenschaftliche Austausch mit Butenandt wurden bald von Spannungen getrübt,[471] die auf die in seinem Institut herrschende strenge, mehrfach hierarchische Sozialstruktur zurückzuführen waren. Sie legte eine klare Rangordnung unter den Männern fest und auch für die ihnen auf unterschiedlichen Ebenen *zuarbeitenden* Kolleginnen.[472] An der Spitze stand der Patriarch Butenandt, der allein den Zugang zu allen wissenschaftlichen und wirtschaftlichen Ressourcen kontrollierte sowie Forschungsthemen und Arbeitsaufgaben verteilte, was eine Kooperation auf Augenhöhe bestenfalls schwierig gestaltete, zumal unter den Bedingungen einer Wissenschaftslandschaft, die nahezu ausschließlich von Männern gestaltet wurde. Else Knake, habilitiert und zwei Jahre älter als Butenandt, bestand hingegen wie schon ihre Lehrerin Rhoda Erdmann auf ihrer beruflichen Eigenständigkeit und weigerte sich zwar nicht, berufliche Hierarchien, jedoch rein patriarchale Strukturen in der wissenschaftlichen Arbeit anzuerkennen. Erdmann hatte bereits 1928 in ihrer Autobiografie beklagt, dass Wissenschaftlerinnen und Technische Assistentinnen als Zuarbeiterinnen von Männern unsichtbar gemacht würden.[473] Knake führte seit Mitte der 1930er-Jahre wegweisende Experimente mit Zell- und Gewebekulturen durch,[474] in der Gewebezüchtung war sie damals die Nummer eins in Deutschland. Erschwerend kam hinzu, dass Butenandt und sie andere wissenschaftliche Standpunkte hinsichtlich der Krebs- und Hormonforschung vertraten. Im Mai 1944 schrieb ihm Knake: »Vielleicht will das Schicksal nicht, dass wir uns so bald wieder trennen, wie wir beide es eisern vorhaben. Sie, wenn ich nicht Ihre Hormone bevorzuge, und ich, wenn ich nicht meinen geliebten Krebs erstrangig behandeln kann.«[475] Auf diese Differenzen wird gleich noch einmal detaillierter einzugehen sein.

Im Sommer 1943, kurz nach Knakes Arbeitsaufnahme, hatte die kriegsbedingte Verlagerung des KWI für Biochemie nach Tübingen begonnen, wohin im Oktober 1944 auch Butenandt zusammen mit dem Großteil der Berliner »Institutsgefolgschaft« übersiedelte. Knake hingegen blieb mit ihrer Abteilung in Berlin zurück. Obwohl am höchsten qualifiziert und über erhebliche Leitungserfahrung verfügend, übertrug Butenandt die Führung des Berliner Restinstituts

---

dung von Hormonen geht. – Vgl. dazu auch Satzinger: Adolf Butenandt, 2004, 78–133, 122; Satzinger, Differenz und Vererbung, 2009, 361.

471 Drei Jahre später erinnerte sich Knake an diese Zeit: »Auch ich denke ja mit Vergnügen an die ersten Monate an Ihrem Institut und unsere vielen anregenden Gespräche über Wissenschaftliches im Dienst und über Gott und die Welt abends am Teetisch zurück und würde mich ganz außerordentlich freuen, wenn wir beide noch einmal eine uns beiden gemäße Basis finden würden.« AMPG, III. Abt., Rep. 84-2, Nr. 3114, fol. 29.

472 Vgl. dazu Satzinger: *Differenz und Vererbung*, 2009, 299. – Das Beispiel von Erika Butenandt drängt sich hier auf, siehe Kapitel 3.3.2.

473 Erdmann: Typ eines Ausbildungsganges weiblicher Forscher, 1999, 93–107, 93–95.

474 Satzinger: *Differenz und Vererbung*, 2009, 358.

475 Knake an Butenandt, 6. Mai 1944, AMPG, III. Abt., Rep. 84-2, Nr. 3114, fol. 2.

nicht ihr, sondern seinem Doktoranden Günther Hillmann.[476] »Hillmann als ›ranghöchster‹ Wissenschaftler übernahm nun die Aufgabe, den abwesenden Institutsdirektor zu vertreten. Dabei kam ihm ein gewisses Geltungsbedürfnis und ein entsprechendes Auftreten sehr zugute. Butenandt war also mittlerweile auf Hillmann angewiesen, da dieser einen kleinen ›Brückenkopf‹ des ausgelagerten Instituts in Berlin hielt«.[477] Diese in der Personalie zwar nicht korrekte Einschätzung von Achim Trunk (die »Ranghöchste« war Knake) illustriert anschaulich, worin Hillmanns Qualifikation bestand: Butenandt Rapport zu erstatten. Wie ungeeignet Hillmann in dieser Leitungsfunktion war, bewies er nachdrücklich bei Kriegsende im Umgang mit den Vergewaltigungen seiner Kolleginnen. Bei der Besetzung des Dahlemer Instituts für Biochemie am 25. April 1945 wurden alle weiblichen Institutsangehörigen durch Soldaten der sowjetischen Armee vergewaltigt, wie sich unmissverständlich zwischen den Zeilen von Knakes Bericht herauslesen lässt.[478] Darüber sowie über die angsterfüllten letzten Kriegstage in Berlin hatte Knake Butenandt im November 1945 nach »vielen Monaten, die einen Weltuntergang mit sich brachten«, in einem mehrseitigen, erschütterten Schreiben berichtet:

Hätte ich an diesem Tage allen, die es haben wollten, das KCN,[479] von dem ich […] 50 gr (!) mit mir herumtrug, gegeben, so lebte heute außer Neumanns niemand mehr. Ich selbst auch nicht. Die nächste Nacht verbrachten wir im Harnack-Haus, wobei wir einsahen, daß es dort um nichts besser war. Herrn Malkowski wurde um Mitternacht mitgeteilt, daß er mit einigen anderen um 5 h früh erschossen würde. Die Frauen fühlten sich aus anderen Gründen in ihrer Haut nicht wohler.[480]

Deswegen suchte sie die folgenden acht Nächte »auf dem Friedhof in Z[ehlendorf] in einem Schuppen neben den zu Haufen auf Karren liegenden Leichen« Zuflucht. Doch Hillmann, der am Vorabend der Institutsbesatzung abgetaucht war,[481] hatte Butenandt bereits im Sommer davon berichtet, und zwar in unsäglicher Versform: »Gewiß ist manches unerfreulich, | für Mädchen auch wohl gar abscheulich. | Achtzig Prozent Frauen wurden verführt, | zwei davon haben konzipiert. | Aber sowas kann man verhindern, | wenn die Frauen auf dem Friedhof überwintern.«[482] Butenandt reagierte erst Monate später auf Knakes

---

476 Zu Hillmann, der schließlich im Sommer 1947 promovierte, vgl. Kinas: *Adolf Butenandt*, 2004, 96–97. – Zu Hillmanns Kooperation mit Josef Mengele in Auschwitz vgl. Trunk: *Zweihundert Blutproben aus Auschwitz*, 2003; Trunk: *Rassenforschung und Biochemie*, 2004, 247–285; Klee: *Auschwitz, die NS-Medizin und ihre Opfer*, 2015, 176.
477 Trunk: *Zweihundert Blutproben aus Auschwitz*, 2003, 89.
478 Zu Massenvergewaltigungen bei Kriegsende vgl. etwa Grossmann: Eine Frage des Schweigens, 1994, 15–28; Beevor: They Raped Every German Female, 2002.
479 Kaliumcyanid, landläufig besser bekannt als Zyankali, ist in einer Dosis von etwa 230 mg tödlich für durchschnittlich große Erwachsene.
480 Knake an Butenandt, 28. November 1945, AMPG, III. Abt., Rep. 84-2, Nr. 3114, fol. 16.
481 »Am letzten Abend verließ uns Hillmann«, Knake an Butenandt, 28. November 1945, AMPG, III. Abt., Rep. 84-2, Nr. 3114, fol. 16.
482 Hillmann an Butenandt, 8. August 1945, AMPG, III. Abt., Rep. 84-2, Nr. 2509, fol. 16.

Brief und ging in dieser Antwort vom 18. März 1946[483] mit keinem Wort auf die traumatischen Ereignisse ein – Vergewaltigungen (wie auch Abtreibungen) waren offenbar derart tabu, dass noch nicht einmal kollegiale Anteilnahme angebracht erschien.[484]

Als 1946 die Berliner Universität neu eröffnete, wurde Knake als Professorin mit vollem Lehrauftrag berufen und hielt Vorlesungen in Pathologischer Histologie. Im August 1946 wurde sie als erste kommissarische Dekanin der Medizinischen Fakultät ernannt, im Oktober 1946 zur Prodekanin. Doch infolge des sich verschärfenden Konflikts unter den Alliierten betrachteten die US-Amerikaner die Beziehung der in Dahlem tätigen Wissenschaftler:innen zur im sowjetischen Sektor gelegenen Berliner Universität zunehmend kritisch. So heißt es in einem Bericht der amerikanischen Militärregierung aus dem Jahr 1946 zu Knakes Tätigkeit: »She is also a member of the faculty of Berlin University as are many of the institute personnel, an example of how the tentacles of the university reach into the American Sector.«[485] Und das Szenario des aufziehenden Kalten Krieges war natürlich reziprok: Nachdem Knake im Wintersemester 1946/47 in der Auseinandersetzung über die Wahlordnung zum Fakultätsrat und Studentenrat öffentlich, in einem Zeitungsinterview, für die Redefreiheit der protestierenden Student:innen Partei ergriffen hatte, wurde sie 1947 ihres Amtes enthoben.[486]

Wie auch ihre Kollegin Elisabeth Schiemann engagierte sich Knake zeitweilig im »Vorbereitenden Ausschuss« zur Gründung der Freien Universität Berlins[487]

---

483 Butenandt an Knake, 18. März 1946, AMPG, III. Abt., Rep. 84-2, Nr. 3114, fol. 24–26.

484 Erschreckend ist auch, dass sich dieses Tabu offenbar bis in die Gegenwart fortsetzt; das ist jedenfalls der Eindruck, der angesichts Niedobitek, Niedobitek & Sauerteigs Interpretation von Knakes »Erlebnissen und Erfahrungen beim ersten Zusammentreffen mit Soldaten der Roten Armee« entstehen muss: »Ganz ähnlich werden erste Berührungen zwischen der deutschen Bevölkerung und den vorrückenden Truppen der sowjetischen Armee abgelaufen sein, wobei auch immer wieder unvorhersehbare persönliche Katastrophen die Ereignisse begleitet haben.« Niedobitek, Niedobitek und Sauerteig: *Rhoda Erdmann – Else Knake*, 2017, 470.

485 OMGUS-Akten 5/299–2/7, zitiert nach Meiser: *Die Deutsche Forschungshochschule*, 2013, 91–92.

486 Das Interview, das sie als Prodekanin dem Chefredakteur des *Tagesspiegel* gegeben hatte, erschien am 6. Februar 1947 unter dem Titel »Das Schicksal der Berliner Universität«. Vgl. dazu auch Knakes Schreiben an Lehmann, 30. Oktober 1958, in dem sie die damaligen Ereignisse kommentiert. Dem Schreiben liegt Sauerbruchs Stellungnahme für sie bei, die ein von Rektor Johannes Stroux angestrebtes Disziplinarverfahren verhinderte. Kommission Elke Knake, AMPG, II. Abt., Rep. 62, Nr. 1287, fol. 103–104, 107–108. Auch eine Kopie des Artikels im *Tagesspiegel* ist dort abgelegt, AMPG, II. Abt., Rep. 62, Nr. 1287, fol. 110. – Vgl. dazu auch ausführlich Niedobitek, Niedobitek und Sauerteig: *Rhoda Erdmann – Else Knake*, 2017, 401–429.

487 Zur Reorganisation der Berliner Wissenschaftsinstitutionen nach dem Zweiten Weltkrieg im Zusammenhang mit Else Knake vgl. ebd., 211–301. – Weniger antisowjetisch die Darstellung zur Gründung der FU Berlin: Kubicki und Lönnendonker (Hg.): *50 Jahre Freie Universität Berlin*, 2002.

und war mit ihr zudem auch über die Deutsche Forschungshochschule verbunden.[488] Mit ihrer Entscheidung, sich nicht Butenandt und seinem in Tübingen verbleibenden Institut anzuschließen, wurde Knakes Abteilung verwaltungsmäßig dem KWI für physikalische Chemie und Elektrochemie als Gastabteilung angeschlossen, wobei Knake zunächst in ihren Räumen im KWI für Biochemie in der Thielallee 69–73 blieb, bevor sie in die nahegelegene Garystraße 9 umzog. 1948 wurde diese als Institut für Gewebeforschung in die Deutsche Forschungshochschule aufgenommen und gehörte verwaltungstechnisch bis 1950 zu Warburgs Institut für Zellphysiologie. Dieser hatte für 18 Monate eine Gastprofessur in den USA angenommen, sodass der Wiederaufbau und die Leitung seines Instituts währenddessen Else Knake überlassen war. In ihren Briefen aus dieser Zeit schilderte sie ihm, wie schwierig es war, das Institutsleben unter den extremen Lebens- und Arbeitsbedingungen zumindest einigermaßen aufrechtzuerhalten: Neben den Lebensmittelengpässen gab es auch Gas und Strom nur begrenzt zu bestimmten Zeiten. Alle vier Monate musste gemäß dem Kontrollratsgesetz Nr. 25 über den Stand der Arbeiten berichtet werden, die sich aufgrund der schwer zu beschaffenden, weil »gefährlich« eingestuften Chemikalien kompliziert gestalteten.[489] Knake konzentrierte sich in dieser Phase auf Transplantationsfragen der Gewebeverpflanzung, da experimentelle Gewebezucht kaum möglich war.[490]

In der Folgezeit kam es zum Zerwürfnis zwischen Warburg und Knake. Warburg bat den Stiftungsrat der Deutschen Forschungshochschule, Knakes Abteilung nicht mehr als eine seines Instituts zu führen, da »die Stadt Berlin ohne Wissen Prof. Dr. Warburgs das bisherige Pharmakologische Institut, Garystr. 9, an Frau Prof. Dr. Knake übergeben habe«.[491] Auch insgesamt wirkte sich Warburgs zunehmend selbstherrliche Persönlichkeit erschwerend auf die Verhandlungen zur Überführung seines Instituts in die Max-Planck-Gesellschaft aus.[492]

Von 1950 bis 1953 leitete Knake das Institut für Gewebeforschung in der deutschen Forschungshochschule und hoffte, dieses auch nach der Übernahme in die MPG eigenständig weiterführen zu können. Doch Butenandt sprach sich im März 1951 gegen ein eigenständiges Institut für Gewebezüchtung aus. Diese sei »nur eine Methode« – keine Disziplin (wie etwa die von ihm vertretene Biochemie). Sie lasse sich zwar ausgezeichnet zusätzlich zur Lösung vieler Frage-

---

488 Siehe dazu auch Kapitel 3.4.3.

489 Vgl. dazu die Korrespondenz zwischen Knake und Warburg in der Zeit vom 30. Juli 1948 bis zum 25. April 1949, AMPG, III. Abt. Rep. 1, Nr. 262, fol. 1–12 und Nr. 263, fol. 19–21, fol. 24, fol. 30–31.

490 Knake: Über Transplantation von Lebergewebe, 1950, 321–330; Knake: Über Transplantation von Milzgewebe, 1952, 508–516.

491 Schreiben von Stein an den Magistrat von Groß-Berlin vom 4. Dezember 1950 (Abschrift), ABBAW, Nachlass Warburg, Nr. 1244, zitiert nach Meiser: *Die Deutsche Forschungshochschule*, 2013, 92.

492 Vgl. dazu die Institutsbetreuerakten, MPI für Zellphysiologie, AMPG, II. Abt., Rep. 66, Nr. 316. Vgl. auch Meiser: *Die Deutsche Forschungshochschule*, 2013, 88–90.

stellungen verwenden, »während sich ihr Selbstzweck erfahrungsgemäß bald« totliefe, wie er Max von Laue mitteilte. Dieser hatte Butenandt in seiner Funktion als Mitglied des Stifterrats der deutschen Forschungshochschule am 11. März 1951 um eine Stellungnahme zu Knakes Zukunft in der MPG gebeten.[493] Zudem, so Butenandt weiter, verfüge Knake nicht über die ausreichenden Fähigkeiten zur Leitung eines selbstständigen Instituts in der MPG, sie sei »persönlich nicht leicht zu nehmen«.[494] Ähnlich rigoros lehnte er einige Monate später auch Knakes Antrag auf ein Speziallabor ab: »Ich bin der Auffassung, daß man Frau Knake die Arbeitsmöglichkeit erhalten sollte, zumal die Gewebezucht in Deutschland dringend einer Förderung bedarf, dass aber die Fortführung eines selbständigen Instituts dieser Art nicht sinnvoll ist.«[495] Aber war das tatsächlich der springende Punkt? Oder lag seine Ablehnung nicht vielmehr darin begründet, dass eine gleichaltrige und ebenso qualifizierte Kollegin (wie) selbstverständlich auf ihrer wissenschaftlichen Unabhängigkeit bestand, zumal sie, die Medizinerin, andere Hypothesen zur Entstehung von Krebs formulierte als er?[496] Knake hatte 1946 Butenandts Anfrage, ob sie doch vielleicht Lust hätte,

---

493 Womit er seinem eigenen hymnischen Schreiben vom 2. September 1942 widersprach. – Im Gegensatz dazu hatte unter anderem sein Kollege Albert Fischer die Gewebezüchtung bereits 1925 als »Erschaffung einer neuen Wissenschaft« gepriesen, die eine »tiefgreifende Umwälzung« darstelle; Fischer: *Gewebezüchtung*, 1927, Einleitung. – Mit Blick auf das heutige *tissue engineering* und dessen Verbindungen beispielsweise zur Immunologie und Virologie, zur Transplantationsmedizin und Embryologie erscheint selbst der Laiin evident, wie sehr Butenandt sich hier geirrt hat. Einen außergewöhnlichen Einblick in das Feld und die wissenschaftliche Bedeutung der Gewebezüchtung vermittelt Rebecca Skloots Wissenschaftsbiografie über Henrietta Lacks. Die junge schwarze Tabakfarmerin aus den US-Südstaaten, Mutter von fünf Kindern, starb bereits mit 31 Jahren an Gebärmutterhalskrebs. Während die Person Lacks in Vergessenheit geriet, setzte ihr Tod eine medizinische Revolution in Gang, die ihr wissenschaftliche Unsterblichkeit unter dem Codenamen »HeLa« verlieh. Aus den Gewebeproben ihres Zervixkarzinoms, die ihr – ohne ihr Wissen, ohne ihr Einverständnis und ohne dass sie oder ihre Hinterbliebenen den geringsten Nutzen davon gehabt hätten – nur wenige Monate vor ihrem Tod aus dem Gebärmutterhals entnommen worden waren, wurde die erste unsterbliche menschliche Zelllinie kultiviert. Die »HeLa«-Zellen waren unter anderem entscheidend für die Erforschung von Krebs, Aids, Schäden durch Strahlung und Vergiftungen und trugen zur Entwicklung des Polio-Impfstoffs, von In-vitro-Fertilisation und Genkartierung bei. Skloot: *The Immortal Life of Henrietta Lacks*, 2010.
494 Schreiben von Butenandt an Laue, 29. März 1951, AMPG, III. Abt., Rep. 84-1, Nr. 630, fol. 152. – Zur Beurteilung der Objektivität – heute würde man wohl sagen, Genderneutralität – von Butenandts in Herrenreitermanier erteilten Auskünfte erweist sich ein Vergleich mit dem unter seiner Federführung entstandenen Gutachten als sehr aufschlussreich, das die »Tübinger Herren« etwa zur gleichen Zeit für den Kollegen Otmar von Verschuer erstellten. Vgl. dazu Sachse:»Persilscheinkultur«, 2002, 217–246; Lewis: *Kalter Krieg in der Max-Planck-Gesellschaft*, 2004, 403–443.
495 DFG-Unterlagen, Stellungnahme zum Antrag Knake, 18/1, 13. August 1951, AMPG, III. Abt., Rep. 84-1, Nr. 377, zitiert nach Satzinger: *Differenz und Vererbung*, 2009, 370.
496 Vgl. dazu weiterführend beispielsweise Gaudillière: Wie man Modelle für Krebsentstehung konstruiert, 1994, 233–258.

»die gemeinsam begonnenen Arbeiten in Tübingen fortzusetzen«,[497] abgelehnt und ihm unmissverständlich die Gründe dafür dargelegt, wobei sie abschließend der Hoffnung Ausdruck verlieh, dass »dieser in manchen Punkten vielleicht etwas hart klingende Brief« ihn nicht verstimme, sondern [...] ihnen beiden »eine klare Basis für eventuelle gemeinsame Weiterarbeit« schaffen möge.[498]

Alles, was uns trennte, besteht steht ja weiter und ist nur noch schwererwiegend geworden.[499] – Ebenso wenig und noch weniger als je könnte ich mir vorschreiben lassen, worüber, mit wem, wann, wie lange und wo ich zu arbeiten habe. Ich finde es unendlich bedauerlich, aber offenbar ist es für uns beide unmöglich, eine Basis zu finden, die Ihnen und mir zu gleicher Zeit gerecht wird. Für Sie ist es selbstverständlich, daß Sie über Arbeit und Arbeitsweise Ihrer Mitarbeiter bestimmen, und für mich ist es noch selbstverständlicher, daß darüber nur ich bestimme. Das kann nie gut gehen, wie sich ja auch nach wenigen Monaten meiner Existenz an Ihrem Institut eindeutig herausgestellt hat.
    Dagegen bin ich weiter an einer Zusammenarbeit ohne gegenseitige dienstliche Bindung sehr interessiert und glaube auch, daß sich das realisieren läßt. [...] Ich möchte nämlich ausdrücklich feststellen, daß ich mir für den Einzelfall Bewegungsfreiheit vorbehalten würde, z.B. ob ich zu einer bestimmten Zeit ein bestimmtes gemeinsames Thema bearbeiten kann oder nicht, und mich auch nicht zur ausschließlichen Bindung an den Arbeitskreis Ihres Instituts verpflichte; dieses letztere nur insoweit, als es unter Wissenschaftlern, die keinen Diebstahl geistigen Eigentums betreiben, selbstverständlich ist. Ich verstehe darunter, daß ich über dasselbe Thema gleichzeitig oder nacheinander mit verschiedenen Mitarbeitern, nicht nur mit solchen aus Ihrem Institut, arbeiten kann, dabei aber natürlich nicht das noch nicht publizierte geistige Eigentum der einen Arbeitsgruppe in die andere hineintrage. In diesem abgesteckten Rahmen mache ich Ihnen von mir aus aufrichtig den Vorschlag, unsere früher begonnenen Themen zu gegebener Zeit gemeinschaftlich zum Abschluß zu bringen und möglicherweise auch neue aufzunehmen.[500]

Als sich Anfang 1953 die Berliner Kommission der Max-Planck-Gesellschaft erneut mit der weiteren Zukunft der Dahlemer Institute befasste, traf sie trotz Knakes entschiedenem Widerstand den Entschluss, ihr Institut als selbstständige »Abteilung für Gewebeforschung« in das Institut für vergleichende Erbbiologie und Erbpathologie von Hans Nachtsheim aufzunehmen.[501] 1954 wurde Knake zur Honorarprofessorin für Pathologische Anatomie der neu gegründeten FU Berlin ernannt und veröffentlichte in den *Mitteilungen der Max-Planck-*

497 Butenandt an Knake, 18. März 1946, AMPG, III. Abt., Rep. 84-2, Nr. 3114, fol. 25 verso.
498 Knake an Butenandt, 15. April 1946, AMPG, III. Abt., Rep. 84-2, Nr. 3114, fol. 29 recto.
499 Das ist auch durchaus politisch zu verstehen, denn im Gegensatz zu Butenandt hatte Knake keine Vergangenheit als Mitglied der NSDAP, sondern im Gegenteil: Ihr hatte der NS-Staat ihre Approbation entzogen.
500 Knake an Butenandt, 15. April 1946, AMPG, III. Abt., Rep. 84-2, Nr. 3114, fol. 27–28.
501 Auszug aus der Niederschrift über die Sitzung des Wissenschaftlichen Rates vom 29. März 1952, AMPG, II Abt., Rep. 66, Nr. 4885, fol. 621.

Gesellschaft einen Aufsatz »Über das Wesen der Krebskrankheit«, in dem sie klarstellte, dass Krebs nicht nur unterschiedliche Formen, sondern auch unterschiedliche Ursachen habe:

Von »dem« Krebs zu sprechen, ist ebenso unbestimmt wie von »der« Entzündung. Schnupfen, Ruhr, Rheumatismus und Silicose sind beispielsweise Entzündungen. Jeder weiß, daß sie ganz verschiedene Ursachen haben, nicht die gleichen Organe betreffen und nicht dieselben Symptome machen. Die Kranken haben dabei verschiedene Beschwerden. Gemeinsam ist ihnen nur, daß sich der Prozeß in bestimmten Formen am Gefäß-Bindegewebe des betroffenen Organs abspielt. Definitionsgemäß sind diese Krankheiten damit »Entzündungen«.[502]

Und legte im weiteren Verlauf ihr Verständnis gebotener Präventions- und Therapieformen dar:

Aus dem Wesen der bösartigen Geschwülste als Gewebswucherungen lassen sich die Möglichkeiten der Therapie ableiten, wenn man den Begriff noch etwas genauer bestimmt. Bösartige Geschwülste sind autonome Gewebswucherungen, d. h., sie bleiben bestehen und wachsen weiter auch dann, wenn die auslösende Ursache fortfällt. Eine kausale, d. h. gegen die Ursache gerichtete Therapie, das ärztliche Ideal bei allen anderen Krankheiten, genügt hier nicht. Sie kann den Kranken nicht vor der zerstörenden Wirkung der vorhandenen und weiter bestehenden Krebszellen retten. Die Bekämpfung von Krebsursachen hat nur Wert, wenn sie prophylaktisch, d. h. vorbeugend vor dem Auftreten der Geschwulst erfolgt. Die Behandlung einer schon vorhandenen Geschwulst muß an dieser selbst angreifen, indem sie sie entfernt (z. B. durch frühzeitige Operation) oder ihre Zellen an der Weiterwucherung hindert (z. B. durch Strahlen).[503]

Damit verstimmte sie Butenandt, wie dieser sie in einem Brief Anfang Februar 1955 wissen ließ. Verklausuliert in seiner »Freude« darüber, dass sie (in einem anderen Kontext) »nichts an [i]hrem wissenschaftlichen Mut« eingebüßt habe, erklärte er ihr, diese habe ihn »dann auch die Enttäuschung vergessen lassen, die ich bei der Lektüre Ihres kleinen Aufsatzes in den ›Mitteilungen der Max-Planck-Gesellschaft‹ empfand. Damals wollte ich Ihnen auch schon schreiben, weil ich den Aufsatz nach Inhalt und Ort des Erscheinens nicht für richtig hielt.«[504] Was sollte das heißen, wem sollten denn die Inhalte in den *Mitteilungen der Max-Planck-Gesellschaft* vorbehalten bleiben? Die Wissenschaftshistorikerin und Biologin Helga Satzinger führt Butenandts Unmut darauf zurück, dass er Knakes Publikation als massive Kritik an seinem fast zeitgleich erschienenen Aufsatz »Der Krebs als chemotherapeutisches Problem« verstand,[505] in dem

502 Knake: Das Wesen der Krebskrankheit, 1954, 148–150, 148.
503 Ebd., 150.
504 Butenandt an Knake, 4. Februar 1952, AMPG, III. Abt., Rep. 84-2, Nr. 3114, fol. 72.
505 Butenandt: Der Krebs als chemotherapeutisches Problem, 1954.

er einen erfolgversprechenden Forschungsweg gegen »den« Krebs verkündete, sobald einmal die karzinogenen Ursachen und geeignete, die Krebszellen zerstörende Chemikalien gefunden seien – und damit eine entgegengesetzte Position einnahm.[506]

Knake konnte, wie eingangs erwähnt, in dieser Zeit ihre internationale Anerkennung ausbauen, nicht zuletzt auch mit ihren Vorträgen im Ausland.[507] Ihr Ruf als gestrenge Lehrmeisterin im Labor war zwar legendär, doch dies galt ebenso für ihr engagiertes Eintreten für die Interessen ihrer Student:innen und Mitarbeiter:innen.[508] Das bemerkte auch Elisabeth Schiemann: »Dann ist da Frau Prof. Knake […] – persönlich mir höchst sympathisch und wir sind oft und gern ein Stündchen bei einander. Sie ist auch vorbildlich, wie sie mit den Studenten es versteht – die sie z. B. alle Woche einen Abend zu freier Aussprache über all ihre Sorgen, pers. und polit., bei sich hat.«[509] Es deckt sich auch mit der Darstellung ihres ehemaligen Mitarbeiters Eberhard Sauerteig, der sich an zwanglose Abendessen in großer Runde bei Knake zu Hause erinnerte, wo die strenge Laborleiterin nicht nur vorzüglich selbst kochte, sondern auch »menschlich einfühlsame Nähe« zeigte.[510] Und auch ihr Schwager Heinrich Peters erinnerte sich gern an die großen, luxuriösen Essen, die sie bei Besuchen gekonnt selbst zubereitete.[511]

Es sollte bis 1961 dauern, bis Knake endlich die stets von ihr geforderte selbstständige »Forschungsstelle für Gewebezüchtung« erhielt – ohne jedoch zum Wissenschaftlichen Mitglied der MPG berufen zu werden.[512] Es ist tragisch, dass ihre schon seit Langem angegriffene Gesundheit ihr nicht einmal zwei weitere Jahre Forschung in diesem Rahmen gestattete. Im März 1963 ging sie krankheitsbedingt in vorzeitigen Ruhestand und zog sich danach völlig zurück. Die Forschungsstelle wurde mit ihrem Ausscheiden aufgelöst.[513] Else Knake starb am 8. Mai 1973. Wissenschaftliche Auszeichnungen hat sie keine erhalten.

---

506 Satzinger: Adolf Butenandt, 2004, 78–133, 132.

507 So wie etwa 1959 in Liège, wo sie auf dem *Colloque International sur le problème biologique des greffes* über »The absence of vascularization as a cause of the destruction of homografts; experiments to improve the result« referierte, AMPG, II. Abt., Rep. 62, Nr. 1287, fol. 39–51.

508 Auch viele Publikationen aus dieser Zeit veröffentlicht sie gemeinsam mit ihnen, wie etwa Knake, Peter und Müller-Ruchholtz: Über die Wirkung von oligomer gelöster Kieselsäure, 1959, 37–66; Knake und Peter: Fortgesetzte Untersuchungen, 1960, 3–36, 39–49.

509 Schiemann an Hahn, 22. August 1946, AMPG, II. Abt., Rep. 66, Nr. 4885.

510 Niedobitek, Niedobitek und Sauerteig: *Rhoda Erdmann – Else Knake*, 2017, 448.

511 Peters: *Prof. Dr. med. Else Knake*, 1981, 6.

512 Zum Berufungsverfahren von Else Knake bzw. dessen Scheitern siehe das Kapitel 3.5.2.

513 Protokoll der 43. Sitzung des Senates vom 23. November 1962 in Berlin, AMPG, II. Abt., Rep. 60, Nr. 818.SP.

3.4.7 Birgit Vennesland, Biochemikerin

17. November 1913 in Kristiansand/Norwegen – 15. Oktober 2001 auf Mānoa/Hawaii

ledig

WM und Direktorin des MPI für Zellphysiologie 1967–1970

WM und Leiterin der Forschungsstelle Vennesland in der MPG 1971–1981

EWM 1981–2001

Abb. 42: Birgit Vennesland vor dem MPI für Zellphysiologie in Berlin-Dahlem, 1962. Archiv der Max-Planck-Gesellschaft, Berlin-Dahlem.[514]

514 Das Gebäude des ehemaligen Warburg-Instituts beherbergt heute das Archiv der Max-Planck-Gesellschaft.

> Nevertheless, modern biology has given us a deep
> sense of kinship with all living things. Molecular
> biology is the Saint Francis of the sciences.[515]

Die Biochemikerin und Enzymologin Birgit Vennesland wurde berühmt durch ihre bahnbrechenden Entdeckungen zur Stereospezifizität und Enzymologie der Dehydrogenasen.[516] Ihre Arbeiten, wie etwa zur oligomeren Struktur der Nitratreduktase[517] oder über die Blausäure als natürlicher Metabolit photosynthetischer Systeme, gehören zu den Klassikern der Biochemie.[518]

Birgit Vennesland und ihre Zwillingsschwester Kirsten wurden 1913 im norwegischen Kristiansand geboren. Ihre Eltern waren die ersten Akademiker:innen in einer Familie, in der bis dahin alle Bauern gewesen waren.[519] Ihre Mutter Sigrid Bandsborg war Lehrerin aus »leidenschaftlicher Überzeugung«.[520] Ihr Vater, Gunnuf Vennesland, war über Kanada in die USA ausgewandert, wo er sich nach einem erfolgreichen Studium an der Chicago School of Dental Surgery als Zahnarzt niederließ. Im Mai 1917, noch während des Ersten Weltkriegs, folgte ihm der Rest der Familie nach Chicago. Vennesland bezeichnete ihre Eltern später als liberal denkendes Bürgertum der Mittelschicht, denen die Bildung ihrer Töchter am Herzen gelegen habe. Die Schwestern besuchten öffentliche Schulen in einer Zeit, die von der Great Depression gekennzeichnet war.

Dank eines Stipendiums, das Vennesland über eine Auswahlprüfung in Physik erhalten hatte, begann sie 1930 knapp 17-jährig eine Art Studium generale der Naturwissenschaften – von Astronomie bis Zoologie – an der University of Chicago. Vennesland war fasziniert und begann ihre Collegelaufbahn mit »a decision to become an astronomer and shifted to a commitment to zoology, having changed my mind repeatedly over the course of six months«.[521] Schließlich entschied sie sich für ein *premedical* Grundstudium,[522] da ihr dies die bestmögliche Mischung aus physikalischen und Biowissenschaften versprach, mit Bakteriologie im Hauptfach. Ihre Entscheidung, Biochemikerin zu werden, resultierte aus der Erkenntnis, dass sie »though committed to biology [...] felt that I needed much more chemistry to think successfully about biological problems. The obvious compromise was biochemistry«.[523] Die Biochemie der 1930er-Jahre beschäftigte sich vor allem mit »small molecules« und der Kennzeichnung von Vitaminen, Hormonen und Wachstumsfaktoren. Vennesland erinnerte sich

---

515 Vennesland: Recollections and Small Confessions, 1981, 1–21, 18.
516 Simoni, Hill und Vaughan: The Stereochemistry, 2004, e3.
517 Vgl. dazu etwa Vennesland und Jetschmann: The Nitrate Dependence, 1971, 428–437; Vennesland, Ramadoss und Shen: Molybdenum Insertion in Vitro, 1981, 11532–11537.
518 Vgl. Hess: Birgit Vennesland, 2002, 873–874.
519 Vennesland: Recollections and Small Confessions, 1981, 1–21, 1.
520 Ebd., 3.
521 Ebd., 4.
522 *Premedical* ist ein Studiengang, der Studierende in Nordamerika auf das Medizinstudium vorbereitet.
523 Ebd., 5.

später: »From the chemistry of carbohydrates, fats, and amino acids, we made a conceptual leap to the physiological aspects of diabetis, ketogenesis, and glyconeogenesis. In between there was: the very mysterious process of metabolism which took place in something equally mysterious called protoplasm and was catalyzed by agents called enzymes.« 1934 machte sie ihren Bachelor und promovierte 1938 in Biochemie mit einer Arbeit über »Oxidation-reduction requirements of an obligate anaerobe« bei Martin Hanke.[524] »Enzyme wurden zum Substrat, Isotope zum Werkzeug. [...] Die vergleichende Mikrobiologie war im Schwang. So kam es, dass Birgit Vennesland als Promotionsthema die Oxidations/Reduktionsbedürfnisse des obligaten Anaerobiers *Bacteroides vulgatus* wählte, wobei CO_2 die Funktion des Oxidationsmittels zum Einbau in Zellsubstanz hatte. Die Erfahrung, dass Bakterien CO_2 zum Wachstum brauchen, war zündend.«[525] Danach arbeitete Vennesland zunächst als Forschungsassistentin bei Earl A. Evans in Chicago.

In dieser Zeit profitierte die Biochemie ganz entscheidend von der neuen Enzymologie und den Forschungsmethoden der Isotopenmarkierung. 1939 erhielt Vennesland ein frauenförderndes Stipendium der International Federation of University Women, um ab September in Paris bei dem international führenden Biochemiker Otto Fritz Meyerhof zu arbeiten, der dort nach seiner Vertreibung aus Deutschland als Forschungsdirektor am 1930 eröffneten Institut de Biologie Physicochemique tätig war. Doch der Beginn des Zweiten Weltkriegs machte diese Pläne zunichte und nach der deutschen Besetzung Frankreichs gelang Meyerhof und seiner Familie nur mit letzter Not die Flucht ins Ausland.[526] Vennesland ging stattdessen als Postdoc an die Harvard Medical School, wo sie bei Albert Baird Hastings studierte und experimentierte. Dort arbeitete Vennesland weiter mit der ^{11}C-Isotopen-Technik an anaeroben Bakterien. Das Zyklotron in Harvard lieferte »das ^{11}C, um in logistisch gut geplanten Versuchen zu zeigen, dass ^{11}C-Lactat tatsächlich (über den Tricarbonsäurecyclus und Phosphoenolpyruvat) in Glykogen rezyklisiert wird. Der Vorschlag des $^{11}CO_2$-Kontrollexperiments stammte von Birgit Vennesland, und sie war es auch, die nach schließlicher Überzeugungsarbeit das Glucosazon aus dem Glykogen isolierte – Voilà: markiert!«[527] Im Rückblick bezeichnete Vennesland diese beiden Jahre in Boston als ungeheuer anregend im Hinblick auf die wissenschaftliche Arbeit, was auch an Hastings gelegen habe, der in der bedrückenden Kriegszeit »ran a happy department«.[528]

524 Vennesland: The Oxidation-Reduction, 1940, 139–169.
525 Die Lektüre des Vennesland-Nachrufs von Lothar Jaenicke, dessen Vater bereits mit Fritz Haber zusammengearbeitet hatte, ist ein allen Biochemiker:innen und Enzymolog:innen zu empfehlendes Vergnügen; Jaenicke: Birgit Vennesland, 2002, 53–54, 53. – Vgl. auch Hess: Birgit Vennesland, 2002, 873–874, 873.
526 Vgl. zu Meyerhofs Isotopen in Zyklotronversuchen auch das Kapitel 3.4.1. Zu Meyerhofs Vertreibung, Pariser Exil und Emigration in die USA via Spanien und Portugal vgl. Rürup: *Schicksale und Karrieren*, 2008, 270–271.
527 Jaenicke: Birgit Vennesland, 2002, 53–54, 53.
528 Ebd., 54.

1941 kehrte sie zurück an die Universität von Chicago, wo sie die folgenden 27 Jahre lehrte und forschte. Sie beschäftigte sich mit Betacarboxylierung und begann mit einer kleinen Gruppe, zu der auch Eric Conn gehörte, die Dunkelreaktion des CO_2-Einbaus in C4-Dicarbonsäuren zu studieren. Dabei bewies sie die bessere Wirksamkeit von $NADP^+$ gegenüber NAD^+ als H-Akzeptor. »$NADP^+$ (damals TPN)[529] wurde etwas wie das Monopol von Birgit Vennesland.«[530] Ende der 1940er-Jahre begann sie mit ihrem Kollegen, dem Chemiker Frank Westheimer, ihre »eleganten und aufsehenerregenden Experimente« zur Aufklärung der Stereospezifität enzymatischer Wasserstoffübertragung mittels deuteriertem Alkohol, womit sie einen entscheidenden Schritt zum Verständnis der enzymatischen Katalyse leistete.

It was about 1949–50, as I recall, that Frank Westheimer of the Chemistry Department and I discovered that we were both interested in β-carboxylations, except that he, of course, was interested in reaction mechanism, whereas I was looking for enzymes that catalyzed such reactions. When Harvey Fisher asked if he could do a joint PhD with Westheimer and me, I rather expected that what would emerge would be a carboxylation project. But no, what Westheimer wanted to work with was pyridine nucleotides. He had been using deuterium to study the mechanism of oxidation of alcohols by chromates. (That problem, Harvey informed me, was known as »how to make better cleaning solution.«) Now Westheimer wanted to know how diphosphopyridine nucleotide (NAD) and alcohol dehydrogenase oxidized ethanol. Hydrogen must either be transferred directly, or the extra hydrogen in the reduced pyridine nucleotide must have its origin in water.[531]

Vennesland beschäftigte sich in der Folgezeit weiterhin mit Enzymmechanistik und Stereochemie, kehrte jedoch 1958 zur Photosyntheseforschung zurück und forschte zum katalytischen CO_2-Effekt auf die Hill-Reaktion.[532] Dies sollte sich als entscheidend für ihren nächsten Karriereschritt erweisen, denn mit der Bestätigung, dass unter den richtigen Bedingungen CO_2 tatsächlich katalytisch in die Hill-Reaktion eingreift,[533] gewann Vennesland Warburgs Aufmerksam-

529 Das Coenzym Nicotinsäureamid-Adenin-Dinukleotid-Phosphat ($NADP^+$) hatte Otto Warburg 1931 entdeckt und wurde zunächst unter dem Namen Triphosphopyridinnucleotid (TPN) bekannt.
530 Ebd., 54.
531 Vennesland: Recollections and Small Confessions, 1981, 1–21, 9. Vgl. dazu auch You et al.: Enzyme Stereospecificities for Nicotinamide Nucleotides, 1978, 265–268. – Für eine umfassende Darstellung von Venneslands Arbeit zur Stereospezifität vgl. Simoni, Hill und Vaughan: The Stereochemistry, 2004, e3.
532 Robert »Robin« Hill entdeckte 1939 die Reaktion isolierter Chloroplasten, durch welche unter der Einwirkung von Licht und in Gegenwart eines künstlichen Elektronenakzeptors freier Sauerstoff (O_2) direkt entsteht, und erbrachte damit den Nachweis, dass Sauerstoff während der lichtabhängigen Schritte der Photosynthese gebildet wird; Hill: Oxygen Evolved by Isolated Chloroplasts, 1937, 881–882; Hill: Oxygen Produced by Isolated Chloroplasts, 1939, 192–210.
533 Stern und Vennesland: The Effect of Carbon Dioxide on the Hill Reaction, 1962, 596–602.

keit und Anerkennung.[534] Dies führte 1961 zu Venneslands erstem Besuch in dessen Dahlemer Institut. Es folgten weitere Visiten, die 1967 schließlich darin gipfelten, dass sie als Warburgs designierte Nachfolgerin an das MPI für Zellphysiologie kam. Damit war sie die erste Wissenschaftlerin in der Geschichte der MPG, die zum Wissenschaftlichen Mitglied *und* zur Direktorin eines Max-Planck-Instituts berufen wurde.

Die Berufungsgeschichte gewährt interessante Einblicke, insbesondere vor dem Hintergrund des bald schon folgenden Zerwürfnisses. Warburg war so begeistert und überzeugt von Vennesland, dass er beschloss, sie handverlesen zu seiner »präsumptiven« Nachfolgerin zu machen, und in der BMS beantragte, »Frau Vennesland, Chikago, zum Wissenschaftlichen Mitglied und zum Direktor am Max-Planck-Institut für Zellphysiologie, Berlin, zu berufen«. Im Bewusstsein seiner Sonderstellung[535] innerhalb der MPG drang er im Fall Vennesland darauf, von dem seit 1963 etablierten Procedere abzusehen, externe Direktoren in zwei Lesungen zu berufen: »Ihre Qualifikation sei durch das von insgesamt sieben Nobelpreisträgern abgegebene Votum eindeutig.« Doch Präsident Butenandt konnte auf Warburg einwirken und infolgedessen dem Vorsitzenden der BMS mitteilen, Warburg sähe ein, »wenn auch schmerzlich, daß die Sektion in gewohnter Weise arbeiten« müsse.[536] Gleichwohl ermächtigte der Senat Butenandt einstimmig noch vor der zweiten Lesung, Verhandlungen mit »Frau Professor Dr. Birgit Vennesland, Chicago, die die Biologisch-Medizinische Sektion zur Direktorin am Max-Planck-Institut für Zellphysiologie und zum Wissenschaftlichen Mitglied des Instituts empfiehlt«, zu führen. Dieser hatte zuvor bestätigt, dass durch Venneslands Berufung die Zukunft des Instituts in Warburgs Sinne »präjudiziert« sei.[537] Nach zunächst schriftlichen Vorverhandlungen erörterten Warburg, Butenandt und Vennesland im Mai und Juni 1967 ausführlich »alle Einzelheiten im Zusammenhang mit ihrer Berufung« vor Ort in Berlin.[538]

---

534 Jaenicke: Birgit Vennesland, 2002, 53–54, 54. – Zur Wirkung von Kohlendioxid auf die Hill-Reaktion vgl. beispielsweise Stemler: The Bicarbonate Effect, 2002, 177–183.

535 »Herr Butenandt weist darauf hin, daß das Institut für Zellphysiologie und Herr Warburg selbst eine Sonderstellung innerhalb der Max-Planck-Gesellschaft haben. Das Institut sei Warburgs eigenstes Werk, denn er habe seinerzeit die Mittel für den Bau des Instituts persönlich erhalten und sei vor dem Kriege auch finanziell sein eigener Herr gewesen durch die Gradenwitz-Stiftung und durch Mittel aus der Rockefeller-Stiftung. [...] Hieraus rekrutierten sich die Sonderrechte, die Herr Warburg innerhalb der Max-Planck-Gesellschaft genießt. [...] Herr Warburg ist also nicht zu emeritieren und das Institut kann wirklich als ›sein‹ Institut gelten.« Protokoll der Sitzung der Biologisch-Medizinischen Sektion des Wissenschaftlichen Rates vom 31. Januar 1967 in München, AMPG, II. Abt., Rep. 62, Nr. 1589, fol. 25–26.

536 Butenandt an Hans. H. Weber, 10. November 1966, AMPG, II. Abt., Rep., 66, Nr. 2571, fol. 15.

537 Protokoll der 56. Sitzung des Senats vom 10. März 1967 in Kassel, AMPG, II. Abt., Rep. 60, Nr. 56.SP, fol. 344.

538 Protokoll der Sitzung des Wissenschaftlichen Rats der Max-Planck-Gesellschaft vom 8. Juni 1967 in Kiel, AMPG, II. Abt., Rep. 62, Nr. 1946, fol. 33.

Auf der Sitzung des Senats am 8. Juni 1967 in Kiel wurde Vennesland erwartungs-gemäß einstimmig offiziell berufen.[539] Vertragsbeginn war der 1. Oktober 1967, auch wenn Vennesland bis September 1968 noch zwischen Berlin und Chicago pendelte.[540] Bis zu ihrem endgültigen Umzug nach Berlin setzte sich Warburg dafür ein, aus den ihm persönlich zur Verfügung stehenden Stiftungsmitteln in der MPG entweder ein zweigeschossiges Wohnhaus in der Van't-Hoff-Straße errichten zu lassen oder die »Dibelius-Villa«[541] zu erwerben, um Vennesland, ihrer 85-jährigen Mutter sowie der sie begleitenden Assistentin ein angemessenes Wohnen zu gewährleisten.[542]

In Berlin angekommen, begann Vennesland zur Nitratreduktion von Chlo-rella zu arbeiten. Einer der Gründe dafür war, dass Warburg Nitrat als »natür-liches« Hill-Reagenz betrachtete.[543] Vennesland hingegen faszinierte die Option, dass der von Warburg genannte Quantenbedarf zum Teil auf das Vorhandensein von Nitrat im Medium zurückzuführen sei:

Later I gradually developed a strong suspicion that the reason Warburg got such fantastically low values for the overall quantum requirement of photosynthesis was mainly that he had nitrate in the medium and excess carbohydrate in the cells. Better methods have long since superseded those used by Warburg, and the problem of the quantum requirement is no longer cogent.[544]

Die Zusammenarbeit von Vennesland und Warburg am Institut für Zell-physiologie währte dann jedoch nicht lang und endete kurz vor Warburgs Tod. Offenbar wurden Versprechen nicht erfüllt, Erwartungen enttäuscht und die wissenschaftlichen sowie persönlichen Bedingungen verschlechterten sich dra-matisch.[545] Vennesland bedauerte ihren Umzug nach Berlin unter die Aufsicht von Warburg und seiner Entourage. Das Zerwürfnis war so tief, dass Vennesland zwei Wochen nach Warburgs Tod an Butenandt schrieb:

Sie werden sich erinnern, daß im § 1 Abs. 3 meines Anstellungsvertrags vorgesehen ist, daß die weitere Gestaltung des Institutes nach dem Ausscheiden Professor Warburgs im Einvernehmen mit mir geregelt werden soll.

---

539 Protokoll der 57. Sitzung des Senats vom 8. Juni 1967 in Kiel, AMPG, II. Abt., Rep. 60, Nr. 57.SP, fol. 241–242.

540 Butenandt an Vennesland, 19. Juni 1967, AMPG, II. Abt., Rep. 67, Nr. 1470.

541 Gemeint ist das Richard-Willstätter-Haus im Faradayweg 10, Ecke Hittorfstraße in Dahlem; vgl. dazu Henning und Kazemi: *Dahlem – Domäne der Wissenschaft*, 2009, 87–89. Ich danke Tom Steinhauser für diesen Hinweis sowie seine anderen hilfreichen Kommentare.

542 Aktenvermerk Roeske, 13. Juni 1967, AMPG, II. Abt., Rep. 67, Nr. 1470.

543 Bei »Hill-Reagenzien« handelt es sich um eine Gruppe artifizieller Redoxsysteme, die eingesetzt wurden, um die Intaktheit isolierter Chloroplasten-Fraktionen zu tes-ten; vgl. Artikel »Hill-Reagenzien«, https://www.spektrum.de/lexikon/biologie/hill-reagenzien/31860. Zuletzt aufgerufen am 4. März 2021.

544 Vennesland: Recollections and Small Confessions, 1981, 1–21, 10.

545 Zum Zerwürfnis von Vennesland und Warburg siehe Kapitel 3.5.2.

Um jedes Missverständnis auszuschließen und Ihnen von vornherein freie Hand für die notwendigen Entscheidungen zu geben, möchte ich ausdrücklich erklären, daß mir nichts daran liegt, die Nachfolgerin von Herrn Professor Warburg zu werden. Meinen wissenschaftlichen Plänen wäre besser gedient, wenn es sich ermöglichen ließe, das im Aufbau begriffene kleine Institut (die jetzige sog. Forschungsstelle Prof. Vennesland) zu erhalten. [...]
Nach den schwierigen und unerfreulichen Auseinandersetzungen, zu denen es zwischen dem Beauftragten von Herrn Prof. Warburg [Jacob Heiss] und mir gekommen ist, in die auch eine Reihe anderer Mitarbeiter des Instituts verwickelt waren, würde ich es nicht für eine glückliche Lösung halten, wenn mir die Leitung des Institutes übertragen würde. [...] Eine solche Lösung würde ich lediglich ernsthaft dann erwägen, wenn mein eigenes Institut nicht weitergeführt werden könnte und mich die MPG vor die Wahl stellen müßte, Nachfolgerin von Prof. Warburg zu werden oder unter einem anderen Institutsleiter als Direktorin zu arbeiten.[546]

Daher schuf die Max-Planck-Gesellschaft 1970 »in neutralisierender Coulombscher Entfernung«[547] die Forschungsstelle Vennesland. Die räumliche Ausgliederung wurde möglich, da zu dieser Zeit gerade der Neubau des MPI für Molekulargenetik fertiggestellt worden war. Nach dem alle erforderlichen Gremien konsultiert worden waren, beschloss der MPG-Senat am 24. November 1970 die Ausgliederung von Venneslands Arbeitsgruppe und die Einrichtung einer eigenen Forschungsgruppe. Vennesland wurde zum Wissenschaftlichen Mitglied und Leiterin der »Forschungsstelle Vennesland der MPG« berufen, womit die Wissenschaftliche Mitgliedschaft am MPI für Zellphysiologie endete.[548] So konnte Vennesland am 19. Januar 1971 buchstäblich nach nebenan in den kleinen Laborbau in die Harnackstraße 23 umziehen.[549] Institutionell wurde die Forschungsstelle nach ihrer Ausgliederung verwaltungstechnisch durch das MPI für Molekulargenetik betreut.[550]
Dort arbeiteten sie und ihre Arbeitsgruppe unter anderem zum Prozess der Nitratassimilation in photosynthetischen Organismen, an der Nitratreduktase und ihrer enzymatischen und metabolischen Charakterisierung. Zu den in dieser Zeit entstandenen Pionierarbeiten gehörte die Identifizierung von Cyanid als natürlichem Metabolit in photosynthetischen Organismen[551] sowie Stoffwechselwege für die Cyanidbildung in photosynthetischen Organismen.[552] Nach ihrer

---

546 Vennesland an Butenandt am 14. August 1970, Forschungsstelle Vennesland, AMPG, II. Abt., Rep. 66, Nr. 4584, fol. 114.
547 Jaenicke: Birgit Vennesland, 2002, 53–54, 54.
548 Protokoll der 67. Sitzung des Senates vom 24. November 1970 in Stuttgart, AMPG, II. Abt., Rep. 60, Nr. 67.SP, fol. 89. – Ein neuer Arbeitsvertrag vom 1. Dezember 1970 ersetzte in diesem Sinne den Vertrag von 1967.
549 Seit 2004 steht an dieser Stelle übrigens das MPI für Wissenschaftsgeschichte.
550 Zur Forschungsstelle Vennesland vgl. auch Henning und Kazemi: Handbuch, 2016, Bd. 2, 1589–1590.
551 Vennesland et al.: The Presence of Bound Cyanide, 1974, 6074–6079.
552 Vennesland et al.: The Dark Respiration of Anacystis Nidulans, 1979), 630–642.

Emeritierung 1983 (zwei Jahre lang hatte sie noch einen Emeritaarbeitsplatz im benachbarten MPI für molekulare Genetik) zog sie zu ihrer Schwester nach Hawaii, wo sie noch einige Jahre an der John A. Burns School of Medicine der University of Hawaii auf Mānoa tätig war. Dort starb sie einen Monat vor ihrem 88. Geburtstag an Leukämie.

Während Venneslands Mutter Sigrid offenbar Frauenrechtlerin gewesen ist,[553] kam sie selbst zu der – für eine Naturwissenschaftlerin – erstaunlichen Vermutung: »Maybe the men really do have brains better suited to perform best in hardware subjects like physics. Maybe the girls have brains better suited to perform best in biology? Let's let the optimal mix demonstrate itself.«[554] Und obwohl sie der wachsenden Zahl von Frauen in der Forschung ausgesprochen wohlwollend gegenüberstand, nahm sie wie viele ihrer wenigen Kolleginnen eine klare Haltung gegen die Frauenquote ein, die sie als umgekehrte Diskriminierung betrachtete:

First of all, I feel a genuine sisterly sympathy for any young woman who is determined to make her way in a research career, and I am glad that it has been recognized in principle, at least, that women should be considered for assistant professorships and promotion on the academic ladder on the same basis as men. Reverse discrimination, however, bothers me very much indeed. I do not approve of it in any form. In the long run, such a practice will guarantee a lower average quality in academia. In other words, I don't think that one should try to establish a particular sex ratio for academic appointments in too short a time.[555]

Auszeichnungen & Würdigungen

1960 verlieh ihr das Mount Holyoke College – historisch die erste der *Seven Sisters*[556] – die Ehrendoktorwürde.

1950 wurde Vennesland der Stephen Hales Prize »für ihre Beiträge auf dem Gebiet der Pflanzenbiochemie und Enzyme von der American Society of Plant Biologists verliehen.[557]

1964 erhielt sie Garvan-Olin-Medaille, die von der American Chemical Society verliehene Auszeichnung für besondere Leistungen von US-Wissenschaftlerinnen auf dem Gebiet der Chemie.[558]

Darüber hinaus wurde sie zum Mitglied der New York Academy of Sciences und der American Association for the Advancement of Science ernannt.

---

553 Vennesland: Recollections and Small Confessions, 1981, 1–21, 1.
554 Ebd., 15.
555 Ebd.
556 Die sieben historischen US-Frauencolleges die zwischen 1837 und 1889 gegründet wurden.
557 Vgl. dazu auch die Website der American Society of Plant Biologists: https://aspb.org/awards-funding/aspb-awards/stephen-hales-prize/#tab-id-3. Zuletzt aufgerufen am 19. Februar 2021.
558 Vgl. dazu die Website der American Chemical Society: https://www.acs.org/content/acs/en/funding-and-awards/awards/national/bytopic/francis-p-garvan-john-m-olin-medal.html. Zuletzt aufgerufen am 19. Februar 2021.

3.4.8 Margot Becke-Goehring, Chemikerin

10. Juni 1914 Allenstein, Ostpreußen – 14. November 2009 in Heidelberg
verheiratet

WM und Direktorin des Gmelin-Instituts der MPG 1969–1979

Abb. 43: Margot Becke in ihrem Labor, 1950er-Jahre.
Archiv der Max-Planck-Gesellschaft, Berlin-Dahlem.

> Die Max-Planck-Gesellschaft ist so
> fortschrittlich, daß in ihr Probleme wie
> die einer Unterprivilegierung der Frau
> keine Rolle spielen können.[559]

Margot Becke-Goehrings Karriere war in vielfacher Hinsicht herausragend: Sie war die erste Dekanin in der Geschichte der Universität Heidelberg, die erste Rektorin einer westdeutschen Hochschule sowie das erste weibliche Mitglied zweier wissenschaftlicher Akademien. Zudem war sie die erste tatsächlich dann auch amtierende Direktorin[560] eines Max-Planck-Instituts sowie die erste Vorsitzende des Wissenschaftlichen Rats der MPG und sie erhielt als erste Wissenschaftlerin die Gmelin-Beilstein-Gedenkmünze.

Geboren wurde Margot Becke-Goehring 1914 im ostpreußischen Allenstein als einziges Kind des Berufsoffiziers[561] Albert Goehring und seiner Frau Martha Schramm. Nach dem Ersten Weltkrieg zog die Familie um nach Weimar bzw. Gera, wo ihr Vater als Zivilbeamter im Versorgungswerk Gera arbeitete und Margot ihre Jugend verbrachte. Nach dem Abitur 1933 in Erfurt immatrikulierte sie sich trotz der Skepsis ihrer Eltern – denen ein Chemiestudium für Frauen absurd und ihre Berufschancen als aussichtslos erschienen – an der Universität Halle für Chemie.[562] Nach einem Studienaufenthalt in München, promovierte sie 1938 in Halle mit einer Arbeit über »Die Kinetik der Dithionsäure«. Danach arbeitete sie während der Kriegsjahre zunächst als wissenschaftliche Hilfskraft, dann bis Juni 1945 als wissenschaftliche Assistentin am Chemischen Institut von Konrad Ziegler[563] in Halle, wo sie 1944 »Über die Sulfoxylsäure« habilitierte und sich dann der Chemie der nichtmetallischen Verbindungen widmete. Nachdem sie ausgebombt worden war, wohnte sie zusammen mit ihrer Mutter, die 1934 nach dem Tod des Vaters zu ihr gezogen war, im Keller des Instituts.[564]

Infolge des Potsdamer Abkommens wurde im Sommer 1945 Thüringen der Sowjetischen Besatzungszone zugeschlagen. Im Rahmen der »Operation Pa-

---

559 Margot Becke 1973 im Interview mit Gerwin: Über Prioritäten Gedanken machen, 1973, 15–16, 16.

560 Im Gegensatz zu Birgit Vennesland, die zwar als Direktorin und Nachfolgerin von Warburg berufen wurde, aber dieses Amt nie ausführte; vgl. dazu vorheriges Kapitel.

561 Albert Goehring war Militärintendantursekretär. Die Erfahrungen ihres Vaters im Krieg und sein Einfluss auf sie führte Becke-Goehring auch als Grund an, warum sie nie in Versuchung geraten sei, Mitglied einer nationalsozialistischen Organisation zu werden. Becke-Goehring: *Rückblicke auf vergangene Tage*, 1983.

562 Ebd., 11–19. – Arbeitskreis Chancengleichheit in der Chemie (Hg.): *Chemikerinnen*, 2003, 24.

563 Ziegler leitete von 1943 bis 1968 erst das KWI und dann das MPI für Kohlenforschung in Mülheim an der Ruhr. Er erhielt 1963 zusammen mit Giulio Natta den Nobelpreis für Chemie.

564 Becke-Goehring und Mussgnug: *Erinnerungen*, 2005, 79.

perclip«[565] brachte ein US-Kommando am 23. Juni 1945 die »kompetentesten Mitglieder des Chemischen Instituts« und andere Wissenschaftler:innen aus der Region mit ihren nächsten Verwandten und dem, »was man tragen konnte«, in den Westen.[566] Auf dem Transport von Margot Becke-Goehring und ihrer Mutter befanden sich unter anderem auch der Schweizer Physiologe Emil Abderhalden sowie der befreundete Günther Schenck, der ein Jahr nach ihr auch in Halle bei Ziegler promoviert hatte und 1957 Gründungsdirektor des MPI für Strahlenchemie in Mülheim wurde.[567] Schenck, der Familie in Heidelberg hatte, brachte sie dort mit dem Chemiker Karl Freudenberg zusammen, der ihr anbot, als Dozentin für anorganische Chemie an der 1946 wieder eröffneten Heidelberger Universität zu arbeiten,[568] sodass sich ihr künftiger Arbeitsplatz »in den Räumen des alten chemischen Instituts, in denen einst Wilhelm Bunsen experimentiert hatte«, befand.[569] 1947 folgte die Umhabilitierung auf die Universität Heidelberg und die Ernennung zur wissenschaftlichen Assistentin.[570] Bereits im Dezember desselben Jahres ernannte die Universität Heidelberg sie zur außerordentlichen Professorin für Anorganische und Analytische Chemie,[571] »denn Fräulein Becke[572] verfügt in so hohem Masse über die – üblicherweise nur männlichen – Qualitäten selbständig-kritischer Wissenschaftlichkeit, dass sie [...] für die Bekleidung eines Ordinariates durchaus in Frage käme«.[573] 1959 wurde sie, da keine Hausberufungen möglich waren, zur *persönlichen* Ordinaria ernannt,

---

565 Zur Operation Paperclip vgl. etwa Bower und Matyssek: *Verschwörung Paperclip*, 1988; Ciesla: Das »Project Paperclip«, 1993, 287–301; Jacobsen: *Operation Paperclip*, 2014. Aufgrund ihrer Beschäftigung mit Deuteriumoxid hatte man offenbar vermutet, Becke-Goehring sei am Atomprogramm beteiligt gewesen.

566 Becke-Goehring und Mussgnug: *Erinnerungen*, 2005, 80.

567 Becke-Goehring war 1945 Taufpatin von Schencks Tochter Gudrun.

568 Auf Nachfrage von Freudenberg legte Ziegler diesem Becke-Goehring als hervorragende Mitarbeiterin ans Herz: »Sie ist eine selten kluge Dame, und ich habe sie [...] mit bestem Erfolg in Halle im anorganischen Unterricht eingesetzt und auch ihre Habilitation, die sie sehr verdiente, nach Kräften gefördert«. UA Heidelberg, Rep. 14-803.

569 Flukke: Margot Becke, 2009, 18–19, 18.

570 UA Heidelberg, PA 7512, Brief vom 19. Dezember 1945 vom Chemischen Institut Heidelberg an das Rektorat mit Antrag, Becke einstellen zu dürfen; UA Heidelberg, PA 7512. Brief vom 28.3.1947 vom Präsident des Landesbezirks Baden der Abteilung Kultus und Unterricht an den Rektor der Universität Heidelberg mit Genehmigung der Umhabilitierung Beckes; UA Heidelberg, PA 7512. Brief vom 6. Juni 1947 vom Präsidenten des Landesbezirks Baden der Abteilung Kultus und Unterricht an den Rektor mit Ernennung Beckes zur wissenschaftlichen Assistentin, alle Quellen des Universitätsarchivs Heidelberg (UA), zitiert nach Türck: Margot Becke-Goehring, 2016, 41–48, 42.

571 Flukke: Margot Becke, 2009, 18–19, 18.

572 Da Margot Goehring ihren Mann, den Industriechemiker Friedrich Becke, erst zehn Jahre später, am 9. März 1957 heiratete, müsste sich die Quelle korrekterweise auf »Fräulein Goehring« beziehen.

573 UA Heidelberg, PA 7512, Brief vom 10.9.1947 vom Dekan der Naturwissenschaftlich-Mathematischen Fakultät an den Präsidenten des Landesbezirks Baden Abteilung Kultus und Unterricht, zitiert nach Türck: Margot Becke-Goehring, 2016, 41–48, 42.

diese jedoch vier Jahre später in eine *ordentliche* Professur umgewandelt.[574] Bereits 1961 wurde sie Dekanin der naturwissenschaftlich-mathematischen Fakultät. Zu ihren bemerkenswertesten Beiträgen zur anorganischen Chemie gehörten ihre Arbeiten zur Synthese und Struktur von Polyschwefelnitrid und seinen Derivaten.[575] In ihrem gesamten Forscherinnenleben veröffentlichte sie etwa 300 wissenschaftliche Artikel, die sich vorwiegend mit Schwefel- und Phosphor-Stickstoff-Chemie beschäftigen.[576]

Im Februar 1966 schließlich wählte sie der große Senat der Universität Heidelberg zur Rektorin der Universität, und damit zur ersten westdeutschen Frau in dieser Position.[577] In der Presse (und wohl nicht nur dort) löste die Wahl eine Diskussion aus, ob die »erhabene Lenkerin« nun mit *Magnifica* oder mit *Magnifizenz* anzusprechen sei.[578] Auf die Frage, ob sie versucht habe, als Rektorin gezielt Frauen in den Naturwissenschaften oder generell zu fördern, antwortete Becke-Goehring:

> Nein, also das Problem der Geschlechter war für mich keins, und ich finde, es gehört auch nicht in die Wissenschaft. Wenn einer gut ist, muss er gefördert werden, wenn einer nicht gut ist, soll er nicht gefördert werden, ob weiblich oder männlich [...]. Aber ich rede als Naturwissenschaftler, natürlich.[579]

Ihre Schüler seien fast alle Männer gewesen, sie habe nur maximal drei Doktorandinnen, aber über 60 Doktoranden gehabt, erinnerte sie sich. Einer davon war ihr späterer Nachfolger am Gmelin-Institut, Ekkehard Flukke, der 2009 in seinem Nachruf auf sie betonte, wie viele Studenten sie für die anorganische Chemie begeistert habe.[580] Als Rektorin hingegen war ihr Verhältnis zu den Studierenden weniger eng: Die Auseinandersetzung mit der Studentenbewegung 1967/68 prägte ihre Amtszeit – bereits die Amtsübergabe von ihrem Vorgänger an sie war von Tumulten begleitet, die sich in den folgenden beiden Jahren bei vielen Gelegenheiten fortsetzten und schließlich darin gipfelten, dass sie im Mai 1968 den AStA suspendieren ließ.[581] In ihren *Erinnerungen – fast vom Winde verweht* schildert sie ausführlich ihre Sicht auf die Ereignisse und den eskalierenden Konflikt, in dem man »selbstbewusst sein [musste], um den Vorwurf, altmodisch, faschistisch, autoritär zu sein, einer verlorenen Generation anzu-

574 UA Heidelberg, PA 7512, Brief vom 8. April 1963 vom Kultusministerium Baden-Württemberg an Becke-Goehring mit ihrer Ernennung zur ordentlichen Professorin, zitiert nach Türck: Margot Becke-Goehring, 2016, 41–48, 42.
575 Goehring: Sulphur Nitride and Its Derivatives, 1956, 437.
576 Arbeitskreis Chancengleichheit in der Chemie (Hg.): *Chemikerinnen*, 2003, 25.
577 Bereits 1965 war in der DDR die Physikerin Lieselott Herforth zur Rektorin der TU Dresden ernannt worden.
578 Vgl. dazu beispielsweise Schlaeger: Vorstoß gegen ein Universitätstabu, 1966.
579 Türck: Margot Becke-Goehring, 2016, 41–48, 44.
580 Flukke: Margot Becke, 2009, 18–19, 18.
581 Becke-Goehring und Mussgnug: *Erinnerungen*, 2005, 140.

gehören, die alles falsch gemacht habe, auf sich zu nehmen«.[582] Ihr Rektorat endete im Eklat: Becke-Goehring empfand die Radikalisierung der Studierenden im Rahmen der 68er-Bewegung auch als direkten Angriff auf ihre Person,[583] zumal sie sich vehement für die materielle Förderung der Studentenschaft mit dem »Honnefer Modells« engagiert habe:

Ich habe lange die Stipendienkommission geleitet, ich bin einer der Miterfinder dessen, was man heute Bafög nennt und damals Honnefer Modell hieß, und wie kommen die dazu, »Bringt die Becke um die Ecke« zu schreiben. Ja, und ich habe auch erlebt, wie dann Leute wie der Herr [Horst] Mahler, dem ich dann verboten habe, in der Universität zu sprechen, gekommen sind und gehetzt haben. Herr Mahler, der später Anwalt der NPD war, wohlgemerkt.[584]

Aus Enttäuschung über die Erfolge der Protestbewegung, die zu Entwicklungen führten, die ihrer Auffassung von Lehre und Forschung widersprachen,[585] wie nicht zuletzt das Inkrafttreten der Grundordnung von 1969 für die Universität Heidelberg, legte Becke ihre Professur nieder und schied am 1. April 1969 aus dem Beamtenverhältnis mit der Universität Heidelberg aus.[586]

Beruflich hatte sie sich zu diesem Zeitpunkt bereits umorientiert. Auf der Lindauer Nobelpreisträgertagung 1968 war sie mit Rudolf Brill, dem Nachfolger Max von Laue am Berliner Fritz-Haber-Institut, ins Gespräch gekommen. Brill hatte sie bei dieser Gelegenheit nach einem möglichen Direktor des Gmelin-Instituts gefragt, das nach der Emeritierung von Erich Pietsch im Jahr zuvor ohne Direktor dastand.[587] »Blitzartig« sei ihr daraufhin der Gedanke gekommen, dass dies für sie selbst »eine fesselnde und fordernde Aufgabe sein könnte«.[588] Ihre Vorstellungen für eine grundlegende strukturelle Änderung des Instituts im Sinne einer zeitgemäßen Aktualisierung überzeugten auch den damaligen Präsidenten Butenandt. Dazu gehörte ein hierarchischer Aufbau des

---

582 Ebd., 132. Zur Schilderung ihrer Zeit als Rektorin und der »spektakulären Ereignisse« vgl. ebd., 128–149.

583 Türck: Margot Becke-Goehring, 2016, 41–48, 48.

584 Ebd., 46.

585 Flukke: Margot Becke, 2009, 18–19, 18.

586 Becke-Goehring und Mussgnug: *Erinnerungen*, 2005, 149. – Zwei zentrale Veränderungen waren, dass statt der bisher fünf nun 16 Fakultäten eingeführt wurden und die zuvor im Jahresrhythmus wechselnden Rektor:innen durch ein mehrjährig amtierendes vierköpfiges Rektorat ersetzt wurden; vgl. Kintzinger, Wagner und Crispin (Hg.): *Universität – Reform*, 2018, 160.

587 Die zentrale Aufgabe des 1922 entstandenen und 1948 in die MPG übernommenen Gmelin-Instituts für Anorganische Chemie und Grenzgebiete bestand in der Chemiedokumentation, im Sammeln und Bearbeiten aller Informationen aus dem Gesamtgebiet der Anorganischen Chemie, die das Institut in den Bänden eines großen Handbuchs vereinigte und herausgab. Zu Geschichte und Wirken des Instituts vgl. Henning und Kazemi: *Handbuch*, 2016, Bd. 1, 587–597.

588 Flukke: Margot Becke, 2009, 18–19, 19.

Instituts mit Arbeitsgruppen unter kompetenten Leitern, die Abschaffung des umstrittenen »Bogensollsystems«[589] und nicht zuletzt auch die Herausgabe des *Handbuchs der anorganischen Chemie* in englischer Sprache. Unter ihrer Leitung veröffentlichte das Institut mehr als 180 Bände des Gmelin-Handbuchs sowie zwölf Bände eines Formelregisters.[590]

Auf der Hauptversammlung der MPG am 29. Juni 1973 in München wurde sie zur Vorsitzenden des Wissenschaftlichen Rats gewählt. In einem Interview, das sie aus diesem Anlass Robert Gerwin gab, verneinte sie erwartungsgemäß dessen Frage, ob sie ihre Wahl auch als einen Erfolg für die Frau in der Wissenschaft gesehen habe: In der MPG komme es im Wesentlichen auf die Leistung an, sie sei »eine Gesellschaft mit offenen Chancen«.[591]

Nach ihrer Emeritierung 1979 befasste sie sich sowohl mit wissenschaftstheoretischen als auch wissenschaftshistorischen Themen und brachte beispielsweise die Korrespondenz zwischen Theodor Curtius und Carl Duisberg heraus.[592] 1999 gründete sie die Margot-und-Friedrich-Becke-Stiftung, die dem besseren Verständnis zwischen Geistes- und Naturwissenschaften gewidmet ist.[593]

Auszeichnungen & Würdigungen

1961 erhielt sie den Alfred-Stock-Gedächtnispreis der Gesellschaft Deutscher Chemiker.

Ab 1969 war sie gewähltes Mitglied der Leopoldina, ab 1977 sowohl Ordentliches Mitglied der Heidelberger Akademie der Wissenschaften als auch der Göttinger Akademie der Wissenschaften.[594]

1980 erhielt sie für ihre erfolgreiche Herausgabe des Gmelin-Handbuchs die Gmelin-Beilstein-Gedenkmünze. Mit der Margot-Becke-Vorlesung würdigt die Heidelberger Universität seit 2017 ihr Werk und Wirken.

---

589   Gegen die Bogensoll-Dienstzeitverträge, also das Soll abzuliefernder Druckbögen, und den damit verbundenen Entlohnungsmethoden hatte der Betriebsrat des Gmelin-Instituts 1971 Beschwerde auf dem Rechtsweg eingelegt; AMPG, II. Abt., Rep. 38 Gmelin-Institut für anorganische Chemie und Grenzgebiete der MPG, 1971–1972.
590   Flukke: Margot Becke, 2009, 18–19, 19.
591   Gerwin: Über Prioritäten Gedanken machen, 1973, 15–16, 16.
592   Becke-Goehring (Hg.): *Freunde in der Zeit des Aufbruchs der Chemie*, 1990.
593   Zu Wesen und Wirken der Stiftung vgl. die offizielle Website: http://www.becke-stiftung. de. Zuletzt aufgerufen am 31. Januar 2021.
594   *Jahrbuch der Göttinger Akademie der Wissenschaften*, 2009, 51.

3.4.9 Eleonore Trefftz, Mathematikerin und Physikerin

15. August 1920 in Aachen – 22. Oktober 2017 in München

ledig, ein Kind

Leiterin der Abteilung Quantenmechanik am MPI für Astrophysik
1958–1985

WM des MPI für Astrophysik 1971–1985

EWM 1985–1991

Abb. 44: Eleonore Trefftz auf ihrer Vespa, 1950er-Jahre.
Foto: Privatbesitz.[595]

595 Ich danke Milian Trefftz herzlich für das Überlassen der Bilder seiner Großmutter.

Ja, wenn man Wissenschaft machen und wirklich
etwas dabei leisten will, muss man auch schon mal
was wagen. Dazu hatte ich eben auch Talent.[596]

Eleonore Trefftz wurde 1920 in Aachen als zweites der insgesamt fünf Kinder
von Frieda Offermann und Erich Trefftz geboren und wuchs in einem Aka-
demikerhaushalt auf. Der Vater war zunächst Professor für Mathematik in
Aachen und wechselte 1922 an die TH Dresden. Wie sie selbst wandte sich auch
ihre jüngere Schwester Friederike den Naturwissenschaften zu und wurde erst
Medizinerin, später Röntgenspezialistin.[597]

1941 nahm Eleonore Trefftz das Studium der Physik und der Mathematik
an der Technischen Hochschule Dresden auf, wechselte jedoch nach dem Vor-
diplom an die Universität Leipzig, wo sie bei Bartel Leendert van der Waerden
Mathematik studierte und im Februar 1944 ihr Diplom machte. Anschließend
wurde sie Assistentin von Friedrich Hund, bei dem 1933 auch schon Carl Friedrich von Weizsäcker promoviert hatte.[598] Im Oktober 1945 promovierte sie mit
einer Arbeit über die »Curie-Umwandlung von Mischkristallen auf Grund klassischer Statistik« in Dresden. Der Grund für diesen Ortswechsel fort von Hund
und Leipzig war profan – Trefftz hatte ihre Lebensmittelkarte verloren. »Und
ohne Essen kann man die beste Physik nicht machen. Da musste ich wohl oder
übel nach Hause, denn ich brauchte ja was zu essen. Dann habe ich in Dresden
das Kriegsende erstmal abgewartet und habe dort das, was ich als Doktorarbeit
geschrieben hatte, eingereicht und in Dresden den Doktor gemacht.«[599]

Schon im Januar 1946 hielt Trefftz Übungen in Theoretischer Physik an der
TH Dresden.[600] Doch aufgrund von Kontroversen mit ihrem neuen Vorgesetzten, dem am 1. April 1948 an die Hochschule berufenen Alfred Recknagel, und
um ihren jüngeren Bruder Volkmar, der in Marburg studierte, auch nach der
Währungsreform finanziell unterstützen zu können, entschloss sie sich im Frühjahr 1948, Dresden zu verlassen und – buchstäblich – in den Westen zu gehen:
»Und da bin ich also dann über die grüne Grenze, zu Fuß, das musste man ja,
anders kam man nicht rüber.«[601] Im Sommer 1948 kam Eleonore Trefftz nach

---

596 Eleonore Trefftz über ihre Entschlossenheit, als Wissenschaftlerin erfolgreich zu sein.
     Kolboske und Bonolis, Interview, 5.12.2016.
597 Promotion 1949 »Über den Bronchialkrebs bei Lungensilikose« an der Universität
     Leipzig. Mehr über Friederike Trefftz unter: http://www.herstory-sachsen.de/friederike-
     trefftz/. Zuletzt aufgerufen am 15. Januar 2021.
598 Vgl. dazu auch die Denkschrift von Weizsäcker et al.: Friedrich Hund zum 100. Geburts-
     tag, 1996, 114–115.
599 Kolboske und Bonolis: Interview, 5.12.2016.
600 Vgl. auch den Lebenslauf von Trefftz auf der Seite der Gleichstellungsbeauftragten
     der TU Dresden (Memento vom 2. Februar 2016 im Internet Archive): https://web.
     archive.org/web/20160202025702/http://tu-dresden.de/die_tu_dresden/gremien_und_
     beauftragte/beauftragte/gleichstellung/dateien/eleonore-trefftz.pdf. Zuletzt aufgerufen
     am 27. September 2021.
601 Kolboske und Bonolis: Interview, 5.12.2016.

Göttingen zu Ludwig Biermann an das MPI für Physik. Dort arbeitete sie ab August 1948 als wissenschaftliche (Hilfs-)Assistentin in der Sonderabteilung Astrophysik. An die Gehaltsverhandlungen mit Biermann erinnerte sie sich Jahrzehnte später noch:

Ich bin zu Biermann [...] und da fragt er mich, wie viel Geld ich haben wollte, und kühn habe ich gesagt:»250 DM auf die Hand, 250 DM brauche ich netto.« Und da war er erst leicht schockiert, denn er hatte an ein Stipendium in Höhe von 150 DM gedacht. [...] Und ich sagte, ich brauch aber 250 DM, denn mein Bruder braucht 100 DM im Monat.« Das war damals noch ein Studenteneinkommen und ich wollte aber doch etwas besser leben als ein Student und brauchte also 250 DM netto. Da sagte Biermann, das müsste er sich aber noch überlegen. Wir verabredeten, dass ich am nächsten Tag wiederkäme. Und nächsten Tag sagte er:»Das ist ok, das können wir machen.«[602]

Dieser bemerkenswerte Vorgang ist exemplarisch für das Selbstbewusstsein von Trefftz. Und auch für ihre ungewöhnliche Besoldung, denn in den Gehaltslisten der Göttinger Zeit ist kein Gender-Pay-Gap zu den Kollegen zu erkennen. Zum Vergleich: Als 1951 der spätere Präsident Reimar Lüst seine Arbeit als Stipendiat in der Sondergruppe Astrophysik aufnahm, erhielt er ein Fixum in Höhe von 150 DM, und als sie beide 1955 als »wissenschaftliche Assistenten« arbeiteten, bezogen sie das gleiche Grundgehalt nach der Diätenverordnung. Das änderte sich jedoch 1958/59 nach dem Umzug des Instituts von Göttingen nach München: Während Lüst und Arnulf Schlüter als »Abteilungsleiter« eingruppiert und 1959 bzw. 1960 zu Wissenschaftlichen Mitgliedern berufen wurden, wurde Trefftz als »Gruppenleiterin« eingestuft und musste noch zwölf Jahre auf ihre Berufung warten. Sie war allerdings höher eingruppiert als die übrigen wissenschaftlichen Assistenten.[603] Nicht zuletzt zeugt der geschilderte Vorgang von der besonderen Beziehung, die vom ersten Moment an zwischen Trefftz und Biermann bestanden hat. »Was Ludwig Biermann aber in erster Linie ausgezeichnet hat, war sein Mut, sowohl wissenschaftlich wie organisatorisch, dort, wo er sich wissenschaftlichen Fortschritt versprach«, schrieb Trefftz 1986 in ihrem Nachruf auf ihn.[604]

Doch zurück zur Anfangszeit in Göttingen: Ihre »Rechengruppe«[605] widmete sich intensiv der Organisation umfangreicher Rechnungen auf elektronischen

---

602 Ebd.
603 Sondergruppe »Astrophysik«: Personalbestand per 31. März 1951, AMPG, II. Abt., Rep. 66, Nr. 3214, fol. 20.
604 Trefftz: In memoriam, 1986, 204–206, 205.
605 Die technischen Rechnerinnen Else Hieser, Lieselotte Kreutziger und Hanna Schelper »von Kanal 6« hatten zuvor schon von 1938 bis 1945 für Ludwig Prandtl bzw. die AVA gearbeitet. »Wir haben einfach deren alte Zettel genommen und auf der Rückseite unsere Rechnungen aufgeschrieben. Das war spaltenweise Plus und Minus, was anderes war das ja damals noch nicht. Von Digitalisierung oder so war ja nicht die Rede,« erinnerte sich Trefftz an die Aufgaben der Rechnerinnen. Kolboske und Bonolis: Interview, 5.12.2016.

Rechenmaschinen[606] und leistete wegweisende Arbeit durch die Entwicklung von mathematischen Methoden und Techniken der Programmierung, die einen wichtigen Beitrag zur Einführung der elektronischen Datenverarbeitung am Institut bildeten.[607] Trefftz hatte mit Biermann bereits seit 1948 an Berechnungen mit Rechenmaschinen zu atomaren und molekularen Spektrallinien gearbeitet, die für astrophysikalische Zwecke besonders interessant waren.[608] 1952 hatte das MPI für Physik in Göttingen die erste deutsche mit Verstärkerröhren arbeitende elektronische Rechenmaschine, die G(öttingen)1, in Betrieb genommen, deren Programmsteuerung noch über mehrere Lochstreifen erfolgte.[609] Bis 1972 wurden im MPI für Physik und Astrophysik selbstgebaute Rechenmaschinen verwendet.[610]

Hervorzuheben ist, dass Trefftz wegen ihrer einzigartigen Kompetenz im Umgang mit Rechenmaschinen schon 1951 an die Ohio University eingeladen wurde und später an das 1930 gegründete Institute for Advanced Study (IAS) in Princeton wechselte, wo 1952 die »IAS-Maschine«, der von John Neumann konzipierte Universalrechner, in Betrieb gegangen war.[611] Trefftz' Reise markierte den Beginn einer engen Zusammenarbeit mit US-Wissenschaftler:innen, die sich Mitte der 1950er-Jahre intensivierte, als Trefftz und andere Mitglieder aus Biermanns Gruppe – darunter auch Lüst – Großbritannien und die USA besuchten. Pfingsten 1955 hielt Trefftz einen Vortrag auf der Tagung der Gesellschaft für angewandte Mathematik und Mechanik in Berlin, um die Benutzung der Göttinger Rechenmaschinen aus Sicht der Benutzer:innen zu erklären.[612]

Nach dem Umzug nach München leitete 1958 Trefftz am eigenständigen Teilinstitut für Astrophysik die neu errichtete Abteilung für Quantenmechanik. Die Neugründung ging auf die Erkenntnis zurück, dass zum Verständnis neuer

---

606 Siehe auch Kapitel 2.3. – Erich Trefftz, der von 1922 bis 1937 Technische Mechanik lehrte und auf diesem Gebiet forschte, nutzte für numerische Berechnungen der angewandten Mathematik und Mechanik auch schon eine mechanische Rechenmaschine von Mercedes; Riedrich: Erich Trefftz, 2004.

607 Der Entwicklung neuer Schalt- und Speicherelemente für eine programmgesteuerte elektronische Rechenmaschine »namens G3« widmete sich Heinz Billings Abteilung für Numerische Rechenmaschinen. Die beiden Vorgängermodelle, die G1 und die G2, waren bereits im Göttinger Institut gebaut worden. Die G3 war mutmaßlich der leistungsfähigste deutsche Computer und machte das MPI für Astrophysik (MPA) eine Zeitlang zum deutschen Hub der Computerentwicklung. Nach Ansicht von Billing war die im November 1972 außer Betrieb gestellte G3 »die schönste Röhrenmaschine [...], die je gebaut« wurde. Vgl. dazu Max-Planck-Institut für Astrophysik: *50 Jahre MPA*, 2008, 40, 4–6. – Zur Entwicklung schneller Speicher vgl. auch Billing: Schnelle Rechenmaschinenspeicher, 1962, 51–79.

608 Biermann und Trefftz: Wellenfunktionen, 1949, 213–239.

609 Vgl. dazu Trefftz: In memoriam, 1986, 204–206, 204–205.

610 Gerwin: Tod des Computers, 1972, 7–8.

611 Vgl. dazu Biermanns korrespondierende Jahresberichte deutscher astronomischer Institute, München, Max-Planck-Institut für Physik und Astrophysik, Institut für Astrophysik.

612 Trefftz: Die Göttinger Rechenmaschinen vom Benutzer aus gesehen, 1957, 146–148.

astronomischer Beobachtungen die Atom- und Molekülphysik zunehmend an Wichtigkeit gewannen. Insofern befasste sich ihre Gruppe zunächst mit astrophysikalisch relevanten Berechnungen von Wellenfunktionen und dehnte dann ihre Arbeit auf quantenchemische Fragestellungen aus.[613] Trefftz eigenes wissenschaftliches Interesse konzentrierte sich vor allem auf Fragen der Atomhüllenphysik und Spektroskopie von astrophysikalischem Interesse, wie etwa Wellenfunktionen und Übergangswahrscheinlichkeiten von Atomen mit mehreren Leuchtelektronen. Zudem entwickelte sie die Theorie des Zusammenhangs zwischen Übergangswahrscheinlichkeiten und Spektrallinien sowie ihrer praktischen Berechnung weiter und arbeitete später auch an der Theorie und Berechnung von Elektronenstoßanregungen und Elektronenstoßionisation.[614]

Im Juni 1971 wurde Trefftz zum Wissenschaftlichen Mitglied ernannt.[615] Die Laudatio für sie verfassten Ludwig Biermann und Rhea Lüst.[616] Auf die Frage, warum diese Berufung erst nach 23 Dienstjahren erfolgte, gibt das Protokoll der Sitzung der CPTS-Berufungskommission Aufschluss:

Die von den Teilnehmern aufgeworfene Frage, warum Frau Trefftz nicht schon früher zur Berufung zum Wissenschaftlichen Mitglied vorgeschlagen worden sei, beantwortet der Vorsitzende [Albert Weller] mit dem Hinweis auf die personelle Entwicklung des Instituts in den letzten Jahren. Bereits im Jahre 1968 sei erwogen worden, für Frau Trefftz die Wissenschaftliche Mitgliedschaft zu beantragen. Dieser Antrag sei dann wegen der dringend gewordenen Berufungen der Herren [Friedrich] Meyer und [Hermann Ulrich] Schmidt, die beide Rufe an Universitäten in den USA erhalten hatten, und später wegen der ebenso notwendigen Berufung von Herrn [Jürgen] Ehlers zunächst zurückgestellt worden.[617]

Als der damalige Vorsitzende des Wissenschaftlichen Beirats, Peter Hans Hofschneider, Trefftz 1990 bat, dem von ihm ins Leben gerufenen »Arbeitsausschuss Förderung der Wissenschaftlerinnen« beizutreten,[618] kommentierte sie die *Empfehlungen des Wissenschaftlichen Rates*: »Wir möchten die Wissenschaftlerinnen ermutigen, bei der Tätigkeit zu bleiben, die ihnen am meisten Spaß macht. Wir möchten ihnen ideelle und technische Schwierigkeiten aus dem Weg räumen.« Trefftz, die selbst regelmäßig als Gastwissenschaftlerin im Ausland, vor allem in den USA und London, gearbeitet hatte, sah aber hier nicht nur den Arbeitgeber,

---

613 Vgl. dazu auch Max-Planck-Institut für Astrophysik: *50 Jahre MPA*, 2008, 4.
614 Ich danke Malte Vogl und insbesondere Luisa Bonolis für ihre Kommentare und Hinweise.
615 Beantragt durch die »Direktoren des Max-Planck-Instituts für Physik und Astrophysik, die Herren Professor Biermann, Professor Heisenberg und Professor Lüst«, auf der Sitzung des Senates vom 24. Juni 1971 in Berlin, AMPG, II. Abt., Rep. 60, Nr. 69.SP, fol. 145.
616 Anlage zum Tagesordnungspunkt Nr. 7 der Sitzung vom 9. Februar 1971, LAUDATIO, AMPG, II. Abt., Rep 67, Nr. 1448.
617 Protokoll über die Sitzung der Kommission vom 3. Juni 1971 in Göttingen, AMPG, II. Abt., Rep. 67, Nr. 1448, fol. 14.
618 Siehe dazu Kapitel 4.3.5.

sondern auch den Staat in der Pflicht: Es sei festzustellen, »daß hier auch der Gesetzgeber gefordert ist, da der Mangel an Krippen- und Kindergartenplätzen für die deutschen Wissenschaftlerinnen einen schweren Nachteil gegenüber ihren ausländischen Kolleginnen bedeutet«.[619]

Hinsichtlich der Vereinbarkeit von Beruf und Familie wusste Eleonore Trefftz selbst nur zu gut, welche Herausforderung dies darstellte – sie hatte, außergewöhnlich für jene Zeit, ihre Forschung als alleinstehende Mutter fortgesetzt. Kinderbetreuung und dergleichen sei damals noch kein Thema gewesen, erinnerte sie sich, da sei man noch ganz auf sich selbst gestellt gewesen. Dennoch ließ sie keinen Zweifel daran, dass es ihr nur die besonderen Arbeitsbedingungen in der MPG, frei von Lehrverpflichtungen und in Verbindung mit einer Wohnsituation, die Beruf und Zuhause koppelte, gestattet hätten, die Arbeit einer Forschungsgruppenleiterin und die Erziehungsarbeit unter einen Hut zu bekommen.[620]

Auszeichnungen & Würdigungen
Der 1973 entdeckte Kleinplanet (7266) »Trefftz« wurde nach ihr benannt.[621]

Die TU Dresden verleiht seit 2013 im Rahmen ihres *Eleonore-Trefftz-Programms* Gastprofessuren zur Förderung weiblicher Karrieren.[622]

619 Kommentare von Eleonore Trefftz zu den Empfehlungen des Wissenschaftlichen Rats, am 4. September 1990, GVMPG, BC 207182, fot. 292.
620 »Die Max-Planck-Gesellschaft hatte Häuser gebaut [u]nd wir hatten dann also einen Bungalow. [...] Es war direkt um die Ecke beim Institut. Das war für mich sehr praktisch, denn [...] wenn das Kind krank war, konnte ich immer noch arbeiten gehen und dann im Notfall eben nach Hause zurück und gucken, was los ist.« Kolboske und Bonolis: Interview, 5.12.2016.
621 Schmadel: *Dictionary of Minor Planet Names*, 2012, 568.
622 Dieses Gastprofessorinnenprogramm der TU Dresden dient der Förderung weiblicher Karrieren im Hinblick auf eine Verbesserung der Berufschancen in der Wissenschaft. Zudem sollen insbesondere Studentinnen aus den MINT-Fächern, in denen bisher wenige bzw. gar keine Professorinnen vertreten sind, Vorbilder für eine wissenschaftliche Laufbahn erhalten. Für weitere Informationen zu diesem Förderprogramm vgl. https://tu-dresden.de/tu-dresden/internationales/eleonore-trefftz-programm. Zuletzt aufgerufen am 15. Januar 2021.

3.4.10   Renate Mayntz, Soziologin

28. April 1929 in Berlin

verheiratet

WM und Gründungsdirektorin des MPI für Gesellschaftsforschung,
Köln 1984–1997

EWM seit 1997

Abb. 45: Renate Mayntz 1985 in ihrem Büro. Archiv der Max-Planck-
Gesellschaft, Berlin-Dahlem.

> Mein sozialwissenschaftliches Denken
> hat sich durch die Studentenbewegung ebenso
> wenig verändert, wie es von der Tatsache
> beeinflußt wurde, daß ich eine Frau bin.[623]

Die Soziologin Renate Mayntz wuchs gutbürgerlich in Berlin auf, wo ihr Vater Walter Pflaum an der TU Berlin[624] als Fachmann für Verbrennungskraftmaschinen von 1937 bis 1964 Professor für Maschinenbau und 1950/51 auch Rektor war. Wie sie selbst einmal anmerkte, fehlte in diesem Milieu »alles, was einen nach verbreitetem Verständnis zur Soziologie hätte führen können: Statusunsicherheit, Randgruppenexistenz oder ein Kulturschock z. B. als Folge von Migration«.[625] Anders als ihre Mutter, die konventionellere Vorstellungen von Frauenbildung hatte, unterstützte der Vater ihren Wunsch zu studieren. Ihr ursprünglicher Plan, nach dem Abitur 1947 Medizin an der Humboldt-Universität zu studieren, scheiterte jedoch an ihrem Notendurchschnitt und – unter den veränderten politischen Vorzeichen – an ihrem Herkunftsmilieu. Als sie daraufhin beabsichtigte, alternativ Chemie bzw. Biochemie an der TU Berlin zu studieren, erhielt sie ein Vollstipendium, das ihr 1948 erlaubte, in die USA zu gehen und am renommierten Wellesley College in Massachusetts zu studieren – im Hauptfach Chemie, aber zudem auch Soziologie.[626] Mayntz sagte später, »die soziologische Art zu denken« hätte ihr neue Möglichkeiten geboten, um den aus Kriegs- und Nachkriegserfahrungen resultierenden »existentiellen Orientierungsverlust« zu bewältigen sowie die sie angesichts der NS-Gräuel ständig beschäftigende Frage »Wie ist Derartiges nur möglich?« zu beantworten.[627] Die US-amerikanischen Forschungsansätze und Methoden wie auch das informellere, kollegialere akademische Ambiente prägten Mayntz als Wissenschaftlerin, aber auch für die transatlantische Mittlerinnenrolle, die sie später in der westdeutschen Gesellschaft einnahm.

Mit einem Bachelor in Chemie kehrte sie 1950 zurück nach West-Berlin und begann im Wintersemester Chemie an der TU Berlin zu studieren, wechselte dann aber schon im Sommersemester 1951 zum Soziologiestudium an die FU Berlin. Da ihr der B. A. aus den USA angerechnet wurde, konnte sie bereits 1953 mit einer Arbeit über »Die formale und die informale Organisation in Betrieben und ihre Wechselbeziehungen« bei Otto Stammer promovieren.[628]

Direkt im Anschluss wurde sie als empirische Sozialforscherin am Kölner UNESCO-Institut für Sozialwissenschaften eingestellt, wo sie zu Gemeinden

---

623 Mayntz: Mein Weg zur Soziologie, 1996, 225–235, 235.
624 Bis 1945 TH Berlin-Charlottenburg.
625 Ebd., 225.
626 Ebd., 227.
627 Ebd., 226–228.
628 Die Dissertation erschien 1958: Mayntz: *Die soziale Organisation des Industriebetriebes*, 1958.

und zu Familie forschte. Danach widmete sie sich, finanziert durch die DFG, einer Thematik, die sie erstmals mit einem ihrer späteren zentralen Arbeitsgebiete, der Organisationssoziologe, in Berührung brachte und untersuchte einen Berliner CDU-Kreisverband.[629] Inzwischen hatte ihre kurze erste Ehe Mayntz wieder zurück nach Berlin geführt, wo sie sich 1957 auf Anregung von Stammer habilitierte.[630] Nach ihrer Scheidung im selben Jahr kehrte Mayntz 1958/59 mit einem Auslandsstipendium der Rockefeller Foundation in die USA zurück, um in New York, Ann Arbor und Berkeley Organisationssoziologie zu studieren. Danach arbeitet sie 1959/60 als Visiting Assistant Professor an der Columbia University, wo sie Robert K. Merton und Daniel Bell kennenlernte; Letzterer führte sie ein in den »legendären ›Upper West Side Kibbutz‹, einem Zirkel von Intellektuellen, zu dem eine Deutsche sonst keinen Zutritt gehabt hätte«.[631] Mayntz bezeichnete diese beiden Jahre in den USA als entscheidend für ihren beruflichen Werdegang. Nur aufgrund von Visabestimmungen habe sie New York verlassen, mit der festen Absicht, so bald wie möglich wieder dorthin zurückzukehren.

Von 1960 bis 1965 war sie erst als Privatdozentin, dann als außerordentliche Professorin an der FU Berlin tätig. Ihre 1962 mit dem Maler Hann Trier[632] geschlossene Ehe war der Grund dafür, dass sie eine »normale deutsche Professorenlaufbahn« einschlug und langfristig nicht mehr in die USA zurückkehrte.[633] Von 1965 bis 1971 war Mayntz schließlich Ordinaria für Soziologie in Berlin und zudem von 1966 bis 1970 Mitglied des Deutschen Bildungsrates. 1968 nahm sie den Theodor-Heuss-Lehrstuhl an der New School for Social Research in New York wahr. Darüber hinaus war Mayntz Mitglied der »Projektgruppe Regierungs- und Verwaltungsreform«, die unter anderem Vorschläge für eine Reorganisation der Bundesregierung, inklusive einer Neuordnung der Geschäftsbereiche der Bundesministerien, erarbeiten sollte. Die Arbeit in der Projektgruppe markierte zudem den Beginn der jahrelangen erfolgreichen Zusammenarbeit mit Fritz Scharpf.[634] Zwischen 1970 und 1973 war sie Mitglied der »Studienkommission für die Reform des öffentlichen Dienstrechts«; zwischen 1971 und 1973 zudem Ordinaria für Organisationssoziologie an der Deutschen

---

629 Mayntz: *Parteigruppen in der Großstadt*, 1959.
630 Mayntz: *Soziale Schichtung und sozialer Wandel in einer Industriegemeinde*, 1958.
631 Mayntz: Mein Weg zur Soziologie, 1996, 225–235, 234.
632 Von 1957 bis 1980 war Trier Professor an der Berliner Hochschule für bildende Künste. Zu den überragenden Werken von Trier gehören die in den Jahren 1970 bis 1990 geschaffenen großen Wand- und Deckengemälde im Weißen Saal im Berliner Schloss Charlottenburg, in der Bibliothek der Universität Heidelberg, in der Residenz der deutschen Botschaft beim Vatikan in Rom und der »Baldachin« in der Rathaushalle von Köln. Vgl. dazu auch Roters (Hg.): *Hann Trier*, 1981.
633 Mayntz: Mein Weg zur Soziologie, 1996, 225–235, 234.
634 Der Rechts- und Politikwissenschaftler Scharpf kam 1986 als zweiter Direktor an das Max-Planck-Institut für Gesellschaftsforschung (MPIfG), wo er bis zu seiner Emeritierung 2003 wirkte. Ich danke Fabian Link für diesen Hinweis.

Hochschule für Verwaltungswissenschaften in Speyer und von 1973 bis 1985 Ordinaria für Soziologie an der Universität zu Köln.[635]

Der Weg von Mayntz in die MPG scheint geradezu prädestiniert gewesen zu sein: Für sie stand schon früh außer Frage, dass sie forschen und nicht lehren wollte,[636] wofür die MPG wie keine andere Forschungseinrichtung den perfekten Rahmen bietet. Zugleich stand sie schon im Vorfeld ihrer Berufung 1984 zum Wissenschaftlichen Mitglied[637] sowohl als Gutachterin als auch als Mitglied des Fachbeirats des Starnberger MPI zur Erforschung der Lebensbedingungen der wissenschaftlich-technischen Welt[638] und des Berliner MPI für Bildungsforschung mit der Gesellschaft in engem Kontakt.[639] Vierzehn Jahre nach dem gescheiterten Starnberger Projekt gründete die MPG schließlich ein neues sozialwissenschaftliches Institut in Köln und Renate Mayntz wurde zum Wissenschaftlichen Mitglied und als Gründungsdirektorin dieses MPI für Gesellschaftsforschung berufen. Als Begründung hieß es dazu unter anderem in der Laudatio:

> Für die vorgesehene Forschungsarbeit des neuen Max-Planck-Instituts ist von besonderer Bedeutung, daß Frau Mayntz ein breites Spektrum von Institutionen in ihren bisherigen Untersuchungen behandelt hat und vor diesem Hintergrund in der Lage ist, Interrelationen zwischen Institutionen unmittelbar in die Überlegung einzubeziehen. [...] Die in ihrer Forschungsarbeit vollzogene Verbindung von Theorie und Empirie, die Erfahrung in der Leitung groß angelegter empirischer Forschungsprojekte und die Kooperation mit Wissenschaftlern des Auslands bilden die Basis ihrer hervorragenden Qualifikation.[640]

Bei der Zusammenstellung des wissenschaftlichen Beratungsstabs für seine Amtszeit war es 1990 dem neu gewählten Präsidenten Hans F. Zacher ein Herzensanliegen, Mayntz als Vizepräsidentin zu gewinnen. Doch Mayntz lehnte ab, auch wenn sie das Angebot »angesichts der auf die MPG zukommenden

---

635 Zu ihrer außerordentlichen Laufbahn in der Soziologie vgl. auch Mayntz: Eine sozialwissenschaftliche Karriere im Fächerspagat, 1998, 285–295.

636 Mayntz: Mein Weg zur Soziologie, 1996, 225–235, 231–232.

637 Auf der 108. Sitzung des Senats am 28. Juni 1984 in Bremen, Protokoll der 108. Sitzung des Senates vom 28. Juni 1984 in Bremen, AMPG, II. Abt., Rep. 60, Nr. 108.SP, fol. 302.

638 Zur Geschichte und Schließung des Starnberger Instituts sowie zu den Diskussionen, die zur Neugründung des Instituts in Köln führten, vgl. Leendertz: Ein gescheitertes Experiment, 2014, 243–262; Leendertz: *Die pragmatische Wende*, 2010. – Zur Vorgeschichte des Prozesses, der 1960 bis 1963 zur Gründung des Instituts für Bildungsforschung und 1968/69 zu der des Starnberger Instituts geführt hat, vgl. Kant und Renn: *Eine utopische Episode*, 2013.

639 Vgl. dazu unter anderem Korrespondenz Jürgen Habermas, AMPG, II. Abt., Rep. 9, Nr. 52, fol. 5; Kommission MPI Förderung der Sozialwissenschaften 1980–1984, AMPG, II. Abt., Rep. 62, Nr. 1061; Protokoll der Sitzung der Geisteswissenschaftlichen Sektion des Wissenschaftlichen Rates vom 22. Juni 1977 in Kassel, AMPG, II. Abt., Rep. 62, Nr. 1448; AMPG, II. Abt., Rep. 66, Nr. 1340.

640 Aus der Laudatio, abgedruckt in: MPG (Hg.): Angenommene Rufe, 1985, 40.

Herausforderungen« verlockend fand und sich selbstbewusst attestierte, dass sie geeignet für das Amt sei. Ausschlaggebend für ihre Entscheidung waren Gründe beruflicher – die Anforderungen ihres Forschungsvorhabens, das sie unbedingt abschließen wollte – und privater Natur.[641] Zacher bedauerte dies zutiefst, eine Vizepräsidentin Mayntz wäre für die MPG »ein einzigartiges Element des Gelingens«, das für ihn »zu den wichtigsten Hoffnungen meiner Amtszeit« gezählt habe, sowohl im Hinblick auf »Ihre Persönlichkeit« als auch »im Hinblick auf Ihre ganz spezifizierte wissenschaftstheoretische Kompetenz«, Aspekte, unter denen sie nicht zu ersetzen sei.[642] Mayntz wäre die erste Frau in diesem Amt gewesen, was ihr jedoch unter dem Gesichtspunkt, wieder die erste und einzige Frau zu sein, ohnehin eher Unbehagen bereitet hätte.

Gestört hat mich an meinem weiblichen Minderheitenstatus vor allem, daß ich aus der zwischen männlichen Kollegen herrschenden Kameraderie ausgeschlossen blieb; manchmal kam ich mir im männlichen Kollegenkreis wie ein Zirkuspferd vor, auf dessen Kunststücke man stolz ist.[643]

Zu ihren Forschungsschwerpunkten gehörten Gesellschaftstheorie, politische Steuerung, Politikentwicklung und -implementation, des Weiteren Technikentwicklung, Wissenschaftsentwicklung sowie transnationale Strukturen und transnationale Regelungsversuche. Unter ihrer Leitung entwickelte sich das Kölner Institut zu einer international renommierten Einrichtung der Sozialforschung, das anwendungsoffene Grundlagenforschung mit dem Ziel empirisch fundierter Theorie der sozialen und politischen Grundlagen moderner Gesellschafts- und Wirtschaftsordnungen betreibt. Nach ihrer Emeritierung 1997 gründete Mayntz ein Netzwerk von 20 internationalen Wissenschaftler:innen, um die Regulierung der Finanzmärkte zu erforschen.[644] Im Zentrum der Forschung dieser »Grenzgängerin zwischen Sozialwissenschaft und politischer Praxis«[645] haben immer die Analyse und Lösung gesellschaftlicher Probleme gestanden, »die Frage danach, inwiefern die Wissenschaft Antworten auf soziale oder politische Probleme formulieren und damit zu gesellschaftlicher Stabilität und sozialer Gerechtigkeit beitragen kann und welchen internen und externen Kräften und Dynamiken die politische und soziale Ordnung ausgesetzt ist, die stets fragil bleibt und sich laufend verändert«.[646]

641 Mayntz an Zacher, 17. Februar 1990, Vorlass Renate Mayntz, AMPG, III. Abt., Rep. 178, Nr. 240, fol. 2. Ich danke Thomas Notthof für den Hinweis auf diesen neu zugänglich gewordenen Briefwechsel.
642 Zacher an Mayntz, 22. Februar 1990, AMPG, III. Abt., Rep. 178, Nr. 240, fol. 1.
643 Mayntz: Mein Weg zur Soziologie, 1996, 225–235, 235.
644 Zur Thematik vgl. etwa Mayntz: *Die transnationale Ordnung globalisierter Finanzmärkte*, 2010, 15.
645 MPG (Hg.): Grenzgängerin, 2010.
646 Leendertz und Schimank (Hg.): *Ordnung und Fragilität des Sozialen*, 2019, 9. Anlässlich ihres 90. Geburtstags blickte Mayntz im Gespräch mit Ariane Leendertz und Uwe Schimank auf ihre Lebensgeschichte und ihren beruflichen Werdegang zurück. Die

Auszeichnungen & Würdigungen (Auswahl)[647]

Mayntz erhielt die Ehrendoktorwürden der Universität Uppsala (1977), der Universität Paris X – Nanterre (1979) und des Europäischen Hochschulinstituts in Florenz 2002.

1991 erhielt sie den Arthur-Burkhardt-Preis, 1999 den Preis der Schader-Stiftung, 2004 den Bielefelder Wissenschaftspreis zusammen mit Fritz W. Scharpf und 2008 den Ernst-Hellmut-Vits-Preis der Gesellschaft zur Förderung der Westfälischen Wilhelms-Universität Münster. Für ihr Lebenswerk wurde sie sowohl von der Deutschen Gesellschaft für Soziologie mit dem Preis für ein hervorragendes wissenschaftliches Lebenswerk als auch 2010 mit dem Innovationspreis des Landes Nordrhein-Westfalen ausgezeichnet. 2011 erhielt sie den Verdienstorden des Landes Nordrhein-Westfalen.

Von 1974 bis 1980 war Mayntz Mitglied des Senats der Deutschen Forschungsgemeinschaft. 1988 wurde sie Ordentliches Mitglied der Academia Europaea, 1994 Mitglied der Berlin-Brandenburgischen Akademie der Wissenschaften. 2002 wurde sie zum Auswärtigen Mitglied der American Academy of Arts and Sciences und zum Ehrenmitglied in der European Group for Organizational Studies gewählt. Seit 2019 ist Mayntz Honorary Fellow der Society for the Advancement of Socio-Economics.

Herausgeber:innen bezeichneten das Zustandekommen dieses biografischen Buches als »kleines Wunder«, angesichts des Umstands, dass es für Mayntz »kaum etwas Überflüssigeres« gäbe, als über ihre eigene Biografie zu sprechen.

647 Für die gesamte Liste vgl. Mayntz' Website beim MPIfG: https://www.mpifg.de/people/rm/forschung_de.asp. Zuletzt aufgerufen am 27. September 2021.

3.4.11 Christiane Nüsslein-Volhard, Biologin & Biochemikerin

geboren 20. Oktober 1942 in Magdeburg

geschieden

Nachwuchsgruppenleiterin am Friedrich-Miescher-Laboratorium 1981–1984

WM und Direktorin des MPI für Entwicklungsbiologie 1985–2014

EWM seit 2014

Senatorin der MPG 1996–2002

Ehrensenatorin seit 2020

Abb. 46: Christiane Nüsslein-Volhard 2001 in ihrem Garten.
© Foto: Bettina Flitner/laif.[648]

648 Flitner und Rubner (Hg.): *Frauen, die forschen*, 2008, 165; Flitner und Schwarzer: *Frauen mit Visionen*, 2006, 158.

Der Nobelpreis ist wichtig – als letzte
Bastion der Ehrfurcht vor dem Wissen.
Das brauchen wir, genau wie der Sport die
Fußball-Weltmeisterschaft braucht.[649]

Christiane Nüsslein-Volhard ist die erfolgreichste Wissenschaftlerin der Max-Planck-Gesellschaft, vermutlich die bislang erfolgreichste weltweit.[650] Und das nicht nur, weil sie als bislang einzige Deutsche vor über einem Vierteljahrhundert einen Nobelpreis in den Naturwissenschaften verliehen bekommen hat,[651] auch wenn dies oft als ihr Alleinstellungsmerkmal angeführt wird.[652] Doch sie war schon ein Star, eine Größe der Naturwissenschaften, *bevor* sie den ehrfurchtgebietenden Preis aus Stockholm erhielt: Mitglied unter anderem in der Leopoldina und der Londoner Royal Society, Ehrendoktorin in Princeton, Yale und Utrecht. Und eine von damals insgesamt zwei Direktorinnen der Max-Planck-Gesellschaft.[653]

Nüsslein-Volhard wurde während des Krieges im Oktober 1942 als zweites von fünf Kindern in eine bildungsbürgerliche Familie geboren. Auch ihre Eltern stammten aus Haushalten mit vielen Kindern: Ihr Vater Rolf war beispielsweise das achte von zehn Kindern des Frankfurter Internisten und Medizinprofessors Franz Volhard. Sie selbst wuchs nach dem Krieg im Süden Frankfurts mit großem Garten in Waldnähe auf. Ihre Kindheit beschreibt sie als glücklich, auch wenn es in der Nachkriegszeit nicht viel Geld gegeben habe. Aber ihre Eltern hätten ihren Kindern immer viel Anregungen, Unterstützung, Eigenverantwortung und vor allem die erforderliche Freiheit geboten, um interessante Dinge entwickeln und unternehmen zu können. Generell seien sie dazu erzogen worden, Sachen, die sie sich nicht leisten konnten, selbst herzustellen – seien es Kleider oder Geschenke. Ihre Mutter Brigitte Haas war »nur Mutter«,[654] die Nüsslein-Volhard als Frau mit großen sozialen Talenten beschreibt, die insbesondere im Umgang mit Kindern und anderen hilfsbedürftigen Menschen zutage traten. Beide Eltern waren sehr musische Personen, die diese Begabungen an ihre Kinder weitergegeben haben: Eine ihrer Schwestern hat Musik studiert, eine andere wurde Kunstlehrerin, eine weitere Schwester und der Bruder sind Architekten

---

649 Nüsslein-Volhard: »Letzte Bastion der Ehrfurcht«, 2001, 204–208, 205.

650 Mein aufrichtiger Dank gebührt Christiane Nüsslein-Volhard für die großzügigen und ergänzenden Anmerkungen zu ihrer Forschung und Biografie.

651 Als 1963 Maria Goeppert-Mayer den Nobelpreis in Physik erhielt, hatte sie schon jahrzehntelang ihre Göttinger Alma Mater verlassen und die US-Staatsbürgerschaft angenommen. Für eine biografische Einführung vgl. Wuensch: *Der letzte Physiknobelpreis für eine Frau?*, 2013. – Nelly Sachs erhielt 1966 den Nobelpreis für Literatur. Von ihr: Sachs: *Gedichte*, 1977. – Über sie: Dinesen: *Nelly Sachs*, 1992.

652 Vgl. etwa Hildebrandt: Christiane Nüsslein-Volhard, 2009, 153–171; Witte: Christiane Nüsslein-Volhard, 2009, 174–183.

653 Die andere war Renate Mayntz.

654 Assmann und Nüsslein-Volhard: »Meine Karriere«, 2018. – Ihre Mutter war Kindergärtnerin, die ihren Beruf aufgab, um sich um ihre Kinder zu kümmern.

geworden so wie der Vater. Auch Nüsslein-Volhard liebt die Musik (Gesang, Querflöte, Kammermusik), in der sie »ein anderer Mensch« sei.[655] Alle Kinder malten und bastelten wie die Eltern. Christiane zeichnet auch gerne, meint aber, andere ihrer Geschwister seien darin viel besser.[656] Zu ihren Geschwistern hat sie bis heute ein enges Verhältnis.

Besondere Faszination übte die Großmutter mütterlicherseits auf sie aus: die Malerin Lies Haas-Möllmann, die sie bewunderte und regelmäßig in Heidelberg besuchte. Diese Großmutter beschreibt sie als eine bemerkenswerte Frau mit großer Disziplin und starkem Charakter, deren impressionistische Gemälde und Zeichnungen heute bei ihr zu Hause hängen, »eine dieser Pionierinnen des frühen 20. Jahrhunderts, die eine Ausbildung in der Malklasse erhielt, die höchsten Gipfel der Alpen erstieg und dann doch Hausfrau wurde – aber nie aufgehört hat zu malen«.[657] Die wichtigste Bezugsperson war jedoch ihr Vater, der immer reges Interesse an allem zeigte, was sie tat, und dadurch einen beträchtlichen Einfluss auf ihre Leistungen hatte. Er starb an den Folgen eines Herzinfarkts am Tag, an dem Christiane Abitur machte.[658] Beide Elternteile förderten ihre Liebe zur Natur und ihre Leidenschaft für die Biologie: Ihre Mutter schenkte ihr Tierbücher – »Ich habe alle Bände von Dr. Dolittle gelesen«[659] – und ihr Vater viele Klassiker der Biologie aus Rowohlts Taschenbuchreihe »Deutsche Enzyklopädie« (rde). Tief beeindruckte sie Konrad Lorenz' *Er redete mit dem Vieh, den Vögeln und den Fischen*,[660] das sie 1955 von ihren Eltern zu Weihnachten erhielt und nach dessen Lektüre sie beschloss, Verhaltensbiologin zu werden.[661]

Nach dem Abitur an einem Mädchengymnasium mit naturwissenschaftlichem Zweig begann sie 1962 an der Frankfurter Goethe-Universität Biologie, Physik und Chemie zu studieren. Eine hervorragende Vorlesungsreihe des Experimentalphysikers Werner Martienssen habe ihr die Augen für die Physik geöffnet, selbst Mathematik und theoretische Mechanik hätten sie im Grundstudium fasziniert, erinnert sie sich. Als jedoch 1964 der neue Studiengang für Biochemie an der Tübinger Eberhard-Karls-Universität eingerichtet wurde, entschied sie sich, dorthin zu wechseln, um das zu studieren, was ihrer Vorliebe am besten entgegenzukommen versprach.[662] Besonders begeisterten sie Botanik und

655 Nüsslein-Volhard: Wie setzt man sich durch, Frau Nüsslein-Volhard?, 2020.
656 E-Mail von Nüsslein-Volhard an Kolboske, 10. April 2021.
657 Schwarzer: Christiane Nüsslein-Volhard, 2003, 78–94, 87. – Zu Haas-Möllmanns Werk vgl. Haas-Möllmann: *Malerei und Zeichnungen*, 2009.
658 Die Angaben zu Herkunft und Familie basieren – soweit nicht anders angegeben – auf dem autobiografischen Essay: Nüsslein-Volhard: Biographical, 1996.
659 Zwischen 1920 und 1936 veröffentlichte der britische Autor Hugh Lofting zwölf Romane um *Doctor Dolittle*, die zu Klassikern der Jugendliteratur gehören, drei weitere erschienen zwischen 1948 und 1952 posthum. John Dolittle ist ein Naturforscher, der seine Fähigkeit, mit Tieren (und später auch Pflanzen) zu sprechen, nutzt, um die Natur und die Geschichte der Welt besser zu verstehen.
660 Lorenz: *Er redete mit dem Vieh, den Vögeln und den Fischen*, 2014.
661 Nüsslein-Volhard: Wie setzt man sich durch, Frau Nüsslein-Volhard?, 2020.
662 Schwarzer: Christiane Nüsslein-Volhard, 2003, 78–94, 86.

Genetik. Schon während des Studiums besuchte sie Seminare und Vorlesungen – etwa über Proteinbiosynthese und DNA-Replikation – ihrer späteren Kollegen am damaligen MPI für Virusforschung, wie etwa Gerhard Schramm, Friedrich Bonhoeffer, Heinz Schaller (bei dem sie 1968 ihre Diplomarbeit schrieb) und Alfred Gierer (bei dem sie formell promovierte).[663] Ihre Diplom-und Doktorarbeit fertigte sie im Labor von Schaller an,[664] promovierte 1973 im Fach Genetik[665] und war von 1972 bis 1974 als wissenschaftliche Assistentin am MPI für Virusforschung angestellt.[666] Angeregt durch die Forschungen an »Hydra« in der Abteilung von Alfred Gierer während dieser Zeit,[667] erwachte ihr Interesse für die noch neue Entwicklungsbiologie, die sie sich zunächst in der Bibliothek aneignete und dabei die Genetik und die Fliegen entdeckte. Und, wie es so schön heißt – the rest is history, Wissenschaftsgeschichte in diesem Fall.

Als sie 1974 auf die Taufliege Drosophila melanogaster stieß, wusste sie, dass diese ihr Projekt sein würde. Sie erkannte, dass sich mit dieser Fliege, nicht jedoch bei »Hydra«, genetische Experimente durchführen lassen, um Entwicklungsprozesse zu analysieren. Ihre Vision war es, die Gene und ihre Produkte zu finden, die den Informationsgehalt der Eizelle für die Entwicklung des Embryos bestimmen. Man müsse zielstrebig vorgehen, »sich früh für ein Thema entscheiden, an dem man arbeiten« wolle, hat sie später in einem Interview gesagt.[668]

Ein Postdoc-Forschungsstipendium führte sie 1975/76 in das Biozentrum der Universität Basel zum Entwicklungsbiologen Walter Jakob Gehring, der – gerade aus den USA zurückgekehrt – dort ein Drosophila-Labor leitete, wo sie zudem den US-amerikanischen Embryologen Eric Wieschaus kennenlernte. Danach ging sie ein weiteres Jahr als DFG-Stipendiatin an den Lehrstuhl des Freiburger Insektenembryologen Klaus Sander. 1978 kam sie schließlich als Forschungsgruppenleiterin an das neu aufgebaute Europäische Molekularbiologische Laboratorium (EMBL) in Heidelberg, wo sie ihre Zusammenarbeit mit Wieschaus aufnahm, mit dem sie die folgenden drei Jahre eine technische Assistentin, ein Doppelmikroskop und ein mit Fliegenkäfigen und Schreibtischen vollgestopftes 30-Quadratmeter-Zimmer teilte, um mit ihm die Genetik der Embryogenese der Drosophila zu erforschen. Der Durchbruch wurde am 30. Oktober 1980 mit einer Veröffentlichung in Nature dokumentiert.[669] Für diese Arbeit bekamen die beiden 1995 den Nobelpreis.

663 Nüsslein-Volhard: Wie setzt man sich durch, Frau Nüsslein-Volhard?, 2020.

664 Nüsslein-Volhard: Vergleich der Nukleinsäuren, 1969.

665 Nüsslein-Volhard: Zur spezifischen Protein-Nukleinsäure-Wechselwirkung, 1974.

666 Nüsslein-Volhard: Biographical, 1996; MPG (Hg.): Angenommene Rufe: Christiane Nüsslein-Volhard, 1985, 41. – Curriculum Vitae, Kommission MPI Biologie, AMPG, II. Abt., Rep. 62, Nr. 927, fol. 53.

667 Zum Hydra-Projekt vgl. beispielsweise Gierer et al.: Regeneration of Hydra, 1972, 98–101; Meinhardt: Modeling Pattern Formation in Hydra, 2012, 447–462.

668 Nüsslein-Volhard: Wie setzt man sich durch, Frau Nüsslein-Volhard?, 2020.

669 Nüsslein-Volhard und Wieschaus: Mutations, 1980, 795–801.

1981 kehrte Nüsslein-Volhard in die MPG zurück, zunächst als Nachwuchs-gruppenleiterin am Friedrich-Miescher-Laboratorium, wo sie im Dezember 1983 den Ruf an die Uni Würzburg erhielt. Zwar lehnte sie den Ruf aufgrund der »unmöglichen Bedingungen« ab,[670] doch die Sorge, Nüsslein-Volhard mög-licherweise zu verlieren, veranlasste MPG-Präsident Reimar Lüst dazu, die Berufungsmaschinerie innerhalb der MPG in Gang zu bringen. Der damalige Vizepräsident Benno Hess setzte ihn im April 1984 darüber in Kenntnis, dass alle Kollegen, bei denen er sich über die wissenschaftliche Qualifikation von Nüsslein-Volhard informiert habe, sich einhellig für sie ausgesprochen und zum Teil ihr Erstaunen darüber bekundet hätten, dass sie noch gar nicht berufen wor-den sei.[671] Nüsslein-Volhard hat einmal in einem Interview davon gesprochen, dass manche sie später als Fehlberufung bezeichnet hätten.[672] Davon kann in den Unterlagen der Berufungskommission keine Rede sein, im Gegenteil: Die befragten Gutachter äußerten sich ausnahmslos geradezu hymnisch über sie. Der US-amerikanische Biochemiker, Genetiker und Entwicklungsbiologe David Hogness ließ wissen, man würde ihr bei ihm in Stanford sofort eine dauerhafte Stellung anbieten, so groß sei der Durchbruch, den Nüsslein-Volhard in der Entwicklungsbiologie erzielt habe.[673] Klaus Sander bezeichnete sie als »Spitzen-klasse der Entwicklungsbiologie in der Welt« und Walter Gehring als »Vollblut-wissenschaftlerin, die den Rang vergleichbarer Leistungen anderer Kollegen im Carnegie Institute, in Yale, in der MIT oder in Stanford längst erreicht habe«.[674] Im Juni 1984 stellte Gierer als Vorsitzender der Berufungskommission for-mal bei Lüst den Antrag, Nüsslein-Volhard zur Direktorin zu berufen,[675] und schloss seine Laudatio mit den Worten: »Diese Skizze wird nicht allen Arbeiten und Ergebnissen von Frau Nüsslein gerecht [...]. Die Laudatio beschränkt sich vielmehr auf einige besonders interessante Aspekte. [...] Ihre Berufung an das MPI für Entwicklungsbiologie wäre ein großer Gewinn für das Institut und die Gesellschaft.«[676]

670 E-Mail von Nüsslein-Volhard an Kolboske, 10. April 2021.

671 Benno Hess an Reimar Lüst, 27. April 1984, AMPG, II. Abt., Rep. 62, Nr. 927, fol. 71.

672 Nüsslein-Volhard: Wie setzt man sich durch, Frau Nüsslein-Volhard?, 2020.

673 Hess an Lüst, 27. April 1984, AMPG, II. Abt., Rep. 62, Nr. 927, fol. 72. Vgl. dazu auch das Gutachten von David Hogness vom 11. September 1984, AMPG, II. Abt., Rep. 62, Nr. 927, fol. 39.

674 Hess an Lüst, 27. April 1984, AMPG, II. Abt., Rep. 62, Nr. 927, fol. 72. – Diese Superlative setzen sich einstimmig in den weiteren Gutachten für Nüsslein-Volhard fort, darunter etwa José A. Campos-Ortega, Köln vom 7. August 1984, AMPG, II. Abt., Rep. 62, Nr. 927, fol. 30; Peter A. Lawrence, Medical Research Council/Cambridge vom 8. August 1984, AMPG, II. Abt., Rep. 62, Nr. 927, fol. 40; Albrecht Egelhaaf, Köln vom 17. September 1984, fol. 31–33, Gehring, Basel vom 30. August 1984, AMPG, II. Abt., Rep. 62, Nr. 927, fol. 34–36.

675 Gierer an Lüst, 1. Juni 1984, AMPG, II. Abt., Rep. 62, Nr. 927, fol. 56.

676 Laudatio zum Antrag des Max-Planck-Instituts für Entwicklungsbiologie auf Berufung von Frau Nüsslein-Volhard, 1. Juni 1984, AMPG, II. Abt., Rep. 62, Nr. 927, fol. 60.

Am 8. März 1985 wurde Nüsslein-Volhard zur Direktorin und zum Wissenschaftlichen Mitglied ihrer früheren, mittlerweile in MPI für Entwicklungsbiologie umbenannten Wirkungsstätte berufen.[677] Es ist auszuschließen, dass
diese Berufung absichtlich am Weltfrauentag stattfand – der 8. März war damals in der MPG wohl einzig und allein als Otto Hahns Geburtstag konnotiert. Dies geht auch hervor aus Nüsslein-Volhards Antwort auf die Frage, ob
man sie wohl wegen ihres Geschlechts eingestellt habe: »Mit Sicherheit nicht.
Damals gab es innerhalb der Max-Planck-Gesellschaft überhaupt keine Sensi-
bilität für Gleichberechtigung, und es gab sicher keine Pluspunkte für Frauen.
Im Gegenteil, die Vorurteile waren stets präsent.«[678] In ihrem Fall manifestierte
sich das beispielsweise darin, dass ihr Budget etwa die Hälfte dessen betrug, was
einem Direktor üblicherweise bei Berufungsverhandlungen zugesagt wurde.
Dennoch überwogen ihre Freude und ihr Stolz über die Berufung, zumal ihr
dadurch immerhin doppelt so viel Forschungsmittel wie zuvor zur Verfügung
standen.[679]

Den Namen »Herrin der Fliegen« erhielt Nüsslein-Volhard aufgrund ihrer
jahrelangen Arbeit mit der *Drosophila*, einem jener Tiere, dessen Charme, wie
die Journalistin Susanne Mayer 1991 anmerkte, »sich selbst das weicheste Herz
entzieht. Rotäugig und hektisch wie sie ist, mickrig neben der Hausfliege, farblos
im Vergleich zur Schmeißfliege, verwundert es nicht, daß ihre Existenz bisher
dem gemeinen Homo sapiens zumeist verborgen geblieben ist. Es mag ihm deshalb eine wirkliche Überraschung sein, daß die Drosophila das Tier auf Erden
ist, welches der Mensch im Innersten versteht.«[680]

Forschungsgegenstand waren vor allem die Mutanten der Drosophila, also
Embryonen mit körperlichen Veränderungen infolge von Gendefekten, die im
Labor künstlich herbeigeführt wurden. Abertausende dieser Mutanten legten
Nüsslein-Volhard und Eric Wieschaus in Heidelberg unter das Mikroskop, um
herauszufinden, was die Entwicklung einzelner Körperteile steuert, welche Gene
für die Bildung der einzelnen Körpersegmente verantwortlich sind. Diese systematischen Arbeiten führten zur Entdeckung von etwa 120 Genen, die die Gestaltbildung im frühen Embryo steuern.[681] Es stellte sich später heraus, dass diese
Gene auch bei Wirbeltieren entscheidende Rollen spielen, eine Voraussetzung
für die Verleihung des Nobelpreises, der Arbeiten »zum Wohle der Menschheit«
honoriert. Für die Entdeckung dieser genetischen Steuerungsmechanismen der

677 Heinz A. Staab an Nüsslein-Volhard, 11. März 1985, Kommission MPI Biologie, AMPG,
     II. Abt., Rep. 62, Nr. 927, fol. 3–4. – Vgl. auch MPG (Hg.): Angenommene Rufe: Christiane
     Nüsslein-Volhard, 1985, 41.
678 Rubner: »Klassischer Konflikt«, 2008.
679 E-Mail von Nüsslein-Volhard an Kolboske, 10. April 2021. Nüsslein-Volhard: Women
     in Science, 2008, R185–R187. – Siehe dazu auch Kapitel 3.5.2.
680 Mayer: Die Herrin der Fliegen, 1991.
681 Wieschaus und Nüsslein-Volhard: The Heidelberg Screen, 2016, 1–46.

frühen Embryonalentwicklung erhielten sie und Wieschaus 1995 zusammen mit Edward B. Lewis den Nobelpreis für Medizin oder Physiologie.[682] In Tübingen führte sie ihre Arbeiten zur genetischen Analyse des Informationsgehalts der Eizelle fort. Sie analysierte die mütterlichen Gene, die in der Eizelle die Polarität und die Ausbildung der embryonalen Achsen steuern.

Gerade drei Stunden alt hat der auf gut 6.000 Zellkerne angewachsene Fliegenembryo bereits eine Ahnung, welche der völlig gleich aussehenden Zellen zu Mund oder Bauch werden oder sich gar zur Darmanlage einstülpen sollen. Lediglich vier Substanzen, welche die Fliegenmutter dem Ei mitgibt, prägen ein entsprechendes molekulares Vormuster.[683]

Ein Kuriosum am Rande ist: Der von Nüsslein-Volhard verliehene Name des »Toll-Gens« tauchte 2011 im Zusammenhang mit einem weiteren Nobelpreis erneut auf, als Jules Hoffmann und Bruce A. Beutler diesen für ihre Entdeckungen zur Aktivierung der angeborenen Immunität und die Rolle der Toll-ähnlichen Rezeptoren (*Toll-like receptors*, TLR) dabei erhielten.[684] Abgeleitet ist der Name von einer Mutante der Drosophila, auf die Nüsslein-Volhard begeistert reagierte, als sie diese mit Wieschaus unter dem Doppelmikroskop entdeckte: »Als wir eines Tages eine Embryonenmutante sahen, deren Entwicklung ventralisiert war, waren wir beide vollkommen überrascht und haben spontan ›toll‹ gerufen. Bis dahin kannten wir nur dorsalisierte Embryonen.«[685]

Im Verlauf ihrer Forschungen am MPI für Entwicklungsbiologie entdeckte sie »weitere molekulare Faktoren, die für die Entstehung embryonaler Achsen und erster Unterteilungen im Ei der Taufliege verantwortlich sind. Erstmalig dokumentierte sie die Existenz von Morphogenen, gestaltbildenden Substanzen, die, abhängig von ihrer Konzentration, bestimmte Gene aktivieren und so während der Entwicklung die Gestaltbildung koordinieren.«[686] Diese Arbeiten

---

682 »[F]or their discoveries concerning the genetic control of early embryonic development«; vgl. Christiane Nüsslein-Volhard – *Facts*. NobelPrize.org. https://www.nobelprize.org/ prizes/medicine/1995/nusslein-volhard/facts/. Zuletzt aufgerufen 29. März 2021.
683 Kompakte Hintergrundinformation dazu bietet der Podcast: MPG (Hg.): Christiane Nüsslein-Volhard, 1995.
684 Der Nobelpreis für Physiologie oder Medizin 2011 ging zur Hälfte an Bruce A. Beutler und Jules A. Hoffmann »für ihre Entdeckungen zur Aktivierung der angeborenen Immunität«, die andere Hälfte ging an Ralph M. Steinman »für seine Entdeckung der dendritischen Zelle und ihrer Rolle in der adaptiven Immunität«; The Nobel Prize in Physiology or Medicine 2011. https://www.nobelprize.org/prizes/medicine/2011/ summary/. Zuletzt aufgerufen am 27. März 2021.
685 Siegmund-Schultze: Toll-like-Rezeptoren, 2007, 1072–1073, 1072. – Weiterführend vgl. auch Hansson und Edfeldt: Toll To Be Paid, 2005, 1085–1087.
686 Fleitner: Pionierin der Genforschung, 2020. – Zur Forschung beispielsweise Nüsslein-Volhard: *Wann ist der Mensch ein Mensch?*, 2003; Nüsslein-Volhard: *Das Werden des Lebens*, 2004; Johnston und Nüsslein-Volhard: The origin of pattern and polarity, 1992, 201–219.

Abb. 47: Nüsslein-Volhard 1995 im Labor, wo ein »10- bis 14-Stunden-Tag, und regelmäßige Laborpräsenz auch am Wochenende [...] unter experimentell arbeitenden Wissenschaftlern durchaus üblich« sind.[687] Archiv der Max-Planck-Gesellschaft, Berlin-Dahlem.

machten sie international berühmt und wurden – noch vor dem Nobelpreis – mit vielen internationalen Preisen honoriert.[688]

Bereits zu Beginn der 1990er-Jahre begann Nüsslein-Volhard mit der Forschung an Zebrabärblingen (*Danio rerio*), da diese kleine Fischart sich eignete, genetische Analysen der Entwicklung durchzuführen und damit ein genetisches Modellsystem für Wirbeltiere zu entwickeln, die dem Menschen näherstehen als die Fliege. Ein Fischhaus mit 7.000 Aquarien wurde gebaut und ein groß angelegter genetischer *screen* nach Mutationen, die die frühe Entwicklung des Fischembryos stören, führte zu der Entdeckung von ca. 400 Genen des Zebrafisches, die die Entwicklung steuern. Diese Arbeiten etablierten den Zebrafisch als neues ausgezeichnetes Wirbeltier-Modellsystem der biomedizinischen Forschung, die inzwischen in etwa 1.400 Laboren weltweit durchgeführt wird. In jüngerer Zeit konzentrierte sich ihre Forschung auf Zellwanderungsprozesse bei der Organentwicklung sowie die Entwicklung von Haut und Schuppen. Im Zentrum der Arbeit von Nüsslein-Volhards Emerita-Gruppe steht das Ziel herauszufinden,

---

687 Nüsslein-Volhard: Mut zur Macht, 2002, 2.
688 Driever und Nüsslein-Volhard: A Gradient of *Bicoid* Protein in Drosophila Embryos, 1988, 83–93; Nüsslein-Volhard: The Bicoid Morphogen Papers (I), 2004, S1–S5.

welche Gene die Entstehung des gestreiften Farbmusters des Zebrafisches steuern und wie sie sich im Laufe der Evolution verändern.[689]

The zebrafish, *Danio rerio*, owing its name to the striking stereotypic pattern of horizontal blue and golden stripes, has emerged as the model organism for the genetic analysis of colour pattern formation in vertebrates. During the last years an ever increasing number of adult viable mutants with altered colour patterns have been collected, and novel approaches in lineage tracing in individual fish were developed, providing the unique opportunity to access the genetic and cell biological background of the complex and protracted developmental process in this species. The colour patterns in closely related Danio species are amazingly different; their variation offers a great opportunity to investigate the genetic and developmental basis of colour pattern evolution in vertebrates.[690]

2001 wurde Christiane Nüsslein-Volhard in den Nationalen Ethikrat der Bundesregierung berufen, wo sie sich mit kritischen Fragen zur Stammzellenforschung und Gentechnik am Menschen auseinandersetzen muss.[691] Sie selbst befürwortet die Forschung an embryonalen Stammzellen, da sie sich davon die Entwicklung wirksamer Therapien beispielsweise bei Krankheiten wie Kinderdiabetes, Morbus Parkinson und Multipler Sklerose verspricht.[692] Zudem ist sie eine Verfechterin der Präimplantationsdiagnostik (PID): Die In-vitro-Fertilisation sei aber weder ein Spaß noch die PID eine »Methode zur Erzeugung von Wunschkindern«.[693] In Zeitungsartikeln und Interviews hat sie sich regelmäßig zu Fragen der Genforschung, der grünen Gentechnik und dem *genome editing* geäußert. Bereits 1998 gründete sie zusammen mit dem Kölner Immunologen Klaus Rajewsky sowie dem Chemiker und Bioinformatiker Peter Stadler das Biotechnologie-Unternehmen Artemis Pharmaceuticals GmbH, das sie fünf Jahre später verkauften.[694]

689 Zu den Ergebnissen dieser Forschung, vgl. Mahalwar et al.: Local Reorganization of Xanthophores Fine-Tunes, 2014, 1362–1364; Singh, Schach und Nüsslein-Volhard: Proliferation, 2014, 604–611.

690 Website von Christiane Nüsslein-Volhard am MPI für Entwicklungsbiologie: https://www.eb.tuebingen.mpg.de/emeriti/research-group-colour-pattern-formation/christiane-nuesslein-volhard-cv/. Zuletzt aufgerufen am 27. September 2021. – Weiterführende Literatur: Nüsslein-Volhard und Dahm (Hg.): *Zebrafish*, 2002; Nüsslein-Volhard: *Die Schönheit der Tiere*, 2017; Nüsslein-Volhard: The Zebrafish Issue of *Development* 2012, 4099–4103; Nüsslein-Volhard und Singh: How Fish Color Their Skin, 2017, 1600231.

691 Vgl. dazu beispielsweise die »Sloterdijk-Debatte« um das Ende des Humanismus und das Gebot eines »Codex der Anthropotechniken« sowie Nüsslein-Volhards Replik darauf: Assheuer: Das Zarathustra-Projekt, 1999; Sloterdijk: Regeln für den Menschenpark, 1999, 15–21; Tugendhat: Es gibt keine Gene für die Moral, 1999, 15–21; Nüsslein-Volhard: Menschenzucht ist nicht machbar, 1999.

692 Vgl. etwa Nüsslein-Volhard (Hg.): *Of Fish, Fly, Worm, and Man*, 2000.

693 Nüsslein-Volhard: Kinderwunsch oder Wunschkinder, 2002, 24–27; Nüsslein-Volhard: *Von Genen und Embryonen*, 2004.

694 Zu Artemis Pharmaceuticals vgl. Hanselmann: Die Pharmaflüchtlinge, 2002.

Ihre während des Studiums geschlossene Ehe mit dem Physiker Volker Nüsslein wurde 1977 nach zehn Jahren geschieden. Heiraten und Familiengründung sei damals eine gesellschaftliche Erwartung gewesen: »Denn es war klar: Man musste möglichst rasch einen Mann finden, sonst würde man als alte Jungfer enden. Ich hatte früh einen festen Freund und habe früh geheiratet, weil sich das so gehörte. Genauso war es bei meinen [...] Schwestern.«[695] Als sie jedoch in der Forschung rasant durchstartete, sei er irgendwann zurückgeblieben.

Männer vertragen Vernachlässigung häufig schlechter als Frauen. Dazu kommt der soziale Druck: Wenn ein Mann ehrgeizig ist und Tag und Nacht arbeitet, gilt das als normal und wird akzeptiert mit der Begründung, die Frau habe ja auch etwas davon, wenn ihr Mann Karriere mache. Wenn dagegen eine Frau ehrgeizig ist und Tag und Nacht arbeitet, wird der arme Mann von allen Seiten bedauert. Es ist auch oft sehr schwierig, für beide Partner eine Stelle am gleichen Ort zu finden. Die große Einschränkung der Ortswahl durch Thema und Angebot führt häufig zur Aufgabe des Berufsehrgeizes eines Partners (häufiger der Frau), zum Beispiel indem sie mit oder für ihren Mann arbeitet, oder zur Aufgabe der Partnerschaft. Dazu kommt, daß Männer es häufig schlecht ertragen, wenn ihre Frau messbar erfolgreicher ist.[696]

Als junge Wissenschaftlerin, selbst als MPG-Direktorin und sogar noch am Tag, an dem sie den Nobelpreis erhielt, ist Christiane Nüsslein-Volhard als Frau diskriminiert und mit Stereotypen konfrontiert worden.[697] Das daraus resultierende Unbehagen habe sie anfangs mit burschikosem Auftreten und dem Tragen von Männerhemden zu konterkarieren versucht. Ihr Rebellieren gegen die eingespielten patriarchalen Regeln im Labor trug ihr dann den Ruf ein, schwierig zu sein.

Andere Vorurteile betreffen die Führungsqualitäten: Von Frauen wird eher dienendes als dominierendes Verhalten erwartet, wie es dem Frauenbild entspricht, das allgemein durch die Mutter, Ehefrau, Geliebte, Tochter oder Sekretärin, aber selten durch gleichberechtigte Kolleginnen geprägt ist. Sicheres und souveränes Auftreten einer »Karrierefrau« wird häufig als unnatürlich, hart, und herrisch interpretiert, während es bei Männern in Führungsrollen zum normalen Repertoire des sich Durchsetzens gerechnet wird.[698]

Persönlich vertritt Nüsslein-Volhard den Standpunkt, es sei letztlich egal, »ob man Mann oder Frau ist, denn es kommt einfach darauf an, gute Forschung zu machen«.[699] Angesichts der jahrzehntelang üblichen Berufungspraxis in der MPG erscheint einem dies als frommer Wunsch – oder gar als Arroganz des Genies. Dies wie auch ihre eindeutige Haltung gegen eine Frauenquote haben

---

695 Nüsslein-Volhard: Wie setzt man sich durch, Frau Nüsslein-Volhard?, 2020.
696 Nüsslein-Volhard: Mut zur Macht, 2002, 2–3.
697 Siehe dazu Kapitel 3.5.2.
698 Nüsslein-Volhard: Mut zur Macht, 2002, 4.
699 MPG (Hg.): *Chancengleichheit in der Max-Planck-Gesellschaft*, 2014.

zu ihrem gespannten Verhältnis zu Feministinnen beigetragen oder, wie sie es ausdrückt: dazu, dass sie »bei den Feministinnen durchgefallen« sei.[700] Und tatsächlich klingen öffentliche Aufforderungen an Wissenschaftlerinnen, nicht so viel vor dem Spiegel herumzustehen, erstmal zackig und herablassend.[701] Doch zugleich ist sie diejenige, die eigeninitiativ dem Missstand begegnet, dass in Deutschland Frauen, die ihre Kinder nicht selbst betreuen, als Rabenmütter abgestempelt werden:[702] Sie hat 2004 eine Stiftung gegründet, die begabte junge Wissenschaftlerinnen mit Kindern finanziell unterstützt, um ihnen die für eine wissenschaftliche Karriere erforderliche Freiheit zu verschaffen.[703] Für sie selbst stand Kinderkriegen nicht zur Diskussion.[704] Die Dichotomie von Frauen, die arbeiten, und Frauen, die zu Hause bleiben, müsse beendet werden, um weitergehende gesellschaftliche Veränderungen durchzusetzen:

> Bei Frauen existieren vor allem die zwei Extreme: nur Job oder nur zu Hause. Und zwischen den Frauen mit Kindern und denen ohne, zwischen denen mit Beruf und denen ohne, herrscht Krieg. Weil die einen das Lebensmodell der anderen als Angriff auf ihr eigenes verstehen, als Vorwurf. Wenn Frauen zuerst an die Familie denken [...] Natürlich bleibt die Frau beim Kind, wenn es krank ist. Für den Mann gilt das aber nicht, und das findet man ganz normal. Solange das so ist, wird es nicht mehr Frauen in Führungspositionen geben.[705]

Die Feministin und Publizistin Alice Schwarzer bezeichnete Christiane Nüsslein-Volhard als eine »Frau mit den Freuden und Ärgernissen, die alle Frauen kennen, die sich ein leidenschaftliches Verhältnis zur Arbeit gestatten«.[706] Zu den Freuden gehört neben der Musik und ihrem »unvergleichlich schönen« Garten auch das Kochen, eine weitere Leidenschaft von Nüsslein-Volhard. Und so hat sie neben ihren vielen wissenschaftlichen Publikationen auch ein Kochbuch mit dem programmatischen Titel »Einfaches für besondere Anlässe« geschrieben,[707] in dem sie neben probaten Rezepten praktische Hinweise gibt, um die Zubereitung der Speisen und die ganze Feier mit geringem Zeitaufwand gelingen zu lassen und so möglicherweise »auch andere Menschen, die gerne kochen, aber wenig Zeit haben, [zu] ermutigen, häufiger zum Essen einzuladen«.[708]

700 Schwarzer: Christiane Nüsslein-Volhard, 2003, 78–94, 80.
701 Nüsslein-Volhard: Weniger Zeit, 2015. – Siehe dazu auch Kapitel 4.5.1.
702 Nüsslein-Volhard: Mut zur Macht, 2002, 5.
703 Mehr Informationen zur Stiftung und ihren Stipendiatinnen unter: http://cnv-stiftung. de/vorhaben. Zuletzt aufgerufen am 29. September 2021.
704 Assmann und Nüsslein-Volhard: »Meine Karriere«, 2018.
705 Ebd.
706 Schwarzer: Christiane Nüsslein-Volhard, 2003, 78–94, 79.
707 Nüsslein-Volhard: Mein Kochbuch, 2007.
708 Ebd., 15.

Auszeichnungen & Würdigungen
Die Vielfalt an Auszeichnungen und Würdigungen, die Christiane Nüsslein-Volhard erhalten hat, ist einzigartig, darunter der Gottfried-Wilhelm-Leibniz-Preis 1986, der Nobelpreis für Medizin und Physiologie 1995 aber auch 2002 die Namensgebung für den Asteroiden (15811) »Nüsslein-Volhard«. Im Folgenden werden diese alle chronologisch nach Kategorien aufgeführt.

Ehrendoktorwürden
1991: Ehrendoktorwürde der Yale University
1991: Ehrendoktorwürde der Universität Utrecht
1991: Ehrendoktorwürde der Princeton University
1993: Ehrendoktorwürde der Albert-Ludwigs-Universität Freiburg
1993: Ehrendoktorwürde der Harvard University
2001: Ehrendoktorwürde der Rockefeller University, New York, USA
2002: Ehrendoktorwürde des University College London, GB
2002: Ehrendoktorwürde der Ochanomizu University Tokyo, Japan
2005: Ehrendoktorwürde der University of Oxford, GB
2005: Ehrendoktorwürde der University of Sheffield, GB
2011: Ehrendoktorwürde der University of St Andrews, GB
2012: Ehrendoktorwürde der University of Bath, GB
2012: Ehrendoktorwürde des Weizmann Institutes, Rehovot, Israel

Preise
1986: Gottfried-Wilhelm-Leibniz-Preis der Deutschen Forschungsgemeinschaft
1986: Franz-Vogt-Preis der Universität Gießen
1988: Carus-Preis der Stadt Schweinfurt
1990: Mattia Award, Roche Institute, New Jersey, USA
1991: Albert Lasker Award for Basic Medical Research
1992: Alfred P. Sloan, Jr. Prize, Louisa-Gross-Horwitz-Preis
1992: Prix Louis Jeantet de Médicine, Genf, Schweiz
1993: Theodor-Boveri-Preis der Gesellschaft für Physico-Medica der Universität Würzburg
1993: Ernst-Schering-Preis, Berlin
1993: Bertner Award, Anderson Cancer Research Center, Houston, USA
1995: Nobelpreis für Physiologie oder Medizin
2007: Deutscher Stifterpreis des Bundesverbandes Deutscher Stiftungen
2008: Soroptimist International Deutschland Förderpreis
2011: InnoPlanta-Preis, Deutschland
2019: Lifetime Achievement Award der Society of Developmental Biology, USA
2019: Schillerpreis der Stadt Marbach am Neckar

Medaillen
1988: Carus-Medaille der Deutschen Akademie der Wissenschaften Leopoldina, Halle

1990: Rosenstiel Medal, Brandeis University, USA
1992: Otto-Warburg-Medaille
1993: Sir Hans Krebs Medal der Federation of European Biochemical Societies, Vereinigung europäischer biochemischer Gesellschaften (FEBS)
1996: Verdienstmedaille des Landes Baden-Württemberg
1996: Goethe-Plakette der Stadt Frankfurt am Main
2014: Brucerius-Medaille der ZEIT-Stiftung

Mitgliedschaften
1983: Mitglied der European Molecular Biology Organization, deren Generalsekretärin sie bis 2009 war
1989: Gründungsmitglied der Academia Europaea
1989: Korrespondierendes Mitglied der Heidelberger Akademie der Wissenschaften
1990: Korrespndierendes Mitglied der Nordrhein-Westfälischen Akademie der Wissenschaften und der Künste
1990: Mitglied der Royal Society London
1990: Mitglied der National Academy of Sciences Washington
1991: Mitglied der Leopoldina
1992: Mitglied der American Academy of Arts and Sciences
1995: Mitglied der American Philosophical Society
1999: Korrespondierendes Mitglied der Akademie der Wissenschaften zu Göttingen
2001–2007: Mitglied des Nationalen Ethikrates der Bundesregierung
2007/08: Vorsitzende der Gesellschaft Deutscher Naturforscher und Ärzte
2007–2012: Mitglied im Scientific Council des European Research Council (ERC)
2010: Mitglied der Académie des sciences de l'Institut de France
2010: Mitglied des Wissenschaftlichen Beirats der Ingrid-zu-Solms-Stiftung

Lectures
1988: Brooks Lecturer, Harvard Medical School, USA
1988: Silliman Lecturer, Yale University, USA
1991: Keith R. Porter Lecture der American Society for Cell Biology
1991: Dunham Lecturer, Harvard Medical School, USA
1991: Harvey Lecturer, Rockefeller University, USA
2003: Helmholtz Lecturer, Karlsruhe Institute of Technology
2008: Mercator-Professur Universität Duisburg-Essen
2013: Distinguished Lectureship Award der American Cancer Research-Irving Weinstein Foundation

Orden
1994: Verdienstkreuz des Verdienstordens der Bundesrepublik Deutschland
1997: Orden Pour le Mérite der Bundesrepublik Deutschland

2005: Großes Verdienstkreuz mit Stern und Schulterband des Verdienstordens der Bundesrepublik Deutschland
2009: Österreichisches Ehrenzeichen für Wissenschaft und Kunst
2013: Kanzlerin des Ordens Pour le Mérite für Wissenschaften und Künste
2014: Bayerischer Maximiliansorden für Wissenschaft und Kunst

3.4.12 Anne Cutler, Psycholinguistin

17. Januar 1945 in Melbourne, Australien – 7. Juni 2022 in Nijmegen, Niederlande

verheiratet

WM und Direktorin am MPI für Psycholinguistik, Nijmegen 1993–2013

EWM seit 2013

Abb. 48: Anne Cutler in Nijmegen 2008. © Stef Verstraten.

It is a widely held belief that women talk
more than men; but experimental evidence has
suggested that this belief is mistaken.[709]

Anne Cutler wurde 1945 in Melbourne geboren.[710] Ihr Liebe zur gesprochenen
Sprache erklärt die führende Wissenschaftlerin auf dem Gebiet der akustischen
Sprachwahrnehmung mit den musikalischen Fähigkeiten und dem scharfen
Gehör ihrer Großeltern. Ihr Großvater war ein Radioingenieur, seine Schwester
eine Pianistin und die erste australische Frau, die einen Abschluss an der Royal
Academy of Music in London machte.[711] Dies habe sie für die Bedeutung des
Klangs bei der Wahrnehmung von Wörtern sensibilisiert.

Nach einem Germanistik- und Psychologiestudium in Melbourne studierte
Cutler Sprachwissenschaft an der FU Berlin. Zunächst als klassische Linguistin
ausgebildet, arbeitete sie schon früh interdisziplinär und wandte sich der gerade
erst als eigenständiges Fachgebiet entstehenden Psycholinguistik zu. Während
die klassische Linguistik Sprache als Struktur erfasst, betrachtet die Psycholinguistik Sprache als Prozess. »This research field was created at the perfect
time for me«, sagte sie später.[712] Nach Studien in Bonn ging sie in die USA, wo
sie 1975 mit einer Arbeit über »Sentence stress and sentence comprehension« an
der University of Texas in Austin promovierte, in der sie erstmals experimentell
untersuchte, welche Rolle die Satzprosodie bei der Laut- und Worterkennung
spielt. Der Schwerpunkt ihrer Forschungsarbeiten lag auf der Frage wie ge-
sprochene Sprache – im Gegensatz zu geschriebener Sprache – verarbeitet wird.

Auf dem Gebiet der Prosodie wurde Cutler bald weltweit zur führenden Ex-
pertin. Forschungsaufenthalte am MIT und an der University of Sussex nutzte
sie, um ihr Forschungsgebiet weiter auszubauen, wie etwa auf die Produktions-
seite der Prosodie, die Rolle von Sprechfehlern oder die Verarbeitung idiomati-
scher Ausdrücke. 1982 ging Cutler an die Applied Psychology Unit des Medical
Research Council in Cambridge, wo sie bis zu ihrem Weggang nach Nijmegen
eine psycholinguistische Arbeitsgruppe leitete, mit der ihr der Nachweis gelang,
dass wesentliche Komponenten der Worterkennung sprachspezifisch sind und
sich im ersten Lebensjahr ausbilden. 1993 wurde sie als Wissenschaftliches Mitglied und Direktorin an das MPI für Psycholinguistik in Nijmegen berufen.[713]

---

709 Cutler und Scott: Speaker Sex, 1990, 253–272, 253. – Ein Irrglauben, den sich auch der
    für die Olympischen Spiele in Tokio 2020 zuständige Organisationschef Yoshiro Mori
    zu eigen gemacht hatte und deswegen zurücktreten musste.
710 Anderslautenden Quellen zufolge ist Cutler in Armadale, Australien geboren. In ihren
    Unterlagen für die Berufungskommission zum WM und zur Direktorin des MPI für
    Psycholinguistik gab sie selbst als Geburtsort Melbourne an. CV Anne Cutler, Personal,
    MPI für Psycholinguistik, GVMPG, BC 232874, fot. 100.
711 Cutler, Prof. (Elizabeth) Anne, 2015. – Wijkhuijs: Summer Interview, 2018.
712 Wijkhuijs: Summer Interview, 2018.
713 Die Berufung erfolgte auf der Senatssitzung der MPG am 19. November 1993 in zweiter
    Lesung; Präsident Zacher an Cutler am 20. November 1993. Cutler nahm den Ruf am

Dort leitete sie bis zu ihrer Emeritierung 2013 das Comprehension Department und war zudem Lehrstuhlinhaberin für Vergleichende Psycholinguistik an der Radboud-Universität Nijmegen. 1999 gewann sie als erste Frau den renommierten Spinoza Prize und verwandte das Preisgeld, um das Baby Research Center zu finanzieren. Dieses von ihr am MPI etablierte BabyLab war das erste seiner Art weltweit, das die an der Sprachverarbeitung beteiligten Gehirnsignale im ersten Lebensjahr maß. Cutler und ihre Forschungsgruppe fanden heraus, dass Kinder bereits im Alter von acht Monaten in der Lage sind, Wörter in kontinuierliche Sprache zu segmentieren.[714]

Ihre Berufung zum Wissenschaftlichen Mitglied 1993 machte erstmals auch die Berücksichtigung der Lebensumstände bzw. beruflichen Optionen eines *Ehemanns* erforderlich, die heutzutage unter dem Begriff *dual career service*[715] zu den Gleichstellungsmaßnahmen der MPG gehören, damals jedoch, als Cutler ihren Mann, den Chemiker und Ingenieur William Sloman, aus Cambridge mitbrachte, Neuland für die Gesellschaft waren.[716]

Im Gegensatz zu manchen ihrer Kolleginnen hat Cutler sich klar für eine Frauenquote ausgesprochen: »Also, it's very natural to think statistically: you may have met 120 professors in your life, and 103 of them were men. After that, whenever you hear the word ›professor‹, you'll automatically assume it refers to a man.«[717] Nach Cutlers Auffassung sei der einzige Weg, dieses Problem zu lösen, die Einführung einer Quote, auch wenn dies möglicherweise bedeute, dass in einigen Fällen Männer mit gleicher Eignung benachteiligt würden, aber im Laufe der Geschichte seien Millionen von Frauen nur aufgrund ihres Geschlechts diskriminiert worden.[718]

25. November 1993 an. Personal, MPI für Psycholinguistik, GVMPG, BC 232874, fot. 12 bzw. fot. 10.

714 Heute ist das Baby & Child Research Center eine Kooperation zwischen dem MPI für Psycholinguistik, der Radboud University und dem Radboud University Medical Center. Weiterführende Informationen zur Arbeit in den BabyLabs bietet etwa die Website des Berliner MPI für Bildungsforschung: https://www.mpib-berlin.mpg.de/institut/labore/babylab oder des Leipziger MPI für Kognitions- und Neurowissenschaften: https://www.cbs.mpg.de/abteilungen/neuropsychologie/kindersprachlabor. Zuletzt aufgerufen am 29. Januar 2021.

715 Der »Dual-Career-Service« bietet Hilfen für bzw. Betreuung von Paaren, die beide gleichzeitig wissenschaftliche Karrieren verfolgen und auf Direktorenposten berufen werden.

716 Vgl. dazu auch den Aktenvermerk von Maria-Antonia Rausch für den Präsidenten vom 16. September 1993: »Fr. Prof. Cutler wird von Cambridge nach Nijmegen umsiedeln müssen, wenn sie den Ruf annimmt. Da ihr Mann ebenfalls an der Universität Cambridge tätig ist, wird er voraussichtlich seine Arbeit dort aufgeben müssen.« GVMPG, BC 232874, fot. 29. Ebenso Korrespondenz der Verwaltung des MPI für Psycholinguistik mit Beatrice Fromm vom 24. September 1996. GVMPG, BC 232874, fot. 1.

717 Wijkhuijs: Summer Interview, 2018.

718 Ebd.

Auszeichnungen & Würdigungen (Auswahl)[719]

Cutler erhielt 1997 den Cognitive Psychology Award der British Psychology Society und 1999 als erste Frau überhaupt die höchste wissenschaftliche Auszeichnung der Niederlande, den Spinoza Prize.[720] 2014 bekam sie die Medaille der International Speech Communication Association.

1999 wurde Cutler Mitglied der Academia Europaea,[721] im folgenden Jahr der Königlich Niederländischen Akademie der Wissenschaften sowie der Hollandsche Maatschappij der Wetenschappen[722] und 2015 der Royal Society.[723] 2020 wurde sie zum korrespondierenden Mitglied der British Academy gewählt.[724] Zudem ist Cutler Mitglied der National Academy of Sciences, der American Philosophical Society und der Academy of Social Sciences in Australia sowie Ehrenmitglied der Australian Academy of the Humanities, der Linguistic Society of America und der Association for Laboratory Phonology.

1993 hielt sie die Forum Lecture der Linguistic Society of America und 2001 die Werner Heisenberg Lecture der Carl Friedrich von Siemens Stiftung, 2006 die Bartlett Lecture der britischen Experimental Psychology Society und 2011 die R. Douglas Wright Lecture an der University of Melbourne.

---

719 Für eine vollständige Liste ihrer Auszeichnungen und Errungenschaften vgl. ihre Website am MPI für Psycholinguistik: https://www.mpi.nl/people/cutler-anne. Zuletzt aufgerufen am 27. September 2021.

720 Wijkhuijs: Summer Interview, 2018. Zum Spinoza-Preis vgl. die Website der Nederlandse Organisatie voor Wetenschappelijk Onderzoek: ebd.

721 Vgl. dazu auch das Mitgliederverzeichnis der Academia europeae: https://www.ae-info.org/ae/Member/Cutler_Anne. Zuletzt aufgerufen am 29. September 2021.

722 Cutlers Eintrag in der Königlich Niederländischen Akademie der Wissenschaften: https://www.knaw.nl/en/members/members/4003. Zuletzt aufgerufen am 27. Januar 2021.

723 Vgl. ihren Eintrag auf der Website der Royal Society: https://royalsociety.org/people/anne-cutler-11296/. Zuletzt aufgerufen am 27. Januar 2021.

724 Vgl. ihren Eintrag auf der Website der Fellows of the British Academy: https://www.thebritishacademy.ac.uk/fellows/anne-cutler-fba/Zuletzt aufgerufen am 27. Januar 2021.

3.4.13 Angela D. Friederici, Neuropsychologin

3. Februar 1952 in Köln

verheiratet

WM und Direktorin des MPI für neuropsychologische Forschung, Leipzig
seit 1993

Vizepräsidentin der MPG 2014–2020

Abb. 49: Angela D. Friederici 2015 in Leipzig. © Foto: Uta Tabea
Marten, MPI für Kognitions- und Neurowissenschaften, 2015.

> Vermutlich verarbeiten Männer im Gegen-
> satz zu Frauen Wortinhalt und Sprechmelodie
> zunächst getrennt voneinander und stellen erst
> danach den Bezug zwischen beiden her. Für
> Frauen scheint dagegen die Satzmelodie wich-
> tiger als die Bedeutung der Wörter zu sein und
> diese im Zweifelsfall zu dominieren.[725]

Angela Dorkas Friederici studierte Germanistik, Sprachwissenschaft und Psychologie in Bonn und Lausanne. Schon früh während ihres Studiums beschäftigte sie die Frage, wie Sprache im Gehirn repräsentiert ist. 1976 promovierte
sie im Alter von 23 Jahren in Germanistik an der Bonner Friedrich-Wilhelm-
Universität mit einer Arbeit über »Phonische und graphische Sprachperformanz
bei Aphatikern: Neurolinguistische Untersuchungen auf der Phonem-Graphem-
und auf der Lexemebene«.[726] Ab 1975 studierte sie dort zudem Psychologie und
machte 1980 ihr Diplom mit einer Arbeit über »Semantische und syntaktische
Prozeßebene im produktiven und perzeptiven Sprachverhalten bei Aphasie«.
Zuvor hatte sie bereits 1978/79 ein Postdoc-Stipendium der DFG ans Department
of Psychology des MIT in Cambridge, USA, sowie einen ebenfalls von der DFG
finanzierten Forschungsaufenthalt am Aphasia Research Center der Boston University School of Medicine wahrgenommen. Von 1979 bis 1981 hatte sie ein Forschungsstipendium der MPG am MPI für Psycholinguistik in Nijmegen, wo sie
danach bis 1987 wissenschaftliche Mitarbeiterin und Mitglied der Projektgruppe
»Aphasia in Adults: A Psycholinguistic Study« der Niederländischen Organisation für rein wissenschaftliche Forschung (ZWO) war. 1986 habilitierte sie sich
am Fachbereich Psychologie der Justus-Liebig-Universität Gießen für das Fach
Psychologie mit einer Schrift über *Kognitive Strukturen des Sprachverstehens:
Prozesse und Strategien.*[727] Von 1987 bis 1989 war sie Heisenberg-Stipendiatin
der DFG am MPI für Psycholinguistik sowie am Center for Cognitive Science der
University of California, San Diego (UCSD) und wurde 1989 an die FU Berlin zur
Universitätsprofessorin für das Fachgebiet Psychologie mit dem Schwerpunkt
Kognitionswissenschaft berufen. Seit April 1993 ist sie Gründungsdirektorin
des und Wissenschaftliches Mitglied am MPI für Kognitions- und Neurowissenschaften (vormals Max-Planck-Institut für neuropsychologische Forschung) in
Leipzig, einem der ersten Max-Planck-Institute in den damals neuen Bundesländern. Dort führt sie die Abteilung Neuropsychologie, beforscht den Grenz-
bereich von Linguistik, Psychologie und Neurowissenschaften und befasst sich
insbesondere mit der zerebralen Organisation von Sprachfunktionen.

---

725 Friederici: Der Lauscher im Kopf, 2003, 43–45, 45.
726 Friederici: *Phonische und graphische Sprachperformans bei Aphatikern*, 1976.
727 Friederici: *Kognitive Strukturen des Sprachverstehens*, 1987.

Auszeichnungen & Würdigungen (Auswahl)

Angela D. Friederici wurde 2014 als erste Frau Vizepräsidentin der Max-Planck-Gesellschaft. Sie war von 2005 bis 2007 Vizepräsidentin der Berlin-Brandenburgischen Akademie der Wissenschaften, parallel dazu erste Vorsitzende des Wissenschaftlichen Rats der Max-Planck-Gesellschaft (2006–2009). Sie war von 1996 bis 2001 Mitglied des Senats der Deutschen Forschungsgemeinschaft und von 2002 bis 2009 Senatorin der Max-Planck-Gesellschaft. Sie ist Mitglied der Berlin-Brandenburgischen Akademie der Wissenschaften (1993), der Leopoldina (2000) und der Academia Europaea (2007).

Sie ist außerdem Mitglied der Gesellschaft für angewandte Linguistik, der International Neuropsychological Society, der Academy of Aphasia, der Deutschen Gesellschaft für Psychologie, der Deutschen Gesellschaft für Sprachwissenschaft, der Deutschen Gesellschaft für Neurotraumatologie und Klinische Neuropsychologie und der European Society of Cognitive Psychology.

Sie war Honorarprofessorin an den Universitäten Leipzig (1995) und Potsdam (1997) sowie an der Charité Berlin (2004). 2010 war sie Inhaberin der Johannes-Gutenberg-Stiftungsprofessur. 2011 wurde ihr die Ehrendoktorwürde der Universität Mons, Belgien verliehen.

1990 erhielt sie den Alfried-Krupp-Förderpreis, 1997 den Gottfried-Wilhelm-Leibniz-Preis. 2011 wurde ihr die Carl-Friedrich-Gauß-Medaille und 2018 die Wilhelm-Wundt-Medaille verliehen. Sie ist die Huttenlocher-Preisträgerin 2021.

2018 wurde ihr der Sächsische Verdienstorden verliehen.

3.4.14   Lorraine Daston, Wissenschaftshistorikerin

9. Juni 1951 in East Lansing, USA

verheiratet, ein Kind

WM und Direktorin des MPI für Wissenschaftsgeschichte 1995–2019

EWM seit 2019

Abb. 50: Lorraine Daston in ihrem Büro in den damals in der Wilhelmstraße 44 angemieteten Räumen des MPI für Wissenschaftsgeschichte in Berlin, dem ersten Standort des Instituts. Wolfgang Fliser, Archiv der MPG, Berlin-Dahlem.

> It was predestined that the history of gender and the his-
> tory of science and medicine would converge, for they
> share a central preoccupation with the understanding
> and uses of nature. [...] In both gender and science stud-
> ies, naturalization is ideology at full strength, hardening
> the flimsy conventions of culture into the immutable,
> inevitable, and indifferent dictates of nature.[728]

Aufgrund ihrer Faszination für Sterne wollte Lorraine Daston, deren Vorname der griechischen Muse Urania huldigt, ursprünglich Astronomin werden. Geprägt von ihrem intellektuellen Elternhaus, stand eine Karriere in der Wissenschaft schon früh für sie fest, unklar war nur, ob sie sich lieber den Naturwissenschaften oder den Geisteswissenschaften widmen wollte. Deshalb sei »Wissenschaftsgeschichte der ideale Ort« für sie gewesen, denn in der Wissenschaftsgeschichte sei alles möglich.[729] Inzwischen betrachtet sie die strikte Trennung von Natur- und Geisteswissenschaften als zunehmend überholt, da neuere Forschungskonzepte viel hybrider seien, wie etwa im Bereich Literatur- und Computerwissenschaft oder Klimaforschung und Geschichtswissenschaft.[730] Daston studierte Wissenschaftsgeschichte in Harvard, ging mit ihrem Bachelor 1973 nach England, wo sie 1974 in Cambridge ihr Diplom in Geschichte und Wissenschaftsphilosophie machte, um dann wieder nach Harvard zurückzukehren, wo sie 1979 in Wissenschaftsgeschichte mit einer Arbeit über die Geschichte der Wahrscheinlichkeitsrechnung bei I. Bernard Cohen promovierte. Es folgten Lehraufträge und Gastprofessuren an den Universitäten Harvard, Princeton, Chicago und Brandeis, wo sie von 1986 bis 1990 den Dibner-Lehrstuhl für Wissenschaftsgeschichte innehatte. Außerdem ging sie als Directeur d'études invité an die École des Hautes Études en Sciences Sociales in Paris und nach Göttingen, wo sie von 1990 bis 1992 den Lehrstuhl für Wissenschaftsgeschichte an der dortigen Universität aufbaute. Danach kehrte sie als Professorin für Wissenschaftsgeschichte an die University of Chicago zurück. Die Schwerpunkte von Dastons Arbeit liegen auf der europäischen Geistes- und Wissenschaftsgeschichte der frühen Neuzeit, wobei sie sich unter anderem der Geschichte der Beweisführung, der Geschichte der moralischen Autorität der Natur und der Geschichte der wissenschaftlichen Beobachtung gewidmet hat.

1995 wurde sie Wissenschaftliches Mitglied und Direktorin am Berliner Max-Planck-Institut für Wissenschaftsgeschichte (MPIWG), wo sie 24 Jahre die Abteilung »Ideals & Practices of Rationality« leitete. Dabei versuchte sie, »grundlegenden epistemischen Kategorien der Wissenschaft wie Experiment oder Objektivität eine Geschichte zu geben«.[731] In einem Artikel anlässlich ihrer Eme-

---

728 Daston: The Naturalized Female Intellect, 1992, 209–235, 9, 10.
729 Deffke: Die Beobachterin, 2012, 86–92.
730 Daston: Fakten in der Corona-Krise, 2020.
731 Daston und Galison: *Objectivity*, 2010. – Zitat aus Deffke: Die Beobachterin, 2012, 86–92, 89.

ritierung 2019 – »Twenty-Four Years of the History of Rationality« – beschrieb Daston das Fragenspektrum, das 24 Jahre lang der historischen, kultur- und disziplinübergreifenden Forschung ihrer Abteilung zu den »Ideals and Practices of Rationality« zugrunde gelegen habe:

A navigator fixes a course by the stars; a weaver strings a loom with an intricate pattern of colors and shapes; a city official discerns a link between a certain well and the outbreak of an epidemic; a brewer adjusts ingredients to speed up fermentation; a courtier infers a royal intrigue from an exchange of glances; a bureaucrat organizes the tax system of an empire; a herbalist identifies a plant that heals wounds. – All of these accomplishments certainly qualify as knowledge, and highly refined knowledge at that, based on close observation, seasoned judgment, and subtle inference. Their accuracy, reliability, and utility are not in doubt; their rationality in matching means to ends is indisputable. But is it the same kind of rationality exemplified in a mathematical demonstration, a precise measurement under controlled laboratory conditions, solving a game-theoretical matrix, making an anatomical image, or constructing the stemma of an ancient text? Is there any common denominator that links all of these rational practices, which cut across divides of head and hand, science and knowledge, the natural and the human sciences?[732]

Auszeichnungen & Würdigungen (Auswahl)
Lorraine Daston ist Fellow der American Academy of Arts and Sciences, Permanent Fellow des Wissenschaftskollegs zu Berlin und gehört seit 2005 dem Committee on Social Thought der University of Chicago als Mitglied an. Zudem ist sie Mitglied der Berlin-Brandenburgischen Akademie der Wissenschaften (1998), der Leopoldina (2002) und der American Philosophical Society (2017) sowie Korrespondierendes Mitglied der British Academy (2010) und der Österreichischen Akademie der Wissenschaften (2018). 2013 war sie Humanitas Professor in the History of Ideas an der Universität Oxford. Sie besitzt die Ehrendoktorwürden der Princeton und der Hebrew University.

Sie ist Trägerin des Bundesverdienstkreuzes mit Stern (2010), Orden Pour le Mérite für Wissenschaft und Künste (2011), des Pfizer Prize und der Sarton Medal der History of Science Society (2012) sowie des Friedrich Wilhelm Joseph von Schelling-Preises der Bayerischen Akademie der Wissenschaften (2012). Zudem wurde sie 2014 mit der Lichtenberg-Medaille der Göttinger Akademie der Wissenschaften und dem Bielefelder Wissenschaftspreis ausgezeichnet sowie mit dem Bayerischen Maximiliansorden für Wissenschaft und Kunst (2016), dem israelischen Dan-David-Preis (2018), dem Österreichischen Ehrenzeichen für Wissenschaft und Kunst (2019) und im Jahr 2020 sowohl mit dem Gerda-Henkel-Preis der gleichnamigen Stiftung als auch mit dem Heineken-Preis der Königlich Niederländischen Akademie der Wissenschaften (KNAW).

---

732 Daston, Feature Story https://www.mpiwg-berlin.mpg.de/feature-story/twenty-four-years-history-rationality. Zuletzt aufgerufen am 6. Juni 2021.

3.4.15 Interview mit Angela Friederici und Lorraine Daston[733]

Abb. 51: Lorraine Daston (links) und Angela D. Friederici am 17. Mai 2019 im MPI für Wissenschaftsgeschichte anlässlich Dastons Verabschiedung, in der Mitte Institutsdirektorin Dagmar Schäfer. Foto: Tanja Neumann, MPIWG, Berlin-Dahlem.

Haben Sie den Eindruck, dass in Ihrem Berufungsverfahren an Sie andere Anforderungen gestellt wurden, weil Sie eine Frau sind?

FRIEDERICI: In der Tat. In dem Berufungsverfahren, das damals Präsident Zacher führte, kam es zu folgender Situation: Das mir angebotene Gehalt als Gründungsdirektorin des neuen Instituts in Leipzig erschien mir sehr niedrig. Nach einem kurzen Disput lehnte sich der Präsident zurück und fragte, was denn mein Mann beruflich mache. Nachdem ich das erläutert hatte, sagte der Präsident: »Dann kann er doch den Rest bezahlen.« Daraufhin zuckte die Protokollführerin kurz und fragte: »Herr Präsident, möchten Sie, dass ich das ins Protokoll aufnehme?« Er wollte nicht. Das wäre einem Mann in seinen Berufungsverhandlungen sicher nicht passiert.

DASTON: Ich finde die Frage schwierig zu beantworten, weil bei mir die Lage in zweierlei Hinsicht komplizierter war: (1) Als ich gleichzeitig mit meinem Mann berufen wurde,[734] hatte ich nicht nur ein großzügiges Bleibeangebot von der

---

733 Das Interview mit den beiden Direktorinnen und Wissenschaftlichen Mitgliedern hat die Autorin online Mitte Juni 2021 geführt, die ihnen dafür sehr dankt.

734 Gerd Gigerenzer, EWM des Münchner MPI für psychologische Forschung bzw. des Berliner MPI für Bildungsforschung.

University of Chicago, sondern auch einen Ruf nach Harvard. Darüber hinaus habe ich klargemacht, dass ich meine Professur an der University of Chicago behalten würde, bis ich entschieden hätte, ob sich die Rückkehr nach Deutschland wissenschaftlich sowie persönlich gelohnt hat. Dieser Umstand hat vielleicht dazu beigetragen, dass die Verhandlungen bei mir anders gelaufen sind. (2) Mein Eindruck war, dass die Tatsache, dass ich Ausländerin war, eine größere Rolle gespielt hat als die Tatsache, dass ich eine Frau war. Bei seinem ersten Besuch am MPIWG, hat der damalige Vizepräsident der Geisteswissenschaftlichen Sektion (wie es damals hieß) mir gegenüber bemerkt, es gebe »zu viele Amerikaner« am Institut. Diese Meinung haben mehrere seiner Kollegen in der Sektion offensichtlich geteilt.

Haben Sie die Erfahrung gemacht, dass an MPG-Direktorinnen andere Erwartungen gestellt wurden/werden als an ihre männlichen Kollegen?
FRIEDERICI: Nein, die Erfahrung habe ich nicht gemacht. Die Erwartungen wurden wohl immer erfüllt.
DASTON: Ja, dieser Einschätzung kann ich nur vollkommen zustimmen.
Was ist Ihrer Meinung nach – natürlich neben wissenschaftlicher Exzellenz – die wichtigste Qualität, über die eine MPG-Direktorin verfügen muss, um erfolgreich zu sein? Netzwerke und Mentorinnen sind ja erst ein Phänomen der rezenten Vergangenheit.
FRIEDERICI: Es gab keine Netzwerke und Mentorinnen. Es gab einige wenige Wissenschaftler, die mich auf meinem Weg in der Wissenschaft unterstützten. Denn für wissenschaftliche Preise und Funktionen muss man vorgeschlagen werden. Die wichtigste Qualität, über die eine MPG-Direktorin – genau wie ein MPG-Direktor auch – verfügen muss, um erfolgreich zu sein ist: exzellente wissenschaftliche Arbeit.
DASTON: Meines Erachtens ist die zweitwichtigste Qualität – neben wissenschaftlicher Exzellenz –, eine kollektive (nicht nur eine individuelle) Vision von einem Forschungsprogramm zu haben und die menschliche Fähigkeit, diese kollektive Vision zusammen mit Kolleginnen und Kollegen auf allen Karrierestufen zu realisieren.

Welchen Stellenwert hat für Sie das Harnack-Prinzip?
FRIEDERICI: Das Harnack-Prinzip ist die Idealvorstellung von einer MPG-Direktor:innen-Besetzung. Dies ist aber heute aus vielen Gründen nicht immer umzusetzen. Das Prinzip jedoch, die/den Besten zu finden und als MPG-Direktor:in zu berufen, sollte bleiben.
DASTON: Auch hier stimme ich vollkommen zu.

3.5 Von der »Bruderschaft der Forscher« zur »Sisterhood of Science«?

> Success or failure in winning the prize
> has not depended upon timeless, fixed stan-
> dards of excellence. Rather, the changing
> priorities and agendas of committee members,
> as well as their comprehension of scientific
> accomplishment have been critical.«[735]

3.5.1 Verpasste Gelegenheit: Die Verleihung des Nobelpreises 1945

Dir Reaktionen auf die Frage, warum 1945 nur Otto Hahn und nicht (auch) Lise Meitner den Nobelpreis erhielt,[736] schwanken bis heute von Augenrollen – diese alte Kamelle schon wieder! – bis hin zu echter Empörung.[737] Doch es geht nicht darum, Otto Hahns Ansehen zu schmälern, sondern um eine Bewertung und Kontextualisierung der historischen Dimension von Meitners *Nobel snub* sowie um die Frage, was das für die Entwicklung von Wissenschaftlerinnenkarrieren in der Nachkriegszeit insgesamt und in der MPG insbesondere bedeutet hat. Zweifellos kann nicht die erst drei Jahre später gegründete Max-Planck-Gesellschaft für die Entscheidung des Nobelpreiskomitees 1945 verantwortlich gemacht werden. Doch Leben und Wirken von Meitner und Hahn sind untrennbar mit der Geschichte der MPG verbunden. Und so verpasste auch die Max-Planck-Gesellschaft – gemäß meiner einleitend aufgestellten, auf Margaret Rossiters »World War II: Opportunity Lost?« rekurrierende Hypothese[738] – die Chance auf einen dringend notwendigen Paradigmenwechsel, als 1945 der Nobelpreis für Chemie 1944 nur an Otto Hahn verliehen wurde, ohne dabei die Beteiligung Lise Meitners an der Entdeckung der Kernspaltung anzuerkennen. Eine Entscheidung, den Rossiter als den vermutlich »most notorious theft of Nobel credit« bezeichnet hat.[739]

Lise Meitner wurde insgesamt 48-mal für den Nobelpreis nominiert. Es gingen von 1937 bis 1965 insgesamt 29 Nominierungen für den Physikpreis ein, in den Jahren 1924 bis 1948 insgesamt 19 Nominierungen für den Chemiepreis. Keiner hat sie so häufig nominiert wie Max Planck, der sechs Nominierungen für

---

735 Friedman: *The Politics of Excellence*, 2001, ix.

736 Crawford, Sime und Walker: Die Kernspaltung und ihr Preis, 1997, 30–35.

737 Keiser (Hg.): *Radiochemie, Fleiß und Intuition*, 2018.

738 Rossiter: *Women Scientists in America*, Bd. 2, 1995, 1–26.

739 Rossiter: The Matthew Matilda Effect in Science, 1993, 325–341, 329.

den Chemiepreis und eine für den Physikpreis einsandte. Die erste Nominierung für Physik im Jahr 1937 stammte von Heisenberg. Zu den Unterstützern, die sie mehr als zweimal nominierten, gehörten James Franck (fünf Nominierungen für Physik), der schwedische Physiker Oskar Klein (drei Nominierungen für Physik, eine für Chemie), Max Born (drei Nominierungen für Physik) und Niels Bohr (zwei Nominierungen für Chemie, eine für Physik). Otto Hahn nominierte sie einmal im Jahr 1948 für den Nobelpreis in Physik.[740] Dessen ungeachtet erhielt Meitner diese höchste wissenschaftliche Auszeichnung nie.

Seit 1934 hatten Meitner und Hahn gemeinsam mit Fritz Straßmann radiochemisch und kernphysikalisch am Berliner KWI für Chemie geforscht und nach Transuranen gesucht, bis zu Meitners dramatischer Flucht nach Schweden im Juli 1938.[741] Fünf Monate später, am 17. Dezember 1938, gelang es Hahn und Straßmann, die Fraktionierung, das »Zerplatzen«, wie Hahn es nannte, auszulösen und mit radiochemischen Methoden nachzuweisen.[742] Meitner wurde umgehend von Hahn über diesen Erfolg informiert und legte am 16. Januar 1939 zusammen mit ihrem Neffen Otto Robert Frisch die erste physikalisch-theoretische Erklärung der Kernspaltung vor, die einen Monat später veröffentlicht wurde.[743] Im Oktober 1945, das heißt, fünf Monate nach der Kapitulation der Wehrmacht, wurde Otto Hahn dafür der Nobelpreis für Chemie zugesprochen: Er wurde ihm rückwirkend für das Jahr 1944 verliehen. Zu diesem Zeitpunkt war er noch zusammen mit Werner Heisenberg, Max von Laue, Carl Friedrich von Weizsäcker und sechs weiteren deutschen Kernforschern auf dem britischen Landsitz Farm Hall interniert.[744] Weder Meitner noch Straßmann hat das Nobelpreiskomitee berücksichtigt.

Bemerkenswert ist die historische Parallelität der Nobelpreisverleihungen 1918 und 1945. Kurz vor Ende des Ersten Weltkriegs wurde dem »Schöpfer der modernen C-Waffen«,[745] Fritz Haber, 1918 für das Verfahren zur Synthese von

---

740 Zu den einzelnen Nominierungen für Physik bzw. Chemie vgl. Lise Meitners Nominierungsarchiv auf der offiziellen Nobelpreisseite: https://www.nobelprize.org/nomination/archive/show_people.php?id=6097. Zuletzt aufgerufen am 15. Januar 2021. Zum Vergleich: Otto Hahn wurde 39-mal, Werner Heisenberg 29-mal und Max Planck 74-mal nominiert.

741 Ausführlich zu dieser Kooperation vgl. beispielsweise das Kapitel »Die Entdeckung der Kernforschung« in Sime: *Lise Meitner. Ein Leben für die Physik*, 2001, 294–332; Krafft: Ein frühes Beispiel interdisziplinärer Teamarbeit, 1980, 85–89; Krafft: *Im Schatten der Sensation*, 1981, 3. Kapitel.

742 Hahn und Straßmann: Über den Nachweis, 1939, 11–15.

743 Meitner und Frisch: Disintegration of Uranium by Neutrons, 1939, 239–240.

744 Zu dieser sechsmonatigen Periode 1945/46 vgl. beispielsweise Oexle: *Hahn, Heisenberg und die anderen*, 2003. – Zur »Operation Epsilon« vgl. auch Walker und Rechenberg: Farm-Hall-Tonbänder, 1992, 994–1001; Bernstein: *Hitler's Uranium Club*, 1996; Goudsmit:: *Alsos*, 1996; Schirach: *Die Nacht der Physiker*, 2013.

745 Vgl. dazu Szöllösi-Janze: *Fritz Haber*, 1998, 317.

Ammoniak der Chemie-Nobelpreis verliehen.[746] Ähnlich Otto Hahn: Auch ihm wurde für seine Entdeckung der Kernspaltung von Atomen 1944 der Nobelpreis für Chemie zugesprochen.[747] Beide bekamen ihre Auszeichnungen aufgrund der politischen Umstände jeweils erst zwei Jahre später in Stockholm. Das heißt, nach beiden Weltkriegen erhielt ein maßgeblich an der Entwicklung von Massenvernichtungswaffen beteiligter Forscher der kriegstreibenden Nation den Nobelpreis.

Abb. 52: Originalgeräte von Otto Hahn, Lise Meitner und Fritz Straßmann. Als Artefakt verfügt dieser Ausstellungsgegenstand im Deutschen Museum über eine eigene Geschichte: 1953 erstmals als »Arbeitstisch von Otto Hahn« ausgestellt, dauerte es vier Jahrzehnte, bis die seit den 1970er-Jahren an dieser Exklusion geübte Kritik museal Anfang der 1990er-Jahre korrigiert wurde.[748] Der Wikipedia-Eintrag zu Otto Hahn benutzt weiterhin die überholte Fassung des Exponats.[749] Foto: Deutsches Museum, München, Archiv BN 24876. Ich danke dem Leiter des Museumsarchivs, Dr. Matthias Röschner, für die Bereitstellung des Bildes.

---

746 The Nobel Prize in Chemistry 1918 was awarded to Fritz Haber »for the synthesis of ammonia from its elements.« https://www.nobelprize.org/prizes/chemistry/1918/summary/. Zuletzt aufgerufen am 8. Mai 2021.
747 The Nobel Prize in Chemistry 1944 was awarded to Otto Hahn »for his discovery of the fission of heavy nuclei.« https://www.nobelprize.org/prizes/chemistry/1944/summary/. Zuletzt aufgerufen am 8. Mai 2021.
748 Vgl. dazu Sime: An Inconvenient History, 2010, 190–218.
749 https://de.wikipedia.org/wiki/Otto_Hahn#/media/Datei:Nuclear_Fission_Experimental_Apparatus_1938_-_Deutsches_Museum_-_Munich.jpg. Zuletzt aufgerufen am 8. Mai 2021.

Meitners wissenschaftliche Leistung steht außer Frage, dies belegt nicht zuletzt die Vielzahl ihrer Nominierungen für den Nobelpreis. Das wirft umso drängender die Frage auf, wieso Isidor Isaac Rabi für seine Resonanzmethode zur Erfassung der magnetischen Eigenschaften von Atomkernen 1944 den Nobelpreis für Physik erhielt und nicht Meitner.[750] Denn über die wissenschaftliche Leistung hinaus wären die vom NS-Regime verfolgte Kernphysikerin Meitner und der im Dienste desselben Regimes stehende Radiochemiker Hahn das naheliegende Nobel-Tandem gewesen, mit einem Nobelpreis in Chemie und einem in Physik: Es wäre ein starkes politisches Signal in dieser mutmaßlichen »Stunde null« gewesen. Doch der Paradigmenwechsel 1945 sowohl im Sinne der Chancengleichheit als auch einer ernst gemeinten Auseinandersetzung mit dem Nationalsozialismus wurde verpasst. Ein solcher Kulturwandel hätte es 1973 wahrscheinlich erschwert, dem ehemaligen NSDAP-Mitglied und Zoologen Konrad Lorenz angesichts seiner offenen Sympathie für die NS-Ideologie den Nobelpreis für seine sozialbiologistischen Verhaltensmuster zu verleihen.[751]

Die einseitige Würdigung löste von Anfang an eine Kontroverse aus, die bis heute nicht nur die Schar der Wissenschaftshistoriker:innen polarisiert in diejenigen, für die außer Frage steht, dass Hahn allein die Würdigung zustand, und in jene, die meinen, dass Meitner um die ihr gebührende Anerkennung betrogen wurde. Hahns Version wurde in der (Fach-)Öffentlichkeit von Anfang an durch ein wirkmächtiges Zusammenspiel zweier Elemente strukturiert: sein »Schweigen« und seine Inszenierung von Meitner als »Mitarbeiterin«. Letzteres war ebenso falsch wie beleidigend.[752] Diese Herabsetzung wurde noch verstärkt durch das diskursive Element der »Kollegialität«: Kollegial und nicht etwa ratsuchend habe sich Hahn im Dezember 1938 an Meitner gewandt; er habe sie einbezogen, aber nicht, weil er ihre Expertise suchte, sondern als loyaler Freund, der sie in der Diaspora mit Informationen versorgte.[753] Viel wichtiger jedoch war, dass Hahn selbst nie den Eindruck korrigiert hat, er *allein* habe die Kernspaltung entdeckt. Im Gegenteil, im »Memorandum deutscher Atomwissenschaftler zum Uranverein«, zu dessen Unterzeichnern er am 7. August 1945 gehörte, wird vielmehr betont, bei der Kernspaltung handele es sich um eine »rein chemische

750 Oder beide, seit der gemeinsamen Nobelpreisverleihung 1903 an Henri Becquerel, Marie und Pierre Curie war das ein bekanntes Prozedere, gerade bei verwandten Themen.

751 Am 15. Dezember 2015 beschloss die Universität Salzburg, Konrad Lorenz die Ehrendoktorwürde zu entziehen, die sie ihm im November 1983 verliehen hatte. Wegen einer Schrift aus der NS-Zeit sei er »unwürdig«, diese zu tragen. Bereits nach der Verleihung des Nobelpreises am 11. Oktober 1973 hatte unter anderem Simon Wiesenthal Lorenz dazu aufgefordert, zum Zeichen der Reue auf die Annahme des Preises zu verzichten. Bahners: Wie verhielt sich der Verhaltensforscher?, 2015. – Zu Lorenz vgl. auch Kaufmann: *Konrad Lorenz*, 2018. – Lorenz war ab Juni 1938 Mitglied der NSDAP, wie aus seiner NSDAP-Gaukarte hervorgeht.

752 Vgl. dazu auch Sime: *Lise Meitner. Ein Leben für die Physik*, 2001, 421; Scheich: Ehrung an historischem Ort, 2010.

753 Vgl. dazu etwa Weber: Kernspaltung, 2016; Keiser (Hg.): *Radiochemie, Fleiß und Intuition*, 2018.

Entdeckung«, an der Meitner »selbst nicht beteiligt« gewesen sei, da sie »bereits ein halbes Jahr zuvor Berlin verlassen« habe.[754]

Zu den prominenten Verfechtern dieser Sichtweise gehörten unter anderem zwei schwedische Nobelpreisträger: Der Physiker Manne Siegbahn, an dessen Institut Meitner in Stockholm als »institutsfremdes Personal« arbeitete und der ein schwieriges und konkurrentes Verhältnis zu ihr hatte,[755] und der Chemiker Theodor Svedberg, Mitglied des Nobelpreis-Komitees für Chemie. Der hatte 1939 ursprünglich die Entscheidung offen gelassen: »Either O. Hahn alone or a division between O. Hahn and L. Meitner.«[756] Als er jedoch sein Gutachten verfasste, stellte er Meitners Beitrag in Abrede und befand – fälschlicherweise –, dass Niels Bohr eine gewichtigere Rolle dabei zukäme als Meitner und »Hahn die Entdeckung erst machen konnte, nachdem Meitner Berlin bereits verlassen hatte.«[757] Auch der Physiker Carl Friedrich von Weizsäcker, 1936 selbst kurzfristig Assistent bei Meitner,[758] votierte nur für Hahn. Er, der für sich selbst stets die Deutungshoheit über die Arbeit an der »Uranmaschine« beansprucht hatte,[759] forderte in dieser Auseinandersetzung Jahrzehnte später gleichwohl: »Keine Geschichtsklitterei«. Und sprach ein »Machtwort«:

Das heißt, er [Hahn] hatte de facto die Kernspaltung entdeckt und erkannt. Aber er, der empirisch arbeitende Chemiker, fühlte sich unsicher, ob ein solcher Vorgang physikalisch möglich sei. Darum fragte er mich, den Physiker, telefonisch, ob ich das glaube, und er sagte mir, er habe im Brief an Lise Meitner diese Möglichkeit nur ungewiß angedeutet. Sie entwarf dann alsbald, in Zusammenarbeit mit ihrem Neffen Frisch, ein zutreffendes Modell des Vorgangs und teilte es Hahn mit. Das heißt, sie bestätigte seine empirische Erkenntnis, indem sie ihre Möglichkeit theoretisch darstellte.[760]

754 Memorandum deutscher Atomwissenschaftler zum Uranverein, 7. August 1945, Archiv online, Deutsches Museum, 27. https://www.deutsches-museum.de/archiv/archiv-online/geheimdokumente/beurteilung/memorandum-zum-uranverein/dokument-2/. Zuletzt aufgerufen am 29. September 2021.

755 Zur Arbeitssituation im Stockholmer Exil vgl. Sime: *Lise Meitner. Ein Leben für die Physik*, 2001, 265–293, hier insbesondere 289–290; Vogt: *Vom Hintereingang zum Hauptportal?*, 2007, 363–365. – Zu Siegbahns Verhalten gegenüber Meitner vgl. auch »Stockholmer Intrigen« in: Rennert und Traxler: *Lise Meitner*, 2018, 176–179, 183.

756 Rennert und Traxler: *Lise Meitner*, 2018, 174.

757 Eine Behauptung, die nach Auffassung von Tanja Traxler und David Rennert »kaum falscher sein [könnte], war es doch Meitner gewesen, die Hahn 1935 angestoßen hatte, gemeinsam an Experimenten zum Beschuss von Uran zu arbeiten«. Rennert und Traxler: *Die verlorene Ehrung der Lise Meitner*, 2018.

758 Sime: *Lise Meitner. Ein Leben für die Physik*, 2001, 565, Fußnote 31.

759 Vgl. kritisch dazu Walker: *German National Socialism and the Quest for Nuclear Power 1939–1949*, 1989; dt. Walker: *Die Uranmaschine*, 1990; Sime: *Lise Meitner. Ein Leben für die Physik*, 2001, 414–415. – Nachkriegsapologetisch: Jungk: *Heller als tausend Sonnen*, 2020.

760 Weizsäcker: *Keine Geschichtsklitterei*, 1997, 34. – Die Behauptung, Hahn habe Meitner gegenüber nur »ungewisse Andeutungen« gemacht, kann angesichts der ausführlichen Korrespondenz der beiden dazu im Dezember 1938 und Januar 1939 nicht überzeugen.

Damit berief sich Weizsäcker auf das »Memorandum«, dessen Mitunterzeichner er war.[761] Die Gegenposition dazu nahm beispielsweise 1961 der Physiker Józef Rotblat in seiner Nominierung ein: »Obwohl die Experimente, die zur Separierung und Isolierung der Spaltprodukte geführt haben, von Professor Hahn ausgeführt worden sind, ist es allgemein anerkannt, dass es Frisch und Meitner gewesen sind, die den Prozess als Kernspaltung erkannt und ihn richtig interpretiert haben. Frisch und Meitner sind daher die wahren Entdecker der Kernspaltung.«[762] 1964 sprach Max Born in seiner dritten Nominierung Meitners schließlich einen möglichen *gender bias* an:[763] Er sei darauf aufmerksam geworden, »dass es nur eine geringe Chance gab, dass eine Frau mit dem Preis ausgezeichnet würde, da Lise Meitner nicht in der Liste der Nobelpreisträger zu finden ist«. Doch durch die Auszeichnung von Maria Goeppert-Mayer, die im Vorjahr den Nobelpreis für Physik erhalten hätte, habe sich die Situation verändert und er wolle »dem Komitee daher mit dem größten Nachdruck empfehlen, Lise Meitner mit dem Preis auszuzeichnen«.[764]

Lise Meitner selbst führte eine andere Erklärung dafür an, warum Hahn den Eindruck nicht korrigierte, er sei der alleinige Entdecker der Kernspaltung. Ihrer Freundin Eva von Bahr-Bergius schrieb sie niedergeschlagen im Anschluss an Hahns Nobelpreisverleihung im Dezember 1946, sie sei »ein Teil der zu verdrängenden Vergangenheit«, und dies umso mehr, als sie versucht habe, ihn darauf »aufmerksam zu machen, daß die anständigen Deutschen Deutschland nur

Insgesamt gingen zwischen dem 19. Dezember und dem 25. Januar 17 Briefe hin und her: Hahn an Meitner, 19. Dezember 1938; Hahn an Meitner, 21. Dezember 1938; Meitner an Hahn, 21. Dezember 1938; Hahn an Meitner, 23. Dezember 1938; Hahn an Meitner, 28. Dezember 1938; Meitner an Hahn, 29. Dezember 1938; Meitner an Hahn, 1. Januar 1939; Hahn an Meitner, 2. Januar 1939; Meitner an Hahn, 3. Januar 1939; Meitner an Hahn, 4. Januar 1939; Hahn an Meitner, 7. Januar 1939; Hahn an Meitner, 10. Januar 1939; Meitner an Hahn, 14. Januar 1939; Hahn an Meitner, 16. Januar 1939; Meitner an Hahn, 18. Januar 1939; Hahn an Meitner, 24. Januar 1939; Meitner an Hahn, 25. Januar 1939. Die gesamte Korrespondenz befindet sich in der Meitner Collection, Churchill Archives Centre, Cambridge, die Briefe von Otto Hahn an Lise Meitner auch im AMPG, III. Abt. Rep. 14, Nr. 4918. In großen Teilen ist sie auch abgedruckt in Krafft: *Im Schatten der Sensation*, 1981, 266–289.

761 Schaaf, Michael: Weizsäcker, Bethe und der Nobelpreis, 2014, 145–156.

762 Brief von Rotblat an das Nobel-Komitee für Physik, 20. Januar 1961, Churchill College Cambridge Archive Centre, MTNR 6/19, zitiert nach Rennert und Traxler: *Lise Meitner*, 2018, Fußnote 528. – Rotblat wurde 1995 als Repräsentant der Pugwash-Konferenzen mit dem Friedensnobelpreis ausgezeichnet. Zu den Pugwash-Konferenzen, auf denen sich seit Mitte der 1950er-Jahre regelmäßig Wissenschaftler:innen und Personen des öffentlichen Lebens mit der drohenden Gefahr von Massenvernichtungswaffen auseinandersetzen, vgl. Kraft und Sachse: *Science, (Anti-)Communism and Diplomacy*, 2020.

763 Vgl. dazu etwa Hansson und Fangerau: Warum der und nicht ich?, 2017.

764 Brief von Born an das Nobel-Komitee für Physik, 28. Januar 1964, Churchill College Cambridge Archive Centre, MTNR 6/8, zitiert nach Rennert und Traxler: *Lise Meitner*, 2018, Fußnote 529. – Born hatte 1954 zusammen mit Walther Bothe den Nobelpreis in Physik erhalten.

helfen können, wenn sie die Geschehnisse objektiv sehen«.[765] Ähnlich äußerte sie sich gegenüber ihrem in die Vereinigten Staaten emigrierten Freund James Franck im Januar 1947: »Nur die Vergangenheit vergessen und das Unrecht hervorheben, das Deutschland geschieht. Und da ich ja ein Teil der zu verdrängenden Vergangenheit bin, hat Hahn in keinem der Interviews, in dem er über seine Lebensarbeit sprach, unsere langjährige Zusammenarbeit oder auch nur meinen Namen erwähnt.«[766]

Als weiteres Motiv neben dem Verdrängen der Vergangenheit wäre auch schlichtweg (männliche) Eifersucht denkbar. Nach dem Abwurf der Atombomben über Hiroshima und Nagasaki im August 1945 stand Meitner – tituliert als »jüdische Mutter der Atombombe« – wochenlang unfreiwillig im Zentrum des darauffolgenden Medienrummels. Ruth Lewin Sime brachte es auf den Punkt: »Die Presse war darauf erpicht, die Atombombe mit einem menschlichen Gesicht in Verbindung zu bringen und hatte sich Lise dafür ausgesucht: die ›geflohene Jüdin‹, die Wissenschaftlerin, die Hitler das Geheimnis der Bombe entrissen und es den Alliierten gebracht hatte«.[767] Solche Hirngespinste empörten Meitner und waren der legendär Schüchternen unangenehm. Es war mitnichten ihre Absicht, dass ihr Name in allen Medien auf diese Weise mit der Kernspaltung in Zusammenhang gebracht wurde. Auf ihrer Vortragsreise durch die USA wurde sie im Februar 1946 von Präsident Harry Truman empfangen und als »Woman of the Year« ausgezeichnet. Hahn, der unterdessen in Farm Hall interniert war, berücksichtigte die Presse nicht, was ihm offenkundig – und auch verständlicherweise – nicht gefiel. Ein deutlicher Hinweis darauf ist der bereits angesprochene ostentative Zusatz des »Memorandums«, der ihr jede Beteiligung daran absprach.[768]

Auf Grundlage der heutigen Quellenlage ist ersichtlich, dass Lise Meitners Nichtberücksichtigung bei der Nobelpreisvergabe weniger wissenschaftlich begründet, als vielmehr von zahlreichen sozialen Faktoren beeinflusst worden ist. Seit 1974 das Archiv der Nobelstiftung in Stockholm für wissenschaftliche Zwecke geöffnet wurde, ist eine tiefergehende historische Forschung zu einzelnen Wissenschaftler:innen im Nobelpreis-Kontext möglich.[769] Dadurch treten auch interne Querelen der schwedischen Forscher zutage[770] und verdeutlichen, dass soziale Praxis und zeitgeschichtlicher Kontext untrennbar mit dem Prozess der

---

765 Meitner an Bahr-Bergius, 24. Dezember 1946, Meitner Collection, zitiert nach Sime: *Lise Meitner. Ein Leben für die Physik*, 2001, 444.

766 Meitner an Franck, 16. Januar 1947, Meitner Collection, zitiert nach ebd., 446.

767 Sime: *Lise Meitner. Ein Leben für die Physik*, 2001, 404.

768 Vgl. auch ebd., 415–416.

769 Vgl. dazu beispielsweise auch Björk: Inside the Nobel Committee on Medicine, 2001, 393–408. doi:10.1023/A:1012767418228; Ash: Vertriebene, Verbliebene, Verfehlungen, 2004, 84-113; Harvey: The Mystery of the Nobel Laureate, 2012, 57–77; Hansson und Schagen: »In Stockholm hatte man offenbar irgendwelche Gegenbewegung«, 2014, 113–161.

770 Rennert und Traxler: *Lise Meitner*, 2018, 176–179.

Erzeugung wissenschaftlicher Erkenntnisse zusammenhängen. Zugleich hat die wissenschaftshistorische Nobelpreisforschung inzwischen belegt, dass oftmals nicht das »einsame Genie«, sondern Teamarbeit, »ein komplexes Geflecht personaler oder institutioneller Akteure«[771] zum wissenschaftlichen Erfolg führt.[772] Schon seit den 1960er-Jahren hatten Robert K. Merton und Harriet Zuckerman auf die Kollektivität wissenschaftlicher Prozesse und Erfolge hingewiesen wie auch auf die Problematik von Zuschreibungsprozessen bzw. Autorschaft insbesondere für Wissenschaftlerinnen.[773] Auch Christiane Nüsslein-Volhard, die 1995 selbst – zusammen mit Eric Wieschaus – einen Nobelpreis bekam, äußerte Unverständnis über den Diskurs des vereinzelten Genies: »Ich weiß nicht, wie die Männer das hinkriegen. Die Preise allein zu kassieren und nicht bei jedem dritten Satz zu sagen: Ja, aber Lise Meitner hat das auch mitgemacht.«[774] Insgesamt gilt es, mehr Transparenz in die Auswahlprozesse der Stockholmer Akademie zu bringen, deren »Nominierungs-, Bewertungs- und Auswahlabläufe im Dunkeln bleiben«, wie der Wissenschaftshistoriker Robert Friedman im Bemühen konstatierte, die Illusion zu zerstören, dass Nobelpreise eine unparteiische, objektive Krönung der »Besten« in Physik und Chemie seien.[775] Dies hat zuletzt 2018 der Skandal um das Komitee gezeigt, das den Nobelpreis für Literatur vergibt.[776]

Ohne diese »Ursünde«, wie Ute Frevert den »vermutlich berüchtigtsten Diebstahl eines Nobelpreises« (Rossiter)[777] einmal leicht ironisch genannt hat,[778] wäre ein Paradigmenwechsel schon damals denkbar gewesen, der möglicherweise die Wahrnehmung, das *mind set* der Wissenschaftler, hätte stark verändern können.[779]

---

771 Gradmann: Leben in der Medizin, 1998, 243–265.

772 Hansson: Anmerkungen zur wissenschaftshistorischen Nobelpreisforschung, 2018, 7–18, 8–9.

773 Merton: Singletons and Multiples in Scientific Discovery, 1961, 470–486; Zuckerman: Nobel Laureates in Science, 1967, 391.

774 Schwarzer: Christiane Nüsslein-Volhard, 2003, 78–94, 89.

775 »[…] realities of nomination, evaluation, and selection remain obscure«; Friedman: *The Politics of Excellence*, 2001, 249. – Zum gebotenen Modernisierungsprozess: Zwart: The Nobel Prize as a Reward Mechanism in the Genomics Era, 2010, 299–312; Seeman und Restrepo: The Mutation of the »Nobel Prize in Chemistry«, 2020, 2962–2981.

776 2018 wurde der Literaturnobelpreis aufgrund einer massiven Krise der Schwedischen Akademie in Stockholm nicht vergeben. Diese war dadurch ausgelöst worden, dass der Ehemann des Akademiemitglieds Katarina Frostenson, Jean-Claude Arnault, von 18 Frauen öffentlich sexueller Übergriffe beschuldigt wurde. Die Lyrikerin Frostenson hatte mit ihrem Mann einen privaten Kulturklub betrieben, der lange »wie eine Art Vorhof der Akademie funktionierte«. Vgl. dazu die Berichterstattung etwa von Steinfeld: Die Schwedische Akademie zerfleischt sich weiter, 2018; Steinfeld: Vergewaltigungsverdacht, 2018.

777 Rossiter: Der Matilda-Effekt in der Wissenschaft, 2003, 190–210, 195.

778 E-Mail Frevert an Kolboske, 2. November 2020.

779 Kuhn: *Die Struktur wissenschaftlicher Revolutionen*, 2003.

Sicherlich wäre Lise Meitners Platz in der Wissenschaftsgeschichte ein anderer gewesen und in der allgemeinen Literatur der 1970er- und 1980er-Jahre wären Meitners »bahnbrechende Arbeiten für die Kernphysik« wie auch ihr Name prominent erwähnt worden.[780] Und »diejenigen, die weder die Wissenschaft noch die politische Situation verstanden«, hätten wohl auch schwerer den Trugschluss verbreiten können, dass »die Chemiker die Kernspaltung entdeckt hatten, während die Physiker sie lediglich erklärten«.[781]

Wahrscheinlich wäre auch 30 Jahre später die nächste Exklusionskontroverse beim Nobelpreis für Physik anders verlaufen (wenn es sie überhaupt gegeben hätte):[782] Jocelyn Bell Burnell hatte ab 1965 das Interplanetary-Scintillation-Array-Radioteleskop vor den Toren Cambridges mitentwickelt, mit dem sie 1967 die ersten Pulsare beobachtete.[783] Eine Entdeckung, durch die sich die Sicht auf das Universum veränderte, da sie die Existenz von Schwarzen Löchern plötzlich sehr viel wahrscheinlicher erscheinen ließ und Einsteins Gravitationstheorie weiter untermauerte.[784] Vielleicht hätte das Nobelpreis-Komitee 1974 sie (oder auch sie) für diesen Durchbruch in der Radioastronomie mit dem Nobelpreis in Physik ausgezeichnet und nicht (oder nicht nur) ihren Doktorvater Antony Hewish »for his decisive role in the discovery of pulsars«.[785]

Und schließlich: Wenn Lise Meitner 1945 (auch) den Nobelpreis erhalten hätte, wäre ihre Vorbildfunktion stärker gewesen. Natürlich bleibt es spekulativ, aber so unwahrscheinlich ist es nicht, dass sich Physik, Astrophysik und andere MINT-Fächer nicht so lange als Männerdomänen hätten behaupten können,[786] in denen Frauen Ausnahmeerscheinungen blieben und dass seit 1901 nur vier Physikerinnen den Nobelpreis erhalten haben: Marie Curie (1903), Maria Goeppert-Mayer (1963), Donna Strickland (2018) und Andrea Ghez (2020).

Wie auch immer, mein Punkt in dieser Angelegenheit dürfte klar geworden sein: Ohne Lise Meitner zu viktimisieren oder zur tragischen Heldin zu

---

780 Sime: *Lise Meitner. Ein Leben für die Physik*, 2001, 10.

781 Sime: *From Exceptional Prominence to Prominent Exception*, 2005, 20.

782 Vielleicht hätte es auch nicht 30 Jahre gedauert, bis die nächste Wissenschaftlerin für einen Nobelpreis in Physik nominiert worden wäre.

783 Bell Burnell: Petit Four, 1977, 685–689.

784 2020 erhielten Reinhard Genzel (MPI für extraterrestrische Physik) und Andrea Ghez (UCLA) gemeinsam den Nobelpreis für Physik für die Entdeckung des als »Sagittarius A*« bekannten Schwarzen Lochs im Zentrum der Milchstraße.

785 Zusammen mit Martin Rye. The Nobel Prize in Physics 1974«. Nobelprize.org. Nobel Media AB 2014. Web. 22 Feb 2016. http://www.nobelprize.org/nobel_prizes/physics/laureates/1974/index.html – Interessant ist auch die Argumentation in den jeweiligen attribuierenden Zuschreibungsprozessen: Diente im Fall von Hahn und Meitner 1945 als Erklärung, dass Hahn die Kernspaltung allein entdeckt und Meitner diese ja »nur« interpretiert habe, so war es bei Bell Burnell und Hewish exakt umgekehrt; Bell Burnell: So Few Pulsars, 2004, 489.

786 Vgl. dazu beispielsweise Meinel und Renneberg (Hg.): *Geschlechterverhältnisse in Medizin, Naturwissenschaft und Technik*, 1996; Tobies (Hg.): »*Aller Männerkultur zum Trotz*«, 2008.

stilisieren – ein Nobelpreis an sie 1945 hätte ein Umdenken in der Bewertung wissenschaftlicher Leistungen von Frauen enleiten und Frauen in naturwissenschaftlichen Disziplinen ermutigen können. Wegweisend könnte dabei bis heute in der Männerbastion Physik die Vision von Peter L. Biermann sein: »As modern physics now truly embraces all countries, the ease in personal communication may become the key to further understanding. As young women appear to do this better than many men, we may wonder: Will women take over from men the traditional leadership in physics?«[787]

Abschließend zu diesem versöhnlichen Gedanken: 2018 erhielt Bell Burnell den »Breakthrough Prize in Fundamental Physics«.[788] Das gesamte Preisgeld in Höhe von drei Millionen US-Dollar stiftete sie dem dafür eingerichteten Bell Burnell Graduate Scholarship Fund, um Frauen und generell eine größere Vielfalt in der Physik zu fördern.[789] Auch Christiane Nüsslein-Volhard nutzte ihr Preisgeld für eine Stiftung, um jungen begabten Frauen mit Kindern den Berufsweg zur Wissenschaftlerin zu erleichtern. Als sie 1995 die Nachricht über den Gewinn des Nobelpreis erhielt, rief sie den (geschäftsführenden) Direktor des Tübinger Instituts an, um ihn davon in Kenntnis zu setzen und eine kleine Feier anzuregen. Dessen Reaktion: »Kannst du dich bitte um den Sekt und all das kümmern? Ich habe gerade keine Zeit.«[790]

3.5.2   Das Unbehagen der Geschlechter mit dem Harnack-Prinzip

> Gender is a cultural framework that
> defines masculinity and femininity as
> different and unequal.[791]

3.5.2.1   Brüche und Kontinuitäten nach 1945

Organisationsstrukturen sind nie geschlechterneutral. Da jedoch in den Organisationen lange Zeit (und auch heute noch) Männer ihr eigenes Verhalten und ihre Standpunkte als *Standard* behaupteten, werden Organisationsstrukturen

---

787 Biermann: Editorial, 1997, 619.
788 Dies ist der höchstdotierte Wissenschaftspreis der Welt, das Preisgeld ist mehr als doppelt so hoch wie das des Nobelpreises. Weitere Informationen über den Preis finden sich auf der offiziellen Website: https://breakthroughprize.org. Zuletzt aufgerufen am 29. September 2021.
789 Für Informationen zum Stipendienfonds für ein Promotionsstudium in Physik von Personengruppen, die in der Physik derzeit unterrepräsentiert sind, vgl. https://www.iop.org/bellburnellfund. Zuletzt aufgerufen am 29. Januar 2021.
790 Nüsslein-Volhard und Moser: »Wir bräuchten eine Ehefrau«, 2015, 120–123, 121.
791 Abbate: *Recoding Gender*, 2017, 3.

und -prozesse als geschlechtsneutral konzipiert.[792] Die Max-Planck-Gesellschaft, »die erfolgreichste Forschungsorganisation Deutschlands«,[793] ist zweifellos keine geschlechterneutrale Organisation und, wie bereits dargestellt, sehr hierarchisch strukturiert. Und so ist in den ersten Jahrzehnten ihres Bestehens eine eindeutige Geschlechterordnung in der MPG zu konstatieren, bei der Wissenschaftler auf Spitzenpositionen geforscht haben, während ihre Kolleginnen offenbar eher als »Zuarbeiten« leistende Mitarbeiterinnen wahrgenommen wurden. Wie sonst ließe sich erklären, dass im gesamten Untersuchungszeitraum von insgesamt 691 berufenen Wissenschaftlichen Mitgliedern nur 13 weiblich waren, von denen wiederum bloß sieben Direktorinnen wurden?

Innerhalb der 1948 neu gegründeten Max-Planck-Gesellschaft erlebten Wissenschaftlerinnen im Gegensatz zu ihren männlichen Kollegen einen Karriereknick. Die konten, ob sie NSDAP-Mitglieder gewesen waren oder nicht, ihre Karriere ohne Brüche weiterverfolgen, wie etwa der Züchtungsforscher Wilhelm Rudorf,[794] dessen Verbleib im Amt nach 1945 für Elisabeth Schiemann »unbegreiflich« war, wie sie 1946 Präsident Hahn schrieb.[795] Im Mittelpunkt der Kritik stand dabei die NS-Vergangenheit von Rudorf, der sich der Unterstützung durch die britischen Besatzungskräfte erfreute, sowie zahlreicher seiner Mitarbeiter, allen voran Klaus von Rosenstiel, der am nach Voldagsen verlagerten Züchtungsforschungsinstitut tätig war. Sowohl Rudorfs als auch Rosenstiels nationalsozialistische Vergangenheit ging deutlich über eine »schlichte« NSDAP-Mitgliedschaft hinaus. In dem Maße, in dem die Gummivorräte im Land der Autobahnen und Volkswagen Anfang der 1940er-Jahre zur Neige gingen, wurde im Bemühen um Autarkie die Kautschukwirtschaft (Kok-Saghys) zur Chefsache und stand nach dem Überfall auf die Sowjetunion 1941 unter der Ägide der SS. Regelmäßig fanden Arbeitstagungen und Absprachen mit dem Reichsführer SS Heinrich Himmler im Hauptamt SS statt. Als Direktor des KWI für Züchtungsforschung nahm Rudorf dabei eine prominente Rolle ein, auch als die Kautschukforschung 1944 von Müncheberg nach Auschwitz verlagert wurde, wie aus dem folgenden Aktenvermerk hervorgeht:

Seitens der Zuchtstation Auschwitz wird die gewählte kriegsmässige Form der Zusammenarbeit als eine Zusammenlegung einer Abteilung des Kaiser-Wilhelm-Instituts für Züchtungsforschung mit der Station Auschwitz betrachtet, d. h., es verbleibt weiterhin die wissenschaftliche Steuerung, Beratung und Anregung durch den Direktor

---

792 Vgl. dazu Acker: Hierarchies, Jobs, Bodies, 1990, 139–158, 142.
793 https://www.mpg.de/short-portrait. Zuletzt aufgerufen am 15. Februar 2020.
794 Rudorf war Mitglied der NSDAP (Mitgliedsnummer 5.716.883; vgl. dazu BArch NSLB-Kartei) und Fördermitglied der SS. Er wurde 1946 dennoch ohne Weiteres entnazifiziert; vgl. dazu etwa Heim: »Die reine Luft der wissenschaftlichen Forschung«, 2002; Hachtmann: Wissenschaftsmanagement im »Dritten Reich«, 2007, 1114. Rudorf leitete von 1936 bis zu seiner Emeritierung 1961 das KWI bzw. MPI für Züchtungsforschung (seit 2009: MPI für Pflanzenzüchtungsforschung).
795 Schiemann an Hahn, 22. August 1946, Bl. 5 recto, AMPG, III. Abt., Rep. 14, Nr. 3911.

des Kaiser-Wilhelm-Instituts für Züchtungsforschung, Herrn Professor Rudorf, der in seiner Eigenschaft auch als wissenschaftlicher Obmann der Gruppe Züchtung und Grundlagenforschung der Dienststelle des Reichsführer SS als Sonderbeauftragter für Planzenkautschuk sich zu Verfügung stellt.[796]

Zur Ernte auf den Kok-Saghys-Feldern wurden nicht nur Frauen, sondern auch viele Kinder zur Zwangsarbeit verpflichtet.[797] Klaus von Rosenstiel war 1941 vom KWI in Müncheberg in das Reichsministerium für die besetzten Ostgebiete gewechselt, wo er die Gruppe Pflanzenzucht leitete.[798]

Doch nicht nur verliefen die Nachkriegskarrieren der männlichen Kollegen ohne Brüche, dank ihrer bewährten »habituellen und politischen Elastizität«[799] waren sie auch bald schon wieder in Positionen, die ihnen erlaubten, die berufliche Entwicklung der Kolleginnen ohne Ansehen von wissenschaftlichem Ruf und politischem Standing zu behindern. Insbesondere Rudorf,[800] aber auch Hans Stubbe[801] gelang es, Schiemanns Bemühungen zu vereiteln, ein eigenes Institut zur Geschichte der Kulturpflanzen in Dahlem zu etablieren. Gewiss, im Vergleich zu manchen Kolleginnen ist die Nachkriegskarriere von Elisabeth Schiemann erfolgreich verlaufen. Doch zu Recht maß sich die damals 65-jährige Genetikerin, deren herausragende fachliche Kompetenz unbestritten war, an ihren männlichen Kollegen, von denen einige zudem massiv politisch belastet waren.

Im Prinzip ging es bei der Auseinandersetzung darum, wer fortan die biologische und genetische Forschung in Deutschland bestimmen würde.[802] Ab 1948 hatte sich Schiemann zusammen mit ihrem ehemaligen Schüler Hermann

796 Aktenvermerk, unterzeichnet von Rudorf, [Hans] Stahl, [Joachim] Caesar und [Richard Werner] Böhme, Müncheberg, 18. Februar 1944, Bundesarchiv Berlin, NS 19/3919, Aufn. 91–93, zitiert nach Heim: *Kalorien, Kautschuk, Karrieren*, 2003, 169–170.

797 Heim: *Kalorien, Kautschuk, Karrieren*, 2003, 152–161.

798 Ausführlich zu Rosenstiel: ebd., 229–237.

799 Vgl. dazu auch Hachtmann: *Wissenschaftsmanagement im »Dritten Reich«*, 2007, 48. Hachtmann bezieht sich mit diesem Wort explizit auf Ernst Telschow.

800 Rudorf an Rajewksy, Vorsitzender der BMS des WR der MPG zur Förderung der Wissenschaften, 27.4.1953, AMPG, II. Abt., Rep. 66, Nr. 4885, fol. 463–464; Rudorf an Telschow, 30.4.1953, AMPG, II. Abt., Rep. 66, Nr. 4885, fol. 465; Rudorf an Geheimrat Dr. Kissler, Vorsitzender des Vorstandes der Landwirtschaftlichen Rentenbank, 5.5.1953, AMPG, II. Abt., Rep. 66, Nr. 4885, fol. 461. – Hermann Kissler war Senator der MPG.

801 Forstmann an Benecke, 9. März 1953. AMPG, II. Abt., Rep. 66, Nr. 4885, fol. 517–518. In dem Schreiben informiert Walter Forstmann Otto Benecke über Stubbes ablehnende Haltung zu einer »Verschmelzung seines [Stubbes] künftigen Instituts mit dem vom Kuckuck-Schiemann«.

802 Vgl. dazu auch das Schreiben von Elisabeth Schiemann am 2. Oktober 1947 an Otto Hahn, AMPG, IX. Abt., Rep. 1: Rosenstiel, Klaus v. (1947) – Vgl. dazu Heim: *»Die reine Luft der wissenschaftlichen Forschung«*, 2002, 34; Schüring: Ein »unerfreulicher Vorgang«, 2002, 280–299, insbesondere 286–288.

Kuckuck[803] darum bemüht, ein Institut auf dem Gelände des ehemaligen KWI für Biologie in Dahlem zu etablieren.[804] Dass Kuckuck dabei auch seine eigene Agenda verfolgte, geht aus dessen Korrespondenz mit den Direktoren des Tübinger MPI für Biologie hervor; sie darzustellen würde hier aber zu weit führen.[805] Seine Haltung kommt in einem Schreiben an Ernst Telschow zum Ausdruck, in dem er vorschlug, es sei »die beste Lösung, wenn ich mich mit Frau Professor Schiemann in einem Institut zusammenfände. Da Frau Professor Schiemann bereits 71 Jahre ist, nehme ich an, dass sie sich bald wird emeritieren lassen.«[806] Die geplante Institutsgründung scheiterte jedoch maßgeblich an internen Widerständen: Wie bereits 1939 intervenierten sowohl Rudorf als auch Hans Stubbe gegen die Gründung des Instituts unter Leitung von Schiemann.[807] Selbst ein gemeinsam von Kuckuck und Schiemann geführtes »Institut für angewandte Genetik«, wie auf der Sitzung der Berliner Kommission am 8. Januar 1953 vorgeschlagen und von allen Kommissionsmitgliedern befürwortet, war nicht durchzusetzen.[808] Rudorf bezeichnete den Beschluss der Kommission als »überraschend und befremdend, weil Senat und Wissenschaftlicher Rat der Gesellschaft auf dem Gebiete der Züchtungsforschung an Kulturpflanzen bisher das Bestreben hatten, die [...] entstandenen Neugründungen alle in einem Institut, dem jetzigen Max-Planck-Institut für Züchtungsforschung zu vereinigen.« Seiner Meinung nach sei der Beschluss »weder persönlich noch sachlich gerechtfertigt«.[809]

Damit war entschieden, wer die bereits angesprochene Deutungshoheit über die Züchtungsforschung in Nachkriegsdeutschland haben würde. Schiemann

803 Kuckuck wurde als Professor und Direktor des Instituts für Pflanzenzüchtung der neu gegründeten Landwirtschaftlichen Fakultät der Martin-Luther-Universität Halle-Wittenberg berufen. 1948 erfolgte seine Ernennung zum Direktor der Zentralforschungsanstalt für Pflanzenzucht (Erwin-Baur-Institut) in Müncheberg, verbunden mit einer persönlichen Professur für Pflanzenzüchtung an der Humboldt-Universität zu Berlin.
804 Vgl. dazu die umfangreiche Korrespondenz in AMPG, II. Abt., Rep. 66, Nr. 4885.
805 Vgl. dazu exemplarisch das Schreiben von Kuckuck an Max Hartmann vom 19. Dezember 1951, in dem er betont, dass es nie sein Interesse gewesen sei, ein eigenes Institut zu gründen. Vielmehr sollte dieses immer nur als »Aussenstelle bzw. Abteilung in Dahlem erstrebt werden, die der Biologie in Tübingen anzugliedern wäre, falls Sie und die anderen Kollegen damit einverstanden« wären, AMPG, II. Abt., Rep. 66, Nr. 4885, fol. 633.
806 Kuckuck an Telschow vom 13. September 1952 per Luftpost aus Teheran, AMPG, II. Abt., Rep. 66, Nr. 4885, fol. 593.
807 Georg Melchers berichtete Kuckuck, dass vor allem Stubbe und Rudorf sowie die Generalverwaltung der MPG gegen das geplante Institut seien; Melchers an Kuckuck, 9. September 1953, AMPG, III. Abt., Rep. 75, Nr. 6, fol. 174–175.
808 Forstmann an Benecke, 9. März 1953, AMPG, II. Abt., Rep. 66, Nr. 4885, fol. 513–514.
809 Rudorf an Geheimrat Dr. Kissler, Vorsitzender des Vorstandes der Landwirtschaftlichen Rentenbank, 5. März 1953, AMPG, II. Abt., Rep. 66, Nr. 4885, fol. 461. Inhaltlich deckt sich das mit einem Schreiben von Rudorf an Rajewsky vom 27.4.1953. Sein, Rudorfs Institut sei der Hort der Züchtungsforschung, eine weitere westdeutsche Dependance werde nicht gebraucht. AMPG, II. Abt., Rep. 66, Nr. 4885, fol. 463–464. – Hermann Kissler war Senator der MPG.

wurde so, wie Annette Vogt es ausdrückte, ein zweites Mal um ein eigenes Institut zur Geschichte der Kulturpflanzen geprellt.[810] Das Scheitern ihres Vorhabens kommentierte Rudorf maliziös in einem Schreiben an Telschow, er gewänne »den Eindruck, dass Frau Prof. Schiemann über das Scheitern ihres ursprünglichen Planes (Projekt Kuckuck) derartig verbittert« sei, und er seine »Verwunderung darüber nicht unterdrücken« könne, dass »Frau Prof. Schiemann in dieser Angelegenheit derartig unsachlich vorgeht«.[811] Von 1952 bis zu ihrer Emeritierung 1956 führte Schiemann die *Forschungsstelle* für Geschichte der Kulturpflanzen in der MPG.

Die Brüche in den Nachkriegskarrieren einiger Wissenschaftlerinnen verweisen auf betriebliche Organisationsformen und hierarchische Konstellationen, die den jeweiligen Direktoren Spielräume eröffnet haben, deren Ausgestaltung qua Harnack-Prinzip allein ihnen oblag. So etwa auch im Fall von Anneliese Maier: Ihre wissenschaftliche Exzellenz wurde anerkannt, indem sie 1954 zum Wissenschaftlichen Mitglied der Max-Planck-Gesellschaft berufen wurde. Wohlgemerkt: der Max-Planck-Gesellschaft – nicht der im Vorjahr unter dem Dach der MPG wiedereröffneten Bibliotheca Hertziana.[812] Denn ungeachtet ihrer wissenschaftlichen Qualifikation scheiterte ihre neuerliche Anstellung am MPI für Kunstgeschichte in Rom am Veto des neuen Institutsdirektors Metternich.[813] Dessen alleinige Verfügungsgewalt, die ihm das Harnack-Prinzip zugestand, machte Maiers Pläne für eine Abteilung »Geschichte der Kunst- und Geistesgeschichte im Mittelalter« zunichte, für die sie ein innovatives Forschungsprogramm vorgelegt hatte.[814]

Um dieses Phänomen, also die Allmacht, gestandene Kolleginnen ohne Ansehen ihrer wissenschaftlichen Qualifikation zu benachteiligen, genauer zu ergründen, wird im Folgenden exemplarisch das Berufungsverfahren von Else Knake zum Wissenschaftlichen Mitglied – und darin insbesondere die Arbeitsbeziehungen zu Hans Nachtsheim und Otto Warburg – auf Anhaltspunkte für geschlechtsspezifische personalpolitische Kriterien und Entscheidungsprozesse

---

810 Vogt: *Vom Hintereingang zum Hauptportal?*, 2007, 419.

811 Rudorf an Telschow, 25. März 1955, AMPG, II. Abt., Rep. 66, Nr. 4885, fol. 310.

812 Den Antrag hatte Georg Schreiber gestellt, da Metternich sich geweigert hatte: »Da Graf Metternich einen Antrag auf Ernennung von Frau Maier zum Wissenschaftlichen Mitglied nicht stellen will, weil ihr Arbeitsgebiet nicht zum Arbeitsgebiet der Bibliotheca Hertziana gehört, müsste ein entsprechender Antrag wohl von einem anderen Mitglied der Geisteswissenschaftlichen Sektion gestellt werden«. Aktennotiz Telschow, Betr.: Bibliotheca Hertziana – Frau Professor Armeliese Maier – Ernennung zum Wissenschaftlichen Mitglied, 12. August 1954, AMPG, II. Abt., Rep. 62, Nr. 1933, fol. 39.

813 Wie Annette Vogt beschreibt, begnügte sich Metternich nicht damit, Maiers Anstellung am Institut zu verhindern, sondern tilgte auch ihren Namen aus der Institutschronik. Vogt: Von Berlin nach Rom, 2004, 391–414, 402.

814 Dies hatte sie in ihrer Denkschrift über eine »moderne Wissenschaftsgeschichte« und deren Kontextualisierung 1954 formuliert; Anneliese Maier, Denkschrift, 12. März 1954, Personalakte Maier, AMPG, III. Abt., Rep. 67, Nr. 977.

analysiert. Dies geschieht überwiegend auf Grundlage von Akten aus den Berufungskommissionen.[815] Das Beispiel Knake bietet sich an, weil hier nicht nur verschiedene wichtige Protagonisten und Widersacher aktiv geworden sind, sondern die Folgen auch besonders gravierend waren: Am Ende eines gut acht Jahre dauernden Verfahrens mit unterschiedlichen Interventionen von außen wurde Knake letztlich nicht zum Wissenschaftlichen Mitglied berufen.

3.5.2.2 Else Knake und die »Berliner Herren«

Else Knake leitete ab 1943 die Abteilung für Gewebezüchtung an Butenandts Institut für Biochemie. Das komplizierte Arbeitsverhältnis zwischen ihr und Butenandt ist bereits dargelegt worden.[816] Eine erste Weichenstellung in Richtung Abstellgleis fand bereits Ende 1944 statt, als Butenandt bei seiner Übersiedlung nach Tübingen die Führung seines Berliner Restinstituts nicht ihr, sondern seinem *Doktoranden* Günther Hillmann übertrug, obwohl dieser weder annähernd so qualifiziert noch leitungserfahren war wie sie.

Im August 1946 wurde Knake als erste Frau erst zur kommissarischen Dekanin, ab Oktober 1946 zur Prodekanin der Medizinischen Fakultät der Berliner Universität berufen. Aufgrund politischer Differenzen mit Rektor Johannes Stroux wurde sie am 11. Februar 1947 als Prodekanin abgesetzt und schied 1948 ganz aus der Berliner Universität aus.[817] In der Transferphase von der Deutschen Forschungshochschule in die Max-Planck-Gesellschaft leitete sie bis 1953 ihr eigenes Institut (das zum Teil als Gastabteilung an andere Institute assoziiert war), als gegen ihren ausdrücklichen Wunsch dieses als Abteilung für Gewebeforschung bzw. Gewebezüchtung an Hans Nachtsheims MPI für vergleichende Erbbiologie und Erbpathologie angeschlossen wurde.[818] Die Auseinandersetzung mit Nachtsheim ging zurück auf diese Zusammenlegung.

---

815 Carola Sachse hat die große Effizienz eines Teils dieses Netzwerks, der »Tübinger Herren«, wie die Direktoren in der französischen Besatzungszone genannt wurden, dargestellt. Wenn es um einen der ihren ging, erwies sich dieses Netzwerk als ausgesprochen inklusiv. Hierbei sei insbesondere auf die Nachkriegskarrieren von Verschuer und Nachtsheim hingewiesen – im Vergleich zu denen ihrer politisch unbelasteten Kolleginnen. Sachse: »Persilscheinkultur«, 2002, 217–246. Auf diesen Männerbund rekurriert auch der Titel des nächsten Unterkapitels, mit der Rede von den »Berliner Herren«.

816 Siehe dazu Kapitel 3.4.6.

817 Der Berliner Pathologe Froboese erinnerte sich 1953: »Die Berliner medizinische Öffentlichkeit weiß, daß die damaligen Studenten ihre für sie eintretende Dekanin liebten, aber ohnmächtig zusehen mußten, wie sie sie verloren, weil sie sich, ohne an die eigene Person zu denken, hinter sie stellte.« Froboese an Rajewsky, 23. April 1953, AMPG, II. Abt., Rep. 62, Nr. 979, fol. 160.

818 Der Zoologe und Genetiker Nachtsheim war 1946 bis 1949 Professor für Genetik und Direktor des Instituts für Genetik der Berliner Universität. 1949 wurde er auf einen Lehrstuhl für Allgemeine Biologie an der FU Berlin berufen und gehörte dort zu den

Den Gremienprotokollen ist zu entnehmen, dass ab 1953 in der Biologisch-Medizinischen Sektion (BMS) kontinuierlich Versuche unternommen wurden, Knake zum Wissenschaftlichen Mitglied zu berufen. Doch die Vorschläge fanden letztlich keine Mehrheit, obwohl sich 1954 Boris Rajewsky, damals Vorsitzender des Wissenschaftlichen Rats,[819] 1955/56 Präsident Hahn und 1961, bei der Wiederaufnahme des Verfahrens, selbst ihr langjähriger Gegenspieler, der neue Präsident Butenandt für sie einsetzten. Ihre verbissenen Widersacher Nachtsheim und Warburg konnten ihren Ausschluss durchsetzen.

Auf ihrer Sitzung am 8. Januar 1953 in Göttingen hatte die Berliner Senatskommission der MPG die Zusammenlegung der Institute von Knake und Nachtsheim beschlossen:

> Institut für vergleichende Erbbiologie und Erbpathologie der Deutschen Forschungshochschule (Prof. NACHTSHEIM). Das Institut erhält eine neue Abteilung unter der Leitung von Professor Herbert LÜERS. Das bisherige Institut für Gewebeforschung der Deutschen Forschungshochschule (Frau Prof. KNAKE) wird dem Institut als selbständige Abteilung für Gewebezüchtung angeschlossen.[820]

Dagegen hatte Knake protestiert und einen Revisionsantrag gestellt,[821] der darauf abzielte, »nach Möglichkeit eine eigene Forschungsstelle in der MPG unter ihrer Leitung zu gründen, sollte das nicht möglich sein, bei dem Anschluß an das Institut von Prof. NACHTSHEIM dessen Institutsnamen zu ändern in ›MPI für vergleichende Erbbiologie-Pathologie und für Gewebeforschung‹«.[822] Eine Änderung des Institutsnamens kam jedoch für Nachtsheim unter gar keinen Um-

Gründern des Instituts für Genetik, das er bis zu seiner Emeritierung als Professor 1955 leitete. Gleichzeitig war er Direktor des Instituts für vergleichende Erbbiologie und Erbpathologie der Deutschen Forschungshochschule, das nach dem Krieg aus Nachtsheims Abteilung am KWI-A hervorgegangen war und das 1953 der Max-Planck-Gesellschaft angegliedert wurde. Dieses Institut für vergleichende Erbbiologie und Erbpathologie der Max-Planck-Gesellschaft leitete er von 1953 bis 1960. – Ausführlich zu Nachtsheim vgl. Schwerin: *Experimentalisierung des Menschen*, 2004; Schmuhl: Rasse, Rassenforschung, Rassenpolitik, 2003, 7–37.

819 Der Biophysiker und Strahlenforscher Rajewsky war von 1937 bis 1966 Direktor des Instituts für Biophysik.

820 Sitzung der Berliner Senatskommission der Max-Planck-Gesellschaft am 8. Januar 1953 in Göttingen. Beschlüsse betreffend die Zusammenlegung der Dahlemer biologischen Institute der Deutschen Forschungshochschule bei Übernahme in die Max-Planck-Gesellschaft, Kommission Else Knake, AMPG, II. Abt., Rep. 62, Nr. 1287, fol. 148. – Die Hervorhebungen, auch in den folgenden Zitaten, stammen ausnahmslos aus den Originalen.

821 Vgl. dazu beispielsweise Schreiben von Rajewsky an Hartmann, Kühn, Melchers und Nachtsheim, Betr.: Frau Professor Dr. Else Knake, 3. September 1953, AMPG, II. Abt., Rep. 62, Nr. 979, fol. 156.

822 Niederschrift über eine Besprechung mit Frau Professor Knake in Anwesenheit von Herrn Dr. Benecke, Herrn Prof. Nachtsheim, Herrn Dr. Forstmann, Herrn Pfuhl, Herrn Seeliger, 24. Juni 1953, Göttingen, Kommission Else Knake, AMPG, II. Abt., Rep. 62, Nr. 1287, fol. 146.

ständen infrage. Im Januar 1953 äußerte er sich in einem Schreiben an Rajewsky dazu, indem weitere Aspekte erkennen lassen, weshalb Nachtsheim sich so vehement der Berufung Knakes als WM widersetzte. Der Duktus seines Schreibens vermittelt einen Einblick in Nachtsheims Selbstverständnis und Habitus:

Sie gab mir ausserdem Kenntnis von einem an Sie gerichteten Schreiben mit einem entsprechenden Antrag. In diesem Briefe sagt sie, dass, falls ihr bisheriges Institut nicht als selbständiges Institut bei Überführung in die MPG weiterbestehen kann, sondern entsprechend den Göttinger Beschlüssen in mein Institut eingegliedert werden soll, der Name meines Instituts in »Institut für vergleichende Erbbiologie und Erbpathologie und Gewebeforschung« abgeändert werden möge. Ich habe Frau KNAKE schon vor Niederschrift ihres Briefes gesagt, dass ich mit dieser Namensänderung nicht einverstanden sein würde. Nachdem sie aber trotzdem diesen Antrag gestellt hat, möchte ich ausdrücklich betonen, dass ich mein Einverständnis zu einer solchen Namensänderung nicht geben könnte.[823]

Anschließend echauffierte er sich darüber, dass Knake in ihrem Antrag vorgeschlagen habe, ihn, Nachtsheim, zum geschäftsführenden Direktor seines eigenen Instituts zu machen. »Das soll offenbar heissen, dass sie 2. Direktor werden möchte. Auch damit könnte ich mich nicht einverstanden erklären.«[824] Es ging um Hierarchie und Machtbefugnisse. Auf den Umstand, dass auch Knake zuvor ein eigenes Institut geleitet hatte, das nun als Abteilung in seinem aufgegangen war, ihr Protest dagegen vorrangig dem Bemühen um ihre wissenschaftliche Autonomie geschuldet ist, das ignorierte er vollständig. Und mit einer diskursiven Figur, die immer wieder in Korrespondenzen in diesem Kontext auftaucht, versuchte er, sein partikulares als das allgemeine darzustellen – er glaube, »dass eine solche Änderung auch nicht im Sinne der Kommissionsmitglieder sein würde«.[825]

Hinter den Kulissen bemühten sich derweil Generalsekretär Benecke und Präsident Telschow seitens der Generalverwaltung und Boris Rajewsky als Vorsitzender des Wissenschaftlichen Rats zu vermitteln, jedoch ohne Erfolg. Im Herbst desselben Jahres schrieb Knake an Nachtsheim:

Sehr geehrter Herr Nachtsheim! Wie ich erfahre, haben Sie in Kreisen der Max-Planck-Gesellschaft geäussert, Sie hätten sich »mit Händen und Füßen« gegen den Anschluss meines Institutes an Ihr Institut gewehrt. Es freut mich, dass Sie sich meiner Auffassung angeschlossen haben. Tatsächlich wäre es für mich kaum verständlich, wenn Sie weiterhin mit dieser Lösung einverstanden gewesen wären. Sie wissen, dass ich von Anfang an vor Ihnen und dem wissenschaftlichen Rat mündlich und schriftlich Einspruch erhoben habe und meinen Protest Ende Juni in Dahlem in Ihrer Gegenwart vor Herrn Dr. BENECKE wiederholt habe. Jetzt habe ich Herrn Professor HAHN gebeten,

---

823 Nachtsheim an Rajweski, Januar 1953, Kommission Else Knake, AMPG, II. Abt., Rep. 62, Nr. 1287, fol. 306.
824 Ebd.
825 Ebd.

seinen Einfluss als Präsident der Max-Planck-Gesellschaft dahin geltend zu machen, dass in absehbarer Zeit eine für uns beide tragbare Lösung herbeigeführt wird. Ich bin sicher, dass Sie diesen Schritt begrüssen und mit mir wünschen, dass sich Herr Professor HAHN unserer übereinstimmenden Auffassung nicht verschliessen möchte.«[826]

Im Juli 1954 notierte Benecke: »Herr Professor Rajewsky hat Herrn Professor Nachtsheim mitgeteilt, dass er sich für die Ernennung von Frau Knake zum Wissenschaftlichen Mitglied aussprechen würde, und hat um Herrn Nachtsheims Hilfe gebeten.«[827] Nachtsheim zeigte sich offenbar unbeeindruckt davon, wie aus einem Aktenvermerk im April 1955 hervorgeht:

Herr Prof. Nachtsheim erläuterte seine Bedenken hierzu. Er hat die Absicht, in nicht allzulanger Zeit für Herrn Prof. Lüers den Antrag auf Ernennung zum Wissenschaftlichen Mitglied seines Instituts zu stellen. Er hat Sorge, dass ihm der Antrag für Prof. Lüers vielleicht später mit der Begründung abgelehnt würde, dass er bereits ein Wissenschaftliches Mitglied (Frau Prof. Knake) in seinem Institut hätte. Aus diesem Grunde könnte er sich schwer entschliessen, den Antrag für Frau Prof. Knake zu stellen.[828]

Da jedoch die Frage eines Numerus clausus für Wissenschaftliche Mitglieder aufgrund fehlender Einmütigkeit der betreffenden Kommissionen noch nicht beschlossen war, bat Benecke Nachtsheim, erneut zu prüfen, »ob nicht die Möglichkeit einer Antragstellung für Frau Prof. Knake in irgendeiner Form gegeben« sei.[829]

Am 1. Mai 1955 erschien in den *Mitteilungen für Dozenten und Studenten* der Freien Universität Berlin die Meldung, »Frau Professor Dr. med. *Else Knake*, Leiterin der Abteilung für Gewebeforschung in der Max-Planck-Gesellschaft, wurde am 22. Dezember 1954 zum Honorarprofessor an der Freien Universität Berlin für das Fach ›Pathologische Anatomie‹ ernannt.«[830] Eine Meldung, die Nachtsheim in Harnisch versetzte. In einem Schreiben vom 10. Mai 1955 beschuldigte er Knake, diese Meldung absichtlich in der Presse lanciert zu haben. Darüber wolle er nun den Wissenschaftlichen Rat der MPG informieren und auch die Medizinische Fakultät der FU.[831] Zwei Tage später wandte er sich an Benecke, um ihm seine Entrüstung über die von Knake benutzte Formulierung »Abteilung für Gewebeforschung in der Max-Planck-Gesellschaft« kundzutun, die aus seiner Sicht falsch sei, da es eine solche Abteilung nicht in der MPG,

---

826 Knake an Nachtsheim, 12. Oktober 1953, AMPG, II. Abt., Rep. 62, Nr. 1287, fol. 233.

827 Memo von Otto Benecke vom 13. Juli 1954, AMPG, II. Abt., Rep. 62, Nr. 1933, fol. 31.

828 Auszugsweise Abschrift aus Aktenvermerk über Besprechung in der Verwaltungsstelle Berlin am 23. April 1955, AMPG, II. Abt., Rep. 62, Nr. 1933, fol. 137.

829 AMPG, II. Abt., Rep. 62, Nr. 1933, fol. 137.

830 Mitteilungen für Dozenten und Studenten der Freien Universität Berlin, Nr. 42, 1. Mai 1955, AMPG, II. Abt., Rep. 62, Nr. 1287, fol. 182 verso.

831 Nachtsheim an Knake, 10. Mai 1955, AMPG, II. Abt., Rep. 62, Nr. 1287, fol. 175.

sondern nur an seinem Institut gebe.[832] Insgesamt, so Nachtsheim weiter, nehme Knake ihm gegenüber eine »äusserst feindliche und aggressive Haltung ein und bedient sich dabei Methoden, die ich als eines Akademikers nicht anders denn als unwürdig bezeichnen kann«. Als besonders empörend empfand er den in seinen Augen ungehörigen Undank Knakes, weil doch Benecke »und alle, die seinerzeit bei der Sitzung in Göttingen [am 8. Januar 1953] anwesend waren«, wüssten, dass er seine Zustimmung »einzig und allein aus dem Grunde gegeben habe, um für Frau KNAKE überhaupt eine Möglichkeit zu schaffen, in die Max-Planck-Gesellschaft aufgenommen zu werden«.[833] Knake antwortete auf die Vorwürfe am 16. Mai: »Selbstverständlich habe ich die Notiz über eine Honorarprofessur nicht in die Presse gebracht. – Bei einiger Menschenkenntnis wird jeder wissen, wer von uns beiden jedes Auftreten in der Öffentlichkeit meidet.«[834]

Der Streit mit Nachtsheim war jedoch nicht das einzige Problem, mit dem Knake sich konfrontiert sah. Dringend benötigte Mittel wurden ihr versagt bzw. sie wurde vertröstet, wie aus einem Schreiben Hahns hervorgeht: »Leider können wir Ihnen zurzeit keine Zusage geben. Wie Sie sicherlich wissen, wird unter anderem die Meinung vertreten, dass Ihre derzeitigen Arbeitsmöglichkeiten an sich ausreichend sind, insbesondere wenn Sie sich wieder ausschliesslich der Gewebezüchtung zuwenden.«[835] Das führte sie in den Teufelskreis, dass Geld erst fließen würde, wenn sie WM wäre, WM würde sie jedoch erst, wenn ihre Arbeiten allgemein anerkannt wären, für diese Forschung bräuchte sie aber mehr Geld – ein Dilemma, das auch ein Schreiben von Telschow an Rajewsky illustriert: »Wir möchten die Diskussion über diese sehr weitgehenden Wünsche erst aufnehmen, wenn die Ernennung von Frau Professor Knake zum Wissenschaftlichen Mitglied beschlossen ist. Glauben Sie, dass diese Angelegenheit bis zum Oktober dieses Jahres, dem Termin für unsere Haushaltsvoranschläge 1956, spruchreif sein kann?«[836] Rajewsky antwortete ihm, er sehe das nicht, weil es satzungsgemäß notwendig sei, dass der Institutsdirektor den Antrag an die Sektion stelle, also Nachtsheim. Der habe ihm versichert, dies nicht zu tun. Und auch bei der Sektion sei keine hinreichende Mehrheit für Knakes Ernennung zu erwarten. Sie werde sich also gedulden müssen.[837]

832 Nachtsheim an Benecke, 12. Mai 1955, AMPG, II. Abt., Rep. 62, Nr. 1287, fol. 181. – Das Schreiben ging in Kopie auch an Rajewsky.

833 Ebd.

834 Aktennotiz Else Knake, 16. Mai 1955, AMPG, II. Abt., Rep. 62, Nr. 1287, fol. 172.

835 Hahn an Knake, 27. Juni 1955, Kommission Else Knake, AMPG, II. Abt., Rep. 62, Nr. 1287, fol. 165. Vgl. dazu auch ihre dringlichen Schreiben an Telschow, Präsident Hahn und berichterstattend an Rajewsky 1956, AMPG, II. Abt., Rep. 62, Nr. 1287, fol. 152–160.

836 Schreiben von Telschow an Rajewsky vom 20. September 1955, AMPG, II. Abt., Rep. 62, Nr. 1287, fol. 166. – Im Oktober 1955 fand die nächste Senatssitzung statt.

837 Rajewsky an Telschow, VERTRAULICH!, 23. Oktober 1955, Kommission Else Knake, AMPG, II. Abt., Rep. 62, Nr. 1287, fol. 162.

Im Juni 1956 schrieb Benecke an Nachtsheim, dass auf der »vorletzten Sitzung« des Senats Präsident Telschow bekannt gegeben habe, dass er »nunmehr die Sektion bäte, sie [Knake] zum Wissenschaftlichen Mitglied zu ernennen«. Er habe jedoch auf der Sektionssitzung am 11. Juni feststellen müssen, dass der entsprechende Antrag des Institutsdirektors [Nachtsheim] noch nicht vorliege. Er rief Nachtsheim in Erinnerung, man habe in Berlin darüber gesprochen, dass »der Ernennung zum Wissenschaftlichen Mitglied« seitens Nachtsheim nichts mehr im Wege stehe, und forderte ihn unmissverständlich auf, »den Antrag nunmehr zu stellen«.[838] Was offensichtlich dennoch nicht passierte, wie aus einem Aktenvermerk von Hans Ballreich im Januar 1958 hervorgeht, der sich auf einen Besuch von Gunther Lehmann in Berlin bezog.[839] Letzterer war von der guten Arbeit, die in Knakes Abteilung geleistet wurde, beeindruckt und übermittelte deren Frustration über ihre immer noch nicht erfolgte Berufung:

Frau Knake hat sich bei ihm darüber beklagt, daß ihr Verhältnis zur Max-Planck-Gesellschaft nach wie vor ein ungeklärtes sei, und dabei ihre Auffassung wiederholt, daß sie nach dem Abkommen zwischen Max-Planck-Gesellschaft und Berlin mindestens die Stellung einer selbständigen Abteilungsleiterin erlangt habe. Wenn aber die Max-Planck-Gesellschaft selbst, wie das geschehen sei, ihre Forschungsvorhaben laufend wesentlich unterstütze, könne man auf der anderen Seite nicht behaupten, daß sie den Anforderungen, die man an ein Wissenschaftliches Mitglied stellt, nicht genüge, da ja sonst die Max-Planck-Gesellschaft sehr erhebliche Gelder in eine wissenschaftlich nicht hinreichend qualifizierte Forscherin investieren würde.«[840]

Weitere Monate vergingen, ohne dass sich Knakes Status veränderte. Im Juli äußerte Werner Koll, Direktor des Göttinger MPI für experimentelle Medizin und wie Knake Vollmediziner, sein Unverständnis über den Umgang mit der Kollegin: »Auf Grund des Aktenstudiums ist Herr KOLL der Ansicht, daß Frau Professor KNAKE erstens formal Unrecht geschehen ist, zweitens, daß ihre wissenschaftlichen Leistungen nicht entsprechend gewürdigt worden sind.«[841] Anfang September schrieb auch Lehmann nachdrücklich an Nachtsheim:

Ich habe übrigens vor, in der Sektionssitzung auch die Angelegenheit Frau KNAKE anzuschneiden. Ich empfinde die jetzige Regelung als für alle Beteiligten unerfreulich. Sie ist auch nicht mit den Satzungen und sonstigen Gepflogenheiten der Max-Planck-Gesellschaft in Einklang zu bringen. Zu welcher Endlösung [sic!] man kom-

---

838 Benecke an Nachtsheim, 18. Juni 1956, AMPG, II. Abt., Rep. 62, Nr. 1934, fol. 103.
839 Ballreich war Mitarbeiter des MPI für ausländisches öffentliches Recht und Völkerrecht in Heidelberg. Von 1962 bis 1966 war er Generalsekretär der MPG. – Lehmann war von 1948 bis 1967 Direktor des MPI für Arbeitsphysiologie und zum damaligen Zeitpunkt Vorsitzender der BMS.
840 Aktenvermerk Ballreich, 24. Januar 1958, AMPG, II. Abt., Rep. 66, Nr. 1351, fol. 130.
841 Aktennotiz Besprechung mit Professor KOLL am 17. Juli 1958 in Hannover betr. Frau Professor KNAKE, Berlin, AMPG, II. Abt., Rep. 62, Nr. 1287, fol. 130.

men kann, weiß ich noch nicht; aber es scheint mir auf jeden Fall erforderlich, diese Abteilung wieder von Ihrem Institut abzutrennen und einem anderen Institut anzugliedern.[842]

Auf dieser Sitzung der BMS am 14. Oktober 1958 wurde eine neue Kommission gebildet, die sich um die Wiederaufnahme des Berufungsverfahrens Knake kümmern sollte. Vertreten waren dort der stellvertretende Sektionsvorsitzende Hans Bauer vom Wilhelmshavener MPI für Meeresbiologie, Butenandt, Koll, Lehmann, Rajewsky, Gerhard Schramm und Werner Schäfer, beide vom Tübinger MPI für Virusforschung, sowie Otto Warburg.[843] Warburgs Beteiligung war vor allem Nachtsheim ein Anliegen gewesen, unter Hinweis darauf, dass Warburg und ihm die Vertretung der Berliner Institute wichtig erscheine, da Knake »ursprünglich dem Institut von Herrn WARBURG angehörte«.[844]

Selbst im per se exklusiven Olymp der MPG-Direktoren war der Biochemiker Otto Warburg eine extravagante, schillernde Erscheinung.[845] Für seine Entdeckung der »nature and mode of action of the respiratory enzyme« hatte er 1931 den Nobelpreis in Physiologie oder Medizin erhalten; in seiner Tumorforschung etablierte er den nach ihm benannten Effekt (bei dem es sich um die bei vielen Krebszellen beobachtete Veränderung des Glukose-Stoffwechsels handelt), wenngleich seine ursprüngliche Hypothese, der zufolge der *Warburg-Effekt* die Ursache der Krebsentstehung sei, inzwischen überholt ist. Und dann war da nicht zuletzt noch der faszinierende Umstand, dass Warburg als – wenn auch nicht offen – homosexueller Mann jüdischer Herkunft nahezu unbehelligt von den Nazis das 1930 von ihm gegründete Institut für Zellphysiologie durch die NS-Zeit bis zu seinem Tod 1970 als Direktor leitete.[846] Ihr zerrüttetes Verhältnis zu Warburg kommentierte Knake Lehmann gegenüber lakonisch nur mit dem Satz: »Ich darf als bekannt voraussetzen, daß ich mich von Prof. Warburg trennte, weil ich mich mit seinem Sekretär Herrn Heiß überworfen habe.«[847]

842 Lehmann an Nachtsheim, 4. September 1958, Kommission Else Knake, AMPG, II. Abt., Rep. 62, Nr. 1287, fol. 128.
843 Vgl. dazu auch Lehmann an Warburg, 23. Oktober 1958, AMPG, II. Abt., Rep. 62, Nr. 1287, fol. 123.
844 Nachtsheim an Lehmann am 13. Oktober 1958, AMPG, II. Abt., Rep. 62, Nr. 1287, fol. 126.
845 Zu Warburg vgl. beispielsweise Krebs: Otto Warburg, 1978, 79–96; Krebs: *Otto Warburg*, 1979; Kiewitz: Max-Planck-Institut für Zellphysiologie Berlin, 2010, 242–251.
846 Einen außergewöhnlichen Einblick in Warburgs Umgang mit den Denunziationen gegen ihn bietet die Auswertung seiner privaten Tagebuchnotizen. Vgl. Nickelsens: Ein bisher unbekanntes Zeitzeugnis, 2008, 103–115. – Zu Warburgs Stellung in der KWG vgl. Schüring: *Minervas verstoßene Kinder*, 2006, 211–220, 247. – Zur Rücknahme der 1941 veranlassten Kündigung vgl. auch Macrakis: *Surviving the Swastika*, 1993, 277–278.
847 Knake an Lehmann, 30. Oktober 1958, AMPG, II. Abt., Rep. 62, Nr. 1287, fol. 103. – Jacob Heiss, wie die korrekte Schreibweise lautet, war offiziell der Sekretär und de facto jahrzehntelange Lebensgefährte von Warburg.

Am 8. März 1959 fand sich im Göttinger Kameradschaftshaus der MPG »informell eine Gruppe zusammen, da Prof. WARBURG an der für den 9. 3. vorgesehenen Sitzung der Kommission nicht teilnehmen« konnte. Diese Gruppe – bestehend aus Butenandt, Koll, Lehmann, Rajewsky, Schramm und natürlich Warburg – diskutierte, ob die »Ernennung von Frau KNAKE zum selbständigen Abteilungsleiter und wissenschaftlichen Mitglied« grundsätzlich in Betracht komme. Warburg insistierte, dass er dem »nur dann zustimmen könne, wenn diese Ernennung mit einer Verlegung der Abteilung KNAKE in eine andere Stadt verbunden sei, und eine solche könne nur durch eine Berufung durch einen Institutsdirektor erfolgen«. In diesem Sinne fragte Warburg zunächst Schramm, ob das Tübinger MPI für Virusforschung beabsichtige, Knake zu berufen. Schramm verneinte dies, betonte »aber dabei die Wichtigkeit und Bedeutung der Arbeiten von Frau KNAKE«. Koll hingegen bejahte, als Warburg ihm die gleiche Frage stellte, und begründete ausführlich seine Bereitschaft, sie zu berufen.[848] Den Notizen dieser Zusammenkunft lässt sich entnehmen, dass Warburg bereits im Vorfeld der Sitzung versuchte, der Kommission das Recht abzusprechen, sich in die Angelegenheit »einzumischen«, und keinen Hehl aus seiner persönlichen Abneigung gegen Else Knake machte, wie ein Kommentar von Werner Koll veranschaulicht, in dem er zu Warburgs Behauptungen Stellung nahm, dass Knakes »charakterliche Starrheit« auf ihre »Verbitterung« zurückzuführen und zudem ihre Arbeitsrichtung unmodern sei. Koll entgegnete, dass er Knake von früher als »sehr umgänglich« kenne und sie »technisch sehr gut« sei.[849]

Ein weiteres Jahr verging, ohne dass Knakes Berufung vorankam. Seit 1953 hatten die Kommissionen, die über ihre Berufung berieten, nationale und internationale Fachgutachten zu ihrer Arbeit angefordert. Die Antworten waren fast ausnahmslos ausgezeichnet und voller Anerkennung ihrer Leistung, wie etwa die des Berliner Pathologen Curt Froboese von April 1953: »Als Vorsitzender der Deutschen Gesellschaft für Pathologie darf ich vielleicht noch hinzufügen, daß ich in der Lage bin mitzuteilen, daß Frau Kn. unter den Fachkollegen ein ausgezeichnetes Ansehen genießt, sowohl als Mensch wie Gelehrte. Ihre Verdienste sind [...] einstimmig anerkannt.«[850] Ebenso uneingeschränkt positiv in wissenschaftlicher wie menschlicher Hinsicht fiel die Empfehlung ihres ehemaligen Chefs aus der Charité, Robert Rössle, aus.[851] Und auch das Gutachten des Chirurgen und Begründers der Transplantationsimmunologie Georg Schöne von 1958 endete mit den Worten: »Frau Prof. Knake steht jedenfalls in

---

848 Aktennotiz von Lehmann, 10. März 1959, Betr.: Kommission Frau KNAKE, AMPG, II. Abt., Rep. 62, Nr. 1287, fol. 12.

849 Ebd., fol. 13.

850 Froboese an Rajewsky, 23. April 1953, AMPG, II. Abt., Rep. 62, Nr. 979, fol. 157–160. – Zu den internationalen Gutachten für Knake vgl. etwa im Juni 1961, fol. 5, 6, 8, 10–12, 19, 20.

851 Rössle an Rajewesky, 26. Mai 1953, AMPG, II. Abt., Rep. 62, Nr. 979, fol. 168.

der ersten Reihe derer, die nicht nur konsequent weitergearbeitet, sondern auch Erfolge erreicht haben. Ihre Arbeit berechtigt zu der Erwartung, dass es ihr gelingen wird, den von ihr angebahnten Fortschritt weiter auszubauen. Hervorheben darf ich die Selbständigkeit ihres Denkens und Planens.«[852]

Gut ein Jahr nach dem Treffen im Kameradschaftshaus wandte sich Knake erneut an Lehmann mit der Bitte um eine Aussprache vor der Hauptversammlung der MPG in Dortmund. Von »Sitzung zu Sitzung des Wissenschaftlichen Rates« habe sie darauf gewartet, dass ihre »Ernennung zum Wissenschaftlichen Mitglied« erfolge, da ihre »wissenschaftliche Qualifikation durch Gutachten wohl genügend belegt« sei. Und weiter:

Meine Geduld ist erschöpft und meine Gesundheit hat unter dieser Sache schon viel zu viel gelitten. Seit 10 Jahren habe ich mit meinem Opponenten und seinem Sekretär [Warburg und Heiss] kein Wort mehr gesprochen. Der Sache muss jetzt ein Ende gemacht werden. [...] Ich möchte Ihnen einen Weg vorschlagen, von dem ich hoffe, dass er Ihre Billigung findet; dieser Weg entspricht, wie Sie sich zweifellos überzeugen werden, unserer akademischen Würde. Ich könnte auf diese Weise meinen Opponenten zwingen, seine vagen Andeutungen zu konkretisieren oder zurückzunehmen.[853]

Das Treffen von Knake und Lehmann fand Anfang April in dessen Dortmunder MPI für Arbeitsphysiologie statt. Bei dieser Gelegenheit informierte Knake ihn über ihr Vorhaben, »eine Lösung der unglücklichen Lage ihrer Abteilung in Berlin«[854] zu finden, wie Lehmann noch am gleichen Tag Butenandt berichtete:

Sie ist – nicht mit Unrecht – der Ansicht, daß das wesentliche Hindernis für Ihre Ernennung zum Wissenschaftlichen Mitglied [...] bei Herrn Warburg liegt, und hat mich gebeten, eine Aussprache zwischen ihr und Herrn Warburg herbeizuführen, an der teilzunehmen sie Sie und mich bittet. Sie möchte Herrn Warburg bei dieser Gelegenheit auffordern, quasi öffentlich zu erklären, aus welchen Gründen er sie ablehnt, und ist überzeugt davon, daß dies sachliche Gründe nicht sein können, da Herr Warburg keinen Einblick in ihre Arbeiten hat und deren Wert nicht beurteilen kann. Wenn Herr Warburg diese Unterredung verweigert, möchte sie gerichtlich gegen ihn vorgehen, ein Schritt, von dessen Unzweckmäßigkeit ich sie bisher glaubte überzeugen zu können.[855]

Lehmann fuhr fort, er sei der Ansicht, »daß die Max-Planck-Gesellschaft Frau Knake gegenüber wirklich nicht richtig gehandelt hat und verpflichtet ist, einiges wieder gutzumachen«. Der Anlauf, den er selbst zwei Jahre zuvor in dieser Angelegenheit gemacht habe, hätte zu Warburgs Erklärung geführt:

852 Schöne an Lehmann, 11. Dezember 1958, AMPG, II. Abt., Rep. 62, Nr. 979, fol. 147–153.
853 Knake an Lehmann, 19. März 1960, AMPG, II. Abt., Rep. 62, Nr. 979, fol. 10.
854 Lehmann an Butenandt, 5. April 1960, AMPG, II. Abt., Rep. 62, Nr. 979, fol. 126.
855 AMPG, II. Abt., Rep. 62, Nr. 979, fol. 126.

»Wenn sie von Berlin weggeht, soll es mir gleich sein, was aus ihr wird. So lange sie aber in Berlin ist, darf sie auf keinen Fall Wissenschaftliches Mitglied werden.« Eine wissenschaftliche Begründung dieser seiner Meinung vermochte er allerdings nur in sehr allgemeiner Form zu geben.[856]

Butenandt antwortete Lehmann umgehend und teilte dessen Sorge im »Fall Knake«, neben der »ja auch die Abteilung [Luise] Holzapfel ein ernstes Problem« sei. Von einem gemeinsamen Gespräch mit Knake und Warburg versprach er sich keinen Erfolg, und die »Idee, gegen Herrn Warburg gerichtlich vorzugehen, wenn er eine Aussprache verweigern würde«, betrachtete er als »ganz absurd«. Butenandt verlieh seiner Hoffnung auf eine Lösung Ausdruck, »die man später bei der Neuordnung des Nachtsheimschen Institutes realisieren könne«.[857] Damit spielte er auf den bevorstehenden Leitungswechsel am MPI für vergleichende Erbbiologie und Erbpathologie an.

Nach Nachtsheims Emeritierung kam Knakes Berufung zum Wissenschaftlichen Mitglied endlich auf die Agenda der BMS. Den »Antrag auf Ernennung von Frau Professor Prof. Dr. Knake zum Wissenschaftlichen Mitglied des Max-Planck-Instituts für vergleichende Erbbiologie und Erbpathologie und auf Ausgliederung ihrer Arbeitsgruppe aus dem Max-Planck-Institut für vergleichende Erbbiologie und Erbpathologie« stellte Nachtsheims Nachfolger Fritz Kaudewitz. Auf der Sitzung der BMS am 5. Juni 1961 wurde schließlich darüber entschieden. Die Kommission der BMS zur »Ernennung von Frau Prof. Knake zum Wissenschaftlichen Mitglied und Errichtung einer selbständigen Forschungsstelle«[858] hatte die Diskussion darüber in zwei Teilen geführt: Zum einen über die Sektionsempfehlung an den Senat, Knake zum Wissenschaftlichen Mitglied zu berufen, und zum anderen darüber, ihre Arbeitsgruppe »aus dem Verband des Max-Planck-Instituts für vergleichende Erbbiologie und Erbpathologie auszugliedern unter der Voraussetzung, dass ihre Arbeitsmöglichkeiten im bestehenden Umfange im Rahmen der Max-Planck-Gesellschaft sowie ihre wissenschaftliche Stellung und ihre finanzielle Sicherung erhalten bleiben«.[859] Dieser zweite Punkt zur Ausgliederung wurde mit einer Enthaltung und ohne Gegenstimmen angenommen. Der erste Punkt hingegen, der Antrag, Knakes Ernennung zum

---

856 Ebd.
857 Butenandt an Lehmann, 11. April 1960, AMPG, II. Abt., Rep. 62, Nr. 979, fol. 4.
858 Die Kommission konstituierte sich aus den Mitgliedern Hans Friedrich-Freksa vom Tübinger MPI für Virusforschung, Hartmut Hoffmann-Berling vom Heidelberger MPI für medizinische Forschung, Wilhelm Krücke und Klaus Joachim Zülch vom Frankfurter MPI bzw. der Kölner Abteilung für Allgemeine Neurologie des MPI für Hirnforschung, Koll und Warburg.
859 Protokoll der Sitzung der Biologisch-Medizinischen Sektion des Wissenschaftlichen Rates der Max-Planck-Gesellschaft am 5. Juni 1961 in Berlin, AMPG, II. Abt., Rep. 62, Nr. 1573, fol. 23.

Wissenschaftlichen Mitglied zu empfehlen, wurde mit 25 Stimm*enthaltungen* und 15 Gegenstimmen abgelehnt.[860]

Nachdem Knake sich jahrelang – ihrer Qualifikation, ihrem Können und ihrer Disziplin angemessen – bemüht hatte, ein eigenes *Institut* für Gewebezüchtung zu etablieren, ging dieser Wunsch im Januar 1962 zumindest in Form einer eigenen *Forschungsstelle* für Gewebezüchtung in der MPG in Erfüllung. Ihre Berufung zum WM war gescheitert, doch nun wurde sie Mitglied von Amts wegen.

Dennoch nahmen die schikanösen Ausschlussmaßnahmen gegen sie kein Ende, wie sich der Diskussion unter Mitgliedern des Wissenschaftlichen Rates darüber entnehmen lässt, ob Knake als Mitglied *ex officio* überhaupt Mitglied des Wissenschaftlichen Rates, infolgedessen auch einer seiner Sektionen und somit zu den Treffen einzuladen sei, von denen hier nur zwei Stellungnahmen wiedergegeben werden. Hans Seeliger von der Generalverwaltung sprach sich unmissverständlich für ihre Mitgliedschaft aus: »Außerdem gehört sie, da sie auch insoweit dem Direktor eines Instituts gleichgestellt ist, dem Wissenschaftlichen Rat der Max-Planck-Gesellschaft gemäß § 21 Abs. 1 an. Die Folgerung, daß sie dann auch der Biologisch-Medizinischen Sektion angehört, ist richtig. Sie ist dann in der Sektion und im Wissenschaftlichen Rat auch voll stimmberechtigt.«[861] Der damalige Vizepräsident, der Jurist Hans Dölle, sprach sich jedoch explizit dagegen aus, sie zu den Sektionssitzungen einzuladen.[862] Und obwohl Seeliger bei seiner Haltung in »Sachen Frau Knake« blieb und Hans Bauer unter Hinweis auf die Satzung explizit mitteilte, er »halte die Auffassung von Herrn Dölle nicht für richtig«,[863] setzte sich diese Auffassung letztlich durch.[864]

*

Mitte der 1960er-Jahre hatte auch Warburgs Schaffenskraft ihren Zenit überschritten, seine Glanzzeit lag bereits zurück und seine exzentrische Art war nach Aussagen von Zeitgenoss:innen zunehmend herrschsüchtig und rücksichtslos geworden,[865] was ihm den Ruf des »villain in the photosynthesis community«[866] eingebracht hatte. Auch zwischen ihm und seiner – von ihm selbst handverlesenen – designierten Nachfolgerin Birgit Vennesland kam es zum Zerwürfnis.

---

860 Ebd.
861 Seeliger an Bauer, 18. Dezember 1961, AMPG, II. Abt., Rep. 62, Nr. 1940, fol. 59.
862 Dölle an Bauer, 15. Dezember 1961, AMPG, II. Abt., Rep. 62, Nr. 1940, fol. 66.
863 Seeliger an Bauer, 8. Januar 1962, AMPG, II. Abt., Rep. 62, Nr. 1940, fol. 72.
864 Brief von Generalsekretär Hans Ballreich an den Vorsitzenden der BMS Hans Bauer vom 15. Januar 1962, AMPG, II. Abt., Rep. 62, Nr. 1940, fol. 80.
865 Das schlägt sich in der Reihe von Rechtsstreiten nieder, die Warburg aufgrund »wissenschaftlicher Meinungsverschiedenheiten« anzettelte, wie etwa 1965/66 mit dem Direktor des Hahn-Meitner-Instituts für Kernforschung, Arnim Henglein; Butenandt an Henglein, 21. Januar 1966 sowie Butenandt an Warburg, 21. Januar 1966, AMPG, II. Abt., Rep. 66, Nr. 4582, fol. 53–56.
866 Conn, Pistorius und Solomonson: Remembering Birgit Vennesland, 2003, 11–16, 5.

Diese war bereits seit 1967 WM und Direktorin des MPI für Zellphysiologie, sodass er, anders als bei Knake, ihre Berufung nicht mehr vereiteln konnte.[867]

Nach inhaltlichen Auseinandersetzungen zwischen den beiden Forschenden sowie »schwierigen und unerfreulichen Auseinandersetzungen« mit Jacob Heiss[868] warf Warburg Vennesland »wissenschaftliche Fehlleistungen« vor.[869] Am 29. Mai 1970 bat Warburg zwei »allgemein anerkannte Biochemiker der MPG [Feodor Lynen und Gerhard Braunitzer] feststellen zu lassen, ob Frau V in meinem Institut eine Entdeckung auf dem Gebiet der [Photosynthese] gemacht hat« oder nicht. Nach Warburgs Auffassung hatte sie keine gemacht. Lynen,[870] der nach Warburgs Tod im August dessen Institut als kommissarischer Direktor abwickelte, bewertete Venneslands Arbeit als über jeden Zweifel erhaben.[871] Warburgs Schüler Hans Krebs hingegen steuerte allein die chauvinistisch männliche und weibliche Keimdrüsen vergleichende Betrachtung bei: »Isn't it strange that the function of gonads ceases in women and never stops in normal man in advanced age.«[872] Lothar Jaenicke führte die erfolglose Zusammenarbeit von Vennesland und Warburg nicht zuletzt auf den Umstand zurück, dass Warburgs vereinfachende Forschungsphilosophie keinen Widerspruch vertrug, »vereinfacht auch dadurch, dass andere Meinungen und indirekte Deduktionen dem nie irrenden Genie nicht galten. Dieser musste aber, konziliant doch handfest, kommen, wenn man in der Photosynthese mehr als eine Lichtreaktion anzuerkennen hatte, wozu eine Analyse der Hill-Reaktion und der Photonenausbeute zwang«.[873]

Trotz des folgenschweren Zerwürfnisses mit ihm erinnerte sich Vennesland elf Jahre nach seinem Tod souverän an ihre Zusammenarbeit zur katalytischen Wirkung von CO_2 auf die Hill-Reaktion:

Better methods have long superseded those used by Warburg, and the problem of the quantum requirement is no longer cogent. [...] In my opinion, the apparent naivete in Warburg's theories was studied and intentional. The rules seemed to be: keep maximal simplicity and stick to minimal numbers. Make changes only when you must. [...] On a visit to Warburg's laboratory, I had asked him once for his opinion about the claim in an earlier biographical sketch that Warburg had never made any mistakes. He pondered a while and said: »Of course, I have made mistakes – many of them.

867 Siehe auch Kapitel 3.4.7.
868 Vennesland an Butenandt am 14. August 1970, Forschungsstelle Vennesland, AMPG, II. Abt., Rep. 66, Nr. 4946.
869 Aktennotiz von Generalsekretär Friedrich Schneider an Butenandt, 5. Mai 1970, AMPG, II. Abt., Rep. 67, Nr. 1470.
870 Der Biochemiker und Nobelpreisträger Feodor Lynen war damals Direktor des Münchner MPI für Zellchemie.
871 Lynen an Roeske, Mai 1970, Personalakte Vennesland, AMPG, II. Abt., Rep. 67, Nr. 1470. – In Braunitzers Gutachten konnte leider kein Einblick genommen werden.
872 Krebs an Lynen, 9. Dezember 1970, Personalakte Vennesland, AMPG, II. Abt., Rep. 67, Nr. 1470.
873 Jaenicke: Birgit Vennesland, 2002, 53–54, 54.

The only way to avoid making any mistakes is never to do anything at all. My biggest mistake [...] was to get much too much involved in controversy. Never get involved in controversy. It's a waste of time. It isn't that controversy itself is wrong. No, it can be even stimulating. But controversy takes too much time and energy. That's what is wrong about it. I have wasted my time and energy in controversy, when I should have been going on doing new experiments.[874]

Und sie schloss das Kapitel »Photosynthesis and Otto Warburg« in ihrer Autobiografie mit den Worten »The brightest sun casts the darkest shadow«. Doch diese versöhnlichen Worte sollten nicht darüber hinwegtäuschen, wie tiefgreifend das Zerwürfnis zwischen ihnen war. Ein Hinweis darauf dürfte auch die Verfügung sein, dass die Unterlagen zu ihrem Zerwürfnis mit Otto Warburg bis 2025 nicht zugänglich sind.[875]

3.5.2.3 Exklusionsmechanismen und Diskriminierungsformen

Es folgt eine Zusammenschau der markanten Diskriminierungsformen und Exklusionsmechanismen, die im Vorausgegangenen identifiziert werden konnten:

Exklusion: Das gescheiterte Berufungsverfahren von Else Knake gibt exemplarisch Aufschluss darüber, wie das Fernhalten selbst von herausragenden Wissenschaftlerinnen aus der »Bruderschaft der Forscher«, sprich: dem Kreis der Wissenschaftlichen Mitglieder der MPG, funktionierte, und dokumentiert zugleich diese »Bruderschaft« als das informelle Netzwerk, das in letzter Instanz immer zusammenhielt. Ein Schulterschluss, der sich wiederholt als probat erwies, um diese erlesene Gemeinschaft exklusiv zu halten. Es ist belegt, dass Knake viele einflussreiche, ja, mächtige Fürsprecher hatte: die Präsidenten Hahn und Butenandt, die aufeinanderfolgenden Vorsitzenden der Biologisch-Medizinischen Sektion Rajewsky, Lehmann und Bauer, Mitglieder der BMS wie Koll und Schramm, um nur die wichtigsten zu nennen. Zugleich ist ersichtlich geworden, dass sie nicht im Sinne des Harnack-Prinzips auf Grundlage von Exzellenz entschieden: Nicht wissenschaftliche Aspekte, sondern vielmehr Willkür und Hybris zweier männlicher Wissenschaftlicher Mitglieder (Nachtsheim und Warburg) besiegelten letztendlich Knakes Ausschluss. Ignoriert wurden dabei die hervorragenden Fachgutachten, die ihr über Jahre hinweg immer wieder ausgestellt wurden, ebenso wie die Befunde anderer Wissenschaftlicher Mitglieder, die deutlich der Auffassung Ausdruck verliehen, dass »ihr formal Unrecht geschehen« sei und »ihre wissenschaftlichen Leistungen nicht entsprechend gewürdigt worden« seien (Koll). Lehmann sprach sogar die Fragwürdigkeit von

---

874 Vennesland: Recollections and Small Confessions, 1981, 1–21, 10–12.
875 Dabei geht es geht um diesen Teil ihres Nachlasses, den sie 1985 dem Archiv übergeben hat: AMPG, III. Abt., Rep. 15, Nr. 413.

Warburgs Argumentation an: »Eine wissenschaftliche Begründung dieser seiner Meinung vermochte er allerdings nur in sehr allgemeiner Form zu geben.« Lehmann sah daher eine Verpflichtung der Max-Planck-Gesellschaft Knake gegenüber, »einiges wieder gutzumachen«. Doch am Ende des Tages, als der Weg von den beiden Widersachern nicht mehr blockiert werden konnte, da hielten die Brüder zusammen und enthielten sich der Stimme oder stimmten gegen sie.

Dieses Resultat und die permanenten Interventionen in das Verfahren sind ein Beleg für meine These, dass männerdominierte Auswahlgremien und Bewertungssysteme in der Max-Planck-Gesellschaft von Anfang an informelle Netzwerke gestärkt haben, die Frauen in Führungspositionen tendenziell ausgeschlossen haben. Dies legt die Vermutung nahe, dass das »Unbehagen der Wissenschaftlerinnen« mit dem Harnack-Prinzip daraus resultierte, dass damit die Bedingungen für *ihre* Karrierechancen weitgehend entformalisiert wurden.[876] Zugleich handelt es sich bei den Interventionen um keine Ausnahmen von der Regel, sondern um Eingriffe, die in ähnlicher Form auch in den beruflichen Laufbahnen anderer MPG-Wissenschaftlerinnen vorgenommen worden sind.

Ein weiterer Exklusionsmechanismus ist die *Verzögerungstaktik*, die sich wiederholt beobachten ließ. Wissenschaftlerinnen wurden gar nicht oder erst spät berufen, weil die Berufung von *Kollegen* zu Wissenschaftlichen Mitgliedern als vordringlicher erachtet wurde. Dies erfolgte nicht auf Grundlage wissenschaftlicher Erwägungen, sondern allein des Geschlechts wegen. So geschehen im Fall von Knake, wo Nachtsheim die Berufung seines Abteilungsleiters Herbert Lüers als vorrangig ins Feld führte; ebenso im Fall von Eleonore Trefftz, Abteilungsleiterin seit 1958, die 13 Jahre auf ihre Berufung warten musste, weil es vorher galt, Friedrich Meyer, Hermann Ulrich Schmidt und Jürgen Ehlers zu berufen. Selbst im Fall von Christiane Nüsslein-Volhard konstatierte ihr Kollege Herbert Jäckle, ehemaliger MPG-Vizepräsident und Direktor des Göttinger MPI für biophysikalische Chemie, dass es »bei ihrem Werdegang eine sehr große Rolle [spielte], daß sie eine Frau ist. Ein Mann hätte an ihrer Stelle schon fünf oder sechs Jahre früher eine feste Stelle gehabt.«[877] Legendär entlarvend ist inzwischen der Vorfall, dass man ihr 1985, nachdem sie zum WM und zur Direktorin berufen worden war, zur Jahresversammlung der Max-Planck-Gesellschaft das Damenbegleitprogramm schickte.[878]

Zudem muss man sich immer vergegenwärtigen, dass dies nur die Spitze eines Eisbergs ist. Im Kontext dieser Untersuchung wurden nur die Werdegänge der wenigen Wissenschaftlerinnen untersucht, die es überhaupt bis in die Berufungsverfahren zu Wissenschaftlichen Mitgliedern geschafft haben. Unberücksichtigt geblieben sind hier die vielen anderen hervorragenden Wis-

876 Zum Unbehagen der Wissenschaftler mit dem Harnack-Prinzip siehe auch unten, Kapitel 3.6.2.
877 Mayer: Herrin, 19.9.1991.
878 Rubner: »Klassischer Konflikt«, 2008.

senschaftlerinnen, die nicht diese Prominenz erreicht und oft auch frustriert die MPG verlassen haben.[879]

Gender-Pay-Gap:[880] Selbst wenn MPG-Wissenschaftlerinnen die Weihen als Wissenschaftliche Mitglieder erhielten, bedeutete dies längst noch keine Gleichstellung. Nachweislich erhielten die weiblichen Wissenschaftlichen Mitglieder der ersten drei Generationen geringere Ausstattungen und Budgets als ihre Kollegen, etwa Elisabeth Schiemann[881] oder Anneliese Maier, die im Grunde genommen gar kein Budget hatte, sondern deren Finanzierung über jährlich zu beantragende und zu genehmigende »Forschungsbeihilfen« aus einem Sonderfonds erfolgen musste.[882] Und auch Christiane Nüsslein-Volhard bekam zunächst nur ein Drittel der Ausstattung ihrer Kollegen.[883] »Ich habe später auch festgestellt, dass kein Direktor vor mir und keiner nach mir je eine so magere Ausstattung bekommen hat.«[884]

Stereotype Rollenbilder und Zuschreibungen finden sich in den Quellen zu allen Wissenschaftlerinnen. Das funktioniert über die genealogischen Zuschreibungen zu ihren berühmten Vätern, wie im Fall von Anneliese Maier, oder über Assoziationen zu namhaften Doktorvätern, Fürsprechern und/oder Betreuern wie etwa im Nachruf von Margot Becke – dessen Verfasser springt von einem Wissenschaftlernamen zum nächsten: Stamm, Ziegler, Schenck, Freudenberg, Brill usw. – oder auch in Otto Warburgs Lobgesang auf Birgit Vennesland, deren wissenschaftliche Brillanz durch die Gutachten von sieben Nobelpreisträgern erwiesen worden sei.[885] Besonders eignen sich Ehemänner für Zuschreibungen: Die Identifikation von Wissenschaftlerinnen über ihre ebenfalls wissenschaftlich tätigen Männer, wie etwa im Fall von Isolde Hausser. Wäre es nach Walther Bothe gegangen, so wäre sie von der Bildfläche verschwunden, eine Art von »Witwenverbrennung«, die vor der Ära von *dual-career couples* durchaus üblich gewesen ist.[886] Das ist Ausdruck einer beispiellosen Negation wissenschaftlicher Leistung allein qua Geschlecht. Dies belegt beispielsweise auch der Fall von Brigitte Wittmann-Liebold, die nach dem Tod ihres Mannes Heinz-Günter Wittmann, ungeachtet ihres internationalen Ansehens als Wissenschaftlerin ihre Abteilung am MPI für Molekulargenetik aufgeben musste.[887] Auch eine

879 Siehe dazu die Tabellen 2 und 3 zu den Abteilungsleiterinnen in Kapitel 3.6.2.
880 Siehe dazu auch Kapitel 4.
881 Vgl. dazu beispielsweise den AMPG, II. Abt., Rep. 66, Nr. 4885.
882 Personalakte Maier, AMPG, III. Abt., Rep. 67, Nr. 977.
883 Das geht deutlich aus den Unterlagen der Berufungskommission hervor: Berufung Nüsslein-Volhard, Kommission MPI Biologie, AMPG, II. Abt., Rep. 62, Nr. 927, fol. 7.
884 Rubner: »Klassischer Konflikt«, 2008.
885 Siehe dazu auch das Kapitel 3.4.7.
886 Schiebinger et al.: *Dual-Career Academic Couples*, 2008.
887 Ich danke Alexander von Schwerin herzlich für diese Einblicke auf Grundlage seines Interviews mit Brigitte Wittmann-Liebold.

Wissenschaftlerin wie Mary Osborn, die über 200 Fachartikel zusammen mit ihrem Mann, dem Biochemiker Klaus Weber, publiziert hat, wurde in der MPG als »Frau von« eingeführt.[888] Besonders problematisch war diese Art von Zuschreibungen bei noch nicht etablierten Wissenschaftlerinnen, wie etwa Erika von Ziegner,[889] Stubbes Frau Marie Charlotte Kutscher, die bei Baur promoviert hatte, oder auch Kuckucks Frau, die im Lette-Haus als MTA ausgebildete Erika Matthie, die an zytologischen Versuchsreihen an Baurs Institut beteiligt war.[890] Diese verschwanden dann ganz in der Arbeit ihrer Männer bzw. gingen mutmaßlich in ihrer Rolle als Ehefrau und Mutter auf.[891] Im Vergleich dazu ist beispielsweise niemand auf den Gedanken gekommen, den Chemie-Nobelpreisträger 2021 Benjamin List, Direktor am Mülheiner MPI für Kohlenforschung, als Neffen der Nobelpreisträgerin Nüsslein-Volhard vorzustellen, um ihn wissenschaftlich zu verorten.

Bedenklich sind auch *Attributionen* fachfremder Kommentatoren, wie etwa in den Angaben der Chronisten Eckart Henning und Marion Kazemi zu Else Knake und ihrer Forschungsstelle: »Die schwierigen Kriegs- und Nachkriegsverhältnisse […] führten E. Knake zur Beschäftigung mit Transplantationsfragen, zu denen sie bereits früher von Moritz Katzenstein und Ferdinand Sauerbruch angeregt worden war.« Die Option, dass Knake als Medizinerin hier möglicherweise als Pionierin tätig geworden ist, erwägen die beiden Archivar:innen nicht einmal, sondern sie suchen die Nähe zu prominenten Medizinern, um sie einordnen zu können. Sehr befremdlich wird der Duktus im nächsten Absatz, wenn es um die Weiterverwendung des von Knake für ihre Forschung benutzten Gebäudes in der Dahlemer Garystraße 9 geht: »Nach Schließung der Forschungsstelle wurde das Gebäude vom Sohn des preußischen Kulturministers und seit 1930 3. Vizepräsident der Kaiser-Wilhelm-Gesellschaft, Carl Heinrich Becker, Rechtsanwalt Hellmut Becker, genutzt, dem Direktor des im Herbst 1963 gegründeten Instituts für Bildungsforschung«.[892] Bei so viel Verehrung für die Herren Becker überrascht nicht, dass es bei der eigentlich im Zentrum dieser Ausführungen stehenden Knake nur für das Namensinitial reicht.

Eine Spielart dessen ist das *Verschweigen*: Helga Satzinger wertet beispielsweise die Tatsache, dass der Butenandt-Schüler Peter Karlson in seiner Biografie Knake mit keinem Wort erwähnt,[893] als Ausdruck der »Unmöglichkeit einer kollegialen Kooperation eines Wissenschaftlers mit einer Wissenschaftlerin

---

888 Siehe dazu auch Kapitel 4.
889 Siehe dazu auch das Kapitel 3.3.2.
890 Helga Satzinger und Sven Kinas haben auf das Phänomen der vielen Eheschließungen unter Mitarbeiter:innen an Butenandts Institut hingewiesen; Satzinger: *Differenz und Vererbung*, 2009, 351–352; Kinas: *Adolf Butenandt*, 2004.
891 Ganz im Sinne von Rossiter: The Matthew Matilda Effect in Science, 1993, 325–341.
892 Henning und Kazemi: *Dahlem – Domäne der Wissenschaft*, 2009, 159.
893 Karlson: *Adolf Butenandt*, 1990.

unter den Bedingungen einer nahezu ausschließlich von Männern betriebenen Wissenschaft«.[894] Weder Leistung noch Person werden zur Kenntnis genommen. Ein Phänomen, das auch in Otto Hahns Umgang mit dem Thema Entdeckung der Kernforschung in Erscheinung getreten ist.[895]

Diskursanalytische Betrachtungen ermöglichen Hinweise auf *informelle Netzwerke*. Das funktioniert unter anderem über selbstreferenziell-hermeneutische Aussagen, die Mitglieder eines Netzwerks verwendeten.[896] So etwa Rudorfs zu Beginn dieses Kapitels wiedergegebene Behauptung, Schiemanns Institut sei »nicht im Sinne der Kommissionsmitglieder«, oder Nachtsheims Unterstellung, Knakes Verhalten sei »eines Akademikers nicht anders denn als unwürdig«. Darüber wurden Schultern und Reihen geschlossen, die »Bruderschaft« evoziert und der gemeinsame Kodex – das Harnack-Prinzip und das damit einhergehende Selbstverständnis – beschworen. Deren »Wesenselement eines kollegialen Verbundes« zeichnete sich nicht, wie Butenandt 1988 betonte, durch »Ausfluß eines bestehenden hierarchischen Gefüges« aus, sondern durch die »Bereitschaft der Kooperation« sowie des »füreinander Einstehens aller Glieder«.[897] Dieser Diskurs – im habermasschen Sinne eines strategischen Handelns, das strikt an eigenen Interessen orientiert ist[898] – ist zudem gekennzeichnet vom Habitus des »nie irrenden Genies«.[899] Durchdrungen davon, kam es in der Folge zu solch wissenschaftlich nicht fundierten Äußerungen wie, dass Schiemann unsachlich und Knakes Arbeitsrichtung unmodern sei, Vennesland sich wissenschaftliche Fehlleistungen erlaubt habe oder es Nachtsheim zu verdanken sei, dass Knake überhaupt in die Max-Planck-Gesellschaft aufgenommen wurde. Allmachtsfantasien, wie Warburgs Vorstellung davon, Knake aus der Stadt jagen zu können, verbinden sich hier in unangenehmer und unpassender Weise mit männlichem Chauvinismus.

Insgesamt ist auf der Quellengrundlage von Korrespondenzen und Protokollen festzustellen, dass in der Max-Planck-Gesellschaft diskursive Praktiken ausge-

---

894 Satzinger: *Differenz und Vererbung*, 2009, 362. – Weder im Text noch im Personenregister findet Knake bei Karlson Erwähnung. Vgl. auch Niedobitek, Niedobitek und Sauerteig: *Rhoda Erdmann – Else Knake*, 2017, 361–362. – Liselotte Poschmann, die einzige Frau, die bei Butenandt in Berlin (1939) promovierte und danach weiter für ihn arbeitete, heiratete später Karlson. Dies war keine Ausnahme: Insgesamt heiratete die Hälfte der butenandtschen Doktoranden/Habilitanden eine am Institut arbeitende Technische Assistentin, Doktorandin oder Wissenschaftlerin; vgl. dazu Satzinger: *Differenz und Vererbung*, 2009, 351–352.

895 Siehe dazu auch das Kapitel 3.5.1.

896 Allgemein einführend: Link: *Elementare Literatur und generative Diskursanalyse*, 1983; Link: *Versuch über den Normalismus*, 2013; Schneider: Hermeneutische Interpretation und funktionale Analyse, 2004, 17–142.

897 Butenandt: Ernst Telschow, 1988, 104–110, 106.

898 Habermas: Wahrheitstheorien, 2010, 127–186, 130.

899 Jaenicke: Birgit Vennesland, 2002, 53–54, 54.

prägt waren, die wirkmächtige Topoi perpetuiert haben.[900] Dazu gehört auch der »schwierige Charakter« von Wissenschaftlerinnen, mit all seinen Spielarten von »verbittert« über »unsachlich« bis »kompliziert«, der ausnahmslos in den Quellen zu allen Wissenschaftlerinnen aufscheint. Interessant ist auch der Kommentar von Walter Gehring, der Christiane Nüsslein-Volhard als »eine sehr starke Persönlichkeit« charakterisiert, eine überaus anerkennungswürdige und beneidenswerte Eigenschaft, sollte man meinen, würde sie nicht durch den Zusatz relativiert, »sie könne dabei doch zugleich auch sehr liebenswürdig sein«.[901] Damit rekurriert bzw. reduziert Gehring die Wissenschaftlerin auf ihre Frauenrolle und die damit verbundenen geschlechtsspezifischen Erwartungshaltungen, die das weibliche Wesen traditionell weniger als starke, denn als zurückhaltende, eben liebenswürdige Persönlichkeiten wahrnehmen wollen. Es belegt die inkongruenten geschlechtspezifischen Erwartungen, mit denen sich Wissenschaftlerinnen konfrontiert sehen und gesehen haben.

Abschließend noch die Beobachtung einer geschlechtsspezifischen Diskriminierung der besonderen Art. Wie dargestellt, kam es in verschiedenen Fällen zu massiven Problemen von Wissenschaftlerinnen ausgelöst durch Auseinandersetzungen mit dem Lebensgefährten und Privatsekretär Warburgs, Jacob Heiss, der im Übrigen selbst kein Akademiker war.[902] Es wäre doch zu allen Zeiten skandalös gewesen, wenn beispielsweise Erika Butenandt als Ehefrau oder Erika Bollmann als Sekretärin massiv in die Berufung oder den Karriereverlauf einer Mitarbeiterin oder eines Mitarbeiters von Butenandt eingegriffen hätte. Doch hier triumphierten offenbar Geschlecht *und* Sex.

3.6   Götterdämmerung?

[B]rains have no sex![903]

3.6.1   Epistemische Hierarchien: Geschlecht, Wissen und Macht

Ging es der feministischen Kritik zunächst darum, »die Geschlechterfrage an die Wissenschaft heranzutragen, den bisherigen Kanon in Frage zu stellen und die ›Verzerrungen‹ im existierenden Wissen aufzudecken«, so bestand der zweite Schritt darin, »die epistemischen Voraussetzungen sowie die Bedingungen der

---

900   Weiterführend zur diskursiven Praxis z. B. Schäfer: *Die Instabilität der Praxis*, 2020.
901   Mayer: Herrin, 19.9.1991.
902   Hergemöller und Clarus (Hg.): *Mann für Mann*, 2010, 1231.
903   Ethaline Cortelyou, zitiert nach Puaca: *Searching for Scientific Womanpower*, 2014, 88.

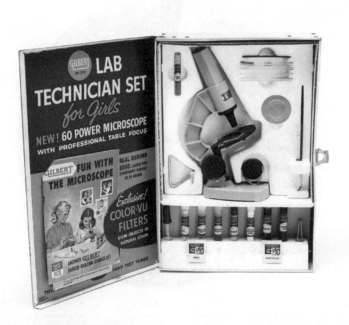

Abb. 53: Ein originales »Lab-Technician-Set« der Firma Gilbert (Modell 13121) von 1958. Jungen erhielten Chemie-Sets, Mädchen hingegen Labortechnikerinnen-Sets, die als »Career Building Science Sets« vermarktet wurden. Foto: Courtesy of Science History Institute. Public Domain Mark 1.0.

Wissensherstellung selbst zu verändern, um überhaupt neues, anderes Wissen generieren zu können«.[904] In diesem Sinne hat die feministische Theorie eine spezifische Erkenntnisperspektive zur »Produktion von Wissen zur Aufdeckung und Transformation von epistemischen und sozialen Geschlechterhierarchien« eingenommen.[905] Abschließend soll daher über die Frage nachgedacht werden, wie die soziale Geschlechterordnung wissenschaftliches Arbeiten strukturiert und wie bzw. ob sich diese Geschlechterhierarchie auf die Forschung in der Max-Planck-Gesellschaft und deren Erfolge ausgewirkt hat.

Die MPG ist traditionell eine dezidiert naturwissenschaftliche Forschungsorganisation, in der die Geisteswissenschaften lange Zeit die Rolle eines Juniorpartners gespielt haben,[906] von Dieter Simon einmal sarkastisch als »un-

---

904 Hark: Kommentar: Kritisches Bündnis, 2001, 229–235, 231.
905 Ernst: *Diskurspiratinnen*, 1999, 32.
906 Die geisteswissenschaftliche Sektion der MPG wurde auf der 9. Sitzung des Senats der MPG am 4. Oktober 1950 gegründet und umfasste vier Institute, davon zwei aus dem Bereich der Rechtswissenschaften – ein Größenverhältnis, das bis heute repräsentativ ist.

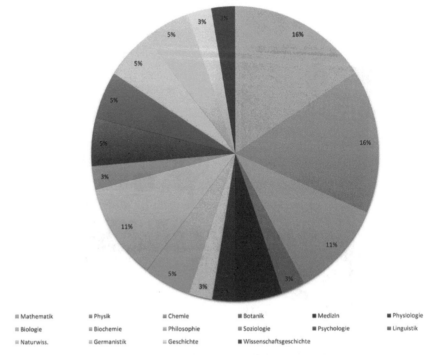

Grafik 1: Studienfächer der weiblichen Wissenschaftlichen Mitglieder 1948–1998, dargestellt auf Grundlage der biografischen Angaben der Wissenschaftlerinnen. Quelle: Die Angaben wurden den Biografien der Wissenschaftlerinnen entnommen.

scheinbares Zöpfchen am gewaltigen Forscherschädel« bezeichnet.[907] Insofern überrascht nicht, wie viele der Geisteswissenschaftlerinnen unter den weiblichen Wissenschaftlichen Mitgliedern der MPG zudem Naturwissenschaften studiert haben (siehe Grafik 1). Die besondere Rolle, die Chemie als wissenschaftliche Disziplin für die beruflichen Möglichkeiten von Forscherinnen generell spielte, hat wie bereits einleitend erwähnt, unter anderem Jeffrey Johnson dargestellt. Diese manifestiert sich auch darin, dass die American Chemical Society seit 1937 eine Auszeichnung für besondere Leistungen von US-Wissenschaftlerinnen auf dem Gebiet der Chemie verleiht, die Garvan-Olin-Medaille.[908] Chemikerinnen boten sich interessante berufliche Alternativen, wenngleich sie auch hier mit den bekannten Diskriminierungen konfrontiert waren.

---

907 Stolleis: Erinnerung – Orientierung – Steuerung, 1998, 75–92, 75.
908 Vgl. dazu https://www.acs.org/content/acs/en/funding-and-awards/awards/national/bytopic/francis-p-garvan-john-m-olin-medal.html. Zuletzt aufgerufen am 17. Mai 2021.

Ein Blick in männergeführte Labore der KWG und MPG bestätigt das: Dort war die Arbeit der Frauen grundsätzlich als unterstützende Zuarbeit konzipiert. So orientierte sich in Butenandts Team, das weitgehend aus promovierten Chemikern und Technischen Assistentinnen bestand, die soziale Ordnung an Geschlecht und Ausbildungsgrad. Von besonderer Tragweite war dabei die mit dieser Geschlechterordnung einhergehende Hierarchisierung wissenschaftlicher Disziplinen:

Auf der einen Seite stand die dominante Chemie, mit der nahezu ausschließlich männliche Akademiker einen bestimmten Stoff oder seine künstliche Synthese suchten, auf der anderen, untergeordneten Seite standen die von Technischen Assistentinnen betriebenen physiologischen Testverfahren zum Nachweis der Wirksamkeit der gesuchten Stoffe.[909]

Weder Knake noch Vennesland waren »nur« Technische Assistentinnen, sondern Medizinerinnen und Pathologinnen bzw. Biochemikerinnen mit jahrzehntelanger Berufserfahrung, die sich auf Augenhöhe mit ihren Kollegen Butenandt und Warburg bewegten. In der Wissenschaft vertraten sie andere Episteme und Forschungsansätze als diese. Doch mit der hierarchischen Unterwerfung der »weiblichen« Physiologie unter die »männliche« Chemie blieb jemandem wie Butenandt die Deutungshoheit über Forschungserkenntnisse vorbehalten. Ihm – und seinen Kollegen – stand es frei festzulegen, welche Forschungsrichtung zu vertiefen sich lohnte und welche nicht, welche Ursache für eine Krankheit als naheliegend und damit erforschenswert galt und welche nicht. Die dadurch entstandenen epistemischen Hierarchien gründeten sich nicht notwendigerweise auf Wissensvorsprung, sondern auf Geschlecht.

Und noch eine weitere Komponente ist zu berücksichtigen: die politische Dimension. Wie Renate Tobies gezeigt hat, ist die Tätigkeit von Wissenschaftlerinnen von konkreten historischen Bedingungen in spezifischer Weise abhängig gewesen.[910] So hatten sich beispielsweise Knake und Schiemann während des Nationalsozialismus auf unterschiedliche Weise mit ihrer kritischen Haltung politisch exponiert, was sie beide verletzbar machte und massive Nachteile für ihre Karrieren hatte. Ein Phänomen, das Alexander von Schwerin auch in der deutschen Strahlenforschung begegnet ist, im Konflikt zwischen der Medizinerin Elfriede Paul, die eine mehr sozialmedizinische Auffassung zur Entstehung bestimmter Krankheiten vertrat als ihr Chef, der naturwissenschaftlich-positivistische Biophysiker Walter Friedrich.[911] Eine Hierarchie, die auf einer Verschränkung von Epistemen, Politik und Geschlecht basiert.

---

909 Satzinger: *Differenz und Vererbung*, 2009, 355.
910 Tobies: Einführung, 2008, 21–80, 55–60.
911 Vgl. dazu Schwerin: *Strahlenforschung*, 2015, 116. – Paul war Mitglied der Roten Kapelle und wurde 1942 verhaftet, Friedrich leitete während des Nationalsozialismus ungehindert sein Institut für Strahlenforschung und konnte mit der gleichen politischen Elastizität wie seine Kollegen in der MPG nach 1945 seine Karriere in der DDR fortsetzen.

Eine Pionierin des inzwischen weiten Felds *gendered knowledge* ist die US-amerikanische Physikerin, Molekularbiologin und Philosophin Evelyn Fox Keller, die sich 1985 in ihren *Reflections on Gender and Science* mit den Prämissen befasste, die der wissenschaftlichen Forschung und Methode lange zugrunde gelegen haben, und der Frage nachgegangen ist, warum Objektivität als männlich und Subjektivität als weiblich angesehen wird.[912]

Für eine Cutting-Edge-Forschungseinrichtung wie die Max-Planck-Gesellschaft, die »an den Grenzen des Wissens forscht«, sind Innovationen ein Gradmesser ihres weiter anhaltenden Erfolgs.[913] Insofern wäre es eine lohnende Aufgabe, wissenschaftshistorisch zu untersuchen, wie sich die epistemische Hierarchisierung der unterschiedlichen wissenschaftlichen Standpunkte und Methoden besispielsweise von Knake und Butenandt auf die Krebsforschung in den folgenden Jahrzehnten ausgewirkt hat[914] – gerade im Hinblick auf die krebserregende Wirkung von beispielsweise Sexualhormonen, Hormonersatztherapie, und zwar insbesondere im Kontext des von Londa Schiebinger initiierten Projekts »Gendered Innovations in Science, Health & Medicine, Engineering and Environment«.[915] Das internationale Projekt verdeutlicht, wie unentbehrlich die Einbeziehung der Genderdimension für den Forschungsprozess, die intersektionale Analyse für Innovation und Entdeckung ist.[916] Sei es für epistemische und technologische Objekte wie ein Skalpell, das die medizinische Ergonomie männlicher Chirurgenhände begünstigt, sei es für Grundlagenforschung im Bereich Medizin und Pharmazie, wo überholte, androzentrische Forschung nicht nur viel Geld, sondern im schlimmsten Fall auch Leben kostet, wie etwa bei außer Acht gelassenen geschlechtsspezifischen Krankheitssymptomen.[917]

---

912 Die deutsche Ausgabe: Fox Keller: *Liebe, Macht und Erkenntnis*, 1986; Fox Keller: *Reflections on Gender and Science*, 1995.

913 Für den Wissens- und Technologietransfer in die Wirtschaft sorgt seit über 50 Jahren ihre Tochter Max-Planck-Innovation GmbH. Vgl. dazu Wissenschafts- und Unternehmenskommunikation der MPG (Hg.): *Max-Planck-Innovation*, 2020.

914 Ein Desiderat, das Hannah Landecker für die biologischen US-Laboratorien des 20. Jahrhunderts bereits erfüllt hat: Mit ihrer Studie *Culturing Life* legte Landecker eine Geschichte der Entwicklung der Zellkultur in der Biologie vor, die ein beeindruckendes Kaleidoskop biologischer, historischer und kultureller Verbindungen schafft; Landecker: *Culturing Life*, 2009. – Ich danke Martina Schlünder für diesen Hinweis sowie ihre hilfreichen Anmerkungen und Kommentare.

915 Epistemologisch zum Thema »Analyzing Sex in Tissues and Cells« vgl. ebd. http://genderedinnovations.stanford.edu/methods/tissues.html. Zuletzt aufgerufen am 8. März 2021. – Zu *gendered innovations* vgl. Tannenbaum et al.: Sex and Gender Analysis, 2019, 137–146.

916 Ebd. – Das ist beispielsweise auch Gegenstand eines aktuellen Forschungs- und Buchprojekts von Maria Rentetzi »The Gender of Things: How Epistemic and Technological Objects Become Gendered«.

917 Und wo es möglicherweise Anknüpfungspunkte zu aktuellen Forschungserfolgen hätte geben können wie diesem: Rösch: Bremse für Brustkrebs, 2020, 18–23.

3.6.2 »Sisterhood of Science«?

Diese tendenziell Frauen ausschließenden Netzwerke, wie die selbst ernannte »Bruderschaft der Forscher«, hatten ihren Ursprung oft bereits in der Kaiser-Wilhelm-Gesellschaft und wurden in der Max-Planck-Gesellschaft weiter tradiert. Bei den Auswahlprozessen fungierte das Harnack-Prinzip – Spitzenpositionen in der MPG nur mit den Besten des jeweiligen Felds zu besetzen – als Gradmesser und Legitimation. Nach außen wurde und wird (mit Einschränkungen) bis heute danach verfahren. In der Praxis sah das durchaus anders aus. Bei den Berufungen oder Beurteilungen von Wissenschaftlerinnen war es mitnichten allein die im Harnack-Prinzip verankerte wissenschaftliche Exzellenz, die als Kriterium angelegt wurde. Nein, in klarem Widerspruch dazu fungierten durchaus Hybris und Ranküne, wie Franz Werfel es genannt hat,[918] sowie Misogynie als Grundlagen, auf denen Entscheidungen getroffen oder ausgesessen wurden. In dieser Auslegung erwies sich das Harnack-Prinzip eher als darwinistisch – nicht die »besten Köpfe« im universalistischen Sinne Mertons setzten sich durch, sondern »survival of the fittest«.[919]

Resultierte das Unbehagen der Wissenschaftlerinnen mit dem Harnack-Prinzip daraus, dass sie es, wie oben dargelegt, als Exklusionskriterium erlebten, so stellte sich das Unbehagen der Männer mit dem Harnack-Prinzip ganz anders dar. Die MPG-Wissenschaftler gerieten immer dann in *gender trouble*,[920] wenn sie hätten anerkennen müssen, dass der jeweilig »beste Kopf« auf den Schultern einer Frau saß, was weder in ihre Weltanschauung und schon gar nicht in ihren exklusiven Männerbund passte. Das männliche Unbehagen manifestierte sich insbesondere in der Sorge, die wissenschaftliche Deutungshoheit – egal in welcher Disziplin – zu verlieren, vor allem aber in der Frage, wer dem Anspruch des Harnack-Prinzips standhielt und wer nicht. Als diskursiv gebildetes Konstrukt übte das Harnack-Prinzip unter dem Vorwand einer angeblich objektiv messbaren Tatsache – Exzellenz – Herrschaft und Macht aus. So gesehen ging es bei dem Unbehagen der Geschlechter mit dem Harnack-Prinzip immer auch um einen Unterwerfungsprozess in machtdurchzogenen, diskursiven Strukturen.[921]

Die Analyse der intersektionalen Exklusionskriterien hat erbracht, dass die Vertreibung jüdischer Wissenschaftler:innen aus der KWG aufgrund der NS-Rassengesetzgebung einen Braindrain verursachte, der auch Auswirkungen auf die Wissenschaftslandschaft der Max-Planck-Gesellschaft hatte, wo nach 1945 Wissenschaftler:innen wie Lise Meitner fehlten. Die Tatsache, dass im

---

918 Werfel: *Stern der Ungeborenen*, 2001.
919 Spencer: *The Principles of Biology*. Bd. 1, 1864, 444, § 165. Weiterführend: Bayertz, Heidtmann und Rheinberger (Hg.): *Darwin und die Evolutionstheorie*, 1982.
920 Butler: *Gender Trouble*, 2006. Zu Butlers Erwägungen zum Verhältnis von Subjekt, Körper und Macht, vgl. Bublitz: *Judith Butler*, 2021.
921 Zu Foucaults Sichtweise des Diskurses als Ort der Konstitution und Konstruktion sozialer Wirklichkeit vgl. Foucault: *Dispositive der Macht*, 1978.

gesamten Untersuchungszeitrum alle weiblichen Wissenschaftlichen Mitglieder der Max-Planck-Gesellschaft weiß gewesen sind,[922] ist ein Befund, der deutliche Rückschlüsse auf ethnische Zugehörigkeit als Exklusionsmerkmal erlaubt: Diversität zeichnete sich bis zu Beginn des 21. Jahrhunderts auf Leitungsebene nicht ab. Hinsichtlich der Kategorie »Klasse« hat Renatie Tobies ein bildungsbürgerliches Elternhaus bzw. Väter mit akademischer Ausbildung als wichtige Einflussfaktoren für die Karriere von Wissenschaftlerinnen postuliert.[923] Dies trifft auf die hier porträtierten weiblichen Wissenschaftlichen Mitglieder ausnahmslos zu, deren Herkunftsmilieu ausgesprochen homogen ist: Alle kamen bzw. kommen aus gut- oder bildungsbürgerlichen Familien, in denen eine anspruchsvolle Bildung der Töchter gefördert wurde, selbst wenn sich die privaten Lebensverhältnisse, beispielsweise durch Bankrott oder Tod des Vaters, nachteilig verändert hatten, wie etwa im Fall von Hausser oder Knake. Überwiegend geht aus den Zeugnissen, vor allem der älteren Wissenschaftlerinnen, eine besondere, oft enge Bindung zum Vater hervor, der eine wichtige Vorbildrolle hatte.[924] Angesichts der massiven Homogenität der Gruppe weiblicher Wissenschaftlicher Mitglieder zeigt die intersektionale Analyse für den Untersuchungszeitraum, dass Wissenschaftlerinnen offenbar nur dann eine Chance hatten, wenn sie mit Ausnahme ihres Geschlechts ansonsten der heteronormativen Norm entsprachen.[925]

922 Ein Befund, der für Wissenschaftliche Mitglieder und Direktoren jeden Geschlechts gilt: Erst jenseits des Untersuchungszeitraums veränderte sich spürbar die ethnische Zusammensetzung. Aktuell zum Thema Diversität ein Interview mit Asifa Akhtar, die 2020 zur Vizepräsidentin der Max-Planck-Gesellschaft gewählt wurde: Akhtar: »Wir brauchen einen Kulturwandel«, 2022.

923 Tobies (Hg.): »*Aller Männerkultur zum Trotz*«, 2008, 32.

924 Interessant, wenngleich hier leider den Rahmen sprengend, sind auch die Familienbande innerhalb der MPG, nicht nur Söhne, sondern auch Väter und Töchter, wie etwa Konrad Lorenz und Agnes von Cranach, die seine Assistentin und Nachlassverwalterin war; Telschows Tochter Hildegard Zimmermann, eine Doktorandin von Butenandt, die von 1951 bis 1982 als Wissenschaftliche Assistentin am MPI für Arbeits- bzw. Ernährungsphysiologie arbeitete. Vgl. dazu auch Satzinger, Differenz und Vererbung, 2009, 357. Und *last, but not least* der Neurophysiologe und Hirnforscher Wolf Singer und eine seiner beiden Zwillingstöchter, die Neurowissenschaftlerin und Psychologin Tania Singer – beide ehemalige Direktor:innen am Frankfurter MPI für Hirnforschung bzw. Leipziger MPI für für Kognitions- und Neurowissenschaften.

925 Einen vergleichbaren Befund hat Juliane Scholz für die männlichen Wissenschaftlichen Mitglieder im Untersuchungszeitraum ermittelt. Auch ein Großteil von ihnen stammte aus dem gehobenen Bildungsbürgertum bzw. der gehobenen Mittelschicht. »Noch zwischen 1948 und 1954 stammten fast sechs Prozent der aktiven WM aus der Oberschicht. Gemessen an der Zahl der Angehörigen der Oberschicht in der Gesamtbevölkerung, die üblicherweise nicht viel mehr nur etwa ein bis zwei Prozent der Population repräsentierten, war das relativ viel. Aufgrund der Vorselektion der Gruppe der WM, die ja bereits mehrere akademische Ausbildungs- und Qualifikationsstufen bis zu ihrer Berufung durchlaufen hatten, war es jedoch nicht überraschend, dass sich die geistige Elite auch eher aus besonders einflussreichen Gesellschaftsschichten rekrutierte.« Auffällig

Im Gegensatz dazu erwies sich die Kategorie »Geschlecht« eindeutig als Diskriminierungs- und Exklusionskriterium. Einkommensunterschiede zwischen den Wissenschaftlerinnen und Wissenschaftlern sind in der MPG üblich gewesen, wie die Einkommen bzw. Budgets belegen. So erhielt beispielsweise Elisabeth Schiemann das geringste Gehalt aller KWG-Abteilungsleiter:innen, das nach 1948 nicht angeglichen wurde,[926] und Christiane Nüsslein-Volhard bekam 1985 als neu berufene Direktorin das kleinste Budget, was jemals einem Institut zur Verfügung gestellt worden ist. Es gab eingeschränkt auch Ausnahmen, wie sich im Fall von Eleonore Trefftz gezeigt hat. Eingeschränkt heißt hier, dass sie hinsichtlich ihrer Besoldungsgruppe gleichberechtigt war, dann aber auf dieser Stufe jahrelang verharrte – die berühmte gläserne Decke –, während ihre Kollegen als Wissenschaftliche Mitglieder auch finanziell an ihr vorbeizogen. Wie Geschlecht als Exklusionsfaktor bei Berufungen wirkte, ist im Vorherigen bereits detailliert dargestellt worden, speziell im Fall Knake. Darüber hinaus sprechen auch die Zahlen eine deutliche Sprache: In den ersten 50 Jahren der MPG wurden 13 Wissenschaftlerinnen zu Wissenschaftlichen Mitgliedern berufen. Dem standen im gleichen Zeitraum 678 männliche gegenüber (siehe Grafik 2).[927]

Auch politisch herrschte in den Anfangsjahren eine Doppelmoral, wie die Betrachtung der geschlechtsspezifisch unterschiedlichen Karriereverläufe von Wissenschaftlerinnen und Wissenschaftlern gezeigt hat. Während die NSDAP-Vergangenheit von MPG-Direktoren wie Adolf Butenandt, Werner Köster oder Wilhelm Rudorf in keiner Weise deren glänzende Nachkriegskarrieren beeinträchtigte, und selbst der unter anderem durch seine enge Verbindung zu Josef Mengele[928] inkriminierte Direktor des KWI für Anthropologie, menschliche Erblehre und Eugenik, Otmar von Verschuer, an die Universität Münster weggelobt wurde,[929] wurde das politische und humanitäre Engagement von Wissenschaftlerinnen wie Knake und Schiemann nicht gewürdigt. Gleiches gilt auch für die Kritik von Meitner an der Gleichschaltung der KWG mit dem NS-Regime und die mangelnde Auseinandersetzung ihrer ehemaligen Kolleg:innen damit in der deutschen Nachkriegsgesellschaft.

---

ist an Scholz' Befund, dass »besonders einfachere und mittlere Mittelschichten in den 1980er- und 1990er-Jahren vermehrt Zugang bekamen und sich die Rekrutierung dahin verlagerte.« Hierbei wurde ersichtlich, dass sich ab 1990 die WM immer häufiger aus Angestelltenhaushalten rekrutierten. Die Zahl der männlichen Wissenschaftlichen Mitglieder aus Arbeiterfamilien blieb den gesamten Untersuchungszeitraum fast verschwindend gering; Scholz: *Transformationen wissenschaftlicher Arbeit*, 2022, Kapitel III.

926 Vogt: Elisabeth Schiemann, 2014, 151–183.

927 Zur Problematik des Kaskadenmodells in der Max-Planck-Gesellschaft, sprich: Anteilswerten von Wissenschaftlerinnen, die umso kleiner werden, je höher die Besoldungsgruppe ist, siehe Kapitel 4.3.2.

928 Mengele war Lagerarzt im Konzentrationslager Auschwitz.

929 Ausführlich dazu Sachse: »Persilscheinkultur«, 2002, 217–246.

Grafik 2: Wissenschaftliche Mitglieder der MPG 1948–1998 nach Geschlecht. Quelle: Eigene Berechnung auf Grundlage von Henning und Kazemi: *Handbuch*, 2016, Bd. 2, 1763–1808.

Da die MPG in vielerlei Hinsicht die Strukturen der KWG übernahm und deren Traditionen pflegte, was bedeutete das für die Wissenschaftlerinnen in der Forschungsinstitution? War es für sie nach dem Krieg leichter oder schwerer Karriere zu machen? Rein quantitativ betrachtet lassen sich keine grundlegenden Unterschiede feststellen. In den 34 Jahren ihres Bestehens von 1911 bis 1945 gab es in der Kaiser-Wilhelm-Gesellschaft 13 Abteilungsleiterinnen, von denen drei – Meitner, Vogt und Hausser – auch zu Wissenschaftlichen Mitgliedern ernannt wurden. Direktorinnen gab es keine (siehe Tabelle 2).

Im Vergleich dazu waren im gleichen Zeitraum, also in den ersten 34 Jahren ihres Bestehens (1948–1982), in der Max-Planck-Gesellschaft ebenfalls 13 Abteilungsleiterinnen, von denen drei – Hausser, Schiemann und Trefftz – auch zu Wissenschaftlichen Mitgliedern ernannt worden (siehe Tabelle 3).[930] Zwar ist in diesen Jahren keine der MPG-Abteilungsleiterinnen auch Direktorin geworden, doch gab es mit Vennesland und Becke (beide übrigens Chemikerinnen) Wisenschaftlerinnen, die ohne zuvor eine Abteilung der MPG geleitet zu haben, zu Direktorinnen berufen wurden und deswegen in der Auflistung gar nicht erscheinen. Zudem gab es in diesem Zeitraum auch noch zwei weibliche Auswärtige Wissenschaftliche Mitglieder, Lise Meitner und Anne-Marie Staub, sowie das Wissenschaftliche Mitglied Anneliese Maier, die über keine Abteilung verfügte. Das heißt, es gab 13 Abteilungsleiterinnen, sieben Wissenschaftliche Mitglieder und darüber hinaus noch zwei Direktorinnen. Das ist gewiss nicht imposant, lässt die MPG aber auf den ersten Blick in einem etwas besseren Licht als ihre Vorgängerin erscheinen.

---

930 Auch Nüsslein-Volhard – in diesem Zeitraum Abteilungsleiterin der MPG – wurde zum Wissenschaftlichen Mitglied und zur Direktorin berufen, jedoch erst nach dm Vergleichszeitraum.

Tabelle 2: Abteilungsleiterinnen der KWG in chronologischer Reihenfolge

Forscherin	Einrichtung	Zeitraum	WM
Lise Meitner	Leiterin der physikalisch-radioakti-ven Abteilung am KWI für Chemie	1912–1938	1913
Cécile Vogt	Abteilung für Hirnanatomie | KWI für Hirnforschung	1919–1937	1919
Gerda Laski	Ultrarotabteilung | KWI für Faserstoffforschung	1924–1927	
Marguerite Wolff	Englische und amerikanische Rechtsfragen | KWI für auslän-disches öffentliches Recht und Völkerrecht	1925–1933	
Maria Kobel	Abteilung für Tabakforschung | KWI für Biochemie	1928–1929	
Isolde Hausser	Abteilung für biologische Physik »Abteilung Hausser« | KWI für medizinische Forschung	1929–1934 1935–1945	1938
Marthe Vogt	Chemische(-pharmakologische) Abteilung | KWI für Hirnforschung	1931–1935	
Irmgard Lotz	Abteilung theoretische Aerodyna-mik | KWI für Strömungsforschung	1934–1938	
Gertrud Soeken	Leiterin der Klinik am KWI für Hirnforschung	1935–1939	
Ann-Charlotte Frölich	Chemische Abteilung am KWI für Tierzuchtforschung	1940–1943	
Luise Holzapfel	Abteilung Silikatchemie | KWI für Silikatforschung	1943–1945	
Else Knake	Abteilung für Gewebezüchtung | KWI für Biochemie	1943–1948	
Elisabeth Schiemann	Abteilung für Geschichte der Kulturpflanzen| KWI Kulturpflanzenforschung	1943–1948	

Quelle: Vogt: *Vom Hintereingang zum Hauptportal?*; 2007, 370–375.

Tabelle 3: Abteilungsleiterinnen der MPG in chronologischer Reihenfolge.

Forscherin	Einrichtung	Zeitraum	WM
Else Knake	Institut für Gewebeforschung	1948–1963	
Isolde Hausser*	MPI für medizinische Forschung | Abteilung für physikalische Therapie	1948–1951	1948
Luise Holzapfel	MPI für Silikatforschung	1948–1960	
Elisabeth Schiemann	Forschungsstelle Geschichte der Kulturpflanzen	1949–1956	1953
Maria Pia Geppert	William G. Kerckhoff-Herzforschungsinstitut der MPG | Abteilung für Biostatistik	1951–1964	
Käthe Seidel	Limnologische Station Krefeld	1955–1978	
Eleonore Trefftz	MPI für Astrophysik | Abteilung Quantenmechanik	1958–1985	1972
Brigitte Wittmann-Liebold*	MPI für molekulare Genetik	1964–1990	
Mary Osborn*	MPI für biophysikalische Chemie | Forschungsgruppe Zellbiologie	1975–2005	
Susanne Hasselmann*	MPI für Meteorologie	1975–1999	
Karin Mölling	MPI für molekulare Genetik	1976–1993	
Christiane Nüsslein-Volhard	Friedrich-Miescher-Laboratorium	1981–1984	1985
Ruxandra Sireteanu-Constantinescu	MPI für Hirnforschung	1982–1984	
Regine Kahmann	MPI für molekulare Genetik	1986–1992	2000
Ada Yonath	MP-Arbeitsgruppe Ribosomenstruktur am DESY	1986–2004	
Eva-Maria Mandelkow	MP-Arbeitsgruppe strukturelle Molekularbiologie am DESY	seit 1986	
Marie-Laure Yaspo*#	MPI für molekulare Genetik | Otto-Warburg-Laboratorien	seit 1994	
Ursula Klingmüller	MPI für Immunbiologie	1996–2003	
Donna G. Blackmond #	MPI für Kohlenforschung	1996–1999	
Katharina Al-Shamery #	Fritz-Haber-Institut	1997–2002	
Ilme Schlichting #	MPI für molekulare Physiologie	1997–2002	2002
Regina de Vivie-Riedle #	MPI für Quantenoptik	1997–2002	
Magdalena Götz #	MPI für Psychiatrie	1997–2003	
Friederike Schmid #	MPI für Polymerforschung	1998–2000	
Emma Spary #	MPI für Wissenschaftsgeschichte	1998–2001	
Gertrud Nunner-Winkler	MPI für Psychologische Forschung	1998–2006	

Die Angaben beruhen auf einer Aktendurchsicht aller Mitarbeiter:innen des GMPG-Forschungsprogramms, dennoch ist sie möglicherweise immer noch nicht vollständig, was auf informelle Positionen, wie etwa im Fall Liebold-Wittmann, und nicht auf einheitliche Personalangaben zurückzuführen ist. – Mit * wurden mit einem WM/Direktor verheiratete (auch: verwitwete) Wissenschaftlerinnen markiert; mit # diejenigen, die Teil des C3-Frauen-Sonderprogramms – heute Minerva – waren. Vgl. dazu auch Henning und Kazemi: *Handbuch*, 2016, Bd. 2, 1809–1817.

Allerdings müssen diese absoluten Zahlen ins Verhältnis zu der weitaus höheren Anzahl von Mitarbeiter:innen und Wissenschaftlichen Mitgliedern gesetzt werden. So belief sich 1938 bis zu Meitners Flucht im Juli nach Stockholm der Anteil der weiblichen Wissenschaftlichen Mitglieder kurzfristig auf fünf Prozent (bei 60 Wissenschaftlichen Mitgliedern in der KWG insgesamt).[931] Danach lag er durchschnittlich bei bescheidenen 3,3 Prozent, aber damit noch fast doppelt so hoch wie in der MPG, wo ihr Anteil im Durchschnitt bis Mitte der 1990er-Jahre weniger als zwei Prozent betrug.[932] Wahrlich kein beeindruckendes Bild der Situation von Wissenschaftlerinnen in der MPG, zumal die Organisation in diesen »dynamischen Zeiten« ein sensationelles Wachstum erlebte.[933]

Und letztlich lassen Zahlen allein kein Urteil darüber zu, ob hinsichtlich der Förderung von Wissenschaftlerinnen KWG oder MPG aufgeschlossener und innovativer waren. Die Mathematikerin und Wissenschaftshistorikerin Annette Vogt hat sich umfassend mit der Situation von Wissenschaftlerinnen in der Kaiser-Wilhelm-Gesellschaft und an der Berliner Universität auseinandergesetzt. In ihrer Langzeitstudie *Vom Hintereingang zum Hauptportal? Lise Meitner und ihre Kolleginnen an der Berliner Universität und in der Kaiser-Wilhelm-Gesellschaft* kam sie zu dem Schluss, dass die KWG aufgeschlossener gegenüber weiblichen Mitarbeiterinnen war als beispielsweise Universitäten und dort eine berufliche Laufbahn für Naturwissenschaftlerinnen einfacher einzuschlagen und aussichtsreicher fortzuführen war als an staatlichen Universitäten und Hochschulen.[934] Vogt bezeichnete es dabei als paradox, »dass Frauen gerade dort bessere Chancen hatten, eine höhere Position zu erreichen, wo kein demokratisches Verfahren existierte«.[935]

Galt das auch in der Max-Planck-Gesellschaft, in der das für die Struktur zentrale Harnack-Prinzip fortbestand, das von Autorität lebte? Betrachtet man die Karrieren der Wissenschaftlerinnen vor und nach dem Zweiten Weltkrieg, kristallisiert sich als Unterschied heraus, dass das Harnack-Prinzip in der KWG verstärkt zur *Inklusion* von Wissenschaftlerinnen beitrug,[936] während es in der MPG dagegen lange Zeit als *Exklusions*mechanismus fungierte, wie etwa im Fall von Maier, Knake oder auch Vennesland beschrieben. Aber auch in der KWG spielte das Harnack-Prinzip nach Vogts Dafürhalten eine ambivalente Rolle, da dessen Handhabung vollkommen von der Person und Einstellung des Instituts-

931 »Die besseren Chancen bot die KWG«, Zahlen übernommen von Vogt: *Vom Hintereingang zum Hauptportal?*, 2007, 239–240.

932 Vgl. dazu etwa den ersten *Zahlenspiegel* von 1974: Von insgesamt 172 WM waren drei weiblich = 1,74 Prozent; MPG (Hg.): *Zahlenspiegel der Max-Planck-Gesellschaft 1974*, 1974.

933 Vgl. dazu Balcar: *Wandel durch Wachstum in »dynamischen Zeiten«*, 2020.

934 Vgl. dazu Vogts Bestandsaufnahme Wissenschaftlerinnen in der KWG, Vogt: *Vom Hintereingang zum Hauptportal?*, 2007, 209–239. – Vgl. Vogts Einschätzung dazu auch Deichmann: Frauen in der Genetik, 2008, 245–282.

935 Vogt: Die Kaiser-Wilhelm-Gesellschaft wagte es, 2008, 225–244, 227.

936 Vgl. dazu insbesondere Vogt: *Vom Hintereingang zum Hauptportal?*, 2007.

direktors abhing. War dieser Frauen gegenüber aufgeschlossen, förderte und
beförderte er Wissenschaftlerinnen, lehnte er sie aus persönlichen oder ideo-
logischen Gründen ab, hatten sie »keine Chance«.[937]

Das ist der springende Punkt dieser Arbeitsbeziehungen: Die dem Harnack-
Prinzip immanente absolute Entscheidungsfreiheit macht es zu einem zweischneidigen Schwert. Denn eine solche Freiheit ist immer auch Gutdünken,
subjektive Willkür – ein Sachverhalt, an dem sich auch nichts ändert, wenn der
Institutsdirektor eine Frau ist. Bezogen auf KWG und MPG heißt das: Offenbar
gab es in der KWG mehr Direktoren, die Wissenschaftlerinnen in Leitungspositionen gegenüber aufgeschlossener waren als in der MPG. In der Max-Planck-
Gesellschaft hingegen herrschte lange Zeit die Überzeugung vor, dass Exzellenz
und männliche Exklusivität Hand in Hand gingen, weil Frauen den geforderten
hohen Qualifikationsstandard in der Regel angeblich nicht genügen konnten.
Knapp 20 Jahre lang hielt man in der MPG daran fest, Wissenschaftlerinnen in
Ausnahmefällen zwar zu Wissenschaftlichen Mitgliedern zu berufen, sie aber
nicht zu Direktorinnen, sondern nur zu Abteilungsleiterinnen zu machen – und
dergestalt zu den Kollegen auf Abstand in der zweiten Reihe zu halten.

Geschichtlich betrachtet, so viel ist deutlich geworden, war das Harnack-
Prinzip als Strukturprinzip der Max-Planck-Gesellschaft nie so objektiv und
neutral, wie seine Apologeten behauptet haben. Als persönlichkeitszentriertes
Prinzip ist es durch seine geschlechtsspezifische Auslegung maßgeblich dafür
verantwortlich, das sich eine patriarchale Wissenschaftsstruktur in der MPG
so lange gehalten hat. Das Harnack-Prinzip räumte den Institutsdirektoren die
Macht ein, unangefochten über die Karrieren ihrer Kolleginnen zu entscheiden.
Und das haben sie dem Zeitgeist wie auch einem traditionellen Geschlechterrol-
len- und Wissenschaftsverständnis folgend getan und den Aufstieg von Frauen
in der Max-Planck-Gesellschaft nach Kräften behindert. Noch einmal: Nicht
allein Qualität und Qualifikation der Kandidat:innen zählte in den Berufungsverfahren, sondern auch das Geschlecht. Gerade weil Berufungen und Beförderungen von den jeweiligen Direktoren abhingen, war das Harnack-Prinzip kein
hermetisch ausschließendes Kriterium, wie der Fall von Eleonore Trefftz gezeigt
hat. Doch selbst mit einem Mentor wie Ludwig Biermann wurde sie erst nach
23 Jahren Wissenschaftliches Mitglied, weil immer die Berufung eines männlichen Kollegen wichtiger erschien.

Insgesamt lässt sich für die weiblichen Wissenschaftlichen Mitglieder in den
ersten 50 Jahren der MPG resümieren, dass sich ihre Situation sehr langsam
insofern verbessert hat, als sie ab Ende der 1960er-Jahre, wenn auch nicht immer, zu Direktorinnen berufen wurden; der Frauenanteil an den Direktoren lag
jedoch im gesamten Untersuchungszeitraum bestenfalls bei etwa zwei Prozent.
Kinder zu haben ist in dieser Phase immer die absolute Ausnahme gewesen; die
möglichen Gründe dafür wurden bereits unter den Stichworten »Blaustrumpf«
und »Rabenmutter« erörtert. Eine »Sisterhood of Science« – etwa als Gegenstück

---

937 Vogt: Abteilungsleiterinnen, 2008, 225–244, 228.

der »Bruderschaft der Forscher« ist in den ersten drei Generationen weiblicher Wissenschaftlicher Mitglieder nicht entstanden. Allenfalls ist ein gradueller Wandel in ihren Äußerungen zur Frage der Geschlechterdiskriminierung festzustellen: Margot Becke-Goehrings Behauptung, Geschlecht spiele in der MPG überhaupt keine Rolle, haben Nüsslein-Volhard und Mayntz nicht geteilt, die beide die Auffassung vertraten, sie hätten Erfolg gehabt, *obwohl* sie Frauen sind. Ingesamt haben Frauen in der MPG es jedoch vorgezogen, den Genderaspekt in Bezug auf ihre eigene Arbeit nicht zu thematisieren. Erst die jüngste und vierte Generation der weiblichen Wissenschaftlichen Mitglieder hat sich deutlicher zum Thema Geschlechterdiskriminierung geäußert.

3.6.3 Ragnarök

In der bundesdeutschen Nachkriegszeit gab es Raum für das »Fräuleinwunder«, nicht jedoch für *Wonder Women* und Amazonen.[938] Das politische und wirtschaftliche Klima begünstigte die Anpassungsfähigkeit von durch den Nationalsozialismus belasteten MPG-Wissenschaftlern wie etwa dem Hallervorden-Schüler Klaus Joachim Zülch[939] sowie die bereits angesprochenen Direktoren Nachtsheim und Rudorf. Ihnen bot sich die Möglichkeit, eigene Erinnerungsframeworks zu gestalten, da sie den Diskurs als Spitzenforscher, Nobelpreisgewinner und Präsidenten der MPG mitbestimmten. Im Wissen, dass die Luft der wissenschaftlichen Forschung dann doch nicht so rein ist wie gern behauptet,[940] stellt sich die Frage, was als moralischer Ansporn, ja, als Leitbild für Zivilcourage und gegen politischen Opportunismus ins Feld geführt werden kann, wenn ein Nationalsozialist und politischer Opportunist wie Wilhelm Rudorf, der bis zu seiner Emeritierung 1961 als MPI-Direktor bzw. Professor erst in Göttingen und dann in Köln seiner Wissenschaft frönen kann, demgegenüber Elisabeth Schiemanns Zivilcourage gegen das NS-Regime erst 42 Jahre nach ihrem Tod mit der Aufnahme in die Liste der »Gerechten unter den Völkern« in Yad Vashem anerkannt wurde. Es scheint also, als sei moralische Integrität eine Frage der eigenen Ehre – jedoch keine Voraussetzung für akademische Würde.

Die Max-Planck-Gesellschaft erlebte in den ersten fünf Jahrzehnten ihres Bestehens markante Wechsel und Transformationen, die sich auch an der Abfolge ihrer Präsidenten ablesen lässt – von Hahn zu Butenandt und weiter zu Lüst, von diesem zu Staab und Zacher.[941] Doch bezogen auf die Situation von

---

938 *Wonder Woman*, im Übrigen nachweislich stärker als *Superman*, ist nicht umsonst die Amazonenprinzessin Diana.

939 Martin, Fangerau und Karenberg: Die zwei Lebensläufe des Klaus Joachim Zülch, 2020, 61–70.

940 H Heim: »*Die reine Luft der wissenschaftlichen Forschung*«, 2002.

941 Vgl. dazu beispielsweise Balcar: *Wandel durch Wachstum in »dynamischen Zeiten«*, 2020; Balcar: *Die Max-Planck-Gesellschaft nach dem Boom*, 2022; sowie ausführlich Kocka et al.: *Die Max-Planck-Gesellschaft 1945–2005*, 2023.

Wissenschaftlerinnen finden sich kaum Anzeichen von Fortschritten. Es fand kein Ragnarök, keine feministische Götterdämmerung statt.[942] Selbst der gesellschaftliche Aufbruch von 1968 hat keine bemerkenswerten Spuren in der MPG hinterlassen, auch wenn 1967 und 1968 weibliche Wissenschaftliche Mitglieder erstmals zu Direktorinnen berufen wurden. In dieser Hinsicht war die Max-Planck-Gesellschaft keineswegs Vorreiterin.[943] Dabei hätte das Harnack-Prinzip seinem Anspruch nach großes Potenzial besitzen müssen, ging es doch darum, die »besten Köpfe« und *nicht* die besten Männer in der MPG zu versammeln. Ganz im Sinne von Ethaline Cortelyou: »Brains have no sex.«[944]

Ob der Max-Planck-Gesellschaft das Umdenken im Sinne dieser Gleichstellung im Untersuchungszeitraum gelungen ist, wird Gegenstand des nächsten Kapitels sein.

---

942 Vgl. Savyasachi: A Feminist Reading Of Thor, 2017; Smith: »White, Male and Brawny
       Feels Tired«, 2019.; Stimson: Captain Marvel, 2019.
943 Kolboske und Weber: Fünfzig Jahre weiter?, 2019, 8–19.
944 Grundsätzlich dazu Eliot: Neurosexism, 2019, 453–454.

4. Die Anfänge. Chancengleichheit in der Max-Planck-Gesellschaft. Ein Aufbruch mit Hindernissen

4.1 Einleitung

In diesem Kapitel wird die Chancengleichheit in der Max-Planck-Gesellschaft unter dem Genderaspekt untersucht. Im Zentrum der historischen Analyse des soziokulturellen und strukturellen Wandels stehen die gleichstellungspolitischen Aushandlungsprozesse, die Ende der 1980er-, Anfang der 1990er-Jahre dazu beigetragen haben, die tradierte Geschlechterordnung der MPG aufzubrechen. Dieser Teil der Untersuchung konzentriert sich auf das Jahrzehnt 1988 bis 1998, das durch wesentliche Veränderungen in der bundesrepublikanischen Geschlechterpolitik gekennzeichnet ist. In diesen Zeitraum fallen der erste Bericht der Bund-Länder-Kommission für Bildungsplanung und Forschungsförderung (BLK) zur »Förderung von Frauen im Bereich der Wissenschaft« von 1989 sowie der zweite Ergänzungsbericht dazu von 1998.[1]

Die Zweite Welle der Frauenbewegung in den 1970er-Jahren hat in Westdeutschland die tradierten Geschlechterrollen radikal infrage gestellt und das Thema Chancengleichheit in allen Bereichen der Gesellschaft auf die Tagesordnung gesetzt. Ab Anfang der 1990er-Jahre stand es auch verstärkt auf der wissenschaftspolitischen Agenda deutscher Hochschulen und außeruniversitärer Forschungseinrichtungen. Formal gleiche Zugangsstrukturen zur Wissenschaft sowie insgesamt eine Annäherung weiblicher und männlicher Lebensverlaufsperspektiven hatten zunächst wenig daran geändert, dass Frauen bzw. Wissenschaftlerinnen in Führungspositionen immer noch signifikant unterrepräsentiert waren. Im direkten Vergleich mit Hochschulen und Universitäten erwies sich die Asymmetrie der Geschlechterverhältnisse in den Hierarchien außeruniversitärer Forschungsorganisationen wie der Max-Planck-Gesellschaft, der Wissenschaftsgemeinschaft Gottfried Wilhelm Leibniz (WGL) und der Fraunhofer-Gesellschaft (FhG) sogar als noch eklatanter.[2] In der MPG gab es zu Beginn der Untersuchungsdekade keine institutionalisierten Gleichstellungsmaßnahmen.

---

1 BLK (Hg.): *Förderung von Frauen*, 1989; BLK (Hg.): *Frauen in Führungspositionen*, 1998.
2 Vgl. Munz: *Zur Beschäftigungssituation von Männern und Frauen*, 1993; Wimbauer: *Organisation, Geschlecht, Karriere*, 1999; Matthies et al.: *Karrieren und Barrieren im Wissenschaftsbetrieb*, 2001; Stebut und Wimbauer: *Geschlossene Gesellschaft?*, 2003, 105–123, sowie BLK (Hg.): *Förderung von Frauen*, 1989.

Ende der 1980er-Jahre drängten der Wissenschaftsrat, als wichtigstes wissenschaftspolitisches Beratungsgremium in Deutschland, und die BLK darauf, auch in den außeruniversitären Forschungsorganisationen gezielte Fördermaßnahmen für Frauen in Wissenschaft und Forschung zu entwickeln und umzusetzen.[3] Neben der quantitativen Dimension, das heißt einer ausreichenden Beteiligung von Frauen auf allen Qualifikations- und Hierarchiestufen, ging es dabei um qualitative Integration: Die Chancen für Frauen, sich zu qualifizieren und beruflich Karriere zu machen, sollten sich verbessern. Gesetzgeberische Maßnahmen zur Förderung von Frauen, die 1994 im »Gesetz zur Förderung von Frauen und der Vereinbarkeit von Familie und Beruf in der Bundesverwaltung und den Gerichten des Bundes« (Frauenfördergesetz) festgeschrieben wurden, betrafen die MPG nicht unmittelbar. Die Entwicklung und Anwendung eigener frauenfördernder Maßnahmen blieben vorerst weitgehend im Ermessen der MPG und ihrer Institute. Der Druck, etwas in dieser Hinsicht zu unternehmen, stieg gleichwohl. Damit die Umsetzung von Gleichstellungsmaßnahmen nicht nur ein unverbindlicher Gestaltungsauftrag der Bundesregierung blieb, mussten, wie es die Wissenschaftssoziologin Hildegard Matthies bezeichnet hat, »sozio-politische Interaktionsprozesse in den Instituten in institutsrelevante Handlungsregeln transformiert werden«.[4] Nur so konnte aus formaler Gleichberechtigung faktisch Gleichstellung werden.

An diesem Punkt setzt die folgende Untersuchung ein. Notwendig zur Initialisierung dieser Prozesse waren sowohl exogene als auch endogene Faktoren. Um welche es sich dabei gehandelt hat und wie wirkmächtig diese gewesen sind, ist Gegenstand dieses Kapitels. Insbesondere werden die dadurch ausgelösten Aushandlungsprozesse analysiert, die auf unterschiedlichen Akteursebenen in der MPG über mehrere Jahre hinweg stattfanden, um den für Chancengleichheit erforderlichen Strukturwandel in Gang zu setzen.

Auf einer ersten Untersuchungsebene werde ich mich mit den Interaktionsbeziehungen der geschlechterpolitischen Aushandlungsprozesse beschäftigen: Wer waren die Akteure und Akteurinnen in der MPG, die an den Aushandlungsprozessen zur Gleichstellung beteiligt waren? Dem schließt sich eine Bestandsaufnahme der Beschäftigungssituation von Frauen und Männern in der MPG Ende der 1980er-Jahre an, um zu klären, ob und inwieweit Frauen bzw. Wissenschaftlerinnen auf den unterschiedlichen Besoldungsstufen eingebunden oder ausgeschlossen waren. Was waren die Motoren bzw. Blockaden für weibliche Karrieren in den 1980er- und 1990er-Jahren in der MPG? Wie stand die MPG im nationalen und internationalen Vergleich da?

Zudem geht es um die historische Genese der Gleichstellungsmaßnahmen: Ab wann und mit welcher Intensität beschäftigte sich die MPG mit Frauenför-

---

3 Wissenschaftsrat (Hg.): *Empfehlungen des Wissenschaftsrates zu den Perspektiven der Hochschulen*, 1988; BLK (Hg.): *Förderung von Frauen*, 1989.
4 Matthies et al.: *Karrieren und Barrieren im Wissenschaftsbetrieb*, 2001, 12.

derung? Um welche Maßnahmen – rechtliche, ökonomische, soziale – handelte es sich dabei? Nach welchen Kriterien wurden diese von wem ausgewählt? Fanden diese Entscheidungsprozesse zentral oder peripher statt? In welchen Bereichen hielt die MPG überhaupt Gleichstellungsmaßnahmen für erforderlich? Extern verordnete Gleichstellungsmaßnahmen standen nicht im Einklang mit dem meritokratischen Selbstverständnis der MPG – wie wirkte sich das auf ihre Umsetzung aus? Was bedeutete unter diesem Aspekt das Inkrafttreten des Frauenfördergesetzes 1994 für die MPG als maßgeblich vom Bund geförderte Einrichtung?

Ein damals zentraler Erklärungsansatz machte die mutmaßliche, in erster Linie Frauen betreffende Unvereinbarkeitsproblematik von Familie und Wissenschaft für asymmetrische geschlechtsspezifische Karriereverläufe verantwortlich. Eine weitere Untersuchungsfrage wird daher sein, inwieweit dieser »Mythos von der Unvereinbarkeit der Wissenschaft«[5] die Gleichstellungsmaßnahmen der MPG beeinflusst hat. Für die Max-Planck-Gesellschaft als außeruniversitäre Forschungsorganisation in der Grundlagenforschung stellt seit jeher das persönlichkeitszentrierte Strukturprinzip die Grundlage ihres Forschungsverständnisses und des damit verbundenen Erfolgs dar. In einer zusammenfassenden Analyse der Wirkung der Gleichstellungsmaßnahmen der MPG wird auch der Frage nachgegangen, welche Rolle der Faktor »Passfähigkeit« bei der Auswahl der »Besten« gespielt hat und ob dadurch eine geschlechtsspezifische Segregation tradiert worden ist. Denn in den Führungspositionen blieben die Herren der Max-Planck-Gesellschaft lange Zeit unter sich.

Abschließend wird in einer Gesamtanalyse der Frage nachgegangen, wie erfolgreich de facto die Gleichstellungspolitik in der MPG in dieser Phase gewesen ist – hat dort tatsächlich ein Paradigmenwechsel, ein Prozess des Umdenkens stattgefunden?

Das Kapitel gliedert sich in vier Teile: Einleitend wird der rechtshistorische, begrifflich-strategische, sozialgeschichtliche und wissenschaftspolitische Kontext für den Aufbruch der MPG in die Gleichstellungspolitik skizziert. Der sich anschließende Teil stellt die maßgeblich daran beteiligten Akteursebenen vor und beschäftigt sich damit, wie die MPG nach einer ersten systematischen Bestandsaufnahme ihrer Personalstruktur Anfang der 1990er-Jahre mit der Notwendigkeit konfrontiert war, sich kritisch mit der Unterrepräsentanz von Frauen auseinanderzusetzen, insbesondere bei den Wissenschaftlerinnen. In der Max-Planck-Gesellschaft existierte dasselbe Kaskadenmodell wie an Hochschulen und anderen Forschungseinrichtungen, das heißt, der Anteil von Frauen bzw. Wissenschaftlerinnen wurden umso kleiner, je höher die Besoldungsgruppe war.

Im dritten Teil untersuche ich die daraus resultierenden Förderleitlinien und Gleichstellungsmaßnahmen und rekonstruiere, wie diese von unterschiedlichen Gremien der MPG entwickelt worden sind. Eine kritische Betrachtung der Im-

---

5 Nowotny: Gemischte Gefühle, 1986, 17–30, 22.

plementierung dieser Regelungen und Maßnahmen, auch im direkten Vergleich mit den staatlichen Normen, schließt sich daran an. Hier wird analysiert, welche Ergebnisse diese frühe Gleichstellungspolitik der MPG hervorgebracht hat, vor allem, aber nicht nur für die Wissenschaftlerinnen auf den verschiedenen Beschäftigungsebenen der Max-Planck-Gesellschaft.

4.2   Sozialgeschichtlicher und wissenschaftspolitischer Kontext

4.2.1   Alle Hoffnung fahren lassen?

Die Germanistin und Philosophin Barbara Hahn zitierte Mitte der 1990er-Jahre wie Max Weber Dante, um die Berufsaussichten deutscher Akademikerinnen zu beschreiben: »Laßt alle Hoffnung fahren!«[6] Weber hatte sich 1917 in seiner berühmten Schrift *Wissenschaft als Beruf* mit seinem dantesken Rekurs auf jüdische Wissenschaftler bezogen: »Das akademische Leben ist also ein wilder Hazard. Wenn junge Gelehrte um Rat fragen kommen wegen Habilitation, so ist die Verantwortung des Zuredens fast nicht zu tragen. Ist er ein Jude, so sagt man natürlich: *lasciate ogni speranza*.«[7] Für Frauen, so Hahn, stelle sich diese Frage nicht, da wirkten die »unterschiedlich strukturierten Ausschlüsse« bis in die Gegenwart hinein. Zwar sei in der Bundesrepublik nie ein Gesetz erlassen worden, das Frauen auf Grundlage ihres Geschlechts wieder von den Universitäten ausgeschlossen habe, doch seien in keinem anderen Land »die höheren Ränge der Universität so erfolgreich gegen Frauen abgeschottet« worden wie in Deutschland.[8] Auch die Historikerin Sylvia Paletschek konstatierte: »Mehr noch als Konfession oder soziale Herkunft war [...] die Zugehörigkeit zum weiblichen Geschlecht bis Ende des 20. Jahrhunderts für eine universitäre Laufbahn ›der Karrierekiller‹ schlechthin.«[9]

Vieles hat sich seitdem verändert. Im 21. Jahrhundert rangiert die gleichberechtigte Einbeziehung von Frauen in Forschung und Lehre weit oben auf der politischen Agenda bundesdeutscher Wissenschaftspolitik. Seit Mitte der 1990er-Jahre wird an deutschen Hochschulen und außeruniversitären Forschungseinrichtungen mit zunehmender Intensität Gleichstellungspolitik betrieben, um den Frauenanteil auf allen Karrierestufen in Forschung und Lehre demjenigen der Studierenden und Promovierenden anzugleichen. Sieben führende bundesdeutsche Wissenschaftsorganisationen unterzeichneten am

---

6 Hahn: Einleitung, 1994, 7–25, 7.
7 Weber: *Wissenschaft als Beruf*, 2006, 481.
8 Hahn: Einleitung, 1994, 7–25, 7–8.
9 Paletschek: Berufung und Geschlecht, 2012, 295–337, 317–318.

29. November 2006 eine »Offensive für Chancengleichheit von Wissenschaftlerinnen und Wissenschaftlern« mit der erklärten Absicht, den Anteil von Frauen in Spitzenpositionen in der Wissenschaft in den folgenden fünf Jahren deutlich anzuheben.[10] Und 2007 erklärte die Europäische Union sogar zum »Jahr der Chancengleichheit für alle« Ist also inzwischen alles Gender maingestreamt in der bundesdeutschen Forschungslandschaft?

Keineswegs, denn es reicht nicht aus, Gleichberechtigung zu verlangen und entsprechende Gesetze zu verabschieden, wenn damit keine kulturellen Veränderungen einhergehen. Folglich öffnet sich weiterhin die Schere zwischen Wissenschaftlerinnen und Wissenschaftlern umso weiter, je höher die Karrierestufen sind: Noch immer stößt der überwiegende Teil von Wissenschaftlerinnen an die »gläserne Decke«.[11] Als »wenig offensiv« bezeichnete die Soziologin und Präsidentin des Berliner Wissenschaftszentrums für Sozialforschung Jutta Allmendinger besagte »Offensive« im Hinblick auf die Tatsache, dass diese nur »falls erforderlich« vorsah, auch Programme zur Förderung von Wissenschaftlerinnen aufzulegen. Wie erforderlich Gleichstellungsmaßnahmen und -programme waren und sind, belegt Allmendinger eindrucksvoll mit einem kleinen Rechenexempel:

Der Anteil der Frauen in Entscheidungs- und Führungspositionen soll entsprechend dem jeweiligen Anteil an habilitierten Wissenschaftlerinnen »deutlich« gesteigert werden. Was heißt das? Schon seit Jahren lassen alle Wissenschaftsorganisationen deutliche Verbesserungen melden. So nannten sie Steigerungen um einen halben Prozentpunkt pro Jahr. Aus 3 Professorinnen zu 97 Professoren (C4, 1990) wurden so 9 zu 91 (2004). Bei Fortsetzung der Halbprozentschritte wäre das Gleichgewicht etwa um das Jahr 2090 erreicht.[12]

Eine Einschätzung, die 2007 auch der Wissenschaftsrat teilte: »Wenngleich inzwischen auch zahlreiche Fortschritte zu verzeichnen sind und vor allem das Bewusstsein gegenüber Chancenungleichheiten im Wissenschaftssystem durch diese Programme weiter geschärft worden ist, kann von einem gleichstellungspolitischen Durchbruch angesichts des langsam voranschreitenden Prozesses keine Rede sein.«[13]

---

10 DFG et al. (Hg.): *Offensive für Chancengleichheit*, 2006, 13.
11 Wissenschaftsrat (Hg.): *Empfehlungen zur Chancengleichheit*, 2007. Vgl. weitergehend dazu auch Bundesministerium für Bildung und Forschung: *Exzellenz und Chancengerechtigkeit*, 2013.
12 Allmendinger: *Zwischenruf*, 2006, 18–19, 18.
13 Wissenschaftsrat (Hg.): *Empfehlungen zur Chancengleichheit*, 2007, 17.

4.2.2 Rechtshistorischer Hintergrund

Die heute selbstverständliche Rede von der Gleichberechtigung von Männern und Frauen ist erst ein nach langen Kämpfen erreichtes Gut. Um besser verstehen zu können, welche historischen Relikte noch in den Auseinandersetzungen um Gleichstellungspolitik in der Max-Planck-Gesellschaft Ende des 20. Jahrhunderts präsent waren, ist ein knapper Rückblick auf diese Geschichte sinnvoll.

Im krassen Gegensatz zu den nach 1848 entstandenen Frauen- und Bürgerrechtsbewegungen wurden Ende des 19. Jahrhunderts eheherrliches[14] Patriarchat und Gehorsamsprinzip gesetzlich festgeschrieben.[15] Am 1. Januar 1900 trat im deutschen Kaiserreich das Bürgerliche Gesetzbuch (BGB) in Kraft.[16] In Bezug auf Ehe- und Familienrecht verankerte es das Entscheidungsrecht des Ehemannes in allen Fragen des Ehe- und Familienlebens und bildete den Rahmen der Rechtsungleichheit zwischen den Geschlechtern.[17]

Das Gleichheitsgedanke fand erst Eingang in das deutsche Grundgesetz. Vom 10. bis zum 25. August 1948 tagte der Verfassungskonvent von Herrenchiemsee und arbeitete mit Billigung der Alliierten einen ersten Verfassungsentwurf für einen zukünftigen westdeutschen Staat aus. Die Ergebnisse zum Thema Gleichheit fanden Eingang im Artikel 14 des »Chiemseer Entwurfs« des Grundgesetzes für einen Bund deutscher Länder:[18]

1. Vor dem Gesetz sind alle gleich.
2. Der Grundsatz der Gleichheit bindet auch den Gesetzgeber.
3. Jeder hat Anspruch auf gleiche wirtschaftliche und kulturelle Entwicklungsmöglichkeiten.

Das Fehlen des Wortes »Frau« in diesem Entwurf veranlasste die sozialdemokratische Juristin Elisabeth Selbert – eine von vier Frauen, die neben 61 Männern an der verfassunggebenden Versammlung teilnahmen –, als Gegenentwurf den Gleichheitsgrundsatz »Männer und Frauen sind gleichberechtigt« zu formulieren. Der Artikel wurde zunächst im Parlamentarischen Rat abgelehnt. Erst in-

---

14 »Eheherrlich = den Eheherrn betreffend, von ihm ausgehend«. https://www.duden.de/rechtschreibung/eheherrlich. Zuletzt aufgerufen am 27. März 2018.

15 Zur rechtlichen »Stellung der Frau nach den familienrechtlichen Bestimmungen des BGB in der Fassung vom 18. August 1896« vgl. Vaupel: *Die Familienrechtsreform in den fünfziger Jahren*, 1999, 23–24.

16 Wesentlich beteiligt an dessen Kodifikation war seit 1874 der Richter und nationalliberale Politiker Gottlieb Planck, ein Onkel von Max Planck. Ihm oblag insbesondere der Teilentwurf für das Familienrecht, darunter die Rechtsstellung von Frauen und Kindern. Vgl. dazu Stolleis: Planck, Gottlieb, 1995, 501–502.

17 Steinbacher: »Sex« – das Wort war neu, 2009.

18 Vgl. dazu »Chiemseer Entwurf«. Grundgesetz für einen Bund deutscher Länder. http://www.verfassungen.de/de49/chiemseerentwurf48.htm. Zuletzt aufgerufen am 11. Juni 2021.

folge einer massiven öffentlichen Mobilisierung von Frauen über alle Partei- und Konfessionsgrenzen hinweg wurde schließlich am 18. Januar 1949 in der Sitzung des Hauptausschusses der Satz »Männer und Frauen sind gleichberechtigt« einstimmig angenommen.[19]

Um die daraus erforderlich werdende Überprüfung sämtlicher Gesetze, Erlasse, Verordnungen und Verträge auf den Gleichheitsgrundsatz hin umsetzen zu können, wurde eine Übergangsregelung als Artikel 117 GG in die Verfassung aufgenommen: »Das dem Art. 3 Abs. 2 entgegenstehende Recht bleibt bis zu seiner Anpassung an diese Bestimmung des Grundgesetzes in Kraft, jedoch nicht länger als bis zum 31. März 1953.« Damit war dem Gesetzgeber zur Auflage gemacht worden, ein nicht mehr zeitgemäßes traditionelles Familienrecht grundsätzlich zu reformieren und bis zum 31. März 1953 an das Gleichberechtigungsgebot anzupassen.

Doch die christlich-konservative Adenauer-Regierung mit ihrem eheherrlichen Sittenbild, in dem der Haushalt und nicht etwa der Beruf den Arbeitsalltag von Frauen bestimmte, ließ verfassungswidrig, aber mit Unterstützung der Kirche diese Frist verstreichen. Mit über vier Jahren Verspätung wurde am 18. Juni 1957 das »Gesetz über die Glechberechtigung von Mann und Frau auf dem Gebiet des bürgerlichen Gesetzes« (Gleichberechtigungsgesetz) verabschiedet, das ein Jahr später, am 1. Juli 1958, in Kraft trat.[20] Zentrale Punkte waren unter anderem:

- Das Letztentscheidungsrecht des Ehemanns wird gestrichen.
- Die Versorgungspflicht des Ehemannes für die Familie bleibt bestehen.
- Die Zugewinngemeinschaft wird der gesetzliche Güterstand. Frauen dürfen ihr in die Ehe eingebrachtes Vermögen selbst verwalten.
- Das Recht des Ehemanns, ein Dienstverhältnis seiner Frau fristlos zu kündigen, wird aufgehoben.
- Die Frau hat das Recht, nach ihrer Heirat ihren Geburtsnamen als Namenszusatz zu führen.[21]

Allerdings stand darin auch: »Die Frau führt den Haushalt in eigener Verantwortung. […] Sie ist berechtigt, erwerbstätig zu sein, soweit dies mit ihren Pflichten in Ehe und Familie vereinbar ist.«[22] Erst weitere 18 Jahre später, 1976, wurde

---

19 Art. 3 Abs. 1. GG: »Alle Menschen sind vor dem Gesetz gleich«, Art. 3 Abs. 2 GG: »Männer und Frauen sind gleichberechtigt«. In der Verfassung der DDR von 1949 in Art. 7: »Mann und Frau sind gleichberechtigt. Alle Gesetze und Bestimmungen, die der Gleichberechtigung der Frau entgegenstehen, sind aufgehoben.« Verfassung der Deutschen Demokratischen Republik (1949). http://www.verfassungen.de/de/ddr/ddr49-i.htm. Zuletzt aufgerufen am 11. Juni 2021. Vgl. auch Budde (Hg.): *Frauen der Intelligenz*, 2003, 55.
20 Bundesgesetzblatt (BGBl.) I, S. 609.
21 Seit 1977 können die Eheleute entweder den Namen des Mannes oder der Frau als gemeinsamen Ehenamen führen; und seit 1994 können beide Eheleute ihren alten Familiennamen beibehalten.
22 *Bürgerliches Gesetzbuch*, 1958.

unter der sozialliberalen Regierungskoalition von Helmut Schmidt das »Erste Gesetz zur Reform des Ehe- und Familienrechts« (1. EheRG) verabschiedet, das am 1. Juli 1977 schließlich in Kraft trat. Mit diesem Gesetz wurde ein Paradigmenwechsel vollzogen von der »Hausfrauenehe« zum »Partnerschaftsprinzip«, das die gesetzlich vorgeschriebene Aufgabenteilung in der Ehe beendete. Nun erst (1977!) war es der der Frau erlaubt, ohne Einverständnis ihres Mannes erwerbstätig zu sein. Die wichtigsten Neuerungen des 1. EheRG waren neben dem Partnerschaftsprinzip die Umstellung des Scheidungsrechts vom Schuld- auf das Zerrüttungsprinzip sowie die Regelung des Unterhaltsanspruchs und der während der Ehezeit erworbenen Anrechte auf Altersversorgung.

Am 1. September 1994 trat schließlich das »Gesetz zur Durchsetzng der Gleichberechtigung von Frauen und Mannern«, das »Zweite Gleichberechtigungsgesetz« (2. GleiBG), in Kraft mit den Artikeln:

- Gesetz zur Förderung von Frauen und der Vereinbarkeit von Familie und Beruf in der Bundesverwaltung und in den Gerichten des Bundes (Frauenfördergesetz)
- Verschärfung des gesetzlichen Verbots der Benachteiligung wegen des Geschlechts im Arbeitsleben – bei der Stellenausschreibung, der Einstellung und dem beruflichen Aufstieg (Weiterentwicklung des arbeitsrechtlichen EG-Anpassungsgesetzes)
- Erweiterte Mitwirkungsrechte von Betriebsrat und Personalrat bei der Frauenförderung und der Vereinbarkeit von Familie und Beruf
- Gesetz zum Schutz der Beschäftigten vor sexueller Belästigung am Arbeitsplatz (Beschäftigtenschutzgesetz)
- Gesetz über die Berufung und Entsendung von Frauen und Männern in Gremien im Einflussbereich des Bundes (Bundesgremienbesetzungsgesetz).

Zugleich wurde das *Gleichberechtigungsgebot* in Artikel 3, Absatz 2 Grundgesetz ergänzt: »Der Staat fördert die tatsächliche Durchsetzung der Gleichberechtigung von Frauen und Männern und wirkt auf die Beseitigung bestehender Nachteile hin.«[23]

---

23 Grundgesetz für die Bundesrepublik Deutschland in der im BGBl. Teil III, Gliederungsnummer 100–1, veröffentlichten bereinigten Fassung, das zuletzt geändert worden ist durch Artikel 1: *Gesetz zur Änderung des Grundgesetzes (Artikel 91b)*, 2014, 2438. Die Förderung der Gleichberechtigung von Frauen und Männern durch den Staat sowie das Benachteiligungsverbot für Behinderte wurde umgesetzt durch das *Gesetz zur Änderung des Grundgesetzes (Artikel 3, 20a, 28, 29, 72, 74, 75, 76, 77, 80, 87, 93, 118a und 125a)*, 1994, 3146–3148.

4.2.3   Begrifflich-strategische Kontextualisierung

Der Gleichheitsgrundsatz ist – wie eben geschildert – im Grundgesetz der Bundesrepublik verankert worden, der *Grundsatz der Gleichbehandlung* von Frauen und Männern wurde 1957 gesetzlich festgeschrieben und die Diskriminierung aus Gründen des Geschlechts durch nationale Gesetze in den 1970er- und 1980er-Jahren für unrechtmäßig erklärt worden. Der weiterführende Begriff Gender-Mainstreaming wurde erstmals auf der Dritten Weltfrauenkonferenz 1985 in Nairobi[24] im Zusammenhang mit den Rechten und Wertvorstellungen der Frau verwendet und als Strategie der Gleichstellungspolitik vorgestellt. Er bezeichnet die Einbeziehung der Gleichstellungsdimension in alle Bereiche von Politik und Wissenschaft.[25] Es sollte weitere 14 Jahre dauern, bis der Paradigmenwechsel von der »Frauenpolitik«[26] zum »Gender-Mainstreaming« institutionalisiert wurde:[27] Mit Inkrafttreten des Amsterdamer Vertrags am 1. Mai 1999 wurden alle Mitgliedstaaten der EU verpflichtet, die Chancengleichheit der Geschlechter als Ziel in sämtlichen Bereichen der Politik und Gesellschaft zu verankern, wofür die Europäische Menschenrechtskonvention den grundlegenden Rechtsrahmen bildet. Praktisch ist Gender-Mainstreaming das Instrumentarium, um »das Ziel der Gleichstellung von Frauen und Männern durch die durchgängige Verankerung der Gleichstellungsperspektive in allen Politikfeldern und Handlungsbereichen« umzusetzen,[28] indem, wie Inken Lind es formuliert hat, Entscheidungsprozesse auf allen Ebenen tatsächlich auf Gendergleichheit und Abbau der Benachteiligung zwischen den Geschlechtern

---

24 Auf der folgenden Vierten Weltfrauenkonferenz in Peking 1995 wurde das neue Konzept der Gleichstellungsförderung als Querschnittsthema bestätigt und als wichtiger Ansatz der europäischen Gleichstellungspolitik etabliert.

25 »Mainstreaming is the systematic integration of equal opportunities for women and men into the organisation and its culture and into all programmes, policies and practices; into ways of seeing and doing.« Rees: *Mainstreaming Equality*, 1998, 29.

26 Im Sinne einer die Vorstellung reproduzierenden Politik, Frauen seien die Abweichung von der Norm und somit sei beispielsweise das Thema der Vereinbarkeit von Familie und Beruf kein gesellschaftliches Querschnittsthema.

27 Inwieweit es sich hierbei tatsächlich um einen Paradigmenwechsel oder eher nur um eine diskursive Erneuerung handelt, wird in der Literatur unterschiedlich beurteilt. Vgl. dazu alternativ Wetterer: Gender Mainstreaming & Managing Diversity, 2003, 6–27, und Leitner und Walenta: Gleichstellungsindikatoren im Gender Mainstreaming, 2007, 12–54.

28 Im Deutschen wird oft synonym der Begriff Geschlechterdemokratie verwendet. Die Heinrich-Böll-Stiftung versteht darunter eine »gesellschaftliche Vision und Gemeinschaftsaufgabe. Geschlechterdemokratie ist in dieser Definition ein normativer Begriff, der gleiche Rechte, gleiche Chancen, gleiche Zugänge von Männern und Frauen zu wirtschaftlichen Ressourcen und politischer Macht postuliert. Geschlechterdemokratie impliziert die gleiche Partizipation von Frauen und Männern in Politik, Öffentlichkeit und Ökonomie. Und: Geschlechterdemokratie zielt auch darauf ab, die gesellschaftliche Arbeit zwischen Frauen und Männern neu und gerecht zu bewerten.« Baumann und Abdul-Hussain: Begriffsklärung Gender Mainstreaming, 2016.

ausgerichtet werden. In konsequenter Umsetzung zielt Gender-Mainstreaming darauf ab, Organisationsstrukturen zu transformieren, die »genderspezifische Ungerechtigkeiten immer wieder neu produzieren«.[29] Trotzdem besteht bis heute das Problem eines segregierten Arbeitsmarktes in allen Bereichen – und der Wissenschaftsbetrieb bildet davon keine Ausnahme. Die ETAN-Expertinnenarbeitsgruppe »Frauen und Wissenschaft«[30] hat diese Geschlechtertrennung auf drei verschiedenen Ebenen verortet:

- horizontal: es ist eine Konzentration der Frauen in bestimmten Wissenschaftsbereichen, beispielsweise in den Biowissenschaften und in der Medizin, zu beobachten;
- vertikal: Frauen stellen in einigen Fachrichtungen rund die Hälfte der Studierenden, doch nur einen ganz geringen Teil der Professorenschaft;
- vertraglich: Männer haben überwiegend unbefristete Arbeitsverträge; bei Frauen überwiegen befristete Verträge und Teilzeitarbeit.[31]

Die strukturelle Dimension der Geschlechtertrennung auf dem Arbeitsmarkt und am Arbeitsplatz wird tradiert in einer Dichotomie männlicher Erwerbsarbeit und weiblicher Fürsorgearbeit. Karin Hausen hat dieses gesellschaftspolitische Phänomen des Festhaltens an der traditionellen Geschlechterordnung einmal als den Glauben an »eine dem historischen Wandel entzogene gottgewollte Naturordnung« charakterisiert, die sicherstelle, »dass Mann und Frau in ihren *Geschlechtscharakteren* polar und dementsprechend nicht auf Konkurrenz unter Gleichen, sondern auf harmonische Ergänzung von Verschiedenartigem angelegt«[32] seien.

29   Lind: Gender Mainstreaming, 2003, 173–188, 173–174.
30   Die Expertinnenarbeitsgruppe des Europäischen Netzes für Technologiebewertung (ETAN) fungierte hinsichtlich der geschlechtsspezifischen Aspekte von Forschungspolitik als wissenschaftspolitisches Beratungsgremium des EU-Forschungsrahmenprogramms »Ausbau des Potentials an Humanressourcen in der Forschung und Verbesserung der sozioökonomischen Wissensgrundlage« (1998–2002). Es stand unter der Leitung der Zellbiologin Mary Osborn. Osborn studierte Mathematik und Physik in Cambridge (B. A. 1962), promovierte 1967 in Biophysik und forschte als Postdoc in Harvard. Sie war ab 1975 als wissenschaftliche Mitarbeiterin und Forschungsgruppenleiterin am MPI für biophysikalische Chemie tätig, doch im Gegensatz zu ihrem Mann Klaus Weber nie Wissenschaftliches Mitglied der MPG. Auch bei den übrigen Mitgliedern handelte es sich um hochrangige Wissenschaftlerinnen verschiedener Disziplinen aus zehn Mitgliedstaaten, die an Universitäten und Forschungseinrichtungen, in Wirtschaft und Politik tätig waren bzw. sind, darunter Mineke Bosch, Claudine Hermann, Jytte Hilden, Joan Mason, Anne McLaren, Rossella Palomba, Leena Peltonen, Teresa Rees, Carmen Vela, Dominique Weis, Agnes Wold und Christine Wennerås. Der Ergebnisbericht der ETAN-Expertinnengruppe wurde 2000 veröffentlicht: European Commission: *Science Policies*, 2000.
31   Ebd., 22. In der deutschen Übersetzung des Berichts wurde das Original falsch übersetzt, dort heißt es: »men are more likely to have tenure; women are more likely to be on short-term and part-time contracts.« Korrektur hier durch die Verfasserin.
32   Hausen: *Geschlechtergeschichte als Gesellschaftsgeschichte*, 2012, 89, Hervorhebung im Original.

Diese Vorstellung polarer Geschlechtscharaktere entwickelte sich im Laufe des 19. Jahrhunderts im Kontext der Trennung von Beruf und Familie und setzte sich als universelles Ordnungsprinzip der Geschlechterdifferenz durch.[33] In der vorindustriellen Zeit gab es keine Trennung zwischen Familien- und Erwerbsarbeit, da beides im häuslichen Bereich stattfand. Das änderte sich mit der Industrialisierung, als Erwerbsarbeit zunehmend außerhalb von Haus und Hof geleistet wurde. Im bürgerlichen Familienideal der nachindustriellen Zeit trug die privilegierte Frau die Hauptverantwortung für Haushalt und Familienarbeit,[34] während der Mann durch seine außerhäusliche Erwerbstätigkeit die Funktion des Familienernährers übernahm.[35] Dieses geschlechtlich konnotierte Konzept von Familie/Haushalt und Beruf/Erwerbsarbeit führte strukturell und institutionell zu einer doppelten Diskriminierung von Frauen:[36]

Die strukturelle Geschlechterungleichheit, die sich in den Benachteiligungen von Frauen im Erwerbsleben, bei Einkommen, beruflichen Positionen und sozialer Sicherheit äußert, wurzelt in der geschlechtsbezogenen Arbeitsteilung in »männliche« Erwerbsarbeit und »weibliche« Fürsorgearbeit (die Betreuung und Erziehung von Kindern, die Pflege von alten oder kranken Menschen, die Erhaltung der Gesunden) sowie der Unterordnung der Letzteren unter die Erstere.[37]

4.2.4   Sozialgeschichtlicher Wandel

In der 40. Kabinettssitzung der Bundesregierung am 26. August 1966 legte die vier Jahre zuvor von der SPD-Fraktion einberufene Enquete-Kommission ihren umfassenden »Bericht der Bundesregierung über die Situation der Frauen in Beruf, Familie und Gesellschaft« vor.[38] Diese Erhebung war auch eine Reaktion auf die sprunghaft angestiegene Erwerbstätigkeit westdeutscher Frauen,[39] zu der unterschiedliche Faktoren beigetragen hatten: Durch die zunehmende Technisierung des Haushalts in der Ära des »Wirtschaftswunders«[40] hatte sich

33 Hausen: Die Polarisierung der »Geschlechtscharaktere«, 1976, 363–393.
34 Für die Frauen aus weniger privilegierten sozialen Verhältnissen bedeutete dies hingegen eine Doppelbelastung von Erwerbstätigkeit und Erziehungsarbeit.
35 Vgl. Frevert: Bürgerliche Familie und Geschlechterrollen, 1990, 90–98, 90–93; Wobbe: *Wahlverwandtschaften*, 1997, 39–42; Matthies et al.: *Karrieren und Barrieren im Wissenschaftsbetrieb*, 2001, 161; Molthagen: *Das Ende der Bürgerlichkeit?*, 2007, 276–277.
36 Beer: *Geschlecht, Struktur, Geschichte*, 1990.
37 Pimminger: Theoretische Grundlagen zur Operationalisierung von Gleichstellung, 2017, 39–60, 42–43.
38 Deutscher Bundestag: (Hg.): *Bericht der Bundesregierung*, 1966.
39 Nach den Ergebnissen der Volks- und Berufszählung von 1961 (auf denen die Enquete weitgehend aufbaute) war mehr als ein Drittel der weiblichen Bevölkerung der Bundesrepublik berufstätig; Frauen machten ihrerseits 37 Prozent der gesamten berufstätigen Bevölkerung aus.
40 Vgl. dazu etwa Gerber: *Küche, Kühlschrank, Kilowatt*, 2015.

der informelle Sektor, in dem Frauen vor allem als Reinigungskräfte, Kindermädchen oder Köchinnen tätig gewesen waren, reduziert bzw. die Belastung durch die von ihnen unbezahlt verrichtete Hausarbeit.[41] Ein anderer Faktor war die veränderte familiäre Situation, die gekennzeichnet war durch den Trend zur Kleinfamilie, durch mehr und mehr alleinerziehende Mütter und Einpersonenhaushalte. Die dadurch freigewordenen Kapazitäten ermöglichten immer mehr Frauen, erwerbstätig zu werden sowie sich gewerkschaftlich zu organisieren.[42] Obwohl ihre Bildungs- und Berufsqualifikationen eklatant stiegen, blieben sie in höheren Funktionen und Positionen unterrepräsentiert.[43]

Die 1961 auf den Markt gekommene Antibabypille erlaubte Frauen in einem bis dahin nicht gekannten Maße, selbst über Schwangerschaft und Familiengründung zu entscheiden. Nach dem Höhepunkt der bundesdeutschen Geburtenrate 1964 ging die Zahl der Geburten in den folgenden zehn Jahren um die Hälfte zurück.[44] 1969 löste Willy Brandts sozialliberale Koalition unter dem Motto »Wir wollen mehr Demokratie wagen« die konservativen Regierungen der Nachkriegszeit ab und bekannte sich zu innenpolitischen Reformen in der Sozial-, Bildungs- und Rechtspolitik. Das Aufbranden der Zweiten Welle der Frauenbewegung im Kontext allgemeiner gesellschaftlicher Umbrüche Ende der 1960er-Jahre führte zu einem massiven Bewusstseinswandel unter Frauen (Selbstbestimmung, sexuelle Befreiung/Revolution[45]) – und das Private wurde politisch. Die Abtreibungsdebatte löste eine breite gesellschaftliche Mobilisierung der Frauenbewegung aus. An den Protesten und Aktionen gegen § 218 des Strafgesetzbuches nahmen Anfang der 1970er-Jahre Hunderttausende Frauen in westdeutschen Städten teil. 1974 beschloss der Bundestag die sogenannte Fristenregelung,[46] die 1976 – nachdem sie 1975 vom Bundesgerichtshof als mit

---

41 Zum »Verschwinden des traditionellen Sektors nach der Mitte des 20. Jahrhunderts« infolge der Nachkriegsprosperität vgl. Lutz: *Der kurze Traum immerwährender Prosperität*, 1989, 138.

42 Rucht: *Modernisierung und neue soziale Bewegungen*, 1994, 187.

43 Vgl. dazu Vogel: Frauen und Frauenbewegung, 1989, 162–206, 184–196; Görtemaker: *Geschichte der Bundesrepublik Deutschland*, 2004, 634.

44 Zur komplexen Thematik der Vor- und Nachteile der Antibabypille vgl. beispielsweise Silies: *Liebe, Lust und Last*, 2010.

45 Vgl. die Grundlagenwerke von Beauvoir: *Le Deuxième Sexe*, 1949; Friedan: *The Feminine Mystique*, 1963; vgl. Millett: *Sexual Politics*, 1970; Meulenbelt: *De schaamte voorbij*, 1976; French: *The Women's Room*, 1977; Holder: *Give Sorrow Words*, 1979; Steinem: *Outrageous Acts and Everyday Rebellions*, 1983. – Einen repräsentativen Überblick zu der für diese Periode typischen *confessional literature*, die sich mit der Beziehung der Geschlechter und dem Selbstverständnis der Frau auseinandersetzte, gibt die zwischen 1977 und 1997 von Angela Praesent herausgegebene Reihe »neue frau«. Diese Reihe des Rowohlt-Verlags stellte, wie es im Impressum jedes einzelnen der monatlich erscheinenden Bände hieß, »erzählende Texte aus den Literaturen aller Länder vor, deren Thema die konkrete, sinnliche und emotionale Erfahrung von Frauen und ihre Suche nach einem selbstbestimmten Leben ist«.

46 *Fünftes Gesetz zur Reform des Strafrechts*, 1974, 1297, 1297. Nach diesem Gesetz war der Schwangerschaftsabbruch in den ersten zwölf Wochen straffrei.

dem Grundgesetz unvereinbar und insofern nichtig befunden worden war – in modifizierter Form als sogenannte Indikationsregelung verabschiedet wurde.[47]

1980 unterzeichnete die Bundesrepublik Deutschland auf der Zweiten Weltfrauenkonferenz in Kopenhagen die UN-Frauenkonvention, das »Übereinkommen zur Beseitigung jeder Form von Diskriminierung der Frau«, das 1985 in Kraft trat. Im April 1984 fand die erste Gleichstellungsdebatte im Bonner Bundestag statt, in dem inzwischen auch die Fraktion der Grünen mit sechs Frauen vertreten war. Anlass war, dass die EG in Übereinstimmung mit geltendem Ratsrecht[48] die Bundesregierung ermahnt hatte, bis zum 1. Oktober 1984 Voraussetzungen für die berufliche Gleichstellung von Frauen zu schaffen. Dieser Mahnung folgte im Februar 1985 eine Rüge des Europäischen Gerichtshofs wegen unzulänglicher Umsetzung dieser Richtlinie.[49] Dies dürfte letztlich ausschlaggebend dafür gewesen sein, dass Mitte der 1980er-Jahre auch in der bundesdeutschen Forschungs- und Wissenschaftspolitik Gleichstellungsmaßnahmen energischer in Angriff genommen wurden.

4.2.5 Wissenschaftspolitischer Kontext der bundesdeutschen Gleichstellungspolitik

Die Forschungs- und Wissenschaftspolitik der Bundesregierung hatte sich seit Anfang der 1980er-Jahre neben den Hochschulen in besonderem Maße den außeruniversitären Forschungseinrichtungen und in beiden Bereichen der Förderung des wissenschaftlichen Nachwuchses zugewandt.[50] Dies war nicht zuletzt der demografischen Situation geschuldet, in der sich aufgrund der Altersstruktur für die bundesrepublikanische Forschungslandschaft Ende der 1990er-Jahre eine Riesenkohorte an Emeritierungen abzeichnete.[51] Die politische Auseinandersetzung auf Bundesebene um eine stärkere Einbeziehung von

---

47   *Fünfzehntes Strafrechtsänderungsgesetz,*1976, 1213–1215, 1213.

48   Richtlinie 76/207/EWG des Rates vom 9. Februar 1976 zur Verwirklichung des Grundsatzes der Gleichbehandlung von Männern und Frauen hinsichtlich des Zugangs zur Beschäftigung, zur Berufsbildung und zum beruflichen Aufstieg sowie in bezug auf die Arbeitsbedingungen. Amtsblatt L 39, 1976, 40–42. https://eur-lex.europa.eu/legal-content/DE/TXT/HTML/?uri=CELEX:31976L0207&from=EN. Zuletzt aufgerufen am 9. Juni 2021. Mit dem Termin 12. August 1978 für die Umsetzung in den Mitgliedstaaten.

49   Vgl. dazu Vogel: Frauen und Frauenbewegung, 1989, 162–206, 206.

50   Bereits 1980 hatte der Wissenschaftsrat seine erste »Empfehlung zur Förderung des wissenschaftlichen Nachwuchses« gegeben. Wissenschaftsrat (Hg.): *Empfehlung zur Förderung des wissenschaftlichen Nachwuchses,* 1980, 7–38.

51   Im Rahmen des Ausbaus der Kapazitäten im Hochschulbereich waren Anfang der 1970er-Jahre viele der neu geschaffenen Stellen mit vergleichsweise jungen Wissenschaftlern besetzt worden, deren Emeritierung sich für die 1990er-Jahre abzeichnete; vgl. dazu Bundesministerium für Bildung und Forschung (Hg.): *Bundesbericht,* 2008, 13. Ein Befund, den Jaromír Balcar (GMPG) auch für die MPG konstatiert. – Noch 1998 befand die BLK, dass die Bundeskonferenz sich ihrer »Vordenkerrolle wieder bewußt« werden

Wissenschaftlerinnen mündete in der dritten Novellierung des Hochschulrahmengesetzes 1985, in dem § 2 den zusätzlichen Absatz 2 erhielt, der festlegte, dass die Hochschulen bei der Wahrnehmung ihrer Aufgaben »auf die
Beseitigung der für Wissenschaftlerinnen bestehenden Nachteile« hinzuwirken
hätten.[52]

1986 erweiterte die im Vorjahr ernannte Bundesfamilienministerin Rita
Süssmuth (CDU) ihr Ministerium um das Ressort Frauenpolitik[53] und trat nicht
nur für eine Reform des Paragrafen 218 ein,[54] sondern auch für eine bessere
Vereinbarkeit von Familie und Beruf – und sorgte nebenbei dafür, dass aus der
»Frau Minister« die »Ministerin« wurde. Im Dezember desselben Jahres sprach
sich der Deutsche Bundestag mit einem Beschluss grundsätzlich für besondere
Förderungsmaßnahmen aus, mit denen die Zahl weiblicher Nachwuchskräfte
für Hochschulen und Wissenschaft erhöht werden könne.[55] Daraufhin regte
die Bundesregierung 1987 an, dass sich die Bund-Länder-Kommission für Bildungsplanung und Forschungsförderung mit der Thematik der Förderung von
Wissenschaftlerinnen befassen solle. Die BLK erhob in diesem Zusammenhang
statistische Daten über den Anteil der Frauen am wissenschaftlichen Personal
in den von Bund und Ländern gemeinsam geförderten außeruniversitären Forschungseinrichtungen zum Stichtag 30. Juni 1987 bzw. 30. Juni 1989.[56]

In einer Entschließung zu Frauen und Forschung erklärte das Europäische
Parlament am 16. September 1988, dass »die unzureichende Vertretung von
Frauen im Bereich der Wissenschaft zu den aktuellen Themen« gehöre, die »kon-
krete Fördermaßnahmen erforderlich« mache, und forderte die Mitgliedstaaten
auf, »positive Maßnahmen zur Förderung der Präsenz von Frauen auch auf
höchster Ebene der Universitäten und Forschungsinstitute zu unterstützen«.[57]
Der Wissenschaftsrat der Bundesrepublik konstatierte »ein pyramidenartiges
Bild der Beteiligung von Frauen an den Hochschulen«,[58] das sich nicht mit

müsse, um die Chance, »die bereits laufende Emeritierungswelle für die Förderung von
Wissenschaftlerinnen zu nutzen«, nicht zu vertun; BLK (Hg.): *Frauen in Führungspositionen*, 1998, 27.

52 *Drittes Gesetz zur Änderung des Hochschulrahmengesetzes*, 1985, 2090–2098, § 2 Abs. 2.

53 Das Bundesministerium für Jugend, Familie und Gesundheit wurde 1986 in Bundesministerium für Jugend, Familie, *Frauen* und Gesundheit umbenannt.

54 Ihre Initiative zur Reform des Abtreibungsparagrafen – »Die letzte Entscheidung muss
bei der Frau liegen« – wurde 1992 vom damaligen Bundeskanzler Helmut Kohl und der
CDU-Bundestagsfraktion heftig kritisiert; vgl. dazu u. a. Prantl: Rita Süssmuth über
Scheitern, 2015.

55 Deutscher Bundestag: *255. Sitzung. Stenographischer Bericht*, 1986, IX–XII.

56 Vgl. dazu Deutscher Bundestag: (Hg.): *Antwort der Bundesregierung, auf die Große Anfrage*, 1989.

57 Zitiert nach European Commission: *Science Policies*, 2000, 2.

58 Wissenschaftsrat (Hg.): *Empfehlungen des Wissenschaftsrates zu den Perspektiven der
Hochschulen*, 1988, 212. – Unter den bis heute 19 Vorsitzenden des WR waren mit Dagmar
Schipanski (1996–1998) eine Frau und drei MPI-Direktoren: Helmut Coing, Reimar Lüst
(der im Anschluss daran das Amt des MPG-Präsidenten übernahm) und Dieter Simon.

den inzwischen geltenden nationalen und internationalen Vereinbarungen zur Gleichstellung von Frauen und Männern in Einklang bringen lasse.

Auf Grundlage der erhobenen Daten erarbeitete die BLK einen Bericht zur »Förderung von Frauen im Bereich der Wissenschaft«, der am 2. Oktober 1989 verabschiedet wurde[59] und der eine Reihe von Empfehlungen enthielt, wie in Hochschulen und Forschungseinrichtungen eine höhere Beteiligung von Frauen »in allen Bereichen des wissenschaftlichen Qualifikationsprozesses« erreicht werden sollte.[60] So wurde etwa allen größeren Institutionen (darunter beispielsweise die Arbeitsgemeinschaft der Großforschungseinrichtungen, die MPG, die Fraunhofer-Gesellschaft sowie die Blaue-Liste-Einrichtungen der Leibniz-Gemeinschaft und das Wissenschaftszentrum Berlin für Sozialforschung) nahegelegt, Frauenförderpläne zu erstellen.[61] Zudem verlangte die BLK im Kontext der Förderung von Wissenschaftlerinnen, das Geschlecht in Verwaltungsdaten (also Personal- und amtliche Statistiken, Berichtslegung) gesondert auszuweisen, um anhand dieser differenzierten Daten den Status quo von Frauen unter Gleichstellungsgesichtspunkten feststellen und gegebenenfalls politischen Handlungsbedarf aufzeigen zu können. Auch der damalige Bundesbildungsminister Jürgen W. Möllemann (FDP) vertrat 1990 die Auffassung, Bildungspolitik sei Gleichstellungspolitik, und bezeichnete die verstärkte Weiterbildung von Frauen in der mittleren Lebensphase als »unverzichtbares Element« einer zukunftsweisenden Bildungspolitik für das neue Jahrzehnt.[62]

Ab Mitte der 1980er-Jahre wurde an deutschen Hochschulen und außeruniversitären Forschungseinrichtungen mit zunehmender, wenngleich unterschiedlicher Intensität Gleichstellungspolitik betrieben. Im September 1994 trat schließlich das »Zweite Gleichberechtigungsgesetz« in Kraft, verbunden mit dem erweiterten Gleichberechtigungsgebot.[63]

---

59 BLK (Hg.): *Förderung von Frauen*, 1989.

60 Die Empfehlungen der BLK, wie die für den akademischen Bereich geltenden dienstrechtlichen Voraussetzungen, »insbesondere die bestehenden Befristungs- und Altersgrenzen, auf Bundes- und Landesebene einvernehmlich geändert werden könnten, damit Frauen nach Abschluss der Familienphase gleichberechtigt eine wissenschaftliche Laufbahn ergreifen bzw. fortsetzen können«, konzentrierten sich im Wesentlichen auf die Punkte: a) Verlängerung befristeter Dienstverhältnisse von Wissenschaftlerinnen (und zwar Verlängerung sowohl wegen Teilzeitbeschäftigung als auch wegen Mutterschutz- und Erziehungsurlaubzeiten); b) Verlängerung der Fristen für den erstmaligen Abschluss befristeter Verträge (in Anknüpfung an die dem § 50 Abs. 3 HRG zugrunde liegenden Gesichtspunkte) und c) Überprüfung (im Sinne einer Heraufsetzung) der Altersgrenzen für wissenschaftliches Personal an Hochschulen; BLK (Hg.): *Förderung von Frauen*, 1989.

61 Entwurf des Berichts zur »Förderung von Frauen im Bereich der Wissenschaft« der BLK, 18. September 1989, 18, Handakte Preiß, AMPG, II. Abt., Rep. 1, Nr. 494, fol. 24–25.

62 Jürgen Möllemann: »Bildungspolitik ist Gleichstellungspolitik«, in: Frauen in Bildung und Wissenschaft. BMBW *Informationen Bildung Wissenschaft* 12/90: 157, GVMPG, BC 207185.

63 Zu den historischen Hintergründen der Gleichstellungspolitik, siehe die obigen Ausführungen in Kapitel 4.2.2. Weiterführend zum Gleichbehandlungsgrundsatz in der Berliner Republik vgl. Mangold: Von Homogenität zu Vielfalt, 2018, 461–503, 466–470.

Im September 1998 beendete der Wahlsieg von Sozialdemokraten und Grünen die Kanzlerschaft von Helmut Kohl. Der programmatische Titel der Koalitionsvereinbarung, mit dem Bündnis 90/Die Grünen und die SPD Deutschland ins 21. Jahrhundert führen wollten, verhieß »Aufbruch und Erneuerung«.[64] Eines der darin formulierten zentralen Ziele versprach, »die Gleichstellung von Frauen in Arbeit und Gesellschaft entscheidend« voranzubringen.[65] »Die neue Bundesregierung will die Gleichstellung von Mann und Frau wieder zu einem großen gesellschaftlichen Reformprojekt machen.« Den »neuen Aufbruch für die Frauenpolitik« plante die Koalition im Rahmen des Aktionsprogramms »Frau und Beruf« zu bewältigen, zu dem ein effektives Gleichstellungsgesetz gehörte: »Wir werden verbindliche Regelungen zur Frauenförderung einführen, die auch in der Privatwirtschaft Anwendung finden müssen.« Außerdem stand eine Reihe von verbindlichen Arbeitsreformmaßnahmen auf der Agenda, zu denen neben der Korrektur frauendiskriminierender Festlegungen im Arbeitsförderungsrecht, flexibleren Arbeitszeiten und besseren Bedingungen für Teilzeitarbeit auch die »Erhöhung des Frauenanteils in Lehre und Forschung« gehörte.[66]

4.2.6   Die Auswirkungen auf die Max-Planck-Gesellschaft

Zehn Jahre nach der ersten Anfrage baten die Regierungschefinnen und Regierungschefs von Bund und Ländern die BLK 1997, erneut eine Erhebung zur Situation von Wissenschaftlerinnen auf Grundlage des inzwischen verbesserten statistischen Materials vorzunehmen. In ihrem daraus resultierenden Ergänzungsbericht stellte die Kommission 1998 fest, dass Wissenschaftlerinnen weiterhin »in allen Fachgebieten von Qualifikationsstufe zu Qualifikationsstufe statistisch gesehen nur jeweils einen Bruchteil der Chancen zum Einstieg in eine wissenschaftliche Karriere im Vergleich zu gleichqualifizierten Männern haben«.[67] Im internationalen Vergleich lag Deutschland deutlich hinter Ländern wie den USA, Frankreich oder Großbritannien.[68] Das galt für Hochschulen

---

64 *Aufbruch und Erneuerung – Deutschlands Weg ins 21. Jahrhundert*, 1998.

65 Ebd., 2.

66 Alle Zitate: ebd., 32. – Spannungsfeld Realität und Anspruch: Wie erfolgreich der rotgrüne »Aufbruch« in die Chancengleichheit gewesen ist – über den Dienst an der Waffe für Frauen hinaus, was nicht unbedingt als Errungenschaft betrachtet werden muss –, analysiert beispielsweise Bleses: Wenig Neues in der Frauenpolitik, 2003, 189–209.

67 BLK (Hg.): *Frauen in Führungspositionen*, 1998. Seither werden die statistischen Daten zu den Anteilen von Frauen in Führungspositionen an Hochschulen und außerhochschulischen Forschungseinrichtungen kontinuierlich erfasst und systematisch ausgewertet. Seit dem 1. Januar 2008 hat die Gemeinsame Wissenschaftskonferenz (GWK) diese Aufgabe übernommen.

68 European Commission Directorate-General for Research et al.: »She Figures«, 2003. Im Übrigen lag Deutschland auch 2014 bestenfalls im Bereich des EU-Durchschnitts; vgl. European Commission Directorate-General for Research and Innovation: *She Figures 2015*, 2016, 20, 53–54, 62, 71, 74. Ein Trend, der sich auch im Folgejahr fortsetzte: »Trotz

und Universitäten ebenso wie für die außeruniversitären Forschungseinrichtungen, zu denen die Max-Planck-Gesellschaft zählt: Mit einem Anteil von 2,1 Prozent Frauen in C4-Positionen und 3,4 Prozent in C2-/C3-Positionen lag die Max-Planck-Gesellschaft im Jahr 1995 sogar noch unter den ohnehin geringfügigen Werten von 4,8 bzw. 8,7 und 11,6 Prozent an den Hochschulen (siehe Tabelle 4) – und bildete mehr oder weniger das Schlusslicht in Deutschland.[69]

Tabelle 4: Vergleich Anteil Wissenschaftlerinnen in Leitungspositionen 1995

Besoldungsgruppe	MPG	Hochschulen
C4	2,1 %	4,8 %
C3	3,4 %[70]	8,7 %
C2	–	11,6 %

Quelle: MPG-Zahlenspiegel und GWK. Erfasst worden sind die Frauenanteile im Bereich C4 und C2 bzw. C3 für die Wissenschaftlerinnen. Für die MPG: Meermann: Senatsbeschluß, 1995, 19–20, 20; MPG (Hg.): *Max-Planck-Gesellschaft in Zahlen und Daten 1996*, 1996, 12; vgl. zu den statistischen Angaben für die MPG auch die Gesamtübersicht »Anteil der Wissenschaftlerinnen in den einzelnen wissenschaftlichen Bereichen der Max-Planck-Gesellschaft, 1993–1998«. Für die Hochschulen (alle Hochschularten): 1995 waren an den deutschen Hochschulen 8,2 Prozent der insgesamt 37.672 Professuren (alle Besoldungsgruppen; ohne Gastprofessuren) mit Frauen besetzt; GWK: Chancengleichheit in Wissenschaft und Forschung, 2016, 18–19.

der Zunahme des Frauenanteils nimmt Deutschland im EU-Vergleich immer noch einen der hinteren Plätze ein – dies zeigt sich am Frauenanteil unter dem wissenschaftlichen Personal in allen drei Sektoren«; *Pakt für Forschung und Innovation. Monitoring-Bericht 2016*, Heft 47. Bonn: GWK 2016, 20–21. https://www.gwk-bonn.de/fileadmin/Redaktion/Dokumente/Papers/GWK-Heft-47-PFI-Monitoring-Bericht-2016__1_.pdf. Zuletzt aufgerufen am 20. März 2018.

69 Nur die Fraunhofer-Gesellschaft (FhG) rangierte noch hinter der MPG: Dort saßen überhaupt keine Frauen in Leitungs- oder auf C3/4-Positionen, vgl. Deutscher Bundestag: (Hg.): *Antwort der Bundesregierung auf die Kleine Anfrage*, 1996. Zusammenhänge mit dem Fokus der FhG auf MINT-Fächer sowie dem Anspruch auf Vertrautheit mit unternehmerischem Handeln im Kontext angewandter Forschung sind bereits Gegenstand wissenschaftlicher Untersuchungen gewesen; vgl. etwa Orland und Rössler: Women in Science, 1995, 13–63; Tobies (Hg.): »*Aller Männerkultur zum Trotz*«, 2008; vgl. dazu auch vorheriges Kapitel, »Einleitung«. FhG-Präsident Max Syrbe dankte 1989 auf einer Jahrestagung den Ehefrauen der Wissenschaftler dafür, dass sie »geduldig die Last des Lebenskameraden« übernähmen, »eines in der angewandten Forschung voll engagierten Wissenschaftlers«, und sprach ihnen »besondere Anerkennung für diese Art zu helfen« aus. Solche Äußerungen lassen erkennen, dass auch in der Fraunhofer-Gesellschaft zeitgemäßes Umdenken dringend geboten war; Geldmeyer: *Die FhG*, 1989, 18.

70 Die MPG wies in den 1990er-Jahren C2- und C3-Stellen zusammen aus. Darunter folgte in den Personalstatistiken die Besoldungsgruppe BAT I. 1995 gab es insgesamt 54 Stellen in dieser Gruppe, die ausschließlich von Männern besetzt waren; Meermann: Senatsbeschluß, 1995, 19–20, 20.

Dies scheint sich in der zweiten Dekade des 21. Jahrhunderts deutlich verändert zu haben: Laut der Zentralen Gleichstellungsbeauftragten (ZGB) der MPG, Ulla Weber, wies die Gemeinsame Wissenschaftskonferenz (GWK) 2015 die MPG als »exzellente Akteurin für die Chancengleichheit« aus, die in dem Jahr einen höheren Frauenanteil bei den Neubesetzungen der W3-Stellen verzeichnen konnte als alle anderen deutschen außeruniversitären Forschungsorganisationen.[71]

Diese Entwicklung wirft zunächst einmal die Frage auf, was diesen bemerkenswerten Wandel in der MPG bewirkt hat. Nach eigenen Angaben waren das die Selbstverpflichtungen zur Erhöhung des Anteils der Wissenschaftlerinnen,[72] die seit 2005 »Chefsache« sind,[73] sowie die Erkenntnis, »dass eine reine Top-down-Strategie selten eine Veränderung der Unternehmenskultur bewirken kann«.[74] Letzteres eine ganz zutreffende, aber überraschende Feststellung angesichts des »einzigartigen Suchprozesses«, mit dem die Max-Planck-Gesellschaft ihre Spitzenwissenschaftlerinnen und Spitzenwissenschaftler gewinnt. Für eine tatsächliche Veränderung wäre eine »nachhaltige Verbindung von Top-down- und Bottom-up-Strategien« erforderlich.[75] Das würde eine Abkehr von der früheren Gleichstellungsstrategie bedeuten, die im Gegensatz dazu lange Zeit die Mitspracherechte beim Thema Gleichstellung insbesondere im »Bottom-Bereich«, also an der Basis, weitgehend einschränken und sie stattdessen zentral verwalten wollte. Die wissenschaftspolitisch eher konservativ geprägte MPG stand strukturellen Reformprozessen damals traditionell ablehnend gegenüber.[76]

71 Und zwar um 56 Prozent; Ulla Weber, ZGB der MPG, »Zeit. Entwicklung. Fortschritt«, Dezember 2016. Webers Angaben beziehen sich auf den Paktmonitoringbericht der GWK 2016. Demgegenüber stieg der Anteil der Neubesetzungen bei der Helmholtz-Gemeinschaft um 42 Prozent und bei der Leibniz-Gemeinschaft um ca. 25 Prozent. *Monitoring-Bericht 2016*, 2016, 22. – Zum Vergleich mit dem De-facto-Frauenanteil: »Der Frauenanteil an Hochschulprofessuren mit C4/W3-Vergütung stieg von 10,0 % im Jahr 2005 auf rund 17,9 % im Jahr 2014, im Jahr 2015 wurden Neuberufungsquoten von 29,4 % realisiert. Damit stehen die Helmholtz-Gemeinschaft, die Leibniz-Gemeinschaft und die Max-Planck-Gesellschaft den Hochschulen in den erreichten Anteilen beim Spitzenpersonal kaum bis nicht nach, die aktuelle Dynamik ist größer. Dahinter zurück bleibt die Fraunhofer-Gesellschaft.« GWK (Hg.): *Pakt für Forschung und Innovation. Monitoring-Bericht 2017*, 2017, 19.
72 Die nach eigener Aussage »sehr erfolgreiche« erste Selbstverpflichtungsphase währte von 2005 bis 2010, die zweite von 2012 bis 2017; MPG (Hg.): *Chancengleichheit in der Max-Planck-Gesellschaft*, 2014, 26.
73 In der 111-jährigen Geschichte der KWG/MPG hat es bis heute nur Präsidenten gegeben.
74 Weber: *10 Jahre Pakt für Forschung und Innovation*, 2016, 54–55, 54.
75 Ebd. »Nach mehr als 100 Jahren prägt noch heute das vor dem Gründungspräsidenten der KWG formulierte Harnack-Prinzip die MPG, welches die individuelle Berufung und Tätigkeit exzellenter wissenschaftlicher Persönlichkeiten in den Mittelpunkt der Anstrengungen rückt und das Wirken der MPG damit nicht in erster Linie institutsbezogenen Traditionen oder inhaltlicher Programmatik unterwirft.« Schön: *Grundlagenwissenschaft in geordneter Verantwortung*, 2019, 12.
76 Ein bemerkenswertes Beispiel dafür ist der Aufruf aus dem Jahr 1972 zu einem »Sit-in« von elf Tübinger Institutsdirektoren, angeführt von Georg Melchers, Direktor des MPI

Das zeigte sich auch an den nur zögerlich eingeleiteten Mitbestimmungsprozessen Ende der 1960er-, Anfang der 1970er-Jahre.[77]

Dass die Exklusion von Frauen keineswegs auf die Entscheidungsgremien der MPG beschränkt war, wird beispielsweise dadurch illustriert, dass Kolleginnen an diesen Reformprozessen nicht sichtbar bzw. sichtlich nicht beteiligt waren. Beim sogenannten Aufstand der Forscher im Juni 1972 übten die offenbar nur männlichen Delegierten harsche Kritik an Struktur und Satzung der MPG:[78] Die Ergebnisse der Präsidentenkommission für Strukturfragen entsprächen »in keiner Weise den Erwartungen auf Einleitung von Reformen«. Der Mangel an demokratischer Legitimation und die daraus folgende personelle Zusammensetzung der Präsidentenkommission verhinderten, dass notwendige Änderungen überhaupt in Erwägung gezogen würden, sodass die Einleitung »echter Reformen« auch in Zukunft nicht zu erwarten sei.[79] Die spezifische Situation der wissenschaftlichen Mitarbeiterinnen fand in diesem Zusammenhang allerdings keine Berücksichtigung, wie ein Blick auf die vom Delegiertentag der wissenschaftlichen MPG-Mitarbeiter herausgegebenen und der Öffentlichkeit auf einer Pressekonferenz präsentierten 14 »Arnoldshainer Thesen« belegt.[80] Auch im Gesamtbetriebsrat (GBR) wurde eine Diskussion um Zeitverträge zunächst geführt, ohne dem Umstand Rechnung zu tragen, dass Mitarbeiterinnen in der MPG traditionell unverhältnismäßig stärker von befristeten Verträgen betroffen waren als ihre Kollegen.[81]

Um also den Kulturwandel nachzuvollziehen, der offenbar in der MPG begonnen hat, werden im Folgenden diese Fragen untersucht: Was hat die MPG dazu veranlasst, konkrete Schritte und Maßnahmen zur Förderung von Wissenschaftlerinnen einzuleiten? Wie sahen diese Maßnahmen und Regelungen im Einzelnen aus? Wer waren die maßgeblichen Akteure in diesem Prozess? Hat die MPG beim Gender-Mainstreaming eine Vorreiterrolle eingenommen? Wie stellte sich die praktische Umsetzung der Gleichstellungspolitik dar?

für Biologie, um gegen ein Zuviel an Mitbestimmung zu protestieren. Aus ihrer Sicht gab der designierte Präsident Reimar Lüst »kampflos wichtige Positionen« auf. Vgl. dazu Gerwin: Im Windschatten der 68er, 1996, 211–226, 217.

77 Ausführlich zu diesen Mitbestimmungsprozessen Röbbecke: *Mitbestimmung und Forschungsorganisation*, 1997

78 Vgl. dazu Jentsch, Kopka und Wülfing: Ideologie und Funktion, 1972, 476–503. Einen knappen zeitgenössischen Überblick über die angestrebte Strukturreform verschafft Grossner: Aufstand der Forscher, 1971.

79 Die Arnoldshainer Thesen. Thesen zur Reform der Max-Planck-Gesellschaft, ausgearbeitet und beschlossen vom Delegiertentag in Arnoldshain am 2. Juni 1971, zitiert nach Röbbecke: *Mitbestimmung und Forschungsorganisation*, 1997, 369–371.

80 Einen Tag vor der Hauptversammlung der MPG am 23. Juni 1971.

81 GBR, Zeitvertragskommission, AMPG, II. Abt., Rep. 81, Nr. 52.

4.3   Aufbruch in die Chancengleichheit (1988–1998)

4.3.1   Kontext der Akteursebenen

Im Zusammenhang mit der Gleichstellungspolitik in der MPG treffen zwei Akteursebenen aufeinander, die zunächst einmal klassisch als Arbeitgeber- und Arbeitnehmerseite bezeichnet werden können – oder auch als Vertretung des Top-down- und des Bottom-up-Ansatzes. Das liegt in der Natur der Sache, da bei der Entwicklung und Einführung der neuen Maßnahmen zur Frauenförderung gerade auch darum gerungen wurde, ob diese Maßnahmen paritätisch oder zentralistisch implementiert würden. Die Arbeitgeberseite[82] konzentrierte sich von Anfang an darauf, so weit wie möglich dezentrale Einmischungen zu verhindern bzw. die notwendigen Adaptionen – wie etwa die Einführung einer Frauenbeauftragten – zentral zu verwalten. So wollte man sicherstellen, dass alle gesetzlichen Vorschriften den »besonderen Bedingungen der MPG« angepasst würden. Man wolle in der Max-Planck-Gesellschaft »pragmatisch an diese Fragen herangehen und allzu schnelle Institutionalisierungen vermeiden«.[83] Demgegenüber versuchte der Gesamtbetriebsrat der MPG, das Thema Frauenförderung sozialpolitisch zu diskutieren und zu verhindern, dass die Problematik in einen wissenschaftlichen und einen nichtwissenschaftlichen Bereich aufgeteilt würde. So beantragte der GBR bereits im März 1989, in die Förderrichtlinien der MPG für den wissenschaftlichen Nachwuchs einen Passus aufzunehmen, nach dem innerhalb der nächsten fünf Jahre der Frauenanteil dieser Personengruppe ihrem Anteil an erfolgreichen Studienabschlüssen entsprechend anzugleichen sei.[84] Er wies den Präsidenten in einem Schreiben darauf hin, dass »die Konzentration auf Fragen der Wiedereingliederung sowie auf den Personenkreis der Wissenschaftlerinnen nur ein[en] Bruchteil der Probleme aller in der MPG beschäftigten Frauen« berühre.[85]

Den Rahmen, in dem Arbeitgeber- und Arbeitnehmervertreter:innen – damals wie heute – miteinander diskutieren und verhandeln, bilden die regelmäßig stattfindenden gemeinsamen Sitzungen von Generalverwaltung (GV)

---

82 Zur Sprachregelung: In den Quellen spricht »der Arbeitgeber« immer ganz selbstverständlich von der »MPG«, wenn er seine eigenen Beschlüsse, Vorschläge etc. vorstellt und protokolliert, manchmal von »Zentrale«, womit Präsident, Senat, Generalverwaltung gemeint sind, oder man bezeichnet sich in den Protokollen der gemeinsamen Sitzungen mit dem Gesamtbetriebsrat als der »Arbeitgeber«. Dies wird hier weitgehend übernommen.

83 Schreiben von Klaus Horn an Peter Hans Hofschneider, 15. Februar 1990, GVMPG, BC 207181, fot. 549. Horn war damals Referatsleiter der Abteilung IIa, Personal und Personalrecht, der GV.

84 Protokoll der Sitzung des Gesamtbetriebsrates vom 8./9. März 1989, AMPG, II. Abt., Rep. 81, Nr. 85, fol. 219.

85 Brief von Inamaria Wronka, Vorsitzende des Frauenausschusses des GBR, an Präsident Staab, 24. August 1989, GVMPG, BC 207182, fot. 452.

und Gesamtbetriebsausschuss (GBA), auf denen GBA und Präsident sich gegenseitig berichten. Auch an den Sitzungen des MPG-Senats nehmen neben dem Präsidenten der Vorsitzende des Gesamtbetriebsrats und inzwischen auch die Zentrale Gleichstellungsbeauftragte teil.

Gremien, in denen Präsident und Generalverwaltung[86] im Untersuchungszeitraum die Thematik Frauenförderung diskutierten, waren neben den Sektionen der Wissenschaftliche Rat (WR) und der Intersektionelle Ausschuss (ISA). Letzterer war 1970 gebildet worden,[87] um zunächst in einem kleineren Kreis sektionsübergreifende forschungspolitische Fragen und Probleme zu behandeln, um diese anschließend im Bericht vor dem Wissenschaftlichen Rat zu den Wissenschaftlichen Mitgliedern rückzukoppeln.[88] 1990 beauftragte MPG-Präsident Staab[89] den damaligen Vorsitzenden des Wissenschaftlichen Rats, Peter Hans Hofschneider,[90] mit der Bildung einer Kommission, »die sich mit den forschungsspezifischen Gesichtspunkten einer intensiveren Frauenförderung befassen wird und Vorschläge entwickeln soll, wie in der Institutspraxis die Beschäftigungssituation für Wissenschaftlerinnen verbessert werden kann«.[91] Es war vorgesehen, dass dieser Kommission eine Wissenschaftlerin pro Sektion, der Vorsitzende des Wissenschaftlichen Rats, die drei Sektionsvorsitzenden sowie der Präsident und der Generalsekretär angehören sollten. Diese Kommission nahm als Arbeitsausschuss »Förderung der Wissenschaftlerinnen« (im Folgenden: Wissenschaftlerinnenausschuss) im November 1991 ihre Arbeit auf.

Im Gesamtbetriebsrat hatte sich bereits vier Jahre zuvor, 1987, der Fachausschuss »Frauen in der MPG« (im Folgenden: Frauenausschuss) gegründet, in dem sich »eine Gruppe von Kolleginnen« versammelt hatte, um »die Probleme von Frauen in der MPG zu diskutieren und Lösungen zu erarbeiten«.[92] Beide Gremien, der *Wissenschaftlerinnenausschuss* und der *Frauenausschuss*, verfolgten das gleiche Ziel: die Förderung von Frauen in der MPG. Dennoch gab es keine gemeinsame Arbeits- oder Kommunikationsstruktur, was sich möglicherweise

---

86 Hierbei handelte es sich in erster Linie um den Generalsekretär oder den Vertreter der Personal- und/oder Rechtsabteilung.

87 Die erste Sitzung des Intersektionellen Ausschusses (der damals noch Inter-Sektionen-Ausschuss hieß) fand am 2. März 1970 in Köln statt; Protokoll der 1. Sitzung des ISA vom 2. März 1970 in Köln, AMPG, II. Abt., Rep. 62, Nr. 1876, fol. 1.

88 Vgl. beispielsweise Ausführungen von Klaus Pinkau dazu vor dem Wissenschaftlichen Rat, Protokoll der 53. Sitzung des Wissenschaftlichen Rates vom 6. Februar 1992 in Heidelberg, AMPG, II. Abt., Rep. 62, Nr. 1980, fol. 35.

89 Der Chemiker Heinz August Staab war von 1984 bis 1990 Präsident der MPG.

90 Der Virologe und Molekularbiologe Peter Hans Hofschneider arbeitete ab 1957 am MPI für Biochemie, dessen Abteilung für Virusforschung er ab 1966 als Wissenschaftliches Mitglied leitete. 1973 war er maßgeblich an der Planung und Durchführung der Neugründung des MPI für Biochemie in Martinsried beteiligt. Hofschneider war von 1988 bis 1991 Vorsitzender des Wissenschaftlichen Rats der MPG.

91 Protokoll der Sitzung des Wissenschaftlichen Rates vom 9. Februar 1990 in Heidelberg, AMPG, II. Abt., Rep. 62, Nr. 1977.

92 Wronka: Die Diskussion über Frauenförderung, 1989, 54–55, 54.

dadurch erklären lässt, dass der Wissenschaftlerinnenausschuss gewissermaßen eine Präsidentenkommission war und man im Präsidium wünschte, die Betriebsrät:innen weitestgehend aus den Entscheidungsprozessen zur Frauenförderung herauszuhalten.[93] Dennoch gab es Themen, bei denen beide Ausschüsse die gleichen Forderungen stellten, wie beispielsweise jene nach flexiblen Arbeitszeiten, die es schließlich mit vereinten Kräften durchzusetzen gelang.

Zum relationalen Verständnis der unterschiedlichen Akteursebenen kurz ein Blick auf die Organisationsstruktur der Max-Planck-Gesellschaft und ihre wichtigsten Organe: Der *Präsident* als oberster Repräsentant der Max-Planck-Gesellschaft sitzt dem Senat und dem Verwaltungsrat vor.[94] Er entwirft die Grundzüge der Wissenschaftspolitik der MPG. Gewählt wird er vom Senat. Der *Senat* ist das zentrale Aufsichts- und Entscheidungsgremium der Max-Planck-Gesellschaft und wird von der Vollversammlung ihrer Mitglieder, der Hauptversammlung, gewählt. Der Senat setzt sich zusammen aus maximal 32 Wahlsenator:innen, die aus den Bereichen Wissenschaft, Wirtschaft, Politik und Medien kommen, sowie den Amtssenator:innen, das heißt aus dem Präsidenten, der/dem Vorsitzenden des Wissenschaftlichen Rats, den Vorsitzenden der drei Sektionen, der/dem Generalsekretär:in, drei von den Sektionen entsandten wissenschaftlichen Mitarbeiter:innen, der/dem Vorsitzenden des Gesamtbetriebsrats sowie fünf Vertreter:innen des Bundes und der Länder. Der Senat beschließt unter anderem über die Gründung oder Schließung von Instituten und Abteilungen, die Berufung der Wissenschaftlichen Mitglieder und Direktoren sowie über die Satzungen der Institute. Neben dem Präsidenten wählt er die Mitglieder des Verwaltungsrats und entscheidet über die Bestellung des Generalsekretärs. Zudem kann er zu allen Angelegenheiten der Max-Planck-Gesellschaft Beschlüsse fassen, die nicht satzungsgemäß der Hauptversammlung vorbehalten sind. Der *Verwaltungsrat* berät den Präsidenten und stellt beispielsweise den Gesamthaushaltsplan auf, den er dem Senat zur Beschlussfassung vorlegt. Mitglieder des Verwaltungsrats sind der Präsident, mindestens zwei Vizepräsidenten, der Schatzmeister sowie zwei bis vier weitere Mitglieder. Die *Generalverwaltung* führt die laufenden Geschäfte der Max-Planck-Gesellschaft, an ihrer Spitze steht der Generalsekretär bzw. die Generalsekretärin. Die Generalverwaltung untersteht dem Verwaltungsrat durch den Präsidenten. Zusammen mit dem Generalsekretär bildet der Verwaltungsrat den *Vorstand* der Max-Planck-Gesellschaft. Der *Wissenschaftliche Rat* besteht aus den Wissenschaftlichen Mitgliedern und Leiter:innen der Institute sowie den aus den Instituten in die Sektionen gewählten wissenschaftlichen Mitarbeiter:innen.

---

93 Vgl. dazu das Protokoll der Sitzung der Chemisch-Physikalisch-Technischen Sektion des Wissenschaftlichen Rates der Max-Planck-Gesellschaft zur Förderung der Wissenschaften e. V. vom 7. Juni 1989 im Kurhaus in Wiesbaden, GVMPG, BC 207182, fot. 531.

94 Vgl. dazu die Satzung der Max-Planck-Gesellschaft zur Förderung der Wissenschaften e. V. in der Fassung vom 14. Juni 2012, *Präsident* (§ 11, Abs. 1–3; § 16; § 12), *Senat* (§ 12, Abs. 1–8; §§ 15, 17–19), *Verwaltungsrat* (§ 20, Abs. 1–4), *Generalverwaltung* (Bl. 11–19).

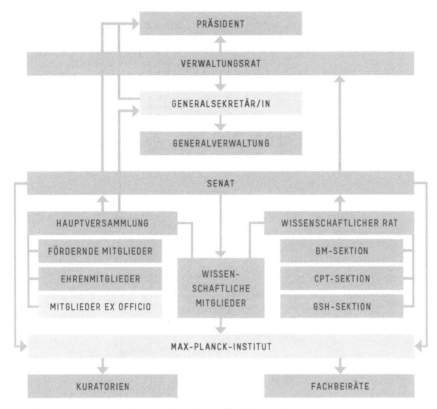

Grafik 3: Organigramm der Max-Planck-Gesellschaft. Quelle: MPG.

4.3.2 Facts & Figures: »Zur Lage der Frauen in der MPG«

Die eingangs geschilderte Anfrage der Bund-Länder-Kommission im August 1987 bei der MPG förderte eine defizitäre Situation hinsichtlich der geschlechtsspezifischen Daten zutage.[95] Die MPG veröffentlichte zwar seit 1974 bereits detaillierte Personalstatistiken,[96] diese gaben jedoch keine Auskunft über das Geschlecht ihrer Beschäftigten, sondern vor allem über Dienststellung und

---

95 »Anteil der Frauen am wissenschaftlichen Personal der gemeinsam geförderten Forschungseinrichtungen«, Stellungnahme der MPG vom 4. Dezember 1987, GVMPG, BC 207182, fot. 609.

96 Referat IIa erhob diese Statistiken auf Grundlage der Vergütungen und Löhne der Arbeitnehmer:innen und wertete sie mit dem DATA-TEXT-System aus; MPG (Hg.): *Zahlenspiegel der Max-Planck-Gesellschaft 1974*, 1974, x.

	GESCHLECHT			
DIENSTSTELLUNG	MAENNLICH	WEIBLICH	TOTAL %	TOTAL
WI.MITGLIED	4.5% 169	0.1% 3	2.6%	172
MITTELBAU	4.2% 157	0.1% 4	2.4%	161
WI.ASSISTENT	31.7% 1191	6.0% 171	20.7%	1362
TECHN PERS	38.6% 1452	40.3% 1143	39.4%	2595
VERWALTUNG	6.3% 236	15.3% 433	10.1%	669
SONST.DIENSTE	1.2% 45	16.0% 455	7.6%	500
FACHARBEITER	10.5% 393	0.2% 6	6.1%	399
ARBEITER	2.9% 110	5.6% 158	4.1%	268
REINIGUNGSPERS	0.1% 4	16.4% 464	7.1%	468
PERCENT TOTAL	57.0% 3757	43.0% 2837	100.0% 6594	

Abb. 54: Ausschnitt aus dem Zahlenspiegel der MPG 1974.[97]

Staatsangehörigkeit. Nur in der ersten, 1974 erschienenen und 175 Seiten starken Ausgabe des *Zahlenspiegels* wurden die unterschiedlichen Anteile von Mitarbeiterinnen und Mitarbeitern auf den jeweiligen Besoldungsstufen mittels eines schlichten systematischen Diagramms ausgewiesen (siehe Abb. 54). Doch mit dem nachfolgenden *Zahlenspiegel* wurde die geschlechtsspezifische Statistik wieder aufgegeben und durch *sex counting* ersetzt. Unter dem Titel »Personalstatistik der Max-Planck-Gesellschaft« (später: »Übersicht«) wurden die beiden

97 Dieser erste *Zahlenspiegel* ist nicht stringent paginiert, die Abbildung befindet sich auf der fünften Seite des Kapitels »Personalstatistik Allgemein«.

W-Zulagen erhielten   1.308 Beschäftigte = 67,8 % von 1.930 wissenschaftlichen Mitarbeitern
Zeitverträge hatten   940 Beschäftigte = 10,1 % von 9.269 Beschäftigten
davon Zeitv. Wissenschaftler 534 Beschäftigte = 23,0 % von 2.321 Wissenschaftlern

Deutsche Staatsangehörigkeit besitzen 8.625
Europäische   "   482
Amerikanische   "   94
Asiatische   "   42
Australische   "   11
Afrikanische   "   8
keine bzw. ungeklärte   "   7

Von den 9.269 beschäftigten Personen sind 5.434 männlich = 58,6 %, 3.835 weiblich = 41,4 %.

Abb. 55: Ausschnitt aus dem Zahlenspiegel der MPG 1989.

Gesamtzahlen aller in der MPG zum Stichtag[98] beschäftigten Frauen und Männer nur noch summarisch wiedergegeben (siehe Abb. 55).[99] Analog wurden auf einem weiteren Blatt Daten für Stipendiat:innen und Gastwissenschaftler:innen aufgeführt. Erst nachdem die BLK 1989[100] die aus öffentlichen Mitteln finanzierten Forschungseinrichtungen dazu verpflichtet hatte, ihre Personalstatistiken geschlechtsspezifisch auszuweisen, stellte die MPG 1990 ihre *Zahlenspiegel* (später: *Facts & Figures*) dementsprechend um.

Zunächst reagierte der Gesamtbetriebsrat der MPG im April 1988 mit einem langen Artikel auf die Auswertung der BLK. Unter dem Titel »Zur Lage der Frauen in der MPG« berichteten die GBR-Mitglieder Ursula Ruschhaupt-Husemann und Dirk Hartung, beide vom MPI für Bildungsforschung, im *MPG-Spiegel* über die dortige Beschäftigungssituation von Frauen. Im Mittelpunkt stand der Befund, dass nur »ein Sechstel des gesamten wissenschaftlichen Personals der MPG Frauen« waren.[101] Und sie fragten sich, was getan werden könne. Denn

98 Üblicherweise der Stand vom 1. Februar des Folgejahres.
99 Nachfragen in der Personalabteilung der Generalverwaltung im Dezember 2016, was oder wer diese – aus heutiger Sicht – rückschrittliche Datenerhebung veranlasst hatte und wie dieser Entschluss kommuniziert worden sei, konnten leider nicht beantwortet werden. Das galt auch für die Frage, in welchem Jahr die Kategorie »Frauenförderung« für die Personalstatistik eingeführt wurde und ob es für die Jahre 1995 bis 2005 gesonderte Angaben zum Frauenanteil in den neuen im Vergleich zu den alten Bundesländern gegeben habe. Anfrage der Verfasserin an Referat II d 2 der Generalverwaltung am 12. Dezember 2016.
100 Vgl. dazu Antwort von Beatrice Fromm, damals Referat IB, Planung, Neuvorhaben, Projektgruppen, Zusammenarbeit Hochschulen der GV, an den Bundesminister für Forschung und Technologie vom 8. August 1989, Betrifft: Große Anfrage der Abgeordneten Ganseforth u. a. und der Fraktion der SPD zur »Situation der Wissenschaftlerinnen an den vom Bund geförderten außeruniversitären Wissenschaftseinrichtungen«, GVMPG, BC 207182, fot. 481–486; desgleichen Antwort der GV (H. Winterl) auf die Anfrage der BLK am 24. November 1987, 4. Dezember 1987, GVMPG, BC 207182, fot. 609.
101 Die Berechnung war auf Grundlage der Angaben der MPG auf die Anfrage der BLK im November 1987 erfolgt; Ruschhaupt-Husemann und Hartung: Zur Lage der Frauen in

die Nachfrage der BLK, ob in der MPG Maßnahmen, Regelungen, Programme, Untersuchungen oder Erfahrungen zur Förderung von Frauen in der Wissenschaft geplant bzw. vorhanden seien, hatte die Generalverwaltung verneinen müssen – was den Betriebsräten nach eigener Aussage »einigermaßen peinlich« war[102] und sie dazu veranlasste, eigeninitiativ Maßnahmen und Konzepte zu entwickeln.

Eine geschlechterdifferenzierte Bestandsaufnahme ist wichtig, weil es bei Indikatoren zur Erfassung von Geschlechterverhältnissen nicht nur um messmethodische und technische Aspekte geht: Um tradierten, eingeschliffenen Stereotypen und Vermutungen entgegenzuwirken, werden Fakten in Form von Gleichstellungsindikatoren[103] gebraucht, die Geschlechterverhältnisse situativ abbilden und geschlechtshierarchische Strukturen sichtbar machen. Um Konzepte wie Geschlechtertrennung und Gleichstellung zu operationalisieren, müssen sozial- bzw. geschlechterpolitische Dimensionen (Intersektionalität, Lebensläufe) miteinbezogen werden. Das verlangt im Vorfeld und situationsbezogen die Klärung, welche konkreten Indikatoren überhaupt die Lebensrealität von Frauen und Männern adäquat darstellen können bzw. nachfolgend abzubilden vermögen, ob Gleichstellungsmaßnahmen erfolgreich gewesen sind. In der jüngeren Literatur wird zudem nachdrücklich darauf hingewiesen, wie wichtig die Reflexion der Gleichstellungsziele sei, da unterschiedliche Gleichstellungskonzepte unterschiedliche Indikatoren erfordern und Gleichstellungsindikatoren unterschiedliche Gleichstellungskonzepte beinhalten.[104]

---

der MPG, 1988, 22–26. Angesichts des Quellenmaterials ist anzunehmen, dass Grundlage für diese Angaben der MPG die monatlichen Gehaltszahlungen über die Zentrale Gehaltsabrechnung gewesen ist; vgl. dazu etwa den Vermerk von Horn, Betr. Frauenförderung, 8. November 1989, GVMPG, BC 207185, fot. 376.

102 Die Antwort der Generalverwaltung der MPG lautete kurz und bündig: »Fehlanzeige«; Ruschhaupt-Husemann und Hartung: Zur Lage der Frauen in der MPG, 1988, 22–26, 22.

103 2006 führte die EU sechs Schlüsselindikatoren für Gleichstellung zur Beurteilung nationaler Beschäftigungsprogramme ein: a) Geschlechterunterschied der Arbeitslosenquote (*Gender Gap of Unemployment*); b) Geschlechterunterschied der Beschäftigungsquote (*Gender Gap of Employment*); c) Segregation nach Berufen (*Occupational Segregation*); d) Segregation nach Wirtschaftsklassen (*Sectoral Segregation*); e) Geschlechterunterschiede beim Einkommen (*Gender Pay Gap*); f) Beschäftigungswirkung von Elternschaft nach Geschlecht (*Employment impact of parenthood by gender*). Vgl. dazu unter anderem Europäische Kommission (Hg.): *Ein Fahrplan für die Gleichstellung von Frauen und Männern*, 2006; European Commission et al.: *Roadmap for Equality*, 2006; European Commission (Hg.): *Report on Progress on Equality*, 2011. Ich danke Christiane Schulte für die Diskussion über Gleichstellungsindikatoren.

104 Leitner: Vom Sex Counting zu Gleichstellungsindikatoren, 2010. Die unterschiedlichen Gleichstellungskonzepte im feministischen Diskurs (Gleichheitsansatz, Differenzansatz und Transformationsansatz) lassen sich gut im Kontext des Gender-Pay-Gap illustrieren: (a) Gleichheitsansatz: gleiches Einkommen für gleiche Arbeit, (b) Differenzansatz: gleiches verfügbares Einkommen, (c) Transformationsansatz: gleiches Einkommen für

Als »Doing Gender durch Statistiken« haben Andrea Leitner und Christa Walenta diese Konstruktion von Geschlechterverhältnissen bezeichnet, die das Resultat unterschiedlicher Blickwinkel ist.[105] Vita Peacock beispielsweise beschreibt in ihrer 2014 vorgelegten Studie, dass sie sich den sozialen Tatbestand der MPG über deren Statistiken erschließt: »I then essentially take a Durkheimian turn, exploring the organisation's ›social facts‹ (1982) through its statistics.«[106] Betrachtet man Sozialindikatoren als »statistische Maßzahlen, mit denen gesellschaftliche Entwicklungsprozesse und Strukturen erfasst werden sollen«,[107] so beinhaltet dieses Konzept mindestens ein grundsätzliches Problem: Ein inhärenter *gender bias* kann durch unreflektierte Dateninterpretation verstärkt werden. Ganz allgemein – und nicht nur auf die MPG bezogen – heißt das, in patriarchalen Gesellschaften[108] wird der Mann in vielen nicht zwingenden Zusammenhängen automatisch als Norm betrachtet. Bereits die numerische Dominanz von Männern in Führungspositionen gilt als Ausdruck solch patriarchaler Strukturen.[109] Ein Beispiel dafür ist das Primat der bereits angesprochenen männlichen »Normalerwerbsbiografie«, auf der arbeitsmarktpolitische Maßnahmen und gegebenenfalls auch Reformen basieren, die jedoch maßgeblich auf Männer und in deutlich geringerem Maße (wenn überhaupt) auf Frauen zugeschnitten sind. Kurzum: Summarische Personalstatistiken allein reichen nicht aus, um ein belastbares Bild der segregierten Arbeitssituation abzugeben. Um solche Daten als Indikatoren und damit als wichtiges geschlechterpolitisches Instrument einsetzen zu können, müssen sie differenziert erhoben werden.[110]

Die Beurteilung der Position von Frauen wird dadurch erschwert, dass zuverlässige, zugängliche, harmonisierte Daten fehlen, die nach Geschlecht und gegebenenfalls nach Hierarchieebene aufgeschlüsselt sind. Geschlechtsdifferenzierte Statistiken sind

---

gleichwertige Arbeit (auch Reproduktion), Neubewertung von Tätigkeiten; vgl. dazu auch Leitner: *Frauenförderung im Wandel*, 2007. Zum feministischen Diskurs Gottschall: *Soziale Ungleichheit und Geschlecht*, 2000, 137–192.

105 Leitner und Walenta: Gleichstellungsindikatoren im Gender Mainstreaming, 2007, 12–54, 14.

106 2014 erschien in Großbritannien Peacocks Dissertation, die sich zwar nicht mit der Geschlechterfrage in der MPG, aber mit ihren Hierarchien auseinandersetzt; Peacock: *We, the Max Planck Society*, 2014, 47.

107 Wroblewski et al. (Hg.): *Gleichstellung messbar machen*, 2016, 288.

108 »Patriarchal« wird hier als politisches Konzept verwendet, als gemeinsamer Nenner politischer und wissenschaftlicher Verständigung. Es beschreibt eine Gesellschaftsordnung, in der Männer bevorzugte bzw. Schlüsselpositionen in Staat, Wirtschaft, Wissenschaft und Familie innehaben. Für eine feministische Kritik des Begriffs vgl. Hausen: Patriarchat, 2012, 359–370.

109 Vgl. dazu Stebut: *Eine Frage der Zeit?*, 2003, 47; Hearn und Parkin: Gender and Organizations, 1983, 219–242, 220, 230, 234.

110 Die Differenzierung von Datengrundlagen nach Geschlecht ist seit der Weltfrauenkonferenz 1995 in Peking weltweit ein Ziel und eine wichtige Voraussetzung zur Implementierung von Gender-Mainstreaming.

ein Schlüsselelement des Gender-Mainstreaming. Leider konnten nur wenige Institutionen adäquate geschlechtsdifferenzierte Statistiken vorlegen.[111]

Zu diesen wenigen Ausnahmen gehörte die MPG nicht. Bis zur BLK-Anfrage am 24. November 1987 wurden die Personalauswertungen der MPG gänzlich ohne geschlechtsspezifische Angaben erhoben, so der Befund einer Analyse der statistischen Personalerfassung der MPG zwischen 1963 und 1973. Dabei wurden Personalstatistiken und Personalbögen in der Max-Planck-Gesellschaft ausführlich, geradezu aufwendig erhoben und geführt. Die bis Anfang der 1960er-Jahre zum Teil noch handschriftlich erstellten Statistiken erfassten beispielsweise die Personalstruktur, Personalbesetzungen, die prozentuale Entwicklung der Planstellen (z. B. Verhältnisvergleich nach Sektionen und Gruppen, also wissenschaftliche Mitarbeiter, technisches Personal, Verwaltungspersonal und mechanisch-technisch Beschäftigte) sowie die personelle Verbindung von der MPG zu den Hochschulen im In- und Ausland und hierbei insbesondere die Personalbewegungen (z. B.: Wer ist wann aus einem MPI ausgeschieden und a) an eine inländische wissenschaftliche Hochschule oder b) eine ausländische wissenschaftliche Hochschule gewechselt bzw. c) gleichzeitig an einem MPI und einer wissenschaftlichen Hochschule tätig gewesen?).[112] Das Ganze dann auch vice versa, mit dem – für die 1960er-Jahre – gleichbleibenden Befund, dass es deutlich mehr Zugänge an die MPG als Abgänge von dieser an die Universitäten gab.[113] Bei den Erhebungen zu Personalbewegungen wurde unter anderem der »Grund für den Wechsel« abgefragt: finanzielle Verbesserung, berufliche Weiterbildung, bessere Aufstiegsmöglichkeiten etc. (siehe Abb. 56). Bei Zugängen, etwa Stipendiat:innen, wurden »Heimatland« und »Ausbildungsstand« (»Professoren, Dozenten, Doktoren, Doktoranden, Diplominhaber, sonstige akademische Ausbildung, ohne akademische Ausbildung«) erhoben.

Auch die Altersstruktur war ein wichtiger Indikator, insbesondere nachdem das Bundesministerium für Forschung und Techologie (BMFT) im November 1967 den Punkt »Probleme der Altersstruktur in der Großforschung« als deutsches Beitragsthema für die 2. Manpower-Konferenz der OECD im Frühjahr 1969 auf die Agenda gesetzt und entsprechende Anfragen an die MPG gerichtet hatte.[114] Ein Indikator fehlte jedoch in all diesen Personalstatistiken ausnahmslos: das Geschlecht. Da auch die Personalbögen – etwa für die Stellenbesetzungspläne – nur die Nachnamen aufführten, bot sich selbst anhand der Namen keine Möglichkeit, Rückschlüsse darauf zu ziehen.[115]

111 European Commission: *Science Policies*, 2000, ix.
112 Eine gesonderte Kategorie kam dabei Hochschulen in den USA zu.
113 Vgl. dazu Statistik Handakte ES (Handakten Eugenie Schädle), AMPG, BC 111198.
114 Vgl. dazu Korrespondenz GV, MPI für Bildungsforschung und BMFT im November 1967, Statistische Erfassungen im Personalbereich, AMPG, II. Abt., Rep. 67, Nr. 177, fol. 323–324.
115 Vgl. dazu etwa Statistik/Personalstruktur, AMPG, II. Abt., Rep. 67, Nr. 179; Statistik Handakte ES, Handakten Eugenie Schädle, AMPG, BC 111198.

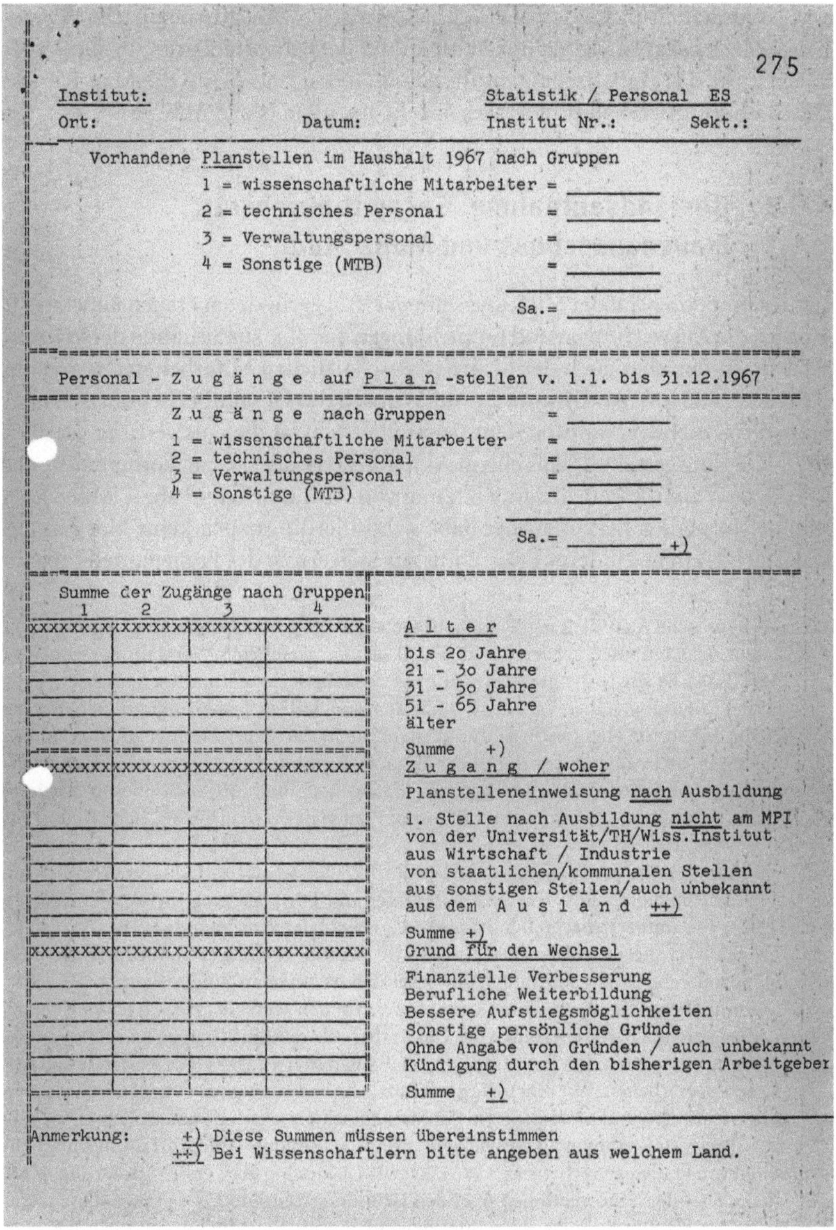

275

Institut:　　　　　　　　　　　　　　　Statistik / Personal　ES

Ort:　　　　　　　Datum:　　　　　　Institut Nr.:　　　Sekt.:

Vorhandene Planstellen im Haushalt 1967 nach Gruppen

1 = wissenschaftliche Mitarbeiter = _____
2 = technisches Personal　　　　　 = _____
3 = Verwaltungspersonal　　　　　　 = _____
4 = Sonstige (MTB)　　　　　　　　　 = _____

Sa.= _____

Personal - Z u g ä n g e auf P l a n -stellen v. 1.1. bis 31.12.1967

Z u g ä n g e nach Gruppen　　　 = _____

1 = wissenschaftliche Mitarbeiter = _____
2 = technisches Personal　　　　　 = _____
3 = Verwaltungspersonal　　　　　　 = _____
4 = Sonstige (MTB)　　　　　　　　　 = _____

Sa.= _____ +)

Summe der Zugänge nach Gruppen				
1	2	3	4	
xxxxxxxx	xxxxxxxx	xxxxxxxx	xxxxxxxx	A l t e r
				bis 2o Jahre
				21 - 3o Jahre
				31 - 5o Jahre
				51 - 65 Jahre
				älter
				Summe +)
xxxxxxxx	xxxxxxxx	xxxxxxxx	xxxxxxxx	Z u g a n g / woher
				Planstelleneinweisung nach Ausbildung
				1. Stelle nach Ausbildung nicht am MPI
				von der Universität/TH/Wiss.Institut
				aus Wirtschaft / Industrie
				von staatlichen/kommunalen Stellen
				aus sonstigen Stellen/auch unbekannt
				aus dem A u s l a n d ++)
				Summe +)
xxxxxxxx	xxxxxxxx	xxxxxxxx	xxxxxxxx	Grund für den Wechsel
				Finanzielle Verbesserung
				Berufliche Weiterbildung
				Bessere Aufstiegsmöglichkeiten
				Sonstige persönliche Gründe
				Ohne Angabe von Gründen / auch unbekannt
				Kündigung durch den bisherigen Arbeitgeber
				Summe +)

Anmerkung:　+) Diese Summen müssen übereinstimmen
　　　　　　 ++) Bei Wissenschaftlern bitte angeben aus welchem Land.

Abb. 56: Fragebogen der MPG zu Personalbewegungen 1967.[116]

116　Betriebszählblatt für den Stichtag 1. September 1968, Statistische Erfassungen im Personalbereich, AMPG, II. Abt., Rep. 67, Nr. 177, fol. 275.

Grundsätzlich muss der MPG das Konzept geschlechtsspezifischer Personalangaben bekannt gewesen sein, denn die Betriebszählblätter zur Gewerbeaufsicht für das Statistische Amt der Stadt Göttingen musste die Max-Planck-
Gesellschaft differenziert nach Geschlecht ausfüllen (siehe Abb. 56).[117]

4.3.3 Bestandsaufnahme: Gesamtbetriebsrat, Frauenausschuss und Munz-Studie

Im Gesamtbetriebsrat der MPG und seinem 1987 gegründeten Frauenausschuss[118]
wurden die Auswertungen und Empfehlungen der BLK zur Situation der Wissenschaftlerinnen, aber auch der nichtwissenschaftlichen Mitarbeiterinnen in der
MPG seit 1988 intensiv diskutiert. Auf Wunsch des Gesamtbetriebsausschusses
hatte die Generalverwaltung dem Gesamtbetriebsrat die Auswertung der BLK
zur Verfügung gestellt.[119] Aus einem Aktenvermerk der GV zur Vorbereitung des
Präsidenten auf die gemeinsame Sitzung von GBA und GV[120] am 3. März 1988
geht diesbezüglich hervor, bisher habe sich »allerdings noch keine Notwendigkeit gezeigt, ein besonderes Programm zur Steigerung des Frauenanteils an den

117 Das händische Ausfüllen von Personalfragebögen sowie das spätere Einpflegen solcher
     Daten am Computer gehören traditionell zu den weiblichen Verwaltungsaufgaben;
     diese Tatsache sowie die große Anzahl von Mitarbeiterinnen in diesem Bereich legen
     diese Vermutung nahe. Vgl. dazu auch den von Jeffrey Johnson geprägten Begriff
     Papier-Arbeit für »langweilige« Tätigkeiten, die in der Regel Männer nicht erledigen
     möchten – nicht zuletzt, um damit der Tatsache Rechnung zu tragen, dass viele in Verwaltung und Sekretariaten beschäftigte Frauen hoch bzw. oft auch überqualifizierte
     Akademikerinnen (gewesen) sind; Johnson: Frauen in der deutschen Chemieindustrie,
     2008, 283–306, 290.

118 Erste Vorsitzende des Frauenausschusses war die Betriebsrätin Inamaria Wronka vom
     MPI für Kohleforschung, die auch zusammen mit Dirk Hartung im »Ausschuß nach
     § 14 der Gesamtbetriebsvereinbarung zur Personaldatenverarbeitung (PDV)« arbeitete.
     Ihre Stellvertreterin wurde die Betriebsrätin Martha Roßmayer vom Münchner MPI
     für Sozialrecht. Aufgaben und Ziele beschrieb Wronka in einem Beitrag der GBR-
     Kolumne (*Der Gesamtbetriebsrat informiert ...*) für den *MPG-Spiegel*: »So hat sich bereits
     vor einigen Monaten im Rahmen des Gesamtbetriebsrats eine Gruppe von Kolleginnen
     zusammengefunden, um die Probleme von Frauen in der MPG zu diskutieren und Lösungen zu erarbeiten. Wir sehen die grundsätzliche Notwendigkeit von Frauenförderung
     in den Instituten und Einrichtungen der Max-Planck-Gesellschaft und wollen versuchen,
     detaillierte Maßnahmen zu entwickeln, um die Handlungs- und Entfaltungsmöglichkeiten von Frauen zu verbessern.« Wronka: Die Diskussion über Frauenförderung, 1989,
     54–55, 54. – Die Informationen über den Gründungszeitpunkt des Frauenausschusses
     bestätigte Martha Roßmayer im Interview; im Archiv der MPG liegen die relevanten
     Protokolle aus den Jahren 1986 und 1987 bislang nicht vor.

119 Protokoll der gemeinsamen Sitzung des GBA mit dem Arbeitgeber am 3. März 1988,
     Bl. 15, AMPG, II. Abt., Rep. 81, Nr. 82.

120 An diesen regelmäßigen Treffen, die üblicherweise in München in der Generalverwaltung stattfanden, nahmen neben Vertretern der GV grundsätzlich auch Präsident und
     Generalsekretär für die »Arbeitgeberseite« teil.

Beschäftigten zu initiieren«.[121] Auch seitens des wissenschaftlichen Nachwuchses sei dieses Anliegen noch nie an sie herangetragen worden. Im Gegenteil, das von der MPG an die BLK gelieferte statistische Material mache doch deutlich, »daß gerade bei den Nachwuchswissenschaftlern [...] die Quote der beschäftigten Frauen am höchsten« sei.[122]

Die Durchsicht der GBR-Protokolle belegt hingegen, dass die Betriebsrät:innen durchaus dringenden Handlungsbedarf sahen: »Der Anteil von Frauen in Führungspositionen ist gleich null.«[123] Zunächst bat der Gesamtbetriebsratausschuss den »Arbeitgeber« um Ausweitung der Erhebung auf das nichtwissenschaftliche Personal und fragte an, ob man sich in der MPG schon Gedanken zur Gleichbehandlung von Frauen gemacht habe. Rückschlüsse auf die Haltung der MPG in dieser Frage lassen sich aus dem bereits zuvor zitierten Aktenvermerk ziehen:

In der Max-Planck-Gesellschaft sind Frauen und Männer bei der Bewerbung schon dadurch gleichbehandelt, daß das maßgebliche Kriterium für die Einstellung nicht das Geschlecht, sondern die *Qualifikation* ist.[124]

Intern wurde diskutiert, ob man den Präsidenten bitten solle, eine Frauenbeauftragte zu suchen.[125] Der Frauenausschuss beantragte zudem auf der folgenden Sitzung im November 1988, »die Förderung von Frauen proportional zu ihrem Anteil an den Studienabschlüssen in die Stipendienrichtlinien aufzunehmen«, und verwies darauf, dass allein im Jahr 1983 von den wissenschaftlichen Mitarbeiter:innen an den Hochschulen 42 Prozent der Frauen und 46 Prozent der Männer promoviert hätten.[126] Im April 1989 teilten Hartung und Ruschhaupt-Husemann Präsident Staab mit, der GBR habe im Vormonat den Beschluss gefasst, dass in die Förderrichtlinien der MPG für den wissenschaftlichen Nachwuchs der Passus aufgenommen werden solle, »innerhalb der nächsten fünf Jahre den Frauenanteil dieser Personengruppe ihrem Anteil an erfolgreichen Studienabschlüssen entsprechend anzugleichen«.[127] Der Frauenausschuss konstatierte, dass »das politische Bewußtsein für Frauenförderung in dieser unserer Gesellschaft [MPG] noch nicht genug ausgeprägt« sei, und regte an,

---

121 Aktenvermerk von Martin Pollmann, Personalabteilung III c 1, 22. Februar 1988, Gemeinsame Sitzung GV-GBA, 3. März 1988, GVMPG, BC 207182, fot. 605.
122 Ebd., fot. 606.
123 Protokoll der Sitzung des Gesamtbetriebsrats vom 4./5. Mai 1988, AMPG, II. Abt., Rep. 81, Nr. 85, fol. 342.
124 Aktenvermerk von Martin Pollmann, Personalabteilung III c 1, 22.2.1988, Gemeinsame Sitzung GV-GBA, 3. März 1988, GVMPG, BC 207182, fot. 606, Hervorhebung im Original.
125 Protokoll der Sitzung des Gesamtbetriebsrats der MPG am 5. Mai 1988 in Schönhagen, Bl. 8–9, AMPG, II. Abt., Rep. 81, Nr. 85, fol. 343.
126 Referat Ruschhaupt-Husemann, Protokoll der Sitzung des Gesamtbetriebsrates der MPG vom 29. und 30. November 1988, AMPG, II. Abt., Rep. 81, Nr. 85, fol. 239–240.
127 Protokoll der Sitzung des Gesamtbetriebsrats der MPG vom 31.5./1.Juni 1989, AMPG, II. Abt., Rep. 81, Nr. 85, fol. 187 verso.

auf die fehlende Rechtsposition von Frauenbeauftragten hinzuweisen sowie Kontakte zu entsprechenden Politikerinnen aufzubauen bzw. zu intensivieren. Darüber hinaus wurde über einen Antrag der Betriebsrät:innen des MPI für Bildungsforschung diskutiert, der eine Gesamtbetriebsvereinbarung einforderte:

> Der Gesamtbetriebsausschuß wird beauftragt, mit dem Arbeitgeber über den Abschluß einer Gesamtbetriebsvereinbarung zur Benennung einer Frauenbeauftragten für die MPG und einer Rahmenvereinbarung zur Einrichtung von Frauenausschüssen oder Schaffung der Position einer Frauenbeauftragten in den Instituten zu verhandeln.[128]

Auf der Sitzung des Gesamtbetriebsrats Ende September 1989 berichtete Wronka über die Sitzung des Frauenausschusses vom 8. August 1989. Der erste Punkt betraf die Ablehnung der vom GBR vorgeschlagenen Quotierungsregeln zur Nachwuchsförderung durch Präsident Staab:

> Der Präsident hielt unsere Forderungen nach Quotierungsregeln zur Nachwuchsförderung für nicht sinnvoll und hat sie schlicht abgelehnt; er war allenfalls bereit, Maßnahmen zu unterstützen, die der besseren Vereinbarkeit von Familie und Beruf dienen – bei Wissenschaftlerinnen, wohlgemerkt.[129]

In der Folge beschloss der Frauenausschuss, einen Fragebogen auszuarbeiten, »der an alle BRe verschickt werden und eine systematische Erfassung von Zahl, Vertragsverhältnis, Arbeitsbereich etc. der in der MPG beschäftigten Frauen ermöglichen« sollte.[130] Diese Vorhaben erfahre auch Unterstützung durch eine Anfrage, die die SPD im Bundestag zur »Situation der Wissenschaftlerinnen an den vom Bund geförderten außeruniversitären Wissenschaftseinrichtungen« gestellt habe.[131]

Im Frauenausschuss und im GBR wurde das Thema Frauenförderung im Kontext der Förderrichtlinien für den wissenschaftlichen Nachwuchs und der damit verbundenen Möglichkeiten bereits im April 1989 diskutiert. ISA und Wissenschaftlicher Rat hatten zwar auf ihren Sitzungen auch über Nachwuchs-

128 Ebd., fol. 187–188 verso.
129 Bericht Inamaria Wronkas über die Sitzung des Arbeitsausschusses des GBR »Frauen in der MPG« vom 8. August 1989, Protokoll der Sitzung des Gesamtbetriebsrates der MPG vom 27./28.9.1989, AMPG, II. Abt., Rep. 81, Nr. 85, fol. 150. Aus dem Bericht geht nicht hervor, bei welcher Gelegenheit der Präsident den GBR und/oder den Frauenausschuss darüber informiert hat. Doch dem Protokoll der 121. Sitzung des Senats, auf der die einzige Senatorin, Ursula Engelen-Kefer, das Problem des Frauenanteils unter den Wissenschaftlern angesprochen hat, ist zu entnehmen, dass dies Staabs Haltung in dieser Frage entsprach: »Eine Quotenregelung wäre dagegen – wie der Präsident betonte – für den Bereich der Wissenschaft nicht akzeptabel.« Bericht des Präsidenten, Protokoll der 121. Sitzung des Senates vom 17. März 1989 in Stuttgart, AMPG, II. Abt., Rep. 60, Nr. 121.SP, fol. 13.
130 Bericht Inamaria Wronkas über die Sitzung des Arbeitsausschusses des GBR »Frauen in der MPG« vom 8. August 1989, Protokoll der Sitzung des Gesamtbetriebsrates der MPG vom 27./28. September 1989, AMPG, II. Abt., Rep. 81, Nr. 85, fol. 150.
131 Deutscher Bundestag: (Hg.): Große Anfrage, 1989.

förderung und die Einrichtung von »Adolf-Harnack-Nachwuchsgruppen« auf C3-Niveau gesprochen, jedoch ohne den frauenpolitischen Aspekt zu berücksichtigen.[132] Im August 1989 schrieb Wronka an Staab:

Sehr geehrter Herr Präsident,
der FA-GBR hat auf seiner Sitzung am 8. August 1989 mit Bedauern die Ergebnisse des letzten Arbeitgebergesprächs zur Kenntnis genommen. Insbesondere ist es uns völlig unverständlich, daß sich die MPG zwar bei der Wiedereingliederung von Wissenschaftlerinnen, die aus familiären Gründen aus der Wissenschaft und Forschung ausgeschieden sind, engagieren will, andererseits jedoch das breite Spektrum der strukturellen Benachteiligung von Wissenschaftlerinnen ignoriert. Wir sind der Ansicht, daß eine erfolgreiche Integration von Frauen in den Wissenschaftsbetrieb bereits bei der Nachwuchsförderung beginnen muß, und möchten daher nochmals mit Ihnen das von uns vorgeschlagene Förderprogramm für den wissenschaftlichen Nachwuchs erörtern.[133]

In seinem verspäteten Antwortschreiben, das an den GBR-Vorsitzenden Klaus Kleinschmidt und nicht an die Vorsitzende des Frauenausschusses gerichtet war, signalisierte Staab am 6. Oktober 1989 seine Gesprächsbereitschaft dazu.[134]

Im November 1989 wurde das erste Konzept für eine umfassende Bestandsaufnahme zur Beschäftigungssituation von Frauen in der MPG auf der Gesamtbetriebsversammlung in Bad Brückenau vorgestellt.[135] Die Datenerhebung sollte im Rahmen einer mit der Generalverwaltung abgestimmten empirischen Studie umgesetzt werden, deren Mittelpunkt ein vom GBR unter Federführung von Ruschhaupt-Husemann, Hartung und Wronka entwickelter Fragebogen bildete. Diese Bestandsaufnahme sollte über eine statistische Übersicht zur Repräsen-

---

132 Erst drei Jahre später empfahl der ISA in seinem Bericht vor dem Wissenschaftlichen Rat am 6. Februar 1992: »Einvernehmen habe darüber bestanden, daß die Frage verbesserter Karrieremöglichkeiten für Wissenschaftlerinnen in engem Zusammenhang mit anderen Strukturüberlegungen, etwa der Frage nach systematischer Innovation, diskutiert werden müsse. Als ein mögliches Beispiel für gezielte Förderungsmaßnahmen in diesem Bereich sei die Einrichtung von Nachwuchsgruppen in allen Sektionen diskutiert worden. Bei der Besetzung der Leitungspositionen könne dabei auch an ein Ausschreibungsverfahren gedacht werden, wodurch sich – nach Meinung des Ausschusses – die Chancen für Wissenschaftlerinnen langfristig erhöhen könnten.« Protokoll der Sitzung des Wissenschaftlichen Rates vom 6. Februar 1992 in Heidelberg, AMPG, II. Abt., Rep. 62, Nr. 1980, fol. 28. – Das MPI für Bildungsforschung veranstaltete hingegen bereits im Juni 1989 unter Leitung von Jutta Allmendiger und des damaligen Direktors Karl Ulrich Mayer ein Kolloquium auf Schloss Ringberg, das sich auch frauenspezifisch mit der Thematik auseinandersetzte; Allmendinger: Gleiche Chancen, 1990, 21–24.
133 Brief von Wronka an Staab, 25. August 1989, GVMPG, BC 207182, fot. 452.
134 Worte, denen zunächst keine Taten folgten. Der internen Kommunikation zwischen Horn und Staab ist zu entnehmen, dass man zunächst einmal den Bericht der BLK abwarten wollte, bevor weitere Fördermaßnahmen diskutiert würden. Die gesamte Korrespondenz in GVMPG, BC 207182, Zitat fot. 475.
135 Vgl. dazu das Protokoll der Sitzung des Gesamtbetriebsrats der MPG am 5./6. Dezember 1989 in Bad Brückenau, AMPG, II. Abt., Rep. 81, Nr. 85, fol. 126–136.

tanz von Frauen in den verschiedenen Beschäftigungsbereichen und Gremien der Max-Planck-Gesellschaft hinaus

Aufschlüsse zur Beschäftigungspraxis für Frauen [geben] durch Fragen nach den Formen der Personalrekrutierung, Stellenbesetzung und Beförderung, Weiterbildung, Teilzeitbeschäftigung, Beurlaubung und dergleichen mehr. Schließlich sollen Hinweise dafür gewonnen werden, wie die betroffenen Frauen selbst ihre Situation sehen, wo sie sich benachteiligt fühlen und welche Vorstellungen zu einer veränderten Beschäftigungspraxis sie haben.[136]

Der GBR begründete seinen Vorstoß mit dem von der BLK an die MPG ergangenen Auftrag, Konzepte zur Gleichbehandlung von Frauen und Männern sowie spezifisch zur Frauenförderung zu entwickeln. Voraussetzung dafür sei eine umfassende statistische Bestandsaufnahme der gegebenen Situation. Methodisch waren eine zusätzliche Auswertung der Personaldaten des *Zahlenspiegels*, die bereits angesprochene schriftliche Institutsbefragung sowie zusätzliche Interviews mit Frauen in verschiedenen Beschäftigungssituationen und Berufspositionen vorgesehen. Neben der empirischen Bestandsaufnahme waren weitere Zielsetzungen der geplanten Untersuchung sowohl die Erfassung zusätzlicher Merkmale der Beschäftigungs- bzw. Berufsbedingungen (etwa Stellenausschreibungen und Rekrutierungsverfahren) als auch die Erhebung der Berufsmotive und Erfahrungen ausgewählter Frauen (beispielsweise beim Wiedereinstieg in den Beruf/die Berufstätigkeit).[137] Zudem schlug der Betriebsrat die Bildung eines projektbegleitenden Fachbeirats vor, der aus Vertreter:innen des Fachausschusses des GBR sowie der Generalverwaltung und aus Wissenschaftler:innen bestehen sollte.

Das Insistieren des GBR zeigte Erfolg – zunächst einmal im Hinblick auf eine veränderte Wahrnehmung bei der Handhabung von Personalstatistiken: 1990 wies der zuständige Mitarbeiter der GV, Klaus Horn, darauf hin, dass nicht differenzierte Daten ein verzerrtes Bild abgeben könnten, da sie keinen Aufschluss über die Beteiligung weiblicher und männlicher Angestellter auf den unterschiedlichen Qualifikations- und Hierarchiestufen böten:

Dem neuen Zahlenspiegel der Max-Planck-Gesellschaft ist zu entnehmen, daß am 1. Februar 1990 in unseren Instituten und Forschungsstellen 10.640 Mitarbeiter beschäftigt waren, darunter 41 Prozent Frauen (4.376). Dieser hohe Gesamtanteil darf nicht darüber hinwegtäuschen, daß der Anteil der Frauen in den wissenschaftlichen Berufen sehr viel niedriger ist, in den höheren Qualifikationsstufen weiter abnimmt und außerdem fachspezifische Unterschiede aufweist.[138]

---

136 Dirk Hartung an Winfried Roeske, 3. Januar 1990, Anlage 1, GVMPG, BC 207185, fot. 531–539.

137 Dirk Hartung und Ursula (Ulla) Ruschhaupt-Husemann, Anmerkungen zur Untersuchung: »*Beschäftigungssituation* von Frauen in der Max-Planck-Gesellschaft«, Dezember 1989, GVMPG, BC 207185, fot. 500–508.

138 Klaus Horn, Mitgliederversammlung, 21. Juni 1990, GVMPG, BC 207185 fot. 374–375.

Und so überrascht auch nicht, dass die Ansprechpartner des GBR in der Generalverwaltung in dieser Angelegenheit, insbesondere Klaus Horn und Peter Gutjahr-Löser,[139] von Anfang an grundsätzliche Kooperationsbereitschaft hinsichtlich der vorgeschlagenen Bestandsaufnahme signalisierten. Hinter den Kulissen gab es allerdings weiterhin eine merkliche Skepsis gegenüber »frauenbezogenen« Themen. So kommentierte Generalsekretär Wolfgang Hasenclever handschriftlich einen Vermerk von Klaus Horn bezüglich des geplanten Gesprächs mit Vertretern des Gesamtbetriebsrats zur Frauenförderung am 19. Januar 1990 in München mit den Worten:

Ich habe eine instinktive Abneigung gegen diesen Vorschlag, weil nicht abzusehen ist, was daraus werden soll. Andrerseits bewahrt er uns vielleicht vor Handlungs- bzw. Maßnahmenaktivismus; im übrigen täten wir uns schwer, die sorgfältige Informationserhebung abzulehnen; bzgl. endg. Zustimmung sollten wir aber abwarten, was die AG des WR, die wir f. den wiss. Bereich einsetzen lassen wollen, dazu meint.[140]

Die GV meldete Bedenken bei der Frage des Datenschutzes an und machte zur Auflage, dass das Projekt durch ein MPI betreut würde.[141] In mehreren Arbeitstreffen zwischen Vertreter:innen der GV und des GBR in der Generalverwaltung in München, bei denen unter anderem im März 1991 die finale Version des Fragebogens abgestimmt wurde, gelang es dem Frauenausschuss und dem Gesamtbetriebsrat in den folgenden Monaten, die GV zu überzeugen, sodass die geplante Zusammenarbeit koordiniert werden konnte. Mit der Durchführung der internen empirischen Untersuchung zur Beschäftigungssituation von Männern und Frauen wurde auf Empfehlung von Gertrud Nunner-Winkler, der Frauenbeauftragten des MPI für Sozialrecht und psychologische Forschung, die Soziologin Sonja Munz beauftragt.[142]

Anfang Mai 1991 wandte sich Hans F. Zacher,[143] der im Jahr zuvor Staab als MPG-Präsident abgelöst hatte, mit dem *Rundschreiben Nr. 36/1991* an die Direktoren und Leiter der Institute und Forschungsstellen der MPG. Darin

---

139 Peter Gutjahr-Löser war damals Leiter des Referats Ia, Struktur, Organe und Gremien, Zusammenarbeit Inland.

140 Handschriftlicher Kommentar von Wolfgang Hasenclever, Aktenvermerk Horn, 12. Januar 1990, GVMPG, BC 207185, fot. 530.

141 Vgl. zur Einigung über die Datenschutzauflagen auch den Auszug aus dem Protokoll der 17. Sitzung des PDV-§ 14-Ausschusses vom 13. Februar 1991, GVMPG, BC 207185, fot. 182–184.

142 Sonja Munz erhielt einen Zeitvertrag mit der GV für ein Jahr zur hauptamtlichen Durchführung des Projekts. Es war institutionell am MPI für psychologische Forschung angesiedelt, das sich damals noch in einem Gebäude mit dem MPI für Sozialrecht befand. Ergebnisprotokoll Roßmayer, AG-Gespräch in der GV am 30. August 1990, GVMPG, BC 207185. fot. 278–279.

143 Der Rechtswissenschaftler Hans Friedrich Zacher war einer der wissenschaftlichen Begründer des Sozialrechts in der Bundesrepublik, Gründungsdirektor des MPI für Sozialrecht und von 1990 bis 1996 Präsident der MPG.

informierte er sie über die vorgesehenen »Rahmenbedingungen für bessere Beschäftigungsmöglichkeiten von Frauen in der Max-Planck-Gesellschaft«, deren Verbesserung im Interesse aller liege.[144] Der Wissenschaftliche Rat der MPG habe hierzu Empfehlungen beschlossen, die er seine Führungskräfte bei ihren Personalentscheidungen zu berücksichtigen bitte. Der Präsident wies am Ende seines Schreibens hin auf die zeitnah geplante »Fragebogenaktion, bei der die Daten über die Beschäftigungssituation *aller* Frauen« erhoben werden sollten.[145] Besagter Fragebogen wurde am 28. Mai 1991 mit dem *Rundschreiben Nr. 41/1991* im Namen des Generalsekretärs und des Gesamtbetriebsratsvorsitzenden an die Direktoren und Leiter der Institute und Forschungsstellen mit der Bitte um Bearbeitung übersandt. Die Notwendigkeit der Datenerhebung wurde noch einmal ergänzend mit dem Hinweis darauf begründet, dass ein wesentlicher Teil der dazu erforderlichen Daten der Generalverwaltung aus der allgemeinen Personalstatistik nicht zur Verfügung stehe, da es sich um »besondere frauenbezogene Angaben zur Personalstatistik, zur Besetzung von Institutsgremien, zur Stellenausschreibungs- und Stellenbesetzungspraxis, zur Arbeitszeitreduzierung/Beurlaubung sowie zur Weiterbildung« handele.[146] Man bat deshalb, die Fragebögen an die Institutsverwaltungen und Betriebsräte weiterzuleiten. In Bezug auf die Problematik des Datenschutzes, die im Vorfeld Anlass zu Bedenken gegeben hatte, hieß es im Rundschreiben:

Hierbei ist durch Einschaltung des Datenschutzbeauftragten der MPG, Herrn Schrempf, die Wahrung datenschutzrechtlicher Belange sichergestellt. Die Informationen aus den Instituten sind entsprechend den Regeln für wissenschaftliche Untersuchungen sowohl gegenüber dem Gesamtbetriebsrat wie auch gegenüber der Generalverwaltung abgeschirmt. Zur Veröffentlichung gelangen nur anonymisierte Daten, die keinen Rückschluß auf einzelne Personen oder bestimmte Institute erlauben.[147]

Die Reaktionen darauf fielen unterschiedlich enthusiastisch aus. Gerade das überwiegend weibliche Verwaltungspersonal reagierte ablehnend, weil es darin vor allem eine zusätzliche Arbeitsbelastung bei einer ohnehin knappen Personaldecke sah, so etwa im MPI für Mathematik[148] und im MPI für Polymerforschung.[149] Andere Institutsleiter baten um Verlängerung der Abgabefrist, da die Fragebögen wohl erst in der letzten Juniwoche 1991 an den einzelnen Instituten eingegangen waren und bereits zum 7. Juli 1991 beantwortet sein sollten.

144 Rundschreiben Nr. 36/1991, GVMPG, BC 207185, fot. 153.
145 Rundschreiben Nr. 36/1991, GVMPG, BC 207185, fot. 154. Die Hervorhebung im Original zielt ab auf unterschiedliche Handhabung/Förderung wissenschaftlicher und nichtwissenschaftlicher Mitarbeiterinnen.
146 Rundschreiben Nr. 41/1991: 2, GVMPG, BC 207185, fot. 150.
147 Ebd.
148 Jarisch an Horn, 25. Juli 1991, GVMPG, BC 207180, fot. 369.
149 Fischer an Kleinschmidt, 26. Juni 1991, GVMPG, BC 207185, fot. 137.

Dessen ungeachtet erzielte die Fragebogenaktion eine vergleichsweise hohe Rücklaufquote – insgesamt beteiligten sich 73,5 Prozent aller Max-Planck-Institute in den alten Bundesländern mit ihrem Personal an der Studie.[150] Neben der Auswertung der Befragung stützte sich die Untersuchung von Munz auf die sekundärstatistische Auswertung von Datenmaterial der Personal-, Lohn-/Gehalts- und Stipendiatenstatistik der MPG.[151] Im Frühjahr 1993 legte sie den Auftraggebern ihren 222-seitigen Bericht vor.

4.3.4 Auswertung

Trotz der »bestausgebildeten Frauengeneration, die die Bundesrepublik je hatte«, schrieb Munz einleitend in ihrem Bericht, existiere über alle Qualifikationsstufen und Lebensphasen hinweg eine geschlechtsspezifische Segregation des Arbeitsmarktes.[152] Die MPG bilde dabei keine Ausnahme. Gerade Selbstverständnis und spezifische (Arbeits-)Bedingungen der MPG wirkten sich besonders ungünstig auf die Beschäftigungssituation ihrer Arbeitnehmerinnen aus, weil die »Gelehrtenrepublik« MPG zum einen eine »betriebsförmige Arbeitsorganisation« sei, in der »die Arbeitszeit nicht individuell eingeteilt und umverteilt werden kann, wie dies im Hochschulbereich zum Teil möglich ist (Zeitplanung der Lehrveranstaltungen, vorlesungsfreie Zeit, Sabbaticals etc.)«. Zum anderen verlange die MPG qua ihres wissenschaftlichen Selbstverständnisses Personal, das »unbelastet von anderen Aufgaben« sei.[153] Das erschwere Frauen den Zugang, denn aufgrund

der nach wie vor herrschenden geschlechtsspezifischen Arbeitsteilung sind Frauen zusätzlich durch Haus- und Familienpflichten belastet, das heißt, die Leitidee der MPG, Forschern und Forscherinnen einen Arbeitsplatz zur Verfügung zu stellen, der eine ausschließliche Konzentration auf die Forschungsaufgabe zuläßt, greift für Frauen zu kurz.[154]

Es ist bemerkenswert, dass sich demzufolge also gerade das mutmaßlich beneidenswerteste Alleinstellungsmerkmal der Forschungsarbeit in der MPG nachtei-

---

150 Zum Untersuchungszeitpunkt 1991 gab es noch keine Institute der MPG in den neuen Bundesländern. Das erste im Zuge von »Aufbau Ost« gegründete MPI war 1992 das Institut für Kolloid- und Grenzflächenforschung in Potsdam. – Zur Korrektur dieser Leerstelle führte Dirk Hartung 1993 eine kursorische Nacherhebung zur Situation der Frauen in den neuen Bundesländern durch. Siehe dazu auch Kapitel 4.4.6.4.
151 Obwohl dem Datenmaterial für die sekundärstatistische Analyse unterschiedliche Stichtage und Grundgesamtheiten zugrunde lagen, hielt Munz den Vergleich der Bestandsdaten aus forschungspragmatischen Gründen für vertretbar; Munz: *Zur Beschäftigungssituation von Männern und Frauen*, 1993, 49.
152 Ebd., 11.
153 Ebd., 49.
154 Ebd.

lig für Frauen ausgewirkt hat. Manche Erfahrungsberichte aus den 1950er-Jahren beschreiben aber – zumindest für einige der wenigen Wissenschaftlerinnen – auch das Gegenteil. So berichtete beispielsweise die Physikerin und Mathematikerin Eleonore Trefftz,[155] dass es ihr nur die besonderen Arbeitsbedingungen in der MPG – frei von Lehrverpflichtungen und eine Wohnsituation, die Beruf und Zuhause koppelte[156] – gestattet hätten, die Arbeit einer Forschungsgruppenleiterin und die Erziehungsarbeit unter einen Hut zu bringen.[157] Die Daten der Querschnittsuntersuchung ergaben folgendes Bild der Beschäftigungssituation:

- 1991 waren knapp 40 Prozent der Erwerbstätigen in der MPG Frauen. Der Frauenanteil unter den wissenschaftlichen Angestellten belief sich auf 10,3 Prozent, unter den nichtwissenschaftlichen Angestellten auf 74,8 Prozent und unter den Lohnempfänger:innen auf 14,9 Prozent.[158]
- Insgesamt waren knapp drei Viertel der in der MPG beschäftigten Frauen als nichtwissenschaftliche Angestellte beschäftigt, wobei von diesen wiederum fast drei Viertel den Vergütungsgruppen BAT Va–X angehörten. Das heißt, Frauen bildeten die breite Basis in den weniger qualifizierten Berufen, in leitenden Positionen waren sie kaum vertreten.
- Im Durchschnitt war das Einkommen der Frauen niedriger als das der Männer.
- Die befristeten Stellen überwogen deutlich bei den Wissenschaftlerinnen (57,1 Prozent) im Vergleich mit ihren männlichen Kollegen (31,8 Prozent).[159]
- Die Teilzeitarbeitsquote war mit 31,2 Prozent bei Frauen zehnmal höher als bei Männern (3,2 Prozent).[160]
- Lediglich im Dienstleistungssektor gab es mehr Frauen in mittleren Positionen als Männer.[161]

---

155 Siehe biografische Skizze von Trefftz in Kapitel 3.4.9.

156 Trefftz' Darstellung evoziert die modernen frauen- und familienfreundlichen Verhältnisse des KWI für Hirnforschung in den 1920er-Jahren unter Cécile und Oscar Vogt, die Annette Vogt beschrieben hat; Vogt: *Vom Hintereingang zum Hauptportal?*, 2007, 218.

157 Kolboske und Bonolis: Trefftz-Gespräch I, 5.12.2016; Birgit Kolboske und Luisa Bonolis: Im Gespräch mit Eleonore Trefftz II. Unveröffentlicht. München, 6.12.2016.

158 Munz: *Zur Beschäftigungssituation von Männern und Frauen*, 1993, 59.

159 Das waren in absoluten Zahlen 175 (von 302) Wissenschaftlerinnen gegenüber 748 Wissenschaftlern (von 2.350); ebd., 77. Vgl. auch Tabelle 3.3: Wissenschaftler/innen in der MPG; ebd., 54.

160 Ebd., 68. Dies entsprach im Übrigen dem Trend der 1990er-Jahre deutschlandweit: »Teilzeitarbeit ist in Deutschland überwiegend Frauensache. Von jeweils 100 Teilzeitarbeitsplätzen waren 1997 nur zehn von Männern besetzt. Von den geringfügigen Beschäftigungen waren 1997 drei Viertel von Frauen besetzt«. Vgl. dazu auch *Sozialpolitische Umschau*, Nr. 234, 1998: 17 *und Sozialpolitische Umschau*, Nr. 404, 1998: 23.

161 Munz verortet in ihrer Studie die folgenden Berufe im Dienstleistungssektor: Datenverarbeitungskaufmann/-frau, Bürogehilf/e/in, Bürokauffrau/-mann, Bibliotheksassistent/in, Fotograf/in, Hauswirtschafter/in; Munz: *Zur Beschäftigungssituation von Männern und Frauen*, 1993, 125.

- Frauen waren – verglichen mit ihrem Anteil an den Erwerbstätigen – stärker von Arbeitslosigkeit betroffen.
- An betrieblichen Weiterbildungsmaßnahmen nahmen Frauen im Vergleich zu Männern in geringerem Umfang teil.[162]

Diese Indikatoren zeichneten einheitlich ein Muster struktureller Diskriminierung: Über alle Beschäftigungsgruppen hinweg ließ sich eine Verteilungsstruktur erkennen, die Männern die gut bezahlten, sicheren und einflussreicheren Arbeitsplätze bescherte, während die Repräsentanz von Frauen in dem Maße abnahm, in dem Status, Gratifikation und Stabilität der Positionen zunahmen. Die deutliche Diskrepanz zwischen den Geschlechtern blieb auch bestehen, wenn man sie getrennt von Beschäftigungsgruppe und Leitungsfunktion betrachtete.[163] Mit anderen Worten: Die von der ETAN-Expertinnenarbeitsgruppe ausgewiesene Geschlechtertrennung auf horizontaler, vertikaler und vertraglicher Ebene traf in jeder Hinsicht auch auf die MPG zu.

Aus Sicht der Generalverwaltung brachte der »sachlich abgefaßte Bericht [...] keine überraschend neuen Erkenntnisse«.[164] Die Vorsitzende des Frauenausschusses, Martha Roßmayer, fasste hingegen die Befunde der Studie gegenüber Zacher mit den Worten zusammen:

Als besonders auffällig haben sich in der Studie die Bereiche Ausbildung, Fort- und Weiterbildung, Beurlaubung und Wiedereingliederung, Ausschreibungspraxis und Teilzeitarbeit erwiesen. So ist beispielsweise die Teilzeitarbeitsquote der Frauen fast 10-mal so hoch wie die der Männer, wobei diese teilzeitbeschäftigten Frauen aber hauptsächlich in niedrigeren Vergütungsgruppen beschäftigt sind.[165]

Des Weiteren habe sich herausgestellt, dass der höchste Anteil der nichtwissenschaftlichen Beschäftigten in den Altersgruppen 36 bis 45 Jahre und 46 bis 55 Jahre einer Teilzeitbeschäftigung nachgehe, also in Phasen besonderer familiärer Belastung (etwa durch Kinderbetreuung) sowie nach Abnahme dieser Belastung. Und in Bezug auf die Fort- und Weiterbildung sei dem GBR aufgefallen, dass »Frauen zwar viel an Fort- und Weiterbildungen, aber eher an Einführungs- und Anpassungsfortbildungen« teilnähmen, bei denen nicht die

---

162 Vgl. zur Auswertung der Umfrage auch den Aktenvermerk von Horn vom 21. Juni 1993, GVMPG, BC 207178, fot. 2–5.

163 Vgl. dazu Munz: *Zur Beschäftigungssituation von Männern und Frauen*, 1993, 88, Tabelle 4.13 »Vergleich von Beschäftigtenanteilen mit und ohne Leitungsfunktionen nach Geschlecht«.

164 Aktenvermerk Horn, Empirische Untersuchung zur *Beschäftigungssituation* von Männern und Frauen in der Max-Planck-Gesellschaft, 21. Juni 1994: 2, GVMPG, BC 207178, fot. 3.

165 Schreiben Roßmayer an Zacher, Folgerungen und Anregungen des GBR-Fachausschusses »Frauen in der MPG« aus der Studie »Zur *Beschäftigungssituation* der Frauen und Männer in der MPG«, 8. Juli 1993, GVMPG, BC 207178, fot. 139.

Möglichkeit bestehe, qualifizierende Abschlüsse zu erwerben.[166] Hinsichtlich der Ausschreibungen habe sich zumindest für den wissenschaftlichen Bereich gezeigt, dass »Frauen im Vergleich zu Männern eher mittels einer externen Bewerbung Chancen hatten, auf eine wissenschaftliche Stelle zu gelangen, was vermuten läßt, daß Männer eher in der Lage sind, fachliche und/oder persönliche Kontakte zu nutzen, und sie vielleicht eher als Frauen über solche verfügen«.[167]

Zu berücksichtigen ist bei der Auswertung, dass statistische Lebensdaten die eigentlich aussagekräftigen Umstände – etwa unterschiedliche Rahmenbedingungen oder Sachzwänge im Alltag von Frauen und Männern – gar nicht abbilden können. Das haben die unterschiedlichen Beispiele von *Zahlenspiegel* (Datenstatistik) und Munz-Bericht (empirische Analyse) deutlich gemacht. Die minimale Datenqualität des summarischen *sex counting* im *Zahlenspiegel* veranschaulicht die eingeschränkte Aussagekraft solcher (oft prozessgenerierten) Daten. Demgegenüber gaben die Indikatoren der Munz-Studie beispielsweise Aufschluss über die Rekrutierungsmodalitäten für das wissenschaftliche Personal nach Vertragsart und Geschlecht. Indikatoren waren hier, ob die Kontakte bei Bewerbungsverfahren intern oder extern waren, ob es persönliche oder fachliche Kontakte zur MPG gab. Auf dieser Datengrundlage konnte Munz illustrieren, dass »Männer im Wettbewerb um wissenschaftliche Stellen mit oder ohne Leitungsfunktionen signifikant erfolgreicher sind bei der Nutzung persönlicher und/oder fachlicher (incl. MPI-interner) Kontakte als Frauen«.[168] Das von ihr erhobene Zahlenmaterial fungierte so als »ein weiterer Indikator für ein gut funktionierendes old-boys-network im wissenschaftlichen System«.[169] Kaum quantitativ darzustellen ist jedoch, wie ein Old Boy Network funktioniert, etwa dank des Bonding, das bei informellen Treffen entsteht. Solche zwanglosen Zusammenkünfte ergaben sich oft spontan nach Feierabend und begünstigen jene, die flexibel in ihrer Zeitgestaltung sind.

Aus den Befunden der Munz-Studie identifizierte der Frauenausschuss des GBR eine Reihe von möglichen Ansatzpunkten für Veränderungen zugunsten der beschäftigten Frauen in der MPG, die er dem Präsidenten Anfang Juli 1993 in Form eines »Vorläufigen Anregungskatalogs« übergab.[170] Diese Anregungen

---

166 Zum Hintergrund: In der MPG bestand seit dem 1. Januar 1988 eine »Betriebsvereinbarung über die Rahmenbedingungen für die Förderung der betrieblichen Fortbildung der Mitarbeiter« der Max-Planck-Gesellschaft, in der festgelegt war, »daß 0,5 % des Bruttoeinkommens der nichtwissenschaftlich Beschäftigten jedes Max-Planck-Instituts zur finanziellen Unterstützung bestimmter Weiterbildungsmaßnahmen zur Verfügung gestellt werden müssen«. Munz: *Zur Beschäftigungssituation von Männern und Frauen*, 1993, 102.

167 Schreiben von Roßmayer an Zacher, Folgerungen und Anregungen des GBR-Fachausschusses »Frauen in der MPG« aus der Studie »Zur *Beschäftigungssituation* der Frauen und Männer in der MPG«, 8. Juli 1993, GVMPG, BC 207178, fot. 140.

168 Munz: *Zur Beschäftigungssituation von Männern und Frauen*, 1993, 113.

169 Ebd., 113.

170 Die darin enthaltenen Punkte beschäftigen sich mit den Themenkomplexen Ausschreibungspraxis, Fort- und Weiterbildung, Beurlaubung und Wiedereingliederung, Teil-

sollten auch Eingang in den Entwurf der Gesamtbetriebsvereinbarung des GBR finden. Die Generalverwaltung reagierte zunächst verhalten und befand, dass mit Ausnahme der Themenbereiche Teilzeitbeschäftigung, Nachweis- und Publikationsverpflichtung die Mehrzahl der im Katalog enthaltenen Anregungen bereits von der Max-Planck-Gesellschaft im *Rundschreiben Nr. 36/1991* des Präsidenten aufgegriffen worden sei. Selbstkritisch eingeräumt wurde nur, dass genanntes Rundschreiben wenig an der Institutspraxis verändert habe.[171]

Gleichwohl zeigten die Ergebnisse der Munz-Studie konkreten Handlungsbedarf an und wurden zu einem integralen Element der Gesamtbetriebsvereinbarung und später der Gleichstellungsmaßnahmen bzw. Fördermaßnahmen, wie sie zunächst noch hießen. Eine andere entscheidende Komponente waren die *Empfehlungen*, die der Wissenschaftliche Rat der MPG im Februar 1991 im *MPG-Spiegel* veröffentlicht hatte.

4.3.5 Die Empfehlungen des Wissenschaftlichen Rats und der Wissenschaftlerinnenausschuss

Die bundespolitischen Vorgaben haten das Thema Förderung von Frauen in der Forschung ab 1989 regelmäßig auf die Tagesordnung der Sitzungen des Wissenschaftlichen Rats und des ISA gebracht, wie die korrespondierenden Gremienprotokolle belegen. Ebenso wurde dort die Berufungspraxis seit Anfang der 1990er-Jahre besprochen und – für deren Modifizierung plädiert, wenngleich noch nicht unter dem Genderaspekt:

Ausgangspunkt waren die im Wissenschaftlichen Rat am 4. Februar 1988 diskutierten Rahmenbedingungen für innovative Forschung. Zwangsläufig habe sich in diesem Zusammenhang die Frage gestellt, ob das von der Max-Planck-Gesellschaft angewandte so genannte Harnack-Prinzip (»Ein guter Mann [sic!] und da herum ein Institut«) mit der gesellschaftspolitischen Situation noch im Einklang stehe, ob dieses Prinzip angesichts der raschen Entwicklung der modernen Naturwissenschaften und der dadurch bedingten Generationsdynamik überhaupt aufrechtzuerhalten sei. Verschärft stelle sich diese Frage im Hinblick auf den in den 1990er-Jahren in einem großen Teil der Institute bevorstehenden Generationenwechsel.[172]

---

zeitbeschäftigung sowie allgemeinen Forderungen, beispielsweise der Nachweispflicht seitens des Arbeitgebers, Frauen bei Einstellungen und Höhergruppierungen nicht zu benachteiligen (»Umkehr der Beweislast«), und der Verpflichtung, die Ergebnisse der Frauenförderung zu publizieren.

171 Ergebnisvermerk Horn zu der gemeinsamen Sitzung mit dem GBA vom 8. Juli und 12. Juli 1993: Zu TOP 6.2 – Vorläufige Konsequenzen aus der empirischen Untersuchung »Frauen und Männer in der Max-Planck-Gesellschaft«, GVMPG, BC 207178, fot. 130–132.

172 Protokoll der Sitzung des WR vom 8. Februar 1991 »Empfehlungen an die Sektionen zur Vergabe unbefristeter Wissenschaftlerstellen«, AMPG, II. Abt., Rep. 62, Nr. 1979, fot. 14–15.

Wie schon erwähnt, beauftragte Präsident Staab im Februar 1990 den damaligen Vorsitzenden des Wissenschaftlichen Rats Hofschneider, eine Kommission zu bilden, die sich mit der Situation der Wissenschaftlerinnen in der MPG beschäftigen und Empfehlungen zur Förderung von Wissenschaftlerinnen geben sollte.[173] Dies solle unbedingt auf Grundlage der Satzung, der gesetzlichen Vorschriften und der sonstigen Bindungen der MPG geschehen,[174] weil man »in Anbetracht eines lückenhaften Informationsstandes über Ursachen und Ausmaß der Probleme (= *Problemkreis Frauen in der Forschung* bzw. *Situation der Wissenschaftlerinnen in der MPG*) eine breite Diskussion in diesem Kreis zum gegenwärtigen Zeitpunkt für wenig effizient erachte«.[175] Zusammensetzen sollte sich die Kommission aus einer Wissenschaftlerin pro Sektion, dem Vorsitzenden des Wissenschaftlichen Rats, den drei Sektionsvorsitzenden, dem Präsidenten und dem Generalsekretär. Auch in Bezug auf die Aufgabe der Kommission machte Staab klare Vorgaben:

Sie sollte nicht eine institutionalisierte Funktion ausüben – also nicht einer Frauenbeauftragten-Kommission entsprechen. Sie sollte vielmehr einen begrenzten Auftrag erhalten, und zwar sollte sie auf der Basis einer Bestandsaufnahme und Analyse der Schwierigkeiten Wege und Maßnahmen zur Verbesserung der Situation innerhalb der Max-Planck-Gesellschaft aufzeigen und hierzu entsprechende Empfehlungen geben; der Auftrag der Kommission werde somit auch zeitlich befristet.[176]

Es handelte sich also in gewisser Weise um eine Präsidentenkommission, auch wenn diese nicht so bezeichnet wurde. So merkte auch die Rechtshistorikerin Marie Theres Fögen[177] kritisch an, dass es sich bei dieser Verfahrensweise »im strengen Sinne nicht um eine Kommission des Wissenschaftlichen Rates handeln« würde. Im Übrigen, so Fögen, zeige die Vorgehensweise, »welches Gewicht der Frauenfrage in der Max-Planck-Gesellschaft beigemessen« werde.[178]

---

173 Schreiben von Präsident Staab an Hofschneider, 1. Februar 1990, GVMPG, BC 207181, fot. 555–557.
174 Horn an Hofschneider, 15. Februar 1990, GVMPG, BC 207181, fot. 545–546.
175 Protokoll der Sitzung des Wissenschaftlichen Rates vom 9. Februar 1990 in Heidelberg, AMPG, II. Abt., Rep. 62, Nr. 1977, fol. 16, Hervorhebung im Original.
176 AMPG, II. Abt., Rep. 62, Nr. 1977, fol. 16.
177 Die Rechtshistorikerin und Rechtsanwältin Marie Theres Fögen promovierte 1973 in Frankfurt am Main über den »Kampf um Gerichtsöffentlichkeit« im 19. Jahrhundert und wurde im folgenden Jahr die Assistentin von Dieter Simon, mit dem sie 20 Jahre lang in dessen Forschungsgruppe »Byzantinisches Recht« arbeitete. 1988 wurde sie in die Geisteswissenschaftliche Sektion des Wissenschaftlichen Rats der MPG berufen. Protokoll der Sitzung des WR vom 2. Februar 1989, AMPG, II. Abt., Rep. 62, Nr. 1975, fol. 2. 1995 wurde sie auf den Lehrstuhl für Römisches Recht, Privatrecht und Rechtsvergleichung an die Universität Zürich berufen. Von 2001 bis zu ihrem Tod am 18. Januar 2008 war sie zudem Wissenschaftliches Mitglied und Direktorin am Frankfurter MPI für europäische Rechtsgeschichte.
178 Protokoll der Sitzung des Wissenschaftlichen Rates vom 9. Februar 1990 in Heidelberg, AMPG, II. Abt., Rep. 62, Nr. 1977, fol. 16.

Mitglieder des Arbeitsausschusses waren Christiane Nüsslein-Volhard (MPI für Entwicklungsbiologie/Tübingen), Gertrud Nunner-Winkler (MPI für psychologische Forschung/München), Yvonne Schütze (MPI für Bildungsforschung/Berlin), Ruxandra Sireteanu-Constantinescu (MPI für Hirnforschung/Frankfurt), Wolfgang Edelstein (MPI für Bildungsforschung/Berlin), Elmar Jessberger (MPI für Kernphysik/Heidelberg), Karl-Ludwig Kompa (MPI für Quantenoptik/Garching) und Wolfgang Wickler (MPI für Verhaltensforschung/Seewiesen); ursprünglich gehörten oder sollten ihm auch Margot Becke-Goehring (Gmelin-Institut/Frankfurt) und Eleonore Trefftz (MPI für Astrophysik/München) angehören.[179] Die konstituierende Sitzung fand im Rahmen der MPG-Hauptversammlung am 20. Juni 1990 in Lübeck-Travemünde statt.[180] Während des zweistündigen Treffens wurden Problemkreise identifiziert, die man für die Berufstätigkeit von Wissenschaftlerinnen als relevant erachtete, darunter »Familie und Beruf« sowie »männlich/weiblich gemischte Arbeitsgruppen«, da sich gemischte Arbeitsgruppen laut Wickler »gegenüber rein männlichen Arbeitsgruppen vielfach als besonders erfolgreich erwiesen« hätten. Zudem ging es um Probleme auf psychologischer Ebene:

Die Frauen halten sich in der Diskussion zurück. Die Männer übernehmen das Wort. Schlußfolgerung: Es ist notwendig, den Frauen mehr Mut zu machen. Dies kann einerseits gezielt auf der Institutsebene erfolgen, andererseits aber auch durch mehr Publikation über erfolgreiche Wissenschaftlerinnen, z. B. im *MPG-Spiegel*.[181]

Auf Basis dieser Diskussion wurde ein »Entwurf einer Empfehlung als Grundlage einer Diskussion bei den Martinsrieder Gesprächen« entwickelt, den Sitzungen des Intersektionellen Ausschusses der MPG. Offenbar war aber zwischenzeitlich die Originalfassung des strikt vertraulichen Papiers an den GBR durchgesickert. Dies ist in diesem Kontext deshalb erwähnenswert, weil es auf eine Verbindung zwischen Frauenausschuss und Arbeitskreis (später Wissenschaftlerinnenausschuss) hindeutet, die selten zu finden ist. Empört wandte sich Hofschneider an den Präsidenten der MPG:

Wie aus 2. hervorgeht, habe ich den Entwurf vor Ihrer Billigung, wie es ja auch selbstverständlich ist, strikt vertraulich behandelt und auch der Generalverwaltung nicht zur Verfügung gestellt. Um so schockierter war ich nunmehr, erfahren zu müssen, daß aus dem Arbeitskreis heraus der Entwurf in seiner Originalfassung bereits bis zum Gesamtbetriebsrat gelangt ist, der ihn wiederum dem Präsidenten und dem General-

179 1995 kamen Sylvia Braslavsky vom MPI für Strahlenchemie in Mülheim/Ruhr, Jutta Heckhausen vom Berliner MPI für Bildungsforschung, Manfred Rühl vom MPI für Metallforschung in Stuttgart und Klaus Weber vom MPI für biophysikalische Chemie/Göttingen hinzu. Bericht über die Arbeit des ISA, 8. Februar 1995, GVMPG, BC 207183. fot. 334–336.

180 1. Protokoll des Arbeitsausschusses Förderung der Wissenschaftlerinnen vom 8. November 1991, GVMPG, BC 207181, fot. 23–27.

181 Aktenvermerk Horn, »Arbeitskreis Frauen in Lübeck«, 28. Juni 1990, GVMPG, BC 207181, fot. 473.

sekretär anläßlich einer Sitzung mit dem Gesamtbetriebsausschuß überreichte. Aus meiner Sicht steht der Entwurf der Öffentlichkeit frühestens dann zur Verfügung, wenn er anläßlich der Martinsrieder Gespräche vom Intersektionellen Ausschuß bzw. bei der Sitzung des Wissenschaftlichen Rats von diesem angenommen worden ist.[182]

Trotz dieser Irritationen verabschiedete der Wissenschaftliche Rat nach einer ausgiebigen Diskussion im November 1990 bei den Martinsrieder Gesprächen die im Arbeitskreis erarbeiteten *Empfehlungen* zur Förderung der Wissenschaftlerinnen, die fortan als *Empfehlungen* des Wissenschaftlichen Rats zitiert wurden. Der WR-Vorsitzende Hofschneider übergab sie Präsident Zacher offiziell mit dem Hinweis, diese seien ohne Gegenstimmen angenommen worden, und verlieh seiner Hoffnung Ausdruck, dass »die Umsetzung dieser Empfehlungen bald atmosphärisch und faktisch spürbar« werde.[183] Die *Empfehlungen* wurden mit dem bereits erwähnten *Rundschreiben Nr. 36/1991* des Präsidenten im Mai 1991 im *MPG-Spiegel* veröffentlicht.[184] Zacher bat seine Direktoren und Abteilungsleiter ausdrücklich, die *Empfehlungen* bei Personalentscheidungen zu berücksichtigen – allerdings »unter Beachtung der mitgeteilten Vorbehalte der Generalverwaltung«, zu denen vordringlich die Wahrung der gebotenen Qualitätsmaßstäbe bei der Anhebung des Frauenanteils gehörte.[185]

Mit Schreiben vom 6. März 1991 hatte der Generalsekretär den GBR-Vorsitzenden Kleinschmidt über die *Empfehlungen* informiert, die sich, wie Wolfgang Hasenclever anmerkte, »insbesondere mit der Frage« befassten, wie »auf Institutsebene die Rahmenbedingungen verbessert werden können, damit Müttern und Vätern in der Phase der Familiengründung die Vereinbarkeit von Wissenschaft und Familie erleichtert« werden könne.[186] Hier zeigt sich bereits die Fokussierung der GV auf die Frage der Familienplanung. Zwar thematisierte man in den *Empfehlungen* auch Fragen wie Flexibilisierung der Arbeitszeit im Hinblick auf Sachzwänge – »Forschung rund um die Uhr: Notwendigkeit oder Ideologie?«[187] –, konzentrierte sich dann aber vor allem auf die »bessere Vereinbarkeit von Wissenschaft und Familie«. Eine Einflussnahme auf Perso-

---

182 Schreiben von Hofschneider an die Mitglieder des Arbeitskreises zur Förderung der Frauen in der Wissenschaft, 6. September 1990. Das Schreiben ging in Kopie und mit dem Entwurf der »Empfehlung« an den Präsidenten, den Generalsekretär und an Horn, GVMPG, BC 207181, fot. 406–407.

183 Hofschneider an den Präsidenten, 21. Februar 1991, GVMPG, BC 207181. Vorab hatte Hofschneider dem Präsidenten, dem Generalsekretär und der GV bereits am 6. September 1990 einen Entwurf der Empfehlungen vorgelegt mit der Bitte, diesen aus administrativer Sicht zu evaluieren und unter arbeitsrechtlichen Gesichtspunkten zu prüfen; GVMPG, BC 207181, fot. 336–341.

184 Wissenschaftlicher Rat der MPG: Empfehlung, 1991, 18–21.

185 Rundschreiben des Präsidenten Nr. 36/1991, GVMPG, BC 207185, fot. 154.

186 Hasenclever an Kleinschmidt, 6. März 1991, GVMPG, BC 207181, fot. 296.

187 Aus dem »Stichwortkatalog zur Formulierung eines Thesenpapiers zur speziellen Förderung von Wissenschaftlerinnen«, zusammengestellt von Nunner-Winkler und Hofschneider, 5. Juli 1990, GVMPG, BC 207181, fot. 467.

nalentscheidungen, insbesondere in Form einer Quotenregelung, wurde strikt abgelehnt:

Der Arbeitskreis hat die Frage einer Quotenregelung eingehend diskutiert und aus prinzipiellen wie auch aus pragmatischen Gründen verworfen. Er hat sich dafür entschieden, das Wissenschaftssystem vor allem unter seiner Erkenntnisperspektive, und nicht pragmatisch als bloß soziales System zu betrachten, in dem ein Konsens über »geeignete Prozentsätze« allenfalls möglich erschienen wäre.[188]

Dies entsprach nicht unbedingt den Wünschen an der Basis: Auf Initiative von Hofschneider hatten Wissenschaftlerinnen am 12. Februar 1990 im MPI für Biochemie auf einer Veranstaltung folgende Fragestellungen diskutiert:[189] »Wie lässt sich der deutlich erkennbare Bruch in der beruflichen Biographie von Wissenschaftlerinnen (besonders im Bereich der Naturwissenschaften) erklären? Weshalb nimmt die Bundesrepublik eine vergleichbar schlechte Stelle bezüglich des Geschlechterverhältnisses ein?« Am Ende stimmten die Anwesenden über die »Einführung der qualifizierten Quotenregelung« ab: 23 Personen waren dafür, sieben dagegen und sechs enthielten sich.[190]

Abschließend empfahl der WR, die

Auswirkungen der empfohlenen Förderungsmaßnahmen sollte[n] durch ein kleines Gremium laufend beobachtet werden. Die Berichte des Gremiums sollten gegebenenfalls als Grundlage für die Ausarbeitung weiterer Empfehlungen des Wissenschaftlichen Rats und für Entscheidungen des Senats dienen. [...] Das Gremium sollte als Ausschuß des Wissenschaftlichen Rats gebildet und dem Intersektionellen Ausschuß beigeordnet werden.[191]

Dieser Vorgabe folgend entstand aus dem Arbeitskreis der Wissenschaftlerinnenausschuss,[192] der sich bis 1998 jährlich im Vorfeld der im November stattfindenden Martinsrieder Gespräche traf. Das terminliche Zusammenfallen

---

188 Wissenschaftlicher Rat der MPG: Empfehlung, 1991, 18–21, 20.
189 Die Moderatorin der Veranstaltung, Sabine Werner, eine Mitarbeiterin aus Hofschneiders Abteilung und – wie dem handschriftlichen Vermerk von Horn am 7. März zu entnehmen ist – »Anwärterin auf die Otto-Hahn-Medaille«, erläuterte den Hintergrund zur Veranstaltung: »Begrüßung durch Frau Werner, in der sie dem Plenum erklärte, wie es zu dieser Veranstaltung gekommen ist. Die Initiative für das Treffen ging von Herrn Professor Hofschneider aus, angeregt durch die Diskussionen zu diesem Thema im Senat der Max-Planck-Gesellschaft.« Fax von Hofschneider an Horn, Protokoll der Veranstaltung am 12. Februar 1990, GVMPG, BC 207181, fot. 543.
190 Fax von Hofschneider an Horn, Protokoll der Veranstaltung am 12. Februar 1990, GVMPG, BC 207181, fot. 495.
191 Wissenschaftlicher Rat der MPG: Empfehlung, 1991, 18–21, 20.
192 Berufen wurden alle Mitglieder des ehemaligen Arbeitsausschusses sowie *ex officio* der Vorsitzende des Wissenschaflichen Rates und sein Stellvertreter; die Verbindung zum ISA wurde durch Nüsslein-Volhard und Jessberger hergestellt; Protokoll der Sitzung des Wissenschaftlichen Rates am 8. Februar 1991 in Heidelberg, AMPG, II. Abt., Rep. 62, Nr. 1979, fol. 18.

sollte den gewünschten und empfohlenen Input bzw. Austausch mit dem ISA ermöglichen, zudem würden spätestens hier, wie Hofschneider anmerkte, »auch die Männer zu Wort kommen«.[193] Die ersten Martinsrieder Impulsreferate von Nüsslein-Volhard und Nunner-Winkler wurden im *MPG-Spiegel* mit dem Hinweis veröffentlicht, dass sie »Niederschlag« in den *Empfehlungen* des WR zur Förderung von Wissenschaftlerinnen gefunden hätten.[194]

Für das erste Treffen des Arbeitskreises im November 1990 war unter Federführung von Hofschneider und Nunner-Winkler im Umlaufverfahren der »Entwurf einer Diskussionsgrundlage« entwickelt worden.[195] Vor allem sollte der Wissenschaftlerinnenausschuss die in der MPG verabschiedeten Absichtserklärungen und tatsächlich erreichte Veränderungen evaluieren. Diese Bestandsaufnahmen und nachfolgenden Empfehlungen des Gremiums lieferten in den Folgejahren wichtige Impulse für die Implementierung der geplanten Fördermaßnahmen für Wissenschaftlerinnen in der MPG, indem dort Maßnahmen diskutiert wurden, die über den Empfehlungscharakter hinaus zu einer institutionellen Verankerung der Frauenförderung in der MPG beitragen sollten. Der Wissenschaftlerinnenausschuss beschäftigte sich dabei keineswegs nur mit Fragen problematischer Kinderbetreuung, Altersgrenzen bei Zeitverträgen oder dem »Sonderprogramm zur Förderung hervorragender Wissenschaftlerinnen in der MPG« (1994–1996), sondern setzte sich zudem kritisch mit Themen wie »Ergänzung der Berufungsverfahren durch Normierungsverfahren« (1993) oder »Defizite im Bereich allgemeiner Führungsqualitäten« (1998) auseinander und diskutierte darüber, ob die *Empfehlungen* des Wissenschaftlichen Rats von 1991 überhaupt weitgehend genug seien.[196]

Diese waren nach ihrer Veröffentlichung im *MPG-Spiegel* von Mary Osborn in einem Brief an Hofschneider kritisiert worden. Osborn bezeichnete die Vorschläge des WR im Vergleich zu den zeitgleich von BLK und DFG unternommenen Anstrengungen als enttäuschend, da sich alle vorgeschlagenen Maßnahmen ausschließlich auf die unteren Hierarchie- und Besoldungsstufen sowie in erster Linie auf die Frage der Kinderbetreuung konzentrierten. Die Anzahl von Frauen auf C3-/C4-Stellen sei schon für ein Dritte-Welt-Land deprimierend – wie erst für die Bundesrepublik. Und warum sei nur ein Prozent der MPG-Direktoren weiblich? Um mehr Frauen als bisher für Führungspositionen identifizieren zu können, riet sie der MPG, sich in ihren Stellenausschreibungen und Auswahlverfahren an der seit den 1970er-Jahren etwa in Harvard gängigen Praxis zu orientieren, denn es sei problematisch, »dass neue MPG-Direktoren in einem

---

193 Hofschneider an die Mitglieder des Arbeitskreises zur Förderung der Frauen in der Wissenschaft, 1. Juni 1990, GVMPG, BC 207181, fot. 482–489.

194 Nüsslein-Volhard: Zur Situation der Wissenschaftlerinnen in der MPG, 1991, 33–35; Nunner-Winkler: Förderung von Wissenschaftlerinnen in der MPG, 1991, 33–37.

195 »Entwurf einer Empfehlung als Grundlage einer Diskussion« bei den »Martinsrieder Gesprächen«, GVMPG, BC 207181, fot. 282–295.

196 Vgl. dazu die jeweiligen Protokolle des Arbeitsausschusses in GVMPG, BC 207181, fot. 24–25; BC 207183, fot. 3; BC 270184.

geschlossenen Verfahren von den Instituten selbst ausgewählt werden, und zwar in einem Auswahlverfahren, an dem unter den gegebenen Bedingungen meist nur Männer teilnehmen!«[197] In diesem Sinne müssten die Institute aufgefordert werden, in ihren Berufungsverfahren »nachzuweisen, dass es auf dem gewählten Gebiet keine gleichwertig qualifizierte Bewerberin gibt. Darüber hinaus sollten Wissenschaftlerinnen (ggf. aus dem Ausland) häufiger in die Berufungskommissionen einbezogen werden.«[198] Außerdem schlug Osborn vor, und zwar gleichermaßen verbindlich für Frauen und Männer, dass Lohnerhöhungen stärker von der Produktivität als vom Alter abhängen sollten.[199]

Der folgte Osborns Kritik bezüglich der Stellenausschreibungen oberhalb der Ebene der wissenschaftlichen Mitarbeiter[200] und nannte dies eine »wünschenswerte Ergänzung der bisherigen Berufungspraxis, durch die der Anteil von Frauen in Führungspositionen erhöht werden könnte«. Der Ausschuss vertrat die Einschätzung, eine solche stärkere Öffnung der MPG nach außen könne von erheblicher Bedeutung für die Frage der Innovation sein.[201]

Außerdem entstand 1995 auf Initiative des Wissenschaftlerinnenausschusses ein Forschungsprojekt über »Berufliche Werdegänge von Wissenschaftlerinnen in der Max-Planck-Gesellschaft«, das sich über einen Zeitraum von zwei Jahren erstreckte.

4.3.6 Forschungsprojekt »Berufliche Werdegänge von Wissenschaftlerinnen in der MPG«

Ausweislich der in den Jahrbüchern der MPG veröffentlichten Institutspublikationen[202] war die Genderthematik in den 1980er- und 1990er-Jahren am präsentesten am MPI für Bildungsforschung.[203] Insofern überrascht es nicht, dass die

197 Osborn an Hofschneider, 16. Oktober 1991, GVMPG, BC 207181, fot. 157.
198 Ebd.
199 Ebd.
200 Hofschneider leitete Osborns Brief an Klaus Pinkau, der ihm als Vorsitzender des WR nachfolgte, mit der Bemerkung weiter: »Hier will ich nur noch hinzufügen, daß Mary Osborn die Frau von Klaus Weber ist, welcher die Abteilung leitet, in welcher sie arbeitet.« Fax Hofschneider an Pinkau, 5. November 1991, GVMPG, BC 207181, fot. 155.
201 Ergebnisprotokoll der 1. Sitzung des Arbeitsausschusses »Förderung der Wissenschaftlerinnen« des Wissenschaftlichen Rates am 8. November 1991 in Martinsried bei München, GVMPG, BC 207181, fot. 62.
202 Die Verfasserin analysierte auf Grundlage der MPG-Jahrbücher von 1952 bis 2002 alle in diesem Zeitraum dort aufgenommenen Publikationen anhand einer Reihe genderbasierter Schlüsselbegriffe, um so eine Vorstellung thematischer Spezifika der diesbezüglichen Forschungsaktivitäten der einzelnen Max-Planck-Institute und folglich auch der Wissenschaftssoziologie der MPG zu gewinnen.
203 Selbstverständlich wurde auch an anderen Instituten, wie beispielsweise am MPI für psychologische Forschung in München, dazu gearbeitet. 1986 hatte der Direktor Franz Weinert für Staab ein entsprechendes Forschungsprojekt skizziert: »Seiner Meinung nach sollte eine wissenschaftliche Untersuchung über die Lebensplanung von Frauen im

beiden Wissenschaftlerinnen, die vom Wissenschaftlerinnenausschuss mit der Projektstudie beauftragt wurden, zuvor ebendort gearbeitet hatten. Bereits im Juni 1989 hatte Jutta Allmendinger gemeinsam mit dem damaligen Direktor des MPI, Karl Ulrich Mayer, ein Kolloquium zum Thema »Generational Dynamics and Innovation in Basic Science« auf Schloss Ringberg organisiert, in dessen Mittelpunkt thematisch der Berufsverlauf und die Familienentwicklung von Frauen im gesamtgesellschaftlichen Kontext standen.[204]

Das empirische Forschungsprojekt, das 1995 in der Präsidentschaft Zacher begann und in der seines Nachfolgers Hubert Markl endete, führten zwei soziologische Forschungsgruppen durch. Die eine Forschungsgruppe leitete Jutta Allmendinger,[205] damals Professorin am Institut für Soziologie der Universität München, die andere Beate Krais,[206] Professorin am Institut für Soziologie der Technischen Universität Darmstadt. Das Münchner Forschungsteam konzentrierte sich eher auf einen statistisch-quantitativen Zugang, wohingegen das Darmstädter Team stärker qualitativ orientiert arbeitete. Die Studie stand unter der übergeordneten Fragestellung, was ursächlich dafür verantwortlich sei, dass Akademikerinnen dem Wissenschaftssystem, und hier konkret der Max-Planck-Gesellschaft, verloren gingen – ein in der Geschlechterforschung als *leaky pipeline* bekanntes Phänomen, das Allmendinger und ihre Kolleg:innen systematisch anhand des Begriffspaars »Persister« und »Switcher« weiter untersuchten.[207] Indes ging Krais mit ihrem Team der Frage nach, wieso Frauen, die – etwa mit einem Promotionsstipendium – an einem Max-Planck-Institut bereits den Einstieg in die Wissenschaft gefunden hätten, dort nicht blieben.[208]

Vergleich zu der von Männern durchgeführt werden. Einzelbeobachtungen legten die Vermutung nahe, daß Frauen häufig von vornherein auf höherqualifizierte akademische Positionen verzichteten, um die Doppelaufgabe von Beruf und Familie noch in Einklang bringen zu können. Es sei notwendig, die objektive Realität zu erfassen, wenn ›man nicht Maßnahmen zur Förderung der Frauen in akademischen Berufen an deren selbstdefinierten Interessen vorbeiplanen‹ wolle.« Schreiben Staab an Wilms, 17. November 1986, AMPG, II. Abt., Rep. 57, Nr. 587, fol. 466.

204 Allmendinger: Gleiche Chancen, 1990, 21–24; vgl. auch Protokoll der Sitzung des Wissenschaftlichen Rates vom 9. Februar 1990, AMPG, II. Abt., Rep. 62, Nr. 1977.

205 Jutta Allmendinger arbeitete nach ihrer Promotion in Harvard als wissenschaftliche Mitarbeiterin am MPI für Bildungsforschung, bevor sie 1992 den Ruf auf den Lehrstuhl für Soziologie an die LMU erhielt. Seit 2007 ist sie Präsidentin des Wissenschaftszentrums Berlin.

206 Beate Krais arbeitete nach ihrer Promotion und Habilitierung an der FU Berlin als wissenschaftliche Mitarbeiterin am MPI für Bildungsforschung. Von 1995 bis 2009 war sie Professorin für Soziologie an der Technischen Universität Darmstadt.

207 Allmendinger et al.: Berufliche Werdegänge von Wissenschaftlerinnen, 1998, 143–152, 146. Terminologie in Anlehnung an Seymour und Hewitt: *Talking About Leaving*, 1997.

208 Beate Krais und Tanja Krumpeter: »Wissenschaftskultur und weibliche Karrieren. Zur Unterrepräsentanz von Wissenschaftlerinnen in der Max-Planck-Gesellschaft«. Projektbericht für den Arbeitsausschuß »Förderung der Wissenschaftlerinnen« des Wissenschaftlichen Rats, 1997, GVMPG, BC 207183.

Die Grundgesamtheit bildeten für beide Projektgruppen Daten über 6.800 Wissenschaftler:innen an 65 Instituten im Zeitraum von 1989 bis 1995. Die Feinuntersuchung wurde an neun ausgewählten Instituten durchgeführt, indem Direktoren und Verwaltungsleiter dort persönlich, aktuelle und frühere wissenschaftliche Mitarbeiterinnen schriftlich befragt wurden. Die Auswahlkriterien für die Institute waren: *erstens* die wissenschaftlichen Sektionen (repräsentativ für die Konstellation der MPG wurden zwei geisteswissenschaftliche, drei biologisch-medizinische und vier CPT-Institute ausgesucht), *zweitens* die Größe der Institute (klein, mittel und groß) sowie *drittens* die Fluktuation auf Führungsebene und beim wissenschaftlichen Personal. Im Folgenden eine kurze Zusammenfassung der jeweiligen Forschungsfragen und Empfehlungen.

4.3.6.1 Forschungsgruppe Allmendinger: »Ausgangslage und Veränderungspotential«

Ausgehend von einem Arbeitsmarkt, auf dem die veränderte Situation von Angebot und Nachfrage »zu keinem neuen Gleichgewicht« gefunden hat, sprich das ständig steigende Potenzial qualifizierter Wissenschaftlerinnen nicht ausgeschöpft wurde – und dies erwartungsgemäß umso weniger, je höher der berufliche Qualifizierungsabschnitt rangierte –, stellten Jutta Allmendinger, Hannah Brückner, Stefan Fuchs und Nina von Stebut[209] ihr Forschungsprojekt »Berufliche Werdegänge von Frauen in der MPG. Ausgangslage und Veränderungspotential« unter die folgenden leitenden Fragestellungen:
1. Was können wir aus der Entwicklung der Institute und den Lebensverläufen der dort arbeitenden Wissenschaftlerinnen über die Motoren und Blockaden einer Integration von Frauen in die Wissenschaft lernen?
2. Wie ist die Ausgangssituation zu verändern?
3. Wie kann die MPG ihre Organisationsstruktur so verbessern, daß die Integration von Wissenschaftlerinnen auf allen Hierarchieebenen erleichtert wird?[210]

Um die Verflechtung individueller Lebensläufe mit Organisationsstrukturen darzustellen, reichen in der Regel Querschnittsuntersuchungen, die Momentaufnahmen vermitteln, nicht aus. Daher entschied sich Allmendingers Team für eine Längsschnittstudie, die das Zusammenwirken der »Abfolge und biographische[n] Lagerung individueller Statuspassagen« mit institutionellen Strukturen

---

209 Die Soziologin Nina von Stebut promovierte 2003 mit einer Untersuchung zur MPG, die auf dem in dieser Projektphase erhobenen empirischen Material basiert; Stebut: *Eine Frage der Zeit?*, 2003.
210 Jutta Allmendinger et al., »Berufliche Werdegänge von Wissenschaftlerinnen in der Max-Planck-Gesellschaft. Ausgangslage und Veränderungspotential.« Ein zusammenfassender Bericht, 1996, 2, GVMPG, BC 207183, fot. 105–115.

im Wandel zeigte. Ziel der Forschungsgruppe war es, »frauenförderliche bzw. -hinderliche Strukturen innerhalb von Organisationen in ihrer Verflechtung mit individuellen Verläufen sichtbar und gestaltbar zu machen«. Dazu wurden drei Ansätze verwendet, die ermöglichten, die auf Querschnitte angelegte Betrachtungsweise zu überwinden: a) Erhebung und Auswertung institutioneller Daten der Generalstatistik der MPG, b) Informationen aus den MPG-Jahrbüchern und den Tätigkeitsberichten der Institute sowie c) Zusatzbefragung zur Zusammensetzung des wissenschaftlichen Personals.[211]

Zu den Ergebnissen der Untersuchung gehörte hinsichtlich der Entwicklung des Frauenanteils in der Max-Planck-Gesellschaft der Befund, dass sich in der MPG laufend institutionelle Gestaltungsspielräume eröffneten, die für sozialen Wandel genutzt werden könnten. Die Fluktuation des wissenschaftlichen Personals führe jedoch zu keiner Erhöhung des Frauenanteils.[212] Auch die vermehrte Einstellung von Wissenschaftlerinnen habe nicht den Frauenanteil erhöht, was darauf hinweise, dass hier eine Art Austausch stattfinde.[213] Auf Grundlage ihrer Befunde identifizierte die Forschungsgruppe das folgende Veränderungspotenzial:

Erstens: »Fluktuation und Wachstum in der MPG können für die Einstellung von Frauen genutzt werden.«[214] Als konkrete Maßnahmen empfahlen sie dazu:
- die bevorzugte Einstellung von Frauen bei gleicher Qualifikation;[215]
- die breite Ausschreibung offener Stellen, auch im Ausland;
- die Erhöhung des Frauenanteils auf Promotionsstellen;
- die gezielte Rekrutierung von Frauen in Habilitationsstellen.

Zweitens: Es gelte, Formen »direkter und indirekter Diskriminierung« abzubauen, die auf allen Ebenen festgestellt wurden,[216] sei es, dass ein Doktorand sich weigerte, von seiner Vorgängerin eingearbeitet zu werden, oder ein Forschungsteam es ablehnte, mit einer Frau zusammenzuarbeiten.[217] Dazu wurden unter anderem die Empfehlungen ausgesprochen,

211 GVMPG, BC 207183, fot. 106–107.
212 GVMPG, BC 207183, fot. 107.
213 GVMPG, BC 207183, fot. 107.
214 GVMPG, BC 207183, fot. 114.
215 Mit dem Vermerk: »Diese Maßnahme beurteilen über 80 % der Frauen als frauenförderlich«, GVMPG, BC 207183, fot. 114.
216 Diskriminierungen wurden festgestellt für den *allgemeinen* Bereich (etwa in Form von frauenfeindlichen Bemerkungen), *fachlichen* Bereich (etwa durch unbegründetes Anzweifeln der Sachkompetenz), bei der *Vergabe von Ressourcen*, durch *geringere Anerkennung, Familienfeindlichkeit* und *sexuelle Belästigung*. GVMPG, BC 207183, fot. 6–7. Vgl. dazu auch Stebut: *Eine Frage der Zeit?*, 2003, 42–44, 115–118.
217 Jutta Allmendinger et al.: »Berufliche Werdegänge von Wissenschaftlerinnen in der Max-Planck-Gesellschaft. Ausgangslage und Veränderungspotential.« Ein zusammenfassender Bericht, 1996, 2, GVMPG, BC 207183, fot. 115.

- Schulungen der Wissenschaftler mit Führungs- und Betreuungsaufgaben ein- und durchzuführen – wobei offenbar durchaus größerer Bedarf an solchen Schulungen auf der Leitungsebene unterhalb der Direktoren bestand, die ihrerseits grundsätzlich ein besseres Feedback seitens der Befragten erhielten;
- Genderstereotype abzubauen;
- ein Umdenken hinsichtlich der Vereinbarkeit von Wissenschaft und Familie zu fördern, da es sich hierbei nicht um eine reine Frauensache handele.[218]

4.3.6.2 Forschungsgruppe Krais: »Wissenschaftskultur und weibliche Karrieren«

Nach Auffassung von Beate Krais und Tanja Krumpeter spielten Akte offener Diskriminierung kaum noch eine Rolle als Erklärungsansatz dafür, dass nur wenige Frauen es in Spitzenpositionen in der Wissenschaft schafften. Die beiden Wissenschaftlerinnen gingen davon aus, dass Frauen in der Wissenschaftskultur mit besonderen Schwierigkeiten in Form von kaum sichtbaren Barrieren und Hindernissen im Karriereverlauf konfrontiert seien. Grundsätzlich unterschieden sie dabei »zwischen einer *epistemologischen Dimension* der Wissenschaftskultur (den Denkweisen, Problemlösungen, methodischen Standards etc. eines Fachs) und einer *sozialen Dimension*, die sich auf die Strukturen der *scientific community* eines Fachs, auf den ›Wissenschaftsbetrieb‹ bezieht: Wissenschaft ist auch eine soziale Praxis.« In der sozialen Dimension des wissenschaftlichen Feldes erschienen weibliche Karrieren als »Prozesse der Selbsteliminierung aus der Wissenschaft, oft auch als steckengebliebene Karrieren, die an die Ränder oder in Nischen des Wissenschaftsbetriebs geführt haben«.[219]

Krais und Krumpeter führten ihre Untersuchung auf Grundlage (auto-)biografischer Dokumente sowie anhand ausführlicher Interviews mit Wissenschaftlerinnen auf unterschiedlichen Karrierestufen durch. Dabei fragten sie danach, welche Strukturen, Hierarchien und sozialen Konstellationen, aber auch welche Selbstverständlichkeiten, alltäglichen Praktiken und Interaktionen des sozialen Feldes »Wissenschaft« – und hierbei insbesondere der Max-Planck-Gesellschaft – so wirkten, dass im Ergebnis Frauen an der Spitze der Max-Planck-Institute kaum präsent seien. Diese Seite der institutionellen »Kultur« der Forschung und ihr Zusammenspiel mit den Sichtweisen und Lebensvorstellungen der Wissenschaftlerinnen zu erhellen sei das Ziel ihrer Untersuchung. Dabei konzentrierten sie sich auf drei Problemkomplexe:

---

218 GVMPG, BC 207183, fot. 115.
219 Krais und Krumpeter: »Wissenschaftskultur und weibliche Karrieren. Zur Unterrepräsentanz von Wissenschaftlerinnen in der Max-Planck-Gesellschaft«. Projektbericht für den Arbeitsausschuß »Förderung der Wissenschaftlerinnen« des Wissenschaftlichen Rats, 1997, GVMPG, BC 207183, fot. 8–9, Hervorhebung im Original.

- die strukturellen Bedingungen für Nachwuchskarrieren und ihre besondere Brisanz im Kontext der Lebensverläufe und Lebensplanungen von Frauen;
- die Prozesse des Cooling-out[220] in der unmittelbaren Interaktion;
- die Bedeutung agonaler Verhaltensweisen und Motivierungen bei Wissenschaftlerinnen und Wissenschaftlern.[221]

Ihre Befunde gingen dahin, dass Diplomandinnen und Doktorandinnen ihre Zukunftschancen in der Wissenschaft durchaus noch tendenziell positiv beurteilten, wohingegen die Postdocs und wissenschaftlichen Mitarbeiterinnen häufiger von Schwierigkeiten und Abweisung berichteten. Dies korrespondiere mit der Personalstatistik und ihrem relativ ausgeglichenen Zahlenverhältnis von Männern und Frauen bis zur Promotion sowie der anschließenden dramatischen Verschlechterung zuungunsten der Frauen. Als Strukturmerkmale identifizierten sie die Situation des wissenschaftlichen Nachwuchses in Deutschland, der sich unterscheide »von der Situation in anderen, vergleichbaren Ländern vor allem durch die sehr lange – strukturell angelegte – wissenschaftliche Unselbständigkeit junger Wissenschaftlerinnen und Wissenschaftler und durch die mangelnde Planbarkeit der Karriere«.[222] Dies wirke in der gegebenen Arbeitsteilung als »geschlechtshierarchischer Selektionsmechanismus«, der durch eine

---

220 Helga Nowotny hat am Beispiel der Nobelpreisträgerin Barbara McClintock sowie des Physikers und Mathematikers Freeman Dyson die konträren sozialen Bedingungen beschrieben, unter denen Wissenschaftlerinnen und Wissenschaftler tätig sind und die maßgeblich für solche Cooling-out-Prozesse sind: »Er wird verwöhnt, sie wird toleriert.« Entsprechend der unterschiedlichen Aufnahme und Behandlung in ihren wissenschaftlichen Institutionen interagieren Frauen und Männer mit dieser: Für den einen ist sie das Zuhause, das »optimale Voraussetzungen für seine intellektuelle Entfaltung bietet«, durch das sich Forschungsgelder und Mitarbeiter mobilisieren lassen; für die andere hingegen ist die Institution, die sie abweist und ihr keine Forschungsgelder zur Verfügung stellt, dennoch »unabdingbar als Arbeitsmittel«. Nowotny: Gemischte Gefühle, 1986, 17–30, 19. Krais und Krumpeter machen solche Formen der Diskriminierung, die sie unter Bezugnahme auf Bourdieu als »Akte symbolischer Gewalt« bezeichnen, verantwortlich für die Prozesse, die zur »Selbstelimierung der Frauen aus der Forschung« führen; Krais und Krumpeter: »Wissenschaftskultur und weibliche Karrieren. Zur Unterrepräsentanz von Wissenschaftlerinnen in der Max-Planck-Gesellschaft«. Projektbericht für den Arbeitsausschuß »Förderung der Wissenschaftlerinnen« des Wissenschaftlichen Rats, 1997, GVMPG, BC 207183, fot. 38–39. – Zur »symbolischen Gewalt« Bourdieu: Die männliche Herrschaft, 1997, 153–218, 158–166. Julia Steinhauser und Ingrid Scharlau identifizieren als Faktoren, die Cooling-out-Prozesse befördern, unter anderem die von Nowotny angesprochenen unterschiedlichen Anerkennungskulturen sowie Auswahlprozesse, in denen die homosoziale Kooptation aufrechterhalten wird; Steinhausen und Scharlau: Gegen das weibliche Cooling-out in der Wissenschaft, 2017, 315–330.
221 Krais und Krumpeter: Wissenschaftskultur und weibliche Karrieren, 1997, 31–35, 32.
222 Krais und Krumpeter: Wissenschaftskultur und weibliche Karrieren, 1997, GVMPG, BC 207183, fot. 55.

»Kultur der Knappheit« noch massiv verstärkt werde. Es handele sich dabei um eine generelle Problematik der deutschen Wissenschaftslandschaft.[223]

Veränderungspotenzial identifizierten sie in den strukturellen Bedingungen für den Weg von einer Nachwuchsposition in eine verantwortliche Stellung. Diesen Konditionen müsse mehr Beachtung geschenkt werden, wenn der Anteil von Frauen in wissenschaftlichen Spitzenpositionen deutlich erhöht werden solle. Sie kamen zu dem Ergebnis, dass sich die institutionellen Vorgaben der Max-Planck-Gesellschaft und die der Universitäten in diesem Punkt nur unwesentlich unterscheiden würden. Um hier Veränderungen herbeizuführen, empfahlen sie unter anderem Planungssicherheit und Mentorinnen für den wissenschaftlichen Nachwuchs.

Die Ergebnisse und Empfehlungen beider Teilprojekte wurden zunächst am 3. November 1998 in Martinsried auf der Sitzung des Frauenausschusses diskutiert.[224] Krais stellte ihre »Überlegungen zur Förderung von Nachwuchswissenschaftlerinnen« sowie Auszüge aus Interviews mit MPG-Wissenschaftlerinnen zu »Erfahrungen der Mißachtung und Entmutigung« vor. Allmendingers Team präsentierte die Materialsammlung »Wissenschaftlerinnen der Max-Planck-Gesellschaft: Maßnahmen, Diskriminierungen, Beschwerden und Probleme«, die auf der schriftlichen Befragung von 97 Wissenschaftlerinnen fußte und die drei genannten Themenkomplexe in den Mittelpunkt stellte. Der Wissenschaftliche Rat leitete beide Berichte an die anderen Organe der MPG zur weiteren Diskussion und Umsetzung weiter, darunter auch an den Präsidenten, die Generalsekretärin, die Zentrale Gleichstellungsbeauftragte sowie an Klaus Horn als Vertreter der GV.[225] Zudem wurden sie mit einem Kommentar von Paul Baltes im *MPG-Spiegel* abgedruckt.[226] Gemeinsam mit den *Empfehlungen* des WR und den Befunden der Munz-Studie flossen sie in die Förderleitlinien der MPG mit ein.[227]

4.3.6.3 Privatwirtschaftliche Modelle – mit Vorbildfunktion?

Darüber hinaus zeigte die Generalverwaltung bei der Entwicklung einer Gleichstellungspolitik für die MPG Interesse an den Erfahrungen, die andere große Organisationen, keineswegs nur Forschungsorganisationen, bei der Umsetzung einer frauenfördernden Betriebspolitik machten. So bat man beispielsweise im Mai 1990 die Deutsche Bank um eine Kopie ihrer Betriebsvereinbarung zur Frauenförderung, da »dieses Thema auch in der Max-Planck-Gesellschaft

223 GVMPG, BC 207183, fot. 55–56.
224 Vgl. dazu das Protokoll vom 3. November 1998, GVMPG, BC 207184, fot. 24–27.
225 Schreiben von Susan Hachgenei, Büro des Wissenschaftlichen Rates, vom 29. Oktober 1998, GVMPG, BC 207184, fot. 73–88.
226 Baltes: Frauen in die Wissenschaft, 1997, 2–4.
227 Siehe dazu Kapitel 4.4.5.

sehr aktuell« sei.[228] In einer Broschüre, mit der die Deutsche Bank über die Betriebsvereinbarung zu »Chancengleichheit, Beruf und Familie« informierte, die
Vorstand und Gesamtbetriebsrat der Deutschen Bank im März 1990 getroffen
hatten, hieß es vielversprechend: »Chancengleichheit – Chance für uns alle«.

Dem Text zufolge basierte diese Betriebsvereinbarung unter anderem auf dem
Grundsatz, dass die Bank die »Leistungen von Männern und Frauen in gleicher
Weise« fordere und fördere und damit nach eigener Aussage »Maßstäbe für die
Sozialpolitik und gesellschaftspolitische Mitverantwortung von Unternehmen
genauso wie für die Mitarbeiterinnen und Mitarbeiter unserer Bank« schaffen
wolle. Neben diesem Bekenntnis zu einem sozialpolitischen Unternehmens-
leitbild wurde selbstkritisch konstatiert, dass Frauen in Führungspositionen
die Ausnahme seien – eine Tatsache, die es zu ändern gelte. Zum einen, weil es
zum »Selbstverständnis« der Deutschen Bank gehöre, »gesellschaftliche Verantwortung zu übernehmen und zukunftsgerichtete Entwicklungen gerade
auch im sozialen Bereich mitzutragen und voranzubringen«. Zum anderen
lägen »Chancengleichheit für Frauen und Vereinbarkeit von Beruf und Familie
im ureigensten Interesse der Deutschen Bank«. Das Ziel, weltweit eines der führenden Institute zu sein und zu bleiben, setze »den Einsatz aller zur Verfügung
stehenden Talente, Fachkenntnisse und Berufserfahrung voraus«. Man sei mehr
denn je darauf angewiesen, dass »Frauen an qualifizierter Stelle arbeiten und
unsere Bank mit führen«.[229]

Diese Betriebsvereinbarung konzentrierte sich, typisch für die Zeit, vor allem auf Maßnahmen zur besseren Vereinbarkeit von Beruf und Familie: mehr
Teilzeitarbeitsplätze, verlängerter Erziehungsurlaub und Initiativen zur Kinderbetreuung (in Form von Kinderbetreuungskreisen, Tagesmüttern, Nachmittags-
oder Schulaufgabenbetreuung, Reservierung von Betreuungsplätzen für Kinder
von Mitarbeitern und Mitarbeiterinnen – eine Finanzierung dieser Initiativen
war jedoch nur »gegebenenfalls« vorgesehen). Spezifische Maßnahmen der
Deutschen Bank waren drei- bis sechsmonatige »flexible Return-Programme«,
die nach der Familienphase den Wiedereinstieg mit »training-on-the-job« erleichtern sollten, in Form einer Wiederauffrischung des Fachwissens bzw. durch
Vermittlung neuer Kenntnisse. Besonders hervorgehoben wurde die Möglich-

---

228 Anfrage Horn vom 2. Mai 1990, GVMPG, BC 207185, fot. 392. Wie aus dem Anschreiben
     von Klaus Horn an die Zentralverwaltung der Deutschen Bank hervorgeht, war man
     in der MPG durch einen Artikel in der *FAZ* vom 26. April 1990 darauf aufmerksam
     geworden. Unter dem Stichwort »Frauen-Offensive«, hieß es dort: »Fachkräfte sind rar
     und kaum zu bekommen. Auf der Suche nach qualifizierten Mitarbeitern entdeckt die
     Wirtschaft allmählich ein bisher wenig genutztes Reservoir: ihre weiblichen Mitarbeiter.
     [...] Aus der banalen Erkenntnis, daß Intelligenz zur Hälfte weiblich ist, versucht das
     deutsche Kreditgewerbe mit seinem traditionell hohen Frauenanteil dies zu ändern.«
     »Mehr Chancen für Frauen«, *Frankfurter Allgemeine Zeitung*, 26.4.1990, GVMPG, BC
     207185, fot. 393.
229 Alle Zitate aus Deutsche Bank, Partnerschaft leben: Neue Perspektiven für Beruf und
     Familie, Chancengleichheit bei der Deutschen Bank, GVMPG, BC 207185, fot. 382–387.

keit, den gesetzlichen Erziehungsurlaub um weitere sechs Monate unbezahlt zu verlängern – bei individueller Wiedereinstellungszusage (bis zum vierten Lebensjahr des Kindes). Alle Vereinbarungen waren nachdrücklich sowohl für Mütter als auch Väter vorgesehen. Im Fall, dass beide Eltern bei der Deutschen Bank angestellt waren, konnten sie sich beispielsweise während des Erziehungsurlaubs ablösen.[230]

Damit war die Deutsche Bank der MPG in dieser Hinsicht um einige Jahre voraus, auch wenn konkrete Maßnahmen zur Förderung des Frauenanteils im Vorstand oder in anderen gehobenen Positionen dort nicht festgelegt wurden. Im Folgenden wird zu sehen sein, ob und inwiefern die Ziele und Absichtserklärungen des größten deutschen Kreditinstituts auch Einzug in die Gesamtbetriebsvereinbarung der MPG hielten.[231] Die vergleichsweise erfolgreiche Gleichstellungsbilanz der Deutschen Bank spricht dabei für sich.[232]

Auf Anregung des GBR verschaffte sich die Generalverwaltung in den folgenden Jahren unter anderem auch Einblick in die Frauenförderungsmaßnahmen der Berliner Wasserbetriebe (1994) sowie der Fraunhofer-Gesellschaft (1995). Nach Ansicht von Dirk Hartung setzte der Förderplan der Berliner Wasserbetriebe das Berliner Landesgleichstellungsgesetz von 1991 um und erschien dem GBR-Vorsitzenden »mustergültig, sehr konkret und praxisnah, vor allem auch was Fördermaßnahmen im Bereich der Ausbildung und Stellenbesetzung angeht«.[233] Bei den Berliner Wasserbetrieben war nach eigenen Angaben der Frauenanteil in Führungspositionen seit Beginn der 1990er-Jahre von 16 auf rund

---

230 Betriebsvereinbarung über Chancengleichheit, Beruf und Familie zwischen der Deutsche Bank AG und dem Gesamtbetriebsrat der Deutsche Bank AG; Antwort Dohse an Horn, 10. Mai 1990, GVMPG, BC 207185.

231 Siehe dazu Kapitel 4.4.4.

232 2005 erhielt die Deutsche Bank das »Total E-Quality«-Prädikat für Chancengleichheit in der Personalpolitik, den Sonderpreis »Erfolgsfaktor Familie« vom Bundesministerium für Familie, Senioren, Frauen und Jugend sowie den »Working Mother Award« und die Aufnahme in den *genderdax*. Nach eigenen Angaben verpflichtete sich die Deutsche Bank im Jahr 2011 freiwillig, gemeinsam mit anderen DAX-30-Unternehmen den Anteil weiblicher Führungskräfte bis Ende 2018 deutlich zu erhöhen. Um dies zu erreichen, bereitete die Bank »gezielt Mitarbeiterinnen mit Entwicklungspotential auf ein breiteres Aufgabenspektrum und höherrangige Positionen vor«. 2015 stieg der prozentuale Anteil der Frauen auf den Verantwortungsstufen Managing Director oder Director auf 20,5 Prozent gegenüber 19,4 Prozent im Vorjahr. Der Anteil der außertariflichen Mitarbeiterinnen erhöhte sich ebenfalls von 31,7 Prozent um knapp ein Prozent auf 32,5 Prozent. Die freiwillige Selbstverpflichtung von 2011 setzte die Bank weiter fort. Mit einem Frauenanteil von 35 Prozent im Aufsichtsrat zum Jahresende 2015 erfüllte die Deutsche Bank bereits die neue gesetzliche Vorgabe von 30 Prozent für börsennotierte und mitbestimmungspflichtige deutsche Unternehmen; Deutsche Bank: *Personalbericht der Deutschen Bank 2015*, 2016, 13–14. Für eine Gesamtdarstellung von Karriere in der Deutschen Bank vgl. Paulu: *Mobilität und Karriere*, 2001.

233 Schreiben Hartung an Horn, 12. August 1994, GVMPG, BC 207180. Vgl. für die Berliner Wasserbetriebe auch die Korrespondenz Horn und Beyer (Abteilungsleiter der Berliner Wasserbetriebe), August 1994, GVMPG, BC 207180, fot. 205.

35 Prozent gestiegen, in der ersten Führungsebene unterhalb des Vorstandes auf 41 Prozent, unter den drei Vorstandsmitgliedern sei eine Frau.[234]

Auch mit der Fraunhofer-Gesellschaft, die den Großteil ihres Leistungsbereichs mit Aufträgen aus der Industrie und öffentlich finanzierten Forschungsprojekten erwirtschaftet, gab es einen Austausch, um sich über den Stand der dort geplanten Maßnahmen zur Frauenförderung zu informieren. Wie bereits einleitend erwähnt, befanden sich dort im Frühjahr 1995 noch gar keine Frauen in Leitungs- oder auf C3-/C4-Positionen.[235] Hier war offenkundig ein »drastischer Bewußtseinswandel notwendig«, wie es in einer Presseerklärung der Fraunhofer-Gesellschaft im Juni 1996 dazu hieß.[236] Um diesen herbeizuführen, hatten Fraunhofer-Wissenschaftlerinnen Anfang Juni 1996 eine Tagung zum Thema »Frauenförderung in der Fraunhofer-Gesellschaft« in Böblingen initiiert. Mitarbeiterinnen aus allen 47 FhG-Forschungsinstituten diskutierten dabei erstmals gemeinsam mit ihren Führungskräften und dem Vorstand, um Wege zur »konkreten Umsetzung der Frauenförderung in der Fraunhofer-Gesellschaft zu erarbeiten«.[237] Es ist also anzunehmen, dass sich die Fraunhofer-Gesellschaft eher an den Gleichstellungsmaßnahmen der MPG orientierte als umgekehrt.[238] Seit 2005 bildet die Kooperation von Fraunhofer-Gesellschaft und Max-Planck-Gesellschaft eine Schnittstelle zwischen angewandter Forschung und Grundlagenforschung. Eine Untersuchung dieser außerhalb des Untersuchungszeitraums liegenden Gemeinschaftsprojekte unter genderspezifischen Kriterien erscheint wünschenswert, insbesondere da sich diese auf MINT-Bereiche, wie etwa Informatik, Materialwissenschaften/Nanotechnologie und Photonik, konzentrieren.

234 Vgl. dazu Berliner Wasserbetriebe: Factsheet Gleichstellung, 2018. Auch die Bezahlung erfolgt geschlechtergerecht. Anlässlich ihres Besuchs zum *Equal Pay Day* am 19. März 2015 bei den Berliner Wasserbetrieben bezeichnete die damalige Bundesfrauenministerin Manuela Schwesig (SPD) die Berliner Wasserbetriebe als ein Vorbild dafür, »dass Transparenz und Lohngerechtigkeit den Unternehmen nutzen: Faire Löhne sind Teil eines nachhaltigen Personalmanagements und helfen, gerade weibliche Fachkräfte zu binden und Mitarbeiter zu motivieren«. Kerstin Oster, Vorständin für Personal und Soziales der Berliner Wasserbetriebe, erklärte dazu, dass »die gleichwertige Bezahlung von Frauen und Männern bei den Wasserbetrieben Standard« sei und es dort keinen Gender-Pay-Gap gebe. Berliner Wasserbetriebe: Equal Pay Day, 2015.

235 Drucksache 13/3517, 1996.

236 »Frauenförderung in der Fraunhofer-Gesellschaft: Drastischer Bewußtseinswandel notwendig«, Presseerklärung Nr. 15 der FhG, 26. Juni 1996; GVMPG, BC 207179, fot. 189.

237 Katharina Sauter, Personalwesen FhG, an Horn, 4. November 1996, GVMPG, BC 207179, fot. 189; vgl. auch Schreiben Grube, MPI für Molekulare Pflanzenphysiologie, Golm an Horn, 12. Januar 1995, GVMPG, BC 207182, fot. 83.

238 Zum Vergleich von MPG und FhG vgl. unter anderem Stebut und Wimbauer: Geschlossene Gesellschaft?, 2003, 105–123; Röbbecke: *Mitbestimmung und Forschungsorganisation*, 1997, 104–155.

4.4 Gleichstellungsmaßnahmen der MPG

4.4.1 Die drei »Säulen« der MPG-Gleichstellungspolitik

Ein interessanter Aspekt für die folgende Betrachtung der geschlechterpolitischen Maßnahmen der MPG ist, dass deren Einführung mehr oder weniger mit der Amtseinführung von Barbara Bludau[239] zusammenfiel, die im August 1995 die Nachfolge von Generalsekretär Wolfgang Hasenclever antrat. Damit hatte der MPG-Senat zum ersten Mal in seiner Geschichte eine Frau in dieses Amt bestellt.[240] Das bedeutete, dass bei den Verhandlungen der folgenden drei Jahre um Grundlagen und die konkrete Umsetzung der Gleichstellungspolitik in der MPG die Hauptverhandlungsführung der Arbeitgeberseite in den Händen einer Frau lag. Rückblickend befragt, ob sie eine männliche Karriere gemacht habe, antwortete Bludau, sie habe Karriere gemacht – und jede Frau sei eingeladen, es ihr gleichzutun. Sie lehne es ab, diese Dinge geschlechtertypisch in männlich und weiblich einzuteilen.[241] An anderer Stelle betonte sie, entscheidend für die Durchsetzung gesellschaftlicher Veränderungen seien Macht und Geld: »Wenn man in dieser Gesellschaft etwas verändern will, braucht man dazu Macht. Das heißt, man braucht insbesondere Verfügungsgewalt über Geld. Man muß die Möglichkeit haben, Menschen einzustellen usw. Das bezeichnet man eben als Macht. Weil ich etwas verändern will, brauche ich auch die Macht.«[242]

Die in der zweiten Hälfte der 1990er-Jahre gemeinsam vom Gesamtbetriebsrat, dessen Frauenausschuss sowie vom Arbeitgeber initiierte Gleichstellungspolitik der MPG stützte sich im Wesentlichen auf drei sogenannte Säulen:[243] den Beschluss des Senats der MPG von März 1995 über die »Grundsätze zur Frauenförderung«, die »Gesamtbetriebsvereinbarung zur Gleichstellung von Frauen und Männern« (GBV) von Oktober 1996 sowie den Frauenförder-Rahmenplan (FFRP) von März 1998. Zu den erklärten Zielvorgaben dieser Maßnahmen gehörte beispielsweise, Frauen verstärkt bei Stellenbesetzungen in den Bereichen zu berücksichtigen, in denen sie unterrepräsentiert waren, den Anteil von Wissenschaftlerinnen mit unbefristeten Verträgen innerhalb von drei Jahren auf 35 Prozent zu erhöhen sowie einen höheren Anteil von Teilzeitarbeitsplätzen

---

239 Die promovierte Juristin Barbara Bludau war von 1995 bis 2011 Generalsekretärin der Max-Planck-Gesellschaft und in dieser Zeit *ex officio* Wissenschaftliches Mitglied.

240 Ernst Telschow (1948–1961), Otto Benecke (1962–1966), Hans Ballreich (1966–1976), Friedrich Schneider (1966–1976), Dietrich Ranft (1976–1987) und Wolfgang Hasenclever (1987–1995).

241 Bludau: Generalsekretärin der Max-Planck-Gesellschaft, 1999.

242 Ebd.

243 Die Bezeichnung Säulen stammt aus den Dokumenten und Protokollen des Frauenausschusses und wird hier übernommen.

zur Förderung einer besseren Vereinbarkeit von Familie und Beruf für Frauen und Männer sicherzustellen.

Im Folgenden werden die Entstehungsgeschichten dieser drei Säulen und ihre wichtigsten Bestimmungen vorgestellt. Rechtliche Grundlage sowie leitendes Regulativ war für alle Maßnahmen das im September 1994 in Kraft getretene »Gesetz zur Durchsetzung der Gleichberechtigung von Frauen und Männern«.[244] Hinsichtlich der ereignisgeschichtlichen Chronologie werden die Aushandlungsprozesse um diese Meilensteine in der MPG-Gleichstellungspolitik in der Reihenfolge vorgestellt, in der sie zum Abschluss gekommen sind. Das soll jedoch nicht den Eindruck erwecken, als seien diese nacheinander verhandelt worden – Senatsbeschluss und Gesamtbetriebsvereinbarung wurden über weite Strecken parallel in den jeweils relevanten Gremien besprochen. Die dort erzielten Beschlüsse bildeten gemeinsam die Grundlage dafür, den Frauenförder-Rahmenplan für die MPG zum Abschluss zu bringen.

4.4.2   Der Senatsbeschluss der MPG

Im Senat stand das Thema Unterrepräsentanz von Frauen bzw. Wissenschaftlerinnen seit Ende der 1980er-Jahre auf der Tagesordnung. So hatte die damals einzige Senatorin, die Gewerkschaftsvertreterin Ursula Engelen-Kefer,[245] den geringen Frauenanteil unter den Wissenschaftlern der MPG auf der Senatssitzung am 17. März 1989 problematisiert.[246] Präsident Staab bestätigte, dass es zwar 41 Prozent weibliche Mitarbeiter[247] gebe, es bei den »wissenschaftsbezogenen Tätigkeiten« aber nur rund 22 Prozent seien, wofür er die Gründe im Persönlichen verortete.

Ursache dafür sei wohl weniger die oft zitierte »Diskriminierung der Frauen«, sondern die Tatsache, daß die Berufswünsche weiblicher Schulabgänger mit Hochschulreife vielfach in andere Richtungen als in die Wissenschaft gingen. Ernst zu nehmen sei dagegen die Feststellung, daß bei den in der Wissenschaft tätigen Frauen der prozentuale Anteil mit weiteren Qualifikationsstufen abnehme. […] Diese Entwicklung beruhe zwar z. T. auf persönlichen, familiär bedingten Entscheidungen, zeige aber,

---

244 *Gesetz zur Durchsetzung der Gleichberechtigung von Frauen und Männern (Zweites Gleichberechtigungsgesetz)*, 1994, 1406–1415. In den Quellen findet sich bislang kein Hinweis darauf, dass Vertreter:innen der rechtswissenschaftlichen Max-Planck-Institute an der Ausarbeitung dieses Gesetzes beteiligt waren.

245 Die Ökonomin und SPD-Politikerin Ursula Engelen-Kefer war von 1990 bis 2006 stellvertretende Vorsitzende des DGB. Dem Senat der MPG gehörte sie zwölf Jahre lang an. Engelen-Kefer: *Kämpfen mit Herz und Verstand*, 2009, 185.

246 Vgl. dazu auch Roßmayer und Hartung: Als Frau im Senat, 1990, 36–38.

247 Laut dem *Zahlenspiegel* von 1989 sind von den damals 9.269 Mitarbeiter:innen 5.434 (= 58,5 %) Männer und 3.835 (= 41,4 %) Frauen gewesen; MPG (Hg.): *Zahlenspiegel der Max-Planck-Gesellschaft 1989*, 1989, 7.

daß man Förderungsmaßnahmen einleiten müsse, um nach einer Unterbrechung der Laufbahn die Wiedereingliederung von Frauen in eine wissenschaftliche Tätigkeit zu erleichtern.[248]

Als sich der Senat am 16. November 1989 erneut mit der Problematik des Kaskadenmodells der Wissenschaftlerinnen in der MPG beschäftigte, wies Staab in seinem Bericht unmissverständlich darauf hin, dass »eine Quotenregelung für den Bereich der Wissenschaft nicht akzeptabel« sei.[249] Als erste frauenfördernde Maßnahme wurde vier Montae später auf Empfehlung des WR in der Senatssitzung vom 15. März 1990 die Einsetzung einer »Kommission zur Förderung von Frauen in der Wissenschaft« beschlossen.[250]

Staabs Nachfolger im Amt, Hans F. Zacher, sprach das Thema »Frauen in der Wissenschaft« erstmals auf der Senatssitzung vom 8. März 1991 in Frankfurt am Main an. Er informierte die Senator:innen[251] über die *Empfehlungen* des Wissenschaftlichen Rats, mit deren Umsetzung die Generalverwaltung befasst sei. In ihnen würden »Wege zur Verbesserung der Bedingungen für Wissenschaftlerinnen aufgezeigt«. Darüber hinaus berichtete er über die gemeinsam mit dem Gesamtbetriebsrat geplante »Umfrage zur allgemeinen Situation der Mitarbeiterinnen [...], um deren besondere Bedürfnisse kennenzulernen«. Die Gespräche mit dem Wissenschaftlichen Rat und dem Gesamtbetriebsrat, so Zacher weiter, hätten verdeutlicht, »daß die Bemühungen um eine Förderung von Frauen mit strukturellen Verbesserungen in der Kinder-Tagesbetreuung einhergehen müßten. Die Einrichtung gesellschaftseigener Kindergärten oder -horte komme allerdings nicht in Betracht; man denke vielmehr an Lösungen in Gemeinschaftseinrichtungen mit öffentlichen Trägervereinen oder Gemeinden«.[252]

Die Ergebnisse der oben bereits vorgestellten Munz-Studie wurden dem Senat auf seiner Sitzung am 11. März 1994 in Stuttgart präsentiert. Der abschließende Bericht habe sich mit den Einstellungs- und Aufstiegsmöglichkeiten von Frauen befasst und insbesondere unter dem Gesichtspunkt der Vereinbarkeit von Beruf und Familie die Aspekte Teilzeitarbeit, Beurlaubung, Wiedereingliederung und Weiterbildung untersucht. Die Daten aus dem Bereich Fortbildung ließen

---

248 121. Sitzung des Senates der MPG vom 17. März 1989 in Stuttgart, Auszug aus dem Protokoll: Bericht des Präsidenten, AMPG, II. Abt., Rep. 60, Nr. 121.SP, fot. 13; vgl. auch Globig: Senatssitzung, 1989, 22–24.

249 Protokoll der 123. Sitzung des Senates vom 16. November 1989 in München, AMPG, II. Abt., Rep. 60, Nr. 123.SP.

250 Protokoll der 124. Sitzung des Senates vom 15. März 1990 in Stuttgart, Auszug aus dem Protokoll: Bericht des Präsidenten, AMPG, II. Abt., Rep. 60, Nr. 124.SP, fot. 325–326. Siehe dazu auch Kapitel 4.3.5.

251 Neben Engelen-Kefer war inzwischen auch Marie Theres Fögen Mitglied des Senats; vgl. dazu auch 129. Sitzung des Senates der MPG vom 22. November 1991 in Düsseldorf, »Beschlußvorschlag«, AMPG, II. Abt., Rep. 60, Nr. 129.SP, fot. 8.

252 127. Sitzung des Senates der MPG vom 8. März 1991 in Frankfurt am Main, Bericht des Präsidenten, AMPG, II. Abt., Rep. 60, Nr. 127.SP, fot. 14.

nicht erwarten, »daß sich die geschlechtsspezifische Vergütungspyramide in absehbarer Zeit wesentlich ändern werde, denn Fortbildungsveranstaltungen würden vorwiegend von höherqualifizierten Mitarbeitern, insbesondere Männern, in Anspruch genommen«.[253] Auf Grundlage dieser Ergebnisse habe der Gesamtbetriebsrat im Dezember 1993 den Entwurf einer »Gesamtbetriebsvereinbarung zur Gleichstellung von Frauen und Männern« vorgelegt. Man betonte, dass Frauenförderung ein zentrales Element der Zusammenarbeit zwischen dem GBA und der »Unternehmensleitung« sei, gemeinsam werde nun überlegt, welche Konsequenzen aus dem Bericht gezogen werden sollten. Doch könne nicht mit einer sofortigen Verbesserung der Beschäftigungssituation der Frauen gerechnet werden, da grundlegende Änderungen in der MPG Änderungen des gesellschaftlichen Umfeldes voraussetzten, und dies sei »ein Generationen überspannender Prozeß«.[254]

Bevor der Präsident im November 1994 dem Senat den ersten »Vorentwurf einer Senatsvorlage« präsentierte, diskutierte er diesen Mitte Oktober in den Sektionen und am 12. November mit dem ISA bei den alljährlichen Martinsrieder Gesprächen. Dieser »Vorentwurf« enthielt einen Katalog mit 18 Punkten, in welcher Form die Normen des »Gesetzes zur Förderung von Frauen und der Vereinbarkeit von Familie und Beruf in der Bundesverwaltung und den Gerichten des Bundes« (kurz: Frauenfördergesetz, FFG) an die Besonderheiten der MPG angepasst werden müssten, um als Grundlage frauenfördernder Maßnahmen in der MPG dienen zu können.[255] Die bisherigen Schritte, die die MPG auf diesem Weg unternommen habe,[256] so der Präsident in seinem Bericht vor der Sektion, hätten die »Dialektik zwischen dem Ziel einer spezifischen Gleichstellung von Wissenschaftlerinnen einerseits und einer allgemeinen Gleichheit der Beschäftigungssituation von Frauen und Männern andererseits« deutlich werden lassen. So sei »aus dem Ansatz einer rein normativen Gleichstellung die Forderung nach einer aktiven Gleichstellungspolitik geworden«.[257]

Zacher fand deutliche Worte für die Herausforderung, die die zu erwartende Neuregelung in Sachen Gleichstellung aus Sicht der MPG bedeute. Als wichtigs-

253 136. Sitzung des Senates der MPG vom 11. März 1994 in Stuttgart-Möhringen, AMPG, II. Abt., Rep. 60, Nr. 136.SP, fot. 493 verso.

254 Ebd., fot. 494.

255 Aktenvermerk, Erster Vorentwurf einer Senatsvorlage wegen Frauenförderung FFG, 28. Oktober 1994, GVMPG, BC 207183, fot. 340–344.

256 Zacher bezog sich damit auf die Empfehlungen des Wissenschaftlichen Rates, die Einsetzung des Arbeitskreises zur Förderung der Frauen in der Wissenschaft und die in Rundschreiben Nr. 36/1991 bekanntgegebenen Rahmenbedingungen für bessere Beschäftigungsmöglichkeiten von Frauen in der MPG, GVMPG, BC 207185, fot. 153–154.

257 Zu Punkt 4 der Tagesordnung – Bericht des Präsidenten insbesondere zur Frage der Verbesserung der *Beschäftigungssituation* der Frauen in der Max-Planck-Gesellschaft – Protokoll über die Sitzung der Chemisch-Physikalisch-Technischen Sektion des Wissenschaftlichen Rates der Max-Planck-Gesellschaft am 19. Oktober 1994 im Max-Planck-Haus in Heidelberg, AMPG, II. Abt., Rep. 62, Nr. 1833, fot. 10–12.

ten externen Impuls bezeichnete der Präsident das am 24. Juni 1994 durch den Bundestag beschlossene Zweite Gleichberechtigungsgesetz. Zwar gelte dieses Gesetz für die Verwaltungen des Bundes sowie dessen Einrichtungen und somit nicht unmittelbar für die MPG. Ein Schreiben des Bundesministeriums für Forschung und Technologie vom 25. Februar 1994 habe ihn jedoch »vorgewarnt«, dass mit dem neuen Bundesgesetz auch für vom Bund geförderte Einrichtungen Maßstäbe gesetzt würden, soweit der Bund maßgeblich an der Finanzierung beteiligt sei.[258] Zacher schlussfolgerte daraus, dass es in Zukunft durchaus denkbar sei, »daß die MPG auf dem Wege der Finanzierungsbedingungen gezwungen werden könnte, das Gesetz anzuwenden«.[259]

Man dürfe die Augen nicht vor den damit einhergehenden Sorgen verschließen, betonte der Präsident. »Einschränkungen der Entscheidungsfreiheit, neue Kontrollmechanismen, ein erhöhter Aufwand an Verfahren und nicht zuletzt auch an Stellen in Zusammenhang mit der Einführung des Amtes einer Frauenbeauftragten« gefährdeten eines der höchsten Güter der MPG: ihre Autonomie. Zudem werde »die Einführung neuer Regelungen eine Verlagerung von Kompetenzen weg von der Institutsleitung und hin zu den Institutsverwaltungen (und der Zentrale – Präsident, Senat, Generalverwaltung) nach sich ziehen«. Zu erwarten seien ferner »ein zunehmender Einigungsbedarf mit den Betriebsräten und die Konfrontation mit außerhalb der MPG liegenden Institutionen, etwa Einigungsstellen oder Gerichten«.[260]

Grundsätzlich beteuerte Zacher jedoch, es bestehe Einigkeit über die Werte, die hinter der Neuregelung stünden: die Gleichberechtigung von Mann und Frau sowie die Vereinbarkeit von Beruf und Familie. Und dies auch aus gutem Grund, schließlich sei die MPG darauf angewiesen, »das denkbar kompetenteste Personal zu gewinnen. Der Ausschluß von Frauen bzw. Personen mit familiären Verpflichtungen würde in dieser Hinsicht einen Verlust bedeuten. Erst eine Vielzahl von Themen und Zugängen zur Wissenschaft, wie sie von verschiedenen Menschen repräsentiert würde, ermögliche die wünschenswerte Vielfalt der Forschung.«[261] Und so empfahl Zacher, »die mit der anstehenden Neuregelung verbundene Herausforderung trotz damit einhergehender Schwierigkeiten und Mehrbelastungen anzunehmen, um damit eine Umsetzung von in der Gesellschaft lebendigen Wertvorstellungen in der Max-Planck-Gesellschaft zu erreichen«.[262]

258 Zacher, Stichworte zur Einführung des Tagesordnungspunktes Frauenförderung im Senat, 22. März 1995, GVMPG, BC 207180, Bl. 2. Besagter Brief, auf den Zacher sich hier bezieht, stammte aus dem BMFT (Kaye) vom 25. Februar 1993, GVMPG, BC 207180, fot. 192.

259 Zacher, Stichworte zur Einführung des Tagesordnungspunktes Frauenförderung im Senat, 22. März 1995, GVMPG, BC 207180, fot. 192.

260 Protokoll über die Sitzung der Chemisch-Physikalisch-Technischen Sektion vom 19. Oktober 1994 in Heidelberg, AMPG, II. Abt., Rep. 62, Nr. 1833, fot.11 verso.

261 Ebd.

262 Ebd., fol 12.

Bie der Präsentation des »Vorentwurfs« am 18. November 1994 informierte Zacher die Senator:innen, dass man in der MPG auf Grundlage eines bereits im Vorjahr vorgelegten Entwurfs des GBR zu einer Gesamtbetriebsvereinbarung sowie des im September 1994 in Kraft getretenen Zweiten Gleichberechtigungsgesetzes »die Neuordnung der Frauenförderung bzw. die Förderung der Vereinbarkeit von Familie und Beruf in der Max-Planck-Gesellschaft« diskutiere.[263] Abhängig vom Fortgang dieser Diskussionen beabsichtige er, den Senat im Frühjahr 1995 zu bitten, einen Beschluss zu fassen, der die Frauenförderung in der MPG

grundsätzlich auf den Boden des Zweiten Gleichberechtigungsgesetzes des Bundes stellen und gleichzeitig eine Reihe von Besonderheiten beinhalten solle, wie sie für die Gesellschaft teils aus ihrer Struktur, teils aus ihrer Funktion heraus, teils wegen der spezifischen Belange der Wissenschaftlerinnen geboten seien. […] Zu der Frage, ob darüber hinaus weitere Regelungen im Sinne von Betriebsvereinbarungen notwendig und sinnvoll seien, sei die Meinungsbildung noch nicht abgeschlossen.[264]

In dieser Phase intensiver Diskussionsprozesse in den Gremien waren jedoch die Verhandlungen zwischen GBR und Generalverwaltung zum Stillstand gekommen: Die vom GBR gewünschte paritätische Kommission wurde ohne Angabe von Gründen zunächst nicht einberufen. Möglicherweise wollte die Generalverwaltung versuchen, zunächst eine einheitliche Linie in den »wissenschaftlichen« Gremien festzulegen und dann grundsätzlich den GBR so weit als möglich aus den Entscheidungsprozessen zur Frauenförderung herauszuhalten. Jedenfalls finden sich Hinweise dafür in den Sektionsprotokollen von Oktober 1994:

Der Präsident führte weiter aus, er halte eine Diskussion über mögliche Regelungen unter Beteiligung der Institute für wichtig und habe sich daher dem Gesamtbetriebsrat gegenüber zu dessen Entwurf noch nicht geäußert. Eine Gesamtbetriebsvereinbarung sei grundsätzlich möglich, sie sei jedoch nicht erzwingbar. Dies gelte auf Institutsebene gleichermaßen. In diesem Zusammenhang richtete der Präsident die dringende Bitte an die Institutsleitungen, den nun laufenden Diskussionsprozeß und die für eine Gesamtregelung erforderliche Handlungsfähigkeit nicht durch etwaige Einzelvereinbarungen mit dem Betriebsrat zu gefährden.[265]

Aufgrund der eingetretenen Funkstille wandten sich GBR und Frauenausschuss selbst an den Senat und baten diesen mit Schreiben vom 10. Januar 1995 um

263 138. Sitzung des Senates der MPG vom 18. November 1994 in Frankfurt am Main, AMPG, II. Abt., Rep. 60, Nr. 138.SP, fot. 5 verso.
264 Ebd.
265 Protokoll der Sitzung der Chemisch-Physikalisch-Technischen Sektion des Wissenschaftlichen Rates der Max-Planck-Gesellschaft vom 19. Oktober 1994 in Heidelberg, AMPG, II. Abt., Rep. 62, Nr. 1833, fot. 11 verso.

Unterstützung.[266] Somit war der Senat zum Jahreswechsel 1994/95 von unterschiedlicher Seite über den Stand der Dinge in Kenntnis gesetzt worden.

Angesichts dieser Vorgeschichte erklärte Zacher auf der Senatssitzung am 24. März 1995, dass in den »nunmehr zur Beschlußfassung vorliegenden Entwurf« Anregungen des Gesamtbetriebsrats aufgenommen worden seien und weitere Einzelheiten in einen Frauenförderplan bzw. in eine Gesamtbetriebsvereinbarung einfließen würden. Der GBR-Vorsitzende Kleinschmidt bestätigte, der vorliegende Entwurf entspreche »in wesentlichen Punkten den Vorstellungen und Forderungen des Gesamtbetriebsrats«, infolgedessen sei das Hilfeersuchen vom 10. Januar 1995 hinfällig. Bevor es zur Abstimmung kam, bat der Direktor des Heidelberger MPI für ausländisches öffentliches Recht und Völkerrecht (MPIL), Jochen Frowein, »daß auch C4-Stellen bereitgestellt werden sollten – um Mißverständnissen vorzubeugen«.[267]

Der Senat fasste daraufhin einstimmig den Beschluss, dass

- das Frauenfördergesetz (FFG)[268] die Grundlage frauenfördernder Maßnahmen in der MPG bilden solle. Um den dort herrschenden Spezifika gerecht zu werden, sollte es in der MPG in einer entsprechend adaptierten Fassung gelten;
- die Zielsetzungen des FFG auch bei den Stipendiatinnen und Stipendiaten der MPG verwirklicht werden sollten;
- die *Empfehlungen* des Wissenschaftlichen Rats zur Förderung von Wissenschaftlerinnen von 1991 dabei Berücksichtigung erfahren sollten;
- der Präsident im Sinne dieser *Empfehlungen* überprüfen möge, inwieweit C3- und C4-Stellen bereitgestellt werden können, um verstärkt qualifizierte Wissenschaftlerinnen in herausgehobene Positionen zu berufen.[269]

Mit dem Senatsbeschluss vom 24. März 1995 machte sich die Max-Planck-Gesellschaft die unter § 2 des Frauenfördergesetzes genannten Zielvorstellungen zu eigen, dass »unter Beachtung des Vorrangs von Eignung, Befähigung und fachlicher Leistung 1) der Frauenanteil dort erhöht werden soll, wo weniger Frauen als Männer beschäftigt sind, und 2) die Vereinbarkeit von Familie und Beruf für

---

266 Brief des GBR an die Vertreter/innen der Sektionen und Senatsmitglieder (und in Kopie an Zacher) vom 10.1.1995, Gleichstellung von Frauen und Männern in der Max-Planck-Gesellschaft, »Selbstbindung« oder »Gesamtbetriebsvereinbarung«?, Anlage *Senatsprotokoll* 139. Sitzung, AMPG, II. Abt., Rep. 60, Nr. 139.SP, fol 223–225. Siehe dazu und zur Einschätzung des GBR das Kapitel 4.4.4.
267 Protokoll der 139. Sitzung des Senats vom 24. März 1995 in Berlin, AMPG, II. Abt., Rep. 60, Nr. 139.SP, fot. 16 verso–17.
268 Artikel 1: Gesetz zur Förderung von Frauen und der Vereinbarkeit von Familie und Beruf in der Bundesverwaltung und den Gerichten des Bundes (Frauenfördergesetz) in: *Zweites Gleichberechtigungsgesetz*, in Kraft getreten am 24.6.1994, 1406–1415, 1406–1409.
269 Vgl. zu allen vier Punkten das Protokoll der 139. Sitzung des Senates vom 24. März 1995 in Berlin, AMPG, II. Abt., Rep. 60, Nr. 139.SP, fot. 16 verso–17.

Frauen und Männer gefördert wird«.[270] Voraussetzung hierfür war jedoch, das FFG in eine Fassung zu bringen, die an die Gegebenheiten in der Max-Planck-Gesellschaft angepasst war. Als notwendig wurde dabei insbesondere erachtet,

- die in der Max-Planck-Gesellschaft praktizierten Berufungsverfahren bei der Besetzung von Wissenschaftlerstellen nach Besoldungsgruppen C3 und C4 zu berücksichtigen (§ 7 Abs. 3 der MPG-Regelung);
- [dass, um] den Anforderungen wissenschaftlicher Arbeit gerecht werden zu können, [...] bei familien- oder pflegebedingter Beurlaubung Kontakt zum Fachbereich und der Arbeit aufrechterhalten [...] [bleibt] bzw. alternative Beurlaubungsformen entwickelt werden (§ 11 Abs. 1, 2. Unterabsatz der MPG-Regelung);
- [dass es] statt einer Frauenbeauftragten in »*allen* größeren Max-Planck-Instituten [...] eine *Zentrale Gleichstellungsbeauftragte* für die Gesamtgesellschaft und in den Instituten *Vertrauenspersonen* als Ansprechpartnerinnen für die weiblichen Beschäftigten und die Zentrale Gleichstellungsbeauftragte« [gibt] (§§ 15–19 der MPG-Regelung).[271]

Um ein einheitliches Regelwerk zu ermöglichen, legte man fest, unter Mitwirkung des Gesamtbetriebsrats und mit Unterstützung der Zentralen Gleichstellungsbeauftragten (ZGB) einen Frauenförder-Rahmenplan für die Max-Planck-Gesellschaft zu entwickeln, der durch institutsspezifische Frauenförderpläne ergänzt werden könnte (§ 4 der MPG-Regelung).[272] Wie sich diese Anpassungen konkret auswirkten, lässt sich gut am Beispiel der Aufgaben und Rechte der Frauenbeauftragten nachvollziehen.

4.4.3 MPG-spezifische Anpassungen an das Frauenfördergesetz

Zur Kontextualisierung der Tragweite dieser Anpassungen vorab ein kurzer Blick auf die Situation der Frauenbeauftragten an (west-)deutschen Hochschulen, dargestellt am Beispiel der Freien Universität (FU) Berlin: Dort waren Mitte der 1980er-Jahre dank eines Sondermodells[273] die ersten Professuren für Frauenforschung eingerichtet worden (1985 im Bereich Literaturwissenschaft, 1986 eine

---

270 Beschluss des Senats der Max-Planck-Gesellschaft zur »Frauenförderung in der MPG« (verabschiedet in der Sitzung am 24. März 1995), Bl. 2, GVMPG, BC 207180.

271 Protokoll der 139. Sitzung des Senates am 24.3.1995 in Berlin, AMPG, II. Abt., Rep. 60, Nr. 139.SP, fot. 190–191, Hervorhebungen im Original.

272 Ebd.

273 Es handelte sich dabei um das Modell der »Arbeits*fair*verteilung« – befristete (5–15 Jahre) Zweidrittelprofessuren, die dadurch entstanden, dass zwei Professor:innen dafür jeweils ein Drittel ihrer Stelle abgaben. Vgl. dazu und zum Gesamtkomplex Bock: *Pionierarbeit*, 2015, 48–49. 1995 gründete Karin Hausen das Zentrum für Interdisziplinäre Frauen- und Geschlechterforschung (ZIFG) an der TU Berlin.

teildenominierte Professur in Politikwissenschaft sowie eine volldenominierte in Erziehungswissenschaft). Der Gesamtanteil der Professorinnen an der FU lag zum damaligen Zeitpunkt bei 7 Prozent. Bei der Novellierung des Berliner Hochschulgesetzes (BerlHG) im November 1986[274] wurde die Umsetzung des Gleichheitsgrundsatzes (Art. 3 Abs. 2 GG) als »Aufgabe der Hochschulen« in § 4 aufgenommen und mit der Einführung des neuen »§ 59 Beauftragte für Frauenfragen« das Amt der Zentralen Frauenbeauftragten geschaffen, auch mit der Option auf »Beauftragte auf Fachbereichsebene.«[275] Dies bedeutete die rechtliche Verankerung des Amts der Frauenbeauftragten an Berliner Hochschulen – allerdings ohne damit für eine personelle oder infrastrukturelle Ausstattung Sorge zu tragen. Dessen ungeachtet gab es im Wintersemester 1987 an fast allen Fachbereichen und Zentralinstituten der FU *ehrenamtliche* Frauenbeauftragte, darunter Jutta Limbach.[276] Im Oktober 1990 sorgte der mehrheitlich mit Frauen besetzte rot-grüne Senat – mit Justizsenatorin Limbach – für den Durchbruch auf rechtlicher Ebene und etablierte mit einer weiteren umfangreichen Novellierung des BerlHG die *hauptberuflichen* Frauenbeauftragten sowie ihre *nebenberuflichen* Stellvertreterinnen und Frauenbeauftragten der Bereiche – und somit eine Gleichstellung sowohl auf zentraler als auch auf dezentraler Ebene.[277] Diese Novellierung sicherte grundlegende Rechte der Frauenbeauftragten gesetzlich ab, wie die Weisungsfreiheit, das Recht zur Öffentlichkeitsarbeit, das Beteiligungsrecht, das suspensive Veto und das Recht auf angemessene Ausstattung.[278]

In der Max-Planck-Gesellschaft wurde das Thema »Frauenbeauftragte« bereits seit 1989[279] kontrovers von Gesamtbetriebsrat und Frauenausschuss auf der einen und den verschiedenen »wissenschaftlichen« Gremien der MPG auf der anderen Seite diskutiert.[280] Staab hatte 1989 im Präsidialkreis konstatiert, es

---

274 *Berliner Hochschulgesetz*, 1986, 1771.

275 Koreuber (Hg.): *30 Jahre Frauenbeauftragte an der Freien Universität Berlin*, 2017, 10.

276 Die Rechtswissenschaftlerin und SPD-Politikerin Jutta Limbach war u. a. Professorin für Zivilrecht an der FU Berlin, von 1989 bis 1994 Senatorin im Berliner Abgeordnetenhaus, von 1994 bis 2002 Präsidentin des Bundesverfassungsgerichts sowie Vorsitzende der nach ihr benannten, 2003 eingerichteten »Beratenden Kommission im Zusammenhang mit der Rückgabe NS-verfolgungsbedingt entzogener Kulturgüter, insbesondere aus jüdischem Besitz«.

277 *Berliner Hochschulgesetz*, 1990, 2165.

278 Vgl. Koreuber (Hg.): *30 Jahre Frauenbeauftragte an der Freien Universität Berlin*, 2017, 11.

279 Seitdem die BLK die Bestellung von Frauenbeauftragten als eine Maßnahme zur Förderung von Frauen in der Wissenschaft empfohlen hatte; BLK (Hg.): *Förderung von Frauen*, 1989.

280 Siehe dazu die Kapitel 4.3.3 und 4.3.5. Vgl. dazu auch die Protokolle der Sitzung des Gesamtbetriebsrats der MPG am 31.5./1.6.1989 (Bericht des FA Frauenfragen), Mai/Juni 1989, AMPG, II. Abt., Rep. 81, Nr. 85, fot. 187–188, der Sitzung der CPTS des Wissenschaftlichen Rates am 7. Juni 1989 in Wiesbaden (AMPG, II. Abt., Rep. 62, Nr. 1817), sowie der Sitzung des ISA am 3. Juni 1989 in Schloss Ringberg, bei der die Mitglieder des ISA (Hofschneider, Bodewig, Kaiser, Kötz, Kompa, Kühn, Pinkau, Speth und Weidenmüller) übereinstimmend die Auffassung vertraten, »daß die Initiative für den Bereich der

bestehe dahingehend Einvernehmen, »daß Institutionalisierungsmaßnahmen, wie z. B. Frauenbeauftragte, vermieden werden sollen; vielmehr wird betont, daß die vorhandenen Möglichkeiten beispielsweise zeitweise beurlaubter Frauen ausgeschöpft werden sollten«.[281] Und er hatte empfohlen, für künftige Beratungen dieser Problematik mit dem GBR »eine Trennung zwischen wissenschaftlichem und nichtwissenschaftlichem Bereich vorzunehmen«.[282] Auch sein Nachfolger Zacher machte keinen Hehl daraus, dass er dieses Thema als heikel erachtete und er eine zentrale Lösung präferierte.[283] Wie wirkten sich diese Vorbehalte auf die Anpassung des FFG an die MPG-spezifischen Bedürfnisse aus?

Wesentliche Voraussetzung für ein effektives Arbeiten der Zentralen Gleichstellungsbeauftragten (ZGB) ist ihre Weisungsfreiheit. In diesem Punkt orientierte sich der Anpassungstext der MPG weitgehend am Gesetz.[284] An anderen Stellen wurde das FFG jedoch entscheidend entschärft. So lehnte die MPG die Beteiligung der Gleichstellungsbeauftragten bei Berufungsverfahren, ja selbst ihre Anwesenheit im Senat strikt ab. Die Federführung bei der Umsetzung des Frauenförder-Rahmenplans wurde nicht der ZGB übertragen (§ 4 Abs. 1). Die Pflicht zur Erhöhung von Frauenanteilen nach Maßgabe der aufgestellten Pläne galt nicht für Berufungsverfahren (§ 7 Abs. 3, »Nichtanwendung bei Berufungsverfahren«), für die – wie die Juristin Susanne Walther, die damals als wissenschaftliche Referentin am MPI für ausländisches und internationales Strafrecht in Freiburg arbeitete, kritisch anmerkte – »lediglich eine Art frauenfreundlicher Gestaltungsauftrag formuliert wurde«.[285] Die Bestellung der ZGB erfolgte durch

---

Wissenschaft nicht an die Betriebsräte der Institute abgetreten werden dürfe.« Vgl. dazu das Ergebnisprotokoll der ISA-Sitzung am 3. Juni 1989 auf Schloß Ringberg, GVMPG, BC 207181, fot. 591; vgl. auch das Protokoll der Sitzung der Chemisch-Physikalisch-Technischen Sektion des Wissenschaftlichen Rates der MPG vom 7. Juni 1989 in Wiesbaden, GVMPG, BC 207182, fot. 531.

281 Notizen über die 21. Besprechung des Präsidenten mit den Vizepräsidenten vom 6. November 1989 in München, AMPG, II. Abt., Rep. 57, Nr. 340, fot. 144.

282 Ebd.

283 Protokoll über die Sitzung der Chemisch-Physikalisch-Technischen Sektion des Wissenschaftlichen Rates der Max-Planck-Gesellschaft vom 19. Oktober 1994, AMPG, II. Abt., Rep. 62, Nr. 1833, fot. 11 verso.

284 Vgl. § 16 Abs. 1: »Die zentrale Gleichstellungsbeauftragte gehört der Generalverwaltung an und ist dem Generalsekretär unmittelbar zugeordnet. Sie ist in der Ausübung ihrer Tätigkeit weisungsfrei.« Beschluss des Senats der Max-Planck-Gesellschaft zur »Frauenförderung in der MPG«, verabschiedet in der Sitzung am 24. März 1995, GVMPG, BC 207183, fot. 225.

285 Walther: Minerva, warum trägst Du so einen kriegerischen Helm?, 1997, 30–35, 33. – In diesem zusätzlichen Absatz 3 des Anpassungstextes heißt es: »Diese Vorschrift gilt nicht für Berufungsverfahren. Diese Verfahren sind so zu gestalten, daß die Ziele des Senatsbeschlusses verwirklicht werden.« Für diese 139. Senatssitzung waren den Senatsmitgliedern zur Vorbereitung auf Punkt 5 der Tagesordnung, »Frauenförderung in der Max-Planck-Gesellschaft«, Materialien zur Verfügung gestellt worden waren; siehe Beschluss des Senats der Max-Planck-Gesellschaft am 24. März 1995 in Berlin, GVMPG, BC 207183, fot. 221.

den Generalsekretär für die Dauer von drei Jahren, dem GBR und dem Frauenausschuss wurde dabei kein Mitspracherecht eingeräumt:[286]

Die Arbeitgeberseite erklärte, daß nur eine *beratende Mitwirkung* und keine Mitbestimmung des Gesamtbetriebsrats bei der Auswahl der Gleichstellungsbeauftragten
und bei der Erstellung der Tätigkeitsbeschreibung/Arbeitsplatzbeschreibung in Betracht komme. Das gleiche müsse für eine eventuelle Abberufung bzw. Neubestellung
der Gleichstellungsbeauftragten nach Ablauf der 3-Jahresfrist gelten.[287]

Zudem wurden auch die Befugnisse der dezentralen Gleichstellungsbeauftragten bzw. Vertrauenspersonen, wie sie im Anpassungstext hießen, in Abweichung
vom FFG deutlich beschnitten, und zwar sowohl hinsichtlich ihrer Mitwirkung
an Personalangelegenheiten (§ 17 Abs. 1 Nr. 1) als auch im Hinblick auf ihr Be-
anstandungsrecht (§ 19 Abs. 3).[288] Weitere maßgebliche Abweichungen waren:
- Eine Mitwirkung der ZGB und der Vertrauenspersonen an personellen, sozialen und organisatorischen Aufgaben (§ 17 Abs. 1 Nr. 1) war nicht vorgesehen
  (siehe Abb. 57).
- Eine Begründungspflicht für den Fall, dass Förderpläne nicht eingehalten
  wurden, fehlte (FFG § 4 Abs. 5).
- Im Kontext »familienbedingter« Beurlaubung (FFRP § 11 Abs. 1) fehlte eine
  Vorschrift, die mit dem in § 12 Abs. 4 des FFG statuierten Benachteiligungsverbot im Hinblick auf die bereits erreichte Beförderungsstufe korrespondierte.[289]

Die MPG hatte die von ihr als notwendig erachteten Anpassungen der Regelungen des Frauenfördergesetzes an die Besonderheiten der Max-Planck-
Gesellschaft in einer Synopse kommentiert zusammengestellt und diese den
Senatsmitgliedern zur Vorbereitung auf die 139. Senatssitzung zur Verfügung
gestellt, wo am 24. März 1995 der schon erwähnte Beschluss gefasst wurde.[290]
Die folgende Gegenüberstellung (Abb. 57) veranschaulicht exemplarisch die Di-
vergenzen zwischen dem FFG und dem Anpassungstext der MPG.

---

286 »Abweichend von § 15 FFG ist in der Max-Planck-Gesellschaft nach vorheriger Ausschreibung durch den Generalsekretär eine zentrale Gleichstellungsbeauftragte zu
bestellen. Die Bestellung erfolgt für die Dauer von drei Jahren mit der Möglichkeit der
Verlängerung.« Aktenvermerk, *Erster Vorentwurf einer Senatsvorlage wegen Frauenförderung FFG*, 28. Oktober 1994, GVMPG, BC 207182.
287 Aktenvermerk Horn, Gemeinsame Besprechung GV-GBR, 29. November 1995, GVMPG,
BC 207180, fot. 162.
288 Die Bemerkung zum Vergleich zwischen FFG und Anpassungstext lautet nüchtern
kategorisch: »Abs. 3 in der MPG unanwendbar.« § 19 Abs. 3 des FFG, 28. Oktober 1994,
GVMPG, BC 207182.
289 Vgl. dazu auch Walther: Minerva, warum trägst Du so einen kriegerischen Helm?, 1997,
30–35, 33.
290 Beschluss des Senates der Max-Planck-Gesellschaft am 24. März 1995 in Berlin, GVMPG,
BC 207183, fot. 221.

FFG – § 17 Aufgaben	FFRP – § 17 Aufgaben
1. Die Frauenbeauftragte hat die Aufgabe, den Vollzug dieses Gesetzes in der Dienststelle zu fördern und zu überwachen. Sie wirkt bei allen Maßnahmen ihrer Dienststelle mit, die Fragen der Gleichstellung von Frauen und Männern, der Vereinbarkeit von Familie und Beruf und der Verbesserung der beruflichen Situation der in der Dienststelle beschäftigten Frauen betreffen. Sie ist frühzeitig zu beteiligen, – insbesondere in Personalangelegenheiten an der Vorbereitung und Entscheidung über Einstellung, Umsetzung mit einer Dauer von über drei Monaten, Versetzung, Fortbildung, beruflichen Aufstieg und vorzeitige Beendigung der Beschäftigung, soweit nicht die Betroffenen diese Beteiligung zu ihrer Unterstützung für sich ausdrücklich ablehnen; – sozialen und organisatorischen Angelegenheiten.	1. Die Zentrale Gleichstellungsbeauftragte hat den Vollzug dieser Bestimmungen in der Max-Planck-Gesellschaft zu fördern und zu überwachen. Sie unterstützt den Generalsekretär bei Erstellung und Fortschreibung des Frauenförder-Rahmenplans. Sie kann von allen Beschäftigten der Max-Planck-Gesellschaft in Fragen der Gleichstellung von Frauen und Männern, der Vereinbarkeit von Familie und Beruf sowie der Verbesserung der beruflichen Situation von Frauen um Beratung und Unterstützung gebeten werden, wenn auf örtlicher Ebene keine Lösung erreicht werden kann. Die Zentrale Gleichstellungsbeauftragte fördert mit eigenen Initiativen die Durchführung dieses Senatsbeschlusses.
2. Die Frauenbeauftragte fördert zusätzlich mit eigenen Initiativen die Durchführung dieses Gesetzes und die Verbesserung der Situation von Frauen sowie der Vereinbarkeit von Familie und Beruf für Frauen und Männer. Zu ihren Aufgaben gehört auch die Beratung und Unterstützung von Frauen in Einzelfällen bei beruflicher Förderung und Beseitigung von Benachteiligung.	2. Die Vertrauensperson als Ansprechpartnerin für die weiblichen Beschäftigten berät und unterstützt Frauen in Einzelfällen bei beruflicher Förderung und Beseitigung von Benachteiligung. Sie hat ein unmittelbares Vortragsrecht bei der Leitung der Einrichtung. An der Erstellung eines einrichtungsspezifischen Frauenförderplanes ist sie zu beteiligen. Die Vertrauensperson und die Zentrale Gleichstellungsbeauftragte unterstützen sich gegenseitig bei der Wahrnehmung ihrer Aufgaben.

Abb. 57: Auszug aus der MPG-internen Gegenüberstellung von Frauenfördergesetz und Anpassungstext der Max-Planck-Gesellschaft, hier zu »§ 17 Aufgaben« der Frauen- bzw. Gleichstellungsbeauftragten.[291]

Zusammenfassend lässt sich sagen, dass die MPG-Richtlinien das frauenfördernde Potenzial des FFG nicht ausgeschöpft haben, sondern deutlich hinter den Normen von FFG und BerlHG zurückgeblieben sind. Das sollte sich nachteilig auf den unter dieser Maßgabe zu erstellenden Frauenförder-Rahmenplan aus-

---

291 Senatsbeschluss vom 24. März 1994, GVMPG, BC 207183, fot. 250.

wirken, dessen erklärtes Ziel es war, »die Situation der weiblichen Beschäftigten [zu] beschreiben, die bisherige Förderung der Frauen in den einzelnen Bereichen aus[zu]werten und im Rahmen von Zielvorgaben und eines zeitlichen Stufenplanes Maßnahmen zur Durchsetzung personeller und organisatorischer Verbesserungen, insbesondere zur Erhöhung des Frauenanteils« zu entwickeln.[292]

4.4.4 Die »Gesamtbetriebsvereinbarung zur Gleichstellung von Frauen und Männern«

Der GBR hatte auf Grundlage der Ergebnisse der Munz-Studie Anfang Dezember 1993 dem Präsidenten und der Generalverwaltung den Entwurf einer »Gesamtbetriebsvereinbarung zur Gleichstellung von Frauen und Männern« übergeben.[293] Inhaltlich knüpfte dieser an den »Vorläufigen Anregungskatalog« an, den der Frauenausschuss des GBR als Reaktion auf die Munz-Studie erstellt hatte.[294] Die GBV sollte das Zusammenwirken der MPG-Leitung mit dem GBR sowie das der örtlichen Betriebsräte mit den Institutsleitungen verbindlich regeln. Die dort vorgeschlagenen Maßnahmen sahen unter anderem Folgendes vor:

- Bei Personalentscheidungen sollte angesichts der bestehenden Unterrepräsentanz begründet werden müssen, wenn ein Bewerber vorhandenen Bewerberinnen vorgezogen würde.
- Das Verbot sexueller Belästigung sowie die korrespondierenden Fürsorgepflichten des Arbeitgebers sollten normiert werden.
- Einstellung einer Zentralen Frauen- bzw. Gleichstellungsbeauftragten, die unter anderem einen jährlichen Bericht zur Beschäftigungssituation von Frauen und Männern in der MPG erstellen sollte.
- Wahl dezentraler Frauen- bzw. Gleichstellungsbeauftragter in den einzelnen Instituten, Arbeitsgemeinschaften und Projektgruppen.[295]

Die Generalverwaltung und der Präsident reagierten mit Skepsis auf diesen Entwurf, wie aus einem entsprechenden Vermerk von Horn hervorgeht, in dem

292 Rundschreiben Nr. 49/1998, Förderung von Frauen und der Vereinbarkeit von Familie und Beruf in der Max-Planck-Gesellschaft, Frauenförder-Rahmenplan, GMPG, BC 207184, fot. 71.
293 Schreiben Roßmayer an Zacher, Betrifft: Entwurf einer »Gesamtbetriebsvereinbarung zur Gleichstellung von Frauen und Männern in der MPG« als Konsequenz aus der Studie »Zur Beschäftigungssituation der Frauen und Männer in der MPG«, 6. Dezember 1993, GVMPG, BC 207180, fot. 277.
294 Schreiben Roßmayer an Zacher, Folgerungen und Anregungen des GBR-Fachausschusses »Frauen in der MPG« aus der Studie »Zur Beschäftigungssituation der Frauen und Männer in der MPG«, 8. Juli 1993, GVMPG, BC 207178, fot. 130–132.
295 Aktenvermerk Horn, Entwurf einer Gesamtbetriebsvereinbarung zur Gleichstellung für die MPG, Dezember 1993, 22. Dezember 1993, GVMPG, BC 207180, fot. 292.

es hieß: »Bei allem Verständnis für das berechtigte Anliegen des GBR sollten wir m. E. Verhandlungen über den Abschluß einer Betriebsvereinbarung ablehnen.«[296] Er schlug vor, »in vertretbaren Grenzen« Bereitschaft zu einseitigen Selbstbindungen zu signalisieren, im Übrigen sei der Abschluss einer Betriebsvereinbarung über Gleichstellungsfragen nach dem Betriebsverfassungsgesetz mitnichten »erzwingbar«.[297] Kategorisch fiel die Einschätzung hinsichtlich der Einstellung einer Gleichstellungsbeauftragten aus: Diese »sollte abgelehnt werden«.[298]

Am 16. Januar 1994 informierte Zacher den GBR über seine Ablehnung des Entwurfs.[299] Er betonte seine Entschlossenheit, bessere Rahmenbedingungen für die Beschäftigungssituation von Frauen in der MPG zu schaffen, doch enthalte der Entwurf einige Forderungen, die er sich nicht zu eigen machen könne. Das gelte insbesondere für den Vorschlag der Bestellung einer »Gleichstellungsbeauftragten«, den er sich »schon wegen der gespannten Haushalts- und Stellensituation außerstande« sehe zu verwirklichen. Doch Zacher stand der Gesamtbetriebsvereinbarung aufgrund ihrer starken »Regelungsdichte« auch grundsätzlich kritisch gegenüber.[300]

Die ablehnende Haltung des Präsidenten zur GBV löste im Frühjahr 1994 eine Protestwelle unter Mitarbeiterinnen und Mitarbeitern der MPG aus. Hunderte von ihnen unterzeichneten Erklärungen, in denen sie ihr Befremden darüber zum Ausdruck brachten, da solch eine Vereinbarung »ein unverzichtbares Instrument zur Durchsetzung der Gleichstellung der Frauen« sei.[301] Auf der gemeinsamen Sitzung mit dem Arbeitgeber am 1. März 1994 drängte der GBA erneut auf die Einrichtung einer paritätischen »Kommission für Gleichstellungsfragen«. Gemäß § 14 des Entwurfs der GBV sollte diese mit Vertreter:innen der Generalverwaltung und des Gesamtbetriebsrats besetzte Kommission für die Fortschreibung und Verwirklichung der Gesamtbetriebsvereinbarung zuständig sein, die Arbeit der Frauen-/Gleichstellungsbeauftragten begleiten und sich mindestens zweimal im Jahr treffen.[302] Präsident und Generalverwaltung blieben einer solchen Kommission gegenüber skeptisch. Sie betrachteten diese als »ein

296 GVMPG, BC 207180, fot. 292.

297 GVMPG, BC 207180, fot. 292–293.

298 GVMPG, BC 207180, fot. 295.

299 Zacher an Kleinschmidt, Gesamtbetriebsvereinbarung zur Gleichstellung von Frauen und Männern in der MPG, 16. Januar 1994, GVMPG, BC 207180, fot. 254.

300 Vgl. dazu das Protokoll über die Sitzung der Chemisch-Physikalisch-Technischen Sektion des Wissenschaftlichen Rates der Max-Planck-Gesellschaft am 19. Oktober 1994, AMPG, II. Abt., Rep. 62, Nr. 1833, fot. 11 verso.

301 So beispielsweise das MPI für Bildungsforschung am 25. März 1994 (144 Unterschriften) und das MPI für Hirnforschung am 7. April 1994 (95 Unterschriften), GVMPG, BC 207180, fot. 208.

302 Vgl. dazu den Entwurf einer Gesamtbetriebsvereinbarung zwischen dem Gesamtbetriebsrat der Max-Planck-Gesellschaft und der Max-Planck-Gesellschaft zur »Gleichstellung von Frauen und Männern in der MPG«, Anlage des Schreibens Roßmayer an Zacher, 6. Dezember 1993, GVMPG, BC 207180, fot. 287.

unnötiges zusätzliches Diskussionsforum ohne klare Aufgabenbefugnis« und verwiesen darauf, dass dem GBR für »Gespräche mit dem Arbeitgeber« jederzeit Vertreter der Generalverwaltung zur Verfügung stünden.[303]

Der Frauenausschuss holte sich gemäß § 80 Abs. 3 des BetrVG Rat bei einem Sachverständigen,[304] um den Entwurf der GBV auszuarbeiten und zu klären, wie die Zuständigkeiten von GV, Instituten, GBR und lokalen Betriebsräten sowie der ZGB und den Frauenbeauftragten voneinander abgegrenzt werden konnten. Währenddessen ruhte der Verhandlungsprozess. Präsidium und GV wollten offenbar zunächst die Verabschiedung des Zweiten Gleichberechtigungsgesetzes im September 1994 abwarten.[305] Möglicherweise ging es bei dieser Verzögerung auch darum, die Deutungshoheit über die Umsetzung der Frauenförderung zu behalten. Dafür spricht ein Schreiben des Präsidenten vom 12. September 1994, in dem Zacher sich »an die Mitglieder und Gäste« der Sektionen des Wissenschaftlichen Rats wandte, um diese auf das neue Frauenfördergesetz aufmerksam zu machen, das am 1. September in Kraft getreten war. Zacher sprach darin einen Punkt an, der zentral für die folgenden Diskussionen und Entscheidungsprozesse wurde:

Schließlich wird zu erörtern und zu entscheiden sein, auf welchem Wege geklärt wird, welche Regelungen innerhalb der Max-Planck-Gesellschaft gelten sollen. Für die Max-Planck-Gesellschaft als Ganze zielt diese Frage insbesondere auf die Alternative zwischen einer Regelung durch den Senat der Max-Planck-Gesellschaft und einer Regelung durch eine Gesamtbetriebsvereinbarung.[306]

Nachdem im Deutschen Bundestag das Zweite Gleichberechtigungsgesetz verabschiedet worden war, ergriff der Frauenausschuss im Januar 1995 die Initiative, um die ins Stocken geratenen Verhandlungen wieder in Gang zu bringen, und wandte sich dazu an den Senat der MPG, die BLK und die Kultusministerkonferenz. Eine Gleichstellung von Frauen und Männern in der MPG könne nicht vermittels einer »Selbstbindung (= Empfehlung)« auf den Weg gebracht werden, sondern nur auf Grundlage einer verbindlichen Gesamtbetriebsvereinbarung, argumentierten die Betriebsrät:innen. Die Erfahrungen in vergleichbaren Ein-

---

303 Aktenvermerk Horn, Kommission für Gleichstellungsfragen, handschriftlicher Kommentar von Zacher dazu: »Wir sollten m.E. jetzt die entsprechende Diskussion in den Sektionen abwarten und erst danach über die Einrichtung einer ›Kommission für Gleichstellungsfragen‹ entscheiden«, 11. März 1994, GVMPG, BC 207180, fot. 257.

304 Ein Vorgehen, das die Generalverwaltung als nicht notwendig erachtete; Willems an Kleinschmidt, Beauftragung eines Sachverständigen zu Fragen der Gleichstellung von Frauen und Männern, 27. Juni 1994, GVMPG, BC 207180, fot. 225.

305 Roßmayer an Horn, »Betrifft: Gesamtbetriebsvereinbarung zur Gleichstellung von Frauen und Männern in der MPG (= GBV), Hier: Ausschuß (aus GBR und GV) zur Erarbeitung der für die MPG wichtigen Punkte aus dem neuen Gleichstellungsgesetz des Bundes«, 1. August 1994, GVMPG, BC 207180, fot. 172.

306 Präsidentenbrief vom 12. September 1994 an die Sektionsmitglieder, Förderung von Frauen in der MPG, GVMPG, BC 207183, fot. 469.

richtungen außerhalb wie auch innerhalb der MPG belegten dies. So hätten etwa die *Empfehlungen* des Wissenschaftlichen Rats zu keiner Verbesserung der Beschäftigungssituation von Frauen geführt.[307] Infolge dieser Intervention gelang es schließlich Anfang Februar 1995, die paritätische Kommission mit Mitgliedern des GBR und der GV an den Verhandlungstisch zu bringen.

In den nachfolgenden Verhandlungen erwies sich erwartungsgemäß der Punkt »Frauenbeauftragte/Gleichstellungsbeauftragte« der GBV, den Präsident Zacher bereits in seinem eingangs zitierten Ablehnungsschreiben im Januar 1994 hervorgehoben hatte, als besonders schwierig.[308] Umstritten war vor allem die Frage, ob die Frauenbeauftragten bzw. Vertrauenspersonen an den Instituten gewählt oder bestellt werden sollten. Die Leitungsgremien der MPG vertraten die Auffassung, dass diese jeweils ausschließlich durch den Arbeitgeber ohne Mitwirkung der Belegschaft ernannt werden sollten. Zudem plante die Generalverwaltung, statt Frauenbeauftragten an allen Instituten eine Zentrale Gleichstellungsbeauftragte für die gesamte Gesellschaft zu bestellen, flankiert von »Vertrauenspersonen« als Ansprechpartnerinnen in den Instituten.[309] Worauf die spitzfindige Unterscheidung zwischen dem vom GBR verwendeten Begriff Frauenbeauftragte und dem von GV und Generalsekretärin eingeführten Begriff Vertrauensperson abzielte, verdeutlichen die Ausführungen von Ulrich Drobnig, damals Direktor am Hamburger MPI für ausländisches und internationales Privatrecht, der im Anschluss an ein »Direktorentreffen« im Januar 1995 dem Präsidenten geschrieben hatte:

Die Frauen*beauftragte* hat in der Tat sehr weitreichende Rechte dieser Art (siehe §§ 17–19 des 2. Gleichberechtigungsgesetzes). Sie hat diese Rechte nach § 15 Abs. 3 auch für untergeordnete kleinere »Dienststellen« auszuüben, die keine eigenen Frauenbeauftragten haben. Offenbar aus eben diesem Grunde hat aber die *Vertrauensperson* nicht entsprechende Rechte. Mir erscheint es daher nach wie vor sinnvoll, die in den Instituten zu bestellende Vertrauensperson möglichst aus dem Kreise des Betriebsrats auszuwählen, um Doppelarbeit, Zweigleisigkeit und Widersprüche zu vermeiden.[310]

---

307 Martha Roßmayer und Klaus Kleinschmidt an Paul Krüger, BMFT, Betrifft: 2. Gleichberechtigungsgesetz/Art. 1: Übernahme für die MPG durch »Selbstbindung« oder »Gesamtbetriebsvereinbarung« zur Gleichstellung von männlichen und weiblichen Beschäftigten der MPG, 10. Januar 1995, GVMPG, BC 207180, fot. 198–200. – Da Paul Krüger, der letzte Bundesminister für Forschung und Technologie, Mitglied des MPG-Senats war, antwortete auch das neu gegründete Bundesministerium für Bildung, Wissenschaft, Forschung und Technologie auf die Anfrage des GBR – nicht jedoch ohne sich vorher mit Generalsekretär Hasenclever schriftlich darüber kurzgeschlossen zu haben; BMFT an Hasenclever, 26. Januar 1995, GVMPG, BC 207180, fot. 197.

308 Zacher an Kleinschmidt, Gesamtbetriebsvereinbarung zur Gleichstellung von Frauen und Männern in der MPG, 16. Januar 1994, GVMPG, BC 207180, fot. 252.

309 Vgl. dazu auch den Senatsbeschluss vom 24. März 1995, GVMPG, BC 207180, fot. 128.

310 Drobnig an Zacher, 11. Januar 1995, GVMPG, BC 207180, fot. 182, Hervorhebung im Original.

Der Gesamtbetriebsrat hielt eine Bestellung anstelle einer Wahl für unangebracht und falsch, da es bei der Auswahl der Frauenbeauftragten nicht nur um das Thema Frauenförderung, sondern im weitesten Sinne auch um Frauenangelegenheiten ginge, die nach Auffassung der Betriebsrät:innen ein hohes Maß an Vertrauen in die betreffende Kollegin voraussetzten. Um ein derartiges Vertrauensvotum zu gewährleisten, sei ein geheimes demokratisches Wahlverfahren unabdingbar.[311] Zum Teil erfuhr der GBR dabei Unterstützung aus den Reihen der Direktoren. Dies manifestierte sich darin, dass im Laufe der folgenden Monate an mehreren Instituten bereits in Absprache mit den örtlichen Betriebsräten »Frauenbeauftragte« bzw. »Vertrauenspersonen« gewählt und damit Fakten geschaffen worden waren – so etwa am MPI für Plasmaphysik, am Klinischen Institut der Deutschen Forschungsanstalt für Psychiatrie, am MPI für Mathematik, am MPI für Festkörperforschung, am MPI für psychologische Forschung, am MPI für Meteorologie, am MPI für europäische Rechtsgeschichte und am MPI für Geschichte (hier sogar zwei Vertrauenspersonen, eine für die Wissenschaftlerinnen und eine für die in der Verwaltung beschäftigten Frauen). Außerdem informierte das Kollegium des MPI für medizinische Forschung die Generalverwaltung, namentlich Rainer Gastl, im November 1996 über seine Bereitschaft, die »Vertrauensperson« von der Institutsbelegschaft wählen zu lassen.[312] Die Mitarbeiter:innen des MPI für ausländisches und internationales Strafrecht in Freiburg waren angesichts des »dürftigen Status« der Vertrauenspersonen ihrerseits mit einer Stellungnahme an den Senat der MPG herangetreten, in der sie sich dafür aussprachen, dass jedes Institut einen eigenen Förderplan und eine »eigene *Frauenbeauftragte*« haben sollte.[313]

Der Konflikt um die Frage, ob die »Vertrauenspersonen« gewählt oder bestellt werden sollten, konnte nicht mehr während der Präsidentschaft Zachers gelöst werden. Dies gelang erst in der Amtszeit seines Nachfolgers Hubert Markl. Der Kompromiss, auf den man sich letztlich einigen konnte, sah in der Fassung der GBV vom 8. Oktober 1996 unter »§ 2 Örtliche Vertrauenspersonen« die *Bestellung* von örtlichen Vertrauenspersonen vor:

In den einzelnen Instituten und in der Generalverwaltung der Max-Planck-Gesellschaft wird jeweils zusätzlich eine Vertrauensperson bestellt. Die Bestellung erfolgt durch die Leitung der Einrichtung unter beratender Mitwirkung des Betriebsrats für jeweils drei Jahre. Zuvor kann eine offene Vorschlagsliste ausgehängt werden, damit Institutsleitung und Betriebsrat sich ein Meinungsbild über mögliche Kandidatinnen

---

311 Vgl. dazu exemplarisch die Umfrage des Betriebsrats der Generalverwaltung vom 19. Juli 1996, GVMPG, BC 207180, fot. 27.

312 Vgl. dazu die korrespondierenden Schreiben von Institutsdirektoren 1995/96 an die Generalverwaltung, GVMPG, BC 207179; desgleichen die Ergebnisse der Umfrage des *Frauenausschusses*, *Bericht: Die Arbeit des Frauenausschusses 1996*, Protokoll der GBR-Sitzung am 2. Dezember 1996 in Bad Brückenau, DA GMPG, BC 600006, fot. 63.

313 Walther: Minerva, warum trägst Du so einen kriegerischen Helm?, 1997, 30–35, 34, Hervorhebung im Original.

verschaffen können. Die Vertrauensperson ist in ihrer Funktion der Leitung der Einrichtung zugeordnet.[314]

Dieser Absatz wurde in beiderseitigem Einvernehmen ergänzt durch folgende »Protokollnotiz«, die mit dem *Rundschreiben Nr. 66/1996 – Vertrauenspersonen als Ansprechpartnerinnen für die weiblichen Beschäftigten* im Namen des Stellvertretenden Generalsekretärs bekanntgegeben wurde:

Mit der Formulierung, daß die Vertrauensperson durch die Leitung zu bestellen sei, will der Senat sicherstellen, daß die mit dieser Aufgabe zu betrauende Kraft persönlich und fachlich geeignet ist, die Institutsleitung in Fragen der Gleichstellung und Frauenförderung zu beraten und zu unterstützen. Der Begriff »Vertrauensperson« weist aber zugleich darauf hin, daß diese auch in besonderer Weise das Vertrauen der weiblichen Institutsangehörigen haben soll. Der Senatsbeschluß läßt das Verfahren der Findung der Vertrauensperson offen. Die Durchführung einer Wahl ist grundsätzlich möglich. Voraussetzung für die Durchführung eines Wahlverfahrens ist, daß die Institutsleitung mit diesem Verfahren einverstanden und bereit ist, die durch ein solches Wahlverfahren ermittelte Person auch zu bestellen.[315]

Zwar war damit nach Auffassung des Frauenausschusses der Aspekt der Bestellung durch die Institutsleitung zu sehr in den Vordergrund gerückt, doch da grundsätzlich die Möglichkeit eines Wahlverfahrens gesichert worden war, wurde dieser Kompromiss schließlich akzeptiert.

Zum 1. Oktober 1996 nahm Marlis Mirbach[316] ihre Arbeit als Zentrale Gleichstellungsbeauftragte der MPG auf. Aus einer vom Frauenausschuss 1996 durchgeführten Umfrage und diesbezüglichen Meldungen einzelner Direktoren an die GV lässt sich schließen, dass bei Mirbachs Amtsantritt acht Vertrauenspersonen nur bestellt, zwei Vertrauenspersonen in Zusammenarbeit mit dem Betriebsrat

314 Gesamtbetriebsvereinbarung über die Zusammenarbeit von Generalverwaltung und Gesamtbetriebsrat der Max-Planck-Gesellschaft in Sachen »Gleichstellung von Frauen und Männern in der Max-Planck-Gesellschaft«, 8. Oktober 1996, GVMPG, BC 207180, fot 12.

315 Rundschreiben Nr. 66/1996, Marsch 7. August 1996, GVMPG, BC 207179. Edmund Marsch war damals stellvertretender Generalsekretär. Der Vorschlag des GBR hatte gelautet: »Mit der Formulierung, daß die Vertrauensperson durch die Leitung letztlich zu ›bestellen‹ sei, will der Gesetzgeber sicherstellen, daß diese auch als Beraterin und Kooperationspartnerin der Leitung in Fragen der Gleichstellung und Frauenförderung akzeptiert wird. Der Begriff Vertrauensperson weist aber zugleich darauf hin, daß diese auch das Vertrauen der Betroffenen haben soll. Wie die zu Bestellenden gefunden und nominiert werden, läßt das Gesetz offen; aus den angeführten Gründen bleibt es den Instituten überlassen, wie Vertrauenspersonen gefunden und nominiert werden. Dies ist auch durch ein Wahlverfahren möglich.« Schreiben von Martha Roßmayer an Markl, 16. Juli 1996, GVMPG, BC 207180, fot. 34.

316 Marlis Mirbach war von 1996 bis 2012 die erste Zentrale Gleichstellungsbeauftragte der MPG. Zuvor hatte die promovierte Chemikerin am 1997 geschlossenen Gmelin-Institut für anorganische Chemie und Grenzgebiete der MPG gearbeitet.

bestellt und zwölf Vertrauenspersonen gewählt worden waren. Des Weiteren waren an 17 Instituten Wahlen der Vertrauenspersonen in Vorbereitung und von sieben Instituten hatte es eine entsprechende Rückmeldung, aber noch keine Wahl der Vertrauenspersonen[317] gegeben. Diese gewählten und bestellten Vertrauenspersonen sollten gemäß § 3 der Gesamtbetriebsvereinbarung die neue ZGB bei der Erstellung des Frauenförder-Rahmenplans unterstützen.

4.4.5 Der Frauenförder-Rahmenplan

Die Diskussion um die rechtliche Vereinbarkeit von Frauenförderplänen mit dem Grundgesetz wurde bis in die 1990er-Jahre in der Regel nur im Hinblick auf den öffentlichen Dienst geführt.[318] Nachdem das Frauenfördergesetz auf Bundesebene in Kraft getreten war, konnte sich die MPG den Forderungen nach konkreter Umsetzung und entsprechenden Maßnahmen nicht länger entziehen – wollte sie nicht möglicherweise empfindliche finanzielle Einbußen in Kauf nehmen. Daher sei in den Sektionen des Wissenschaftlichen Rats und mit dem Gesamtbetriebsrat der Max-Planck-Gesellschaft prinzipiell Einvernehmen dahingehend hergestellt worden, »daß das Frauenfördergesetz Grundlage für weitere Maßnahmen in der Max-Planck-Gesellschaft sein soll, wobei allerdings die Besonderheiten der Max-Planck-Gesellschaft berücksichtigt werden müssen«.[319]

Am 26. März 1998 beschloss der Verwaltungsrat der MPG den ersten Frauenförder-Rahmenplan (FFRP).[320] Die »Zielvorgaben« (II) des Rahmenplans sahen vor, Frauen insbesondere in den Bereichen zu berücksichtigen, in denen sie bislang unterrepräsentiert waren. Das schloss Beförderungen, Versetzungen, Vertragsverlängerungen, Höhergruppierungen sowie die Vergabe von Ausbildungsstellen ein. Die Einstellung wissenschaftlicher Nachwuchskräfte sollte sich am Frauenanteil der »jeweils vorhergehenden Qualifikationsstufe« orientieren. Konkret sollte in Bereichen, »in denen danach rechnerisch weniger als 1 Frau zu beschäftigen« sei, eine Stelle mit einer qualifizierten Frau besetzt werden, sofern »mindestens 3 Stellen mit gleichwertiger Qualifikation in der Einrichtung vorhanden« seien. Erreicht werden sollte dies binnen drei bzw. bei Nachwuchswissenschaftlerinnen mit zeitlich befristeten Stellen binnen fünf Jahren. Zur Umsetzung sah der Rahmenplan zwei Maßnahmenpakete vor (III): zum einen

---

317 In dieser Korrespondenz hatte sich die gewünschte Sprachregelung des Arbeitgebers – »Vertrauenspersonen« – durchgesetzt, es handelte sich dabei ausschließlich um weibliche Vertrauenspersonen; GVMPG, BC 207179, ab fot. 175. Für 19 der damals insgesamt 65 Institute der MPG lagen keine entsprechenden Rückmeldungen vor; Martha Roßmayer, 17. September 1996, Jahresbericht, Die Arbeit des Fachausschusses »Frauen in der MPG« 1996, DA GMPG, BC 600006, fot. 16.
318 Vgl. dazu auch Müller et al.: *Projekt: Metamorphosen der Gleichheit II.*, 2015.
319 Antrag Senatssitzung Frauenförderung FFG, März 1995, GVMPG, BC 207179.
320 Vgl. Protokoll der 181. Sitzung des Verwaltungsrates der MPG vom 26. März 1998 in Stuttgart, AMPG, II. Abt., Rep. 61, Nr. 181.VP, fot. 6 verso.

Maßnahmen zur Erhöhung des Frauenanteils (A) und zum anderen Maßnahmen zur Vereinbarkeit von Familie und Beruf (B). Die sechs Maßnahmen im ersten Bereich erstreckten sich auf Stellenausschreibungen, Auswahlverfahren bei Stellenbesetzungen und beruflichem Aufstieg, auf den Wiedereinstieg in die Berufstätigkeit, auf Fortbildungen, auf die Besetzung von Gremien und auf das Sonderprogramm zur Förderung hervorragender Wissenschaftlerinnen. Die Maßnahmen des zweiten Bereichs betrafen Verfahrensregelungen zu flexiblen Arbeitszeiten, zur Reduzierung der Arbeitszeit, zur familienbedingten Beurlaubung und Wiedereingliederung sowie zur Kinderbetreuung. Darüber hinaus waren im Frauenförder-Rahmenplan Maßnahmen zum Schutz vor sexueller Belästigung (C) sowie eine Erprobungsklausel (D) und Sanktionen (E) festgelegt. Zudem wurden in einem weiteren Punkt (IV) die bereits angesprochenen Aufgaben und Rechte der »Vertrauenspersonen« festgelegt.

Damit kam ein weiterer und in vielerlei Hinsicht zäher Verhandlungsprozess um verbindliche Gleichstellungsmaßnahmen zu einem Ende, an dem maßgeblich der Frauenausschuss und der GBR bzw. die aus Vertreter:innen des Gesamtbetriebsrats und der Generalverwaltung paritätisch zusammengesetzte Kommission für Gleichstellungsfragen, der Wissenschaftlerinnenausschuss und die »von den Institutsleitungen bestellten Vertrauenspersonen für die weiblichen Beschäftigten und die Zentrale Gleichstellungsbeauftragte der MPG« (*Rundschreiben Nr. 49/1998*) beteiligt gewesen waren.[321] In der paritätisch besetzten Kommission war die Generalverwaltung mit einer Vertreterin der Rechtsabteilung, der Referentin der Generalsekretärin sowie Klaus Horn und Marlis Mirbach vertreten. Die ZGB übermittelte unter anderem auch die Anregungen und Änderungsvorschläge des ISA an die Kommission.[322] Der GBR war durch seinen Frauenausschuss vertreten, der sich bei der Ausarbeitung des FFRP-Entwurfs von Fachanwältinnen für Arbeitsrecht beraten ließ.[323] In enger Abstimmung zwischen den Verhandlungspartnern war bis Sommer 1997 ein 27-seitiger Entwurf des FFRP für die MPG entstanden, der in der Folge intensiv in der paritätischen Kommission diskutiert und verhandelt wurde, wobei insbesondere die Aufgaben, Pflichten und Rechte der Frauenbeauftragten und Vertrauenspersonen im Zentrum standen. Als besonders konfliktträchtig er-

---

321 Wie mühsam sich diese Verhandlungen gestalteten, lässt sich anhand der umfangreichen Korrespondenz zwischen den Verhandlungsparteien mit- und untereinander in der Zeit nach Übergabe der GBV an Zacher im Dezember 1993 bis zum endgültigen Beschluss des FFRP im März 1998 vom Verwaltungsrat nachvollziehen; vgl. dazu auch die zehnseitige Stellungnahme des GBR zum Entwurf der GV mit Einschätzungen, Monita und zusätzlichen Zielvorgaben vom 13. Oktober 1997, GVMPG, BC 207182.

322 Protokoll des Treffens der paritätisch besetzten Kommission GBR–GV am 25. November 1997 in der GV München, DA GMPG, BC 600006, fot. 131–140.

323 Die Bonner Fachanwältinnen für Arbeitsrecht Barbara Degen, Barbara Doll und Petra Woocker, Stellungnahme Degen, Entwurf des Frauenförderrahmenplans der Max-Planck-Gesellschaft (Stand 26.8.1997) vom 7. Oktober 1997, DA GMPG, BC 600006, fot. 162–164.

wiesen sich für die Verhandlungsparteien die Punkte »Auswahlrichtlinien« und »Beteiligung der Gleichstellungsbeauftragten an Berufungsverfahren«. Die erzielte Kompromissfassung war dem Wissenschaftlichen Rat im November 1997 vorgestellt und auch von der Personalabteilung begutachtet worden, bevor sie am 12. Januar 1998 der Generalsekretärin vorgelegt wurde. Durch die anschließend von Barbara Bludau vorgenommene Überarbeitung wurde der Entwurf jedoch so stark modifiziert, dass Frauenausschuss und GBR diesem ihre Unterstützung entzogen. Sie begründeten ihre Entscheidung unter anderem damit, dass in der überarbeiteten Entwurfsfassung die Rechte und Aufgaben der Vertrauenspersonen ganz verschwunden sowie die meisten »Muß-Bestimmungen erneut in abgeschwächte Soll- oder Kann-Bestimmungen umgewandelt worden« seien.[324] Eklatant unterschied sich die Fassung auch hinsichtlich der Aufgaben der Vertrauenspersonen. So sah die überarbeitete Aufgabenbeschreibung vom 10. März 1998 vor:

- Die Vertrauensperson wirkt mit bei der Klärung, in welchen Bereichen auf örtlicher Ebene Frauen unterrepräsentiert sind (vgl. Kapitel III.A.2.2), und kann für diese Bereiche Maßnahmen zur Erhöhung des Frauenanteils vorschlagen.
- Sie kann einrichtungsspezifische Initiativen zur Förderung von Frauen und der Vereinbarkeit von Familie und Beruf ergreifen, einschließlich der Initiative zur Erstellung eines örtlichen Frauenförderplanes. An der Erstellung ist sie zu beteiligen.
- Im Einvernehmen mit der Institutsleitung kann sie Versammlungen abhalten, Referentinnen und Referenten einladen und Sprechstunden einrichten.[325]

Aufgrund der Intervention von GBR und Frauenausschuss sah die endgültige Fassung schließlich das Folgende vor:
- Die Vertrauensperson ist Ansprechpartnerin für die weiblichen Beschäftigten. Sie berät und unterstützt Frauen in Einzelfällen bei beruflicher Förderung und Beseitigung von Benachteiligungen.
- Sie unterstützt auf dezentraler Ebene die Aufgaben der Zentralen Gleichstellungsbeauftragten: Sie überwacht in ihrer Einrichtung die Einhaltung und Umsetzung
- des Frauenförder-Rahmenplans,
- ggf. des ergänzenden örtlichen Frauenförderplans,
- der gesetzlichen Bestimmungen sowie aller Regelungen der Max-Planck-Gesellschaft in Bezug auf die Förderung von Frauen und die Vereinbarkeit von Familie und Beruf.

---

324 Roßmayer für den GBR an den Verwaltungsrat der MPG, Btr.: *Frauenförderrahmenplan (FFRP) für die MPG*, 17. März 1998, Bl. 8–9, GVMPG, BC 207182.
325 Frauenförder-Rahmenplan, Stand 10. März 1998, Protokoll der 181. Sitzung des Verwaltungsrates der MPG vom 26. März 1998, AMPG, II. Abt., Rep. 61, Nr. 181.VP, fot. 140–142.

- Sie wirkt mit bei der Klärung, in welchen Bereichen auf örtlicher Ebene Frauen unterrepräsentiert sind [...], und kann für diese Bereiche Maßnahmen zur Erhöhung des Frauenanteils vorschlagen.
- Sie wertet die statistischen Erhebungen über die Beschäftigungssituation von Männern und Frauen [...] in ihrer Einrichtung aus und dokumentiert die jährliche Entwicklung. Die hierzu erforderlichen Daten sind ihr von der örtlichen Verwaltung zur Verfügung zu stellen.
- Sie erstattet den örtlichen Betriebsräten auf Verlangen über ihre Tätigkeit Bericht.
- Sie soll landesspezifische Besonderheiten in Betracht ziehen und Kontakte herstellen zu Frauenministerien (falls vorhanden) und Frauenbeauftragten in vergleichbaren Einrichtungen.[326]

Obwohl der GBR nur ein Mitwirkungsrecht bei der Verhandlung des FFRP besaß, das durch die Beteiligung an der paritätischen Kommission bereits erfüllt war, war der Generalsekretärin sehr daran gelegen, dass der GBR die dem Verwaltungsrat vorzulegende Fassung akzeptierte. Infolgedessen wurden noch im letzten Moment konsensfähige Änderungen (wieder) eingebracht, sodass der Gesamtbetriebsrat am 25. März 1998 dem erneut angepassten Entwurf zustimmen konnte.[327] Hierbei wurde insbesondere auf den vorläufigen Charakter des FFRP hingewiesen – wie auch auf die auf lange Sicht angestrebte »Nachbesserung des FFRP gemäß den von der BLK vorgeschriebenen Richtlinien«.[328] Der GBR appellierte damit auch an die Initiative der einzelnen Institute, dazu durch eigene Frauenförderpläne aktiv beizutragen. Der FFRP trat umgehend in Kraft und galt zunächst für drei Jahre bzw. »so lange, bis ein neuer Frauenförder-Rahmenplan in Kraft tritt«.[329]

---

326 Frauenförder-Rahmenplan, Stand 25. März 1998, Protokoll der 181. Sitzung des Verwaltungsrates der MPG vom 26. März 1998, AMPG, II. Abt., Rep. 61, Nr. 181.VP, fot. 16–17.

327 »Der übersandte Entwurf des Frauenförder-Rahmenplans (Stand 10.3.1998) wurde in den gekennzeichneten Punkten geändert (aktueller Stand 25.3.1998). Die übersandten Anlagen sind unverändert geblieben. Der Rahmenplan ist nun mit dem Gesamtbetriebsrat abgestimmt.« Tischvorlage für die Sitzung des Verwaltungsrates der MPG vom 26. März 1998 in Stuttgart, AMPG, II. Abt., Rep. 61, Nr. 181.VP, fot. 10.

328 Betr.: Frauenförderrahmenplan der MPG, Stand 25.3.1998, Stellungnahme des GBR, Roßmayer an Frau B. Werner (Referentin der Generalsekretärin), 26. März 1998, DA GMPG, BC 600006, fot. 68.

329 In der Endfassung hieß es zur Autorschaft: »Der Frauenförder-Rahmenplan wurde von der Generalsekretärin der Max-Planck-Gesellschaft, Frau Dr. Barbara Bludau, unter Mitwirkung der Zentralen Gleichstellungsbeauftragten und dem Gesamtbetriebsrat erstellt.« Frauenförder-Rahmenplan, 26. März 1998, S. 13, 28. Oktober 1994, GVMPG, BC 207183.

4.4.6   Das C3-Sonderprogramm zur Frauenförderung

Parallel zu diesen gesamtbetrieblichen Vereinbarungen kamen zusätzliche Impulse zur Frauenförderung aus den Reihen des Wissenschaftlichen Rats. Exemplarisch ist das von Paul Baltes[330] konzipierte C3-Sonderprogramm für Wissenschaftlerinnen zu nennen, da sich an diesem Modellvorhaben die ganze Bandbreite interner und externer Herausforderungen für die Maßnahmen zur Frauenförderung in der MPG illustrieren lässt.

Als der Wissenschaftlerinnenausschuss am 11. November 1994 zu seiner dritten Sitzung in Martinsried zusammenkam, kritisierten die Mitglieder die »nach wie vor bestehende Ungleichheit der Beschäftigungssituation« von Frauen als »nicht akzeptabel« (siehe Tab. 5). Neben Langzeitperspektiven und flankierenden infrastrukturellen Maßnahmen wie der Förderung von Kinderbetreuungseinrichtungen seien kurzfristig wirksame kompensatorische Programme nötig, um den Anteil der Wissenschaftlerinnen in der MPG zu erhöhen. In einer Tischvorlage hatte Baltes das Modellvorhaben eines C3-Sonderprogramms zur Frauenförderung skizziert, das über einen Zeitraum von drei Jahren jährlich für jeweils drei Wissenschaftlerinnen befristete C3-Stellen schaffen sollte.[331] Dies fand im Ergebnis die einhellige Zustimmung des Ausschusses, der beschloss, das Sonderförderungsmodell auf der Sitzung des Wissenschaftlichen Rats im Februar 1995 zu präsentieren. Zuvor sollte das Konzept noch am folgenden Tag im ISA vorgestellt und diskutiert werden. Die als Gäste anwesenden Vertreter der Personalabteilung der Generalverwaltung, Horn und Gastl, wurden um »intensive Prüfung der juristischen und finanztechnischen Möglichkeiten« gebeten.[332] Die Mitglieder seien sich der finanziellen Herausforderungen bewusst, »ein bestimmter Umfang des Programms sei jedoch auch die Voraussetzung dafür, daß dieses als ernsthafter Schritt wahrgenommen werde«.[333] Man erhoffe die Unterstützung durch den Präsidenten.

---

330 Der Psychologe und Gerontologe Paul Baltes wurde 1980 als Direktor an das Max-Planck-Institut für Bildungsforschung berufen, wo er bis 2004 den Forschungsbereich Entwicklungspsychologie leitete. Von 1994 bis 1997 war er Vorsitzender des Wissenschaftlichen Rates der MPG. 2005 gründete er das Internationale Max-Planck-Forschungsnetzwerk zur Altersforschung.

331 Tischvorlage: »Ein dreijähriges Modellvorhaben. C3-Förderungsprogramm für Wissenschaftlerinnen in der MPG«, Notizen von Paul B. Baltes, 8. November 1994, GVMPG, BC 207183, fot. 172.

332 Ergebnisprotokoll der 3. Sitzung des Arbeitsausschusses »Förderung der Wissenschaftlerinnen« des Wissenschaftlichen Rates am 11. November 1994 in Martinsried, GVMPG, BC 207183, fot. 212.

333 Ebd.

Tabelle 5: Progression des Wissenschaftlerinnenanteils in der MPG auf Leitungspositionen, 1992–1994.

Besoldungsgruppe	1992	1993	1994
Direktorinnen & Wissenschaftliche Mitglieder (C4)	2 (208) = 1 %	2 (227) = 0,9 %	3 (239) = 1,3 %
Forschungsgruppen- & Abteilungsleiterinnen (C2/C3)	8 (194) = 4,1 %	10 (194) = 5,2 %	8 (184) = 4,3 %
Nachwuchsgruppen- leiterinnen (C3)	–	2 (25) = 8 %	2 (24) = 8,3 %

Quelle: MPG (Hg.): *Zahlenspiegel der Max-Planck-Gesellschaft 1992*, 1992, 16, 89–94; MPG (Hg.): *Zahlenspiegel der Max-Planck-Gesellschaft 1993*, 1993, 13, 14, 16; MPG (Hg.): *Max-Planck-Gesellschaft in Zahlen und Daten 1994*, 1994, X; MPG (Hg.): *MPG-Spiegel* 2 (1995), 20. Die absoluten Zahlen in Klammern geben die Grundgesamtheit der wissenschaftlich Beschäftigten auf dieser Besoldungsstufe an.

4.4.6.1 Konzept des C3-Sonderprogramms für Wissenschaftlerinnen

Baltes erklärte, er habe dieses Modellvorhaben entwickelt, weil sich »trotz vieler Bemühungen« seit 1991 der Anteil von Frauen auf höherdotierten Stellen (C2/C3) nicht verändert habe. Auf Grundlage der *Empfehlungen* des WR und des Zweiten Gleichberechtigungsgesetzes sei von einem komplexen Zusammenspiel organisatorischer, gesellschaftlicher und persönlicher Rahmenbedingungen auszugehen, die es zu ändern gelte, »um die tatsächliche Gleichheit zwischen Männern und Frauen in der Wissenschaft zu vergrößern. Das […] Modellvorhaben ist so angelegt, daß es (1) den Empfehlungen des Wissenschaftlichen Rats entspricht und (2) durch ein auf Frauen beschränktes Sonderförderungsprogramm eine Verdopplung der Anzahl der auf C3-Stellen beschäftigten Wissenschaftlerinnen innerhalb von drei Jahren herbeiführen könnte.«[334] Das Konzept von Baltes sah für den Zeitraum von 1995 bis 1997 die sektionsübergreifende Bereitstellung von jährlich jeweils drei C3-Stellen für Frauen vor. Hierzu sollten die Institute Personalvorschläge machen, über die eine intersektionelle Kommission zu entscheiden hätte. Finanziert werden sollte die Stellenbesetzung über die Ressourcen »der Generalverwaltung (bzw. des Präsidenten) […], die durch die jüngst implementierten Maßnahmen der Verschlankung bzw. Konzentration an die Generalverwaltung« zurückgeflossen seien.[335] Die Institute sollten zudem über

---

334 Paul Baltes: Ein dreijähriges Modellvorhaben. C3-Förderungsprogramm für Wissenschaftlerinnen in der MPG, revidierte Notizen, 11. Januar 1995, GVMPG, BC 207183, fot. 207.
335 Ebd.

finanzielle Anreize motiviert werden, Anträge auf Einstellung oder Beförderung von qualifizierten Wissenschaftlerinnen einzureichen. Gleichzeitig könne die MPG mit diesem Sonderprogramm »ihre Bereitschaft und die Fähigkeit deutlich machen, gegen die zu beobachtende Diskriminierung von Wissenschaftlerinnen durch proaktive Maßnahmen vorzugehen, ohne dabei gegen Prinzipien zu verstoßen, die für eine qualitativ hochwertige Wissenschaft konstitutiv« seien.[336] Baltes erhoffte sich eine Signalwirkung von diesem Sonderförderungsprogramm, die sowohl das »allgemeine Problembewusstsein« in der MPG als auch Nachwuchswissenschaftlerinnen in ihren Erwartungen stärken könne, dass höhere Positionen auch für sie erreichbar seien. C4-Stellen waren bewusst aus dem Konzept ausgeklammert worden – die Kosten in diesem Bereich seien »zu hoch, so daß ein Konsens darüber vermutlich schwieriger herbeizuführen« sei.[337] Baltes stellte sein Modellvorhaben auf der ersten Sitzung des WR unter seinem Vorsitz am 8. Februar 1995 in Heidelberg vor.

4.4.6.2 Rechtliche Aspekte

Vorab musste die Generalverwaltung klären, inwieweit solch ein kompensatorisches Sonderprogramm, das aus Sicht des Präsidenten die Diskriminierung von Männern nach Art. 3 Abs. 2 und 3 des Grundgesetzes implizierte, überhaupt zulässig war. In einer ersten Auslegung verwies Rüdiger Willems (GV) im November 1994 darauf, dass Art. 3 Abs. 2 nicht nur ein Gleichberechtigungsgebot enthalte, sondern sich auch auf die gesellschaftlichen Gegebenheiten erstrecke: »Die Norm solle nicht nur Rechtsnormen beseitigen, die Vor- und Nachteile an Geschlechtsmerkmale anknüpfen, sondern auch für die Zukunft die Gleichberechtigung der Geschlechter durchsetzen. Eine leistungsabhängige Frauenquote erfülle die Kriterien der Eignung, Erforderlichkeit und Verhältnismäßigkeit.«[338] Seiner Ansicht nach ließ es sich »arbeitsrechtlich [...] mithin zumindest gut« vertreten, »leistungsabhängige Quotenregelungen im C3-Bereich befristet einzuführen«.[339] Auch der damalige Direktor des MPIL Frowein kam im darauffolgenden Jahr zu dem Schluss, angesichts der minimalen statistischen Auswirkungen des Sonderprogramms auf den Gesamtstellenhaushalt der MPG könne eine Benachteiligung im »verfassungsrechtlich relevanten Sinne ausgeschlossen werden«.[340]

---

336 Ebd.

337 Ebd. – Gut vier Jahre später, am 10. Juni 1999, beschloss der Senat – »vorbehaltlich der Finanzierbarkeit« – das *Sonderprogramm zur Förderung von Wissenschaftlerinnen in Leitungsfunktionen* (C4-Programm), GVMPG, BC 207186.

338 Aktenvermerk Willems, Sonderförderungsprogramm für Frauen im C3-Bereich, 22. November 1994, GVMPG, BC 207183, fot. 333.

339 GVMPG, BC 207183, fot. 333.

340 Antwort Frowein an Horn, Rechtliche Erwägungen zur Frauenförderung in der MPG, 22. Dezember 1995, GVMPG, BC 207183, fot. 165.

Maßgeblich für die Bewertung der rechtlichen Aspekte – und zwar nicht nur hinsichtlich des C3-Sonderprogramms, sondern auch in Bezug auf alle Frauenfördermaßnahmen und hier insbesondere auch den FFRP – wurde jedoch das im Oktober 1995 ergangene Urteil des Europäischen Gerichtshofs (EuGH) in der Sache *Eckhard Kalanke gegen Freie Hansestadt Bremen unterstützt durch Heike Glißmann.* Dabei ging es um Folgendes: Als 1990 im Bremer Gartenbauamt nicht Eckhard Kalanke auf die Stelle des Sachgebietsleiters nachrückte, sondern seine Kollegin Heike Glißmann, fühlte Kalanke sich diskriminiert und zog vor Gericht. Da beide Bewerber als gleich qualifiziert galten, gebührte der Frau auf Grundlage des Bremer Gleichstellungsgesetzes der Vorrang. Nachdem das Bundesarbeitsgericht (BAG) auch in diesem Sinne entschieden hatte, brachte Kalanke den Fall vor den EuGH. In seinem ersten Urteil entschied der EuGH, dass eine Quotenregelung, die eine *automatische, absolute und unbedingte* Bevorzugung von Frauen beinhaltete, um ihrer Unterrepräsentation entgegenzuwirken, nicht vereinbar mit dem Gemeinschaftsrecht sei, da dies eine Diskriminierung von Männern darstelle.[341]

Die Überprüfung der rechtlichen Aspekte durch die Generalverwaltung ergab, dass es sich bei dem C3-Sonderprogramm um ein »kompensatorisches Programm mit Signalwirkung« handele, das dazu beitragen solle, »das in Art. 3 Abs. 2 Grundgesetz enthaltene Gleichberechtigungsgebot im Sinne einer Gleichberechtigung der Geschlechter in der Max-Planck-Gesellschaft durchzusetzen«. Entscheidend sei dabei jedoch vor allem, dass die »in der Max-Planck-Gesellschaft geltenden Grundsätze des Vorranges der Qualifikation [...] für dieses Programm gelten« müssten, mit anderen Worten: keine Frauenquote auf Kosten der Qualität. Explizit wurde darauf hingewiesen, dass das Frauenförderprogramm so formuliert sein müsse, dass es weder »gegen das verfassungsrechtliche Benachteiligungsverbot von Männern (Art. 3 Abs. 2 GG)« noch gegen die europäische Richtlinie 76/207 verstoßen dürfe.[342]

In der Generalverwaltung kam man deshalb zu dem Schluss, der EuGH habe sich mit seiner Entscheidung nur gegen Regelungen ausgesprochen, die Frauen »absolut und unbedingt« den Vorzug geben würden. Er habe sich nicht dazu geäußert, »ob Regelungen zulässig sind, die Frauen bei gleicher Eignung bevorzugen, aber in Härtefällen dennoch zur Berücksichtigung von Männern führen können. Es bleibt somit offen, ob auch ein solches Förderprogramm gegen das

---

341 Europäischer Gerichtshof: *Urteil des Gerichtshofes vom 17. Oktober 1995*, 1995, 3069–3080. – Zwei Jahre später, im November 1997, präzisierte der EuGH seine Rechtsprechung zum Bremer Gleichstellungsgesetz: Europäischer Gerichtshof: *Urteil des Gerichtshofes vom 11. November 1997*, 1997, 6383–6395.

342 Richtlinie 76/207/EWG des Rates vom 9. Februar 1976 zur Verwirklichung des Grundsatzes der Gleichbehandlung von Männern und Frauen. Vgl. dazu auch den Kommentar Colneric: Urteil des EuGH, 1995, 155–158, sowie Colneric: Frauenquoten, 1996, 265–268. Fünf Jahre später, am 16. Juli 2000, wurde Ninon Colneric als zweite Frau (neben Fidelma O'Kelly Macken, die ein Jahr zuvor in das 15-köpfige Gremium berufen worden war) Richterin am EuGH.

Verbot der automatischen Bevorzugung verstoßen würde.«[343] Doch selbst falls ein Frauenförderprogramm mit Härteklausel für Männer zulässig wäre, gelte es zu überlegen, ob das zur Förderung von Frauen angelegte Sonderprogramm nicht entgegen seines Auftrags Männer fördern würde, da diese gegebenenfalls unter Härtefallaspekten zu bevorzugen seien. Insofern kam die Generalverwaltung zu dem Schluss: Um nicht gegen den Grundsatz der Gleichbehandlung zu verstoßen, müsse ein Förderprogramm, »das den Zugang zu C-Positionen regelt«, zwangsläufig »so angelegt sein [...], daß es auch Männer erreicht. Das wiederum kann nicht der Sinn eines Förderprogramms für Wissenschaftlerinnen sein. Deshalb sollte der Gedanke, eine bestimmte Anzahl von C3- oder C4-Stellen für ein Frauenförderprogramm bereitzustellen, m. E. nicht weiter verfolgt werden.«[344]

Dementsprechend setzte Zacher Baltes über die Implikationen für das C3-Förderprogramm in Kenntnis, die seiner Einschätzung nach aus dem EuGH-Urteil folgten:

Inzwischen ist zur Quotenregelung das Urteil des Europäischen Gerichtshofs vom 17. Oktober 1995 ergangen, das für die nationalen Gerichte bindend ist. Nach diesem Urteil müssen wir davon ausgehen, daß ein Programm, das Wissenschaftlerinnen bei Berufung oder Beförderung automatisch den Vorrang einräumt, unzulässig ist. Dies bedeutet letztlich, daß ein Förderprogramm, das Frauen einen verstärkten Zugang zu C-Positionen eröffnet, im Auswahlverfahren so angelegt sein muß, daß es den Grundsätzen der vorgenannten Entscheidung entspricht. Der beiliegende Vermerk der Personalabteilung zeigt hierzu Möglichkeiten auf. Das damit verbundene Ressourcenproblem ist aber noch nicht gelöst.[345]

Die von Zacher angesprochenen Möglichkeiten bezogen sich auf ein von der Personalabteilung[346] auf der eingangs erwähnten Sitzung des ISA am 18. November 1994 in Martinsried vorgestelltes »Minimalprogramm«, das im Wesentlichen beinhaltete, »in begrenztem Umfang und unter bestimmten Voraussetzungen BAT-Stellen mit Flexibilitätshilfe der Generalverwaltung in C3-Stellen für qualifizierte Wissenschaftlerinnen, die am Institut bereits beschäftigt sind, umzuwandeln«, und das später den Institutsleitungen im *Rundschreiben Nr. 38/1996* des Präsidenten als »Vorschläge« bekanntgegeben wurde.[347] Auch diese Flexibilitätshilfe seitens der Generalverwaltung setzte voraus, dass dafür überhaupt ausreichende Mittel zur Verfügung stünden – wobei es den Instituten freigestellt wurde, die Mittel für eine Stellenaufwertung aus eigenem Bestand aufzubringen.

343 Aktenvermerk Horn, Betr.: Weiterführung der konzeptionellen Überlegungen zu einem Frauenförderprogramm, 14. November 1995, Bl. 4, GVMPG, BC 207183.

344 Bl. 4, GVMPG, BC 207183.

345 Zacher an Baltes, 27. November 1995, GVMPG, BC 207183, fot. 46.

346 Gastl und Horn waren als Gäste anwesend.

347 Aktenvermerk Horn, Weiterführung der konzeptionellen Überlegungen zu einem Frauenförderprogramm, 14. November 1995, GVMPG, BC 207183, fot. 93.

Dennoch insistierte Baltes und verwies als Vorsitzender des WR und damit auch des Wissenschaftlerinnenausschusses auf das einstimmige Votum der Gremien, das auch der ISA »ohne Gegenstimmen« geteilt habe, man möge die Möglichkeiten der Gesetzgebung ausschöpfen:

> Der Arbeitsausschuß »Förderung der Wissenschaftlerinnen« begrüßt den im Vermerk der Personalabteilung vom 14. November 1995 skizzierten Vorschlag eines Programms der internen Beförderung von Frauen durch zeitlich befristete Einweisung von BAT-Stelleninhaberinnen auf C3-Stellen. Gleichzeitig bittet der Ausschuß jedoch den Präsidenten, dieses »Minimalprogramm« stärker in Richtung auf das ursprünglich vorgesehene C3-Sonderförderungsprogramm auszuweiten und die Möglichkeiten der Gesetzgebung auszuschöpfen.
>
> Der Ausschuß ist davon überzeugt, daß das ursprüngliche Programm weiterhin implementierbar ist. Ferner vertritt der Ausschuß die Meinung, daß dieses Programm als Maßnahme der Frauenförderung ganz essentiell ist, u. a. weil auf diese Weise eine Vergrößerung des Pools qualifizierter Wissenschaftlerinnen erreicht werden kann. Die Umsetzung des Programms sollte daher mit hoher Priorität verfolgt werden.[348]

Es blieb jedoch bei dem abschlägigen Bescheid des Präsidenten: Baltes' Modellvorhaben lasse sich in der ursprünglich geplanten Fassung nicht verwirklichen. Zum einen ließen nationales und europäisches Recht eine Ausschreibung von Stellen für qualifizierte Wissenschaftlerinnen nicht zu, da damit eine Diskriminierung männlicher Bewerber impliziert werde. Zum anderen fehle es an Ressourcen.[349] Doch stimmte das?

4.4.6.3 Finanzielle Aspekte

Per Senatsbeschluss vom 25. März 1995 war der Präsident gebeten worden, »zu prüfen, inwieweit C3- und C4-Stellen bereitgestellt werden können, damit qualifizierte Wissenschaftlerinnen verstärkt in herausgehobene Positionen im Sinne der Empfehlungen des Wissenschaftlichen Rates berufen werden«.[350] In seinem Bericht vor dem Senat im März des folgenden Jahres teilte Zacher mit, dass alle Möglichkeiten, dieses Programm zu verwirklichen, sehr intensiv durch die Generalverwaltung überprüft worden seien, doch machten es die aus dem Föderalen Konsolidierungsprogramm resultierenden Belastungen unmöglich, innerhalb der kommenden drei Jahre zusätzliche C3-Stellen bereitzustellen. Bei den C4-Stellen sei die finanzielle Lage sogar noch dramatischer – dort würden die Mittel noch nicht einmal zur Sicherung des Personalbedarfs der bereits gegründeten Institute reichen.[351] Infolgedessen sehe er sich auch nach

---

348 Baltes an Zacher, 11. Dezember 1995, GVMPG, BC 207183, fot. 155.
349 Zacher an Baltes, 6. Februar 1996, GVMPG, BC 207183, fot. 156.
350 Senatsbeschluss vom 24. März 1994, GVMPG, BC 207182, fot. 33.
351 Bericht des Präsidenten an den Senat, 15. März 1996, GVMPG, BC 207183, fot. 87.

erneuter Überprüfung der Stellensituation für die Jahre 1996 bis 1997 und voraussichtlich auch 1998 nicht in der Lage, »neben den Stellenablieferungen an die Finanzierungsträger zusätzliche C3- und C4-Stellen speziell zur Förderung von Wissenschaftlerinnen zur Verfügung zu stellen«.[352] Zacher wies darauf hin, »die Einführung eines C3-Sonderprogramms für Wissenschaftlerinnen« setze voraus, »daß entsprechende *Ressourcen* zur Verfügung stehen und ein *tragfähiges Konzept*« vorliege.[353] Wolle man den Instituten zusätzliche C3-Stellen für Wissenschaftlerinnen zur Verfügung stellen, so müssten diese C3-Stellen zuvor aus den Stellenhaushalten der Institute abgezogen werden. Dies könne jedoch nur anlässlich von Emeritierungen bzw. über vom Verwaltungsrat beschlossene Stelleneinzugsprogramme geschehen. Da die MPG zunächst ihre Stellenabgabe-Verpflichtungen gegenüber Bund und Ländern erfüllen müsse, sei davon auszugehen, »daß voraussichtlich erst in einigen Jahren für ein C3-Sonderprogramm Stellen verfügbar sind«.[354] Selbstverständlich würden Möglichkeiten für eine verstärkte Berufung von Wissenschaftlerinnen auf die gehobenen Positionen weiter fortlaufend geprüft. Zudem sei den Institutsleitungen bis zur »Wiederherstellung der Flexibilität« des Stellenhaushalts mit dem *Rundschreiben Nr. 38/1996* eine Reihe von Verfahrensvorschlägen zur verstärkten Besetzung von C3-Stellen mit Wissenschaftlerinnen unterbreitet worden, die im Februar mit dem Wissenschaftlichen Rat abgestimmt worden seien.[355] Diese »Vorschläge« bezogen sich auf vier Aspekte:

- *Qualifikationsvoraussetzungen*: Nach den Empfehlungen des Wissenschaftlichen Rates vom 2. Februar 1994 (Rundschreiben Nr. 42/1994) können Wissenschaftlerinnen in die Besoldungsgruppe C3 eingewiesen werden, wenn sie selbständige, hervorragende wissenschaftliche Leistungen erbracht haben, die durch eine Habilitation nachgewiesen sind oder den Anforderungen an eine Habilitation entsprechen würden. Das genannte Rundschreiben regelt auch das Einweisungsverfahren.
- *Auswahl von Kandidatinnen*: Zur bevorzugten Einweisung von Frauen in C3-Positionen kommen Wissenschaftlerinnen in Frage, die am Institut tätig sind und wegen der fehlenden C3-Stelle noch nicht in die C3-Position eingewiesen werden konnten oder an deren Gewinnung das Institut Interesse hat, aber deren Einstellung bisher an der fehlenden C3-Stelle scheiterte.
- *Qualifikationsvergleich am Institut*: Nach nationalem wie europäischem Recht sowie nach den vom Senat beschlossenen Regelungen zur Anwendung des Frauenfördergesetzes darf bei der Einstellung oder beim beruflichen Aufstieg von Mitarbeiterinnen oder Mitarbeitern niemand wegen seines Geschlechtes benachteiligt werden.

---

352 Ebd., fot. 96.
353 Ebd., fot. 93, Hervorhebung im Original.
354 Ebd., fot. 96.
355 »Vorschläge zur verstärkten Besetzung von C 3-Stellen mit Wissenschaftlerinnen« im Aktenvermerk Gastl/Horn, 17. Januar 1996, GVMPG, BC 207183, fot. 95.

– *Bereitstellung von Stellen*: Die Förderung der Aufstiegschancen der Frauen muß vorrangig aus den Stellenplänen der Institute realisiert werden. Dazu sollten die Institute verstärkt von der Möglichkeit Gebrauch machen, BAT-Stellen durch Einsatz von unbesetzten oder unterbesetzten Stellen nach C3 zu flexibilisieren. Daneben sind alle Möglichkeiten zu nutzen, um unterbesetzte C3-Stellen für die Frauenförderung frei zu machen. Die Generalverwaltung plant mittelfristig nach Konsolidierung des Personalhaushalts, Ressourcen frei zu machen, um die Institute bei der Flexibilisierung von C3-Stellen zu unterstützen sowie um zusätzliche C3-Stellen speziell für die Förderung von Wissenschaftlerinnen zuweisen zu können.[356]

Indirekt riet Zacher von einer auf Wissenschaftlerinnen abzielenden Ausschreibung ab, da diese nicht auf Frauen beschränkt sein dürfe. Sollten sich um die Stelle »männliche Wissenschaftler bewerben, die nach Eignung, Befähigung und fachlicher Leistung den Vorrang verdienen«, dürften Bewerberinnen nicht bevorzugt werden.[357] Im Präsidentenbericht hieß es dazu, dass eine gezielte Frauenförderung nicht erreichbar sei, »wenn im Rahmen eines Sonderprogramms Ausschreibungen durchgeführt würden, weil sich dann voraussichtlich überwiegend Männer bewerben würden«.[358] Zachers Sorge, Bewerbungen von Männern würden die Erfolgsaussichten ihrer Mitbewerberinnen verringern, legen die Vermutung nahe, dass die Aussichten der männlichen Bewerber per se wohl besser gewesen wären.

4.4.6.4 Aufbau Ost oder Sonderprogramm zur Frauenförderung?

Zeitgeschichtlich ist die Präsidentschaft Zachers gekennzeichnet durch den großen historischen und politischen Umbruch, den der Fall der Berliner Mauer und die nachfolgende deutsche Wiedervereinigung ausgelöst hatten – »die letzte große Zäsur in der bewegten Geschichte des Jahrhunderts«, wie es Thomas Duve und Stefan Ruppert genannt haben.[359] Das wirkte sich selbst auf die Gleichstellungsmaßnahmen der MPG aus, weil die notwendigen Ressourcen fehlten, um das C3-Sonderprogramm zur Frauenförderung zu finanzieren. Die Investitionen in den neuen Bundesländern ging einher mit Einsparungen in den bereits bestehenden Instituten im Westen. Durch die Anforderungen des Föderalen Konsolidierungsprogramms von Bund und Ländern sah sich die

---

356 Rundschreiben Nr. 38/1996 des Präsidenten an die Direktoren und Leiter der MPG-Institute und Forschungsstellen, Verstärkte Besetzung von C-Stellen mit Wissenschaftlerinnen, GVMPG, BC 207183, fot. 69–71, Hervorhebung im Original. Der letzte Punkt rekurriert auf die bereits angesprochenen haushalterischen Ressourcen, die auch Voraussetzung selbst für das »Minimalprogramm« waren.
357 GVMPG, BC 207183, fot. 70.
358 Bericht des Präsidenten an den Senat, 15.3.1996, GVMPG, BC 207183, fot. 89.
359 Duve und Ruppert: Rechtswissenschaft in der Berliner Republik, 2018, 11–35, 11.

MPG verpflichtet, binnen weniger Jahre etwa 11 Prozent ihrer Planstellen (740) einzusparen. Im forschungspolitischen Kontext des »Aufbaus Ost« hatte sich die MPG als zentraler Akteur und bereits 1990 mit einem mehrstufigen Programm positioniert, das im Kern aus 28 befristeten Arbeitsgruppen in den neuen Bundesländern bestand.

Mitchell Ash hat im Rückgriff auf Uwe Schimank das Vereinigungsgeschehen im wissenschaftspolitischen Bereich einmal als »nahezu panikartige Bemühungen« darum bezeichnet, »alles möglichst schnell und vor allem ohne grundlegende Änderungen des Bestehenden über die Bühne zu bringen.«[360] Bewahrt werden sollten dabei selbstverständlich die bewährten Westmodelle, was nicht zuletzt auf Kosten der erwerbstätigen Frauen bzw. Wissenschaftlerinnen ging,[361] und dies nicht nur im Osten. So wurden mit der Abschaffung flächendeckender Ganztagsschulen oder des »Hausarbeitstages« probate Konzepte zur Herstellung und Gestaltung der Work-Life-Balance ersatzlos gestrichen, was auch die Generalsekretärin der MPG in gesellschaftspolitischer Hinsicht kritisierte.[362] Im Kontext der vorliegenden Untersuchung kann der komplizierte, vom Wissenschaftsrat organisierte Evaluierungsprozess der Universitäten und Institute sowie der Akademie der Wissenschaften der DDR nicht im Einzelnen ausgeführt werden. Wichtig ist, sich hierbei noch einmal zu vergegenwärtigen, dass die Auflösung und »Einpassung« der Institute der DDR-Akademie und die »Abwicklungen« an den Universitäten nach Stand der bisherigen Forschung insgesamt zu einem extrem hohen Verlust an Arbeitsplätzen in den neuen Bundesländern führten.[363] Auch dieses Mal waren – wie in anderen wirtschaftlichen Krisenzeiten zuvor (etwa 1927 oder 1948) – erwerbstätige Frauen massiver als Männer von Arbeitslosigkeit betroffen.[364] Angesichts der »deutschen Einheit« sah sich die MPG also

360 Ash: Ressourcenaustausche, 2015, 307–341, 329. Vgl. dazu auch Schimank und Stucke (Hg.): *Coping with Trouble*, 1994, 400; Mayntz: Förderung und Unabhängigkeit, 1992, 108–126.
361 Für Justiz und Rechtswissenschaft wurde dies u. a. von Duve und Ruppert konstatiert: »Juristische Fakultäten wurden gegründet, man lehrte, studierte und prüfte in den neuen Bundesländern nun nach Studien-, Prüfungs- und Ausbildungsordnungen, die sich an denen der alten Bundesrepublik orientierten. [...] DDR-Justiz und -Rechtswissenschaft wurden schnell zur Rechtsgeschichte.« Duve und Ruppert: Rechtswissenschaft in der Berliner Republik, 2018, 11–35, 12.
362 Bludau: Generalsekretärin der Max-Planck-Gesellschaft, 1999. Zum Hausarbeitstag vgl. Sachse: *Der Hausarbeitstag*, 2002.
363 In Bezug auf quantitative Angaben zum sogenannten Transformationsprozess der wissenschaftlichen Elite der DDR antwortete Peer Pasternack auf die Frage, ob sich diese Vorgänge beziffern ließen: »Ja und nein. Die statistisch abgesicherten Erhebungen, denen sich für unseren Zweck relevante Zahlen entnehmen lassen, sind zum einen überschaubar, zum anderen aber in den Einzelheiten schwer miteinander vergleichbar. Zumindest lässt sich aus ihnen ableiten, dass es in den neunziger Jahren eine massenhafte Beendigung von wissenschaftlichen Berufsbiographien gab.« Pasternack: Die wissenschaftliche Elite der DDR nach 1989, 2004, 122–148, 132. Vgl. auch die Studie von Burkhardt: *Stellen und Personalbestand an ostdeutschen Hochschulen*, 1997.
364 Vgl. dazu etwa Booth: *Die Entwicklung der Arbeitslosigkeit in Deutschland*, 2010.

nicht nur mit enormen Kosten konfrontiert, sondern – einsparungsbedingt – auch mit einer Flut entlassener Wissenschaftlerinnen und Wissenschaftler.[365]

Bevor es jedoch um die Frage gehen soll, ob die neu gestalteten Max-Planck-Institute in den ostdeutschen Bundesländern auch auf Kosten der Wissenschaftlerinnen gegangen sind, ein kurzer kritischer Blick auf die historische Ausgangssituation: Die DDR reklamierte für sich eine »hochqualifizierte Frauenerwerbstätigkeit«, in der die bundesdeutsche Hausfrauenehe und insbesondere die Akademikergattin als »lebensgeschichtliches Auslaufmodell« galt, obwohl das familiäre und gesellschaftliche Engagement der *Frauen der Intelligenz* auch dort geschätzt wurde.[366] Doch auch in der DDR galt es, die in der BRD noch lange vorherrschende Überzeugung, ein Studium für Frauen lohne nicht, da diese ja ohnehin heiraten würden, erst einmal zu überwinden. Gunilla Budde argumentiert, die DDR habe die alte bürgerliche »Intelligenz« mittels eines umfassenden gesellschaftlichen Erneuerungsprozesses durch eine »sozialistische Intelligentsia« ersetzen wollen. Dabei hätten sich die Zugangs- und Zuordnungsbedingungen alter und neuer Intelligenz allerdings zunächst nur wenig unterschieden – in beiden Systemen habe es sich zunächst um traditionelle Akademiker gehandelt (etwa Ärzte, Juristen, Naturwissenschaftler). Und habe die SED anfangs Schwierigkeiten gehabt, sich auf einen Umgang mit der Intelligenzija zu verständigen, so galt dies in noch höherem Maße für Akademikerinnen, deren Integration in den Arbeitsmarkt nur zögerlich vonstattenging.[367] Der Prozentsatz an Studentinnen und Akademikerinnen in der DDR lag zwar stets höher als in der BRD,[368] doch glich er sich im Laufe der Jahrzehnte zunehmend an, weil die prozentuale Zunahme der DDR-Studentinnen sich abschwächte, die Zahl ihrer Kommilitoninnen im Westen hingegen stetig zunahm.[369] In der DDR wurde das Frauenstudium besonders ab Mitte der 1960er-Jahre stark gefördert, da der anhaltende Fachkräftemangel sich immer negativer auf die Volkswirtschaft auszuwirken drohte. Mitte der 1980er-Jahre erreichte der Anteil der Studentinnen in der DDR seinen historischen Höchststand.[370]

---

365 Zum arbeitsrechtlichen Gleichbehandlungsgrundsatz, der die sachfremde Schlechterstellung einzelner Arbeitnehmer gegenüber anderen Arbeitnehmern verbietet (»Feuerwehrurteil«) in Bezug auf den Aufbau neuer außeruniversitärer Forschungseinrichtungen in Ostdeutschland vgl. die Artikel der Mitglieder des MPG-Gesamtbetriebsrats Ebert: Neue Institute – alte Hüte?, 1997, 1–4, 1–3; Hartung: Schließen – und schließen lassen, 1997, 4. – Zur sozialen Sicherung in der ehemaligen DDR vgl. unter anderem Engelen-Kefer: *Kämpfen mit Herz und Verstand*, 2009, 211–237.

366 Budde (Hg.): *Frauen der Intelligenz*, 2003, 46. Budde illustrierte am Beispiel der Figur von »Frau Herrfurth« in Christa Wolfs Roman *Der geteilte Himmel*, wie der negativ konnotierte Typus der Akademikergattin im »literarischen Feminismus« der DDR kolportiert wurde; Wolf: *Der geteilte Himmel*, 2014, 44.

367 Budde (Hg.): *Frauen der Intelligenz*, 2003, 42.

368 Vgl. dazu beispielsweise Zentralinstitut für Jugendforschung (Hg.): *Einige Vergleichszahlen BRD–DDR*, 1988.

369 Budde (Hg.): *Frauen der Intelligenz*, 2003, 110–111.

370 Staatliche Zentralverwaltung für Statistik: *Statistisches Jahrbuch der Deutschen Demokratischen Republik*, 1989.

Die wesentlichen Unterschiede betrafen zum einen die Zugangsvoraussetzungen: Während sich in der BRD der überwiegende Teil der Studentinnen weiterhin aus dem Besitz- und Bildungsbürgertum rekrutierte, wurde in der DDR vermehrt jungen Frauen aus Arbeiter- und Angestelltenfamilien Zugang zum Studium gewährt. Zum anderen – und ganz entscheidend im Hinblick auf die MINT-Problematik, also den Mangel an Frauen in den Bereichen Mathematik, Informatik, Naturwissenschaft und Technik – wurde in der DDR die Repräsentanz von Frauen in den Technik- und Naturwissenschaften gezielt gefördert, wohingegen in der BRD die meisten Studentinnen in den Geistes- und Kulturwissenschaften anzutreffen waren.[371]

Zurück zur Max-Planck-Gesellschaft: Hinsichtlich der anfänglichen Genderstruktur in den MPG-Einrichtungen der neuen Bundesländer vermitteln die bereits 1993 erhobenen Daten zur Beschäftigungssituation von Frauen ein unbefriedigendes Bild:[372] Sie waren im Wissenschaftsbereich eindeutig unterrepräsentert – 61 Frauen gegenüber 189 Männern –, nur eine einzige Wissenschaftlerin erfhielt einen unbefristeten Arbeitsvertrag[373] und keine der 61 Wissenschaftlerinnen leitete eins der »adoptierten« Ost-Institute.[374] Stichproben ausgewählter Institute im Untersuchungszeitraum erlauben eine tentative Bestätigung dieses Trends. Dieser Befund bestätigt den Eindruck, dass für die Mehrheit der Frauen in der MPG die »Neugestaltung der ostdeutschen Forschungslandschaft«[375] für sie zunächst keine neuen Chancen eröffnete: Das C3-Sonderprogramm zur Förderung der Wissenschaftlerinnen wurde zugunsten des »Aufbaus Ost« zurückgestellt, der sich für viele, wenn auch nicht für alle Wissenschaftlerinnen im Hinblick auf ihre Beschäftigungssituation eher als »Abbau Ost« erwies. Ein Trend, den 2007 auch der Wissenschaftsrat und das Kompetenzzentrum Frauen in Wissenschaft und Forschung (CEWS) bestätigten. Das CEWS hatte zur Analyse der Gleichstellungsfortschritte auf Länderebene Ranglisten für die Jahre 1992 und 2004 erstellt – basierend auf dem jeweiligen Frauenanteil an Promotionen, Habilitationen, am wissenschaftlichen und künstlerischen Personal sowie an Professuren:

371 Eine differenzierte Analyse des Frauenstudiums in der DDR bietet Maul: *Akademikerinnen in der Nachkriegszeit*, 2002, 272–252. Vgl. auch Hagemann: Gleichberechtigt?, 2016, 108–135.

372 Hartung: Beschäftigungssituation von Frauen, 1993, 151–155 (Anhang). Hartungs Daten basierten auf einer Zusammenstellung der Generalverwaltung für Einrichtungen in den neuen Ländern zum Stichtag 1. Januar 1993: Sie wurde ergänzt durch Informationen von Betriebsräten aus dem MPI für Mikrostrukturphysik in Halle und der Berliner Projektgruppe Plasmaphysik.

373 Hartung: Beschäftigungssituation von Frauen, 1993, 151–155.

374 1994 wurde Angela Friederici die erste Direktorin eines MPI in den neuen Bundesländern. Sie ist Gründungsdirektorin des Leipziger MPI für neuropsychologische Forschung, im Folgejahr wurde Lorraine Daston als Direktorin an das MPI für Wissenschaftsgeschichte berufen, das bei seiner Gründung im Ost-Berliner Stadtteil Mitte lag. Zu Friederici und Daston siehe auch ihre biografischen Skizzen, Kapitel 3.3.13 und 3.3.14.

375 Ash: Ressourcenaustausche, 2015, 307–341, 331.

Bei diesem Ländervergleich fällt zum einen auf, dass 1992 fünf von sechs ostdeutschen Bundesländern (Brandenburg, Sachsen-Anhalt, Thüringen, Mecklenburg-Vorpommern und Berlin) sich in den oberen drei Ranggruppen befinden, ein Hinweis darauf, dass diese Länder offenbar von den besseren Gleichstellungsbedingungen in der DDR-Zeit profitieren. 2004 sind es mit Berlin, Brandenburg und Mecklenburg-Vorpommern nur noch drei ostdeutsche Bundesländer, die sich durch überdurchschnittliche Leistungen in der Gleichstellung auszeichnen. Der Umbau des Hochschulsystems in diesen Bundesländern scheint demnach zumindest teilweise zu Lasten von Frauen bzw. nach den tradierten Mustern Westdeutschlands erfolgt zu sein.[376]

Hinsichtlich des C3-Sonderprogramms für Wissenschaftlerinnen in der MPG kam es trotz Föderalem Konsolidierungsprogramm unerwartet schnell zu einer positiven Wende. Im Juni 1996 übergab Präsident Zacher die Amtskette an seinen Nachfolger Hubert Markl.[377] Der erfahrene Wissenschaftsmanager Markl ist bis heute der einzige Präsident, der zuvor nicht Wissenschaftliches Mitglied der MPG war. Mit der forschungspolitischen Frauenförderungsthematik war Markl bereits aus seiner Zeit als Präsident der DFG (1986–1991) und als Gründungspräsident der Berlin-Brandenburgischen Akademie der Wissenschaften (1993) vertraut. Zudem war er ein Befürworter des Sonderprogramms zur Förderung von Wissenschaftlerinnen, wie er in der Sitzung des Verwaltungsrats im November 1996 unter Beweis stellte. Unter Markls Vorsitz beschloss der Verwaltungsrat das Sonderprogramm, das von Zacher noch im März abschlägig beschieden worden war, und stellte unter Verwendung privater Stiftungsmittel 7,2 Millionen Mark zu dessen Umsetzung bereit.[378] Es ist als frauenfördernde Maßnahme im Frauenförder-Rahmenplan von März 1998

---

376 Wissenschaftsrat (Hg.): *Empfehlungen zur Chancengleichheit*, 2007, 17–18.
377 Der Biologe, Wissenschaftspolitiker und Publizist Hubert Markl war von 1996 bis 2002 eine Amtszeit lang Präsident der MPG, die ihn als »intellektuelle Leitfigur« würdigte. Ein großes Verdienst seiner Präsidentschaft war die mutige Aufarbeitung der Geschichte der Kaiser-Wilhelm-Gesellschaft im »Dritten Reich« durch eine unabhängige Präsidentenkommission und das öffentliche Schuldbekenntnis im Namen der MPG. Seine berühmte Sprachgewalt würdigte der *Tagesspiegel* in seinem Nachruf vom 10. Januar 2015: »Markl antwortete […], wie nur Markl es vermochte: Temperamentvoll, scharfzüngig und furchtlos, voller Sarkasmus und Ironie, bewehrt mit ungeheurem Hintergrundwissen holte er die teilweise ins Hysterische entglittene Diskussion auf den Boden naturwissenschaftlicher Tatsachen zurück und verteidigte wortgewaltig die Freiheit der Forschung.« Wewetzer: Forscher, Autor, Politiker, 2015.
378 Protokoll der 169. Sitzung des Verwaltungsrates vom 21. November 1996 in München, AMPG, II. Abt., Rep. 61, Nr. 169.VP, fot. 5. Vgl. dazu auch Niederschrift der 144. Sitzung des Senats vom 22. November 1996 in München, AMPG, II. Abt., Rep. 60, Nr. 144.SP, fot. 15 verso–16. Bei den privaten Stiftungsmitteln handelte es sich unter anderem um Gelder aus der Gielen-Leyendecker-Stiftung, zu deren Förderschwerpunkten die Förderung von Nachwuchswissenschaftlerinnen gehört; Deutsches Stiftungszentrum: Gielen-Leyendecker-Stiftung, 2021. https://www.deutsches-stiftungszentrum.de/stiftungen/gielen-leyendecker-stiftung. Zuletzt aufgerufen am 9. Juni 2021.

verankert.[379] Der schnelle Kurswechsel erlaubt, sich eine Vorstellung vom Ermessensspielraum eines Präsidenten der MPG zu machen.

Markl stieß mit dieser Entscheidung durchaus auch auf Widerstand, wie aus der empörten Reaktion des Ehrensenators und Fördernden Mitglieds Hans L. Merkle auf die geplante Verwendung von Förderspenden für das »Frauenprogramm« hervorgeht. Merkle wies Markl darauf hin, »daß Spenden, die der MPG zugehen, grundsätzlich für wissenschaftliche Zwecke gedacht« seien, zumindest gelte dies für die Spenden seiner Firma (Bosch). Er kündigte an, weitere Spenden würden unterbleiben, solange er nicht die Gewissheit habe, »daß sie zur Förderung der Wissenschaft eingesetzt« würden. Wissenschaftlich ausgebildete, »zur ernsthaften Mitarbeit bei der MPG bereite Frauen« hätten auch bisher Arbeit in der MPG gefunden und würden dies auch zukünftig ohne das Erfordernis von Sonderprogrammen tun.[380]

Der Kurswechsel verdeutlicht, dass die MPG an diesem Punkt letztendlich mit sich selbst verhandeln musste. Externe Faktoren – wie die Sorge um den Verlust von Fördermitteln – hatten die Gleichstellungspolitik in der MPG überhaupt in Gang gesetzt. Offenbar bedurfte es zu ihrer erfolgreichen Umsetzung zudem eines Präsidenten, der von außen kam.

4.5   Wirkung der Gleichstellungsmaßnahmen

4.5.1   »Forschung rund um die Uhr«: Notwendigkeit oder Ideologie?

Kurz vor der Jahrtausendwende resümierte die *Times* das Thema Work-Life-Balance in der Wissenschaft:

The give-away is that few of the women who make it to professor have children. As with high-flyers in many professions, the crucial breaks tend to come when people are in their thirties. Promotion depends heavily on publications. Anyone who has taken time out in these years – most of them women – risks being at a disadvantage. Overcoming

---

379 »Als Signal gegen die bestehende Unterrepräsentation von Frauen in Positionen der Besoldungsordnung C3 wurde im November 1996 in Ergänzung zu den bestehenden Fördermöglichkeiten ein auf drei Jahre befristetes Sonderprogramm geschaffen, das jährlich ca. drei hervorragend qualifizierten Wissenschaftlerinnen die Möglichkeit bietet, sich im Rahmen eines fünfjährigen C3-Vertrages für eine leitende Tätigkeit in Hochschulen oder außeruniversitären Forschungseinrichtungen zu qualifizieren.« Rundschreiben Nr. 49/1998 der Generalsekretärin an die Institutsverwaltungen, Betriebsräte, Vertrauenspersonen für die weiblichen Beschäftigten. Förderung von Frauen und der Vereinbarkeit von Familie und Beruf in der Max-Planck-Gesellschaft. Frauenförder-Rahmenplan, BC 207184, fot. 152.

380 Schreiben Merkle an Markl vom 23. April 1997, GVMPG, BC 207184, fot. 71.

this will mean taking trouble to encourage women to apply, taking careful account of the quality rather than the quantity of publications, and not penalising people who take longer to reach the professorial threshold. It can be done if people have the will. But have they?[381]

Auch in der MPG konzentrierten sich Anfang der 1990er-Jahre die Frauenförderungsmaßnahmen in erster Linie auf das Problem der Vereinbarkeit von Familie und Beruf. Die Maßnahmen bestanden zu diesem Zeitpunkt in den *Empfehlungen* des Wissenschaftlichen Rats, den daraus resultierenden »Verbesserten Rahmenbedingungen«[382] sowie der Einsetzung des Wissenschaftlerinnenausschusses, der die Umsetzung der *Empfehlungen* beobachten sollte.[383]

Dies war – wie den Diskussionen und Prioritätensetzungen aus den bisherigen Ausführungen zu entnehmen ist – programmatisch.[384] Der überwiegende Teil der Maßnahmen bezog sich auf familienpolitische Regelungen wie Elternurlaub, Teilzeitarbeit und Kinderbetreuung.[385] In ihren Förderleitlinien folgte

381 Aus dem Leitartikel in der Beilage Hochschulwesen der *Times* vom 28. Mai 1999, zitiert nach European Commission: *Science Policies*, 2000, 38. Handlungsbedarf sahen hier auch Edelstein und Hofschneider gegeben, die darauf hinwiesen, dass zum Jahrtausendwechsel in den USA 95 Prozent der Männer in Spitzenpositionen Kinder hatten – verglichen damit nur 40 Prozent der Frauen; Edelstein und Hofschneider: *Verantwortliches Handeln in der Wissenschaft*, 2001, 133.

382 Rundschreiben Nr. 36/1991, Förderung von Frauen in der Max-Planck-Gesellschaft, 10. Mai 1991, GVMPG, BC 207185, fot. 153.

383 Sicher wäre es interessant, sich in diesem Kontext auch mit den frauen- bzw. familienpolitischen Positionen des Sozialrechtswissenschaftlers Zacher auseinanderzusetzen. Vgl. dazu Zacher: Ehe und Familie in der Sozialrechtsordnung, 1993, 555–581. Ich danke Eberhard Eichenhofer für diesen Hinweis. Vgl. auch Eichenhofer (Hg.): *Familie und Sozialleistungssystem*, 2008. Aus dem Münchner MPI für Sozialrecht, dessen Gründungsdirektor Zacher 1980 gewesen war, kamen zu dieser Zeit keine Impulse zur Umsetzung der Gleichstellungspolitik in der MPG. Dort konzentrierte sich die Forschung primär auf Fragen der sozialen Absicherung im Rechtsvergleich. In der geplanten Untersuchung der rechtswissenschaftlichen Institute der MPG unter genderspezifischer bzw. frauenrechtlicher Fragestellung wird dieser Überlegung weiter nachgegangen. Ich danke Eva Maria Hohnerlein vom MPI für Sozialrecht für diese Hinweise.

384 »Zum anderen sei eine Veränderung weg von der Frage der Gleichstellung der Frau hin zum Prinzip der Vereinbarkeit von Familie und Beruf für Frauen und Männer erfolgt.« Zacher im Oktober 1994 vor den Sektionen, Bericht des Präsidenten insbesondere zur Frage der Verbesserung der Beschäftigungssituation der Frauen in der Max-Planck-Gesellschaft – Protokoll der Sitzung der Chemisch-Physikalisch-Technischen Sektion des Wissenschaftlichen Rates vom 19. Oktober 1994 in Heidelberg, AMPG, II. Abt., Rep. 62, Nr. 1833, fot. 10 verso–12 verso.

385 Es handelte sich dabei weitgehend um Empfehlungen, wie etwa die »Verbesserten Rahmenerklärungen«, und Absichtserklärungen, die bis zum Abschluss des FFRP 1998 nicht bindend waren. Diskussionen Anfang der 1990er-Jahre im Wissenschaftlichen Rat, zwischen GBA und GV sowie im Senat kamen beispielsweise übereinstimmend zu dem Schluss, dass um Frauen/Wissenschaftlerinnen zu fördern, es unerlässlich sei, betriebsnahe Kinderbetreuungseinrichtungen zu schaffen. Siehe unter anderem AMPG, II. Abt., Rep. 62.

die MPG damit der BLK in der Vermutung, dass strukturelle Rahmenbedingungen für die Benachteiligung von Wissenschaftlerinnen verantwortlich seien, die sich insbesondere in dem frauenspezifischen Problem der Vereinbarkeit von wissenschaftlicher und reproduktiver Arbeit niederschlage. Das Förderkonzept der Max-Planck-Gesellschaft unterschied sich darin keineswegs von anderen Konzepten der Frauenförderung. Es fußte auf der Annahme, »Frauen könnten sich aufgrund biologischer ›Beeinträchtigungen‹ und gesellschaftlich zugewiesener Rollenerwartungen nicht im gleichen Ausmaß der Wissenschaft widmen wie Männer«, und mündete daher in Maßnahmen, die diesen »Schwachpunkt« kompensieren« sollten.[386]

Das Problem einer fehlenden Work-Life-Balance, das sowohl im Zentrum der bundesdeutschen als auch der MPG-Maßnahmen zur Frauenförderung stand, erklärten die Entscheidungsträger – bei denen es sich zu diesem Zeitpunkt noch mehrheitlich um Männer handelte[387] – somit zur »Frauenfrage«, sprich zum Problem der Frauen.[388] Hinter diesem Ansatz der Unvereinbarkeit steckte ein bestimmtes gesellschaftliches Rollenverständnis.

Die neuere Wissenschaftsforschung hat sich damit auseinandergesetzt, wie das Wissenschaftssystem von einem männlichen Wissenschaftsmythos geprägt worden ist,[389] der ein spezifisches Leitbild eines Wissenschaftlers transportiert: bedingungslose Hingabe an die Wissenschaft im Rahmen einer an die männliche Normalbiografie angepassten Arbeitszeitnorm.[390] Dieses männliche Stereotyp korrespondiert mit einem anderen Stereotyp: der »Rabenmutter«. Dieser ideologisch aufgeladene Begriff bezeichnet Frauen, die sich aufgrund ihrer Berufstätigkeit angeblich nicht angemessen um ihre Kinder kümmern.[391] Das Zusammenwirken beider Stereotype generiert eine scheinbare Dichotomie

---

386 Krais und Krumpeter: *Wissenschaftskultur*, 1997, 31–35, 57.

387 Das galt für die Westdeutsche Rektorenkonferenz sowie Hochschulen und Forschungseinrichtungen ebenso wie für den Bundestag (auch wenn in der 13. Wahlperiode dem Präsidium eine Frau vorstand – Rita Süssmuth – und die Grünen Antje Vollmer entsandt hatten) und das Kabinett Kohl V (in dem Sabine Leutheusser-Schnarrenberger/Justiz, Angela Merkel/Umwelt und Claudia Nolte/Familie vertreten waren). Vgl. dazu auch weiterführend Bundesministerium für Familie, Senioren, Frauen und Jugend: *Dritter Bericht*, 2002.

388 Vgl. dazu beispielsweise Metz-Göckel, Möller und Auferkorte-Michaelis: *Wissenschaft als Lebensform*, 2009, hier insbesondere das Kapitel »Kinderbetreuung als ›Frauenproblem‹ – ein langsamer Wandel«.

389 Vgl. dazu unter anderem Matthies et al.: *Karrieren und Barrieren im Wissenschaftsbetrieb*, 2001; Metz-Göckel, Möller und Auferkorte-Michaelis: *Wissenschaft als Lebensform*, 2009, 147–148; Haghanipour: *Mentoring als gendergerechte Personalentwicklung*, 2013, 75–79.

390 Vgl. dazu Wimbauer: *Organisation, Geschlecht, Karriere*, 1999, 142; Matthies et al.: *Karrieren und Barrieren im Wissenschaftsbetrieb*, 2001, 107; Metz-Göckel, Möller und Auferkorte-Michaelis: *Wissenschaft als Lebensform*, 2009, 147; Steinhausen und Scharlau: Gegen das weibliche Cooling-out in der Wissenschaft, 2017, 315–330, 319.

391 Zur Verwendung des Begriffs Rabenmutter als Genderstereotyp für berufstätige Mütter vgl. u. a. Scheffler: *Schimpfwörter im Themenvorrat einer Gesellschaft*. 2000; Sieverding:

aus Wissenschaft und Mutterschaft, mit der tradierten Erwartungshaltung einer hundertprozentigen Hingabe an den jeweiligen Bereich. Wissenschaft als Lebensform[392] – wer sich der Wissenschaft nicht »ungeteilt« und »ganzheitlich« verschreibt, »der oder die kommt für die akademische Laufbahn gar nicht erst in Frage«.[393] Dem steht eine »Mütterideologie« gegenüber, »die davon ausgeht, dass es kleinen Kindern schade, wenn sie nicht rund um die Uhr von der Mutter betreut werden«.[394] Die daraus folgende Konklusion, dass die beiden Bereiche nicht teilbar und daher auch nicht miteinander kompatibel seien, erschwert den Zugang von Frauen bzw. Müttern zu wissenschaftlichen Karrieren.[395] Frauen, die in *beiden* Bereichen tätig sein wollen, wären mit diesem Vorhaben zum Scheitern verurteilt, heißt es, da sie wissenschaftlich weniger leistungsfähig und zugleich ihre mütterlichen Fähigkeiten infrage gestellt wären. Allerdings blendet die Behauptung der Unvereinbarkeit von Mutterschaft und wissenschaftlicher Karriere aus, dass auch Frauen ohne Kinder schlechtere Karrierechancen haben als Männer.

Zugleich stellt sich die Frage, ob eine bedingungslose Hingabe an die Wissenschaft objektiv überhaupt erforderlich ist. So hat beispielsweise Beate Krais auf die Schwierigkeit hingewiesen, soziale und epistemische Aspekte analytisch voneinander zu trennen, wenn im Namen wissenschaftlicher Erkenntnis spezifische Zeitstrukturen, Organisationsformen und Hierarchien als »natürlich« und »zwingend begründet« erscheinen.[396] Auch der »Arbeitskreis zur Förderung der Frauen in der Wissenschaft« hatte sich unter dem Vorsitz von Hofschneider auf seiner ersten Sitzung am 28. Juni 1990 in Lübeck mit dieser Fragestellung auseinandergesetzt. Unter dem Stichwort »Sachzwänge« diskutierten die Mitglieder die Bedeutung des Leistungsprinzips in der Wissenschaft sowie die aus experimenteller Forschung erwachsenden besonderen Erfordernisse.[397] Der Arbeitskreis stellte die Erwartungshaltung einer »Forschung rund um die Uhr« infrage und kritisierte diese als »Ideologie«.[398]

Psychologische Karrierehindernisse, 2006, 57–78, 59–64; Färber: Work-Life-Balance bei Ärztinnen, 2006, 279–294, 279.

392 Vgl. etwa Mittelstraß: *Wissenschaft als Lebensform*, 1982; Krais: Wissenschaft als Lebensform, 2008, 177–211; Metz-Göckel, Möller und Auferkorte-Michaelis: *Wissenschaft als Lebensform*, 2009.

393 Beaufaÿs: Wissenschaftler und ihre alltägliche Praxis, 2004, 1–8.

394 Abele: Karriereverläufe und Berufserfolg bei Medizinerinnen, 2006, 35–56, 46.

395 Vgl. dazu unter anderem Krais (Hg.): *Wissenschaftskultur und Geschlechterordnung*, 2000, 9–29; Geenen: Akademische Karrieren von Frauen, 2000, 85–105, 97; Wimbauer: *Organisation, Geschlecht, Karriere*, 1999, 49–50; Metz-Göckel, Selent und Schürmann: Integration und Selektion, 2010, 8–35, 19–24.

396 Krais: Das soziale Feld Wissenschaft und die Geschlechterverhältnisse, 2000, 31–54, 34.

397 Vgl. »Stichwortkatalog zur Formulierung eines Thesenpapiers zur speziellen Förderung von Wissenschaftlerinnen«, zusammengestellt von Nunner-Winkler und Hofschneider, 5. Juli 1990, GVMPG, BC 207181, fot. 467–468.

398 Der Stichwortkatalog bildete die Diskussionsgrundlage für die 1991 vom Wissenschaftlichen Rat der MPG veröffentlichten *Empfehlungen*.

Auch Generalsekretärin Bludau bezeichnete die »Art und Weise, wie Frauen in der Bundesrepublik Deutschland ihre berufliche Tätigkeit mit ihren Erziehungspflichten verbinden müssen«, als gleichermaßen »empörend« wie unangemessen und problematisierte die weiterhin traditionelle und einseitige Verteilung der Erziehungsarbeit.[399] Sie beobachtete, dass selbst in dem Fall, in dem Kinderbetreuungszeiten so aufgeteilt seien, dass die Kinder auch phasenweise vom Vater betreut würden, die eigentliche Verantwortung dennoch bei der Mutter liege: »Die ernsten Termine und das Aufstehen in der Nacht bei Zahnschmerzen usw.: Das ist immer noch ungleich verteilt. Die Art, wie Frauen sich dieser Aufgabe stellen, ist immer noch so, daß sie das mit ganzen hundert Prozent machen.«[400] Männer stellten sich hingegen dieser Aufgabe mit wohlwollend geschätzten 60 Prozent. Da gebe es noch einigen Spielraum für Veränderungen.

Veränderte Zeitstrukturen und Organisationsformen der Arbeit, die sich stärker an den Bedürfnissen von Müttern bzw. Eltern orientieren,[401] hätten fraglos bereits früher einen vielversprechenden Lösungsansatz bieten können – auch wenn sich für bestimmte Arbeitsbereiche die Option des »Zuhause-Arbeitens« problematisch gestaltete bzw. nicht bestand. Die entsprechenden Empfehlungen dafür hatte der Wissenschaftlerinnenausschuss schon 1990 mit der Absicht ausgesprochen, Müttern und Vätern in der Phase der Familiengründung die Vereinbarkeit von Wissenschaft und Familie zu erleichtern:

– Eine Flexibilisierung der Arbeitszeit bezüglich des Tages- und/oder des Jahresablaufs, unter Berücksichtigung der fachspezifischen Gegebenheiten.
– Im Rahmen der Fürsorgepflicht sollten Institutsdirektoren einerseits ein *Zuhause-Arbeiten* zulassen und andererseits dafür sorgen, daß (teil-) beurlaubte Mütter und Väter in ständigem Kontakt mit ihrem Wissenschaftsgebiet bleiben können, z. B. durch die Teilnahme an Seminaren und Tagungen, die Vergabe von Werkverträgen oder literarischen Arbeiten.[402]

Dies wurde jedoch innerhalb der Generalverwaltung zunächst unter Hinweis auf in der MPG geltende Qualitätsstandards abgelehnt und mit fragwürdigen arbeitsrechtlichen Argumenten zurückgewiesen:

Einer generellen Empfehlung, die Institutsdirektoren sollten im Rahmen der Fürsorgepflicht ein Zuhause-Arbeiten zulassen, kann nicht zugestimmt werden. Sie würde dem allgemeinen Grundsatz widersprechen, daß die Arbeitsleistung eines Arbeit-

---

399 Bludau: Generalsekretärin der Max-Planck-Gesellschaft, 1999.
400 Ebd.
401 Die BLK hatte bereits 1989 »flexible Arbeitszeiten« als Maßnahme erkannt, die viel dazu beitragen könne, »daß Wissenschaftlerinnen mit Familie und/oder Kindern weiterhin berufstätig bleiben können und damit den Anschluß behalten«. Aktenvermerk Horn, 4. Oktober 1989, Bericht der BLK, GVMPG, BC 207182, fot. 415.
402 Im »Entwurf einer Empfehlung als Grundlage einer Diskussion bei den Martinsrieder Gesprächen« handschriftlich unterstrichen und mit dem Kommentar versehen: »wohl nur in begrenztem Umfang wegen Kontrolle der Arbeitszeit«, GVMPG, BC 207181, fot. 422.

nehmers – im Unterschied zu der eines freien Mitarbeiters – in der vom Arbeitgeber bestimmten Arbeitsstätte, d. h. regelmäßig in dem vom Arbeitgeber eingerichteten Betrieb, zu erbringen ist. Bei experimentell arbeitenden Wissenschaftlerinnen scheidet eine Tätigkeit außerhalb des Max-Planck-Instituts ohnehin aus. Aber auch bei nicht experimentellen Arbeiten im Bereich der Natur- und Geisteswissenschaften kann ein Zuhause-Arbeiten (schon wegen der Kontroll- und Nachweisprobleme) nur in eng definierten Ausnahmefällen zugelassen werden. Hinzu kommt, daß eine derartige Arbeitsgestaltung – wenn sie zugelassen würde – auch anderen wissenschaftlichen Mitarbeitern kaum noch verwehrt werden könnte.[403]

Ein experimenteller Arbeitsbereich, auf den das zutreffe, sei beispielsweise das Labor.[404] Doch zum einen ging es gar nicht primär um den Einsatzort, sondern um die Bereitschaft, im Zweifelsfall »rund um die Uhr« im Dienst der Forschung zu stehen. In ihrer Studie beschrieb Munz, was (nicht nur) die MPG etwa unter Umständen »bahnbrechender Forschungsabläufe« als selbstverständlich erwarte, und zwar, dass die Forscher:innen Abstand von der »Betriebsförmigkeit« eines Achtstundentages nähmen und sich »über das normale Maß hinaus« auch unter Inkaufnahme einer 70-Stunden-Woche der Forschung zur Verfügung stellten.[405] Zum anderen kommt hier – konkret im Hinblick auf die oben von Horn angesprochenen »Kontrollprobleme« – zum Tragen, was Allmendinger und Hinz als »das alte und dennoch ungelöste Spannungsfeld zwischen Vertrauen und Kontrolle in und zwischen Organisationen« bezeichnet haben.[406] Obwohl das Thema »flexible Arbeitszeiten« bereits 1991 als Kann-Regelung Eingang in die »Rahmenbedingungen für bessere Beschäftigungsmöglichkeiten von Frauen in der MPG« gefunden hatte,[407] wurde dieser Punkt erst 1998 verbindlich im FFRP festgelegt, was als gemeinsamer Erfolg von Frauen- und Wissenschaftlerinnenausschuss gewertet werden kann.[408]

403 Persönliches Anschreiben Horn an Hofschneider, 10. Oktober 1990, GVMPG, BC 207181, fot. 293. Im Hinblick auf die Erfahrung der Corona-Pandemie seit Frühjahr 2020 erscheint diese Argumentation umso befremdlicher.

404 Vgl. für den Arbeitsbereich Labor exemplarisch den Artikel von Knorr-Cetina: Das naturwissenschaftliche Labor, 1988, 85–101. Das naturwissenschaftliche Labor stellt sie als Ort dar, an dem gesellschaftliche Praktiken für epistemische Zwecke instrumentalisiert und in Apparaturen der Erkenntnisfabrikation transformiert werden.

405 Munz: *Zur Beschäftigungssituation von Männern und Frauen*, 1993, 26–27.

406 Allmendinger und Hinz: Perspektiven der Organisationssoziologie, 2002, 9–15, 13–15.

407 Vgl. dazu Rundschreiben Nr. 36/1991, Förderung von Frauen in der Max-Planck-Gesellschaft, 10. Mai 1991, GVMPG, BC 207185, fot. 154.

408 »B. Maßnahmen zur Vereinbarkeit von Familie und Beruf, 1. Flexible Arbeitszeiten, 1.1 Wer Kinder oder sonstige Angehörige im Rahmen von Familienpflichten zu betreuen hat, hat im Rahmen der gesetzlichen, tariflichen und betrieblichen Möglichkeiten und der geltenden Regelungen über die Arbeitszeitgestaltung und -erfassung Anspruch auf eine individuelle Arbeitszeitregelung. Soweit es sich hierbei um eine auf Dauer angelegte persönliche Regelung handelt, die von der allgemeinen betrieblichen Arbeitszeitregelung abweicht, unterliegt sie nach § 87 Abs. 1 Nr. 2 BetrVG der Mitbestimmung des Betriebsrats und ist schriftlich festzulegen.« Frauenförder-Rahmenplan, GVMPG, BC 207184, fot. 72.

Ein Paradigmenwechsel in der geschlechtsspezifisch segregierten Arbeitssituation erforderte neben einem institutionellen, ökonomischen und rechtlichen auch einen kulturellen Wandel, ein grundsätzliches Umdenken in allen Köpfen – das galt auf Ebene der Bundespolitik ebenso wie für die MPG.
Die Erwägung, die MPG könne bei der Überwindung gesellschaftspolitischer
Widerstände vorangehen, war 1995 im Wissenschaftlichen Rat angesprochen
worden und der damalige Vorsitzende Paul Baltes hatte dazu geraten, die MPG
müsse »nicht zuletzt im eigenen Interesse in Sachen Frauenförderung kreativer
sein«.[409] Die Anregung, die MPG solle ihre Pionierrolle in der Forschung auch
im gesamtgesellschaftlichen Transformationsprozess wahrnehmen, wurde erneut Ende 1997 von MPG-Wissenschaftlerinnen aufgegriffen:

Familien bestehen in der Regel aus Vätern, Müttern und Kindern. In Deutschland
ist es meist üblich, daß die Hauptverantwortung für Kinder von den Müttern übernommen wird. Für die Männer ist das sehr bequem, und von vielen Frauen, darunter
auch Wissenschaftlerinnen innerhalb der MPG […], wird dieses Rollenverhalten so
akzeptiert. Ich frage mich nun, ob die MPG nicht Vorreiterin in einem Umdenkprozeß
sein könnte, der die Erziehung von Kindern und Verantwortung für die Familie zur
Aufgabe für Mütter und Väter erklärt.[410]

Eine Tatsache, der sich auch Präsident Markl bewusst war, als er in seiner Replik
feststellte, es müsse »Veränderungen vor allem im gesellschaftlichen Umfeld und
in den Köpfen von Männern geben« und die MPG müsse sich »um die Schaffung
von Arbeitskontexten kümmern, die es leichter machen, Familie und Beruf miteinander zu kombinieren«, wozu auch Regeln, »die es Männern nahelegen, ihre
Erziehungsaufgaben mit Frauen zu teilen«, gehörten.[411]
   Auch die Generalsekretärin dachte über (gesamt-)gesellschaftspolitische Lösungen nach, wobei sie Vergleiche mit den entsprechenden Lebensbedingungen
in anderen europäischen Ländern anstellte. Als herausragendes Beispiel führte
sie die Physikerin Catherine Bréchignac an, die als Präsidentin des CNRS
(2006–2010) an der Spitze einer großen französischen Forschungsorganisation
stand und gleichzeitig Mutter von drei Kindern war. Auf die Frage, wie sie das
denn alles schaffe, habe Bréchignac ihr geantwortet: »Ich habe selbstverständlich Ganztagsschulen oder auch Unterbringungsmöglichkeiten für die Kinder.
Und einkaufen tun wir am Sonntag in Paris.«[412] Ein wichtiger Aspekt sei zudem

409 Meermann: Frauenförderung in der MPG, 1995, 18–19, 19.
410 Engelhardt an Markl, 1. Oktober 1997, GVMPG, BC 207184, fot. 276. Britta Engelhardt
     war zu dieser Zeit Forschungsgruppenleiterin am MPI für Physiologische und Klini-
     sche Forschung (W. G. Kerckhoff-Klinik). Im November 1999 wurde sie dort auf eine
     C3-Stelle berufen. 2003 erhielt sie den Ruf auf den Lehrstuhl für Immunbiologie am
     Theodor-Kocher-Institut der Universität Bern und wurde dort zudem Vorsitzende der
     innerfakultären Gleichstellungskommission.
411 Antwort Markl an Engelhardt, 10. November 1997, GVMPG, BC 207184, fot. 198.
412 Bludau: Generalsekretärin der Max-Planck-Gesellschaft, 1999.

die deutlich größere Akzeptanz von weiblichen Führungskräften in Frankreich. Hinsichtlich des Themas Ganztagsschule verwies Bludau auf das Beispiel der DDR im Sinne einer gesellschaftspolitisch verpassten Gelegenheit:

Daß wir heute immer noch Halbtagsschulen haben, halte ich [...] für einen absoluten Skandal. [...] Ich finde nicht in Ordnung, daß wir im Bereich der Kinderbetreuung unterentwickelt sind, daß wir da nicht das übernommen haben, was die DDR gut entwickelt hatte. Hinsichtlich der Kinderbetreuungseinrichtungen im weitestgehenden Sinne ist auch unser Steuersystem nicht in Ordnung.[413]

Nach wie vor skeptisch ist die Nobelpreisträgerin und Gründungsdirektorin des Tübinger MPI für Entwicklungsbiologie Christiane Nüsslein-Volhard, was die Vereinbarkeit von Wissenschaft und Familie betrifft.[414] Nach ihrem Dafürhalten kann eine wissenschaftliche Karriere für Frauen nur mit Abstrichen im privaten und sozialen Bereich gelingen. Frauen, die als Wissenschaftlerinnen erfolgreich Karriere machen wollten, »können dann nicht auch noch eine hundertprozentig gute Mutter und supergepflegte Ehefrau sein, dazu putzen und kochen«.[415] Bei männlichen Wissenschaftlern sei die Work-Life-Balance ganz anders, da die wenigsten von ihnen mit berufstätigen Frauen verheiratet seien: »Die sind alle ganz fokussiert auf die Arbeit, oft völlig abgeschottet, denn die Frau kümmert sich ja um Haus, Kinder und Hund.«[416]

Zusammenfassend lässt sich also festhalten, dass sich bis Mitte der 1990er-Jahre die Maßnahmen der MPG, die dazu beitragen sollten, den Anteil von Wissenschaftlerinnen (nicht nur) in Spitzenpositionen zu erhöhen, in auf *Empfehlungen* basierenden Selbstverpflichtungen und neu formulierten Stellenausschreibungen erschöpften sowie in – allerdings nicht zu unterschätzenden – vereinzelten Zuschüssen zu Kinderbetreuungsplätzen.[417] Die ersten Programme zur Förderung von Wissenschaftlerinnen, wie etwa das W2-Minerva-Programm, liefen in der MPG 1997 an, nachdem verbindliche Vereinbarungen (Senatsbeschluss und Gesamtbetriebsvereinbarung) getroffen worden waren,

413 Ebd.
414 Zu Nüsslein-Volhard siehe ihre biografische Skizze in Kapitel 3.3.11.
415 Nüsslein-Volhard: Weniger Zeit, 2015. Zu der Christiane Nüsslein-Volhard-Stiftung zur Förderung von Frauen in der Wissenschaft vgl. https://cnv-stiftung.de/fileadmin/ user_upload/pdfs/Infoblatt_de.pdf. Zuletzt aufgerufen am 12. August 2017.
416 Nüsslein-Volhard: Weniger Zeit, 2015.
417 Vgl. dazu etwa Horn an Pinkau, 26. Februar 1992, GVMPG, BC 207181, fot. 64–66, oder das Rundschreiben Nr. 22/1993 zur »Förderung überbetrieblicher Kinderbetreuungseinrichtungen/Bewilligungsverfahren«, GVMPG, BC 207180, fot. 345–351.

4.5.2   Gewicht und Wirkung des Frauenförder-Rahmenplans

In der Einleitung des Frauenförder-Rahmenplans der MPG hieß es, Chancengleichheit könne nur dann verwirklicht werden, wenn auf institutioneller und persönlicher Ebene intensiv nach Wegen gesucht werde, in allen Einrichtungen der MPG Frauen gleichgestellt einzubinden. Dazu sei eine »kritische Reflexion eingefahrener Arbeitsabläufe«[418] sinnvoll und notwendig. Die – gegenüber dem als Ausgangspunkt für frauenfördernde Maßnahmen in der Max-Planck-Gesellschaft geltenden Frauenfördergesetz – stark beschnittenen Mitspracherechte (wie etwa hinsichtlich der Beteiligung der Gleichstellungsbeauftragten an Berufungsverfahren) legen die Vermutung nahe, dass es sich bei dieser Aufforderung zu selbstkritischer Haltung wohl eher um ein Lippenbekenntnis gehandelt hat.

Rückblickend kamen die Frauenbeauftragten und der GBR der MPG im Jahr 2005 unabhängig voneinander zu der Einschätzung, dass der FFRP in der ersten Fassung ein viel zu schwaches Regelwerk gewesen sei, um ausreichend von den Leitungen der Institute akzeptiert zu werden. Positive Entwicklungen im Bereich der C3- und C4-Stellen seien nicht auf Maßnahmen des FFRP zurückzuführen, sondern auf die Schaffung von Sonderprogrammen. Auch wenn dieser Erfolg nicht unterschätzt werden dürfe, sei doch zu konstatieren, dass »die gesetzten Zielvorgaben nicht erreicht« wurden, was die Frage aufwerfe, »inwieweit Frauen-Förderpläne überhaupt geeignete Instrumente sind, um das Bewusstsein für die Diskriminierung von Frauen zu schärfen und dadurch eine gesellschaftliche Akzeptanz für die Förderung von Frauen zu erreichen«.[419]

Der FFRP sollte den örtlichen Frauenbeauftragten ein Instrument in die Hand geben, um dieses Ziel zu erreichen. Betrachtet man sich nun die jährlichen Analysen der ZGB, muss festgestellt werden, dass die Erstellung der Statistiken viel Aufwand, viel Bürokratie und Zahlenmaterial erfordert hat, sich aber insgesamt nicht viel bewegt hat.[420]

Die Modifikationen, die erforderlich waren, um gesetzliche Normen der Gleichstellungspolitik überhaupt durchsetzen zu können, verdeutlichen einmal mehr, dass die Leitungsgremien der MPG Partizipation und Mitspracherechte an Personalentscheidungen, insbesondere Berufungsverfahren, so weit als möglich unterbinden oder zumindest einschränken wollten. Wie bereits im langwierigen Verhandlungsprozess bei der Implementierung der beiden anderen »Säulen« der Gleichstellungspolitik belegen auch diese Adaptionen, wie schwer man sich mit dem Mitbestimmungsrecht des Gesamtbetriebsrats tat. Hierbei handelt es sich um ein tiefergehendes Strukturproblem der MPG im bekannten Spannungsfeld zwischen Peripherie und Zentrum, das nicht nur Frauen, sondern stärkere Partizipation ingesamt betraf. Dies war von Anfang an die Strategie der Leitungs-

---

418 Frauenförder-Rahmenplan 1998, GVMPG, BC 207184, fot. 148.
419 Roßmayer: *Gender-Politik in der Max-Planck-Gesellschaft*, 2005.
420 Ebd.

gremien gewesen. Dies geht unter anderem aus dem Protokoll der Sitzung des Intersektionellen Ausschusses im Juni 1989 hervor, als das Thema Benennung von Frauenbeauftragten in der MPG erstmals auf der Tagesordnung stand und die ISA-Mitglieder übereinstimmend zu der Auffassung gelangten, dass »die Initiative für den Bereich der Wissenschaft nicht an die Betriebsräte der Institute abgetreten werden dürfe«.[421] Die Anpassungen des FFG an die Wünsche der MPG im FFRP hatten somit in erster Linie regulativen Charakter und verloren damit deutlich an Wirkung.

4.5.3 Sonderprogramme – eine sinnvolle Weichenstellung für Gleichstellung?

Im Hinblick auf die Wirkmacht des C3-Sonderprogramms stellt sich grundsätzlich die Frage, ob ein Sonderprogramm mit insgesamt neun zusätzlichen C3-Stellen für Wissenschaftlerinnen überhaupt einen sinnvollen Beitrag zu nachhaltiger Frauenförderung bzw. zur Gleichstellung leisten kann. Immerhin bedeutet solch ein Sonderprogramm keine Konkurrenz für die männlichen Wissenschaftler und ist von daher viel einfacher zu verkraften als Neubesetzungen in unmittelbarer Konkurrenz zueinander – nach dem Motto: »You can eat your cake and still have it«.

Der Wissenschaftliche Rat befürwortete diese Maßnahme eindeutig, sei der Einbruch von Wissenschaftlerinnen (*leaky pipeline*) doch genau auf dem Weg von der Promotion zur Habilitation zu verorten: »In dieser Lebensphase bündeln sich vor allem für Frauen die Anforderungen, die sich aus der Verknüpfung von Familie und Beruf ergeben.«[422] Mit dem C3-Sonderprogramm wurden Weichen zur Frauenförderung gestellt, das belegt die zwar langsam, aber stetig wachsende Anzahl von Wissenschaftlerinnen auf statushöheren Positionen. Und fraglos bedeuten mehr höherdotierte Stellen für Wissenschaftlerinnen – und mögen es auch noch so wenige sein – unterm Strich immer einen Gewinn. Zwei Jahre nach der Einführung des Programms gingen 1998 bereits sechs der insgesamt 14 *regulären* C3-Stellen auf das Konto des sogenannten Frauenprogramms (vgl. dazu Tabelle 6).

Jutta Allmendinger zog ebenfalls eine positive Bilanz, auch wenn sie in Bezug auf den Zeitpunkt, der für die Karriere von Wissenschaftlerinnen entscheidend ist, anderer Ansicht war und diesen noch früher ansetzte.[423] Baltes' Konzept

---

421 Ergebnisprotokoll der Sitzung des Intersektionellen Ausschusses des Wissenschaftlichen Rates der Max-Planck-Gesellschaft am 3. Juni 1989 auf Schloß Ringberg, GVMPG, BC 207181, fot. 591.

422 Meermann: Frauenförderung in der MPG, 1995, 18–19, 19.

423 »Und warum wird der Übergang von der Habilitation zur Professur als entscheidend betrachtet? Alle Statistiken belegen, dass dort das Problem nicht liegt. In den Sprach- und Kulturwissenschaften finden wir 68 Prozent Frauen unter den Absolventen, bei den

für ein C3-Sonderprogramm für Frauen bezeichnete sie im Kontext der 2006 ausgerufenen »Offensive« als visionär: »Wir vermissen schmerzlich die Durchsetzungskraft eines Paul B. Baltes, der vor zehn Jahren in der Max-Planck-Gesellschaft C3-Positionen nur für Frauen durchgefochten hat. Fast alle diese Frauen haben heute ordentliche Professuren.«[424]

Tabelle 6: Erste Auswirkungen des Sonderprogramms.

Besoldungsgruppe	1996	1997	1998
(C4) Direktorinnen & Wissenschaftliche Mitglieder	5 (226) = 2,2 %	5 (220) = 2,3 %	4 (225) = 1,8 %
(C2/3): Forschungsgruppen- bzw. Abteilungsleiterinnen Anteil C3-Sonderprogramm	7 (185) = 3,8 % [2]	10 (181) = 5,5 % [4]	14 (200) = 7 % [6]

Quelle: Aufstellung der Generalverwaltung und Zahlenspiegel. – Albert Bucher, GV II b 1, im Auftrag von Klaus Horn an Christiane Nüsslein-Volhard, Aufstellung aller in C3 eingewiesener Wissenschaftlerinnen, einschließlich des Sonderprogrammes zur Förderung hervorragender Wissenschaftlerinnen in der MPG, sowie aller Nachwuchsgruppenleiterinnen und aller weiblichen Wissenschaftlichen Mitglieder, 19. Februar 1999, GVMPG, BC 207179. Die absoluten Zahlen in Klammern geben die Grundgesamtheit der wissenschaftlich Beschäftigten auf dieser Besoldungsstufe an. – Nur eine dieser Wissenschaftlerinnen, und zwar Ilme Schlichting, schaffte den Sprung zur MPI-Direktorin: 2002 wurde sie als Wissenschaftliches Mitglied an das MPI für medizinische Forschung berufen; vgl. dazu auch das Kurzporträt von Schlichting in Peerenboom: Chemische Reaktionen im Zeitraffer, 1998, 20–22, 21. Die Disziplinen: Donna G. Blackmond (1996–1999): MPI für Kohlenforschung (Professor Imperial College London) – Schlichting (1997–2002): MPI für molekulare Physiologie – Magdalene Götz (1997–2003): MPI für Psychiatrie (Lehrstuhl/LMU) – Regina de Vivie-Riedle (1997–2002): MPI für Quantenoptik (Professur/LMU) – Friederike Schmid (1998–2000): MPI für Polymerforschung (Professur Uni Mainz) – Emma Spary (1998–2001): MPI für Wissenschaftsgeschichte (Reader/Cambridge).

In ihren »Empfehlungen« hatten Allmendinger und ihre Mitarbeiter:innen bereits zehn Jahre zuvor Markls Einrichtung des Sonderprogramms für Wissenschaftlerinnen in C3-Positionen als Maßnahme begrüßt, um »die Sichtbarkeit von Frauen in statushohen Positionen« zu vergrößern und das Bild der »Ausnahmefrau« durch ein »Normalbild« zu ersetzen, mit dem sich der weibliche Nachwuchs identifizieren könne und wolle. Zudem vergrößere dies auch langfristig den »Pool« von Frauen, die auf C4-Positionen berufbar seien, und beseitige so ein Stück unerträglicher Marginalität. Gleichzeitig verwies sie darauf, dass eine

---

Promotionen 40 Prozent, bei den Habilitationen 30 Prozent, bei den Professuren 20 Prozent. Der freie Fall passiert nach dem Hochschulabschluss, nicht zwischen Habilitation und Professur.« Allmendinger: Zwischenruf, 2006, 18–19, 18.
424 Ebd.

systematische Ergänzung durch aktive Reformmaßnahmen von unten ebenso dringlich geboten sei.[425]

Doch ein Sonderprogramm zur Förderung hervorragender Wissenschaftlerinnen warf auch unter Wissenschaftlerinnen die kritische Frage auf, ob in der MPG von Frauen erbrachte wissenschaftliche Leistungen grundsätzlich anders bewertet würden als wissenschaftliche Leistungen von Männern. In einem offenen Brief an Markl fragte Britta Engelhardt[426] im Oktober 1997:

> Läßt diese Maßnahme nicht nur die Interpretation zu, daß in der MPG wissenschaftliche Leistungen erbracht von Frauen grundsätzlich anders bewertet werden als wissenschaftliche Leistungen von Männern? Weshalb sonst bedürfte es eines Sonderprogrammes zur Schaffung von Stellen, die unter Ausschluß der männlichen Mitstreiter ausschließlich an herausragende Wissenschaftlerinnen vergeben werden sollen? In der MPG ist man offensichtlich zu der Auffassung gelangt, daß die geringe Anzahl an Frauen in leitenden Positionen innerhalb der Max-Planck-Gesellschaft darauf zurückzuführen ist, daß man es versäumt hat, Sonderpositionen mit besonderer Protektion für Frauen zu schaffen. Es stimmt mich in der Tat sehr nachdenklich, daß die MPG, deren erklärtes Ziel es bislang war, herausragende Forschung hervorzubringen und hervorragende Leistung zu fördern, ihrem Prinzip gänzlich untreu wird, wenn es um Aktivität im Rahmen der von der Regierung auferlegten Frauenförderung geht.[427]

In seiner Antwort an Engelhardt im November 1997 führte Markl drei Punkte an, warum er das Sonderprogramm befürwortet hatte und es als »eine sinnvolle Komponente in dem Gesamtunterfangen *Förderung der Frauen in der Wissenschaft*« betrachte. Dabei berief er sich auf die drei Hauptargumente des Wissenschaftlichen Rats und des Wissenschaftlerinnenausschusses:

- Erstens, die Symbolwirkung eines derartigen Programms. Es macht deutlich, daß die MPG es ernst meint, und diese Tatsache wird von vielen Wissenschaftlerinnen innerhalb und außerhalb der MPG als Ermutigung willkommen geheißen.
- Zweitens, die Bedeutung dieses Programms für andere Wissenschaftsorganisationen. Ich glaube beispielsweise, daß das Handeln der MPG mit dazu beigetragen hat, daß sich inzwischen der Wissenschaftsrat mit dieser Thematik beschäftigt.
- Drittens, das MPG-Sonderprogramm hat das Ziel, Frauenförderung auf der Ebene zu stimulieren, die bisher noch keine größere Veränderung gezeigt hat, wo aber aufgrund jüngster Entwicklungen in der Habilitationsrate eine echte Chance für einen Durchbruch besteht. Es geht also darum, die jüngsten Entwicklungen auf der Habilitationsebene (seit wenigen Jahren steigt erstmals die Zahl der Frauen, die sich

---

425 Allmendinger, Stebut und Fuchs: »Zur Integration von Wissenschaftlerinnen in die MPG: Empfehlungen«, November 1996, GVMPG, BC 207184, fot. 102.

426 Engelhardt schickte den an Markl adressierten Brief »zur Kenntnisnahme« an Baltes, Mirbach und Michael Globig, damals Chefredakteur des *MPG-Spiegels*.

427 Offener Brief von Britta Engelhardt an den Präsidenten der MPG Hubert Markl, 1. Oktober 1997, GVMPG, BC 207184, fot. 275.

habilitieren) zum Anlaß zu nehmen, um den »historischen« Prozeß der Integration von Frauen in die Wissenschaft zu beschleunigen. In anderen Worten, die MPG hat Sonderressourcen zur Verfügung gestellt, die es ermöglichen, Frauen schneller in die Leitungsebenen zu bringen, als dies der normale Gang der Berufungen auf frei werdende Stellen ermöglichen würde.[428]

Auf die Frage allerdings, ob mit der Qualifikation von Frauen innerhalb der MPG anders umgegangen werde als mit der ihrer männlichen Kollegen, antwortete auch Markl wie seine Vorgänger Staab und Zacher mit dem vertrauten Credo, die Förderung von Frauen dürfe »nicht durch Qualitätsverlust im Sinn von Quotierungen erreicht werden«.[429] Dabei nahm er explizit Bezug auf einen Artikel von Baltes, der im November 1995 unter dem Titel »Besser auf dem rechten Weg hinken, als festen Schrittes abseits wandern« im *MPG-Spiegel* erschienen war und den er als wegweisend für die MPG-Position in der Frage der Frauenquotierung bezeichnete.[430] Die Antwort auf die eigentliche Frage – ob die MPG die von Frauen erbrachten wissenschaftlichen Leistungen grundsätzlich anders bewerte, und zwar hinsichtlich einer Diskriminierung zu ihren Ungunsten – blieb jedoch auch er schuldig.

4.5.4 Analyse der Beschäftigungssituation und Berufungspraxis 1998

Im Juli 1997 beschlossen die Regierungschefs von Bund und Ländern, den BLK-Bericht »Förderung von Frauen im Bereich der Wissenschaft« mit einem Ergänzungsbericht fortzusetzen, der unter anderem Daten über Frauen in Führungspositionen an Hochschulen von 1990 bis 1995 für die alten Länder und von 1992 bis 1995 für die neuen Länder enthielt. Vergleichbare Daten für die außeruniversitären Forschungseinrichtungen waren dagegen nur für das Jahr 1995 ausgewiesen. Die Regierungschefs baten daher die BLK, die entsprechenden Daten zu ergänzen und systematisch zu erfassen. Das fiel in der MPG mit Beschluss der GBV in den Aufgabenbereich der Zentralen Gleichstellungsbeauf-

---

428 Antwort Markl an Engelhardt, 10. November 1997, GVMPG, BC 207184, fot. 198–199. Markls Schreiben ging in Kopie an Baltes und den Direktor des MPI für Hirnforschung Wolf Singer, Baltes Nachfolger als Vorsitzender des WR.

429 Antwort Markl an Engelhardt, 10. November 1997, GVMPG, BC 207184, fot. 198.

430 Vgl. dazu den Kommentar von Baltes: Förderung von Frauen in der Wissenschaft, 1995, 2–5, hier insbesondere Seite 5: »Wenn die Max-Planck-Gesellschaft ihre besondere Aufgabe als einer der Mentoren der Grundlagenforschung in Deutschland ernst nimmt, hat sie (und implizit die Gesellschaft) allerdings viel zu verlieren, wenn sie in ihren Bemühungen, die Zahl der Frauen in der Wissenschaft zu erhöhen, nicht den Weg beschreitet, der zu guter Wissenschaft und langfristig zu einer hochqualifizierten Wissenschaftlergemeinde führt. Quotenregeln sind dabei kontraproduktiv.«

tragten Marlis Mirbach, die auf der systematischen Grundlage der Munz-Studie eine Analyse erstellte und im März 1999 vorlegte.

Mirbach warnte in ihrer »Analyse der Beschäftigungssituation 1998«[431] davor, die seit 1996 leicht steigende Tendenz des Frauenanteils in einigen Lohn-, Vergütungs- und Gehaltsgruppen zum Anlass zu nehmen, sich bequem zurückzulehnen in der Hoffnung, die Gleichstellung regele sich von selbst. Es bleibe abzuwarten, ob diese Tendenz signifikant sei. In jedem Fall sei die Steigerungsrate viel zu gering, um in den nächsten Jahrzehnten Gleichstellung zu erreichen. Auffallend sei, dass Wissenschaftlerinnen überproportional oft einen Zeitvertrag hätten,[432] »auch dies mit steigender Tendenz! Hier besteht dringend Handlungsbedarf.«[433] Um die jahrzehntelange Benachteiligung der Frauen in der Max-Planck-Gesellschaft in diesem Bereich zu beseitigen, seien »bei der Besetzung unbefristeter Stellen in der Wissenschaft qualifizierte Frauen absolut vorrangig zu berücksichtigen«.[434] Aufgrund der geringen Anzahl unbefristeter Stellen sei dabei jede Besetzung von Bedeutung.

Der Sachverhalt des nahezu unverändert geringen Frauenanteils in höheren wissenschaftlichen Positionen war auch den Entscheidungsträgern innerhalb der MPG hinlänglich bekannt.[435] Obwohl nicht überraschend, schätzte Generalsekretärin Bludau das Fazit von Mirbachs Analysebericht gerade deswegen als »sehr bedenklich« ein.[436] In der MPG glaubte man allerdings, das Missverhältnis zwischen Wissenschaftlerinnen und Wissenschaftlern sei »sei nicht in erster Linie der MPG anzulasten«, sondern gehe auf gesamtgesellschaftliche Bedingungen zurück:

Wie man aus jüngsten Untersuchungen wisse, stehe Deutschland, was den Frauenanteil unter den Wissenschaftlern angehe, im internationalen Vergleich ziemlich schlecht da. Bestimmend dafür sei das gesellschaftliche Umfeld mit seinem Wertesystem, der Rollenüberlastung der Frauen und der immer noch geringen Bereitschaft

---

431 Mirbach, Analyse der *Beschäftigungssituation* 1998, 15. März 1999, GVMPG, BC 207186, fot. 77.

432 63,6 Prozent von 483 Wissenschaftlerinnen (Vorjahre 60,6 % bzw. 55,6 %) gegenüber 39,8 Prozent von 2.654 Wissenschaftlern (Vorjahre 38,4 % bzw. 35,4 %), GVMPG, BC 207186, fot. 77.

433 Ebd.

434 Ebd.

435 Vgl. dazu beispielsweise die Antwort der Generalsekretärin der MPG an Simone Probst, Mitglied des Deutschen Bundestages [Fraktion Bündnis 90/Die Grünen], auf deren Anfrage zu gezielten Fördermaßnahmen von Frauen in der MPG, 5. August 1996, GVMPG, BC 207179, fot. 218–222.

436 Kommentar der Generalsekretärin Barbara Bludau zu Mirbachs Analyse u. a. in Bezug auf den hohen Zeitvertragsanteil bei den Wissenschaftlerinnen, die Einstellung auf Dauerstellen und Beförderung auf »Wissenschaftlerstellen nach WI oder WIa« in einem Schreiben an Wolf Singer, damaliger WR-Vorsitzender, vom 17. April 2000, GVMPG, BC 207184, fot. 2. Offensichtlich hatten die im Vorjahr angemahnten Defizite weiterhin zu keiner nennenswerten Verbesserung geführt.

der Männer, ihre Prioritätensetzung im beruflichen Sektor zugunsten familiärer Aufgaben zu reduzieren.[437]

Damit hatte sich die Max-Planck-Gesellschaft gesellschaftspolitisch im Mainstream verortet, was hinsichtlich ihrer Selbstwahrnehmung als Vorreiterin in der Wissenschaft bemerkenswert ist. Allerdings lässt die Rezeption von Mirbachs Beschäftigungsanalyse durch die Generalverwaltung Zweifel daran aufkommen, ob Hemmnisse tatsächlich vor allem äußere waren. So kommentierte Horn im September 1998 in seiner »Stellungnahme zum Bericht der Gleichstellungsbeauftragten« den überproportional hohen Anteil an Zeitverträgen unter den Frauen mit der Einschätzung, dieser könne »durchaus sachliche Gründe haben und den Wünschen der Wissenschaftlerinnen entsprechen«.[438] Er empfahl dem Wissenschaftlichen Rat, das Thema auf der nächsten Sitzung des Wissenschaftlerinnenausschusses« zu diskutieren, und bezweifelte, »ob hier wirklich ›dringender Handlungsbedarf‹ besteht, wie die Gleichstellungsbeauftragte meint«.[439] Seine Interpretation rief großes Befremden bei den Vertrauenspersonen hervor. So erklärten die beiden Frauenbeauftragten des MPI für Metallforschung, Saskia F. Fischer und Inge Morlok, in einem Antwortschreiben an Horn:

Aus der jährlichen Analyse der Beschäftigungssituation von Frauen und Männern in der MPG können wir *keine* Hinweise über »die Wünsche« der Wissenschaftlerinnen entnehmen. Die Wünsche von Wissenschaftlerinnen und Nachwuchswissenschaftlerinnen [...], die uns als Vertrauensfrauen mitgeteilt werden, machen im Gegenteil deutlich, daß diese Frauen gesicherte und langfristige Arbeitsverhältnisse in der Forschung suchen. Wir sehen, wie die Zentrale Gleichstellungsbeauftragte, einen *dringenden* Handlungsbedarf, um den unverhältnismäßig niedrigen Anteil von Wissenschaftlerinnen mit unbefristeten Verträgen zu erhöhen. Daher begrüßen wir Ihren Vorschlag, diese Problematik in der MPG ab sofort zu bearbeiten.[440]

Horn ließ diesen Brief zunächst unbeantwortet, wie aus einer Nachfrage der Stuttgarter Frauenbeauftragten hervorgeht. Im Oktober 1999 setzte Horn Fischer telefonisch darüber in Kenntnis, dass er bereits im August dem Vorsitzenden des Wissenschaftsrats, Wolf Singer, nahegelegt habe, auf der nächsten Sitzung des Wissenschaftlerinnenausschusses zu überprüfen, »ob in Bezug auf Dauerarbeitsverhältnisse für Wissenschaftlerinnen eine verdeckte Diskriminierung« festzustellen sei.[441] Gleichwohl war es zwei Jahre später der Erklärungs-

---

437 Meermann: Senatsbeschluß, 1995, 19–20, 20.
438 Stellungnahme Horn, 3. Mai 1999, GVMPG, BC 207186, fot. 88.
439 GVMPG, BC 207186, fot. 88.
440 Fischer und Morlok an Horn, 20. Juli 1999, GVMPG, BC 207186, fot. 86, Hervorhebung im Original.
441 Horn an Singer, 27. August 1999, mit handschriftlicher Telefonnotiz vom 13. Oktober 1999, GVMPG, BC 207186, fot. 53.

Tabelle 7: Anteil der Wissenschaftlerinnen in den wissenschaftlichen Instituten der MPG, 1993–1998 (einschließlich IPP, rechtlich selbständiger Institute, Kliniken sowie institutioneller und Projektförderung).

Vergütungs- bzw. Besoldungsgruppe	Frauenanteil Stand 1.1.1993	Frauenanteil Stand 1.1.1994	Frauenanteil Stand 1.1.1995
C4	2 (222)[442] = 0,9%	3 (233) = 1,3%	5 (234) = 2,1%
C 2/3	10 (194) = 5,2%	8 (184) = 4,3%	6 (174) = 3,4%
BAT I	0 (67) = 0%	0 (58) = 0%	0 (54) = 0%
W I a	28 (430) = 6,5%	27 (429) = 6,3%	25 (418) = 6,0%
W I b	141 (1.062) =13,3%	160 (1.098) = 14,6%	164 (1.085) = 19,1%
BAT und W II a	235 (975) = 24,1%	230 (979) = 23,5%	215 (1.003) = 21,4%
Stipendiatinnen[443]	137 (469) = 29,2%	142 (584) = 24,3%	163 (657) = 24,8%
Doktorandinnen*	330 (1.480) = 22,3%	454 (1.937) = 23,4%	535 (2.075) = 25,8%
stud. Hilfskräfte*	208 (588) = 35,4%	338 (1.007) = 33,6%	370 (1.058) = 35,0%
	2 von 25 Nachwuchsgruppenleitern sind weiblich	2 von 24 Nachwuchsgruppenleitern sind weiblich	0 von 19 Nachwuchsgruppenleitern sind weiblich
MPG-Beschäftigte insgesamt	10.988, davon 41,2% Frauen	11.074, davon 41,3% Frauen	11.149, davon 41,5% Frauen

Quelle: MPG-Zahlenspiegel, MPG-Spiegel und Fortschreibung Horn. – Fortschreibung der Übersicht aus MPG-Spiegel 2/91, Horn 17. März 1998, GVMPG, BC 207179, fot. 84. Die Statistik, auf die Horn sich bezieht, steht auf S. 19, deren Fortschreibung in Meermann: Senatsbeschluß, 1995, 19–20, 20; MPG (Hg.): *Max-Planck-Gesellschaft in Zahlen und Daten 1996*, 1996, 12–13, 19, 23; MPG (Hg.): *Max-Planck-Gesellschaft in Zahlen und Daten 1997*, 1997, 12–13, 19, 23; MPG (Hg.): *Max-Planck-Gesellschaft in Zahlen und Daten 1998*, 1998.

ansatz von Horn, der für das angesprochene disproportionale Geschlechterverhältnis bei befristeten Arbeitsverträgen in den Analysen und Empfehlungen für »Verantwortliches Handeln in der Wissenschaft« erneut angeführt wurde, ohne dass die expliziten Äußerungen der ZGB und der örtlichen Vertrauenspersonen dort berücksichtigt wurden.[444] Auch hatte die MPG die Frage nicht in einer Studie untersuchen lassen.

1998 lag der Frauenanteil in der MPG auf C4-Positionen bei 1,8 Prozent und auf C2-/C3-Positionen bei 5,5 Prozent und damit weiterhin hinter den entsprechenden Werten an Hochschulen von 5,9 Prozent (C4), 9,8 Prozent (C3) und 13,9 Pro-

---

442 Angaben in Klammern stellen den Anteil an Männern in absoluten Zahlen dar.

443 Basis: Inländer-Kopfzahlen des vorangegangeen Jahres.

444 »Die Unterrepräsentation von Frauen hat mehrere Ursachen, die sich wechselseitig verstärken: einmal sind es die Entscheidungen der Frauen selbst, zum anderen die Schwierigkeiten, die ihnen gemacht werden, und zum dritten Merkmal des deutschen Wissenschaftssystems«; Edelstein und Hofschneider: *Verantwortliches Handeln in der Wissenschaft*, 2001, 131.

Frauenanteil Stand 1.1.1996	Frauenanteil Stand 1.1.1997	Frauenanteil Stand 1.1.1998
5 (226) = 2,2 %	5 (220) = 2,3 %	4 (225) = 1,8 %
7 (185) = 3,8 %	10 (181) = 5,5 %	14 (200) = 7,0 %
0 (52) = 0 %	0 (48) = 0 %	2 (55) = 3,6 %
24 (409) = 5,9 %	21 (382)= 5,5 %	20 (388) = 5,2 %
141 (1.003) = 14,1 %	132 (942) = 14,0 %	110 (920) = 12,0 %
204 (997) = 20,5 %	190 (934) = 20,3 %	235 (1084) = 21,7 %
208 (708) = 29.4 %	210 (705) = 29,8 %	219 (718) = 30,5 %
525 (2.064) = 25,4 %	535 (2.096) = 25,5 %	544 (2.078) = 26,2 %
387 (1.043) =37,1 %	388 (1.000) = 38,8 %	443 (1.086) = 40,8 %
2 von 24 Nachwuchsgruppen- leitern sind weiblich	3 von 26 Nachwuchsgruppen- leitern sind weiblich	6 von 37 Nachwuchsgruppen- leitern sind weiblich
11.036, davon 41,8 % Frauen	10.735, davon 42,1 % Frauen	11.036, davon 42,2 % Frauen

14, 28. Die absoluten Zahlen in Klammern geben die Grundgesamtheit der wissenschaftlich Beschäftigten auf dieser Besoldungsstufe an – einschließlich des IPP, der rechtlich selbstständigen Institute, Kliniken sowie institutioneller und Projektförderung. »Zahlenspiegel« wird hier als Gattungsname verwendet, genaugenommen hieß der »Zahlenspiegel« von 1994 bis 1997 »MPG in Zahlen« und erschien von 1998 bis 2000 zweisprachig unter dem Namen »Zahlen und Daten/Facts and Figures«.

zent (C2).[445] Die Anzahl von Direktorinnen und weiblichen Wissenschaftlichen Mitgliedern belief sich auf vier von insgesamt 225. In der Besoldungsgruppe C2/C3 – also beispielsweise Forschungsgruppenleiterinnen – kamen 14 Frauen auf 186 Männer (siehe Tabelle 7).[446] Die Anteilswerte blieben weiterhin umso kleiner, je höher die Besoldungsgruppe war.

Vor diesem Hintergrund richtete der Präsident den dringenden Appell an die Sektionen, »zu einer sichtbaren Veränderung dieser Situation beizutragen. Andernfalls drohe die Gefahr des Verlustes eines Kernbereichs der Autonomie der MPG, nämlich des Selbstrekrutierungsrechts der Wissenschaftler«.[447]

445 Die Angaben beruhen auf GWK: Chancengleichheit in Wissenschaft und Forschung, 2014, Tabelle 1.1.
446 Für die Universitäten und Hochschulen Lundgreen: Das Personal an den Hochschulen in der Bundesrepublik Deutschland, 2009, 43, 66–68.
447 Zusammenfassende Niederschrift der Sitzung der Biologisch-Medizinischen Sektion des Wissenschaftlichen Rates vom 24. Juni 1998 in Weimar, AMPG, II. Abt., Rep. 62, Nr. 1681, fot. 9–10.

Markl hatte damit ein Problem angesprochen, das sowohl der Wissenschaftliche Rat als auch der ISA schon seit Jahren unter der Maßgabe notwendiger Reformen in Bezug auf Nachwuchs- und Frauenförderung diskutierten. So hatte beispielsweise Klaus Pinkau, Wissenschaftlicher Direktor des MPI für Plasmaphysik (IPP) und zum damaligen Zeitpunkt Vorsitzender des WR und des Wissenschaftlerinnenausschusses, Markls Vorgänger Zacher bereits im April 1994 aufgefordert, neben der Einrichtung von Nachwuchsgruppen die Sektionsvorsitzenden zu verpflichten, »in jeder Berufungskommission der MPG sicherzustellen, daß Frauen entsprechend berücksichtigt worden« seien. Nachdem er Jahr für Jahr in seinen Berichten vor dem Wissenschaftlichen Rat darauf hingewiesen habe, dass beide Maßnahmen »zunächst freiwillige Instrumente der MPG zur Förderung der Karriere von Wissenschaftlerinnen« sein sollten, habe er in der letzten Sitzung des Intersektionellen Ausschusses den Eindruck gewonnen, dass »den Sektionsvorsitzenden möglicherweise nicht immer und nicht in jedem Fall ihre Verpflichtung präsent war, die Frauen in Berufungsverfahren nunmehr wirklich zu fördern«. Infolgedessen könnte es sich seiner Ansicht nach als notwendig erweisen, dass die MPG die Umsetzung der bereits von ihr eingeführten Instrumente verschärfen müsse, »eventuell auch durch formale Kontrollen«.[448]

Als eines der größten internen Hindernisse für Wissenschaftlerinnen erwies sich das Old Boy Network,[449] an dem in der MPG ebenso wenig vorbeizukommen war wie in anderen politischen, wirtschaftlichen und wissenschaftlichen Institutionen. Wie problematisch sich dieser Aspekt unter anderem auf Berufungsverfahren ausgewirkt hat, sprach auch der damalige Präsident der MPG Peter Gruss[450] im März 2012 an:

Die dritte Ursache ist besonders heikel. Es ist die Tatsache, die auch in Studien bestätigt ist, dass männliche Wissenschaftler in der Regel Männer bevorzugen, sei es bei der Auswahl des wissenschaftlichen Nachwuchses, sei es bei der Bewertung von Papers

---

448 Schreiben Pinkau an Zacher, 26. April 1994, GVMPG, BC 207183, fot. 548.

449 Als durchaus undurchdringlich haben sich auch vereinzelte old girls erwiesen, denen der Zugang zu diesem exklusiven informellen Netzwerk gelungen war. Margherita von Brentano hat 1963 drei Typen von Professorinnen identifiziert, wobei old girls dem folgenden Typus entsprechen: Wissenschaftlerinnen, »die, für ihre Person arriviert, das Stereotyp der herrschenden Gruppe annehmen und auf den Rest der eigenen Gruppe – sich selbst mehr oder weniger ausnehmend – anwenden«. Brentano: Die Situation der Frauen, 1963, 73–90, 84. Paradebeispiele für old girls sind die Chemikerinnen Margot Becke-Goehring und Margaret Thatcher. Becke-Goehring wurde 1966 die erste Rektorin einer westdeutschen Hochschule, der Heidelberger Ruprecht-Karls-Universität, und 1969 Direktorin des Gmelin-Instituts für anorganische Chemie. Thatcher war von 1975 bis 1990 Vorsitzende der britischen Konservativen Partei und von 1979 bis 1990 Premierministerin von Großbritannien. Zu Becke-Goehring siehe ihre biografische Skizze, Kapitel 3.4.8. – Zu den Schwierigkeiten, sich als Ausnahmeerscheinung an der Spitze zu behaupten, vgl. Heintz (Hg.): Ungleich unter Gleichen, 1997.

450 Der Biologe Peter Gruss war von 2002 bis 2014 Präsident der MPG.

und Anträgen oder bei der Rekrutierung von Kollegen. Es sind häufig unbewusste Rollenbilder, die hier wirksam werden.[451]

Das Phänomen, *carbon copies* seiner selbst zu bevorzugen, also dem Prinzip der Ähnlichkeit zu folgen, ist keineswegs ein Spezifikum der MPG, sondern weitverbreitet im Wissenschaftsbetrieb. So hatte beispielsweise das dänische Ministerium für Informationstechnologie und Forschung 1997 festgestellt: »In Dänemark beruft man Personen nach dem eigenen Vorbild. Das System reproduziert sich selbst. Das ist das Beunruhigende.« Und es zog die Konsequenz: »Wenn wir den Hochschulen freie Hand lassen, geschieht überhaupt nichts.«[452] Ähnliches konstatierte man in Finnland:

Die Mehrzahl der Rektoren, Dekane und Professoren sind Männer, und Männer sind zumeist auch die Mitglieder der Stiftungsvorstände. Die meisten Opponenten und Sachverständigen sind Männer, und so entsteht der Eindruck, als sei der erfolgreiche Akademiker männlichen Geschlechts. Entscheidungen darüber, was als wichtige und innovative Forschung einzustufen ist, was Förderung und Entwicklung verdient und welche Forscherteams eine Zukunft haben, werden von Männern getroffen. Auf diese Weise werden Fördermittel anhand von geschlechtsneutralen Ergebnissen an Teams vergeben, die gut waren, oder die Forscher der Zukunft werden nach männlichen Wertvorstellungen ausgewählt.[453]

Eine bahnbrechende Studie in *Nature* veröffentlichten 1997 die schwedischen Naturwissenschaftlerinnen Christine Wennerås und Agnes Wold. In ihrem Aufsatz über »Vetternwirtschaft und Sexismus im Gutachterwesen« beschäftigten sie sich mit Ursachen und Hintergründen für Karriereverläufe von Akademikerinnen.[454] Mit multiplen Regressionsanalysen untersuchten sie erstmals das schwedische Gutachterwesen am Beispiel des *Medical Research Council*, einer der wichtigsten Institutionen für die Forschungsförderung in der Biomedizin. Der eindeutige Befund war, dass Gutachter:innen wissenschaftliche Leistung nicht unabhängig vom Geschlecht beurteilen können. Die Studie entstand zu einer Zeit, in der die UNO Schweden im Hinblick auf Chancengleichheit von Männern und Frauen als das weltweit führende Land bezeichnet hatte, was die Autorinnen zu der Vermutung veranlasste, dass die Neutralität der *peer reviews* in anderen Ländern wohl kaum besser aussehe.[455]

Ab Anfang der 1990er-Jahre waren sich viele Vertreter:innen in allen Gremien der MPG dieser Problematik bewusst und einige Entscheidungsträger auch

---

451 Gruss: *Wissenschaft als Beruf für Frauen – und Männer*, 2012.
452 Ministry of Research and Information Technology: *Women and Excellence in Research*, 1997, zitiert nach European Commission: *Science Policies*, 2000, 21.
453 Academy of Finland/Suomen Akatemia: *Women in Academia*, 1998, 34.
454 Wennerås und Wold: Nepotism and Sexism in Peer-Review, 1997, 341–343.
455 Wennerås und Wold: Vetternwirtschaft und Sexismus im Gutachterwesen, 2000, 107–120, 118.

durchaus bereit, sich eine neue Geschlechterordnung zu eigen zu machen, bereit, die Macht der Gewohnheit zu durchbrechen. Das haben die eindringlichen Appelle und Mahnungen von Präsidenten, Sektionsvorsitzenden und Vizepräsidenten gezeigt. Doch genauso unverkennbar belegen die Statistiken, wie wenig sich – abgesehen von einer ansatzweise verbesserten Kinderbetreuung – bewegt hat. Zu den politischen, gesellschaftlichen, wirtschaftlichen und rechtlichen Faktoren kam ein kultureller hinzu, der sich in der MPG im Harnack-Prinzip manifestierte. Hier musste ein Umdenken stattfinden, das im Übrigen durchaus mit dem Anspruch des Harnack-Prinzips konform ging, die besten Köpfe zu rekrutieren. Doch in der Praxis waren es immer nur die besten Männer gewesen, denn die von den Präsidenten und Sektionsvorsitzenden vielfach beschworene »Qualitätssicherung« bei Berufungsverfahren hatte in erster Linie zur Exklusion von Wissenschaftlerinnen geführt. Allmählich keimte aber auch in der MPG der Zweifel, ob es einzig und allein dem besonderen Exzellenzanspruch geschuldet sei, wenn überwiegend Männer als Gewinner aus dem Auswahlprozess der MPG hervorgingen:

Das mögliche Argument, dass die MPG nur allerbeste Qualität wählt und dabei keine Frauen zu finden seien, wird durch den wesentlich höheren Frauenanteil in anderen Institutionen mit ähnlich hohen Qualitätsansprüchen widerlegt [...]. Auch genügen schließlich, trotz sorgfältiger Auswahlverfahren, nicht alle Mitglieder der MPG den Exzellenzansprüchen. Mit anderen Worten, nicht alle berufenen Männer sind besser als alle nicht berufenen Frauen.[456]

4.5.5   »Wer die Quote nicht will, muß die Frauen wollen«

Das Gespenst, das in den 1980er- und 1990er-Jahren in Deutschland umging und neben Politikern und Wirtschaftsführern auch Akademiker umtrieb, war das Gespenst der Frauenquote. In den Deutschen Bundestag hielt das Thema Quotierung 1982 zusammen mit den Grünen Einzug – unter ihren 27 Abgeordneten waren zehn Frauen. Damit stellten sie auf einen Schlag 20 Prozent aller im Bundestag vertretenen Frauen.[457] Die Grünen hatten bei ihrer Parteigründung 1979 eine Frauenquote beschlossen, wonach mindestens die Hälfte aller Ämter weiblich besetzt werden sollte. Der SPD-Parteitag beschloss 1988 in Münster eine 33-prozentige, in beide Richtungen wirkende Geschlechterquote für Ämter und Mandate und steigerte diese 1998 auf 40 Prozent. Etwas länger brauchte die CDU, die im Dezember 1994 einen Frauenanteil von einem Drittel diskutierte und 1996 ein sogenanntes Frauenquorum einführte. Vorbehalte gegen die Quotierung bezeichnete Bundestagspräsidentin Rita Süssmuth 1994 unter Verweis auf die in ihrer Partei zwischen 1985 und 1988 gefassten Beschlüsse als

---

456 Edelstein und Hofschneider: *Verantwortliches Handeln in der Wissenschaft*, 2001, 133.
457 Vgl. dazu Vogel: Frauen und Frauenbewegung, 1989, 162–206, 192–193.

»abwegig«.[458] Nachdem der Parteibeschluss, den Frauenanteil bei Ämtern und Mandaten dem Mitgliederanteil in der Partei anzupassen, im Bundestag 1993/94 von der CDU nicht umgesetzt worden war, forderte sie verbindliche Verfahren, da Absichtserklärungen nicht ausreichten:[459]

Für die notwendige Menge ist noch Überzeugungsarbeit zu leisten, auch bei einem Teil der Frauen, die erklären: Wir wollen und brauchen keine Quote. Ich selbst habe immer gesagt: Wer die Quote nicht will, muß die Frauen wollen. Für Mehrheiten müssen wir kämpfen. Aber das muß das Ziel sein. Es geht um die Selbstachtung der Frauen, um die Verpflichtung gegenüber denen, die vor uns gekämpft haben. Wer wartet und nur auf Bewußtseinswandel setzt, der muß sich auf weitere hundert Jahre einlassen.[460]

Noch schwieriger als in der Politik war es für Frauen, in der Wirtschaft Karriere zu machen.[461] Hier sollte sich die norwegische Erfahrung als bahnbrechend erweisen, wo man 2002 die Geschlechterquote eingeführt hatte.[462] Im Dezember 2003 verabschiedete das norwegische Parlament eine Zusatzbestimmung zum Unternehmensgesetz mit der Anforderung, dass ab Juli 2005 in den Unternehmensführungen beide Geschlechter mit mindestens 40 Prozent vertreten sein müssen – zunächst auf freiwilliger Basis. Ohne Erfolg: Die Anzahl der Aufsichtsrätinnen erhöhte sich nur minimal. Daraufhin wurde mit Jahresbeginn 2006 eine gesetzliche Quotenregelung für Spitzenpositionen in der Privatwirtschaft eingeführt. Aktiengesellschaften sollten nur dann an die Börse gehen dürfen, wenn in den Vorständen jedes Geschlecht mit mindestens 40 Prozent vertreten war. Bei Verstößen drohte die Streichung aus dem Gesellschaftsregister bzw. im Extremfall auch die Auflösung des Unternehmens. Der Erfolg blieb nicht aus: Bis 2008 stieg der Anteil der Frauen unter den Aufsichtsräten auf 30 Prozent. Die deutlich stärkere Präsenz von Frauen in Aufsichtsräten hat weder zu einer

---

458 Auf dem 33. Bundesparteitag der CDU wurden am 20. März 1985 die »Leitsätze der CDU für eine neue Partnerschaft zwischen Mann und Frau« verabschiedet. Der Leitantrag des 15. Bundesdelegiertentags der CDU am 7. Juni 1986 forderte unter dem Motto »Ohne Frauen keine Zukunft – Jetzt schaffen wir den Durchbruch« eine Reihe von Gleichstellungsmaßnahmen, darunter auch, dass sich das Ergebnis der Bundestagswahl 1987 zahlenmäßig in einer klaren Verbesserung der Vertretung der Frauen im Bundestag niederschlagen müsse. Vgl. dazu auch *CDU-Bundesgeschäftsstelle (Hg.): Bericht*, 1986.

459 Der Anteil der weiblichen CDU-Mitglieder stieg von 13,6 Prozent im Jahr 1970 auf 21,4 Prozent im Jahr 1982; Lindsay: Geschichte der CDU, 1985.

460 Süssmuth: Einwände sind abwegig, 1994.

461 So waren noch am 1. September 2016 in Deutschland 44 Frauen und 631 Männer Vorstandsmitglieder der 160 börsennotierten Unternehmen (Indizes der Frankfurter Börse, Dax, MDax, SDax sowie TecDax) – das entspricht etwa 7 Prozent. Vgl. dazu AllBright Stiftung: *Zielgröße*, 2016. Siehe aber auch die Einschätzung hinsichtlich eines »Kulturwandels« bereits im darauffolgenden Jahr weiter hinten in diesem Kapitel.

462 Initiiert hatte dies im Übrigen nicht die ehemalige Vorsitzende der sozialdemokratischen Arbeiterpartei und dreimalige Ministerpräsidentin Gro Harlem Brundtland, sondern der christlich-konservative Wirtschafts- und Handelsminister Ansgar Gabrielsen.

massenhaften Abwanderung ausländischer Konzerne von der Börse in Oslo noch zu einer Schwächung der Unternehmensleistung geführt.[463]

Auch in Deutschland trat am 1. Mai 2015 das »Gesetz für die gleichberechtigte Teilhabe von Frauen und Männern an Führungspositionen« (FüPoG)[464] für die Privatwirtschaft in Kraft, um den Anteil von Frauen in Führungspositionen dort endlich signifikant zu erhöhen. Dieser hatte zuvor trotz vieler Appelle und freiwilliger Selbstverpflichtungen jahrelang stagniert. Seit Januar 2016 müssen Unternehmen bei Neubesetzungen im Aufsichtsrat eine Frauenquote von 30 Prozent erreichen. Gelinge dies nicht, sollen die Posten unbesetzt bleiben. Diese Quote gilt für börsennotierte Unternehmen, bei denen der Aufsichtsrat jeweils zur Hälfte mit Vertreter:innen von Anteilseignern und Arbeitnehmern besetzt ist. Zwei Jahre nach Inkrafttreten des Gesetzes beurteilten die damalige Bundesfrauenministerin Manuela Schwesig und der damalige Bundesjustizminister Heiko Maas die Quote als Erfolg:

Die Quote wirkt. Wir haben mehr Frauen in Führungspositionen. Wir hatten in den letzten Jahrzehnten Stillstand: Kaum Frauen in Führungsposition, wenig in den großen Unternehmen, wo viele Frauen arbeiten. Nun sehen wir an den Zahlen des Berichts: Es tut sich was, es hat sich etwas bewegt. Das beobachten wir bei den Unternehmen, die sich an die feste Quote halten müssen: Viele haben die Quote bereits erfüllt. Die anderen werden nachziehen. Was mir vor allem wichtig ist: es hat sich in den Unternehmen und in der Gesellschaft ein Kulturwandel eingestellt.[465]

Dafür waren verschiedene Gründe ausschlaggebend: Zum Ersten machte allein die demografische Entwicklung in der Bundesrepublik es Ende der 1980er-Jahre unerlässlich, beim knapper werdenden wissenschaftlichen Nachwuchs Personen beider Geschlechter – und dies insbesondere in den MINT-Bereichen – zu för-

---

463 Nach Schätzungen des Internationalen Währungsfonds stieg Norwegens kaufkraftbereinigtes BIP per capita auch 2016 um 1,72 %. Norwegen lag damit auf Platz sieben im weltweiten Vergleich der höchsten BIP pro Kopf. Deutschland lag demgegenüber mit 48.111 USD auf Platz 20; International Monetary Fund: IMF Country Information, 2017.

464 *Gesetz für die gleichberechtigte Teilhabe von Frauen und Männern an Führungspositionen in der Privatwirtschaft und im öffentlichen Dienst vom 24. April 2015*, 2015, 642–662, 642.

465 Bundesministerium für Familie, Senioren, Frauen und Jugend: »Die Quote wirkt«, 2017. – Kritisch merkt Jan Thiessen zu dem von Schwesig beschworenen Kulturwandel an, diesen müsse »man sich leisten können und wollen« – folglich seien die ohnehin wirtschaftlich erfolgreichen Unternehmen eher bereit, die Quote umzusetzen. In seiner rechtshistorischen Behandlung der »Frauenquote« unter anderem als Teil der Corporate-Governance-Debatte zieht er aktuelle Studien heran, die sich mit der dabei im Zentrum stehenden Streitfrage beschäftigt haben, ob ein höherer Frauenanteil zu einem größeren Unternehmenserfolg beitrage bzw. »die gegenwärtig männerdominierten Organe ihrem Unternehmen durch frauendiskriminierende Auswahl« schadeten. Alle Studien kämen zu dem Ergebnis, dass »Gender Diversity weder automatisch zu positiven Effekten führe noch zwangsläufig die Unternehmensleistung schwäche«. Thiessen: In neuer Gesellschaft?, 2018, 608–663, 620–625.

dern, sollte nicht die Leistungsfähigkeit verloren gehen. Zum Zweiten stellte die mangelnde Repräsentation von Wissenschaftlerinnen das Leistungsniveau bei internationalen Exzellenzinitiativen infrage. Und zum Dritten stand angesichts einer fortgesetzten Vergeudung der Fachkompetenz hervorragend ausgebildeter Nachwuchswissenschaftlerinnen auf dem Arbeitsmarkt auch das Argument wirtschaftlicher Effizienz im Raum.[466]

In den Führungsgremien der MPG (Präsidium, Senat, Verwaltungsrat) herrschte – wie bereits dargelegt – große Sorge, dass die Einführung und Neuregelung von frauenfördernden Maßnahmen einen Eingriff in die Autonomie bei der Rekrutierung wissenschaftlichen Personals bedeuten könnte. Erstmals trat das Thema Quote in diesem Zusammenhang in einer Korrespondenz zwischen Staab und der Bundesministerin für Bildung und Wissenschaft Dorothee Wilms auf, die sich am 21. Mai 1986 mit einem Schreiben an den MPG-Präsidenten gewandt hatte, um ihre Sorge hinsichtlich der Chancen von Frauen in wissenschaftlichen Laufbahnen anzusprechen. In seiner Antwort vom 11. Juni 1986 bestätigte Staab, dass auch in der MPG die Situation in dieser Hinsicht »unbefriedigend« sei und der »Anteil der weiblichen Mitarbeiter allgemein den Durchschnittswerten in etwa entsprechen« dürfte. Er begrüße sehr Wilms' Vorschlag, Forschungsvorhaben anzuregen und zu fördern, die zu besseren Chancen für Frauen in der Wissenschaft führen könnten – doch nicht uneingeschränkt: »Allerdings verhehle ich nicht meine Skepsis über zusätzliche Stipendienprogramme. Wenn für deren Vergabe andere als Leistungskriterien angewendet werden, dürfte dies das Ansehen der so geförderten Frauen eher mindern, so daß es für das angestrebte Ziel sogar belastend wirken könnte.«[467] Und in einem Anschlussschreiben im November desselben Jahres berief sich Staab in seiner Ablehnung einer Quotenregelung auf Karl Ulrich Mayer, Direktor am MPI für Bildungsforschung: »Zum Instrument der Quotenregelung äußerte Herr Professor Mayer persönliche Bedenken, da der erfolgreiche Einsatz ein entsprechend großes Angebot an qualifizierten Frauen voraussetze, wie dies Erfahrungen in den U.S.A. belegten.«[468] Hier kommt wieder das als Erklärungsansatz für die Unterrepräsentanz von Wissenschaftlerinnen in Spitzenpositionen bemühte Pool-Argument ins Spiel. Zudem habe Mayer, so Staab weiter, betont, dass eine »radikale Einschränkung des Stellenangebots in allen Bereichen des Schuldienstes quantitativ und gesellschaftspolitisch ungleich bedeutsamer sei als die Frage, ob und wie viele Frauen C4-Professuren inne-

---

466 Vgl. dazu auch European Commission: *Science Policies*, 2000, 2.
467 Schreiben Staab an Wilms, 11. Juni 1986, AMPG, II. Abt., Rep. 57, Nr. 587, fot. 472.
468 Bei den alternativ vorgeschlagenen Fördermöglichkeiten handelte es sich um Stipendienprogramme, spezielle Förderpreise für Frauen, besondere Förderung von Frauen in den verschiedenen Studienstiftungen oder auch um die Errichtung einer eigenen Studienstiftung für Frauen aus öffentlichen Mitteln (analog zur Förderung von Katholiken, Protestanten, Gewerkschafts- und Parteimitgliedern); Schreiben Staab an Wilms, 17. November 1986, AMPG, II. Abt., Rep. 57, Nr. 587, fot. 466.

hätten«.[469] Gegenüber seinen Vizepräsidenten äußerte Staab in Bezug auf die mögliche Einführung einer Quotenregelung im Kontext frauenfördernder Maßnahmen drei Jahre später unmissverständlich, dass »es keine Quotenregelung in der MPG geben werde«.[470]

Auch unter anderen Führungskräften der MPG herrschte weitgehend Einigkeit in der Ablehnung einer Frauenquote. Dies galt selbst für den Wissenschaftlerinnenausschuss: In seinem Bericht vor dem Wissenschaftlichen Rat 1991 hob Hofschneider hervor, »vor allem die weiblichen Mitglieder des Arbeitsausschusses hätten sich mit Nachdruck gegen eine Quotenregelung ausgesprochen. Sie bejahten absolut das Leistungsprinzip und verlangten gleichberechtigte, familienfreundliche Lösungen; setzten jedoch eine ihrer Art gemäße, kollegiale Behandlung voraus.«[471] Und so gehörte 1991 die Frage einer Quotenregelung zu den »derzeit auszuschließenden Maßnahmen« in den *Empfehlungen*. Diese sei »eingehend diskutiert und aus prinzipiellen wie auch aus pragmatischen Gründen verworfen« worden. Der Arbeitskreis habe sich dafür entschieden, das Wissenschaftssystem »vor allem unter seiner Erkenntnisperspektive, und nicht pragmatisch als bloß soziales System« zu betrachten, in dem ein Konsens allenfalls über »geeignete Prozentsätze« möglich erschienen wäre.[472]

Desgleichen hatten alle Präsidenten von Staab bis Markl ebenso wie Direktorinnen eine Quotenregelung explizit ausgeschlossen. Christiane Nüsslein-Volhard bezeichnete die Quote gar als »unwürdig«,[473] zumal das Stigma der Quotenfrau »auch durch noch so gute Leistungen nicht getilgt werden« könne.[474] Allein der Begriff Quotenfrau war so negativ konnotiert, dass er quasi *per definitionem* eine adäquate Qualifikation ausschloss und synonym mit Leistungs*schwäche* zu sein schien. Dagegen hatte Baltes auf der Sitzung des WR im Februar 1995 im Rückgriff auf Rita Süssmuth betont: »Wer die Quote nicht will, der muß die Frauen wollen.«[475] Süssmuth wiederum hatte das vermeintliche Oxymoron aus Frauenquote und Qualifikation als Polemik bezeichnet. Auch das Argument, eine Quote sei undemokratisch, weil Frauen gewählt werden müssten, kommentierte sie mit dem Hinweis, solange 90 Prozent Männer gewählt worden seien, habe sie dieses Argument nie gehört.[476] Nicht minder deutlich fiel die Kritik des damaligen Präsidenten der Deutschen Forschungsgemeinschaft, Ernst-Ludwig Winnacker, aus, der 2005 anmahnte, dass die

---

469 Ebd.
470 Notizen über die 21. Besprechung des Präsidenten mit den Vizepräsidenten vom 6. November 1989 in München, AMPG, II. Abt., Rep. 57, Nr. 340, fot. 144.
471 Protokoll der Sitzung des Wissenschaftlichen Rates vom 8. Februar 1991 in Heidelberg, AMPG, II. Abt., Rep. 62, Nr. 1979, fot. 17.
472 Wissenschaftlicher Rat der MPG: Empfehlung, 1991, 18–21, 20.
473 Die Nobelpreisträgerin Christiane Nüsslein-Volhard über Frauen im Labor, den Moment der Menschwerdung und den Wert der #MeToo-Debatte für die Wissenschaft; Nüsslein-Volhard: »Ich halte Quoten für unwürdig«, 2018, 25–32, 25.
474 Nüsslein-Volhard: Weniger Zeit, 2015.
475 Meermann: Frauenförderung in der MPG, 1995, 18–19, 19.
476 Süssmuth: Einwände sind abwegig, 1994.

kaum merklich stattfindenden Veränderungen im Bereich der Gleichstellung den Wissenschaftsstandort Deutschland gefährden könnten. Die unverändert schlechteren Berufsperspektiven für Wissenschaftlerinnen bezeichnete er als »allergrößte Schwachstelle im europäischen Forschungsraum« und den »Faktor von drei« beim Anstieg des Frauenanteils auf C4-Stellen binnen 20 Jahren als »Armutszeugnis«. Zugleich forderte er, »dieses Schneckentempo im Engagement für die Hälfte unserer Bevölkerung endlich aufzugeben«. Der Druck auf das System sei trotz der Gleichberechtigungsgesetze so gering, dass »man sich im Grunde schämen« müsse.[477] Im Folgejahr plädierte Winnacker für verbindliche Normen in Wissenschaft und Wirtschaft, da sich entgegen anderslautenden Verlautbarungen das Vertrauen darauf, dass es sich von allein bzw. auf Grundlage freiwilliger Verpflichtungen regle, nicht bezahlt mache:

Beim Thema Gleichstellung glauben manche Leute immer noch, es reiche, einer Wissenschaftlerin aus DFG-Mitteln ein paar Euro für die Kinderbetreuung zur Verfügung zu stellen. Die ausländischen Gutachter der Exzellenzinitiative haben ob solcher Naivität nur den Kopf geschüttelt und eine Systemänderung angemahnt. Derzeit werden 9,2 Prozent der ordentlichen Professuren von Frauen besetzt, also noch nicht einmal jede Zehnte. Natürlich dürfen wir nicht nachlassen in unseren laufenden Bemühungen zur Verbesserung der Gleichstellungsmaßnahmen, also der Stärkung der Geschlechterkompetenz in unseren Gremien, der Analyse von Geschlechterrollen in der Wissenschaft und der Förderung von Projekten zur Gleichstellungsproblematik. Aber wenn eine Situation so verfahren ist, wie sie sich auf diesem Felde darstellt, dann helfen nur noch Quotenlösungen.[478]

4.6   Fazit

Die Gleichstellungspolitik in der Max-Planck-Gesellschaft in den 1990er-Jahren ging maßgeblich auf zwei Faktoren zurück: zum einen – endogen – auf die Initiative des Gesamtbetriebsrats und von dessen Frauenausschuss, die in manchen Aspekten Unterstützung durch den Wissenschaftlerinnenausschuss erfuhr; zum anderen – exogen – auf das Inkrafttreten des Frauenfördergesetzes 1994. Die daraufhin einsetzende Sorge, finanzielle Einbußen zu erleiden, wenn man die Umsetzung der Gesetze verweigere, und – schlimmer noch – Einschränkungen der Autonomie bei der Auswahl des wissenschaftlichen Personals hinnehmen zu müssen, setzte einen Gleichstellungsprozess in Bewegung, der bis in die Gegenwart andauert.

In der Gleichstellungspolitik identifizierte die MPG in der ersten Dekade (1988–1998) zwei Bereiche für sich, in denen sie frauenfördernde Maßnahmen für erforderlich hielt: Vereinbarkeit von Familie und Beruf und Erhöhung des

477 Winnacker: *Bericht des Präsidenten*, 2005, 18–19.
478 Winnacker: *Statement des Präsidenten*, 2006.

Frauenanteils. Die Gleichstellungspolitik konzentrierte sich in dieser Zeit allerdings fast ausschließlich auf die familienpolitischen Aspekte. Obwohl man sich bewusst war, dass die Rekrutierungsverfahren bei der Auswahl von Wissenschaftlerinnen und Wissenschaftlern verändert werden müssten, wollte man den Frauenanteil tatsächlich erhöhen, änderte sich faktisch wenig.

In Bezug auf ihre Ende der 1980er-Jahre extern angestoßene Gleichstellungspolitik stand bei der MPG das Bemühen, sowohl ein zu starkes Mitspracherecht seitens des Gesamtbetriebsrats als auch die Einführung einer Quotierung zu verhindern, so stark im Vordergrund, dass dadurch das eigentliche Anliegen, die Diskriminierung von Frauen bzw. Wissenschaftlerinnen abzuschaffen, in den Hintergrund trat. Dies zeigte sich exemplarisch am Frauenförder-Rahmenplan der MPG, der trotz langer Verhandlungen bei Weitem hinter dem geschlechterpolitischen Potenzial zurückblieb, das ihm das Frauenfördergesetz des Bundes geboten hätte. Insofern überrascht nicht, dass die MPG ein Jahrzehnt später auch im Ergänzungsbericht der BLK 1998 kein gutes Ergebnis erzielte.

Die Überzeugung, Wissenschaftlerinnen könnten nur in Ausnahmefällen den hohen Standards der wissenschaftlichen Exzellenz standhalten, denen sich die MPG qua Selbstverständnis (Harnack-Prinzip) verpflichtet fühlt, führte sowohl zu einer restriktiven Berufungspolitik als auch zu einer halbherzigen Umsetzung der vereinbarten Gleichstellungsmaßnahmen, insbesondere im Bereich der Berufungspolitik. Unter dem Stichwort »Qualitätssicherung« ging es bei den Maßnahmen zur Erhöhung des Frauenanteils unter den Wissenschaftlern vor allem darum, die Deutungs- und Rekrutierungshoheit zu behalten – und in jedem Fall eine Quote zu verhindern. Das erst späte Einsetzen wissenschaftsadäquater Förderungsformen (C3-Sonderprogramm), um im Rahmen der Nachwuchsförderung gezielt Frauen bzw. Wissenschaftlerinnen zu fördern, verhinderte einen Erfolg der Gleichstellungspolitik der MPG in dieser frühen Phase.

Konnte die MPG lange Zeit – auch über den Untersuchungszeitraum hinaus – hinsichtlich der Erhöhung des Frauenanteils nicht überzeugen, so erzielte sie jedoch mit den Maßnahmen zur Vereinbarkeit von Familie und Beruf deutlich schneller außerordentliche Erfolge: Bereits 2006 wurde sie als erste komplette Wissenschaftsorganisation mit dem »berufundfamilie«-Audit zertifiziert.[479] Von Anfang an hat die MPG bei der Verbesserung der Work-Life-Balance deutlich weniger Berührungsängste gezeigt als bei der Gleichstellung von Wissenschaftlerinnen mit ihren Kollegen.

Es war sowohl dem Frauenausschuss als auch dem Wissenschaftlerinnenausschuss zu verdanken – im Verein mit Gesamtbetriebsrat und Wissenschaftlichem Rat –, dass Themen zur Frauenförderung auf die Agenda gesetzt wurden und im weiteren Verlauf bindende Vereinbarungen zur Gleichstellungspolitik (Senatsbeschluss 1995, Gesamtbetriebsvereinbarung und Frauenförder-Rahmenplan) erkämpft worden sind. Zusammen, wenn auch selten gemeinsam, haben sie die wichtigsten frauenfördernden Maßnahmen durchgesetzt.

---

479 DFG et al. (Hg.): *Offensive für Chancengleichheit*, 2006, 57.

5. Schluss

5.1 Quintessenz

Mein Anliegen mit dieser Arbeit war es, eine Geschichte von Frauen und Geschlechterbeziehungen in der Max-Planck-Gesellschaft aus feministischer Perspektive zu schreiben und diese für den Zeitraum von 1948 bis 1998 in drei Dimensionen sichtbar zu machen: im Vorzimmer, in der Wissenschaft und auf institutioneller Ebene. Ausgangspunkt und Motiv war die Annahme, dass Wissenschaft kein geschlechtsneutraler Kontext ist und dass das auch – trotz gegenteiliger Behauptungen – für die Max-Planck-Gesellschaft zutrifft.

Um die Geschlechterverhältnisse in der Max-Planck-Gesellschaft einer historischen Analyse zu unterziehen, wurden in dieser Arbeit institutions-, sozial- und politikgeschichtliche Perspektiven unter Einbeziehung mentalitäts- und kulturhistorischer Problematiken kombiniert und dabei gezeigt, wie die Geschlechterordnung in der Wissenschaft schließlich selbst zum wissenschaftlichen Thema wurde. Damit sind die Grundlagen für weitergehende Untersuchungen gelegt, die sich damit beschäftigen, wie Geschlechterverhältnisse die wissenschaftliche Forschung historisch-epistemologisch prägten, die Wissensproduktion genderspezifisch konfigurierten und inwieweit genderspezifische Problematiken selbst zum epistemischen Objekt wurden. Zu welchen Ergebnissen das im Einzelnen geführt hat, wird im Folgenden resümiert.

Das Arbeitsverhältnis im Vorzimmer steht bis heute exemplarisch für ein hierarchisches Machtgefüge und Geschlechterverhältnis, das bereits in der Weimarer Republik etabliert wurde. Wie in vielen anderen traditionell weiblichen Berufen haben Männer diese geschlechtsspezifische Arbeitsstruktur bewusst aufrechterhalten. Seinen symptomatischen Ausdruck fand das in der mangelnden Trennschärfe einer adäquaten Berufsbezeichnung für Sekretärinnen. Denn das erlaubte außer Acht zu lassen, dass viele Sekretärinnen in wissenschaftlichen Einrichtungen nicht nur als Büro-, sondern auch als Wissen(schaft)smanagerinnen agierten. Das galt auch und gerade für die Max-Planck-Gesellschaft, wo die Trennung von wissenschaftlicher und nichtwissenschaftlicher Tätigkeit (mit Einschränkungen noch bis heute) perpetuiert worden ist. Ihre tarifliche Eingruppierung auf der Grundlage von »Fremdsprachensekretärinnen« korrespondiert weder mit ihrer tatsächlichen, weit über die sogenannten klassischen Sekretariatsaufgaben hinausgehenden Arbeitsleistung, noch mit der Rolle, die das *doing office* für die Wissenschaftsorganisation und die Leistungsfähigkeit ihrer Forschungseinrichtung spielen.

Zugleich konnte im Rahmen dieser Arbeit gezeigt werden, dass die in diesen »klassischen« Bereich fallenden materiellen Praktiken einen nicht gerechtfertigten Prestigeverlust erlitten, der auf die mutmaßliche Deprofessionalisierung zurückzuführen ist, die mit der Feminisierung des Berufsbilds einhergegangen ist. Damit wurde die auf Geschlechterstereotypen basierende Annahme befördert, die in erster Linie von Frauen verrichtete Büroarbeit sei einfacher geworden. Im Zuge der digitalen Revolution, die seit den 1990er-Jahren die wissenschaftliche und administrative Arbeit technologisch bestimmt, setzte sich hingegen der Trend durch, die Bedienung und Programmierung von Computern zunehmend als männlich wahrzunehmen und gleichzeitig die zuvor als weiblich konnotierte Arbeit von Rechnerinnen als schwieriger und komplexer zu bewerten. Insgesamt wurden und werden somit seitens der Arbeitgeber tiefgreifende technologische, administrative und ökonomische Transformationsprozesse im Wissenschaftsbetrieb seit Ende der 1980er-Jahre ignoriert sowie das Spektrum daraus resultierender soziokultureller Realitäten und Veränderungen unberücksichtigt gelassen. Dadurch wurden und werden administrative Voraussetzungen geschaffen, die gestatten, Sekretärinnen weiterhin als Unterstützerinnen zu behandeln und zu besolden, statt als die Managerinnen, die sie tatsächlich sind.

Bezeichnend für die jahrzehntelange Geringschätzung der von Sekretärinnen geleisteten Arbeit ist die Tatsache, dass in der MPG für den Untersuchungszeitraum – immerhin ein halbes Jahrhundert – kaum empirisches Material überliefert ist, das Einblicke in die Aufgabengebiete und praktische Arbeit der Sekretärinnen gewähren würde – und sei es auch nur in Form statistischer Übersichten zu ihrer Beschäftigungszahl. Die wenigen überlieferten Dokumente stammen von »privilegierten« Sekretärinnen im Präsidialbüro. In diesen Texten wird die hierarchische Struktur des Arbeitsverhältnisses mit allen seinen Zumutungen (wie etwa ungezählte unbezahlte Überstunden oder ständige Verfügbarkeit) klar und deutlich benannt – ohne dass sich ein kritisches Wort dazu findet. Stattdessen wird der Arbeitszusammenhang einhellig als (großer) Familienbetrieb erlebt und beschrieben, der in höchstem Maße wertgeschätzt ist. Doch in solch einem Familienbetrieb kommt umso stärker die familiale Rollenverteilung zum Tragen, in der wie Ute Frevert festgestellt hat, »die Frau den gehorchenden und der Mann den befehlenden Part zugewiesen« bekommen.[1]

Diese, auf dem überholten Modell polarer Geschlechtscharaktere[2] basierende Arbeitsteilung, die seit dem 19. Jahrhundert die Dichotomie männlicher Erwerbsarbeit und weiblicher Fürsorgearbeit tradiert hat, macht in einer patriarchalen Gesellschaftsordnung wie der in der MPG herrschenden die weibliche Mitarbeiterin (im Vorzimmer, im Labor, in der Bibliothek oder wo auch immer) zur Hüterin und Unterstützerin ihres Vorgesetzen – einschließlich der damit verbundenen Hierarchien. Gesamtgesellschaftlich kam verstärkend hinzu, dass diese Konvention auch gesetzlich festgeschrieben war, und zwar im Bürgerlichen Gesetzbuch in Form der »Eheherrlichkeit«, die noch in den ersten 30 Jahren der Bundesrepublik als »Hausfrauenehe« Rechtsgültigkeit be-

---

1 Frevert: Vom Klavier zur Schreibmaschine, 1979, 82–112, 101–102.
2 Hausen: Die Polarisierung der »Geschlechtscharaktere«, 1976, 363–393.

anspruchte. Dort, in der zentralen Kodifikation des deutschen allgemeinen Privatrechts, war festgeschrieben, dass die Frau nur einen Beruf ausüben darf, sofern sie dies mit ihrer Sorge um Haushalt und Familie vereinbaren kann. Eine Formulierung, die von vornherein die Mutmaßung beinhaltete, dass besagte Vereinbarkeit wohl eher die Ausnahme als die Regel sei.

Auf dieser seit 1900 gültigen Grundlage konnte sich der männliche Mythos von der »Wissenschaft als Lebensform« entfalten und erhärten. Demnach war Wissenschaft, anders als die meisten anderen Berufe,[3] nur möglich, wenn sie mit bedingungsloser Hingabe betrieben würde. Dies wiederum setzte voraus, dass man entweder auf Kinder verzichtete oder in einer Partnerschaft lebte, in der die andere Hälfte bereit war, hundertprozentig den Part Haushalt und Familie zu übernehmen. Dergestalt konnte sich ein Mann auf »seine« Wissenschaft konzentrieren und trotzdem vollgültiges Familienoberhaupt und liebender Vater sein. Asymmetrisch dazu ergab sich daraus für Frauen hingegen die unterstellte Unvereinbarkeit von Wissenschaft und Familie. Versuchte eine Wissenschaftlerin in eine sozial analoge Rolle zu kommen, wurde sie von zwei pejorativen Zuschreibungen in die Zange genommen: Blaustrumpf oder Rabenmutter. Die Wahrnehmung eines »Lebens für die Wissenschaft« als überwiegend männliche Lebensform hat nicht nur das Machtgefälle im Vorzimmer perpetuiert, sondern darüber hinaus dazu beigetragen, dass im Untersuchungszeitraum auch Wissenschaftlerinnen von ihren Kollegen vorzugsweise als Unterstützerinnen wahrgenommen worden sind.

In der MPG wurde dieses gesamtgesellschaftliche Rollenverständnis ebenso wie der Glaube an die Unvereinbarkeit von Wissenschaft und Familie nicht nur übernommen, sondern durch das die Institution grundlegend strukturierende Harnack-Prinzip in verschärfter und zugespitzter Form reproduziert. Die zentrale These dieser Studie, das Harnack-Prinzip sei maßgeblich verantwortlich für die Persistenz einer patriarchalen Wissenschaftsstruktur in der Max-Planck-Gesellschaft gewesen, ließ sich für den gesamten Untersuchungszeitraum in der Verschränkung von Epistemen, Politik und Geschlecht belegen.

Das stellt sich zum einen als *Glaubensfrage* dar: Der in diesem persönlichkeitszentrierten Strukturprinzip inhärente Geniekult, der tief in dem Glauben an die extrem hohen Standards des Harnack-Prinzips verwurzelt ist, findet seine Entsprechung in der Überzeugung, dass Wissenschaftlerinnen diesen in der Regel nicht standhalten konnten. Dies lässt sich auf die schlichte Gleichung bringen: Harnack-Prinzip = Exzellenz, die ein »Leben für die Wissenschaft« verlangt ≠ Familie. Daraus folgt, dass Wissenschaft für Frauen nur in absoluten Ausnahmefällen möglich ist. Außer Acht gelassen wird dabei die Konstante, dass auch Wissenschaftlerinnen ohne Kinder keine Karriere in der MPG machen konnten. Darüber hinaus reproduzierte der unerschütterliche Glauben

---

3 Zu Parallelen zwischen Wissenschaft und Guerilla in dieser Hinsicht vgl. Kolboske: G. Gleichstellung, 2016, 33–40

an Exzellenz als objektives, geschlechtsneutrales Kriterium diese patriarchale Hierarchie, möglicherweise sogar ohne sich dessen bewusst zu sein. Moralische Rechtfertigung liefert dafür die selbstverständliche Akzeptanz bürgerlicher Rechts- und Rollenvorstellungen.

Ein weiterer Aspekt des Harnack-Prinzips, der sich als diskriminierend erwiesen hat, betrifft die *einzigartige Autonomie* der Wissenschaftlichen Mitglieder. Die ihnen aufgrund ihrer Exzellenz zugestandene Machtfülle geriet im Hinblick auf Berufungen bzw. Nichtberufungen zum zweischneidigen Schwert für Wissenschaftlerinnen – gegen den direktoralen Willen war (und ist) keine Berufung zum Wissenschaftlichen Mitglied möglich. Wie sehr dies auch immer wieder Momente subjektiver Willkür einschloss, haben extrem, aber qualitativ repräsentativ unter anderem die Interferenzen von Otto Warburg illustriert. Dabei ließ sich auch – etwa am Beispiel der blockierten Karriere von Else Knake – nachweisen, dass männerdominierte Auswahlgremien und Bewertungssysteme in der Max-Planck-Gesellschaft von Anfang an informelle Netzwerke stärkten, die Frauen in Führungspositionen tendenziell ausgeschlossen haben, wenn auch nicht hermetisch. Diese Netzwerke, wie die von Fritz Haber und Adolf Butenandt apostrophierte »Bruderschaft der Forscher«, hatten sich in der Kaiser-Wilhelm-Gesellschaft generationsübergreifend herausgebildet und wurden in der Max-Planck-Gesellschaft weiter tradiert. Bei den Auswahlprozessen fungierte das Harnack-Prinzip als Gradmesser und Legitimation. Knapp 20 Jahre lang hielt man in der Max-Planck-Gesellschaft daran fest, Wissenschaftlerinnen in Ausnahmefällen zwar zu Wissenschaftlichen Mitgliedern zu berufen, aber nicht zu Direktorinnen und damit die Kolleginnen auf Abstand in der zweiten Reihe zu halten. Wie effektiv das Harnack-Prinzip in dieser Hinsicht war, lässt sich an den Zahlen ablesen: Von den 691 zwischen 1948 und 1998 berufenen Wissenschaftlichen Mitgliedern waren nur 13 Frauen.

Ein dritter, Hierarchien rechtfertigender Aspekt des Harnack-Prinzips liegt darin begründet, dass die Einzigartigkeit des genialen Wissenschaftlers (der genialen Wissenschaftlerin) im Arbeitskontext niemanden gleichberechtigt neben sich duldet. Andere Wissenschaftler:innen konnten dabei in der Regel nur unterstützend tätig sein. Dadurch fanden, wie dargelegt, *Teamarbeit* und *Kollektivität* lange Zeit keine Bestätigung. Hier hätte die Verleihung des Nobelpreises an Lise Meitner ein Zeichen setzen können – sowohl in Hinsicht auf die Anerkennung weiblicher wissenschaftlicher Leistungen als auch in Hinsicht auf partnerschaftliche Forschung als Erfolgsfaktor; wie stark dadurch die Rückwirkungen auf die Geschichte und Struktur der MPG gewesen wären oder hätten sein können, darüber lässt sich nur spekulieren.

Die Untersuchung hat darüber hinaus gezeigt, wie erfolgreich, im Sinne von überzeugend, das Harnack-Prinzip als *Ideal* ist: Lange Zeit wollten selbst die Wissenschaftlerinnen, die es trotz aller Hindernisse in Leitungspositionen geschafft hatten, von einer Geschlechterdiskriminierung nichts wissen. Insgesamt lässt sich für die weiblichen Wissenschaftlichen Mitglieder im Untersuchungszeitraum resümieren, dass es diese sehr lange vermieden haben, dezidiert zur

Frage der Geschlechterdiskriminierung Stellung zu nehmen. Doch im Laufe der Jahrzehnte zeichnete sich auch hier ein gradueller Wandel ab: Behauptete Margot Becke-Goehring noch, Geschlecht spiele in der MPG überhaupt keine Rolle, vertraten Christiane Nüsslein-Volhard und Renate Mayntz die Auffassung, sie hätten Erfolg gehabt, obwohl sie Frauen sind. Erst die jüngste und vierte Generation der weiblichen Wissenschaftlichen Mitglieder dieser Studie hat sich deutlich kritischer zum Thema Geschlechterdiskriminierung geäußert.[4] Insgesamt zogen und ziehen es jedoch auch nach zwei Dekaden des 21. Jahrhundert Wissenschaftlerinnen vor, den Genderaspekt im Kontext der eigenen Karriere nicht zu thematisieren.[5] MPG-Netzwerke wie die Mentoringprogramme Minerva-FemmeNet und das Elisabeth-Schiemann-Kolleg haben in den letzten Jahren dazu beigetragen, dass aus den Einzelkämpferinnen des Untersuchungszeitraums vielleicht noch keine »Sisterhood of Science«, aber Mentorinnen geworden sind.

Durch die 68er-Bewegung wurden nicht nur Demokratie und Mitbestimmung, sondern – mit deutlicher Verspätung – die Gleichberechtigung von Frauen und Männern auch in der Ehe festgeschrieben: 1977 erfolgte die Reformierung des Eherechts: Die Partnerschaftsehe ersetzte die Hausfrauenehe und der diskriminierende Passus wurde aus dem Gesetz gestrichen.[6] Wie selbstverständlich das männliche Wissenschaftsverständnis die MPG weiterhin dominierte, zeigte sich, als Jahre nach der Reform des Eherechts und zahlreicher inzwischen verabschiedeter Gesetze zur Gleichstellung von Frauen und Männern 1994 das »Frauenfördergesetz« erlassen wurde und die MPG fortan nicht mehr umhinkam, selbst Maßnahmen zu dessen Umsetzung zu ergreifen. Das »Unbehagen der Geschlechter« mit dem Harnack-Prinzip im Wortsinne, sprich: dass geschlechterneutral »die besten Köpfe« gesucht werden, resultierte in einer eingewurzelten sozialen Praxis in der MPG, welche die Bedingungen für die Karrierechancen von Wissenschaftlerinnen weitgehend entformalisierte. So lange wie möglich bemühte die MPG-Leitungsebene noch allenthalben Argumente (»Passfähigkeit«), die aus der Ära der Hausfrauenehe stammten und alle Bemühungen um Frauenförderung unter Hinweis auf das Harnack-Prinzip beargwöhnten, zurückwiesen und verzögerten. In Sachen Gleichberechtigung und Gleichstellung ging die MPG nicht voran, sondern hinkte guten Gewissens hinterher. Erst die Sorge vor einer möglichen Einschränkung ihrer Berufungsautonomie, verbunden mit

---

4 Siehe dazu die Äußerungen von Anne Cutler, Lorraine Daston und Angela Friederici im biografischen Dossier dieser Arbeit.

5 Vgl. dazu beispielsweise den Beitrag der MPG-Direktorin und Nobelpreisträgerin Emmanuelle Charpentier: An Argument Questioning Affirmative Action in Science, 2019, 26–28.

6 Der gesellschaftliche Aufbruch von 1968 fand in der MPG hinsichtlich der Genderfrage keinen Niederschlag. Zwar wurden seit Mitte der 1960er-Jahre vereinzelte Wissenschaftlerinnen, wenn auch nicht immer, zu Direktorinnen berufen, ohne dass dies jedoch im Zusammenhang mit den durch die 68er-Bewegung ausgelösten gesamtgesellschaftlichen Umbrüchen stand.

finanziellen Einbußen durch die öffentlichen Geldgeber, setzte schließlich einen schwierigen, bis in die Gegenwart andauernden Gleichstellungsprozess in Gang.

Aber auch dann noch war man bestrebt, allfällige Korrekturen vom Strukturprinzip fernzuhalten: Als Schuldfaktoren wurden allein äußere, soziale Bedingungen angeführt, die es den Frauen unmöglich machten, sich wie Männer zu verhalten. Folgerichtig identifizierte die MPG daher in dieser ersten Gleichstellungsphase Maßnahmen zur Vereinbarkeit von Familie und Beruf als wichtigsten Beitrag zur Erhöhung des Frauenanteils. Gleichstellungspolitische Maßnahmen wie die Einführung einer Quote, die direkte Förderung von Wissenschaftlerinnen oder ihre Bevorzugung bei gleicher Qualifikation stießen hingegen auf tiefen Argwohn und ausdrückliche Ablehnung. »Qualitätssicherung« war das Motto, das die Maßnahmen zur Erhöhung des Frauenanteils unter den Wissenschaftlern bestimmte, begleitet von dem Bemühen, die alleinige Entscheidungsgewalt bei Berufungsverfahren zu behalten. Erst 1996, mit der Amtsübernahme von Hubert Markl als Präsident geriet die Gleichstellungspolitik der MPG zunehmend in Bewegung. Markl zeigte, was mit politischem Willen selbst gegen gehörigen Widerstand aus den eigenen Reihen möglich war.

Die MPG war und bleibt teilweise immer noch durch Hierarchie- und Konkurrenzstrukturen geprägt, die Ausdruck einer – nicht wissenschaftsimmanenten – Konkurrenzgesellschaft sind, die sich stärker an quantitativen Maßstäben als an qualitativen Erkentnisleistungen orientiert. Unterm Strich führt das zu dem Befund, dass das Harnack-Prinzip Ungleichheit zwar nicht eingeführt hat, aber mit dem Anspruch geschlechtsneutraler Objektivität gesellschaftliche Ungleichheitsvorstellungen übernommen und in einer spezifischen Form nicht nur reproduziert, sondern verstärkt und diesen eine Dauerhaftigkeit verliehen hat. Zugleich steht das Harnack-Prinzip seit geraumer Zeit in der Kritik.[7] So gilt seine klassische Auslegung, dass Institute um geniale Direktor:innen herum etabliert werden, als überholt. Um die MPG global wettbewerbsfähig zu halten, bestimmen inzwischen innovative Forschungskonzepte die Erneuerung bzw. Umorientierung eines Instituts – für die dann passend exzellente Leitungskräfte gesucht werden. Zugleich haben einige sehr erfolgreiche Institute eine Reputation erworben, die ihrerseits eine wichtige Voraussetzung für die Berufung herausragender Wissenschaftler:innen bildet.

---

7 Vgl. dazu beispielsweise Brocke und Laitko (Hg.): *Die Kaiser-Wilhelm-/Max-Planck-Gesellschaft*, 1996; Gerwin: Im Windschatten der 68er, 1996, 211–226.

5.2   Ausblick

In den vergangenen 25 Jahren, die außerhalb des Untersuchungszeitraums des GMPG-Forschungsprogramms liegen, ist in der Max-Planck-Gesellschaft in Bezug auf Chancengleichheit viel in Bewegung geraten und erreicht worden. Auch wenn es bis zur Parität an der Spitze noch ein weiter Weg ist, hat sich das Geschlechterverhältnis zahlenmäßig inzwischen deutlich verbessert.[8] Maßnahmen wie etwa das W2-Minerva-Programm (seit 1997), das Mentoringprogramm Minerva-FemmeNet (seit 2001) sowie das Dual-Career-Netzwerk (seit 2010)[9] haben maßgeblich dazu beigetragen, dass sich die Metamorphose der MPG hin zu einer »exzellenten Akteurin für die Chancengleichheit«[10] vollziehen konnte.

Als wegweisend für eine erfolgreichere Entwicklung der Gleichstellungspolitik hat sich erwiesen, dass die Empfehlungen des *Frauenausschusses* des GBR, des *Wissenschaftlerinnenausschusses* des Wissenschaftlichen Rats und auch aus den Studien von Jutta Allmendinger und Beate Krais schlussendlich aufgegriffen und als Instrumente für Chancengleichheit umgesetzt wurden, wie etwa das Mentoring und die verstärkte Einrichtung von Nachwuchsgruppen.

Was 2006 als Anspruch formuliert wurde, ist 2015 in den Köpfen angekommen: Chancengleichheit wird als ein weiterer Baustein für Exzellenz begriffen und als Querschnittsthema gelebt. Gendersensibilisierung, Mentoring und Karriereförderung insbesondere für Wissenschaftlerinnen sind Instrumente, die in der Max-Planck-Gesellschaft bekannt und erprobt sind.[11]

Ein Meilenstein ist das seit 2007 aufgebaute Referat »Wissenschaftlicher Nachwuchs/Vereinbarkeit von Beruf und Familie«. Seither ist die MPG mehrfach für ihre familien- und lebensphasenbewusste Personalpolitik ausgezeichnet worden. Umgekehrt hat sich die MPG verpflichtet, die Angebote zur Chancengleichheit und zur Vereinbarkeit von Familie und Beruf weiterzuentwickeln. Ziel ist es, eine gender- und diversitätsgerechte Arbeitskultur an den Max-Planck-Instituten zu gestalten.

Von grundlegender Bedeutung für ein Umdenken in der MPG ist auch die Rekrutierung international anerkannter Wissenschaftlerinnen aus dem Ausland

---

8   Max-Planck-Gesellschaft: *Zahlen & Fakten.* https://www.mpg.de/zahlen_fakten. Zuletzt
    aufgerufen am 12. Oktober 2021.
9   Bereits seit 1980 war man sich in der MPG bewusst darüber geworden, dass den – damals
    in erster Line – Ehefrauen und Partnerinnen angemessene Betätigungsmöglichkeiten
    am neuen Einsatzort zu vermitteln eine wichtige Rolle bei Berufungen spielte. Vgl. dazu
    beispielsweise die Protokolle des Verwaltungsrats 1980, AMPG, II. Abt., Rep. 61, *Verwaltungsrat*; oder auch Protokoll der 98. Sitzung des Senats 1981, AMPG, II. Abt., Rep. 60,
    98.SP. In der Folgezeit wurden die Maßnahmen dahingehend ausgeweitet, dass auch für
    den Ehegatten neue Einsatzmöglichkeiten gesucht werden.
10   Weber: 10 Jahre, 2016, 54–55, 54.
11   MPG (Hg.): Pakt für Forschung und Innovation, 2016, 3–68, 9.

gewesen.[12] Diese brachten neue Denkanstöße mit und konnten entscheidend dazu beitragen, traditionelle Vorstellungen hinsichtlich der Bedingungen ausgezeichneter Wissenschaft aus den Köpfen zu bekommen. So musste man in der Max-Planck-Gesellschaft feststellen, dass in Oxford, in Harvard, in Stanford und am Massachusetts Institute of Technology das Thema Chancengleichheit viel weiter gediehen war, ohne dass dies der wissenschaftlichen Exzellenz in irgendeiner Weise geschadet hätte. Im Jahr 2020 wurde mit der Molekularbiologin Asifa Akhtar schließlich erstmals eine internationale Vizepräsidentin der Max-Planck-Gesellschaft gewählt. Ein anderes wichtiges Instrument zur Beförderung dieser Themen waren die paritätischen Kommissionen, die über die Hierarchiegrenzen hinweg Foren für den Austausch zwischen Arbeitgeberseite und Arbeitnehmerinnen boten.

Lange Zeit blieb es bei der rigorosen Ablehnung einer Quotenregelung in der Max-Planck-Gesellschaft, allerdings gab es zwei Selbstverpflichtungen,[13] die bis 2016 unter dem programmatischen Namen »Eine Kaskade für Spitzenforscherinnen« vorsahen, sowohl jede dritte bis vierte W3-Stelle als auch jede zweite W2-Stelle mit einer Wissenschaftlerin zu besetzen und zudem nicht nur jede frei werdende Stelle der weiblichen Tarifbeschäftigten auf E13- bis E15-Stellen, sondern auch zusätzlich neue Stellen auf diesem Niveau mit Wissenschaftlerinnen zu besetzen.[14] Mit der dritten Förderperiode des »Pakts für Forschung und Innovation« (Pakt III) traten zwei wichtige Maßnahmen mit dem konkreten Ziel in Kraft, mehr Frauen an die Spitze zu bringen. Im Frühjahr 2018 wurde zunächst das Lise-Meitner-Exzellenzprogramm (LME) für Wissenschaftlerinnen eingeführt,[15] mit dem pro Jahr bis zu zehn zusätzliche Max-Planck-Forschungsgruppen ausgeschrieben werden sollen. Damit will die MPG »herausragend qualifizierte Nachwuchswissenschaftlerinnen gewinnen und ihnen eine langfristige Perspektive bieten.«[16] Die LME-Gruppen sind großzügig ausgestattet und die Gruppenleiterinnen erhalten eine W2-Stelle. Nach einem Förderzeitraum von fünf Jahren besteht für die LME-Leiterinnen die Option, an einem MPG-internen Tenure-Track-Verfahren teilzunehmen und so dauerhaft eine W2-Stelle mit Gruppenausstattung an einem Max-Planck-Institut zu erhalten.[17] Im darauffolgenden Jahr (2019) startete die MPG auf Ebene der Tarifbeschäftigten das neue Pilotprojet BOOST!, das der *leaky pipeline* in der Postdoc-Phase entgegenwirken und so mehr Frauen in Führungspositionen bringen soll. Das

---

12 Jede zweite Wissenschaftlerin der MPG kommt inzwischen aus dem Ausland. MPG (Hg.): Pakt für Forschung und Innovation 2020, 2021, 469–607, 66.

13 Die ersten beiden Selbstverpflichtungen galten vom 1. Januar 2005 bis 1. Januar 2010 sowie vom 1. Januar 2012 bis 31. Dezember 2016, die dritte vom 1. Januar 2017 bis 31. Dezember 2020.

14 MPG (Hg.): *Chancengleichheit in der Max-Planck-Gesellschaft*, 2014, 21.

15 MPG (Hg.): Mehr Frauen an die Spitze, 2017.

16 Ebd.

17 Ausführlich dazu MPG (Hg.): Pakt für Forschung und Innovation 2020, 2021, 469–607, 14, 36, 113.

Programm ermöglicht über einen Zeitraum von sechs Jahren die Einstellung von 52 »hochqualifizierten weiblichen Talenten« in TVöD E15-Positionen.[18] Beide Maßnahmen sind ebenso begrüßenswert wie notwendig.

Und schließlich kam die Quote doch noch: Die MPG hat im November 2016 zum dritten Mal per Senatsbeschluss eine entsprechende Selbstverpflichtung verabschiedet, mit der sie sich darauf festlegte, bis Ende 2020 folgende Quoten zu erreichen: W3 17,9 Prozent; W2 38,0 Prozent; Gruppenleitungen 21,9 Prozent, TVöD E13 bis E15Ü 35,6 Prozent. Mit 17,8 Prozent erreichte die MPG zum Stichtag 31. Dezember 2020 knapp ihr Ziel auf der W3-Ebene. Mit einem Frauenanteil von 36,3 Prozent verpasste sie jedoch die selbst gesetzte Marke auf der W2-Ebene. Bei der im Jahr 2017 neu eingeführten Nachwuchsebene der Gruppenleitungen betrug der Frauenanteil 22,1 Prozent, womit die MPG ihr Ziel leicht übertreffen konnte. Auf Ebene der wissenschaftlichen TVöD-Beschäftigten E13–15Ü erhöhte sich der Frauenanteil nur um 0,2 Prozentpunkte gegenüber 2019 auf 32,8 Prozent, somit konnte der Zielwert von 35,6 Prozent nicht erreicht werden. Um schneller voranzukommen, hat die MPG im Jahr 2019 erstmalig Besetzungsquoten ermittelt, in der »übergeordneten Absicht, die Frauenanteile auf allen wissenschaftlichen Karriereebenen nachhaltig zu erhöhen«.[19] Diese Besetzungsquoten werden auch im Rahmen der vierten MPG-Selbstverpflichtung beibehalten und weitergeführt.[20] Für die Paktperiode IV hat sich die MPG das Ziel gesetzt, die Anteile an Wissenschaftlerinnen auf den drei höchsten Karriereebenen um einen Prozentpunkt pro Jahr zu erhöhen. Daraus resultierend soll zukünftig jede dritte freiwerdende W3- und jede zweite W2-Stelle mit einer Wissenschaftlerin besetzt werden.[21] Zudem zollt die MPG den womöglich langfristigen Auswirkungen der Covid-19-Pandemie Tribut: Die Pandemie habe gezeigt, dass bereits bestehende Benachteiligungen im Wissenschaftssystem durch die Corona-Krise verstärkt worden seien. Darum soll der Förderung von Wissenschaftlerinnen in der vierten Paktperiode ein besonders hoher Stellenwert eingeräumt werden.[22]

Die Bilanz der Zentralen Gleichstellungsbeauftragten der MPG, Ulla Weber, für den Pakt III-Zeitraum ist in gleichstellungsorientierter Perspektive positiv ausgefallen: Standards in diesem Bereich seien geschärft und als verbindlich gekennzeichnet, Anforderungen klar und transparent kommuniziert sowie deren Umsetzung einem zentralen Monitoringprozess unterzogen worden. Entscheidend für den Kulturwandel in der MPG ist laut Weber gewesen, dass die wechselseitige Förderung von Chancengleichheit und Exzellenz inzwischen verinnerlicht worden sei und nicht mehr infrage gestellt werde. Neben der

18 Mehr zu BOOST!: ebd, 15, 113–114.
19 Ebd., 16.
20 Diese gilt von 2020 bis 2030 mit einer geplanten Zwischenevaluation im Jahr 2025.
21 Siehe dazu auch »Organisationsspezifische Ziele 2016–2020«, MPG (Hg.): Pakt für Forschung und Innovation 2020, 2021, 469–607, 138.
22 Zur Bilanz und den Besetzungsquoten vgl. MPG (Hg.): Pakt für Forschung und Innovation 2020, 2021, 469–607, 16, 108, 119–120.

Einführung sektionsspezifischer Besetzungsquoten und der Implementierung individueller Fördermaßnahmen seien wichtige Signale dafür unter anderem die »Career Steps Opportunities Roadshow« (2017) und das feministische Symposium zu den Gleichstellungserrungenschaften und Kämpfen der letzten 50 Jahre (2019) gewesen.[23]

Auch bei dieser recht positiven Bilanz bleibt die Frage bestehen: Gelten in der Max-Planck-Gesellschaft besondere Regeln für Frauen bzw. andere Maßstäbe oder Kriterien für die Bewertung von Frauen? Wird die Leitungsfähigkeit von Frauen nun, nachdem sie endlich in größerer Zahl als früher in Führungspositionen eingerückt sind, in besonderem Maße beargwöhnt? Darauf gibt es keine einfache Antwort, zumal angesichts der Tatsache, dass sich in jüngster Zeit ausschließlich Max-Planck-Direktor*innen* öffentlich dem Vorwurf ausgesetzt sahen, ihre Mitarbeiter:innen gemobbt zu haben.[24] Auch Christiane Nüsslein-Volhard erinnert sich, dass sie als erfolgreiche Forscherin den Ruf hatte, ihre »Doktoranden bis aufs Blut auszusaugen«. Das habe sie damals sehr gekränkt. Sie sei als kinderlose Karrierefrau und Workaholic wahrgenommen worden, was »kein gutes Image« gewesen sei.[25] Wissenschaftliche Studien zeigen, dass sowohl Männer als auch Frauen einer weiblichen Führungskraft einen harschen Tonfall oder dominantes Auftreten viel häufiger und schneller übelnehmen als einer männlichen. Auch distanzierte Signale und offene Kritik werden einer weiblichen Führungskraft weniger zugestanden und anders bewertet.[26] Hier wären weitergehende und tiefergreifende Untersuchungen ein Desiderat, um diese Ebene des Unbehagens der Geschlechter mit dem Harnack-Prinzip gründlich zu analysieren und so einen Umgang mit Mobbingvorwürfen zu garantieren, der über alle Zweifel im Hinblick auf beispielsweise Interessenkonflikte und arbeitsrechtliche Mängel erhaben ist.

Um kein Missverständnis aufkommen zu lassen: Selbstverständlich sind Mobbing und wissenschaftliches Fehlverhalten unter keinen Umständen und von keinem Geschlecht zu entschuldigen. Doch ist es bedenkenswert, dass in den inzwischen fast 75 Jahren ihres Bestehens in der Max-Planck-Gesellschaft kein einziger ihrer Direktoren – deren Anzahl die ihrer Kolleginnen um ein Vielfaches übertrifft – sich je derartigen Vorwürfen öffentlich ausgesetzt sah, genauso wenig wie im Übrigen Anschuldigungen sexueller Belästigung.

Unter dem Stichwort »Systemrelevanz«, das im Kontext der Corona-Pandemie seit Frühjahr 2020 eine so enorme Konjunktur bei der Verortung von Pflege- und Krankenpersonal im gesamtgesellschaftlichen Bedeutungshorizont erhalten hat, abschließend ein Verweis auf die von Delphine Gardey aufgestellte

---

23 Weber: Chancengleichheit in der Max-Planck-Gesellschaft, 2021, 124–125. – Zum Symposium siehe Weber und Kolboske (Hg.): *50 Jahre später – 50 Jahre weiter?*, 2019.

24 Vgl. beispielsweise Rubner: Die Angeklagten, 2020, 39. – In vergleichbarem Maße trifft dies auch zu für Professorinnen.

25 Assmann und Nüsslein-Volhard: »Meine Karriere«, 2018.

26 Rastetter und Jüngling: *Frauen, Männer, Mikropolitik*, 2018, 83–84. – Siehe auch Knoke: »Der Schatten ist kalkuliert«, 2021, 12–14.

Prämisse, dass das Büro als »treibende Kraft« nicht ohne jene funktionieren kann, die wie »Zahnräder des Dispositivs« von innen zur Steuerung des Gesamtsystems beitragen.[27] Übertragen in die Sprache des Covid-19-Zeitalters heißt das: Sekretärinnen sind systemrelevant. Dem sollte Rechnung getragen werden, indem anerkannt wird, dass zur Wissensproduktion ein kollektiver Arbeitsprozess gehört, der Sekretärinnen einschließt. Die Erkenntnis, dass gerade auch ihre Köpfe mit zu den besten gehören, ist noch nicht auf allen Etagen der Max-Planck-Gesellschaft heimisch geworden.

27 Gardey: *Schreiben, Rechnen, Ablegen*, 2019, 199.

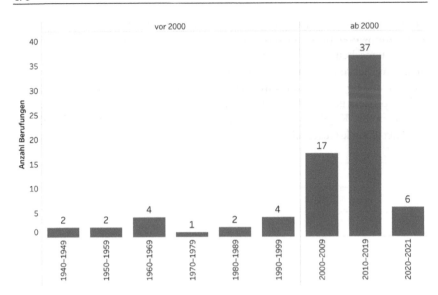

Grafik 4: Berufung weiblicher Wissenschaftlicher Mitglieder bis heute.

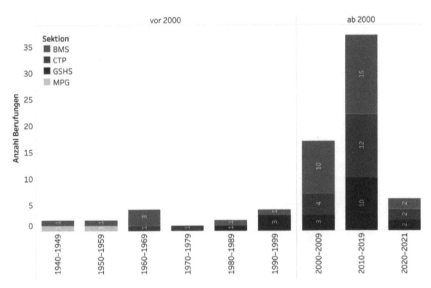

Grafik 5: Berufung weiblicher Wissenschaftlicher Mitglieder nach Sektionen geordnet.

6.   Danksagung

> The truth is rarely pure and never simple.
>
> *Oscar Wilde*

DANK

Die Anfänge dieser Arbeit liegen im Jahr 2010, jenem Moment, in dem Jürgen Renn mich mit auf die Reise genommen hat, die Terra incognita Max-Planck-Gesellschaft zu erforschen und zu kartieren. Mein allererster und größter Dank geht deswegen an ihn, der ohne Zögern bereit gewesen ist, meine Vision einer Frauengeschichte der Max-Planck-Gesellschaft und dabei auch mich in jeder Hinsicht zu unterstützen. Dieses Vertrauen sowie die Bereitschaft, sein außerordentliches Hintergrundwissen großzügig mit mir zu teilen, sind maßgeblich für den Erfolg dieser Arbeit gewesen.

Mein schönster und tief empfundener Dank geht an meine beiden wunderbaren Betreuerinnen Maren Möhring und Susanne Heim, die mich konsequent in meinem Vorhaben bestärkt und mit ihren kritischen Nachfragen, anregenden Hinweisen sowie ihrer immer motivierenden Betreuung dazu beigetragen haben, dass mein Blickwinkel nicht im Tunnel steckenblieb, ohne jedoch dabei den Elan für mein Vorhaben zu beschneiden. Diese Arbeit wurde 2021 von der Fakultät für Sozialwissenschaften und Philosophie der Universität Leipzig als Dissertation angenommen. Der Fakultät und insbesondere dem Doktorand:innenkolloquium des Instituts für Kulturwissenschaften danke ich aus vollem Herzen für die warme Gastfreundschaft der vergangenen beiden Jahre.

Dies bringt mich zu meiner Kollegin, *sister in arms*, Juliane Scholz, die mir den Weg nach Leipzig gewiesen und damit ebenfalls entscheidend zum Gelingen dieser Arbeit beigetragen hat. Darüber hinaus danke ich ihr wie auch dem ganzen harten Kern der »AG Sozialgeschichte« des GMPG-Forschungsprogramms zutiefst für die angeregten, interessanten, oft auch kontroversen Diskussionen (Zentralisierung! Patriarchat?!?), die wir dort in den vergangenen Jahren geführt haben, für die vielen kleinen und großen Hinweise aus dem enormen Quellenkorpus auf meine besonderen Forschungsinteressen (»Ätzmäuse«!) sowie den schwarzen Humor, der uns manche Situation erleichtert hat: Jaromír Balcar, Jürgen Kocka, Jasper Kunstreich, Alexander von Schwerin und Thomas Steinhauser.

Ein ganz besonderer Dank gebührt Florian Schmaltz, der sich die gewiss nicht immer leichte Aufgabe vorgenommen hat, aus mir eine Historikerin zu machen – seine Unbeirrbarkeit und Liebe zum Detail haben schlussendlich den Sieg davongetragen.

Über das »Vorzimmer« kann man nur schreiben, wenn es gelingt, hinter die Kulissen zu schauen. Für diese Einblicke und das mir damit entgegengebrachte Vertrauen bin ich vor allem Herta Fricke, Birgitta von Mallinckrodt,

Claudia Paaß, Martin Pollmann, Maria-Antonia Rausch, Martina Walcher und Brigitte Weber-Bosse zu tiefstem Dank verpflichtet. Viele Sekretärinnen der Max-Planck-Gesellschaft haben ebenfalls ihr Detailwissen mit mir geteilt und können hier zwar nicht namentlich genannt, aber dennoch herzlich bedankt werden.

Für ihre konstruktive Kritik, moralische Unterstützung und Einsichten in die Realität an der Spitze des Wissenschaftsbetriebs möchte ich ganz herzlich Jutta Allmendinger, Marianne Braig, Angela Creager, Anne Cutler (†), Lorraine Daston, Ute Frevert, Angela Friederici, Doris Kaufmann, Christiane Nüsslein-Volhard, Mary Osborn, Carola Sachse und Eleonore Trefftz (†) danken.

Für das praktische, historische und institutionelle Verständnis der Gleichstellungspolitik in der Max-Planck-Gesellschaft war mir die Zusammenarbeit mit dem Netzwerk ihrer Gleichstellungsbeauftragten nicht nur eine große Hilfe, sondern vor allem auch eine große Freude. Dies gilt allen voran für meine Mitstreiterinnen Ulla Weber und Martha Rossmayer, die dieses Projekt von Anfang unterstützt haben.

Einen beträchtlichen Anteil am Gelingen dieser Arbeit hatten auch die studentischen Mitarbeiter:innen, die meine Kolleg:innen und mich über die gesamte Laufzeit des Forschungsprogramm hinweg mit großer Sorgfalt, Eigenständigkeit und Umsicht unterstützt haben. Für das vorliegende Buch waren dies insbesondere Hannes Benecke, Julia Bost, Robert Egel, Rebecca Eilfort, Kristina Langrock, Anastasiia Malkova, Aron und Lea Marquart, Charlotte Mergenthaler, Lara Pfister, Stefan Strietzel, Stefano Veronese, Hannah Voss und Lisa Weiss – denen ich allen sehr dafür danken möchte.

Solche komplexen und enormen Datenmengen wie die Aktenkilometer zur Max-Planck-Gesellschaft und ihren Einrichtungen sind selbst mit den neuesten Werkzeugen und Methoden der *Digital Humanities* und Big-Data-Konzepten nicht zu bewältigen ohne die Unterstützung von herausragenden Archivar:innen und Bibliothekar:innen. Für ihre endlose Geduld und enorme Hilfsbereitschaft danke ich Kristina Starkloff, Thomas Notthoff, Georg Pflanz und Florian Spillert vom Archiv der MPG in Dahlem ebenso wie dem Bibliotheksteam des MPI für Wissenschaftsgeschichte, allen voran, aber nicht ausschließlich Sabine Bertram, Esther Chen, Ralf Hinrichsen, Anke Pietzke, Matthias Schwerdt und Urs Schoepflin. Besondere Erwähnung verlangen in diesem Zusammenhang Susanne Uebele und Urte Brauckmann, die mich seit Jahren bei all meinen visuellen Exkursen begleiten und denen allein zu verdanken ist, dass aus den vielen vorangegangenen Seiten keine Bleiwüste geworden ist.

Ein Riesenglücksfall für die Entstehung dieses Buchs ist gewesen, Stephan Lahrem für das Lektorat zu gewinnen. Mit seiner Kompetenz, Stringenz und nicht zuletzt auch stets freundlich-strengen Stimme der Vernunft, wenn ich wieder versucht war, in feuilletonistische Untiefen abzuschwirren, sowie seinem Interesse am und Zuspruch zum Gegenstand dieser Arbeit hat er ganz entscheidend dazu beigetragen, dass dies nun in dieser Form vorliegt, wofür ich ihm unglaublich dankbar bin.

Eine große Freude ist auch die Zusammenarbeit mit dem Verlag Vandenhoeck & Ruprecht, bei dem dieses Buch in der schönen Reihe »Studien zur Geschichte der Max-Planck-Gesellschaft« erscheinen wird. Ich danke Daniel Sander für die Unterstützung bei der Buchwerdung.

Der größte Teil dieser Arbeit ist während der Pandemie geschrieben worden, die seit 2020 weltweit wütet, wobei Menschenleben und Existenzen unwiederbringlich zerstört worden sind. Bei aller Unabhängigkeit, die ich als wissenschaftliche Mitarbeiterin des GMPG-Forschungsprogramms gegenüber der Max-Planck-Gesellschaft genieße, ist es mir ein Anliegen zu betonen, was für ein außerordentliches Privileg die erstklassigen Arbeitsbedingungen der MPG unter diesen Umständen nicht nur, aber insbesondere in den letzten beiden Jahren gewesen sind und ich mir dessen nicht nur bewusst, sondern auch sehr dankbar dafür bin.

LIEBE
Mis hermanas del corazón: Anne Huffschmid, Christiane Schulte und Ute Köder
Die Herzensfreundinnen, die in den letzten Jahren immer ein offenes Ohr, ein volles Glas und unbegrenzt Zeit für mich hatten – ungeachtet der Tatsache, dass mein Gesprächshorizont zunehmend kleiner wurde und irgendwann nur noch um die MPG kreiste: Inge Banzcyk, Elke Brüns, Lindy Divarci, tiina Dohrmann, Birgit Kriesche, Paula Maether, Bernhild Mennenga, Edita Noth, Jutien van der Steen, Ursula Voßhenrich und meine *belle mère* Doris Wegemann. Ebenso die dazugehörigen vortrefflichen Kerle dieser Wahlverwandschaft: mein Go-to-Kaffeeklatschpartner Andreas Becker, Thomas Walther, Hermann Werle und, *for good times' sake*, Holger.
Meiner Schwester Susanne für das schöne Exil im Sommer 2020.

Gewidmet ist diese Arbeit meinen beiden hinreißenden Kindern Fritz und Lene.

Berlin, im Juni 2022

7. Anhang

7.1 Chronik der wichtigsten Etappen zur Gleichstellung

Allgemein auf Bundesebene	In der MPG
1948	Gründung der MPG
	Lise Meitner (1913 WM am KWI für Chemie) wird zum Auswärtigen Wissenschaftlichen Mitglied der MPG berufen. *Isolde Hausser* (1938 WM am KWI für medizinische Forschung) wird zum Wissenschaftlichen Mitglied des MPI für medizinische Forschung berufen.
1949 Am 23. Mai tritt das Grundgesetz der Bundesrepublik Deutschland in Kraft. In Art. 3 Abs. 2 steht kurz und klar: »Männer und Frauen sind gleichberechtigt.«	
1952 Das *Gesetz zum Schutz von Müttern bei der Arbeit, in der Ausbildung und im Studium* (Mutterschutzgesetz) tritt in Kraft.	
1953	*Elisabeth Schiemann*, Forschungsstelle für Geschichte der Kulturpflanzen in der MPG, wird zum Wissenschaftlichen Mitglied der MPG berufen. *Else Knake* übernimmt die Abteilung für Gewebezüchtung am MPI für vergleichende Erbbiologie und Erbpathologie.
1954	*Anneliese Maier*, Bibliotheca Hertziana, wird zum Wissenschaftliches Mitglied der MPG berufen.
1957 *Gesetz über die Gleichberechtigung von Mann und Frau auf dem Gebiet des bürgerlichen Rechts* (Gleichberechtigungsgesetz): Auf dem Gebiet des Bürgerlichen Rechts ändert sich vor allem das Familienrecht. Die Vorschriften treten am 1. Juli 1958 in Kraft.	

1958		*Eleonore Trefftz* übernimmt die Leitung der Abteilung Quantenmechanik am MPI für Astrophysik.
1961	*Elisabeth Schwarzhaupt* übernimmt als erste Frau das Amt eines deutschen Bundesministers und das neu gegründete *Bundesministerium für Gesundheit.*	
1962	Die *Antibabypille* kommt auf den Markt.	*Else Knake* übernimmt die *Forschungsstelle für Gewebezüchtung* am MPI für vergleichende Erbbiologie und Erbpathologie und wird dadurch *ex officio* Wissenschaftliches Mitglied, nicht jedoch berufen.
1967		*Birgit Vennesland* wird als Nachfolgerin von Otto Warburg zum Wissenschaftlichen Mitglied und zur Direktorin des MPI für Zellphysiologie berufen. *Anne-Marie Staub* wird zum Auswärtigen Wissenschaftlichen Mitglied des MPI für Immunbiologie und Epigenetik berufen.
1968	Erste Frauenversammlung an der Berliner Technischen Universität (TU) Gründung des »Aktionsrats zur Befreiung der Frauen« in Berlin. Gründung des »Zentralrats der Kinderläden« in Berlin. Das *Mutterschutzgesetz* wird verbessert: Die Schutzfrist vor der Entbindung beträgt sechs, die danach acht Wochen.	
1969		*Margot Becke-Goehring* wird zum Wissenschaftlichen Mitglied und zur Direktorin des Gmelin-Instituts für anorganische Chemie und Grenzgebiete in der MPG berufen.
1970	Das *Gesetz über die rechtliche Stellung der nichtehelichen Kinder* (Nichtehelichengesetz) tritt in Kraft.	Konstituierung des *Gesamtbetriebsrats* Erste Sitzung des *Intersektionellen Ausschusses (ISA).* *Birgit Vennesland* erhält eine selbstständige Forschungsstelle in der MPG, die aus dem MPI für Zellphysiologie ausgegliedert wird.
1972	Das *Rentenreformgesetz* mit einer Öffnung der Rentenversicherung für Hausfrauen tritt in Kraft. Mit Annemarie Renger wird erstmals eine Frau *Bundestagspräsidentin.*	

1973   Einsetzung der *Enquete-Kommission Frau und Gesellschaft* zur »Vorbereitung von Entscheidungen, die zur Verwirklichung der vollen rechtlichen und sozialen Gleichberechtigung der Frau in der Gesellschaft führen sollen«.[1]

Eleonore Trefftz, MPI für Astrophysik, wird zum Wissenschaftlichen Mitglied der MPG berufen.
Margot Becke-Goehring wird erste weibliche Vorsitzende des Wissenschaftlichen Rats der MPG.

Erste jährliche statistische Erfassung der MPG-Personalstruktur im *Zahlenspiegel*.

1974   *Fünftes Gesetz zur Reform des Strafrechts*: Der Schwangerschaftsabbruch in den ersten zwölf Wochen wird straffrei.

1975   *Internationales Jahr der Frau* und erste *Weltfrauenkonferenz in México, D.F.*

Mary Osborn erhält eine eigene Forschungsgruppe »Zellbiologie« am MPI für biophysikalische Chemie.

Erlass der *Richtlinie 75/117/EWG des Rates vom 10. Februar 1975 zur Angleichung der Rechtsvorschriften der Mitgliedstaaten über die Anwendung des Grundsatzes des gleichen Entgelts für Männer und Frauen.*

Urteil des Bundesverfassungsgerichts zur gesetzlichen Regelung des Schwangerschaftsabbruchs vom 25. Februar 1975: § 218 a (Fristenregelung) des Strafgesetzbuches in der Fassung des Fünften Strafrechtsreformgesetzes ist mit dem Grundgesetz insoweit unvereinbar und nichtig, als es den *Schwangerschaftsabbruch* auch dann von der Strafbarkeit ausnimmt, wenn keine Gründe vorliegen, die vor der Wertordnung des Grundgesetzes Bestand haben.

Gesetz über ergänzende Maßnahmen zum Fünften Strafrechtsreformgesetz vom 28. August 1975: Frauen, die in der gesetzlichen Krankenversicherung versichert sind, haben Anspruch auf individuelle ärztliche Beratung über Fragen der Empfängnisverhütung. Von der Krankenkasse werden auch die Kosten für ärztliche Leistungen, Medikamente und Krankenhausaufenthalt bei legalem *Schwangerschaftsabbruch* übernommen.

---

1 Vgl. dazu Deutscher Bundestag: *Zwischenbericht der Enquete-Kommission Frau und Gesellschaft*, 1976, sowie Deutscher Bundestag: *Bericht der Enquete-Kommission Frau und Gesellschaft*, 1980.

Nicht in der gesetzlichen Krankenkasse versicherte bedürftige Personen
erhalten entsprechende Leistungen der
Sozialhilfe.

1976   Der Rat der Europäischen Gemeinschaf-
       *ten erlässt die Richtlinie 76/207/EWG
       zur Verwirklichung des Grundsatzes der
       Gleichbehandlung von Männern und
       Frauen hinsichtlich des Zugangs zur Be-
       schäftigung, zur Berufsbildung und zum
       beruflichen Aufstieg sowie in bezug auf
       die Arbeitsbedingungen.*

       *Fünfzehntes Strafrechtsänderungs-
       gesetz:* Der *Schwangerschaftsabbruch*
       ist grundsätzlich mit Strafe bedroht. Er
       ist ausnahmsweise nicht strafbar, wenn
       die Schwangere einwilligt und einer der
       folgenden Gründe vorliegt: a) medizi-
       nische Indikation; b) eugenische Indi-
       kation, c) kriminologische Indikation,
       d) sonstige schwere Notlage.

1977   *Erstes Gesetz zur Reform des Ehe- und
       Familienrechts:* Diese grundlegende
       Neuregelung des Eherechts, des Schei-
       dungsrechts und des Scheidungsver-
       fahrensrechts in der BRD tritt am 1. Juli
       1977 in Kraft. Die wichtigsten Elemente
       sind: a) Partnerschaftsprinzip: keine
       gesetzlich vorgeschriebene Aufgabentei-
       lung in der Ehe; b) das Scheidungsrecht
       wird vom Schuld- auf das Zerrüttungs-
       prinzip umgestellt; c) der Ehepartner,
       der nach der Scheidung nicht für sich
       selbst sorgen kann, erhält einen u. U.
       zeitlich befristeten Unterhaltsanspruch;
       d) die während der Ehezeit erworbenen
       Anrechte auf Altersversorgung wer-
       den gleichmäßig auf beide Ehepartner
       aufgeteilt.

1979   *Übereinkommen zur Beseitigung jeder
       Form von Diskriminierung der Frau,
       Art. 1:* »In diesem Übereinkommen
       bezeichnet der Ausdruck ›Diskriminie-
       rung der Frau‹ jede mit dem Geschlecht
       begründete Unterscheidung, Aus-
       schließung oder Beschränkung, die zur
       Folge oder zum Ziel hat, dass die auf die
       Gleichberechtigung von Mann und Frau
       gegründete Anerkennung,

Inanspruchnahme oder Ausübung der
Menschenrechte und Grundfreiheiten
durch die Frau – ungeachtet ihres Familienstands – im politischen, wirtschaftlichen, sozialen, kulturellen, staatsbür-
gerlichen oder jedem sonstigen Bereich
beeinträchtigt oder vereitelt wird.«

*Gesetz zur Sicherung des Unterhalts von
Kindern alleinstehender Mütter und
Väter durch Unterhaltsvorschüsse oder
-ausfallleistungen.*

Mutterschaftsurlaub: Mütter, die in
einem Arbeitsverhältnis stehen, erhalten
zusätzlich zu den bisherigen Schutzfris-
ten einen viermonatigen Mutterschutz-
urlaub mit Lohnersatzleistungen und
Kündigungsschutz.

Margaret Thatcher wird britische
Premierministerin.

1980   *Zweite Weltfrauenkonferenz in
        Kopenhagen.*

Die bundesdeutsche *Hochschulstatistik*
beginnt, Daten geschlechtsspezifisch
auszuweisen. Dies geht auf den politischen Druck der Frauenbewegung
zurück, »ein Indiz dafür, dass erst seit
den 1980er-Jahren die Unterrepräsentanz von Frauen im Hochschullehrer-
beruf in einer breiteren politischen
Öffentlichkeit und der Hochschulpolitik
als Problem tatsächlich wahrgenommen
wurde. Die zuvor durchgeführten statistischen Studien wurden von weiblichen
Interessenverbänden, wie z. B. dem
Deutschen Akademikerinnenbund in
Auftrag gegeben. Die 1961 vom DAB an
den Wissenschaftsrat gesendete Denkschrift blieb folgenlos.«[2]

*Gesetz über die Gleichbehandlung von
Männern und Frauen am Arbeitsplatz
und über die Erhaltung von Ansprüchen
bei Betriebsübergang (Arbeitsrechtliches*

2 Paletschek: Berufung und Geschlecht, 2012, 295–337, 315.

EG-Anpassungsgesetz): a) Gleichbehandlung am Arbeitsplatz wird als Rechtsanspruch im BGB festgeschrieben, ebenso das Recht auf gleiches Entgelt. b) Stellenausschreibungen sollten geschlechtsneutral formuliert werden. c) Der Arbeitgeber trägt im Prozess die Beweislast, wenn die Arbeitnehmerin Tatsachen glaubhaft macht, die auf eine Benachteiligung wegen des Geschlechts hindeuten.

1982

Das Forschungsprojekt »Rechtsvergleichende und kriminologische Untersuchungen zum Schwangerschaftsabbruch« nimmt am MPI für ausländisches und internationales Strafrecht unter der Leitung von *Albin Eser* und *Hans-Georg Koch* seine Arbeit auf.

1985   *Drittes Gesetz zur Änderung des Hochschulrahmengesetzes,* § 3: »Die Hochschulen fördern die tatsächliche Durchsetzung der Gleichberechtigung von Frauen und Männern und wirken auf die Beseitigung bestehender Nachteile hin.«

Renate Mayntz wird Wissenschaftliches Mitglied und Gründungsdirektorin des MPI für Gesellschaftsforschung.

In Hamburg wird die erste Stelle einer *Frauenbeauftragten* an einer Universität eingerichtet.

Christiane Nüsslein-Volhard wird Wissenschaftliches Mitglied und Direktorin am MPI für Entwicklungsbiologie.

Beschäftigungsfördergesetz: Für Frauen, die wegen Kindererziehung zeitweise aus dem Erwerbsleben ausgeschieden sind, wird der Zugang zu Maßnahmen der Umschulung und Fortbildung erleichtert. Teilzeitarbeit wird der Vollzeitarbeit rechtlich gleichgestellt.

Gesetz über die Gewährung von Erziehungsgeld und Erziehungsurlaub: Mütter oder Väter, die ihr Kind selbst betreuen und erziehen, erhalten ein Erziehungsgeld von 600 DM monatlich für die Dauer von zehn Monaten, davon die ersten sechs Monate einkommensunabhängig.

Gesetz zur Neuordnung der Hinterbliebenenrenten sowie zur Anerkennung von Kindererziehungszeiten in der gesetzlichen Rentenversicherung: Mütter ab Geburtsjahrgang 1921 erhalten für jedes Kind ein Versicherungsjahr in der gesetzlichen Rentenversicherung rentenbegründend und rentensteigend anerkannt.

1986   Rita Süssmuth wird erste *Familien-*
        ministerin der BRD.

1987   *Gesetz über Leistungen der gesetzlichen*   Der *Fachausschuss »Frauen in der MPG«*
        Rentenversicherung für Kindererziehung   (Frauenausschuss, FA-GBR) des Ge-
        an Mütter der Geburtsjahrgänge vor   samtbetriebsrats wird unter dem Vorsitz
        1921 (Kindererziehungsleistungsgesetz):   von *Inamaria Wronka* gegründet.
        Die Erziehungsleistung der vor 1921
        geborenen Mütter wird stufenweise
        finanziell anerkannt.

        Die *Abteilung für Frauenpolitik* im
        Bundesministerium für Jugend, Familie,
        Frauen und Gesundheit nimmt ihre
        Arbeit auf.

1988   *Erster Informeller Frauenministerrat der*
        Europäischen Gemeinschaft (EG) in der
        Bundesrepublik Deutschland.

        Erziehungsgeld und Erziehungsurlaub
        werden von zehn auf zwölf Monate ver-
        längert; ein Jahr später, 1989, von 12 auf
        15 und dann 1990 von 15 auf 18 Monate
        verlängert.

1989   Fall der Berliner Mauer.   *Martha Roßmayer* wird neue Vorsit-
                                                          zende des FA-GBR.

1990   *Wiedervereinigung*: Gesetzliche Rege-   MPG-Präsident Staab beauftragt am
        lungen für Familien und Frauen, die seit   1. Februar den Wissenschaftlichen Rat
        mehr als 40 Jahren in beiden deutschen   mit der *Bildung einer Kommission*, die
        Staaten unterschiedlich ausgestaltet   die sich mit den forschungsspezifischen
        waren, werden nun im *Einigungsvertrag*   Aspekten einer intensiveren Frauen-
        vereinheitlicht. Der Vertrag zwischen   förderung befasst und Vorschläge
        der Bundesrepublik Deutschland und   entwickelt, wie in der Institutspraxis
        der Deutschen Demokratischen Repu-   die Beschäftigungssituation für Wissen-
        blik über die Herstellung der Einheit   schaftlerinnen verbessert werden kann.
        Deutschlands legt fest, wie die gesamt-
        deutsche Rechtslage ab dem 3. Oktober
        1990 – dem Tag der Vereinigung – an-
        gesehen wird und nach welchen Grund-
        sätzen noch unterschiedliche Regelun-
        gen gemeinsam gelöst werden sollen.
        Art. 31 Abs. 1 gibt dem gesamtdeutschen
        Gesetzgeber auf, die Gesetzgebung zur
        Gleichberechtigung zwischen Männern
        und Frauen weiterzuentwickeln.

        Nach der Wiedervereinigung Deutsch-   Auf Druck von *Frauenausschuss* und
        lands gehen die Abteilung Frauen des   GBR wird von GV und GBR gemeinsam
        Ministeriums für Familie und Frauen   eine *interne empirische Untersuchung*
        der DDR sowie der Arbeitsstab der   *zur Beschäftigungssituation von Män-*
        Beauftragten des Ministerrats für die   *nern und Frauen* in der MPG in Auftrag
        Gleichstellung von Frauen und Männern   gegeben.

in die Abteilung Frauenpolitik des *Bun-*
desministeriums für Jugend, Familie,
Frauen und Gesundheit über.

In der Hauptstelle der Bundesanstalt für
Arbeit und in den Landesarbeitsämtern
werden *Frauenbeauftragte* bestellt.

1991   Das *Bundesministerium für Frauen und*   Der *Wissenschaftliche Rat* verab-
       Jugend wird ein eigenes Ressort.   schiedet die im Arbeitskreis erarbeite-
                                                     ten *Empfehlungen* zur Förderung von
                                                     Wissenschaftlerinnen.

1992   Der *Erziehungsurlaub* wird bis zur   Der Verwaltungsrat der MPG empfiehlt
       Vollendung des dritten Lebensjahres   eine *befristete Förderung überbetrieb-*
       des Kindes verlängert. Das Erziehungs-   *licher Kinderbetreuungseinrichtungen*
       geld für Kinder, die nach dem 1. Januar   aus MPG-Privatvermögen.
       1992 geboren sind, wird auf zwei Jahre
       ausgedehnt.

       Durch das *Gesetz zur Reform der gesetz-*
       lichen Rentenversicherung (Renten-
       reformgesetz) wird die Anerkennung
       von Kindererziehungszeiten in der
       gesetzlichen Rentenversicherung für
       Geburten ab 1992 von bisher einem Jahr
       auf drei Jahre verlängert. Weiterhin
       werden Berücksichtigungszeiten wegen
       Kindererziehung bis zur Vollendung des
       10. Lebensjahres eines Kindes und ab
       1992 wegen nicht erwerbsmäßiger, häus-
       licher Pflege eingeführt.

       Das *Gesetz zum Schutz des vorgeburt-*
       lichen/werdenden Lebens, zur Förderung
       einer kinderfreundlicheren Gesellschaft,
       für Hilfen im Schwangerschaftskonflikt
       und zur Regelung des Schwangerschafts-
       abbruchs (Schwangeren- und Fami-
       lienhilfegesetz) beinhaltet unter ande-
       rem die kostenlose Bereitstellung von
       Verhütungsmitteln für Frauen unter
       21 Jahren, soweit sie einer gesetzlichen
       Krankenkasse angehören; den Rechts-
       anspruch auf einen Kindergartenplatz
       (ab 1.1.1996) vom vollendeten 3. Lebens-
       jahr bis zum Schuleintritt des Kindes;
       die Versorgung eines kranken Kindes
       von fünf auf zehn Tage je Elternteil (Al-
       leinerziehende: 20 Tage) pro Kind und
       Jahr sowie die Heraufsetzung der Alters-
       grenze des zu versorgenden Kindes auf
       bis zu zwölf Jahre; Regelung der Arbeits-
       freistellung auf insgesamt 25 Tage jähr-
       lich (bei Alleinerziehenden: 50 Tage).

1993   Auf dem Menschenrechtsgipfel in Wien wird *Gewalt gegen Frauen* als Menschenrechtsverletzung und damit die *Unverletzbarkeit der Würde von Frauen* als Bestand der internationalen Menschenrechtsnorm anerkannt.

Anne Cutler wird Wissenschaftliches Mitglied und Direktorin des MPI für Psycholinguistik.

Die *10. Novelle des Arbeitsförderungsgesetzes* legt fest in § 2 Nr. 5, dass Frauen entsprechend ihrem Anteil an den Arbeitslosen gefördert werden sollen.

Der *Zahlenspiegel* beginnt, Daten geschlechtsspezifisch auszuweisen.

1994   Das *Gesetz zur Durchsetzung der Gleichberechtigung von Frauen und Männern* (2. GleiBG) tritt in Kraft u. a. mit den Artikeln:
- Gesetz zur Förderung von Frauen und der Vereinbarkeit von Familie und Beruf in der Bundesverwaltung und in den Gerichten des Bundes (*Frauenfördergesetz*)
- Verschärfung des gesetzlichen Verbotes der Benachteiligung wegen des Geschlechts im Arbeitsleben – bei der Stellenausschreibung, Einstellung und dem beruflichen Aufstieg (*Weiterentwicklung des arbeitsrechtlichen EG-Anpassungsgesetzes*)
- Erweiterte Mitwirkungsrechte von Betriebsrat und Personalrat bei der Frauenförderung und der Vereinbarkeit von Familie und Beruf
- Gesetz zum Schutz der Beschäftigten vor sexueller Belästigung am Arbeitsplatz (*Beschäftigtenschutzgesetz*)
- Gesetz über die Berufung und Entsendung von Frauen und Männern in Gremien im Einflussbereich des Bundes (*Bundesgremienbesetzungsgesetz*).

Angela Friederici wird Wissenschaftliches Mitglied und Direktorin des MPI für Kognitions- und Neurowissenschaften.

Das *Gleichberechtigungsgebot in Art. 3, Abs. 2 Grundgesetz* wird ergänzt: »Der Staat fördert die tatsächliche Durchsetzung der Gleichberechtigung von Frauen und Männern und wirkt auf die Beseitigung bestehender Nachteile hin.«

1995

Der Senat der MPG beschließt am 24. März über die »Grundsätze zur Frauenförderung«.

Die Juristin *Barbara Bludau* wird erste *Generalsekretärin* der MPG

Christiane Nüsslein-Volhard erhält
den *Nobelpreis für Medizin* »für ihre
grundlegenden Erkenntnisse über
die genetische Kontrolle der frühen
Embryonalentwicklung«.

Lorraine Daston wird Wissenschaftliches Mitglied und Direktorin des MPI
für Wissenschaftsgeschichte.

1996   Der *Rechtsanspruch auf einen Kinder-*
        gartenplatz für Kinder mit Vollendung
        des 3. Lebensjahres wird geregelt.

        Der *Familienlastenausgleich* wird neu   Die *Gesamtbetriebsvereinbarung*
        geregelt: Das Kindergeld und die Alters-   *zur Gleichstellung von Frauen und*
        grenze werden erhöht.   *Männern* (GBV) wird am 8. Oktober
                                                          unterzeichnet.

                                                          Der Verwaltungsrat der MPG beschließt
                                                          auf seiner 169. Sitzung im November das
                                                          C3-Sonderprogramm zur Förderung von
                                                          Wissenschaftlerinnen.

1997   Inkrafttreten des neu gefassten § 177
        StGB: *Vergewaltigung in der Ehe* ist
        strafbar.

1998   Der *Frauenförder-Rahmenplan* (FFRP)
                                                          tritt am 26. März in Kraft.

1999   Durch die Beschlüsse der Weltfrauen-
        konferenz in Peking und durch den
        Amsterdamer Vertrag wird die Bundes-
        regierung verpflichtet, *Gender-Main-*
        streaming als Strategie und Methode zur
        Verbesserung der Gleichstellung von
        Frauen und Männern einzuführen.

7.2 Frauenlob

FRAUENLOB

gezollt von einem Ritter der Burg Planckenstein

Berlin. Der Senat der Max-Planck-Gesellschaft hat getagt. Abend. Vor mir auf dem Tisch steht ein Krug ungarischen Weines, eine Kapelle spielt Wiener Walzer und Scardas. Der Wein entriegelt das Tor zur Phantasie, das der Verstand tagsüber verschlossen hatte. Die Musik spricht zum Gemüt und im Rauch der Zigarre bilden sich schwebende Gestalten. Vor meinen Augen ziehen die Frauen vorbei, die meinen Lebensweg während dreier Jahrzehnte als Chef, als Kapitän eines Kaiser-Wilhelm/Max-Planck-Institutes begleitet haben. Von ihnen will ich sprechen, ihnen will ich danken, sie will ich ehren.

Die erste Vorstellung, die sich mir formt, ist die festlich gekleidete Frau, so wie wir sie in dieser Stunde sehen. Die Frau, die uns die Freude des Tanzes schenkt, das gelöste Schweben in heiterer Spannung, den Blick in lebensfrohe Augen, das Bewußtsein beglückenden Einklangs. Ein Reigen tanzt an mir vorüber, Tänzerinnen im Ballsaal, aber auch Tänzerinnen im ländlichen Wirtshaus oder im Keller eines Physikalischen Institutes. Dank Euch, Ihr lieben Frauen, die Ihr auf diese Weise mein Leben verschönt habt.

Aber der Rauch verschwebt und ernster werden die Gedanken. Die Frau? Wirkt sie hinein in die Wirklichkeit des Geschehens an einem Institut? Vorschnell geantwortet, glaube ich, ein „Nein" zu hören. Der Mann beherrsche das Feld; seinem Scharfsinn, seinem Spürwillen, seinem Trieb zum Forschen, Erkennen, Erfinden verdanke das Institut seine Bedeutung. Gewiß, liebe Freunde, aber ist es damit getan? Woher schöpft Ihr die Kraft zu Eurem Tun, wie bewältigt Ihr die Tagesaufgaben, die doch nie allein abstrakt durch den Geist gelöst werden können, sondern immer menschliches Zusammenwirken in vielfältigster Form verlangen? Glaubt mir, hinter allem, in allem waltet die Frau. Dieses zu erläutern, gestattet mir in vierfacher Form.

ad 1.) Zuerst wende ich mich an meine Frau. Liebe Ilse, wer einen tieferen Einblick in die wirkenden Kräfte hat, der weiß, welchen Anteil Du an dem Geschick des Instituts genommen hast. Als meine Lebensgefährtin hast Du das denkbar größte Verständnis für meine Lebensaufgabe, für das Gedeihen des Institutes gehabt, dem ich mich mit allen Fasern meines Herzens verschrieben hatte. Hierzu alsbald noch ein Wort. Vorerst aber sei

3

Abb. 58: Werner Köster, »Frauenlob« in Tanzfest des MPI für Metallforschung im Beethovensaal der Liederhalle Stuttgart, 2. April 1965, AMPG, III. Abt., ZA 35, Kasten 7, Mappe 12.

Deines Einfühlens in die menschliche Atmosphäre des Hauses gedacht, Deines wohl geduldigen, aber doch in echter weiblicher Wißbegier an allem, was Leben heißt, auch teilnahmsvollen Anhörens meiner Betrachtungen im menschlichen Bezirk, die meist sachliche Überlegung, teils aber auch sorgenvoller Kummer waren. Mit der Hellsichtigkeit der Frau hast Du mir vielfach geraten, Entscheidungen erleichtert. Vor allem aus der schwersten Stunde des Institutes kurz nach Kriegsende in Urach, als ich Gast der Amerikaner in Ludwigsburg war, ist Dein umsichtiges Handeln nicht fortzudenken. So warst Du, man verstehe mich recht, die Frau Kapitän.

Aber wie so viele Männer heutzutage bin ich in Deiner Schuld, weil mir das Werk, die Wissenschaft als strenge Herrin, das Institut als anspruchsvolle Geliebte, nicht nur Beruf, sondern zugleich Liebhaberei war. Du hast mir vieles nachgesehen, ich habe Dir sehr herzlich zu danken. Als sichtbares Zeichen dieses Dankes wird Herr Heusler Dir einen Strauß überreichen.

Ein Strauß Orchideen wird überreicht.

ad 2.) Betritt der Chef sein Haus, so begrüßt er als erste eine Frau, seine Sekretärin. Aber darüber hinaus ist er sofort von einer fraulichen Wolke umgeben, denn die Verwaltung, mit der er sich zunächst zu beschäftigen hat, liegt in weiblicher Hand. Von großem Glück kann ich sprechen, daß ich immer in guter Hand gewesen bin. Keine der Frauen, die die geheimen Dinge und die geheimen Gedanken des Chefs zu hüten hatten, haben das in sie gesetzte Vertrauen getäuscht. Sie haben mich jeweils nur verlassen, wenn sie, der Stimme des Herzens folgend, sich einen Ehemann erwählt hatten. Sie alle haben mich mütterlich umsorgt und mich, sicherlich in bester Absicht, aber gelegentlich wohl etwas eigenwillig abgeschirmt, worüber von studentischer Seite eine soziologische Studie am Platze wäre. Auf diese Weise hat der Student indessen vielleicht den ersten Anschauungsunterricht erhalten von der Gewalt der Weiblichkeit über das männliche Dasein.

Ich fasse in dieser zweiten Atmosphäre alle die Frauen zusammen, die mit mir ihr Herz an das Institut verloren hatten, die ihm mit fraulicher Hingabe gedient haben. Als eine dieser Frauen nenne ich, den ganz alten Mitgliedern noch vertraut, unsere liebe Agathe Eisenberger, die zehn Jahre für Sauberkeit und Ordnung im Hause gesorgt hat, und die mir bis auf den heutigen Tag zu jedem Geburtstag einen Brief schreibt, erfüllt von warmer Anhänglichkeit und rührender Erinnerung an eine glückliche Zeit im Institut.

Stellvertretend für alle wende ich mich jetzt aber an Sie, liebes Fräulein Dr. Brodmann, als die Treueste der Treuen, den leuchtenden Edelstein der zweiten Sphäre. Liebe Lotte, Sie sind mir vom ersten bis zum letzten Tage zur Seite gestanden, erst als Sekretärin, als Mädchen für alles, als wir, ein volles Dutzend Menschen, mit einem Etat von sage und schreibe 80 000 RM den Grund zum heutigen Stand des Institutes gelegt haben. Gewissenhaft, verantwortungsbewußt, und mit der vollen Aufopferung, zu der nur eine

4

Frau fähig ist, haben Sie drei Jahrzehnte lang das Hauptbuch des Stuttgarter Institutes geführt. Sie waren mir eine unersetzliche Stütze, wir haben einander vertraut, wie es schöner nicht sein kann. Dank Ihnen, tausendfältigen Dank für Ihre Hilfe, ohne die die Leitung des Institutes für mich nicht so sorgenfrei gewesen wäre. Ihnen wird Herr Heusler jetzt den zweiten Strauß als Zeichen meiner Freundschaft und Verbundenheit überreichen.

Ein Strauß Berbera wird überreicht.

ad 3.) Die dritte weibliche Sphäre wird um einen Chef ganz allmählich aufgebaut. Es sind die Bräute der Studenten, die sich dann in Frauen der Assistenten, Mitarbeiter und später Kollegen umwandeln. Lassen Sie mich dieses Kapitel Ihnen durch eine kleine Geschichte näherbringen, die über meine allerliebste Freundin Klein-Erna aufgezeichnet ist.

Klein-Erna ihre Lehrerin hat ins Verkehrsheft geschrieben: „Klein-Erna riecht immer so strenge, und bitte ich Sie, Klein-Erna regelmäßig zu waschen." Antwort: „Wertes Frollein! Klein-Erna ist keine Rose, Sie sollen ihr nich riechen, Sie sollen ihr lernen."

Sie verstehen, der Professor soll und will seinen Studenten lernen. Aber daneben tut es ihm wohl, wenn er nicht ganz aus dem menschlichen Bezirk seiner Schüler ausgeschlossen wird. In der Tat, er hat hier und da an einer Hochzeit teilgenommen, er ist zum Paten erwählt worden und darf mancherorts an der Entwicklung der Familie teilnehmen. Für die hiermit angedeuteten freundschaftlichen Beziehungen, die sich zum Teil schon über Jahrzehnte erstrecken, möchte ich ebenfalls herzlich danken.

Als Vertreterin dieser Sphäre wende ich mich an Sie, liebe Frau Gebhardt, die Sie als erster Planet in sie eingetreten und mir am längsten verbunden sind. Und weil dieser Kranz von Frauen den Mann in angenehmster Weise mit der jüngeren Generation verbindet, so überreicht Ihnen Herr Heusler einen Strauß von Frühlingsblumen.

Ein Strauß Tulpen, Narzissen und Iris wird überreicht.

ad 4.) Die vierte Form der Weiblichkeit, von der ich singen und sagen wollte, ist die Studentin, die technische Assistentin, die Ätzmaus. Sie alle haben ob des fließenden Wechsels die Eigenart, nie älter zu werden. Sie verkörpern die ewige Jugend, die durch Frohsinn und Scherz die Lebenslust erhält. Wenn sich Eure Gesichter mir im Nebel des Zigarrenrauches zeigen — immer noch spielt die Kapelle, Mitternacht naht — wer kann dafür einstehen, ob nicht in der langen Kette von Jahren etwa auch einmal ein Augenpaar den dozierenden Professor verwirrt hat? Die Antwort liegt in der Frage.

Wen soll ich nun aus Ihrer Mitte, die Ihr hier versammelt seid, stellvertretend mit Blumen bedenken? Ich hoffe, Ihr fühlt Euch alle angesprochen, wenn ich Maritta von Erdberg wähle, die in der Hansestadt Lübeck die Kunst des Experimentierens erlernt hat und heute eine Zierde unserer Metallographinnen ist. Erinnere ich mich recht, so gehört sie zu der frohen Schar, die in heiterer Unbefangenheit erstmals den gestrengen

5

Kapitän als unermüdlichen Tänzer in ihren Kreis aufgenommen hat. Herr
Heusler, überreichen Sie bitte Fräulein von Erdberg den vierten Strauß.
Ein Strauß Fresien wird überreicht.

Der Ritter von Planckenstein hat jetzt den Frauen Lob gezollt. Aber er
hat bislang nur derer gedacht, die zu seiner Burg gehören. Doch die Burg
ist nicht die weite Welt. Auch außerhalb deren Mauern leben schöne, geist-
volle, liebenswerte Frauen, derer sich eine Vielfalt in unserer Mitte befindet. Ich hoffe, meine Damen, Sie haben die Huldigung des Ritters eine
jede in ihrer Weise auch auf sich bezogen. Um dem einen bestätigenden,
sichtbaren Ausdruck zu geben, füge ich zu dem vierten Strauß unange-
kündigt einen fünften. Herr Heusler, überreichen Sie ihn bitte der Gattin
unseres Kuratoriumsvorsitzenden. Sie, sehr verehrte Frau Eychmüller,
bitte ich, ihn vertretungsweise für alle Damen, die ihr Wohlwollen zur
Burg Planckenstein durch ihre freundliche Gegenwart zum Ausdruck
bringen, anzunehmen.

Ein Strauß Rosen wird überreicht.

Meine Herren! Eine Arbeitstagung liegt hinter uns, die gezeigt hat, was
das Denken zu leisten vermag. Eine imaginäre Welt hat sich uns aufgetan,
es war die Rede von Atomen, Elektronen, Energiebändern und vielem
anderen mehr. Bilder über Bilder erschienen, die der Geist ersann. Als
Höhepunkt unserer Zusammenkunft feiern wir in dieser Stunde ein Fest,
das nun seinerseits von ungreifbarer Wirklichkeit erfüllt ist, von Freude,
Glück, Heiterkeit, vor allem aber von der Aura der Frau. Fragten wir
nach der Quelle des Selbstbewußtseins, so antworteten wir heute morgen

cogito ergo sum
(ich denke, also bin ich)

und antworten wir heute abend

amo ergo sum.

Dem zustimmenden Ausdruck zu geben, fordere ich Sie, meine Herren,
auf, sich zu erheben und den dritten Vers des alten Studentenliedes
„Gaudeamus igitur" anzustimmen:

Vivant omnes virgines faciles formosae,
Vivant et mulieres tenerae amabiles bonae laboriosae.

6

8. Abkürzungsverzeichnis

AACR	American Association for Cancer Research
ABBAW	Archiv der Berlin-Brandenburgischen Akademie der Wissenschaften
AAFW	Arbeitsausschuss »Förderung der Wissenschaftlerinnen« des Wissenschaftlichen Rats (Wissenschaftlerinnenausschuss)
AdW	Akademie der Wissenschaften
AE	Academia Europaea
AG	Aktiengesellschaft
AL	Abteilungsleiter:in
AMPG	Archiv der Max-Planck-Gesellschaft
AVA	Aerodynamische Versuchsanstalt
AWM	Auswärtiges Wissenschaftliches Mitglied
B. A.	Bachelor of Arts
BAR	Beratender Ausschuss für Rechenanlagen
BAT	Bundes-Angestelltentarifvertrag
BbiG	Berufsbildungsgesetz
BDS	Bund Deutscher Sekretärinnen
BerlHG	Berliner Hochschulgesetz
BetrVG	Betriebsverfassungsgesetz
BGB	Bürgerliches Gesetzbuch
BLK	Bund-Länder-Kommission für Bildungsplanung und Forschungsförderung
BMBF	Bundesministerium für Bildung und Forschung
BMFT	Bundesministerium für Forschung und Technologie
BMS	Biologisch-Medizinische Sektion
BRD	Bundesrepublik Deutschland
BRLESC	Ballistic Research Laboratories Electronic Scientific Computer
bSb	Bundesverband Sekretariat und Büromanagement
CDU	Christlich-Demokratische Union Deutschlands
CEWS	Kompetenzzentrum Frauen in Wissenschaft und Forschung
CNRS	Centre national de la recherche scientifique
Covid-19	Coronavirus disease 2019
CPTS	Chemisch-Physikalisch-Technische Sektion
CV	Curriculum Vitae
DAB	Deutscher Akademikerinnenbund
DASA	Deutsche Aerospace Aktiengesellschaft
DDR	Deutsche Demokratische Republik
DESY	Deutsche Elektronen-Synchrotron
DFG	Deutsche Forschungsgemeinschaft
DFH	Deutsche Forschungshochschule
DGB	Deutscher Gewerkschaftsbund
DKW	Dampf Kraft Wagen

DM	Deutsche Mark
DNA	Desoxyribonuklinsäure
DSV	Deutscher Sekretärinnen-Verband
EDVAC	Electronic Discrete Variable Automatic Computer
EDV	Elektronische Datenverarbeitung
EG	Entgeltgruppe
EG	Europäische Gemeinschaft
EheRG	Erstes Gesetz zur Reform des Ehe- und Familienrechts
EMBL	European Molecular Biology Laboratory
ENIAC	Electronic Numerical Integrator and Computer
ERC	European Research Council
EU	Europäische Union
EuGH	Europäischer Gerichtshof
ETAN	European Technology Assessment Network
EWG	Europäische Wirtschaftsgemeinschaft
EWM	Emeritiertes Wissenschaftliches Mitglied
FA-GBR	Fachausschuss »Frauen in der MPG« des GBR (Frauenausschuss)
FBA	Fellowship of the British Academy
FDP	Freie Demokratische Partei
FEBS	Federation of European Biochemical Societies
FFG	Frauenfördergesetz
FFRP	Frauenförder-Rahmenplan
FhG	Fraunhofer-Gesellschaft
FMRS	Foreign Member of the Royal Society
FU	Freie Universität Berlin
FüPoG	Gesetz für die gleichberechtigte Teilhabe von Frauen und Männern an Führungspositionen
FWU	Friedrich-Wilhelms-Universität zu Berlin
GB	Great Britain
GBA	Gesamtbetriebsausschuss
GBR	Gesamtbetriebsrat
GBV	Gesamtbetriebsvereinbarung
GdA	Gewerkschaftsbund der Angestellten
GEW	Gewerkschaft Erziehung und Wissenschaft
GG	Grundgesetz
GleiBG	Zweites Gleichberechtigungsgesetz
GmbH	Gesellschaft mit beschränkter Haftung
GMPG	Forschungsprogramm zur »Geschichte der Max-Planck-Gesellschaft«
GSHS	Geistes-, Sozial- und Humanwissenschaftliche Sektion
GV	Generalverwaltung
GVMPG	Generalverwaltung der Max-Planck-Gesellschaft
GWK	Gemeinsame Wissenschaftskonferenz
GWS	Geisteswissenschaftliche Sektion
HGF	Helmholtz-Gemeinschaft Deutscher Forschungszentren
HRG	Hochschulrahmengesetz
HRK	Hochschulrektorenkonferenz
IAB	Institut für Arbeits- und Berufsforschung

IMPRS	International Max Planck Research School
IPP	Max-Planck-Institut für Plasmaphysik
ISA	Intersektioneller Ausschuss
IT	Information Technology
KBI	Karl-Friedrich-Bonhoeffer-Institut (Max-Planck-Institut für biophysikalische Chemie)
KNAW	Koninklijke Nederlandse Akademie van Wetenschappen
KVfwA	Kaufmännischer und gewerblicher Hilfsverein für weibliche Angestellte
KWG	Kaiser-Wilhelm-Gesellschaft
KWI	Kaiser-Wilhelm-Institut
LfADo	Leibniz-Institut für Arbeitsforschung an der TU Dortmund
LK	Leitungskonferenz
LME	Lise-Meitner-Exzellenzprogramm
LMU	Ludwig-Maximilians-Universität München
MG	Maschinengewehr
MINT	Bereiche Mathematik, Informatik, Naturwissenschaft und Technik
MIT	Massachusetts Institute of Technology
MPA	Max-Planck-Institut für Astrophysik
MPG	Max-Planck-Gesellschaft
MPI	Max-Planck-Institut
MPIA	Max-Planck-Institut für Astrophysik
MPIB	Max-Planck-Institut für Bildungsforschung
MPIfG	Max-Planck-Institut für Gesellschaftsforschung
MPIL	Max-Planck-Institut für ausländisches öffentliches Recht und Völkerrecht
MPIM	Max-Planck-Institut für Meteorologie
MPIWG	Max-Planck-Institut für Wissenschaftsgeschichte
MTA	Medizinisch-technische:r Assistent:in
MvA	Mitglied von Amts wegen
NPD	Nationaldemokratische Partei Deutschlands
NS	Nationalsozialismus
NSDAP	Nationalsozialistische Deutsche Arbeiterpartei
NSLB	Nationalsozialistischer Lehrerbund
OECD	Organisation für wirtschaftliche Zusammenarbeit und Entwicklung
OMGUS	Office of Military Government for Germany US
ORDVAC	Ordnance Discrete Variable Automatic Computer
Pakt III	Dritte Förderperiode des »Pakts für Forschung und Innovation«
Pakt IV	Vierte Förderperiode des »Pakts für Forschung und Innovation«
PDV	Personaldatenverarbeitung
PhD	Philosophiae Doctor
PID	Präimplantationsdiagnostik
PVS	Personalverwaltungssystem
RADAR	Radio Detection and Ranging (Funkgestützte Ortung und Abstandsmessung)
RAF	Rote Armee Fraktion
RM	Reichsmark
RSI	Repetitive Strain Injury

SAGE	Semi-Automatic Ground Environment
SED	Sozialistische Einheitspartei Deutschlands
SPD	Sozialdemokratische Partei Deutschlands
TH	Technische Hochschule
TLR	Toll-like receptors
TU	Technische Universität
TV EntgeltO Bund	Tarifvertrag über die Entgeltordnung des Bundes
TV-L	Tarifvertrag der Länder
TVöD	Tarifvertrag des öffentlichen Dienstes
UCLA	University of California, Los Angeles
Ufa	Universum Film Aktiengesellschaft
UN	United Nations
UNESCO	United Nations Educational, Scientific and Cultural Organization
UNIVAC	Universal Automatic Computer
US	United States
USA	United States of America
USD	United States Dollar
VGr.	Vergütungsgruppe
VsÄ	Verein sozialistischer Ärzte
VWA	Verband weiblicher Angestellter
WAM	Wave Prediction Model
WGL	Wissenschaftsgemeinschaft Gottfried Wilhelm Leibniz
WM	Wissenschaftliches Mitglied
WR	Wissenschaftlicher Rat der MPG
WZB	Wissenschaftszentrum Berlin für Sozialforschung
ZGB	Zentrale Gleichstellungsbeauftragte
ZWO	Niederländische Organisation für rein wissenschaftliche Forschung

9. Literatur- und Quellenverzeichnis

9.1 Quellenverzeichnis

Archiv der Humboldt-Universität Berlin
UK Personalakten bis 1945, HU UA, UK Personalia, K 277
Personalakten nach 1945, HU UA, PA nach 1945: Schiemann, Elisabeth

Archiv der Max-Planck-Gesellschaft
Dokumentation: Personen, AMPG, IX. Abt., Rep. 1, Rosenstiel, Klaus v. (1947)
Filme, Videoaufzeichnungen, Multimedia-Anwendungen, AMPG, VII. Abt., Rep. 1, F 15_1, F 60_1
Fritz-Haber-Institut der MPG, AMPG, II. Abt., Rep. 22, Nr. 19
Generalverwaltung der KWG, AMPG, I. Abt., Rep. 1A, Nr. 1553, 2058, 2577
Gesamtbetriebsrat der Max-Planck-Gesellschaft/Betriebsrat, AMPG, II. Abt., Rep. 81, Nr. 52, 82, 85
GV: Institutsbetreuung, AMPG, II. Abt., Rep. 66, Nr. 316, 1340, 1351, 2571, 2735, 3214, 4582, 4584, 4885, 4946
GV: Personal, AMPG, II. Abt., Rep 67, Nr. 177, 179, 373, 672, 977, 1448, 1470, 1882, 1960, 2031, 2101, 2102, 2207
Handakte Preiß, Günter, AMPG, II. Abt., Rep. 1, Nr. 494
Handakten Schädle, BC 111198 (unverzeichnet)
KWI für Strömungsforschung, AMPG, I. Abt., Rep. 44, Nr. 153, 942
Max-Planck-Institut zur Erforschung der Lebensbedingungen der wissenschaftlich-technischen Welt/MPI für Sozialwissenschaften, AMPG, II. Abt., Rep. 9, Nr. 52
MPI für Bildungsforschung, AMPG, II. Abt., Rep. 43, Nr. 26, 374, 275, 277
MPI zur Erforschung der Lebensbedingungen der wissenschaftlich-technischen Welt/ MPI für Sozialwissenschaften, AMPG, II. Abt., Rep. 9, K I/1
Nachlass von Adolf Butenandt – Korrespondenz, AMPG, III. Abt., Rep. 84-2, Nr. 2509, 3114, 7803, 7804
Nachlass von Adolf Butenandt, AMPG, III. Abt., Rep. 84-1, Nr. 377, 630, 1564
Nachlass von Birgit Vennesland, AMPG, III. Abt., Rep. 15, Nr. 413
Nachlass von Erika Bollmann, AMPG, III. Abt., Rep. 43, Nr. 2, 4, 6, 7–9, 10–11, 12, 14, 26, 87, 116, 138, 243, 253
Nachlass von Ernst Telschow, AMPG, III. Abt., Rep. 83, Nr. 10
Nachlass von Georg Melchers, AMPG, III. Abt., Rep. 75, Nr. 6
Nachlass von Hans F. Zacher, AMPG, III. Abt., Rep. 134, Nr. 119
Nachlass von Otto Hahn, AMPG, III. Abt., Rep. 14, Nr. 3911, 4898, 4918, 6743
Nachlass von Otto Heinrich Warburg, AMPG, III. Abt., Rep. 1, Nr. 262, 263
Nachlass von Werner Köster, AMPG, III. Abt., ZA 35, K 7, K 8, Nr. 63
Personalangelegenheiten AVA, AMPG, II. Abt., Rep. 2
Personenbezogene Sammlungen, AMPG, Va. Abt., Rep. 165, Nr. 1

Präsident/Präsidalbüro, AMPG, II. Abt., Rep. 57, Nr. 340, 587

Senat, AMPG, II. Abt., Rep. 60, Nr. 34.SP, Nr. 56.SP, 57.SP, 67.SP, 69.SP, 108.SP, 121.SP, 123.SP, 124.SP, 127.SP, 129.SP, 136.SP, 138.SP, 139.SP, 144.SP, 818.SP

Tätigkeitsberichte von (Kaiser-Wilhelm-) Max-Planck-Instituten, AMPG, IX. Abt., Rep. 5, Nr. 330

Verwaltungsrat, AMPG, II. Abt., Rep. 61, Nr. 169.VP, 181.VP

Vorlass von Renate Mayntz, AMPG, III. Abt., Rep. 178, Nr. 240

Wissenschaftlicher Rat (auch GV Neuvorhaben/Neugründungen), AMPG, II. Abt., Rep. 62, Nr. 53, 927, 958, 979, 1061, 1287, 1407, 1448, 1573, 1587, 1589, 1681, 1833, 1876, 1926, 1933, 1934, 1940, 1946, 1975, 1977, 1979, 1980

Bayerisches Hauptstaatsarchiv
Verband der weiblichen Handels- und Büroangestellten, BayHStA, Mfür 288

Bundesarchiv
Sammlung Berlin Document Center (BDC): Personenbezogene Unterlagen der NSDAP, BArch, R 9361-I/303
NSLB, BArch, VBS 3, Hausser, Isolde

Digitalarchiv GMPG
Betriebsrat des MPIWG, DA GMPG, BC 600006
Vorlass Roebecke, DA GMPG, Vorlass Röbbecke, Teil 1, BC 600013

Generalverwaltung der Max-Planck-Gesellschaft
GVMPG, BC 226592
GVMPG, BC 226593
GVMPG, BC 226594
GVMPG, BC 214993
GVMPG, BC 214994
GVMPG, BC 251403
GVMPG, BC 207178
GVMPG, BC 207179
GVMPG, BC 207180
GVMPG, BC 207181
GVMPG, BC 207182
GVMPG, BC 207183
GVMPG, BC 207183
GVMPG, BC 207184
GVMPG, BC 207185
GVMPG, BC 207186
GVMPG, BC 207182
GVMPG, BC 232874

Landesarchiv Berlin
Verband weiblicher Angestellter e. V. (VWA), B Rep. 237-16

Universitätsarchiv Heidelberg
Nachlass Freudenberg, UA Heidelberg PA 7512
Briefe über Becke-Goehring, UA Heidelberg Rep. 14-803

Interviews
Alexander v. Schwerin: Interview mit Brigitte Wittmann-Liebold, 1. Juli 2015, DA GMPG, ID 601042
Kolboske, Birgit und Luisa Bonolis: Im Gespräch mit Eleonore Trefftz, München 5. und 6. Dezember 2016, DA GMPG 601034

9.2   Literaturverzeichnis

Abbate, Janet: *Recoding Gender. Womens Changing Participation in Computing.* Cambridge, MA: MIT Press 2017.

Abbate, Janet: Pleasure Paradox. Bridging the Gap Between Popular Images of Computing and Women's Historical Experiences. In: Thomas J. Misa (Hg.): *Gender Codes. Why Women Are Leaving Computing.* Hoboken, N. J.: Wiley/IEEE Computer Society 2010, 213–227.

Abele, Andrea E.: Karriereverläufe und Berufserfolg bei Medizinerinnen. In: Susanne Dettmer, Astrid Bühren und Gabriele Kaczmarczyk (Hg.): *Karriereplanung für Ärztinnen.* Heidelberg: Springer 2006, 35–56.

Academy of Finland/Suomen Akatemia: *Women in Academia. Report of the Working Group Appointed by the Academy of Finland.* Helsinki: Edita 1998.

Acker, Joan: Hierarchies, Jobs, Bodies. A Theory of Gendered Organizations. *Gender & Society* 4/2 (1990), 139–158.

Adorno, Theodor W.: *Minima Moralia. Reflexionen aus dem beschädigten Leben.* Frankfurt am Main: Suhrkamp 2001.

Akhtar, Asifa: »Wir brauchen einen Kulturwandel, um wettbewerbsfähig zu bleiben«. MPG-Website. 30.5.2022. https://www.mpg.de/18709973/wir-brauchen-einen-kultur wandel-um-wettbewerbsfaehig-zu-bleiben. Zuletzt aufgerufen am 2. Juni 2022.

AllBright Stiftung: *Zielgröße: Null Frauen. Die verschenkte Chance deutscher Unternehmen.* AllBright Berichte, 2016.

Allmendinger, Jutta: »Das Wohlergehen der Frauen wird nicht adressiert.« Kritik an Leopoldina-Empfehlung. *Tagesspiegel* (14.4.2020).

Allmendinger, Jutta: Gleiche Chancen auf dem Arbeitsmarkt. Gleiche Pflichten in der Familie. Berufsverlauf und Familienentwicklung von Frauen/Interdisziplinäre Forschung. *MPG-Spiegel* 3 (1990), 21–24.

Allmendinger, Jutta: Zwischenruf. Butter bei die Fische! *IAB Forum* 2 (2006), 18–19.

Allmendinger, Jutta und Thomas Hinz: Perspektiven der Organisationssoziologie. In: Jutta Allmendinger und Thomas Hinz (Hg.): *Organisationssoziologie.* Wiesbaden: Westdeutscher Verlag 2002, 9–15.

Allmendinger, Jutta, Janina von Stebut und Stefan Fuchs: Should I stay or should I go? Mentoring, Verankerung und Verbleib in der Wissenschaft. Empirische Ergebnisse einer Studie zu Karriereverläufen von Frauen und Männern in Institutionen der Max-Planck-Gesellschaft. In: Julie Page und Regula Julia Leemann, (Hg.): *Karriere von Akademikerinnen. Bedeutung des Mentoring als Instrument der Nachwuchs-förderung. Dokumentation der Fachtagung vom 27. März 1999 an der Universität Zürich.* Bern 2000, 33–48.

Allmendinger, Jutta, Nina von Stebut, Stefan Fuchs und Marion Hornung: Berufliche Werdegänge von Wissenschaftlerinnen in der Max-Planck-Gesellschaft. In: Internationales Institut für Empirische Sozialökonomie, Institut für Sozialwissenschaftliche Forschung e. V. und Institut für Sozialökonomische Strukturanalysen e. V. (Hg.): *Erwerbsarbeit und Erwerbsbevölkerung im Wandel. Anpassungsprobleme einer alternden Gesellschaft.* Frankfurt am Main: Campus 1998, 143–152.

Alt, Peter-André: Mode ohne Methode? Überlegungen zu einer Theorie der literaturwissenschaftlichen Biographik. In: Christian Klein (Hg.): *Grundlagen der Biographik: Theorie und Praxis des biographischen Schreibens.* Stuttgart: J. B. Metzler 2002, 23–39. doi:10.1007/978-3-476-02884-6_2.

Aly, Götz: *»Endlösung«: Völkerverschiebung und der Mord an den europäischen Juden.* Frankfurt am Main: Fischer 2017.

Anger, Hans: *Probleme der deutschen Universität. Bericht über eine Erhebung unter Professoren und Dozenten.* Tübingen: Mohr 1960.

Arbeitsgruppe zur »Förderung von Wissenschaftlerinnen« der Max-Planck-Gesellschaft: *Leitfaden zum konstruktiven Umgang zwischen Wissenschaftlern und Wissenschaftlerinnen,* 10.2003. http://www.mpg.de/276559/Leitfaden_im_Wortlaut. pdf. Zuletzt aufgerufen am 9. Dezember 2014.

Arbeitskreis Chancengleichheit in der Chemie (Hg.): *Chemikerinnen – es gab und es gibt sie.* Frankfurt am Main: Gesellschaft Deutscher Chemiker 2003.

Archiv des Landschaftsverbandes Rheinland: Der Provinzial- bzw. Landeskonservator Franz Graf Wolff Metternich († 25. Mai 1978), »Der Graf, der die Mona Lisa vor Göring schützte«. 2014.

Archives de l'Institut Pasteur: Repères chronologiques: Anne-Marie Staub (1914–2012). Paris 2012. https://webext.pasteur.fr/archives/f-bio.html. Zuletzt aufgerufen am 31. Dezember 2020.

Ash, Mitchell G.: Ressourcenaustausche. Die KWG und MPG in politischen Umbruchzeiten – 1918, 1933, 1945, 1990. In: Dieter Hoffmann, Birgit Kolboske und Jürgen Renn (Hg.): *»Dem Anwenden muss das Erkennen vorausgehen«. Auf dem Weg zu einer Geschichte der Kaiser-Wilhelm-/Max-Planck-Gesellschaft.* 2. Auflage. Berlin: epubli 2015, 307–341.

Ash, Mitchell G.: Vertriebene, Verbliebene, Verfehlungen. Der Nobelpreis und der Nationalsozialismus. In: Elmar Mittler und Fritz Paul (Hg.): *Das Göttinger Nobelpreiswunder: 100 Jahre Nobelpreis: Vortragsband.* Göttingen: Niedersächsische Staats- und Universitätsbibliothek 2004, 84–113.

Ash, Mitchell G.: Wissenschaft und Politik als Ressourcen für einander. In: Rüdiger vom Bruch und Brigitte Kaderas (Hg.): *Wissenschaften und Wissenschaftspolitik. Bestandsaufnahmen zu Formationen, Brüchen und Kontinuitäten im Deutschland des 20. Jahrhunderts.* Stuttgart: Steiner 2002, 32–51.

Assheuer, Thomas: Das Zarathustra-Projekt. Der Philosoph Peter Sloterdijk fordert eine gentechnische Revision der Menschheit. *Die Zeit* 36 (2.9.1999).

Assmann, Aleida und Christiane Nüsslein-Volhard: »Meine Karriere hätte mit Familie nicht funktioniert«. *Die Zeit* 28 (4.7.2018).

Aufbruch und Erneuerung – Deutschlands Weg ins 21. Jahrhundert. Koalitionsver-

einbarung zwischen der Sozialdemokratischen Partei Deutschlands und BÜND-NIS 90/DIE GRÜNEN, 20.10.1998. https://www.gruene.de/fileadmin/user_upload/ Bilder/Redaktion/30_Jahre_-_Serie/Teil_21_Joschka_Fischer/Rot-Gruener_ Koalitionsvertrag1998.pdf. Zuletzt aufgerufen am 21. Februar 2017.

Bachelard, Gaston: *Le rationalisme appliqué*. 4'eme édition. Paris: Presses universitaires de France 2004.

Baer, Susanne, Sabine Grenz und Martin Lücke: Editorial. In: Susanne Baer und Sabine Grenz (Hg.): *Frauen in den Geisteswissenschaften: nüchterne Zahlen und inspirierende Vorbilder*. Berlin: Humboldt-Universität zu Berlin, Zentrum für Transdisziplinäre Geschlechterstudien 2007, 8–15.

Baethge, Martin und Herbert Oberbeck: *Zukunft der Angestellten. Neue Technologien und berufliche Perspektiven in Büro und Verwaltung*. Frankfurt am Main: Campus 1986.

Bagdian, Geneviève, Otto Lüderitz und Anne-Marie Staub: Immunochemical Studies on Salmonella: XI. Chemical Modification Correlated with Conversion of Group B Salmonella by Bacteriophage 27. *Annals of the New York Academy of Sciences* 133/2 Molecular Bio (1966), 405–424. doi:10.1111/j.1749-6632.1966.tb52380.x.

Bagehot, Walter: Mr. Macaulay (1856). In: Norman St John-Stevas (Hg.): *The Collected Works of Walter Bagehot*. Bd. 1. The Literary Essays. London: The Economist 1965, 397–399.

Bahners, Patrick: Wie verhielt sich der Verhaltensforscher? *Frankfurter Allgemeine Zeitung* (21.12.2015).

Bair, Deidre: Die Biographie ist akademischer Selbstmord. *Literaturen* 7/8 (2001), 38–39.

Balcar, Jaromír: *Die Max-Planck-Gesellschaft nach dem Boom, 1972–1989*. Berlin 2022.

Balcar, Jaromír: *Die Ursprünge der Max-Planck-Gesellschaft. Wiedergründung – Umgründung – Neugründung*. Berlin: GMPG-Preprint 2019.

Balcar, Jaromír: *Wandel durch Wachstum in »dynamischen Zeiten«. Die Max-Planck-Gesellschaft 1955/57 bis 1972*. Berlin: GMPG-Preprint 2020.

Baltes, Paul B.: Förderung von Frauen in der Wissenschaft. Besser auf dem rechten Weg hinken als festen Schrittes abseits wandern. *MPG-Spiegel* 5 (1995), 2–5.

Baltes, Paul B.: Frauen in die Wissenschaft: Die MPG hat den ersten Gang eingelegt. *MPG-Spiegel* 3 (1997), 2–4.

Bammé, Arno, Günter Feuerstein und Eggert Holling: *Destruktiv-Qualifikationen. Zur Ambivalenz psychosozialer Fähigkeiten*. Bensheim: Päd. Extra Buchverlag 1982.

Banscherus, Ulf, Alena Baumgärtner, Uta Böhm, Olga Golubchykova, Susanne Schmitt und Andrä Wolter: *Wandel der Arbeit in wissenschaftsunterstützenden Bereichen an Hochschulen: Hochschulreformen und Verwaltungsmodernisierung aus Sicht der Beschäftigten*. Düsseldorf: Hans-Böckler-Stiftung 2017.

Banscherus, Ulf und Friedrich-Ebert-Stiftung (Hg.): *Arbeitsplatz Hochschule. Zum Wandel von Arbeit und Beschäftigung in der »unternehmerischen Universität«. Memorandum des Arbeitskreises Dienstleistungen*. Bonn: Friedrich-Ebert-Stiftung, Abt. Wirtschafts- und Sozialpolitik 2009.

Barthelmess, Andreas: *Die große Zerstörung. Was der digitale Bruch mit unserem Leben macht*. Berlin: Dudenverlag 2020.

Barthes, Roland: Der Tod des Autors. In: Roland Barthes (Hg.): *Das Rauschen der Sprache*. 4. Auflage. Frankfurt am Main: Suhrkamp 2015, 57–63.

Barthes, Roland: *Die helle Kammer. Bemerkungen zur Photographie.* Frankfurt am Main: Suhrkamp 1989.

Barthes, Roland: *Roland Barthes.* Paris: Éditions du Seuil 2010.

Baumann, Heinz und Surur Abdul-Hussain: Begriffsklärung Gender Mainstreaming. *erwachsenenbildung.at,* 2016. https://erwachsenenbildung.at/themen/gender_mainstreaming/grundlagen/definition.php#h-boell-stiftung. Zuletzt aufgerufen am 22. Februar 2017.

Bayertz, Kurt, Bernhard Heidtmann und Hans-Jörg Rheinberger (Hg.): *Darwin und die Evolutionstheorie:* Köln: Pahl-Rugenstein 1982.

Beaufaÿs, Sandra: Aus Leistung folgt Elite? Nachwuchsförderung und Exzellenz-Konzept. *Forum Wissenschaft.* Herausgegeben von Bund demokratischer Wissenschaftlerinnen und Wissenschaftler (BdWi) 2 (2005), 54–57.

Beaufaÿs, Sandra: *Wie werden Wissenschaftler gemacht? Beobachtungen zur wechselseitigen Konstitution von Geschlecht und Wissenschaft.* Bielefeld: transcript 2003.

Beaufaÿs, Sandra: Wissenschaftler und ihre alltägliche Praxis. Ein Einblick in die Geschlechterordnung des wissenschaftlichen Feldes. *Forum Qualitative Sozialforschung/Forum. Qualitative Social Research* 5/2 (2004). http://www.ssoar.info/ssoar/handle/document/9329. Zuletzt aufgerufen am 3. Dezember 2014.

Beaufaÿs, Sandra, Anita Engels und Heike Kahlert (Hg.): *Einfach Spitze? Neue Geschlechterperspektiven auf Karrieren in der Wissenschaft.* Frankfurt am Main: Campus 2012.

Beauvoir, Simone de: *Das andere Geschlecht: Sitte und Sexus der Frau.* Neuausgabe. Reinbek bei Hamburg: Rowohlt 2000.

Beauvoir, Simone de: *Die Mandarins von Paris.* Hamburg: Rowohlt 1955.

Beauvoir, Simone de: *Eine transatlantische Liebe. Briefe an Nelson Algren 1947–1964.* Herausgegeben von Sylvie Le Bon de Beauvoir. Reinbek bei Hamburg: Rowohlt 2002.

Beauvoir, Simone de: *Le Deuxième Sexe. Tome I: Les faits et les mythes.* Paris: Gallimard 1949.

Beauvoir, Simone de: *Les Mandarins.* Paris: Gallimard 1954

Beauvoir, Simone de: *Sie kam und blieb.* Reinbek: Rowohlt 2012.

Becke-Goehring, Margot (Hg.): *Freunde in der Zeit des Aufbruchs der Chemie. Der Briefwechsel zwischen Theodor Curtius und Carl Duisberg.* Berlin: Springer-Verlag 1990.

Becke-Goehring, Margot: *Rückblicke auf vergangene Tage.* In limitierter Auflage. Heidelberg: Privatdruck 1983.

Becke-Goehring, Margot und Dorothee Mussgnug: *Erinnerungen – fast vom Winde verweht. Universität Heidelberg zwischen 1933 und 1968.* Bochum: Dieter Winkler 2005.

Beer, Ursula: *Geschlecht, Struktur, Geschichte. Soziale Konstituierung des Geschlechterverhältnisses.* Frankfurt am Main: Campus 1990.

Beevor, Antony: They Raped Every German Female from Eight to 80. *The Guardian* (1.5.2002).

Behm, Britta: *Das MPI für Bildungsforschung in der Ära Becker. Zur Genese und Transformation eines Forschungsfeldes im Kontext der Max-Planck-Gesellschaft.* 2023

Bell Burnell, Jocelyn: Petit Four. *Annals of the New York Academy of Sciences* 302/1 Eighth Texas (1977), 685–689. doi:10.1111/j.1749-6632.1977.tb37085.x.

Bell Burnell, Jocelyn: So Few Pulsars, So Few Females. *Science* 304/5670 (2004), 489. doi:10.1126/science.304.5670.489.

Ben-David, Joseph: *The Scientist's Role in Society. A Comparative Study.* Chicago: University of Chicago Press 1984.

Bereswill, Mechthild und Katharina Liebsch: Persistenz von Geschlechterdifferenz und Geschlechterhierarchie. In: Barbara Rendtorff, Birgit Riegraf und Claudia Mahs (Hg.): *Struktur und Dynamik – Un/Gleichzeitigkeiten im Geschlechterverhältnis.* Bd. 73. Wiesbaden: Springer Fachmedien 2019, 11–25. doi:10.1007/978-3-658-22311-3_2.

Berkeley, Kathleen C.: Woman's Place Is at the Typewriter: Office Work and Office Workers, 1870–1930 Margery W. Davies. *The Public Historian* 8/2 (1986), 161–162. doi:10.2307/3377452.

Berliner Hochschulgesetz. Gesetz- und Verordnungsblatt, in Kraft getreten am 13.11.1986, 1771.

Berliner Hochschulgesetz vom 12. Oktober 1990. GVBl. S. 2165.

Berliner Wasserbetriebe: Equal Pay Day. Bundesministerin Manuela Schwesig besucht die Berliner Wasserbetriebe. *BWB*, 19.3.2015. http://www.bwb.de/content/language1/html/15281_15490.php. Zuletzt aufgerufen am 20. März 2018.

Berliner Wasserbetriebe: Factsheet Gleichstellung. Daten und Fakten. *BWB.* https://www.bwb.de/de/assets/downloads/FactSheet_Gleichstellung.pdf. Zuletzt aufgerufen am 20. März 2018.

Bernstein, Jeremy: *Hitler's Uranium Club. The Secret Recordings at Farm Hall.* Woodbury, NY: American Institute of Physics 1996.

Beuys, Barbara C.: *Die neuen Frauen – Revolution im Kaiserreich 1900–1914.* München: Hanser 2014.

Beyler, Richard H.: *»Reine« Wissenschaft und personelle »Säuberung«. Die Kaiser-Wilhelm-/Max-Planck-Gesellschaft 1933 und 1945.* Berlin: Forschungsprogramm »Geschichte der Kaiser-Wilhelm-Gesellschaft im Nationalsozialismus« 2004.

Biallo, Horst: *Von der Sekretärin zur Führungskraft.* Wien: Ueberreuter 1992.

Biebl, Sabine, Verena Mund und Heide Volkening (Hg.): *Working Girls. Zur Ökonomie von Liebe und Arbeit.* Berlin: Kulturverlag Kadmos 2007.

Biermann, Ludwig F. und Rhea Lüst: The Tails of Comets. *Scientific American* 199/4 (1958), 44–51. doi:10.1038/scientificamerican1058-44.

Biermann, Ludwig, Reimar Lüst, Rhea Lüst und Heinrich U. Schmidt: Zur Untersuchung des interplanetarischen Mediums mit Hilfe künstlich eingebrachter Ionenwolken. *Zeitschrift für Astrophysik* 53 (1961), 226–236.

Biermann, Ludwig und Eleonore Trefftz: Wellenfunktionen und Übergangswahrscheinlichkeiten der Leuchtelektronen des Atoms Mg I. I. Teil. *Zeitschrift für Astrophysik* 26 (1949), 213–239.

Biermann, Peter L.: Editorial: Women in Science. *Sterne und Weltraum* 36/7 (1997), 619.

Billing, Heinz: Schnelle Rechenmaschinenspeicher und ihre Geschwindigkeits- und Kapazitätsgrenzen. *Jahrbuch der Max-Planck-Gesellschaft zur Förderung der Wissenschaften e. V. 1962* 10 (1962), 51–79.

Bischof, Brigitte: Naturwissenschaftlerinnen an der Universität Wien. Biografische Skizzen und allgemeine Trends. In: Ilse Korotin (Hg.): *10 Jahre »Frauen sichtbar machen«. biografiA – datenbank und lexikon österreichischer Frauen.* Wien 2008, 5–12.

Bismarck, Otto von: *Gedanken und Erinnerungen*. 3. Auflage. München: Herbig 2004.

Björk, Ragnar: Inside the Nobel Committee on Medicine. Prize Competition Procedures 1901–1950 and the Fate of Carl Neuberg. *Minerva* 39/4 (2001), 393–408. doi:10.1023/A:1012767418228.

Bleses, Peter: Wenig Neues in der Frauenpolitik. In: Antonia Gohr und Martin Seeleib-Kaiser (Hg.): *Sozial- und Wirtschaftspolitik unter Rot-Grün*. Wiesbaden: Westdeutscher Verlag 2003, 189–209.

Bludau, Barbara: Generalsekretärin der Max-Planck-Gesellschaft, im Gespräch mit Gabi Toepsch. Transkript. *alpha Forum*. München: Bayerischer Rundfunk 10.3.1999. http://www.br.de/fernsehen/ard-alpha/sendungen/alpha-forum/barbara-bludau-gespraech100.html. Zuletzt aufgerufen am 9. Dezember 2014.

Bludau, Barbara: *Laudatio Frau Martina Walcher*, 30.5.2000.

Boberach, Heinz: Planck, Erwin. *Neue Deutsche Biographie*. Bd. 20. Berlin: Duncker & Humblot 2001, 500–501.

Bock, Gisela: Challenging Dichotomies: Perspectives on Women's History. In: Karen M. Offen, Ruth Roach Pierson und Jane Rendall (Hg.): *Writing Women's History. International Perspectives*. Houndmills, Basingstoke, Hampshire: Macmillan 1991, 1–23.

Bock, Gisela: Geschichte, Frauengeschichte, Geschlechtergeschichte. *Geschichte und Gesellschaft* 14. Jg./3 (1988), 364–391.

Bock, Ulla: *Pionierarbeit. Die ersten Professorinnen für Frauen- und Geschlechterforschung an deutschsprachigen Hochschulen 1984–2014*. Bd. 55. Frankfurt am Main: Campus 2015.

Boeckmann, Staci Lynn von: *The Life and Work of Gretel Karplus/Adorno: Her Contributions to Frankfurt School Theory*. Doctor of Philosophy. University of Oklahoma 2004. https://hdl.handle.net/11244/791. Zuletzt aufgerufen am 18. November 2018.

Bohr, Niels: The Structure of the Atom. Nobel Lecture, Stockholm, 11.12.1922. https://www.nobelprize.org/uploads/2018/06/bohr-lecture.pdf. Zuletzt aufgerufen am 21. Januar 2021.

Böker, Arne und Kenneth Horvath (Hg.): *Begabung und Gesellschaft. Sozialwissenschaftliche Perspektiven auf Begabung und Begabtenförderung*. Wiesbaden: Springer VS 2018.

Bolz, Matthias und Tania Singer: *Mitgefühl. In Alltag und Forschung*. München: Max-Planck-Gesellschaft 2013.

Booth, Melanie: *Die Entwicklung der Arbeitslosigkeit in Deutschland*. Bundeszentrale für politische Bildung 2010.

Bourdieu, Pierre: Die biographische Illusion. *Zeitschrift für Biographieforschung und Oral History* 1 (1990), 75–81.

Bourdieu, Pierre: *Die feinen Unterschiede. Kritik der gesellschaftlichen Urteilskraft*. 26. Auflage. Frankfurt am Main: Suhrkamp 2018.

Bourdieu, Pierre: Die männliche Herrschaft. In: Irene Dölling und Beate Krais (Hg.): *Ein alltägliches Spiel. Geschlechterkonstruktion in der sozialen Praxis*. Frankfurt am Main: Suhrkamp 1997, 153–218.

Bourdieu, Pierre: *Die verborgenen Mechanismen der Macht*. Hamburg: VSA 2015.

Bourdieu, Pierre und Jean-Claude Passeron: *Die Illusion der Chancengleichheit*.

Untersuchungen zur Soziologie des Bildungswesens am Beispiel Frankreichs. Stuttgart: Klett 1971.

Bourdieu, Pierre und Loïc J. D. Wacquant: Die Ziele der reflexiven Soziologie. *Reflexive Anthropologie*. 8. Auflage. Frankfurt am Main: Suhrkamp 1996, 95–249.

Bower, Tom und Volkhard Matyssek: *Verschwörung Paperclip. NS-Wissenschaftler im Dienst der Siegermächte*. München: List 1988.

Bowker, Geoffrey C. und Susan Leigh Star: *Sorting Things Out. Classification and Its Consequences*. Cambridge, Mass: MIT Press 1999.

Boyce Davies, Carole: *Left of Karl Marx. The Political Life of Black Communist Claudia Jones*. Durham: Duke University Press 2007.

Brandes, Uta und Christiane Schiersmann: *Frauen, Männer und Computer*. GESIS Data Archive 1987. doi:10.4232/1.1595.

Brecht, Bertolt: *Die Dreigroschenoper. Der Erstdruck 1928*. 9. Auflage. Frankfurt am Main: Suhrkamp 2017.

Breljak, Anja, Rainer Mühlhoff und Jan Slaby (Hg.): *Affekt Macht Netz. Auf dem Weg zu einer Sozialtheorie der Digitalen Gesellschaft*. Bielefeld: transcript 2019.

Brentano, Margherita von: Bei gleicher Qualifikation (1994). In: Iris Nachum und Susan Neiman (Hg.): *Das Politische und das Persönliche. Eine Collage*. Göttingen: Wallstein 2010, 360–361.

Brentano, Margherita von: Die Situation der Frauen und das Bild »der Frau« an der Universität. *Universitätstage. Universität und Universalität*. Berlin: De Gruyter 1963, 73–90.

Bridenthal, Renate: Beyond *Kinder, Küche, Kirche:* Weimar Women at Work. *Central European History* 6/2 (1973), 148–166.

Brinker-Gabler, Gisela (Hg.): *Frauenarbeit und Beruf*. Frankfurt am Main: Fischer 1979.

Brocke, Bernhard vom und Hubert Laitko (Hg.): *Die Kaiser-Wilhelm-/Max-Planck-Gesellschaft und ihre Institute. Studien zu ihrer Geschichte: Das Harnack-Prinzip*. Berlin: De Gruyter 1996.

Brown, Dan: *The Lost Symbol*. London: Bantam Books 2009.

Brown, Helen Gurley: *Sex and the Single Girl*. Fort Lee, NJ: Barricade Books 2003.

Brück, Christa Anita: *Schicksale hinter Schreibmaschinen*. Neuauflage des Originals von 1930. Berlin: Autonomie und Chaos 2012.

Bruckner, Johanna: Ein furchtloses Mädchen gegen die Männerdominanz der Finanzwelt. *Süddeutsche Zeitung* (8.3.2017).

Bruhn-Jade, Christa: *Handbuch der Sekretärin. Sekretariatspraxis – Korrespondenz und Schriftverkehr – Bürotechnik – Telekommunikation – Management – Wirtschaftskunde – Sozialkunde – Umgangsformen u. v. m.* Herrsching: Wissen-Verlag 1991.

Bruhn-Jade, Christa: Kein Job für nebenher. *Sekretariat* 3 (1985).

Bruhn-Jade, Christa: *Sekretärinnen-Lexikon für Sekretärinnen und Chef-Assistentinnen*. 13. überarbeitete Auflage. Landsberg/Lech: Verlag Moderne Industrie 1992.

Bublitz, Hannelore: *Judith Butler zur Einführung*. 6., ergänzte Auflage. Hamburg: Junius 2021.

Budde, Gunilla (Hg.): *Frauen arbeiten. Weibliche Erwerbstätigkeit in Ost- und Westdeutschland nach 1945*. Göttingen: Vandenhoeck & Ruprecht 1997.

Budde, Gunilla (Hg.): *Frauen der Intelligenz. Akademikerinnen in der DDR 1945 bis 1975*. Göttingen: Vandenhoeck & Ruprecht 2003.

Bühner, Maria und Maren Möhring: Einleitung. In: Maria Bühner und Maren Möhring (Hg.): *Europäische Geschlechtergeschichten*. Stuttgart: Steiner 2018, 13–45.

Bühner, Maria und Maren Möhring: (Hg.): *Europäische Geschlechtergeschichten*. Stuttgart: Steiner 2018.

Bundeskonferenz der Frauen- und Gleichstellungsbeauftragten an Hochschulen: Corona: Gleichstellung und Hochschule in der Pandemie, 2020. https://bukof. de/service/corona-gleichstellung-und-hochschule-in-der-pandemie/. Zuletzt aufgerufen am 4. Oktober 2021.

Bundesministerium für Bildung und Forschung (Hg.): *Bundesbericht zur Förderung des wissenschaftlichen Nachwuchses (BuWiN)*. Bonn: BMBF 2008.

Bundesministerium für Bildung und Forschung: *Exzellenz und Chancengerechtigkeit: Das Professorinnenprogramm des Bundes und der Länder. Fachtagung am 18. und 19. Juni 2012 in Berlin*. Bonn 2013.

Bundesministerium für Familie, Senioren, Frauen und Jugend: »Die Quote wirkt.« Manuela Schwesig und Heiko Maas legen erste jährliche Information zur Quote vor, 8.3.2017. https://www.bmfsfj.de/bmfsfj/aktuelles/alle-meldungen/manuela-schwesig-und-heiko-maas-legen-erste-jaehrliche-information-zur-quote-vor/115 134. Zuletzt aufgerufen am 27. März 2018.

Bundesministerium für Familie, Senioren, Frauen und Jugend: *Dritter Bericht der Bundesregierung über den Anteil von Frauen in wesentlichen Gremien im Einflussbereich des Bundes*. Berlin 2002.

Bund-Länder-Kommission für Bildungsplanung und Forschungsförderung (Hg.): *Förderung von Frauen im Bereich der Wissenschaft*. Bonn: BLK 1989.

Bund-Länder-Kommission für Bildungsplanung und Forschungsförderung (Hg.): *Frauen in der Wissenschaft – Entwicklung und Perspektiven auf dem Weg zur Chancengleichheit*, Bonn: BLK 2000.

Bund-Länder-Kommission für Bildungsplanung und Forschungsförderung (Hg.): *Frauen in Führungspositionen*. Bonn: BLK 1998.

Bürgerliches Gesetzbuch, § 1356 Haushaltsführung, Erwerbstätigkeit. Buch 4. Familienrecht, in Kraft getreten am 1.7.1958.

Burkhardt, Anke: *Stellen und Personalbestand an ostdeutschen Hochschulen 1995. Datenreport*. Datenbericht 5. Halle-Wittenberg 1997.

Butenandt, Adolf: Ansprache des Präsidenten Professor Dr. Adolf Butenandt. In: Max-Planck-Gesellschaft (Hg.): *Mitteilungen aus der Max-Planck-Gesellschaft zur Förderung der Wissenschaften*. Heft 1/1969. München 1969, 29–40.

Butenandt, Adolf: *Der Krebs als chemotherapeutisches Problem. Zum 100. Geburstage Paul Ehrlichs und zum Wiederaufbau des Paul-Ehrlich-Instituts*. Bd. 51. Stuttgart: Gustav Fischer Verlag 1954.

Butenandt, Adolf: Ernst Telschow. 31.10.1889–22.4.1988. In: Max-Planck-Gesellschaft (Hg.): *Berichte und Mitteilungen (4)*. München 1988, 104–110.

Butenandt, Adolf: *Untersuchungen über das weibliche Sexualhormon (Follikel- oder Brunsthormon)*. Berlin: Weidmann 1931.

Butler, Judith: Gender *Trouble. Feminism and the Subversion of Identity*. New York: Routledge 2006.

Cassidy, David: *Farm Hall and the German Atomic Project of World War II. A Dramatic History*. Cham: Springer 2017.

Cavaillon, Jean-Marc: Remembering Anne-Marie Staub. *Endotoxin Newsletter* 19/1 (2013), 5, 9.

CDU-Bundesgeschäftsstelle (Hg.): *Bericht der Bundesgeschäftsstelle. Anlage zum Bericht des Generalsekretärs. 34. Bundesparteitag, 6.–8. Oktober.* Mainz: CDU 1986.

Charpentier, Emmanuelle: An Argument Questioning Affirmative Action in Science. In: Ulla Weber und Birgit Kolboske (Hg.): *50 Jahre später – 50 Jahre weiter? Kämpfe Und Errungenschaften Der Frauenbewegung Nach 1968. Eine Bilanz.* München: Max-Planck-Gesellschaft 2019, 26–28.

Charta der Grundrechte der Europäischen Union. 2000/C 364, Amtsblatt der Europäischen Gemeinschaften, in Kraft getreten am 18.12.2000. https://www.europarl. europa.eu/charter/pdf/text_de.pdf. Zuletzt aufgerufen am 2. Juni 2021.

Ciesla, Burghard: Das »Project Paperclip«. Deutsche Naturwissenschaftler und Techniker in den USA (1946 bis 1952). In: Jürgen Kocka (Hg.): *Historische DDR-Forschung. Aufsätze und Studien.* Berlin: Akademie Verlag 1993, 287–301.

Colneric, Ninon: Frauenquoten auf dem Prüfstand des EG-Rechts. *Betriebs-Berater* 5 (1996), 265–268.

Colneric, Ninon: Urteil des EuGH mit Anmerkung. Gegen die Frauenförderung. *STREIT* 4 (1995), 155–158.

Congreve, William: *Love For Love. Heaven Has No Rage like Love to Hatred Turned, Nor Hell a Fury like a Woman Scorned.* Stage Door 2016.

Conn, Eric E., Elfriede K. Pistorius und Larry P. Solomonson: Remembering Birgit Vennesland (1913–2001), a Great Biochemist. *Photosynthesis Research* 83 (2003), 11–16.

Crawford, Elisabeth, Ruth Lewin Sime und Mark Walker: Die Kernspaltung und ihr Preis. Warum nur Otto Hahn den Nobelpreis erhielt, Otto Frisch, Lise Meitner und Fritz Straßmann dagegen nicht berücksichtigt wurden. *Kultur und Technik* 2 (1997), 30–35.

Creighton, Jolene: Margaret Hamilton: The Untold Story of the Woman Who Took Us to the Moon. Meet the Woman Who Made Apollo 11 and Our Trip to the Moon Possible. *Futurism*, 20.7.2016.

Crozier, Michel und Erhard Friedberg: *Macht und Organisation. Die Zwänge kollektiven Handelns.* Königstein: Athenäum 1979.

Currey, Mason: *Daily Rituals. How Great Minds Make Time, Find Inspiration, and Get to Work.* Basingstoke: Picador 2014.

Cutler, Anne und Donia R. Scott: Speaker Sex and Perceived Apportionment of Talk. *Applied Psycholinguistics* 11/3 (1990), 253–272. doi:10.1017/S0142716400008882.

Cutler, Prof. (Elizabeth) Anne. In: *Who's Who.* Oxford: Oxford University Press 2015. doi:10.1093/ww/9780199540884.013.U284105.

Dahrendorf, Ralf: *Bildung ist Bürgerrecht. Plädoyer für eine aktive Bildungspolitik.* Hamburg: Nannen 1966.

Daston, Lorraine: Die Quantifizierung der weiblichen Intelligenz. In: Renate Tobies (Hg.): *Aller Männerkultur zum Trotz.* Frankfurt am Main: Campus 2008, 81–96.

Daston, Lorraine: Die wissenschaftliche Persona. Arbeit und Berufung. In: Theresa Wobbe (Hg.): *Zwischen Vorderbühne und Hinterbühne. Beiträge zum Wandel der Geschlechterbeziehungen in der Wissenschaft vom 17. Jahrhundert bis zur Gegenwart.* Bielefeld: transcript 2006, 109–136.

Daston, Lorraine: Fakten in der Corona-Krise: »Wenn der Minimalkonsens fehlt, wird es für Demokratien gefährlich«. *Der Tagesspiegel* (24.8.2020).

Daston, Lorraine: The Naturalized Female Intellect. *Science in Context* 5/2 (1992), 209–235. doi:10.1017/S0269889700001162.

Daston, Lorraine und Peter Galison: *Objectivity*. New York: Zone Books 2010.

Davies, Margery W.: *Woman's Place Is at the Typewriter. Office Work and Office Workers, 1870–1930*. Philadelphia: Temple University Press 1982.

Deffke, Uta: Die Beobachterin. *Max-Planck-Forschung* 1 (2012), 86–92.

Deichmann, Ute: Frauen in der Genetik. Forschung und Karrieren bis 1950. In: Renate Tobies (Hg.): *Aller Männerkultur zum Trotz*. Frankfurt am Main: Campus 2008, 245–282.

Denkler, Thorsten: Familienförderung bei Daimler-Chrysler: Der Schrempp, seine Frau und das Büro. *Süddeutsche Zeitung* (19.5.2010). https://www.sueddeutsche. de/wirtschaft/familienfoerderung-bei-daimler-chrysler-der-schrempp-seine-frau-und-das-buero-1.902807. Zuletzt aufgerufen am 11. März 2019.

Deutsche Bank: *Personalbericht der Deutschen Bank 2015*. Frankfurt am Main: Deutsche Bank 2016.

Deutscher Bundestag: *255. Sitzung. Stenographischer Bericht*. Plenarprotokoll 10/255. Bonn 1986.

Deutscher Bundestag: (Hg.): *Antwort der Bundesregierung auf die Große Anfrage der Abgeordneten Ganseforth, Schmidt (Nürnberg), Vosen, Bulmahn, Catenhusen, Fischer (Homburg), Grunenberg, Lohmann (Witten), Nagel, Seidenthal, Vahlberg, Kuhlwein, Dr. Vogel und der Fraktion der SPD – Drucksache 11/4906 – Situation der Wissenschaftlerinnen an den vom Bund geförderten außeruniversitären Wissenschaftseinrichtungen*. Drucksache 11/5488. Deutscher Bundestag 1989. http://pdok. bundestag.de/. http://dipbt.bundestag.de/doc/btd/11/054/1105488.pdf. Zuletzt aufgerufen am 13. März 2018.

Deutscher Bundestag: (Hg.): *Antwort der Bundesregierung auf die Kleine Anfrage der Abgeordneten Elisabeth Altmann, Simone Probst und der Fraktion Bündnis 90/ Die Grünen, Frauenförderung in Bildung und Wissenschaft*. Drucksache 13/3517. Deutscher Bundestag 1996.

Deutscher Bundestag: (Hg.): *Bericht der Bundesregierung über die Situation der Frauen in Beruf, Familie und Gesellschaft (Deutscher Bundestag: Drucksache V/909)*. Deutscher Bundestag 26.8.1966. http://pdok.bundestag.de/. http://dip21.bundestag.de/ dip21/btd/05/009/0500909.pdf. Zuletzt aufgerufen am 20. Februar 2018.

Deutscher Bundestag: *Bericht der Enquete-Kommission Frau und Gesellschaft gemäß Beschluß des Deutschen Bundestages vom 25. Mai 1977*. Drucksache 8/4461, 1980.

Deutscher Bundestag: (Hg.): *Große Anfrage der Abgeordneten Ganseforth, Schmidt (Nürnberg), Vosen, Bulmahn, Catenhusen, Fischer (Homburg), Grunenberg, Lohmann (Witten), Nagel, Seidenthal, Vahlberg, Kuhlwein, Dr. Vogel und der Fraktion der SPD. Situation der Wissenschaftlerinnen an den vom Bund geförderten außeruniversitären Wissenschaftseinrichtungen*. Drucksache 11/4906. Deutscher Bundestag 1989. http://pdok.bundestag.de/. http://dipbt.bundestag.de/doc/btd/11/ 049/1104906.pdf. Zuletzt aufgerufen am 21. März 2018.

Deutscher Bundestag: *Zwischenbericht der Enquete-Kommission Frau und Gesellschaft gemäß Beschluß des Deutschen Bundestages*. Drucksache 7/5866, 1976.

Deutsche Forschungsgemeinschaft, Fraunhofer Gesellschaft, Leibniz-Gemeinschaft, Helmholtz-Gemeinschaft Deutscher Forschungszentren, Hochschulrektorenkonferenz, Max-Planck-Gesellschaft und Wissenschaftsrat (Hg.): *Offensive für Chancengleichheit von Wissenschaftlerinnen und Wissenschaftlern*, 2006.

Deutsches Stiftungszentrum: Gielen-Leyendecker-Stiftung. https://www.deutsches-stiftungszentrum.de/stiftungen/gielen-leyendecker-stiftung. Zuletzt aufgerufen am 9. Juni 2021.

Dickinson, Emily: *Collected Poems of Emily Dickinson*. New York: Avenel Books 1982.

Dilcher, Bettina: *Das Büro als Milieu. Der Einfluss der Lebenswelt auf Beruf und Weiterbildung*. Wiesbaden: Deutscher Universitätsverlag 1995.

Dilcher, Bettina: Theoretische Überlegungen zum Begriff des Milieus. In: Bettina Dilcher: *Das Büro als Milieu*. Wiesbaden: Gabler Verlag 1995, 54–75. doi:10.1007/978-3-322-90649-6_3.

Dinesen, Ruth: *Nelly Sachs. Eine Biographie*. 2. Auflage. Frankfurt am Main: Suhrkamp 1992.

Dohm, Hedwig: *Die wissenschaftliche Emancipation der Frau*. Berlin: Wedekind & Schwieger 1874.

Dölling, Irene: Männliche Herrschaft als paradigmatische Form der symbolischen Gewalt. In: Margareta Steinrücke (Hg.): *Pierre Bourdieu. Politisches Forschen, Denken und Eingreifen*. Hamburg: VSA 2004, 74–90.

Dölling, Irene und Beate Krais: Pierre Bourdieus Soziologie der Praxis. Ein Werkzeugkasten für die Frauen- und Geschlechterforschung. In: Irene Dölling (Hg.): *Ein alltägliches Spiel: Geschlechterkonstruktion in der sozialen Praxis*. Frankfurt am Main: Suhrkamp 1977, 12–37.

Driever, Wolfgang und Christiane Nüsslein-Volhard: A Gradient of Bicoid Protein in Drosophila Embryos. *Cell* 54/1 (1988), 83–93. doi:10.1016/0092-8674(88)90182-1.

Drittes Gesetz zur Änderung des Hochschulrahmengesetzes. Nr. 56, Bundesgesetzblatt Teil I, in Kraft getreten am 14.11.1985, 2090–2098.

Duve, Thomas und Stefan Ruppert: Rechtswissenschaft in der Berliner Republik. Zur Einführung. In: Thomas Duve und Stefan Ruppert (Hg.): *Rechtswissenschaft in der Berliner Republik*. Berlin: Suhrkamp 2018, 11–35.

Ebbinghaus, Angelika und Karl Heinz Roth: Vernichtungsforschung: Der Nobelpreisträger Richard Kuhn, die Kaiser Wilhelm-Gesellschaft und die Entwicklung von Nervenkampfstoffen während des »Dritten Reichs«. *1999. Zeitschrift für Sozialgeschichte des 20. und 21. Jahrhunderts* 17/1 (2002), 15–50.

Ebert, Peter: Neue Institute – alte Hüte? *MPG-Spiegel. Beilage Nr.13 des Gesamtbetriebsrates zum MPG-Spiegel* 3 (1997), 1–4.

Ebert-Schifferer, Sybille (Hg.): *100 Jahre Bibliotheca Hertziana. Die Geschichte des Instituts 1913–2013*. Bd. 1. München: Hirmer 2013.

Eckes, Thomas: Geschlechterstereotype. Von Rollen, Identitäten und Vorurteilen. In: Ruth Becker und Beate Kortendiek (Hg.): *Handbuch Frauen- und Geschlechterforschung. Theorie, Methoden, Empirie*. 2. Auflage. Wiesbaden: VS Verlag für Sozialwissenschaften 2008, 178–179.

Edelstein, Wolfgang und Peter Hans Hofschneider: *Verantwortliches Handeln in der Wissenschaft. Analysen und Empfehlungen*. Max-Planck-Forum 3. München: Max-Planck-Gesellschaft 2001.

Egner, Dietrich: Erdmann, Anna Maria Rhoda. *Neue Deutsche Biographie*. Bd. 4. Berlin: Duncker & Humblot 1959, 573.

Eichenhofer, Eberhard (Hg.): *Familie und Sozialleistungssystem. Bundestagung des Deutschen Sozialrechtsverbandes e. V.*, 11./12. Oktober 2007 in Ingolstadt. Berlin: Schmidt 2008.

Einstein, Albert und Mileva Maric: *Am Sonntag küss ich Dich mündlich. Die Liebesbriefe 1897–1903.* Herausgegeben von Jürgen Renn. München: Piper 1994.

Eisler, Rudolf: Sigwart, Christoph von. In: *Philosophen-Lexikon.* Berlin 1912, 677–679.

Eliot, Lise: Neurosexism: The Myth That Men and Women Have Different Brains. *Nature* 566/7745 (2019), 453–454. doi:10.1038/d41586-019-00677-x.

Engelen-Kefer, Ursula: *Kämpfen mit Herz und Verstand. Mein Leben.* Köln: Fackelträger 2009.

Engler, Steffani: *»In Einsamkeit und Freiheit?« Zur Konstruktion der wissenschaftlichen Persönlichkeit auf dem Weg zur Professur.* Konstanz: UVK Verlagsgesellschaft 2001.

Engler, Steffani: Zum Selbstverständnis von Professoren und der *illusio* im wissenschaftlichen Feld. In: Beate Krais (Hg.): *Wissenschaftskultur und Geschlechterordnung. Über die verborgenen Mechanismen männlicher Dominanz in der akademischen Welt.* Frankfurt am Main: Campus 2000, 121–152.

Ensmenger, Nathan: Making Programming Masculine. In: Thomas J. Misa (Hg.): *Gender Codes. Why Women Are Leaving Computing.* Hoboken, N. J.: Wiley/IEEE Computer Society 2010, 115–141.

Erdmann, Rhoda: *Praktikum der Gewebepflege oder Explantation besonders der Gewebezüchtung.* 2. Auflage. Berlin: Julius Springer Verlag 1930.

Erdmann, Rhoda: Typ eines Ausbildungsganges weiblicher Forscher. In: Bettina Conrad, Ulrike Leuschner und Elga Kern (Hg.): *Führende Frauen Europas. Elga Kerns Standardwerk von 1928/1930.* Neu herausgegeben und bearbeitet. München: Reinhardt 1999, 93–107.

Ernst, Waltraud: *Diskurspiratinnen. Wie feministische Erkenntnisprozesse die Wirklichkeit verändern.* Wien: Milena 1999.

Ertl, Gerhard: Was die Welt im Innersten zusammenhält. 50 Jahre Erforschung der unbelebten, irdischen Natur in der Max-Planck-Gesellschaft. In: Max-Planck-Gesellschaft zur Förderung der Wissenschaften (Hg.): *Forschung an den Grenzen des Wissens. 50 Jahre Max-Planck-Gesellschaft 1948–1998. Dokumentation des wissenschaftlichen Festkolloquiums und der Festveranstaltung zum 50jährigen Gründungsjubiläum am 26. Februar 1998 in Göttingen.* Göttingen: Vandenhoeck & Ruprecht 1998, 93–111.

Essers, Ilse: *Hermann Ganswindt: Vorkämpfer der Raumfahrt mit seinem Weltenfahrzeug seit 1881.* Düsseldorf: VDI-Verlag 1977.

Eßlinger, Eva: *Das Dienstmädchen, die Familie und der Sex. Zur Geschichte einer irregulären Beziehung in der europäischen Literatur.* Paderborn: Wilhelm Fink Verlag 2013.

Esterson, Allen, David C. Cassidy und Ruth Lewin Sime: *Einstein's Wife. The Real Story of Mileva Einstein-Marić.* Cambridge, MA: The MIT Press 2019.

Europäische Kommission (Hg.): *Ein Fahrplan für die Gleichstellung von Frauen und Männern. 2006–2010.* Luxemburg: Amt für Amtliche Veröffentlichungen der Europäischen Gemeinschaften 2006.

Europäischer Gerichtshof: *Urteil des Gerichtshofes vom 11. November 1997. Hellmut Marschall gegen Land Nordrhein-Westfalen. Ersuchen um Vorabentscheidung über die Auslegung von Artikel 2 Absätze 1 und 4 der Richtlinie 76/207/EWG des Rates vom 9. Februar 1976 zur Verwirklichung des Grundsatzes der Gleichbehandlung von Männern und Frauen hinsichtlich des Zugangs zur Beschäftigung, zur Berufsbildung und zum beruflichen Aufstieg sowie in bezug auf die Arbeitsbedingungen.* Rechtssache C-409/95, 1997, 6383–6395. http://curia.europa.eu/ juris/document/document.jsf?docid=43455&doclang=de. Zuletzt aufgerufen am 20. März 2018.

Europäischer Gerichtshof: *Urteil des Gerichtshofes vom 17. Oktober 1995. Eckhard Kalanke gegen Freie Hansestadt Bremen. Ersuchen um Vorabentscheidung. Bundesarbeitsgericht – Deutschland. Gleichbehandlung von Männern und Frauen – Richtlinie 76/207/EWG – Artikel 2 Absatz 4 – Beförderung – Gleiche Qualifikation von Bewerbern unterschiedlichen Geschlechts – Vorrang der weiblichen Bewerber.* Rechtssache C-450/93, 1995, 3069–3080. http://eur-lex.europa.eu/ legal-content/DE/TXT/?uri=CELEX:61993CJ0450. Zuletzt aufgerufen am 11. Juni 2021.

European Commission (Hg.): *Report on Progress on Equality between Women and Men in 2010. The Gender Balance in Business Leadership.* Luxembourg: Publications Office of the European Union 2011.

European Commission: *Science Policies in the European Union. Promoting Excellence through Mainstreaming Gender Equality. A Report from the ETAN Working Group on Women and Science.* Luxembourg: Office for Official Publications of the European Communities 2000.

European Commission Directorate-General for Research and Innovation und Directorate-General for Research and Innovation: *She Figures 2015.* Luxembourg: Publications Office of the European Union 2016.

European Commission Directorate-General for Research, Commission of the European Communities, Directorate-General for Research & Science & Society Directorate C: *»She Figures«. Women and Science, Statistics and Indicators.* Luxembourg: Office for Official Publications of the European Communities 2003.

European Commission, European Parliament, European Economic and Social Committee und Committee of the Regions: *Roadmap for Equality between Women and Men (2006–2010).* Brussels 2006.

Fallaci, Oriana: *Wenn die Sonne stirbt. Eine Frau begegnet den Pionieren der Astronautik.* Düsseldorf: Econ 1966.

Falter, Jürgen W.: Die »Märzgefallenen« von 1933. Neue Forschungsergebnisse zum sozialen Wandel innerhalb der NSDAP-Mitgliedschaft während der Machtergreifungsphase [1998]. *Historical Social Research/Historische Sozialforschung. Supplement* 25 (2013), 280–302.

Färber, Christine: Work-Life-Balance bei Ärztinnen. In: Susanne Dettmer, Astrid Bühren und Gabriele Kaczmarczyk (Hg.): *Karriereplanung für Ärtzinnen.* Berlin: Springer 2006, 279–294.

Faulstich-Wieland, Hannelore: Computer und Mädchenbildung. In: Ingrid Schöll und Ina Küller (Hg.): *Micro Sisters. Digitalisierung des Alltags: Frauen und Computer.* Berlin: Elefanten Press 1988, 19–23.

Febel, Gisela: Frauenbiographik als kollektive Biographik. In: Christian von Zimmermann und Nina von Zimmermann (Hg.): *Frauenbiographik. Lebensbeschreibungen und Porträts.* Tübingen: Gunter Narr Verlag 2005, 127–144.

Finkbeiner, Ann: The Debated Legacy of Einstein's First Wife. *Nature* 567/7746 (2019), 28–29. doi:10.1038/d41586-019-00741-6.

Fischer, Albert: *Gewebezüchtung. Handbuch der Biologie der Gewebezellen in vitro.* Übersetzt von Fritz Demuth. 2. Auflage. Berlin: Müller & Steinicke 1927.

Flachowsky, Sören: Der Bevollmächtigte für Hochfrequenzforschung des Reichsforschungsrates und die Organisation der deutschen Radarforschung in der Endphase des Zweiten Weltkrieges. *TG Technikgeschichte* 72/3 (2005), 203–226. doi:10.5771/0040-117X-2005-3-203.

Flaubert, Gustave: *Madame Bovary. Mœurs de province.* Paris: Gallimard 2009.

Fleitner, Daniel: Pionierin der Genforschung. Christiane Nüsslein-Volhard erhielt vor 25 Jahren den Nobelpreis für Medizin. *Max-Planck-Gesellschaft Newsroom*, 5.10.2020. https://www.mpg.de/15479017/25-jahre-nobelpreis-christiane-nuessleinvolhard. Zuletzt aufgerufen am 23. Oktober 2020.

Flitner, Bettina und Jeanne Rubner (Hg.): *Frauen, die forschen: 25 Porträts.* München: Collection Rolf Heyne 2008.

Flitner, Bettina und Alice Schwarzer: *Frauen mit Visionen. 48 Europäerinnen.* Mit Texten von Alice Schwarzer. München: Knesebeck 2006.

Flukke, Ekkehard: Margot Becke. 10.06.1914–14.11.2009. *Jahresbericht der Max-Planck-Gesellschaft. Beilage Personalien,* 2009, 18–19.

Foucault, Michel: *Die Ordnung der Dinge. Eine Archäologie der Humanwissenschaften.* 24. Auflage. Frankfurt am Main: Suhrkamp 2017.

Foucault, Michel: *Dispositive der Macht. Über Sexualität, Wissen und Wahrheit.* Berlin: Merve-Verlag 1978.

Fox Keller, Evelyn: A Clash of Two Cultures. *Nature* 445/7128 (2007), 603. doi: 10.1038/445603a.

Fox Keller, Evelyn: *Liebe, Macht und Erkenntnis: männliche oder weibliche Wissenschaft?* München: Hanser 1986.

Fox Keller, Evelyn: *Reflections on Gender and Science.* Tenth Anniversary Paperback Edition. New Haven: Yale University Press 1995.

Frank, Philipp: *Einstein. His Life and Times.* Cambridge, MA: Da Capo Press 2002.

Frank, Susanne: »Neue Frauen« im »Abenteuer Stadt«. Destabilisierung der bürgerlichen Geschlechterordnung. In: Susanne Frank (Hg.): *Stadtplanung im Geschlechterkampf. Stadt und Geschlecht in der Großstadtentwicklung des 19. und 20. Jahrhunderts.* Wiesbaden: VS Verlag für Sozialwissenschaften 2003, 89–116. doi:10.1007/978-3-663-11479-6_5.

Frank, Susanne: *Stadtplanung im Geschlechterkampf. Stadt und Geschlecht in der Großstadtentwicklung des 19. und 20. Jahrhunderts.* Bd. 20. Wiesbaden: VS Verlag für Sozialwissenschaften 2003. doi:10.1007/978-3-663-11479-6.

Fraser, Nancy: Was ist kritisch an der Kritischen Theorie? Habermas und die Geschlechterfrage. *Widerspenstige Praktiken: Macht, Diskurs, Geschlecht.* 4. Auflage. Frankfurt am Main: Suhrkamp 2015, 173–221.

Frei, Alban: Die Wissenschaftsmanagerin. In: Alban Frei und Hannes Mangold (Hg.): *Das Personal der Postmoderne.* Bielefeld: transcript 2015, 243–256. doi:10.14361/9783839433034-016.

Frei, Alban und Hannes Mangold (Hg.): *Das Personal der Postmoderne. Inventur einer Epoche.* Bielefeld: transcript 2015.

French, Marilyn: *The Women's Room.* New York: Summit Books 1977.

Frevert, Ute: Bürgerliche Familie und Geschlechterrollen. Modell und Wirklichkeit. In: Lutz Niethammer (Hg.): *Bürgerliche Gesellschaft in Deutschland. Historische Einblicke, Fragen, Perspektiven*. Frankfurt am Main: Fischer 1990, 90–98.

Frevert, Ute: *Die Politik der Demütigung: Schauplätze von Macht und Ohnmacht*. Frankfurt am Main: S. Fischer Verlag 2017.

Frevert, Ute: Frauen auf dem Weg zur Gleichberechtigung – Hindernisse, Umleitungen, Einbahnstraßen. In: Martin Broszat (Hg.): *Zäsuren nach 1945. Essays zur Periodisierung der deutschen Nachkriegsgeschichte*. Bd. 61. Berlin: De Gruyter 1990, 113–130.

Frevert, Ute: *Frauen-Geschichte. Zwischen bürgerlicher Verbesserung und neuer Weiblichkeit*. Frankfurt am Main: Suhrkamp 1986.

Frevert, Ute: Traditionale Weiblichkeit und moderne Interessenorganisation: Frauen im Angestelltenberuf 1918–1933. *Geschichte und Gesellschaft* 7/3/4 (1981), 507–533.

Frevert, Ute: Vom Klavier zur Schreibmaschine – Weiblicher Arbeitsmarkt und Rollenzuweisungen am Beispiel der weiblichen Angestellten in der Weimarer Republik. In: Annette Kuhn und Gerhard Schneider (Hg.): *Frauen in der Geschichte: Frauenrechte und die gesellschaftliche Arbeit der Frauen im Wandel. Fachwissenschaftliche und fachdidaktische Studien zur Geschichte der Frauen*. Bd. 1. Düsseldorf: Pädagogischer Verlag Schwann 1979, 82–112.

Freyermuth, Gundolf S.: *Reise in die Verlorengegangenheit. Auf den Spuren deutscher Emigranten (1933–1940)*. Hamburg: Rasch & Röhring 1990.

Friedan, Betty: *The Feminine Mystique*. New York: Norton 1963.

Friederici, Angela D.: Der Lauscher im Kopf. *Gehirn & Geist* 2 (2003), 43–45.

Friederici, Angela D.: Institutioneller Wandel allein reicht nicht. In: Ulla Weber und Birgit Kolboske (Hg.): *50 Jahre später – 50 Jahre weiter? Kämpfe und Errungenschaften der Frauenbewegung nach 1968. Eine Bilanz*. München: Max-Planck-Gesellschaft 2019, 124.

Friederici, Angela D.: *Kognitive Strukturen des Sprachverstehens*. Berlin: Springer 1987.

Friederici, Angela D.: *Phonische und graphische Sprachperformans bei Aphatikern. Neurolinguistische Untersuchungen auf der Phonem-, Graphem- und auf der Lexemebene*. Dissertation phil. Bonn 1976.

Friedman, Robert Marc: *The Politics of Excellence. Behind the Nobel Prize in Science*. New York: Freeman Book 2001.

Frisch, Otto Robert: Lise Meitner, 1878–1968. *Biographical Memoirs of Fellows of the Royal Society* 16 (1970), 405–420. doi:10.1098/rsbm.1970.0016.

Fritzer, Carina: *Persönliche Assistenz und Selbstbestimmung. Dynamiken, Konfliktfelder, Einflussfaktoren und Lösungsstrategien innerhalb von Assistenzverhältnissen – Fallstudie aus Sicht der Sozialen Arbeit*. Saarbrücken: VDM Verlag Dr. Müller 2011.

Fuchs, Margot: Isolde Hausser (7.12.1889–5.10.1951), Technische Physikerin und Wissenschaftlerin am Kaiser-Wilhelm-/Max-Planck-Institut für Medizinische Forschung, Heidelberg. *Berichte zur Wissenschaftsgeschichte* 17/3 (1994), 201–215. doi:10.1002/bewi.19940170309.

Fuchs-Heinritz, Werner und Alexandra König: *Pierre Bourdieu. Eine Einführung*. 3. Auflage. Konstanz: UTB 2014.

Fünftes Gesetz zur Reform des Strafrechts. Nr. 63, Bundesgesetzblatt Teil I, in Kraft getreten am 21.6.1974, 1297.

Fünfzehntes Strafrechtsänderungsgesetz. Nr. 56, Bundesgesetzblatt Teil I, in Kraft getreten am 18.5.1976, 1213–1215.

Gablentz, Ottoheinz v.d. und Carl Mennicke (Hg.): *Deutsche Berufskunde. Ein Querschnitt durch die Berufe und Arbeitskreise der Gegenwart.* Leipzig: Bibliographisches Institut AG 1930.

Ganswindt, Isolde: *Erzeugung und Empfang kurzer elektrischer Wellen.* Berlin: Ebering 1914.

Gardey, Delphine: *Schreiben, Rechnen, Ablegen. Wie eine Revolution des Bürolebens unsere Gesellschaft verändert hat.* Übersetzt von Stefan Lorenzer. Göttingen: Konstanz University Press 2019.

Gardey, Delphine: *Un monde en mutation. Les employés de bureau en France, 1890–1930. Féminisation, mécanisation, rationalisation.* PhD Dissertation. Paris: Université Paris 7-Diderot | École des Hautes Études en Sciences Sociales 1995.

Gaudillière, Jean-Paul: Biochemie und Industrie. Der »Arbeitskreis Butenandt-Schering« im Nationalsozialismus. In: Wolfgang Schieder und Achim Trunk (Hg.): *Adolf Butenandt und die Kaiser-Wilhelm-Gesellschaft. Wissenschaft, Industrie und Politik im »Dritten Reich«.* Göttingen: Wallstein 2004, 198–246.

Gaudillière, Jean-Paul: Wie man Modelle für Krebsentstehung konstruiert. Viren und Transfektion am (US) National Cancer Institute. In: Michael Hagner, Hans-Jörg Rheinberger und Bettina Wahrig-Schmidt (Hg.): *Objekte, Differenzen und Konjunkturen. Experimentalsysteme im historischen Kontext.* Berlin: De Gruyter 1994, 233–258.

Geenen, Elke M.: Akademische Karrieren von Frauen an wissenschaftlichen Hochschulen. In: Beate Krais (Hg.): *Wissenschaftskultur und Geschlechterordnung. Über die verborgenen Mechanismen männlicher Dominanz in der akademischen Welt.* Frankfurt am Main: Campus 2000, 85–105.

Geldmeyer, Hans-Jürgen: *Die FhG, Fraunhofer-Gesellschaft. Beschäftigte und ihre Gesellschaft. Entwicklungen, Perspektiven, Forderungen.* Herausgegeben von Gewerkschaft Öffentliche Dienste, Transport und Verkehr. Stuttgart: Gewerkschaft Öffentliche Dienste, Transport und Verkehr 1989.

Gemeinsame Wissenschaftskonferenz: *Chancengleichheit in Wissenschaft und Forschung. 18. Fortschreibung des Datenmaterials (2012/2013) zu Frauen in Hochschulen und außerhochschulischen Forschungseinrichtungen.* Materialien der GWK 40. Bonn 2014.

Gemeinsame Wissenschaftskonferenz (Hg.): *Chancengleichheit in Wissenschaft und Forschung. 20. Fortschreibung des Datenmaterials (2014/2015) zu Frauen in Hochschulen und außerhochschulischen Forschungseinrichtungen.* Materialien der GWK 50. Bonn 2016.

Gemeinsame Wissenschaftskonferenz (Hg.): *Pakt für Forschung und Innovation. Monitoring-Bericht 2016. 47.* Bonn: GWK 2016. https://www.gwk-bonn.de/fileadmin/Redaktion/Dokumente/Papers/GWK-Heft-47-PFI-Monitoring-Bericht-2016__1_.pdf. Zuletzt aufgerufen am 20. März 2018.

Gemeinsame Wissenschaftskonferenz: (Hg.): *Pakt für Forschung und Innovation. Monitoring-Bericht 2017.* Materialien der GWK 52. Bonn: GWK 2017.

Generalverwaltung der Max-Planck-Gesellschaft zur Förderung der Wissenschaften (Hg.): *50 Jahre Kaiser-Wilhelm-Gesellschaft und Max-Planck-Gesellschaft zur Förderung der Wissenschaften. 1911–1961. Beiträge und Dokumente.* Göttingen: Max-Planck-Gesellschaft zur Förderung der Wissenschaften 1961.

Gerber, Sophie: *Küche, Kühlschrank, Kilowatt. Zur Geschichte des privaten Energiekonsums in Deutschland, 1945–1990.* Bielefeld: transcript 2015.

Gerwin, Robert: Im Windschatten der 68er ein Stück Demokratisierung. Die Satzungs-reform von 1972 und das Harnack-Prinzip. In: Bernhard vom Brocke und Hubert Laitko (Hg.): *Die Kaiser-Wilhelm-/Max-Planck-Gesellschaft und ihre Institute. Studien zu ihrer Geschichte: Das Harnack-Prinzip.* Berlin: De Gruyter 1996, 211–226.

Gerwin, Robert: Tod des Computers. »Er ließ sich so leicht programmieren«. *MPG-Spiegel* 4 (1972), 7–8.

Gerwin, Robert: Über Prioritäten Gedanken machen. Gespräch mit der Vorsitzenden des Wissenschaftlichen Rats. *MPG-Spiegel* 4 (1973), 15–16.

Gesetz für die gleichberechtigte Teilhabe von Frauen und Männern an Führungspositio-nen in der Privatwirtschaft und im öffentlichen Dienst vom 24. April 2015. 30.4.2015, Nr. 17, Bundesgesetzblatt Teil I, 642–662.

Gesetz zur Änderung des Grundgesetzes (Artikel 3, 20a, 28, 29, 72, 74, 75, 76, 77, 80, 87, 93, 118a und 125a). Nr. 75, Bundesgesetzblatt Teil I, in Kraft getreten am 15.11.1994, 3146–3148.

Gesetz zur Änderung des Grundgesetzes (Artikel 91b). Nr. 64, Bundesgesetzblatt Teil I, in Kraft getreten am 23.12.2014, 2438.

Gesetz zur Durchsetzung der Gleichberechtigung von Frauen und Männern (Zweites Gleichberechtigungsgesetz). Nr. 39, Bundesgesetzblatt Teil I, in Kraft getreten am 24.6.1994, 1406–1415.

Gierer, Alfred, S. Berking, H. Bode, C. N. David, K. Flick, G. Hansmann, H. Schaller, et al.: Regeneration of Hydra from Reaggregated Cells. *Nature New Biology* 239/91 (1972), 98–101. doi:10.1038/newbio239098a0.

Globig, Michael: Katzenpaul und Binsenkäthe. *Max Planck Forschung* 2 (2004), 58–59.

Globig, Michael: Sechs Jahrzehnte der Wissenschaft verbunden. Erika Bollmann im Gespräch mit dem MPG-Spiegel über ihre Zeit als Mitarbeiterin und Förderin bei der Kaiser-Wilhelm-/Max-Planck-Gesellschaft. *MPG-Spiegel* 5/6 (1997), 47–53.

Globig, Michael: Senatssitzung: Klare Regeln für die Forschung. *MPG-Spiegel* 2 (1989), 22–24.

Goehring, Margot: Sulphur Nitride and Its Derivatives. *Quarterly Reviews, Chemical Society* 10/4 (1956), 437. doi:10.1039/qr9561000437.

Gold, Helmut: »Fräulein vom Amt« – Eine Einführung zum Thema. In: Helmut Gold und Annette Koch (Hg.): *Fräulein vom Amt.* München: Prestel 1993, 10–36.

Görtemaker, Manfred: *Geschichte der Bundesrepublik Deutschland. Von der Grün-dung bis zur Gegenwart.* Frankfurt am Main: Fischer 2004.

Gottschall, Karin: *Soziale Ungleichheit und Geschlecht. Kontinuitäten und Brüche, Sackgassen und Erkenntnispotentiale im deutschen soziologischen Diskurs.* Wies-baden: Springer VS 2000.

Goudsmit, Samuel A.: *Alsos.* Woodbury, NY: AIP Press 1996.

Grabar, Henry: We're All on the Cruise Ship Now. *Slate*, 2020. https://slate.com/business/2020/03/coronavirus-cruise-we-are-on-it.html. Zuletzt aufgerufen am 17. Mai 2020.

Gradmann, Christoph: Leben in der Medizin: Zur Aktualität von Biographie und Pro-sographie in der Medizingeschichte. In: Norbert Paul, Thomas Schlich und Stefanie Kuhne (Hg.): *Medizingeschichte. Aufgaben, Probleme, Perspektiven.* Frankfurt am Main/New York: Campus 1998, 243–265.

Grier, David Alan: *When Computers Were Human.* Princeton: Princeton University Press 2005.

Griffin, Gabriele und Rosi Braidotti: Whiteness and European Situatedness. In: Gabriele Griffin und Rosi Braidotti (Hg.): *Thinking Differently. A Reader in European Women's Studies*. London; New York: Zed Books 2002, 221–236.

Grossmann, Atina: Eine Frage des Schweigens. Die Vergewaltigung deutscher Frauen durch Besatzungssoldaten: Zum historischen Hintergrund von Helke Sanders Film BeFreier und Befreite. *Frauen und Film* 54/55 (1994), 15–28.

Grossmann, Atina: Eine »neue Frau« im Deutschland der Weimarer Republik? In: Annette Koch und Helmut Gold (Hg.): *Fräulein vom Amt*. München: Prestel 1993, 135–161.

Grossner, Claus: Aufstand der Forscher. Die Krise in der Max-Planck-Gesellschaft. Der Kampf um die Mitbestimmung. *Die Zeit* 25 (18.6.1971).

Grundgesetz für die Bundesrepublik Deutschland, Bundesgesetzblatt, in Kraft getreten am 23.5.1949, 1–20.

Gruss, Peter: *Wissenschaft als Beruf für Frauen – und Männer*. Eröffnungsrede des Präsidenten zur Paktveranstaltung »Wissenschaft als Beruf für Frauen – und Männer«. Düsseldorf 2012.

Haas-Möllmann, Lies: *Malerei und Zeichnungen*. [o. O.] 2009.

Haberkorn, Kurt: *Grundlagen der Betriebssoziologie*. Gernsbach: Deutscher Betriebswirte-Verlag 1981.

Habermas, Jürgen: *Strukturwandel der Öffentlichkeit. Untersuchungen zu einer Kategorie der bürgerlichen Gesellschaft*. Frankfurt am Main: Suhrkamp 1990.

Habermas, Jürgen: Wahrheitstheorien. In: Jürgen Habermas: *Vorstudien und Ergänzungen zur Theorie des kommunikativen Handelns*. 3. Auflage. Frankfurt am Main: Suhrkamp 2010, 127–186.

Hachtmann, Rüdiger: *Eine Erfolgsgeschichte? Schlaglichter auf die Geschichte der Generalverwaltung der Kaiser-Wilhelm-Gesellschaft im »Dritten Reich«*. Bd. 19. Berlin: Forschungsprogramm »Geschichte der Kaiser-Wilhelm-Gesellschaft im Nationalsozialismus« 2004.

Hachtmann, Rüdiger: *Wissenschaftsmanagement im »Dritten Reich«: Geschichte der Generalverwaltung der Kaiser-Wilhelm-Gesellschaft*. Göttingen: Wallstein 2007.

Haevecker, Herbert: 40 Jahre Kaiser-Wilhelm-Gesellschaft. In: Generalverwaltung der Max-Planck-Gesellschaft zur Förderung der Wissenschaften (Hg.): *Jahrbuch 1951 der Max-Planck-Gesellschaft zur Förderung der Wissenschaften*. Göttingen 1951, 7–59.

Hagemann, Karen: Gleichberechtigt? Frauen in der bundesdeutschen Geschichtswissenschaft. *Zeithistorische Forschungen/Studies in Contemporary History* 13/ Heft 1 (2016), 108–135.

Haghanipour, Bahar: *Mentoring als gendergerechte Personalentwicklung. Wirksamkeit und Grenzen eines Programms in den Ingenieurwissenschaften*. Wiesbaden: Springer 2013.

Hahn, Barbara: Einleitung: »Laßt alle Hoffnung fahren…«. Kulturwissenschaftlerinnen vor 1933. In: Barbara Hahn (Hg.): *Frauen in den Kulturwissenschaften. Von Lou Andreas-Salomé bis Hannah Arendt*. München: C. H. Beck 1994, 7–25.

Hahn, Dietrich (Hg.): *Otto Hahn. Leben und Werk in Texten und Bildern*. Frankfurt am Main: Insel Verlag 1988.

Hahn, Otto: *Mein Leben*. Herausgegeben von Dietrich Hahn. München: Bruckmann 1968.

Hahn, Otto und Lise Meitner: Über das Protactinium und die Frage nach der Möglichkeit seiner Herstellung als chemisches Element. *Die Naturwissenschaften* 7/33 (1919), 611–612. doi:10.1007/BF01498184.

Hahn, Otto und Fritz Straßmann: Über den Nachweis und das Verhalten der bei der Bestrahlung des Urans mittels Neutronen entstehenden Erdalkalimetalle. *Die Naturwissenschaften* 27/1 (1939), 11–15. doi:10.1007/BF01488241.

Hahn, Ulla: *Aufbruch.* 2. Auflage. München: Deutsche Verlags-Anstalt 2009.

Hahn, Ulla: *Das verborgene Wort.* 3. Auflage. München: dtv 2003.

Halbwachs, Maurice: *Das Gedächtnis und seine sozialen Bedingungen.* 6. Auflage. Frankfurt am Main: Suhrkamp 1985.

Hampe, Asta: Die habilitierten weiblichen Lehrkräfte an den westdeutschen Universitäten und wissenschaftlichen Hochschulen 1958/9. *Mädchenbildung und Frauenschaffen* 11/4 (1961), 21–31.

Hanselmann, Ulla: Die Pharmaflüchtlinge. *Die Zeit* 28 (8.5.2002).

Hansson, Göran K. und Kristina Edfeldt: Toll To Be Paid at the Gateway to the Vessel Wall. *Arteriosclerosis, Thrombosis, and Vascular Biology* 25/6 (2005), 1085–1087. doi:10.1161/01.ATV.0000168894.43759.47.

Hansson, Nils: Anmerkungen zur wissenschaftshistorischen Nobelpreisforschung. *Berichte zur Wissenschaftsgeschichte* 41/1 (2018), 7–18. doi:10.1002/bewi.201801869.

Hansson, Nils und Heiner Fangerau: Warum der und nicht ich? Genies ohne Nobelpreis. *Forschung und Lehre*, 11.11.2017. http://www.forschung-und-lehre.de/wordpress/?p=24883. Zuletzt aufgerufen am 17. Januar 2018.

Hansson, Nils und Udo Schagen: »In Stockholm hatte man offenbar irgendwelche Gegenbewegung« – Ferdinand Sauerbruch (1875–1951) und der Nobelpreis. *NTM Zeitschrift für Geschichte der Wissenschaften, Technik und Medizin* 22/1 (2014), 113–161. doi:10.1007/s00048-012-0067-8.

Hark, Sabine: Kommentar zu Kritisches Bündnis: Feminiusmus und Wissenschaft. In: Sabine Hark, (Hg.): *Dis/Kontinuitäten. Feministische Theorie.* Opladen: Leske + Budrich 2001, 229–235.

Harrison, John: *A Manual of the Type-Writer.* London: I. Pitman & Sons 1888.

Hartung, Dirk: Beschäftigungssituation von Frauen in Einrichtungen der Neuen Bundesländer. In: Sonja Munz (Hg.): *Zur Beschäftigungssituation von Männern und Frauen in der Max-Planck-Gesellschaft. Eine empirische Bestandsaufnahme. Studie im Auftrag der Generalverwaltung und des Gesamtbetriebsrates der MPG.* München 1993, 151–155.

Hartung, Dirk: Schließen – und schließen lassen. *MPG-Spiegel. Beilage Nr. 13 des Gesamtbetriebsrates zum MPG-Spiegel* 3 (1997), 4.

Harvey, Joy: The Mystery of the Nobel Laureate and His Vanishing Wife. In: Annette Lykknes, Donald L. Opitz und Brigitte Van Tiggelen (Hg.): *For Better or For Worse? Collaborative Couples in the Sciences.* Basel: Springer Basel 2012, 57–77. doi:10.1007/978-3-0348-0286-4_4.

Harwood, Jonathan: *Styles of Scientific Thought. The German Genetics Community, 1900–1933.* Chicago: University of Chicago Press 1993.

Hassauer, Friederike: *Homo Academica: Geschlechterkontrakte, Institution und die Verteilung des Wissens.* Wien: Passagen-Verlag 1994.

Hasselmann, Klaus und Susanne Hasselmann: »Ich hoffe, dass die Jugend schafft, was uns Wissenschaftlern nicht gelungen ist«. Newsroom Universität Hamburg.

25.10.2021. https://www.uni-hamburg.de/newsroom/im-fokus/2021/1025-lenzen-hasselmann.html. Zuletzt aufgerufen am 17. Mai 2022.

Hasselmann, Susanne, Klaus Hasselmann, Eva Bauer und The WAMDI Group: The WAM Model – A Third Generation Ocean Wave Prediction Model. *Journal of Physical Oceanography* 18 (1988), 1775–1810.

Haupt, Heinz-Gerhard und Jürgen Kocka (Hg.): *Geschichte und Vergleich: Ansätze und Ergebnisse international vergleichender Geschichtsschreibung*. Frankfurt am Main; New York: Campus 1996.

Hausen, Karin: Die Polarisierung der »Geschlechtscharaktere«. Eine Spiegelung der Dissoziation von Erwerbs- und Familienleben. In: Werner Conze (Hg.): *Sozialgeschichte der Familie in der Neuzeit Europas. Neue Forschungen*. Stuttgart: Klett 1976, 363–393.

Hausen, Karin: *Geschlechtergeschichte als Gesellschaftsgeschichte*. Göttingen: Vandenhoeck & Ruprecht 2012.

Hausen, Karin: Patriarchat. Vom Vorteil und Nutzen eines Konzepts für Frauenpolitik und Frauengeschichte. In: Karin Hausen: *Geschlechtergeschichte als Gesellschaftsgeschichte*. Göttingen: Vandenhoeck & Ruprecht 2012, 359–370.

Hausen, Karin und Helga Nowotny (Hg.): *Wie männlich ist die Wissenschaft?* Frankfurt am Main: Suhrkamp 1986.

Hausen, Karin und Heide Wunder: Einleitung. In: Karin Hausen und Heide Wunder (Hg.): *Frauengeschichte–Geschlechtergeschichte*. Frankfurt am Main: Campus 1992, 1–19.

Hausser, Isolde: Prinzipielle Untersuchungen über Schwingungsanfachung in Laufzeitröhren. *Deutsche Luftfahrtforschung. Untersuchungen und Mitteilungen* Nr. 803 (1944), 281–292.

Hausser, Isolde: Über Einzel- u. Kombinationswirkungen des kurzwelligen und langwelligen Ultravioletts bei Bestrahlung der menschlichen Haut. *Naturwissenschaften* 27 (1938), 563–566.

Hausser, Isolde, Wilhelm Doerr, Rudolf Frey und Adolf Ueberle: Experimentelle Untersuchungen über die Ultraschallwirkung auf das Jensen-Sarkom der Ratte. *Zeitschrift für Krebsforschung* 56 (1949), 449–481.

Hearn, Jeff und Wendy Parkin: Gender and Organizations. A Selective Review and a Critique of a Neglected Area. *Organization Studies* 4/3 (1983), 219–242.

Hecht, Patricia: »Wir müssen an die Bruchstellen ran – jetzt«. *Die tageszeitung* (1.5.2020).

Heim, Susanne: »*Die reine Luft der wissenschaftlichen Forschung.« Zum Selbstverständnis der Wissenschaftler der Kaiser-Wilhelm-Gesellschaft*. Bd. 7. Berlin: Forschungsprogramm »Geschichte der Kaiser-Wilhelm-Gesellschaft im Nationalsozialismus« 2002.

Heim, Susanne: *Kalorien, Kautschuk, Karrieren. Pflanzenzüchtung und landwirtschaftliche Forschung an Kaiser-Wilhelm-Instituten 1933–1945*. Göttingen: Wallstein 2003.

Heintz, Bettina (Hg.): *Ungleich unter Gleichen. Studien zur geschlechtsspezifischen Segregation des Arbeitsmarktes*. Frankfurt am Main: Campus 1997.

Henning, Eckart und Marion Kazemi: *Chronik der Kaiser-Wilhelm-/Max-Planck-Gesellschaft zur Förderung der Wissenschaften 1911–2011. Daten und Quellen*. Berlin: Duncker & Humblot 2011.

Henning, Eckart und Marion Kazemi: *Dahlem – Domäne der Wissenschaft. Ein Spa-*

ziergang zu den Berliner Instituten der Kaiser-Wilhelm-/Max-Planck-Gesellschaft im »deutschen Oxford«. 4. Auflage. Bd. 1. Berlin: Archiv der Max-Planck-Gesellschaft 2009.

Henning, Eckart und Marion Kazemi: *Handbuch zur Institutsgeschichte der Kaiser-Wilhelm-/Max-Planck-Gesellschaft zur Förderung der Wissenschaften 1911–2011. Daten und Quellen.* Bd. 1. Berlin: Archiv der Max-Planck-Gesellschaft 2016.

Henning, Eckart und Marion Kazemi: *Handbuch zur Institutsgeschichte der Kaiser-Wilhelm-/Max-Planck-Gesellschaft zur Förderung der Wissenschaften 1911–2011. Daten und Quellen.* Bd. 2. Berlin: Archiv der Max-Planck-Gesellschaft 2016.

Henschen, Jan: *Die RAF-Erzählung. Eine mediale Historiographie des Terrorismus.* Bielefeld: transcript 2013.

Hergemöller, Bernd-Ulrich und Nicolai Clarus (Hg.): *Mann für Mann. Biographisches Lexikon zur Geschichte von Freundesliebe und mannmännlicher Sexualität im deutschen Sprachraum.* Berlin: LIT Verlag 2010.

Hermann, Armin: *Max Planck in Selbstzeugnissen und Bilddokumenten.* Reinbek bei Hamburg: Rowohlt 1973.

Herrmann, Agnes, in: Kaufmännischer Verband für weibliche Angestellte (Hg.): *25 Jahre Berufsorganisation 1889–1914,* Berlin o. J. [1914],

Hess, Benno: Birgit Vennesland. 15.1.1912–15.10.2001. In: Max-Planck-Gesellschaft zur Förderung der Wissenschaften (Hg.): *Max-Planck-Gesellschaft Jahrbuch 2002.* Göttingen: Vandenhoeck & Ruprecht 2002, 873–874.

Heßdörfer, Florian: Begabung als Gabe. Zwang und Freiheit im Begabungsdiskurs um 1900. In: Arne Böker und Kenneth Horvath (Hg.): *Begabung und Gesellschaft. Sozialwissenschaftliche Perspektiven auf Begabung und Begabtenförderung.* Wiesbaden: Springer VS 2018, 53–70.

Hicks, Marie: *Programmed Inequality. How Britain Discarded Women Technologists and Lost Its Edge in Computing.* EBook. Cambridge, MA: MIT Press 2017.

Hildebrandt, Irma: Christiane Nüsslein-Volhard. Erster Nobelpreis für eine deutsche Naturwissenschaftlerin. *Frauen setzen Akzente. Prägende Gestalten der Bundesrepublik.* München: Diederichs 2009, 153–171.

Hill, Robert: Oxygen Evolved by Isolated Chloroplasts. *Nature* 139/3525 (1937), 881–882. doi:10.1038/139881a0.

Hill, Robert: Oxygen Produced by Isolated Chloroplasts. *Proceedings of the Royal Society of London. Series B – Biological Sciences* 127/847 (1939), 192–210. doi:10.1098/rspb.1939.0017.

Hintsches, Eugen: Er brachte Farbe in den Weltraum. *MPG-Spiegel* 5 (1984), 31–43.

Hirschauer, Stefan: Arbeit, Liebe und Geschlechterdifferenz. Über die wechselseitige Konstitution von Tätigkeiten und Mitgliedschaften. In: Sabine Biebl, Verena Mund und Heide Volkening (Hg.): *Working Girls. Zur Ökonomie von Liebe und Arbeit.* Berlin: Kulturverlag Kadmos 2007, 23–41.

Hirschauer, Stefan: Praktiken und ihre Körper. Über materielle Partizipanden des Tuns. In: Karl H. Hörning und Julia Reuter (Hg.): *Doing Culture.* Bielefeld: transcript 2015, 73–91. doi:10.14361/9783839402436-005.

Hochschild, Arlie Russell: *The Managed Heart: Commercialization of Human Feeling.* Updated with a new preface. Berkeley: University of California Press 2012.

Hoffleit, E. Dorrit: Pioneering Women in the Spectral Classification of Stars. *Physics in Perspective* 4/4 (2002), 370–398. doi:10.1007/s000160200001.

Hoffmann, Petra: *Weibliche Arbeitswelten in der Wissenschaft. Frauen an der Preu-ßischen Akademie der Wissenschaften zu Berlin 1890–1945.* Bielefeld: transcript 2011.

Hoffmann, Ute: Opfer und Täterinnen. Frauen in der Computergeschichte. In: Ingrid Schöll und Ina Küller (Hg.): *Micro Sisters. Digitalisierung des Alltags: Frauen und Computer.* Berlin: Elefanten Press 1988, 75–79.

Hoffmeyer, Miriam: Der mit zehn Fingern tippt. *Süddeutsche Zeitung Online* (28.1.2018).

Holder, Maryse: *Give Sorrow Words. Maryse Holder's Letters from Mexico.* New York: Grove Press 1979.

Holt, Nathalia: *Rise of the Rocket Girls. The Women Who Propelled Us, from Missiles to the Moon to Mars,* 2016.

Holtgrewe, Ursula: »Frauen sind keine Männer« – Frauenarbeit im Ersten und Zweiten Weltkrieg. In: Helmut Gold und Annette Koch (Hg.): *Fräulein vom Amt.* München: Prestel 1993, 176–186.

Holtgrewe, Ursula: *Schreib-Dienst. Frauenarbeit im Büro.* Marburg: SP-Verlag 1989.

Hopwood, Nick: Genetics in the Mandarin Style. Essay Review of »Styles of Scientific Thought« by Jonathan Harwood. *Studies in History and Philosophy of Science. Part A* 25/2 (1994), 237–250. doi:10.1016/0039-3681(94)90029-9.

Horkheimer, Max und Theodor W. Adorno: *Dialektik der Aufklärung. Philosophische Fragmente.* 24. Auflage. Frankfurt am Main: Fischer 1988.

Hörner, Unda: *1929: Frauen im Jahr Babylon.* Berlin: ebersbach & simon 2020.

Hörning, Karl H. und Julia Reuter: Doing Culture: Kultur als Praxis. In: Karl H. Hör-ning und Julia Reuter (Hg.): *Doing Culture.* Bielefeld: transcript 2015, 9–16. doi:10.14361/9783839402436-001.

Hörning, Karl H. und Julia Reuter: *Doing Culture. Neue Positionen zum Verhältnis von Kultur und sozialer Praxis.* Bielefeld: transcript 2015.

Huxley, Aldous: *Music at Night and Other Essays, Including Vulgarity in Literature.* London: Chatto & Windus 1943.

International Monetary Fund: IMF Country Information. http://www.imf.org/en/Countries. Zuletzt aufgerufen am 12. Dezember 2017.

Jacobi, Ursula, Veronika Lullies und Friedrich Weltz: Alternative Arbeitsgestaltung im Büro. In: Christina Meyn, Gerd Peter, Uwe Dechmann, Arno Georg und Olaf Katenkamp (Hg.): *Arbeitssituationsanalyse. Bd. 2: Praxisbeispiele und Metho-den.* Wiesbaden: VS Verlag für Sozialwissenschaften 2011, 195–216. doi:10.1007/978-3-531-93142-5_12.

Jacobs, Emma: The Case of the Vanishing Secretary. *Financial Times* (26.3.2015). https://www.ft.com/content/9420a7b0-d159-11e4-98a4-00144feab7de. Zuletzt auf-gerufen am 18. November 2018.

Jacobsen, Annie: *Operation Paperclip. The Secret Intelligence Program to Bring Nazi Scientists to America.* New York: Little, Brown and Company 2014.

Jaenicke, Lothar: Birgit Vennesland. *BIOspektrum* 8/1 (2002), 53–54.

Jahn, Ilse: Die Ehefrau in der Biographie des Gelehrten. In: Christoph Meinel und Monika Renneberg (Hg.): *Geschlechterverhältnisse in Medizin, Naturwissenschaft und Technik.* Bassum: Verlag für Geschichte der Naturwissenschaften und der Technik 1996, 110–116.

Jahrbuch der Göttinger Akademie der Wissenschaften. Berlin: De Gruyter 2009.

Jansen, Wolfgang: *Glanzrevuen der zwanziger Jahre.* Berlin: Edition Hentrich 1987.

Jentsch, Volker, Helmut Kopka und Arndt Wülfing: Ideologie und Funktion der Max-Planck-Gesellschaft. *Blätter für deutsche und internationale Politik* 17/5 (1972), 476–503.

Jha, Alok: Letters Reveal Relative Truth of Einstein's Family Life. Documents Show 20th Century Giant Was Generous, Affectionate and Adulterous. *The Guardian* (11.6.2006).

Johnson, Jeffrey A.: Frauen in der deutschen Chemieindustrie. Von den Anfängen bis 1945. In: Renate Tobies (Hg.): *Aller Männerkultur zum Trotz.* Frankfurt am Main: Campus 2008, 283–306.

Johnston, Daniel St. und Christiane Nüsslein-Volhard: The origin of pattern and polarity in the Drosophila embryo. *Cell* 68/2 (1992), 201–219. doi:10.1016/0092-8674(92)90466-P.

Jones, Claudia: International Woman's Day and the Struggles for Peace. *Political Affairs* (3.1950), 11.

Jones, Claudia: We Seek Full Equality for Women. *The Daily Worker* (4.9.1949), 11.

Jungk, Robert: *Heller als tausend Sonnen. Das Schicksal der Atomforscher.* Neuauflage. Hamburg: Rowohlt 2020.

Jüngling, Christiane: Geschlechterpolitik in Organisationen. Machtspiele um Chancengleichheit bei ungleichen Bedingungen und männlichen Spielregeln. In: Gertraude Krell und Margit Osterloh (Hg.): *Personalpolitik aus der Sicht von Frauen – Frauen aus der Sicht der Personalpolitik. Was kann die Personalforschung von der Frauenforschung lernen?* Sonderband. München: Rainer Hampp Verlag 1992, 173–205.

Kalinte, Margot: Die Frau als Doppelverdienerin. *Die Zeit* 51 (21.12.1950).

Kanigel, Robert: *The One Best Way. Frederick Winslow Taylor and the Enigma of Efficiency.* Cambridge, MA: MIT Press 2005.

Kant, Horst und Jürgen Renn: *Eine utopische Episode. Carl Friedrich von Weizsäcker in den Netzwerken der Max-Planck-Gesellschaft.* Preprint/Max-Planck-Institut für Wissenschaftsgeschichte 441. Berlin: Max-Planck-Institut für Wissenschaftsgeschichte 2013.

Karlson, Peter: *Adolf Butenandt. Biochemiker, Hormonforscher, Wissenschaftspolitiker.* Stuttgart: Wissenschaftliche Verlagsgesellschaft 1990.

Karplus, Margarete: *Ueber die Einwirkung von Calciumhydrid auf Ketone.* Dissertation. Berlin: Berliner Universität 1925.

Kästner, Erich: *Herz auf Taille.* Berlin: Cecilie Dressler Verlag 1956.

Kätzel, Ute: *Die 68erinnen: Porträt einer rebellischen Frauengeneration.* Berlin: Rowohlt Berlin 2002.

Kaufmann, Doris: *Konrad Lorenz. Scientific persona, »Harnack-Pläncker« und Wissenschaftsstar in der Zeit des Kalten Krieges bis in die frühen 1970er Jahre.* Berlin: GMPG-Preprint 2018.

Keiser, Vera (Hg.): *Radiochemie, Fleiß und Intuition. Neue Forschungen zu Otto Hahn.* Originalausgabe. Diepholz; Berlin: GNT-Verlag 2018.

Kellaway, Lucy: How the Computer Changed the Office Forever. *BBC News Magazine* (1.8.2013). https://www.bbc.com/news/magazine-23509153. Zuletzt aufgerufen am 13. August 2019.

Kerner, Charlotte: *Lise, Atomphysikerin. Die Lebensgeschichte der Lise Meitner.* Weinheim: Beltz & Gelberg 1995.

Kerner, Charlotte: (Hg.): *Madame Curie und ihre Schwestern. Frauen, die den Nobelpreis bekamen.* Weinheim: Beltz & Gelberg 1997.

Kieven, Elisabeth (Hg.): *100 Jahre Bibliotheca Hertziana. Der Palazzo Zuccari und die Institutsgebäude 1590–2013.* Bd. 2. München: Hirmer 2013.

Kiewitz, Susanne: Max-Planck-Institut für Zellphysiologie Berlin. In: Peter Gruss und Reinhard Rürup (Hg.): *Denkorte. Max-Planck-Gesellschaft und Kaiser-Wilhelm-Gesellschaft. Brüche und Kontinuitäten 1911–2011.* Dresden: Sandstein 2010, 242–251.

Kilian, Benjamin, Helmut Knüpffer und Karl Hammer: Elisabeth Schiemann (1881–1972): A Pioneer of Crop Plant Research, with Special Reference to Cereal Phylogeny. *Genetic Resources and Crop Evolution* 61/1 (2014), 89–106. doi:10.1007/s10722-013-0017-x.

Kinas, Sven: *Adolf Butenandt (1903–1995) und seine Schule.* Herausgegeben von Archiv der Max-Planck-Gesellschaft. Berlin: Archiv der Max-Planck-Gesellschaft 2004.

Kinas, Sven: Elisabeth Schiemann und die »Säuberung« der Berliner Universität 1933 bis 1945. In: Reiner Nürnberg, Ekkehard Höxtermann und Martina Voigt (Hg.): *Elisabeth Schiemann 1881–1972. Vom AufBruch der Genetik und der Frauen in den UmBrüchen des 20. Jahrhunderts.* Rangsdorf: Basilisken-Presse 2014, 342–370.

Kintzinger, Martin, Wolfgang Eric Wagner und Julia Crispin (Hg.): *Universität – Reform. Ein Spannungsverhältnis von langer Dauer (12.–21. Jahrhundert).* Basel: Schwabe 2018.

Kipphoff, Petra: Die restlos ausgewertete Frau. *Die Zeit* 40 (30.9.1966).

Kittler, Friedrich A.: *Die Wahrheit der technischen Welt. Essays zur Genealogie der Gegenwart.* Herausgegeben von Hans Ulrich Gumbrecht. Berlin: Suhrkamp 2013.

Kittler, Friedrich A.: *Grammophon, Film, Typewriter.* Berlin: Brinkmann & Bose 1986.

Klatzo, Igor: *Cécile and Oskar Vogt: The Visionaries of Modern Neuroscience.* Wien: Springer 2002.

Klee, Ernst: *Auschwitz, die NS-Medizin und ihre Opfer.* 6. Auflage. Frankfurt am Main: Fischer 2015.

Klee, Ernst: *Das Personenlexikon zum Dritten Reich. Wer war was vor und nach 1945.* Aktualisierte Ausgabe. Frankfurt am Main: Fischer 2005.

Klein, Barbara: *Vom Sekretariat zum Office-Management. Geschichte – Gegenwart – Zukunft.* Wiesbaden: Deutscher Universitäts-Verlag 1996.

Klein, Christa: *Elite und Krise. Expansion und »Selbstbehauptung« der Philosophischen Fakultät Freiburg 1945–1967.* Stuttgart: Setiner 2020.

Kleinen, Karin: »Frauenstudium« in der Nachkriegszeit (1945–1950). Die Diskussion in der britischen Besatzungszone. In: Deutsche Gesellschaft für Erziehungswissenschaft (Hg.): *Jahrbuch für Historische Bildungsforschung.* Bd. 2. Weinheim: Juventa 1995, 281–300.

Knake, Else: Das Wesen der Krebskrankheit, ihre Ursachen und die Möglichkeit ihrer Behandlung. *Mitteilungen aus der Max-Planck-Gesellschaft zur Förderung der Wissenschaften.* Bd. 3. München 1954, 148–150.

Knake, Else: Die Behandlung der Lebererkrankungen mit Insulin und Traubenzucker unter Berücksichtigung des Kindesalters. *Zeitschrift für Kinderheilkunde* 47 (1929), 503–516.

Knake, Else: Erinnerungen an Sauerbruch. *Ärztliche Mitteilungen* 46/21 (1961), 1235–1238.

Knake, Else: Über das Verhältnis von Epithel und Bindegewebe (Untersuchungen an Gewebekulturen aus dem Nachlaß von Prof. Katzenstein). *Münchener medizinische Wochenschrift* 80 (1933), 382–383.

Knake, Else: Über Spontantumoren bei Ratten und Mäusen und den Einfluß der Kastration auf ihre Entstehung. *Zeitschrift für Krebsforschung* 54 (1944), 237–253.

Knake, Else: Über Transplantation von Lebergewebe. *Virchows Archiv* 319 (1950), 321–330.

Knake, Else: Über Transplantation von Milzgewebe. *Virchows Archiv* 321 (1952), 508–516.

Knake, Else und Heribert Peter: Fortgesetzte Untersuchungen über die Wirkung von oligomer gelöster Kieselsäure auf Gewebekulturen. In: Gerhard Reichel, Wolfgang T. Ulmer und Franz Hertle (Hg.): *Untersuchungen über die Störung der Lungenfunktion bei obstruktivem Lungenemphysem und bei Silikosen verschiedener Schweregrade.* Bd. 68. Bochum: Bergbau-Berufsgenossenschaft 1960, 3–36, 39–49.

Knake, Else, Heribert Peter und Wolfgang Müller-Ruchholtz: Über die Wirkung von oligomer gelöster Kieselsäure auf Gewebekulturen. In: Willi Schwarz (Hg.): *Elektronenmikroskopische Untersuchungen an Fibrillen und Kittsubstanzen normaler und silikotischer Lungen.* Bd. 63. Bochum: Bergbau-Berufsgenossenschaft 1959, 37–66.

Knoke, Mareike: »Der Schatten ist kalkuliert«. *DUZ Magazin für Wissenschaft und Gesellschaft* 7 (2021), 12–14

Knorr-Cetina, Karin: Das naturwissenschaftliche Labor als Ort der »Verdichtung« von Gesellschaft. *Zeitschrift für Soziologie* 17/2 (1988), 85–101.

Knorr-Cetina, Karin: *Die Fabrikation von Erkenntnis. Zur Anthropologie der Naturwissenschaft.* Frankfurt am Main: Suhrkamp 1984.

Koch, Anette: Die weiblichen Angestellten in der Weimarer Republik. In: Helmut Gold und Annette Koch (Hg.): *Fräulein vom Amt.* München: Prestel 1993, 163–175.

Koch, Verena: *Interaktionsarbeit bei produktbegleitenden Dienstleistungen. Am Beispiel des technischen Services im Maschinenbau.* Wiesbaden: Gabler 2010.

Kocka, Jürgen: *Angestellte zwischen Faschismus und Demokratie: Zur politischen Sozialgeschichte der Angestellten, USA 1890–1940 im internationalen Vergleich.* Göttingen: Vandenhoeck und Ruprecht 1977.

Kocka, Jürgen: Bemerkungen im Anschluss an das Referat von Dietrich Harth. In: Hartmut Eggert, Ulrich Profitlich und Klaus R. Scherpe (Hg.): *Geschichte als Literatur: Formen und Grenzen der Repräsentation von Vergangenheit.* Stuttgart: J. B. Metzler 1990, 24–28. doi:10.1007/978-3-476-03341-3_3.

Kocka, Jürgen: Vorindustrielle Faktoren in der deutschen Industrialisierung: Industriebürokratie und »neuer Mittelstand«. In: Michael Stürmer (Hg.): *Das kaiserliche Deutschland: Politik und Gesellschaft 1870–1918.* Düsseldorf: Droste 1970, 265–286.

Kocka, Jürgen, Carsten Reinhardt, Jürgen Renn und Florian Schmaltz (Hg.): *Die Max-Planck-Gesellschaft. Wissenschafts- und Zeitgeschichte 1945–2005.* Bd. 1. Göttingen: Vandenhoeck & Ruprecht 2023

Köhler, Ingo: *Die »Arisierung« der Privatbanken im Dritten Reich: Verdrängung, Ausschaltung und die Frage der Wiedergutmachung.* München: Beck 2005.

Kohlrausch, Bettina und Aline Zucco: *Die Corona-Krise trifft Frauen doppelt. Weniger Erwerbseinkommen und mehr Sorgearbeit.* Policy-Brief WSI, Nr. 40. Düsseldorf: Wirtschafts- und Sozialwissenschaftliches Institut 2020, 14.

Kolboske, Birgit: G. Gleichstellung. In: Birgit Kolboske et al. (Hg.): *Wissen Macht Geschlecht. Ein ABC der transnationalen Zeitgeschichte*. Berlin: Edition Open Access 2016, 33–40.

Kolboske, Birgit: *Guerillaliteratur – Genre und Gender: Über Gattung und Geschlechterverhältnis in der Literatur des lateinamerikanischen Widerstandes*. Berlin: epubli 2015.

Kolboske, Birgit und Juliane Scholz: Spannungsfelder kooperativer Wissensarbeit: Hierarchien, Arbeitskultur und Gleichstellung in der MPG. In: Jürgen Kocka et al. (Hg.): *Die Max-Planck-Gesellschaft. Wissenschafts- und Zeitgeschichte 1945–2005*. Bd. 1. Göttingen: Vandenhoeck & Ruprecht 2023.

Kolboske, Birgit und Ulla Weber: Fünfzig Jahre weiter? Kämpfe und Errungenschaften der Frauenbewegung nach 1968. Eine Einführung. In: Ulla Weber und Birgit Kolboske (Hg.): *50 Jahre später – 50 Jahre weiter? Kämpfe und Errungenschaften der Frauenbewegung nach 1968. Eine Bilanz*. München: Max-Planck-Gesellschaft 2019, 8–19.

Kolinsky, Eva: *Women in West Germany. Life, Work, and Politics*. New York: Berg 1989.

König, Mario, Hannes Siegrist und Rudolf Vetterli: *Warten und Aufrücken. Die Angestellten in der Schweiz, 1870–1950*. Zürich: Chronos 1985.

Koppetsch, Cornelia und Günter Burkart: *Die Illusion der Emanzipation. Zur Wirksamkeit latenter Geschlechtsnormen im Milieuvergleich*. Köln: Herbert von Halem Verlag 1999.

Korbik, Julia: Fleiß und Disziplin: So sah Simone de Beauvoirs Tagesablauf aus. *Oh Simone!*, 18.2.2016. https://eaudebeauvoir.com/2016/02/18/fleiss-und-disziplin-so-sah-simone-de-beauvoirs-tagesablauf-aus/. Zuletzt aufgerufen am 8. März 2018.

Koreuber, Mechthild (Hg.): *30 Jahre Frauenbeauftragte an der Freien Universität Berlin*. Wissenschaftlerinnen-Rundbrief, 2. Berlin: Zentrale Frauenbeauftragte der Freien Universität Berlin 2017. http://www.fu-berlin.de/sites/frauenbeauftragte/media/WRB_022017_Webversion.pdf. Zuletzt aufgerufen am 6. März 2018.

Körner, Torsten: Die Unbeugsamen. Dokumentarfilm. 100 min. Majestic 8.2021. https://www.dieunbeugsamen-film.de. Zuletzt aufgerufen am 24. September 2021.

Kracauer, Siegfried: *Die Angestellten. Aus dem neuesten Deutschland*. 15. Auflage. Frankfurt am Main: Suhrkamp 2017.

Krafft, Fritz: Ein frühes Beispiel interdisziplinärer Teamarbeit. Zur Entdeckung der Kernspaltung durch Hahn, Meitner und Straßmann. *Physikalische Blätter* 36/4 (1980), 85–89, Nr. 5.

Krafft, Fritz: *Im Schatten der Sensation. Leben und Wirken von Fritz Straßmann*. Weinheim: Verlag Chemie 1981.

Kraft, Alison und Carola Sachse: *Science, (Anti-)Communism and Diplomacy. The Pugwash Conferences on Science and World Affairs in the Early Cold War*. Leiden: Brill 2020.

Krahnke, Holger: *Die Mitglieder der Akademie der Wissenschaften zu Göttingen 1751–2001*. Bd. 246. Göttingen: Vandenhoeck & Ruprecht 2001.

Krais, Beate: Das soziale Feld Wissenschaft und die Geschlechterverhältnisse. Theoretische Sondierungen. In: Beate Krais (Hg.): *Wissenschaftskultur und Geschlechterordnung. Über die verborgenen Mechanismen männlicher Dominanz in der akademischen Welt*. Frankfurt am Main: Campus 2000, 31–54.

Krais, Beate: Wissenschaft als Lebensform. Die alltagspraktische Seite akademischer Karrieren. In: Yvonne Haffner und Beate Krais (Hg.): *Arbeit als Lebensform? Beruflicher Erfolg, private Lebensführung und Chancengleichheit in akademischen Berufsfeldern.* Frankfurt am Main: Campus 2008, 177–211.

Krais, Beate (Hg.): *Wissenschaftskultur und Geschlechterordnung. Über die verborgenen Mechanismen männlicher Dominanz in der akademischen Welt.* Frankfurt am Main: Campus 2000.

Krais, Beate und Tanja Krumpeter: Wissenschaftskultur und weibliche Karrieren. *MPG-Spiegel* 3 (1997), 31–35.

Krais, Beate und Tanja Krumpeter: *Wissenschaftskultur und weibliche Karrieren. Zur Unterrepräsentanz von Wissenschaftlerinnen in der Max-Planck-Gesellschaft.* Projektbericht. Berlin 1997.

Krebs, Hans: Otto Warburg. Biochemiker, Zellphysiologe, Mediziner. In: Generalverwaltung der Max-Planck-Gesellschaft zur Förderung der Wissenschaften (Hg.): *Max-Planck-Gesellschaft Jahrbuch 1978.* Göttingen: Vandenhoeck & Ruprecht 1978, 79–96.

Krebs, Hans Adolf: *Otto Warburg. Zellphysiologe, Biochemiker, Mediziner: 1993–1970.* Stuttgart: Wissenschaftlche Buchgesellschaft 1979.

Krücken, Georg, Katharina Kloke und Albrecht Blümel: Alternative Wege an die Spitze? Karrierechancen von Frauen im administrativen Hochschulmanagement. In: Sandra Beaufaÿs, Anita Engels und Heike Kahlert (Hg.): *Einfach Spitze? Neue Geschlechterperspektiven auf Karrieren in der Wissenschaft.* Frankfurt am Main: Campus 2012, 118–141.

Kubicki, Karol und Siegward Lönnendonker (Hg.): *50 Jahre Freie Universität Berlin (1948–1998) aus der Sicht von Zeitzeugen.* Berlin: Zentrale Universitätsdruckerei 2002.

Kuhn, Richard: Hausser, Isolde. *Neue Deutsche Biographie.* Bd. 8. Berlin: Duncker & Humblot 1969, 127–128. https://www.deutsche-biographie.de/gnd119369885.html#ndbcontent. Zuletzt aufgerufen am 5. Januar 2021.

Kuhn, Thomas S.: *Die Struktur wissenschaftlicher Revolutionen.* Sonderausgabe zum 30jährigen Bestehen der Reihe Suhrkamp-Taschenbuch Wissenschaft. Frankfurt am Main: Suhrkamp 2003.

Küpper, Willi und Günther Ortmann (Hg.): *Mikropolitik. Rationalität, Macht und Spiele in Organisationen.* 2. Auflage. Opladen: Westdeutscher Verlag 1992.

Läge, Helga: *Die Industriefähigkeit der Frau. Ein Beitrag zur Beschäftigung der Frau in der Industrie.* Düsseldorf: Rechtsverlag 1962.

Laitko, Hubert: Persönlichkeitszentrierte Forschungsorganisation als Leitgedanke der Kaiser-Wilhelm-Gesellschaft: Reichweite und Grenzen, Ideale und Wirklichkeit. In: Bernhard vom Brocke und Hubert Laitko (Hg.): *Die Kaiser-Wilhelm-/Max-Planck-Gesellschaft und ihre Institute. Studien zu ihrer Geschichte: Das Harnack-Prinzip.* Berlin: De Gruyter 1996, 583–632.

Lalanne, Marie und Paul Seabright: *The Old Boy Network. Gender Differences in the Impact of Social Networks on Remuneration in Top Executive Jobs.* SSRN Scholarly Paper, 1952484. Rochester, NY: Social Science Research Network 2011. https://papers.ssrn.com/abstract=1952484. Zuletzt aufgerufen am 20. März 2018.

Landecker, Hannah: *Culturing Life. How Cells Became Technologies.* Cambridge, MA: Harvard University Press 2009.

Lange, Helene: *Entwicklung und Stand des höheren Mädchenschulwesens in Deutschland*. Berlin: R. Gärtners Verlagsbuchhandlung Hermann Heyfelder 1893.

Latour, Bruno: Visualisation and Cognition: Drawing Things Together. In: Henrika Kuklick (Hg.): *Knowledge and Society Studies in the Sociology of Culture Past and Present*. Greenwich, CT: JAI Press 1986, 1–40.

Lax, Gregor: *Wissenschaft zwischen Planung, Aufgabenteilung und Kooperation. Zum Aufstieg der Erdsystemforschung in der MPG, 1968–2000*. Berlin: GMPG-Preprint 2020.

Lederer, Bernd: *Kompetenz oder Bildung. Eine Analyse jüngerer Konnotationsverschiebungen des Bildungsbegriffs und Plädoyer für eine Rück- und Neubesinnung auf ein transinstrumentelles Bildungsverständnis*. Innsbruck: Innsbruck University Press 2014.

Leendertz, Ariane: *Die pragmatische Wende. Die Max-Planck-Gesellschaft und die Sozialwissenschaften 1975–1985*. Göttingen: Vandenhoeck & Ruprecht 2010.

Leendertz, Ariane: Ein gescheitertes Experiment. Carl Friedrich von Weizsäcker, Jürgen Habermas und die Max-Planck-Gesellschaft. In: Klaus Hentschel und Dieter Hoffmann (Hg.): *Carl Friedrich von Weizsäcker. Physik – Philosophie – Friedensforschung*. Stuttgart: Wissenschaftliche Verlagsgesellschaft 2014, 243–262.

Leendertz, Ariane und Uwe Schimank (Hg.): *Ordnung und Fragilität des Sozialen. Renate Mayntz im Gespräch*. Frankfurt am Main: Campus 2019.

Leffingwell, William Henry: *Office Management – Principles and Practice*. London: A. W. Shaw Company 1925.

Legout, Sandra: La famille pasteurienne en observation: histoire et mémoire. *Histoire, économie et société* 20/3 (2001), 339–354. doi:10.3406/hes.2001.2230.

Lehmann, Silvia: Frauen an den Hochschulen in der Bundesrepublik Deutschland in den 1950er und 1960er Jahren. In: Susan Richter (Hg.): *Wissenschaft als weiblicher Beruf? Die ersten Frauen in Forschung und Lehre an der Universität Heidelberg*. Heidelberg: Universitätsmuseum 2016, 31–37.

Leitner, Andrea: *Frauenförderung im Wandel. Gender Mainstreaming in der österreichischen Arbeitsmarktpolitik*. Frankfurt am Main: Campus 2007.

Leitner, Andrea: Vom Sex Counting zu Gleichstellungsindikatoren. Indikatoren und Zielsetzungen in der Gleichstellungspolitik. PPT, Wien, 20.5.2010.

Leitner, Andrea und Christa Walenta: Gleichstellungsindikatoren im Gender Mainstreaming. In: Andrea Leitner et al.: *Qualitätsentwicklung Gender Mainstreaming. Indikatoren*. Wien 2007, 12–54.

Lemmerich, Jost (Hg.): *Bande der Freundschaft: Lise Meitner – Elisabeth Schiemann. Kommentierter Briefwechsel 1911–1947*. Wien: Verlag der österreichischen Akademie der Wissenschaften 2010.

Lemmerich, Jost: Der Briefwechsel mit Lise Meitner. Eine wichtige Quelle zur Biographie Elisabeth Schiemanns. In: Reiner Nürnberg, Ekkehard Höxtermann und Martina Voigt (Hg.): *Elisabeth Schiemann 1881–1972. Vom AufBruch der Genetik und der Frauen in den UmBrüchen des 20. Jahrhunderts*. Rangsdorf: Basilisken-Presse 2014, 370–389.

Lessing, Doris: *Under My Skin. Volume One of My Autobiography, to 1949*. London: William Collins 2014.

Lewis, Jeffrey: Kalter Krieg in der Max-Planck-Gesellschaft. Göttingen und Tübingen – eine Vereinigung mit Hindernissen, 1948–1949. In: Wolfgang Schieder und Achim Trunk (Hg.): *Adolf Butenandt und die Kaiser-Wilhelm-Gesellschaft. Wissenschaft, Industrie und Politik im »Dritten Reich«*. Göttingen: Wallstein 2004, 403–443.

Liebler, Elisabeth: Stenografie als mentaler Hochleistungssport. *Neue Stenografische Praxis* 56/4 (2007), 97–115.

Light, Jennifer S.: When Computers Were Women. *Technology and Culture* 40/3 (1999), 455–483.

Lind, Inken: Gender Mainstreaming – neue Optionen für Wissenschaftlerinnen? In: Hildegard Matthies, Ellen Kuhlmann, Maria Oppen und Dagmar Simon (Hg.): *Gleichstellung in der Forschung. Organisationspraktiken und politische Strategien*. Berlin: edition sigma 2003, 173–188.

Lindsay, Denise: Geschichte der CDU. 20. März 1985. 33. Bundesparteitag der CDU in Essen. *Konrad-Adenauer-Stiftung*. http://www.kas.de/wf/de/191.552/. Zuletzt aufgerufen am 27. Februar 2018.

Link, Jürgen: *Elementare Literatur und generative Diskursanalyse*. München: Wilhelm Fink Verlag 1983.

Link, Jürgen: *Versuch über den Normalismus. Wie Normalität produziert wird*. 5. Auflage. Göttingen: Vandenhoeck & Ruprecht 2013.

Löhrer, Gudrun: Arbeiten. In: Netzwerk »Körper in den Kulturwissenschaften« (Hg.): *What Can a Body Do? Praktiken und Figurationen des Körpers in den Kulturwissenschaften*. Frankfurt am Main: Campus 2012, 16–29.

Longour, Michéle: J'avais 20 ans en 1940. 2010. https://www.reussirmavie.net/Anne-Marie-Staub-elle-se-souvient-de-1940_a943.html. Zuletzt aufgerufen am 11. Januar 2021.

Lorentz, Ellen: *Aufbruch oder Rückschritt? Arbeit, Alltag und Organisation weiblicher Angestellter in der Kaiserzeit und Weimarer Republik*. Bielefeld: B. Kleine 1988.

Lorenz, Charlotte: *Entwicklung und Lage der weiblichen Lehrkräfte an den wissenschaftlichen Hochschulen Deutschlands*. Herausgegeben von Deutscher Akademikerinnenbund. Berlin: Duncker & Humblot 1953.

Lorenz, Charlotte: Frauen im Hochschullehramt. Ihr Anteil am Lehrkörper der wissenschaftlichen Hochschulen. *Deutsche Universitätszeitung*. Herausgegeben von Deutscher Akademikerinnenbund 8/9 (1953), 8–10.

Lorenz, Konrad: *Er redete mit dem Vieh, den Vögeln und den Fischen*. 46. Auflage. München: dtv 2014.

Lüderitz, Otto, Anne-Marie Staub und Otto Westphal: Immunochemistry of O and R Antigens of Salmonella and Related Enterobacteriaceae. *Bacteriological Reviews* 30/1 (1966), 192–255.

Lundgreen, Peter: *Das Personal an den Hochschulen in der Bundesrepublik Deutschland 1953–2005*. Herausgegeben von Deutsche Forschungsgemeinschaft. Göttingen: Vandenhoeck & Ruprecht 2009.

Lüst, Rhea: *Die Wunderwelt der Sterne. Astronomie verständlich gemacht*. München: Piper 1990.

Lüst, Rhea: *Temperatur und Elektronendruck in den Atmosphären von S Sagittae und T Vulpeculae*. Dissertation. Göttingen: Göttingen Math.-Naturwiss. Fakultät 1954.

Lutz, Burkart: *Der kurze Traum immerwährender Prosperität. Eine Neuinterpretation der industriell-kapitalistischen Entwicklung im Europa des 20. Jahrhunderts*. Frankfurt am Main: Campus 1989.

Lynn, Denise: Socialist Feminism and Triple Oppression: Claudia Jones and African American Women in American Communism. *Journal for the Study of Radicalism* 8/2 (2014), 1–20. doi:10.14321/jstudradi.8.2.0001.

MacKinnon, Catherine A.: Feminism, Marxism, Method, and the State: An Agenda for Theory. *Signs* 7/3 (1982), 515–544.

Macrakis, Kristie: *Surviving the Swastika. Scientific Research in Nazi Germany*. New York: Oxford University Press 1993.

Mahalwar, Prateek, Brigitte Walderich, Ajeet Pratap Singh und Christiane Nüsslein-Volhard: Local Reorganization of Xanthophores Fine-Tunes and Colors the Striped Pattern of Zebrafish. *Science* 345/6202 (2014), 1362–1364. doi:10.1126/science.1254837.

Maier, Anneliese: *An der Grenze von Scholastik und Naturwissenschaft*. Bd. 3. Rom: Edizioni di Storia e Letteratura 1952.

Maier, Anneliese: *Der letzte Katalog der päpstlichen Bibliothek von Avignon (1594)*. Rom: Edizioni di Storia e Letteratura 1952.

Maier, Anneliese: *Die Vorläufer Galileis im 14. Jahrhundert*. Bd. 1. Rom: Edizioni di Storia e Letteratura 1949.

Maier, Anneliese: *Metaphysische Hintergründe der spätscholastischen Naturphilosophie*. Bd. 4. Rom: Edizioni di Storia e Letteratura 1955.

Maier, Anneliese: *Zwei Grundprobleme der scholastischen Naturphilosophie*. Bd. 2. Rom: Edizioni di Storia e Letteratura 1951.

Maier, Anneliese: *Zwischen Philosophie und Mechanik*. Bd. 5. Rom: Edizioni di Storia e Letteratura 1958.

Maier, Heinrich: *Philosophie der Wirklichkeit*. 3 Bände. Tübingen: Mohr 1926–1935.

Maier, Helmut: *Forschung als Waffe. Rüstungsforschung in der Kaiser-Wilhelm-Gesellschaft und das Kaiser-Wilhelm-Institut für Metallforschung 1900–1945/48*. Göttingen: Wallstein 2007.

Maier, Helmut (Hg.): *Rüstungsforschung im Nationalsozialismus. Organisation, Mobilisierung und Entgrenzung der Technikwissenschaften*. Göttingen: Wallstein 2002.

Majica, Marin: Der Mann, der flog und dafür ins Gefängnis kam. *Berliner Zeitung* (2.4.2004).

Mandel, Lois: The Computer Girls. *Cosmopolitan* 4 (1967), 52–54.

Mangold, Anna Katharina: Von Homogenität zu Vielfalt. Die Entstehung von Antidiskriminierungsrecht als eigenständigem Rechtsgebiet in der Berliner Republik. In: Thomas Duve und Stefan Ruppert (Hg.): *Rechtswissenschaft in der Berliner Republik*. Berlin: Suhrkamp 2018, 461–503.

Margolin, Leslie: Gifted Education and the Matthew Effect. In: Arne Böker und Kenneth Horvath (Hg.): *Begabung und Gesellschaft. Sozialwissenschaftliche Perspektiven auf Begabung und Begabtenförderung*. Wiesbaden: Springer VS 2018, 165–182.

Martin, Michael, Heiner Fangerau und Axel Karenberg: Die zwei Lebensläufe des Klaus Joachim Zülch (1910–1988). *Der Nervenarzt* 91/S1 (2020), 61–70. doi:10.1007/s00115-019-00819-6.

Mattfeldt, Harald: Doppelverdienertum und Ehestandsdarlehen. In: Monika von Bergen (Hg.): *Karriere oder Kochtopf? Frauen zwischen Beruf und Familie*. Wiesbaden: VS Verlag für Sozialwissenschaften 1984, 42–57. doi:10.1007/978-3-322-89400-7_3.

Matthies, Hildegard, Ellen Kuhlmann, Maria Oppen und Dagmar Simon: *Karrieren und Barrieren im Wissenschaftsbetrieb. Geschlechterdifferente Teilhabechancen in ausseruniversitären Forschungseinrichtungen.* Herausgegeben von Wissenschaftszentrum Berlin für Sozialforschung. Berlin: edition sigma 2001.

Matthies, Hildegard, Ellen Kuhlmann, Maria Oppen und Dagmar Simon (Hg.): *Gleichstellung in der Forschung. Organisationspraktiken und politische Strategien.* Berlin: edition sigma 2003.

Maul, Bärbel: *Akademikerinnen in der Nachkriegszeit. Ein Vergleich zwischen der Bundesrepublik Deutschland und der DDR.* Frankfurt am Main: Campus 2002.

Maushart, Marie-Ann: *»Um mich nicht zu vergessen«. Hertha Sponer – ein Frauenleben für die Physik im 20. Jahrhundert.* Bassum: Verlag für Geschichte der Naturwissenschaften und der Technik 1997.

Max-Planck-Gesellschaft zur Förderung der Wissenschaften (Hg.): Angenommene Rufe. *MPG-Spiegel* 2 (1985), 40.

Max-Planck-Gesellschaft zur Förderung der Wissenschaften (Hg.): Angenommene Rufe: Christiane Nüsslein-Volhard. *MPG-Spiegel* 2 (1985), 41.

Max-Planck-Gesellschaft zur Förderung der Wissenschaften (Hg.): »Dem Anwenden muss das Erkennen vorausgehen.«. Ein Porträt der Max-Planck-Gesellschaft. https://www.mpg.de/kurzportrait. Zuletzt aufgerufen am 5.10.2021.

Max-Planck-Gesellschaft zur Förderung der Wissenschaften (Hg.): *Chancengleichheit in der Max-Planck-Gesellschaft. Frauen für die Wissenschaft.* München 2014.

Max-Planck-Gesellschaft zur Förderung der Wissenschaften (Hg.): Christiane Nüsslein-Volhard: Herrin der Fliegen. Christiane Nüsslein-Volhard, Nobelpreis für Medizin 1995. https://www.mpg.de/podcasts/echt-nobel. Zuletzt aufgerufen am 15. Januar 2021.

Max-Planck-Gesellschaft zur Förderung der Wissenschaften (Hg.): Die Max-Planck-Gesellschaft im Deutschen Wissenschaftssystem. Der Ansatz »Max Planck«. https://www.mpg.de/101286/MPG_Einfuhrung.pdf. Zuletzt aufgerufen am 10. Mai 2016.

Max-Planck-Gesellschaft zur Förderung der Wissenschaften (Hg.): Grenzgängerin zwischen Sozialwissenschaft und politischer Praxis. Renate Mayntz, Gründungsdirektorin des Kölner Max-Planck-Instituts für Gesellschaftsforschung, erhält in diesem Jahr den Innovationspreis des Landes Nordrhein-Westfalen für ihr Lebenswerk, 12.11.2010. https://www.mpg.de/599149/Innovationspreis_Renate_Mayntz. Zuletzt aufgerufen am 1. Februar 2021.

Max-Planck-Gesellschaft zur Förderung der Wissenschaften (Hg.): *Max-Planck-Gesellschaft in Zahlen und Daten/Facts and Figures 1994.* München 1994.

Max-Planck-Gesellschaft zur Förderung der Wissenschaften (Hg.): *Max-Planck-Gesellschaft in Zahlen und Daten/Facts and Figures 1995.* München 1995.

Max-Planck-Gesellschaft zur Förderung der Wissenschaften (Hg.): *Max-Planck-Gesellschaft in Zahlen und Daten/Facts and Figures 1996.* München 1996.

Max-Planck-Gesellschaft zur Förderung der Wissenschaften (Hg.): *Max-Planck-Gesellschaft in Zahlen und Daten/Facts and Figures 1997.* München 1997.

Max-Planck-Gesellschaft zur Förderung der Wissenschaften (Hg.): *Max-Planck-Gesellschaft in Zahlen und Daten/Facts and Figures 1998.* München 1998.

Max-Planck-Gesellschaft zur Förderung der Wissenschaften (Hg.): Mehr Frauen an die Spitze. *Max Planck Journal* 6 (12.2017), 1.

Max-Planck-Gesellschaft zur Förderung der Wissenschaften (Hg.): *MPG-Spiegel* 2 (1995).

Max-Planck-Gesellschaft zur Förderung der Wissenschaften (Hg.): Pakt für Forschung und Innovation. Die Initiativen der Max-Planck-Gesellschaft. Bericht zur Umsetzung im Jahr 2015. In: Gemeinsame Wissenschaftskonferenz (Hg.): Pakt für Forschung und Innovation Monitoring-Bericht 2016. Bonn: GWK 2016, 3–68.

Max-Planck-Gesellschaft zur Förderung der Wissenschaften (Hg.): Pakt für Forschung und Innovation. Die Initiativen der Max-Planck-Gesellschaft. Bericht zur Umsetzung im Jahr 2020. In: Gemeinsame Wissenschaftskonferenz (Hg.): *Pakt für Forschung und Innovation. Berichte der Wissenschaftsorganisationen. Bd. 3.* Bonn: Büro der Gemeinsamen Wissenschaftskonferenz 2021, 469–607.

Max-Planck-Gesellschaft zur Förderung der Wissenschaften (Hg.): *Satzung der Max-Planck-Gesellschaft zur Förderung der Wissenschaften e. V. – in der Fassung vom 28. September 2020*, 2020. https://www.mpg.de/199506/satzung.pdf. Zuletzt aufgerufen am 1. Januar 2021.

Max-Planck-Gesellschaft zur Förderung der Wissenschaften (Hg.): *Zahlenspiegel der Max-Planck-Gesellschaft 1974*, München 1974.

Max-Planck-Gesellschaft zur Förderung der Wissenschaften (Hg.): *Zahlenspiegel der Max-Planck-Gesellschaft 1989*, München 1989.

Max-Planck-Gesellschaft zur Förderung der Wissenschaften (Hg.): *Zahlenspiegel der Max-Planck-Gesellschaft 1992*. München 1992.

Max-Planck-Gesellschaft zur Förderung der Wissenschaften (Hg.): *Zahlenspiegel der Max-Planck-Gesellschaft 1993*. München 1993.

Max-Planck-Institut für Astrophysik: *50 Jahre MPA. Broschüre zum 50-jährigen Jubiläum des Max-Planck-Instituts für Astrophysik.* Jubiläumsausgabe. Garching 2008, 40.

Mayer, Karl Ulrich: Eher osmotisch als systematisch. *Gegenworte. Zeitschrift für den Disput über Wissen* 6 (2000), 30–33.

Mayer, Susanne: Die Herrin der Fliegen. *Die Zeit* 39 (19.9.1991).

Mayntz, Renate: *Die soziale Organisation des Industriebetriebes.* Stuttgart: Ferdinand Enke Verlag 1958.

Mayntz, Renate: *Die transnationale Ordnung globalisierter Finanzmärkte: Was lehrt uns die Krise?* MPIfG Working Paper 10/8. MPI für Gesellschaftsforschung 2010, 15. https://www.mpifg.de/pu/workpap/wp10-8.pdf. Zuletzt aufgerufen am 1. Februar 2021.

Mayntz, Renate: Eine sozialwissenschaftliche Karriere im Fächerspagat. In: Karl Martin Bolte und Friedhelm Neidhardt (Hg.): *Soziologie als Beruf. Erinnerungen westdeutscher Hochschulprofessoren der Nachkriegsgeneration.* Baden-Baden: Nomos 1998, 285–295.

Mayntz, Renate: Förderung und Unabhängigkeit der Grundlagenforschung im internationalen Vergleich. In: Max-Planck-Gesellschaft (Hg.): *Max-Planck-Gesellschaft Jahrbuch 1992.* Göttingen: Vandenhoeck & Ruprecht 1992, 108–126.

Mayntz, Renate: Mein Weg zur Soziologie. Rekonstruktion eines kontingenten Karrierepfades. In: Christian Fleck (Hg.): *Wege zur Soziologie nach 1945: Autobiographische Notizen.* Opladen: Leske + Budrich 1996, 225–235.

Mayntz, Renate: *Parteigruppen in der Großstadt: Untersuchungen in einem Berliner Kreisverband der CDU.* Bd. 16. Köln: Westdeutscher Verlag 1959.

Mayntz, Renate: *Soziale Schichtung und sozialer Wandel in einer Industriegemeinde. Eine soziologische Untersuchung der Stadt Euskirchen.* Stuttgart: Ferdinand Enke Verlag 1958.

Meermann, Horst: Frauenförderung in der MPG: Aus dem Bericht des Vorsitzenden des Wissenschaftlichen Rates. *MPG-Spiegel* 2 (1995), 18–19.

Meermann, Horst: Senatsbeschluß zu Grundsätzen der Frauenförderung. *MPG-Spiegel* 2 (1995), 19–20.

Meier, Friederike: Auch leise Worte sprengen Grenzen. *Frankfurter Rundschau* (11.8.2020), 26.

Meinel, Christoph und Monika Renneberg (Hg.): *Geschlechterverhältnisse in Medizin, Naturwissenschaft und Technik.* Bassum: Verlag für Geschichte der Naturwissenschaften und der Technik 1996.

Meinhardt, Hans: Modeling Pattern Formation in Hydra: A Route to Understanding Essential Steps in Development. *The International Journal of Developmental Biology* 56/6-7-8 (2012), 447–462. doi:10.1387/ijdb.113483hm.

Meiser, Inga: *Die Deutsche Forschungshochschule (1947–1953).* Berlin: Archiv der Max-Planck-Gesellschaft 2013.

Meitner, Lise und Otto Frisch: Disintegration of Uranium by Neutrons. A New Type of Nuclear Reaction. *Nature* 143/3615 (1939), 239–240. doi:10.1038/143239a0.

Menne, Claudia: Die wichtigsten Stationen der Gleichberechtigung. IV. Teil – Von den 68ern bis zur Wiedervereinigung. *Frau geht vor.* Herausgegeben von DGB, Info-Brief No. 3 (2011), 20–22.

Merton, Robert K.: Die normative Struktur der Wissenschaft. In: Robert K. Merton: *Entwicklung und Wandel von Forschungsinteressen. Aufsätze zur Wissenschaftssoziologie.* Frankfurt am Main: Suhrkamp 1985, 86–89.

Merton, Robert K.: Singletons and Multiples in Scientific Discovery. A Chapter in the Sociology of Science. *Proceedings of the American Philosophical Society* 105/5 (1961), 470–486.

Metz-Göckel, Sigrid, Christina Möller und Nicole Auferkorte-Michaelis: *Wissenschaft als Lebensform – Eltern unerwünscht? Kinderlosigkeit und Beschäftigungsverhältnisse des wissenschaftlichen Personals aller nordrhein-westfälischen Universitäten.* Opladen: Budrich 2009.

Metz-Göckel, Sigrid, Petra Selent und Ramona Schürmann: Integration und Selektion. Dem Dropout von Wissenschaftlerinnen auf der Spur. *Beiträge zur Hochschulforschung* 32 (2010), 8–35.

Meulenbelt, Anja: *De schaamte voorbij: Een persoonlijke geschiedenis.* Amsterdam: Van Gennep 1976.

Meulenbelt, Anja: *Scheidelinien. Über Sexismus, Rassismus und Klassismus.* Reinbek bei Hamburg: Rowohlt 1988.

Meyer, Bernhard: Für das Ideal sozialer Gerechtigkeit. Der »Verein sozialistischer Ärzte« 1913-1933. *Berlinische Monatsschrift.* Bd. 5. Berlin: Edition Luisenstadt 1996, 22–29.

Meyer, Julius und Josef Silbermann: Die Frau im Handel und Gewerbe. In: Gustav Dahms (Hg.): *Der Existenzkampf der Frau im modernen Leben. Seine Ziele und Aussichten.* Bd. 7. Berlin: Richard Taendler 1895, 247–283.

Meyer, Sibylle und Eva Schulze: *Wie wir das alles geschafft haben. Alleinstehende Frauen berichten über ihr Leben nach 1945.* Frankfurt am Main: Büchergilde Gutenberg 1986.

Millett, Kate: *Sexual Politics.* Urbana: University of Illinois Press 1970.

Minder, Robert A. und Michael Kernstock: *Freimaurer Politiker Lexikon*. Innsbruck: Studienverlag 2004.

Ministry of Research and Information Technology: *Women and Excellence in Research (The Hilden 11-Point Plan)*. Copenhagen: Statens Information 1997.

Mittelstraß, Jürgen: *Wissenschaft als Lebensform. Reden über philosophische Orientierungen in Wissenschaft und Universität*. Frankfurt am Main: Suhrkamp 1982.

M'Laughlin, Kathleen: Sidelines Stressed for Girl Chemists. *New York Times* (16.4.1939), 25.

Möhring, Maren: Working Girl Not Working. Liebe, Freizeit und Konsum in Italienfilmen der frühen Bundesrepublik. In: Sabine Biebl, Verena Mund und Heide Volkening (Hg.): *Working Girls. Zur Ökonomie von Liebe und Arbeit*. Berlin: Kulturverlag Kadmos 2007, 249–274.

Molthagen, Dietmar: *Das Ende der Bürgerlichkeit? Liverpooler und Hamburger Bürgerfamilien im Ersten Weltkrieg*. Göttingen: Wallstein 2007.

Morey, Bernard: *Le voyager egaré*. Paris: Éditions France-Empire 1981.

Muller, Joann: Johanna Quandt, Billionaire Matriarch of BMW Clan, Dies at 89. *Forbes*, 2015. https://www.forbes.com/sites/joannmuller/2015/08/05/johanna-quandt-billionaire-matriarch-of-bmw-clan-dies-at-89/#604880e66f20. Zuletzt aufgerufen am 11. März 2019.

Müller, Katja, Max Schultz, Theres Matthies und Léa Renard: *Projekt: Metamorphosen der Gleichheit II. Deutungsmodelle des Geschlechts am Beispiel berufsstatistischer Klassifikation, Verhandlungen und Gleichstellungspolitiken im deutsch-französischen Kontext (1945–2010)*. Arbeitspapier. Berlin 2015.

Münch, Richard: *Akademischer Kapitalismus. Zur politischen Ökonomie der Hochschulreform*. Berlin: Suhrkamp 2011.

Munz, Sonja: *Zur Beschäftigungssituation von Männern und Frauen in der Max-Planck-Gesellschaft. Eine empirische Bestandsaufnahme. Studie im Auftrag der Generalverwaltung und des Gesamtbetriebsrates der MPG*. München 1993.

Neumann, Lisa: Stellenwechsel. Erinnerungen an die alte Generalverwaltung der Max-Planck-Gesellschaft in Göttingen (1951/52). *Dahlemer Archivgespräche*. Bd. 13. Berlin: Archiv zur Geschichte der Max-Planck-Gesellschaft 2007, 237–254.

Nickelsens, Kärin: Ein bisher unbekanntes Zeitzeugnis: Otto Warburgs Tagebuchnotizen von Februar–April 1945. *NTM Zeitschrift für Geschichte der Wissenschaften, Technik und Medizin* 16/1 (2008), 103–115. doi:10.1007/s00048-007-0277-7.

Niedobitek, Christa, Fred Niedobitek und Eberhard Sauerteig: *Rhoda Erdmann – Else Knake. Naturwissenschaftliche Forschung in Zeiten von Krieg und Diktatur*. Lage: Jacobs Verlag 2017.

Niefanger, Dirk: Biographeme im deutschsprachigen Gegenwartsroman: (Herta Müller, Monika Maron, Uwe Timm). In: Peter Braun und Bernd Stiegler (Hg.): *Literatur als Lebensgeschichte*. Bielefeld: transcript 2012, 289–306. doi:10.14361/transcript.9783839420683.289.

Nienhaus, Ursula: *Berufsstand weiblich*. Berlin: Transit 1982.

Niethammer, Lutz: *Die Mitläuferfabrik. Die Entnazifizierung am Beispiel Bayerns*. Berlin: Karl Dietz Verlag 1982.

North, Klaus: *Wissensorientierte Unternehmensführung. Wertschöpfung durch Wissen*. 4. Auflage. Wiesbaden: Gabler 2005.

Nottmeier, Christian: *Adolf von Harnack und die deutsche Politik 1890–1930. Eine biographische Studie zum Verhältnis von Protestantismus, Wissenschaft und Politik.* 2. Auflage. Tübingen: Mohr Siebeck 2017.

Notz, Gisela: Mit scharrenden Füßen und Pfiffen begrüßt. 100 Jahre Frauenstudium in Deutschland. In: Bund Demokratischer Wissenschaftlerinnen und Wissenschaftler (Hg.): *Wissenschaft und Geschlecht: Erfolge, Herausforderungen und Perspektiven.* Darmstadt: BdWi-Verlag 2011, 8–11.

Nowotny, Helga: Gemischte Gefühle. Über die Schwierigkeiten des Umgangs von Frauen mit der Institution Wissenschaft. In: Karin Hausen und Helga Nowotny (Hg.): *Wie männlich ist die Wissenschaft?* Frankfurt am Main: Suhrkamp 1986, 17–30.

Nunner-Winkler, Gertrud: Förderung von Wissenschaftlerinnen in der MPG. Zu den Empfehlungen des Wissenschaftlichen Rats. *MPG-Spiegel* 4 (1991), 33–37.

Nürnberg, Reiner, Ekkehard Höxtermann und Martina Voigt (Hg.): *Elisabeth Schiemann 1881–1972: Vom AufBruch der Genetik und der Frauen in den UmBrüchen des 20. Jahrhunderts.* Rangsdorf: Basilisken-Presse 2014.

Nürnberg, Reiner, Margarete Maurer und Ekkehard Höxtermann: Mit Frauenkultur zur Anerkennung. Elisabeth Schiemanns Erfahrungen in den Naturwissenschaften nach dem Bruch mit Erwin Baur 1929. In: Reiner Nürnberg, Ekkehard Höxtermann und Martina Voigt (Hg.): *Elisabeth Schiemann 1881–1972. Vom AufBruch der Genetik und der Frauen in den UmBrüchen des 20. Jahrhunderts.* Rangsdorf: Basilisken-Presse 2014, 410–453.

Nüsslein-Volhard, Christiane: Biographical. In: Tore Frängsmyr (Hg.): *The Nobel Prizes 1995.* Stockholm: Nobel Foundation 1996.

Nüsslein-Volhard, Christiane: *Das Werden des Lebens. Wie Gene die Entwicklung steuern.* München: C. H. Beck 2004.

Nüsslein-Volhard, Christiane: *Die Schönheit der Tiere. Evolution biologischer Ästhetik.* Berlin: Matthes & Seitz 2017.

Nüsslein-Volhard, Christiane: »Ich halte Quoten für unwürdig«. Interview. *Süddeutsche Zeitung Magazin,* 10 (2018), 25–32.

Nüsslein-Volhard, Christiane: Kinderwunsch oder Wunschkinder. Zur Präimplantationsdiagnostik. *Emma* 5 (2002), 24–27.

Nüsslein-Volhard, Christiane: »Letzte Bastion der Ehrfurcht«. Die Tübinger Nobelpreisträgerin Christiane Nüsslein-Volhard über größenwahnsinnige Kollegen, Roben und Fanfaren bei der königlichen Zeremonie in Schweden und die Missachtung des Biologie-Unterrichts in Deutschland. *Der Spiegel* 41 (2001), 204–208.

Nüsslein-Volhard, Christiane: *Mein Kochbuch: Einfaches für besondere Anlässe.* Frankfurt am Main: Insel-Verlag 2007.

Nüsslein-Volhard, Christiane: Menschenzucht ist nicht machbar. *Der Tagesspiegel* (27.9.1999).

Nüsslein-Volhard, Christiane: Mut zur Macht: Frauen in Führungspositionen in der Wissenschaft. *Die Zeit* (23.5.2002).

Nüsslein-Volhard, Christiane: (Hg.): *Of Fish, Fly, Worm, and Man. Lessons from Developmental Biology for Human Gene Function and Disease.* New York: Springer 2000.

Nüsslein-Volhard, Christiane N.: The Bicoid Morphogen Papers (I): Account from CNV. *Cell* 116 (2004), S1–S5. doi:10.1016/S0092-8674(04)00055-8.

Nüsslein-Volhard, Christiane: The Zebrafish Issue of Development. *Development* 139/22 (2012), 4099–4103. doi:10.1242/dev.085217.

Nüsslein-Volhard, Christiane: *Vergleich der Nukleinsäuren der Bakteriophagen 0X 174 und fd mit der Methode der DNS-RNS-Hybridisierung.* Diplomarbeit, Tübingen 1969.

Nüsslein-Volhard, Christiane: *Von Genen und Embryonen.* Stuttgart: Reclam 2004.

Nüsslein-Volhard, Christiane: *Wann ist der Mensch ein Mensch? Embryologie und Genetik im 19. und 20. Jahrhundert.* Heidelberg: Müller 2003.

Nüsslein-Volhard, Christiane: Weniger Zeit vor dem Spiegel = mehr Karriere. *Zeit Online* (18.3.2015). https://www.zeit.de/karriere/beruf/2015-03/christiane-nuesslein-volhard-karriere-wissenschaftlerin-ehrgeiz. Zuletzt aufgerufen am 31.5.2021.

Nüsslein-Volhard, Christiane: Wie setzt man sich durch, Frau Nüsslein-Volhard? – »Man nimmt alles auf die eigenen Schultern«. *Die Zeit* 5 (22.1.2020).

Nüsslein-Volhard, Christiane: Women in Science – Passion and Prejudice. *Current Biology* 18/5 (2008), R185–R187.

Nüsslein-Volhard, Christiane: Zur Situation der Wissenschaftlerinnen in der MPG. Referat bei den Martinsrieder Gesprächen im MPI für Biochemie. *MPG-Spiegel* 3 (1991), 33–35.

Nüsslein-Volhard, Christiane: *Zur spezifischen Protein-Nukleinsäure-Wechselwirkung. Die Bindung von RNS-Polymerase aus Escherichia coli an die Replikative-Form-DNS des Bakteriophagen fd und die Charakterisierung der Bindungsstellen.* Diss. rer. nat. Tübingen 1974.

Nüsslein-Volhard, Christiane und Ralf Dahm (Hg.): *Zebrafish. A Practical Approach.* Oxford: Oxford University Press 2002.

Nüsslein-Volhard, Christiane und May-Britt Moser: »Wir bräuchten eine Ehefrau«. Die Nobelpreisträgerinnen reden über schlechte Schulnoten, Kleider und Karriere, Liebe im Labor. Und über die Frage, ob Frauen es noch schwer haben in der Wissenschaft. *Der Spiegel* 29 (2015), 120–123.

Nüsslein-Volhard, Christiane und Ajeet Pratap Singh: How Fish Color Their Skin: A Paradigm for Development and Evolution of Adult Patterns: Multipotency, Plasticity, and Cell Competition Regulate Proliferation and Spreading of Pigment Cells in Zebrafish Coloration. *BioEssays* 39/3 (2017), 1600231. doi:10.1002/bies.201600231.

Nüsslein-Volhard, Christiane und Eric Wieschaus: Mutations Affecting Segment Number and Polarity in Drosophila. *Nature* 287/5785 (1980), 795–801. doi:10.1038/287795a0.

Oertzen, Christine von: *Strategie Verständigung. Zur transnationalen Vernetzung von Akademikerinnen 1917–1955.* Göttingen: Wallstein 2012.

Oertzen, Christine von: »Was ist Diskriminierung?« Professorinnen ringen um ein hochschulpolitisches Konzept (1949–1989). In: Julia Paulus, Eva-Maria Silies und Kerstin Wolff (Hg.): *Zeitgeschichte als Geschlechtergeschichte: neue Perspektiven auf die Bundesrepublik.* Frankfurt am Main: Campus 2012, 103–118.

Oesterhelt, Dieter: Die Brücke zwischen Chemie und Biologie. Was aus der Max-Planck-Gesellschaft zur Entwicklung von Biochemie und molekularer Biologie beigetragen wurde. In: Max-Planck-Gesellschaft zur Förderung der Wissenschaften (Hg.): *Forschung an den Grenzen des Wissens. 50 Jahre Max-Planck-Gesellschaft 1948–1998. Dokumentation des wissenschaftlichen Festkolloquiums und der Festveranstaltung zum 50jährigen Gründungsjubiläum am 26. Februar 1998 in Göttingen.* Göttingen: Vandenhoeck & Ruprecht 1998, 111–135.

Oexle, Otto Gerhard: *Hahn, Heisenberg und die anderen. Anmerkungen zu »Kopenhagen«, »Farm Hall« und »Göttingen«*. Berlin: Forschungsprogramm »Geschichte der Kaiser-Wilhelm-Gesellschaft im Nationalsozialismus« 2003.

Orland, Barbara und Mechthild Rössler: Women in Science – Gender and Science. Ansätze feministische Naturwissenschaftskritik im Überblick. In: Barbara Orland und Elvira Scheich (Hg.): *Das Geschlecht der Natur. Feministische Beiträge zur Geschichte und Theorie der Naturwissenschaften*. Frankfurt am Main: Suhrkamp 1995, 13–63.

Orland, Barbara und Elvira Scheich (Hg.): *Das Geschlecht der Natur. Feministische Beiträge zur Geschichte und Theorie der Naturwissenschaften*. Frankfurt am Main: Suhrkamp 1995.

Ortmann, Günther, Arnold Windeler, Albrecht Becker und Hans-Joachim Schulz: *Computer und Macht in Organisationen. Mikropolitische Analysen*. Opladen: Westdeutscher Verlag 1990.

Otto, Jeannette: Schnelle Schreiber gesucht. Auch im Computerzeitalter gibt es Herausforderungen für Stenografen. *Die Zeit* 34 (19.8.1999).

Ozouf, Mona: *Les Mots des femmes. Essai sur la singularité française*. Edition augmentee d'une postface. Paris: Gallimard 1999.

Pake, George E.: »The Office of the Future«. *Business Week* 2387 (1975), 48–70.

Paletschek, Sylvia: Berufung und Geschlecht. Berufungswandel an bundesrepublikanischen Universitäten im 20. Jahrhundert. In: Christian Hesse und Melanie Kellermüller (Hg.): *Professorinnen und Professoren gewinnen. Zur Geschichte des Berufungswesen an den Universitäten Mitteleuropas*. Basel: Schwabe 2012, 295–337.

Paletschek, Sylvia: *Die permanente Erfindung einer Tradition: Die Universität Tübingen im Kaiserreich und in der Weimarer Republik*. Stuttgart: F. Steiner 2001.

Paletschekt, Sylvia: *Frauen und Dissens. Frauen im Deutschkatholizismus und in den freien Gemeinden 1841–1852*. Göttingen: Vandenhoeck & Ruprecht 1990.

Pasternack, Peer: Die wissenschaftliche Elite der DDR nach 1989. In: Hans-Joachim Veen (Hg.): *Alte Eliten in jungen Demokratien? Wechsel, Wandel und Kontinuität in Mittel- und Osteuropa*. Köln: Böhlau 2004, 122–148.

Paulu, Constance: *Mobilität und Karriere. Eine Fallstudie am Beispiel einer deutschen Großbank*. Wiesbaden: Deutscher Universitätsverlag 2001.

Pauly, Hans und Reinhard Breuer: *Max-Planck-Institut für Strömungsforschung. Göttingen*. Herausgegeben von Generalverwaltung der Max-Planck-Gesellschaft. München: Max-Planck-Gesellschaft 1976

Peacock, Vita S.: *We, the Max Planck Society. A Study of Hierarchy in Germany*. London: Doctoral thesis, University College London 2014.

Peerenboom, Ellen: Chemische Reaktionen im Zeitraffer. *MPG-Spiegel* 4 (1998), 20–22.

Peril, Lynn: *Swimming in the Steno Pool. A Retro Guide to Making It in the Office*. New York: W. W. Norton & Co 2011.

Peters, Heinrich: *Prof. Dr. med. Else Knake*. Unveröffentlichtes Manuskript, 1981.

Picht, Georg: *Die deutsche Bildungskatastrophe. Analyse und Dokumentation*. Olten: Walter Verlag 1964.

Pimminger, Irene: Theoretische Grundlagen zur Operationalisierung von Gleichstellung. In: Angela Wroblewski, Udo Kelle und Florian Reith (Hg.): *Gleichstellung messbar machen. Grundlagen und Anwendungen von Gender- und Gleichstellungs-indikatoren.* Wiesbaden: Springer Fachmedien 2017, 39–60.

Planck, Max: Physik. In: Arthur Kirchhoff (Hg.): *Die akademische Frau. Gutachten hervorragender Universitätsprofessoren, Frauenlehrer und Schriftsteller über die Befähigung der Frau zum wissenschaftlichen Studium und Berufe.* Berlin: Steinitz 1897, 256–257.

Popp, Hermann: *Kinematische und dynamische Untersuchung der Schreibmaschine.* Diss. Technische Hochschule München, 1930

Potthast, Jörg: Sozio-materielle Praktiken in irritierenden Situationen. In: Sebastian Gießmann, Tobias Röhl und Ronja Trischler (Hg.): *Materialität der Koopera-tion.* Wiesbaden: Springer Fachmedien Wiesbaden 2019, 387–412. doi:10.1007/978-3-658-20805-9_14.

Prantl, Heribert: Rita Süssmuth über Scheitern. *Süddeutsche Zeitung,* 7.8.2015. http://www.sueddeutsche.de/leben/rita-suessmuth-ueber-scheitern-1.2596768. Zuletzt aufgerufen am 20. März 2018.

Pringle, Rosemary: Bureaucracy, Rationality and Sexuality. The Case of Secretaries. In: Jeff Hearn et al. (Hg.): *The Sexuality of Organization.* London: Sage 1989, 158–177.

Pringle, Rosemary: *Secretaries Talk. Sexuality, Power, and Work.* London: Verso 1989.

Professor Rhoda Erdmann. *British Medical Journal* 2/3899 (1935), 605.

Przyrembel, Alexandra: *Friedrich Glum und Ernst Telschow. Die Generalsekretäre der Kaiser-Wilhelm-Gesellschaft. Handlungsfelder und Handlungsoptionen der »Verwal-tenden« von Wissen während des Nationalsozialismus.* Berlin: Forschungsprogramm »Geschichte der Kaiser-Wilhelm-Gesellschaft im Nationalsozialismus« 2004.

Puaca, Laura Micheletti: *Searching for Scientific Womanpower. Technocratic Feminism and the Politics of National Security, 1940–1980.* Chapel Hill: The University of North Carolina Press 2014.

Pusch, Luise F.: Chefsekretärin gesucht. In: Luise F. Pusch: *Die Frau ist nicht der Rede wert. Aufsätze, Reden und Glossen.* Frankfurt am Main: Suhrkamp 2003, 190–191.

Raskin, Betty Lou: *American Women: Unclaimed Treasures of Science.* Baltimore: John Hopkins University Press 1958.

Rastetter, Daniela und Christiane Jüngling: *Frauen, Männer, Mikropolitik. Geschlecht und Macht in Organisationen.* Göttingen: Vandenhoeck & Ruprecht 2018.

Rees, Teresa L.: *Mainstreaming Equality in the European Union. Education, Training and Labour Market Policies.* London: Routledge 1998.

Reinecke, Hermann: *Über die handangetriebenen Anschlaggetriebe der Schreibma-schine.* Diss. Technische Hochschule Braunschweig, 1953

Reinhardt, Carsten und Horst Kant: *100 Jahre Kaiser-Wilhelm-/Max-Planck-Institut für Chemie (Otto-Hahn-Institut). Facetten seiner Geschichte.* Bd. 22. Berlin 2012.

Renn, Jürgen, Horst Kant und Birgit Kolboske: Stationen der Kaiser-Wilhelm-/Max-Planck-Gesellschaft. In: Jürgen Renn, Birgit Kolboske und Dieter Hoffmann (Hg.): *»Dem Anwenden muss das Erkennen vorausgehen«. Auf dem Weg zu einer Ge-schichte der Kaiser-Wilhelm-/Max-Planck-Gesellschaft.* 2. Auflage. Berlin: epubli 2015, 5–120.

Renneberg, Monika: Maier, Anneliese. *Neue Deutsche Biographie.* Bd. 15. Berlin: Duncker & Humblot 1987, 696–697. https://www.deutsche-biographie.de/sfz55743. html. Zuletzt aufgerufen am 5. Januar 2021.

Rennert, David und Tanja Traxler: Die verlorene Ehrung der Lise Meitner. *Der Standard* (29.9.2018).

Rennert, David und Tanja Traxler: *Lise Meitner. Pionierin des Atomzeitalters*. Salzburg: Residenz Verlag 2018.

Rerrich, Maria S.: *Die ganze Welt zu Hause. Cosmobile Putzfrauen in privaten Haushalten*. Hamburg: Hamburger Edition 2006.

Reuter, Frank: *Funkmeß. Die Entwicklung und der Einsatz des RADAR-Verfahrens in Deutschland bis zum Ende des Zweiten Weltkrieges*, Opladen: Westdeutscher Verlag 1971.

Rheinberger, Hans-Jörg: Episteme zwischen Wissenschaft und Kunst. In: Milena Cairo, Moritz Hannemann, Ulrike Haß und Judith Schäfer (Hg.): *Episteme des Theaters*. Bielefeld: transcript-Verlag 2016, 17–28. doi:10.14361/9783839436035-001.

Rheinberger, Hans-Jörg: *Experimentalsysteme und epistemische Dinge. Eine Geschichte der Proteinsynthese im Reagenzglas*. Frankfurt am Main: Suhrkamp 2006.

Riedrich, Thomas: *Erich Trefftz. Sächsische Biografie*. Dresden: Institut für Sächsische Geschichte und Volkskunde e. V. 2004. http://www.isgv.de/saebi/. Zuletzt aufgerufen am 8. Februar 2021.

Rife, Patricia: *Lise Meitner and the Dawn of the Nuclear Age*. Boston: Birkhäuser 1999.

Röbbecke, Martina: *Mitbestimmung und Forschungsorganisation*. Baden-Baden: Nomos 1997.

Rommel, Gundula E: *Die Angestellten. Über das Entstehen einer Kultur jenseits von Tradition und Utopie*. München: GRIN Verlag GmbH 2012.

Rösch, Harald: Bremse für Brustkrebs. *Max Planck Forschung* 2 (2020), 18–23.

Rösler, Gabriele: *Entwicklung der Arbeitsbedingungen von Sekretärinnen*. Diplomarbeit in Soziologie. Berlin: FU Berlin 1981.

Rossiter, Margaret: Der Matilda Effekt in der Wissenschaft. In: Theresa Wobbe (Hg.): *Zwischen Vorderbühne und Hinterbühne. Beiträge zum Wandel der Geschlechterbeziehungen in der Wissenschaft vom 17. Jahrhundert bis zur Gegenwart*. Bielefeld: transcript 2003, 190–210.

Rossiter, Margaret: The Matthew Matilda Effect in Science. *Social Studies of Science* 23/2 (1993), 325–341.

Rossiter, Margaret: *Women Scientists in America: Struggles and Strategies to 1940*. Bd. 1. Baltimore: The Johns Hopkins University Press 1982.

Rossiter, Margaret: *Women Scientists in America. Before Affirmative Action, 1940–1972*. Bd. 2. Baltimore: The Johns Hopkins University Press 1995.

Rossiter, Margaret: *Women Scientists in America. Forging a New World since 1972*. Bd. 3. Baltimore: Johns Hopkins University Press 2012.

Roßmayer, Martha: *Gender-Politik in der Max-Planck-Gesellschaft. Zusammenfassung des Vortrags von Karin Bordasch beim 29. Seminar der Frauen in Hochschule und Forschung am 12. November 2005 in Erkner*. Gewerkschaft Erziehung und Wissenschaft 2005.

Roßmayer, Martha und Dirk Hartung: Als Frau im Senat – Erfahrungen und Perspektiven. Interview mit Dr. Engelen-Kefer. *MPG-Spiegel* 4 (1990), 36–38.

Roters, Eberhard (Hg.): *Hann Trier, die Deckengemälde in Berlin, Heidelberg und Köln*. Berlin: Mann 1981.

Rubner, Jeanne: Die Angeklagten. *Die Zeit* 6 (2020), 39.

Rubner, Jeanne: »Klassischer Konflikt«. Christiane Nüsslein-Volhard im Interview. *Wirtschaftswoche* (1.9.2008). http://www.wiwo.de/technologie/christiane-nuesslein-volhard-im-interview-klassischer-konflikt/5462942.html. Zuletzt aufgerufen am 14. November 2014.

Rucht, Dieter: *Modernisierung und neue soziale Bewegungen. Deutschland, Frankreich und USA im Vergleich.* Frankfurt am Main: Campus 1994.

Ruhenstroth-Bauer, Gerhard: Else Knake 7.6.1901–8.5.1973. *Mitteilungen aus der Max-Planck-Gesellschaft zur Förderung der Wissenschaften.* Bd. 5. München 1973, 309–310.

Ruhl, Klaus-Jörg: *Verordnete Unterordnung. Berufstätige Frauen zwischen Wirtschaftswachstum und konservativer Ideologie in der Nachkriegszeit (1945–1963).* München: De Gruyter 1994.

Runge, Anita: Gender Studies. In: Christian Klein (Hg.): *Handbuch Biographie: Methoden, Traditionen, Theorien.* Stuttgart: J. B. Metzler 2009, 402–407. doi:10.1007/978-3-476-05229-2_17.

Runge, Anita: Geschlechterdifferenz in der literaturwissenschaftlichen Biographik. Ein Forschungsprogramm. In: Christian Klein (Hg.): *Grundlagen der Biographik: Theorie und Praxis des biographischen Schreibens.* Stuttgart: J. B. Metzler 2002, 113–128. doi:10.1007/978-3-476-02884-6_8.

Runge, Anita: Wissenschaftliche Biographik. In: Christian Klein (Hg.): *Handbuch Biographie: Methoden, Traditionen, Theorien.* Stuttgart: J. B. Metzler 2009, 113–121. doi:10.1007/978-3-476-05229-2_17.

Rürup, Reinhard: *Schicksale und Karrieren. Gedenkbuch für die von den Nationalsozialisten aus der Kaiser-Wilhelm-Gesellschaft vertriebenen Forscherinnen und Forscher.* Göttingen: Wallstein 2008.

Ruschhaupt-Husemann, Ursula (Ulla) und Dirk Hartung: Zur Lage der Frauen in der MPG. Nur ein Sechstel des gesamten wissenschaftlichen Personals der MPG sind Frauen. *MPG-Spiegel* 4 (1988), 22–26.

Sachs, Nelly: *Gedichte.* Herausgegeben von Hilde Domin. Bd. 549. Frankfurt am Main: Suhrkamp 1977.

Sachse, Carola: *Der Hausarbeitstag. Gerechtigkeit und Gleichberechtigung in Ost und West 1939–1994.* Göttingen: Wallstein 2002.

Sachse, Carola: »Persilscheinkultur«. Zum Umgang mit der NS-Vergangenheit in der Kaiser-Wilhelm/Max-Planck-Gesellschaft. In: Bernd Weisbrod (Hg.): *Akademische Vergangenheitspolitik. Beiträge zur Wissenschaftskultur der Nachkriegszeit.* Göttingen: Wallstein 2002, 217–246.

Satzinger, Helga: Adolf Butenandt, Hormone und Geschlecht: Ingredienzien einer Karriere. In: Wolfgang Schieder und Achim Trunk (Hg.): *Adolf Butenandt und die Kaiser-Wilhelm-Gesellschaft. Wissenschaft, Industrie und Politik im »Dritten Reich«.* Bd. 7. Göttingen: Wallstein 2004, 78–133.

Satzinger, Helga: Cécile Vogt (1875–1962). *Encyclopedia of Life Sciences.* Chichester, UK: John Wiley & Sons, Ltd. 2014, a0025071. doi:10.1002/9780470015902.a0025071.

Satzinger, Helga: Die blauäugige Drosophila. Ordnung, Zufall und Politik als Faktoren der Evolutionstheorie bei Cécile und Oskar Vogt und Elena und Nikolaj Timoféeff-Ressovsky am Kaiser-Wilhelm-Institut für Hirnforschung Berlin 1925–1945. In: Rainer Brömer, Uwe Hoßfeld und Nicolaas A. Rupke (Hg.): *Evolutionsbiologie von Darwin bis heute.* Berlin: Verlag für Wissenschaft und Bildung 2000, 161–195.

Satzinger, Helga: *Differenz und Vererbung: Geschlechterordnungen in der Genetik und Hormonforschung 1890–1950.* Köln: Böhlau 2009.

Sauerbruch, Ferdinand und Else Knake: Bericht über weitere Ergebnisse experimenteller Tumorforschung. *Archiv für klinische Chirurgie* 189/1 (1937), 185–190.

Sauerbruch, Ferdinand und Else Knake: Die Bedeutung von Sexualstörungen für die Entstehung von Geschwülsten. *Zeitschrift für Krebsforschung* 44/1 (1936), 223–239. doi:10.1007/BF01668057.

Sauerbruch, Ferdinand und Else Knake: Über Beziehungen zwischen Milz und Hypophysenvorderlappen. *Klinische Wochenschrift* 16 (1937), 1268–1270.

Sauerbruch, Ferdinand und Else Knake: Über die Bedeutung der Milz bei Parabiosetieren. *Klinische Wochenschrift* 15 (1936), 884.

Saval, Nikil: *Cubed – A Secret History of the Workplace.* New York: Doubleday 2014.

Savyasachi, Bageshri: A Feminist Reading Of Thor: Ragnarok. *Feminism in India*, 15.11.2017. https://feminisminindia.com/2017/11/15/feminist-review-thor-ragnarok/. Zuletzt aufgerufen am 3. Juni 2021.

Schaaf, Michael: Weizsäcker, Bethe und der Nobelpreis. In: Klaus Hentschel und Dieter Hoffmann (Hg.): *Carl Friedrich von Weizsäcker. Physik – Philosophie – Friedensforschung.* Stuttgart: Wissenschaftliche Verlagsgesellschaft 2014, 145–156.

Schäfer, Hilmar: *Die Instabilität der Praxis: Reproduktion und Transformation des Sozialen in der Praxistheorie.* Velbrück: Wissenschaft 2020. doi:10.5771/9783748 908487.

Schaffellner, Barbara Elisabeth: *»Die Angestellten« als Konter-Revolutionäre in der Kritischen Theorie. Die Geburt eines Klischees aus dem Geiste der Kritik.* Diss. Phil. Wien: Universität Wien 2009.

Scheffler, Gabriele: *Schimpfwörter im Themenvorrat einer Gesellschaft.* Marburg: Tectum Verlag 2000.

Scheich, Elvira: Ehrung an historischem Ort. Aus dem Otto-Hahn-Bau wird der Hahn-Meitner-Bau: Freie Universität macht Lise Meitners Verdienste bei der Entdeckung der Kernspaltung sichtbar. *Der Tagesspiegel* (16.10.2010).

Scheich, Elvira: Elisabeth Schiemann (1881–1972). Patriotin im Zwiespalt. In: Susanne Heim (Hg.): *Autarkie und Ostexpansion. Pflanzenzucht und Agrarforschung im Nationalsozialismus.* Göttingen: Wallstein 2002, 250–279.

Scheich, Elvira: Science, Politics, and Morality. The Relationship of Lise Meitner and Elisabeth Schiemann. *Osiris* 12 (1997), 143–168.

Schiebinger, Londa: *The Mind Has No Sex? Women in the Origins of Modern Science.* Cambridge, MA: Harvard University Press 1989.

Schiebinger, Londa, Shannon K. Gilmartin, Andrea Davies Henderson und Michelle R. Clayman Institute for Gender Research: *Dual-Career Academic Couples: What Universities Need to Know.* Stanford, CA: Michelle R. Clayman Institute for Gender Research, Stanford University 2008.

Schiemann, Elisabeth: Biologie, Archäologie und Kulturpflanzen. In: Generalverwaltung der Max-Planck-Gesellschaft zur Förderung der Wissenschaften (Hg.): *Jahrbuch 1955 der Max-Planck-Gesellschaft zur Förderung der Wissenschaften.* Göttingen 1955, 177–198.

Schiemann, Elisabeth: Emmer in Troja. Neubestimmungen aus den trojanischen Körnerfunden. *Berichte der Deutschen Botanischen Gesellschaft* 64/2 (1951), 155–170.

Schiemann, Elisabeth: Emmy Stein. 21.VI.1879–21.IX.1954. *Der Züchter* 25/3 (1955), 65–67.

Schiemann, Elisabeth: *Entstehung der Kulturpflanzen.* Bd. 3. Berlin: Verlag Born-traeger 1932.

Schiemann, Elisabeth: *Weizen, Roggen, Gerste. Systematik, Geschichte und Verwen-dung.* Jena: Gustav Fischer Verlag 1948.

Schimank, Uwe und Andreas Stucke (Hg.): *Coping with Trouble. How Science Reacts to Political Disturbances of Research Conditions.* Frankfurt am Main: Campus 1994.

Schirach, Richard von: *Die Nacht der Physiker. Heisenberg, Hahn, Weizsäcker und die deutsche Bombe.* 4. Auflage. Berlin: Berenberg 2013.

Schlaeger, Hilke: Vorstoß gegen ein Universitätstabu. Der Universität Heidelberg wählt eine Rector Magnifica. *Zeit Online* (4.3.1966). https://www.zeit.de/1966/10/vorstoss-gegen-ein-universitaetstabu. Zuletzt aufgerufen am 31. Januar 2021.

Schlude, Ursula: *Tagungsbericht: Frauen in der ländlichen Gesellschaft.* H-Soz-Kult. Frankfurt am Main: Jahrestagung der Gesellschaft für Agrargeschichte e. V. 2007. www.hsozkult.de/conferencereport/id/tagungsberichte-1715. Zuletzt aufgerufen am 8.2.2021.

Schmadel, Lutz D.: *Dictionary of Minor Planet Names.* Sixth revised and enlarged edition. Heidelberg: Springer 2012.

Schmaltz, Florian: *Kampfstoff-Forschung im Nationalsozialismus. Zur Koopera-tion von Kaiser-Wilhelm-Instituten, Militär und Industrie.* Göttingen: Wallstein 2005.

Schmaus, Michael: Anneliese Maier 17.11.1905–2.12.1971. *Jahrbuch Bayerische Aka-demie der Wissenschaften,* 1972, 9.

Schmeiser, Martin: *Akademischer Hasard. Das Berufsschicksal des Professors und das Schicksal der deutschen Universität 1870–1920. Eine verstehend soziologische Unter-suchung.* Stuttgart: Klett-Cotta 1994.

Schmidt-Rohr, Ulrich: *Erinnerungen an die Vorgeschichte und die Gründerjahre des Max-Planck-Instituts für Kernphysik.* Heidelberg: Selbstverlag 1996.

Schmitt, Mathilde: Aufbrüche und Umbrüche in der experimentellen Genetik. Erwin Baurs Personalpolitik unter der Genderperspektive. In: Reiner Nürnberg, Ekke-hard Höxtermann und Martina Voigt (Hg.): *Elisabeth Schiemann 1881–1972. Vom AufBruch der Genetik und der Frauen in den UmBrüchen des 20. Jahrhunderts.* Rangsdorf: Basilisken-Presse 2014, 391–409.

Schmitt, Mathilde und Heide Inhetveen: Schiemann, Elisabeth. *Neue Deutsche Bio-graphie.* Bd. 22. Berlin: Duncker & Humblot 2005, 744–745.

Schmitz, Agnes: *Ueber die Lage der weiblichen Handlungsgehilfen und die Entwicklung ihrer Organisationen.* Diss. Phil. Bonn: Rheinische Friedrich-Wilhelms-Universität 1915.

Schmuhl, Hans-Walter: *Grenzüberschreitungen. Das Kaiser-Wilhelm-Institut für An-thropologie, menschliche Erblehre und Eugenik, 1927–1945.* Göttingen: Wallstein 2005.

Schmuhl, Hans-Walter: Rasse, Rassenforschung, Rassenpolitik. Annäherungen an das Thema. In: Hans-Walter Schmuhl (Hg.): *Rassenforschung an Kaiser-Wilhelm-Instituten vor und nach 1933.* Göttingen: Wallstein 2003, 7–37.

Schmuhl, Hans-Walter (Hg.): *Rassenforschung an Kaiser-Wilhelm-Instituten vor und nach 1933.* Bd. 4. Göttingen: Wallstein 2003.

Schneider, Corinna: Die Anfänge des Frauenstudiums in Europa: Ein Blick über die Grenzen Württembergs. In: Gleichstellungsbüro der Universität Tübingen (Hg.): *100 Jahre Frauenstudium an der Universität Tübingen 1904–2004*. Tübingen 2004, 17–23.

Schneider, Wolfgang Ludwig: Hermeneutische Interpretation und funktionale Analyse. Zur Kritik der Reduktion des Verstehens auf das Verstehen subjektiven Sinns. In: Wolfgang Ludwig Schneider: *Grundlagen der soziologischen Theorie*. Wiesbaden: VS Verlag für Sozialwissenschaften 2004, 17–142. doi:10.1007/978-3-322-97105-0_2.

Schöll, Ingrid: Frauen lernen am Computer. Ketzerische Anmerkungen zu einer umstrittenen Diskussion. In: Ingrid Schöll und Ina Küller (Hg.): *Micro Sisters. Digitalisierung des Alltags: Frauen und Computer*. Berlin: Elefanten Press 1988, 19–23.

Scholz, Juliane: *Partizipation und Mitbestimmung in der Forschung. Das Beispiel Max-Planck-Gesellschaft (1945–1980)*. Berlin: GMPG-Preprint 2018.

Scholz, Juliane: *Transformationen wissenschaftlicher Arbeit und Bedingungen der Wissensproduktion in der Grundlagenforschung. Eine Sozialgeschichte der Max-Planck-Gesellschaft (1948–2005)*. Berlin: MPG 2022.

Schön, Wolfgang: *Grundlagenwissenschaft in geordneter Verantwortung. Zur Governance der Max-Planck-Gesellschaft*. 2. Auflage. München: MPG 2019.

Schöne, Georg: Das Problem der homoioplatischen Transplantation. *Ärztliche Wochenschrift* 11/Heft 33 (1956), 726–732.

Schulte, Gabi: Aus dem Leben einer Hochschulsekretärin. *ver.di Mitgliederzeitung* »Die Rund-um-dieUhr-Gesellschaft«/2 (2016), 7.

Schüring, Michael: Ein »unerfreulicher Vorgang«. Das Max-Planck-Institut für Züchtungsforschung in Voldagsen und die gescheiterte Rückkehr von Max Ufer. In: Susanne Heim (Hg.): *Autarkie und Ostexpansion. Pflanzenzucht und Agrarforschung im Nationalsozialismus*. Göttingen: Wallstein 2002, 280–299.

Schüring, Michael: *Minervas verstoßene Kinder. Vertriebene Wissenschaftler und die Vergangenheitspolitik der Max-Planck-Gesellschaft*. Göttingen: Wallstein 2006.

Schütte, Wolfram: Das Glück in Frankfurt. Ein Gespräch mit Ludwig von Friedeburg. In: Wolfram Schütte (Hg.): *Adorno in Frankfurt. Ein Kaleidoskop mit Texten und Bildern*. Frankfurt am Main: Suhrkamp 2003, 185–191.

Schwarzer, Alice: Christiane Nüsslein-Volhard, Biochemikerin. *Alice Schwarzer porträtiert Vorbilder und Idole*. 2. Auflage. Köln: Kiepenheuer & Witsch 2003, 78–94.

Schwarzer, Alice: Simone de Beauvoir (1908–1986) Schriftstellerin und Philosophin. In: *Alice Schwarzer porträtiert Vorbilder und Idole*. 2. Auflage. Köln: Kiepenheuer & Witsch 2003, 221–234.

Schwarzer, Alice: »Das ewig Weibliche ist eine Lüge« (1976). Interview mit Simone de Beauvoir. *Aus Politik und Zeitgeschichte* 51/»Das andere Geschlecht« (2019), 10–16.

Schwerin, Alexander von: *Experimentalisierung des Menschen. Der Genetiker Hans Nachtsheim und die vergleichende Erbpathologie, 1920–1945*. Göttingen: Wallstein 2004.

Schwerin, Alexander von: *Strahlenforschung. Bio- und Risikopolitik der DFG, 1920–1970*. Stuttgart: Steiner 2015.

Seeman, Jeffrey I. und Guillermo Restrepo: The Mutation of the »Nobel Prize in Chemistry« into the »Nobel Prize in Chemistry or Life Sciences«. Several Decades of Transparent and Opaque Evidence of Change within the Nobel Prize Program. *Angewandte Chemie* 132/8 (2020), 2962–2981. doi:10.1002/ange.201906266.

Segreff, Klaus-Werner: Maier, Heinrich. *Neue Deutsche Biographie.* Bd. 15. Berlin: Duncker & Humblot 1987, 694–696. https://www.deutsche-biographie.de/sfz55755. html#ndbcontent. Zuletzt aufgerufen am 2. Februar 2021.

Seymour, Elaine und Nancy M. Hewitt: *Talking About Leaving. Why Undergraduates Leave the Sciences.* Boulder, CO: Westview Press 1997.

Shetterly, Margot Lee: *Hidden Figures. The American Dream and the Untold Story of the Black Women Mathematicians Who Helped Win the Space Race.* New York: William Morrow Paperbacks 2016.

Siegmund-Schultze, Nicola: Toll-like-Rezeptoren: Neue Zielstruktur für immunstimulierende Medikamente. *Deutsches Ärzteblatt* 104/16 (2007), 1072–1073.

Sieverding, Monika: Psychologische Karrierehindernisse im Berufsweg von Frauen. In: Susanne Dettmer, Gabriele Kaczmarczyk und Astrid Bühren (Hg.): *Karriereplanung für Ärztinnen.* Berlin: Springer 2006, 57–78.

Silies, Eva-Maria: *Liebe, Lust und Last. Die Pille als weibliche Generationserfahrung in der Bundesrepublik 1960–1980.* Göttingen: Wallstein 2010.

Sime, Ruth Lewin: An Inconvenient History: The Nuclear-Fission Display in the Deutsches Museum. *Physics in Perspective* 12/2 (2010), 190–218. doi:10.1007/s00016-009-0013-x.

Sime, Ruth Lewin: *From Exceptional Prominence to Prominent Exception. Lise Meitner at the Kaiser Wilhelm Institute for Chemistry.* Bd. 24. Berlin: Forschungsprogramm »Geschichte der Kaiser-Wilhelm-Gesellschaft im Nationalsozialismus« 2005.

Sime, Ruth Lewin: *Lise Meitner. A Life in Physics.* Berkeley; Los Angeles: University of California Press 1996.

Sime, Ruth Lewin: *Lise Meitner. Ein Leben für die Physik.* Frankfurt am Main; Leipzig: Insel Verlag 2001.

Simoni, Robert D., Robert L. Hill und Martha Vaughan: The Stereochemistry and Reaction Mechanism of Dehydrogenases and Their Coenzymes, DPN (NAD) and TPN (NADP). The Work of Birgit Vennesland. *Journal of Biological Chemistry* 279/3 (2004), e3. doi:10.1016/S0021-9258(20)73581-7.

Singer, Wolf: Der Weg nach Innen. 50 Jahre Hirnforschung in der Max-Planck-Gesellschaft. In: Max-Planck-Gesellschaft zur Förderung der Wissenschaften (Hg.): *Forschung an den Grenzen des Wissens. 50 Jahre Max-Planck-Gesellschaft 1948–1998. Dokumentation des wissenschaftlichen Festkolloquiums und der Festveranstaltung zum 50jährigen Gründungsjubiläum am 26. Februar 1998 in Göttingen.* Göttingen: Vandenhoeck & Ruprecht 1998, 45–75.

Singh, Ajeet Pratap, Ursula Schach und Christiane Nüsslein-Volhard: Proliferation, Dispersal and Patterned Aggregation of Iridophores in the Skin Prefigure Striped Colouration of Zebrafish. *Nature Cell Biology* 16/6 (2014), 604–611. doi:10.1038/ncb2955.

Skloot, Rebecca: *The Immortal Life of Henrietta Lacks.* Oxford: Macmillan 2010.

Sloterdijk, Peter: Regeln für den Menschenpark. *Die Zeit* 38 (16.9.1999), 15–21.

Smith, Anna: »White, Male and Brawny Feels Tired«: Is This the Age of Feminist Marvel Movies? *The Guardian* (25.7.2019).

Smith, Joan und Henriette Zeltner: *Femmes totales. Wie Bilder von Frauen entstehen.* Berlin: Rütten & Loening 1998.

Smith, William D.: Lag Persists for Business Equipment. *New York Times* (26.10.1971), 59.

Snow, Charles Percy: *The Two Cultures*. Reprint. London: Cambridge University Press 1993.

Sobel, Dava: *The Glass Universe. How the Ladies of the Harvard Observatory Took the Measure of the Stars*. New York: Penguin 2017.

Sørenson, Bjørg Aase: The Organizational Woman and the Trojan Horse Effect. In: Harriet Holter (Hg.): *Patriarchy in a Welfare Society*. Oslo: Universitetsforlaget 1984, 1007–1017.

Spencer, Herbert: *The Principles of Biology*. Bd. 1. London: Williams and Norgate 1864.

Staatliche Zentralverwaltung für Statistik: *Statistisches Jahrbuch der Deutschen Demokratischen Republik. 34. Jahrgang*. Berlin: Staatsverlag der Deutschen Demokratischen Republik 1989.

Statistisches Bundesamt Wiesbaden (Hg.): *Bevölkerung und Kultur. Volks- und Berufszählung vom 6. Juni 1961. Heft 2. Ausgewählte Bevölkerungsgruppen*. Stuttgart: Kohlhammer 1967.

Statistisches Bundesamt Wiesbaden (Hg.): *Klassifizierung der Berufe. Systematisches und alphabetisches Verzeichnis der Berufsbenennungen*. Nach dem Stand von 1975 ergänzte und Berichtigte Fassung der Ausgabe von 1970. Stuttgart: Kohlhammer Verlag 1975.

Staub, Anne-Marie: *A la recherche du temps retrouvé pendant 90 années d'une longue vie*, 2012. Institut Pasteur, Pôle Archives de la Médiathèque. https://webext.pasteur.fr/archives/stm1.html. Zuletzt aufgerufen am 31. Dezember 2020.

Staub, Anne-Marie: Recherches sur quelques bases synthétiques antagonistes de l'histamine. *Annales de l'Institut Pasteur*. Bd. 63. Paris 1939, 400–436.

Staub, Anne-Marie, B. LeLuc, H. Mayer, Otto Lüderitz und Otto Westphal: Über die Natur der glykosidischen Bindung von 3,6-Didesoxyhexosen in den Polysaccharid-Antigenen von Enterobacteriaceaen. *Biochemische Zeitschrift* 344 (1966), 401–412.

Staub, Anne-Marie, León Minor, Otto Lüderitz und Otto Westphal: Essai de Production d' Anticorps Anti-Enterobacteriaceae au Moyen d' Antigenes Artificiels Portant des 3.6-Didesoxyhexosides comme Groupes determinants. *Annales de l'Institut Pasteur*. Bd. 111. Paris 1966, 47–48.

Staub, Anne-Marie und Claude Rimington: Preliminary Studies on the Carbohydrate-Rich Fractions of Ox Serum. *Biochemical Journal* 42/1 (1948), 5–13. doi:10.1042/bj0420005.

Stebut, Nina von: *Eine Frage der Zeit? Zur Integration von Frauen in die Wissenschaft. Eine empirische Untersuchung der Max-Planck-Gesellschaft*. Opladen: Leske + Budrich 2003.

Stebut, Nina von: Ausgangslage. *Eine Frage der Zeit? Zur Integration von Frauen in die Wissenschaft*. Wiesbaden: VS Verlag für Sozialwissenschaften 2003, 21–28. doi:10.1007/978-3-322-94951-6_2.

Stebut, Nina von und Christine Wimbauer: Geschlossene Gesellschaft? Zur Integration von Frauen in der Max-Planck- und der Fraunhofer-Gesellschaft. In: Hildegard Matthies, Ellen Kuhlmann, Maria Oppen und Dagmar Simon (Hg.): *Gleichstellung in der Forschung. Organisationspraktiken und politische Strategien*. Berlin: edition sigma 2003, 105–123.

Stegmann, Vera: Rezension: Mein Herz liegt neben der Schreibmaschine. Ruth Berlaus Leben vor, mit und nach Bertolt Brecht. *Monatshefte* 101/1 (2009), 135–137. doi:10.1353/mon.0.0103.

Steinbacher, Sybille: »Sex« – das Wort war neu. *Die Zeit* 43 (15.10.2009). http://www. zeit.de/2009/43/A-Fuenfziger-Jahre. Zuletzt aufgerufen am 27. März 2018.

Steinem, Gloria: *Outrageous Acts and Everyday Rebellions.* New York: New American Library 1983.

Steinem, Gloria: The Politics of Women. Commencement Address, gehalten auf der Abschlussfeier, Smith College, 31.5.1971. https://alumnae.smith.edu/smithcms/ 1971/files/2015/08/Steinem-Commencement-Address.pdf. Zuletzt aufgerufen am 27. April 2019.

Steinfeld, Thomas: Die Schwedische Akademie zerfleischt sich weiter. *Süddeutsche Zeitung* (23.5.2018).

Steinfeld, Thomas: Vergewaltigungsverdacht: U-Haft für den Mann im Zentrum des Nobelpreis-Skandals. *Süddeutsche Zeitung* (24.9.2018).

Steinhausen, Julia und Ingrid Scharlau: Gegen das weibliche Cooling-out in der Wissenschaft. Mentoring für Frauen in der Promotionsphase. *Praxishandbuch Mentoring in der Wissenschaft.* Wiesbaden: Springer 2017, 315–330.

Stemler, Alan J.: The Bicarbonate Effect, Oxygen Evolution, and the Shadow of Otto Warburg. *Photosynthesis Research* 73/1/3 (2002), 177–183. doi:10.1023/A:102044 7030191.

Stengel, Oliver, Alexander von Looy und Stephan Wallaschkowski (Hg.): *Digitalzeitalter – Digitalgesellschaft: Das Ende des Industriezeitalters und der Beginn einer neuen Epoche.* Wiesbaden: Springer VS 2017.

Stern, Babette K. und Birgit Vennesland: The Effect of Carbon Dioxide on the Hill Reaction. *Journal of Biological Chemistry* 237/2 (1962), 596–602. doi:10.1016/ S0021-9258(18)93968-2.

Stern, Curt: Richard Goldschmidt, Biologist. *Science* 128/3331 (1958), 1069–1070. doi:10.1126/science.128.3331.1069.

Stiller, Ingrid: *Evaluation der Büroberufe. Abschlussbericht zum Ausbildungsberuf Kaufmann/Kauffrau für Bürokommunikation.* Bd. 54. Bonn: BIBB 2004.

Stimson, Davinia: Captain Marvel: Darf's ein bisserl Feminismus sein? *Wienerin*, 2019.

Stix, Gary: Emotional Labor Is a Store Clerk Confronting a Maskless Customer. *Scientific American.* 10.9.2020. https://www.scientificamerican.com/article/emotional-labor-is-a-store-clerk-confronting-a-maskless-customer/. Zuletzt aufgerufen am 29. Dezember 2020.

Stoff, Heiko: *Eine zentrale Arbeitsstätte mit nationalen Zielen. Wilhelm Eitel und das Kaiser-Wilhelm-Institut für Silikatforschung 1926–1945.* Berlin: Forschungsprogramm »Geschichte der Kaiser-Wilhelm-Gesellschaft im Nationalsozialismus« 2006.

Stolleis, Michael: Erinnerung – Orientierung – Steuerung. Konzeption und Entwicklung der »Geisteswissenschaften« in der Max-Planck-Gesellschaft. In: Max-Planck-Gesellschaft zur Förderung der Wissenschaften (Hg.): *Forschung an den Grenzen des Wissens. 50 Jahre Max-Planck-Gesellschaft 1948–1998. Dokumentation des wissenschaftlichen Festkolloquiums und der Festveranstaltung zum 50jährigen Gründungsjubiläum am 26. Februar 1998 in Göttingen.* Göttingen: Vandenhoeck & Ruprecht 1998, 75–92.

Stolleis, Michael (Hg.): Planck, Gottlieb. In: Michael Stolleis (Hg.): *Juristen. Ein biographisches Lexikon. Von der Antike bis zum 20. Jahrhundert.* München: C. H. Beck 1995, 501–502.

Stolz, Werner: *Otto Hahn/Lise Meitner.* Wiesbaden: Springer Vieweg 1989.

Strobl, Ingrid, Klaus Viehmann, GenossInnen und autonome l.u.p.u.s.-Gruppe: *Drei zu Eins. Metropolen(gedanken) und Revolution?* Berlin: Verlag ID-Archiv 1993.

Stubbe, Hans: Schiemann: 15.8.1881–3.1.1972. *Mitteilungen aus der Max-Planck-Gesellschaft zur Förderung der Wissenschaften.* Bd. 1. München 1972, 3–8.

Suhr, Susanne: *Die weiblichen Angestellten. Arbeits- und Lebensverhältnisse. Eine Umfrage des Zentralverbandes der Angestellten.* Herausgegeben von Ilse Schuster. Berlin: Zentralverband der Angestellten 1930.

Süssmuth, Rita: Einwände sind abwegig. *Die Zeit* 5 (28.1.1994).

Szöllösi-Janze, Margit: *Fritz Haber, 1868–1934. Eine Biographie.* München: C. H. Beck 1998.

Szöllösi-Janze, Margit: Lebens-Geschichte – Wissenschafts-Geschichte. Vom Nutzen der Biographie für Geschichtswissenschaft und Wissenschaftsgeschichte. *Berichte zur Wissenschaftsgeschichte* 23/1 (2000), 17–35.

Tannenbaum, Cara, Robert P. Ellis, Friederike Eyssel, James Zou und Londa Schiebinger: Sex and Gender Analysis Improves Science and Engineering. *Nature* 575/7781 (2019), 137–146. doi:10.1038/s41586-019-1657-6.

Tergit, Gabriele: *Käsebier erobert den Kurfürstendamm.* [Berlin: Rowohlt 1932] Berlin: btb 2017.

Theweleit, Klaus: *Männerphantasien. Frauen, Fluten, Körper.* Bd. 1. München: dtv 1995.

Thiessen, Jan: In neuer Gesellschaft? Handels- und Gesellschaftsrecht in der Berliner Republik. In: Thomas Duve und Stefan Ruppert (Hg.): *Rechtswissenschaft in der Berliner Republik.* Berlin: Suhrkamp 2018, 608–663.

Tobies, Renate (Hg.): »*Aller Männerkultur zum Trotz«. Frauen in Mathematik, Naturwissenschaften und Technik.* Frankfurt am Main: Campus 2008.

Tobies, Renate: Einführung: Einflussfaktoren auf die Karriere von Frauen in Mathematik und Naturwissenschaften. In: Renate Tobies (Hg.): *Aller Männerkultur zum Trotz.* Frankfurt am Main: Campus 2008, 21–80.

Trefftz, Eleonore: Die Göttinger Rechenmaschinen vom Benutzer aus gesehen. *ZAMM – Zeitschrift für Angewandte Mathematik und Mechanik* 37/3–4 (1957), 146–148. doi:10.1002/zamm.19570370310.

Trefftz, Eleonore: In memoriam. Nachruf Professor Ludwig Biermann. *Journal of Geophysics* 60 (1986), 204–206.

Trefftz, Eleonore: Rhea Lüst. 1921–1993. *Mitteilungen der Astronomischen Gesellschaft* 78 (1995), 5–6.

Trischler, Helmuth: Geschichtswissenschaft – Wissenschaftsgeschichte. Koexistenz oder Konvergenz? *Berichte zur Wissenschaftsgeschichte* 22/4 (1999), 239–256. doi: 10.1002/bewi.19990220403.

Trunk, Achim: Rassenforschung und Biochemie. Ein Projekt – und die Frage nach dem Beitrag Butenandts. In: Wolfgang Schieder und Achim Trunk (Hg.): *Adolf Butenandt und die Kaiser-Wilhelm-Gesellschaft. Wissenschaft, Industrie und Politik im »Dritten Reich«.* Göttingen: Wallstein 2004, 247–285.

Trunk, Achim: *Zweihundert Blutproben aus Auschwitz. Ein Forschungsvorhaben zwischen Anthropologie und Biochemie (1943–1945).* Bd. 12. Berlin: Forschungsprogramm »Geschichte der Kaiser-Wilhelm-Gesellschaft im Nationalsozialismus« 2003.

Tscharntke, Denise: *Re-Educating German Women. The Work of the Women's Affairs Section of the British Military Government 1946–1951.* Bd. 967. Frankfurt am Main: Peter Lang 2003.

Tucholsky, Kurt: Die Dame im Vorzimmer. In: Mary Gerold-Tucholsky und Fritz J. Raddatz (Hg.): *Gesammelte Werke 1928.* Bd. 6. Reinbek bei Hamburg: Rowohlt 1993, 321–323.

Tucholsky, Kurt: Die Schreibmaschinendame. In: Mary Gerold-Tucholsky und Fritz J. Raddatz (Hg.): *Gesammelte Werke 1921–1924.* Bd. 3. Reinbek bei Hamburg: Rowohlt 1993, 492–493.

Tucholsky, Kurt: Sekretärin. In: Mary Gerold-Tucholsky und Fritz J. Raddatz (Hg.): *Gesammelte Werke 1921–1924.* Bd. 3. Reinbek bei Hamburg: Rowohlt 1993, 493–494.

Tugendhat, Ernst: Es gibt keine Gene für die Moral. Sloterdijk stellt das Verhältnis von Ethik und Gentechnik schlicht auf den Kopf. *Die Zeit* 39 (23.9.1999), 15–21.

Türck, Verena: Margot Becke-Goehring. Erste Professorin und erste Rektorin der Universität Heidelberg – Interview mit einer Zeitzeugin. In: Susan Richter (Hg.): *Wissenschaft als weiblicher Beruf? Die ersten Frauen in Forschung und Lehre an der Universität Heidelberg.* Heidelberg: heiBOOKS 2016, 41–48.

Twellmann, Margrit: *Die deutsche Frauenbewegung. Ihre Anfänge und erste Entwicklung 1843–1889.* Meisenheim am Glan: Verlag Anton Hain 1972.

Vaupel, Heike: *Die Familienrechtsreform in den fünfziger Jahren im Zeichen widerstreitender Weltanschauungen.* Baden-Baden: Nomos 1999.

Vehling, Ilke: »Schreibe, wie Du hörst.« Die Redeschrift der Neuen Frau in Das *Kunstseidene Mädchen* von Irmgard Keun. In: Sabine Biebl, Verena Mund und Heide Volkening (Hg.): *Working Girls. Zur Ökonomie von Liebe und Arbeit.* Berlin: Kulturverlag Kadmos 2007, 77–100.

Vennesland, Birgit: Recollections and Small Confessions. *Annual Review of Plant Physiology* 32 (1981), 1–21.

Vennesland, Birgit: The Oxidation-Reduction Potential Requirements of a Non-Spore-Forming, Obligate Anaerobe. *Journal of Bacteriology* 39/2 (1940), 139–169.

Vennesland, Birgit und Klaus Jetschmann: The Nitrate Dependence of the Inhibition of Photosynthesis by Carbon Monoxide in Chlorella. *Archives of Biochemistry and Biophysics* 144/1 (1971), 428–437. doi:10.1016/0003-9861(71)90496-6.

Vennesland, Birgit, George H. Lorimer, Hans-Siegfried Gewitz, Wolfgang Völker und Larry P. Solomonson: The Presence of Bound Cyanide in the Naturally Inactivated Form of Nitrate Reductase of Chlorella Vulgaris. *Journal of Biological Chemistry* 249/19 (1974), 6074–6079. doi:10.1016/S0021-9258(19)42221-7.

Vennesland, Birgit, Elfriede K. Pistorius, Klaus Jetschmann und Helga Voss: The Dark Respiration of Anacystis Nidulans. *Biochimica et Biophysica Acta (BBA) – General Subjects* 585/4 (1979), 630–642. doi:10.1016/0304-4165(79)90195-8.

Vennesland, Birgit, Candadai Seshadri Ramadoss und Teh-chien Shen: Molybdenum Insertion in Vitro in Demolybdo Nitrate Reductase of Chlorella Vulgaris. *Journal of Biological Chemistry* 256/22 (1981), 11532–11537. doi:10.1016/S0021-9258(19)68433-4.

Venus, Jochen: Mikro/Makro. Zur Wissens- und Technikgeschichte einer eigentümlichen Unterscheidung. In: Ingo Köster und Kai Schubert (Hg.): *Medien in Raum und Zeit.* Bielefeld: transcript 2009, 47–62. doi:10.14361/9783839410332-002.

ver.di: *Die Rund-um-die-Uhr-Gesellschaft. Arbeit droht durch Digitalisierung immer weiter auszuufern*. Bildung, Wissenschaft und Forschung, 2/2016. Berlin: Vereinte Dienstleistungsgewerkschaft 2016, 16.

Vielhauer, Karlheinz: *Die deutsche Schreibmaschinen-Industrie*, Diss. Universität Frankfurt (Main) 1954.

Vierhaus, Rudolf und Bernhard vom Brocke (Hg.): *Forschung im Spannungsfeld von Politik und Gesellschaft. Geschichte und Struktur der Kaiser-Wilhelm-/Max-Planck-Gesellschaft*. Stuttgart: Deutsche Verlags-Anstalt 1990.

Vogt, Annette: Anneliese Maier und die Bibliotheca Hertziana. In: Sybille Ebert-Schifferer (Hg.): *Die Geschichte des Instituts 1913–2013*. München: Hirmer 2013, 116–121.

Vogt, Annette: »Besondere Begabung der Habilitandin«. Die Wissenschaftlerin Luise Holzapfel (1900–1963). *Berlinische Monatsschrift 9*. Bd. 3. Berlin: Edition Luisenstadt 2000, 80–86.

Vogt, Annette: Die Kaiser-Wilhelm-Gesellschaft wagte es: Frauen als Abteilungsleiterinnen. In: Renate Tobies (Hg.): *Aller Männerkultur zum Trotz*. Frankfurt am Main: Campus 2008, 225–244.

Vogt, Annette: Ein russisches Forscher-Ehepaar in Berlin-Buch. Elena und Nikolaj Timoféef-Ressovsky am KWI für Hirnforschung. *Edition Luisenstadt*, 1998. https://berlingeschichte.de/bms/bmstext/9808prod.htm. Zuletzt aufgerufen am 20. Januar 2020.

Vogt, Annette: Elisabeth Schiemann, ihre akademischen Institutionen und ihre Stellung unter den ersten Wissenschaftlerinnen in Deutschland. In: Reiner Nürnberg, Ekkehard Höxtermann und Martina Voigt (Hg.): *Elisabeth Schiemann 1881–1972. Vom AufBruch der Genetik und der Frauen in den UmBrüchen des 20. Jahrhunderts*. Rangsdorf: Basilisken-Presse 2014, 151–183.

Vogt, Annette: Marguerite Wolff. *Jewish Women: A Comprehensive Historical Encyclopedia*, 2009. Jewish Women's Archive. https://jwa.org/encyclopedia/article/wolff-marguerite. Zuletzt aufgerufen am 16. Januar 2021.

Vogt, Annette: Rhoda Erdmann – eine Begründerin der modernen Zellbiologie. *BIOspektrum 5* (2018), 561–562.

Vogt, Annette: Von Berlin nach Rom – Anneliese Maier (1905–1971). In: Marc Schalenberg und Peter Th. Walther (Hg.): *»...immer im Forschen bleiben«. Rüdiger vom Bruch zum 60. Geburtstag*. Stuttgart: Steiner 2004, 391–414.

Vogt, Annette: *Vom Hintereingang zum Hauptportal? Lise Meitner und ihre Kolleginnen an der Berliner Universität und in der Kaiser-Wilhelm-Gesellschaft*. Stuttgart: Steiner 2007.

Vogt, Annette: Wissenschaftlerinnen an deutschen Universitäten (1900–1945). Von der Ausnahme zur Normalität. In: Rainer Christoph Schwinges und Marie-Claude Schöpfer Pfaffen (Hg.): *Examen, Titel, Promotionen: Akademisches und staatliches Qualifikationswesen vom 13. bis zum 21. Jahrhundert*. Bd. 7. Basel: Schwabe 2007, 707–729.

Vogt, Annette: *Wissenschaftlerinnen in Kaiser-Wilhelm-Instituten: A–Z*. 2., erw. Auflage. Berlin: Archiv der Max-Planck-Gesellschaft 2008.

Vogel, Angela: Frauen und Frauenbewegung. In: Wolfgang Benz (Hg.): *Die Geschichte der Bundesrepublik Deutschland. Gesellschaft*. Bd. 3. Frankfurt am Main: Fischer 1989, 162–206.

Voigt, Martina: Elisabeth Schiemanns Bekenntnis und Widerstand im National-sozialismus. In: Reiner Nürnberg, Ekkerhard Höxtermann und Martina Voigt (Hg.): *Elisabeth Schiemann 1881–1972. Vom Aufbruch der Genetik und der Frauen in den Umbrüchen des 20. Jahrhunderts. Beiträge eines interdisziplinären Symposiums zum 200. Gründungsjubiläum der Humboldt-Universität zu Berlin.* Rangsdorf: Basilisken-Presse 2014, 314–341.

Volkening, Heide: Working Girl – eine Einleitung. In: Sabine Biebl, Verena Mund und Heide Volkening (Hg.): *Working Girls. Zur Ökonomie von Liebe und Arbeit.* Berlin: Kulturverlag Kadmos 2007, 7–22.

Walker, Mark: *Die Uranmaschine. Mythos und Wirklichkeit der deutschen Atombombe.* Berlin: Siedler 1990.

Walker, Mark: *German National Socialism and the Quest for Nuclear Power 1939–1949.* Cambridge: Cambridge University Press 1989.

Walker, Mark: *Otto Hahn. Verantwortung und Verdrängung.* Berlin: Forschungsprogramm »Geschichte der Kaiser-Wilhelm-Gesellschaft im Nationalsozialismus« 2003.

Walker, Mark und Helmut Rechenberg: Farm-Hall-Tonbänder. Über die Uranbombe: Werner Heisenbergs abgehörter Vortrag vom 14. August 1945 in Farm Hall. *Physikalische Blätter* 48/12 (1992), 994–1001. doi:10.1002/phbl.19920481206.

Walser, Karin: *Dienstmädchen: Frauenarbeit und Weiblichkeitsbilder um 1900.* Frankfurt am Main: Neue Kritik 1986.

Walther, Susanne: Minerva, warum trägst Du so einen kriegerischen Helm? Frauenförderung in der Max-Planck-Gesellschaft. In: Ursula Rust (Hg.): *Juristinnen im Wissenschaftsbetrieb – Feminisierung der Jurisprudenz?* Baden-Baden: Nomos 1997, 30–35.

Weber, Christian: Kernspaltung: Fabeln aus dem Kellerloch. *FOCUS Online* 24 (2016).

Weber, Max: *Wirtschaft und Gesellschaft.* 5. Auflage. Tübingen: Mohr Siebeck 2009.

Weber, Max: *Wissenschaft als Beruf.* Nachdruck. Stuttgart: Reclam 2006.

Weber, Ulla: *10 Jahre Pakt für Forschung und Innovation – ein Motor für die Chancengleichheit.* Pakt für Forschung und Innovation. Monitoring Bericht 2016, Materialien der GWK 47. Bonn 2016, 54–55.

Weber, Ulla: Chancengleichheit in der Max-Planck-Gesellschaft: Umsetzungserfolge 2016–2020. In: Gemeinsame Wissenschaftskonferenz (Hg.): *Pakt für Forschung und Innovation. Berichte der Wissenschaftsorganisationen.* Bd. 3. Bonn: Büro der Gemeinsamen Wissenschaftskonferenz 2021, 124–125.

Weber, Ulla und Birgit Kolboske (Hg.): *50 Jahre später – 50 Jahre weiter? Kämpfe und Errungenschaften der Frauenbewegung nach 1968. Eine Bilanz.* München: Max-Planck-Gesellschaft 2019.

Weigel, Sigrid: Korrespondenzen und Konstellationen. Zum postalischen Prinzip biographischer Darstellungen. In: Christian Klein (Hg.): *Grundlagen der Biographik: Theorie und Praxis des biographischen Schreibens.* Stuttgart: J.B. Metzler 2002, 41–54. doi:10.1007/978-3-476-02884-6_3.

Weighardt, Annemarie: Der Sekretärinnenberuf: Anforderungen und Möglichkeiten. *management heute* 1 (1983).

Weiher, Sigfrid von (Hg.): *Männer der Funktechnik. Eine Sammlung von 70 Lebenswerken deutscher Pioniere der Funktechnik (drahtlose Telegrafie, Radar, Rundfunk und Fernsehen).* Berlin: VDE-Verlag 1983.

Weissweiler, Eva: *Das Echo deiner Frage. Dora und Walter Benjamin: Biographie einer Beziehung.* Hamburg: Hoffmann und Campe 2020.

Weizsäcker, Carl Friedrich von: Keine Geschichtsklitterei. Stellungnahme (1996). *Kultur und Technik* 2 (1997), 34.

Weizsäcker, Carl Friedrich von, Edward Teller, Hendrik B. G. Casimir, Aage Bohr, Ulrich Schröder und Eleonore Trefftz: Friedrich Hund zum 100. Geburtstag – Grüße und Glückwünsche aus aller Welt. *Physikalische Blätter* 52/2 (1996), 114–115.

Welskopp, Thomas: Der Wandel der Arbeitsgesellschaft als Thema der Kulturwissenschaften. Klassen, Professionen und Eliten. In: Friedrich Jäger und Jörn Rüsen (Hg.): *Handbuch der Kulturwissenschaften – Themen und Tendenzen.* Bd. 3. Stuttgart; Weimar: J. B. Metzlersche Buchhandlung 2004, 225–246.

Welskopp, Thomas: Kein Dienst nach Vorschrift. Geschichtswissenschaft und Organisationstheorie. In: Marcus Böick und Marcel Schmeer (Hg.): *Im Kreuzfeuer der Kritik. Umstrittene Organisationen im 20. Jahrhundert.* Frankfurt am Main: Campus 2020, 87–102.

Weltz, Friedrich: Die doppelte Wirklichkeit der Unternehmen und ihre Konsequenzen für die Industriesoziologie. *Zeitschrift für sozialwissenschaftliche Forschung und Praxis* 39/Heft 1 (1988), 97–104.

Weltz, Friedrich, Ursula Jacobi, Veronika Lullies und Wolfgang Becker: *Menschengerechte Arbeitsgestaltung in der Textverarbeitung.* München: Fachinformationszentrum Energie, Physik, Mathematik 1979.

Wennerås, Christine und Agnes Wold: Nepotism and Sexism in Peer-Review. *Nature* 387/6631 (1997), 341–343.

Wennerås, Christine und Agnes Wold: Vetternwirtschaft und Sexismus im Gutachterwesen. In: Beate Krais (Hg.): *Wissenschaftskultur und Geschlechterordnung. Über die verborgenen Mechanismen männlicher Dominanz in der akademischen Welt.* Frankfurt am Main: Campus 2000, 107–120.

Werfel, Franz: *Stern der Ungeborenen. Ein Reiseroman.* 4. Auflage. Frankfurt am Main: Fischer 2001.

West, Candace und Sarah Fenstermaker: Doing Difference. *Gender & Society* 9/1 (1995), 8–37. doi:10.1177/089124395009001002.

West, Candace und Don H. Zimmerman: Doing Gender. *Gender & Society* 1/2 (1987), 125–151. doi:10.1177/0891243287001002002.

Westphal, Otto, Otto Lüderitz und Anne Marie Staub: V. Bacterial Endotoxins. *Journal of Medicinal and Pharmaceutical Chemistry* 4/3 (1961), 497–504. doi:10.1021/jm50019a008.

Wetterer, Angelika: Gender Mainstreaming & Managing Diversity. Rhetorische Modernisierung oder Paradigmenwechsel in der Gleichstellungspolitik. In: Anke Burkhardt und Uta Schlegel (Hg.): *Warten auf Gender Mainstreaming. Gleichstellungspolitik im Hochschulbereich.* Lutherstadt Wittenberg: Institut für Hochschulforschung an der Martin-Luther-Universität 2003, 6–27.

Wewetzer, Hartmut: Forscher, Autor, Politiker. Zum Tod des Biologen Hubert Markl. *Der Tagesspiegel* (12.1.2015). http://www.tagesspiegel.de/wissen/nachruf-die-drei-leben-des-hubert-markl/11211450.html. Zuletzt aufgerufen am 19. Januar 2015.

Whitchurch, Celia: *Reconstructing Identities in Higher Education: The Rise of »Third Space« Professionals.* New York: Routledge 2013.

Whitchurch, Celia: The Rise of Third Space Professionals: Paradoxes and Dilemmas.

In: Ulrich Teichler und William K. Cummings (Hg.): *Forming, Recruiting and Managing the Academic Profession.* Cham: Springer International Publishing 2015, 79–99.

Wiener, Antje: Das unsichtbare Dritte. In: Ulla Weber und Birgit Kolboske (Hg.): *50 Jahre später – 50 Jahre weiter? Kämpfe und Errungenschaften der Frauenbewegung nach 1968. Eine Bilanz.* München: Max-Planck-Gesellschaft 2019, 91–93.

Wieschaus, Eric und Christiane Nüsslein-Volhard: The Heidelberg Screen for Pattern Mutants of *Drosophila*: A Personal Account. *Annual Review of Cell and Developmental Biology* 32/1 (2016), 1–46. doi:10.1146/annurev-cellbio-113015-023138.

Wijkhuijs, Jozien: Summer Interview (9): Anne Cutler Talks about Other People 16.16.8.18. Vox. *Independent Magazine of Radboud University.* 16.8.2018. https://www.voxweb.nl/english/summer-interview-9-anne-cutler-talks-about-other-people. Zuletzt aufgerufen am 13. Januar 2021.

Wilhelmi, Anja: Elisabeth Schiemann, die Deutschbaltin. In: Reiner Nürnberg, Ekkehard Höxtermann und Martina Voigt (Hg.): *Elisabeth Schiemann 1881–1972. Vom AufBruch der Genetik und der Frauen in den UmBrüchen des 20. Jahrhunderts.* Rangsdorf: Basilisken-Presse 2014, 280–293.

Willerding, Ulrich: Die kulturpflanzenhistorischen Arbeiten Elisabeth Schiemanns und ihre Bedeutung für die Entstehung der Paläo-Ethnobotanik. In: Reiner Nürnberg, Ekkehard Höxtermann und Martina Voigt (Hg.): *Elisabeth Schiemann 1881–1972. Vom AufBruch der Genetik und der Frauen in den UmBrüchen des 20. Jahrhunderts.* Rangsdorf: Basilisken-Presse 2014, 280–293.

Willsher, Kim: »My Intimacy with Simone de Beauvoir Was Unique… It Was Love«. *The Observer* (3.10.2021).

Wimbauer, Christine: *Organisation, Geschlecht, Karriere. Fallstudien aus einem Forschungsinstitut.* Opladen: Springer VS 1999.

Winker, Gabriele: *Büro. Computer. Geschlechterhierarchie: Frauenförderliche Arbeitsgestaltung im Schreibbereich.* Opladen: Leske + Budrich 1995.

Winkler, Dörte: *Frauenarbeit im »Dritten Reich«.* Hamburg: Hoffmann und Campe 1977.

Winnacker, Ernst-Ludwig: *Bericht des Präsidenten der Deutschen Forschungsgemeinschaft Professor Dr. Ernst-Ludwig Winnacker anlässlich der Festveranstaltung am 6. Juli 2005 in Berlin im Rahmen der Jahresversammlung der DFG.* Berlin 2005.

Winnacker, Ernst-Ludwig: *Statement des Präsidenten der Deutschen Forschungsgemeinschaft Professor Dr. Ernst-Ludwig Winnacker anlässlich der Jahrespressekonferenz der DFG.* Pressemitteilungen der DFG. Berlin 2006. https://www.dfg.de/download/pdf/dfg_im_profil/reden_stellungnahmen/2006/jv06_statement_winnacker.pdf. Zuletzt aufgerufen am 1. September 2017.

Winter, Fabian Lorenz: Rezension zu *Schreiben, Rechnen, Ablegen: Wie eine Revolution des Bürolebens unsere Gesellschaft verändert hat,* von Delphine Gardey. Application/pdf, 2019. doi:10.17192/EP2019.3.8172.

Wischermann, Ulla: Feministische Theorien zur Trennung von privat und öffentlich – Ein Blick zurück nach vorn. *Feministische Studien* 21/1 (2003), 23–34. doi:10.1515/fs-2003-0104.

Wissenschaftlicher Rat der Max-Planck-Gesellschaft: Empfehlung des Wissenschaftlichen Rats der Max-Planck-Gesellschaft zur Förderung von Wissenschaftlerinnen. *MPG-Spiegel* 2 (1991), 18–21.

Wissenschafts- und Unternehmenskommunikation der MPG (Hg.): *Max-Planck-Innovation*. München: Max-Planck-Gesellschaft zur Förderung der Wissenschaften 2020.

Wissenschaftsrat (Hg.): *Empfehlungen zur Chancengleichheit von Wissenschaftlerinnen und Wissenschaftlern*. Drucksache 8036-07. Berlin: Wissenschaftsrat 2007.

Wissenschaftsrat (Hg.): *Empfehlung zur Förderung des wissenschaftlichen Nachwuchses, verabschiedet am 25. Januar 1980*. Köln 1980.

Wissenschaftsrat (Hg.): *Empfehlungen des Wissenschaftsrates zu den Perspektiven der Hochschulen in den 90er Jahren*. Köln: Wissenschaftsrat 1988.

Witte, Alwine: Christiane Nüsslein-Volhard – Nobelpreisträgerin. In: Gudrun Fischer (Hg.): *Darwins Schwestern: Porträts von Naturforscherinnen und Biologinnen*. Berlin: Orlanda 2009, 174–183.

Wobbe, Theresa: *Wahlverwandtschaften. Die Soziologie und die Frauen auf dem Weg zur Wissenschaft*. Frankfurt am Main: Campus 1997.

Wolf, Christa: *Der geteilte Himmel*. 3. Auflage. Frankfurt am Main: Suhrkamp 2014.

Wolitzer, Meg: *The Wife*. New York: Scribner 2003.

Woodman, Jenny: The Women »Computers« Who Revolutionized Astronomy. *The Atlantic*, 2016.

Wroblewski, Angela, Udo Kelle, Florian Reith und Springer Fachmedien Wiesbaden GmbH (Hg.): *Gleichstellung messbar machen. Grundlagen und Anwendungen von Gender- und Gleichstellungsindikatoren*. Wiesbaden: Springer VS 2016.

Wronka, Inamaria: Die Diskussion über Frauenförderung hat endlich auch die Schwelle der MPG erreicht. Der Gesamtbetriebsrat berichtet. *MPG-Spiegel* 5 (1989), 54–55.

Wuensch, Daniela: *Der letzte Physiknobelpreis für eine Frau? Maria Goeppert Mayer: Eine Göttingerin erobert die Atomkerne*. Göttingen: Termessos 2013.

You, Kwan-sa, Lyle J. Arnold, William S. Allison und Nathan O. Kaplan: Enzyme Stereospecificities for Nicotinamide Nucleotides. *Trends in Biochemical Sciences* 3/4 (1978), 265–268. doi:10.1016/S0968-0004(78)95849-8.

Zacher, Hans F.: Ehe und Familie in der Sozialrechtsordnung. In: Bernd Baron von Maydell und Eberhard Eichenhofer (Hg.): *Hans F. Zacher. Abhandlungen zum Sozialrecht*. Heidelberg: C. F. Müller Juristischer Verlag 1993, 555–581.

Zahn-Harnack, Agnes von: *Adolf von Harnack*. 2. Auflage. Berlin: De Gruyter 1951.

Zemanek, Evi: Durch die Blume. Das florale Rollengedicht als Medium einer biozentrischen Poetik in Silke Scheuermanns »Skizze vom Gras« (2014). *Zeitschrift für Germanistik* 28/2 (2018), 290–309.

Zentralinstitut für Jugendforschung (Hg.): *Einige Vergleichszahlen BRD–DDR*. Forschungsbericht. Leipzig 1988. http://nbn-resolving.de/urn:nbn:de:0168-ssoar-401 435. Zuletzt aufgerufen am 28. Februar 2018.

Zhang, Shuying: *Neues Konzept einer Schreibmaschine für chinesische Schrift*. Diss. Technische Universität München, 1981.

Ziervogel, Meike: *Magda*. Cromer: Salt 2013.

Zilsel, Edgar: *Die Entstehung des Geniebegriffs. Ein Beitrag zur Ideengeschichte des Frühkapitalismus*. Nachdruck der Ausgabe von 1926. Hildesheim: Georg Olms Verlag 1972.

Zuckerman, Harriet: Nobel Laureates in Science: Patterns of Productivity, Collaboration, and Authorship. *American Sociological Review* 32/3 (1967), 391. doi:10. 2307/2091086.

Zwart, Hub: The Nobel Prize as a Reward Mechanism in the Genomics Era. Anonymous Researchers, Visible Managers and the Ethics of Excellence. *Journal of Bioethical Inquiry* 7/3 (2010), 299–312. doi:10.1007/s11673-010-9248-0.

10. Abbildungs- und Tabellenverzeichnis

10.1 Abbildungen

| 9 | Abb. 1 | Simone de Beauvoir, 1945. © Robert Doisneau/Getty Images. |

9 Abb. 1 Simone de Beauvoir, 1945. © Robert Doisneau/Getty Images.

31 Abb. 2 Frauen der Schweizer Frauenbefreiungsbewegung im Mai 1969. © Keystone.

36 Abb. 3 Die Schreibmaschine. © verchmarco.

43 Abb. 4 Christian Schad, Sonja, 1928. © Christian-Schad-Stiftung Aschaffenburg / VG Bild-Kunst, Bonn 2022. Foto: Ausstellungsplakat 1980.

47 Abb. 5 Erika Bollmann Anfang der 1930er-Jahre. AMPG, II. Abt., 1A, Nr. 373.

61 Abb. 6 Am 1. Januar präsentierten vier Mathematikerinnen bzw. Programmiererinnen die Platinen der ersten vier Computer der U. S. Army. Ein gemeinfreies Foto der U. S. Army.

63 Abb. 7 Titelseite eines Handbuchs zur Bedienung der IBM MT/SC. Public Domain.

70 Abb. 8 »Die lebende Schreibmaschine«. © Dr. Wolfgang Jansen, Berlin.

87 Abb. 9 Lois Maxwell 1966 als Miss Moneypenny. © Kent Gavin/Getty Images.

97 Abb. 10 Werner Kösters »Frauenlob«, 1965.

104 Abb. 11 Telschows Bestätigung von Bollmanns Deutungshoheit. AMPG, III. Abt., Rep. 43, Nr. 116, fol. 4.

106 Abb. 12 Seite aus Bollmanns Korrespondenzliste. AMPG, III. Abt., Rep. 43, Nr. 243.

108 Abb. 13 Erika Bollmann und Ernst Telschow. Archiv der MPG, Berlin-Dahlem.

120 Abb. 14 Stellenausschreibung »Sekretärin« 1980.

121 Abb. 15 Stellenausschreibung »Sekretariatskraft« 1985.

122 Abb. 16 Stellenausschreibung »Sekretariatskraft« 1985/1986.

123 Abb. 17 Stellenausschreibung »Zweitkraft für das Sekretariat« 1991.

124 Abb. 18 Stellenausschreibung »Zweitkraft für das Sekretariat« 1991.

125 Abb. 19 Stellenausschreibung »Chefsekretärin« 1996.

126 Abb. 20 Stellenausschreibung »Sekretärin/Sekretär als Erstkraft« 2001.

127 Abb. 21 Stellenausschreibung »Sekretärin/Sekretär« 2007.

128 Abb. 22 Stellenausschreibung »Leitung des Sekretariats des Präsidenten« 1984.

129 Abb. 23 Stellenausschreibung »Persönliche:r Referent:in des Präsidenten« 1985.

130 Abb. 24 Stellenausschreibung »Mitarbeiterin im Präsidialbüro« 1995.

131 Abb. 25 Stellenausschreibung »Chefsekretär(in)/Chefassistent(in)« für das Präsidialbüro 1996.

132 Abb. 26 Stellenausschreibung »Sekretärin/Sekretär« im Präsidialbüro 2000.

133 Abb. 27 Stellenausschreibung »Mitarbeiterin/Mitarbeiter« für das Präsidialbüro 2000.

136 Abb. 28 Finanzbesprechung 1944 im Berliner Stadtschloss. Archiv der MPG, Berlin-Dahlem.

152 Abb. 29 Otto Hahn und Marie Luise Rehder in den 1950er-Jahren. Archiv der Max-Planck-Gesellschaft, Berlin-Dahlem.

152 Abb. 30 Präsidialbüro der Max-Planck-Gesellschaft, Oktober 2017. Foto: Axel Griesch.

158 Abb. 31 Gruppenbild von jüdischen und nichtjüdischen Physiker:innen, 1921. Archiv der Max-Planck-Gesellschaft, Berlin-Dahlem.

198 Abb. 32 »Fearless Girl« vor der New Yorker Börse. Foto: Privatbesitz.

201 Abb. 33 Ausnahmeerscheinungen? © NASA.

202 Abb. 34 Isolde Hausser. Archiv der Max-Planck-Gesellschaft, Berlin-Dahlem.

209 Abb. 35 Lise Meitner 1928 in Cambridge. Churchill Archives Centre.

215 Abb. 36 Anfrage an Lise Meitner als Auswärtiges Wissenschaftliches Mitglied.

218 Abb. 37 Elisabeth und Gertrud Schiemann im Gespräch mit Lise Meitner in Berlin 1957. Archiv der Max-Planck-Gesellschaft, Berlin-Dahlem.

223 Abb. 38 Elisabeth Schiemann im Sommer 1913. Foto: Lise Meitner, Archiv der Max-Planck-Gesellschaft, Berlin-Dahlem.

230 Abb. 39 Anneliese Maier 1953 mit Otto Hahn. Archiv der Max-Planck-Gesellschaft, Berlin-Dahlem.

235 Abb. 40 Anne-Marie Staub, 1969. © IMAGO/ZUMA/Keystone.

239 Abb. 41 Else Knake, Oktober 1954. Archiv der Humboldt-Universität zu Berlin.

253 Abb. 42 Birgit Vennesland, 1962. Archiv der Max-Planck-Gesellschaft, Berlin-Dahlem.

261 Abb. 43 Margot Becke, 1950er-Jahre. Archiv der Max-Planck-Gesellschaft, Berlin-Dahlem.

267 Abb. 44 Eleonore Trefftz, 1950er-Jahre. Foto: Privatbesitz.

273 Abb. 45 Renate Mayntz, 1985. Archiv der Max-Planck-Gesellschaft, Berlin-Dahlem.

279 Abb. 46 Christiane Nüsslein-Volhard, 2001. Foto: Bettina Flitner/laif.

286 Abb. 47 Nüsslein-Volhard, 1995. Archiv der Max-Planck-Gesellschaft, Berlin-Dahlem.

293 Abb. 48 Anne Cutler, 2008. Foto: Stef Verstraten.

297 Abb. 49 Angela D. Friederici, 2015. Foto: Uta Tabea Marten.

300 Abb. 50 Lorraine Daston. Foto: Wolfgang Filser, Archiv der Max-Planck-Gesellschaft, Berlin-Dahlem.

303 Abb. 51 Lorraine Daston, Angela Friederici und Dagmar Schäfer, 2019. Foto: Tanja Neumann, MPIWG, Berlin-Dahlem.

307 Abb. 52 Originalgeräte von Otto Hahn, Lise Meitner und Fritz Straßmann. Deutsches Museum, München.

337 Abb. 53 Ein originales »Lab-Technician-Set« der Firma Gilbert. Courtesy of Science History Institute.

374 Abb. 54 Ausschnitt aus dem Zahlenspiegel der MPG 1974.

375 Abb. 55 Ausschnitt aus dem Zahlenspiegel der MPG 1989.

379 Abb. 56 Fragebogen der MPG zu Personalbewegungen 1967.

418 Abb. 57 MPG-interne Gegenüberstellung von Frauenfördergesetz und Anpassungstext der Max-Planck-Gesellschaft.

493 Abb. 58 Werner Köster, »Frauenlob«.

10.2   Grafiken

338   Grafik 1   Studienfächer der weiblichen Wissenschaftlichen Mitglieder 1948–1998, dargestellt auf Grundlage der biografischen Angaben der Wissenschaftlerinnen.

344   Grafik 2   Wissenschaftliche Mitglieder der MPG 1948–1998 nach Geschlecht.

373   Grafik 3   Organigramm der Max-Planck-Gesellschaft.

478   Grafik 4   Berufung weiblicher Wissenschaftlicher Mitglieder bis heute.

478   Grafik 5   Berufung weiblicher Wissenschaftlicher Mitglieder nach Sektionen geordnet.

10.3   Tabellen

141   Tabelle 1   Vergleich Vergütungsgruppen 1967 und 2007.

345   Tabelle 2   Abteilungsleiterinnen der KWG in chronologischer Reihenfolge.

346   Tabelle 3   Abteilungsleiterinnen der MPG in chronologischer Reihenfolge.

367   Tabelle 4   Anteil von Wissenschaftlerinnen in Leitungspositionen 1995 im Vergleich.

430   Tabelle 5   Progression des Wissenschaftlerinnenanteils in der MPG auf Leitungspositionen, 1992–1994.

451   Tabelle 6   Erste Auswirkungen des Sonderprogramms.

456   Tabelle 7   Anteil der Wissenschaftlerinnen in den wissenschaftlichen Instituten der MPG, 1993–1998.

11.   Personenregister

A

Abderhalden, Emil (1877–1955) 263
Adorno, Gretel (1902–1993) 12
Adorno, Theodor W. (1903–1969)
   12–14
Akhtar, Asifa 474
Algren, Nelson (1909–1981) 13
Alighieri, Dante (1265–1321) 354
Allmendinger, Jutta 25 f., 28, 189, 355,
   398 f., 403, 446, 450 f., 473
Arndt, Franz 136
Auerbach, Charlotte (1899–1994) 159
Aufrecht, Gertrude 102

B

Baader, Andreas (1943–1977) 19
Bacall, Lauren (1924–2014) 88
Baeyer, Otto von (1877–1946) 158
Bagehot, Walter (1826–1877) 185
Bahr-Bergius, Eva von (1874–1962) 214,
   310
Baier, Eva (1902–?) 110
Bair, Deidre 183
Ballreich, Hans (1991–1998) 110 f., 324,
   407
Baltes, Paul B. (1939–2006) 403,
   429–431, 433 f., 447, 450–453, 464
Balzac, Honoré de (1799–1850) 200
Bandsborg, Sigrid 254
Banscherus, Ulf 21, 145
Barthelmess, Andreas 63
Barthes, Roland (1905–1980) 154, 183,
   185
Bauer, Hans (1904–1988) 325, 329, 331
Baur, Erwin (1875–1933) 220–223, 334
Beaufaÿs, Sandra 12, 23, 105, 177, 180
Beauvoir, Simone de (1908–1986) 9,
   13, 74
Beck, Milly 61
Becke, Friedrich (1910–1972) 263

Becke-Goehring, Margot (1914–2009)
   27, 197, 262–265, 333, 344, 349, 393,
   458, 471, 484 f.
Becker, Carl Heinrich (1876–1933)
   334
Becker, Hellmut (1913–1993) 334
Becker, Wolfgang 19
Becquerel, Henri (1852–1908) 308
Bell Burnell, Jocelyn 313 f.
Bell, Daniel (1919–2011) 275
Benecke, Otto (1896–1965) 316,
   321–324, 407
Berg, Morris 214
Berlau, Ruth (1906–1974) 13
Berthold, Luise (1891–1983) 172
Beutler, Bruce A. 285
Bidault, Marthe 236
Biebl, Sabine 21
Biermann, Ilse (1919–1998) 196
Biermann, Ludwig (1907–1986) 195,
   269–271, 348
Biermann, Peter L. 196, 314
Bilas, Frances (1922–2012) 60
Billing, Heinz (1914–2017) 270
Bismarck, Otto von (1815–1898) 178
Blackmond, Donna G. 346, 451
Bludau, Barbara 97, 119, 407, 427, 445,
   448, 454, 491
Böckler, Hans (1875–1951) 170
Bock, Ulla 23
Bohr, Niels (1885–1962) 212, 214, 306,
   309
Bollmann, Erika (1906–1997) 27, 47, 79,
   90, 92, 102–111, 113, 148, 336
Boltzmann, Ludwig (1844–1906) 210
Bonhoeffer, Friedrich (1932–2021) 191,
   282
Bonhoeffer, Karl (1868–1948) 206
Born, Max (1882–1970) 306, 310
Bosch, Mineke 360

Bothe, Walther (1891–1957) 205–207,
310, 333
Bötticher, Barbara 93, 111, 114–116
Boveri, Theodor (1862–1915) 24
Bovet, Daniel (1901–1992) 236
Brandes, Uta 67
Brandt, Willy (1913–1992) 362
Braslavsky, Sylvia 393
Braunitzer, Gerhard (1921–1989) 330
Bréchignac, Catherine 168, 447
Brentano, Margherita von (1922–1995)
21, 170, 173, 179, 458
Brill, Rudolf (1899–1989) 265, 333
Brinkler-Gabler, Gisela 19
Brocke, Bernhard vom 24, 187 f.
Brodmann, Lotte 102, 148
Brückner, Hannah 399
Bruggencate, Paul ten (1901–1961)
195
Brundtland, Gro Harlem 461
Bunsen, Wilhelm (1811–1899) 263
Butenandt, Adolf (1903–1995)
25, 27, 93, 102, 107, 109–112,
114–116, 192–194, 196, 222,
244–246, 248–251, 257 f., 265,
319 f., 325–328, 331, 334–336,
339 f., 342 f., 349, 470
Butenandt, Erika (1906–1995) 25,
192–194, 196, 245, 334, 336

C
Cannon, Annie Jump (1863–1940) 59
Clay, Lucius D. (1898–1978) 167
Cohen, I. Bernard (1914–2003) 301
Conn, Eric (1923–2017) 256
Correns, Carl Erich Franz Joseph 222
Cortelyou, Ethaline (1909–1997) 350
Cranach, Agnes von 342
Crowfoot-Hodgkin, Dorothy (1910–1994)
199
Curie, Marie (1867–1934) 163, 178, 199,
210 f., 268, 308, 313
Curie, Pierre (1859–1906) 308
Curtius, Theodor (1857–1928) 266
Cushman, Florence (1860–1940) 59
Cutler, Anne (1945–2022) 197, 294–296,
480, 491

D
Dahrendorf, Ralf (1929–2009) 162
Daston, Lorraine 29, 197, 200, 301–304,
439, 480, 492
Deininger, Lydia 88
Dohm, Hedwig (1831–1919) 34
Dölle, Hans (1893–1980) 329
Dölling, Irene 180
Drobnig, Ulrich (1928–2022) 422
Duisberg, Carl (1861–1935) 266

E
Ebert-Schifferer, Sybille 197
Edelstein, Wolfgang (1929–2020) 138,
393, 442
Ehlers, Jürgen (1929–2008) 271, 332
Einstein, Albert (1879–1955) 158, 178,
191 f., 210 f., 240, 242, 313
Einstein, Elsa (1876–1939) 192
Engelen-Kefer, Ursula 382, 408 f.
Engelhardt, Britta 447, 452
Engler, Steffani (1960–2005) 23, 177,
180
Ensmenger, Nathan 66
Erdmann, Rhoda (1870–1935) 158, 164,
240–242, 245
Eschenburg, Marie Luise (1878–1954)
192
Evans, Earl A. (1910–1999) 255
Exner, Franz (1849–1926) 210

F
Fallaci, Oriana (1929–2006) 168
Febel, Gisela 186 f.
Fircks, Otto Freiherr von 51
Fischer, Albert (1891–1956) 242, 244,
249, 455
Fischer, Emil (1852–1919) 211
Fischer, Herta 111
Fischer, Saskia F. 455
Fisher, Harvey 256
Fleming, Williamina (1857–1911) 59
Flukke, Ekkehard 264
Foerster, Käthe 102
Fögen, Marie Theres (1946–2008) 197,
392, 409
Fourneau, Ernest (1872–1949) 236 f.

Fox Keller, Evelyn 340
Franck, Ingrid (1882–1942) 158
Franck, James (1882–1964) 158–160, 306, 311
Freiberg, Hannelore 111
Freudenberg, Karl (1886–1983) 263, 333
Frevert, Ute 19, 35, 44 f., 54 f., 89, 99, 312, 468, 480
Fricke, Herta 29, 79, 111, 116–118, 148, 479
Friedeburg, Ludwig von (1924–2010) 12
Friederici, Angela D. 29, 197, 298 f., 303 f., 439, 480, 491
Friedrich-Freksa, Hans (1906–1973) 328
Friedrich II. 178
Friedrich, Walter (1883–1968) 339
Frisch, Otto Robert (1904–1979) 210, 212, 216, 306, 309 f.
Froboese, Curt 319, 326
Frowein, Jochen 413, 431
Fuchs, Stefan 25, 399

G
Gabrielsen, Ansgar 461
Ganswindt, Hermann (1856–1934) 203
Gardey, Delphine 21, 41, 70, 73, 476
Gastl, Rainer 423, 429, 433
Gehring, Walter Jakob (1939–2014) 282 f., 336
Gentner, Wolfgang (1906–1980) 205, 213
Genzel, Reinhard 313
Gerwin, Robert 266
Ghez, Andrea 313
Gianotti, Fabiola 168
Gierer, Alfred (1932–2010) 282 f.
Gigerenzer, Gerd 303
Glißmann, Heike 432
Glogowski, Jacques 42
Göbel, Annegret 62
Goebbels, Joseph (1897–1945) 46
Goebbels, Magda (1901–1945) 46
Goehring, Albert 262
Goeppert-Mayer, Maria (1906–1972) 199, 280, 310, 313
Goethe, Johann Wolfgang von (1749–1832) 178

Gold, Helmut 20
Goldschmidt, Richard (1878–1958) 241
Götz, Magdalene 346, 451
Goudsmit, Samuel (1902–1978) 207
Grabar, Pierre 237
Grable, Betty (1916–1973) 88
Graevenitz, Luise von (1877–1921) 220
Grotrian, Walter (1890–1954) 158
Grunenberg-Lüst, Nina (1936–2017) 196
Gruson, Marie (1876–1906) 240
Gruss, Peter 458
Gurtmann, Renate 61
Gutjahr-Löser, Peter 385

H
Haas, Brigitte 280
Haas-Möllmann, Lies (1883–1967) 281
Haber, Fritz (1868–1934) 158 f., 178 f., 255, 306, 470
Hahn, Barbara 354
Hahn, Dietrich 192
Hahn, Edith (1887–1968) 191 f.
Hahn, Hanno (1922–1960) 192
Hahn, Ilse (1920–1960) 192
Hahn, Otto (1879–1968) 18, 22 f., 27, 110–113, 118, 148, 151 f., 154, 156, 158, 187, 191, 196, 207, 210–214, 216 f., 227, 230, 284, 305–311, 313, 315, 320–323, 331, 335, 349
Hain, Gertrud 61 f.
Hale, Horstmar (1937–2008) 138 f.
Hallbaum, Otto 109
Halpern, Bernard (1904–1978) 237
Hamilton, Margaret 58, 60
Hanke, Martin 255
Harmuth, Thea (1904–1956) 170
Harnack, Adolf von (1851–1930) 163, 177, 179, 191
Hartmann, Max (1876–1962) 317
Hartung, Dirk (1941–2022) 29, 375, 380 f., 383, 387, 405, 439
Hasenclever, Wolfgang (1929–2019) 385, 394, 407, 422
Hasselmann, Klaus 62
Hasselmann, Susanne 62, 346
Hastings, Albert Baird (1895–1987) 255

Hausen, Karin 22, 360, 414
Hausser, Isolde (1889–1951) 27, 197,
    202–208, 333, 342, 344–346, 483
Hausser, Karl Hermann (1919–2001)
    204 f., 207
Hausser, Karl Wilhelm (1887–1933)
    202, 205
Havemann, Robert (1910–1982) 226
Heckhausen, Jutta 393
Heckter, Maria 213
Heisenberg, Werner (1901–1976) 23,
    187, 207, 271, 306
Heiss, Jacob (1900–1984) 259, 325, 327,
    330, 336
Henglein, Arnim (1926–2012) 329
Herforth, Lieselott (1916–2010) 264
Hermann, Claudine 360
Hertwig, Oskar (1849–1922) 221
Hertwig, Paula (1889–1983) 220–222
Hertz, Gustav (1887–1975) 158
Hertz, Henriette (1846–1913) 232
Herzog, Roman (1934–2017) 193
Hess, Benno (1922–2002) 283
Hewish, Antony (1924–2021) 313
Heyde, Ludwig (1888–1961) 75
Hieser, Else 61, 269
Hilden, Jytte 360
Hill, Robert (1899–1991) 256
Hillmann, Günther (1919–1976) 246,
    319
Himmler, Heinrich (1900–1945) 315
Hirschauer, Stefan 21, 51, 74
Hitler, Adolf (1889–1945) 46, 214, 232,
    311
Hoeßlin, Margarethe siehe Planck,
    Marga (1882–1949)
Hoffmann-Berling, Hartmut (1920–
    2011) 328
Hoffmann, Jules A. 285
Hoffmann, Petra 23
Hofschneider, Peter Hans (1929–2004)
    271, 371, 392–397, 415, 442, 444, 464
Hogness, David 283
Hohnerlein, Eva Maria 442
Holberton, Betty (1917–2001) 60
Holtgrewe, Ursula 20, 66, 72
Holtz, Friedrich 224, 243

Holzapfel, Luise (1900–1963) 166,
    225 f., 328, 345 f.
Hoppenstedt, Werner (1883–1971)
    232 f.
Hopper, Grace (1906–1992) 58, 167
Horkheimer, Max (1895–1973) 12 f.
Horn, Klaus 370, 383–385, 395, 403 f.,
    419, 426, 429, 433, 446, 455 f.
Höxtermann, Ekkehard 24
Hüfner, Klaus 138
Hund, Friedrich (1896–1997) 268

I
Izaurralde, Elisa (1959–2018) 197

J
Jäckle, Herbert 332
Jackson, Mary (1921–2005) 60
Jacobi, Ursula 19, 72, 76, 90–92
Jennings, Betty Jean (1924–2011) 60
Jessberger, Elmar 393, 395
Jobs, Steve (1955–2011) 65
Johnson, Katherine (1919–2020) 58,
    60, 167
Joliot-Curie, Frédéric (1900–1958) 213
Joliot-Curie, Irène (1897–1956) 199
Jones, Claudia (1915–1964) 157
Junghans, Edith siehe Hahn, Edith
    (1887–1968)
Junghans, Paul Carl Ferdinand
    (1859–1915) 192
Jungk, Robert (1913–1994) 168

K
Kahmann, Regine 197, 346
Kalanke, Eckhard 432
Kappert, Hans 222
Karlson, Peter (1918–2001) 334 f.
Karplus, Margarete siehe Adorno,
    Gretel (1902–1993)
Karsen, Fritz (1885–1951) 226
Kästner, Erich (1899–1974) 49
Katzenstein, Moritz (1872–1932)
    240–242, 334
Kaudewitz, Fritz (1921–2001) 328
Kellaway, Lucy 65
Kellner, Dora Sophie (1890–1964) 13

Kieven, Elisabeth 197
Kissler, Hermann (1882–1953) 317
Kittler, Friedrich (1943–2011) 20, 37, 53, 65
Klein, Barbara 20, 80 f., 96
Klein, Oskar 306
Kleinschmidt, Klaus 383, 394, 413
Knake, Arnold 240 f.
Knake, Charlotte 240
Knake, Else (1901–1973) 27, 164, 166, 194, 197, 222, 225 f., 240–252, 318–332, 334 f., 339 f., 342 f., 345–347, 483 f.
Knake, Louis (1874–1919) 240
Knorr-Cetina, Karin 174
Kobel, Maria (1897–1996) 159, 345
Koch, Anette 20, 46
Koch, Robert (1843–1910) 241
Kocka, Jürgen 19, 184 f., 479
Köhler, Wolfgang (1887–1967) 231
Kohl, Helmut (1930–2017) 364, 366
Koll, Werner (1902–1968) 324–326, 328, 331
Kompa, Karl-Ludwig 393, 415
Köster, Werner (1896–1989) 97, 100–104, 148, 343, 493
Kracauer, Siegfried (1889–1966) 45 f., 75, 77
Kraeplin, Emil (1856–1926) 177
Krais, Beate 23, 25 f., 28, 174 f., 180 f., 189, 398, 401–403, 444, 473
Kramm, Gertraut 136
Krebs, Hans (1900–1981) 330
Krehl, Ludolf von (1861–1937) 206
Kreutziger, Lieselotte 61, 269
Krücke, Wilhelm (1911–1988) 328
Krumpeter, Tanja 26, 175, 181, 401 f.
Krupp, Friedrich (1767–1826) 178
Kuckuck, Hermann (1903–1992) 225 f., 316 f., 334
Kuhlmann, Ellen 25
Kuhn, Richard (1900–1967) 204–206
Kühnel, Helga 61
Kulka, Hugo (1883–1933) 195
Kulka, Rhea siehe Lüst, Rhea (1921–1993)
Kutscher, Marie Charlotte (1902–1989) 334

L
Lacks, Henrietta (1920–1951) 249
Laitko, Hubert 24, 188
Lange, Helene (1848–1930) 203
Lanzmann, Claude (1925–2018) 13
Lassoff, Gisela 61
Laue, Max von (1879–1960) 113, 151, 191, 206, 210, 214, 249, 265, 306
Leavitt, Henrietta Swan (1868–1921) 59
Le Bon de Beauvoir, Sylvie 13
Leendert van der Waerden, Bartel (1903–1996) 268
Leffingwell, William Henry (1876–1934) 41, 75
Lehmann, Gunther (1897–1974) 324–328, 331 f.
Leibniz, Gottfried Wilhelm (1646–1716) 232
Leitner, Andrea 377
Le Minor, Léon (1920–2021) 237
Lessing, Doris (1919–2013) 198
Lewis, Edward B. (1918–2004) 285
Lichtermann, Ruth (1924–1986) 60
Lieben, Robert von (1878–1913) 204
Light, Jennifer 59
Limbach, Jutta (1937–2016) 415
Lofting, Hugh (1886–1947) 281
Lorenz, Charlotte (1885–1979) 169
Lorenz, Konrad (1903–1989) 281, 308, 342
Lübke, Karl Heinrich (1894–1972) 114
Lüderitz, Otto (1920–2015) 237
Lüers, Herbert (1910–1978) 322, 332
Lullies, Veronika 19, 72, 76, 90–92
Lüst, Dieter 195
Lüst, Reimar (1923–2020) 107, 109–111, 116, 149, 195 f., 269–271, 283, 349, 364, 369
Lüst, Rhea (1921–1993) 195 f., 271
Lynen, Feodor (1911–1978) 330

M
Maas, Heiko 462
Maier, Anneliese (1905–1971) 27, 197, 199, 230–234, 318, 333, 344, 347, 483
Maier, Heinrich (1867–1933) 231 f.
Mandel, Ernest (1923–1995) 173

Marić, Mileva (1875–1948) 191
Markl, Hubert (1938–2015) 16, 110 f.,
    119, 398, 423, 440 f., 447, 451–453,
    458, 464, 472
Marsch, Edmund (1931–2020) 111, 424
Martens, Friedrich Franz (1973–1939)
    204
Martienssen, Werner (1926–2010) 281
Mason, Joan 360
Mattauch, Josef (1895–1976) 213
Matthie, Erika (1902–2001) 334
Matthies, Hildegard 25, 352
Maury, Antonia (1866–1952) 59
Maxwell, Lois (1927–2007) 87
Mayer, Karl Ulrich 383, 398, 463
Mayntz, Renate 27, 197, 273–278, 280,
    349, 471, 488
McLaren, Anne 360
McNulty, Kathleen (1921–2006) 60
Meitner, Frida 210
Meitner, Gisela 210
Meitner, Gusti 210
Meitner, Lise (1878–1968) 18, 22–24,
    27, 156, 158 f., 178, 187, 190–192, 197,
    199, 205, 209–218, 221, 223, 225, 228,
    305–313, 341, 343–345, 347, 470, 483
Meitner, Lola 210
Meitner, Philip 210
Melchers, Georg (1906–1997) 317, 368
Mengele, Josef (1911–1979) 246, 343
Merck, Heinrich 191
Merck, Maria Eugenia siehe Planck,
    Marie (1861–1909)
Merkle, Hans L. (1913–2000) 441
Merton, Robert K. (1910–2003) 176,
    275, 312, 341
Meyer, Friedrich 271, 332
Meyer, Julius 77
Meyerhof, Otto Fritz (1884–1951) 205,
    207, 255
Mirbach, Marlis 16, 28, 424, 426,
    452–455
Mitchell, Maria (1818–1889) 58
Möhring, Maren 21, 74, 479
Möllemann, Jürgen W. (1945–2003) 365
Mölling, Karin 189, 346
Monroe, Marilyn (1926–1962) 88

Morlok, Inge 455
Moser, May-Britt 199
Mulert, Caroline von (1849–1937) 219
Mund, Verena 21
Munz, Sonja 21, 25 f., 28, 134 f., 385,
    387 f., 390 f., 403, 409, 419, 446, 454

N
Nachtsheim, Hans (1890–1979) 221 f.,
    225 f., 250, 318–325, 328, 331 f., 335,
    349
Natta, Giulio 262
Neuberg, Carl (1877–1956) 159
Neuberg, Irene Stephanie (1908–1994)
    159
Neumann, John (1903–1967) 270
Neumann, Lisa (1920–2020) 51,
    111–114, 246
Nienhaus, Ursula (1946–2020) 19, 41
Nowotny, Helga 15, 22, 402
Nunner-Winkler, Gertrud 346, 385,
    393, 396
Nürnberg, Reiner 24
Nüsslein, Volker 288
Nüsslein-Volhard, Christiane 197, 199,
    279–281, 283–290, 312, 314, 332–334,
    336, 343 f., 346, 349, 393, 395 f., 448,
    464, 471, 476, 480, 488, 492

O
Oertzen, Christine von 23, 169, 172
Offermann, Frieda (1888–1981) 268
O'Grady, Marcella (1863–1950) 25
Oppen, Maria 25
Osborn, Mary 334, 346, 360, 396 f., 480,
    485
Oster, Kerstin 406
Ozouf, Mona 186

P
Pake, George E. 64
Paletschek, Sylvia 22, 354
Palomba, Rossella 360
Pasteur, Louis (1822–1895) 236
Paton Stevens, Williamina (1857–1911)
    59
Pauck, Hela 138

Paul, Elfriede (1900–1981) 339
Peacock, Vita 86, 377
Peltonen, Leena 360
Peters, Heinrich 241, 252
Pflaum, Walter (1896–1989) 274
Pfuhl, Kurt 110
Picht, Georg (1913–1982) 160
Pietsch, Erich 265
Pinkau, Klaus 397, 415, 458
Planck, Emma (1889–1919) 191
Planck, Erwin (1893–1945) 191
Planck, Gottlieb (1824–1910) 356
Planck, Grete (1889–1917) 191
Planck, Hermann (1911–1954) 191
Planck, Karl (1888–1916) 191
Planck, Marga (1882–1949) 191
Planck, Marie (1861–1909) 191
Planck, Max (1858–1947) 23, 178 f., 187,
    190 f., 196, 204 f., 210–212, 214, 216,
    231, 305 f., 356
Pohl, Robert Wichard 159
Pollay, Heinz 110
Poschmann, Liselotte (1912–1994) 335
Prandtl, Ludwig (1875–1953) 269
Prigsheim, Peter (1881–1963) 158
Pringle, Rosemary 20, 89

Q
Quandt, Günther (1881–1954) 46
Quandt, Johanna (1916–2015) 88
Quilisch, Martin 138

R
Rabi, Isidor Isaac (1898–1988) 308
Rajewsky, Boris (1893–1974) 320–323,
    325 f., 331
Rajewsky, Klaus 287
Ramsay, Charles Aloysius 72
Ranft, Dietrich (1922–2002) 407
Raschert, Jürgen 138
Raschewa, Christina 61
Rausch von Traubenberg, Marie
    (1889–1964) 192
Recknagel, Alfred (1910–1994) 268
Rees, Teresa L. 360
Rehder, Marie-Luise (1916–1988) 27, 79,
    111, 118, 148, 152, 154

Renger, Annemarie (1919–2008) 484
Renn, Jürgen 479
Riekher, Rose Christine 12
Rietschel, Ernst Theodor 238
Ringmann, Ursula (1923–2015) 109,
    113, 136
Rosenstiel, Klaus von (1900–1973)
    315 f.
Rösler, Gabriele 19
Rossiter, Margaret 22, 58, 160, 167, 305,
    312
Rössle, Robert (1876–1956) 242–244,
    326
Roßmayer, Martha 29, 380, 389, 489
Rotblat, Józef (1908–2005) 310
Roux, Wilhelm (1850–1925) 240
Rubens, Heinrich (1865–1922)
    204, 214
Rudorf, Wilhelm (1891–1969) 315–318,
    335, 343, 349
Rühl, Manfred 393
Rukop, Hans (1883–1958) 204
Ruschhaupt-Husemann, Ursula 375,
    381, 383
Ruska, Ernst (1906–1988) 226
Rye, Martin 313

S
Sachs, Nelly (1891–1970) 280
Sander, Klaus (1929–2015) 282 f.
Sartre, Jean-Paul (1905–1980) 13
Satzinger, Helga 24, 193 f., 251, 334
Sauckel, Fritz (1894–1946) 48
Sauerbruch, Ferdinand (1875–
    1951) 242 f., 247, 334
Sauerteig, Eberhard 252
Schad, Christian (1894–1982) 43
Schäfer, Werner (1913–2000) 325
Schallenberg, Hedwig (1891–1954) 205
Schaller, Heinz (1932–2010) 282
Scharpf, Fritz W. 275, 278
Scheel, Mildred (1931–1985) 196
Scheich, Elvira 24, 216, 221
Schelper, Hanna 61, 269
Schenck, Gudrun 263
Schenck, Günther 263, 333
Schiebinger, Londa 22, 340

Schiemann, Elisabeth (1881–1972) 24,
  27, 166, 191, 197, 199, 211, 213, 216,
  218–229, 247, 252, 315–318, 333, 335,
  339, 343–346, 349, 483
Schiemann, Gertrud (1883–1976) 213,
  218, 228
Schiemann, Theodor (1847–1921) 219
Schiersmann, Christiane 67
Schiller, Johann Christoph Friedrich
  (1759–1805) 178
Schipanski, Dagmar 364
Schlichting, Ilme 197, 346, 451
Schlüter, Arnulf (1922–2011) 269
Schmid, Friederike 346, 451
Schmidt, Hermann Ulrich 195, 271, 332
Schmitz, Enno 138
Schneider, Friedrich (1913–1981) 407
Schöne, Georg (1875–1960) 326
Schramm, Gerhard (1910–1969) 282,
  325 f., 331
Schramm, Martha 262
Schreiber, Georg (1882–1963) 233, 318
Schrempp, Jürgen 88
Schütze, Yvonne (1940–2022) 393
Schütz, Gisela 197
Schwarz-Esser, Susanne 62
Schwarzhaupt, Elisabeth (1901–1986)
  484
Schwesig, Manuela 406, 462
Seeliger, Hans (1908–1996) 110, 329
Seidel, Käthe (1907–1990) 188, 346
Selbert, Elisabeth (1896–1986) 356
Shetterly, Margot Lee 60
Siegbahn, Manne (1886–1978) 212,
  309
Siemens, Carl Friedrich von (1872–1941)
  109
Siemens, Ernst Werner von (1816–1892)
  178
Sigwart, Anna (1870–1953) 231
Sigwart, Christoph (1830–1904) 231
Silbermann, Josef 77
Siller, Ursula 61
Sime, Ruth Lewin 24, 187, 311
Simmers, Patsy 61
Simon, Dagmar 25
Singer, Charles 234

Singer, Tanja 342
Singer, Wolf 342, 453–455
Sireteanu-Constantinescu, Ruxandra
  (1945–2008) 346, 393
Skovran, Hedwig 210
Sloman, William 295
Søgaard-Andersen, Lotte 197
Sommerfeld, Arnold (1868–1951) 159,
  191
Spary, Emma 346, 451
Speer, Albert (1905–1981) 103
Sponer, Hertha (1885–1968) 158–160
Sponer, Margot (1898–1945) 160
Spranger, Eduard (1882–1963) 231 f.
Staab, Heinz A. (1926–2012) 111, 116 f.,
  349, 371, 381–383, 385, 392, 397,
  408 f., 415, 453, 463 f., 489
Staab, Ruth 196
Stadler, Peter 287
Stammer, Otto (1900–1978) 274 f.
Staub, André (1883–1967) 236
Staub, Anne-Marie (1914–2012) 27, 197,
  235–238, 344, 484
Staub, Roger 236
Stebut, Nina von 25 f., 176, 399
Stec, Norma 61
Stegelmann, Werner 138
Stein, Emmy (1879–1954) 220, 222
Steinem, Gloria 72
Straßmann, Fritz (1902–1980) 212–214,
  217, 228, 306 f.
Stratmann, Martin 151
Strickland, Donna 313
Strobel, Käte (1907–1996) 171
Stroux, Johannes (1886–1954) 247, 319
Stubbe, Hans (1902–1989) 222, 224 f.,
  316 f., 334
Süssmuth, Rita 364, 443, 460, 464, 489
Svedberg, Theodor 309
Szöllösi-Janze, Margit 14, 184 f.

T
Taylor, Gail 61
Telschow, Ernst (1889–1988) 90,
  102–104, 107–109, 114, 136, 207,
  226, 233, 244, 316–318, 321, 323 f.,
  342, 407

Thatcher, Margaret (1925–2013) 458, 487
Thomas, Helga 138
Timoféeff-Ressowski, Elena (1898–1973) 160
Timoféeff-Ressowski, Nicolai (1900–1981) 160
Trefftz, Eleonore (1920–2017) 27, 29, 58, 61, 107, 195–197, 267–272, 332, 343 f., 346, 348, 388, 393, 480, 484 f.
Trefftz, Erich (1888–1937) 268, 270
Trefftz, Friederike (1922–2011) 268
Trefftz, Volkmar 268
Treitschke, Heinrich von (1834–1896) 219
Trier, Hann (1915–1999) 275
Trischler, Helmuth 185
Truman, Harry S. (1884–1972) 311
Tucholsky, Kurt (1890–1935) 84

U
Ubisch, Gerta von (1882–1965) 220

V
Vaughan, Dorothy (1910–2008) 60
Vehling, Ilke 21, 42
Vela, Carmen 360
Vennesland, Birgit (1913–2001) 27, 197, 222, 253–260, 262, 329 f., 333, 335, 339, 344, 347, 484
Vennesland, Gunnuf 254
Vennesland, Kirsten (1913–2003) 254
Vennesland, Sigrid 260
Verschuer, Otmar von (1896–1969) 249, 319, 343
Vierhaus, Rudolf 24, 187
Vivie-Riedle, Regina de 346, 451
Vögler, Albert (1877–1945) 207, 244
Vogt, Annette 24, 187, 233, 318, 347, 388
Vogt, Cécile (1875–1962) 25, 160, 344 f., 388
Vogt, Marguerite (1913–2007) 160
Vogt, Marthe (1903–2003) 160, 345
Vogt, Oscar (1870–1959) 160, 388
Voigt, Martina 24

Volhard, Franz (1872–1970) 280
Volhard, Rolf 280
Volkenig, Heide 21
Vollmer, Antje 443

W
Walcher, Martina 29, 65, 79, 97 f., 109–111, 116, 480
Walenta, Christa 377
Waley Singer, Dorothea 234
Walther, Susanne 416
Warburg, Otto (1883–1970) 27, 222, 248, 256–259, 262, 318, 320, 325–333, 335 f., 339, 470, 484
Weber, Klaus (1936–2016) 334, 360, 393, 397
Weber, Max (1864–1920) 95, 178, 354
Weber-Bosse, Brigitte 29, 79, 480
Weinert, Franz (1930–2001) 397
Weis, Dominique 360
Weizsäcker, Carl Friedrich von (1912–2007) 207, 268, 306, 309 f.
Weizsäcker, Richard von (1920–2015) 117
Weller, Albert (1922–1996) 271
Weltz, Friedrich 19, 72, 76, 90–92, 95
Wennerås, Christine 360, 459
Werner, Sabine 395
Wescoff, Marlyn (1922–2008) 60
Westheimer, Frank (1912–2007) 256
Westphal, Otto (1913–2004) 237 f.
Westphal, Wilhelm Heinrich (1882–1978) 158
Wettstein, Fritz von (1895–1945) 222, 224
Whitchurch, Celia 35, 150
Wickler, Wolfgang 393
Wieschaus, Eric 282, 284 f., 312
Wiesenthal, Simon (1908–2005) 192, 308
Willstätter, Ida Margarete (1906–1964) 159
Willstätter, Richard (1872–1942) 159
Wilms, Dorothee 463
Winker, Gabriele 20
Winlock, Anna (1857–1904) 59
Winnacker, Ernst-Ludwig 464 f.

Wittmann, Heinz-Günter (1927–1990) 188 f., 333
Wittmann-Liebold, Brigitte 188, 333, 346
Wold, Agnes 360, 459
Wolffenstein, Andrea (1897–1987) 213, 228
Wolffenstein, Richard (1846–1919) 228
Wolffenstein, Valerie (1891–1993) 213, 228
Wolff, Marguerite (1883–1964) 159, 345
Wolff-Metternich zur Gracht, Franz Florentin Maria Graf (1893–1978) 233
Wollstonecraft Shelley, Mary (1797–1851) 200
Wolter, Andrä 21
Wozniak, Steve 65
Wronka, Inamaria 380, 382 f., 489
Wuermeling, Franz Josef (1900–1986) 168

Y
Yonath, Ada 189, 346

Z
Zacher, Annemarie 196
Zacher, Hans F. (1928–2015) 28, 65, 111 f., 116–118, 148, 174, 196, 276 f., 303, 349, 385, 389, 394, 398, 409–413, 416, 420–423, 426, 433–436, 440, 442, 453, 458
Zeiher, Hartmut 138
Ziegler, Konrad (1898–1973) 262 f., 333
Ziegner, Erika siehe Butenandt, Erika (1906–1995)
Ziegner, Siegfried von (1866–1935) 192
Zimmermann, Hildegard (1922–1986) 342
Zimmermann, Sabine 119
Zuckermann, Harriet 312
Zülch, Klaus Joachim (1910–1988) 328, 349